源文件
扫二维码
下载

Landscape Details CAD Construction Atlast

景观细部CAD施工图集 III (第二版)

出入大门/围栏围墙/挡土景墙/栈道平台/
台阶坡道/停车场地/园路铺装

陈显阳 樊思亮 主编

中国林业出版社
China Forestry Publishing House

图书在版编目（CIP）数据
景观细部施工图集. III/陈显阳,樊思亮主编. —2版. — 北京：中国林业出版社，2012.6(2020.9重印)
ISBN 978-7-5038-9338-4
Ⅰ. ①景… Ⅱ. ①陈… ②樊… Ⅲ. ①景观设计－细部设计－计算机辅助设计－AutoCAD软件－图集 Ⅳ. ①TU986.2-64
中国版本图书馆CIP数据核字(2017)第262149号

本书编委会

主　　编：陈显阳　樊思亮

副 主 编：陈礼军　孔　强　郭　超　杨仁钰

参与编写人员：
陈　婧　张文媛　陆　露　何海珍　刘　婕　夏　雪　王　娟　黄　丽　程艳平
高丽媚　汪三红　肖　聪　张雨来　陈书争　韩培培　付珊珊　高囡囡　杨微微
姚栋良　张　雷　傅春元　邹艳明　武　斌　陈　阳　张晓萌　魏明悦　佟　月
金　金　李琳琳　高寒丽　赵乃萍　裴明明　李　跃　金　楠　邵东梅　李　倩
左文超　李凤英　姜　凡　郝春辉　宋光耀　于晓娜　许长友　王　然　王竞超
吉广健　马宝东　于志刚　刘　敏　杨学然

中国林业出版社
责任编辑：李　顺　薛瑞琦
图书策划：张永生
设计编辑：孙淑卿　张妍倩
出版咨询：（010）83143569

出 版：中国林业出版社（100009 北京西城区德内大街刘海胡同7号）
网 站：http://www.forestry.gov.cn/lycb.html
印 刷：深圳市汇亿丰印刷有限科技有限公司
发 行：中国林业出版社
电 话：（010）83143500
版 次：2018年4月第1版
印 次：2020年9月第2次
开 本：889mm×1194mm 1/16
印 张：23.75
字 数：200千字
定 价：128.00元

第二版 前言

本套景观细部CAD施工图集是在前一套的基础上重新组织修改完成的，可作为第二版。

本套景观细部CAD施工图集组织各设计院和设计单位汇集材料，不断收集设计师提供的建议和信息，修改和调整，希望这套施工图集能够不断完善，不断创新，真正成为景观类的工具图书。

本套景观工具书的亮点如下：

首先，本套书区别于以往的CAD施工图集，对CAD模块进行非常详细的分类与调整，根据现代景观设计的要求，将三本书大体分为理水类、主景及配套设施类、防护设施及铺装类，在这三类的基础上再进一步细分，争取做到让施工图设计者能得其中一本，而能把握一类的制图技巧和技术要点。

其次，就是这套图集的全面性和权威性，我们联合了近20所建筑及景观设计院所编写这套图集，严格按照建筑及施工设计标准规范，让设计师在设计和制作施工图时有据可依，有章可循，并且能依此类推，应用至其他施工图中。

再次，我们对这套书作了严格的版权保护，光盘进行了严格的加密，这也是对作品提供者的保护和认同，我们更希望读者们有版权保护的意识，为我国的版权事业贡献力量。

施工图是景观设计中既基础又非常重要的一部分，无论对于刚入行的制图员，还是设计大师，都是必不可少的一门技能。但这绝非一朝一夕能练就的，就像一句古语："千里之行，始于足下"，希望广大的设计者能从这里得到些东西，抑或发现些东西。

我们恳请广大读者朋友提出宝贵意见，甚或是批评，指导我们做得更好！

编者著

2017年12月

目录

CONTENTS

出入大门

ENTRANCE GATE

出入大门

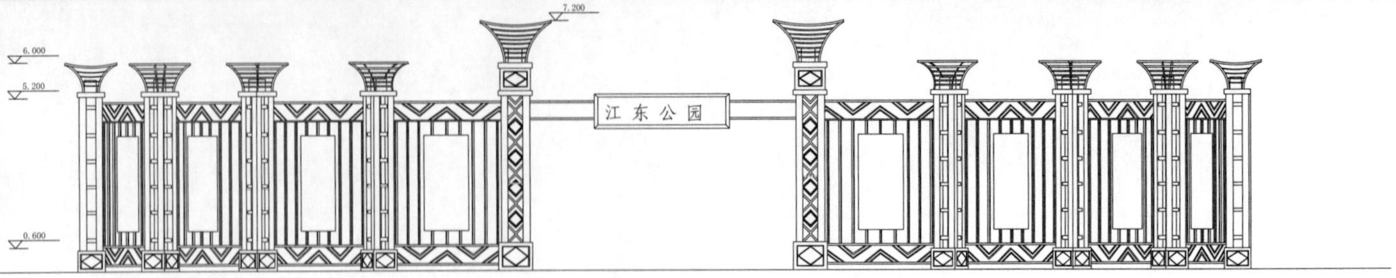

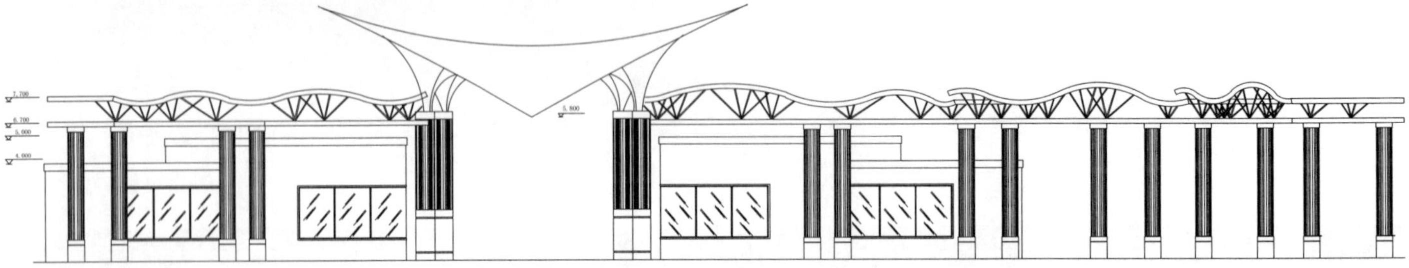

出入大门001

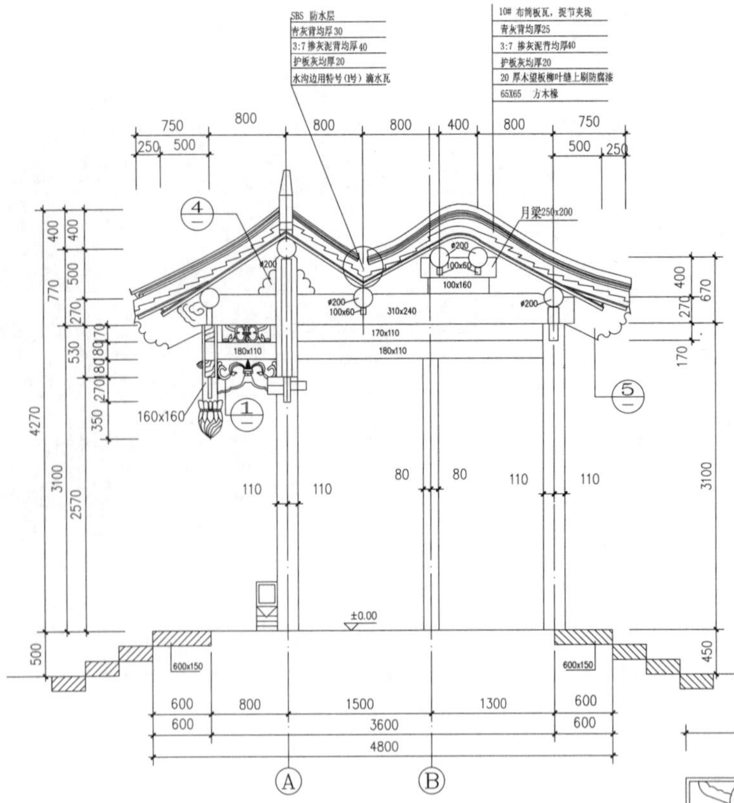

垂花门剖面 1:30

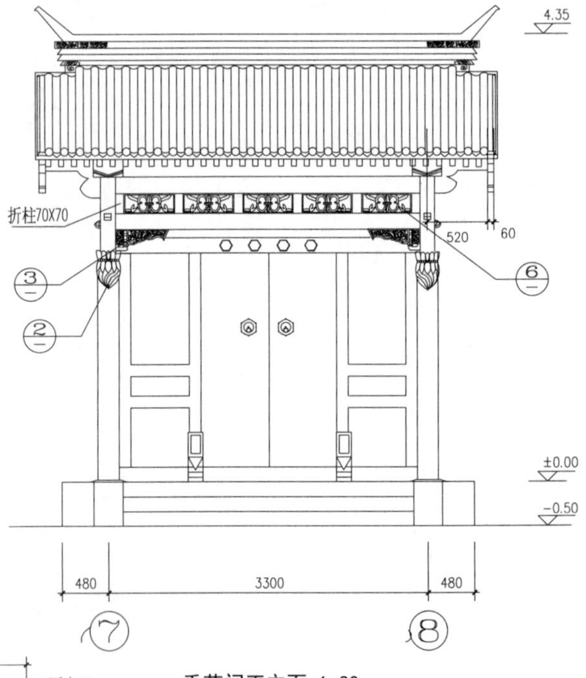

垂花门正立面 1:30

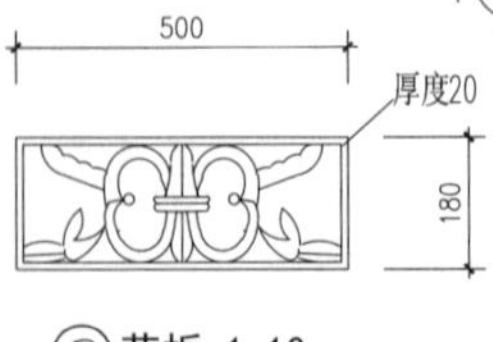

⑥花板 1:10

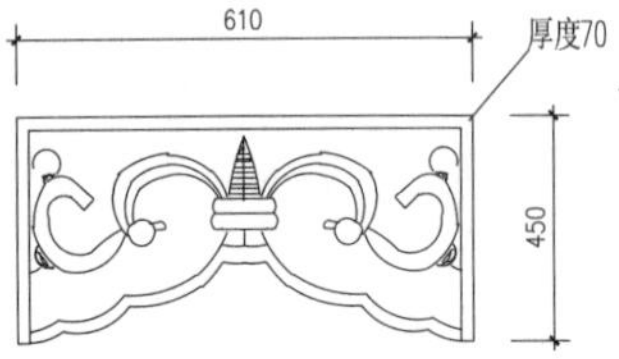

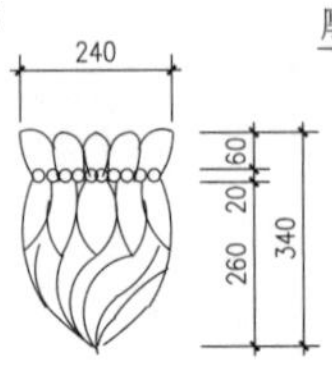

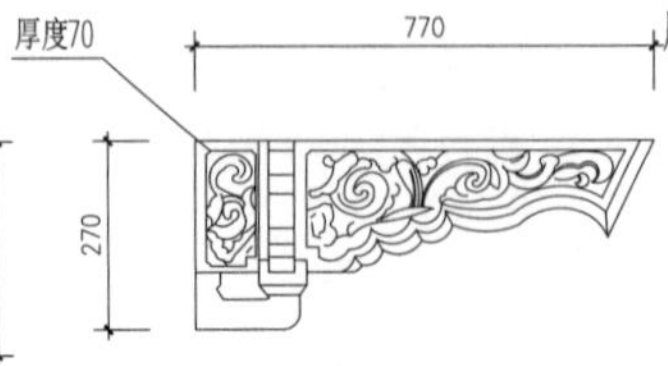

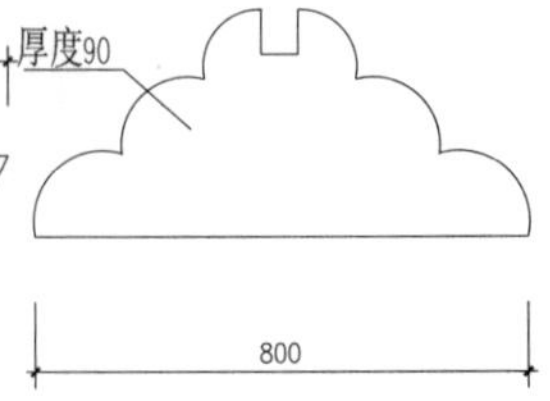

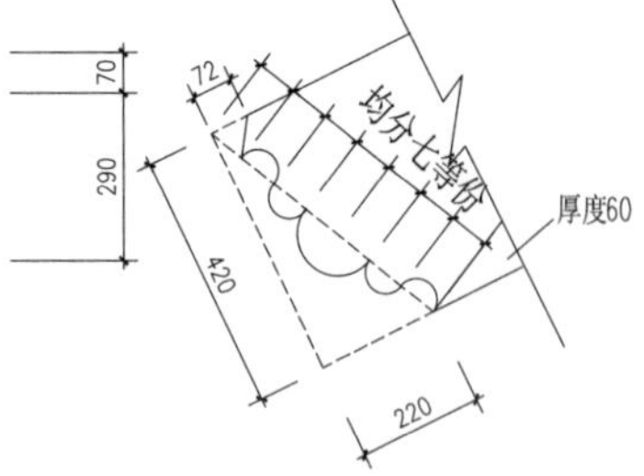

①骑马雀替 1:10　②垂头 1:10　③雀替 1:10　④角背 1:10　⑤博缝头 1:10

出入大门002

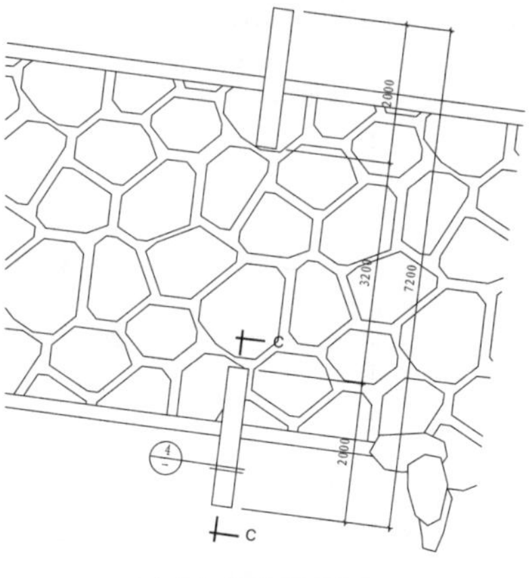

玉琮半圆景观门平面图 1:50

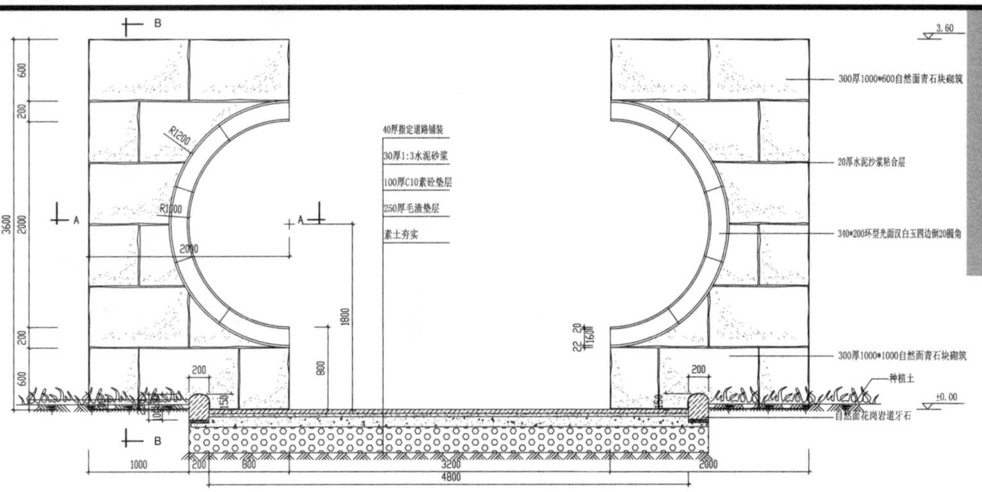

玉琮半圆景观门立面图 1:25

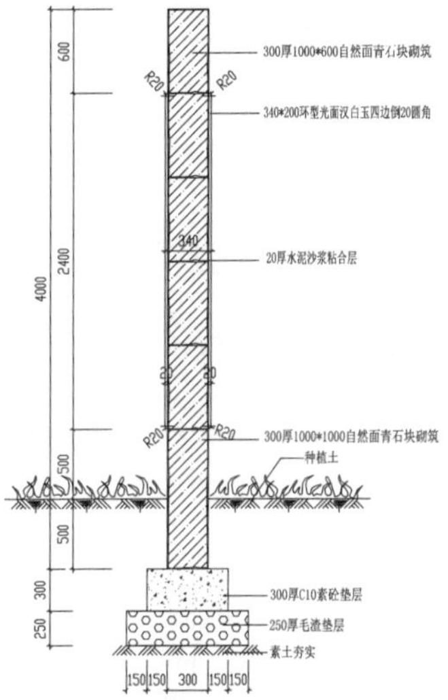

B-B 剖面图 1:25

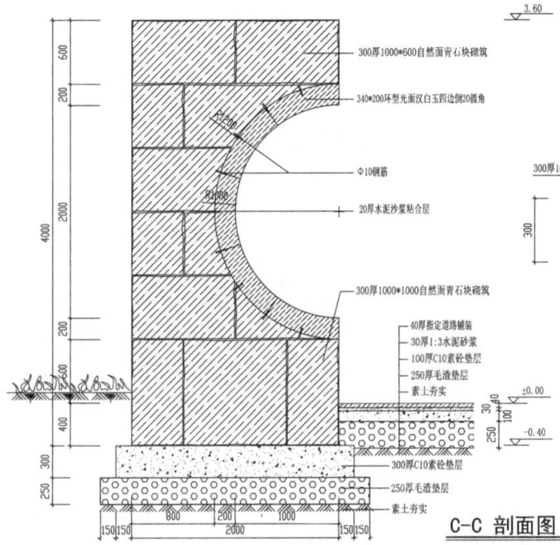

C-C 剖面图 1:25

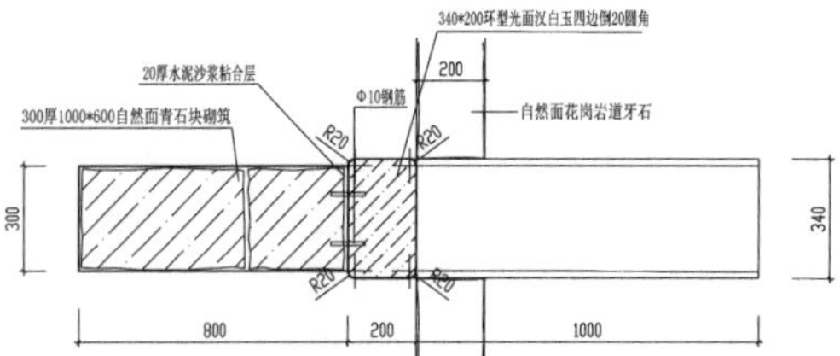

A-A 剖面图 1:15

出入大门003

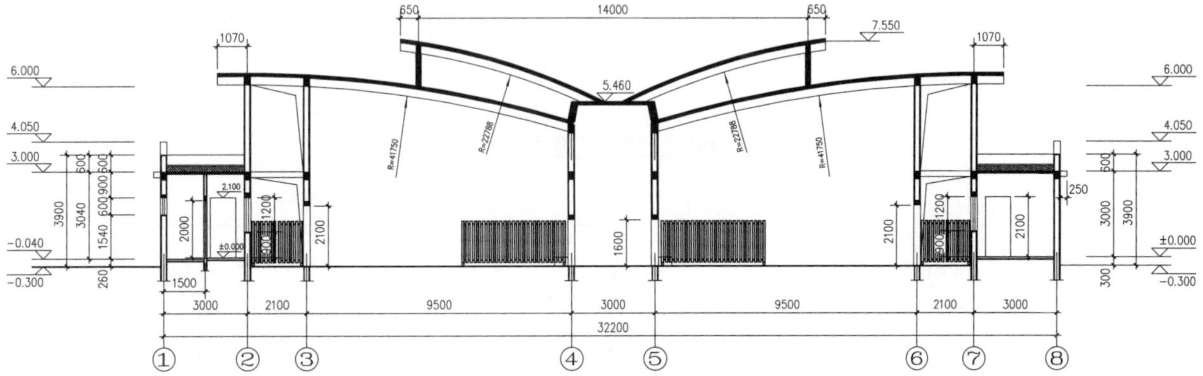

1-1 剖面图

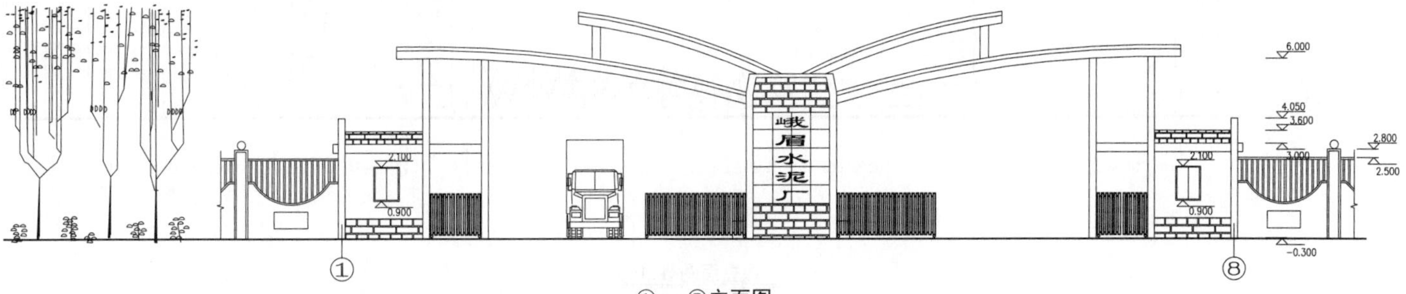

①—⑧立面图

出入大门004

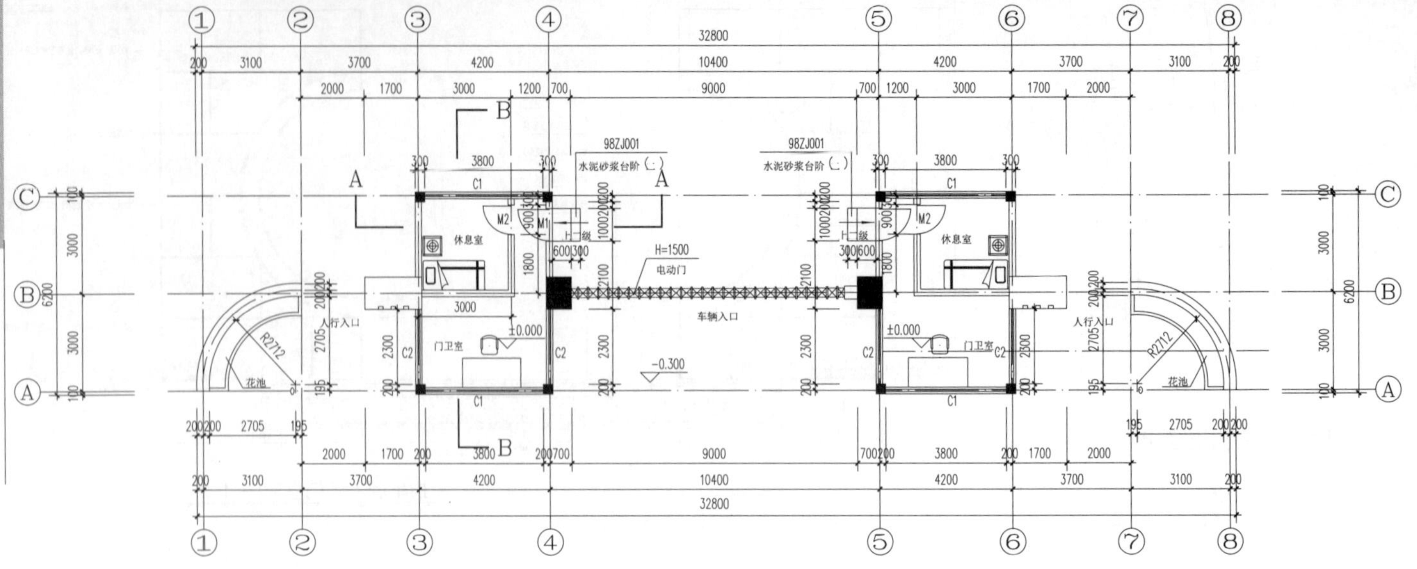

标高3.000m层平面 1:100

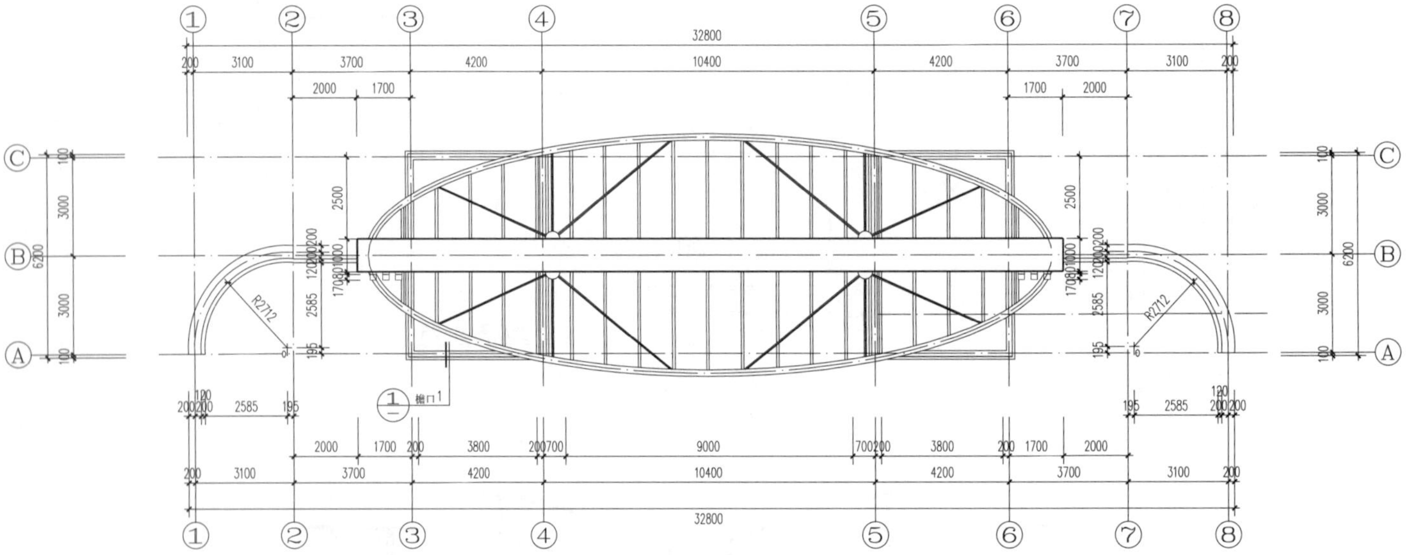

标高9.500m层平面 1:100

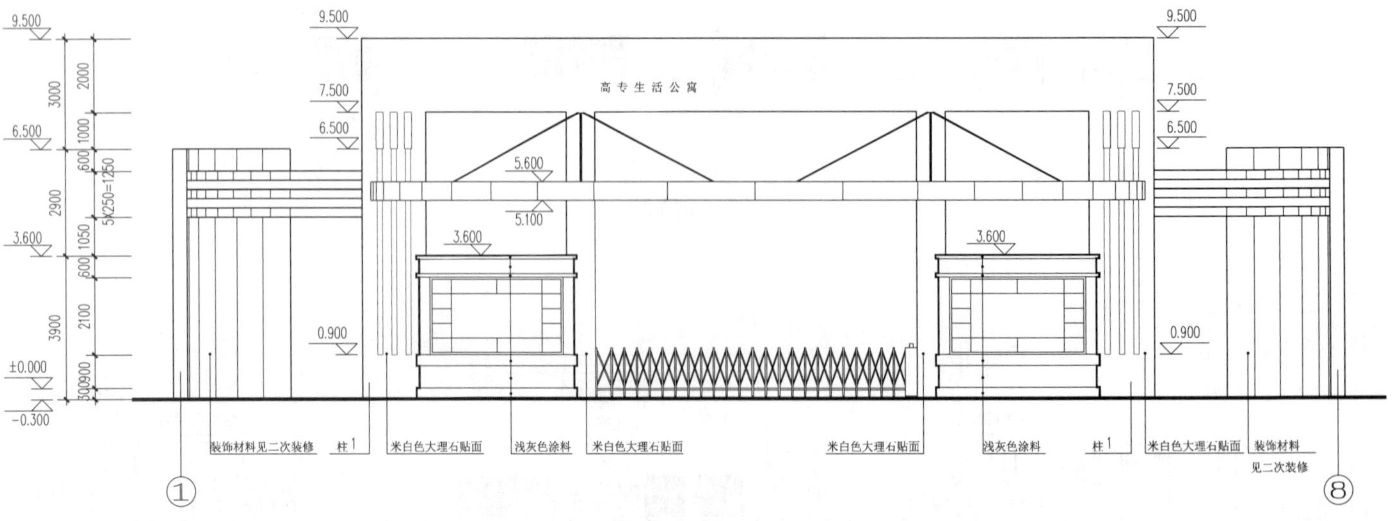

①~⑧立面图 1:100

大门立面 1:20

说明：铁艺大门由专业厂家制作安装。

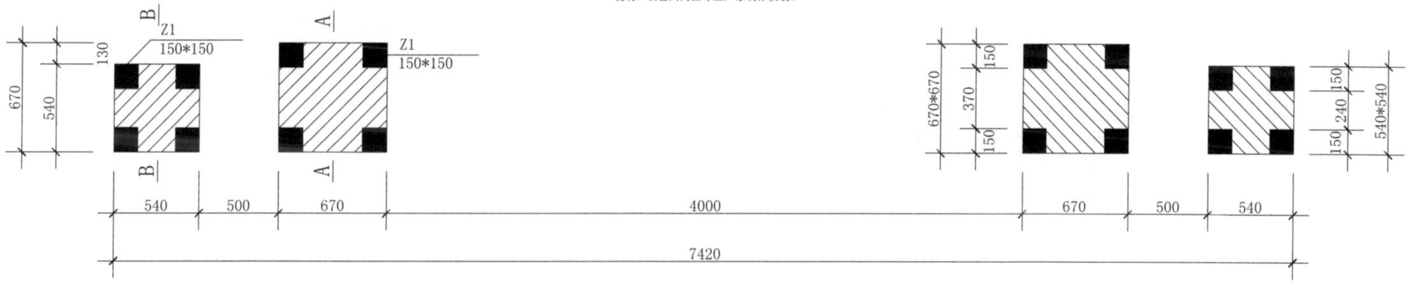

大门平面 1:20

灰色水泥瓦屋面
水泥砂浆找平
60厚预制板内
布Ø6双向筋
砖墩490*490

水泥砂浆抹光
刷外墙涂料

灰色水泥瓦屋面
水泥砂浆找坡
砖砌体

水泥砂浆抹光
刷外墙涂料

Ø10@200双向筋

板面结平 1:25

水泥砂浆抹光
刷外墙涂料

RC砼平板内布
Ø8@200双向筋

水泥砂浆抹光
喷米黄真石漆

水泥砂浆抹光
刷外墙涂料

RC砼平板内布
Ø8@200双向筋

水泥砂浆抹光
喷米黄真石漆

C-C 剖面 1:20

A-A 剖面 1:20

B-B 剖面 1:20

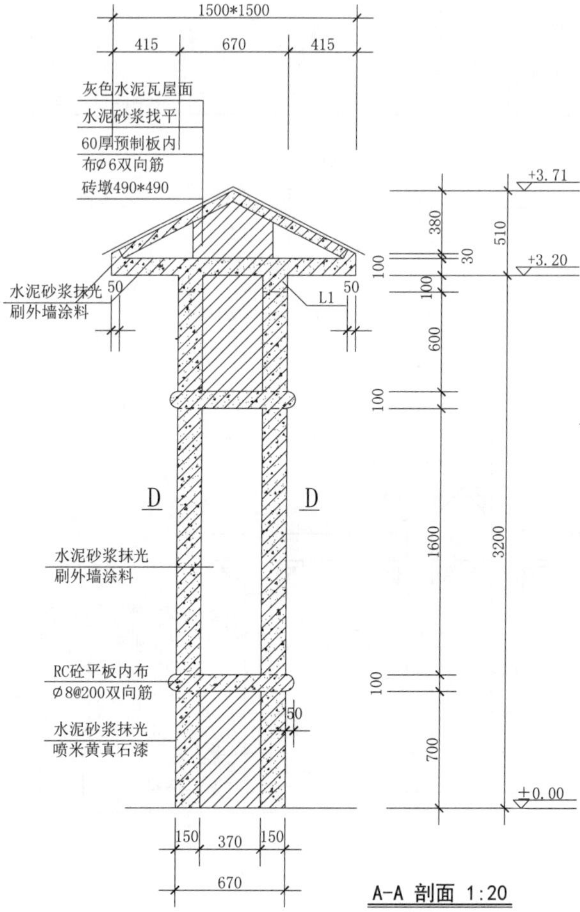

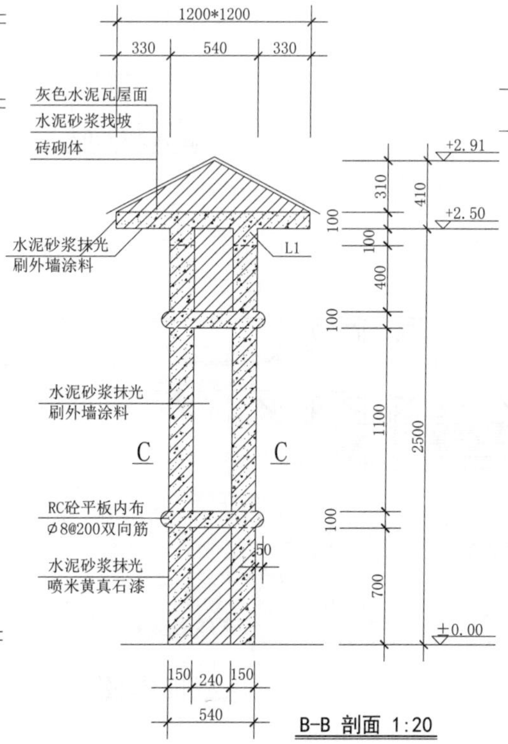

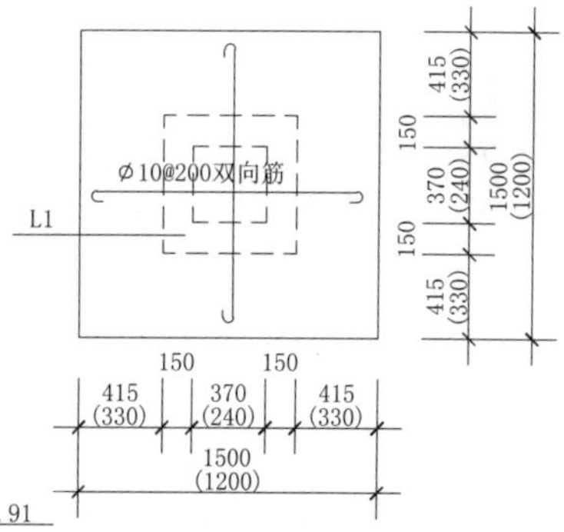

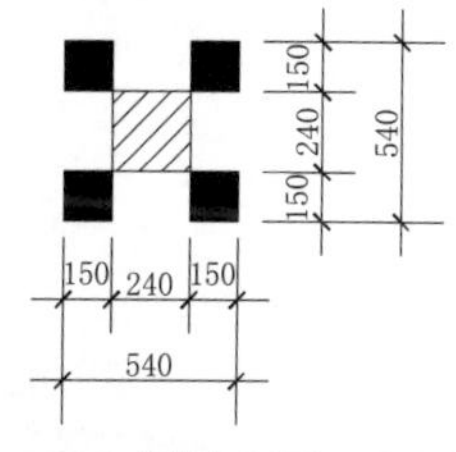

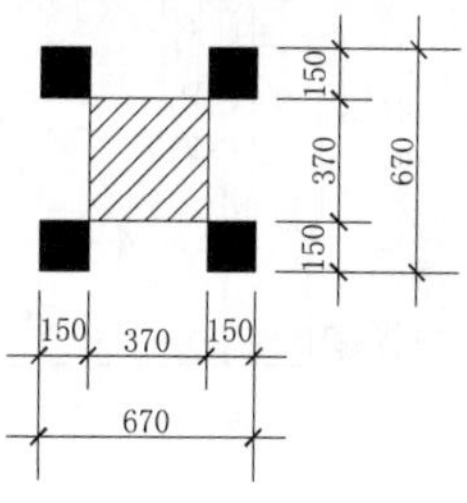

D-D 剖面 1:20

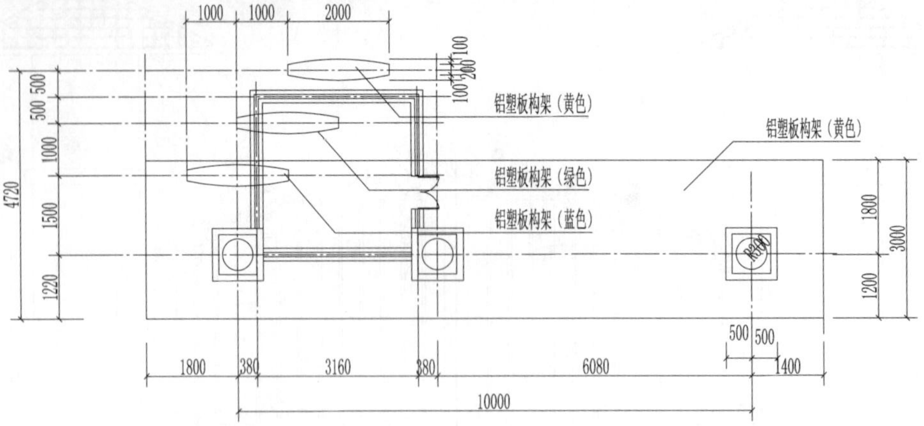
铝塑板构架（黄色）
铝塑板构架（黄色）
铝塑板构架（绿色）
铝塑板构架（蓝色）

平面图

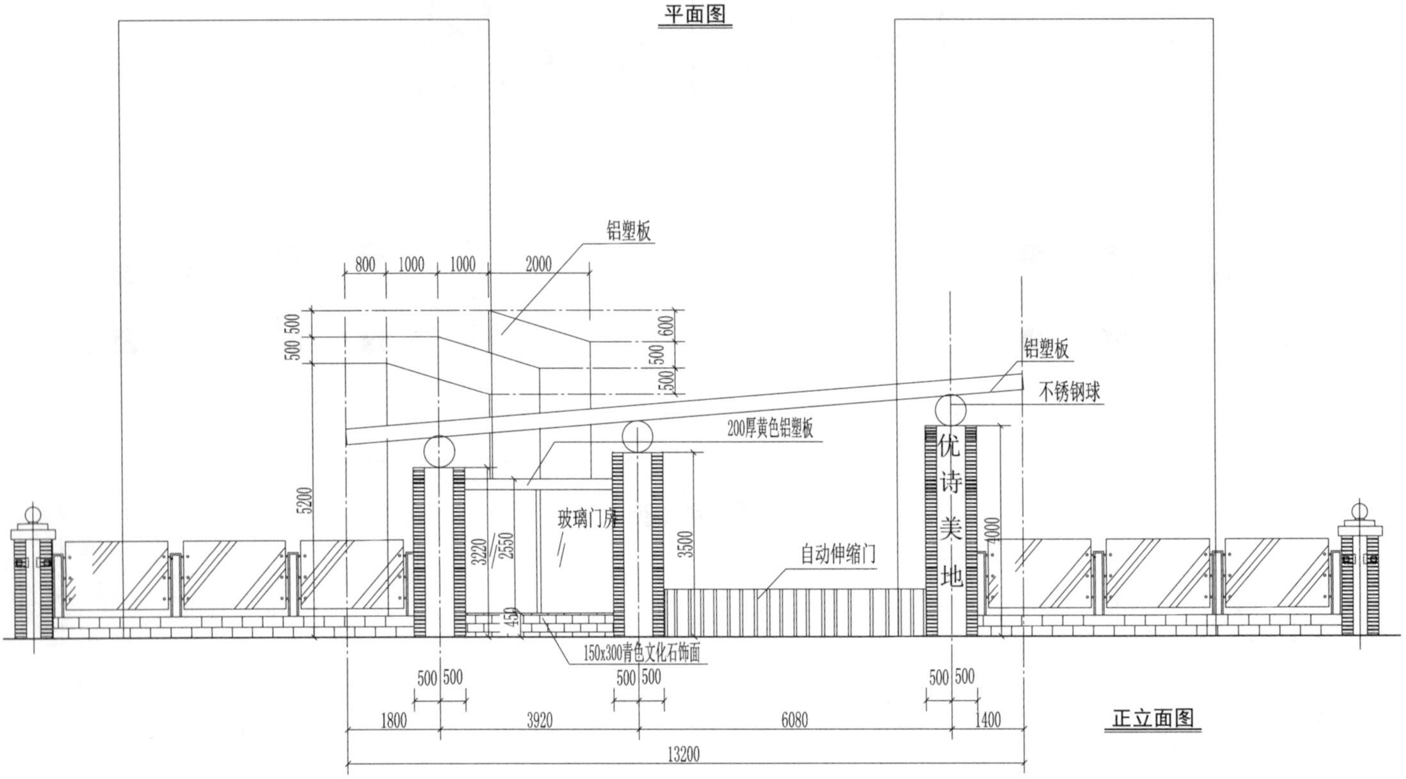
铝塑板
铝塑板
不锈钢球
200厚黄色铝塑板
玻璃门房
自动伸缩门
优诗美地
150x300青色文化石饰面

正立面图

出入大门007

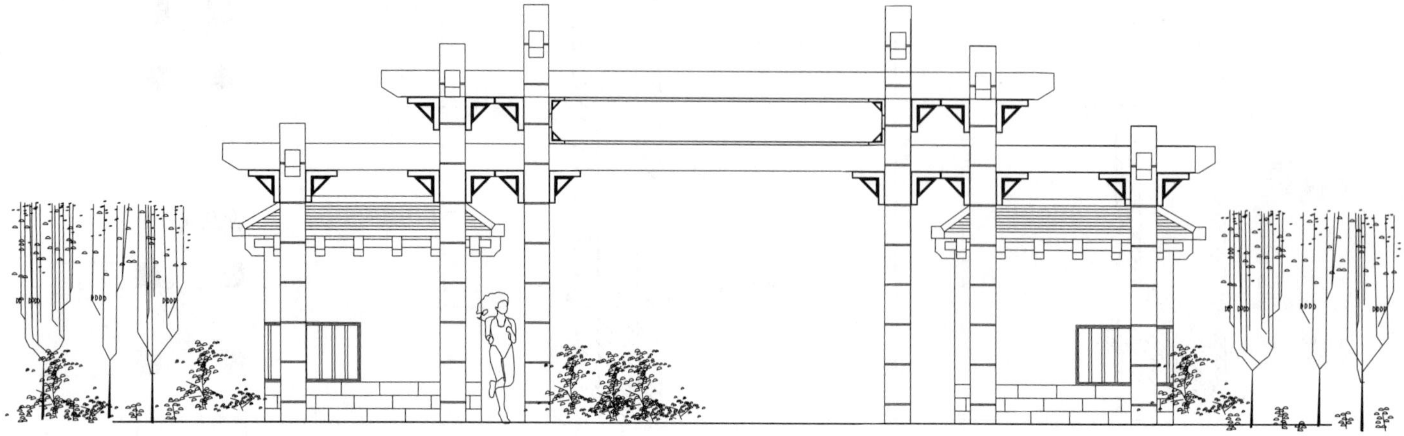

大门正立面图 1:100

出入大门008

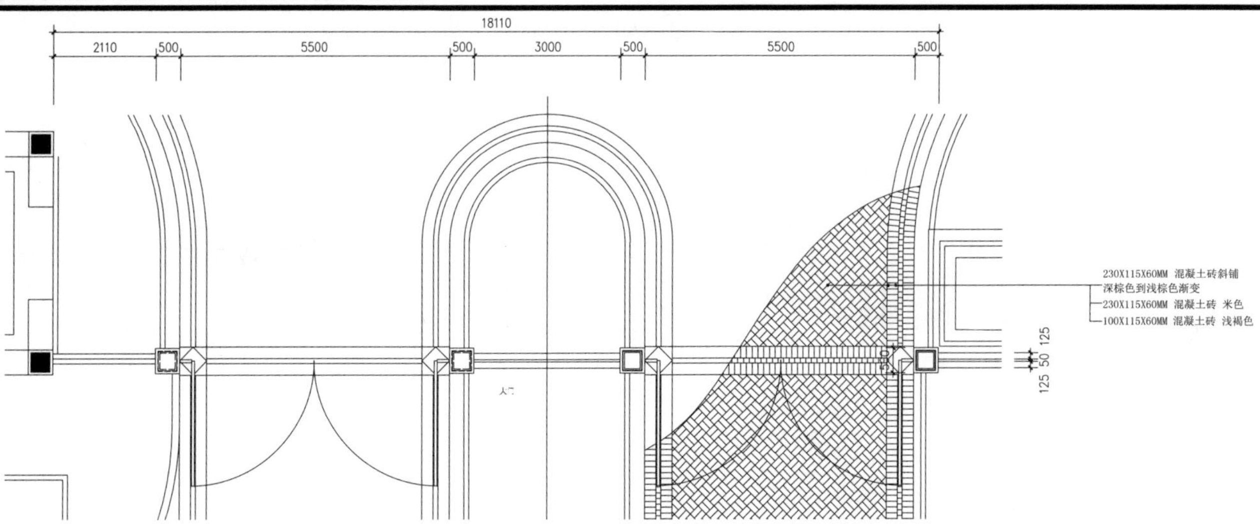

18110
2110
500
5500
500
3000
500
5500
500
230X115X60MM 混凝土砖斜铺
深棕色到浅棕色渐变
230X115X60MM 混凝土砖 米色
100X115X60MM 混凝土砖 浅褐色
125 50 125
大门平面图 1:60
定制灯见大样
30X30MM铁艺黑色喷漆饰面 防锈处理
6X30MM铁艺黑色喷漆饰面 防锈处理
50X30MM铁艺黑色喷漆饰面 防锈处理
1550
750
360
480
2250
表面仿花岗岩喷涂 颜色与建筑相匹配
500
5500
500
3000
500
5500
500
1000
17000
大门立面图 1:50
出入大门009
5280
城市阳光公寓
CHENGSHIYANGGUANGGONGYU
5100
6300
5100
大门立面图
3780
花坛
大门平面图
出入大门010

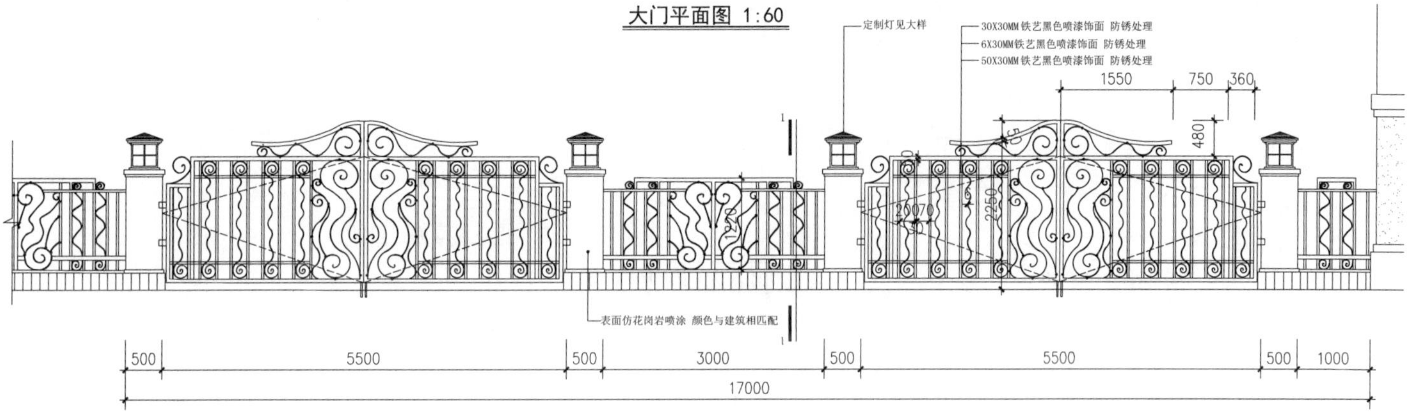

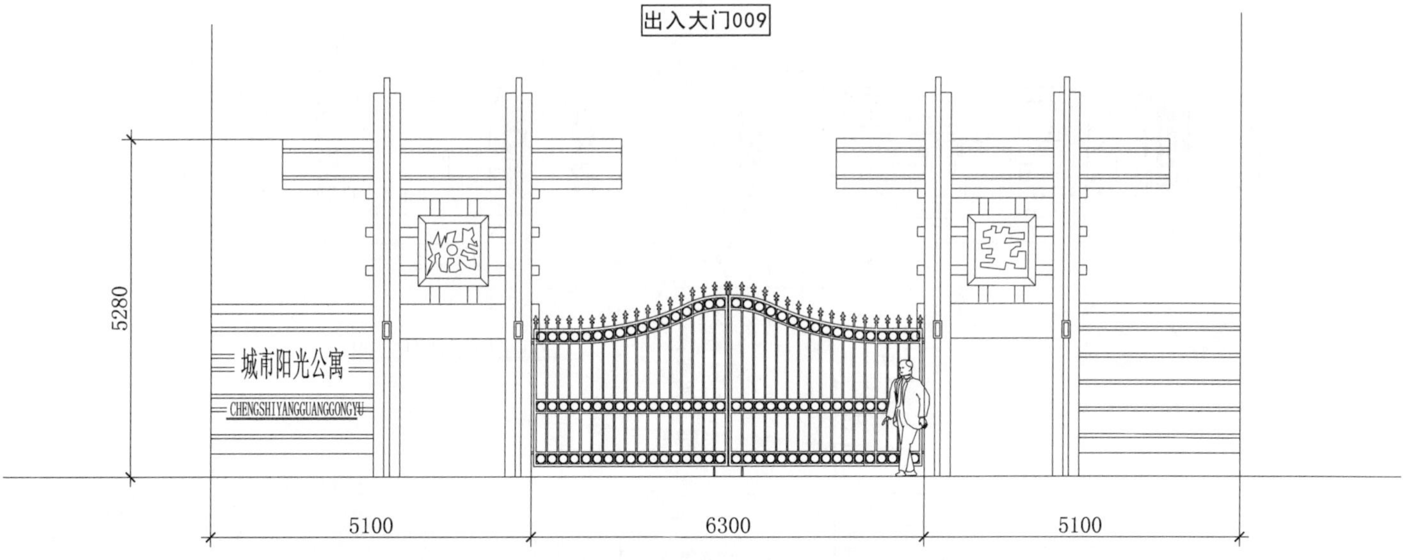

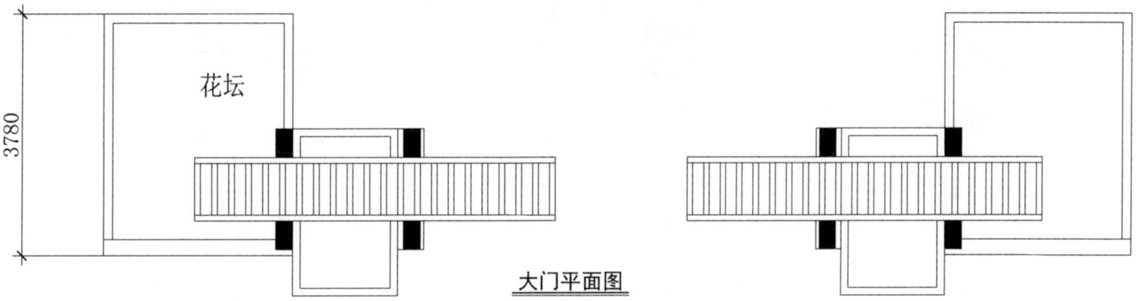

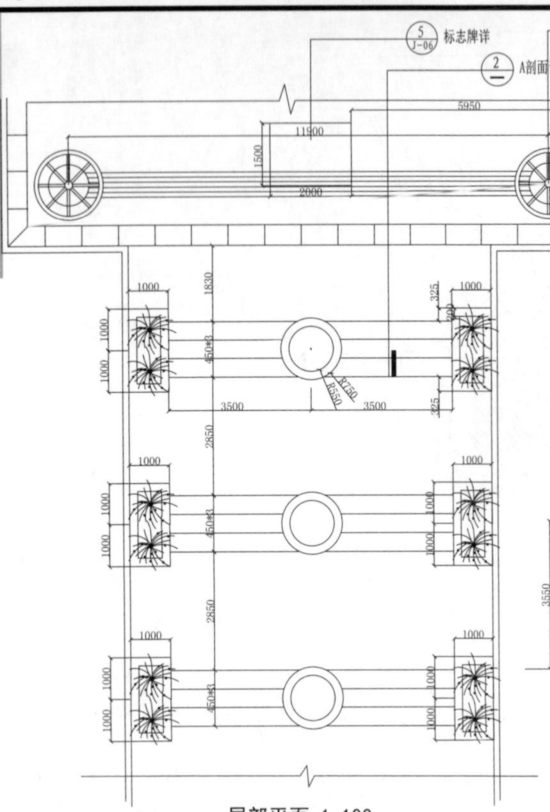

出入大门

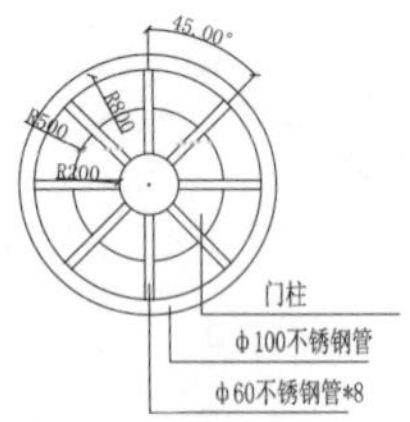

柱帽平面图 1:50

大门大样图 1:50

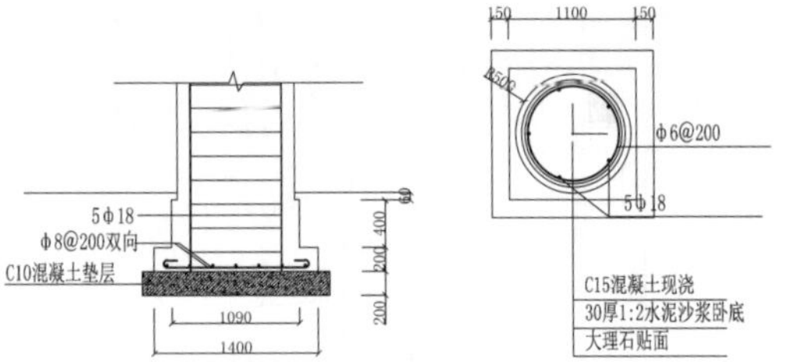

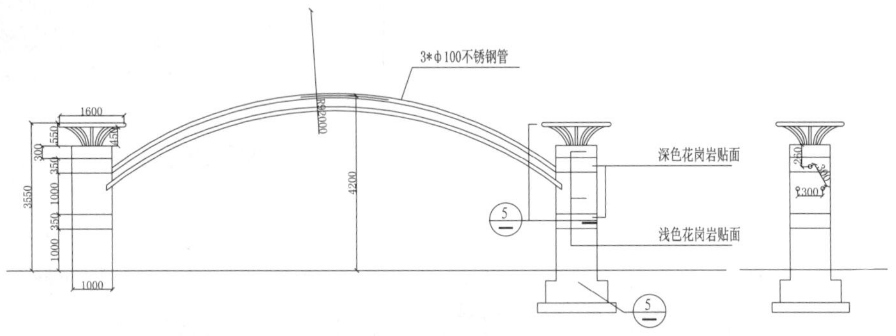

φ100不锈钢管
φ60不锈钢管*8
门柱

5φ18
φ8@200双向
C10混凝土垫层

φ6@200
5φ18
C15混凝土现浇
30厚1:2水泥沙浆卧底
大理石贴面

3*φ100不锈钢管

深色花岗岩贴面
浅色花岗岩贴面

大门正、侧立面 1:100

局部平面 1:100

出入大门011

屋构架
200x200 木柱
200x200x80 锈石压顶
砖砌柱
20 厚木纹石碎拼贴面
成品灯具
80厚青石压顶
木纹石碎拼贴面砖砌柱
40x160 芬兰木栅栏

成品木门
院栅栏
木纹石碎拼贴面

入口门亭立面图 1:30

下步,步高50
600x900x50
厚锈石花岗石火烧板地面

木纹石碎拼贴面基座
院栅栏

镇石
木门

600x900x50
厚锈石花岗石火烧板地面
下步,步高50

连接铁花
40x240
芬兰木栅栏
80厚青石压顶
木纹石碎拼贴面砖砌柱

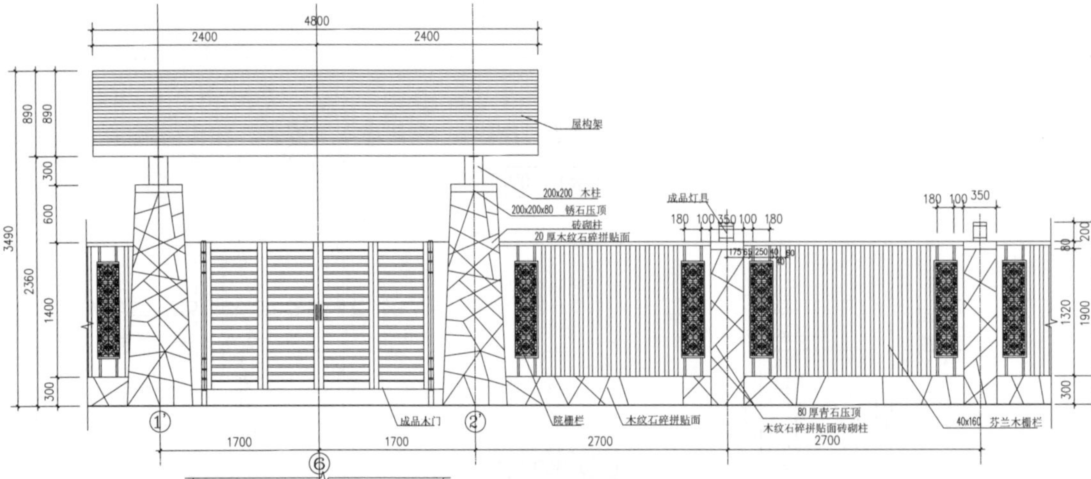

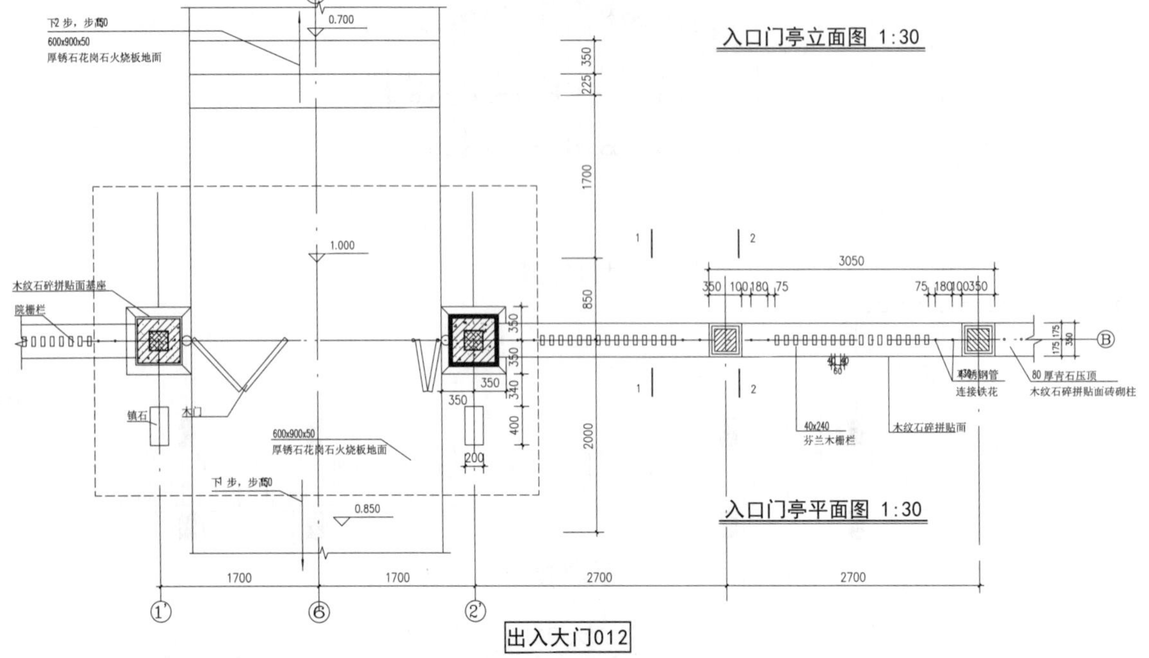

入口门亭平面图 1:30

出入大门012

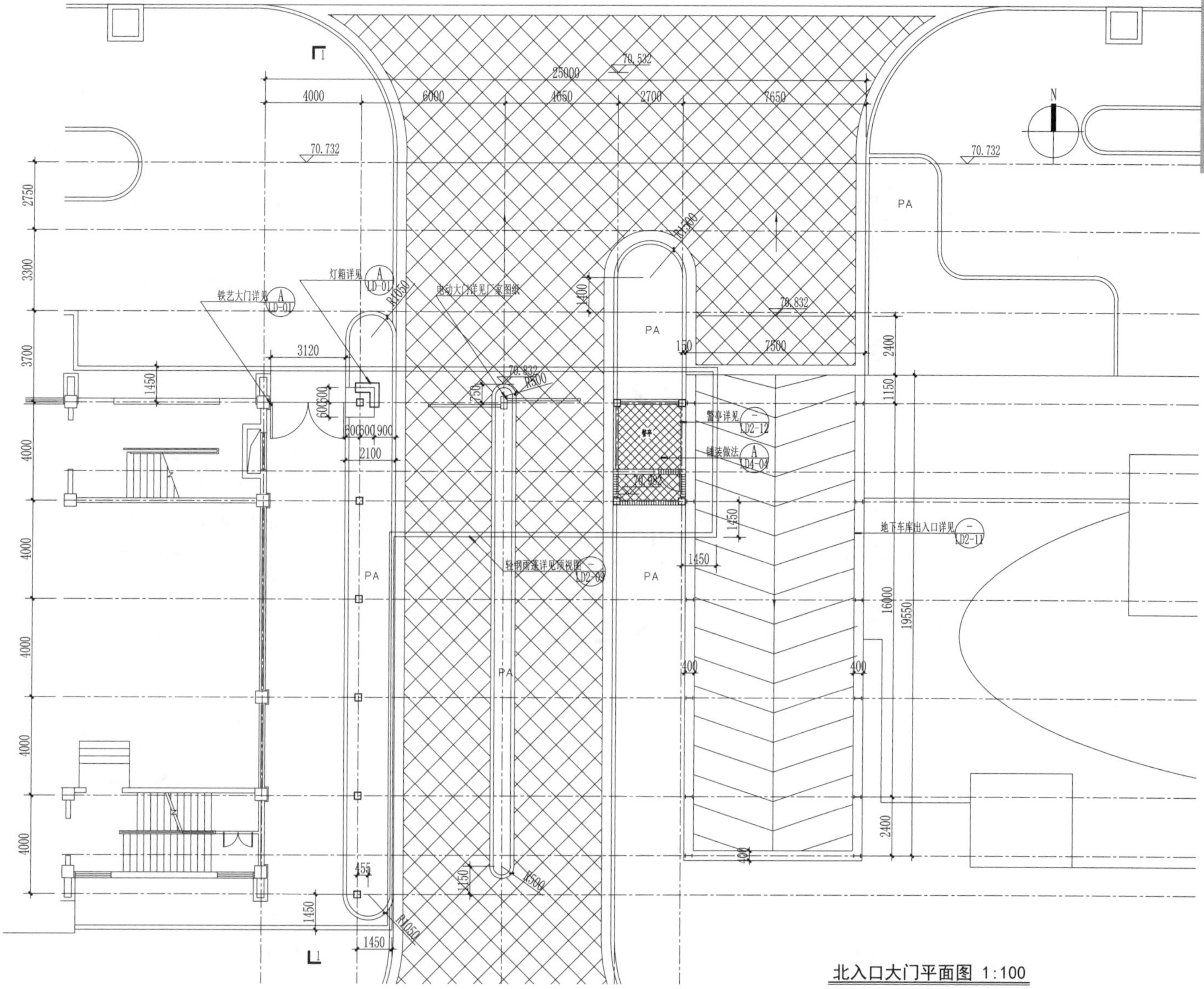

北入口大门平面图 1:100

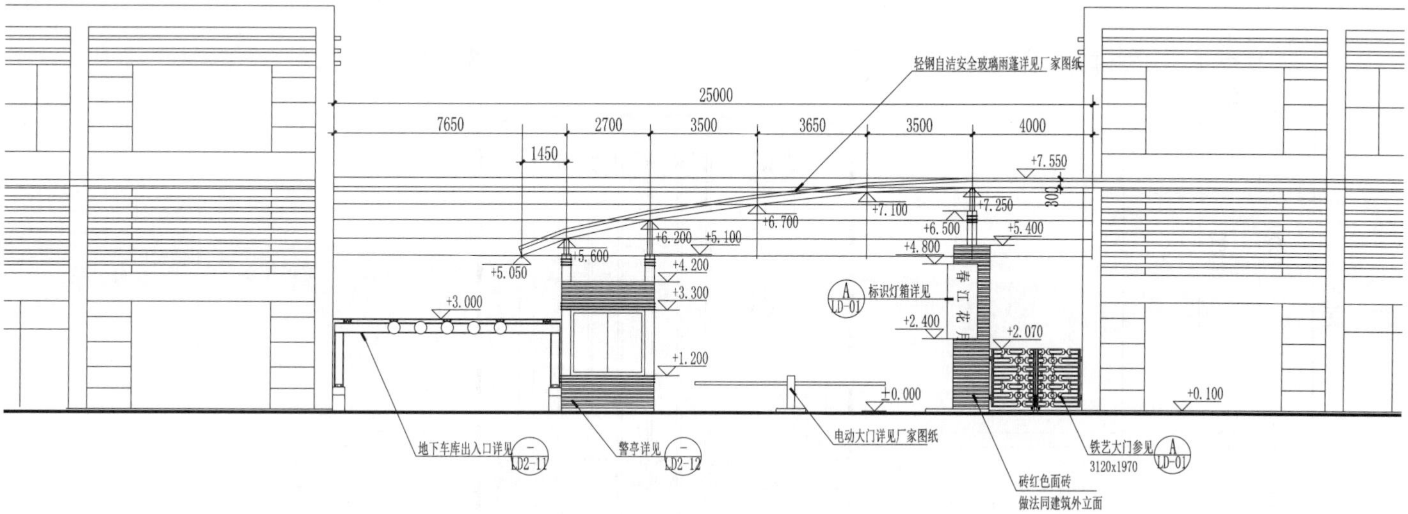

北立面图 1:100

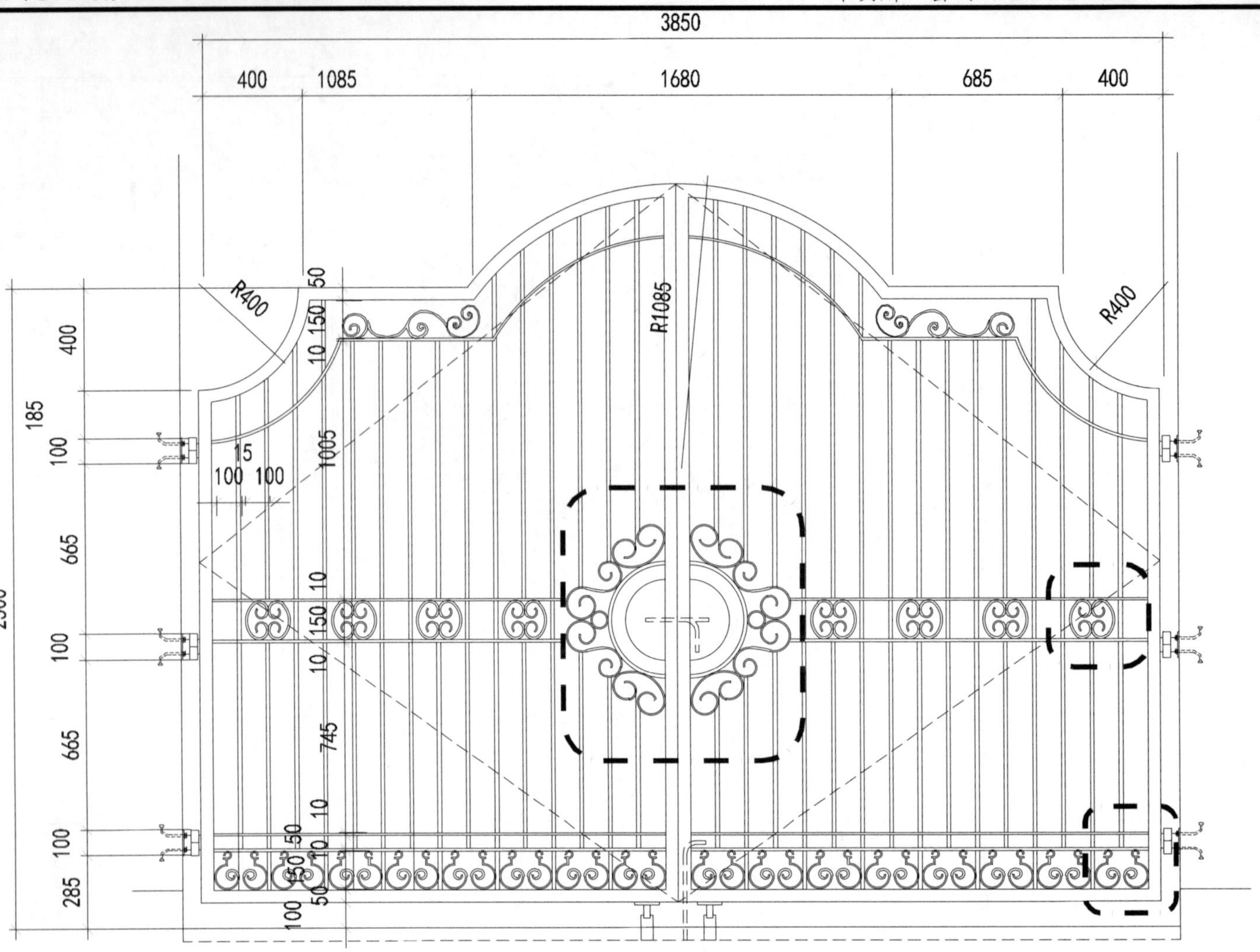

铁艺大门详图01 1:20

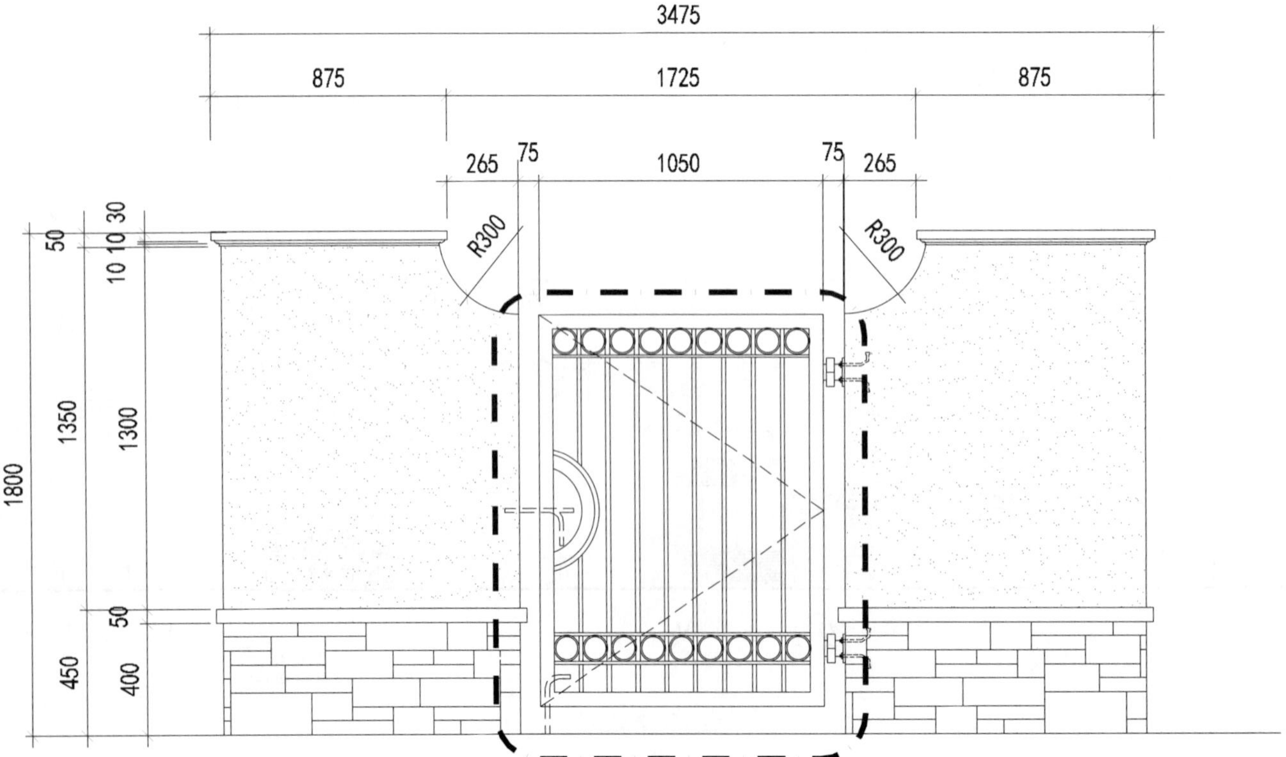

铁艺大门详图02 1:20

出入大门014

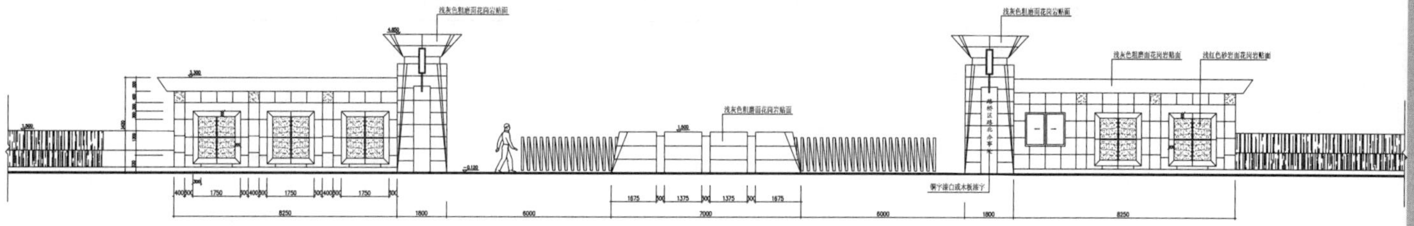

办事处大门正立面图 1:100

说明：
1. 电动伸缩门外形尺寸为6500x1150x650.

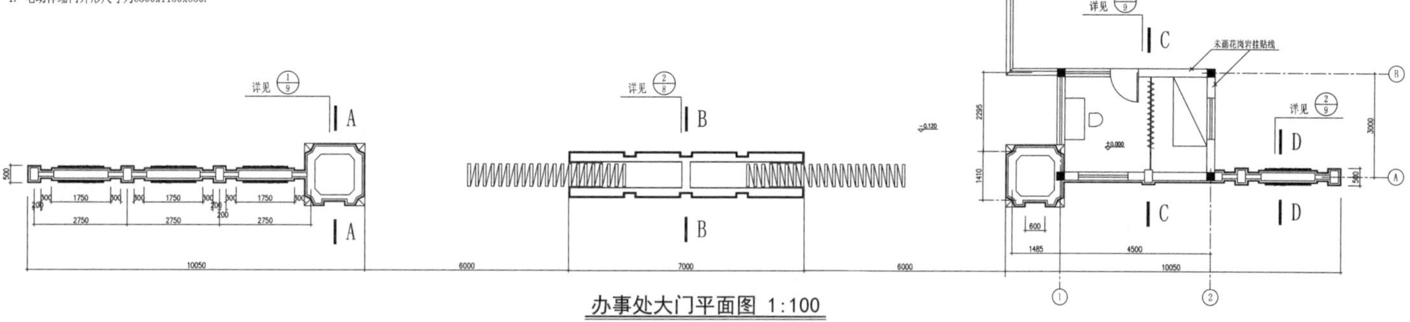

办事处大门平面图 1:100

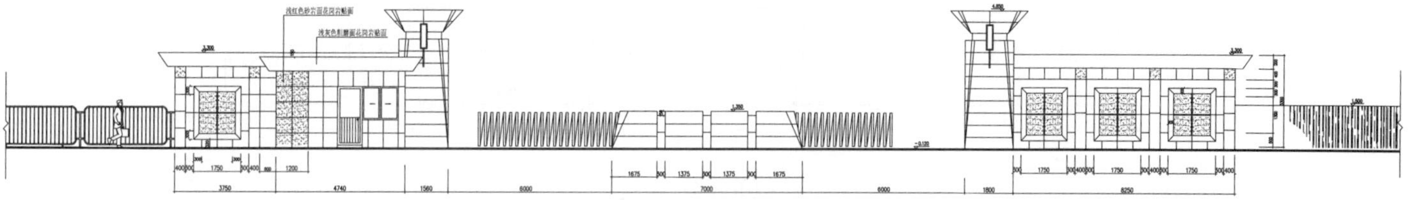

办事处大门背立面图 1:100

出入大门015

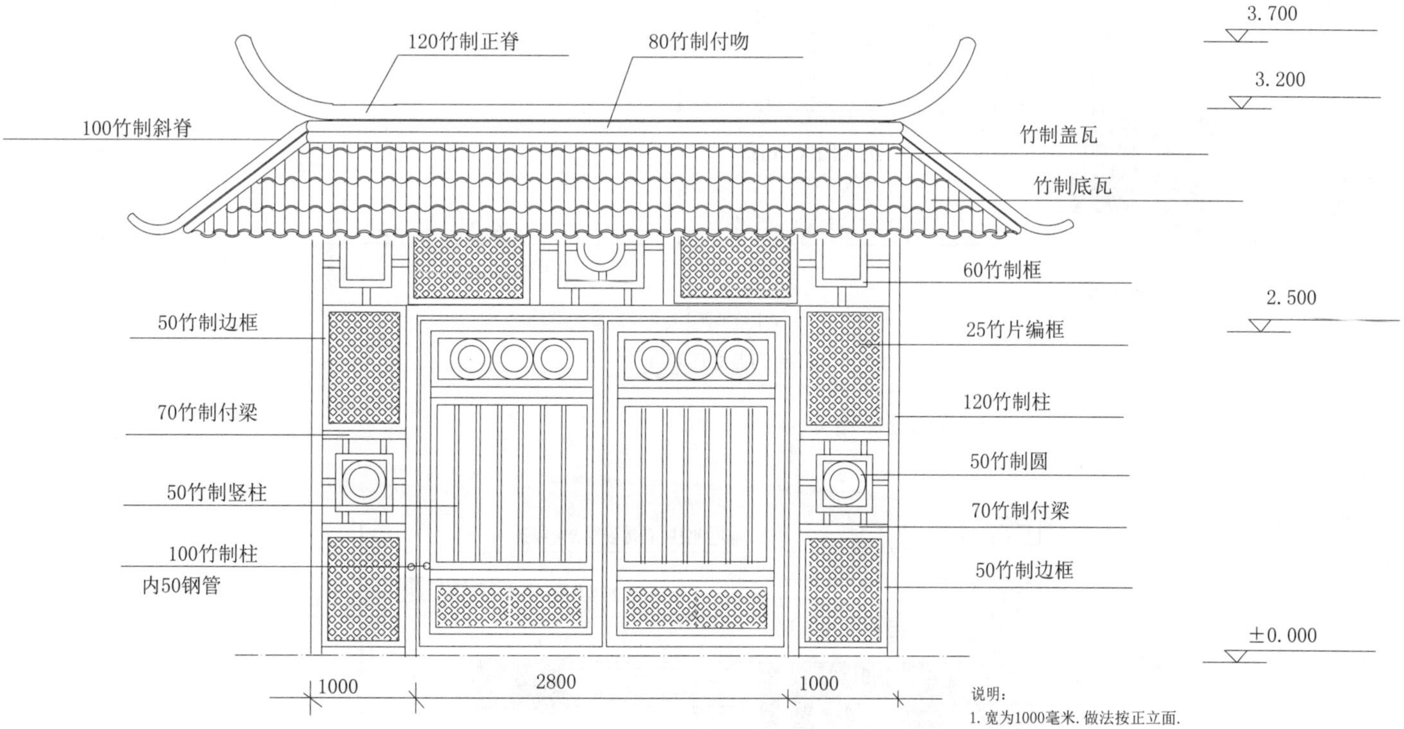
3.700
3.200
2.500
±0.000
120竹制正脊
80竹制付吻
100竹制斜脊
竹制盖瓦
竹制底瓦
60竹制框
50竹制边框
25竹片编框
70竹制付梁
120竹制柱
50竹制圆
50竹制竖柱
70竹制付梁
100竹制柱
内50钢管
50竹制边框
1000
2800
1000

竹制门架示意图

说明：
1. 宽为1000毫米. 做法按正立面.
2. 实际长度按现场确定. 本图为示意.
3. 本图所用竹材为毛竹，并高温高压处理.

出入大门016

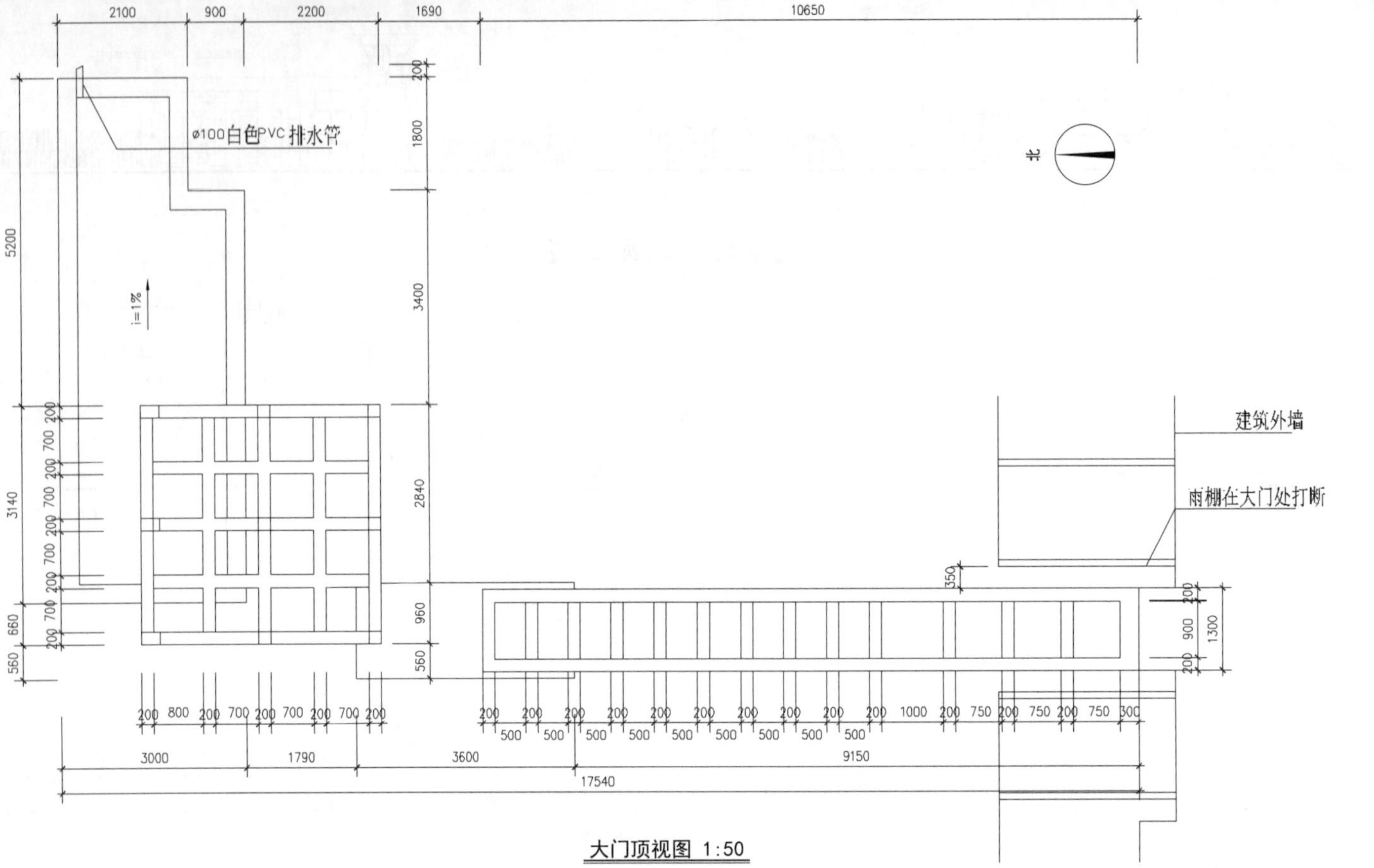

大门顶视图 1:50

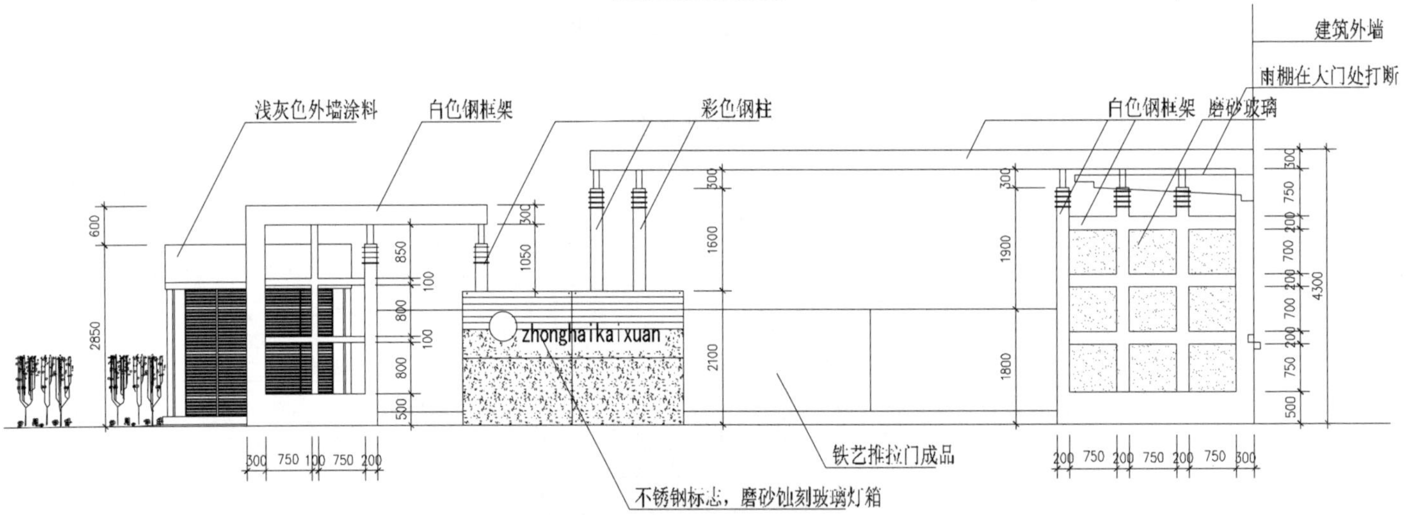
浅灰色外墙涂料
白色钢框架
彩色钢柱
白色钢框架
磨砂玻璃
建筑外墙
雨棚在大门处打断
zhonghaikaixuan
铁艺推拉门成品
不锈钢标志，磨砂蚀刻玻璃灯箱
2850 600 2100 1600 1900 1800 4300

大门西立面图 1:50

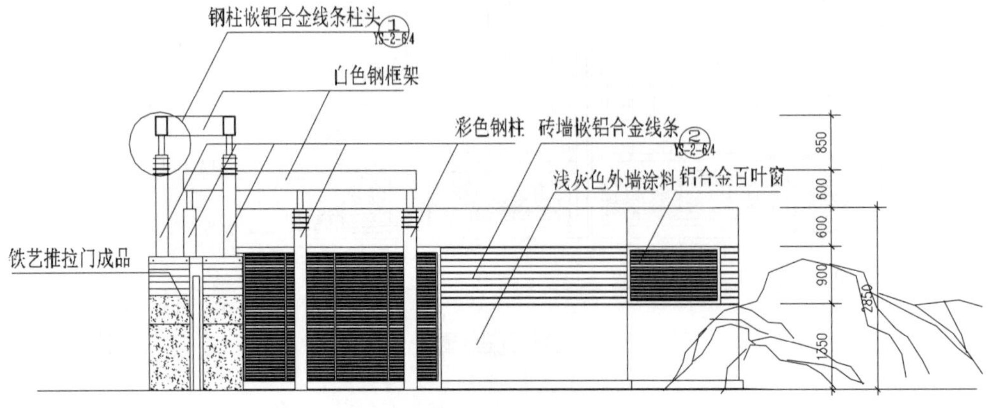
钢柱嵌铝合金线条柱头
白色钢框架
彩色钢柱
砖墙嵌铝合金线条
浅灰色外墙涂料
铝合金百叶窗
铁艺推拉门成品
850 600 600 900 1350 2850

大门南立面图 1:50

出入大门017

ENTRANCE GATE

6F

西域红花岗石干挂

青板文化石干挂

南非红花岗石整打基座

投射灯

花池

白色张拉膜

Ø100钢管立柱
黄色面漆

花岗石灯

艺术灯柱

花池

大门平面图 1:50

白色张拉膜

Ø20不锈钢管

南非红花岗石色带

西域红花岗石干挂

西域红花岗石干挂

青板文化石干挂

金黄麻花岗石整打石灯

南非红花岗石整打基座

南非红花岗石整打基座

大门立面图 1:50

出入大门018

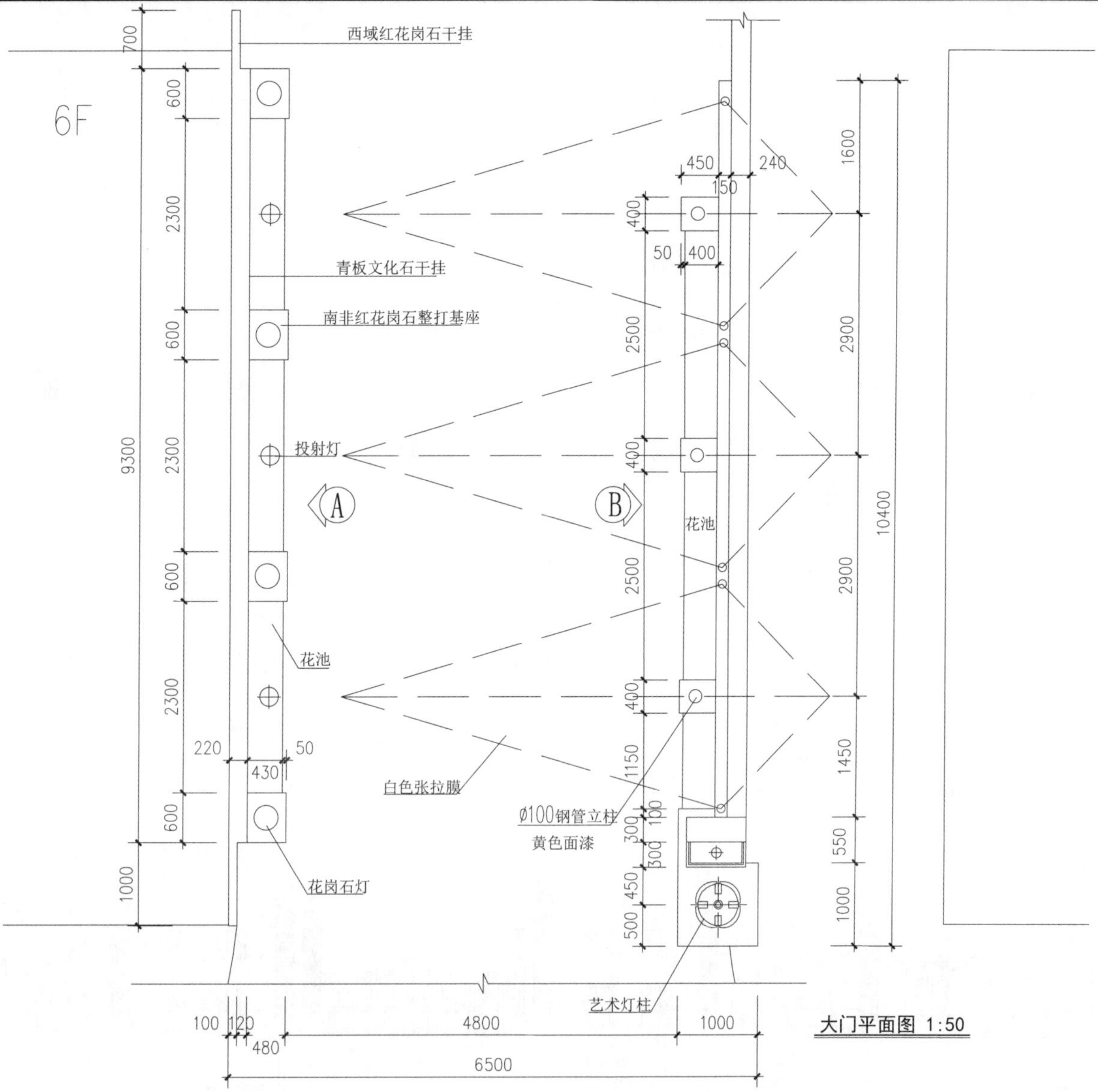

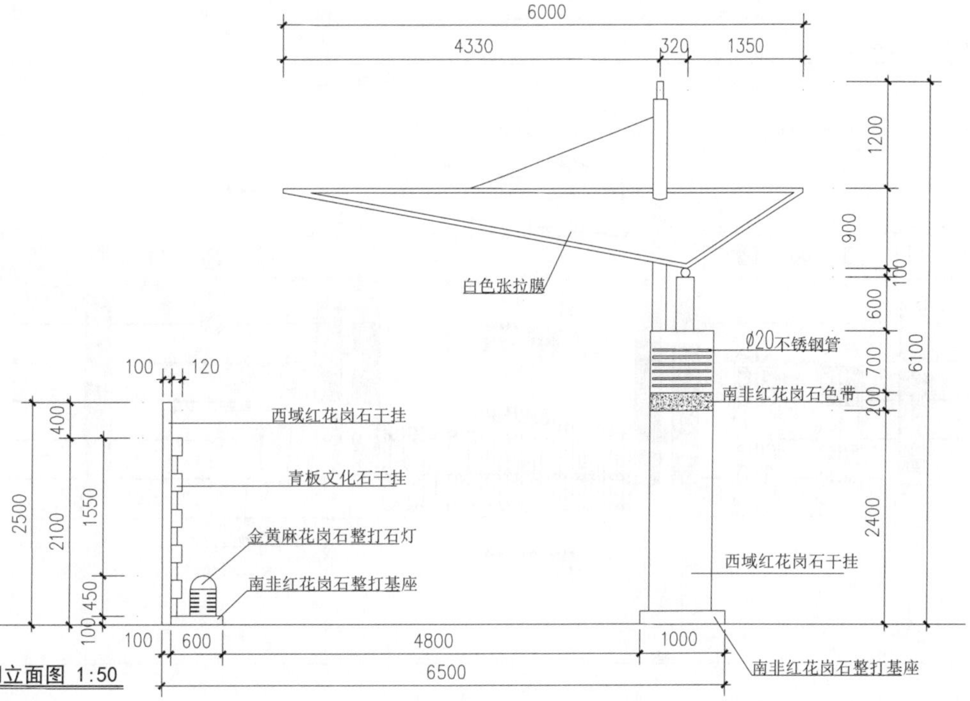

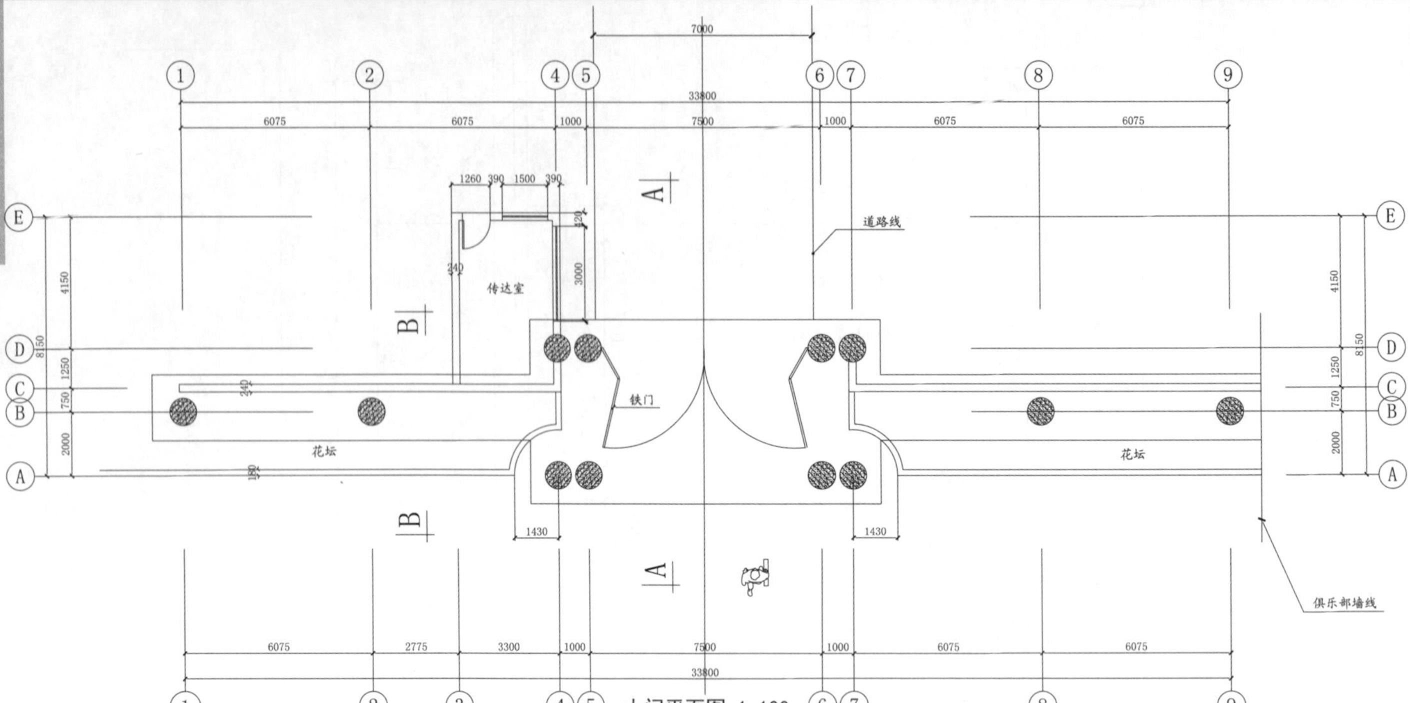

大门平面图 1:100

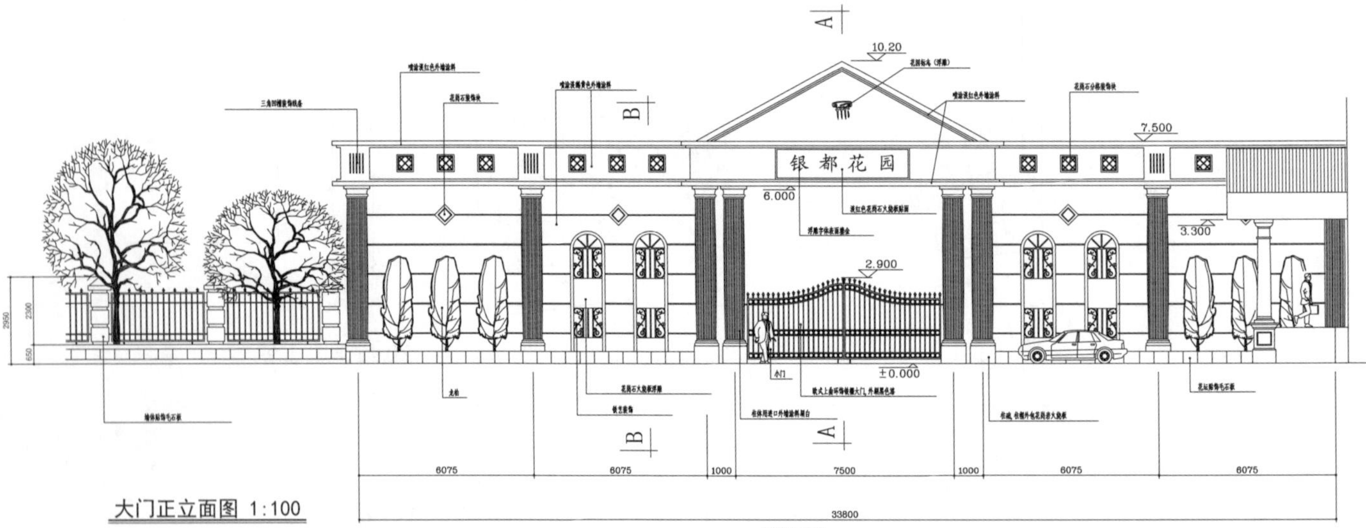

大门正立面图 1:100

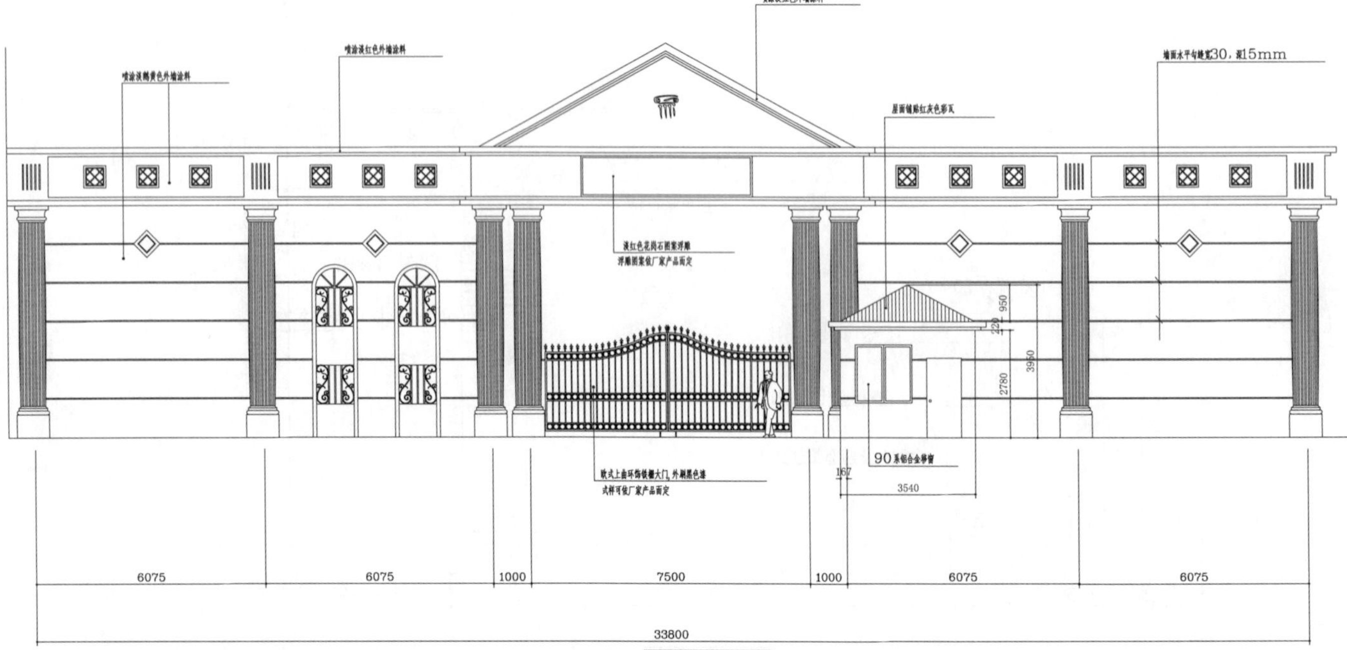

大门立面大样图 1:80

出入大门019

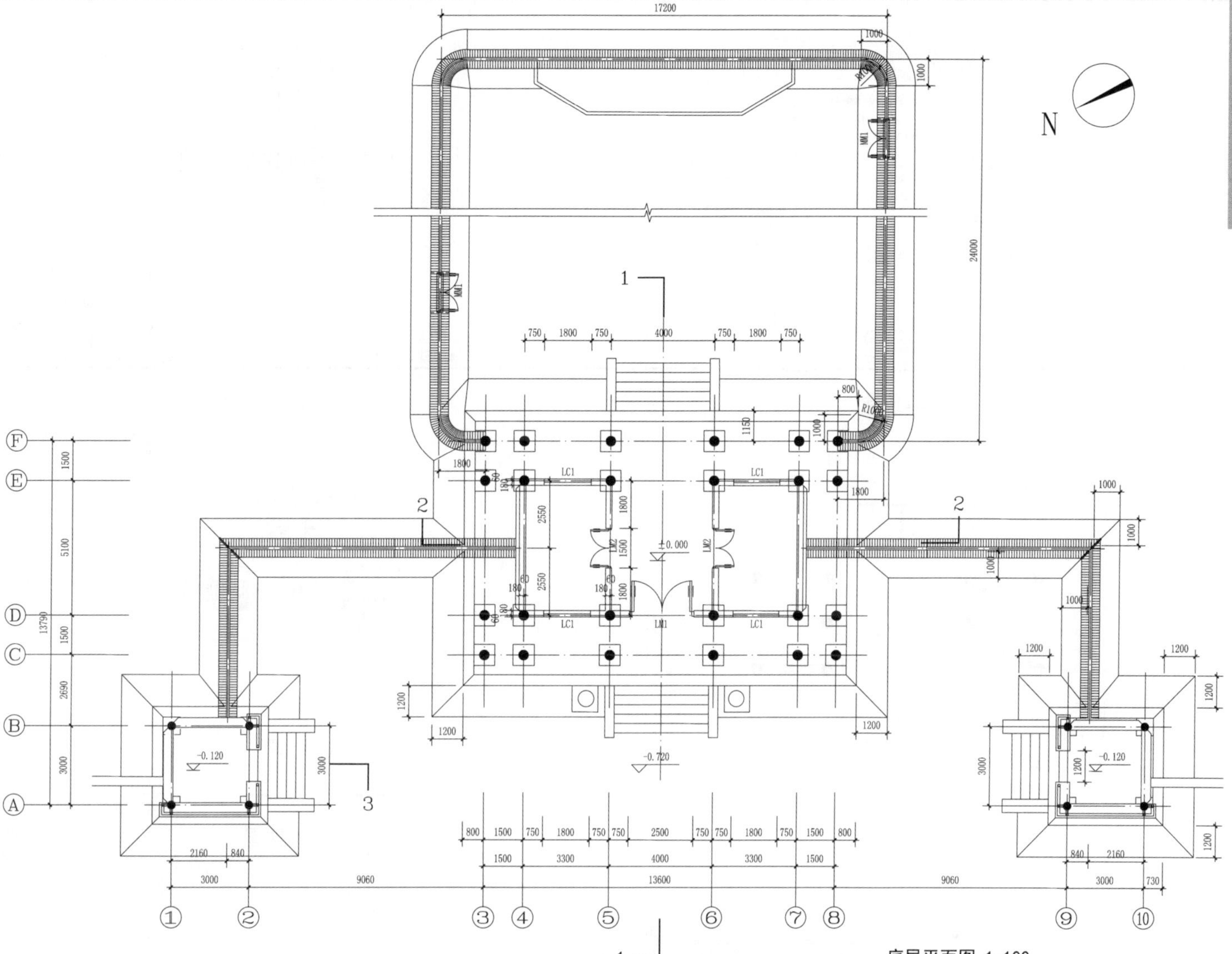

底层平面图 1:100

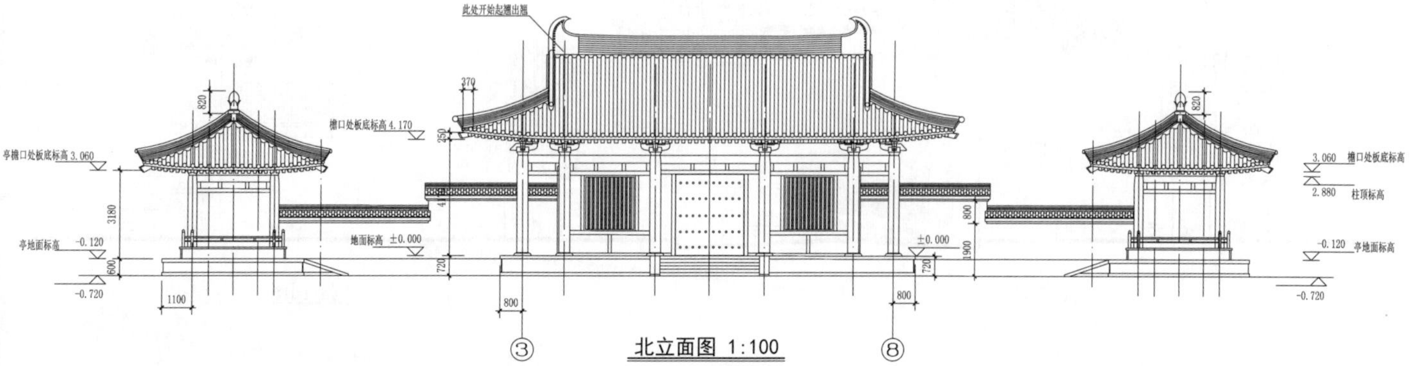

北立面图 1:100

出入大门020

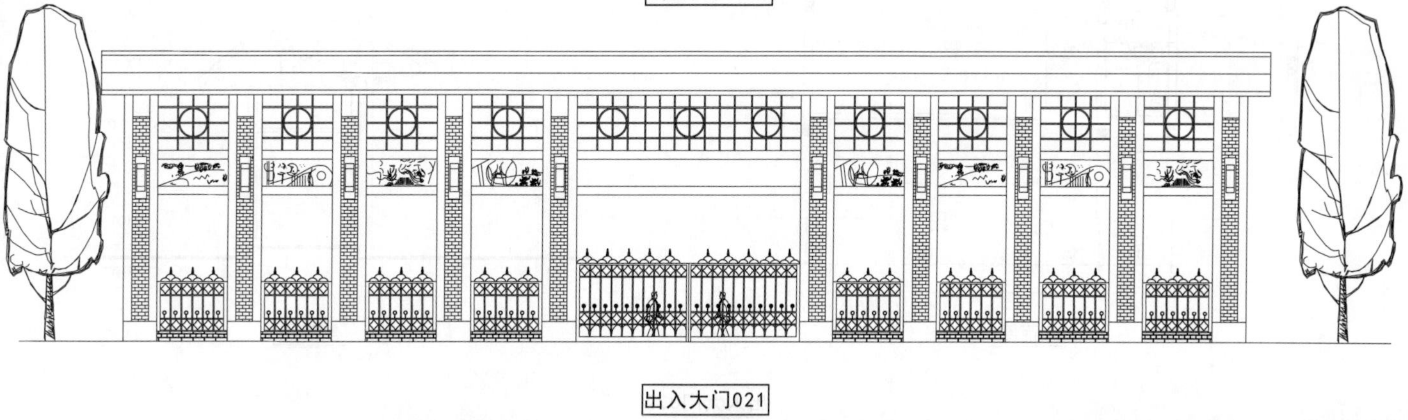

出入大门021

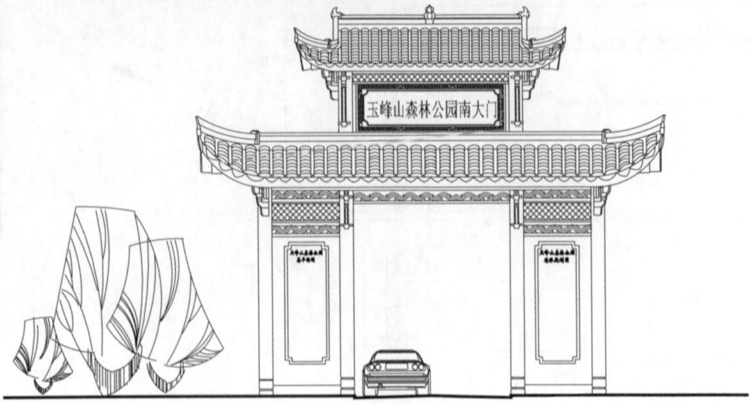
玉峰山森林公园南大门

正立面图

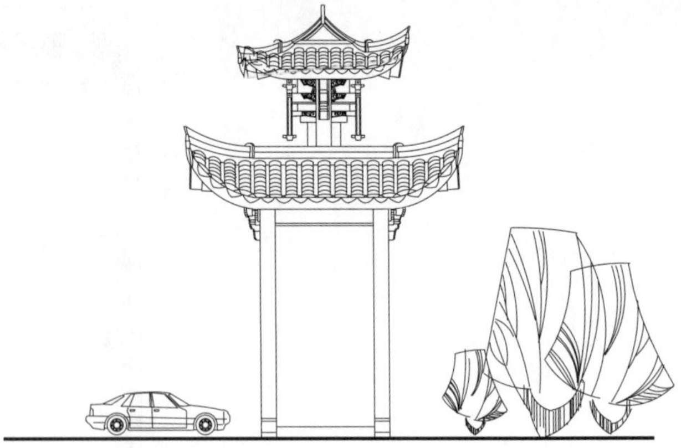

侧立面图

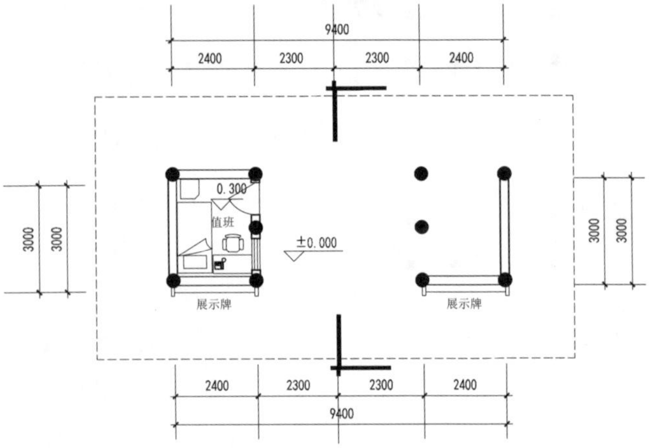
9400
2400
2300
2300
2400
0.300
值班
±0.000
3000
3000
3000
3000
展示牌
展示牌
2400
2300
2300
2400
9400

平面图

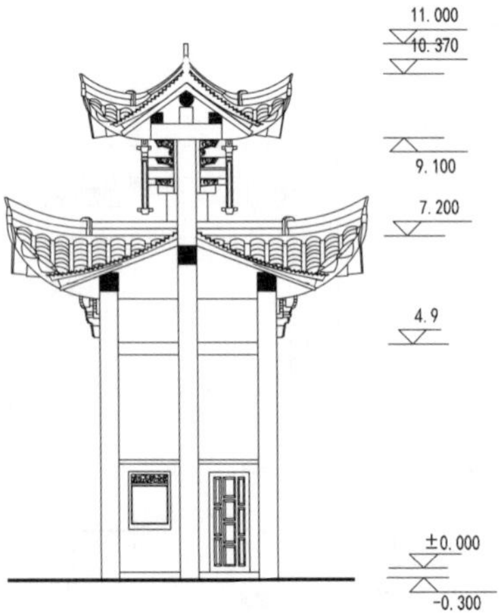
11.000
10.370
9.100
7.200
4.9
±0.000
-0.300

剖面图

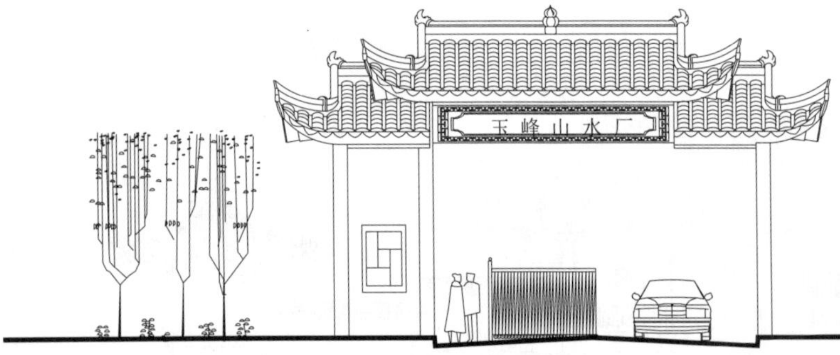
玉 峰 山 水 厂

正立面图

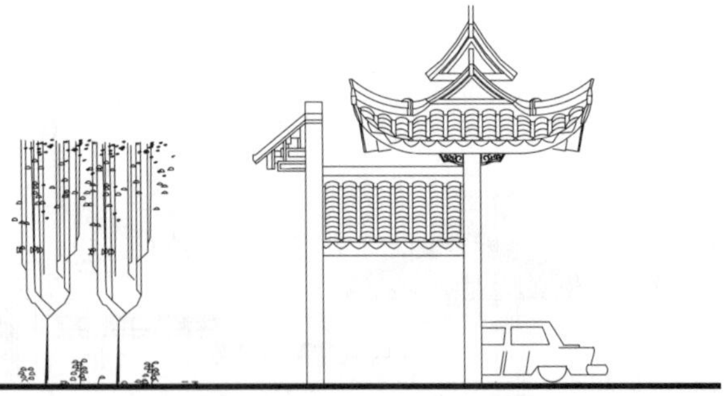

侧立面图

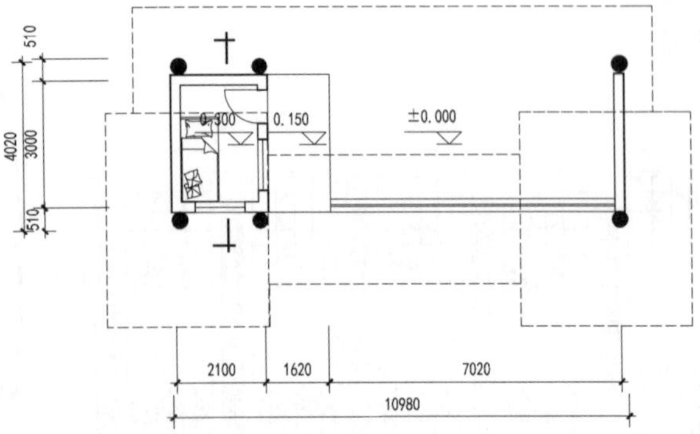
510
4020
3000
510
0.300
0.150
±0.000
2100
1620
7020
10980

平面图

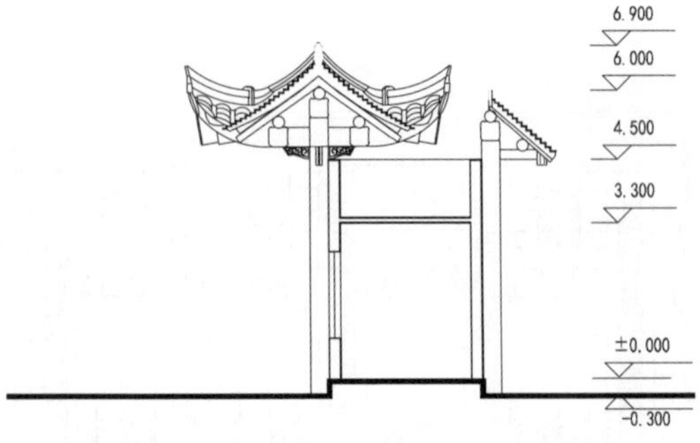
6.900
6.000
4.500
3.300
±0.000
-0.300

剖面图

出入大门022

门楼平面图 1:50

门楼剖面图 1:50

原结构承重板

原结构剪力墙

地下车库

二号布纹瓦清水屋面

二城样细涡白十字缝

小三号布纹瓦清水屋面

下碱大城样干摆

下碱小干摆十字缝

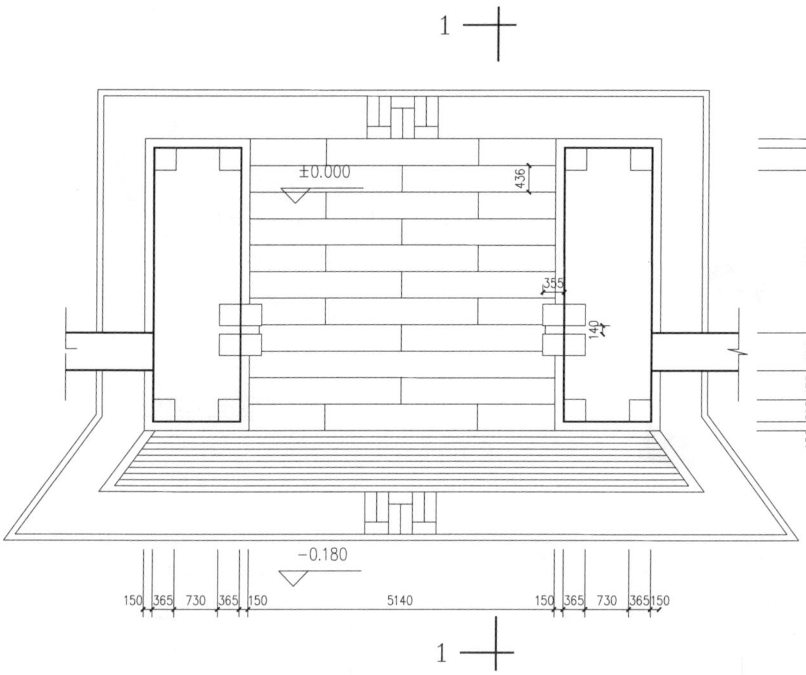

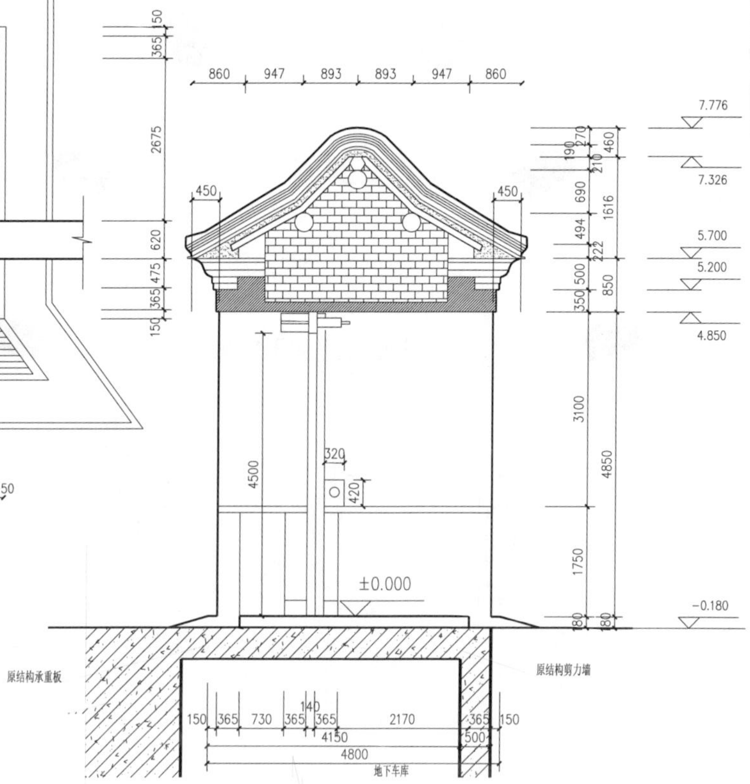

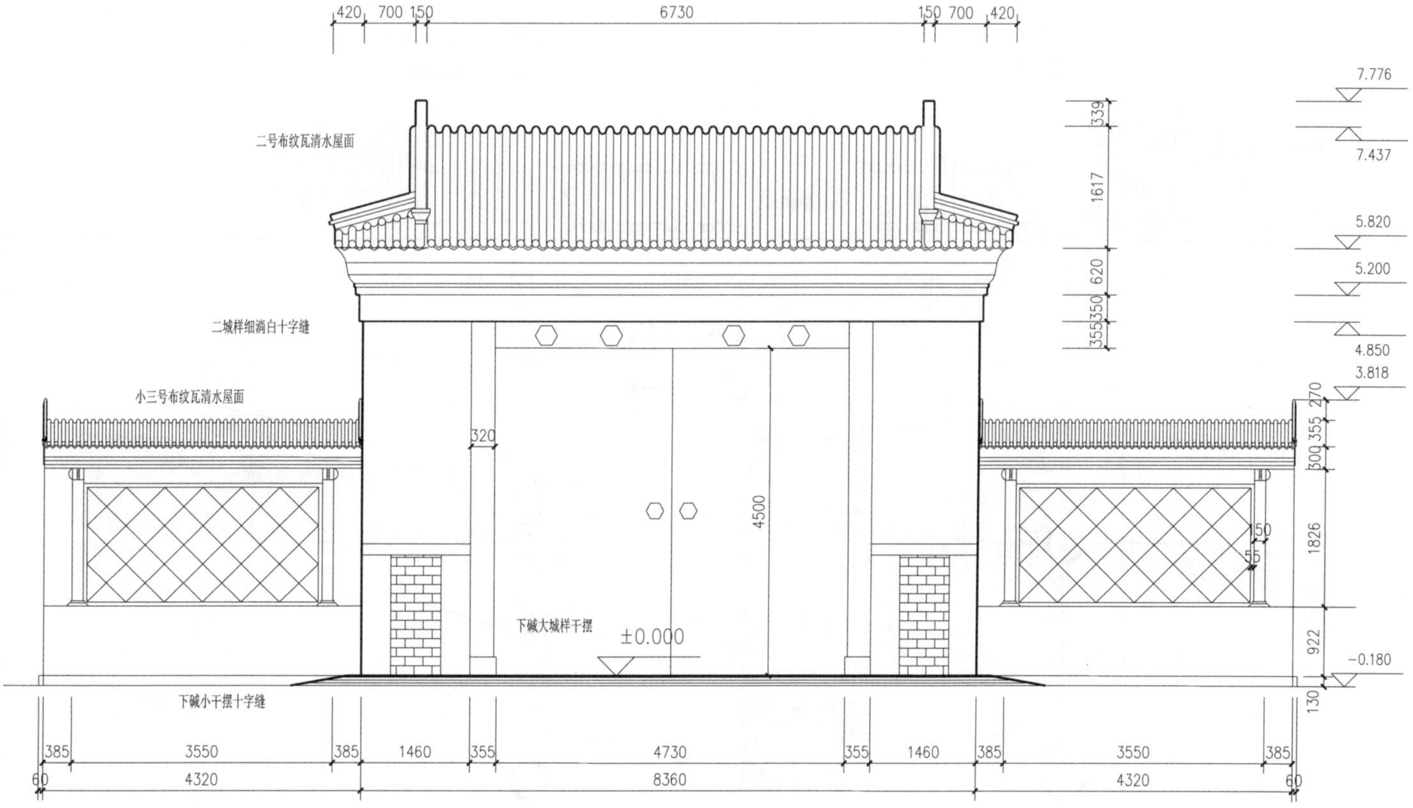

门楼正立面图 1:50

出入大门

亚光琉璃瓦顶

木格

装饰浮雕

毛面花岗岩饰面

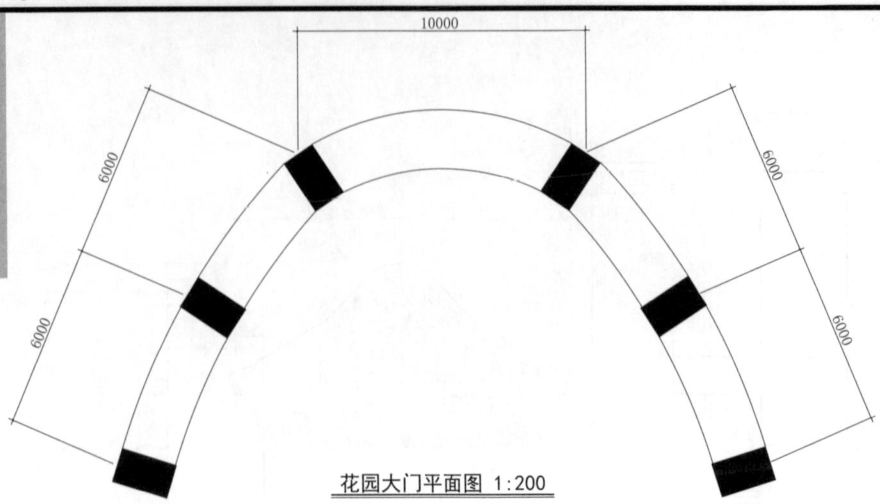

花园大门平面图 1:200

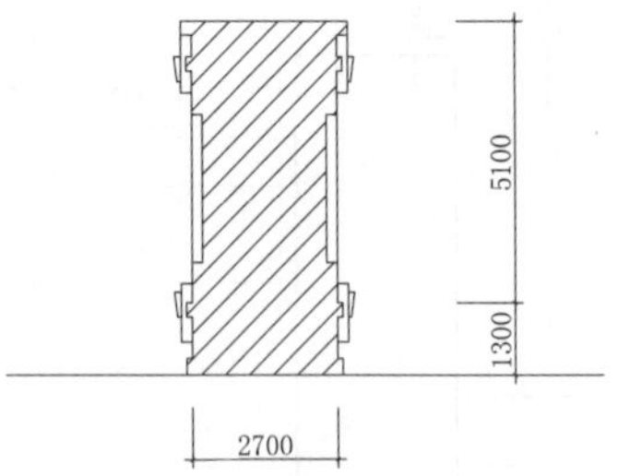

A-A 剖面图 1:200

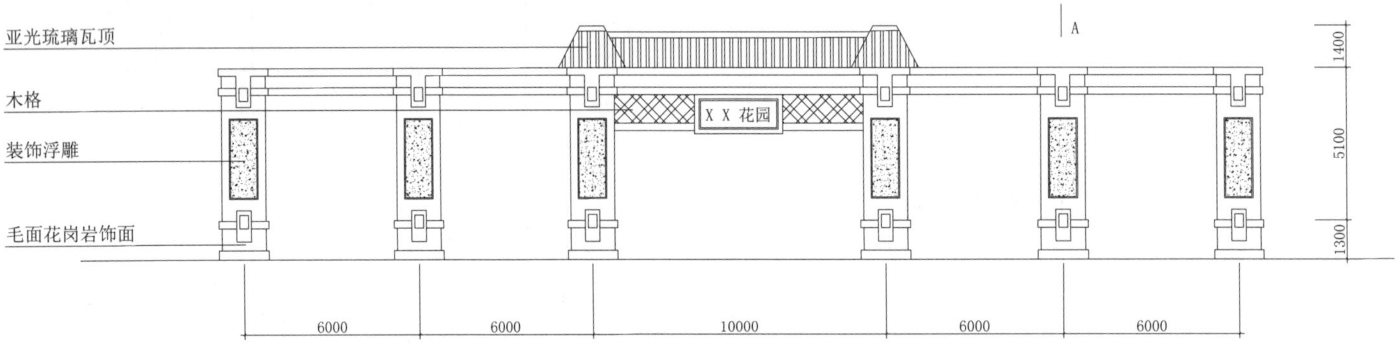

花园大门立面展开图 1:200

出入大门024

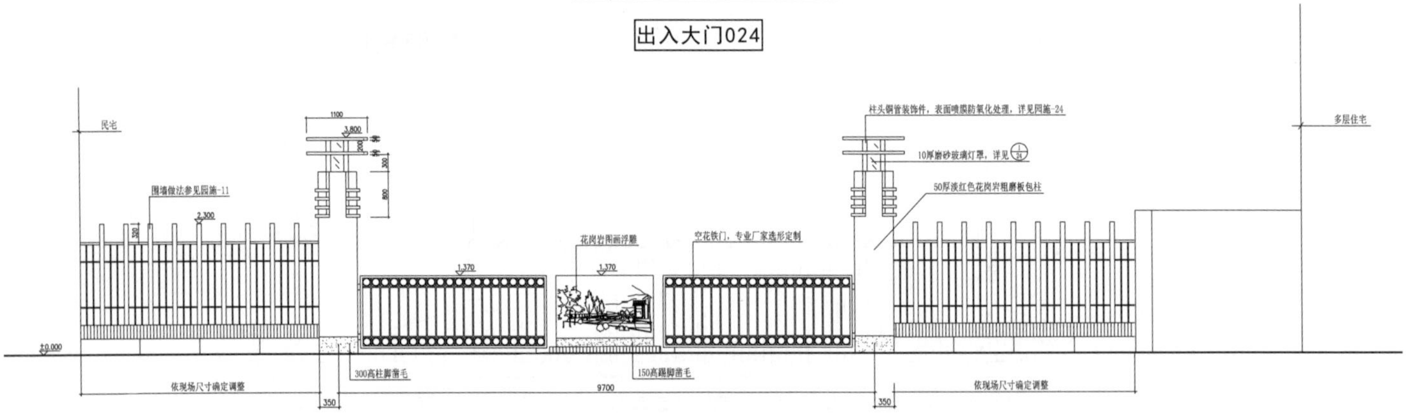

大门立面图 1:50

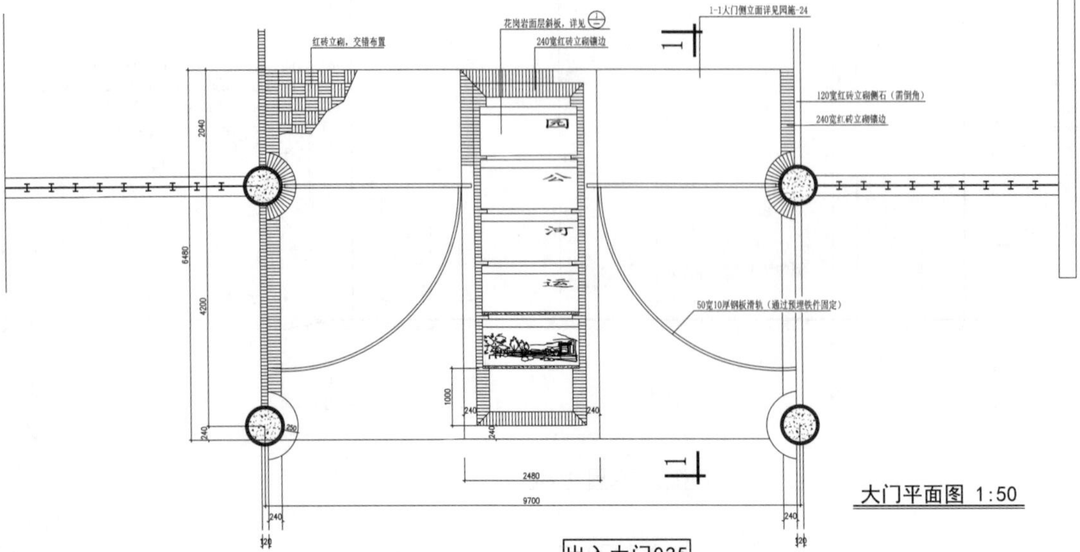

大门平面图 1:50

出入大门025

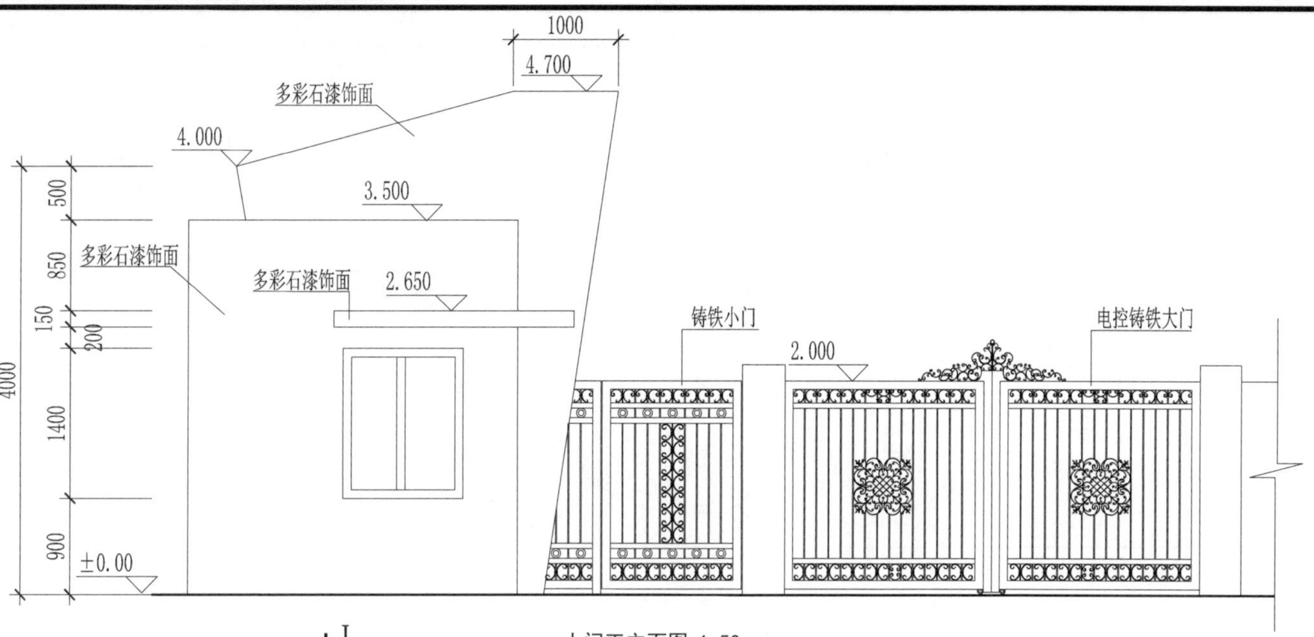

大门正立面图 1:50

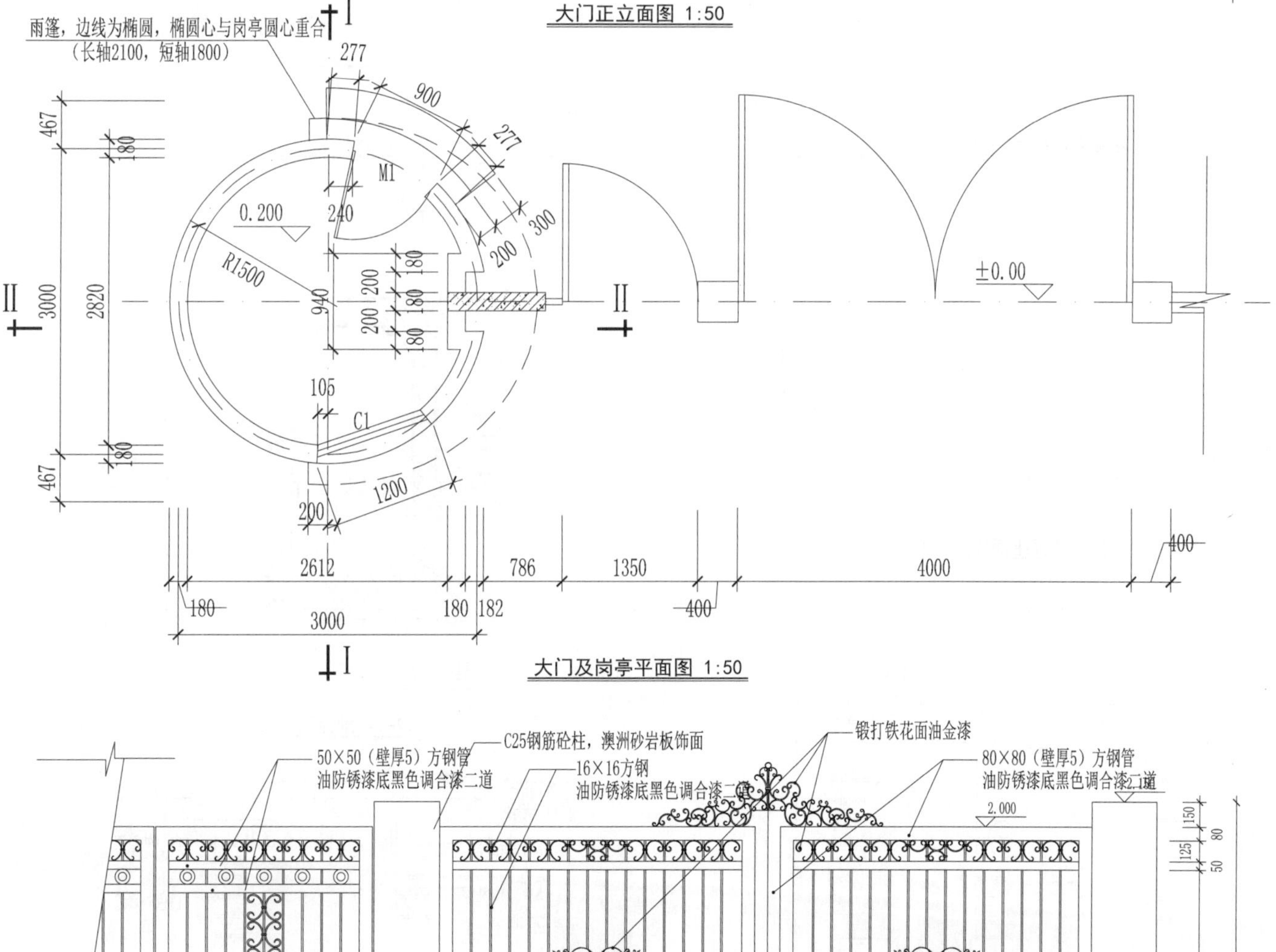

大门及岗亭平面图 1:50

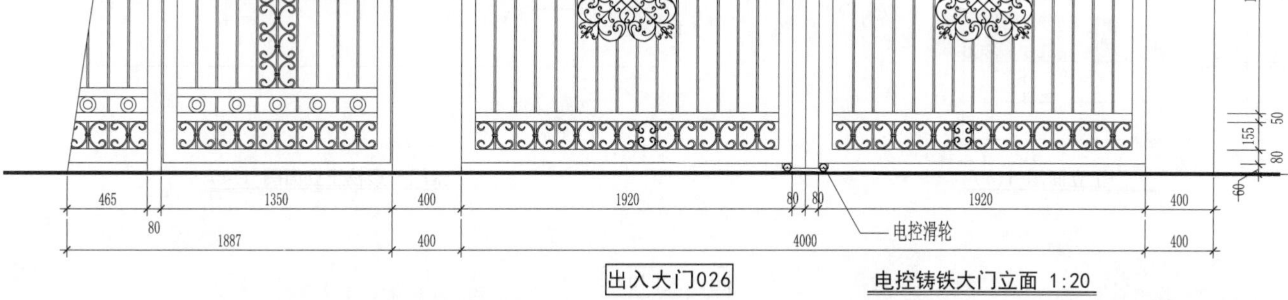

出入大门026

电控铸铁大门立面 1:20

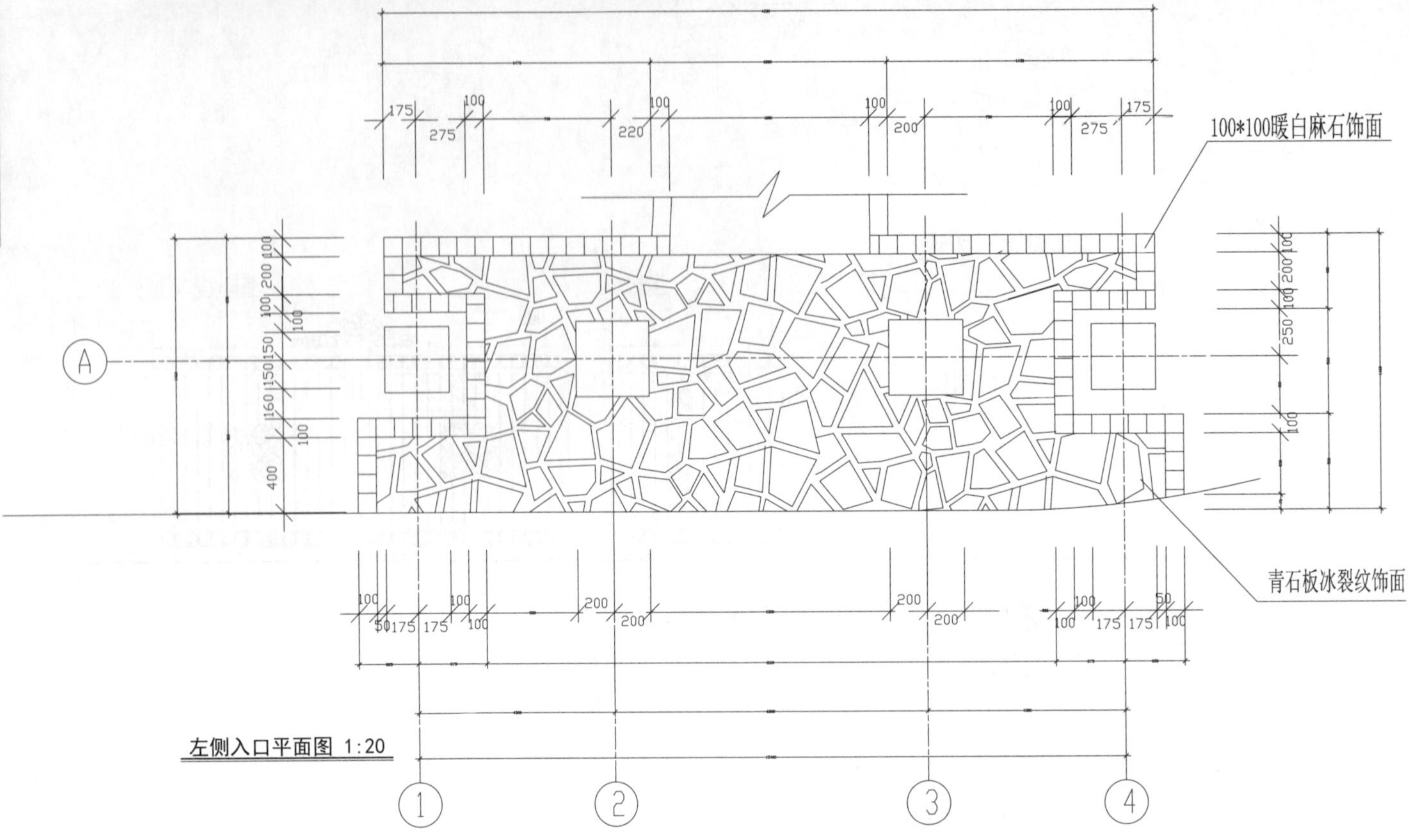

左侧入口平面图 1:20

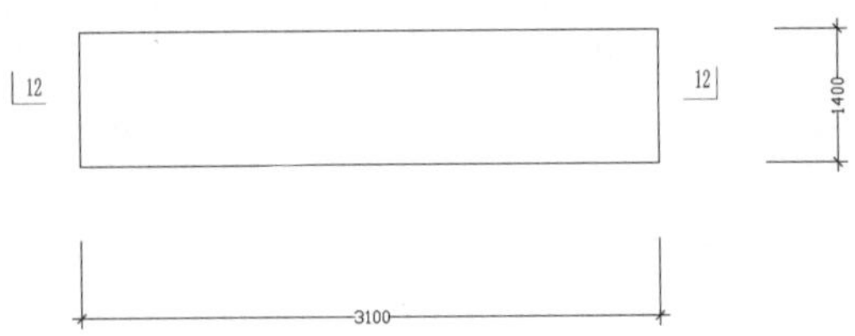

景门顶面平面图 1:40

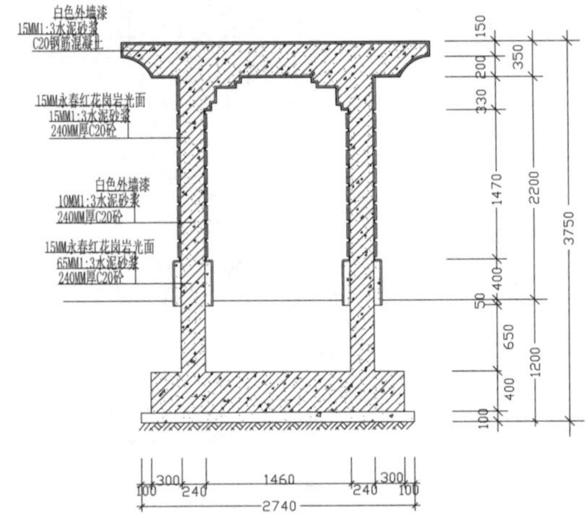
白色外墙漆
15MM1:3水泥砂浆
C20钢筋混凝土
15MM永春红花岗岩光面
15MM1:3水泥砂浆
240MM厚C20砼
白色外墙漆
10MM1:3水泥砂浆
240MM厚C20砼
15MM永春红花岗岩光面
65MM1:3水泥砂浆
240MM厚C20砼
3750
2200
1470
1200
2740
1460

12-12 剖面图 1:30

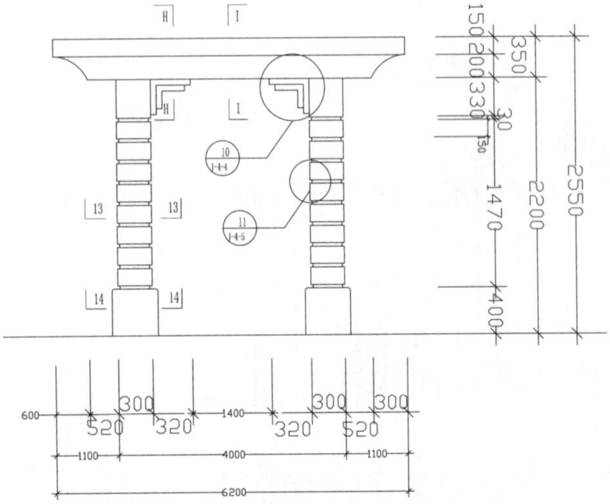

景门正立面图 1:40

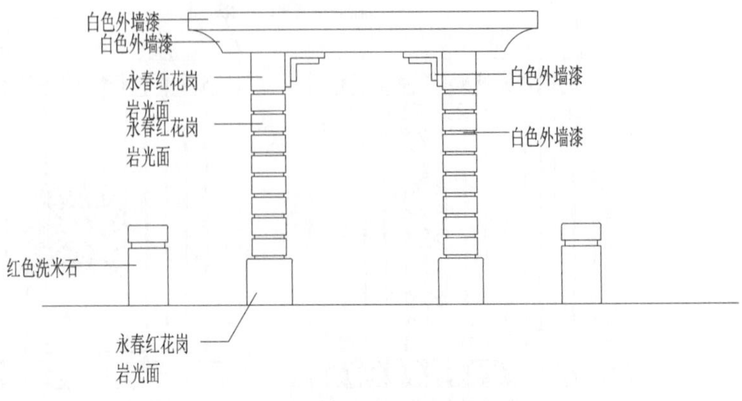
白色外墙漆
白色外墙漆
永春红花岗
岩光面
永春红花岗
岩光面
白色外墙漆
白色外墙漆
红色洗米石
永春红花岗
岩光面

景门及矮柱正立面图 1:40

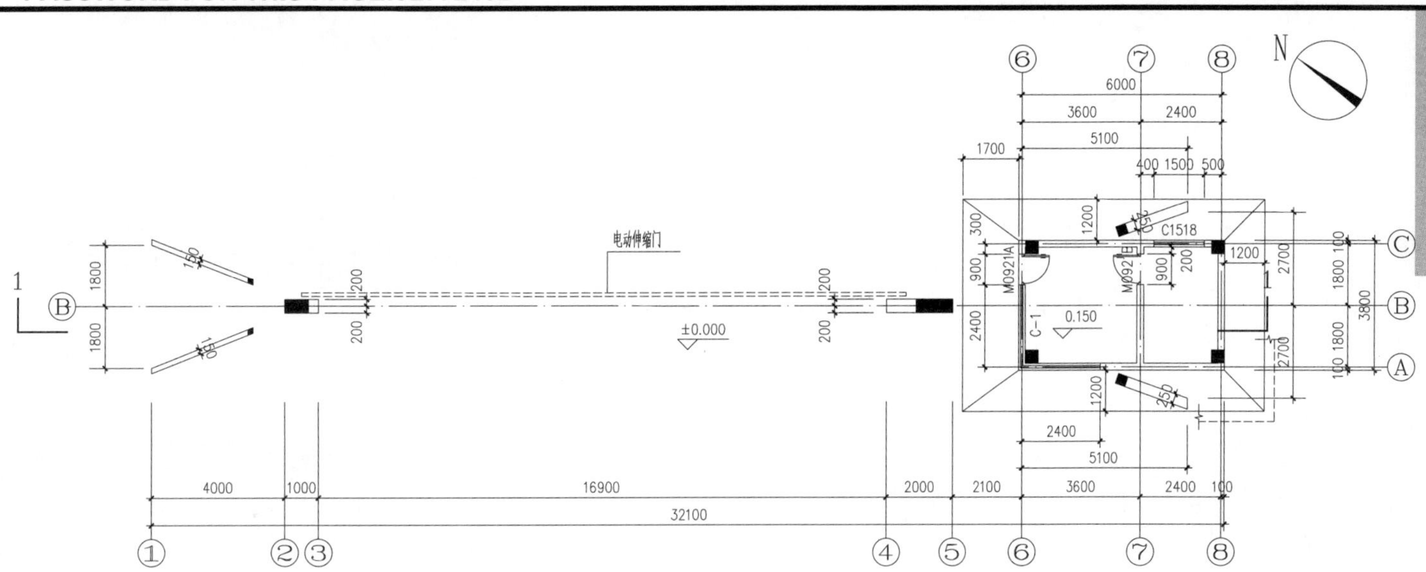

平面图 1:100

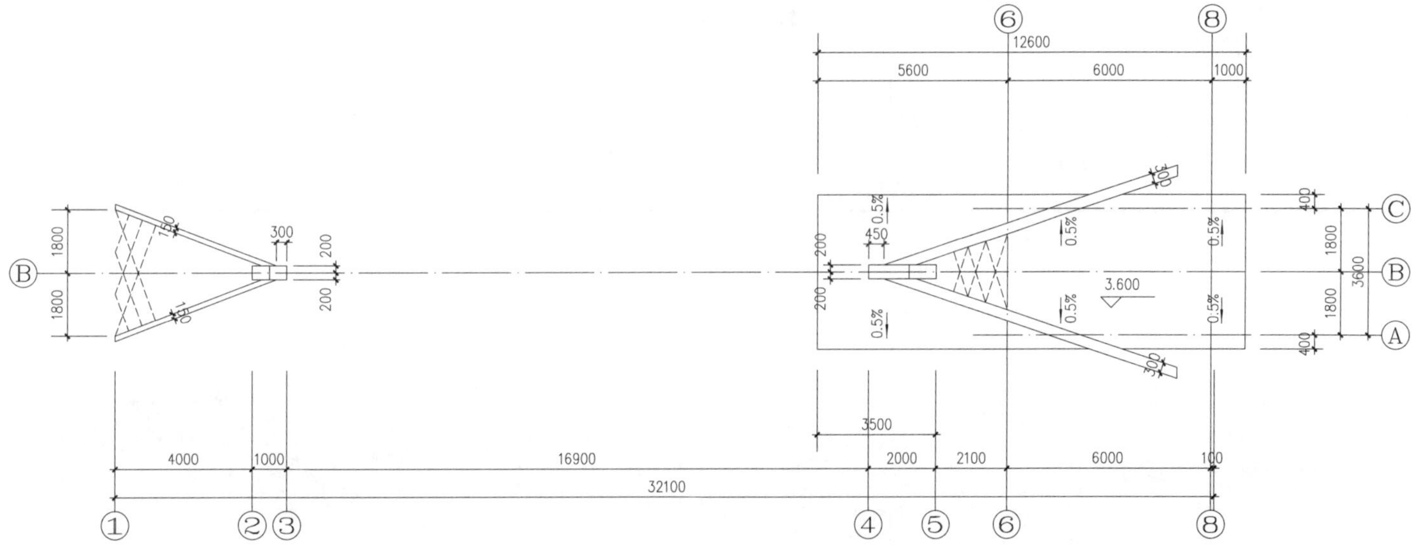

屋顶平面图 1:100

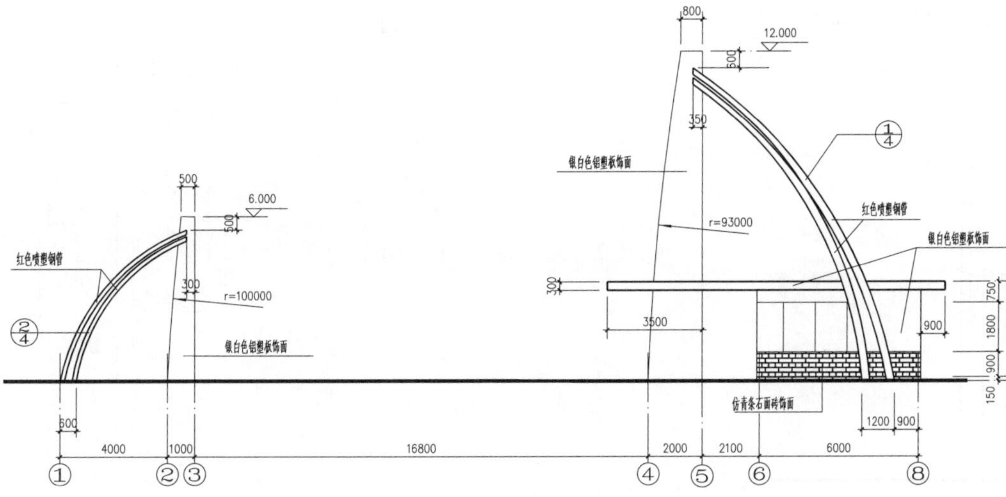

①-⑧立面图 1:100

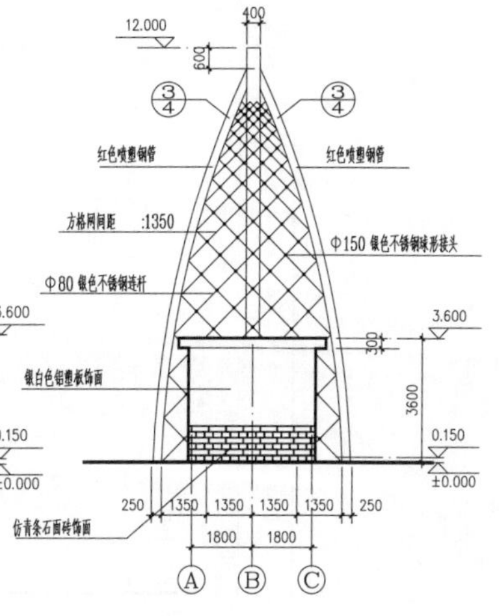

Ⓐ-Ⓒ立面图 1:100

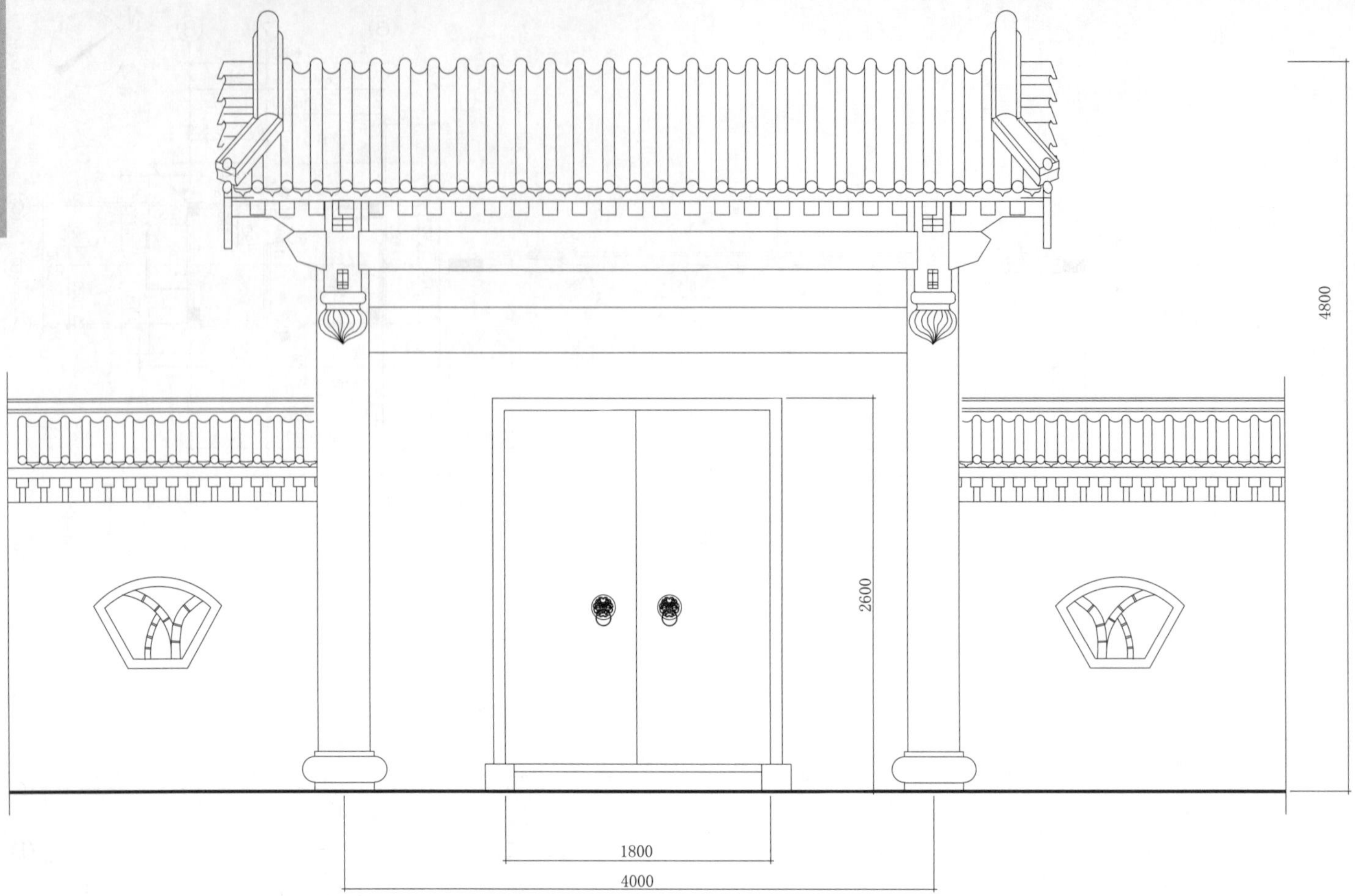
4800
2600
1800
4000

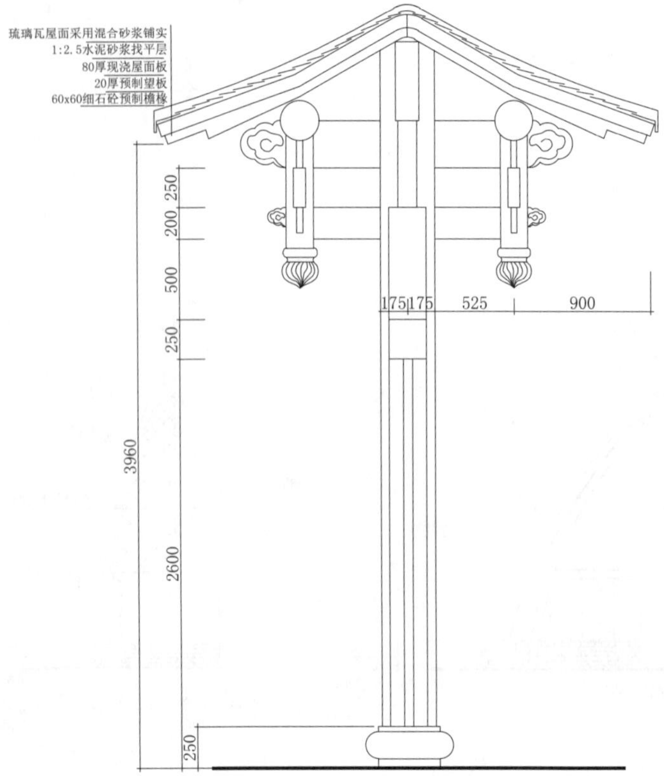
琉璃瓦屋面采用混合砂浆铺实
1:2.5水泥砂浆找平层
80厚现浇屋面板
20厚预制望板
60x60细石砼预制檐椽
250
200
500
250
175
175
525
900
3960
2600
250

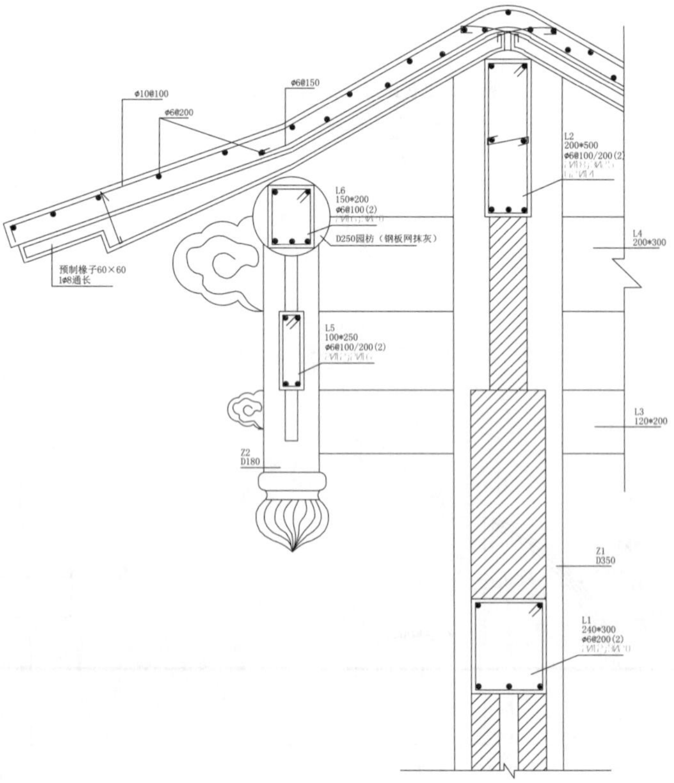
ф10@100
ф6@200
ф6@150
预制椽子60×60
1ф8通长
L6
150*200
ф6@100(2)
D250园枋（钢板网抹灰）
L2
200*500
ф6@100/200(2)
L4
200*300
L5
100*250
ф6@100/200(2)
L3
120*200
Z2
D180
Z1
D350
L1
240*300
ф6@200(2)

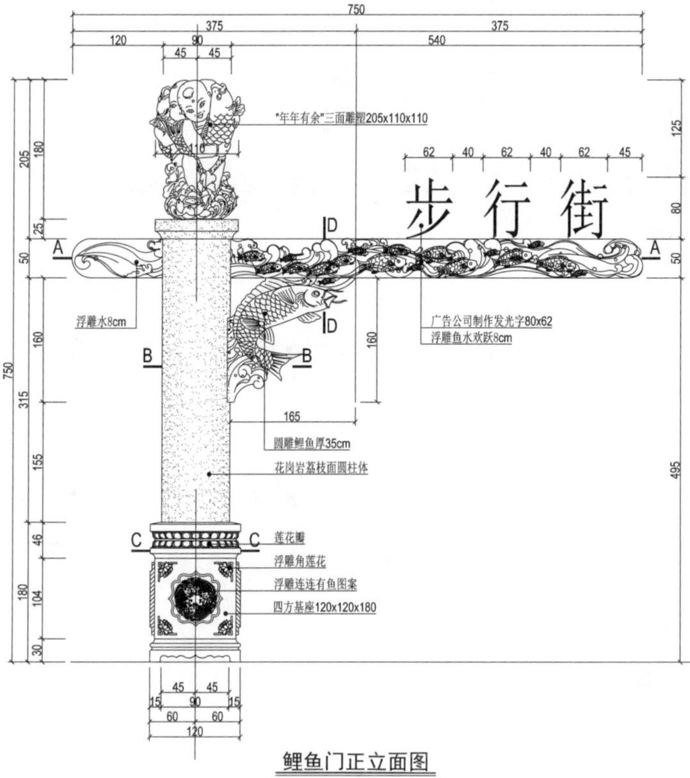
"年年有余"三面雕塑205x110x110
步行街
浮雕水8cm
广告公司制作发光字80x62
浮雕鱼水欢跃8cm
圆雕鲤鱼厚35cm
花岗岩荔枝面圆柱体
莲花瓣
浮雕角莲花
浮雕连连有鱼图案
四方基座120x120x180

鲤鱼门正立面图

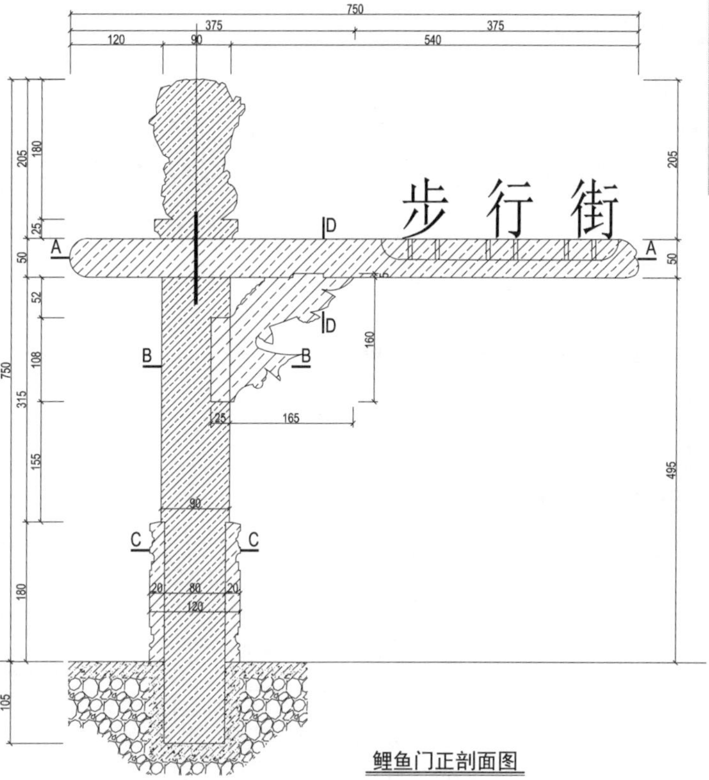
步行街

鲤鱼门正剖面图

出入大门030

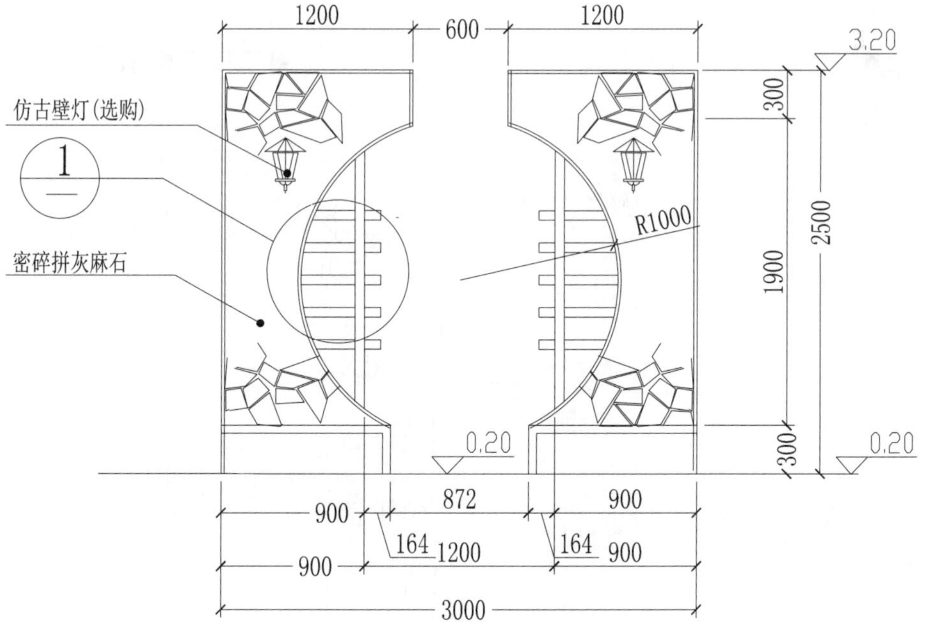

造型门拱立面图 1:50

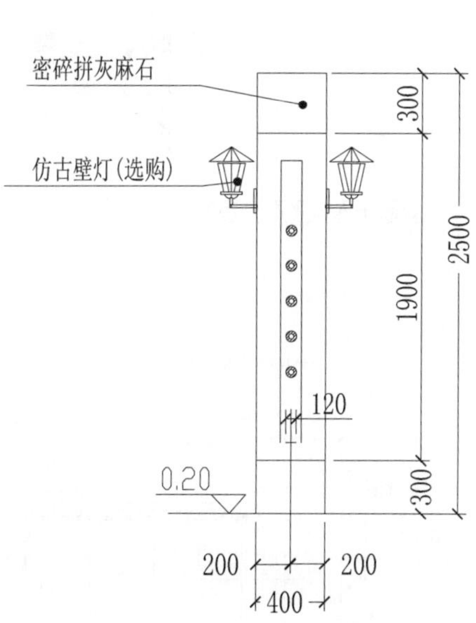
密碎拼灰麻石
仿古壁灯(选购)
0.20

造型门拱侧面图 1:50

出入大门031

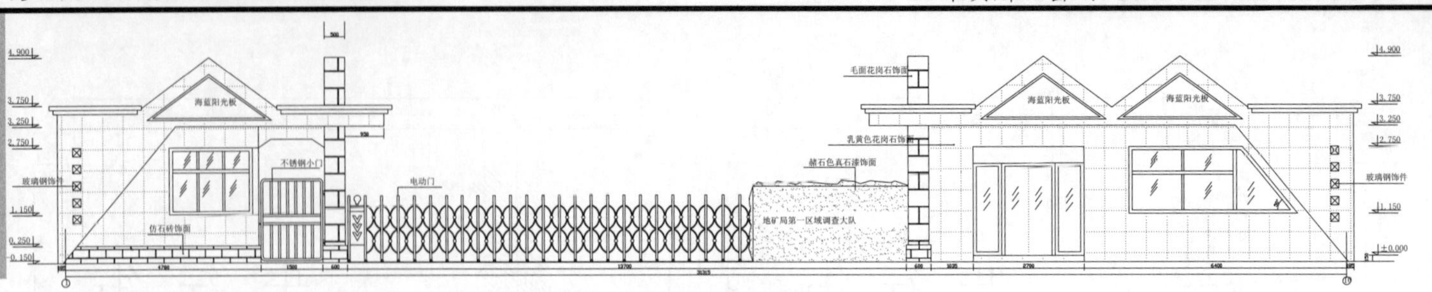

大门①-⑩立面

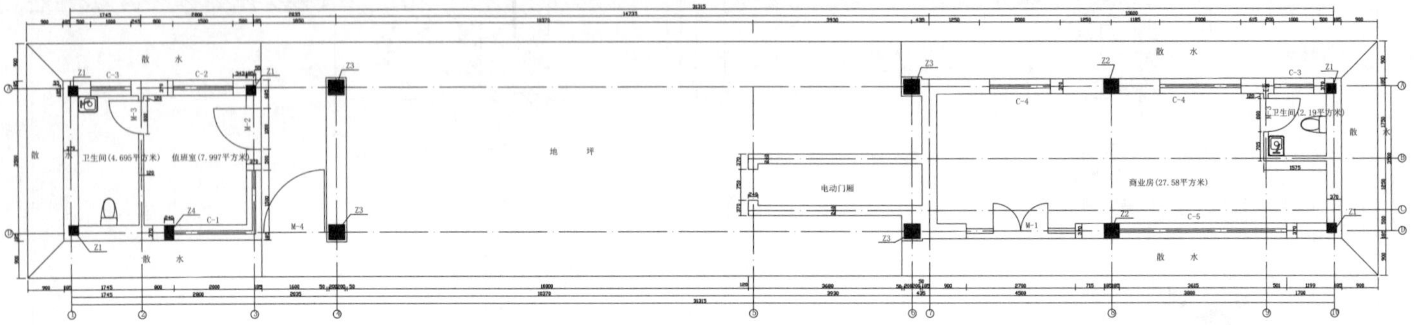

大门底平面

出入大门032

公园东入口平面 1:50

L40X4 型钢焊接成骨架, 外包铝板

印度红花岗岩

字体珀金粉二度

人 REN

民 MIN

公 PARK

园

小白麻真石漆

轻钢骨架外包银灰色铝板

轻钢骨架由专业公司设计

外包银灰色铝板

外包银灰色铝板

茶色玻璃窗

外包银灰色铝板

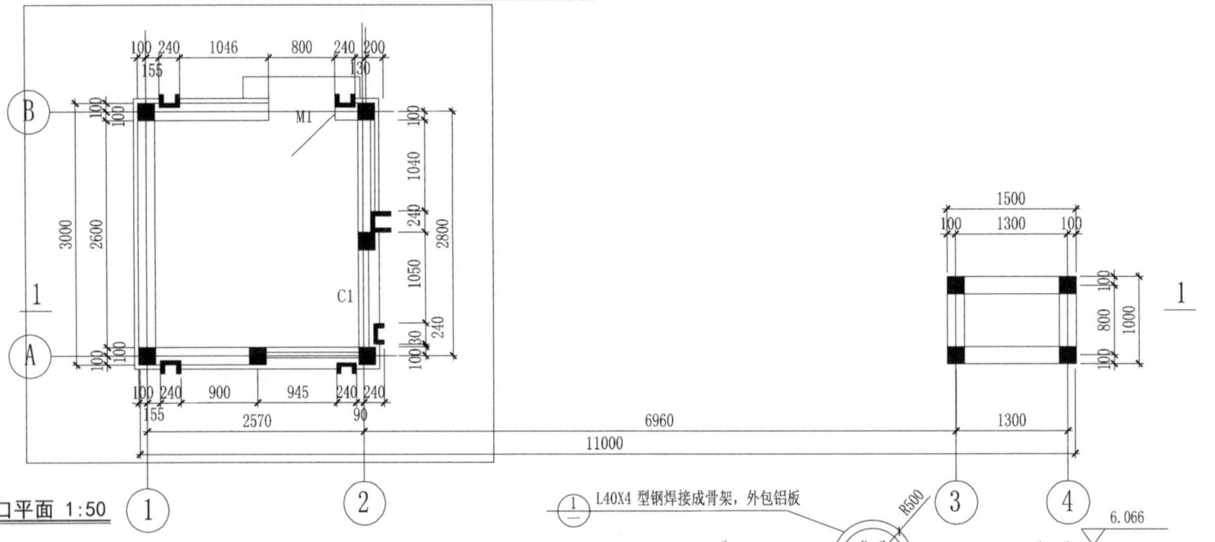

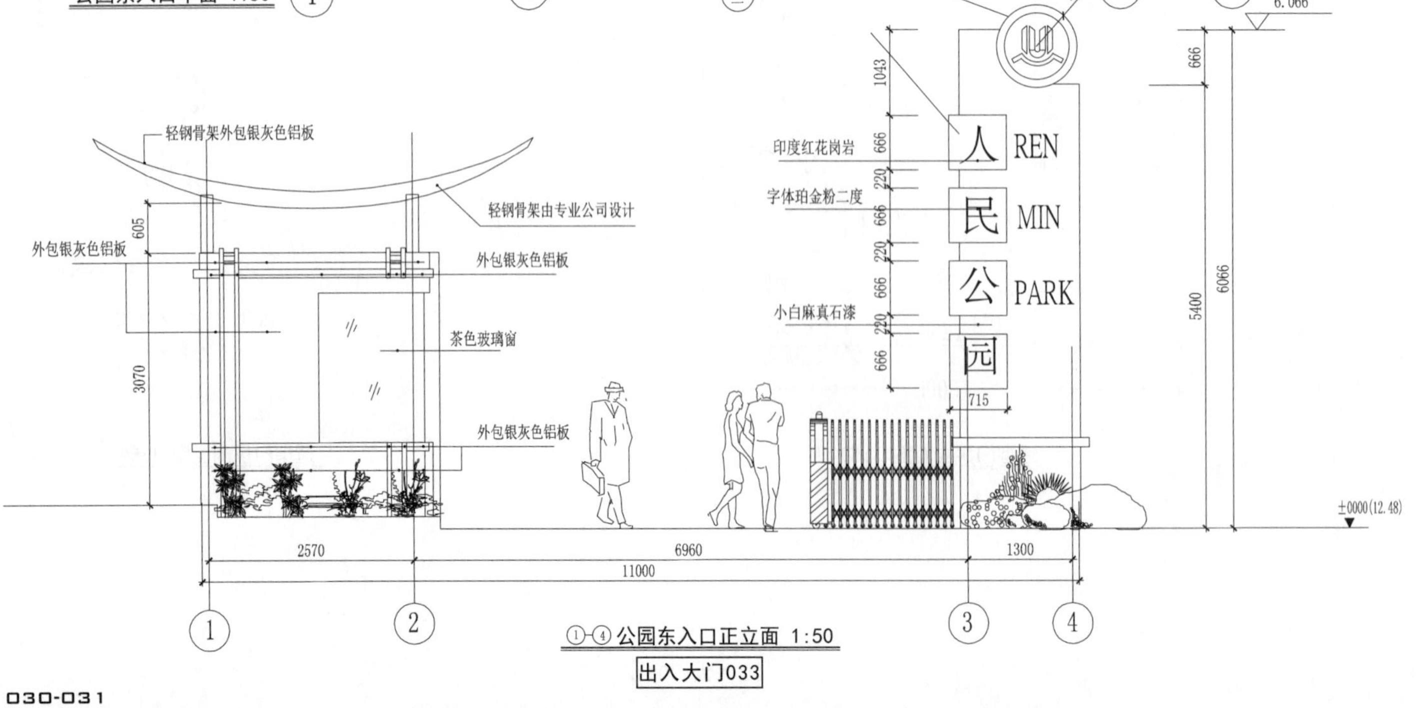

①-④公园东入口正立面 1:50

出入大门033

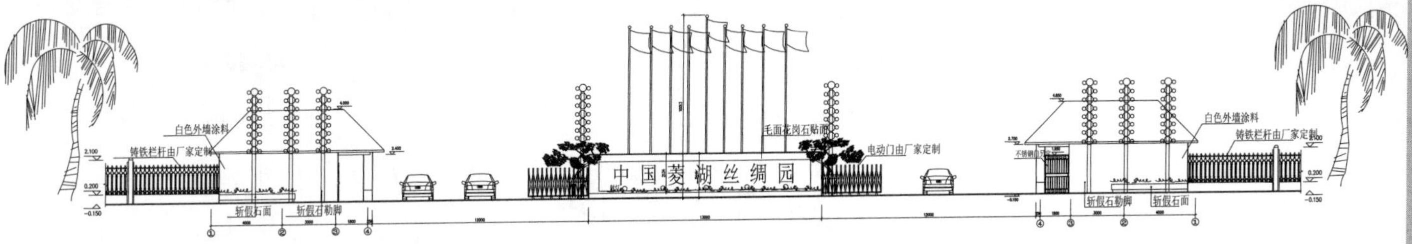

出入大门034

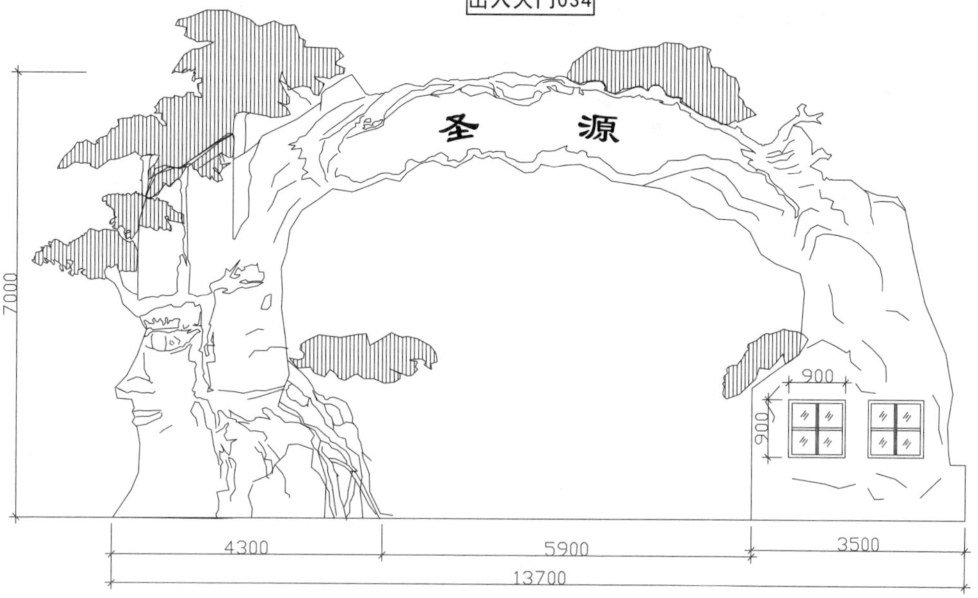

拟木门立面

说明:
1. 钢骨架外裹钢丝网
2. 用麻刀与水泥混合覆在钢丝网外
3. 塑形，外部形状依据立面图塑形.
4. 外购假树叶

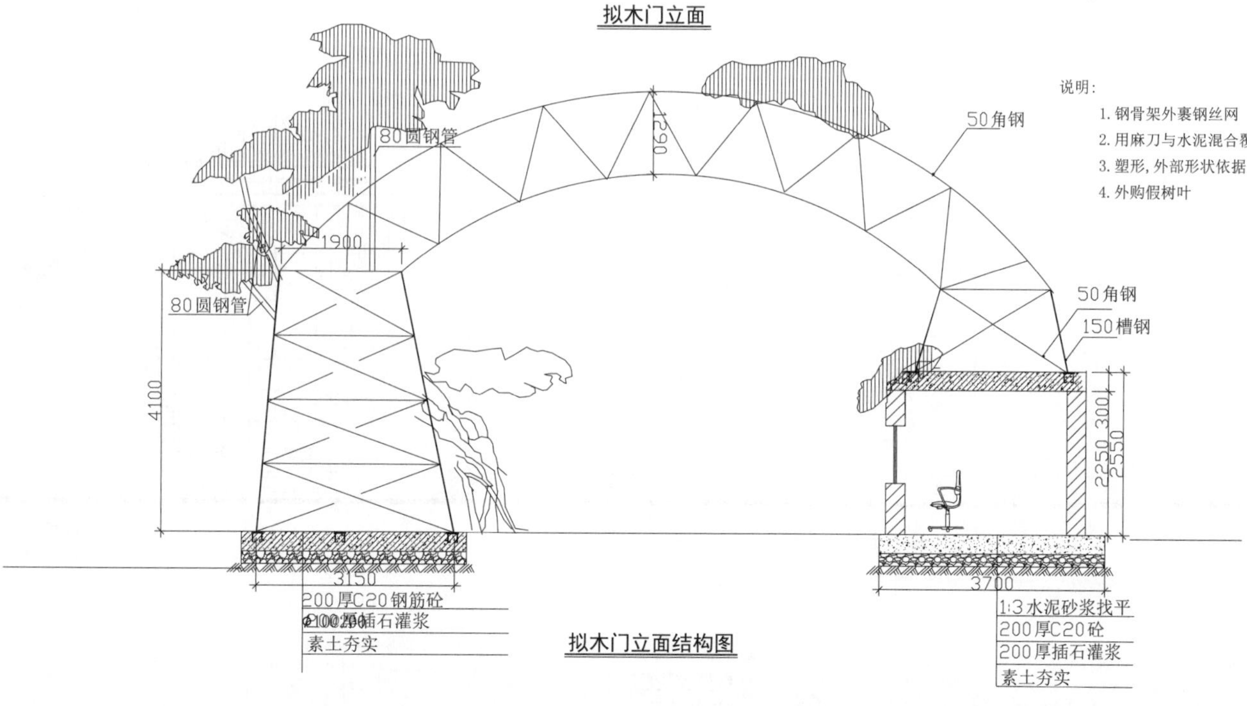

拟木门立面结构图

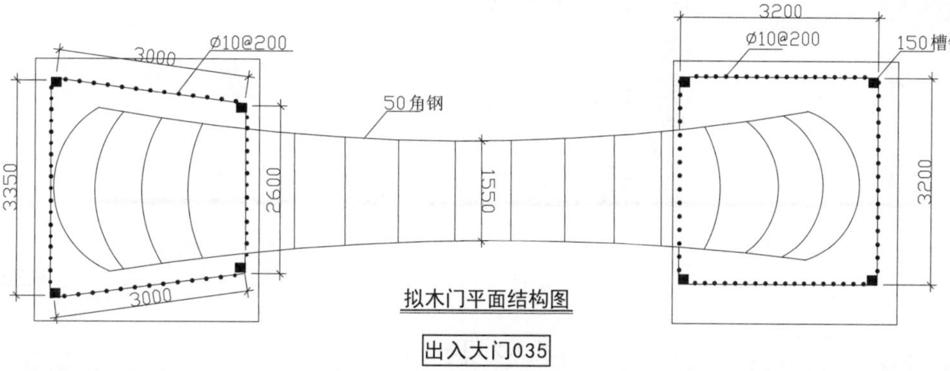

拟木门平面结构图

出入大门035

本页解压密码: **92772462**

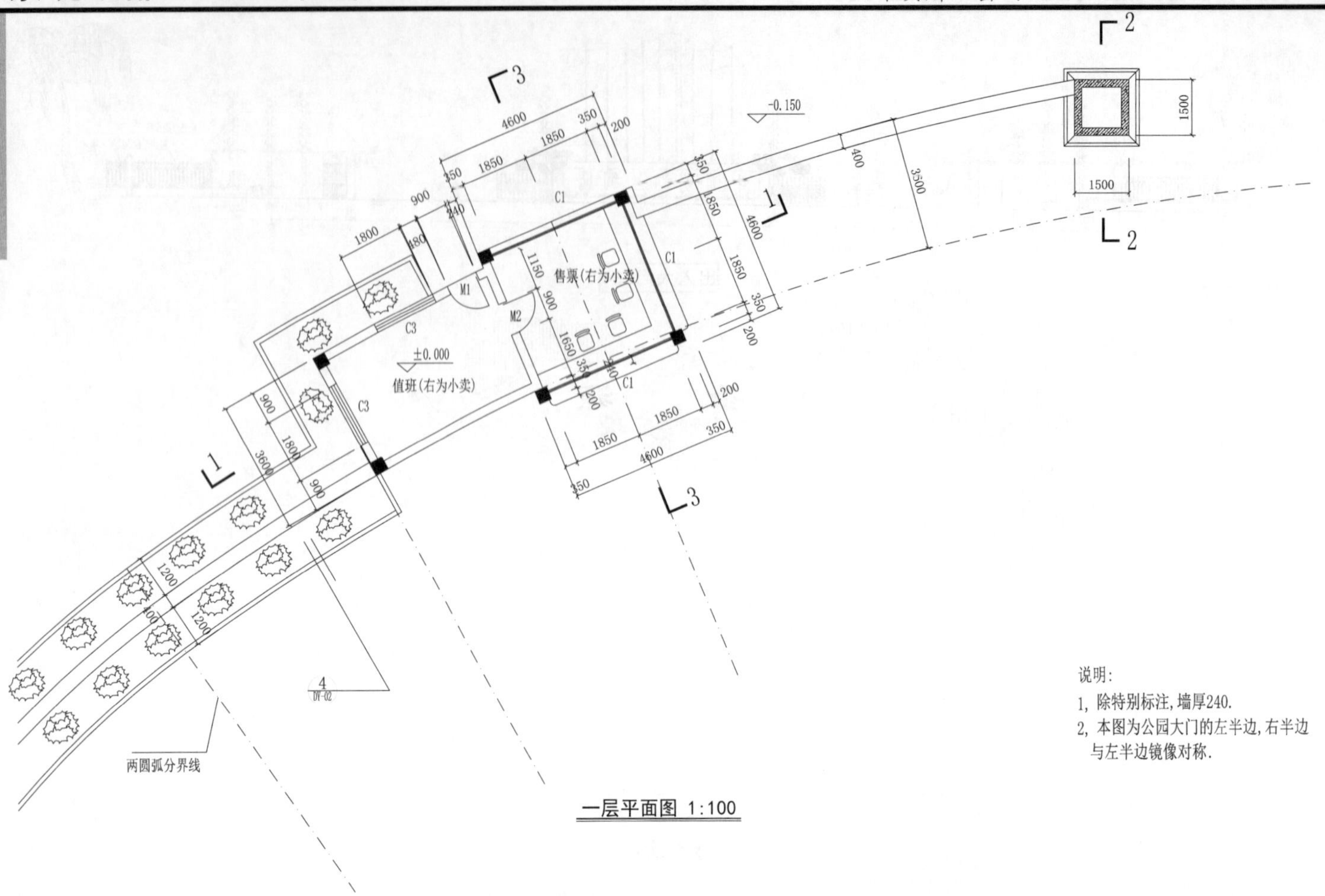

说明:
1. 除特别标注,墙厚240.
2. 本图为公园大门的左半边,右半边
   与左半边镜像对称.

售票(右为小卖)

值班(右为小卖)

±0.000

两圆弧分界线

一层平面图 1:100

蓝色西班牙瓦
线角白色喷涂
淡黄色喷涂
淡黄色金山石

淡灰色金山石

线角白色喷涂

蓝色西班牙瓦
线角白色喷涂
浅咖啡色喷涂
淡黄色金山石

淡灰色金山石

大门正立面图 1:100

出入大门036

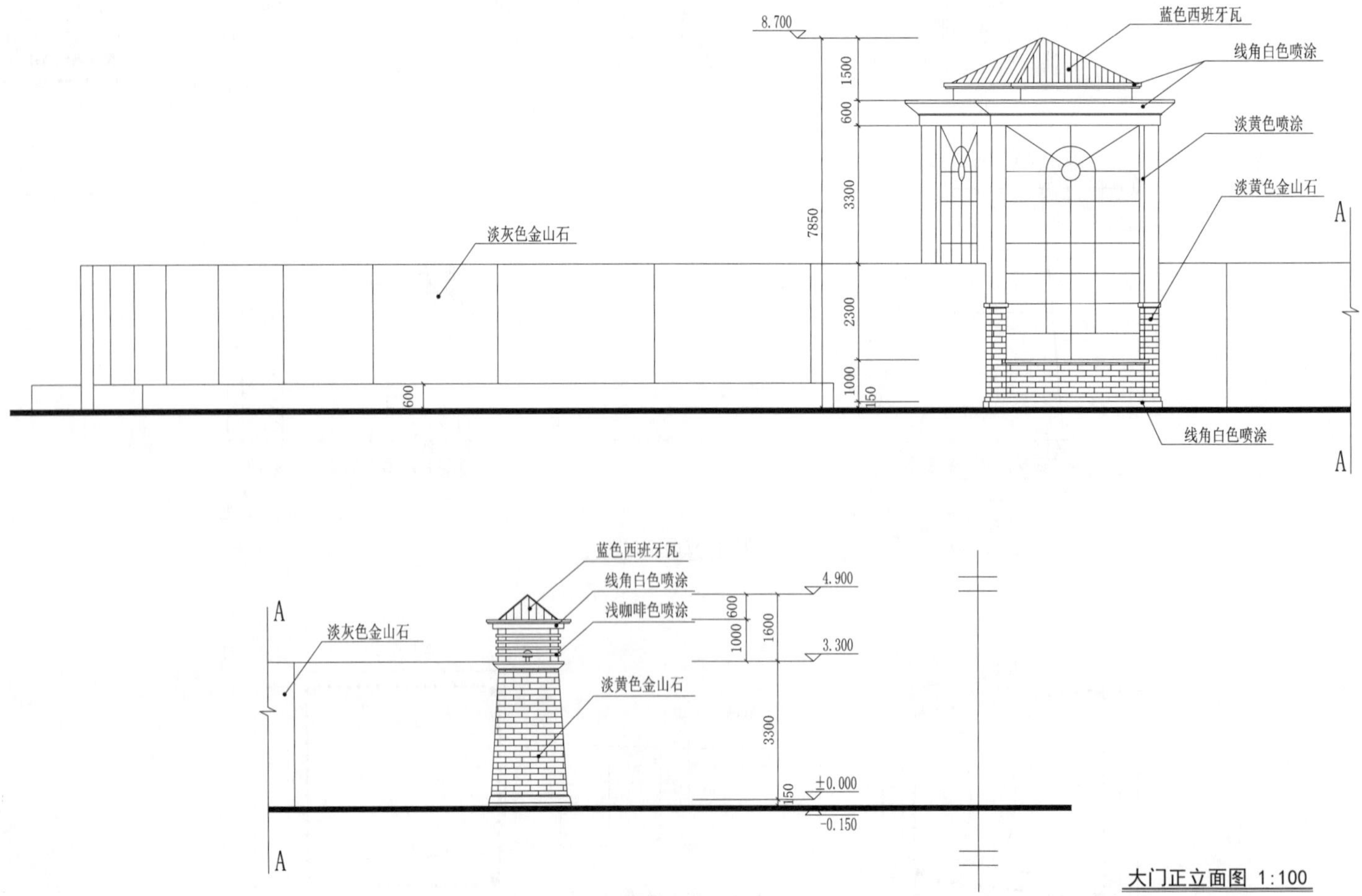

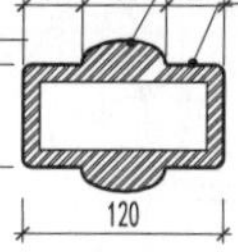

铸铁,描金
铸铁,漆黑

② 剖面图 1:5

40X40方钢,漆黑

铸铁花,部分描金
铰链
铸铁花,描金
铸铁
40X40方钢,漆黑
铸铁花,部分描金

铸铁,描金
40X40方钢,漆黑

铸铁,描金
120X60铸铁

铸铁,描金
50X50方钢,漆黑
铸铁
铁花,描金
铸铁

灰色毛面花岗岩

大门立面图 1:30

出入大门037

钢架构烤漆面
钢架构烤漆面

钢架构烤漆面

混凝土外饰仿古砖造型

混凝土座外贴灰色花岗岩

入口大门正立面 1:50

钢架构烤漆面
钢架构烤漆面

钢架构烤漆面

混凝土外饰仿古砖造型

混凝土座外贴灰色花岗岩

入口大门侧立面一 1:50

仅为示意,详见专业图纸

入口大门底平面 1:50

出入大门038

入口门廊柱一侧立面大样 1:25

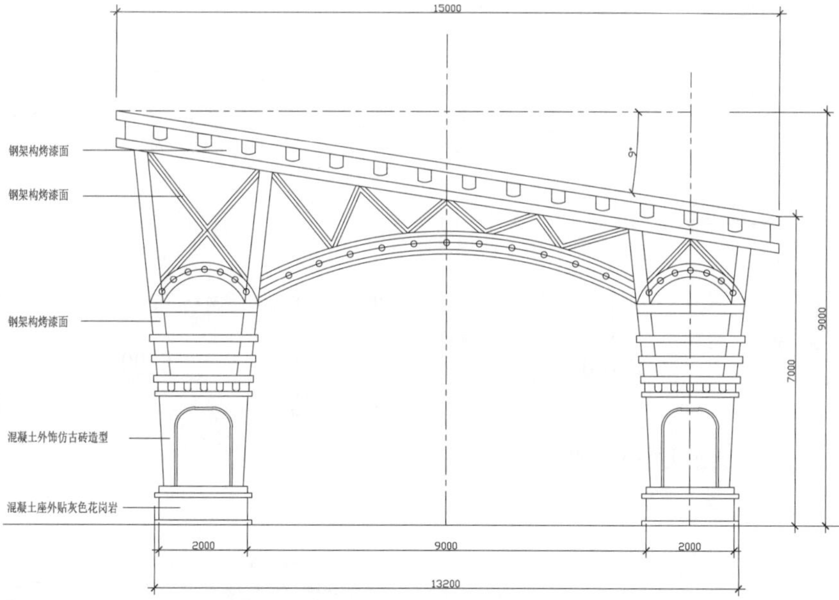

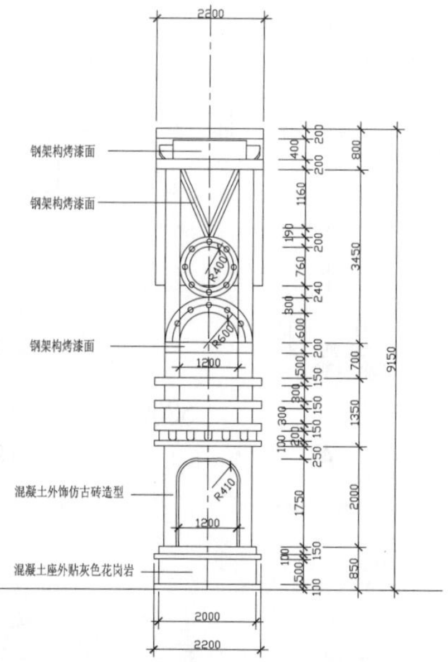

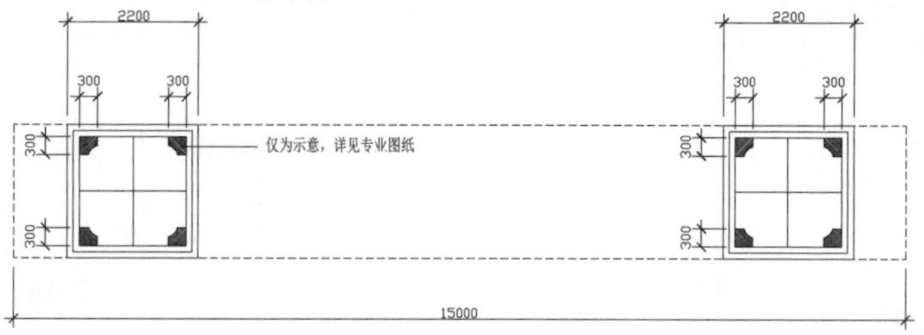

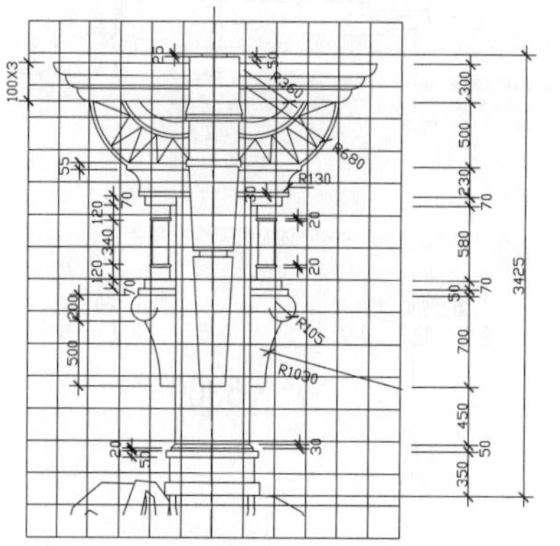

350*350石制装饰花饰
米黄色〈S5〉
米黄色花岗岩干挂
〈S5〉
米黄色石制立柱
1350*850石制装饰花饰
米黄色〈S5〉
650*950石制装饰花饰
锈黄色〈S2〉
铁门门轴
浙J18-95
铁门门轴
浙J18-95
锈黄色花岗岩干挂
铁艺围墙
铁艺围墙
锈黄色花岗岩干挂
〈S2〉
铁门插销
浙J18-95
锈黄色花岗岩干挂
〈S2〉
铁门锁鼻
浙J18-95
成品铁花大门
铁门门轴
浙J18-95
成品铁花大门
米黄色花岗岩手打面
米黄色花岗岩手打面
13.400
12.300
11.150
9.240
6.750
2.900
5300
5550
11100
5550
5300
大门正立面图 1:70
铁门滑轨浙J18-95
石材干挂
铁门滑轨浙J18-95
R2300
R3500
R1750
R2300
M1
M2
插销
浙J18-95
2.900
A-A 平面图 1:60
成品石制实心柱
〈共八根〉
B-B 平面图 1:60

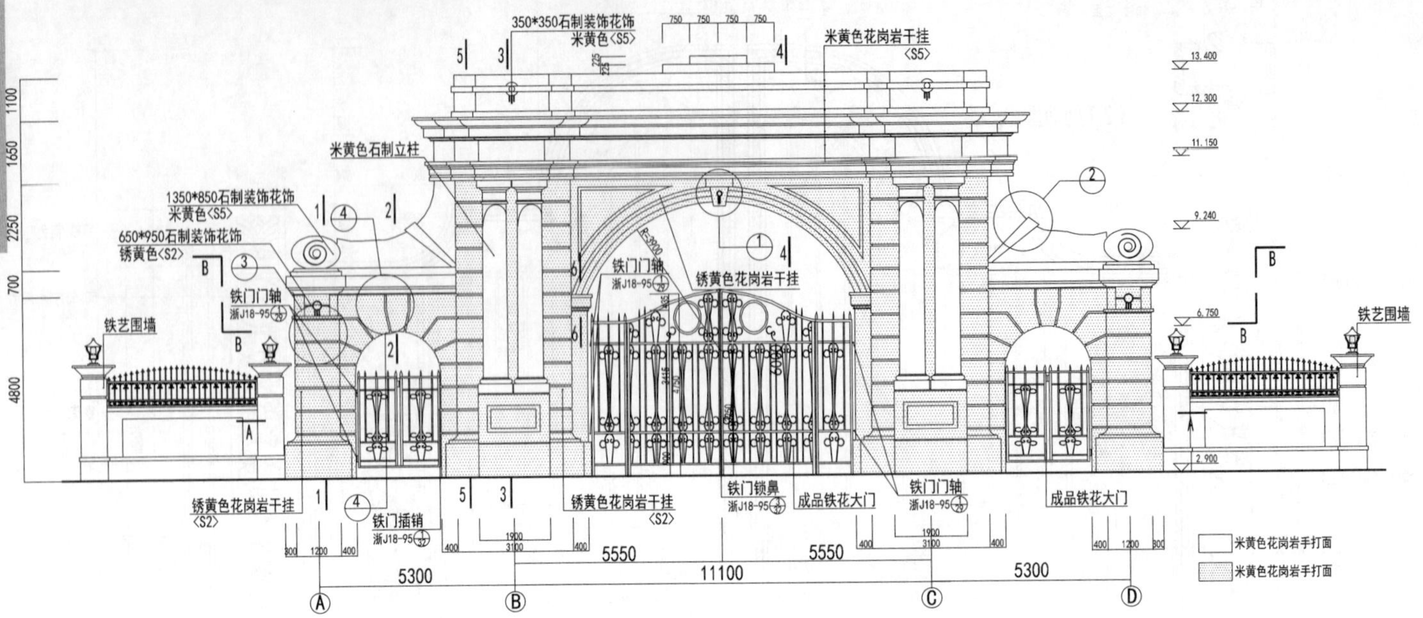

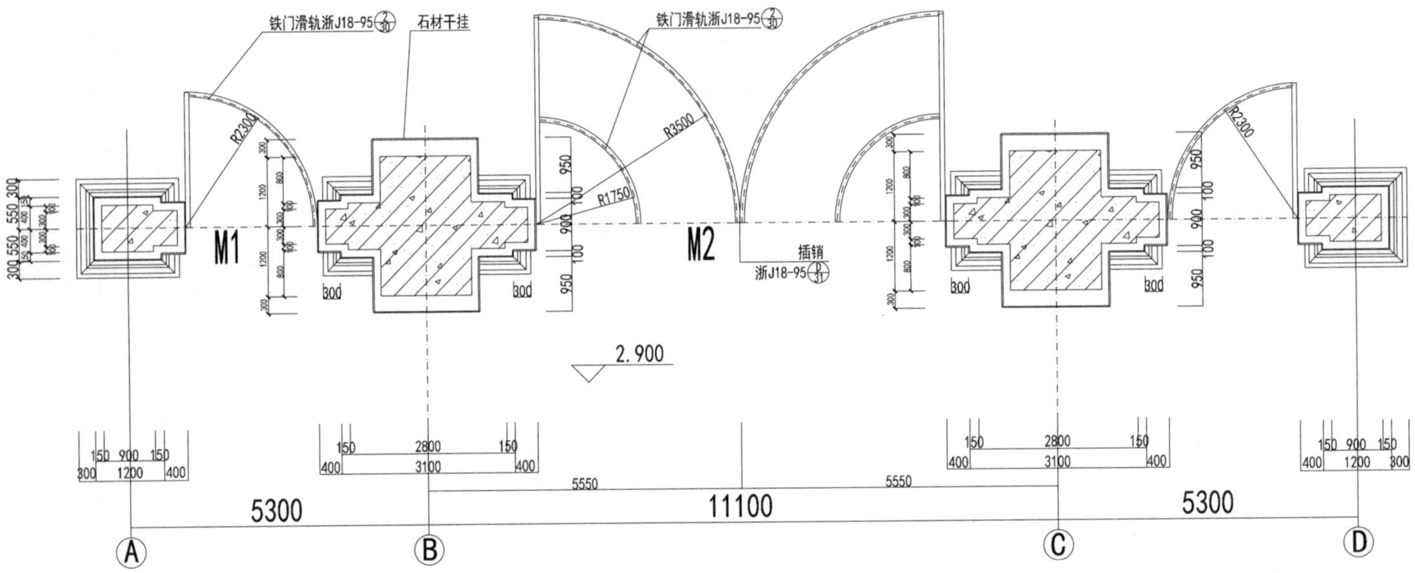

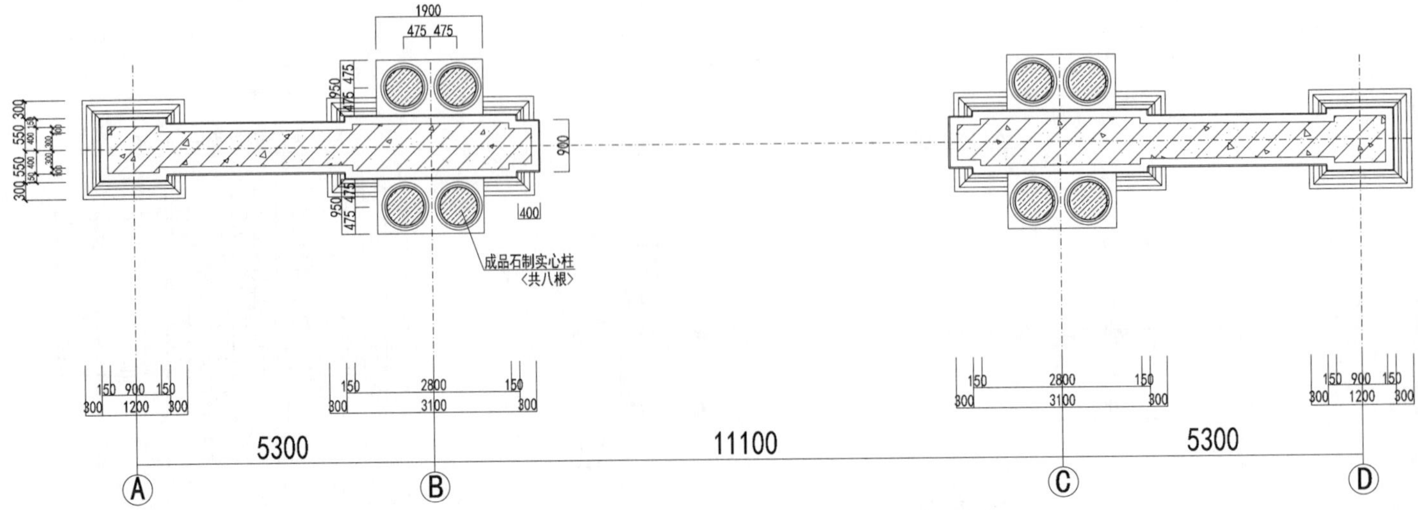

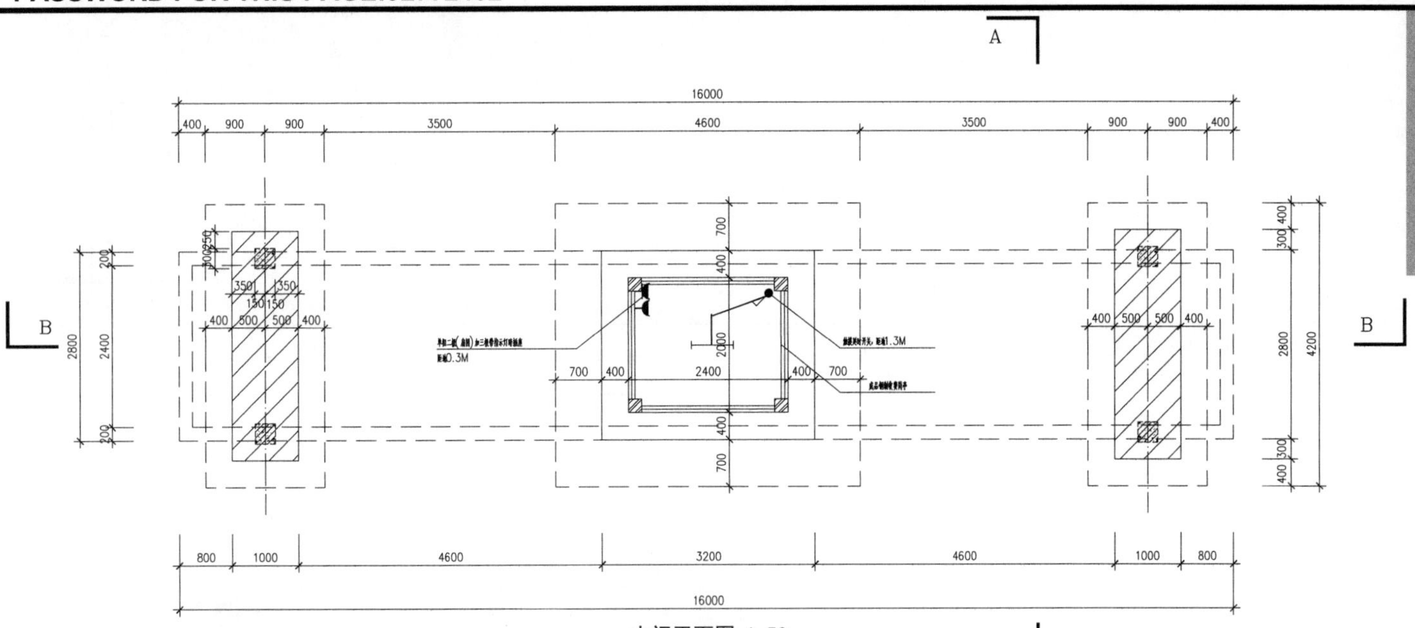

大门平面图 1:50

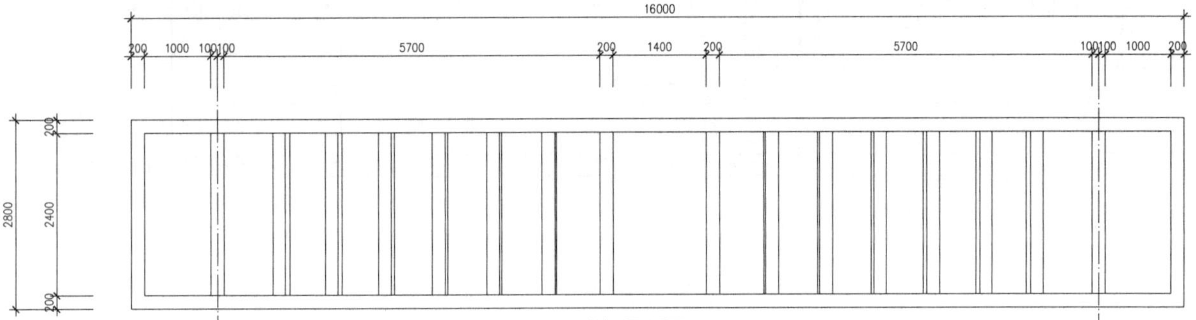

大门屋面图 1:50

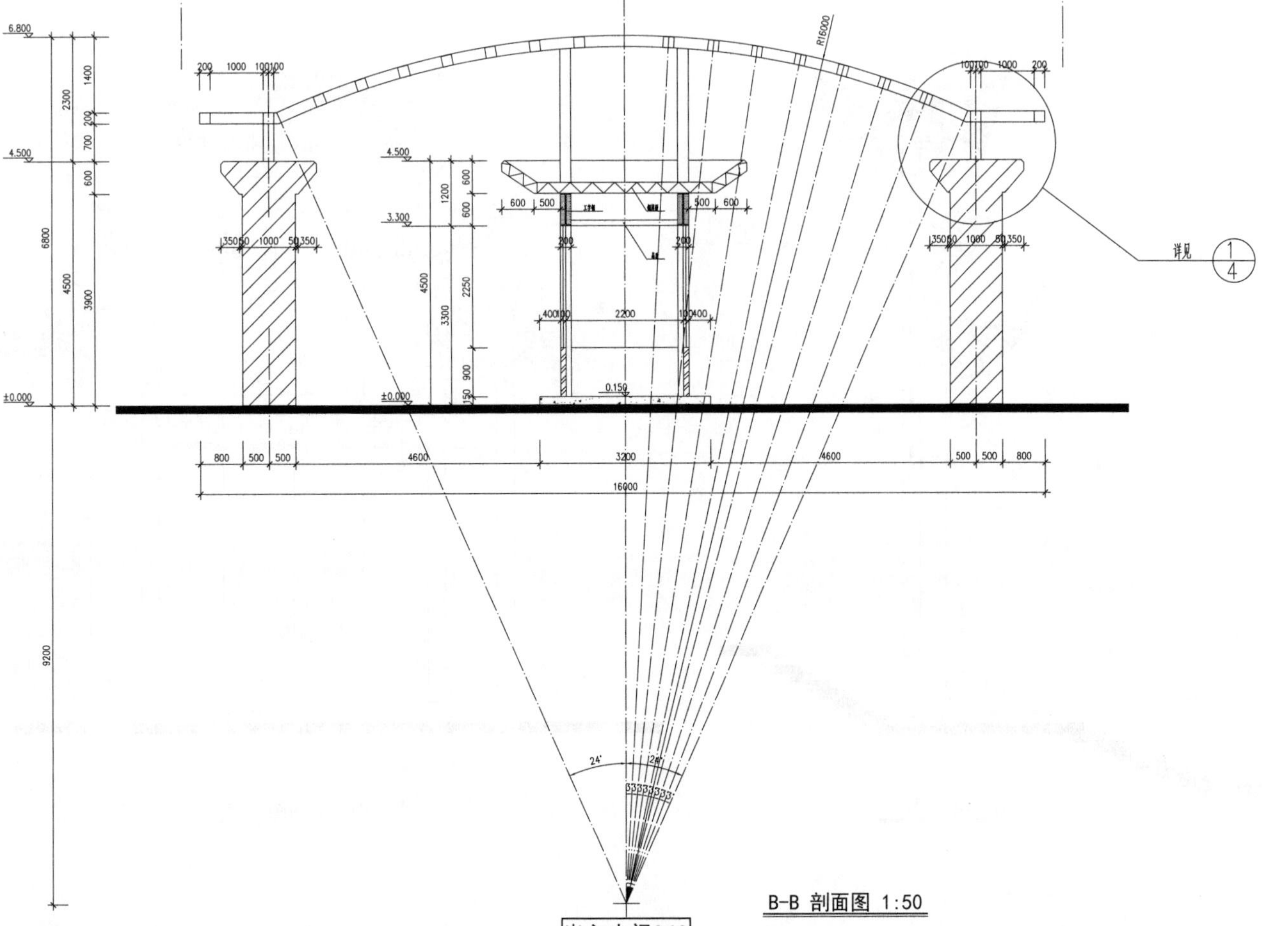

B-B 剖面图 1:50

出入大门040

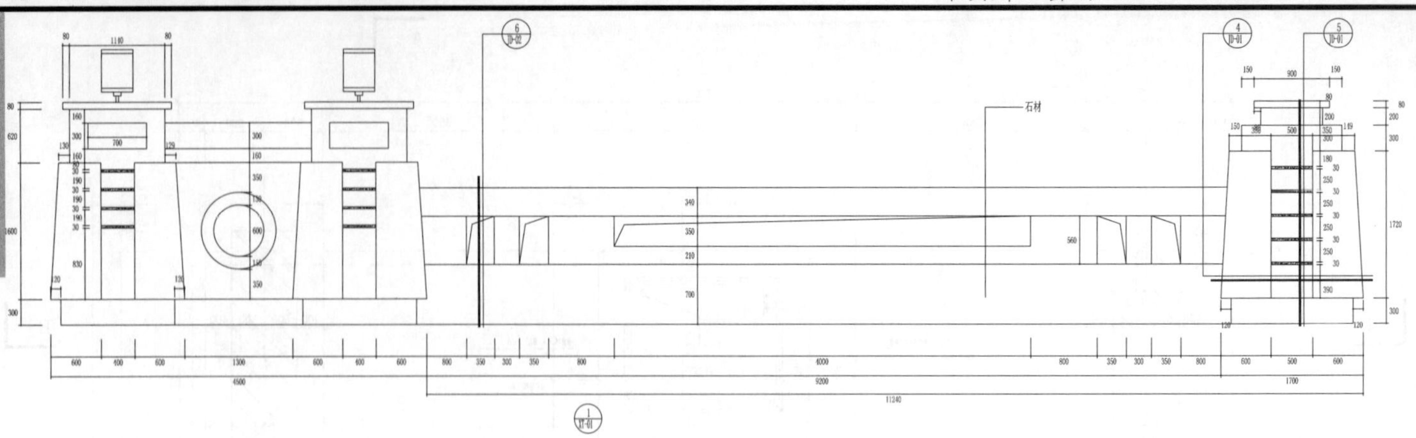

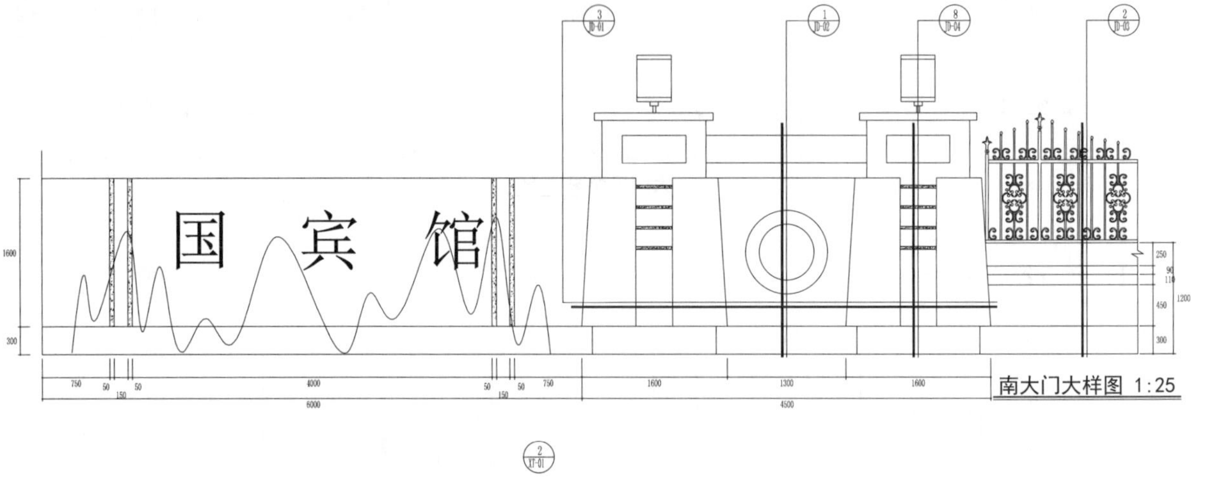

南大门大样图 1:25

出入大门041

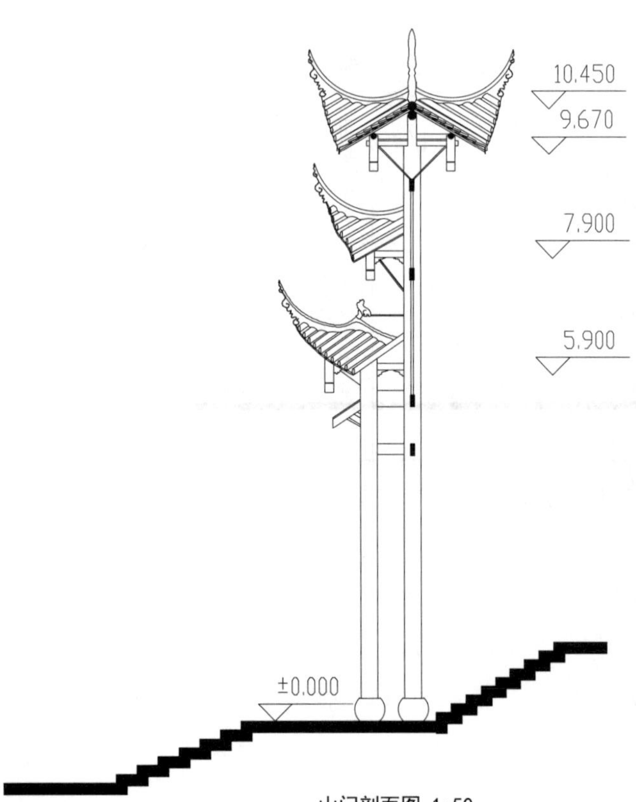
10.450
9.670
7.900
5.900
±0.000

山门剖面图 1:50

宝轮寺

山门立面图 1:50

出入大门042

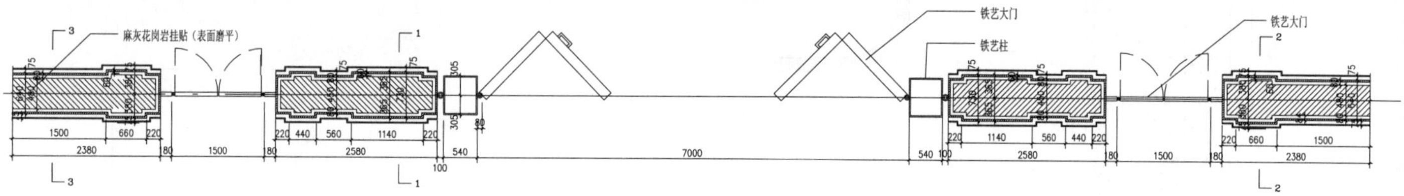

铁艺大门底平面 1:30

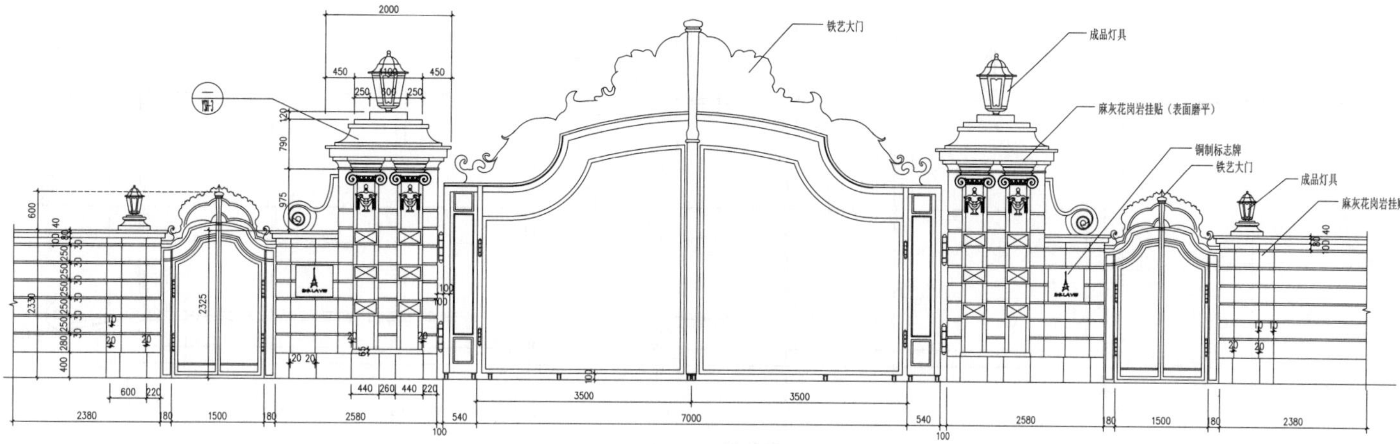

铁艺大门正立面 1:30

出入大门043

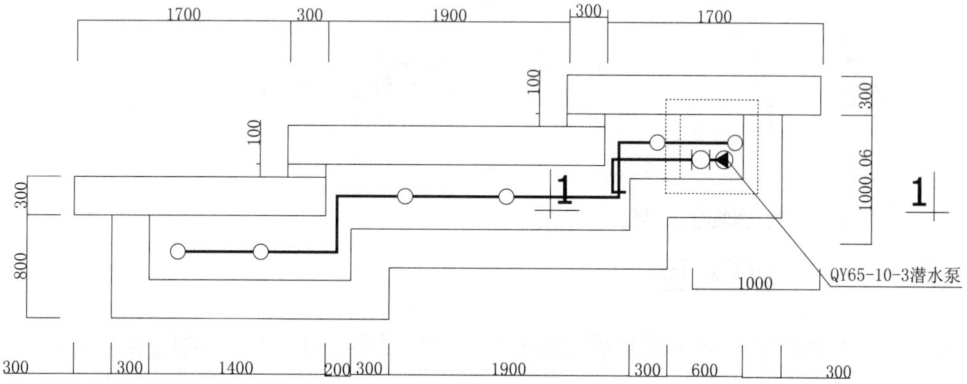

入口大门平面图 1:20

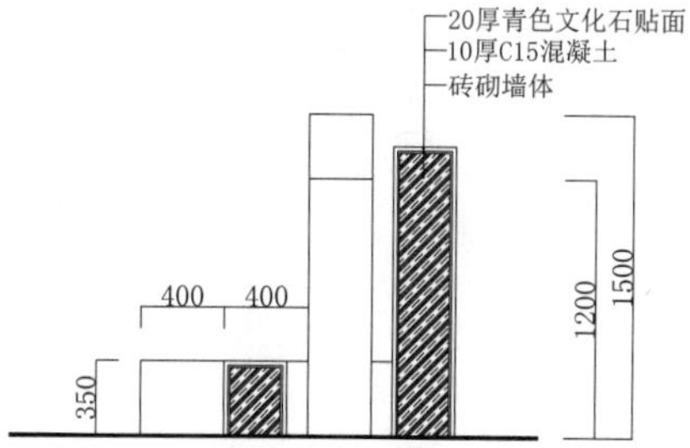

2-2 剖面图 1:20

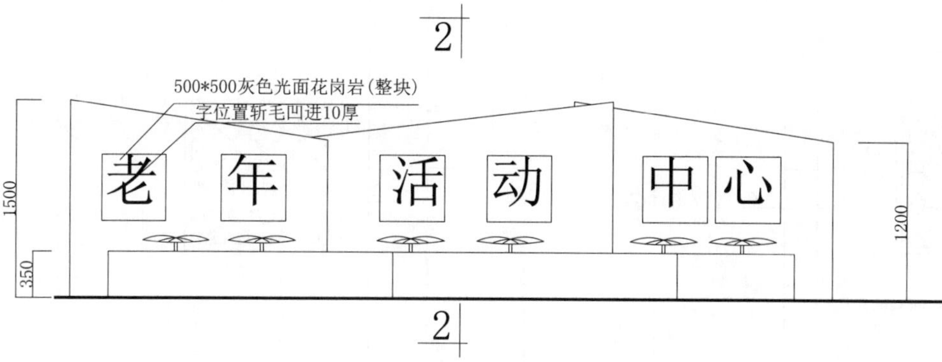

入口大门正立面图 1:20

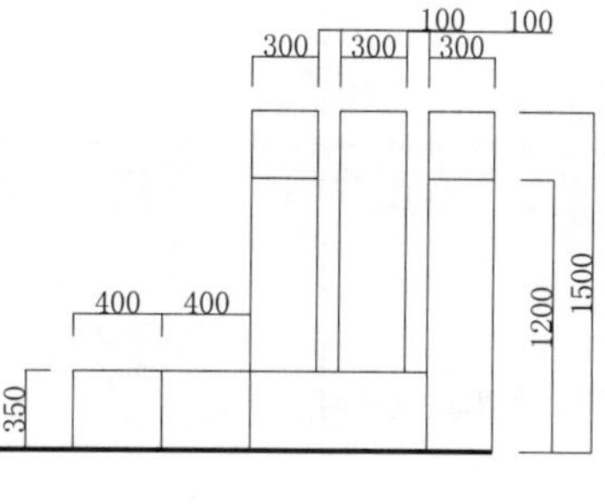

入口大门侧立面图 1:20

出入大门044

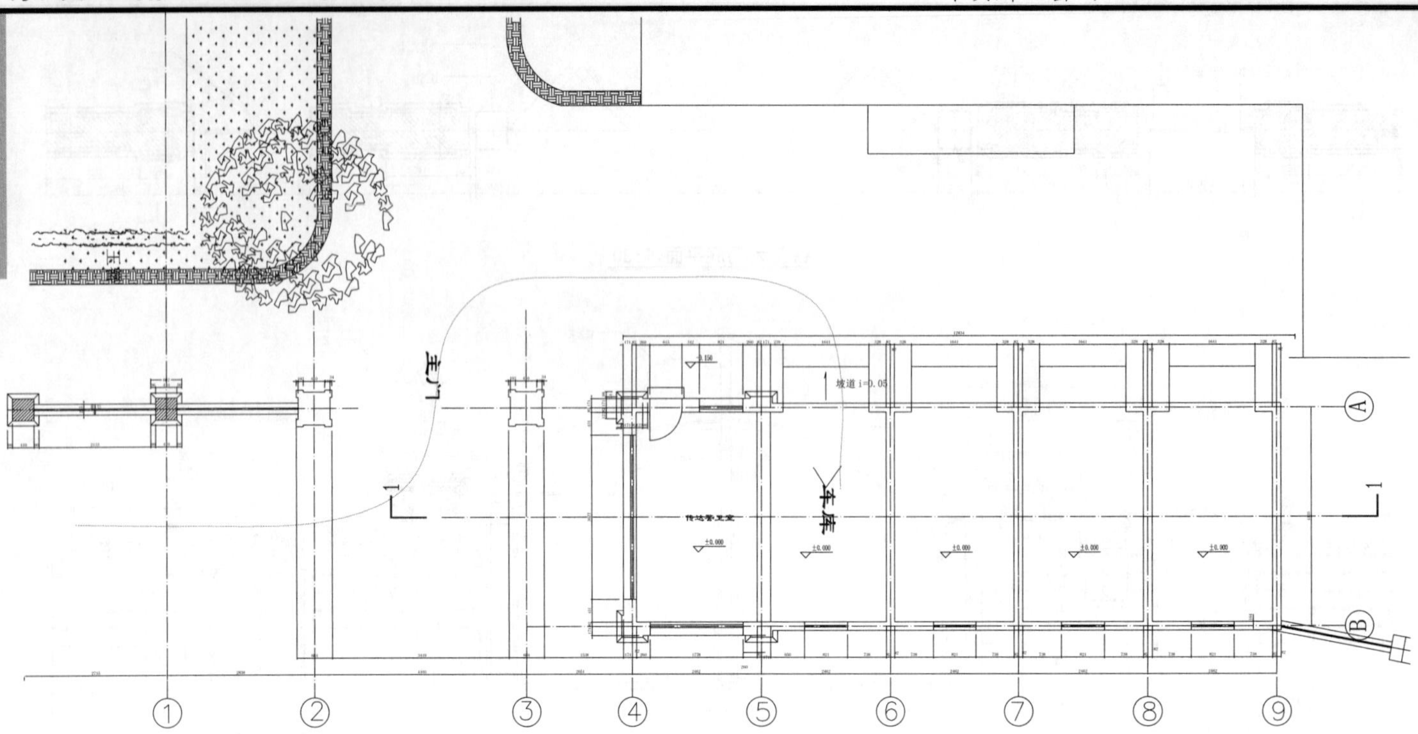

底平面图 1:100

1-1剖面图 1:100

出入大门045

小青瓦

3.350

2.860

2.500

双开木门

C3

石灰白色涂料刷白

700X300X200青石
手凿面

石窟门立面图 1:25　　200x150青石门槛

出入大门046

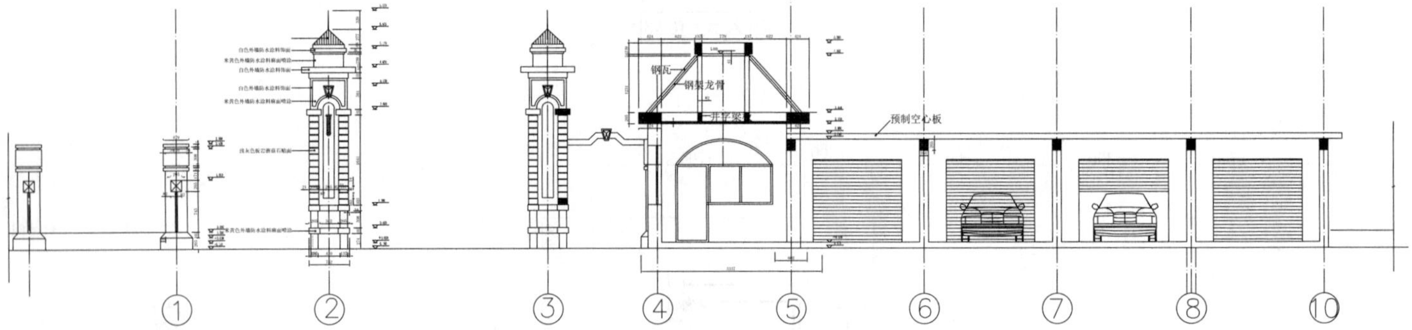

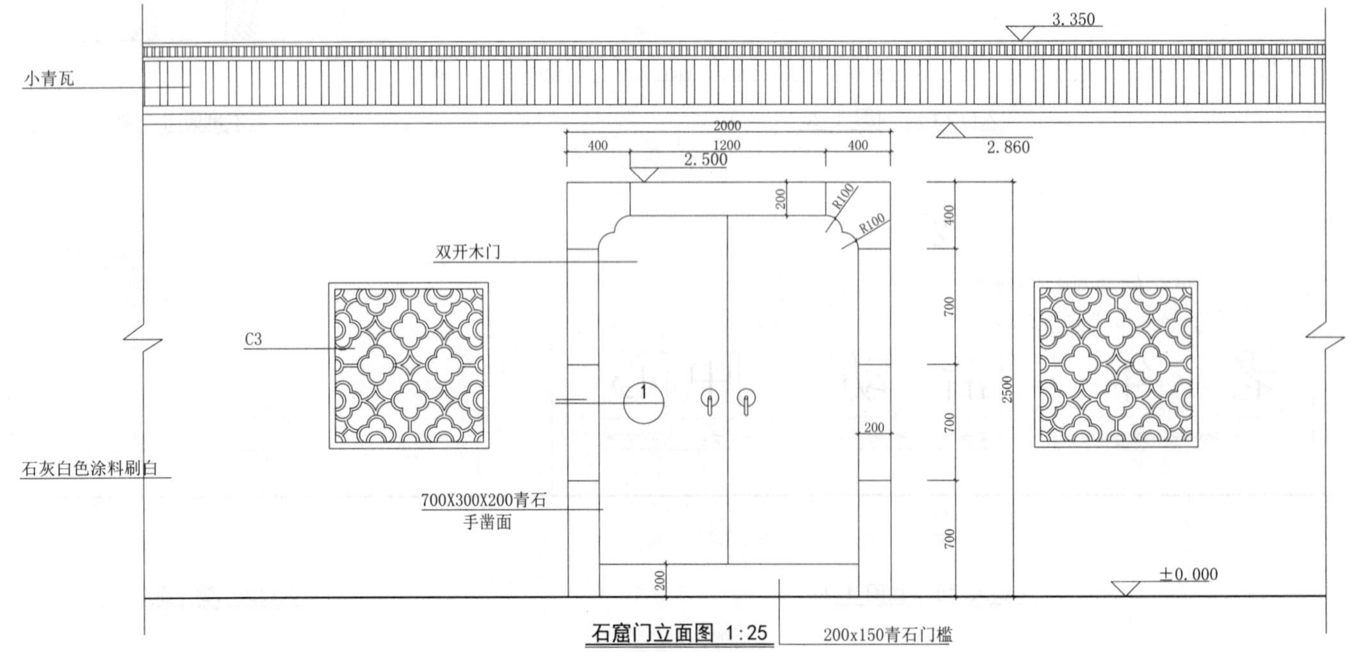

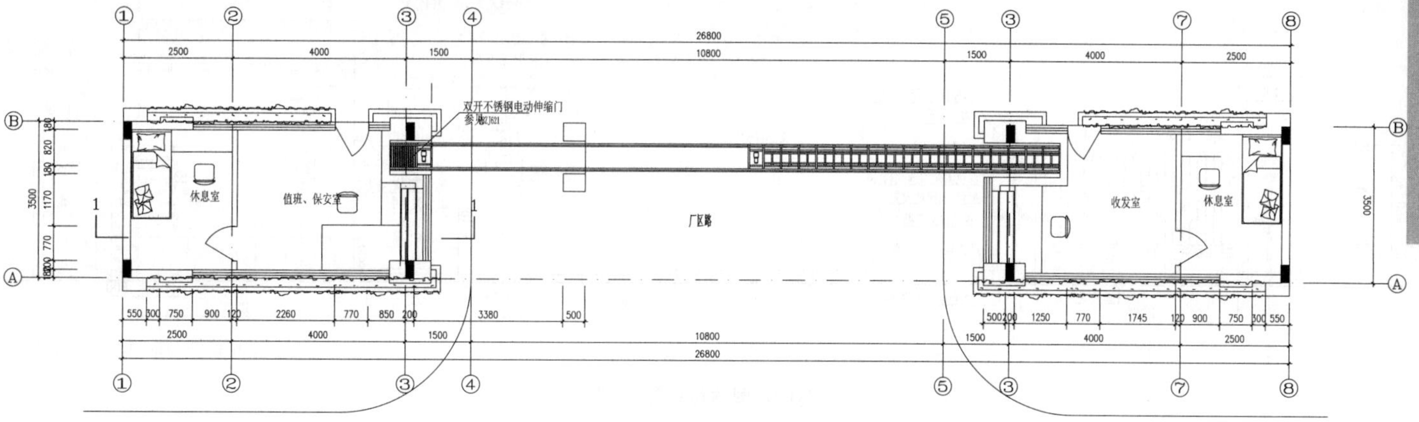

平面图 1:100

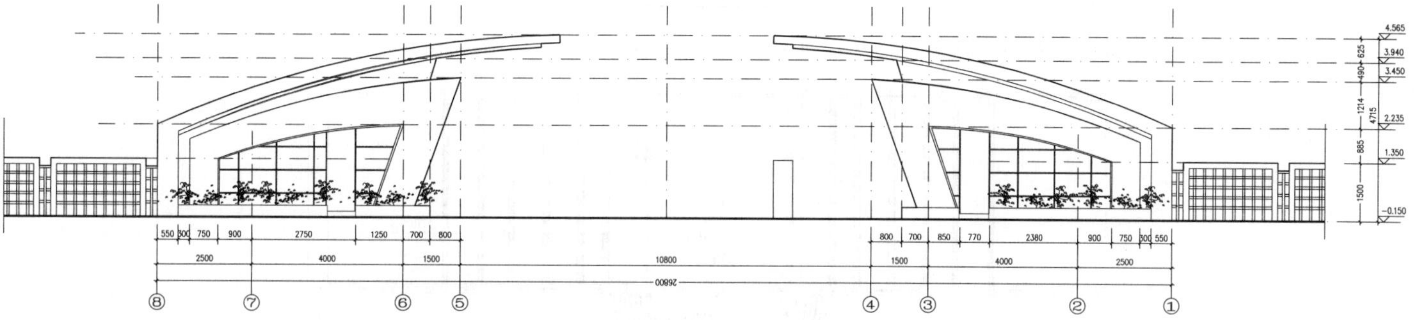

⑧-①轴立面图 1:100

出入大门047

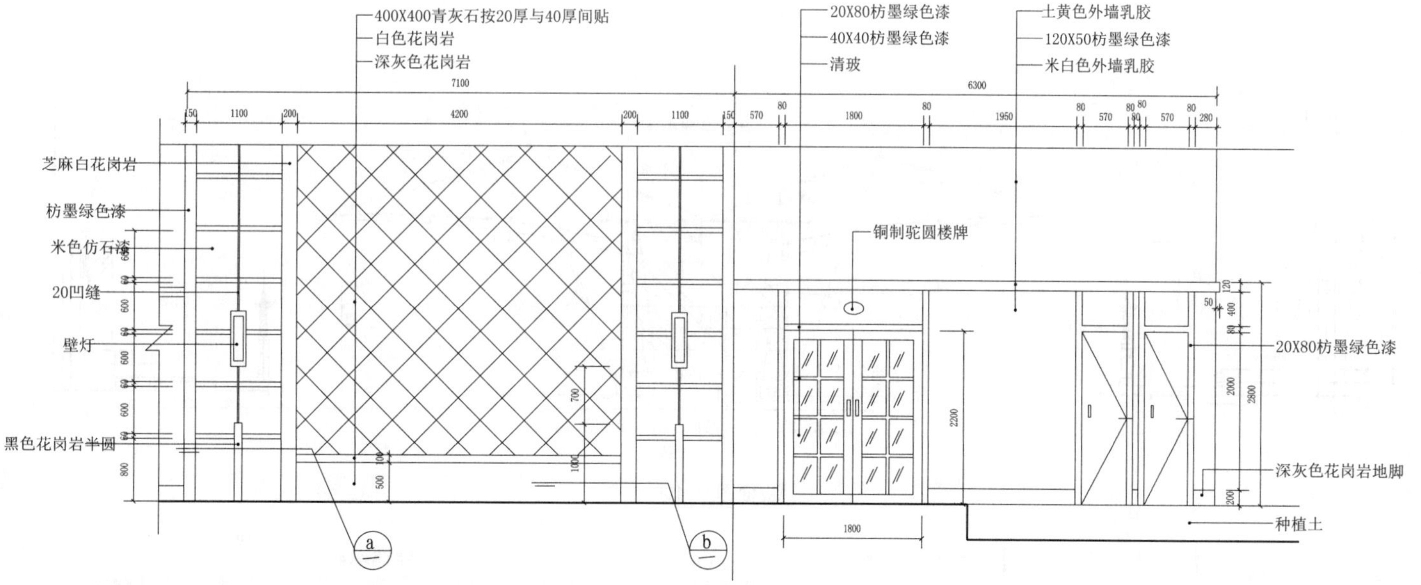

入口大厅展开立面图 1:50

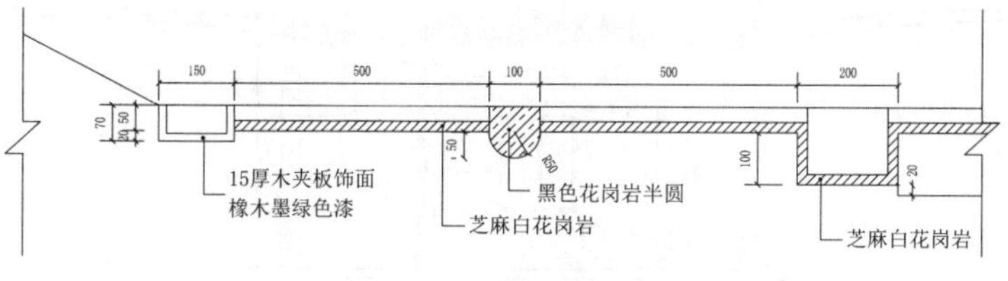

a剖面图 1:10

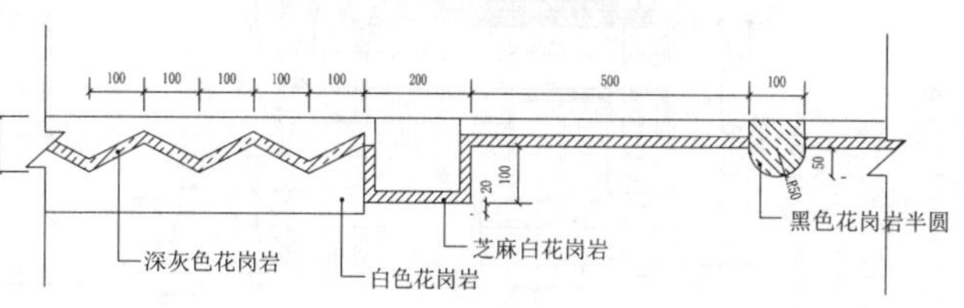

b剖面图 1:10

出入大门048

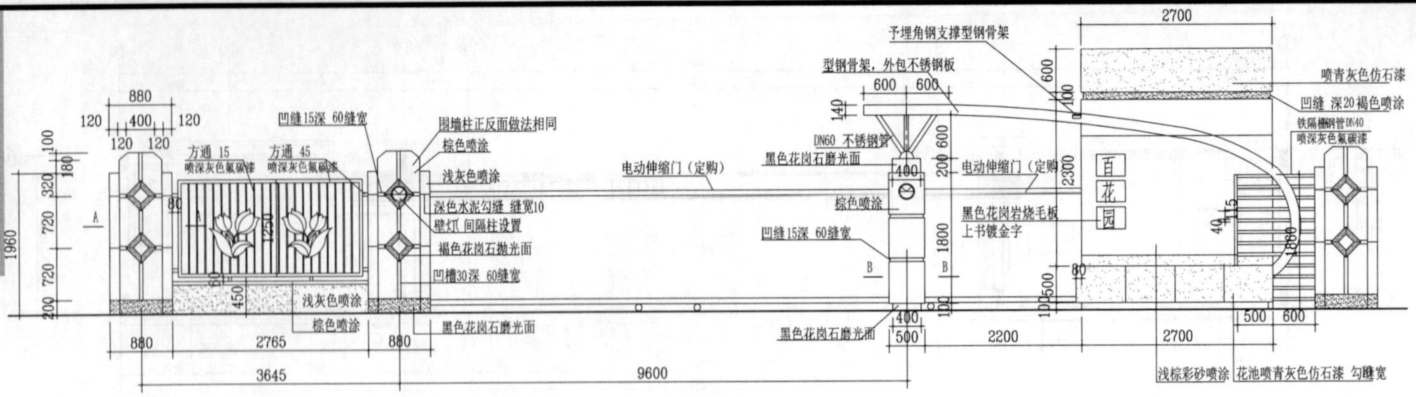

大门，围墙立面图 1:50

出入大门049

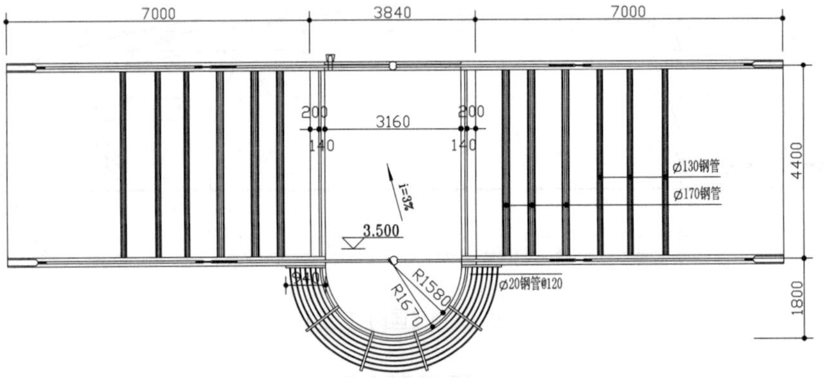

顶层平面图 1:100

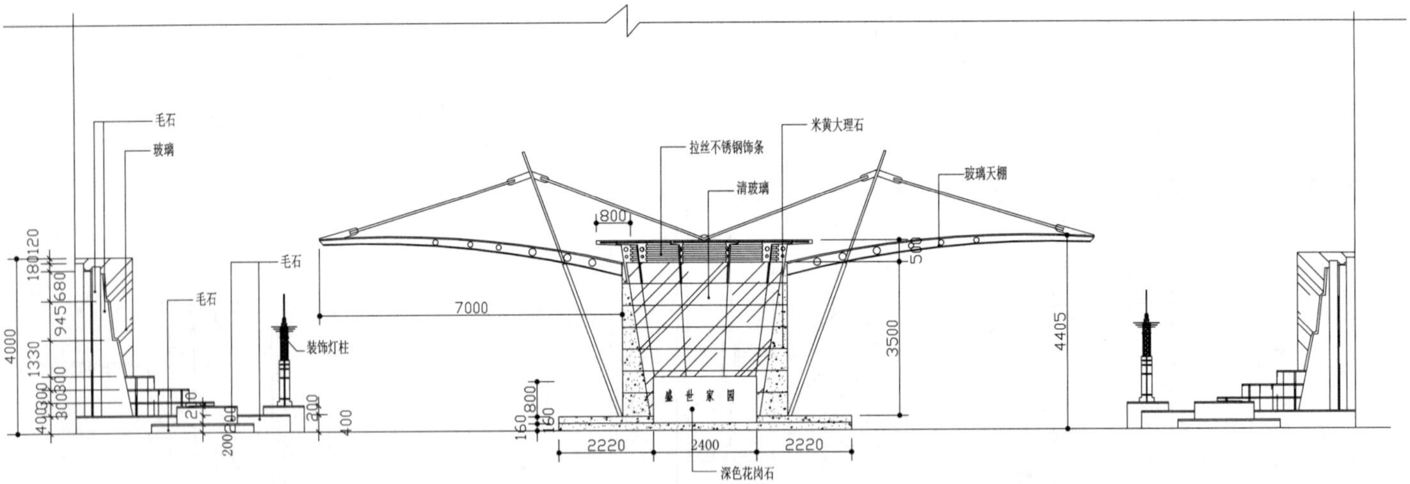

A立面图 1:100

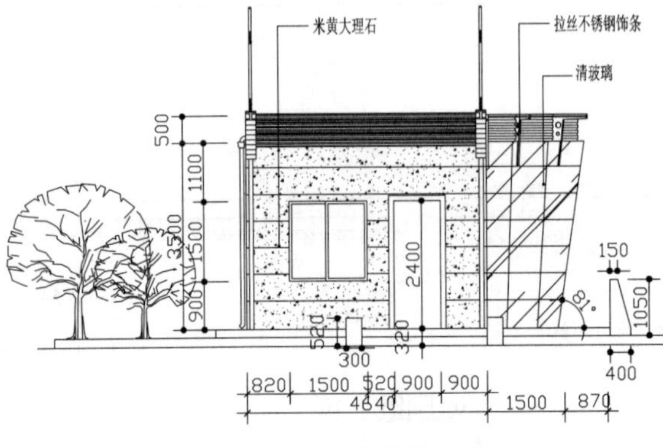

C立面图 1:100

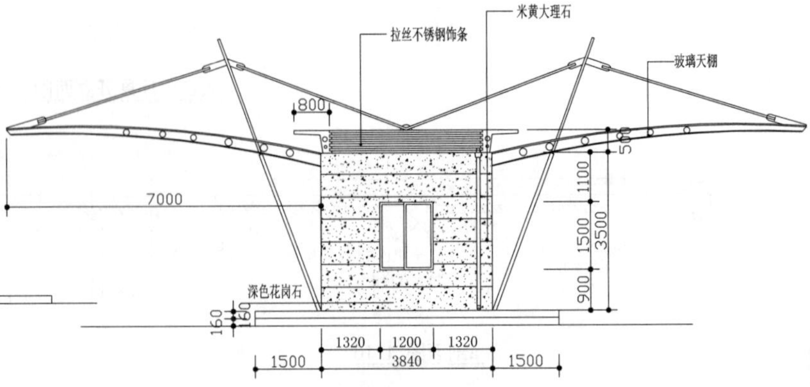

D立面图 1:100

出入大门050

表面喷浅黄色外墙漆
表面喷浅棕色外墙漆
表面喷浅黄色外墙漆
铁门具体尺寸见图
铁门具体尺寸见图
表面喷粉红色外墙漆

愉景雅苑大门①-④轴立面 1:25

预留地灯孔洞

愉景雅苑大门平面 1:25

预埋PVC管φ100（含配套落水口）
0.5%
0.5%
0.5%
0.5%
预埋电线管G20
预埋电线管G20

愉景雅苑大门顶平面 1:25

出入大门051

面饰青灰色麻石漆
屋顶板(面饰青灰色麻石漆)
20X100本板封口
100X200青色石英板饰面
600X400X20黄锈石火烧面
200X400X20艺麻灰火烧面
灯座 400X500X20黎拉麻火烧面

正立面图 1:50

出入大门052

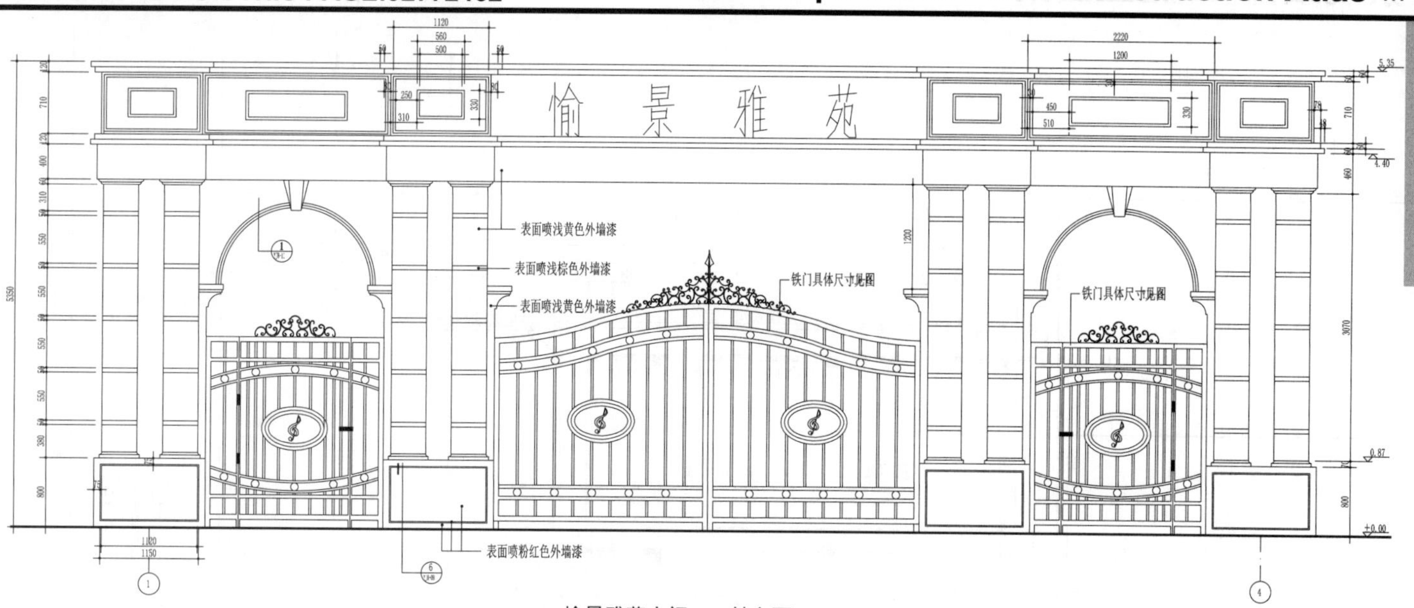

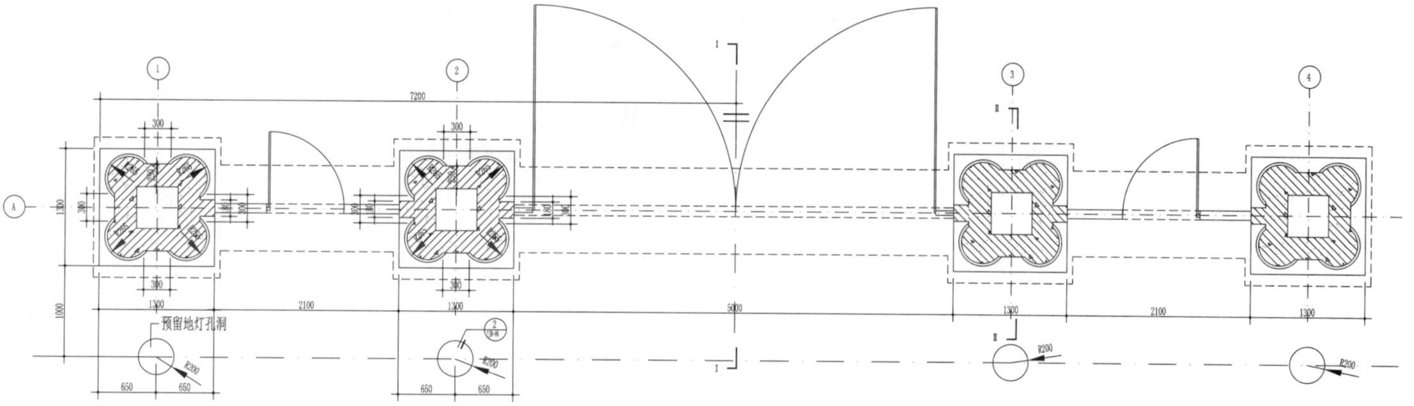

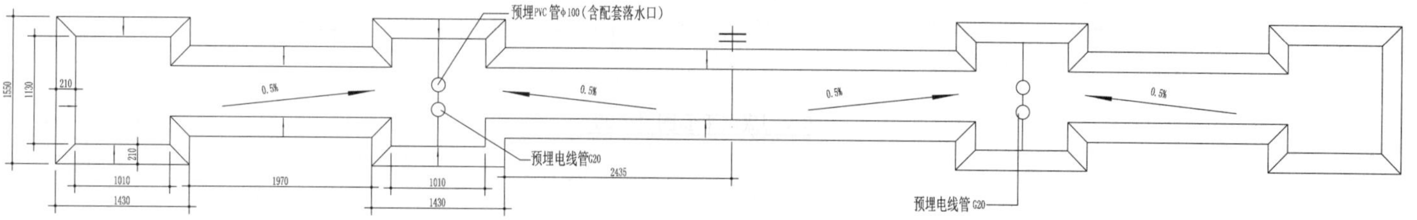

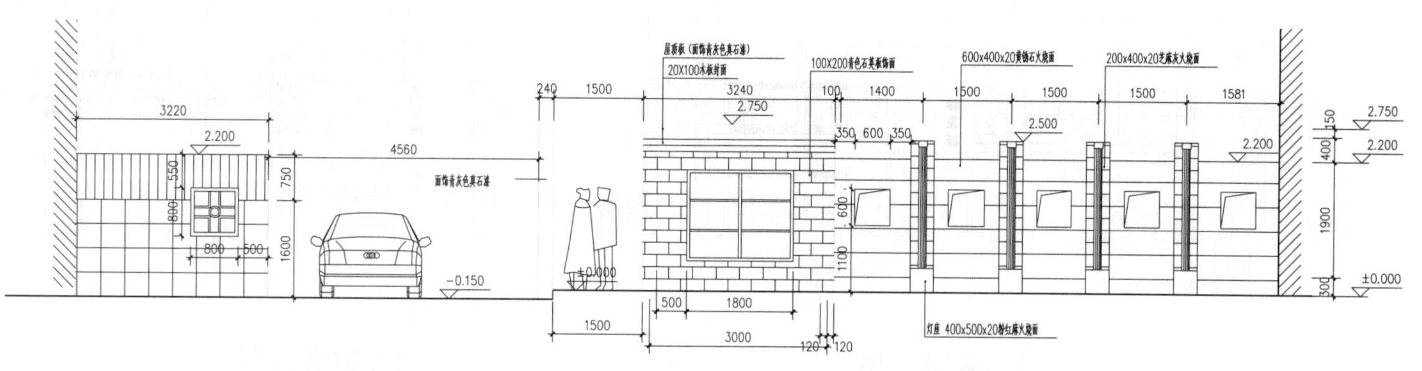

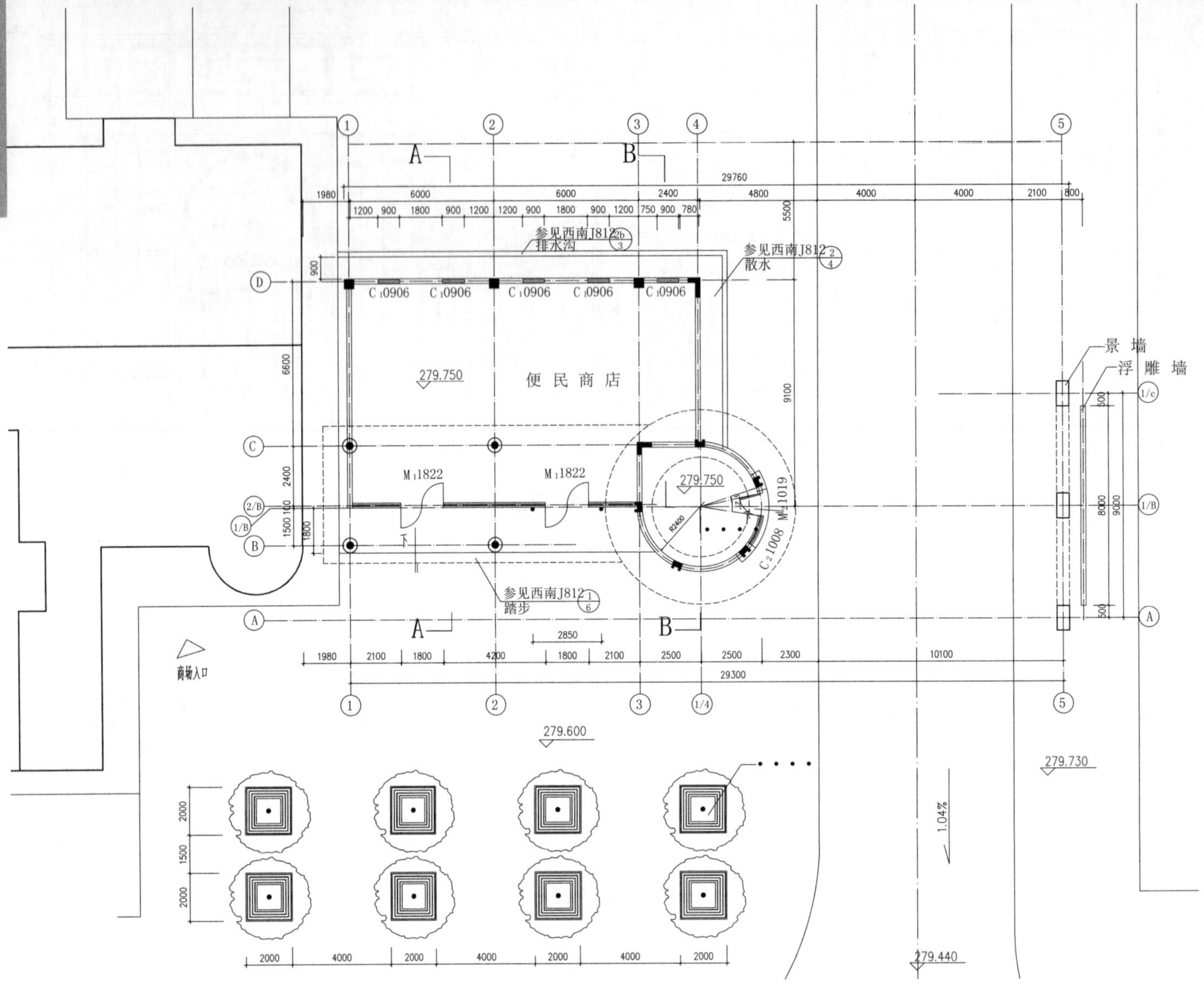

B大门底层平面图 1:100

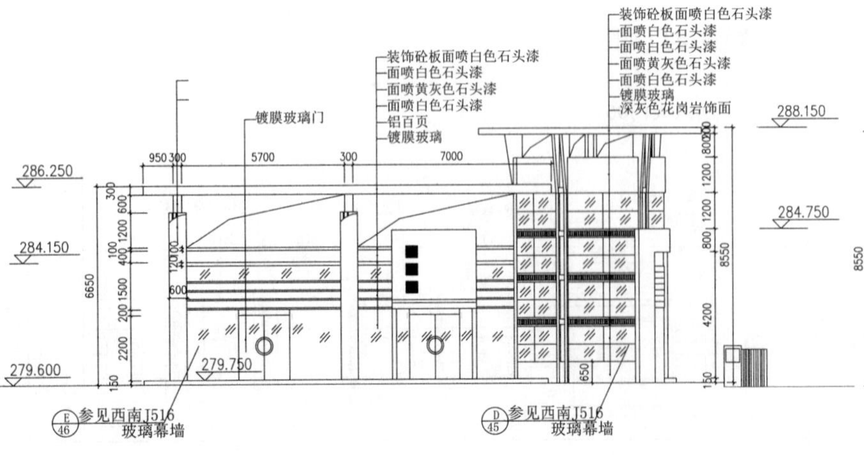

①-⑤立面图 1:100

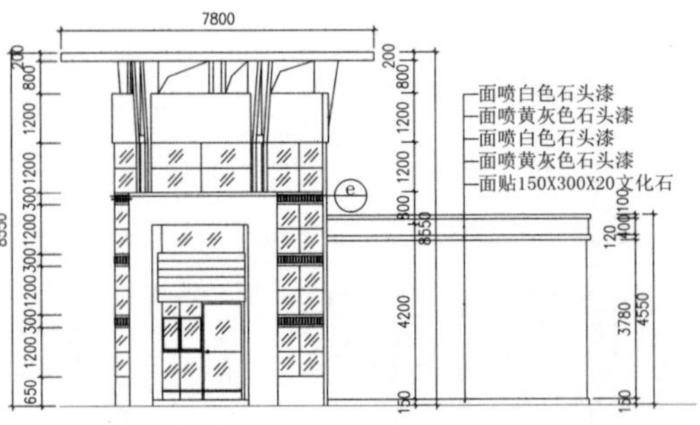

Ⓐ-Ⓓ立面图 1:100

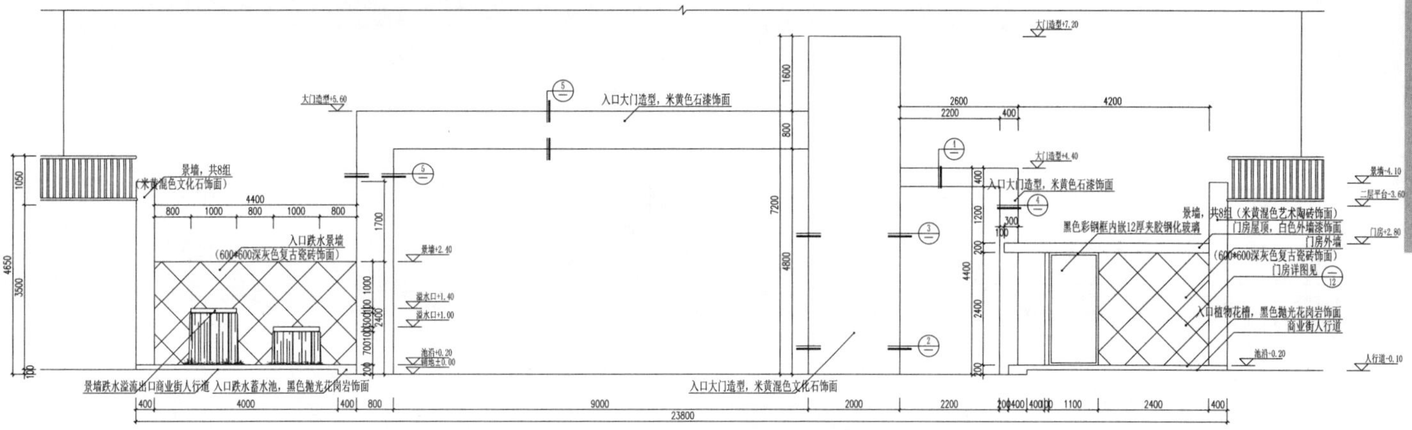

入口大门正立面图 1:50

出入大门054

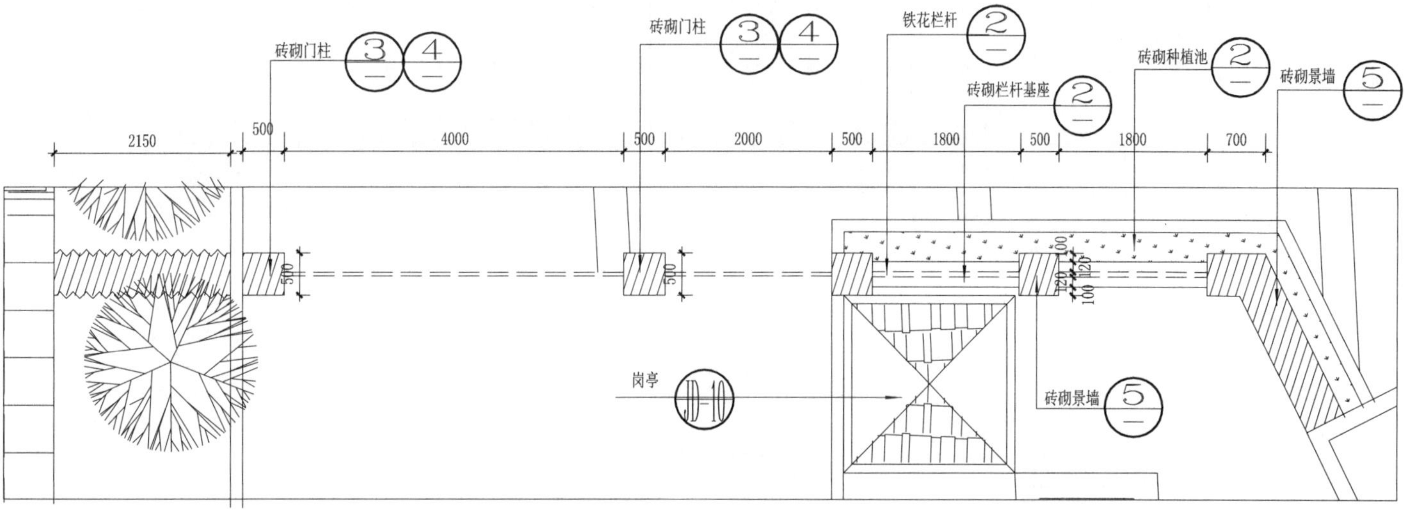

小门平面图 1:50

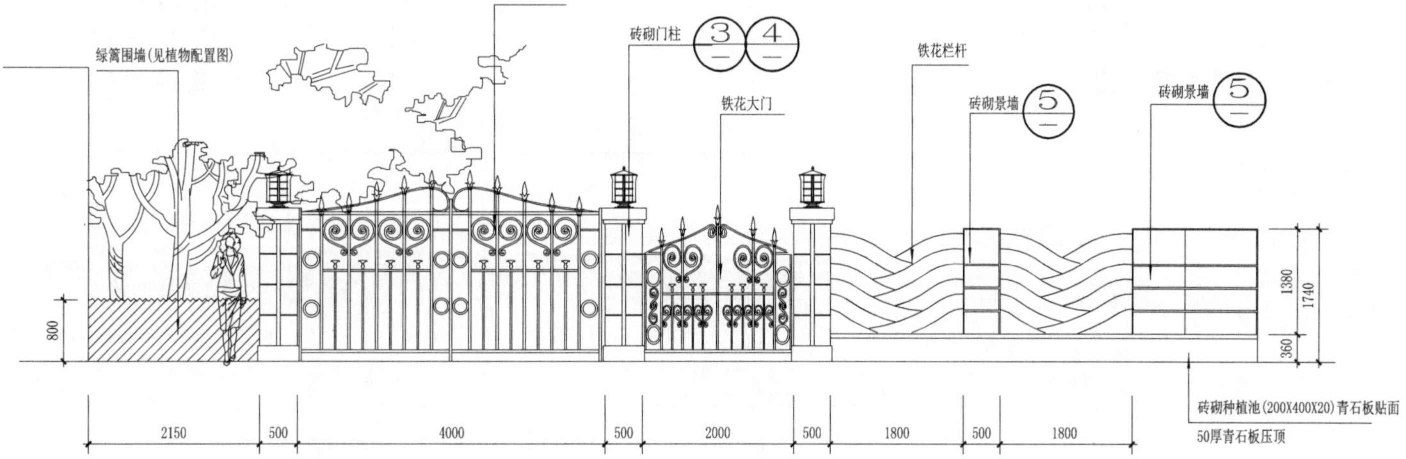

小门立面图 1:50

出入大门055

入口闸门立面详图 1:30

出入大门056

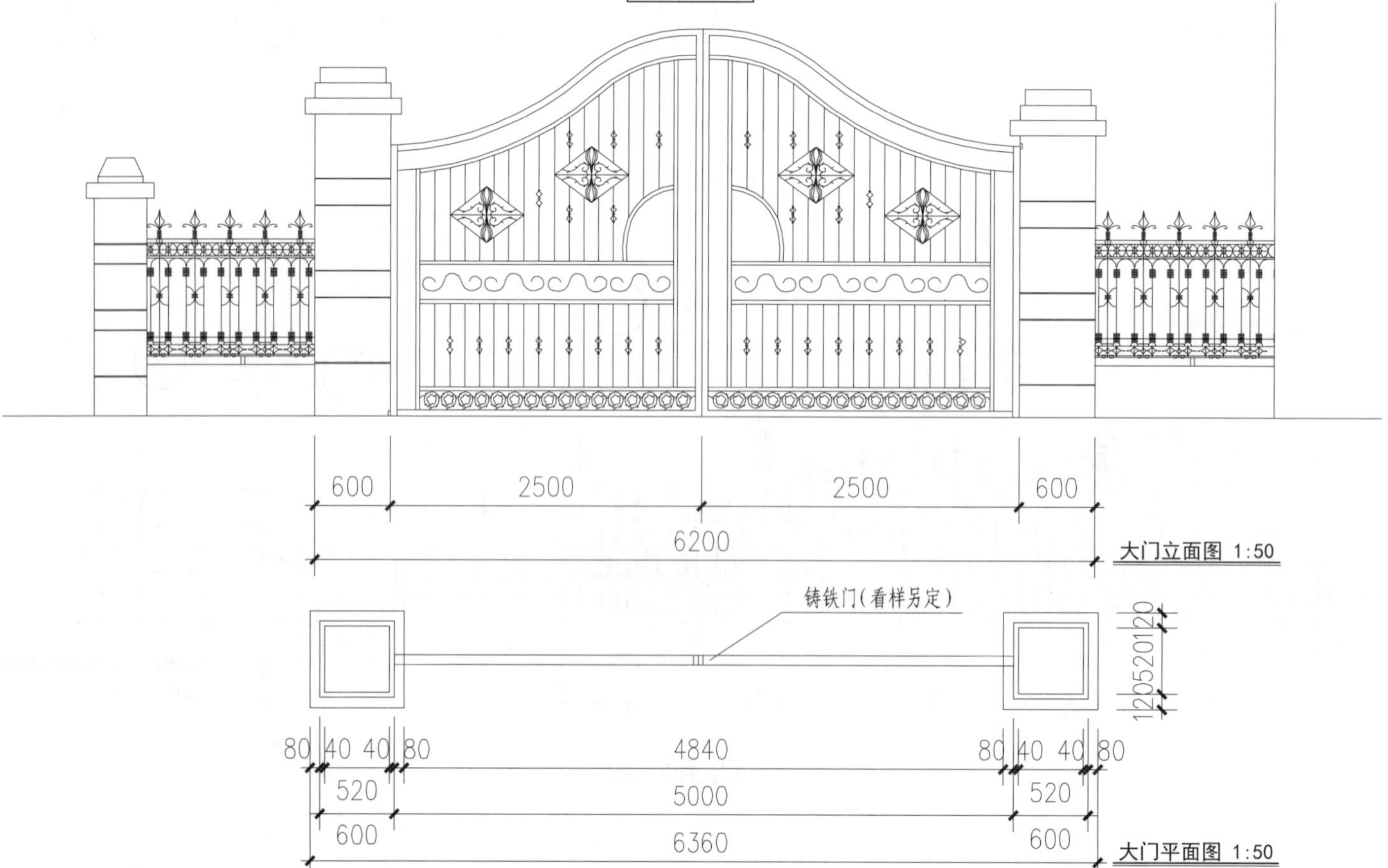

大门立面图 1:50

大门平面图 1:50

出入大门057

出入大门058

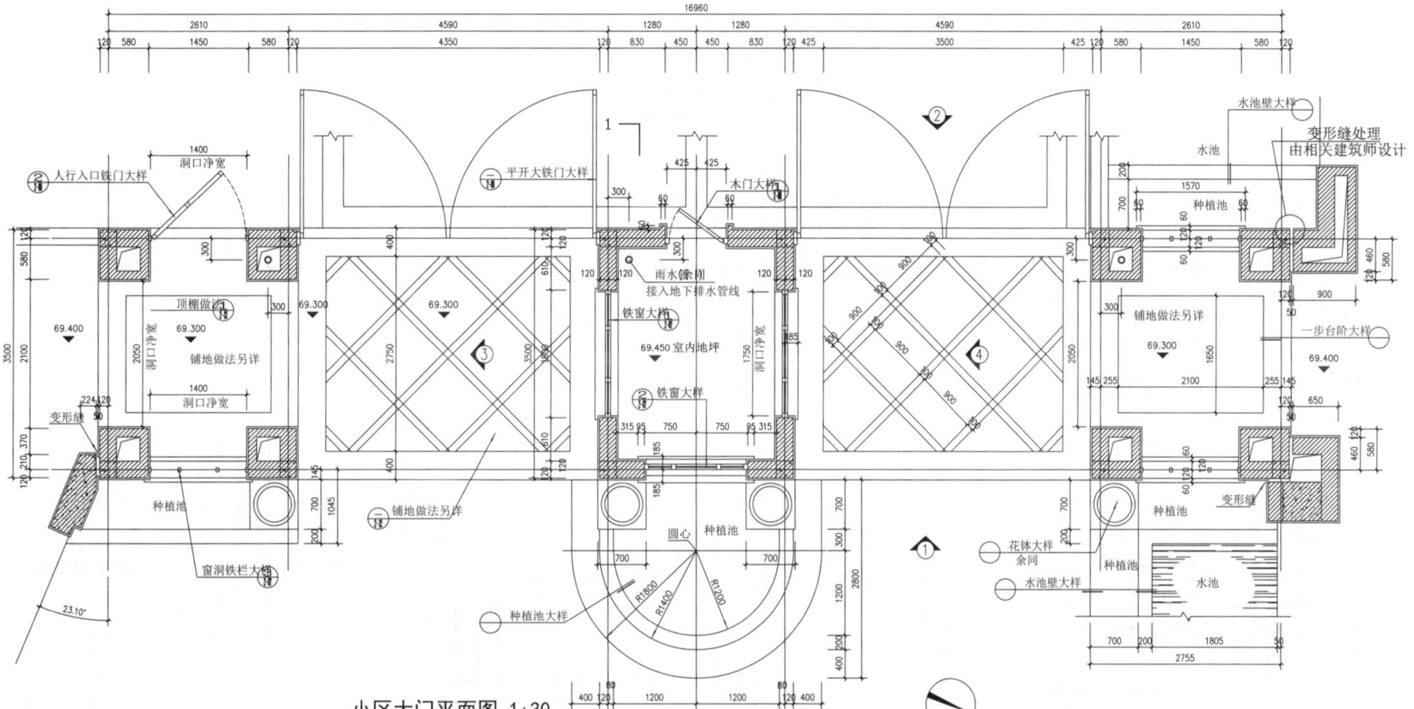

小区大门平面图 1:30

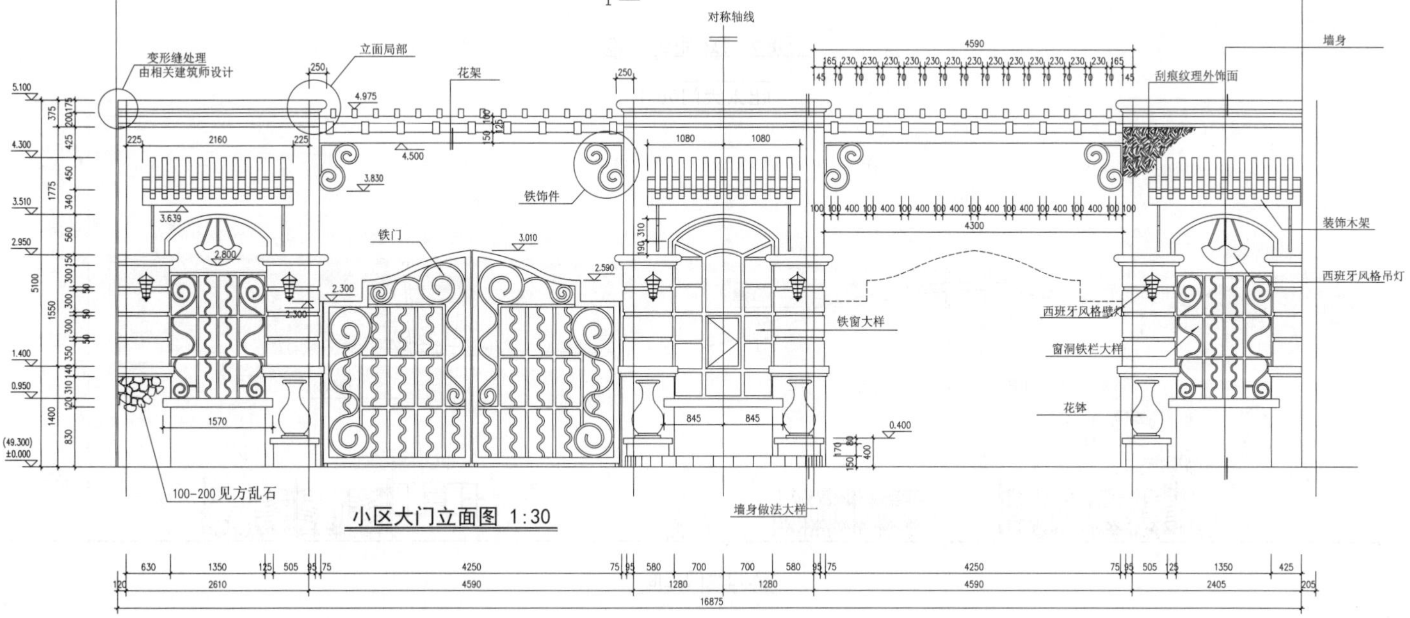

出入大门059

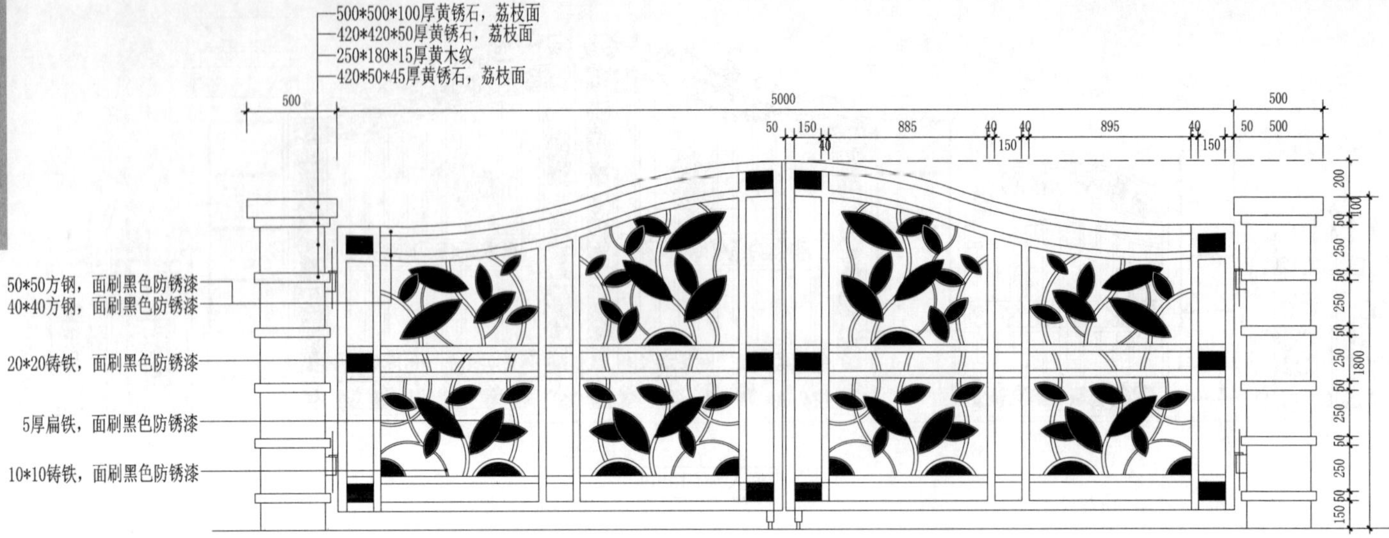
500*500*100厚黄锈石，荔枝面
420*420*50厚黄锈石，荔枝面
250*180*15厚黄木纹
420*50*45厚黄锈石，荔枝面
50*50方钢，面刷黑色防锈漆
40*40方钢，面刷黑色防锈漆
20*20铸铁，面刷黑色防锈漆
5厚扁铁，面刷黑色防锈漆
10*10铸铁，面刷黑色防锈漆
500
5000
500
50
150
885
40
895
150
1800
200
250
150

小区铁门立面图 1:20

出入大门060

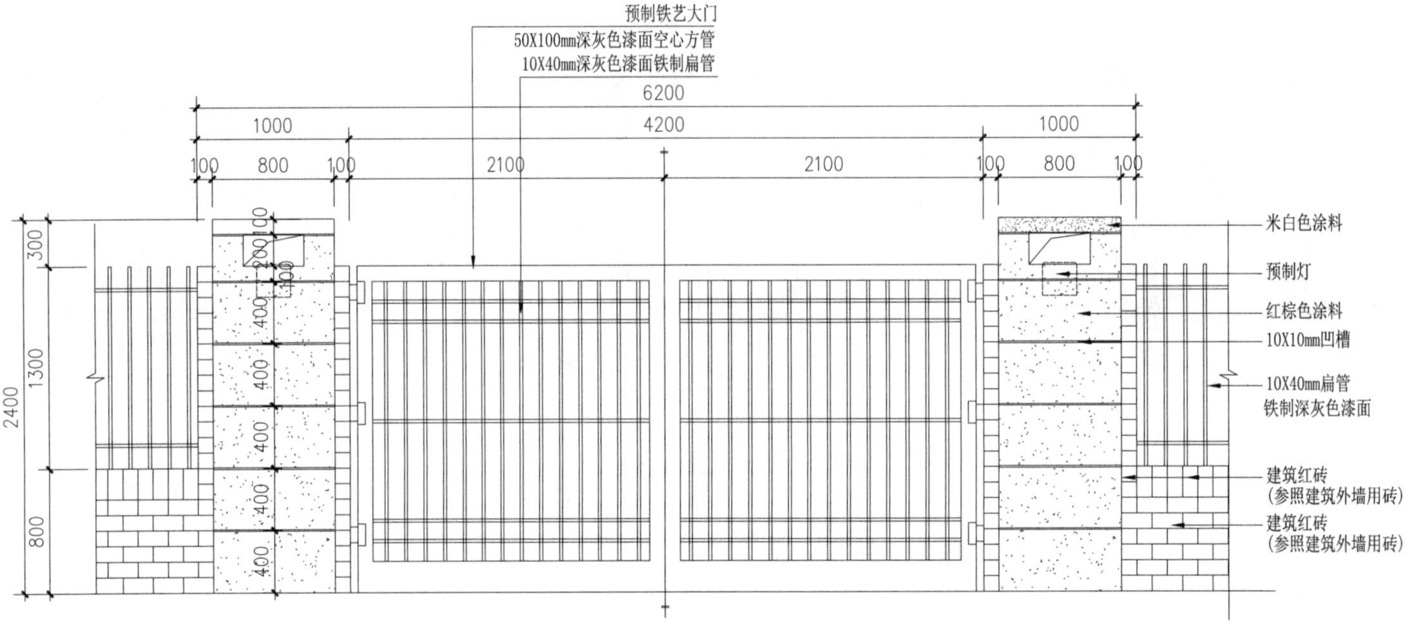
预制铁艺大门
50X100mm深灰色漆面空心方管
10X40mm深灰色漆面铁制扁管
6200
1000
4200
100
800
2100
2400
300
1300
800
400
200
米白色涂料
预制灯
红棕色涂料
10X10mm凹槽
10X40mm扁管
铁制深灰色漆面
建筑红砖
(参照建筑外墙用砖)

标准大门立面图 1:30

出入大门061

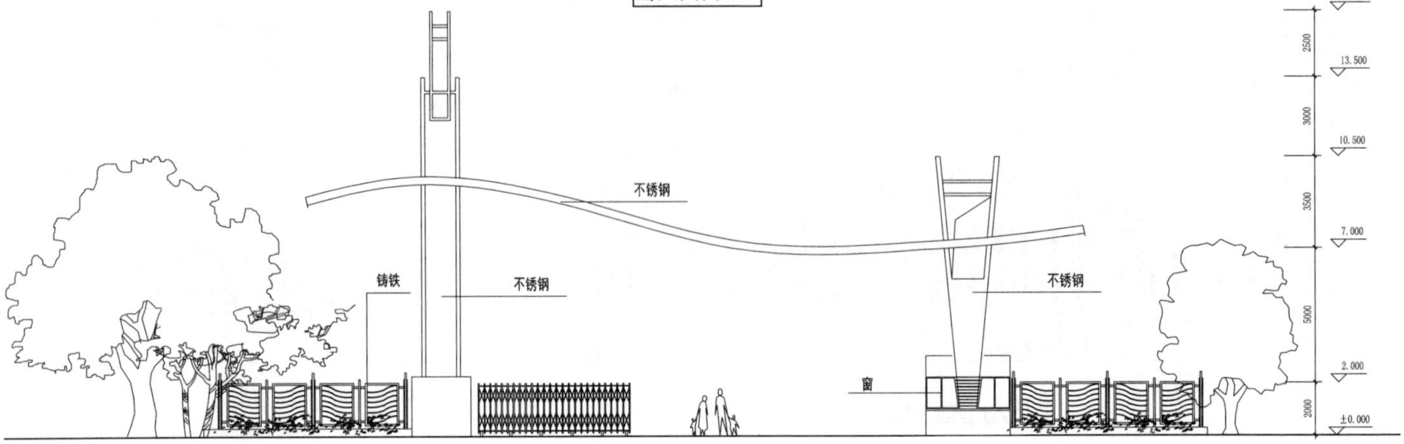

入口大门立面

出入大门062

7000
3100   3100

50X75X6方通，漆面黑色
25X75X6方通，漆面黑色
25X25 方通，漆面黑色

铸铁铰链由制造商提供
铁花由厂方提供样本，甲方选定

详见 ②
YS-032

3.325
2.475
±0.000

轮和脚底螺栓由制造商提供

大门立面 1:50

出入大门063

顶视图 1:100

白色铝塑板   金黄色铝塑板   浅蓝色铝塑板
米黄色玻璃球灯
银灰色铝塑板

12.565

10.600

5.500

文化石

自动伸缩门

2.200

印度红花岗岩   印度红花岗岩

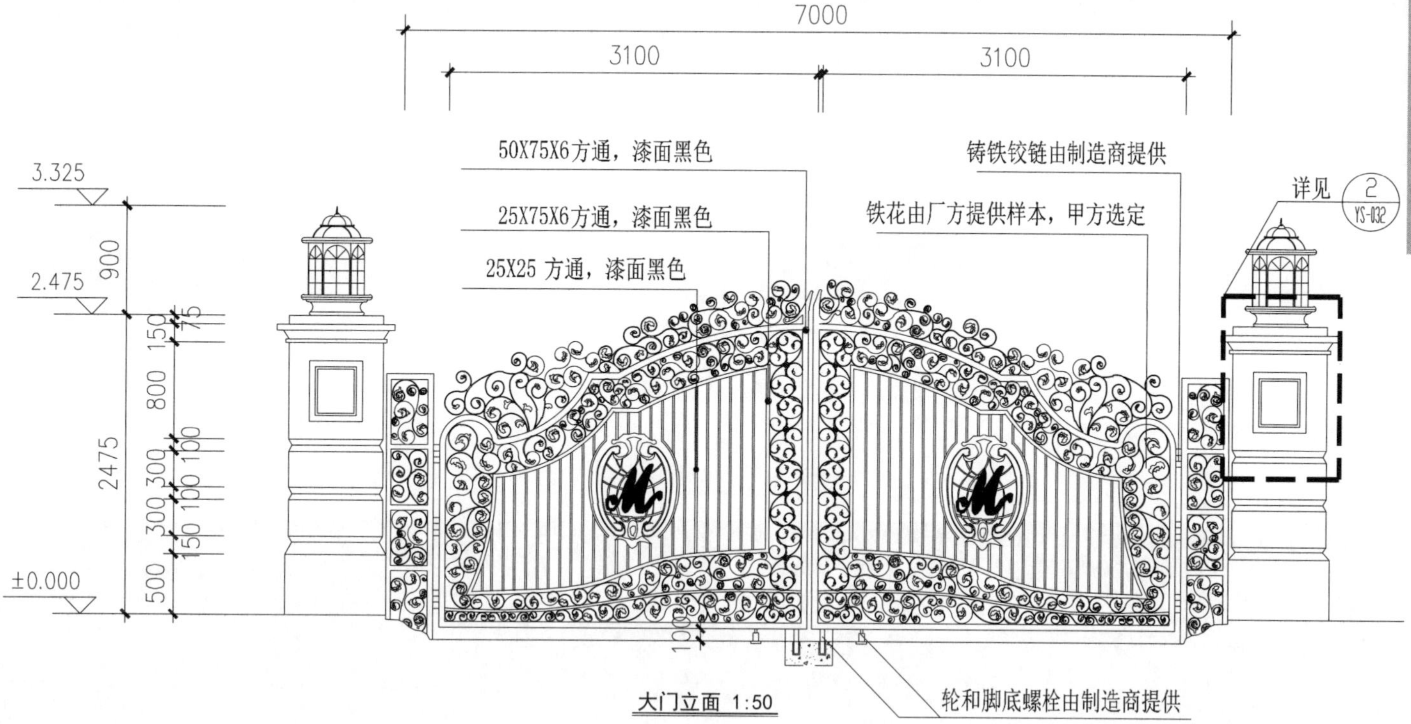

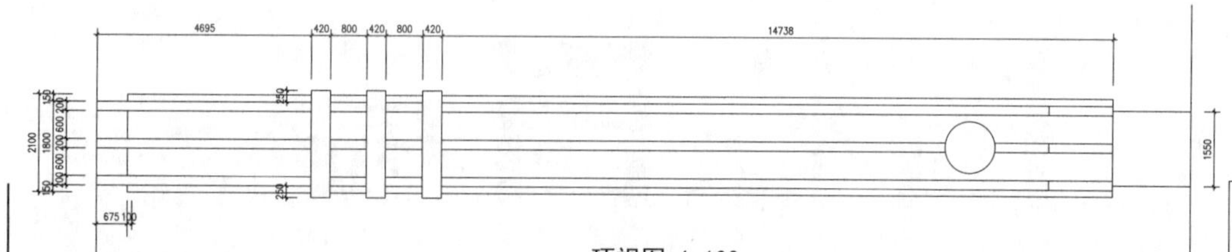

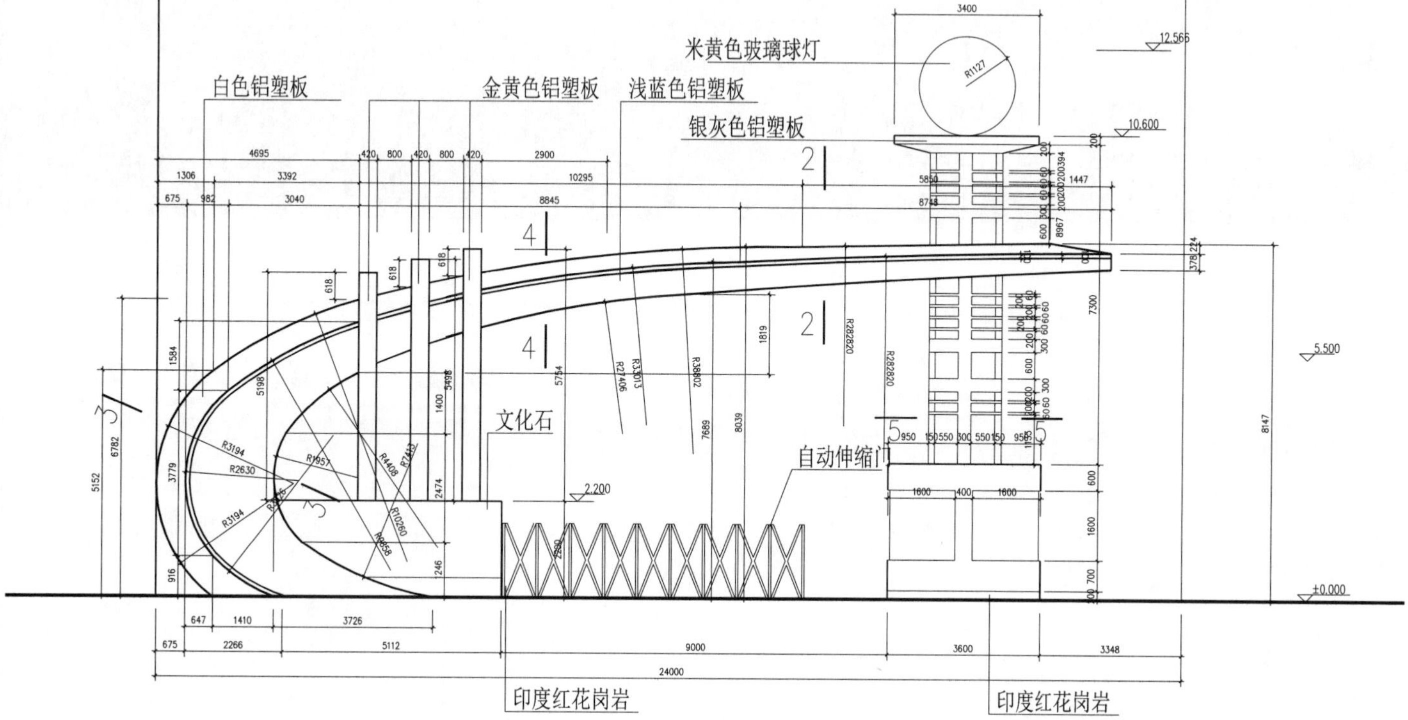

大门正立面图 1:100

出入大门064

围栏围墙

FENCE & RAIL

围栏围墙

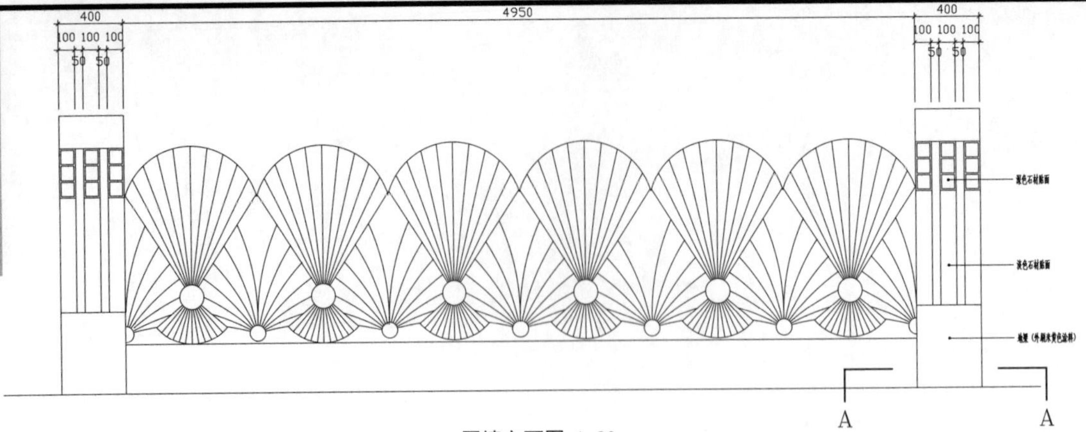

围墙立面图 1:20

围墙侧立面图 1:20

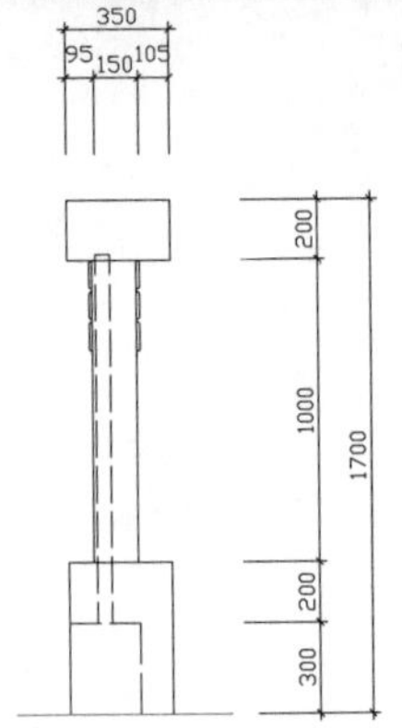

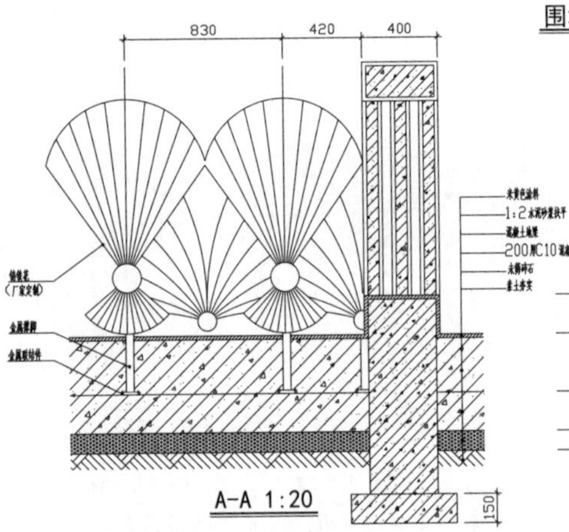

A—A 1:20

每格 50×50
单位: MM

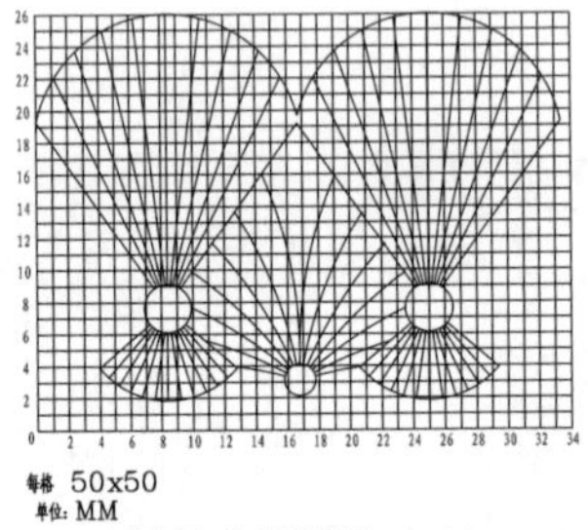

铸铁花放样图 1:20

围墙俯视图 1:20

围栏围墙001

进口红衫木制扶手

进口红衫木制扶手立挺

条形进口红衫木制栏板

栏杆立面大样图 1:20

镙栓固定

条形进口红衫木制栏板(防腐处理)

进口红衫木制扶手立挺(防腐处理)

8厚不锈钢固定件

∅12不锈钢镙栓

∅12膨胀镙栓（防锈处理）

栏杆基础详图 1:5

进口红衫木制扶手立挺(防腐处理)

8厚不锈钢固定件

∅12不锈钢镙栓

∅12膨胀镙栓（防腐处理）

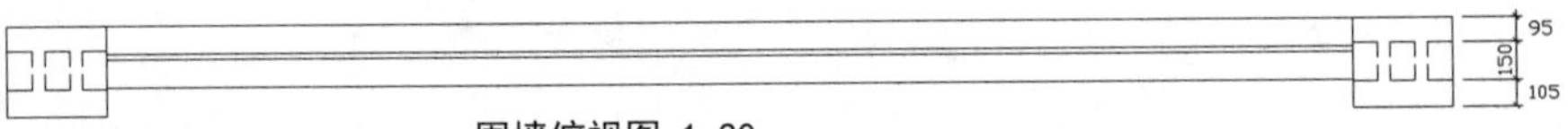

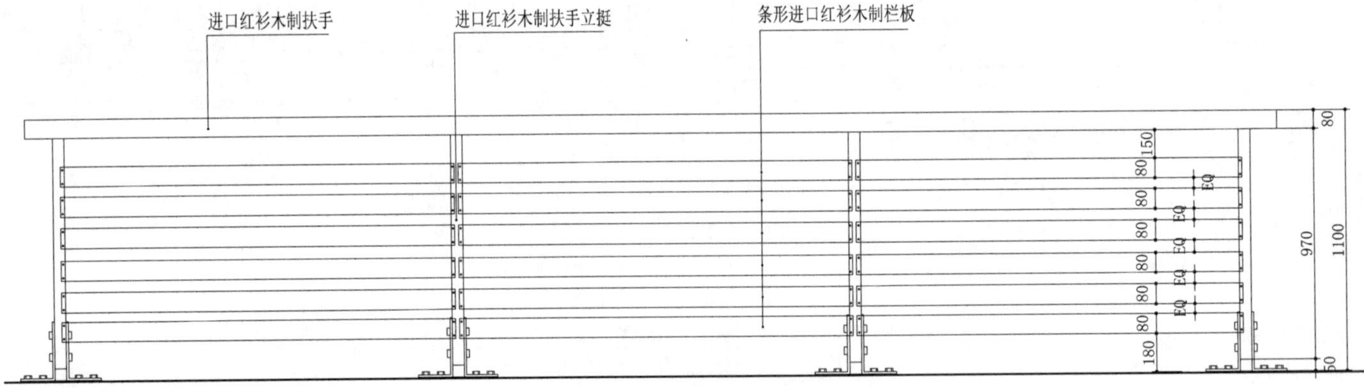

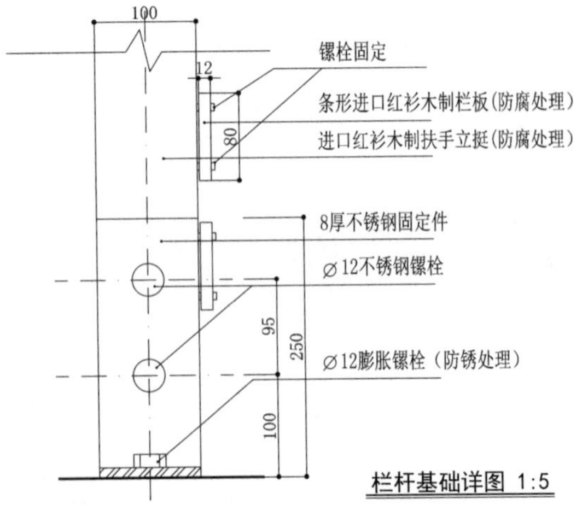

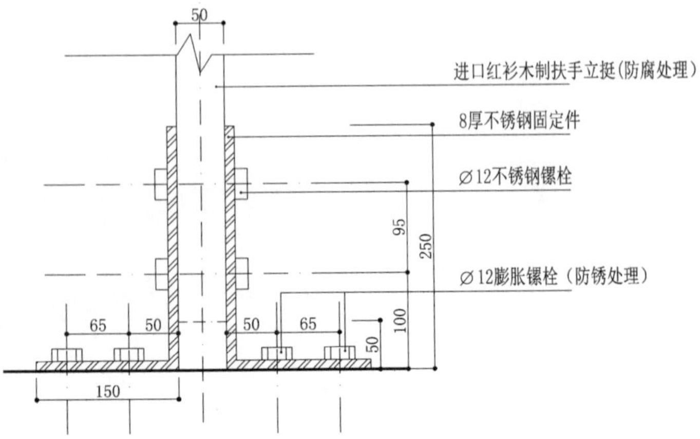

围栏围墙002

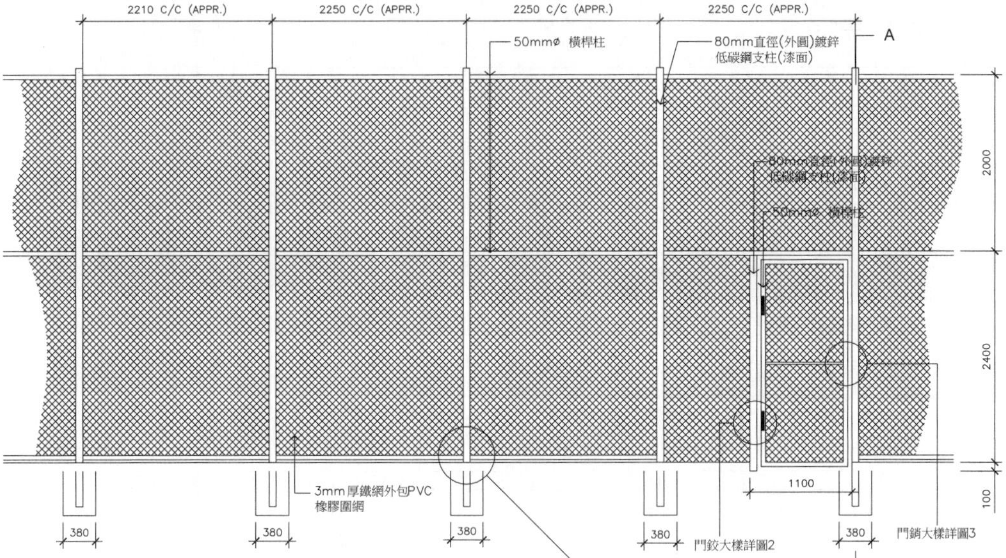

立面图 1:50

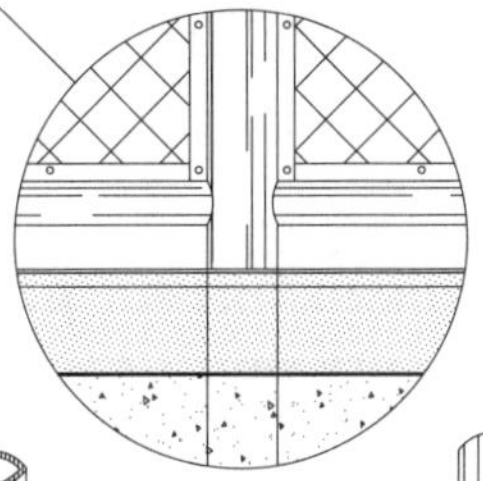

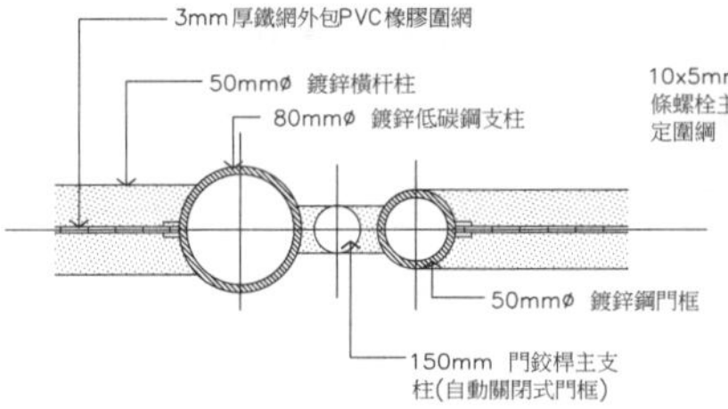

门铰大样图 1:5

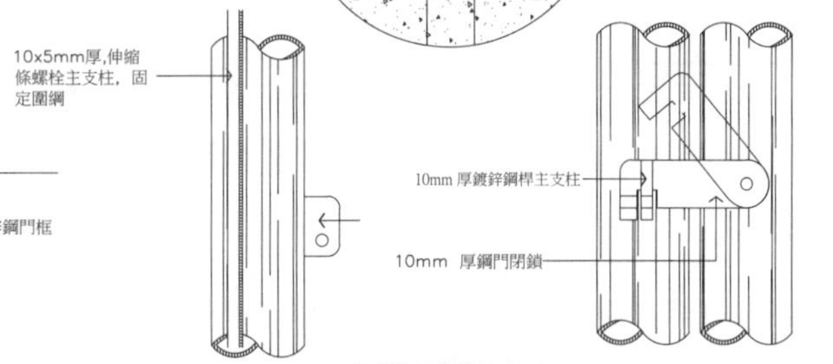

门锁大样图 1:5

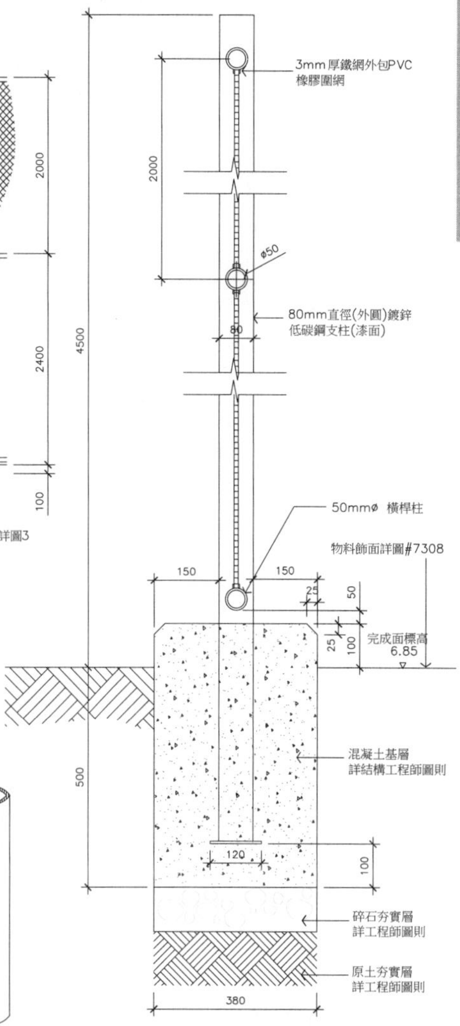

A-A 剖面图 1:10

围栏围墙003

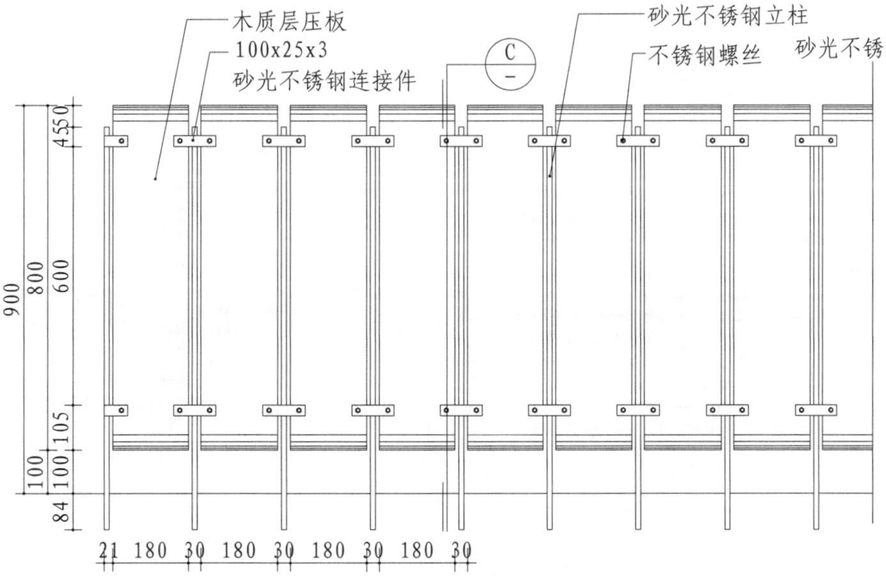

立面图

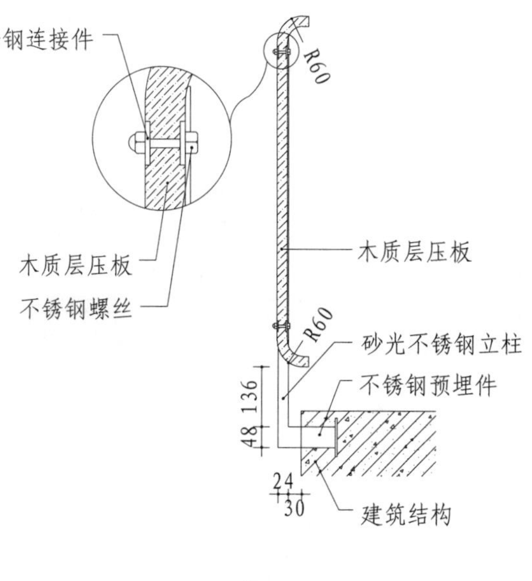

C 剖面图

围栏围墙004

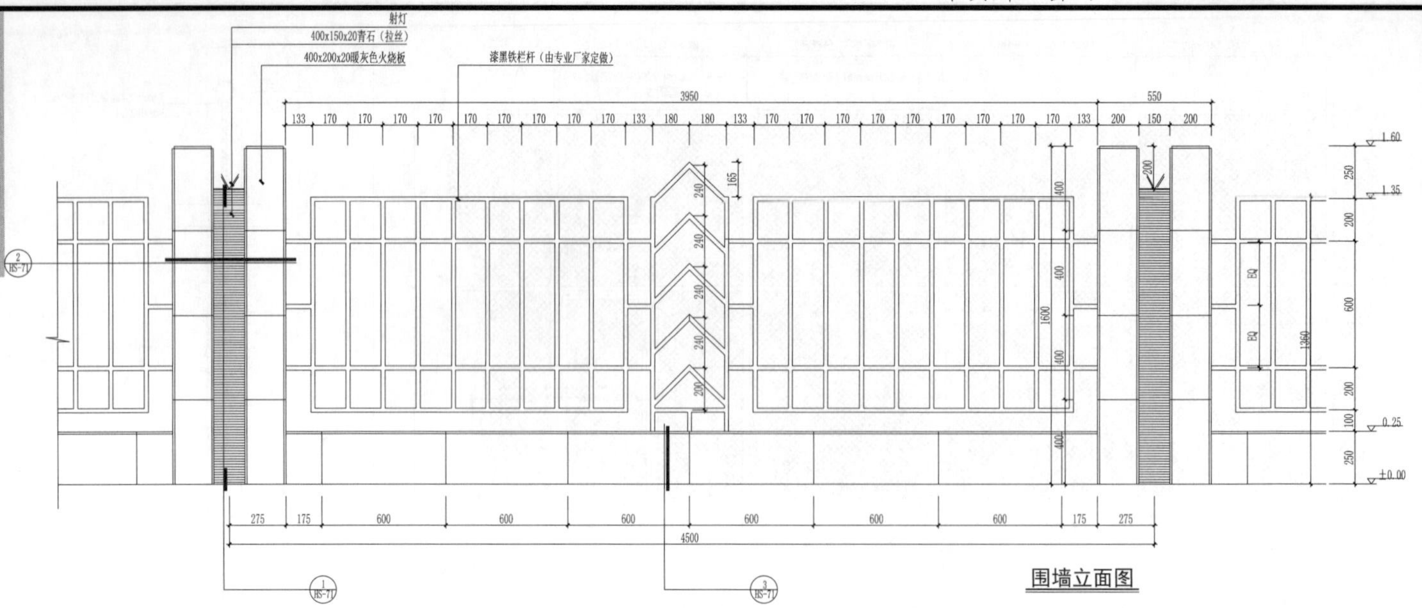

围墙立面图

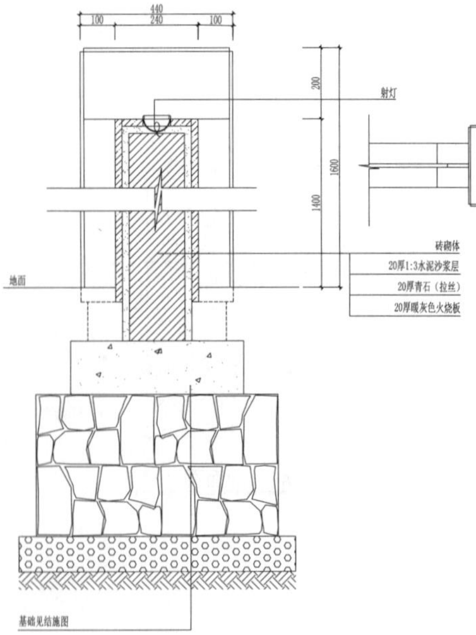
440
射灯
砖砌体
20厚1:3水泥沙浆层
20厚青石（拉丝）
20厚暖灰色火烧板
地面
基础见结施图

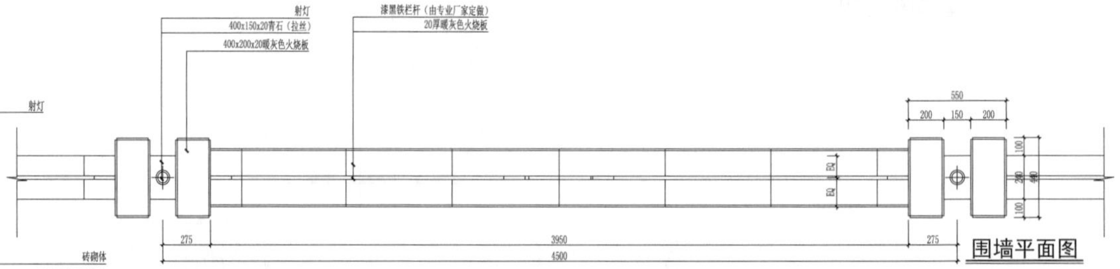
射灯
400x150x20青石（拉丝）
400x200x20暖灰色火烧板
漆黑铁栏杆（由专业厂家定做）
20厚暖灰色火烧板
550
3950
4500

围墙平面图

①剖面图 1:8

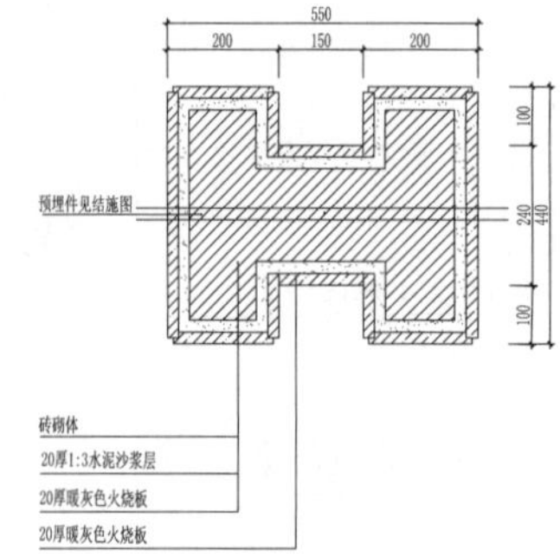
550
预埋件见结施图
砖砌体
20厚1:3水泥沙浆层
20厚暖灰色火烧板
20厚暖灰色火烧板

②剖面图 1:8

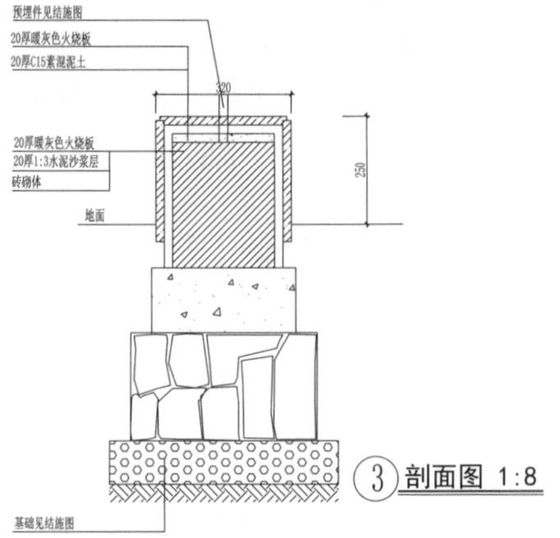
预埋件见结施图
20厚暖灰色火烧板
20厚C15素混泥土
20厚暖灰色火烧板
20厚1:3水泥沙浆层
砖砌体
地面
基础见结施图

③剖面图 1:8

围栏围墙005

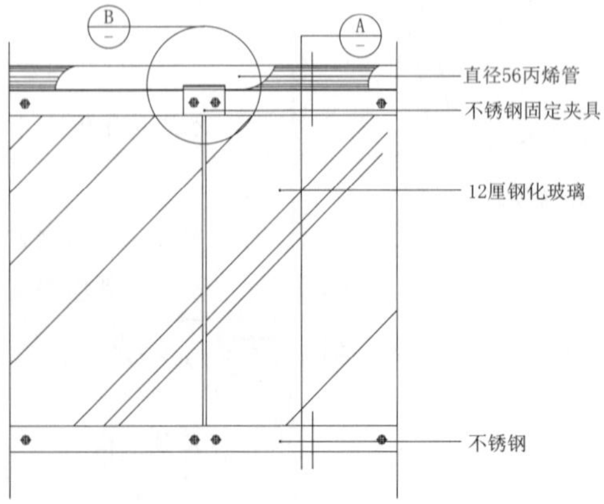
B
A
直径56丙烯管
不锈钢固定夹具
12厘钢化玻璃
不锈钢

栏杆立面图

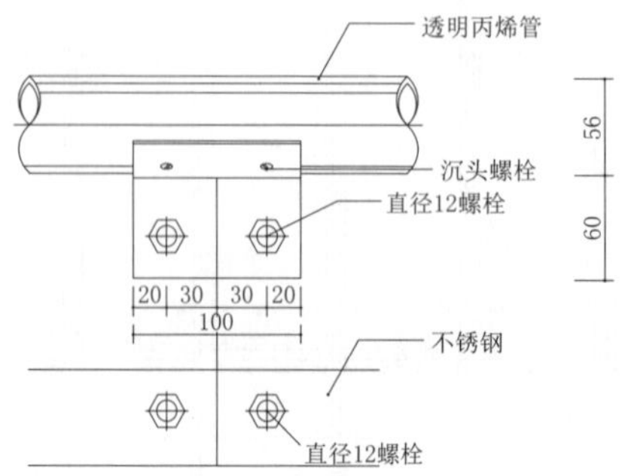

Ⓑ大样图

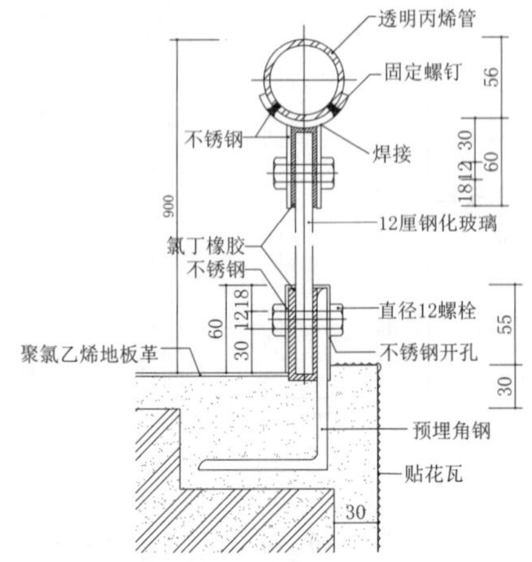
透明丙烯管
固定螺钉
不锈钢
焊接
12厘钢化玻璃
氯丁橡胶
不锈钢
直径12螺栓
聚氯乙烯地板革
不锈钢开孔
预埋角钢
贴花瓦
900
30

Ⓐ剖面图

围栏围墙006

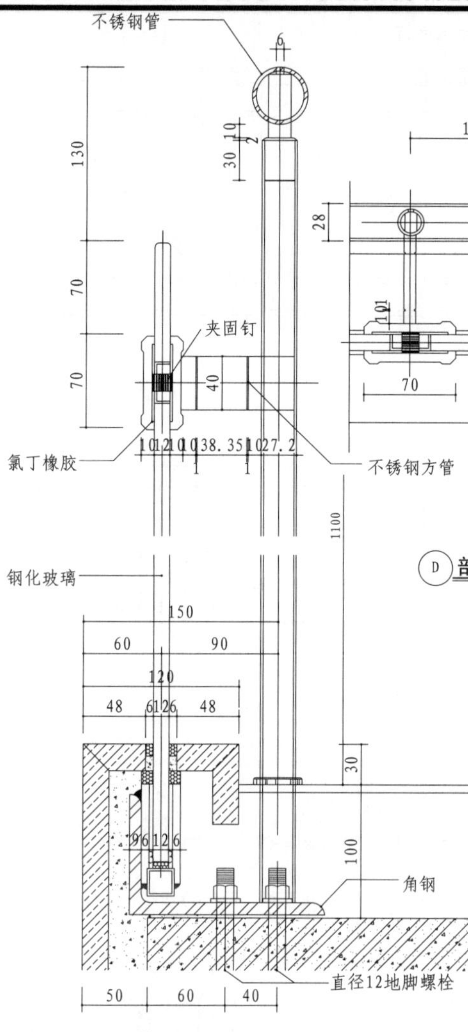

不锈钢管

不锈钢管

12厚钢化玻璃

夹固钉

氯丁橡胶

不锈钢方管

12厚钢化玻璃

Ⓓ 剖面图

钢化玻璃

角钢

直径12地脚螺栓

Ⓒ 剖面图

栏杆立面图

围栏围墙007

直径80不锈钢管

直径10不锈钢拉杆

8厘不锈钢

不锈钢螺栓

Ⓐ 剖面图

装饰螺丝

不锈钢连接件

砂光不锈钢扶手

12厘钢化玻璃肋板

12厘钢化玻璃

木基层

木基层

砂光不锈钢

Ⓑ 剖面图

直径80不锈钢管

8厘不锈钢

直径10不锈钢拉杆

Ⓐ

栏杆立面图

杉木柱桐油饰面

砂光不锈钢扶手

12厘钢化玻璃

砂光不锈钢

砂光不锈钢扶手

不锈钢连接件

装饰螺丝

12厘钢化玻璃

Ⓑ

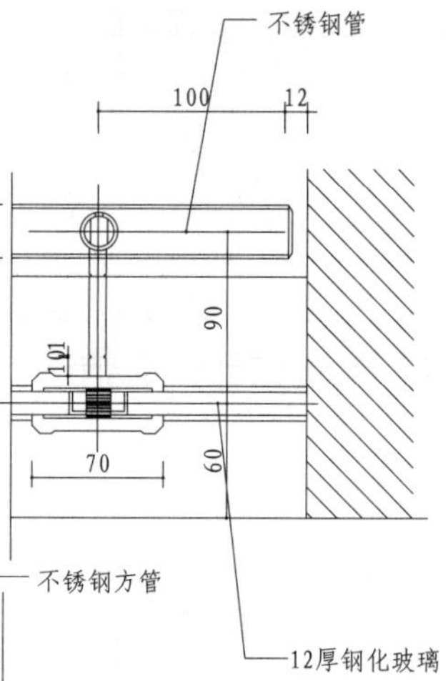

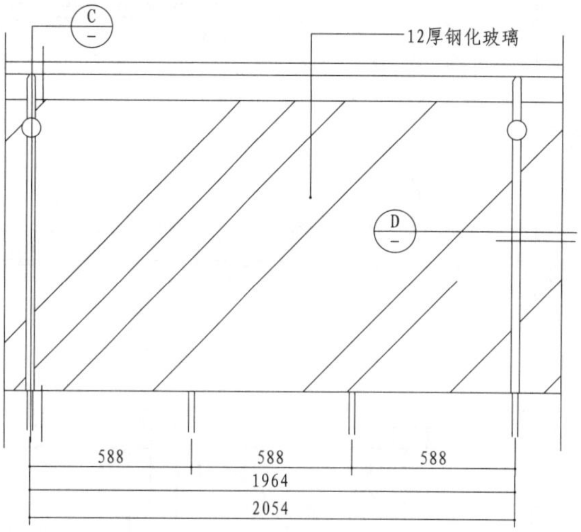

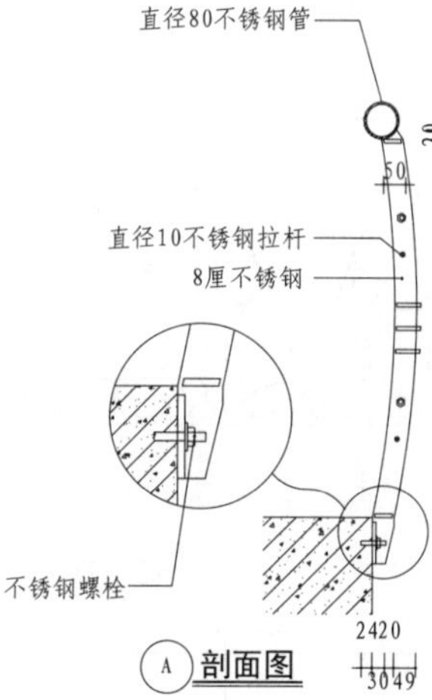

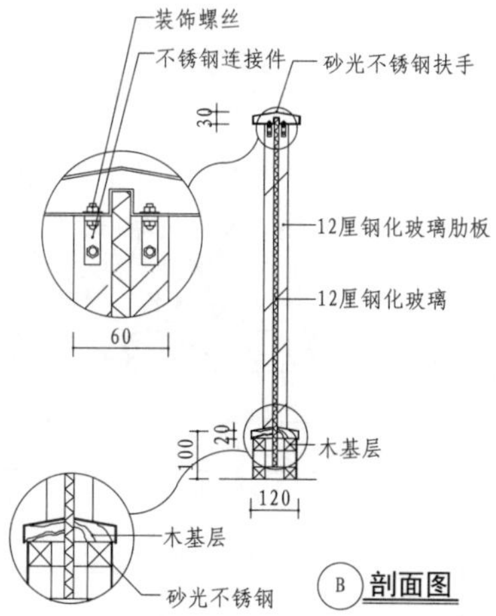

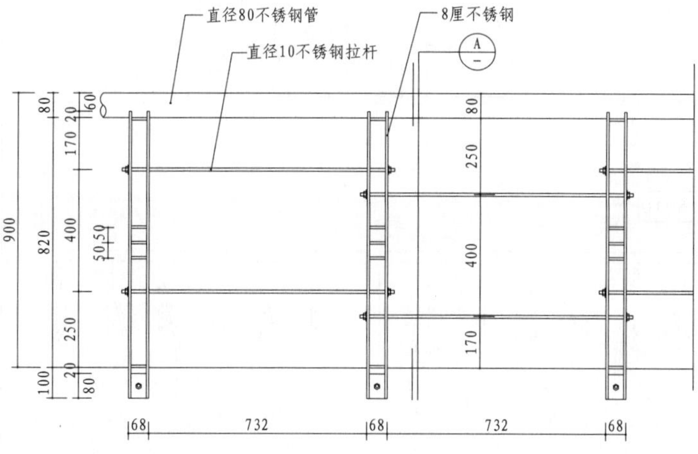

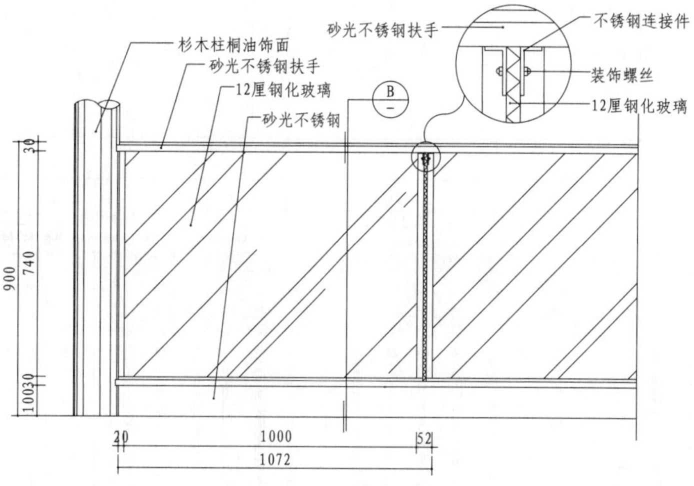

栏杆立面图

围栏围墙008

围栏围墙

直径65铁花造型油金漆　　　直径60螺纹木线油水晶漆

木饰面　红榉木扶手　直径120铁圆环　红榉木　直径14扭纹钢　钛金

围栏围墙009

R250　R100　25x25方钢　金漆　25x5扁铁花　直径30圆环金漆　榉木扶手

实木扶手　25x25扁铁黑漆

围栏围墙010

围栏围墙011

054-055

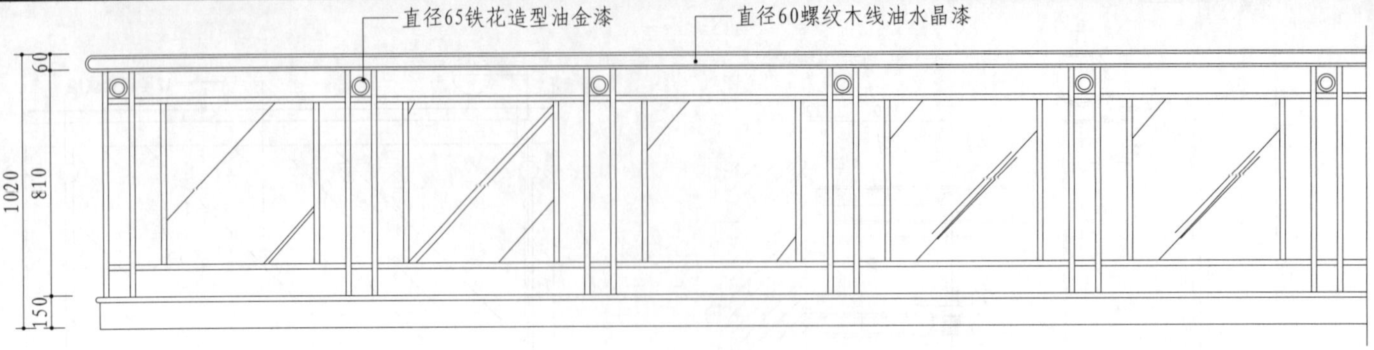

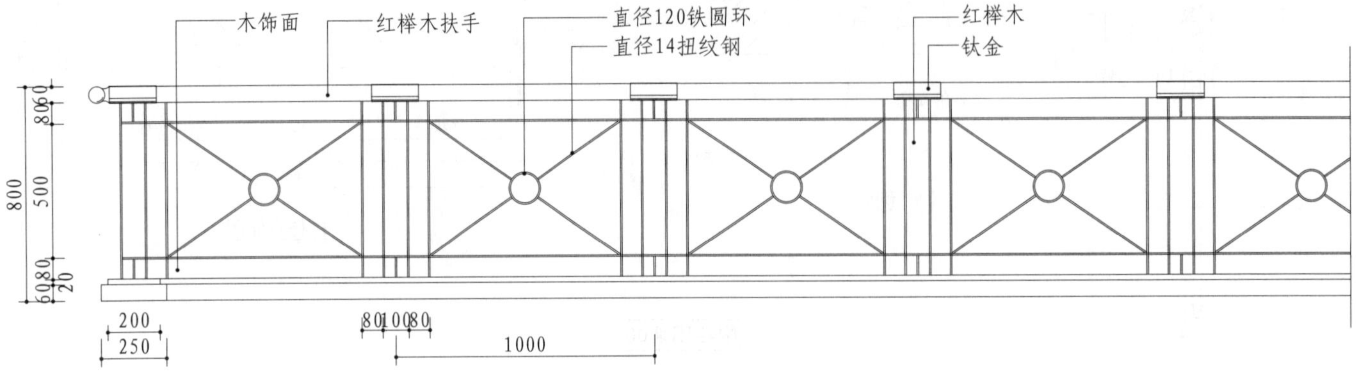

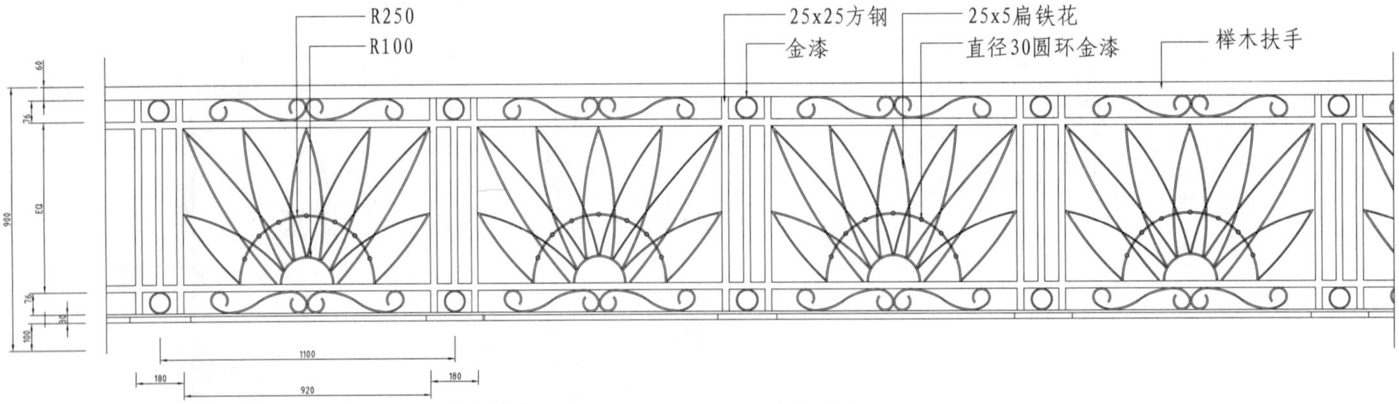

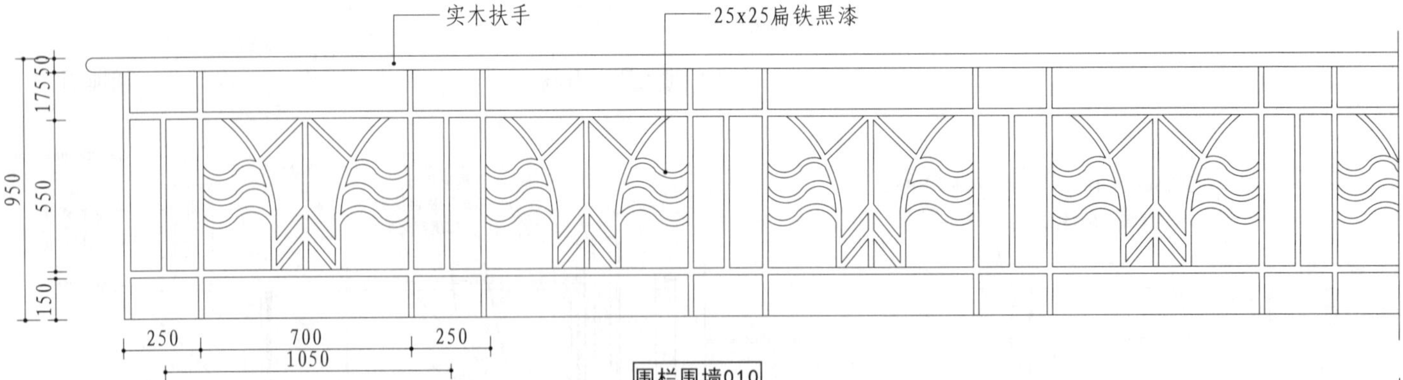

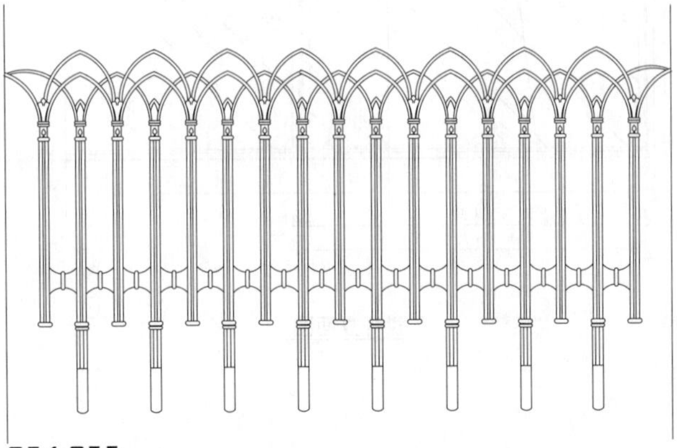

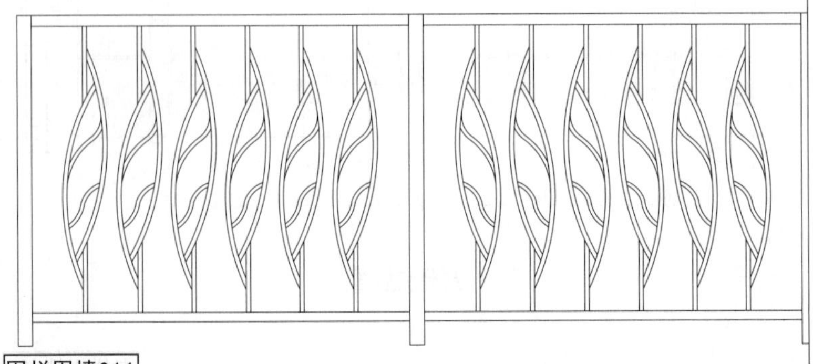

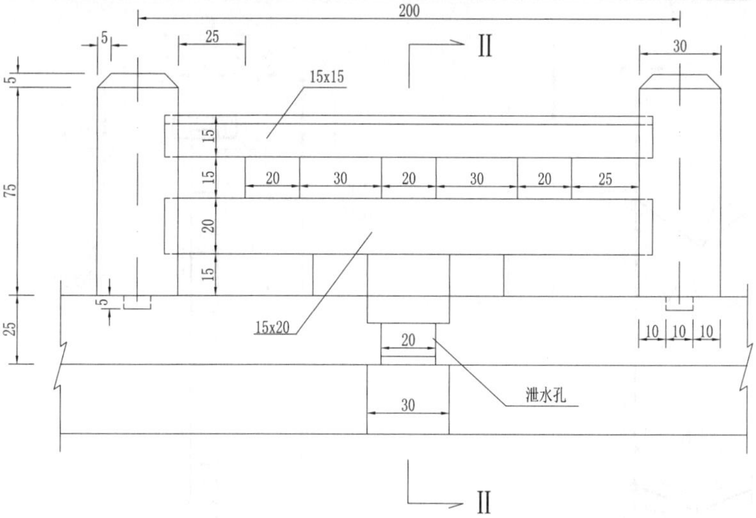

栏杆大样 1:15

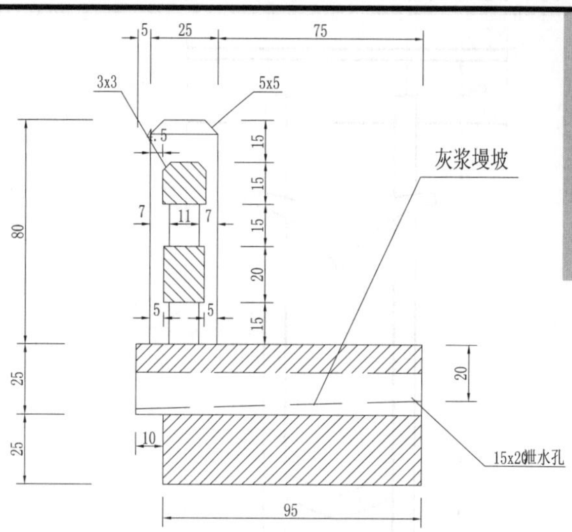

II-II 1:15

围栏围墙012

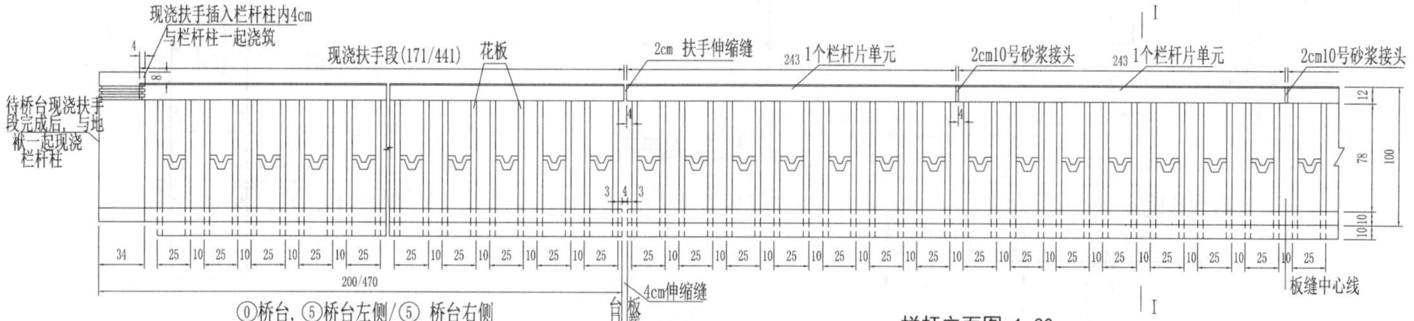
现浇扶手插入栏杆柱内4cm
与栏杆柱一起浇筑
现浇扶手段(171/441)
花板
2cm 扶手伸缩缝
243 1个栏杆片单元
2cm10号砂浆接头
243 1个栏杆片单元
2cm10号砂浆接头
待桥台现浇扶手段完成后，与地袱一起现浇栏杆柱
200/470
4cm伸缩缝
板缝中心线
⓪桥台，⑤桥台左侧/⑤ 桥台右侧
台板端

栏杆立面图 1:30

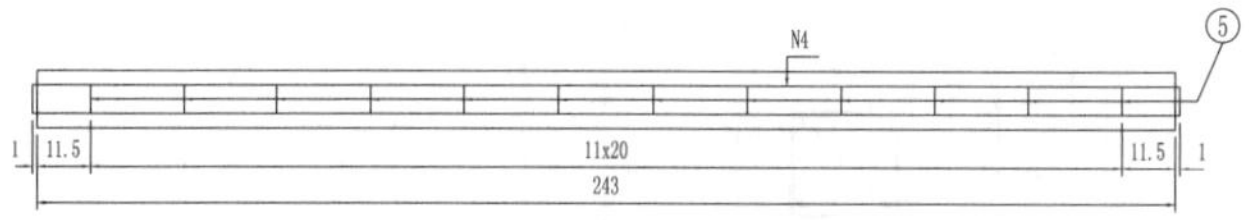

扶手 1:15

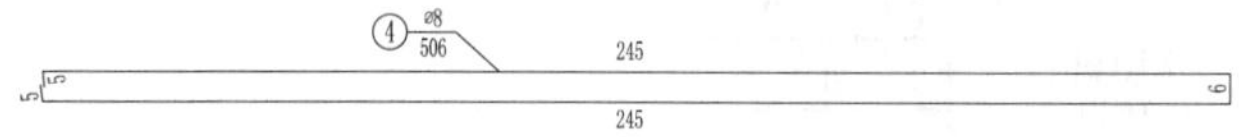

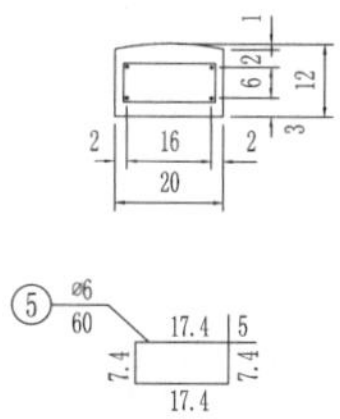

I-I断面 1:30

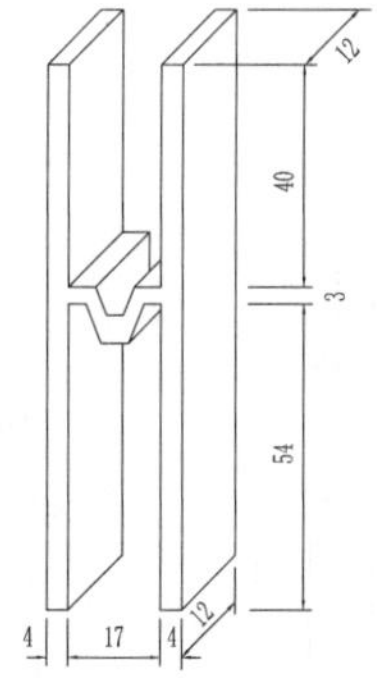

花板构造 1:15

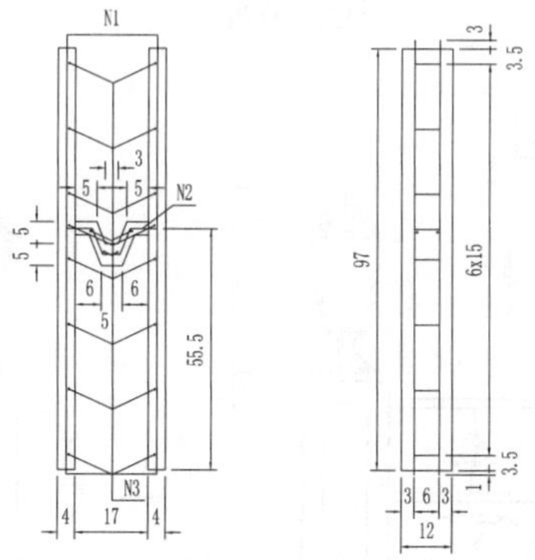

花板钢筋 1:15

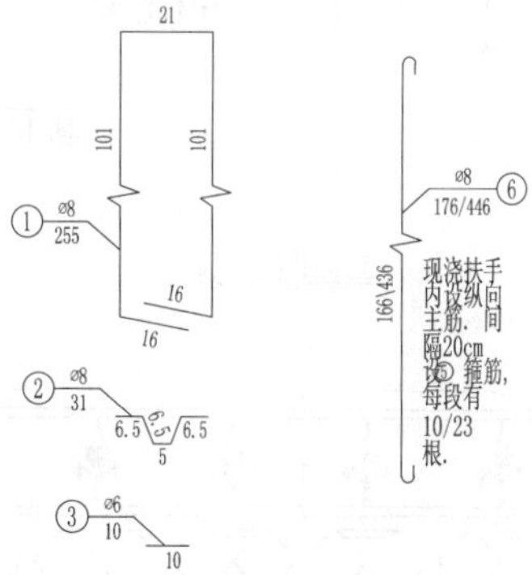

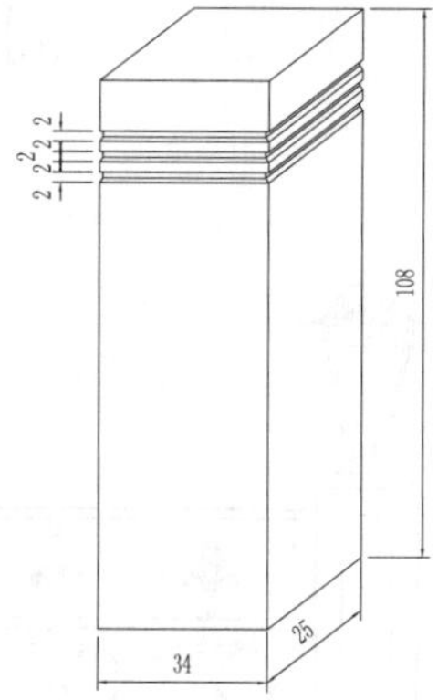

栏杆立柱

围栏围墙013

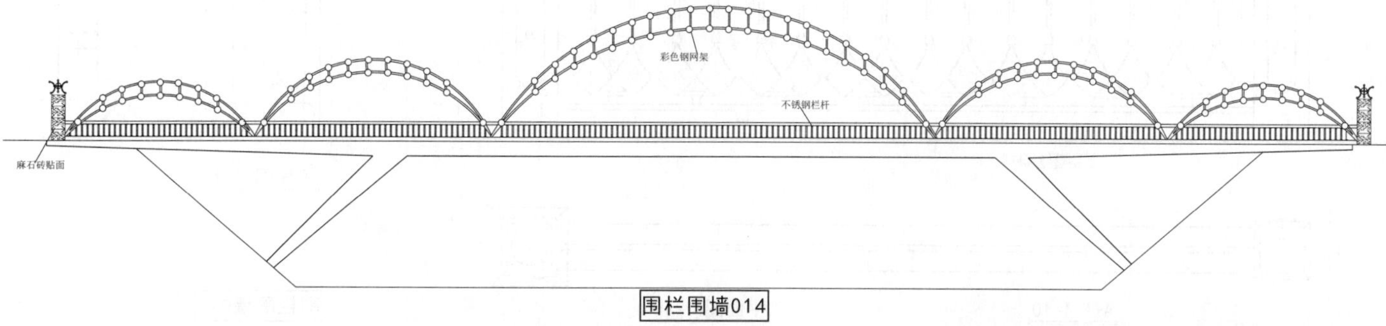
彩色钢网架
不锈钢栏杆
麻石砖贴面

围栏围墙014

围栏围墙

栏杆大样

栏杆, 扶手配筋

中柱配筋

II-II剖面

围栏围墙015

立面图 1:10

玻璃灯罩

A-A 1:10

平面图 1:10

侧面图 1:10

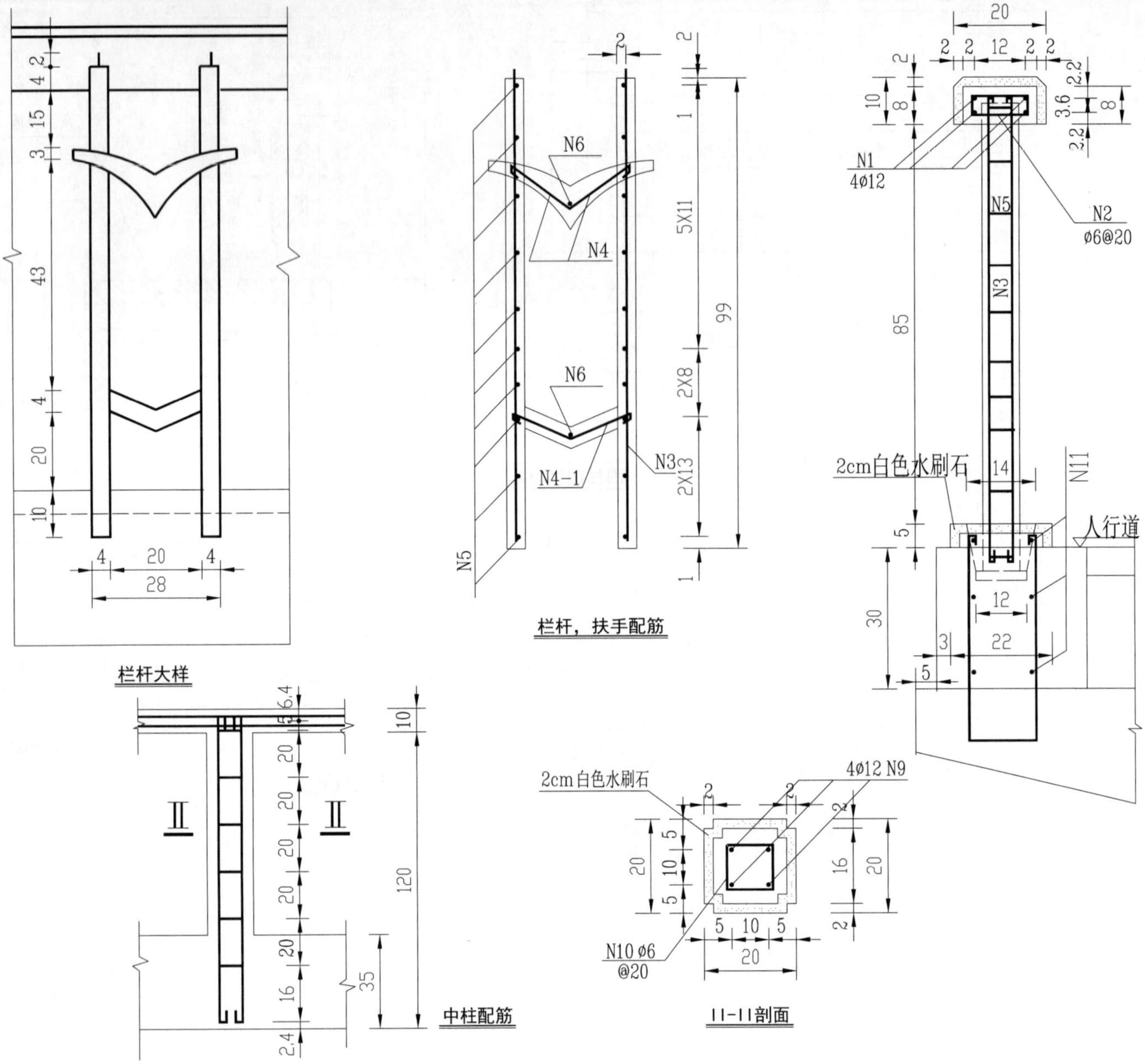

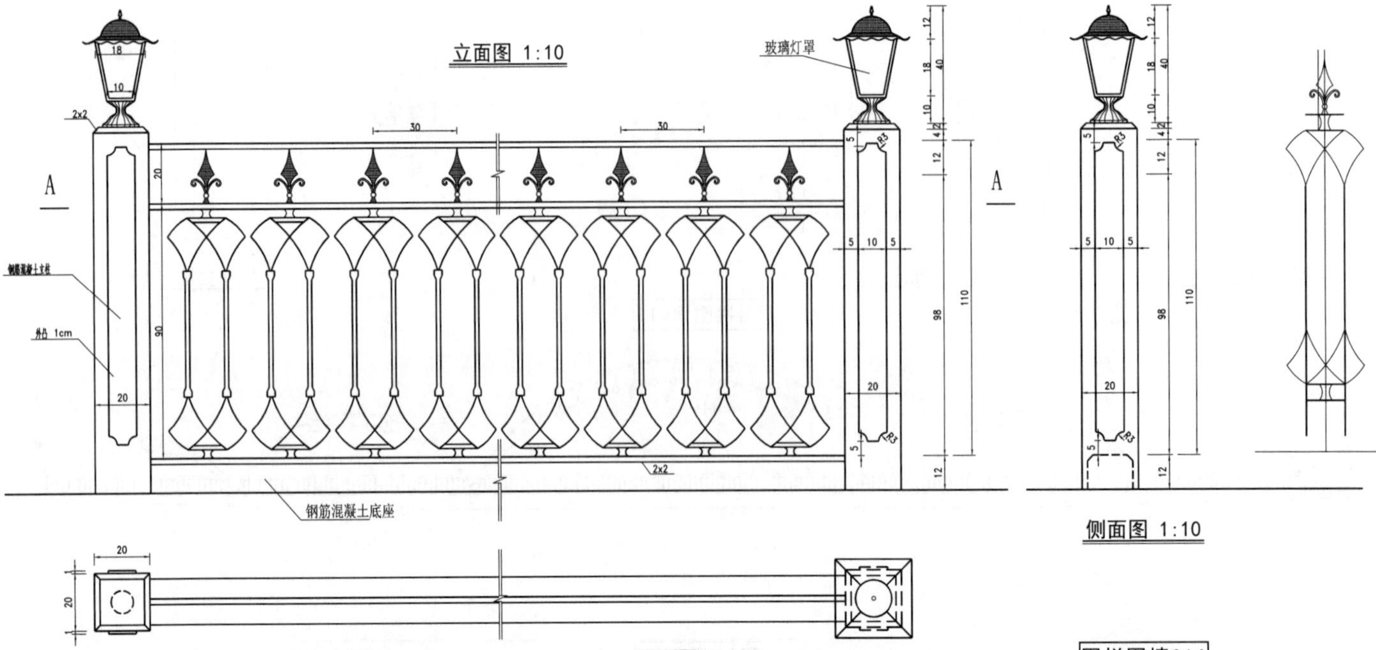

围栏围墙016

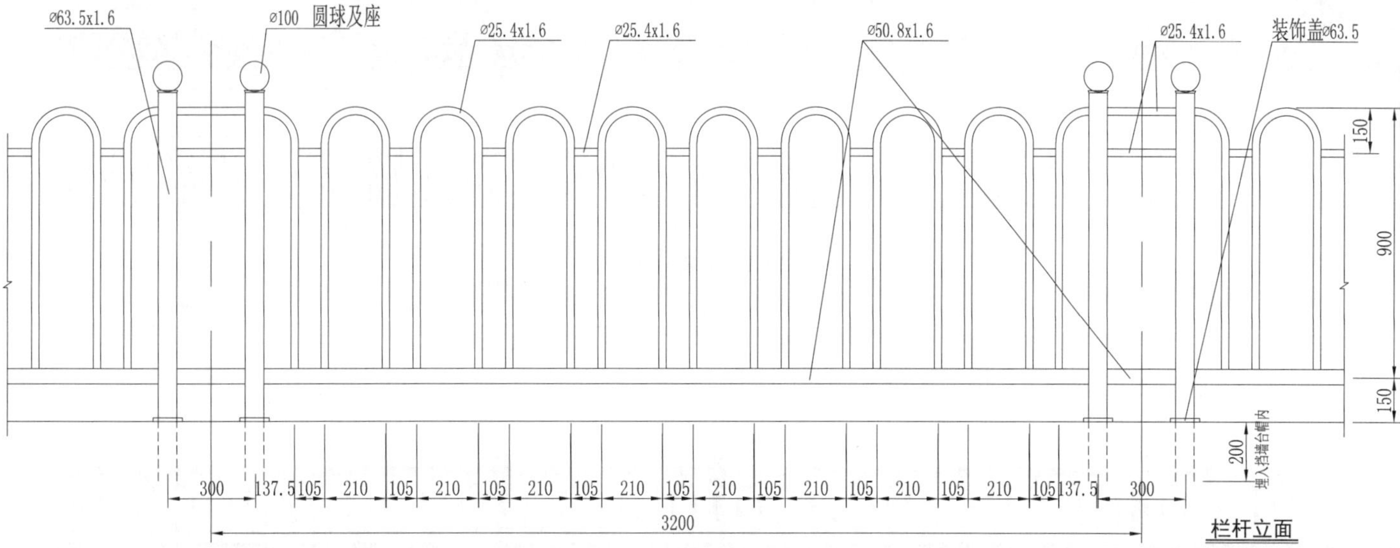

ø63.5x1.6   ø100 圆球及座   ø25.4x1.6   ø25.4x1.6   ø50.8x1.6   ø25.4x1.6   装饰盖ø63.5

围栏围墙017

栏杆立面

钢围栏立面 1:20

1-1 剖面 1:20

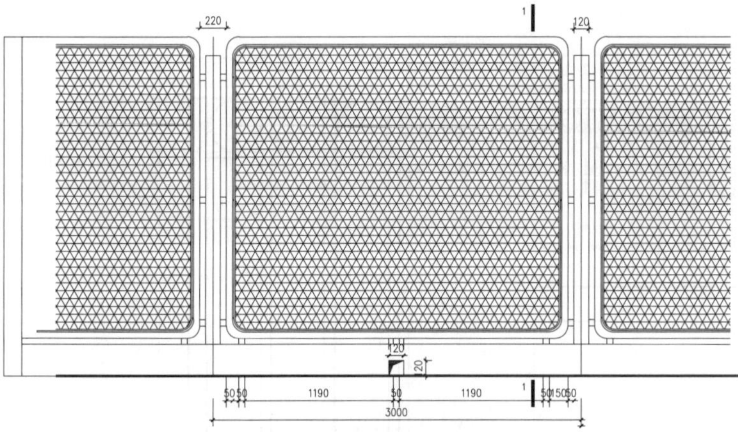

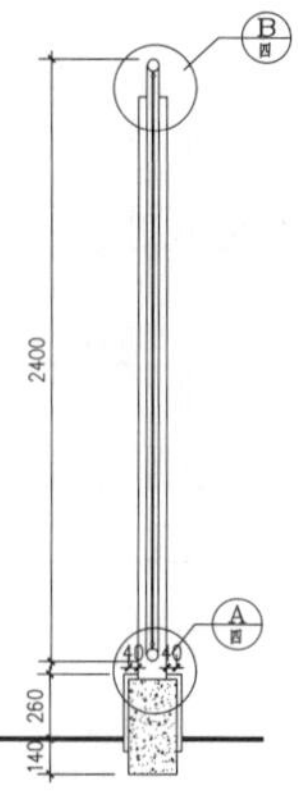

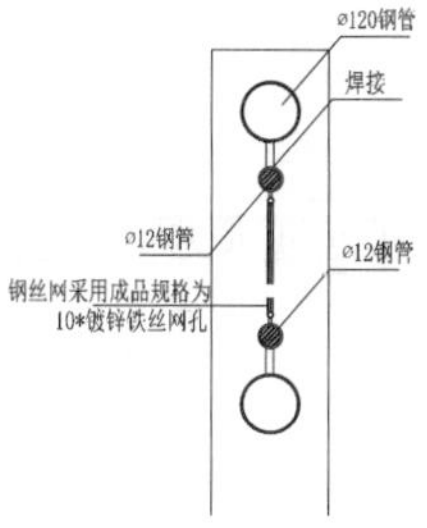

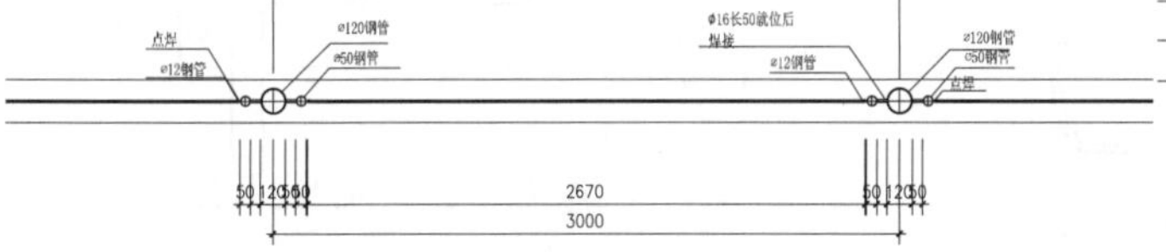

钢围栏平面 1:20

钢围栏平面 1:20

B 剖面 1:10

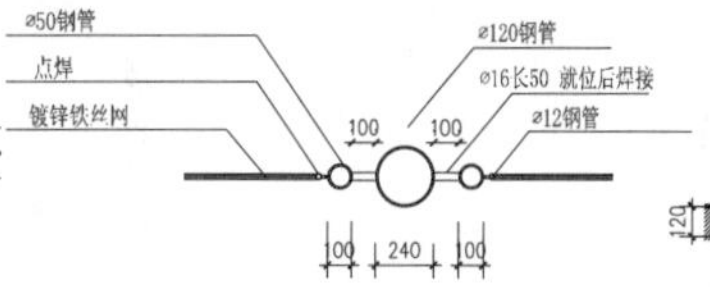

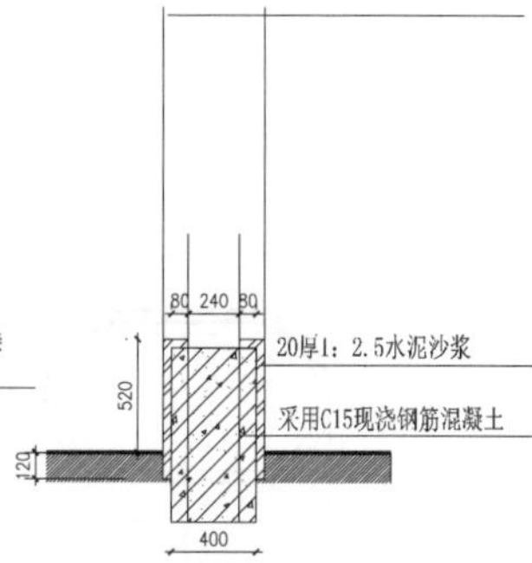

A 剖面 1:10

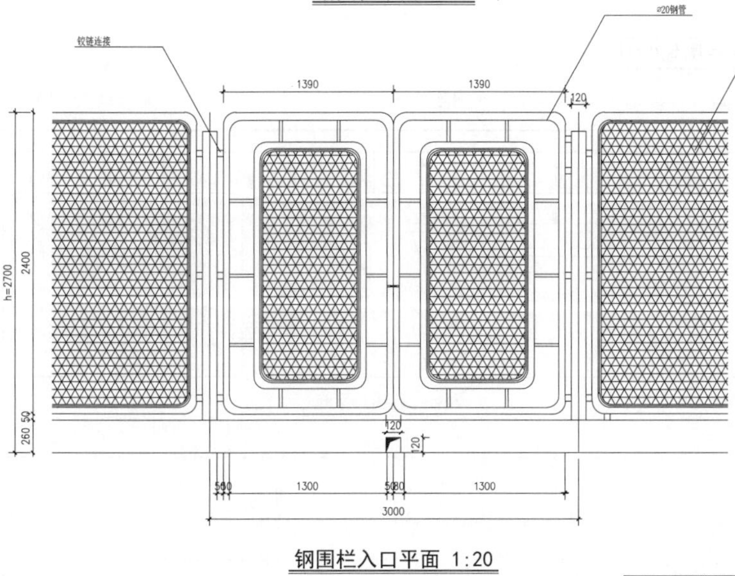

钢围栏入口平面 1:20

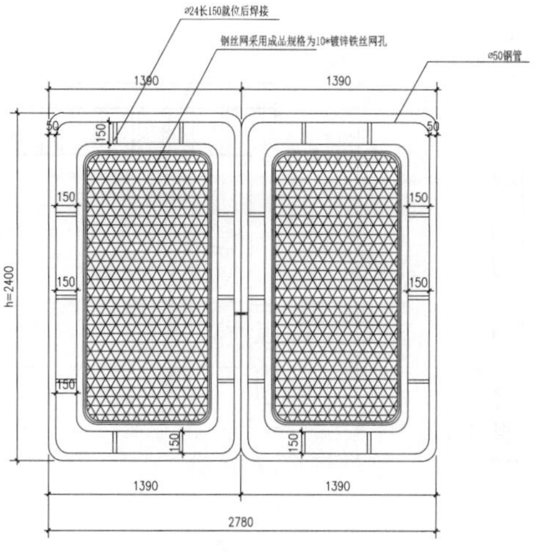

钢围栏入口大样 1:20

围栏围墙018

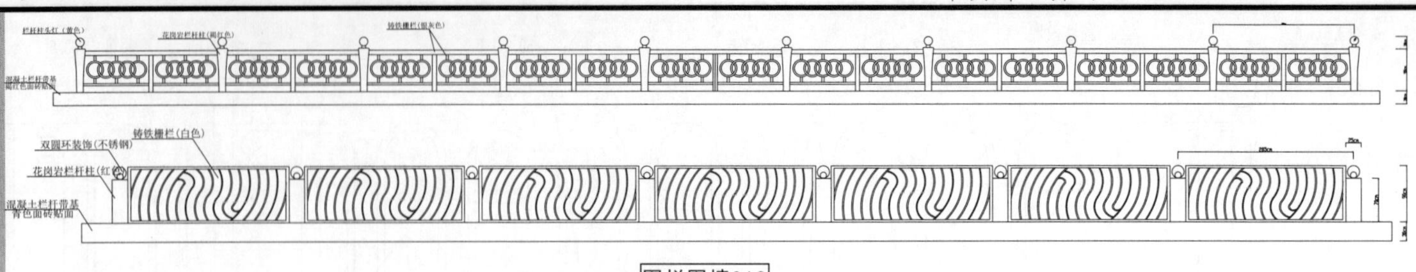

围栏围墙019

混凝土栏杆

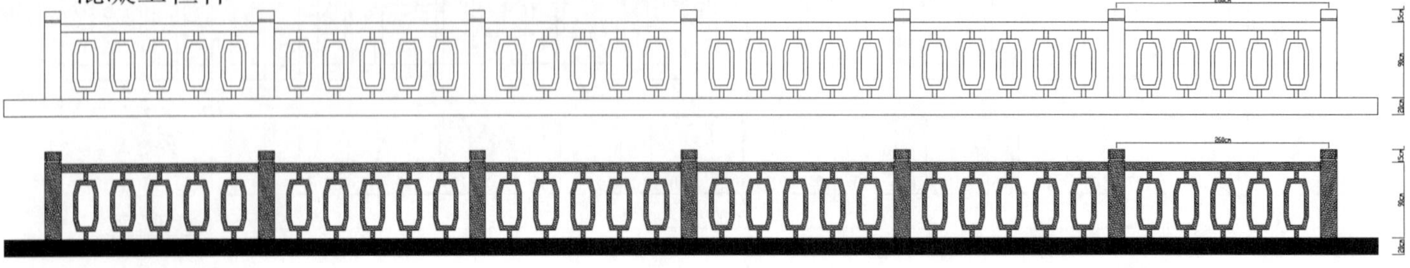

桥梁栏杆方案十

围栏围墙020

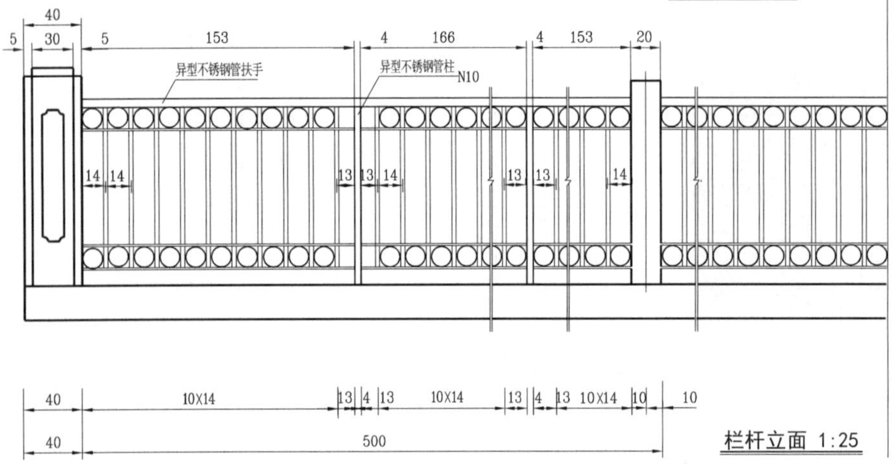

栏杆立面 1:25

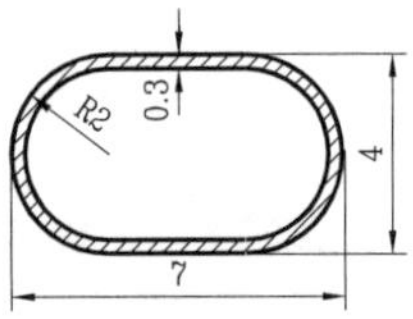

N10管横断面 1:2

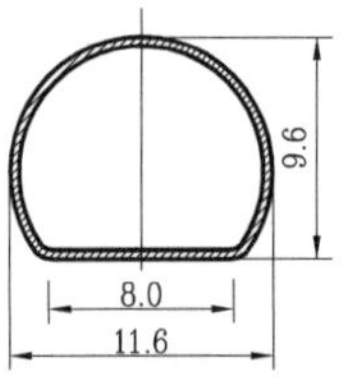

扶手横断面 1:4

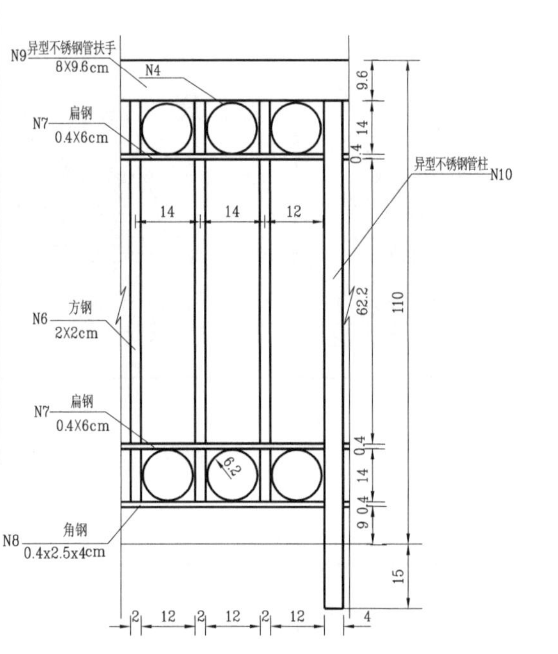

栏饰大样 1:10

围栏围墙021

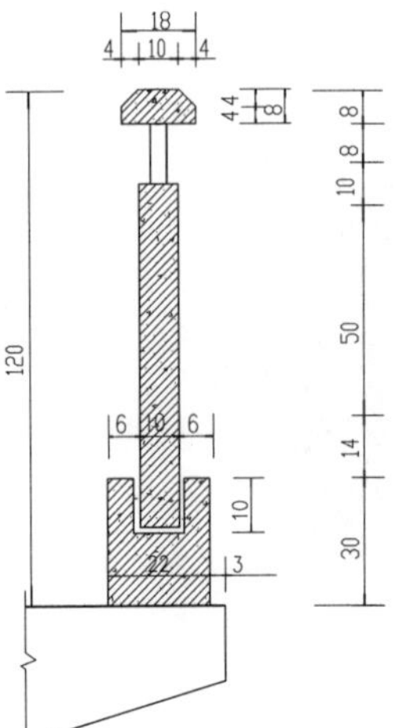

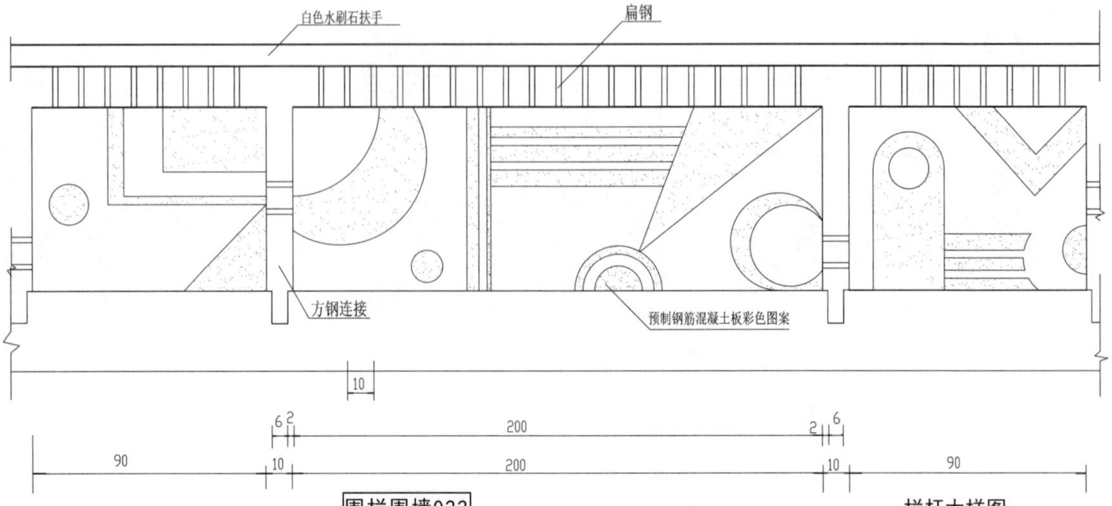

围栏围墙022

栏杆大样图

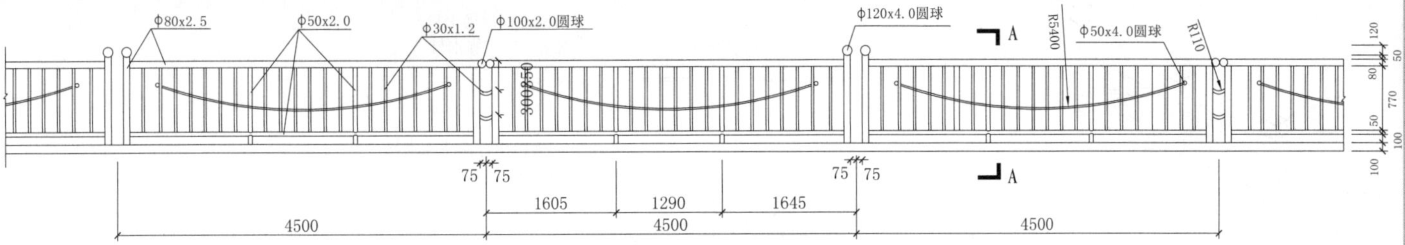

人行栏杆立面示意图

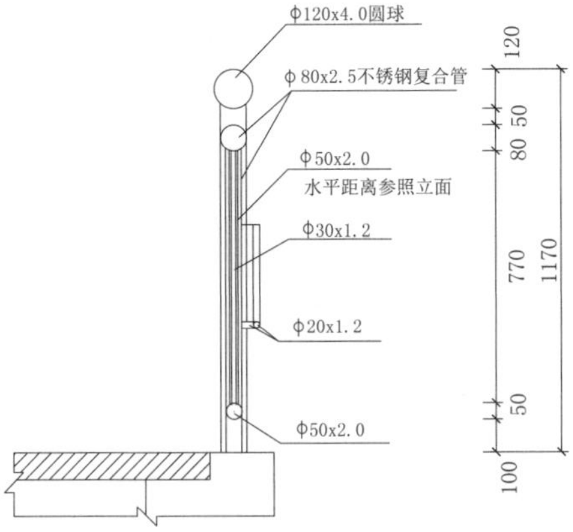

A-A

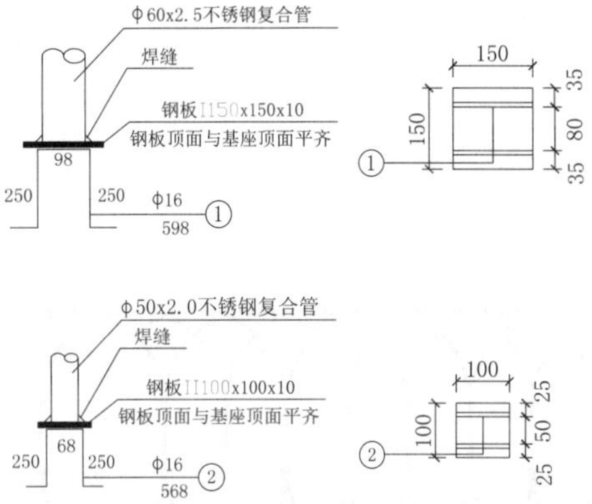

栏杆柱与预埋钢板连接大样图

围栏围墙023

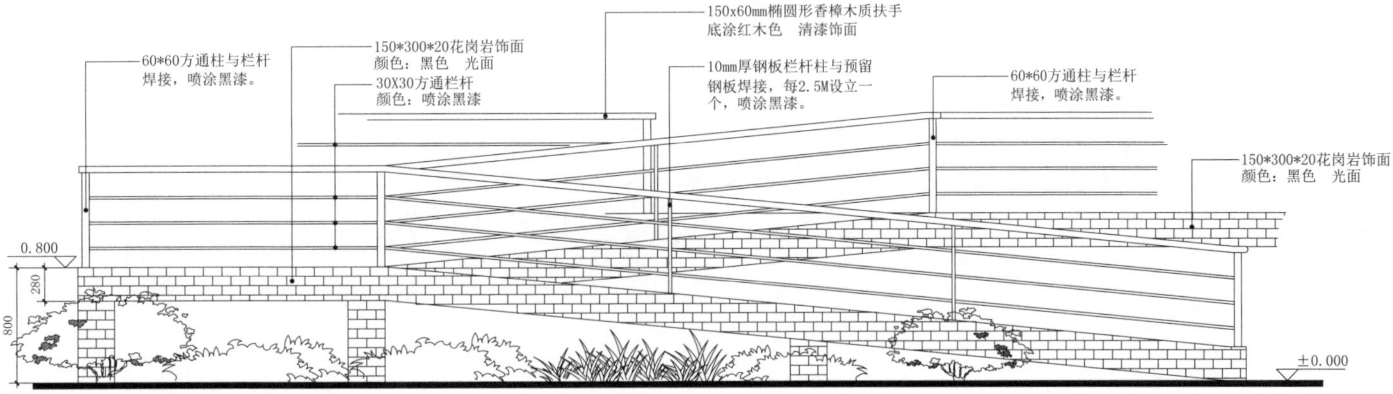
60*60方通柱与栏杆
焊接，喷涂黑漆。
150*300*20花岗岩饰面
颜色：黑色　光面
30X30方通栏杆
颜色：喷涂黑漆
150x60mm椭圆形香樟木质扶手
底涂红木色　清漆饰面
10mm厚钢板栏杆柱与预留
钢板焊接，每2.5M设立一
个，喷涂黑漆。
60*60方通柱与栏杆
焊接，喷涂黑漆。
150*300*20花岗岩饰面
颜色：黑色　光面
0.800
280
800
±0.000

残疾人坡道立面详图 1:10

注：图中所示标高为相对标高。

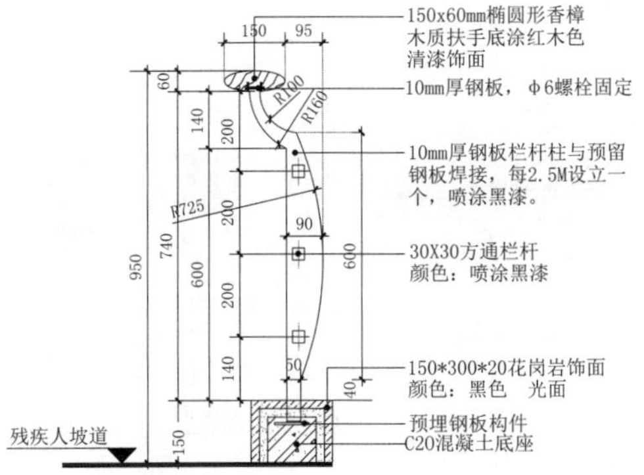
150
95
150x60mm椭圆形香樟
木质扶手底涂红木色
清漆饰面
10mm厚钢板，ф6螺栓固定
10mm厚钢板栏杆柱与预留
钢板焊接，每2.5M设立一
个，喷涂黑漆。
30X30方通栏杆
颜色：喷涂黑漆
150*300*20花岗岩饰面
颜色：黑色　光面
预埋钢板构件
C20混凝土底座
残疾人坡道
R100
R160
R725
60
140
200
200
200
140
740
950
600
90
600
50
40
150

残疾人坡道栏杆做法剖面详图 1:10

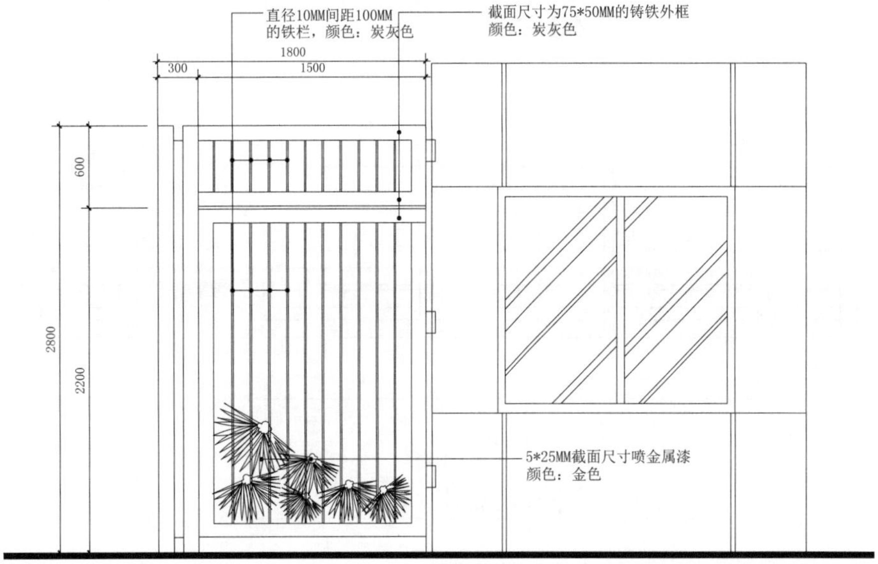
直径10MM间距100MM
的铁栏，颜色：炭灰色
截面尺寸为75*50MM的铸铁外框
颜色：炭灰色
1800
300
1500
600
2800
2200
5*25MM截面尺寸喷金属漆
颜色：金色

门卫房人行入口大门立面详图 1:10

围栏围墙024

围栏围墙

3.8x8.9cm 美国南方松胡佛木材
14x14cm 美国南方松胡佛木材

3.8x8.9cm 美国南方松胡佛木材
14x14cm 美国南方松胡佛木材

用螺丝钉固定
L型铁件
L型铁件
3000PSI混凝土

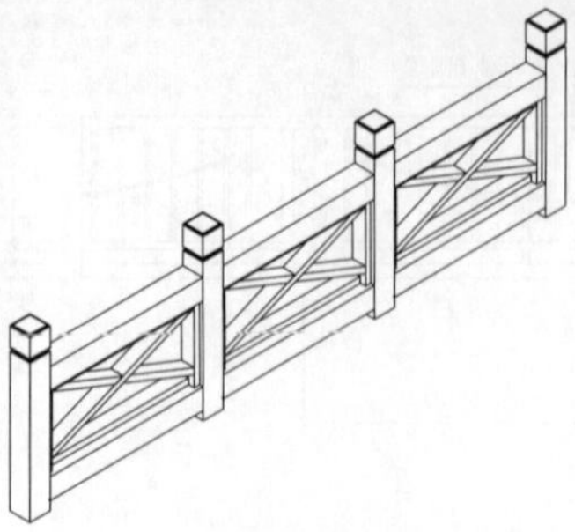

Hoover木设计使用示范--栏杆　　　　栏杆立面图　　　　扶手基础详图

围栏围墙025

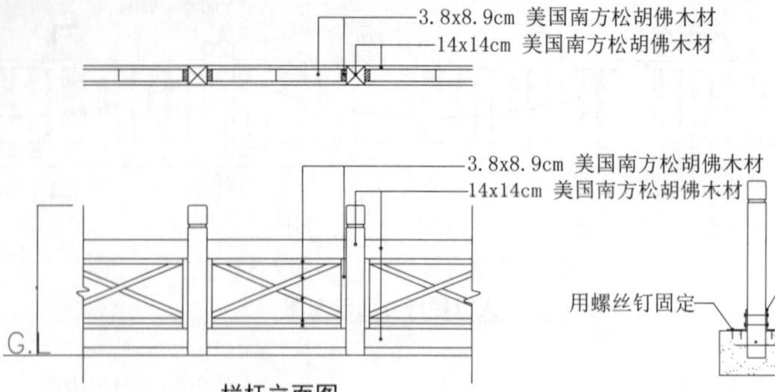

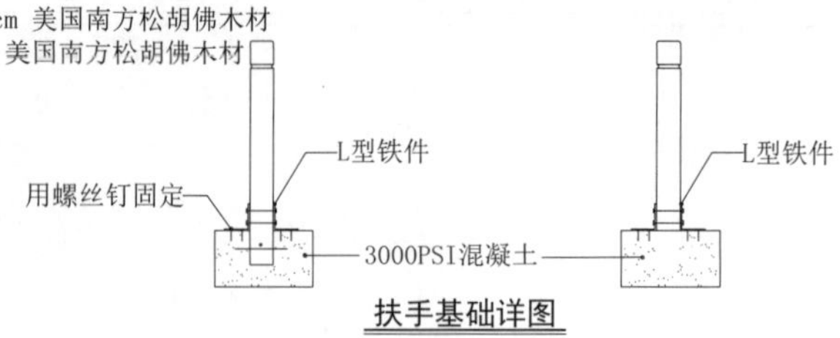

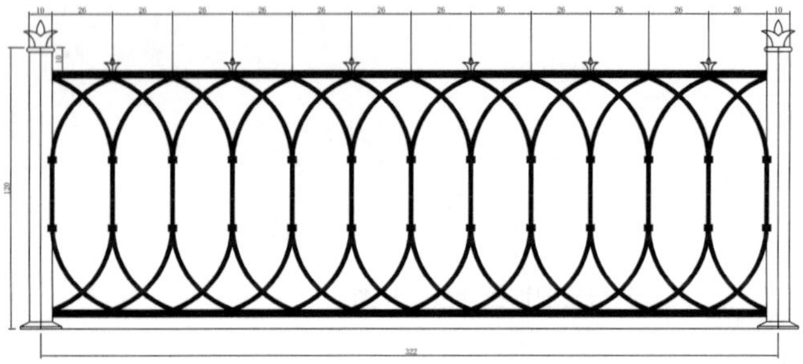

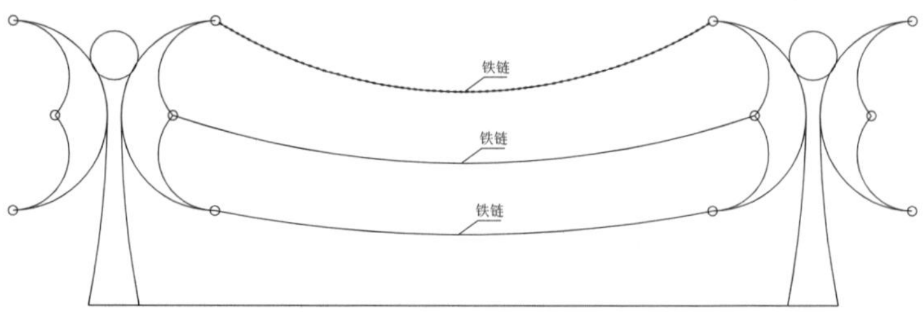

铁链
铁链
铁链

围栏围墙026

60X42
30X18

60X42
30X18

钢筋混凝土照面梁
60X42
30X18

Φ250钢筋混凝土柱

根据柱间尺寸调整　　　　根据柱间尺寸调整

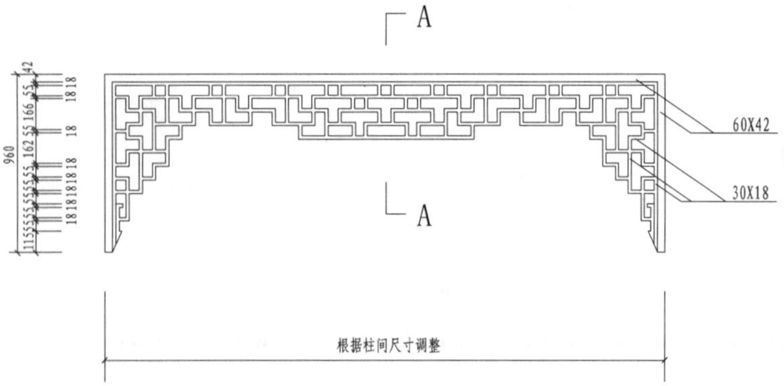

木挂落立面示意图　　　　木挂落立面示意图　　　　A-A

80X100木柱
40厚地垫木

40厚地垫木

Φ250钢筋混凝土柱
170X50
75X50
30X40
70X50
40厚地垫木

根据柱间尺寸调整　　　　根据柱间尺寸调整

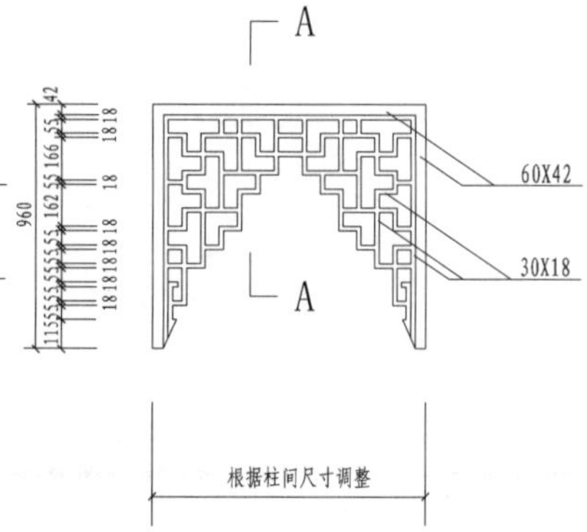

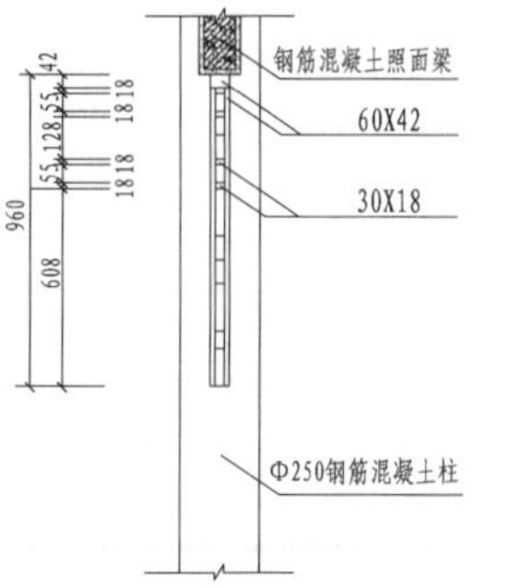

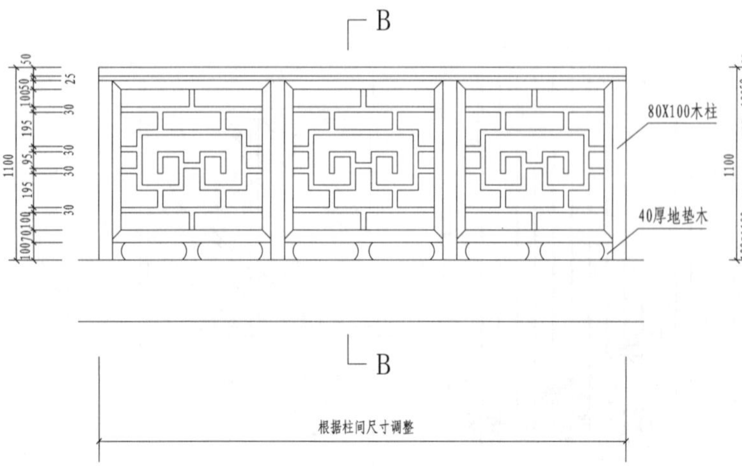

木栏杆立面示意图　　　　木栏杆立面示意图　　　　B-B

围栏围墙027

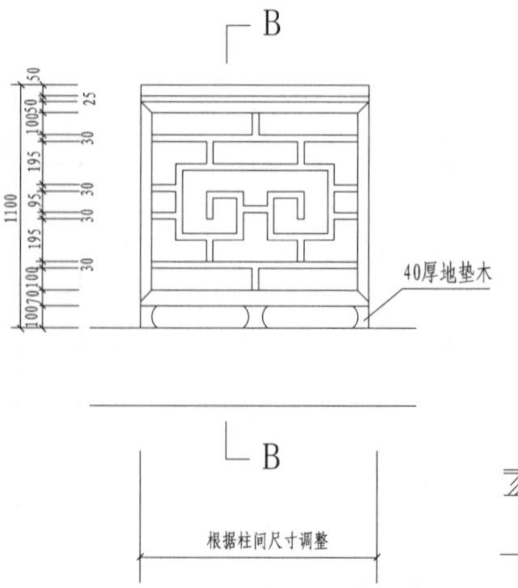

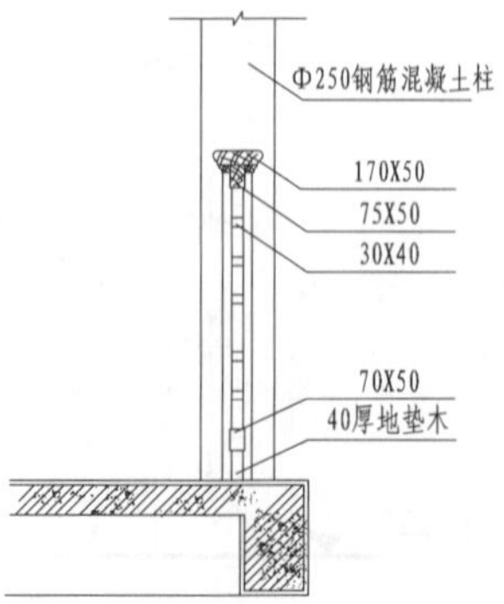

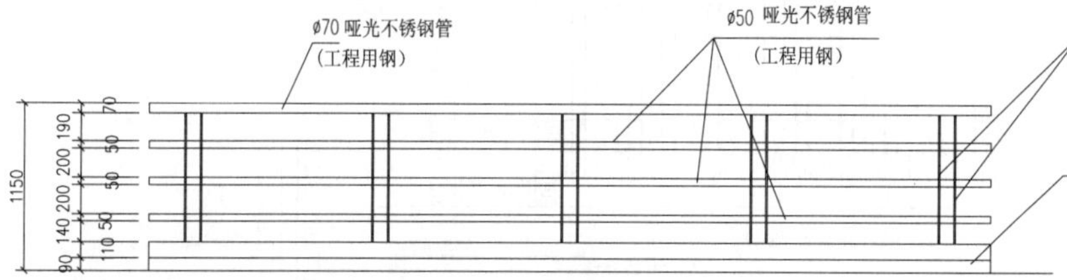

ø70哑光不锈钢管
(工程用钢)

ø50哑光不锈钢管
(工程用钢)

15厚哑光不锈钢片
(工程用钢)

阳江红粗面花岗石

栏杆展开立面 1:30

ø70哑光不锈钢管
(工程用钢)

15厚哑光不锈钢片

方格尺寸为50x100

ø50哑光不锈钢管

阳江红粗面花岗石

栏杆侧面 1:20

15厚哑光不锈钢片

ø70哑光不锈钢管
(工程用钢)

ø50哑光不锈钢管

栏杆展开平面 1:30

ø70哑光不锈钢管
(工程用钢)

15厚哑光不锈钢片

ø50哑光不锈钢管

阳江红粗面花岗石

真石座用1:3水泥砂浆固定

栏杆插入板面焊接固定

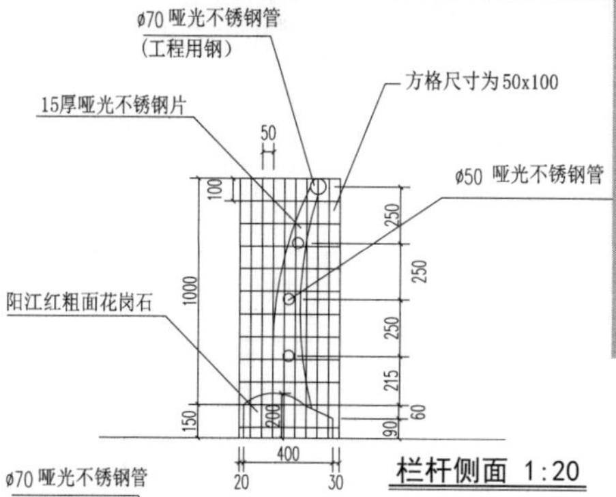

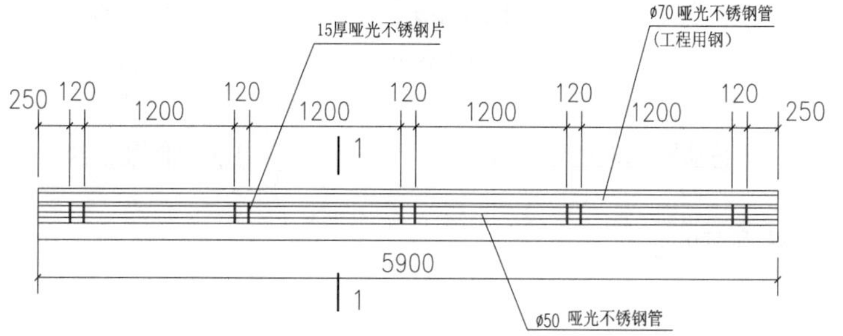

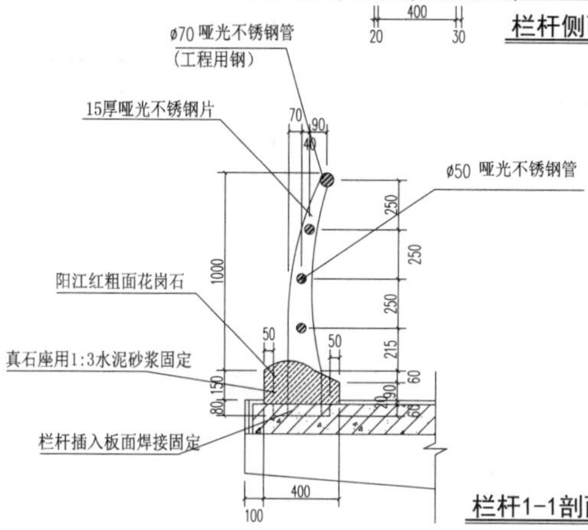

栏杆1-1剖面 1:20

围栏围墙028

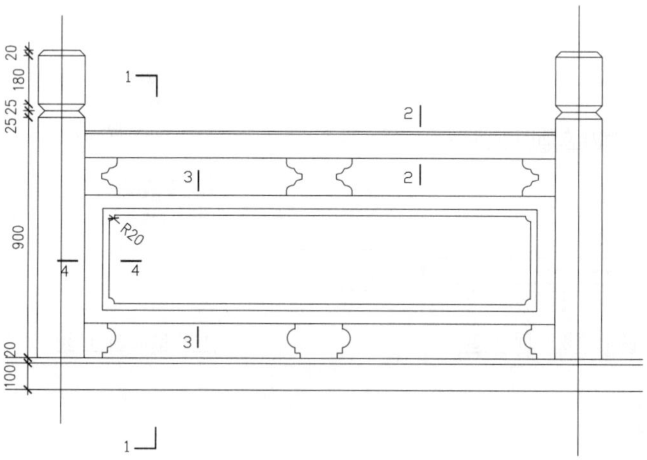

石栏杆立面图 1:20

预埋2∅14
L=400

20厚花岗岩饰面

1:2膨胀水泥砂浆

C25砼基础

8@150双向

C10砼垫层

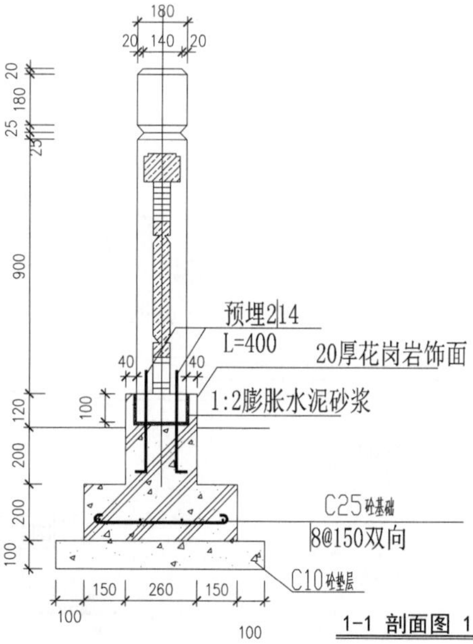

1-1 剖面图 1:20

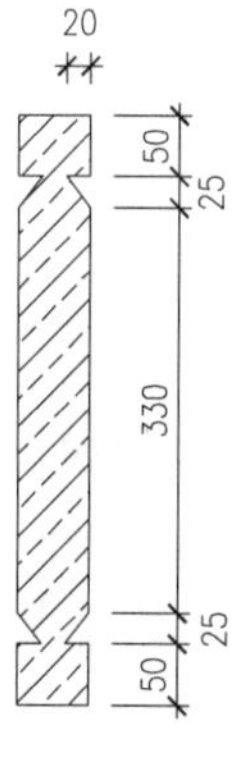

3-3 断面图 1:10

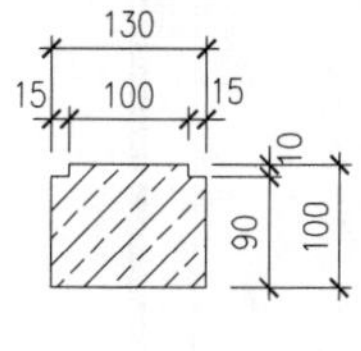

2-2 断面图 1:10

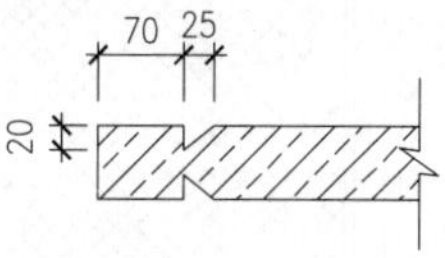

4-4 断面图 1:10

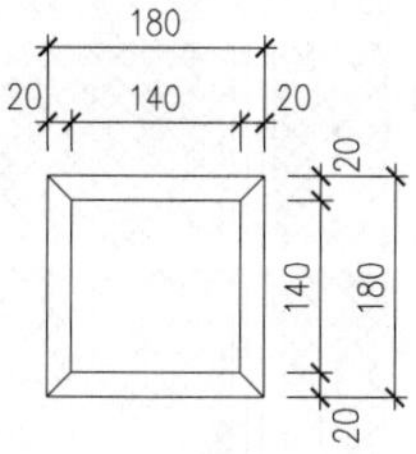

拦河立柱平面图 1:10

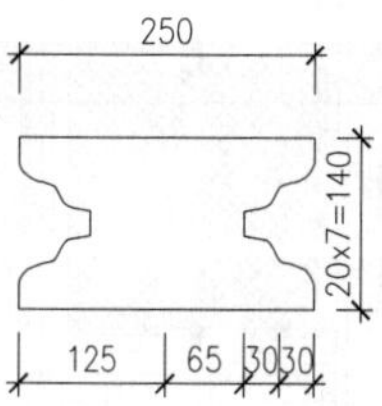

构件A大样 1:10

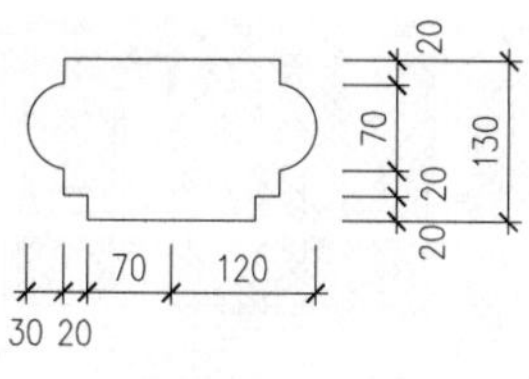

构件B大样 1:10

围栏围墙029

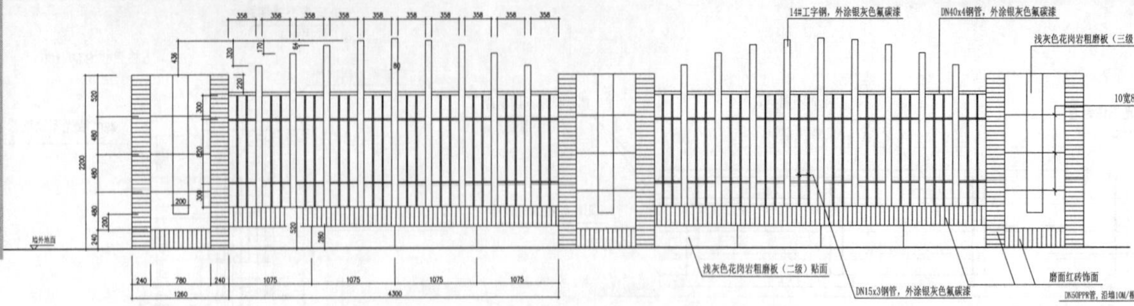

围墙立面图 1:30

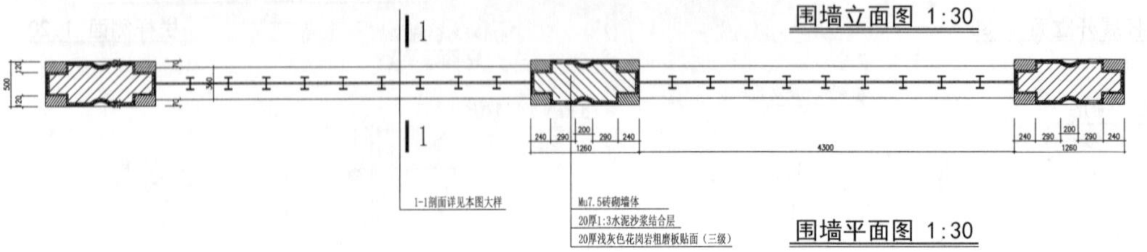

围墙平面图 1:30

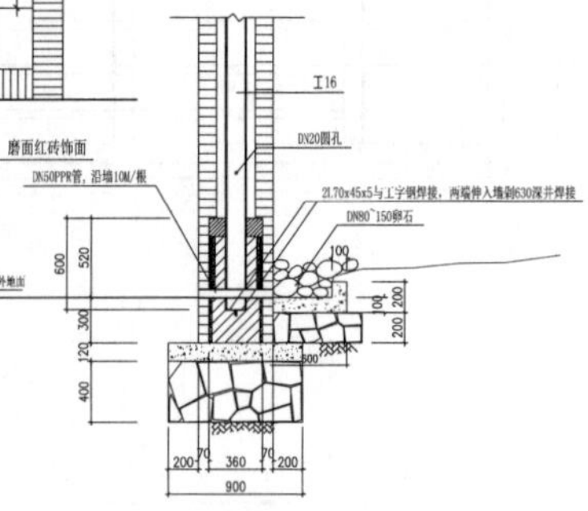

1-1 剖面图 1:25

围栏围墙030

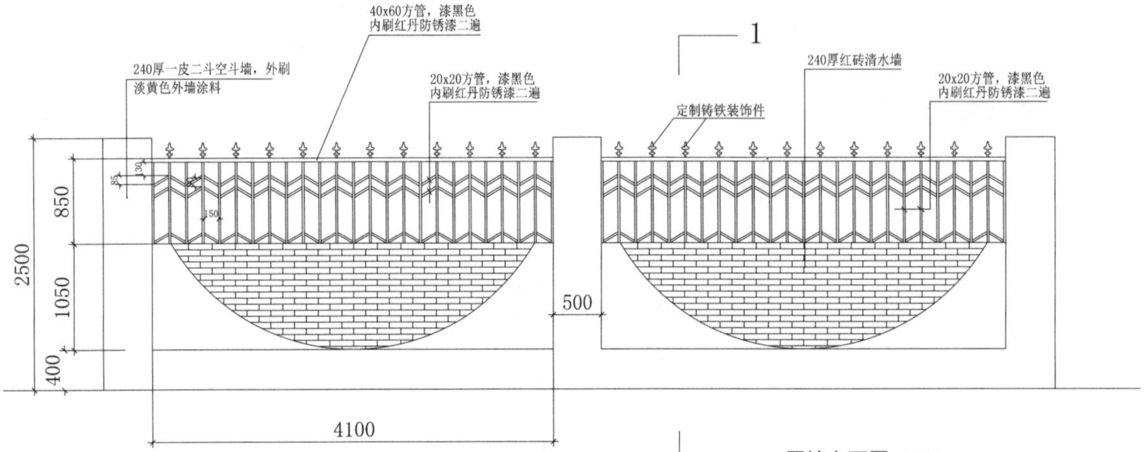

围墙立面图 1:30

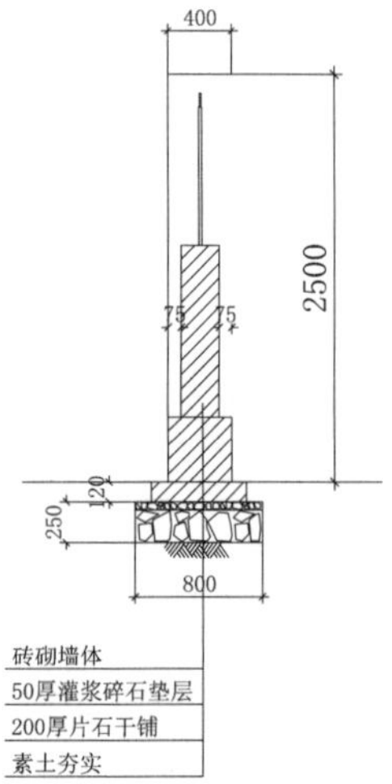

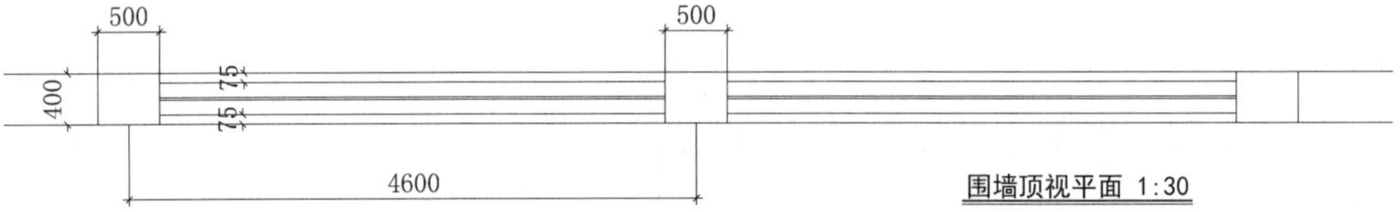

围墙顶视平面 1:30

1-1 剖面图 1:30

围栏围墙031

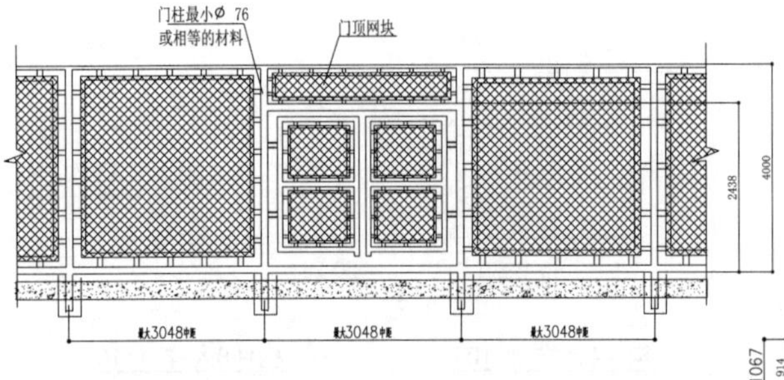

双扇门立面图

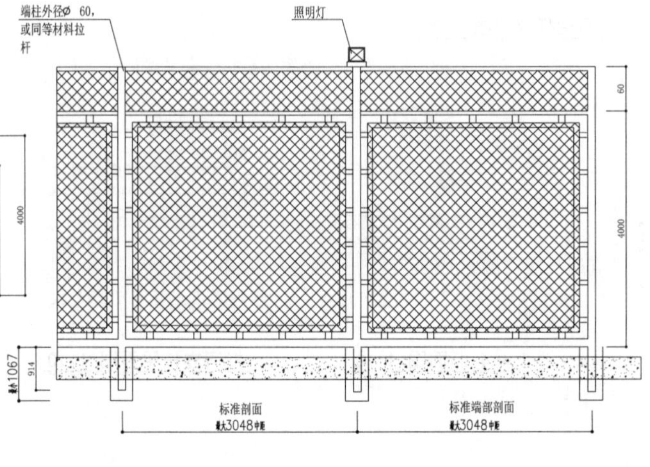

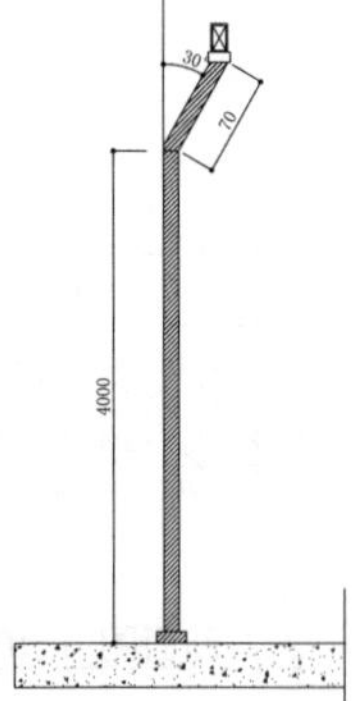

围网立面图

围栏围墙032

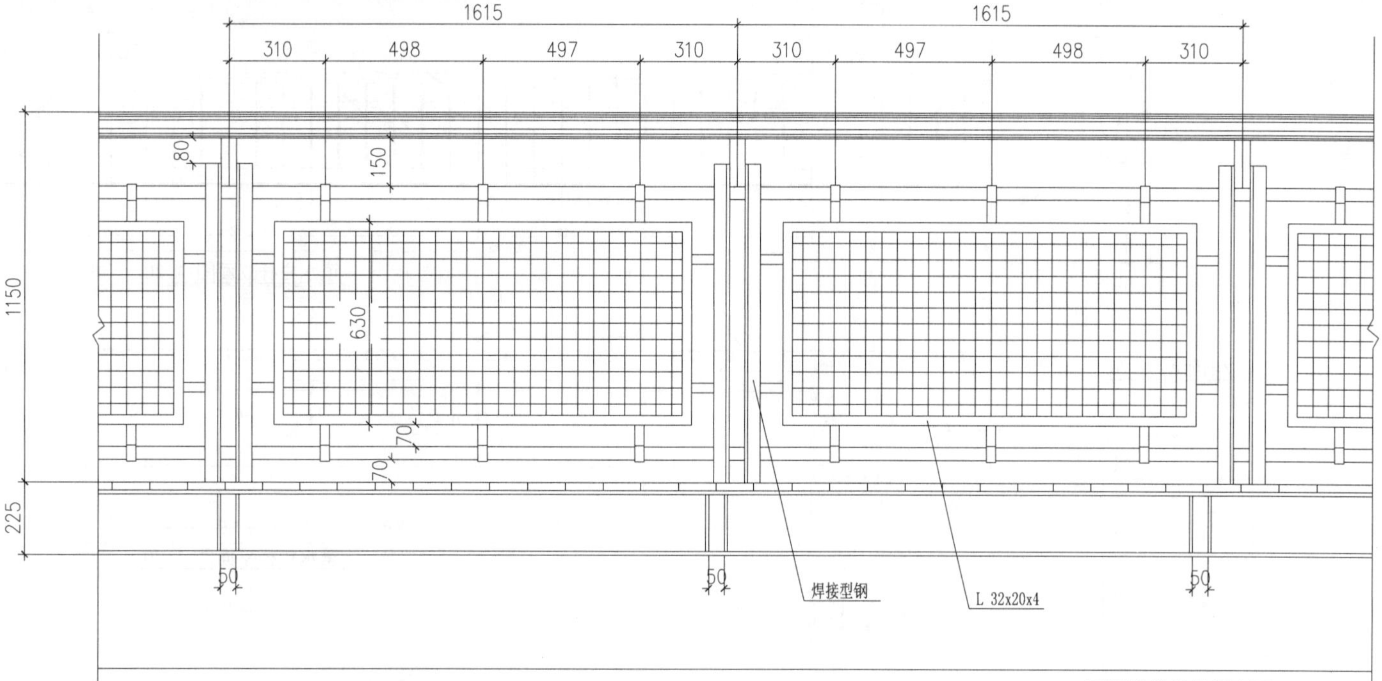

圆弧型护栏外侧立面 1:15

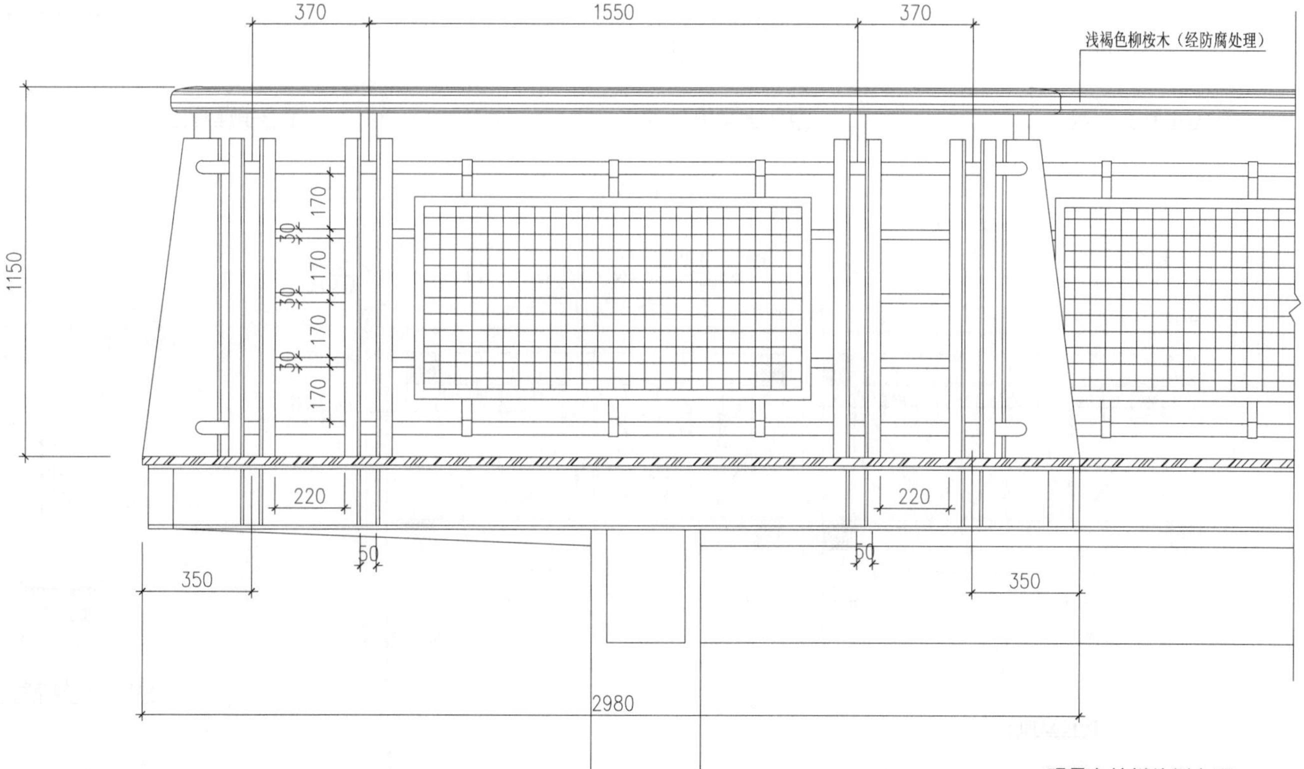

观景台护栏外侧立面 1:15

围栏围墙033

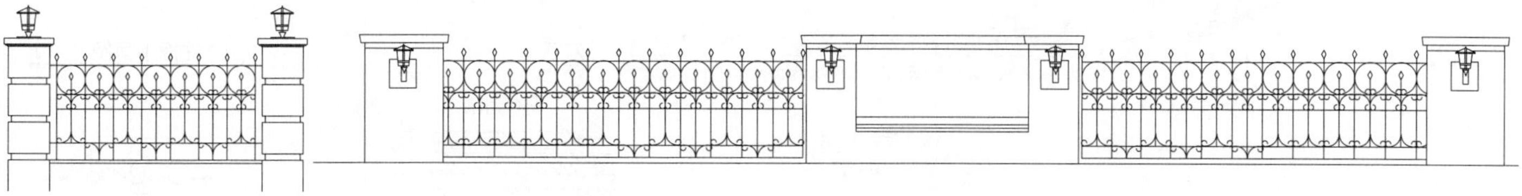

围栏围墙034

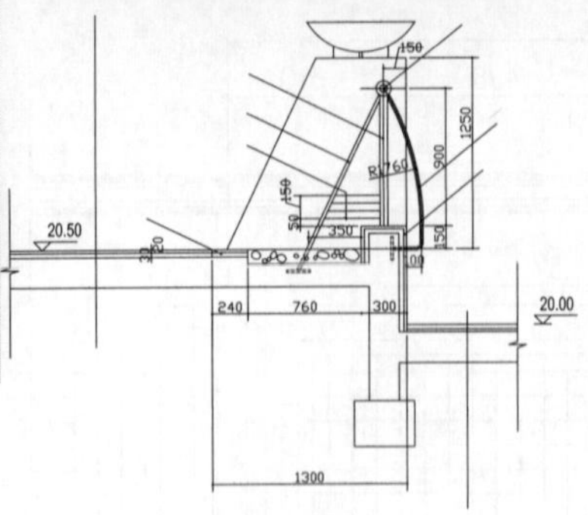

节点2剖面图 1:20

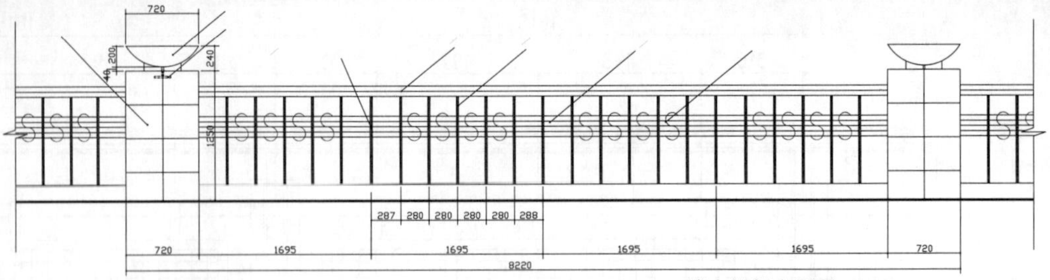

滨水栏杆立面图 1:20

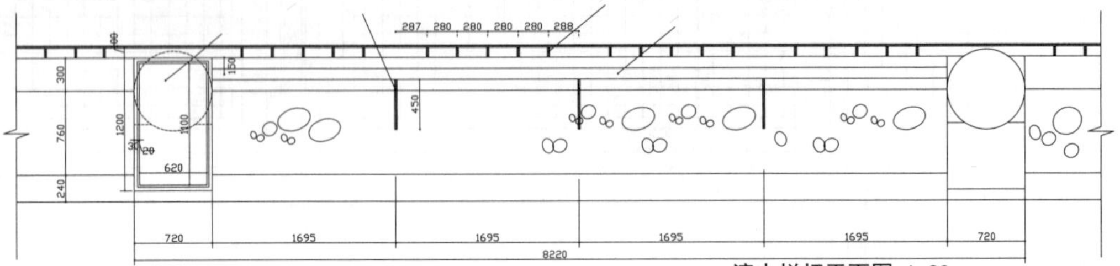

滨水栏杆平面图 1:20

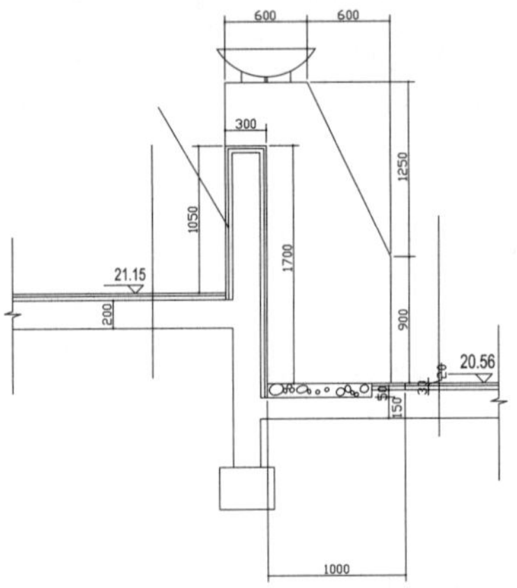

节点3剖面图 1:20

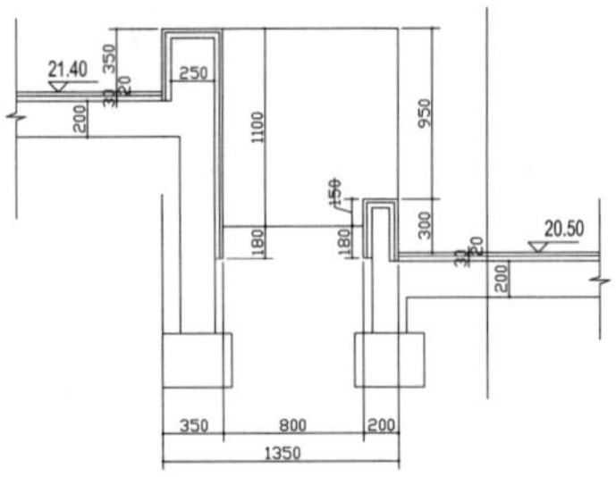

节点1剖面图 1:20

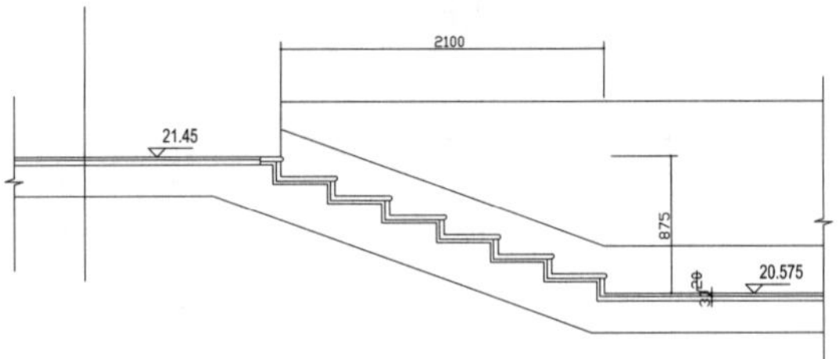

节点4剖面图 1:20

围栏围墙035

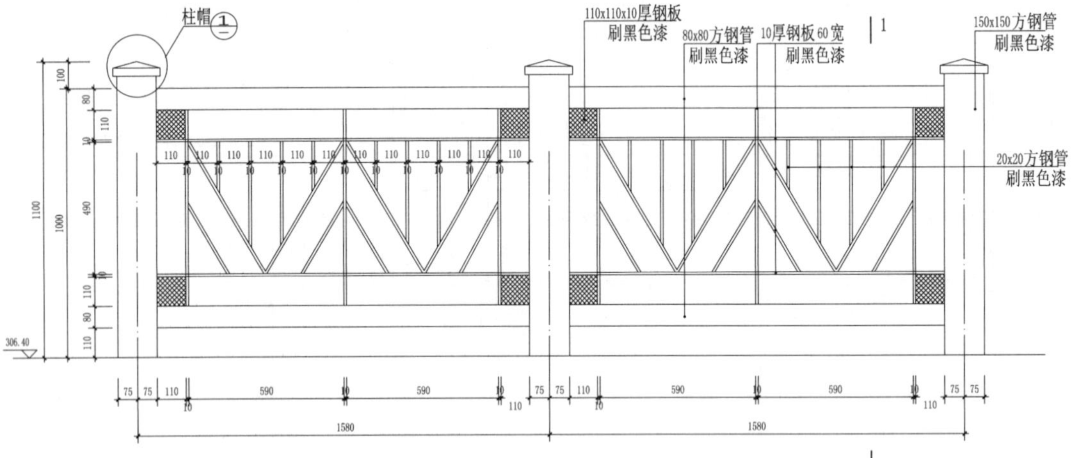

护栏立面图 1:10

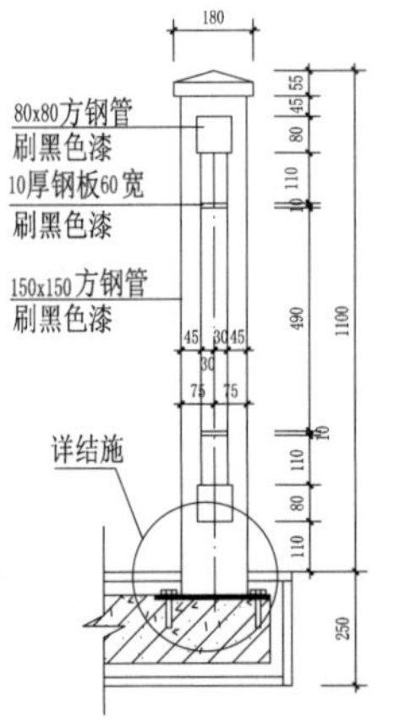

护栏1-1 剖面图 1:10

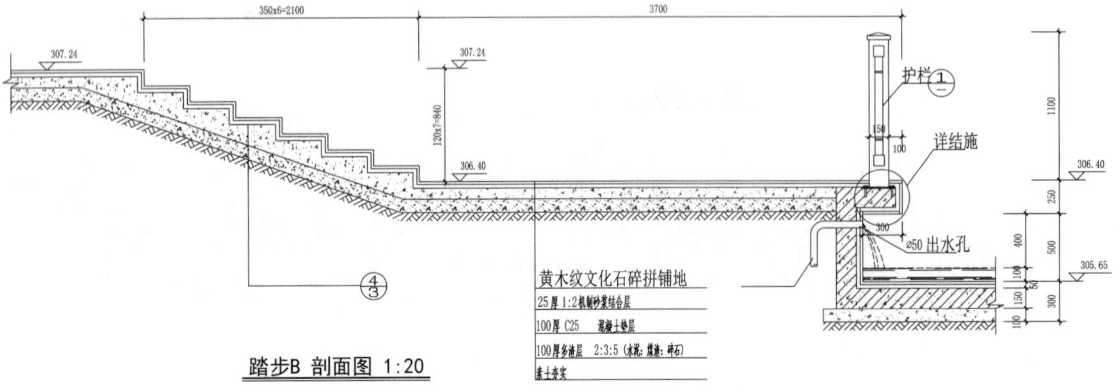

踏步B 剖面图 1:20

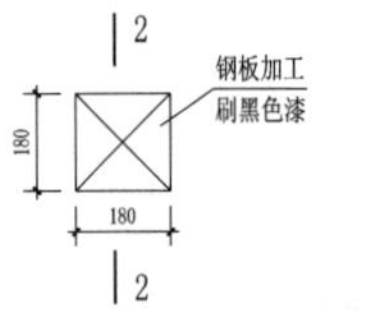

① 柱帽平面图 1:10

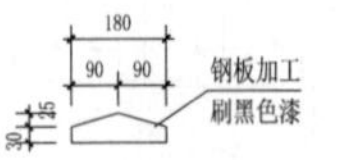

柱帽2-2 剖面图 1:10

围栏围墙036

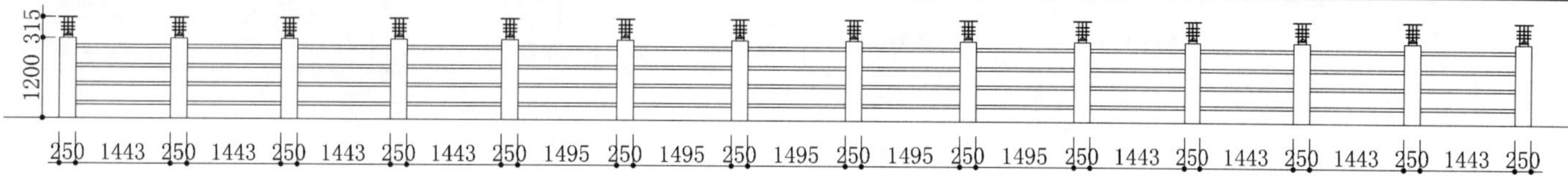

欲眼望秋立面图 1:100

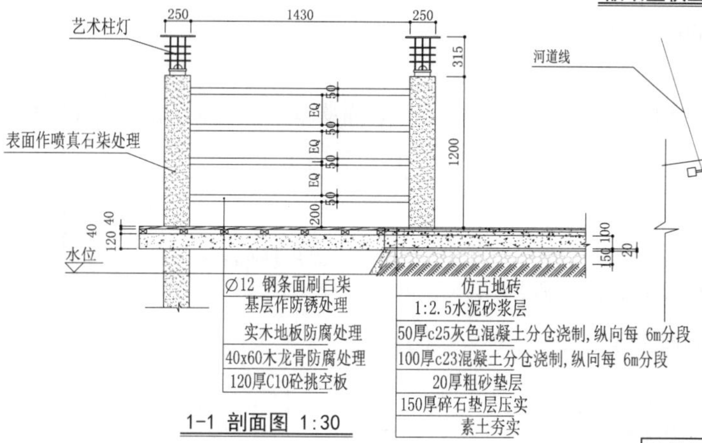

1-1 剖面图 1:30

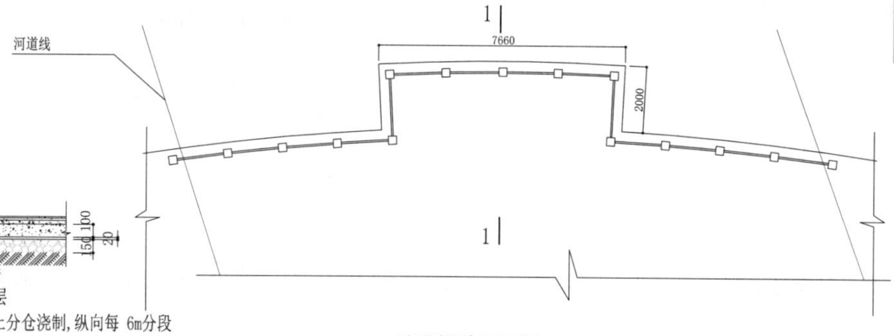

欲眼望秋平面图 1:100

围栏围墙037

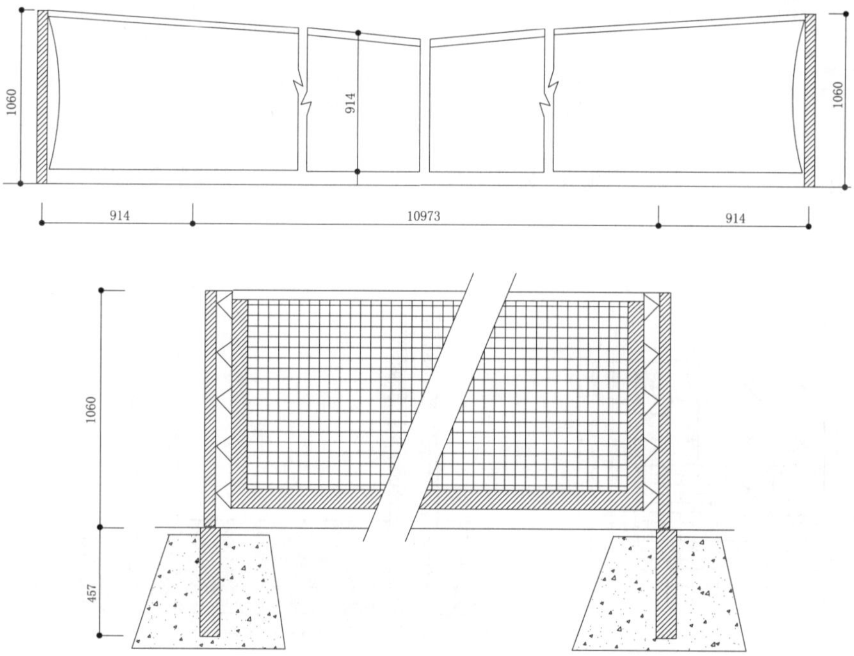

围栏围墙038

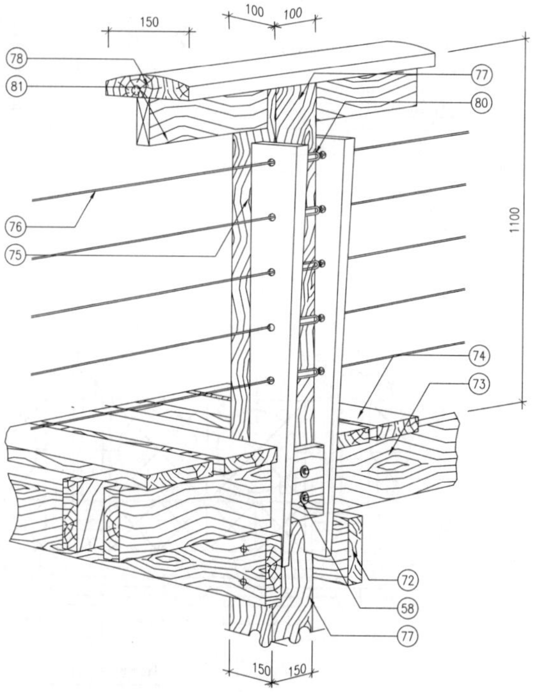

围栏围墙039

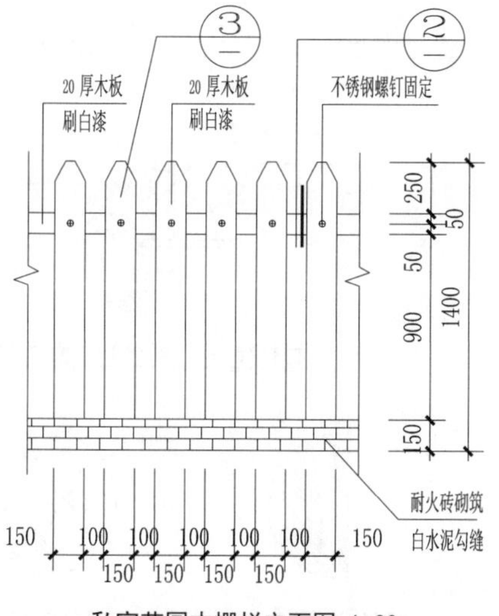

私家花园木栅栏立面图 1:30

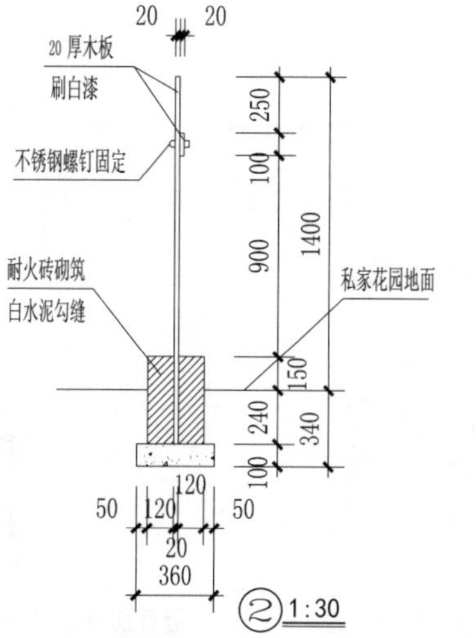

② 1:30

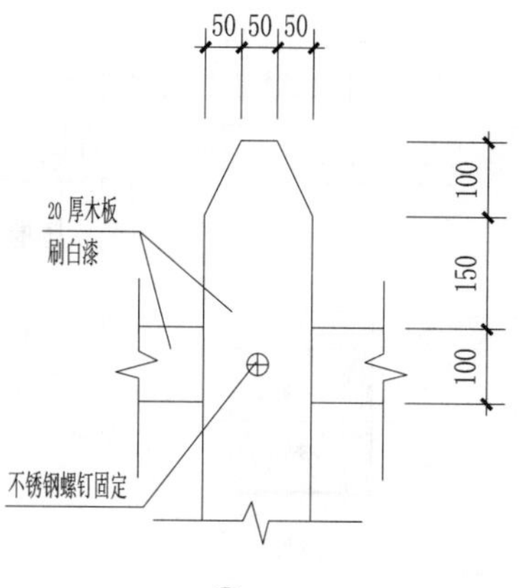

③ 1:10

围栏围墙040

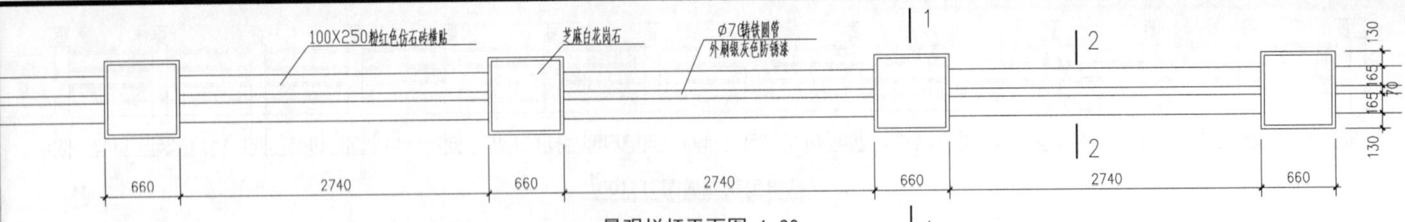

景观栏杆平面图 1:30

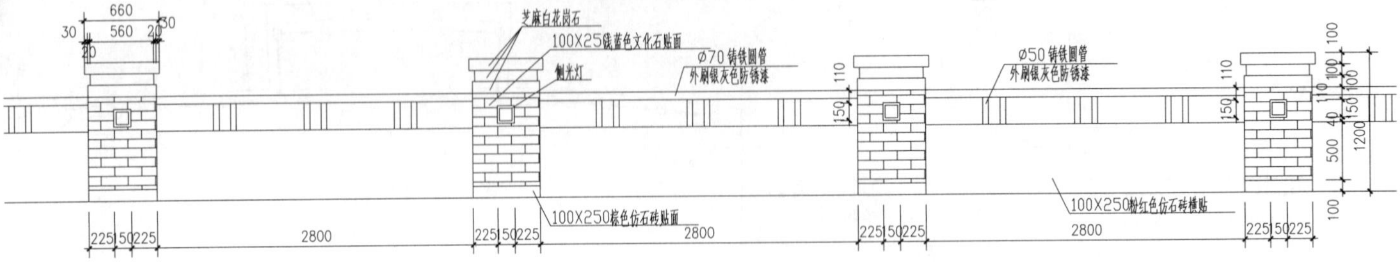

景观栏杆立面图 1:30

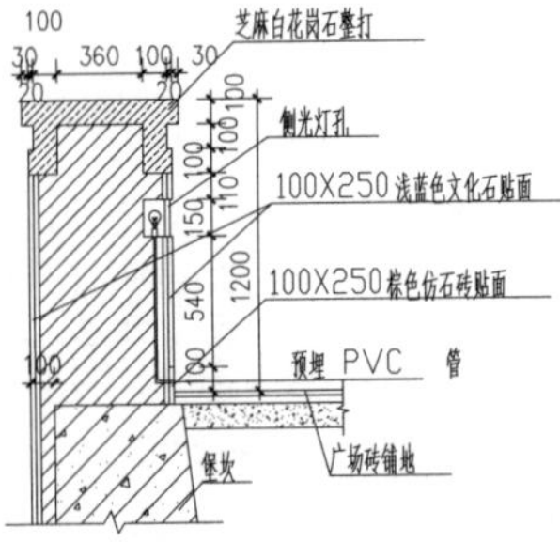

1-1 剖面图 1:25

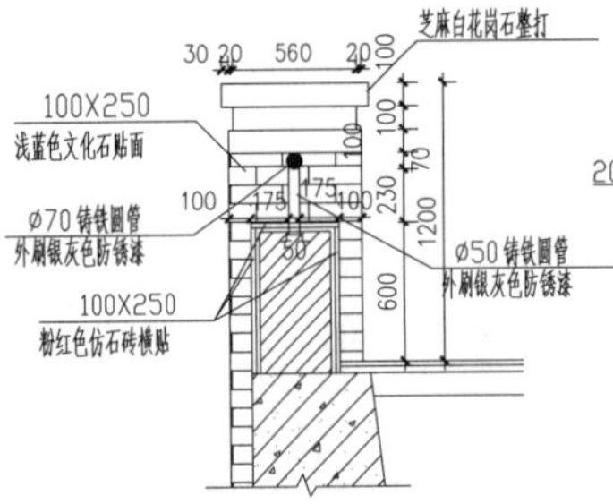

2-2 剖面图 1:25

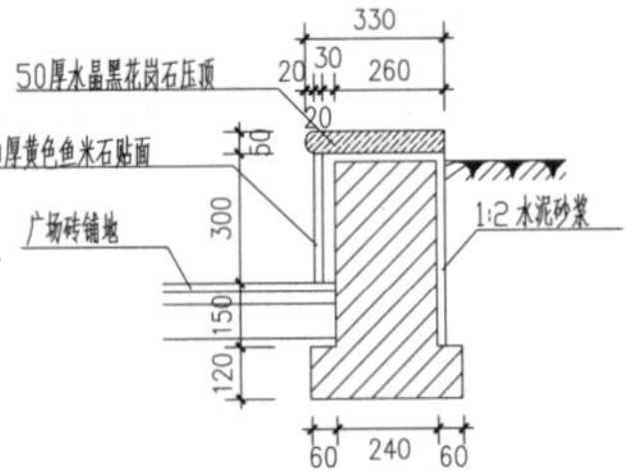

花池边断面图 1:15

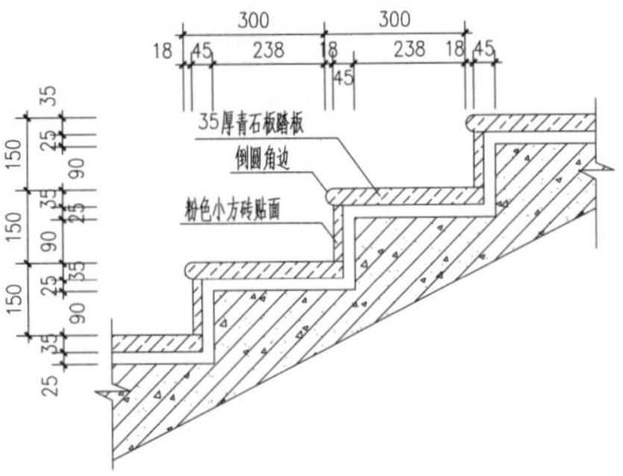

踏步断面图 1:10

围栏围墙041

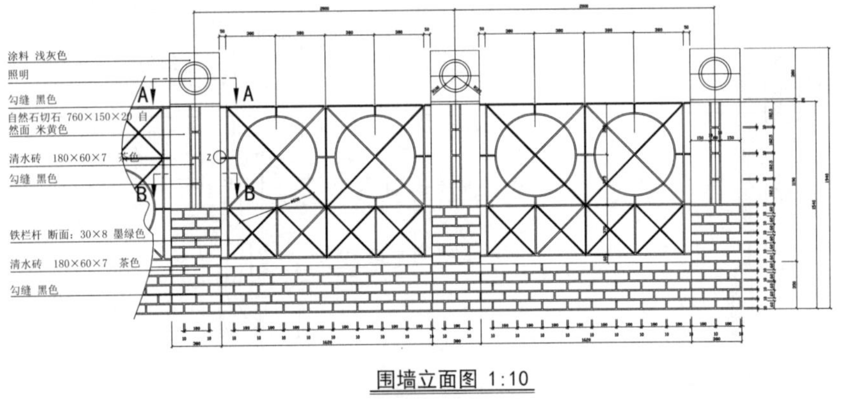

围墙立面图 1:10

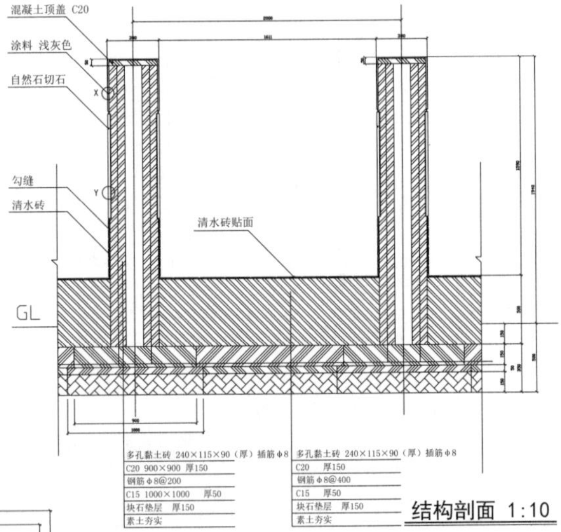

结构剖面 1:10

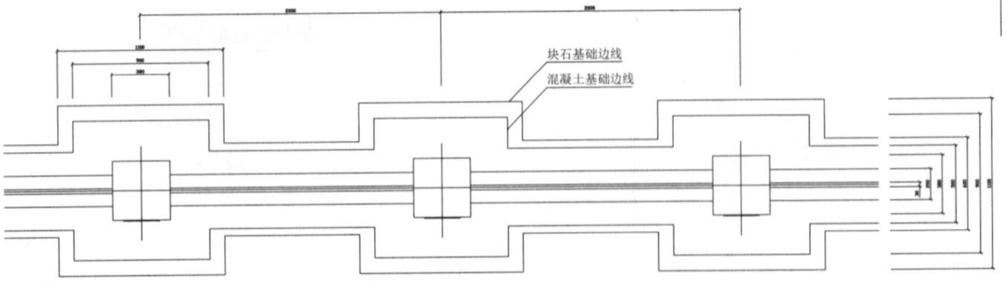

围墙平面图 1:10

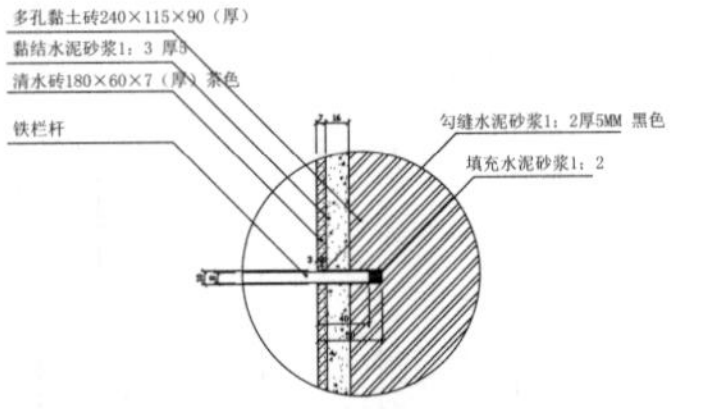

栏杆接头 (Z部分) 立面详图 1:2

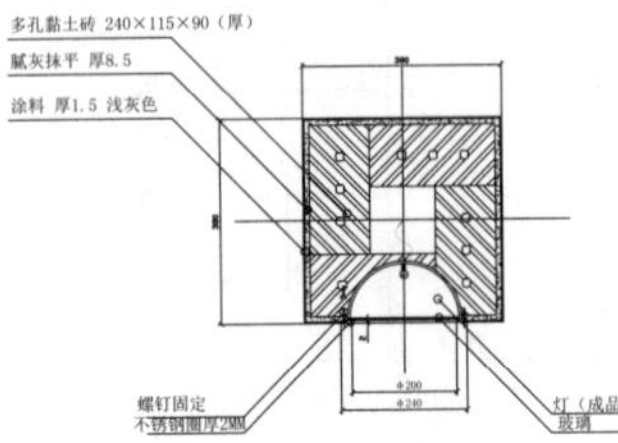

A-A标准断面 1:5

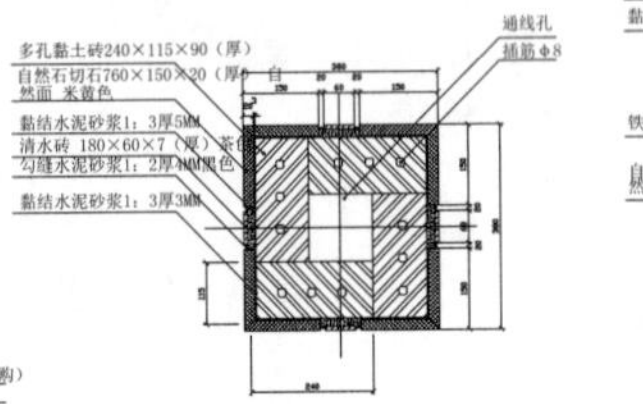

B-B标准断面 1:5

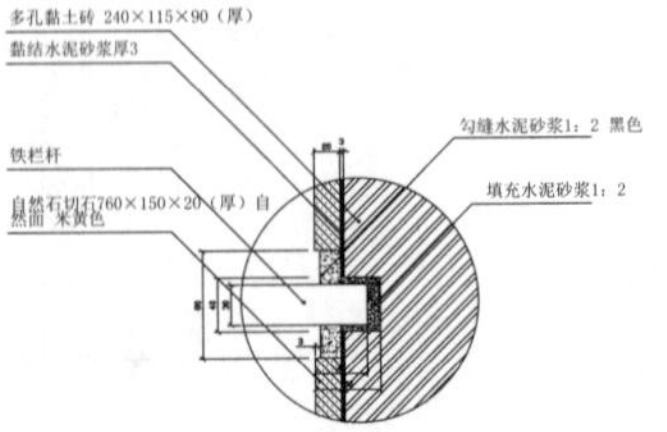

栏杆接头 (Z部分) 平面详图 1:2

围栏围墙042

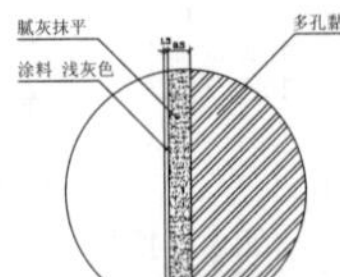

X部分详图 1:1

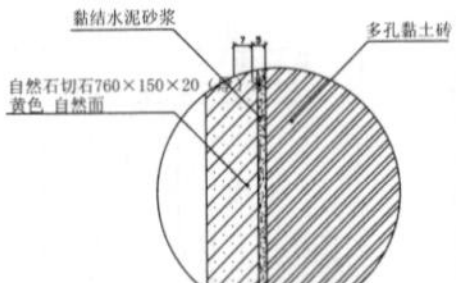

Y部分详图 1:1

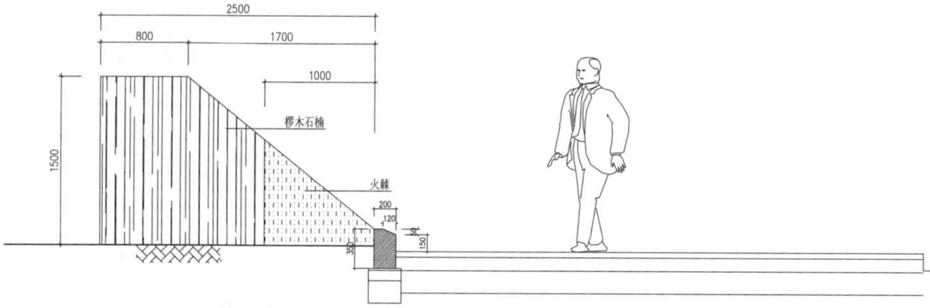

绿墙剖面图 1:30

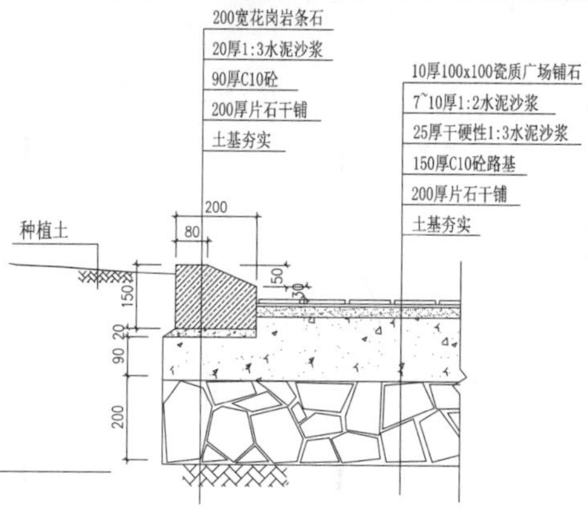
200宽花岗岩条石
20厚1:3水泥沙浆
90厚C10砼
200厚片石干铺
土基夯实
10厚100x100瓷质广场铺石
7~10厚1:2水泥沙浆
25厚干硬性1:3水泥沙浆
150厚C10砼路基
200厚片石干铺
土基夯实
种植土
200
80
50
150
20
90
200

侧石剖面图 1:10

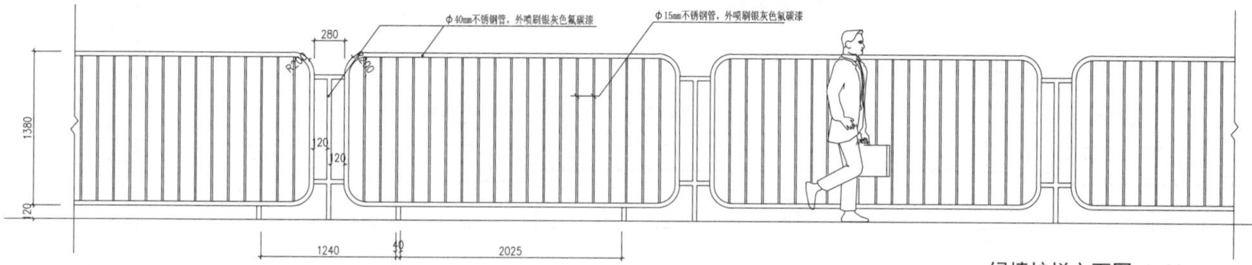
φ40mm不锈钢管，外喷刷银灰色氟碳漆
φ15mm不锈钢管，外喷刷银灰色氟碳漆
280
1380
120
1240
40
2025

绿墙护栏立面图 1:30

围栏围墙043

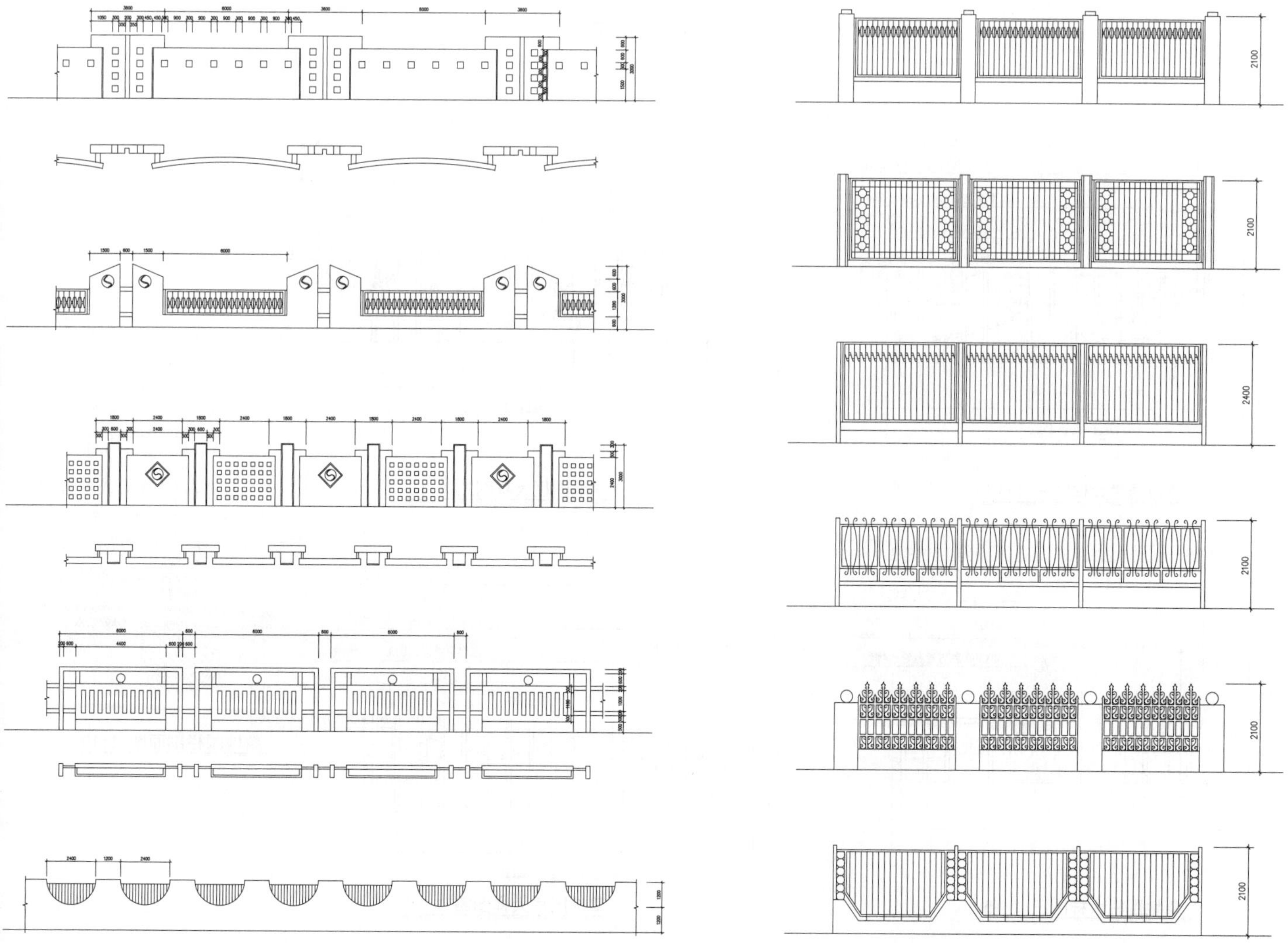

围墙方案1-11 1:100

围栏围墙044

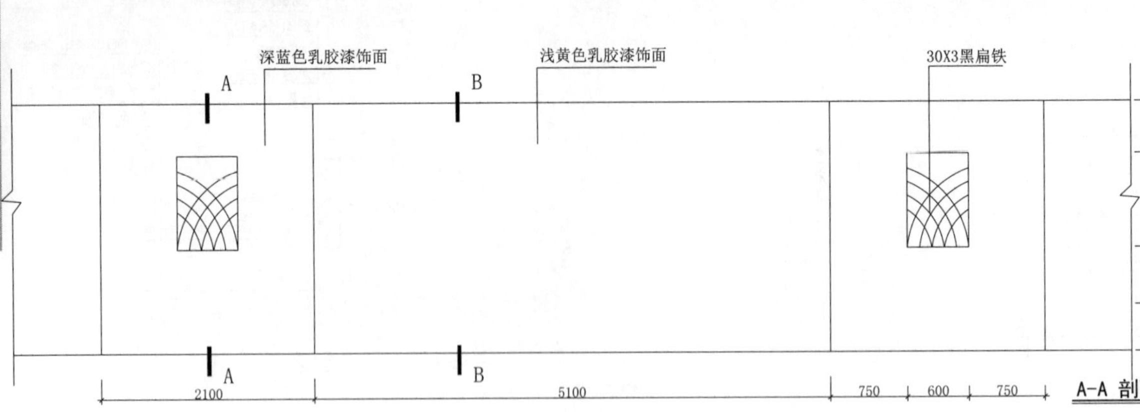

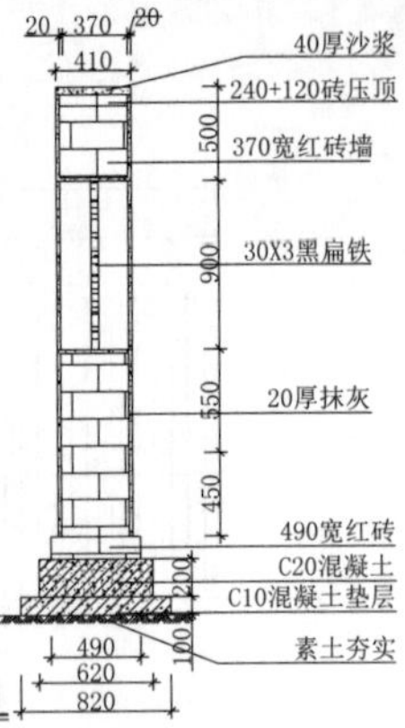

A-A 剖面图

院墙局部立面图

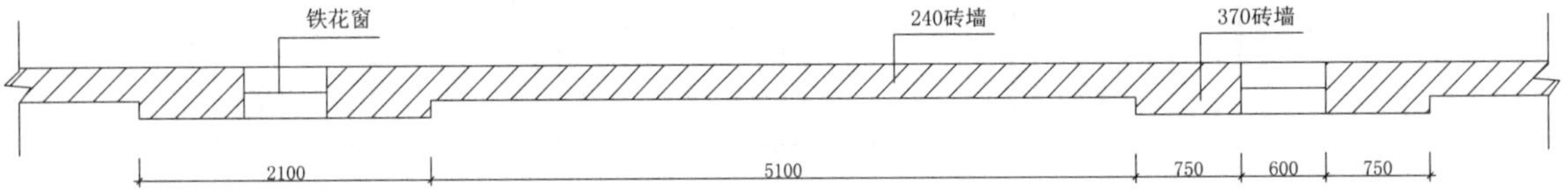

院墙局部平面图

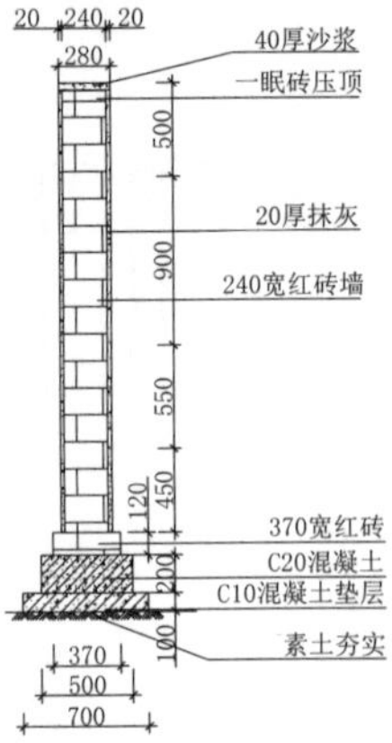

B-B 剖面图

围栏围墙045

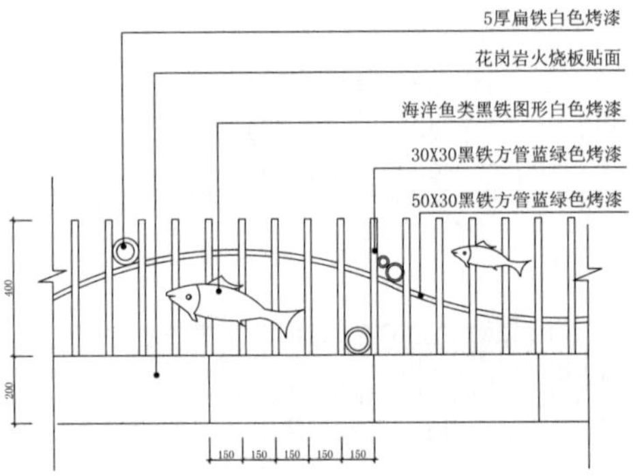

草地围栏大样图一 1:15

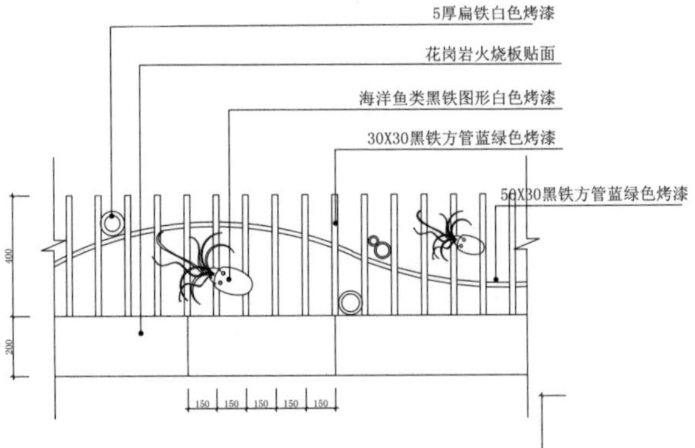

草地围栏大样图二 1:15

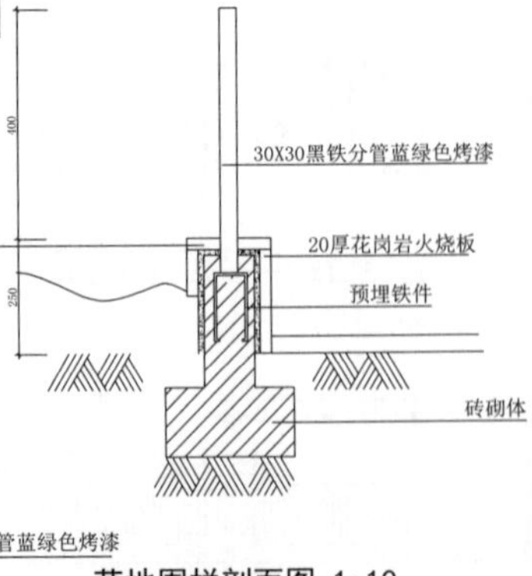

草地围栏剖面图 1:10

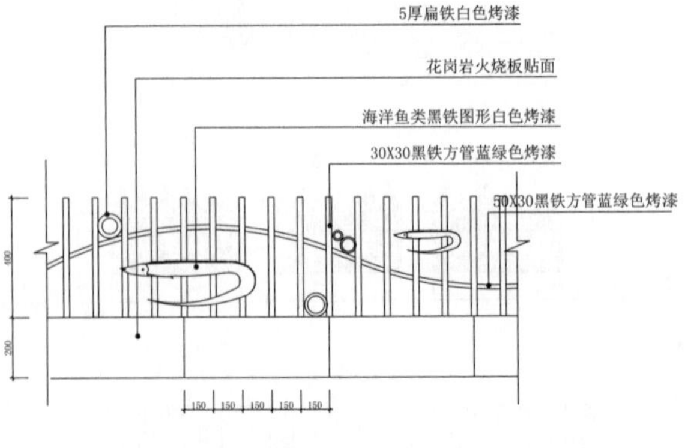

草地围栏大样图三 1:15

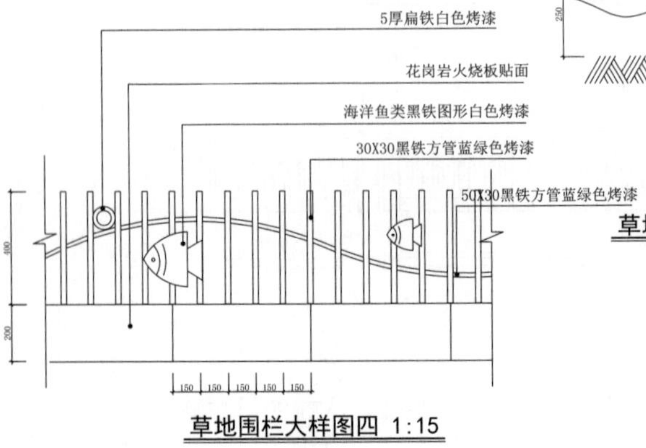

草地围栏大样图四 1:15

围栏围墙046

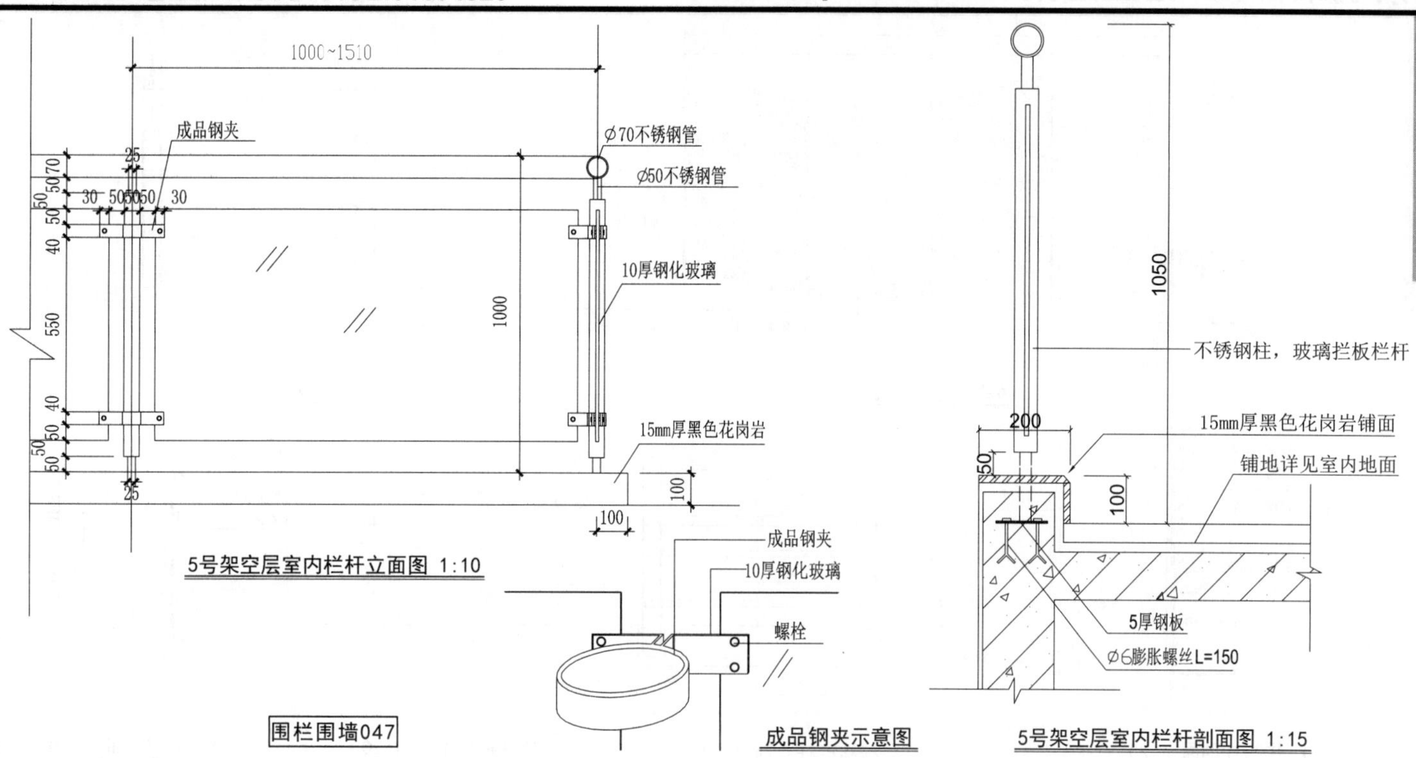
1000~1510
成品钢夹
Ø70不锈钢管
Ø50不锈钢管
10厚钢化玻璃
15mm厚黑色花岗岩
5号架空层室内栏杆立面图 1:10
成品钢夹
10厚钢化玻璃
螺栓
成品钢夹示意图
1050
不锈钢柱，玻璃拦板栏杆
15mm厚黑色花岗岩铺面
铺地详见室内地面
5厚钢板
Ø6膨胀螺丝L=150
5号架空层室内栏杆剖面图 1:15

围栏围墙047

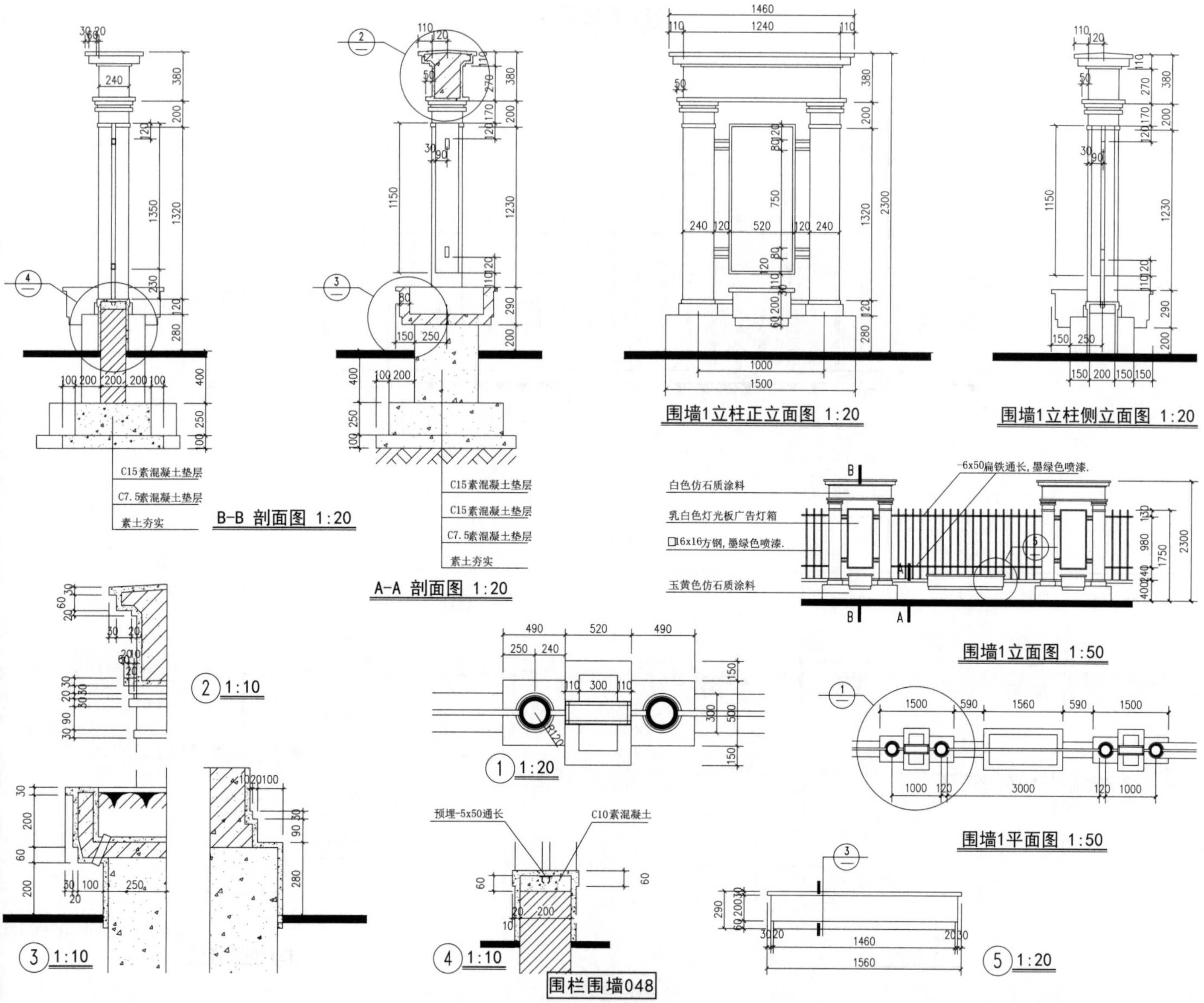
C15素混凝土垫层
C7.5素混凝土垫层
素土夯实
B-B 剖面图 1:20
C15素混凝土垫层
C15素混凝土垫层
C7.5素混凝土垫层
素土夯实
A-A 剖面图 1:20
围墙1立柱正立面图 1:20
围墙1立柱侧立面图 1:20
白色仿石质涂料
乳白色灯光板广告灯箱
□16x16方钢，墨绿色喷漆.
玉黄色仿石质涂料
-6x50扁铁通长，墨绿色喷漆.
围墙1立面图 1:50
2 1:10
1 1:20
围墙1平面图 1:50
3 1:10
预埋-5x50通长
C10素混凝土
4 1:10
5 1:20

围栏围墙048

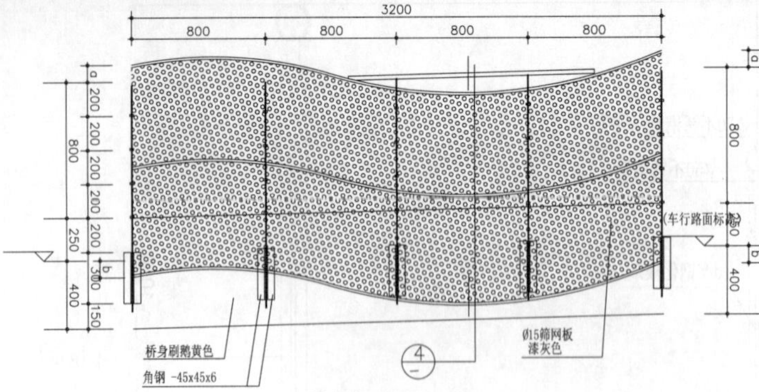

桥栏杆立面 1:20

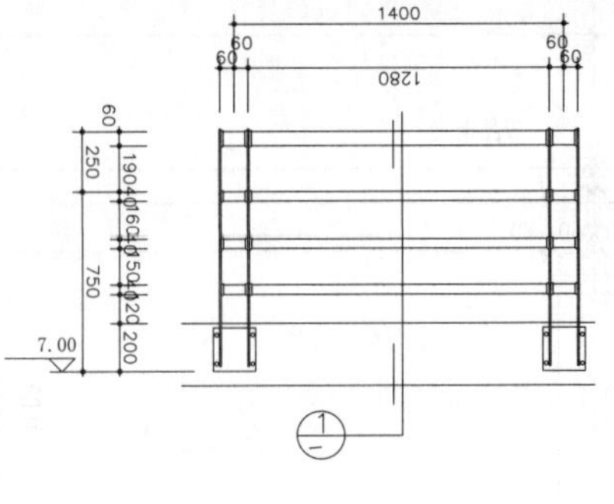

天桥栏杆立面 1:20

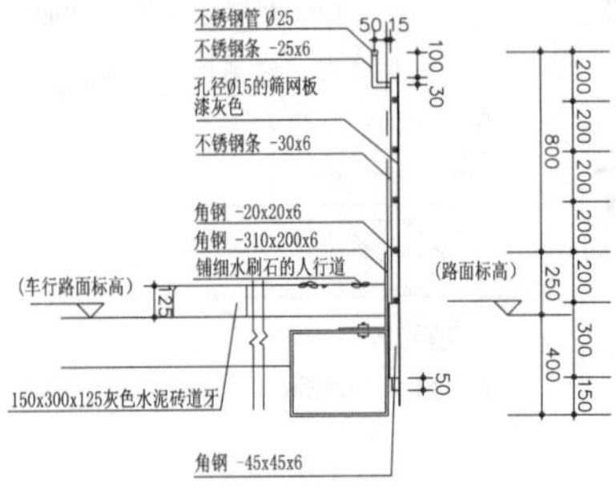

4 桥栏杆剖面 1:20

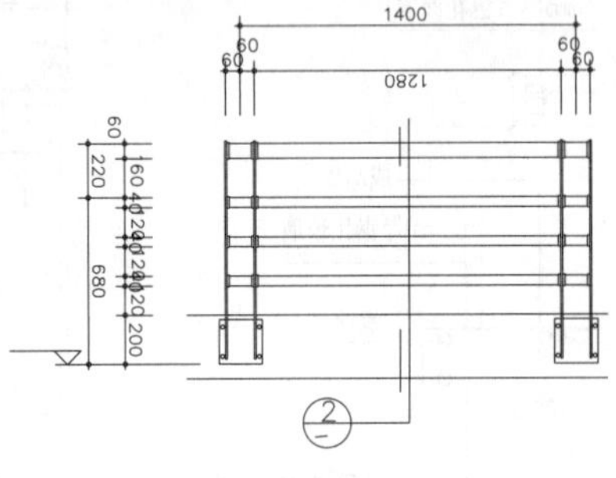

楼梯栏杆立面 1:20

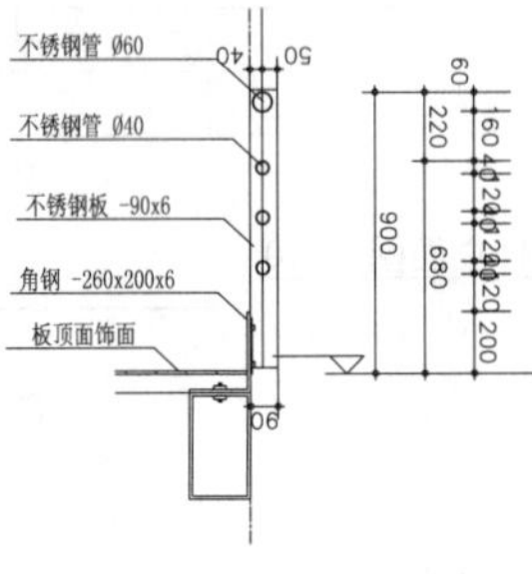

2 楼梯栏杆剖面 1:20

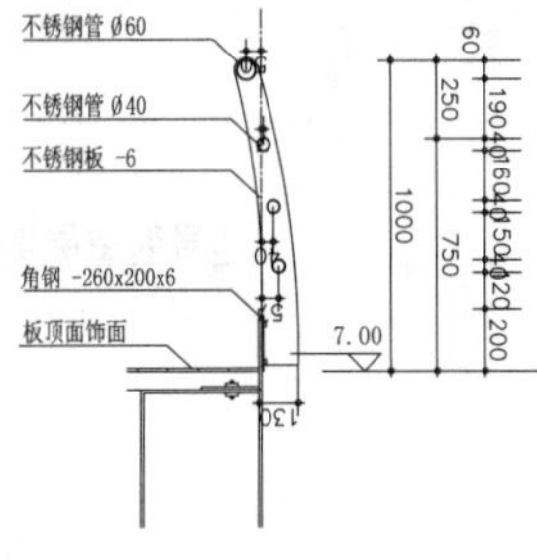

1 天桥栏杆剖面 1:20

围栏围墙049

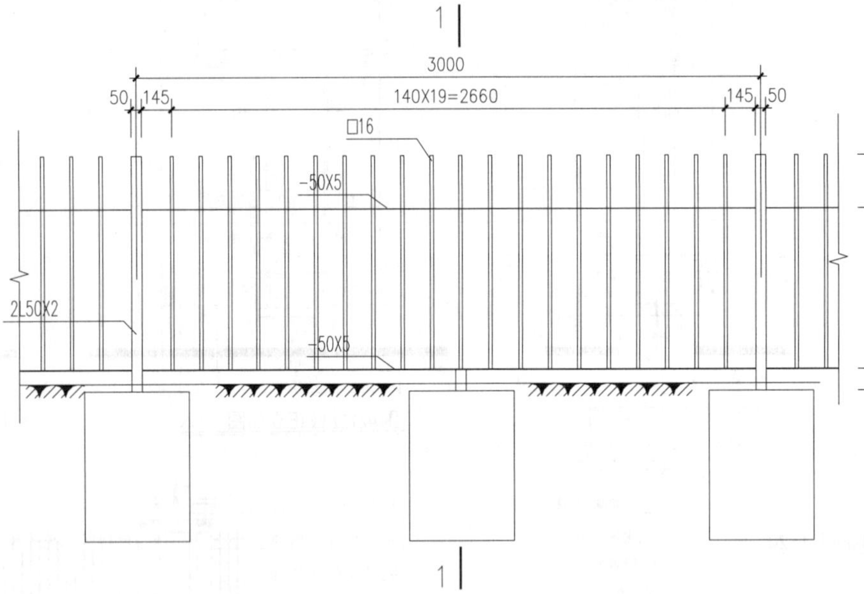

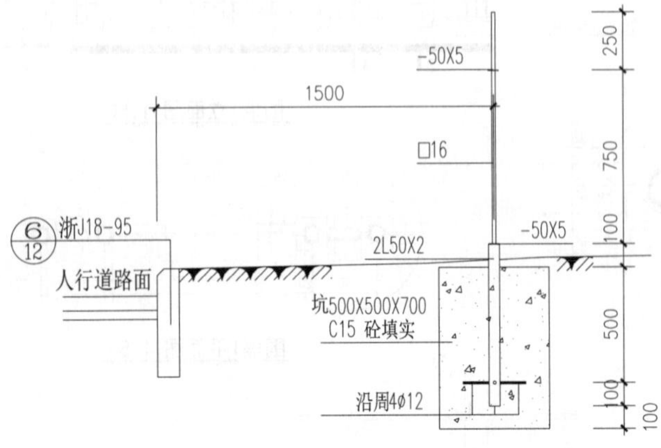

1-1 剖面

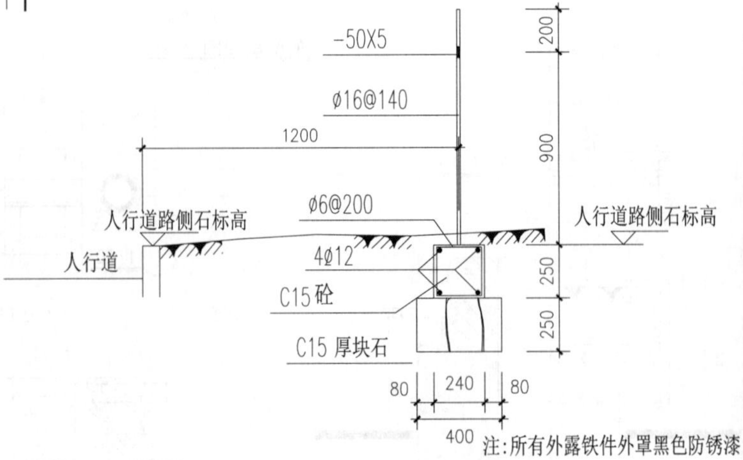

注:所有外露铁件外罩黑色防锈漆

栏杆剖面详图

围栏围墙050

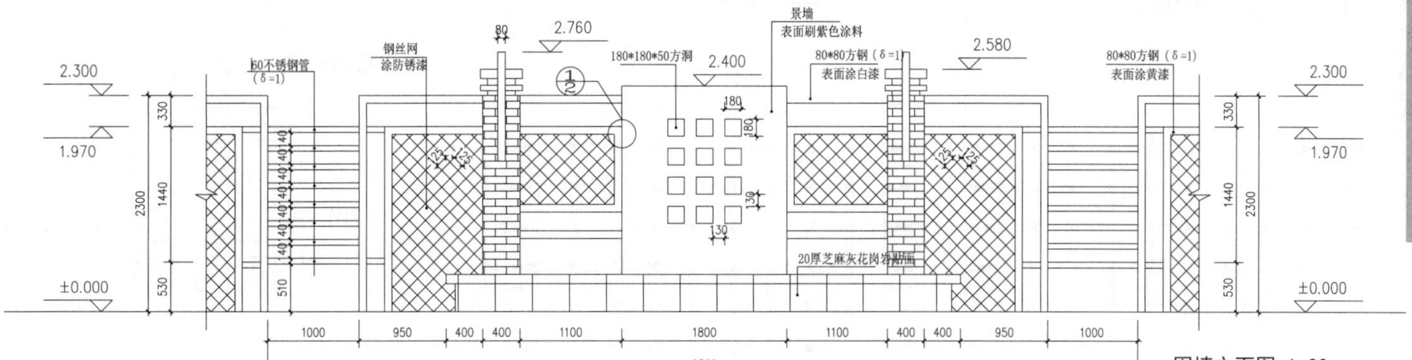

围墙立面图 1:30

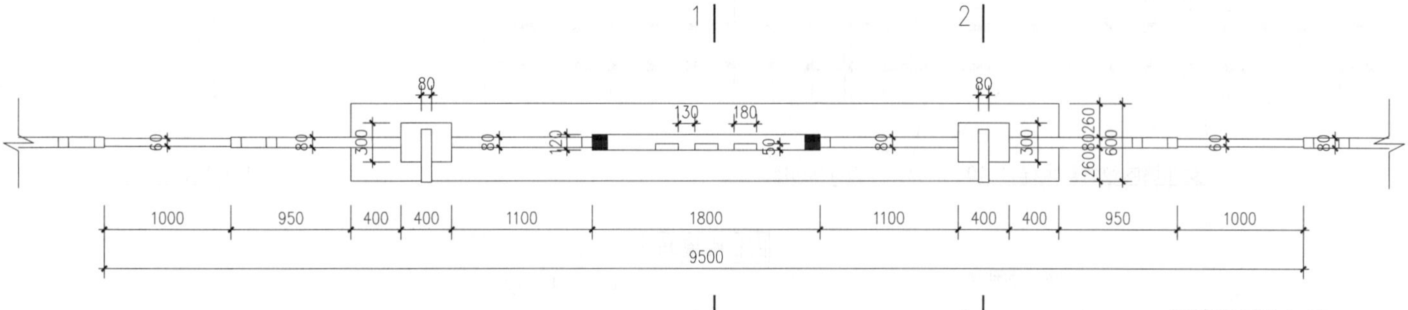

围墙平面图 1:30

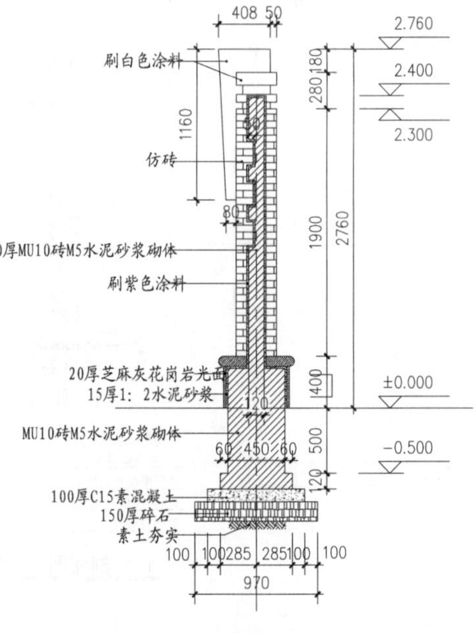
刷白色涂料
仿砖
120厚MU10砖M5水泥砂浆砌体
刷紫色涂料
20厚芝麻灰花岗岩光面
15厚1：2水泥砂浆
MU10砖M5水泥砂浆砌体
100厚C15素混凝土
150厚碎石
素土夯实
2.760
2.400
2.300
±0.000
−0.500
970
1-1 剖面图 1:30

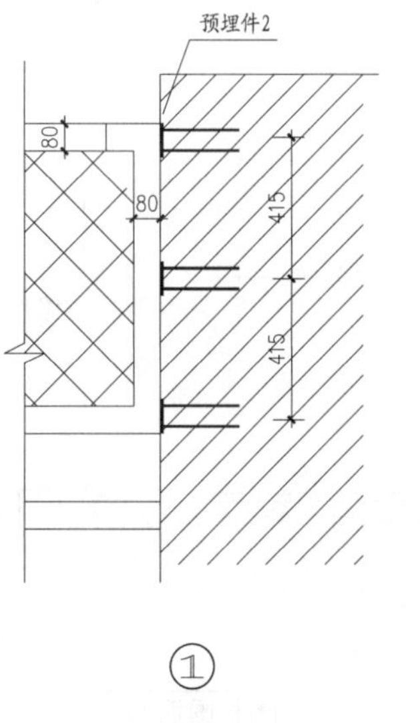

①

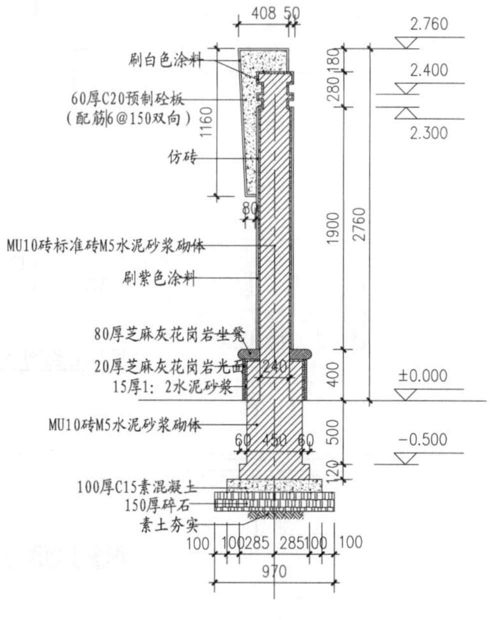
刷白色涂料
60厚C20预制砼板
（配筋6@150双向）
仿砖
MU10砖标准砖M5水泥砂浆砌体
刷紫色涂料
80厚芝麻灰花岗岩坐凳
20厚芝麻灰花岗岩光面
15厚1：2水泥砂浆
MU10砖M5水泥砂浆砌体
100厚C15素混凝土
150厚碎石
素土夯实
2.760
2.400
2.300
±0.000
−0.500
970
2-2 剖面图 1:30

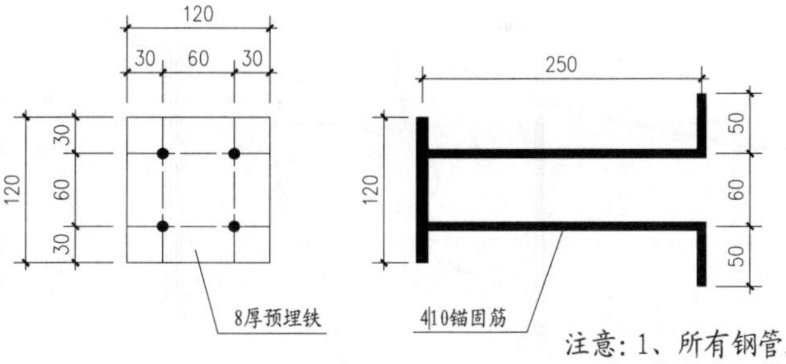

预埋件1详图

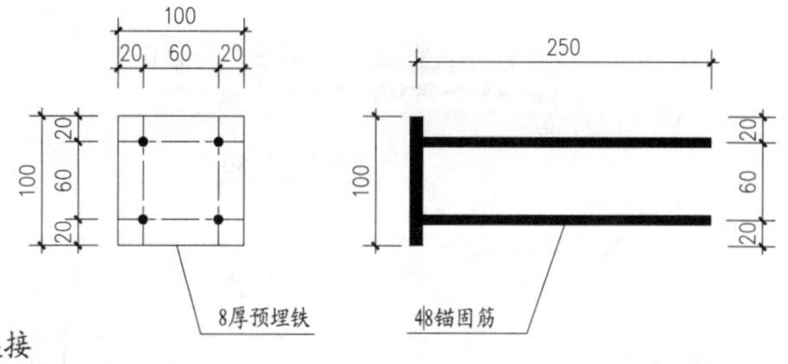

预埋件2详图

注意：1、所有钢管及不锈钢均采用焊接连接
2、方钢与砖柱体连接处预埋铁件，见预埋件1详图
3、方钢与景墙连接处预埋铁件，见预埋件2详图
4、方钢与景墙连接处预埋铁件位置见节点1。

麻绳捆扎
∅100 粗竹主柱
∅20 细竹
10粗钢筋铆接
∅100 粗竹主柱
∅20 细竹
女儿墙
白色外墙漆

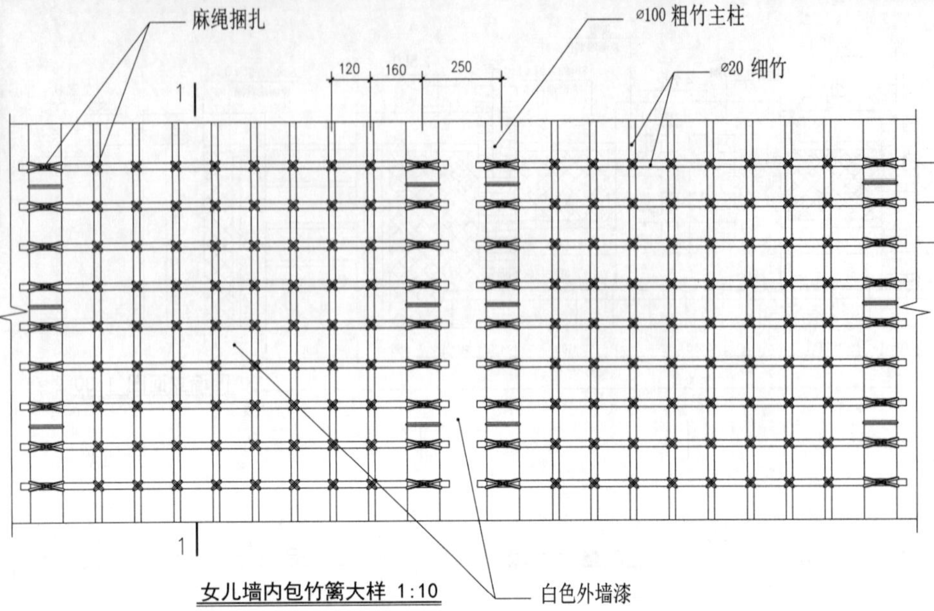

女儿墙内包竹篱大样 1:10

1-1 剖面 1:10

围栏围墙052

20宽，15深凹缝
白色外墙涂料二度
蓝灰色外墙涂料二度
蓝灰色外墙涂料二度
白色外墙涂料二度

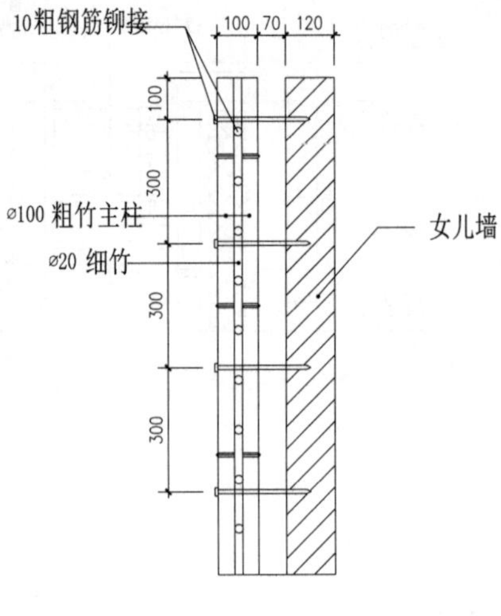

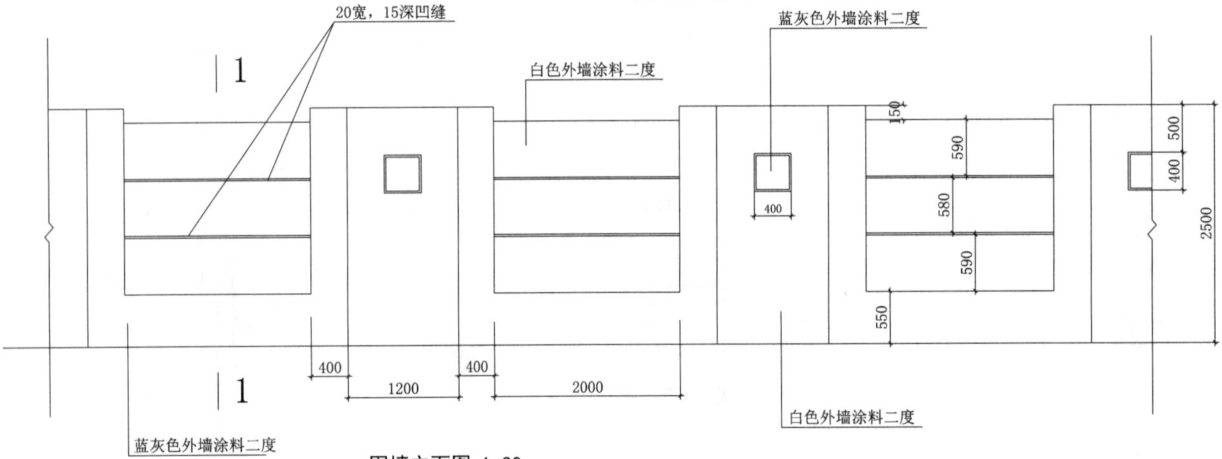

围墙立面图 1:30

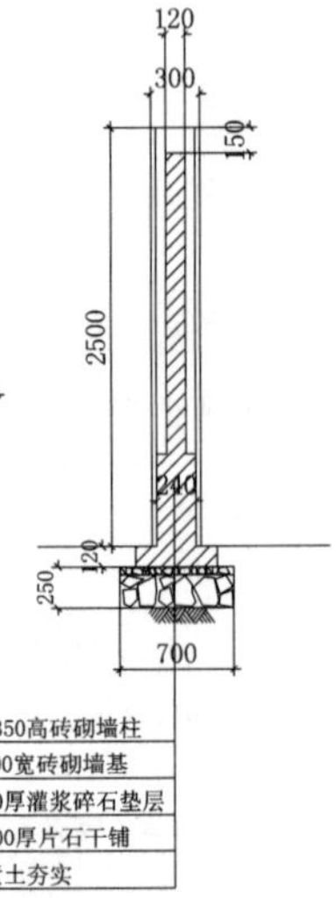

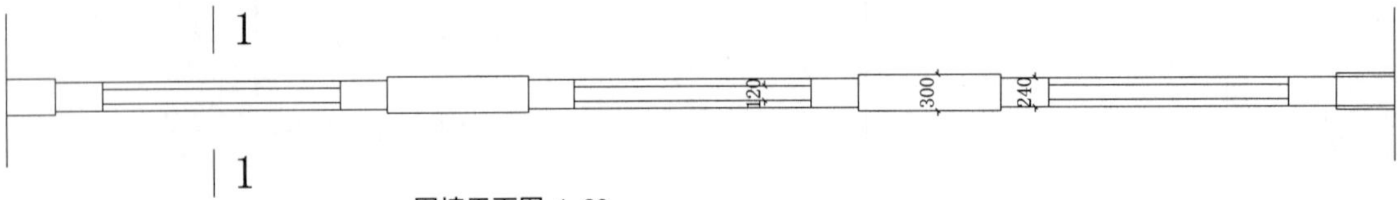

围墙平面图 1:30

1-1 剖面图 1:30

2350高砖砌墙柱
500宽砖砌墙基
50厚灌浆碎石垫层
200厚片石干铺
素土夯实

围栏围墙053

CRYSTAL GATE
74
GC3
PA

平面图 1:30

D LD 209 SPOT DETAIL
GC3
74
GC3
PA

A LD 4,11 END POST LIGHT FEATURE - A
74
GC3
PA
SG1A

立面图 1:30

围栏围墙054

072-073

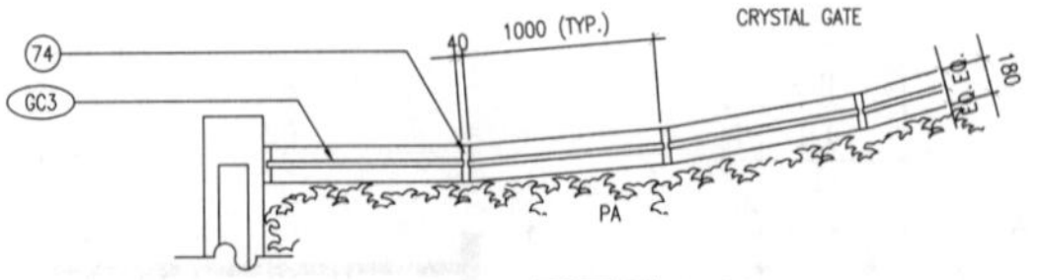

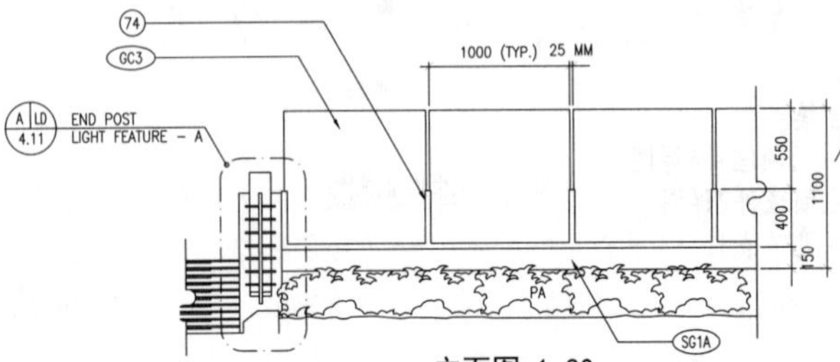

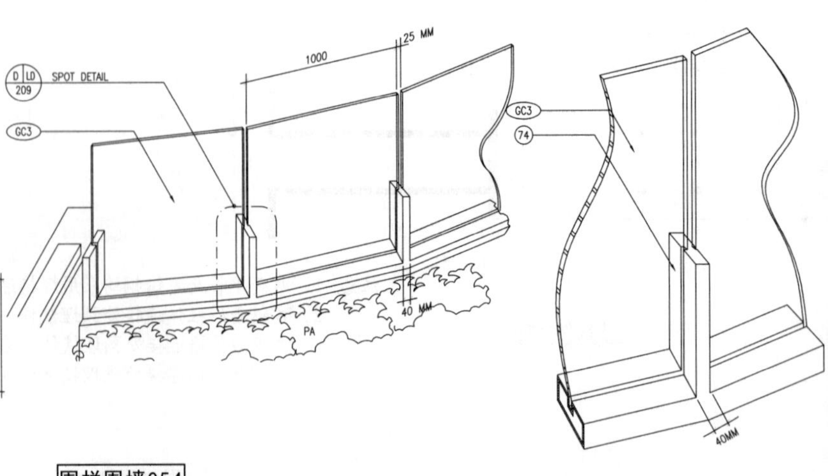

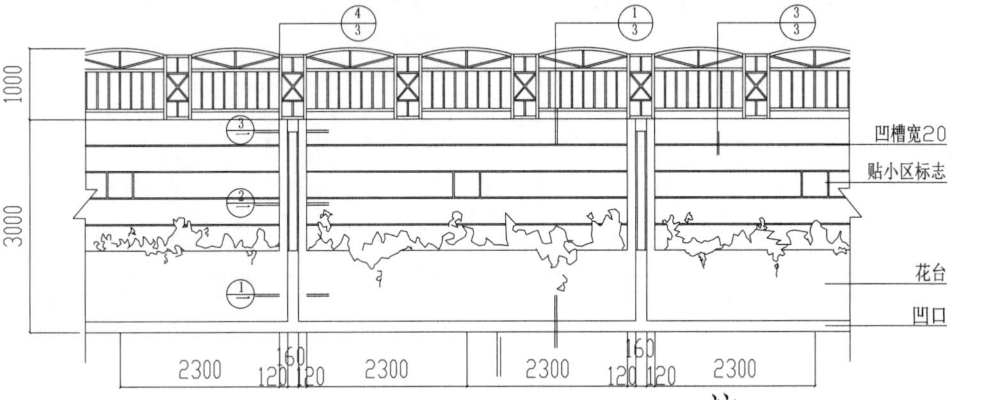

围墙内立面图 1:50

注：围墙地坪为总图自然地坪

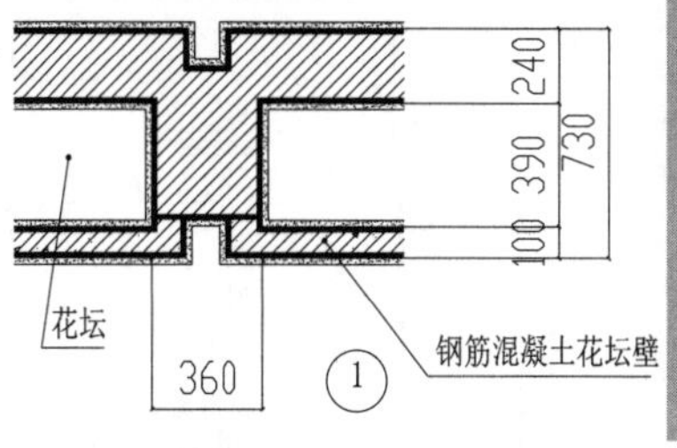

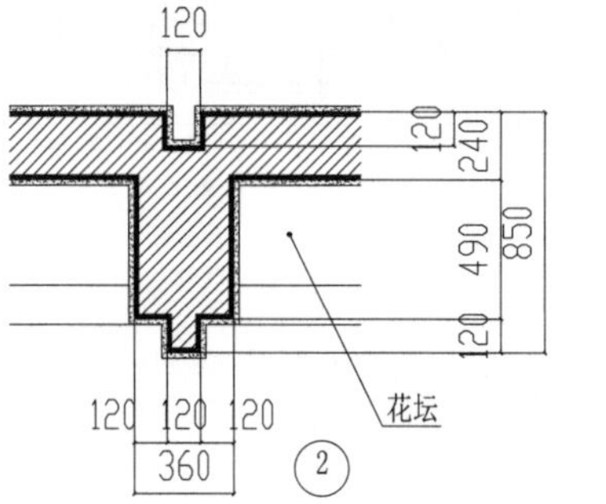

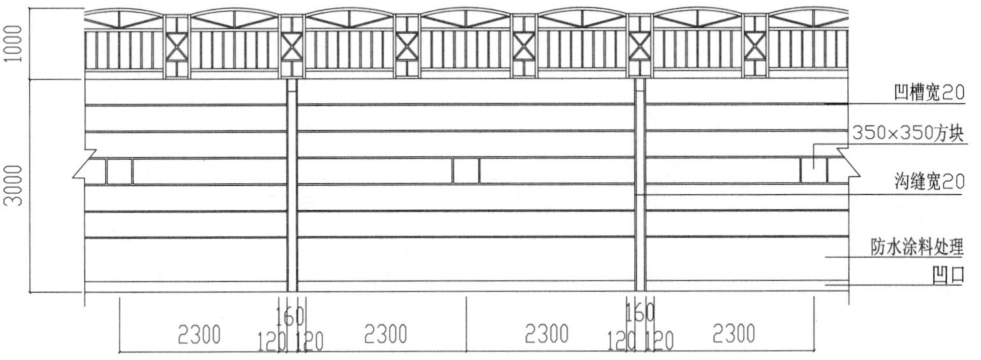

凹槽宽20
贴小区标志

花台
凹口

花坛
钢筋混凝土花坛壁

花坛

围墙外立面图 1:50

凹槽宽20
350×350方块
沟缝宽20
防水涂料处理
凹口

10厚1:1:4水泥石灰砂浆打底
10厚1:1:4水泥石灰砂浆找面
外墙涂料，颜色另定

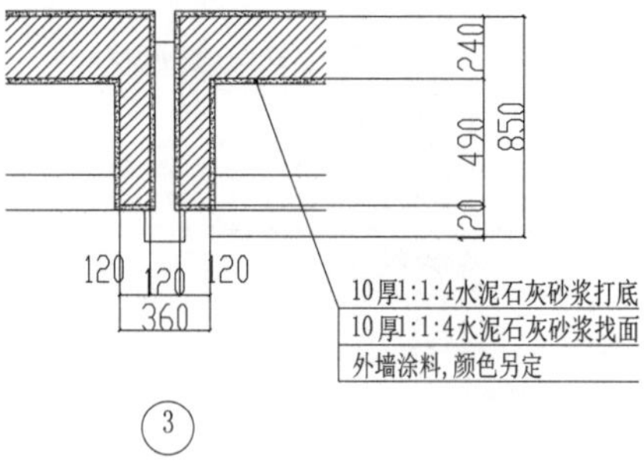

围栏围墙055

围墙平面图 1:20

围墙局部图 1:20

60x10 扁钢
漆蓝绿色烤漆
60x10 扁钢
漆蓝绿色烤漆
咖啡色外墙涂料
砖或硅酸盐砌块
地坪面标高
c20
碎石层

A-A 剖面图 1:20

60x10 扁钢
漆蓝绿色烤漆
浅咖啡色外墙涂料
混凝土基座
地坪面标高

围墙立面图 1:20

100x100x10 厚钢板
咖啡色外墙涂料

②平面图 1:2   ②立面图 1:2

扁钢厚
漆蓝绿色烤漆

6厚扁钢镏金漆
3厚木夹板
6厚扁钢镏金漆
扁钢之间点焊

B-B 剖面 1:2

60x10 扁钢
扁钢之间点焊
漆蓝绿色烤漆
扁钢之间点焊

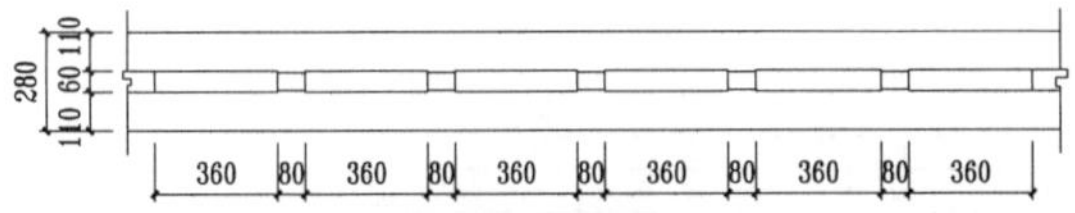

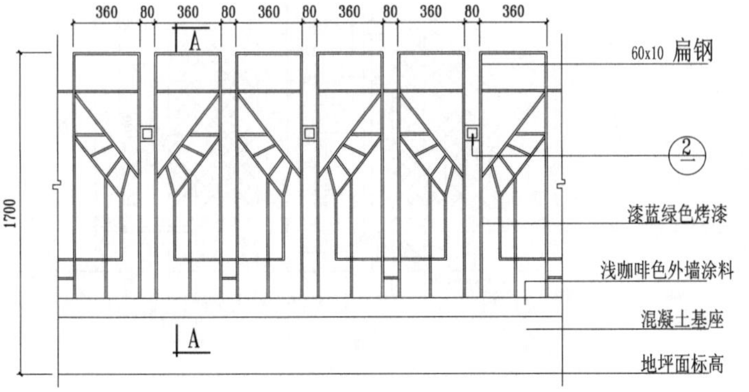

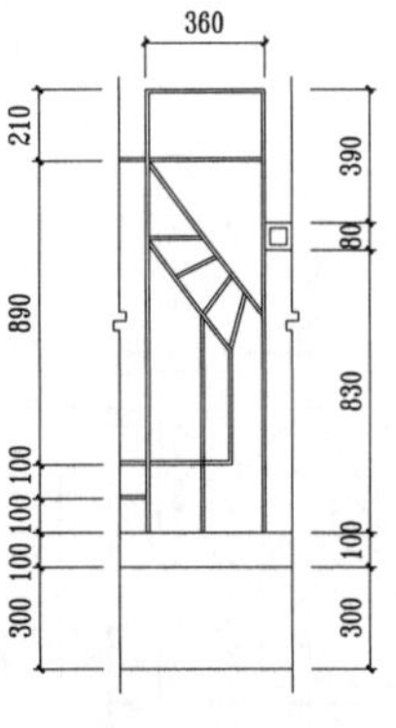

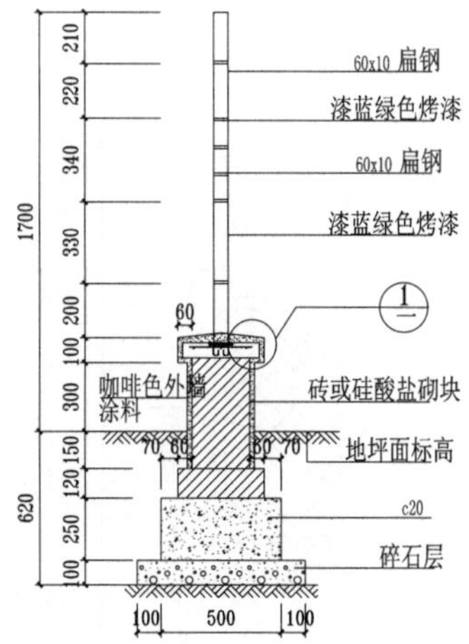

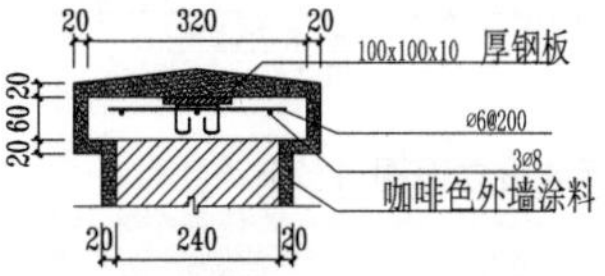

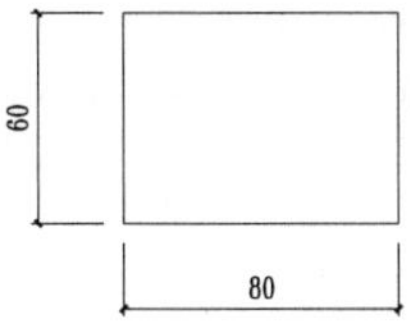

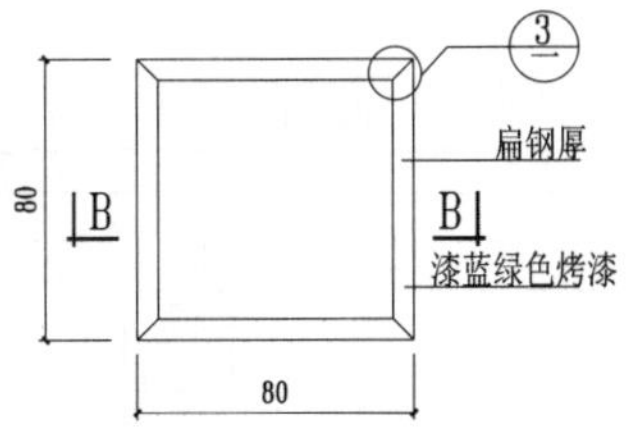

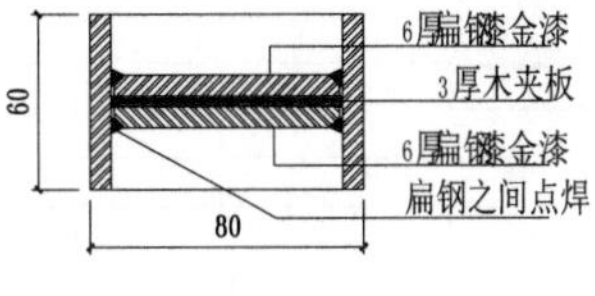

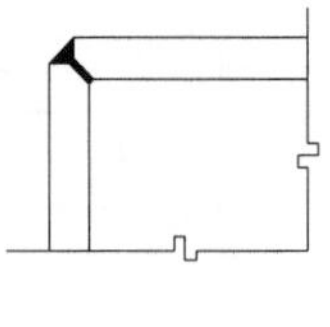

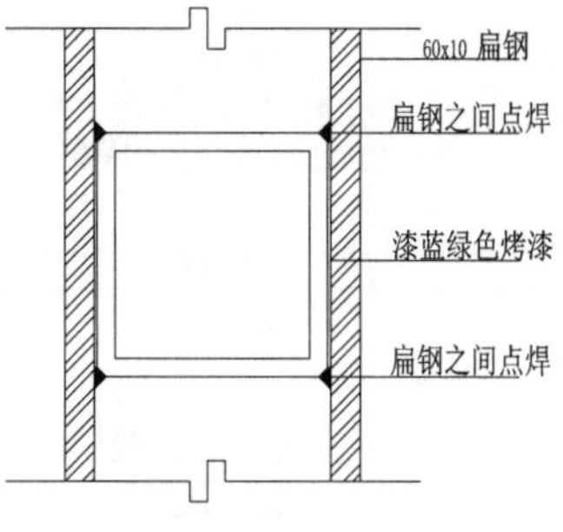

扁钢联接 1:2

围栏围墙056

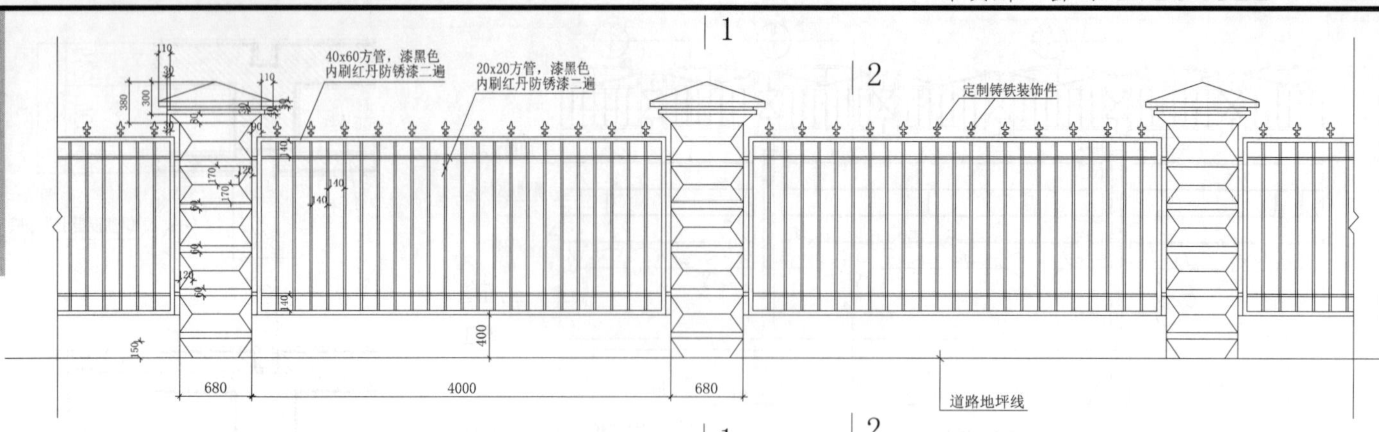
40x60方管，漆黑色
内刷红丹防锈漆二遍
20x20方管，漆黑色
内刷红丹防锈漆二遍
定制铸铁装饰件
道路地坪线
680
4000
680
400
1
2

围墙立面图 1:30

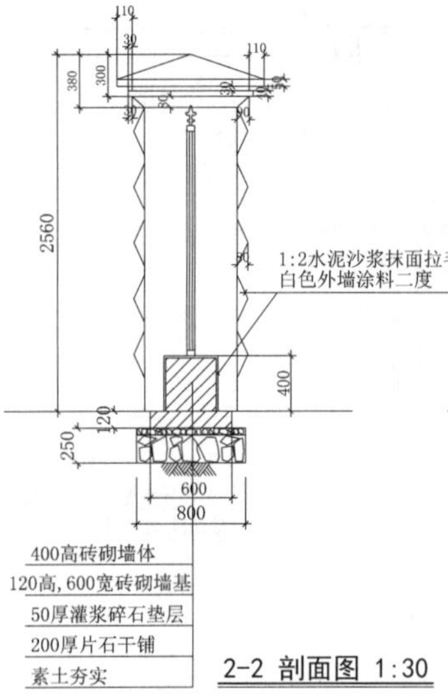
1:2水泥沙浆抹面拉毛，
白色外墙涂料二度
2560
400
600
800
400高砖砌墙体
120高，600宽砖砌墙基
50厚灌浆碎石垫层
200厚片石干铺
素土夯实

2-2 剖面图 1:30

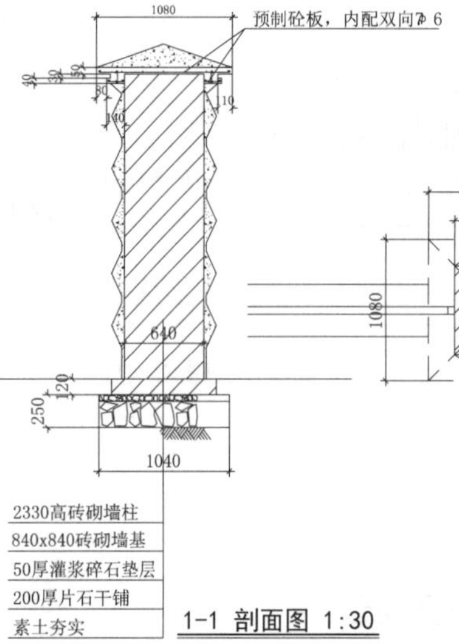
预制砼板，内配双向⌀6
1080
640
1040
2330高砖砌墙柱
840x840砖砌墙基
50厚灌浆碎石垫层
200厚片石干铺
素土夯实

1-1 剖面图 1:30

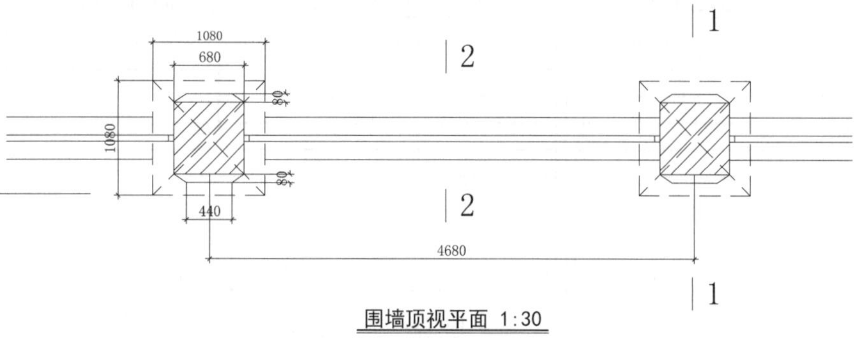

围墙顶视平面 1:30

围栏围墙057

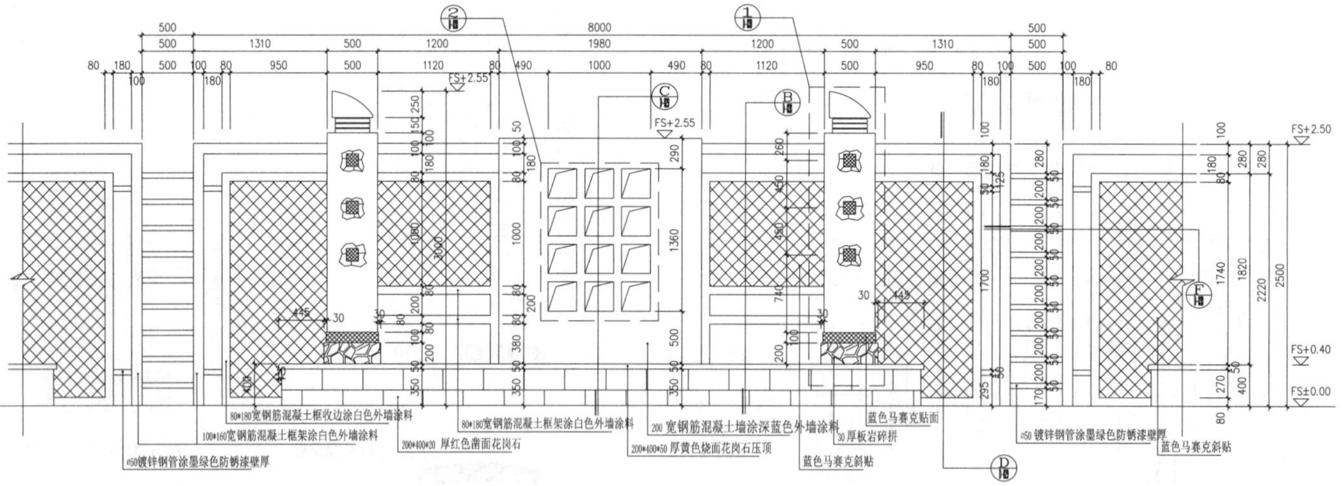
8000
FS+2.55
FS+2.50
FS+0.40
FS±0.00
80*180宽钢筋混凝土框收边涂白色外墙涂料
100*160宽钢筋混凝土框架涂白色外墙涂料
⌀50镀锌钢管涂墨绿色防锈漆壁厚
200*400*20 厚红色蘑面花岗石
80*180宽钢筋混凝土框架涂白色外墙涂料
200 宽钢筋混凝土墙涂深蓝色外墙涂料
200*400*50 厚黄色烧面花岗石压顶
30厚板岩碎拼
蓝色马赛克贴面
蓝色马赛克斜贴
⌀50 镀锌钢管涂墨绿色防锈漆壁厚

幼儿园围墙标准段立面图 1:25

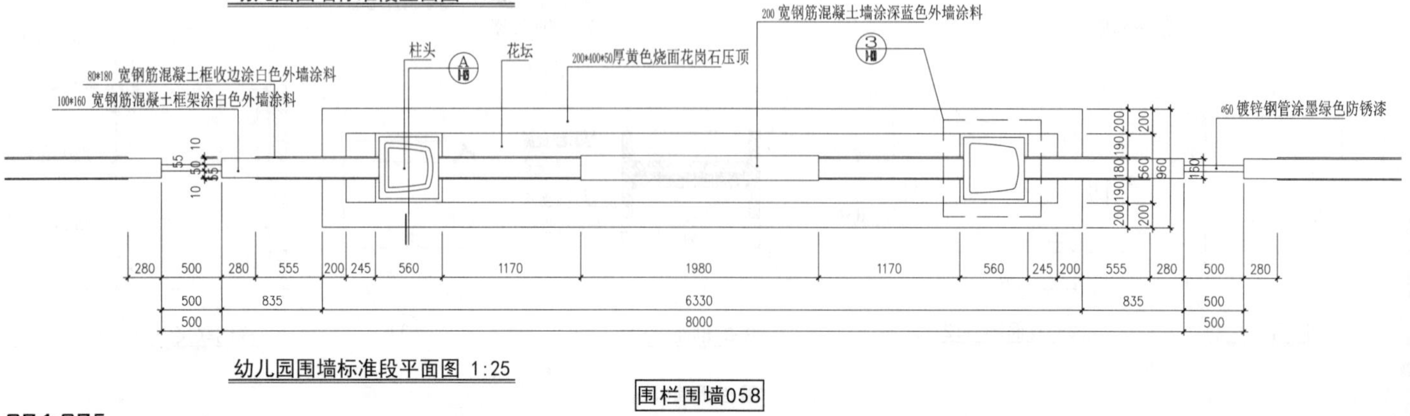
200 宽钢筋混凝土墙涂深蓝色外墙涂料
柱头
花坛
200*400*50厚黄色烧面花岗石压顶
80*180 宽钢筋混凝土框收边涂白色外墙涂料
100*160 宽钢筋混凝土框架涂白色外墙涂料
⌀50 镀锌钢管涂墨绿色防锈漆
280
500
555
1170
1980
560
835
6330
8000

幼儿园围墙标准段平面图 1:25

围栏围墙058

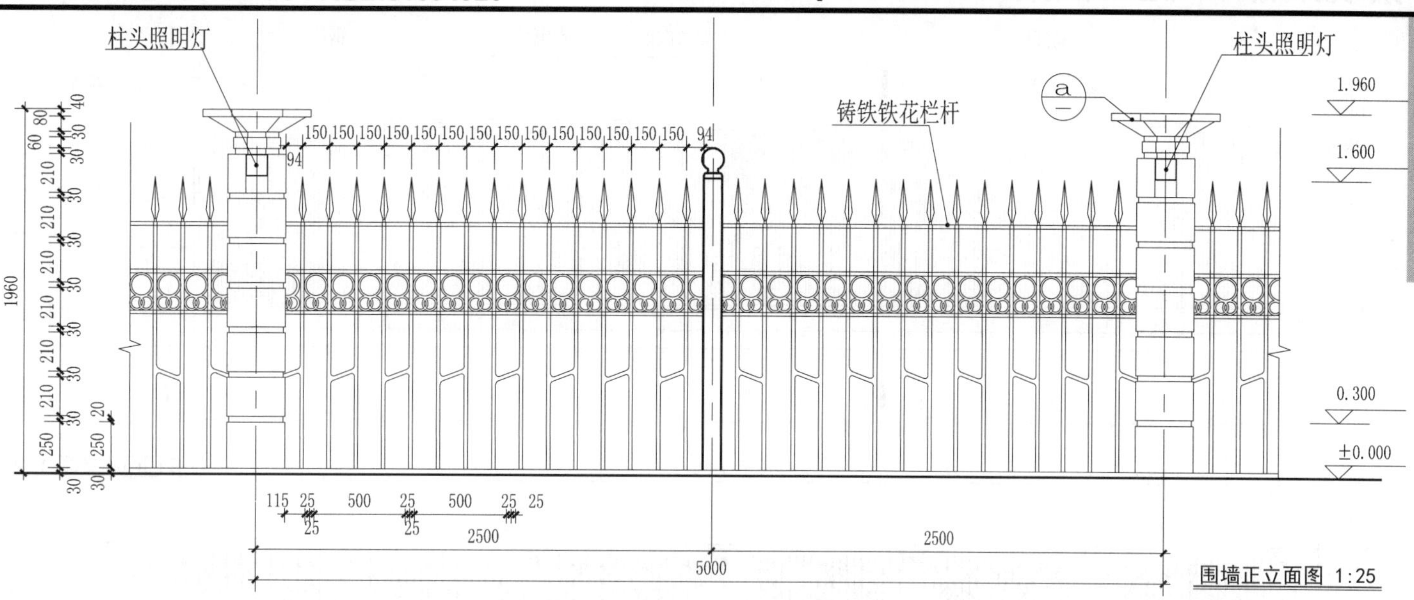

围墙正立面图 1:25

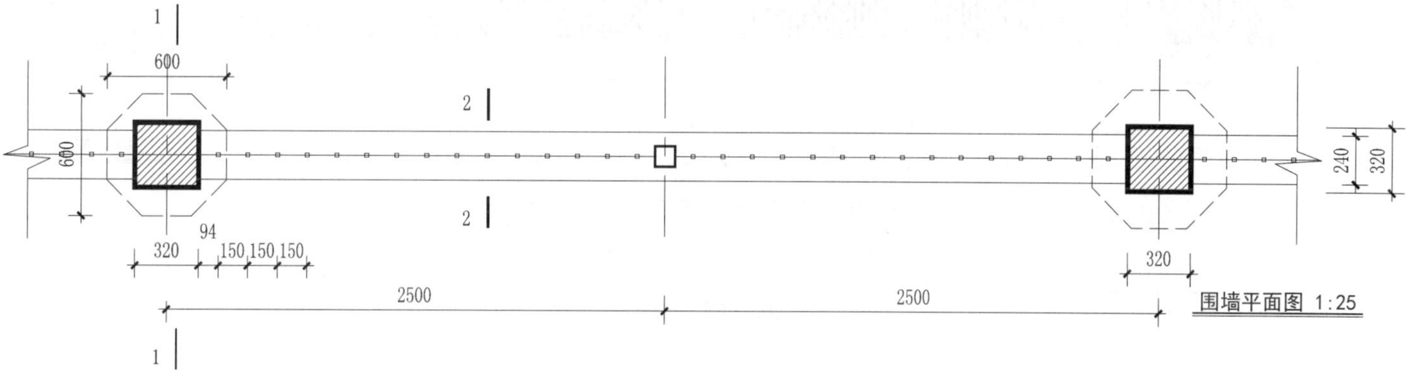

围墙平面图 1:25

围栏围墙059

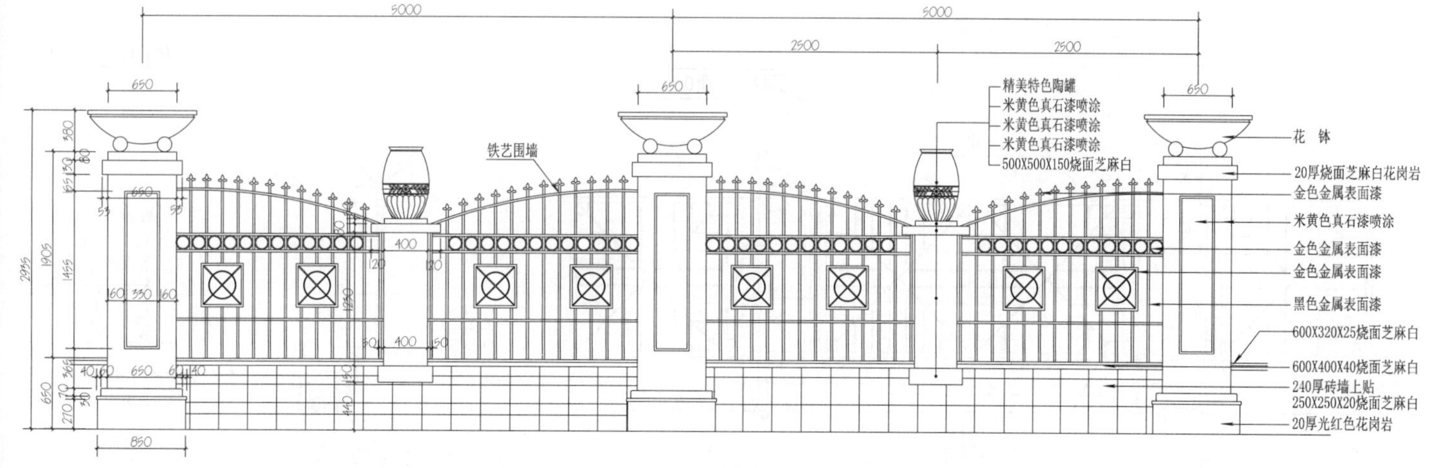
铁艺围墙
精美特色陶罐
米黄色真石漆喷涂
米黄色真石漆喷涂
米黄色真石漆喷涂
500X500X150烧面芝麻白
花 钵
20厚烧面芝麻白花岗岩
金色金属表面漆
米黄色真石漆喷涂
金色金属表面漆
金色金属表面漆
黑色金属表面漆
600X320X25烧面芝麻白
600X400X40烧面芝麻白
240厚砖墙上贴
250X250X20烧面芝麻白
20厚光红色花岗岩

围墙立面图 1:30

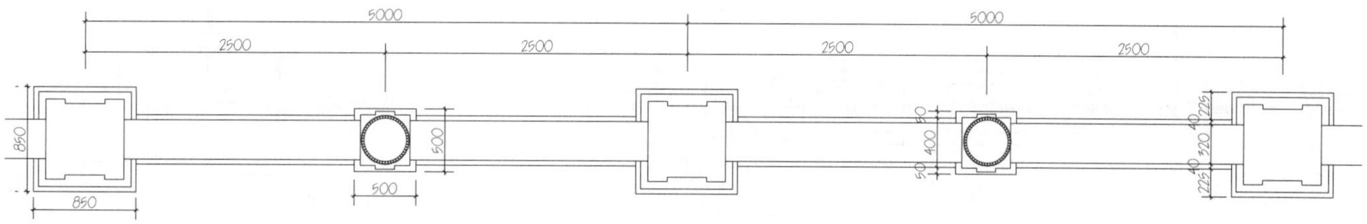

围墙平面图 1:30

围栏围墙060

围栏围墙

灯(与灯厂厂家商定)　青铜铸图案　青铜铸门　钢柱

1390　200　3030　3030　200　1390

9240

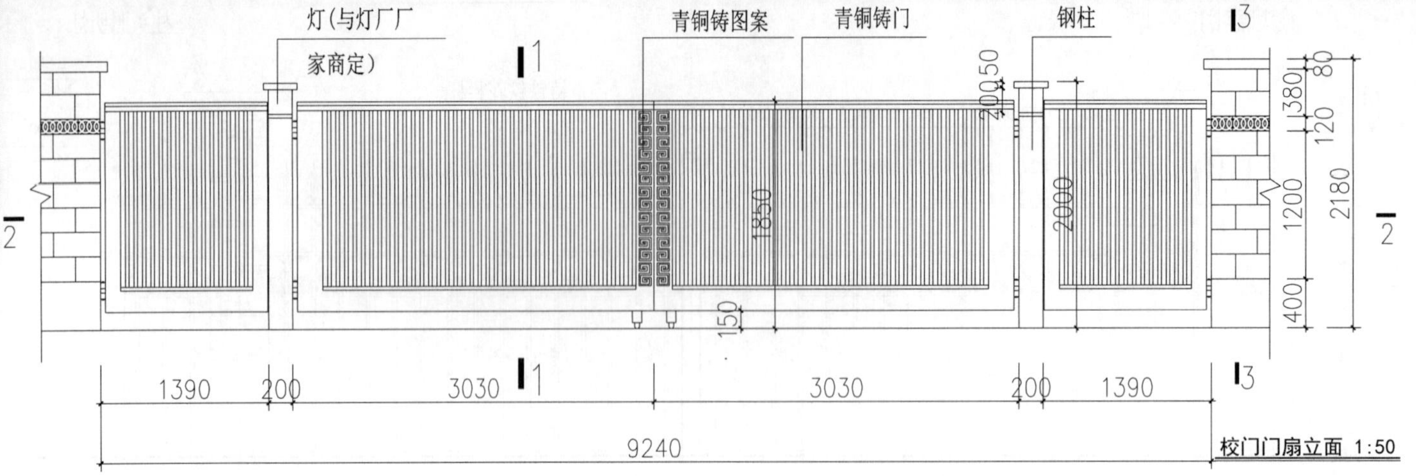

校门门扇立面 1:50

围墙立面 1:50

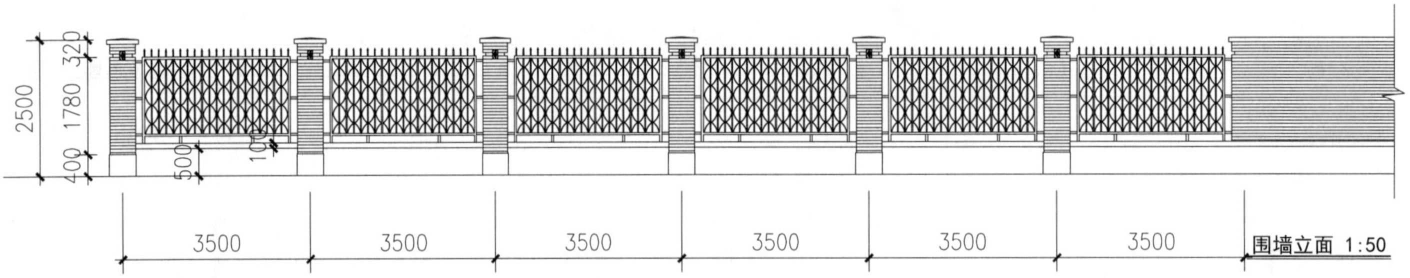

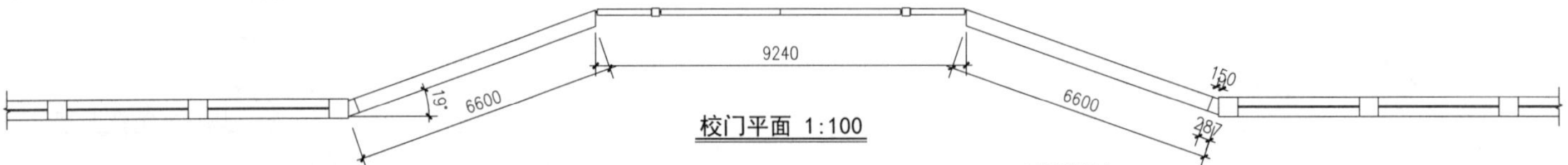

3500　3500　3500　3500　3500　3500

9240

6600　6600

校门平面 1:100

灯柱　石刻装饰图案　铸铁栏杆

石砌　展开长度

校门立面 1:100

3500　3500　250　6600　1390 200 3030 3030 200 1390　6600　250　3500　3500

围栏围墙061

R=150　50×50×4 钢管　-40×4

50×50×4 钢管

立面图 1:20

2φ12　2φ12　C20

1-1 剖面

B

2φ6钢筋 中距150

3φ6

C20　预埋φ30钢管外露30

平面图 1:20

300　120　250　250

250　300　2350　300　250

3450

围栏围墙062

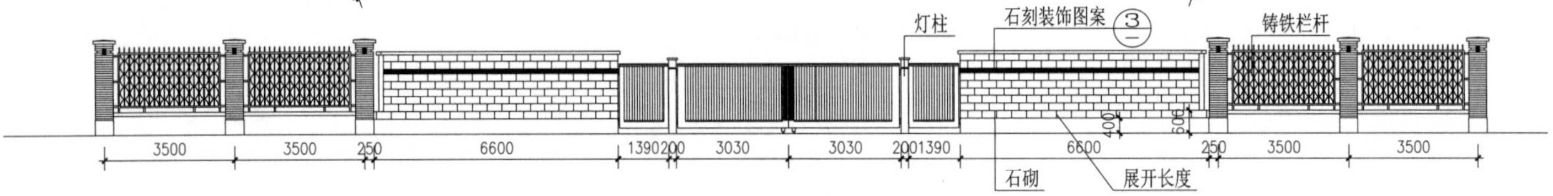

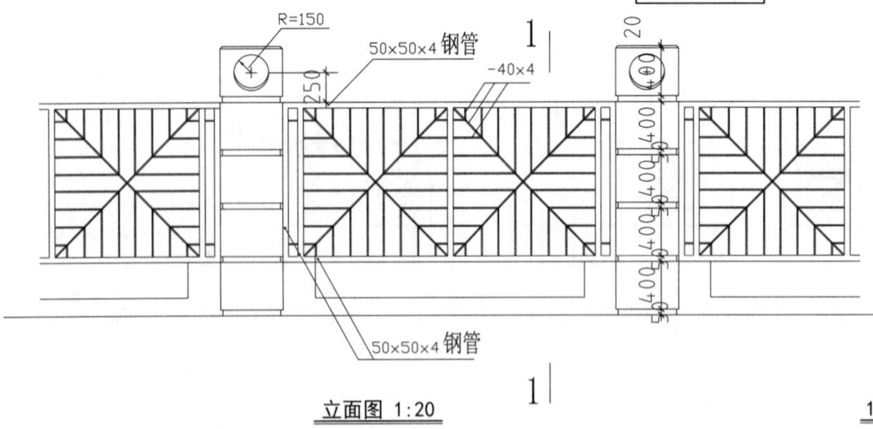

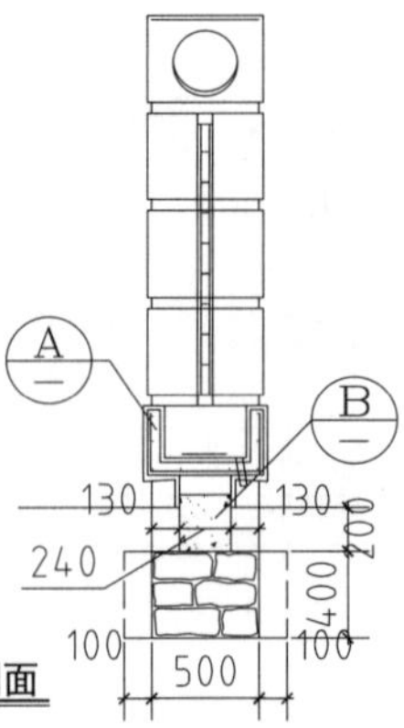

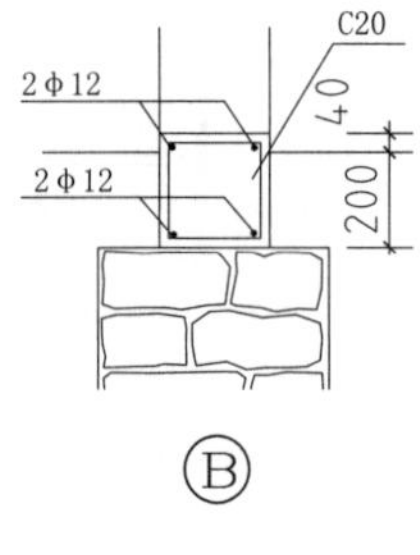

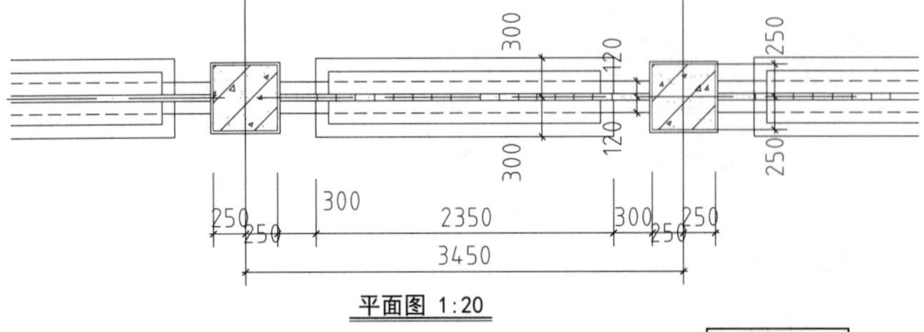

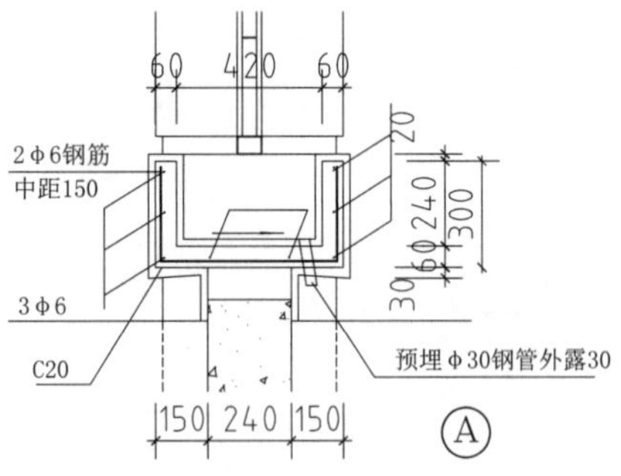

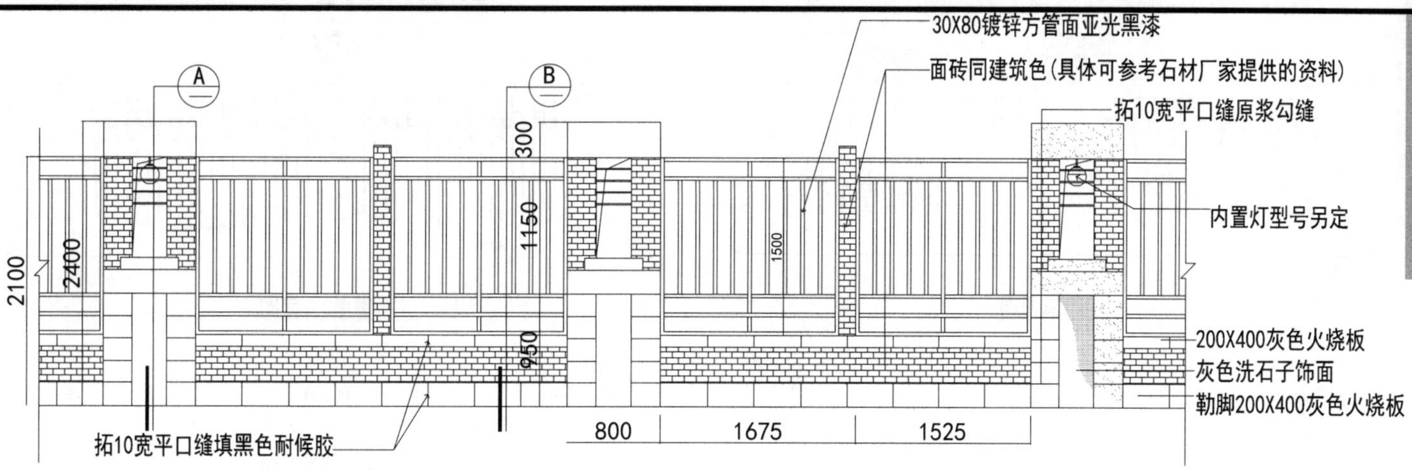
30X80镀锌方管面亚光黑漆
面砖同建筑色(具体可参考石材厂家提供的资料)
拓10宽平口缝原浆勾缝
内置灯型号另定
200X400灰色火烧板
灰色洗石子饰面
勒脚200X400灰色火烧板
拓10宽平口缝填黑色耐候胶
A
B
2100
2400
300
1150
950
1500
800
1675
1525

围墙局部立面图 1:30

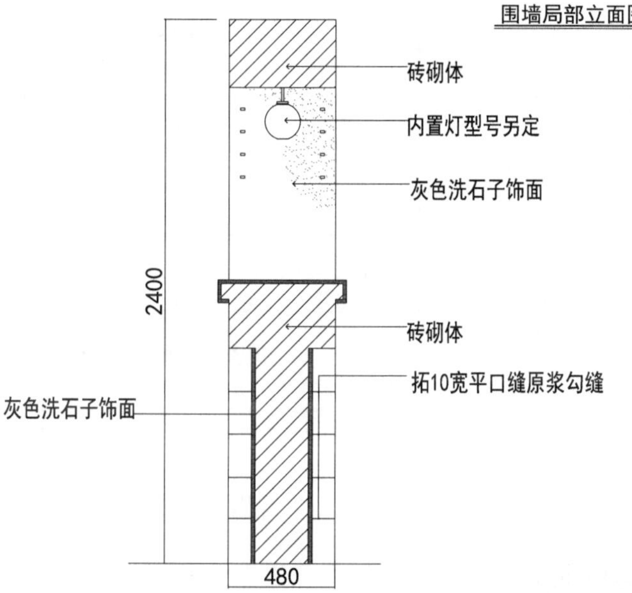
砖砌体
内置灯型号另定
灰色洗石子饰面
砖砌体
拓10宽平口缝原浆勾缝
灰色洗石子饰面
2400
480

A 剖面图 1:15

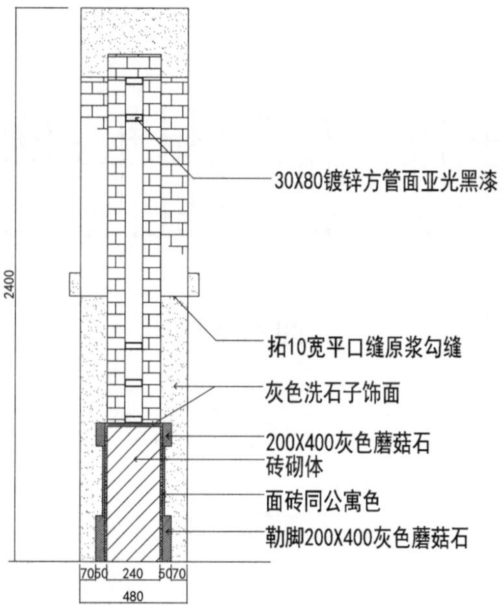
30X80镀锌方管面亚光黑漆
拓10宽平口缝原浆勾缝
灰色洗石子饰面
200X400灰色蘑菇石
砖砌体
面砖同公寓色
勒脚200X400灰色蘑菇石
2400
70 50 240 50 70
480

B 剖面图 1:15

围栏围墙063

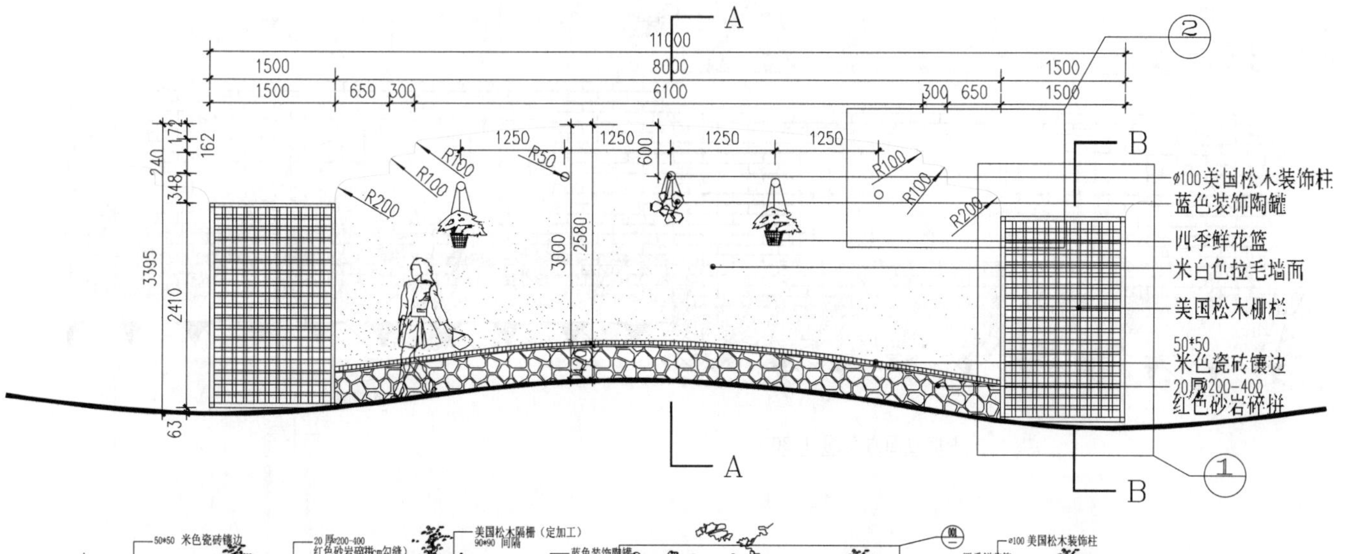
A
B
11000
1500
8000
1500
1500
650
300
6100
300
650
1500
1250
1250
600
1250
1250
R100
R50
R100
R200
R100
R100
R200
240
172
162
348
3395
2410
3000
2580
63
ø100美国松木装饰柱
蓝色装饰陶罐
四季鲜花篮
米白色拉毛墙面
美国松木栅栏
50*50
米色瓷砖镶边
20厚200-400
红色砂岩碎拼

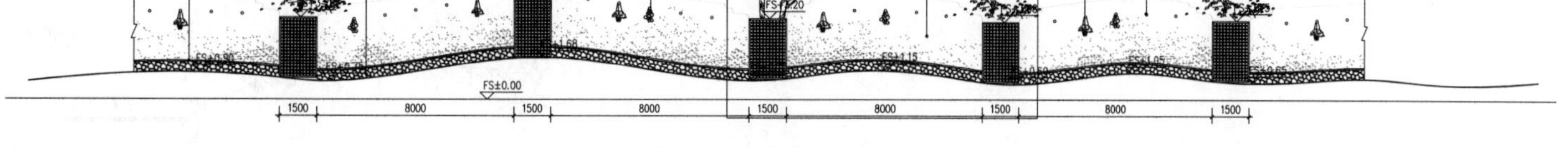
50*50 米色瓷砖镶边
20厚200-400
红色砂岩碎拼
美国松木隔栅（定加工）
90*90 间隔
蓝色装饰陶罐
米白色拉毛处理
ø100 美国松木装饰柱
四季鲜花篮
FS+4.12
FS+4.25
FS+4.15
FS+4.05
FS±0.00
1500
8000
1500
8000
1500
8000
1500
8000
1500

围栏围墙064

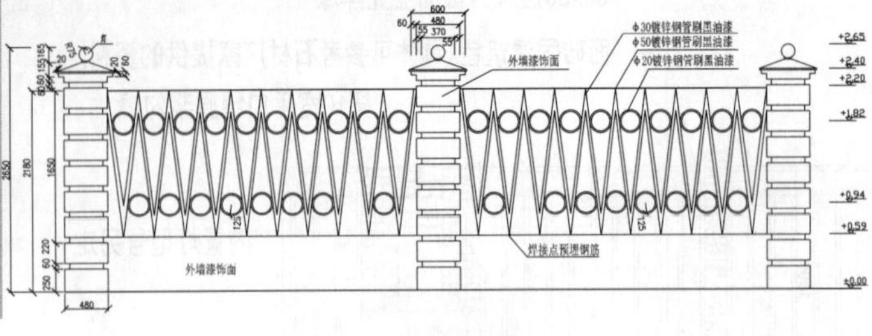

围墙1立面图

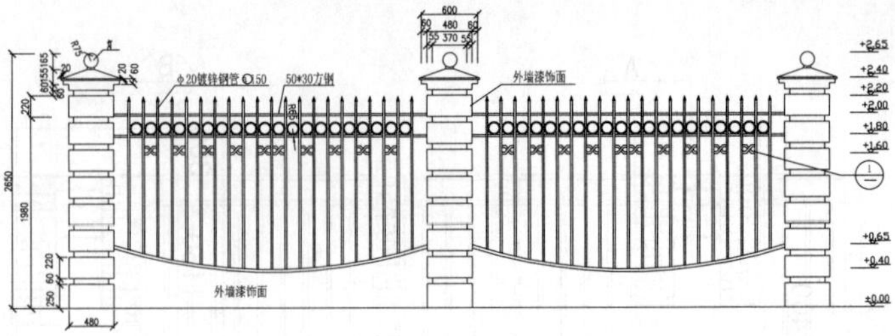

围墙3立面图

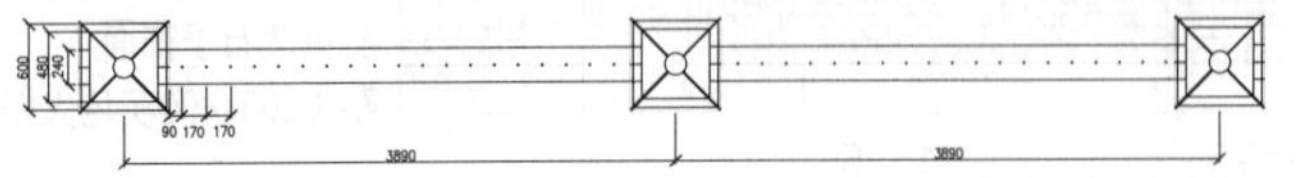

围墙1平面图

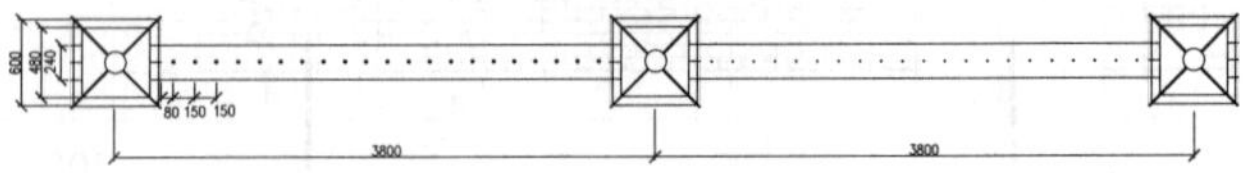

围墙3平面图

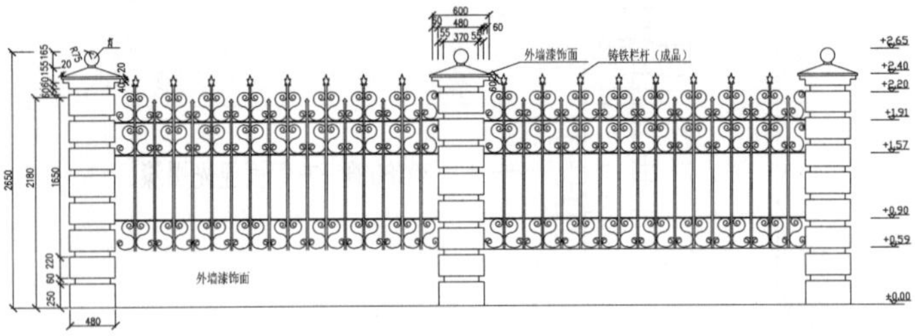

围墙2立面图

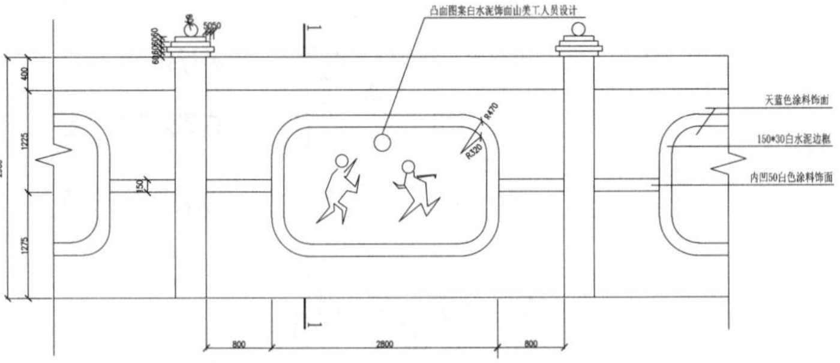

围墙4立面图

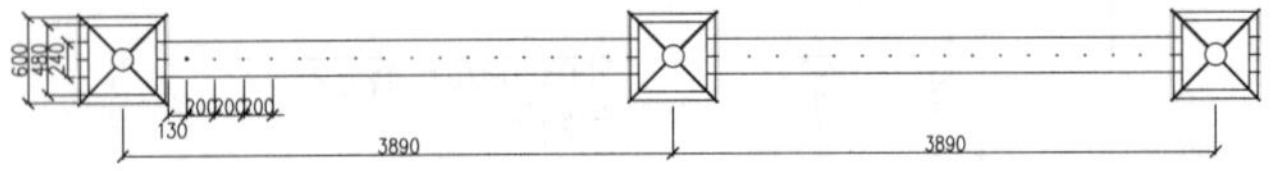

围墙2平面图

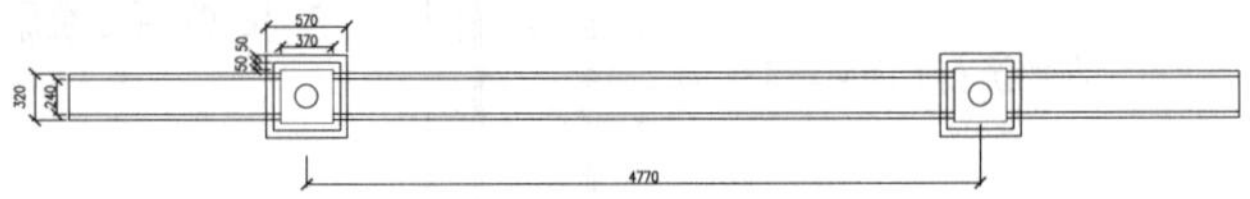

围墙4平面图

围栏围墙065

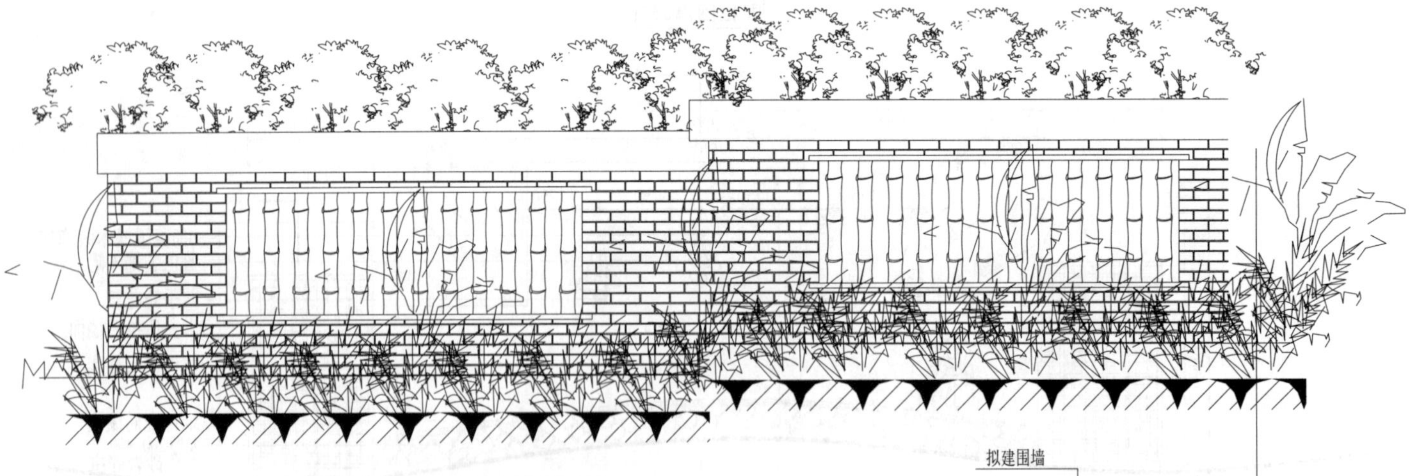

围墙立面方案图 1:30

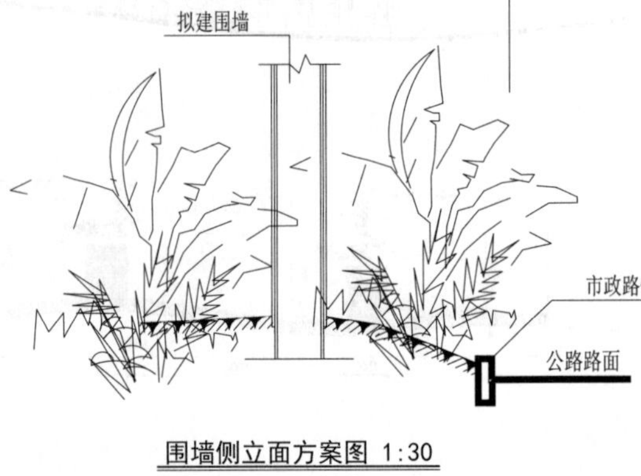

围栏围墙066

围墙侧立面方案图 1:30

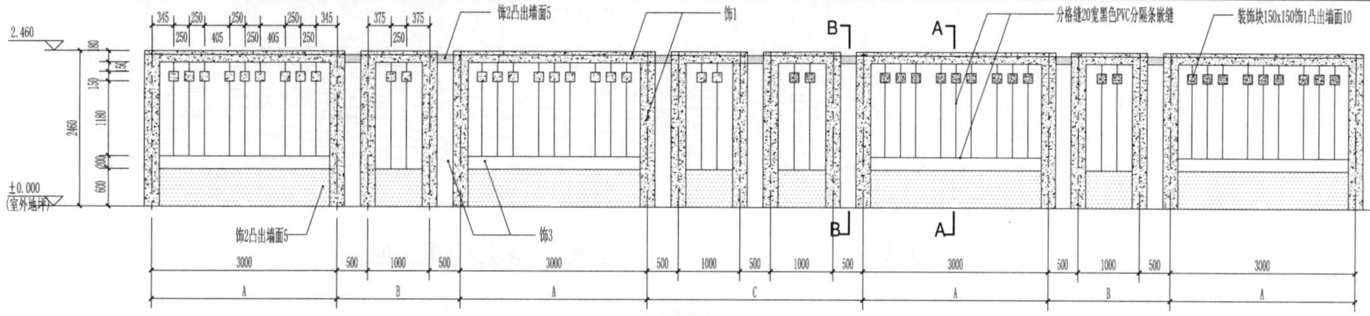

围墙立面图

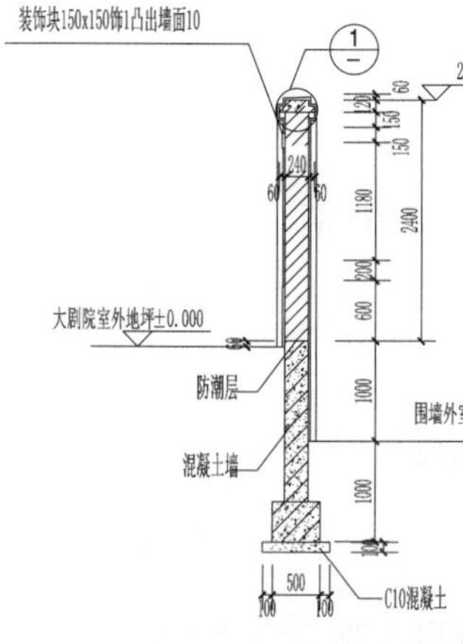

A-A 剖面

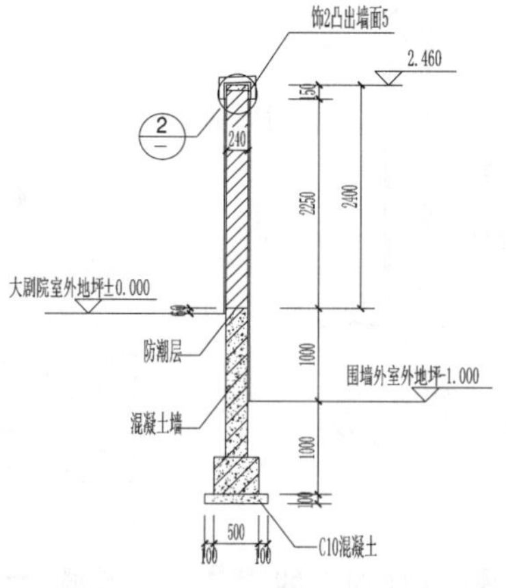

B-B 剖面

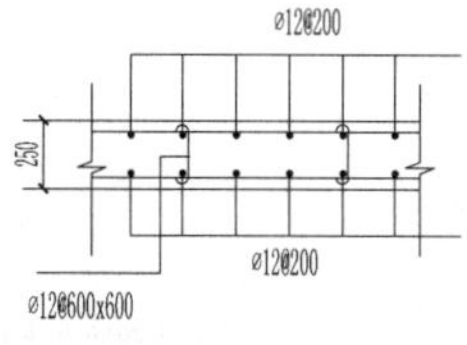

混凝土墙配筋

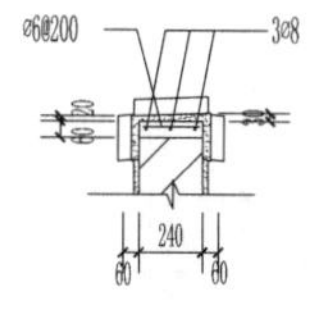

②

饰1　深褐色仿石涂料
饰2　灰色外墙涂料
饰3　浅米黄色外墙涂料

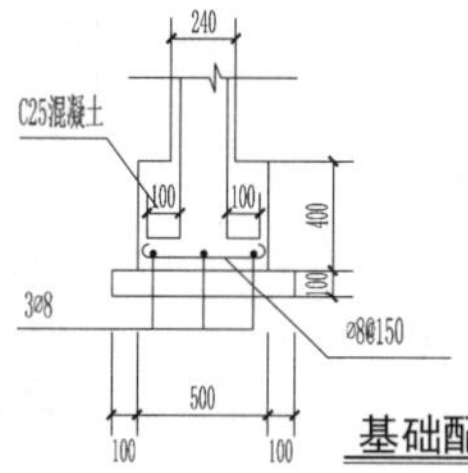

基础配筋

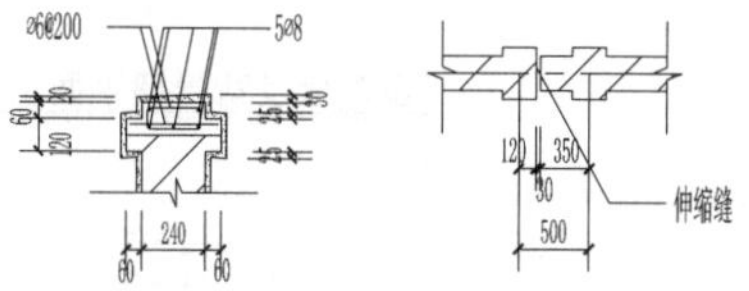

①

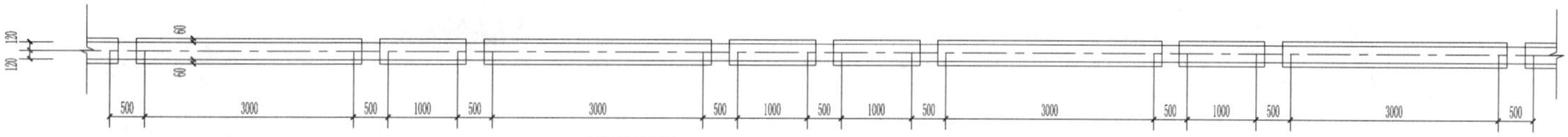

围墙顶面

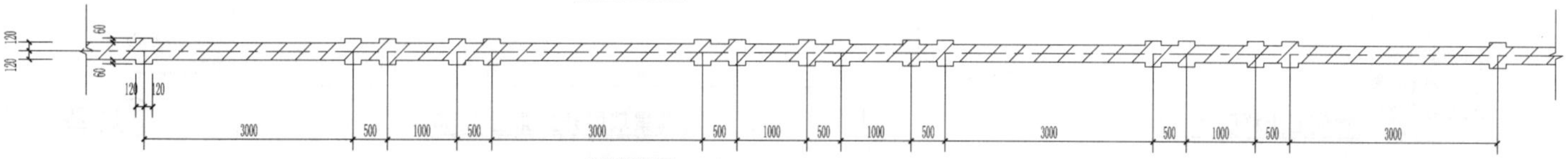

围墙底面

围栏围墙067

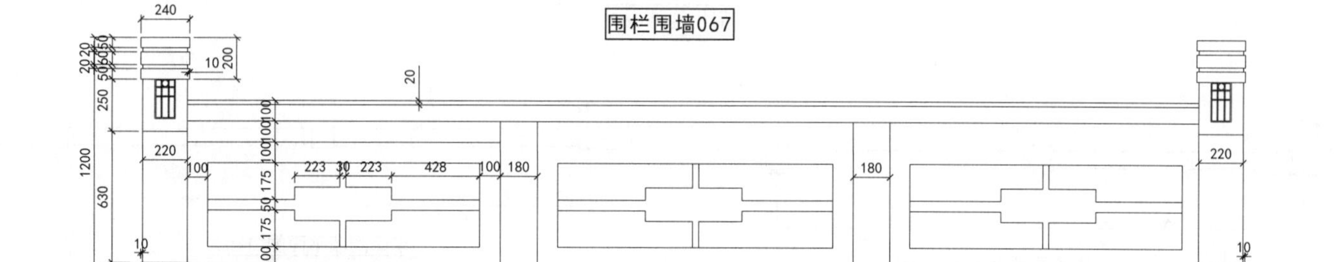

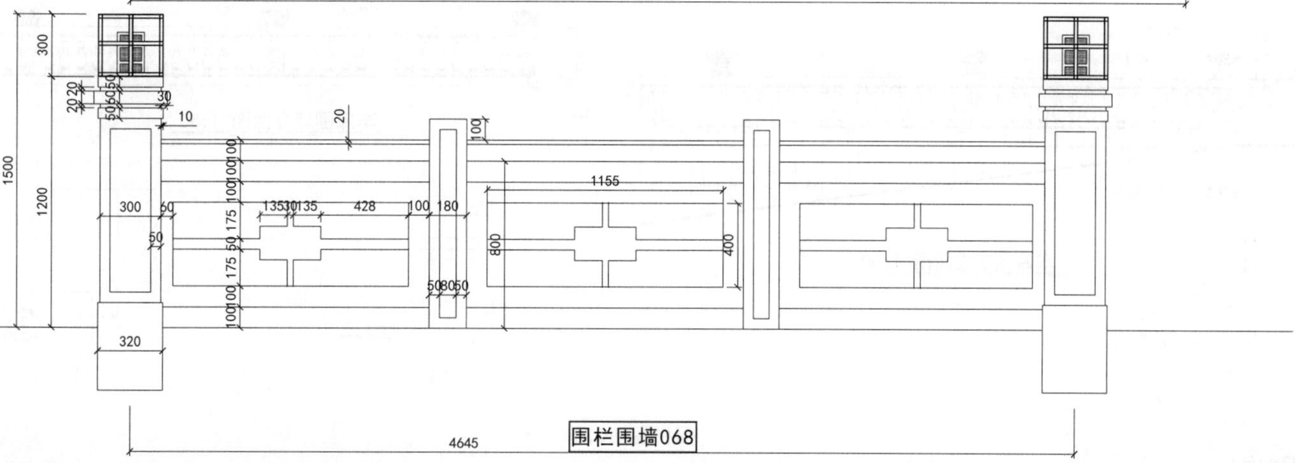

围栏围墙068

油光石碎拼贴面

围墙（一）展开立面图 1:50

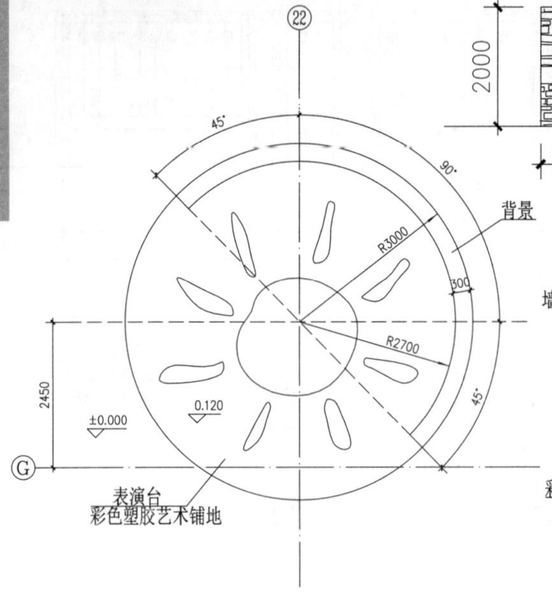

表演台及背景墙平面图 1:50

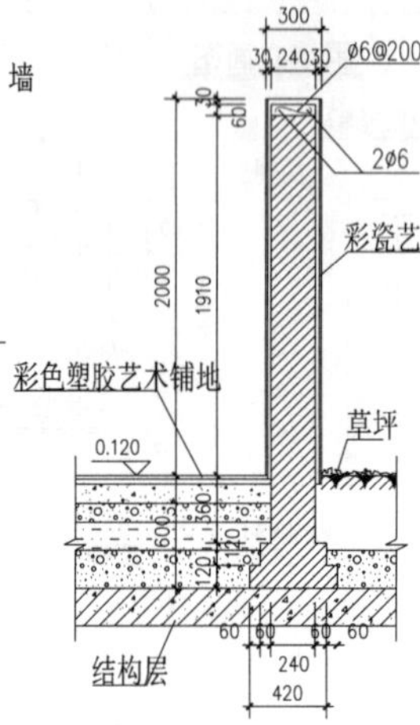

背景

墙

表演台
彩色塑胶艺术铺地

彩瓷艺术拼图贴面

彩色塑胶艺术铺地

草坪

结构层

背景墙1-1剖面图 1:50

油光石碎拼贴面

油光石碎拼贴面

鱼米石铺地

结构层

围墙（一）2-2剖面图 1:25

生态休闲石

鱼米石面层
30厚1:2水泥砂浆找平层
100厚C15细石混凝土
100厚级配3:7砂石
种植土垫层
200厚天然砂夹石层
结构层

休闲石大样图 1:20

彩瓷艺术拼图墙面
图案另定

背景墙展开立面图 1:50

塑胶面层
10厚软糙层（水泥沙浆）
30厚1:2水泥砂浆找平层
100厚C15细石混凝土
100厚级配3:7砂石
种植土垫层
200厚天然砂夹石层
结构层

① 1:20

围栏围墙069

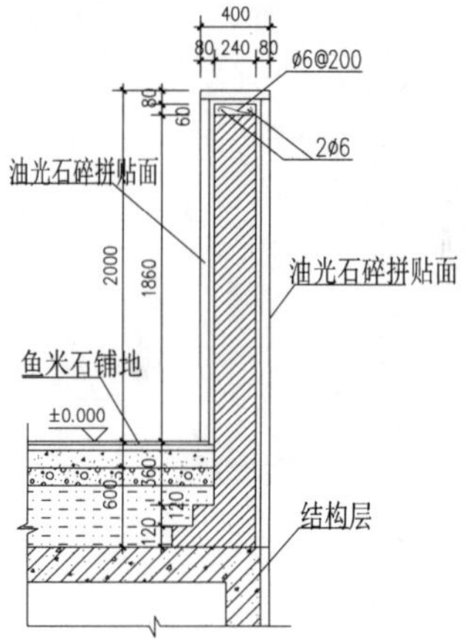

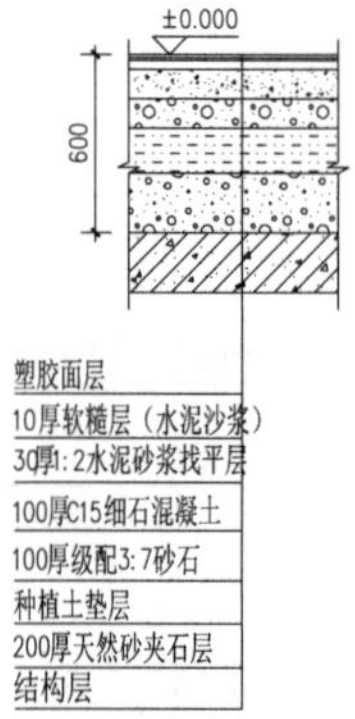

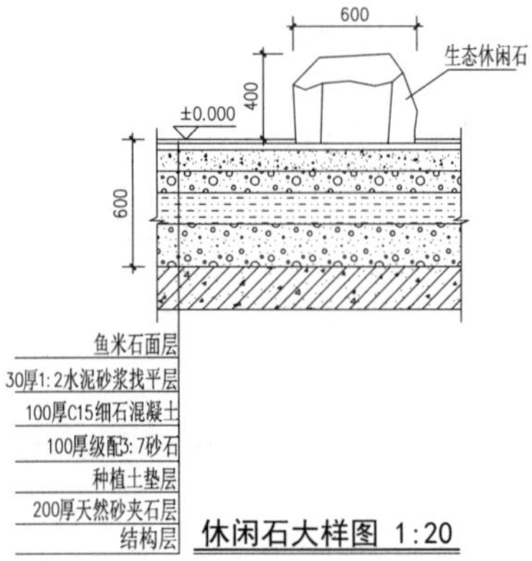

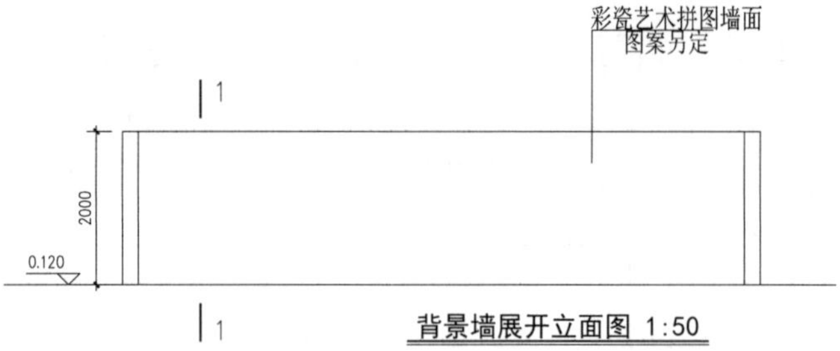

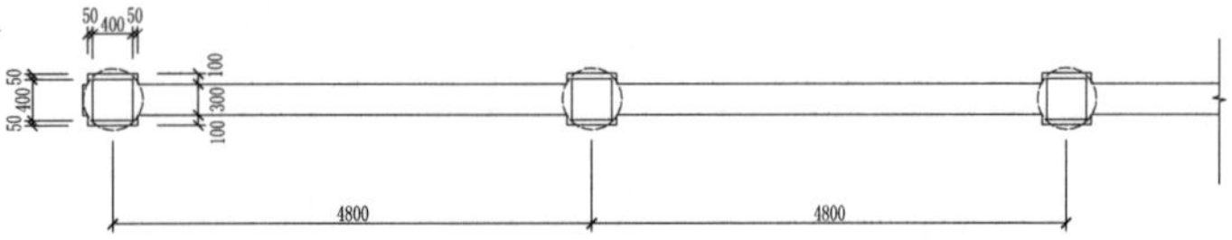

车库围墙平面图 1:50

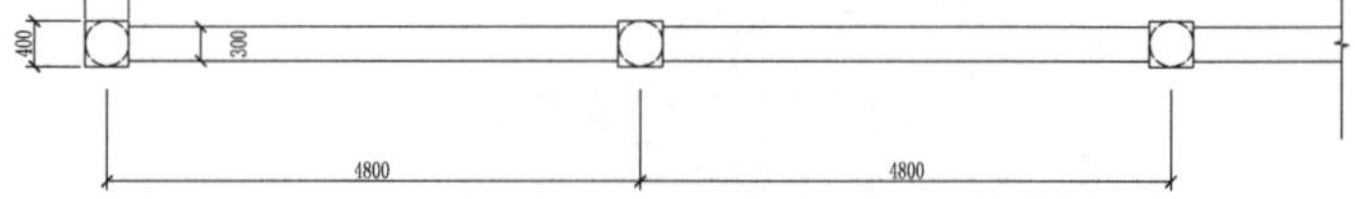

车库围墙平面图 1:50

成品花钵
预制栏杆柱

说明：整个栏杆喷白色涂料

车库围墙立面图 1:50

①

预制栏杆柱
喷白色涂料
外墙砖饰面

车库围墙立面图 1:50

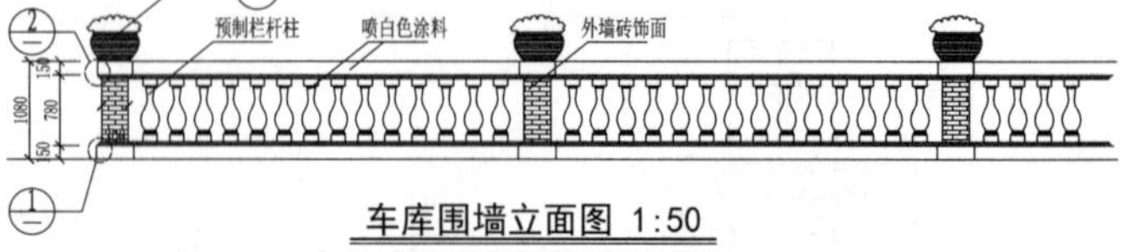

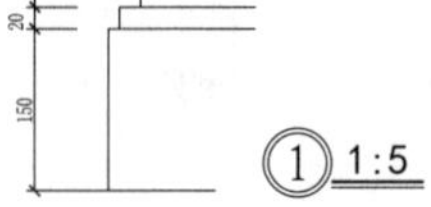

① 1:5

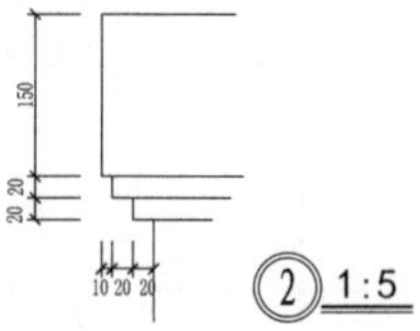

② 1:5

围栏围墙070

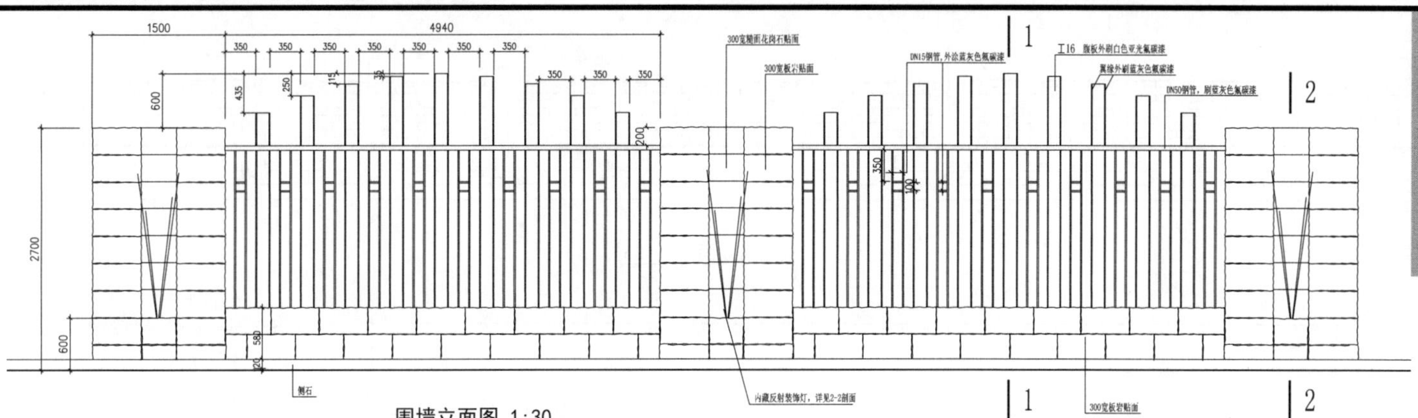

围墙立面图 1:30

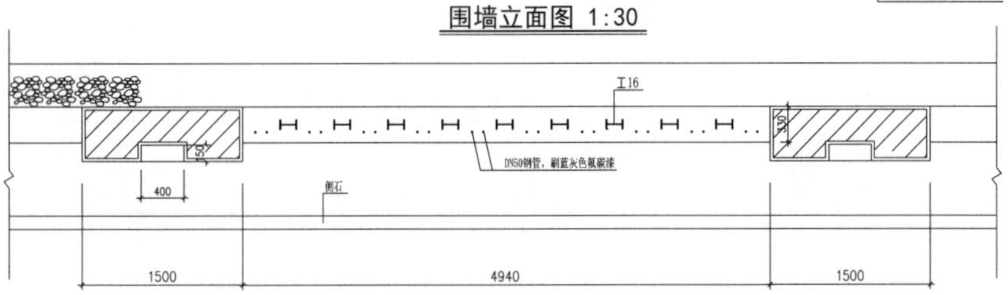

围墙平面图 1:30

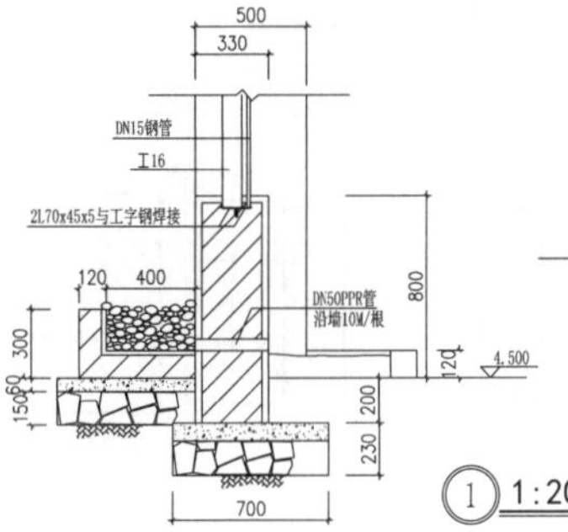

1 1:20

注：1. 所有钢构件均经除锈处理后涂刷氟碳漆，颜色由设计人提供色卡定。
2. 钢构件之间采用电焊连结。

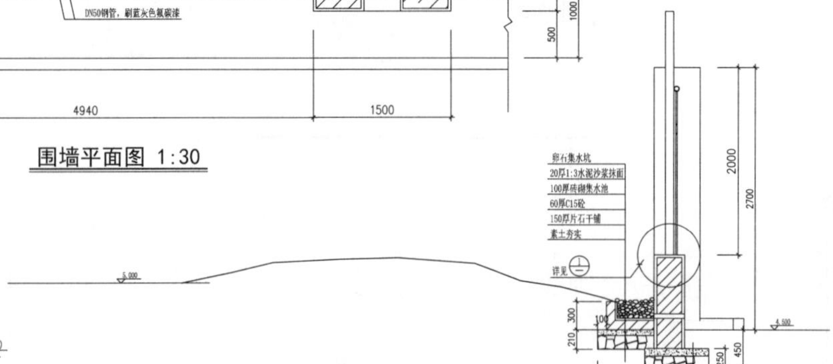

1-1 剖面图 1:30

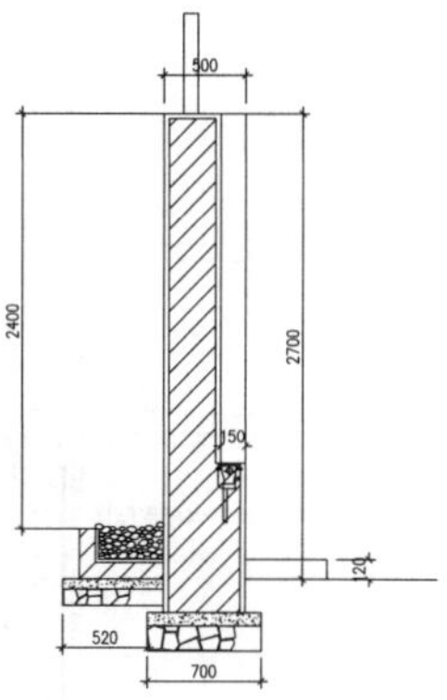

2-2 剖面图 1:30

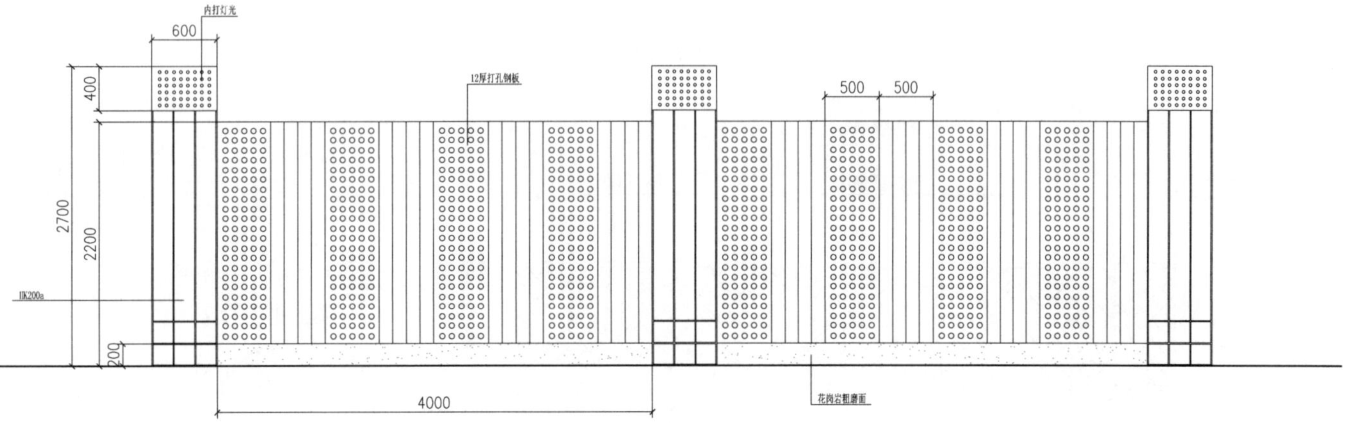

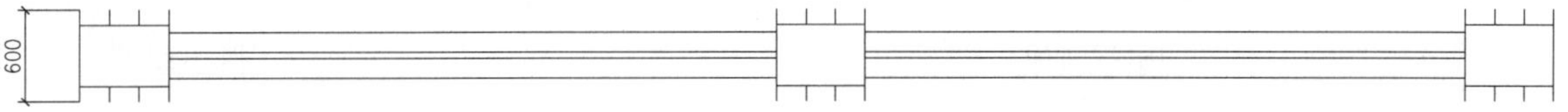

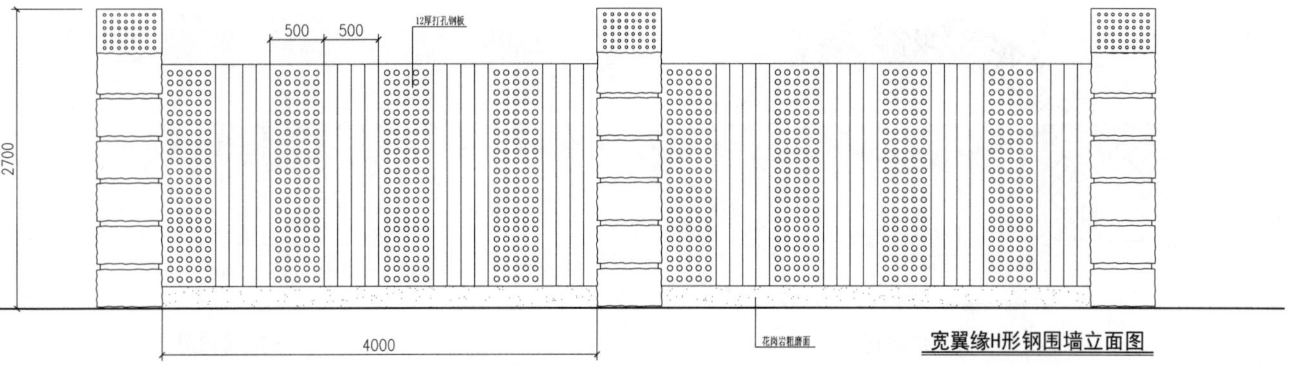

宽翼缘H形钢围墙立面图

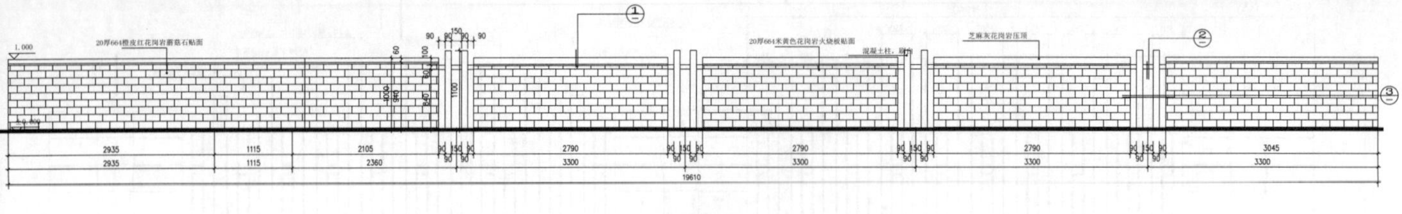

矮墙南立面图 1:25

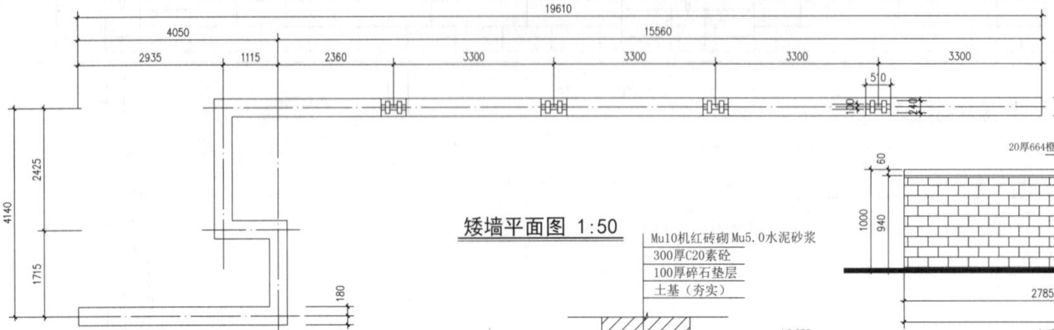

矮墙平面图 1:50

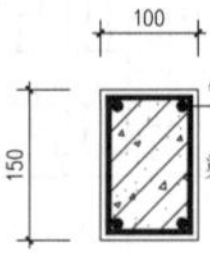

② 1:5

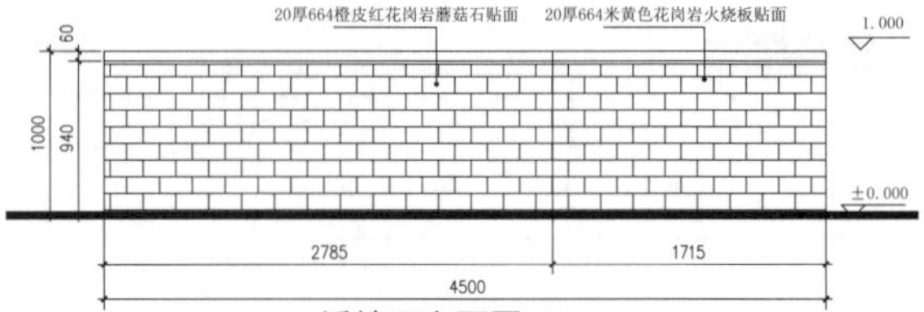

矮墙西立面图 1:25

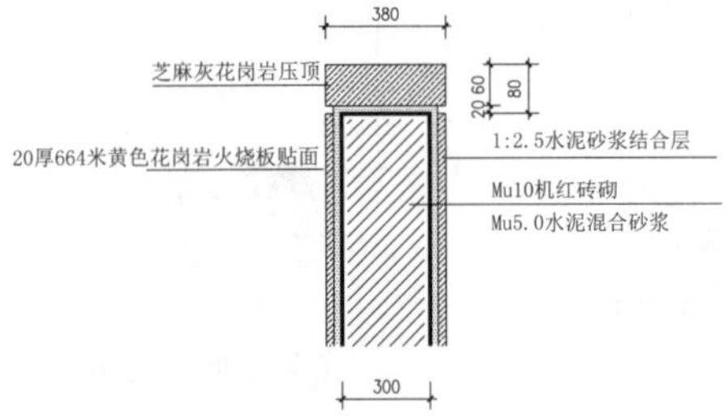

① 1:10

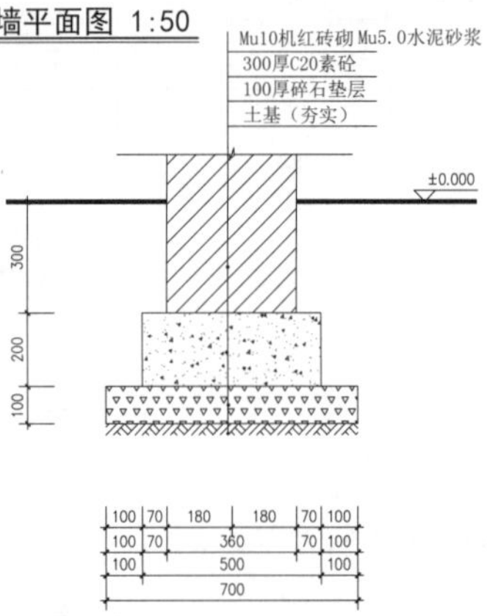

矮墙基础 1:10

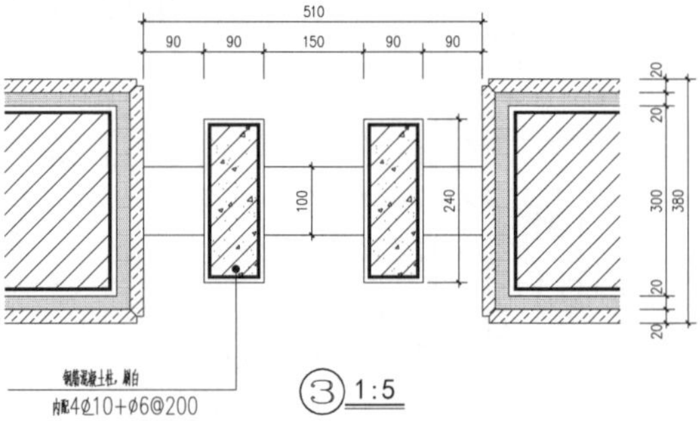

③ 1:5

围栏围墙072

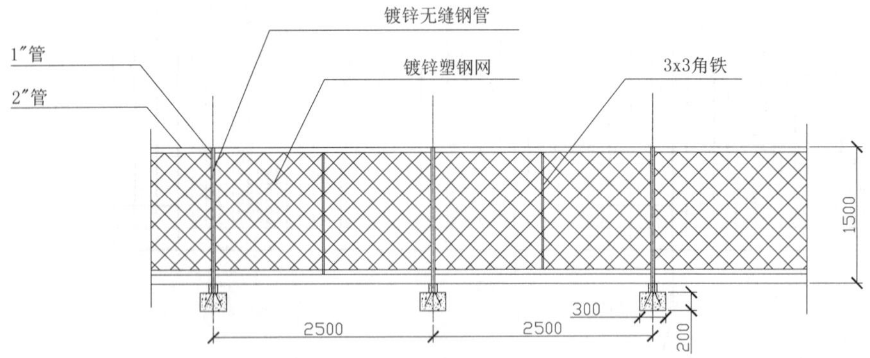

围栏立面图

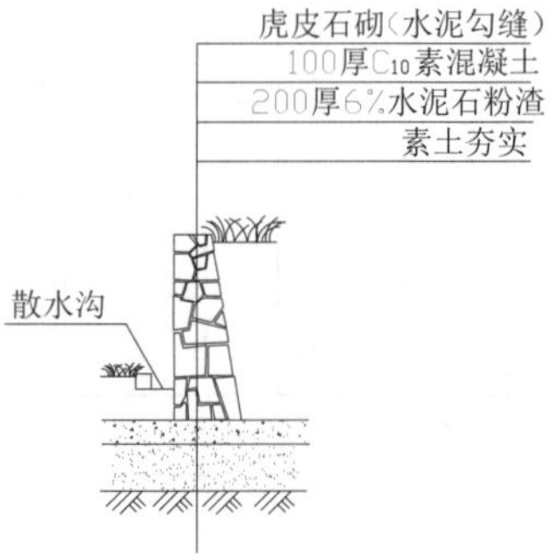

挡土墙大样

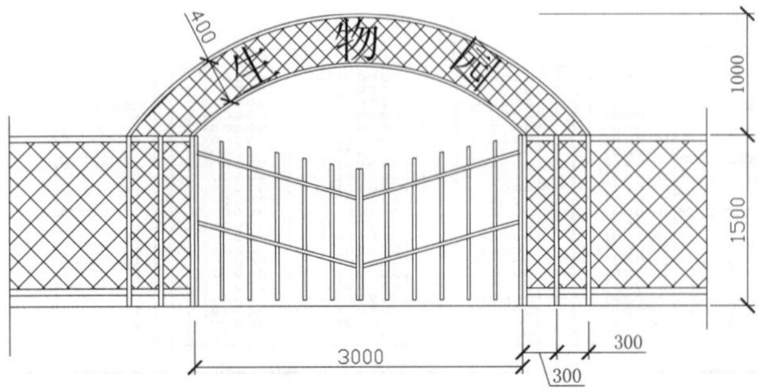

正门立面图

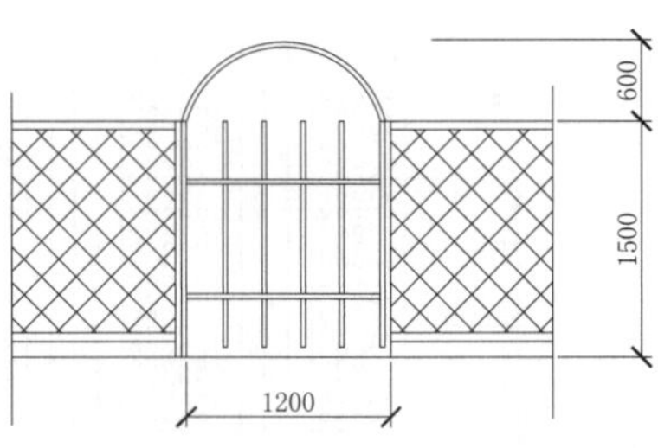

后门立面图

围栏围墙073

围墙立面 1:50

围墙平面 1:50

1-1 剖面 1:20　　2-2 剖面 1:20　　3-3 剖面 1:20　　4-4 剖面 1:20　　5-5 剖面 1:20　　6-6 剖面 1:20

围栏围墙074

灯箱

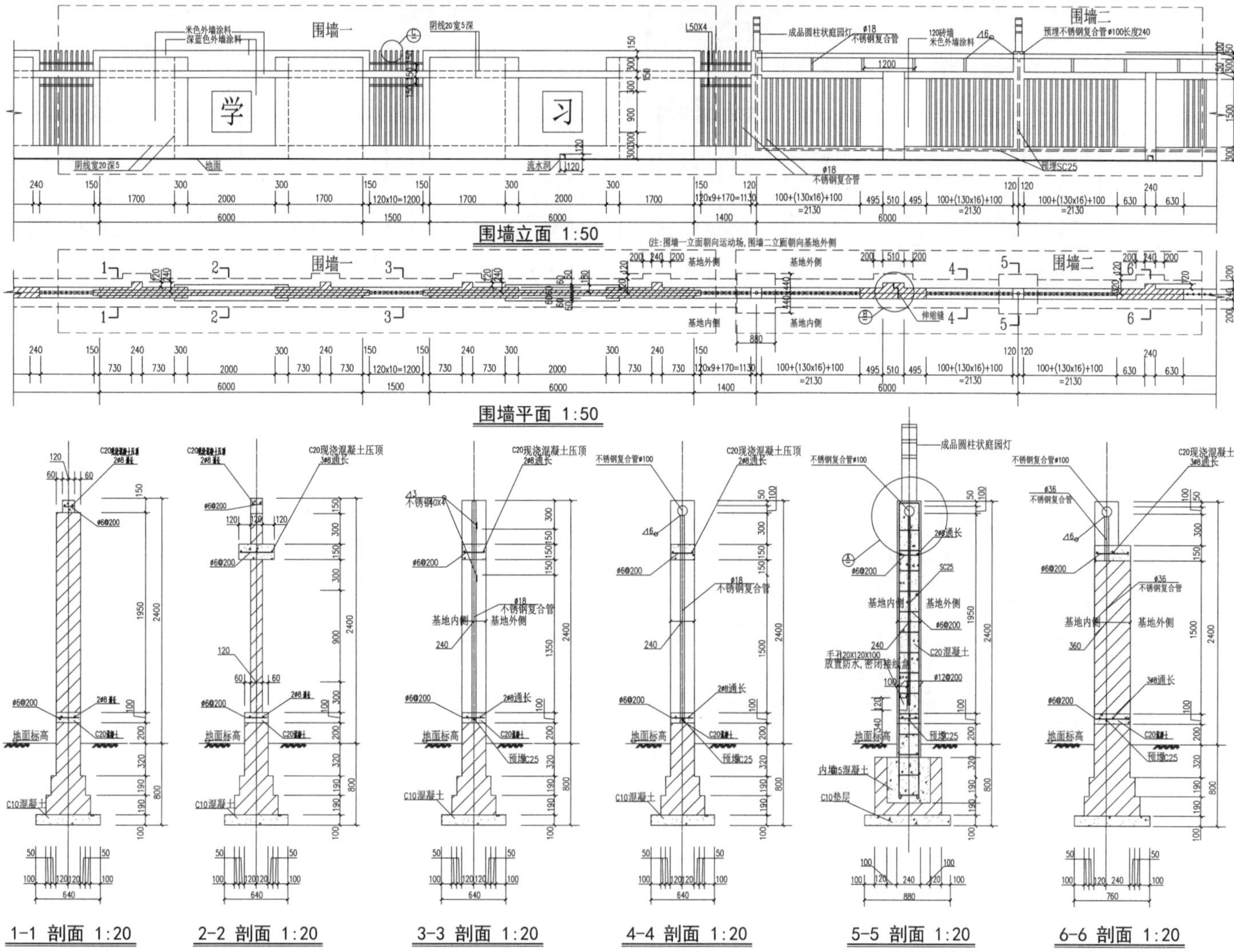

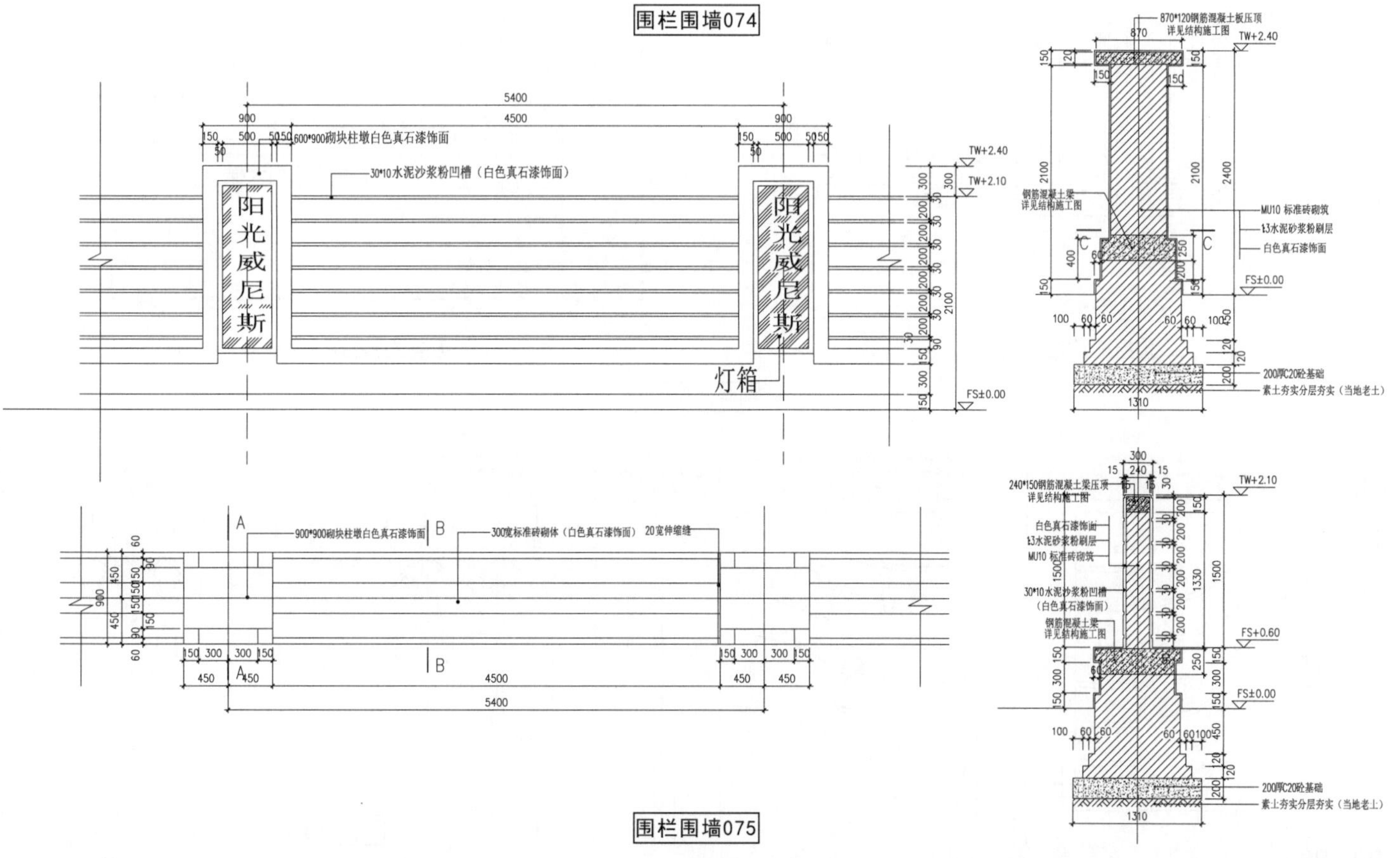

围栏围墙075

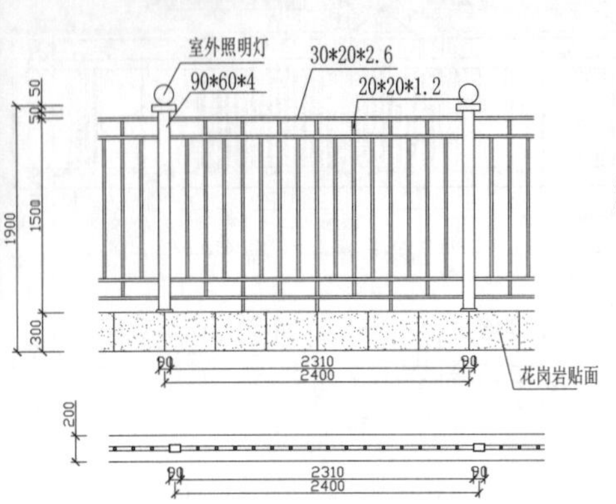

围墙方案（一）

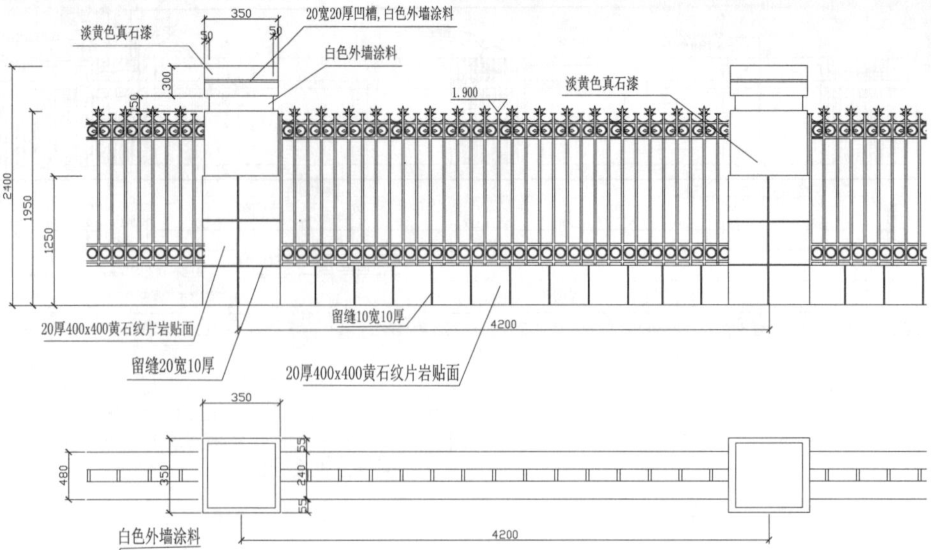

围墙方案（二）

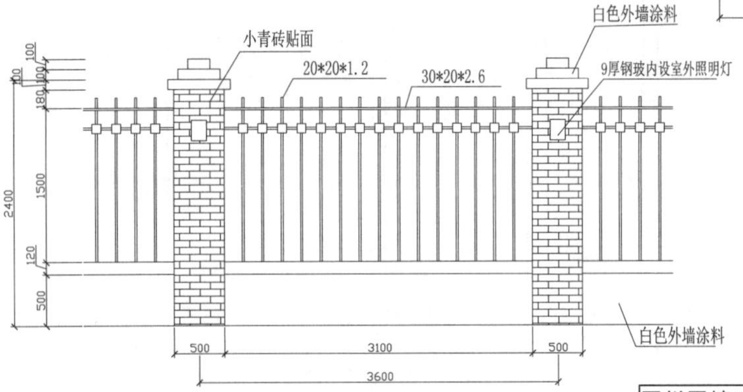

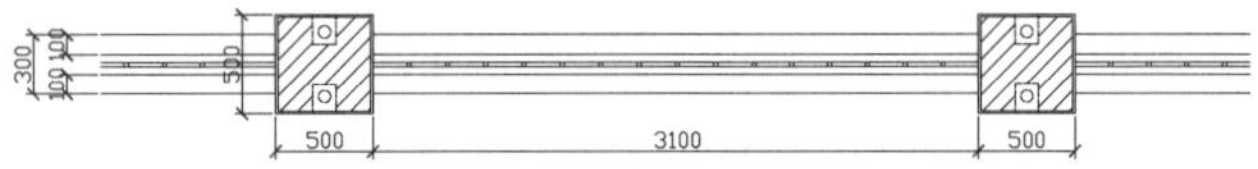

围墙方案（三）

围栏围墙076

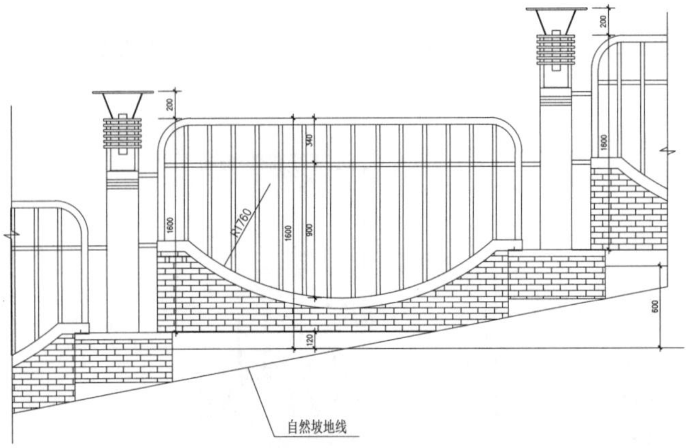

围墙顺坡大样 1:20

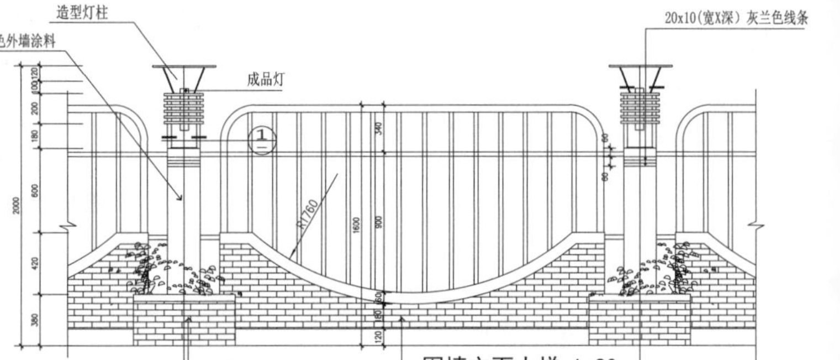

围墙立面大样 1:20

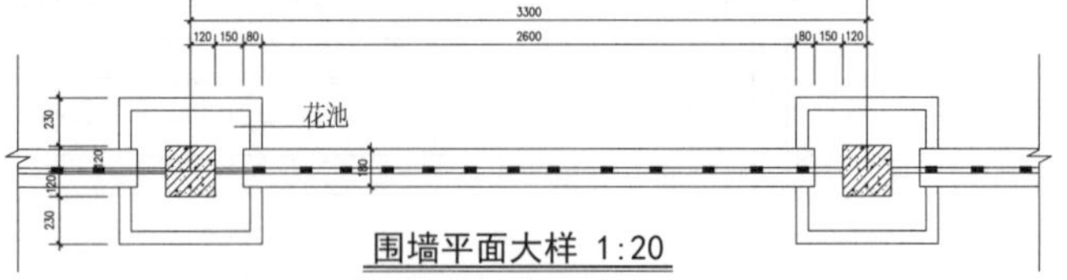

围墙平面大样 1:20

围栏围墙077

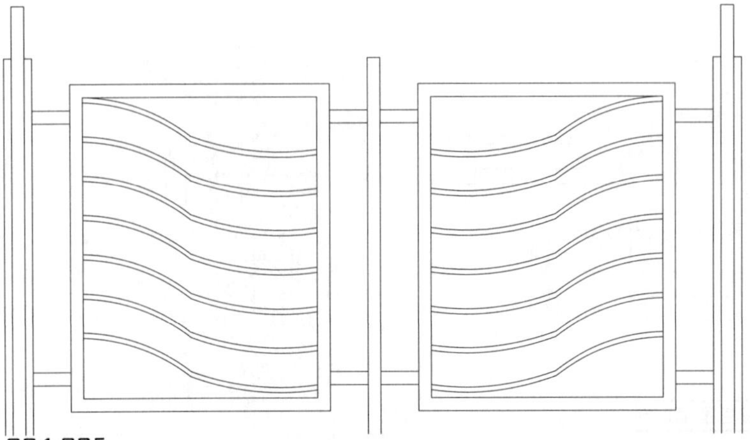

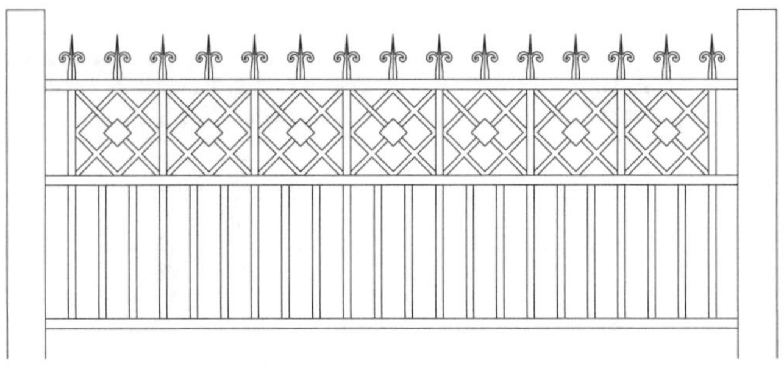

围栏围墙078

方钢60X30X1300 方钢100X60X1200
淡红色花岗岩（光面）400X400X50
方钢100X60X1200
淡灰色花岗岩（光面）300X150X20
方钢60X30X1300
淡红色花岗岩（光面）300X350X50
淡灰色花岗岩（光面）300X150X20
30厚1:3水泥砂浆

淡灰色花岗岩（光面）300X150X20
淡红色花岗岩（光面）300X350X50

C20钢筋砼Φ10@250
C15砼找平
碎石垫层

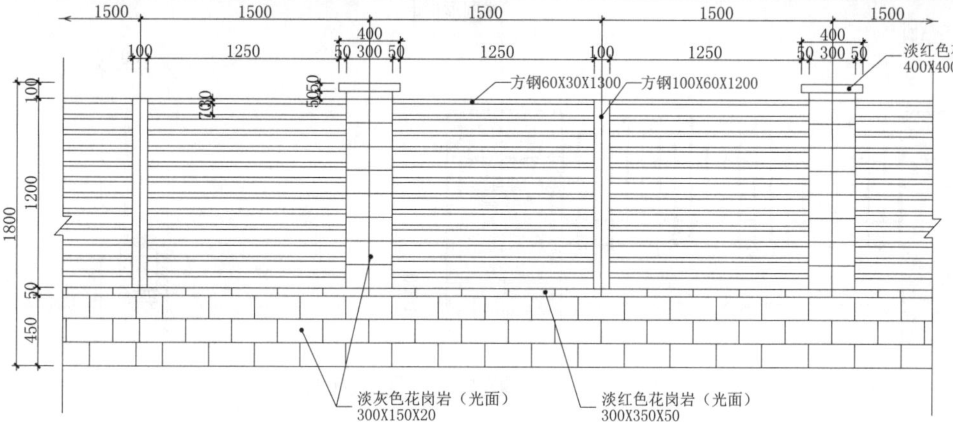

外围栅栏正面图 1:20

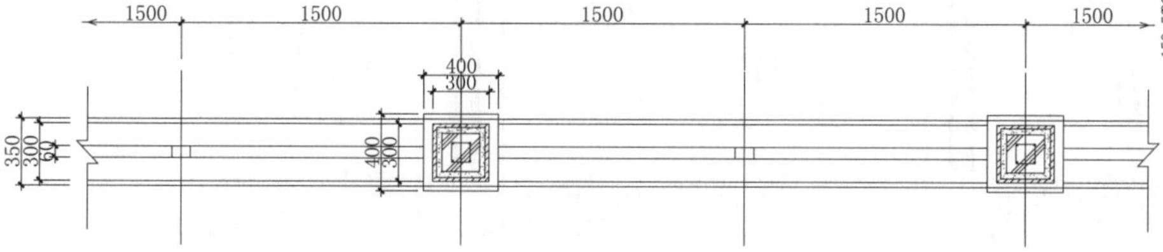

外围栅栏平面图 1:20

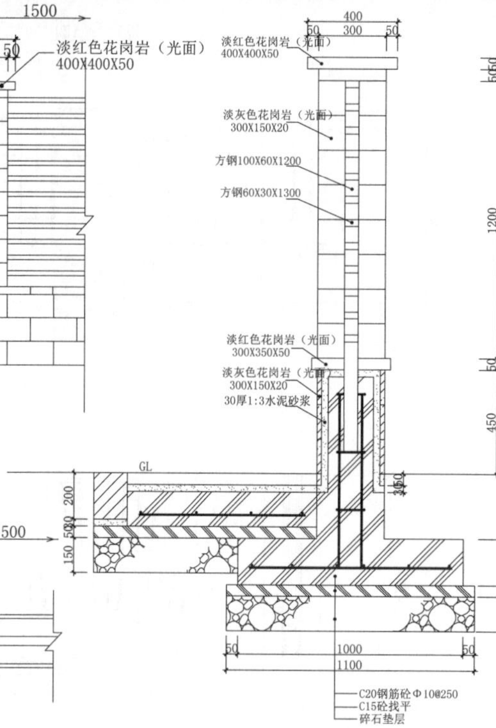

外围栅栏断面图 1:10

围栏围墙079

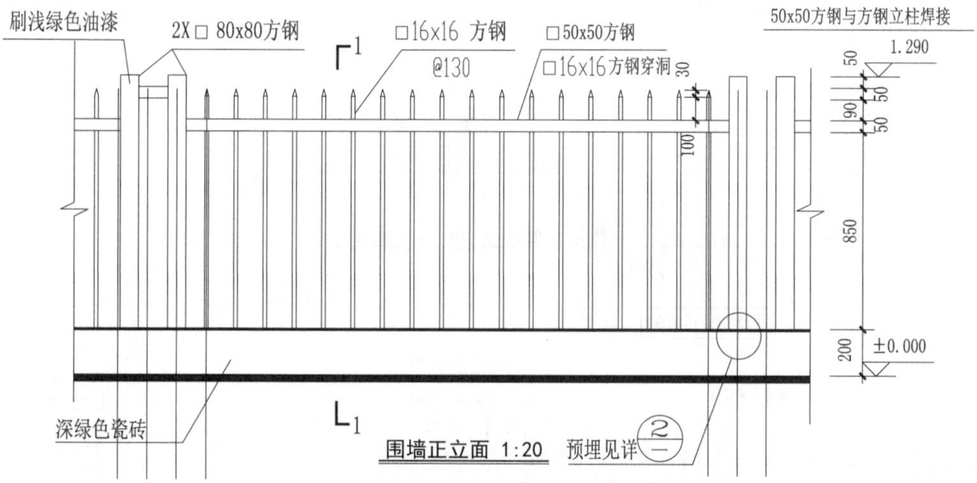

刷浅绿色油漆
2X □ 80x80方钢
□16x16 方钢 @130
□50x50方钢
□16x16方钢穿洞
50x50方钢与方钢立柱焊接
深绿色瓷砖

围墙正立面 1:20
预埋见详

预埋见详
QL

1-1 剖面 1:20

Φ8@200
4X Φ14

① QL 1:10

围墙平面 1:20

围墙

X=100031.23
Y=50296.74

总平面 1:1000

预埋50x6钢板长2250
Ø6铁脚长100 @130

③ 1:10

预埋100X100X6钢板每柱一块 中心间距210
Ø6铁脚长100 每块2根@80

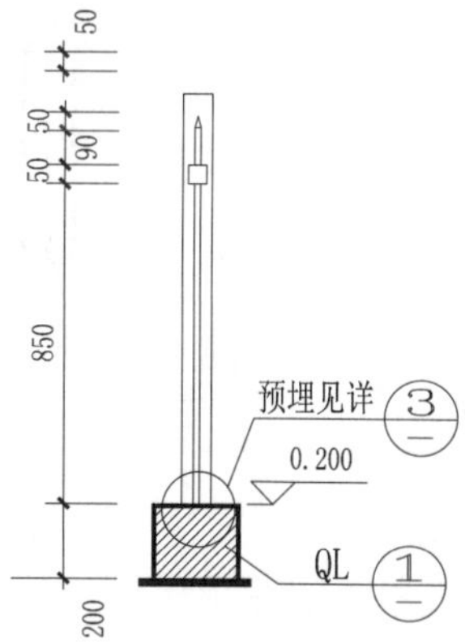

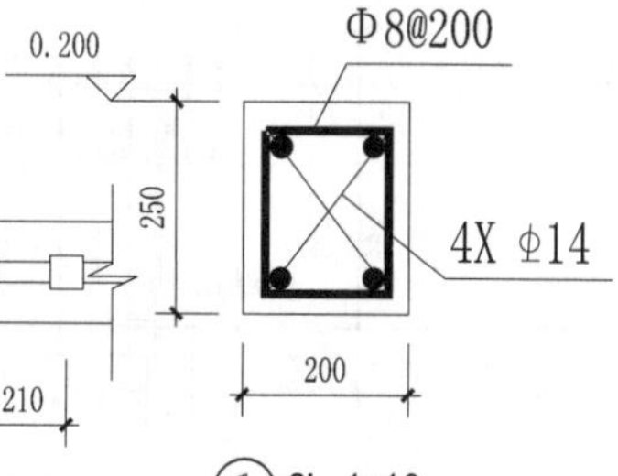

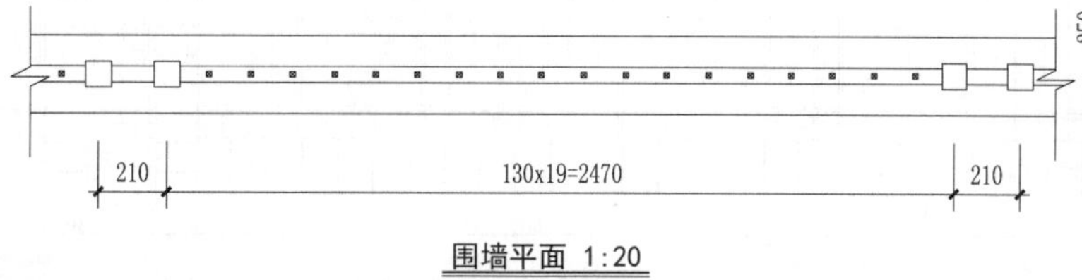

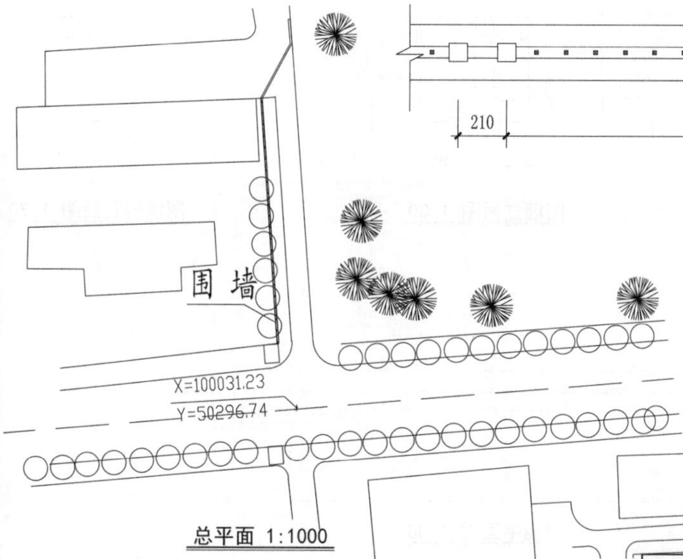

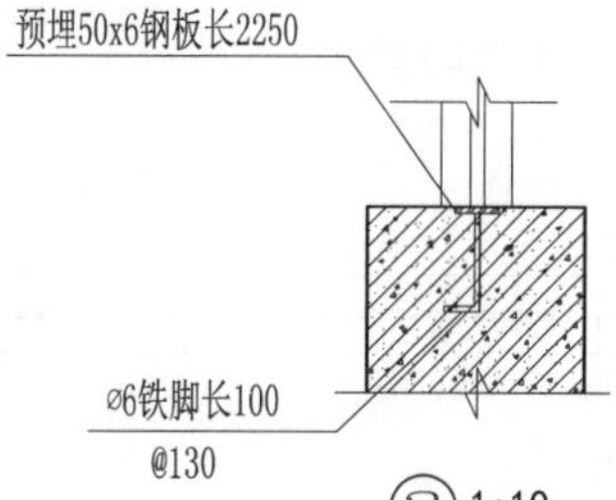

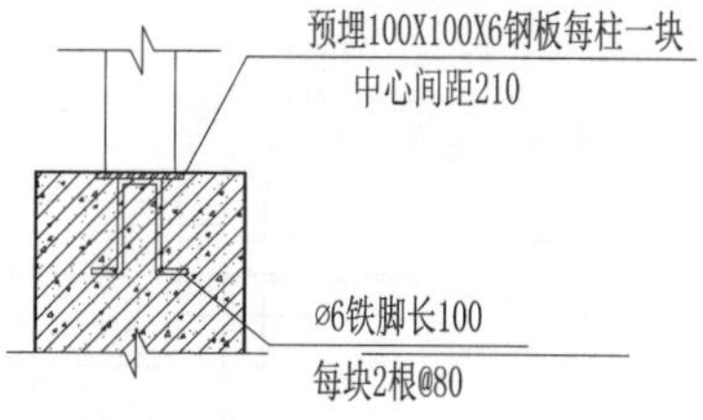

② 1:10

围栏围墙080

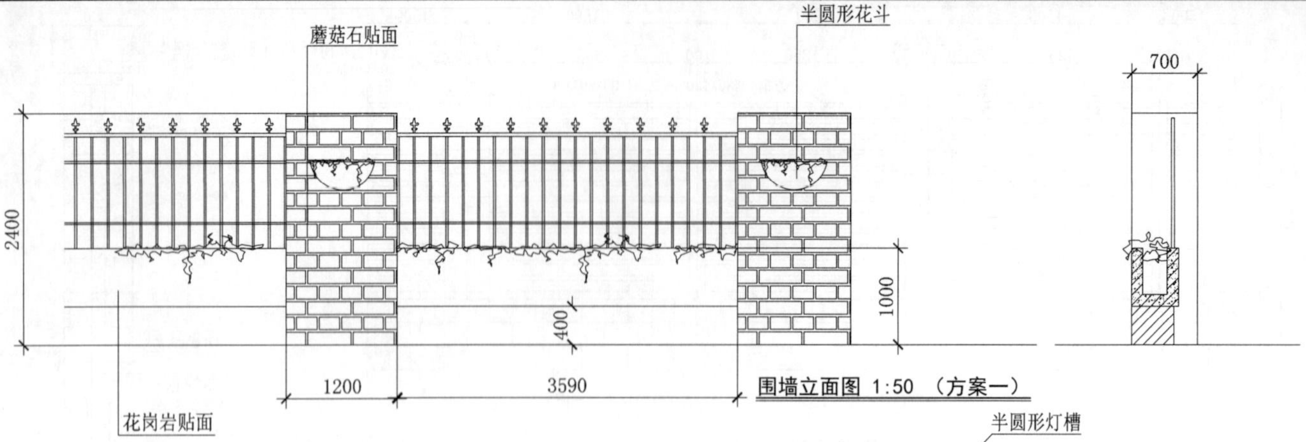
蘑菇石贴面
半圆形花斗
700
2400
1000
400
1200
3590
花岗岩贴面

围墙立面图 1:50 （方案一）

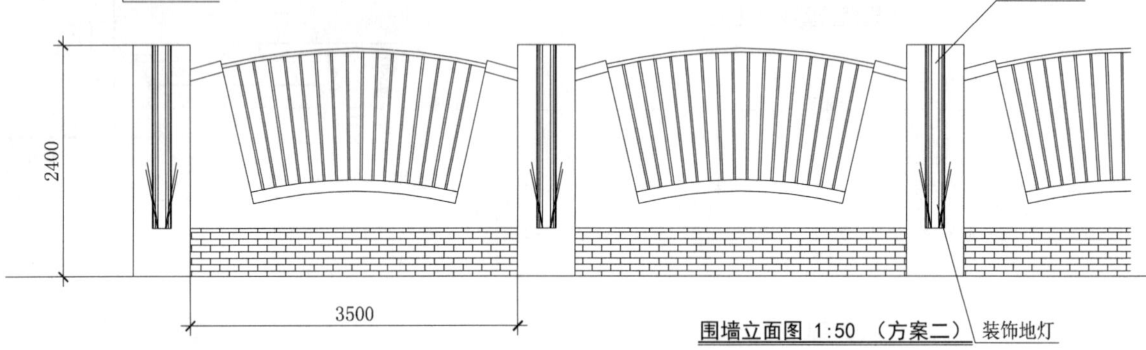
半圆形灯槽
2400
3500
装饰地灯

围墙立面图 1:50 （方案二）

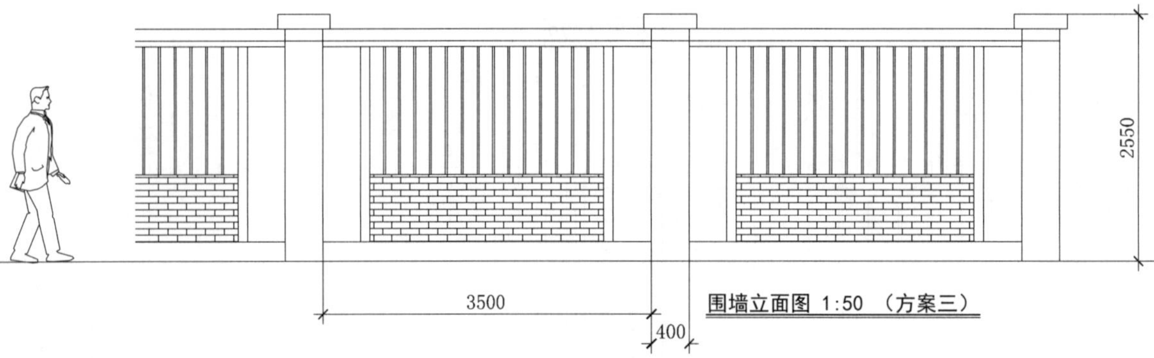
2550
3500
400

围墙立面图 1:50 （方案三）

围栏围墙081

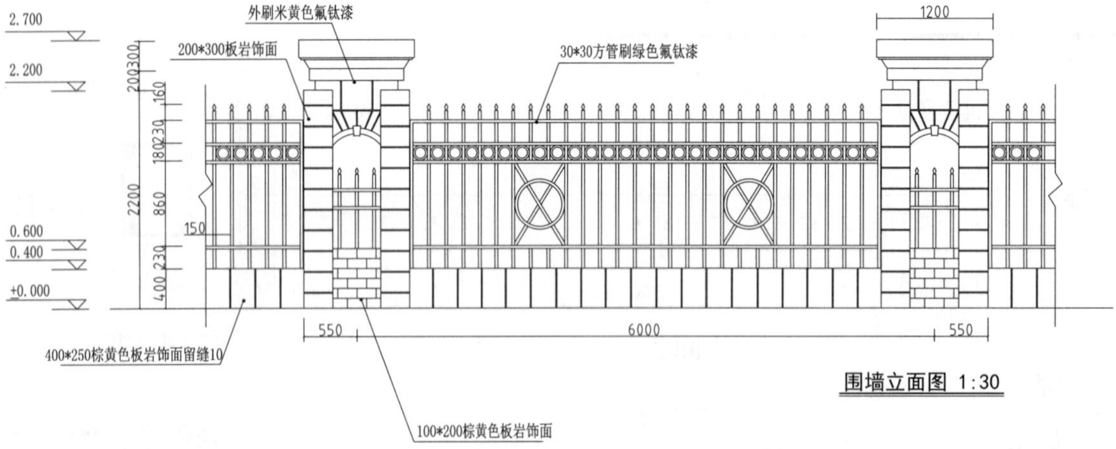
外刷米黄色氟钛漆
200*300板岩饰面
30*30方管刷绿色氟钛漆
1200
2.700
2.200
0.600
0.400
±0.000
200
300
160
230
180
2200
860
150
230
400
550
6000
550
400*250棕黄色板岩饰面留缝10
100*200棕黄色板岩饰面

围墙立面图 1:30

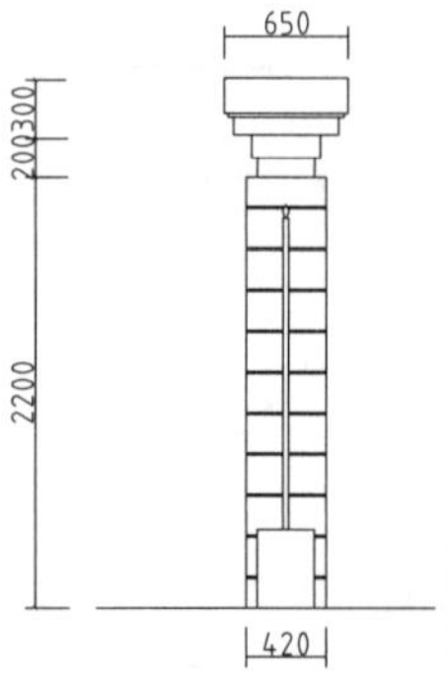

围墙侧立面图 1:30

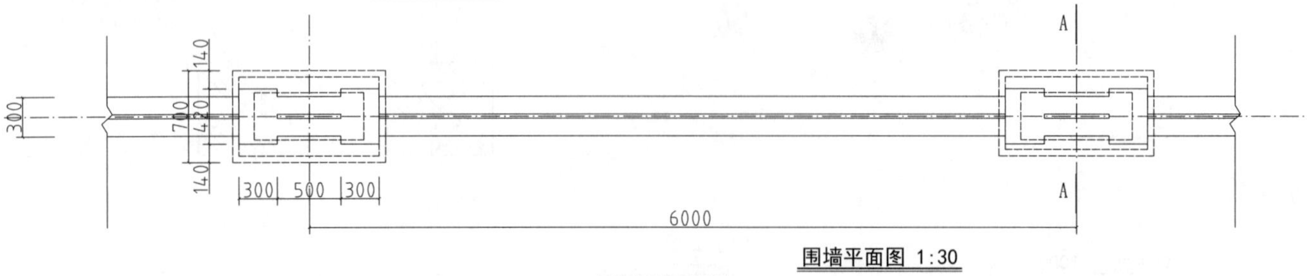

围墙平面图 1:30

围栏围墙082

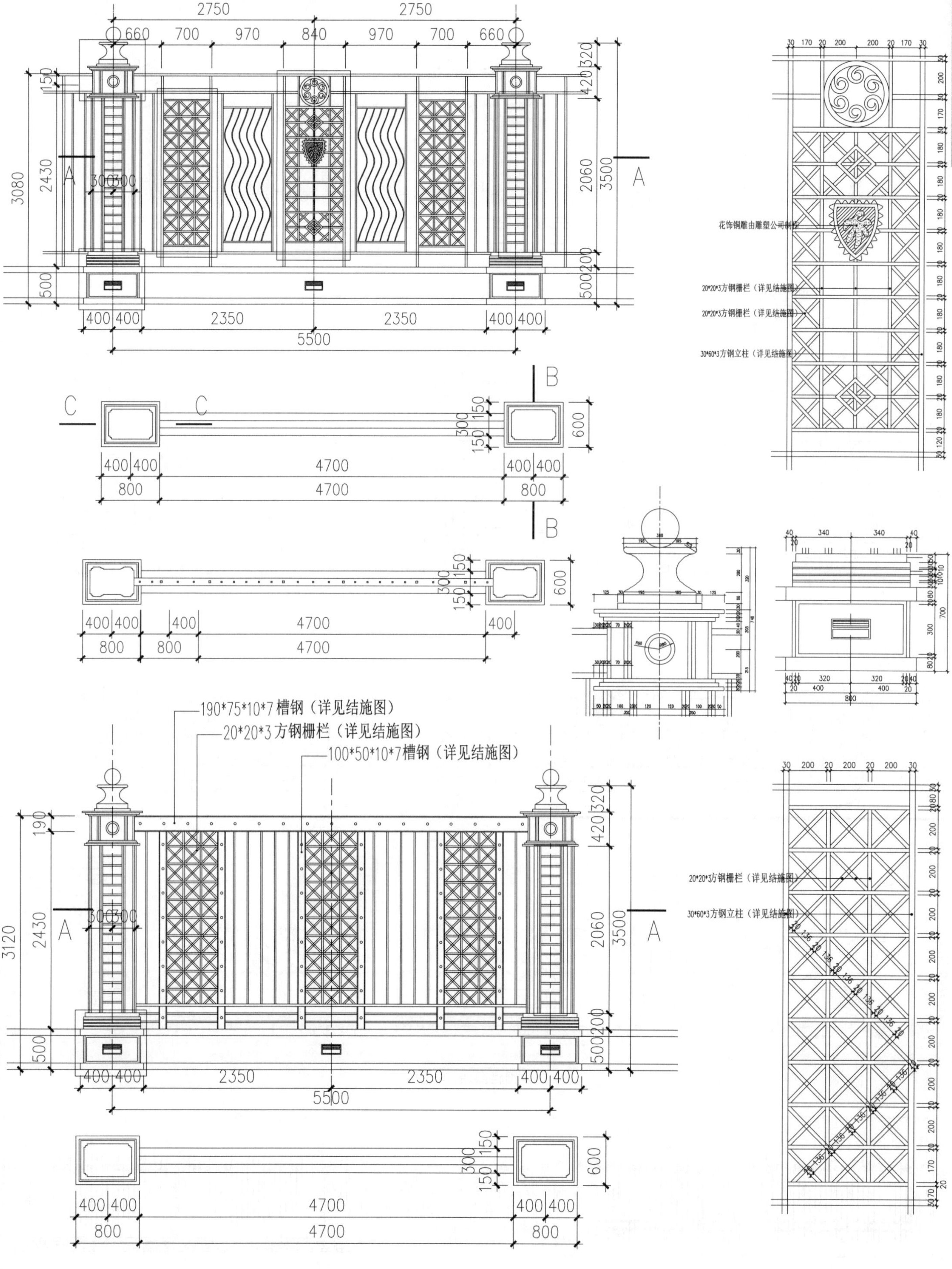
花饰铜雕由雕塑公司制作
20*20*3方钢栅栏（详见结施图）
20*20*3方钢栅栏（详见结施图）
30*60*3方钢立柱（详见结施图）
190*75*10*7槽钢（详见结施图）
20*20*3方钢栅栏（详见结施图）
100*50*10*7槽钢（详见结施图）
20*20*3方钢栅栏（详见结施图）
30*60*3方钢立柱（详见结施图）

花钵

330

2200

花岗岩　　　铸铁

花槽

450

2050

花岗岩　　　铸铁

围栏围墙084

围栏围墙085

兴隆花园围墙立面 1:25

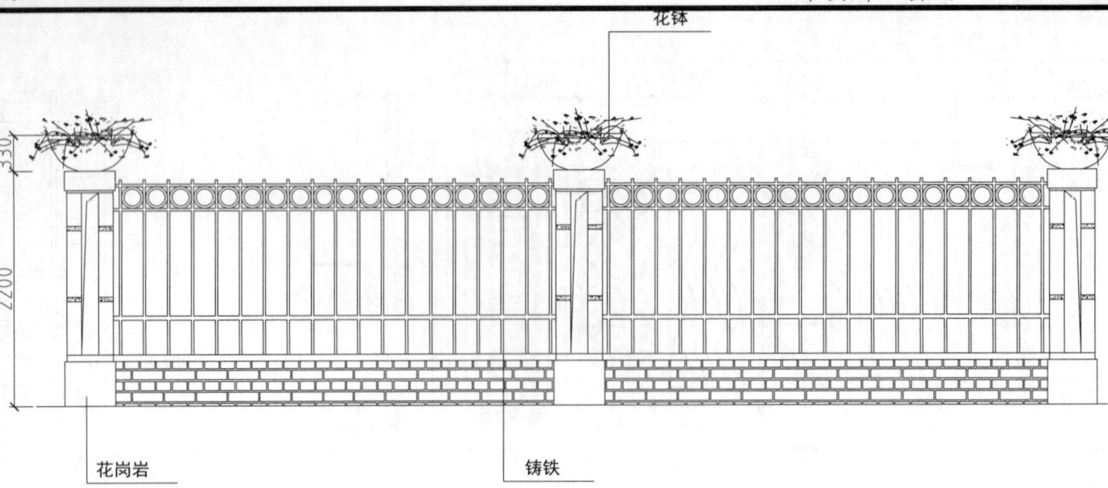

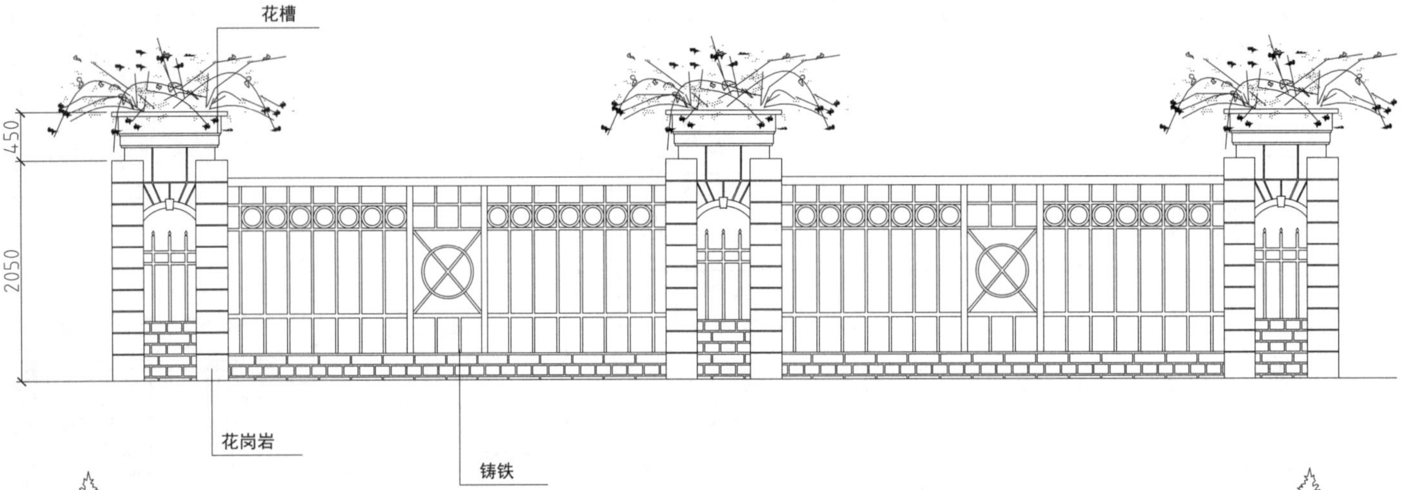

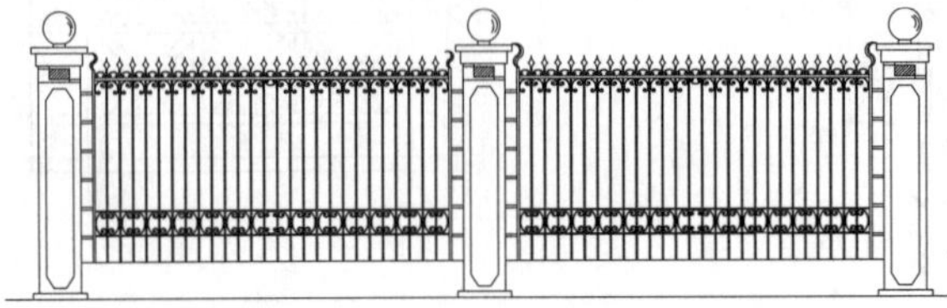

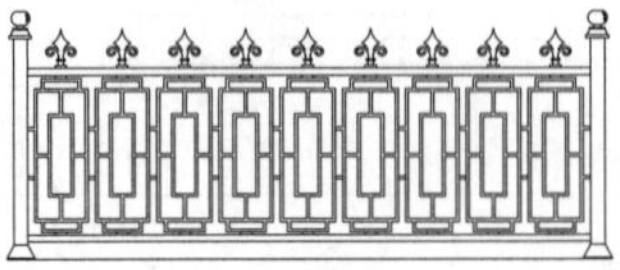

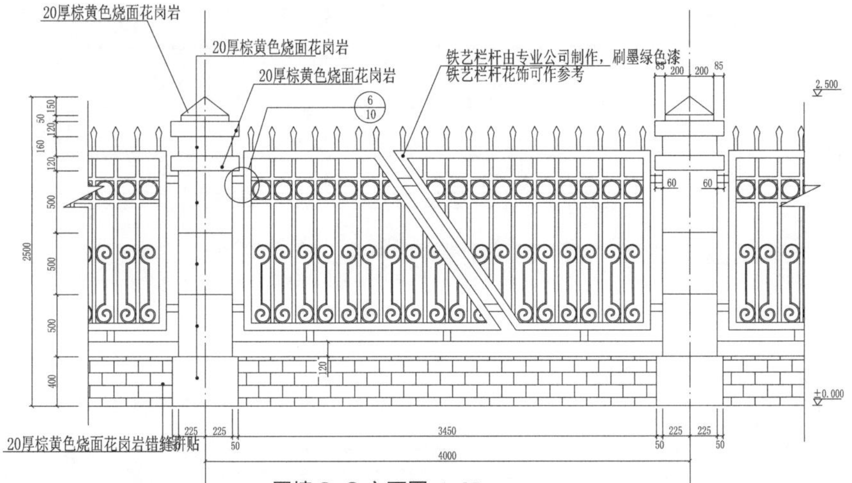
20厚棕黄色烧面花岗岩
20厚棕黄色烧面花岗岩
20厚棕黄色烧面花岗岩
铁艺栏杆由专业公司制作，刷墨绿色漆
铁艺栏杆花饰可作参考
20厚棕黄色烧面花岗岩错缝拼贴
2.500
±0.000
3450
4000

围墙①-②立面图 1:25

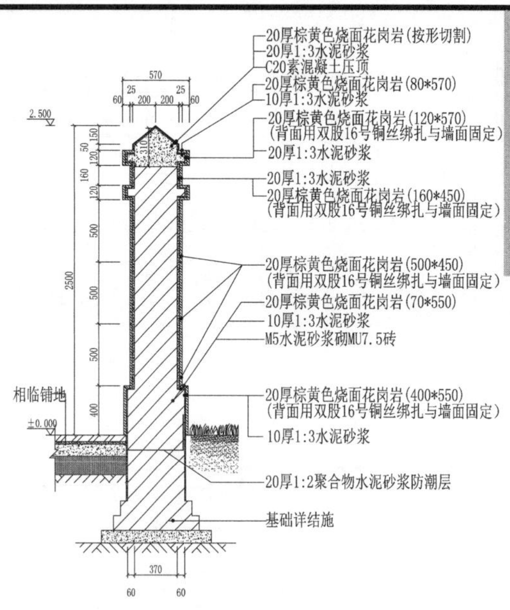
20厚棕黄色烧面花岗岩(按形切割)
20厚1:3水泥砂浆
C20素混凝土压顶
20厚棕黄色烧面花岗岩(80*570)
10厚1:3水泥砂浆
20厚棕黄色烧面花岗岩(120*570)
(背面用双股16号铜丝绑扎与墙面固定)
20厚1:3水泥砂浆
20厚1:3水泥砂浆
20厚棕黄色烧面花岗岩(160*450)
(背面用双股16号铜丝绑扎与墙面固定)
20厚棕黄色烧面花岗岩(500*450)
(背面用双股16号铜丝绑扎与墙面固定)
20厚棕黄色烧面花岗岩(70*550)
10厚1:3水泥砂浆
M5水泥砂浆砌MU7.5砖
20厚棕黄色烧面花岗岩(400*550)
(背面用双股16号铜丝绑扎与墙面固定)
10厚1:3水泥砂浆
20厚1:2聚合物水泥砂浆防潮层
基础详结施
相临铺地
2.500
±0.000

1-1 断面 1:25

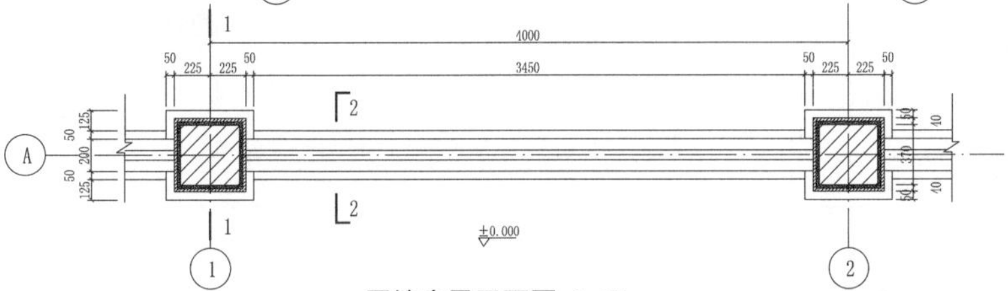

围墙底层平面图 1:25

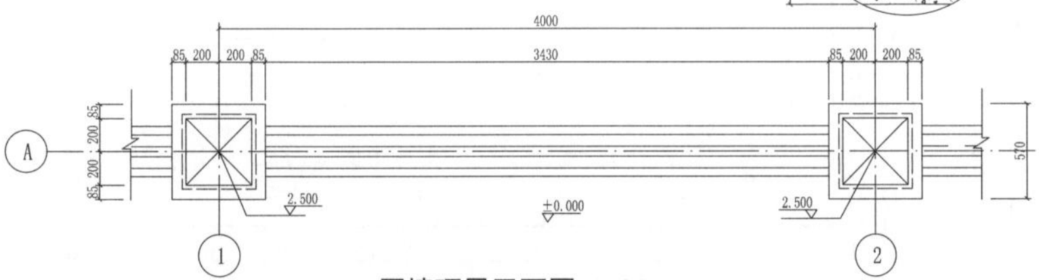

围墙顶层平面图 1:25

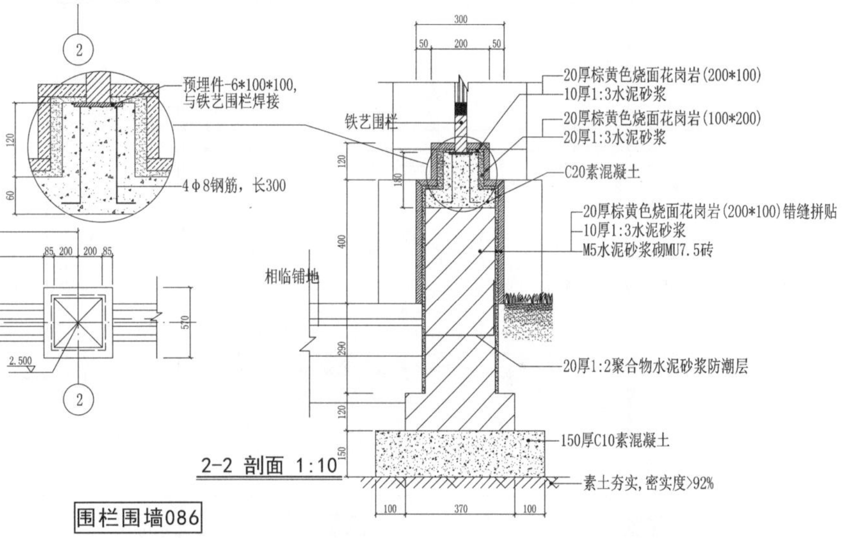
预埋件-6*100*100,
与铁艺围栏焊接
4φ8钢筋，长300
20厚棕黄色烧面花岗岩(200*100)
10厚1:3水泥砂浆
铁艺围栏
20厚棕黄色烧面花岗岩(100*200)
20厚1:3水泥砂浆
C20素混凝土
20厚棕黄色烧面花岗岩(200*100)错缝拼贴
10厚1:3水泥砂浆
M5水泥砂浆砌MU7.5砖
相临铺地
20厚1:2聚合物水泥砂浆防潮层
150厚C10素混凝土
素土夯实，密实度>92%

2-2 剖面 1:10

围栏围墙086

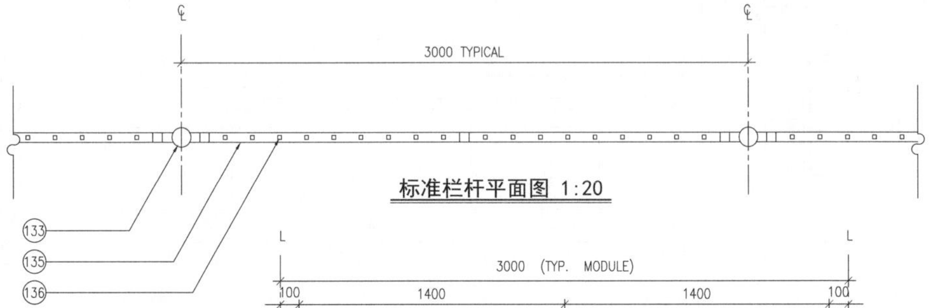
3000 TYPICAL

标准栏杆平面图 1:20

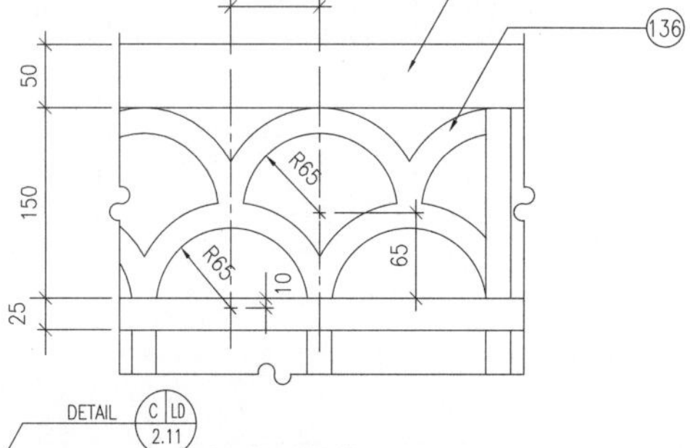

标准栏杆详图 1:5

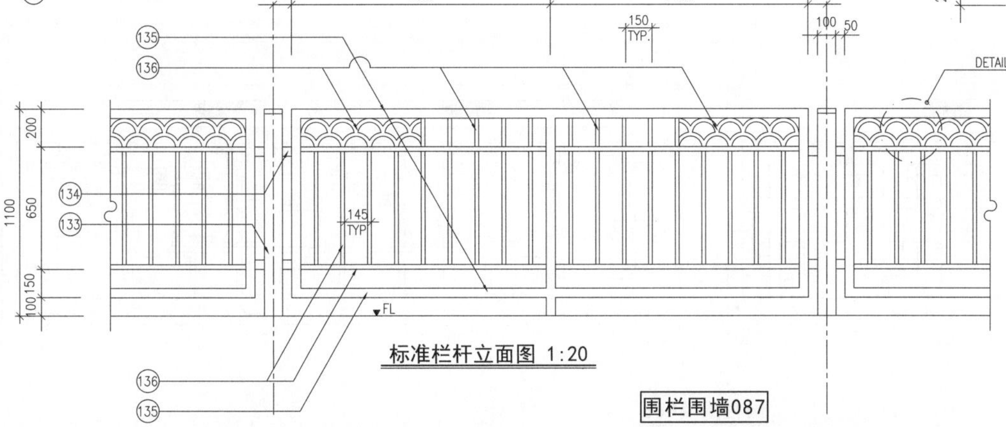

标准栏杆立面图 1:20

围栏围墙087

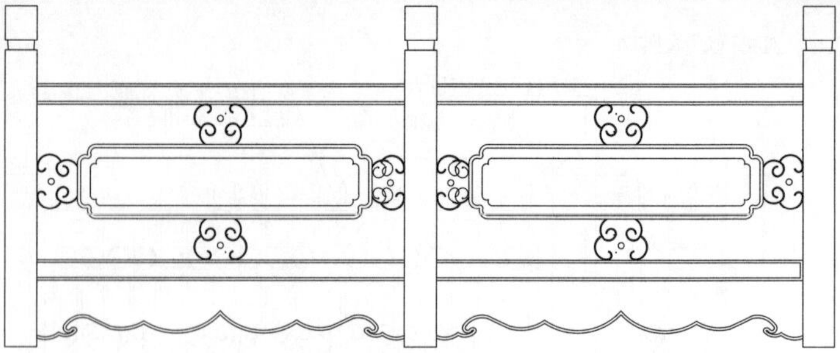

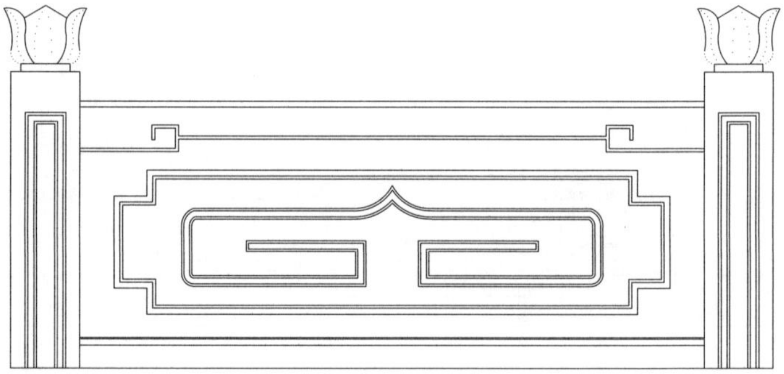
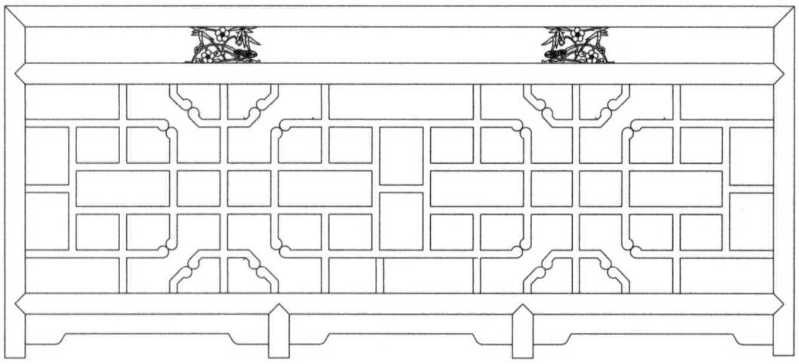
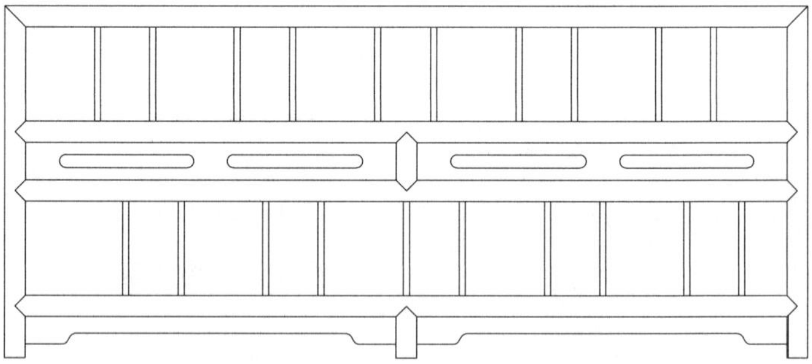
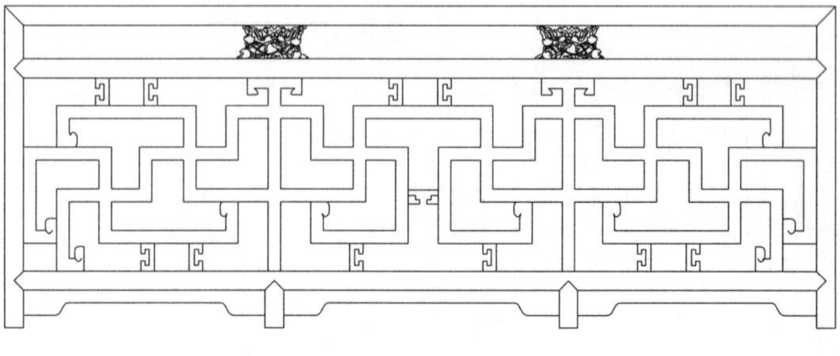
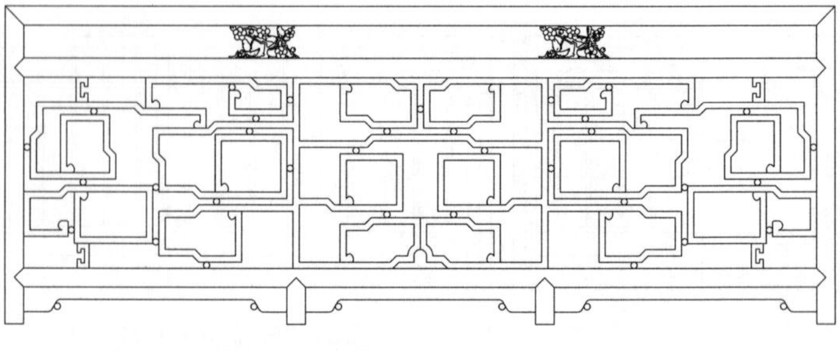

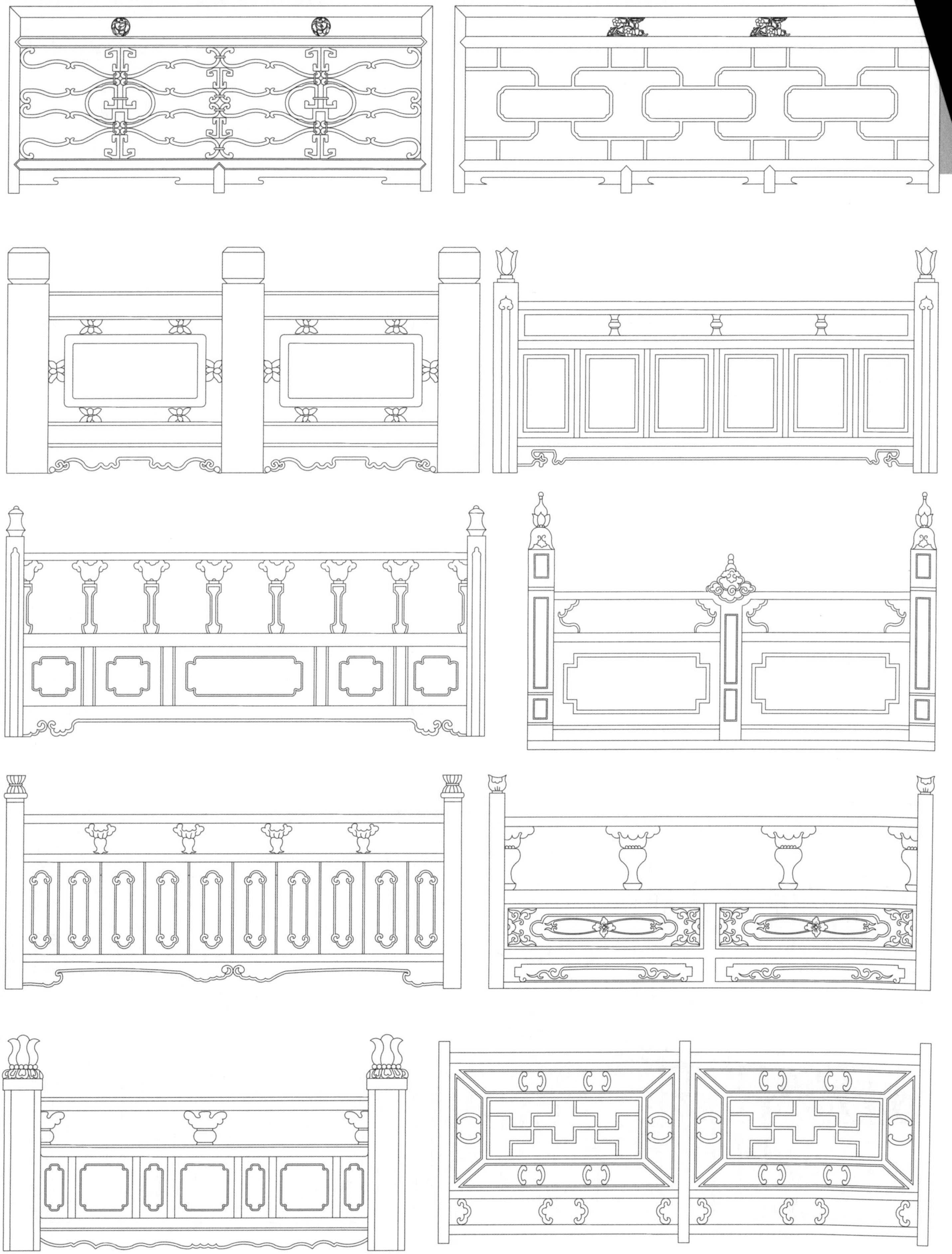

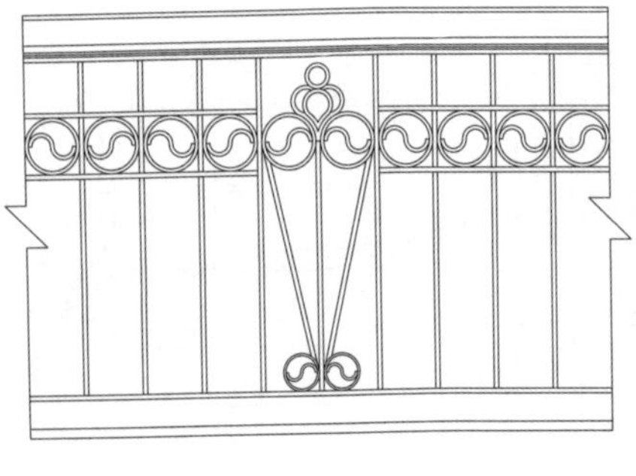
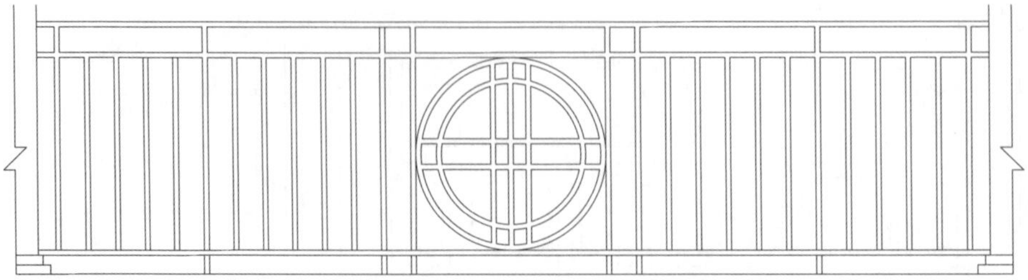

围栏围墙090

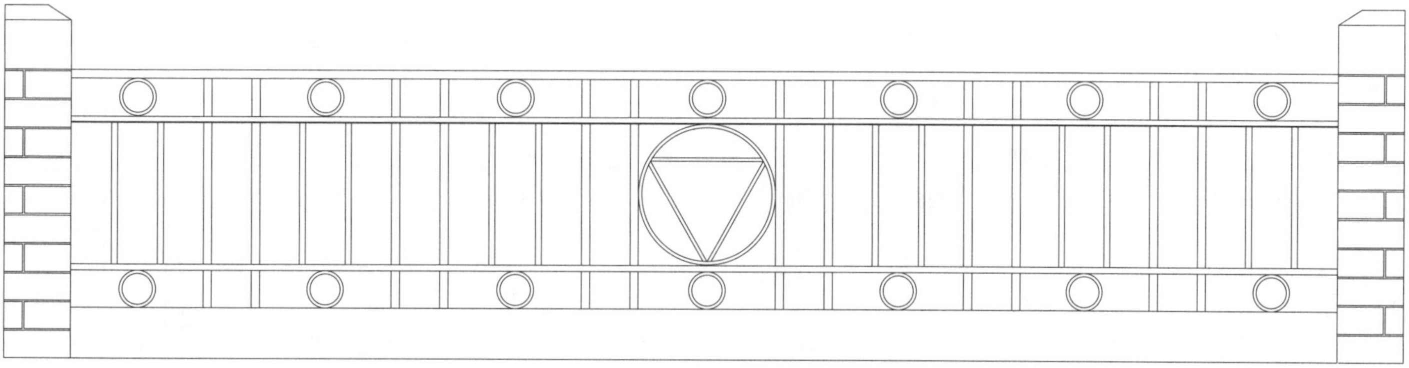

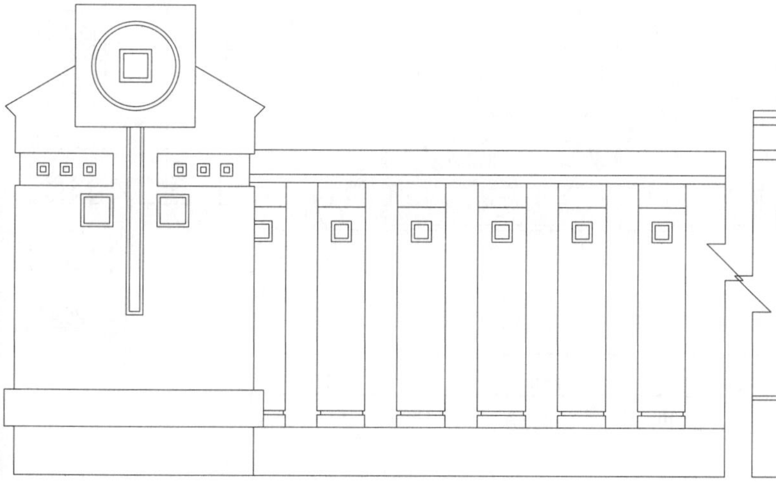

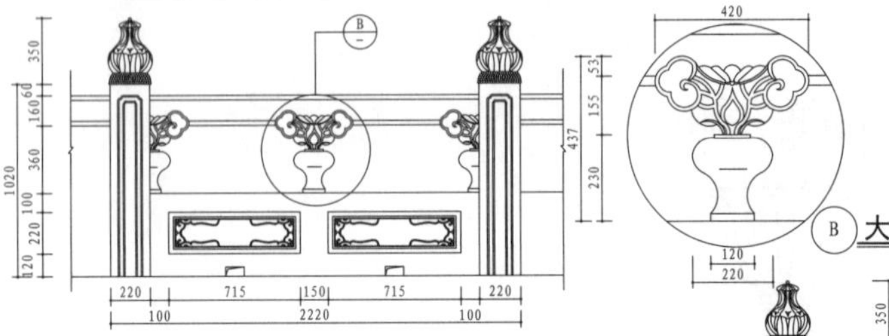

B 大样图

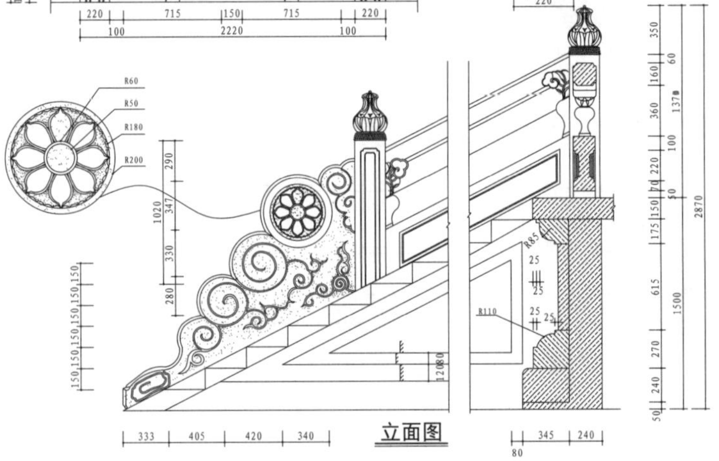

立面图

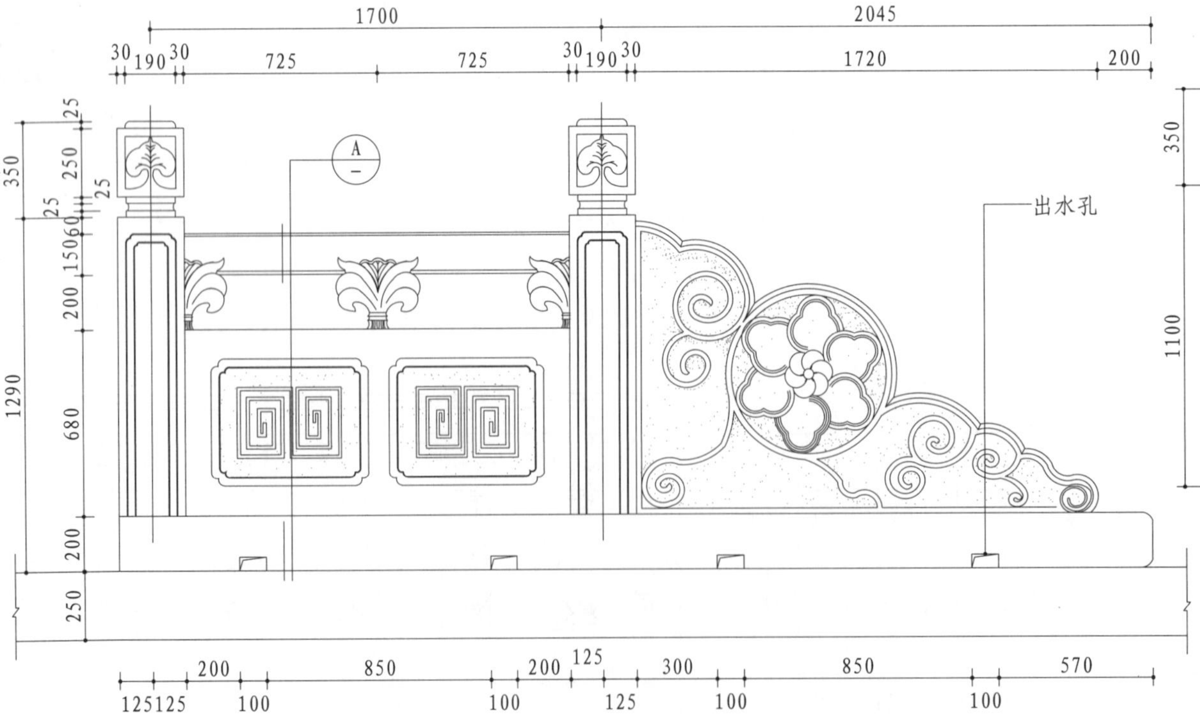

立面图

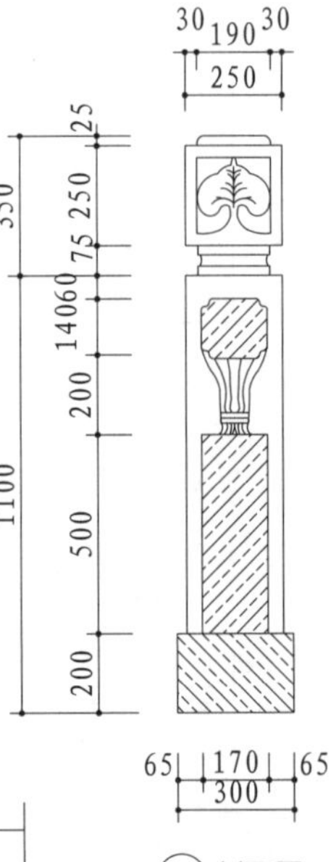

A 剖面图

围栏围墙093

围栏围墙094

發
福

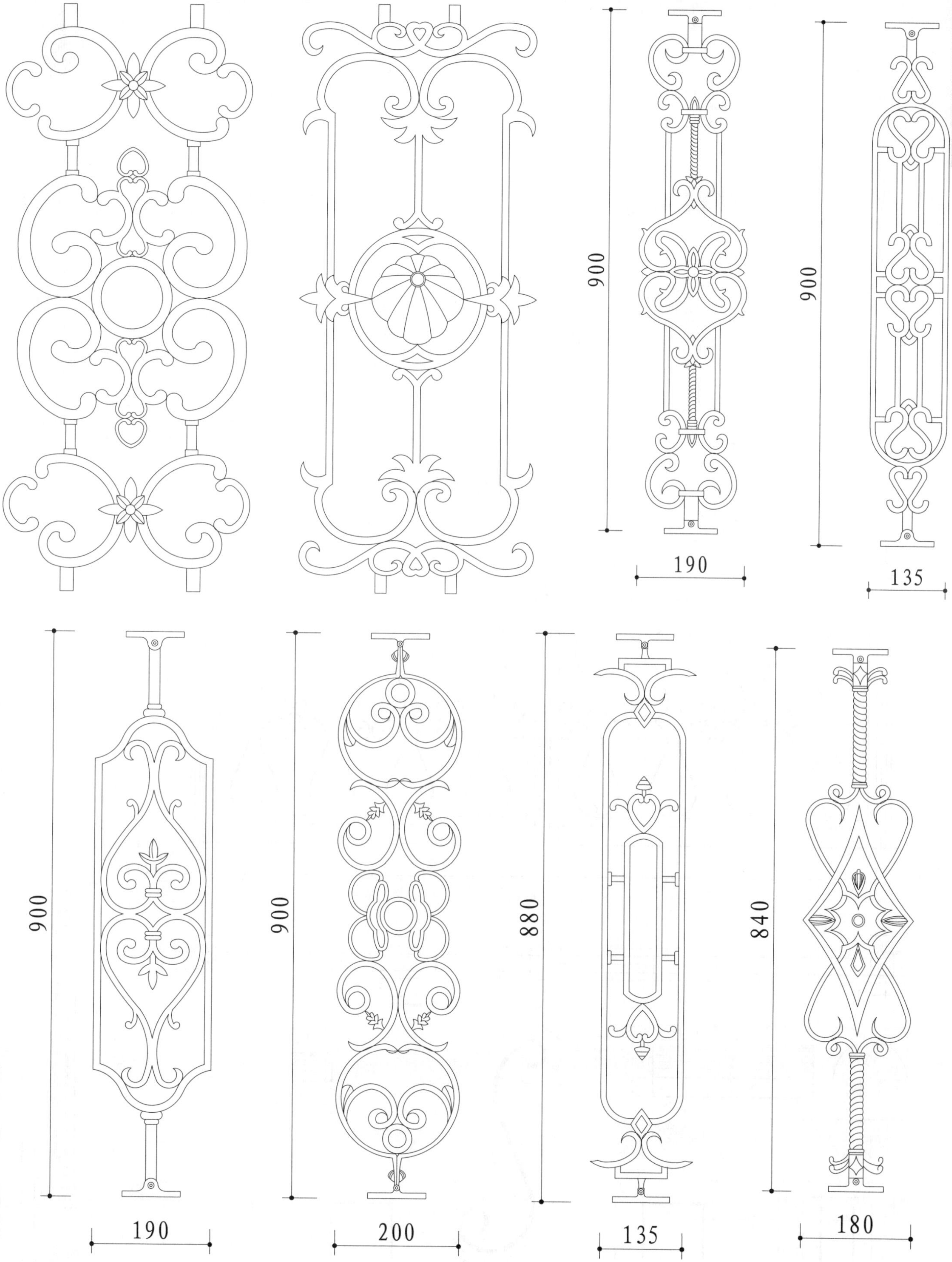
900
190
900
135
900
190
900
200
880
135
840
180

围栏围墙097

钢制扶手
N5 1580₩451.3₩3

螺栓穿孔
D=1.8cm

预埋钢板
N4 ₩70₩150₩12

立面

I — I

II — II

横断面

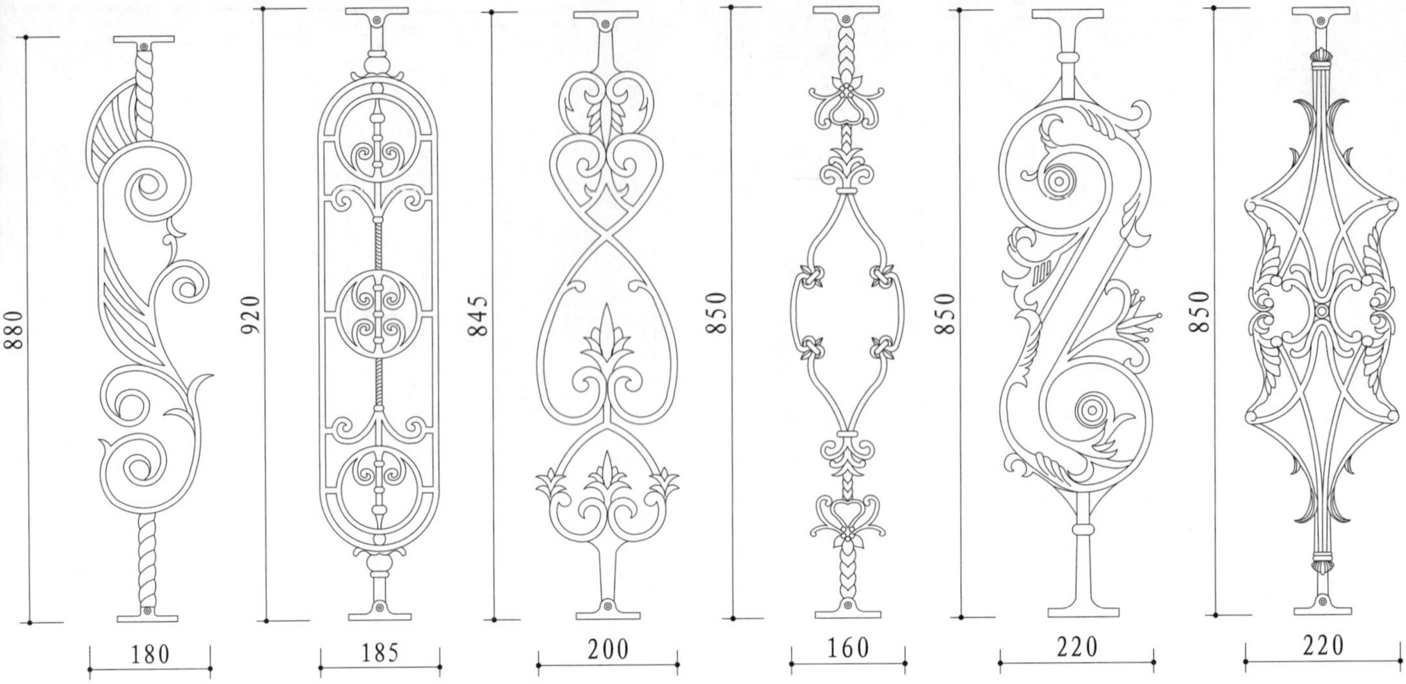

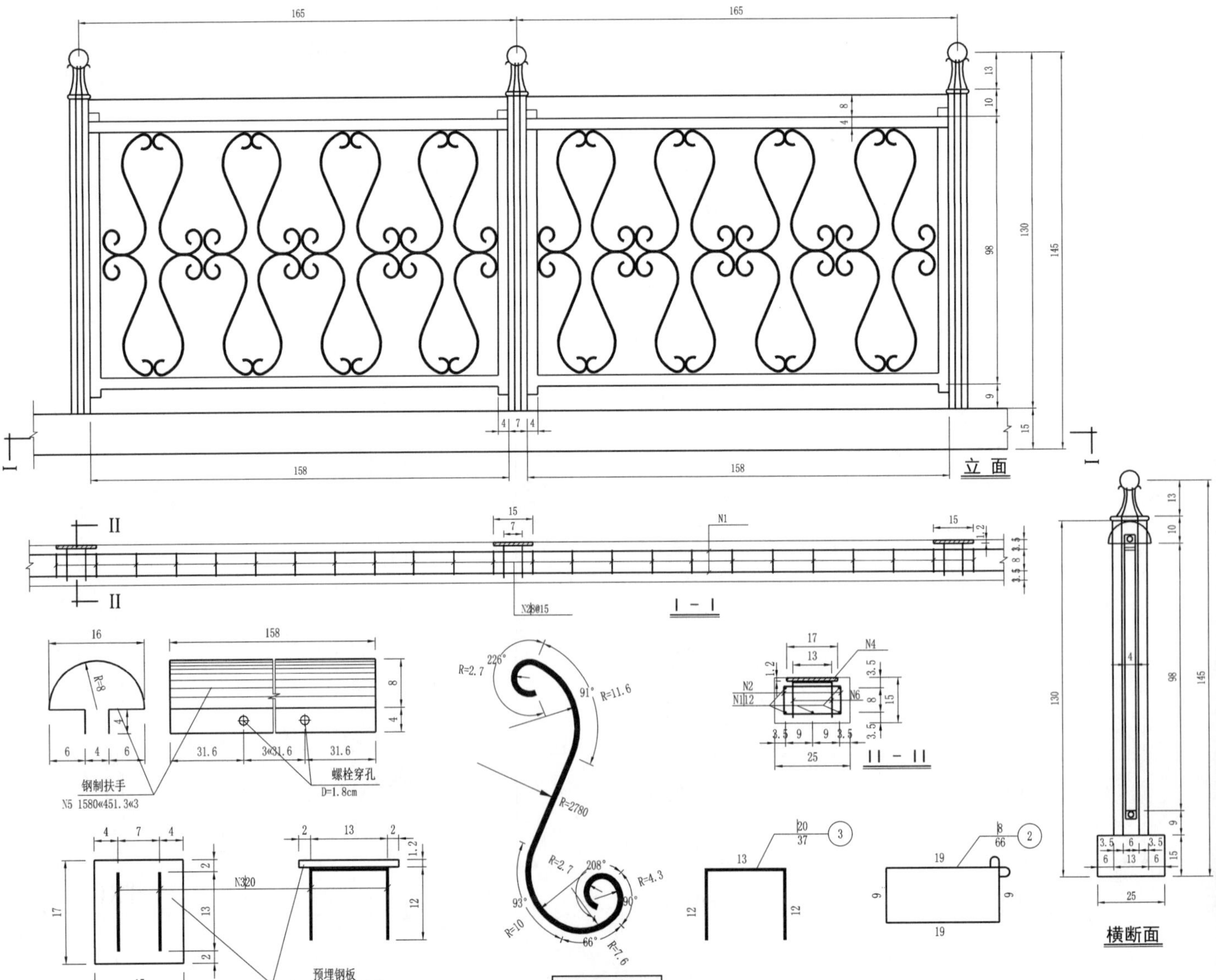

围栏围墙098

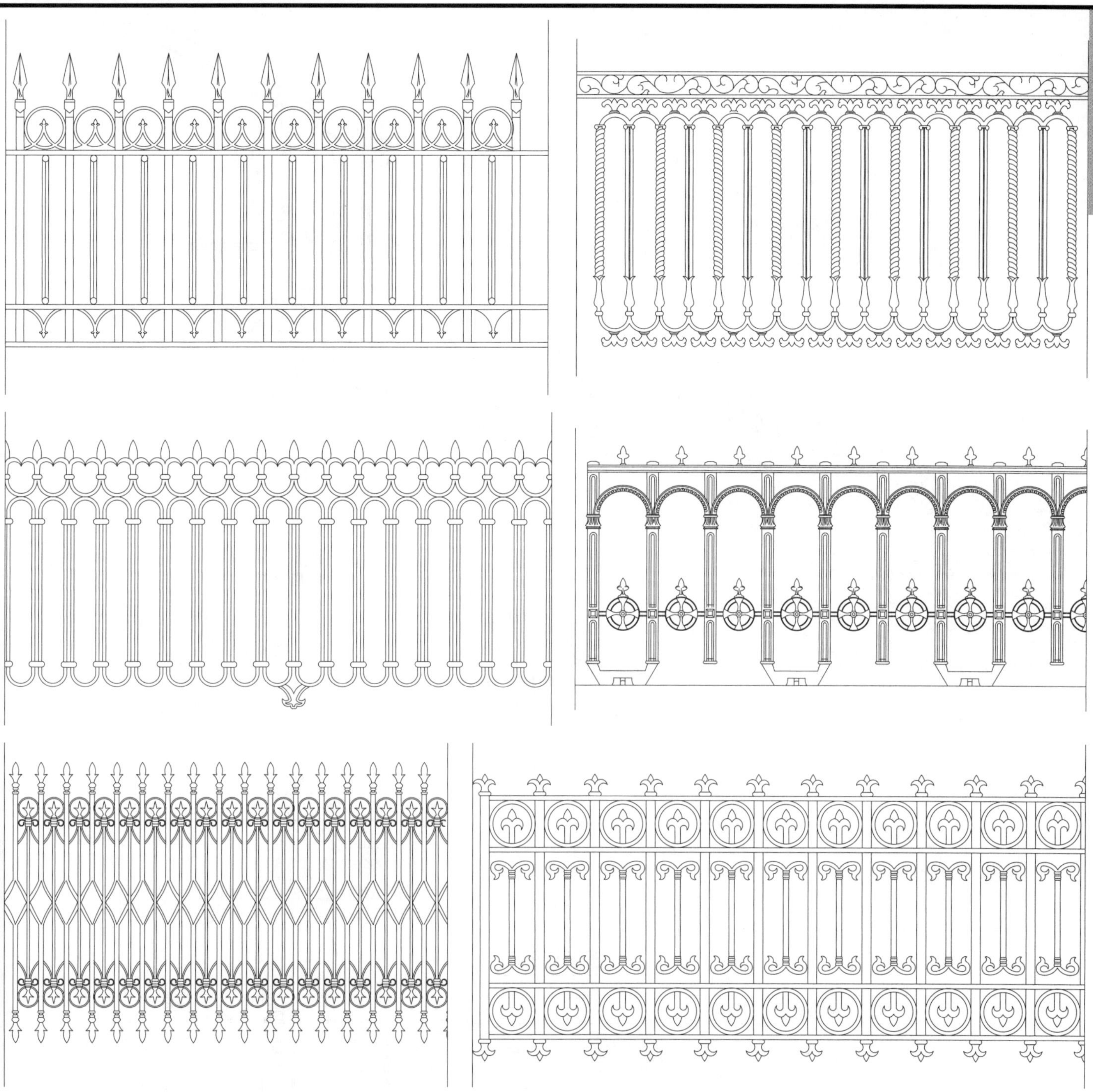

围栏围墙099

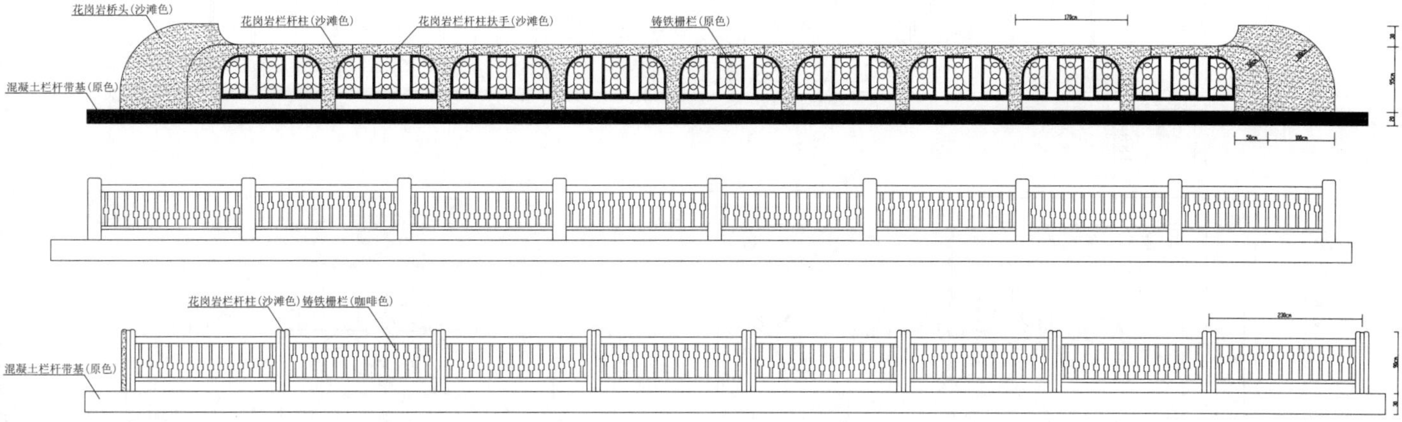
花岗岩桥头(沙滩色)
花岗岩栏杆柱(沙滩色)
花岗岩栏杆柱扶手(沙滩色)
铸铁栅栏(原色)
混凝土栏杆带基(原色)
花岗岩栏杆柱(沙滩色)
铸铁栅栏(咖啡色)
混凝土栏杆带基(原色)

桥梁栏杆方案

围栏围墙100

围栏围墙101

围栏围墙102

45*90防腐木

95*95防腐木

围栏立面（二）

95*95防腐木 70*70防腐木 25*90防腐木 25*90防腐木 38*90防腐木

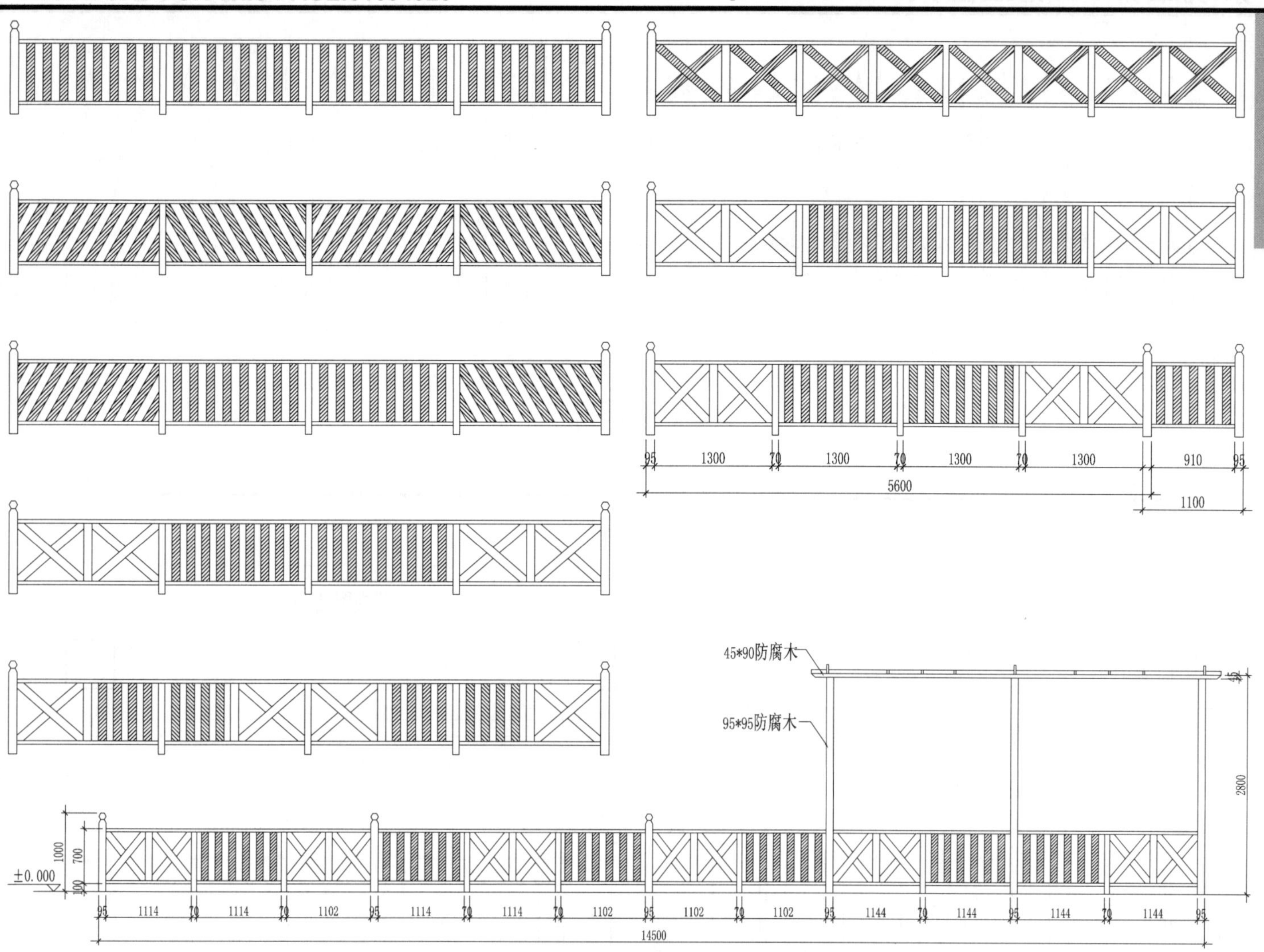

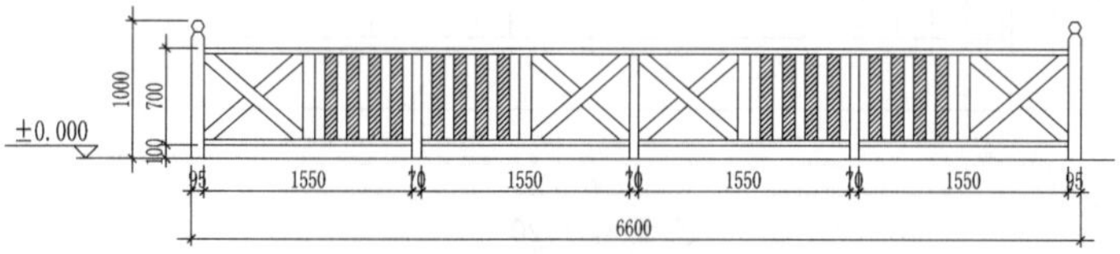

围栏立面（一）

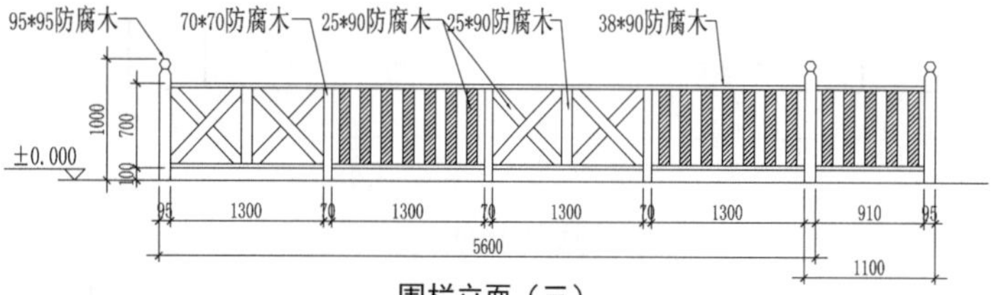

围栏立面（三）

围栏围墙103

围栏围墙104

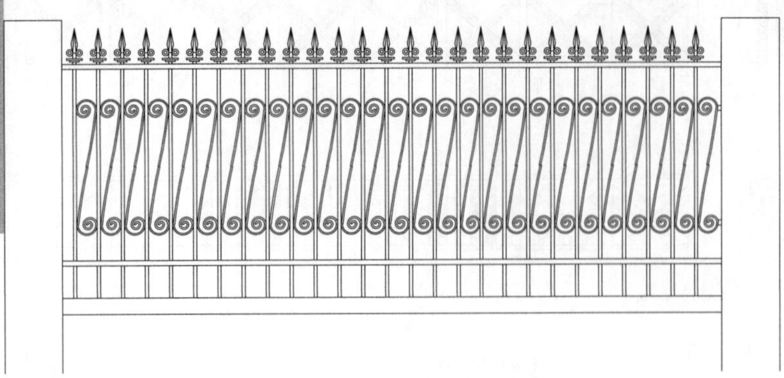

围栏围墙105

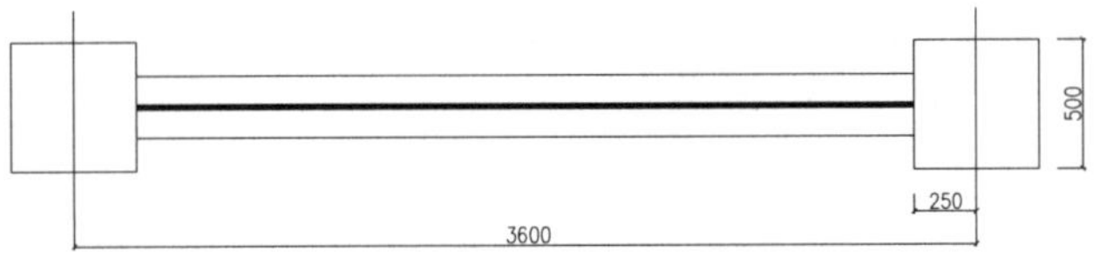

平面图 1:20

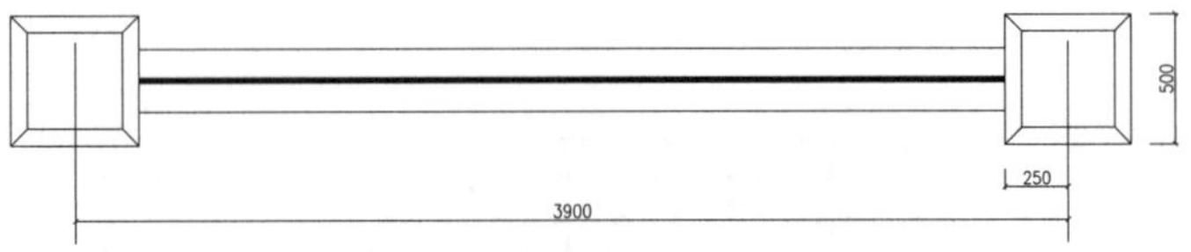

平面图 1:20

□10@150   □20方管

Ø18@150

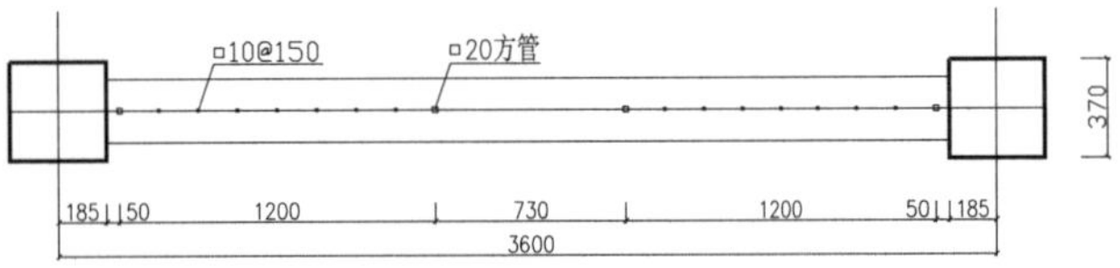

1-1 剖面图 1:20

1-1 剖面图 1:20

黑色铁艺

铁艺护栏

粉红色外墙涂料

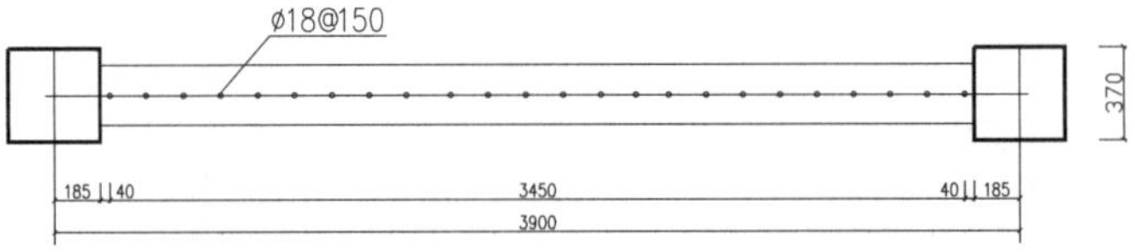

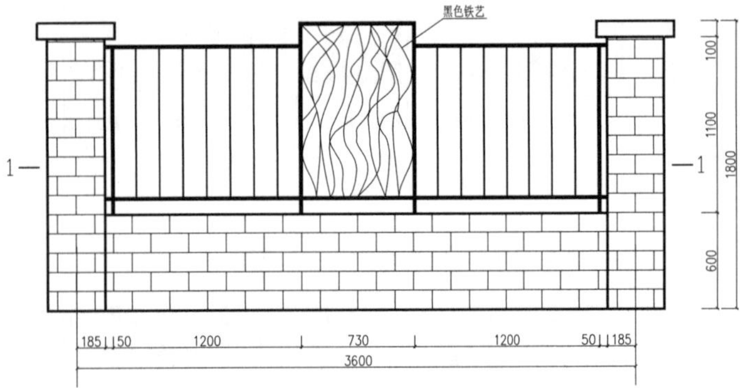

立面图 1:20

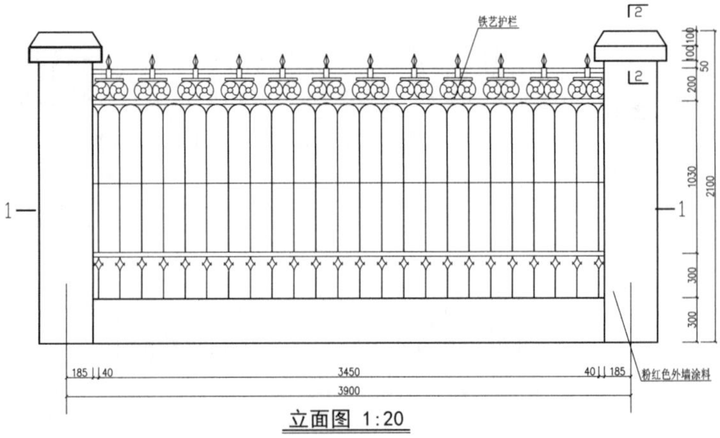

立面图 1:20

围栏围墙106

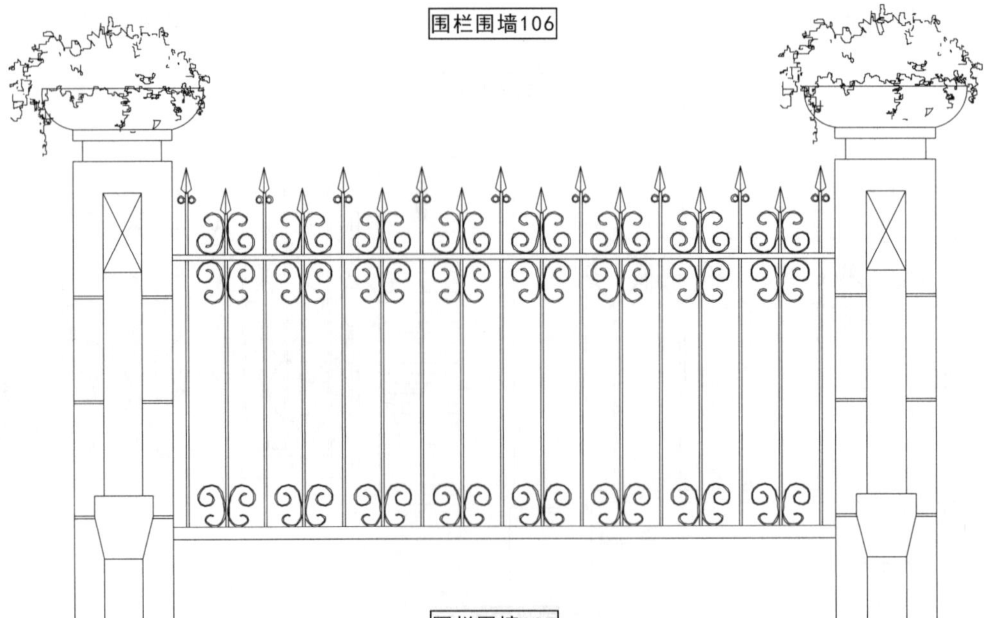

围栏围墙107

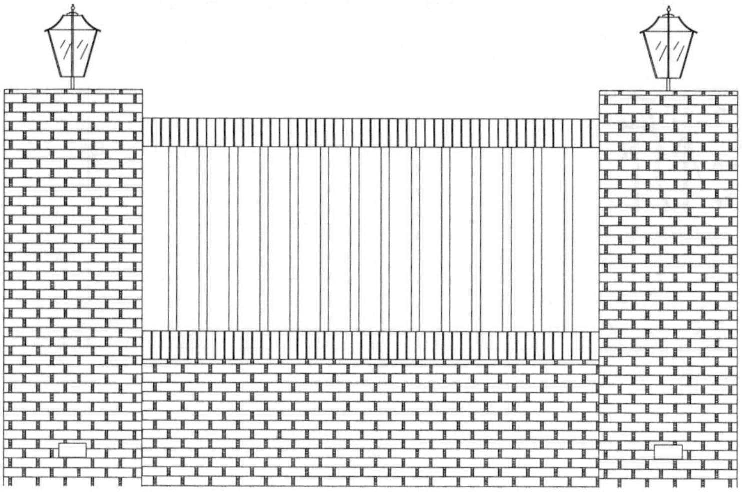

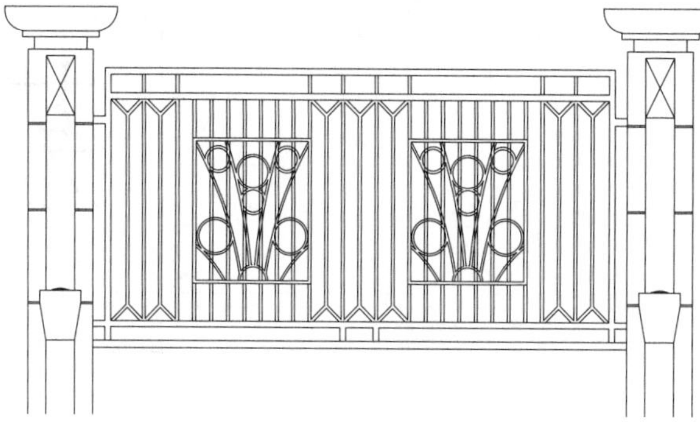

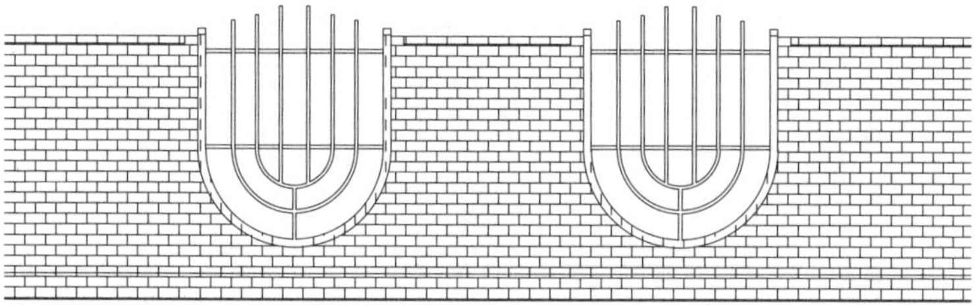

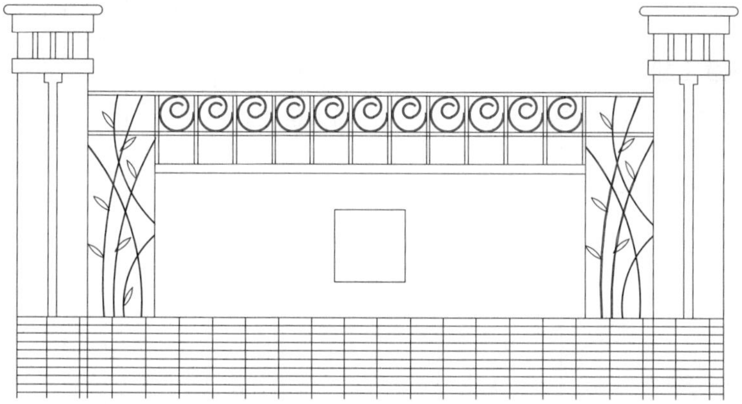

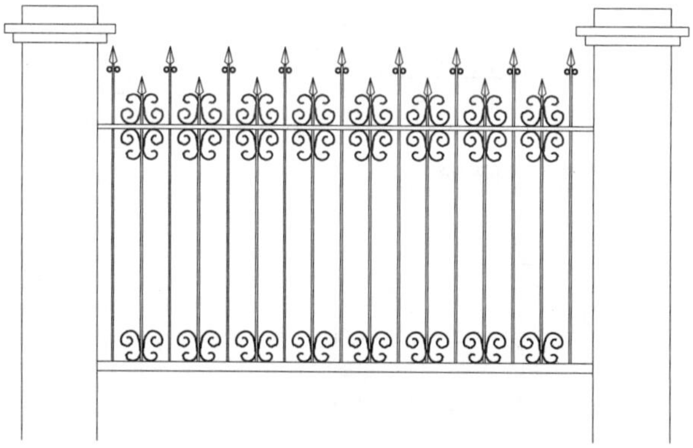

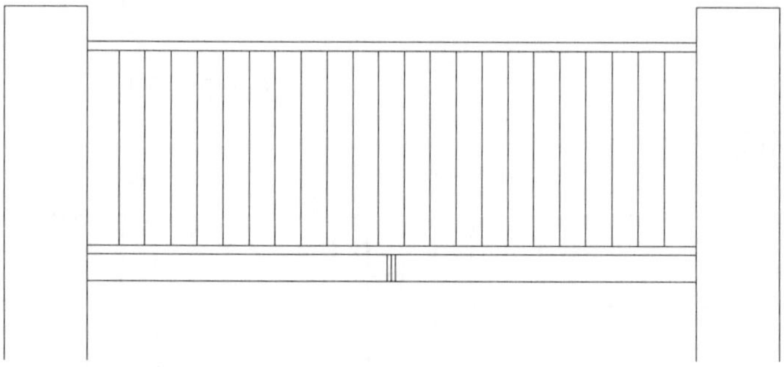

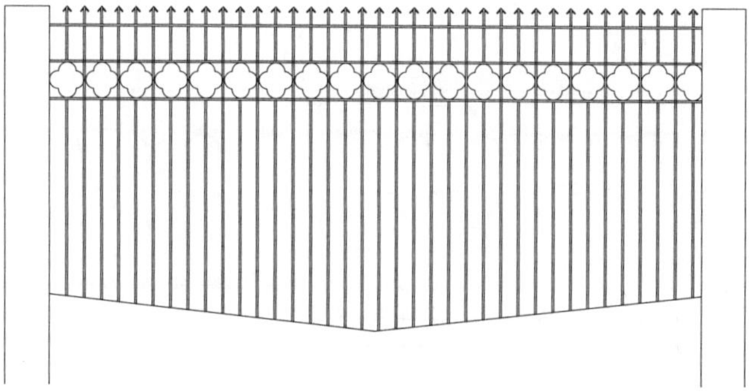

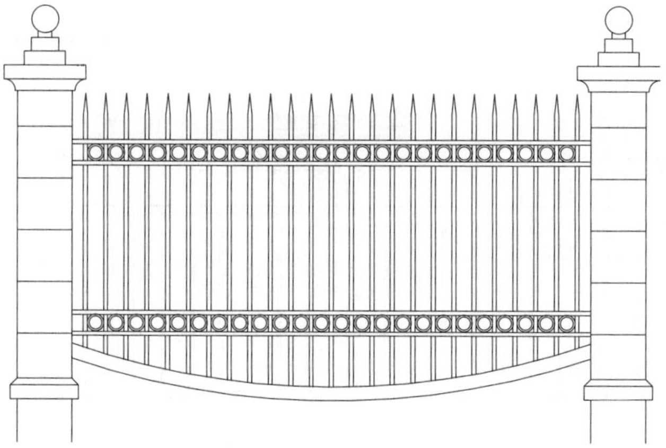

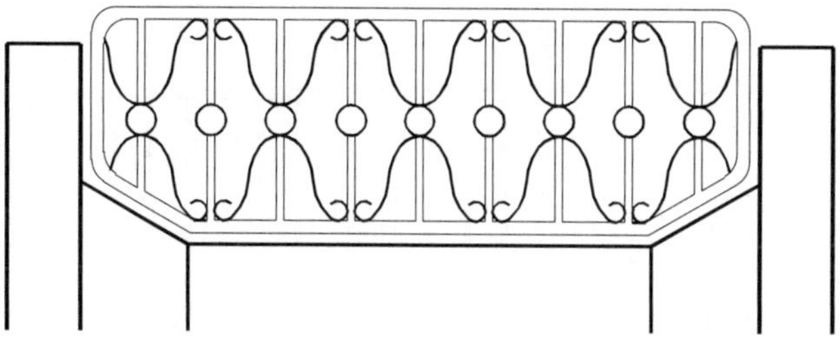

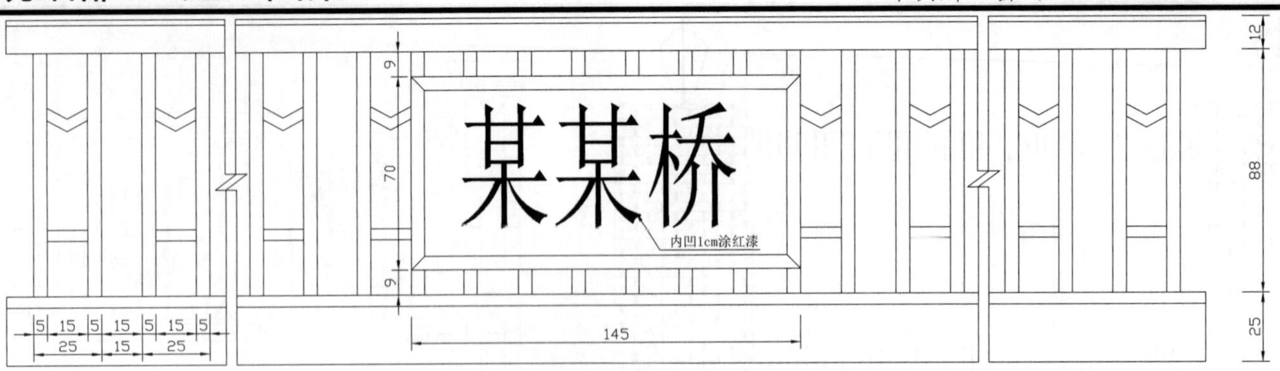

栏杆带立面图 1:20

栅栏钢筋构造 1:20

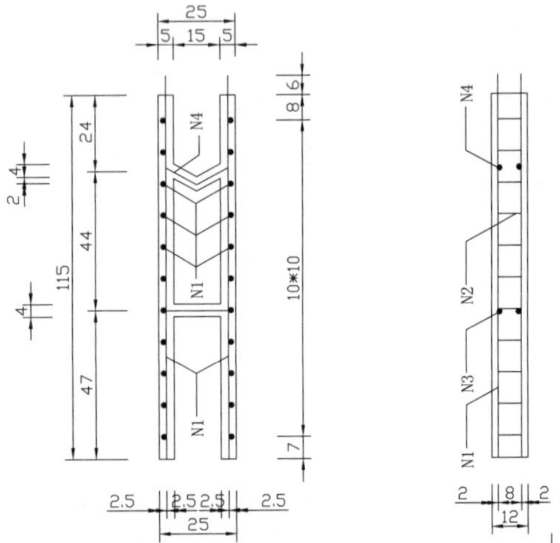

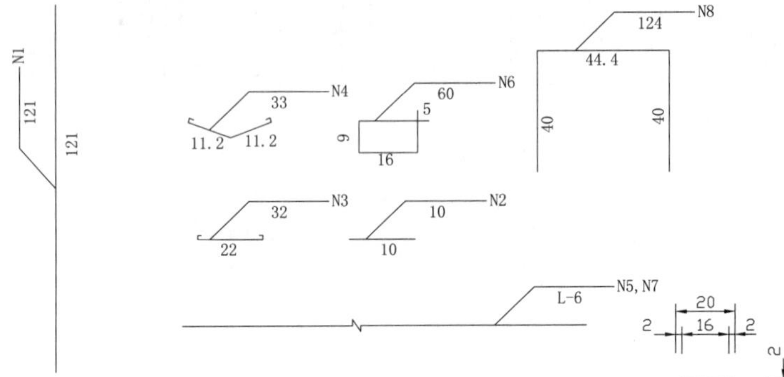

扶手钢筋构造 1:10

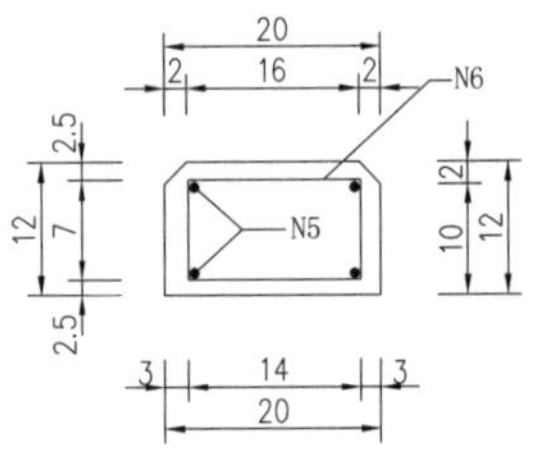

护轮带构造 1:10

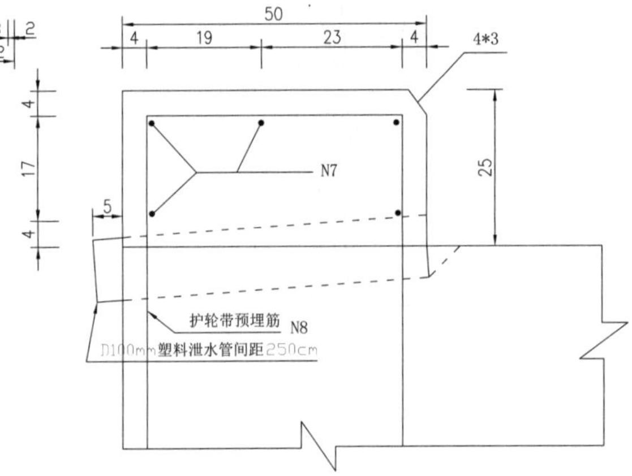
N7
4*3
护轮带预埋筋 N8
D100mm塑料泄水管间距250cm

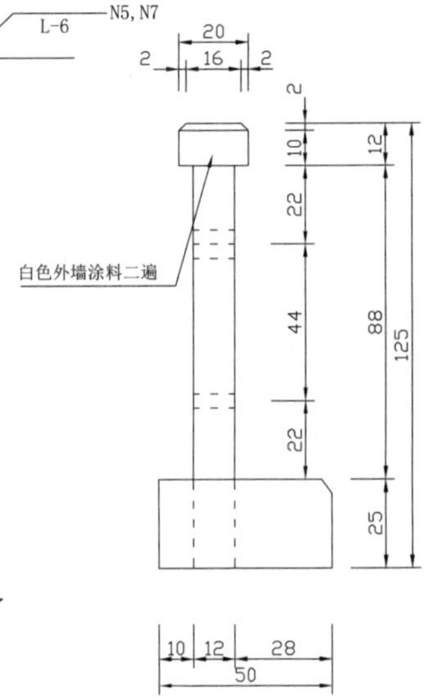
白色外墙涂料二遍

栏杆带断面图 1:20

围栏围墙109

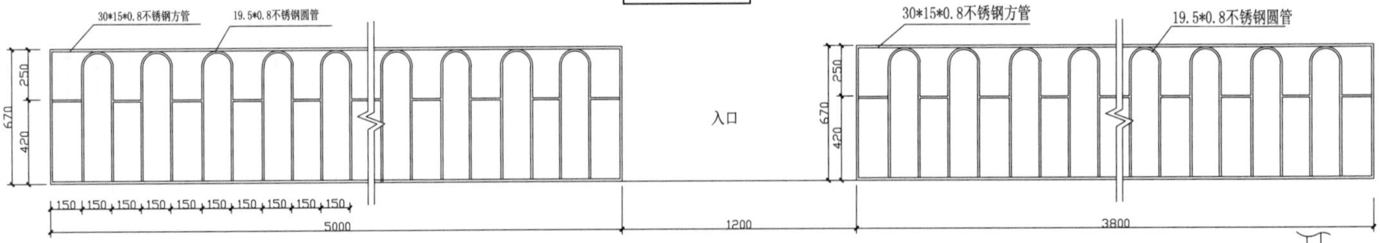
30*15*0.8不锈钢方管
19.5*0.8不锈钢圆管
入口
5000
1200
3800

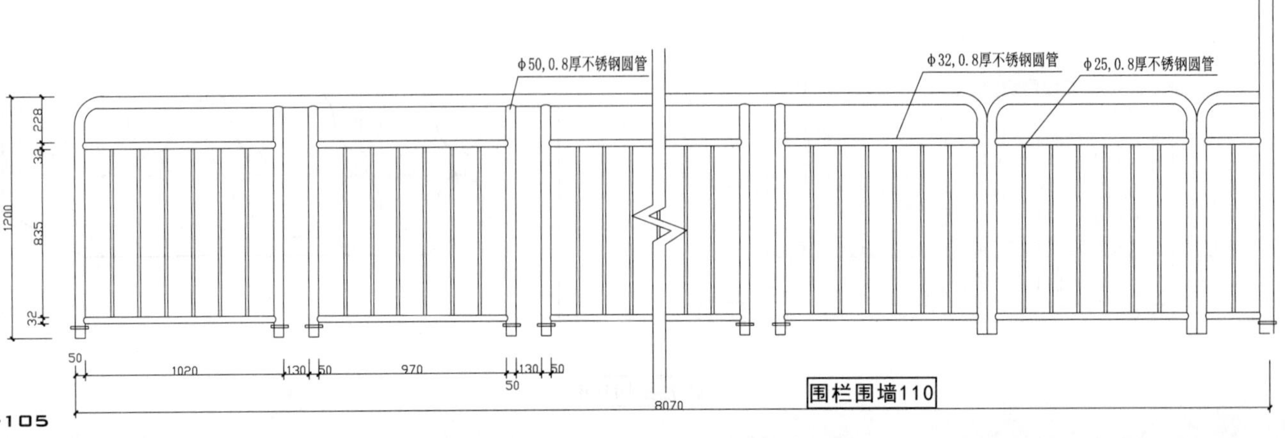
φ50, 0.8厚不锈钢圆管
φ32, 0.8厚不锈钢圆管
φ25, 0.8厚不锈钢圆管
8070

围栏围墙110

围栏围墙111

B

2,500   2,500   125
1,300

A   A

B   栏板正立面图   B-B

A-A

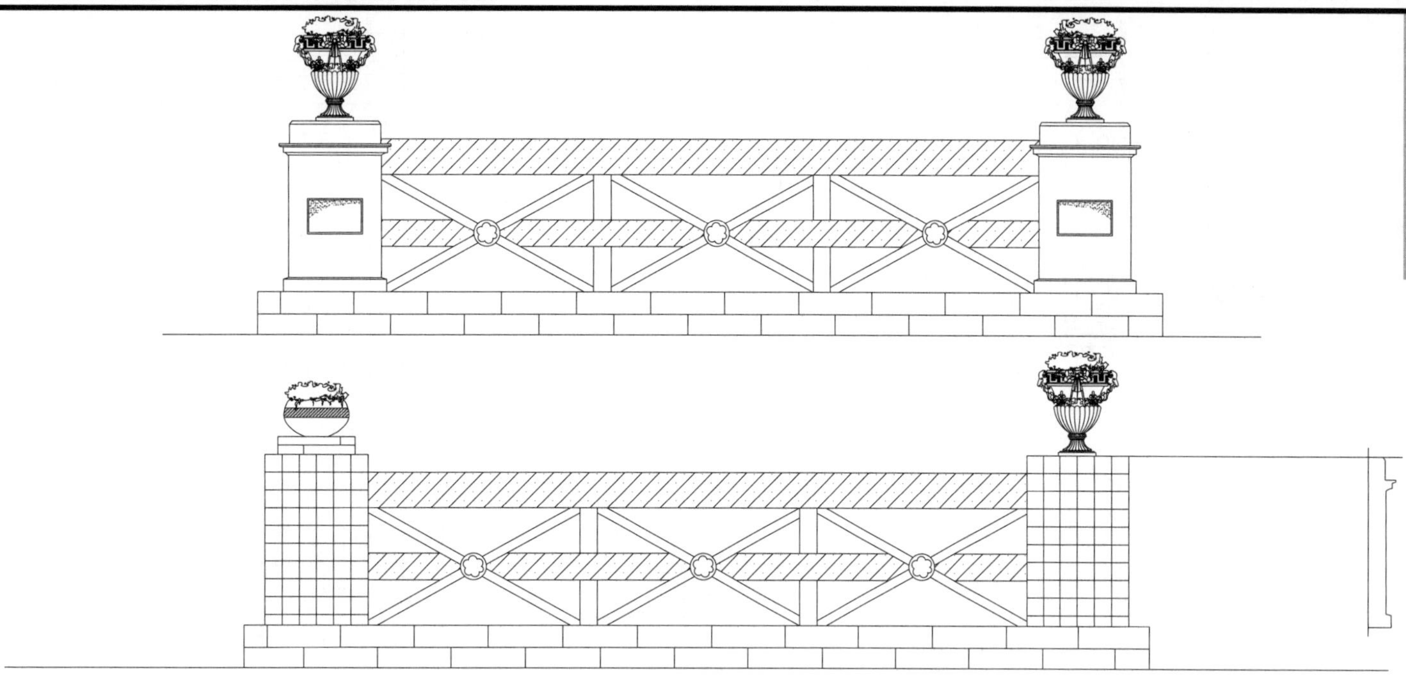

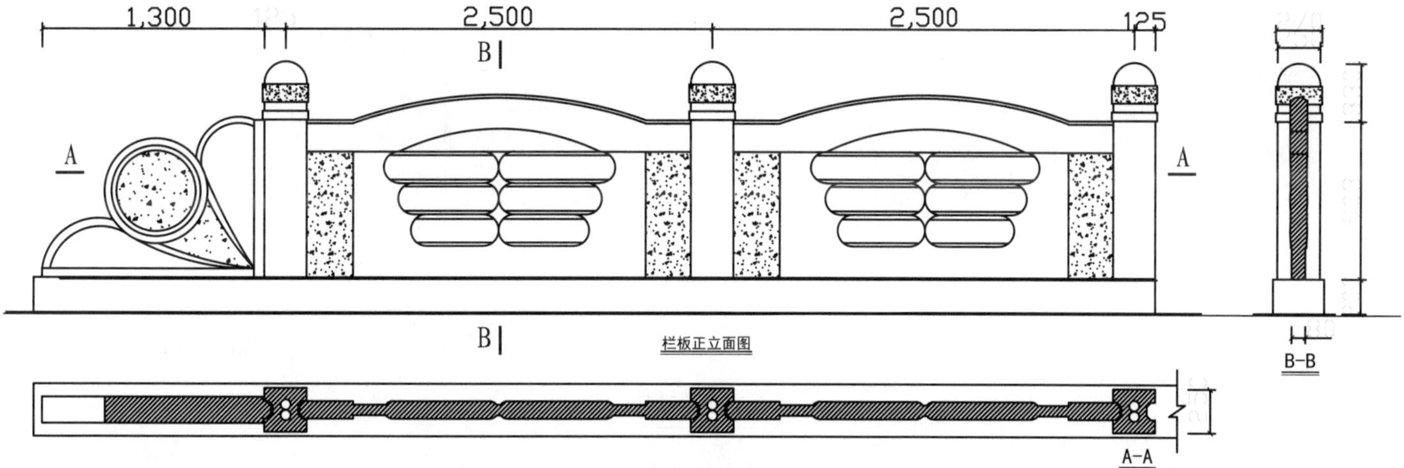

围栏围墙112

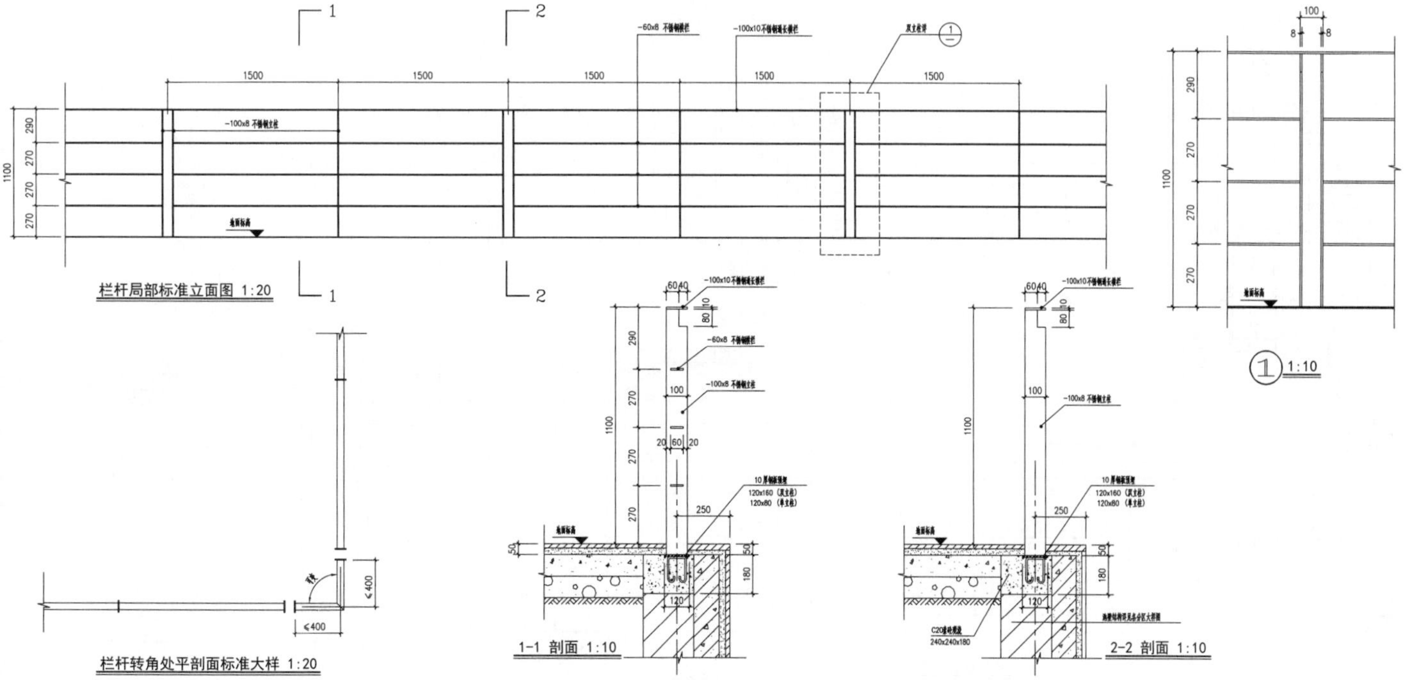

围栏围墙113

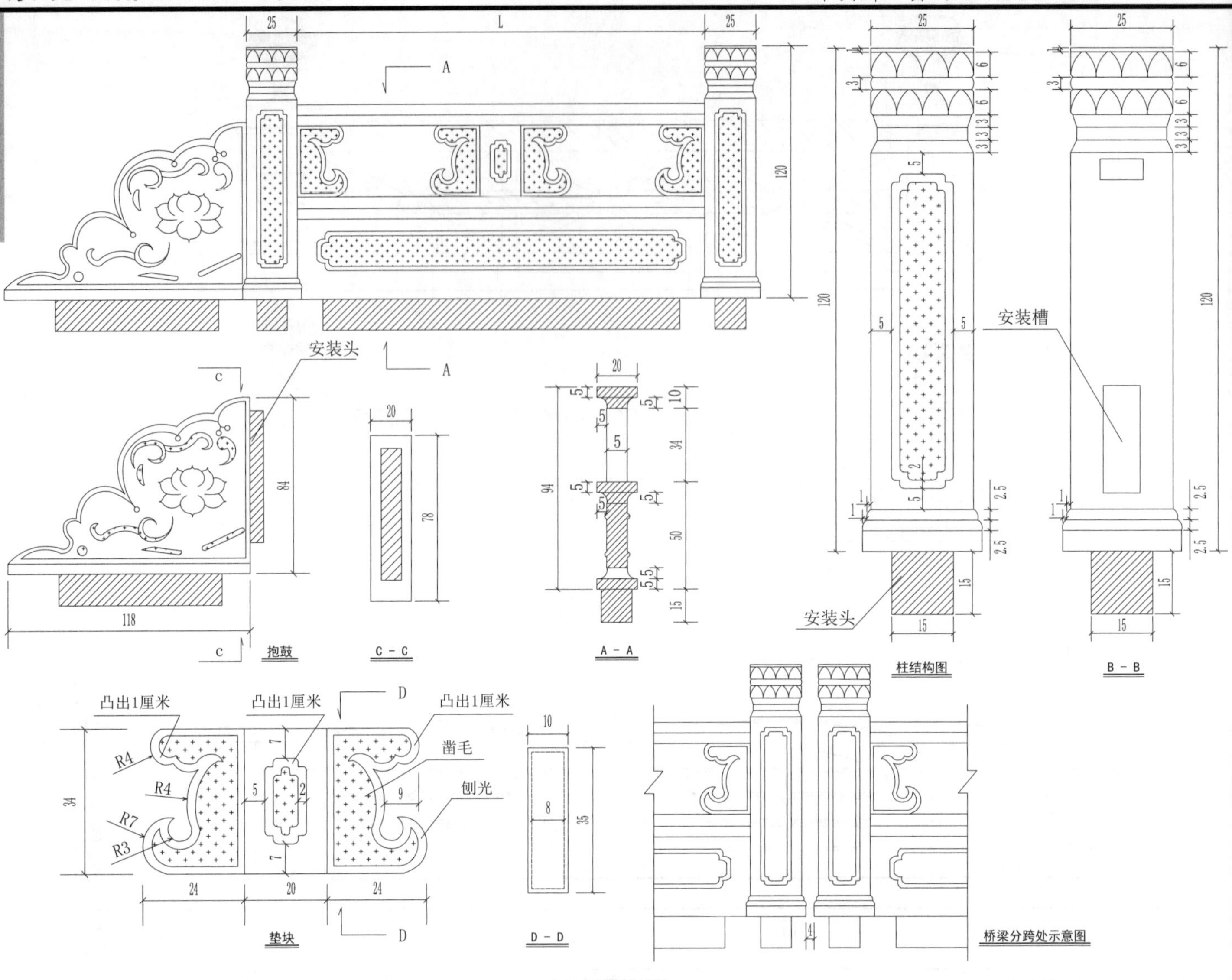

安装头
抱鼓
C－C
A－A
安装槽
柱结构图
B－B
凸出1厘米
凿毛
刨光
垫块
D－D
桥梁分跨处示意图

围栏围墙114

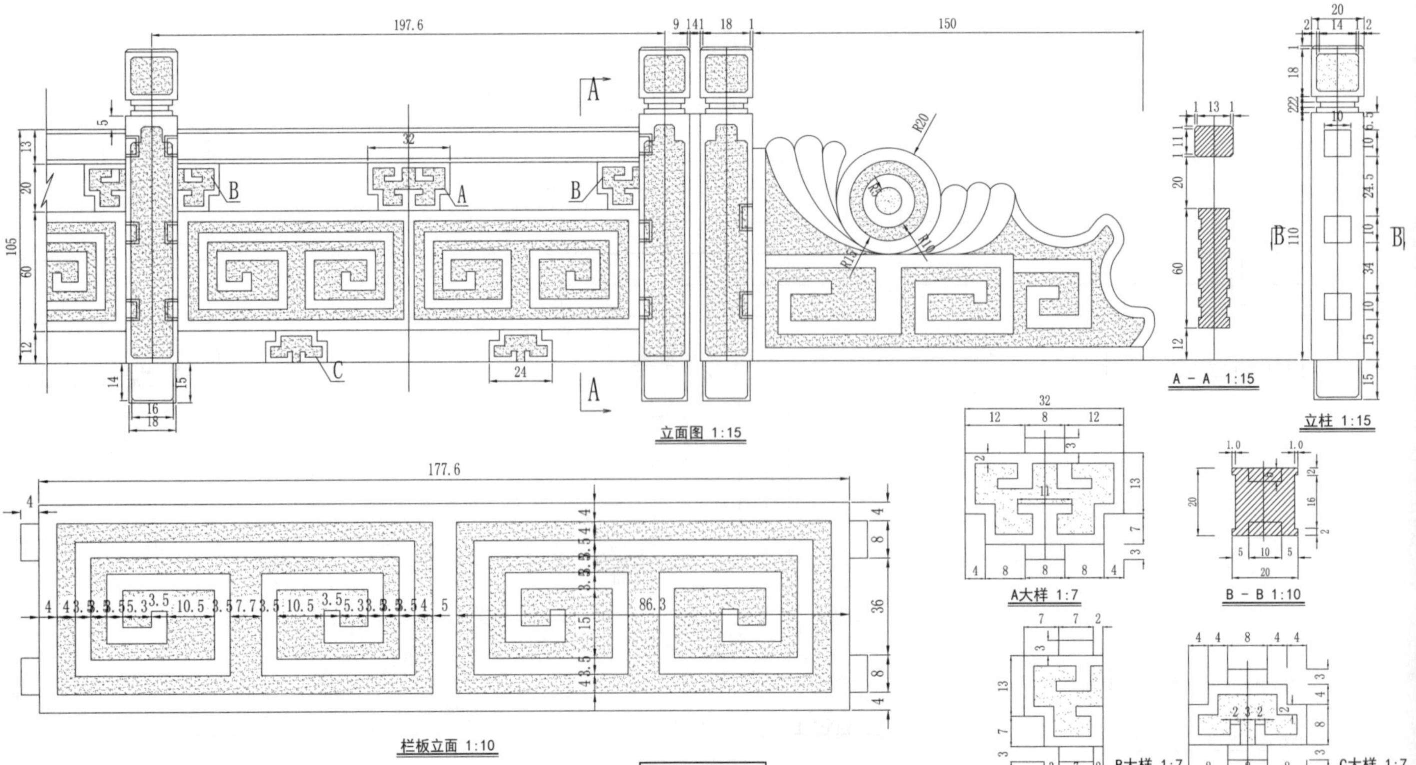

立面图 1:15
A－A 1:15
立柱 1:15
A大样 1:7
B－B 1:10
栏板立面 1:10
B大样 1:7
C大样 1:7

围栏围墙115

米色真石漆饰面
毛石防汛墙
3.500(水面常年标高)

4000
300
70
785
880
880
880
4.650
(人行道地面标高)

扶手栏杆背立面图 1:40

扶手栏杆平面图 1:40
4000
240 315 315 315 315 315 315 315 315 240
2520
R200

米色真石漆饰面
米色真石漆饰面花盆
1000
300
1170
1470
440 300 2520 300 880
4000

扶手栏杆正立面图 1:40

围栏围墙116

END POST DETAIL A
花钵大样图 LD-3.02

7980
2250 250 2250 250 2250
300

C
LD-3.01
B
LD-3.01

100X50MM THK. RHS FRAME
PAINTED FINISH; COLOR: BRONZE
100X50MM厚喷青铜色空心钢管

100X100MM THK. RHS POST
PAINTED FINISH; COLOR: BRONZE
100X100MM厚喷青铜色空心钢管

100X50MM THK. RHS FRAME
PAINTED FINISH; COLOR: BRONZE
100X50MM厚喷青铜色空心钢管
100

A 平面图
PLAN
LD-3.01 SCALE 1:20

2300
100 200 100
TYP. TYP. TYP.
100
50
275
275
50
50 100
50

100X50MM THK. RHS FRAME
PAINTED FINISH; COLOR: BRONZE
100X50MM厚喷青铜色空心钢管

9MM THK. METAL W/ CARVED
LEAF DESIGN; PAINTED FINISH
COLOR: PATINA GREEN
9MM厚饰铜绿色片苏铁制品

100X100MM THK. RHS POST
PAINTED FINISH; COLOR: BRONZE
100X100MM厚喷青铜色空心钢管

25MM Ø GMS SQUARE BAR
WELDED; PAINTED FINISH
COLOR: BRONZE
25MM Ø铁碳喷青铜色

PLASTERED CEMENT PAINTED
FINISH COLOR: BEIGE
米色喷石漆

B 立面图
ELEVATION
LD-3.01 SCALE 1:10

IMAGE D
意象图 LD-3.01

25MM Ø GMS SQUARE BAR
WELDED; PAINTED FINISH
COLOR: BRONZE
25MM Ø铁碳喷青铜色

100X100MM THK. RHS POST
PAINTED FINISH; COLOR: BRONZE
100X100MM厚喷青铜色空心钢管

100X50MM THK. RHS FRAME
PAINTED FINISH; COLOR: BRONZE
100X50MM厚喷青铜色空心钢管

AMCHOR BOLT
螺丝钉

PAVING MATERIAL AS SPECIFIED
(REFER TO MATERIALS PLAN)
具体材料见细部图

20 MM THK. CEMENT-
MORTAR ADHESIVE
20MM厚水泥砂浆贴结层

R.C. STRUCTURE BY ENGR.
结构层见建筑图

50
100
750
550
100
50 50
900
100

C 剖面图
SECTION
LD-3.01 SCALE 1:10

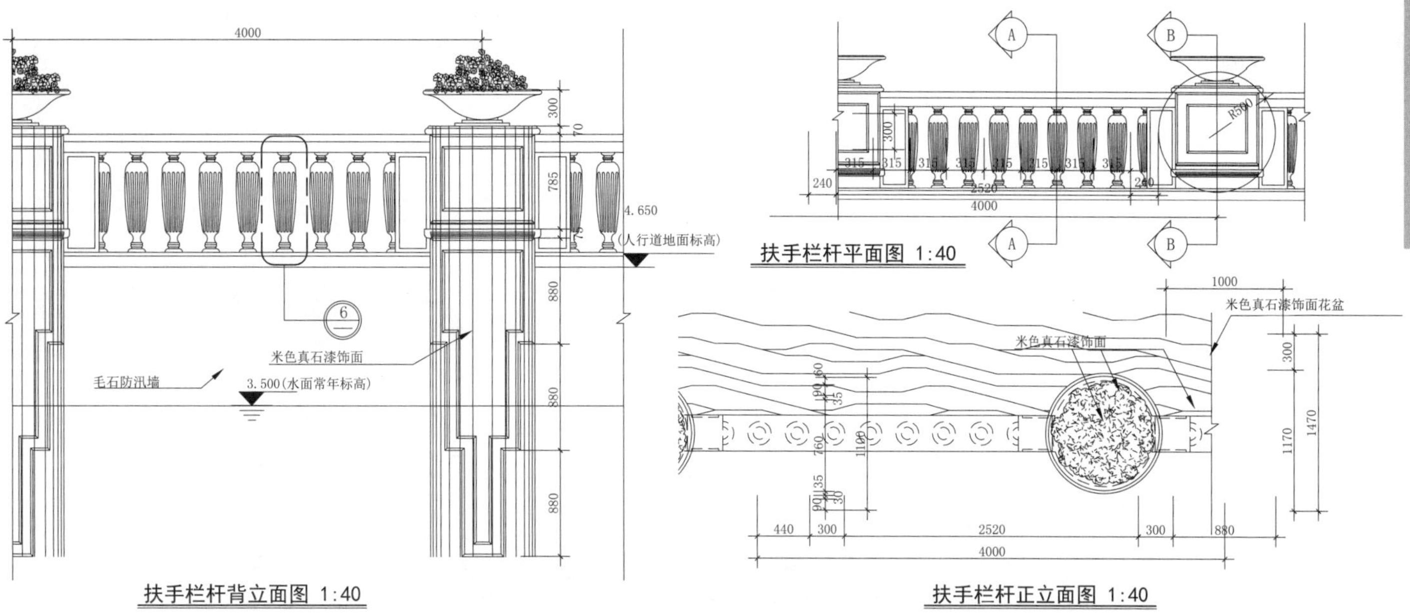

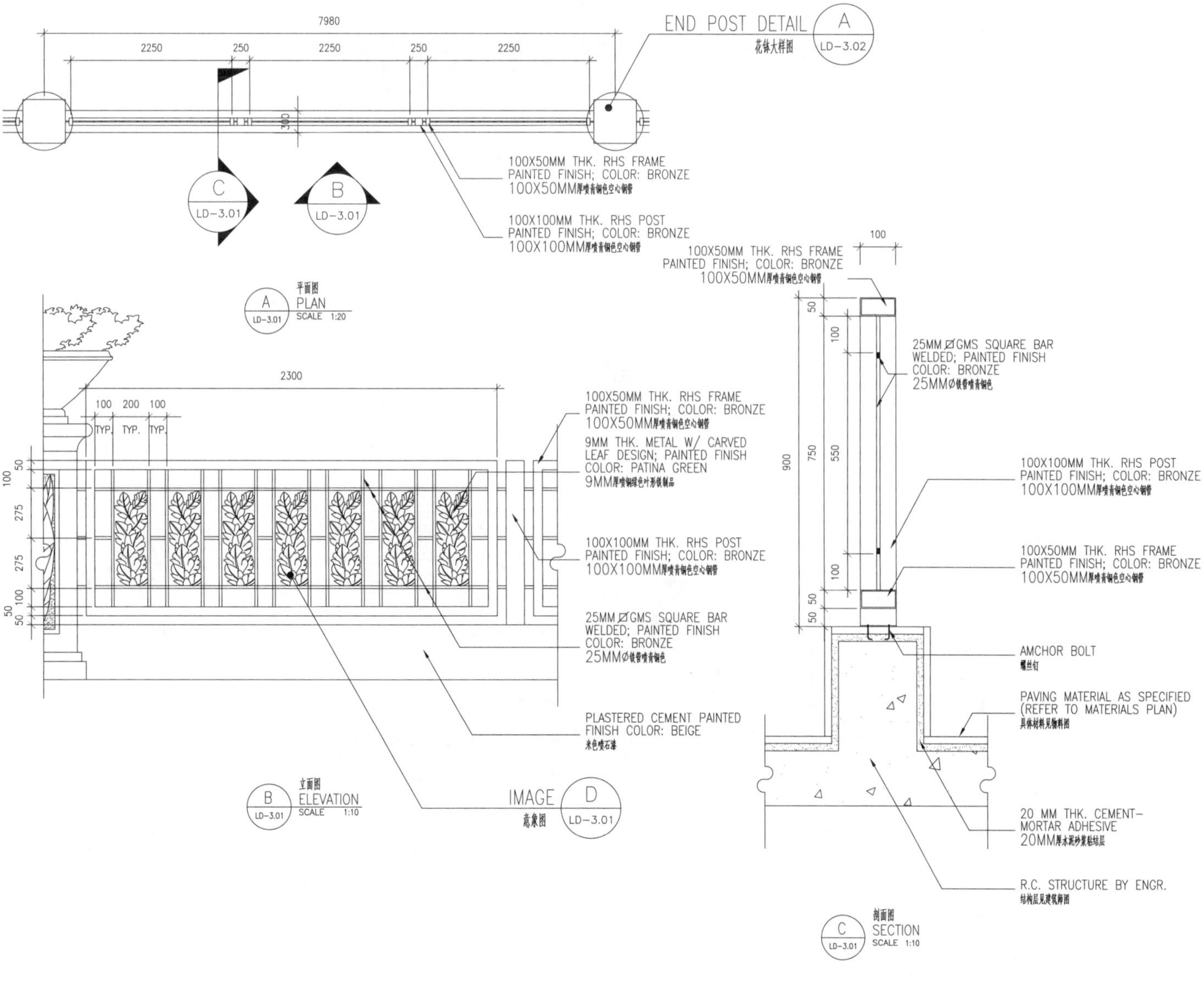

围栏围墙117

围
栏
围
墙

A 平面图
PLAN
LD-3.03 SCALE 1:20

FR. 5MM THK. FABRICATED
STEEL PLATE, FAN MOTIF
COLOR: FOREST GREEN
5MM厚森林绿钢条

9MM THK. x 50MM WIDTH FLAT
BAR; SPRAY PAINTED FINISH
COLOR: BLACK
9MM厚X50MM宽扁船黑色真石漆

16MM SOLID BAR;
SPRAY PAINTED FINISH
COLOR: BLACK
16M铁条黑色真石漆

3MM THK. BLACK IRON SHEET
FILLER; SPRAY PAINTED FINISH
COLOR: FOREST GREEN
3MM厚铁片森林绿真石漆

6MM THK. x 50MM WIDTH FLAT
BAR; SPRAY PAINTED FINISH
COLOR: FORREST GREEN
6MMX50MM宽扁船森林绿真石漆

15MM x 10MM DEPTH
HORIZONTAL GROOVE
15MMX10MM深平凹槽

50 Ø SQUARE HOLLOW SECTION;
SPRAY PAINTED FINISH
COLOR: MAROON
50Ø尺寸空心黑色真石漆

B 立面图
ELEVATION
LD-3.03 SCALE 1:20

SPRAYED GRANITE FINISH
COLOR: BEIGE
褐色真石漆

3MM THK. BLACK IRON SHEET
FILLER; SPRAY PAINTED FINISH
COLOR: FOREST GREEN
3MM厚铁条森林绿真石漆

围栏围墙118

VARIES
不固定
700
VARIES
不固定

A E L E V A T I O N
SCALE 1:10

B S E C T I O N
SCALE 1:10

250 x 250 x
50 MM THK. SG4A
20 MM THK. SG4A

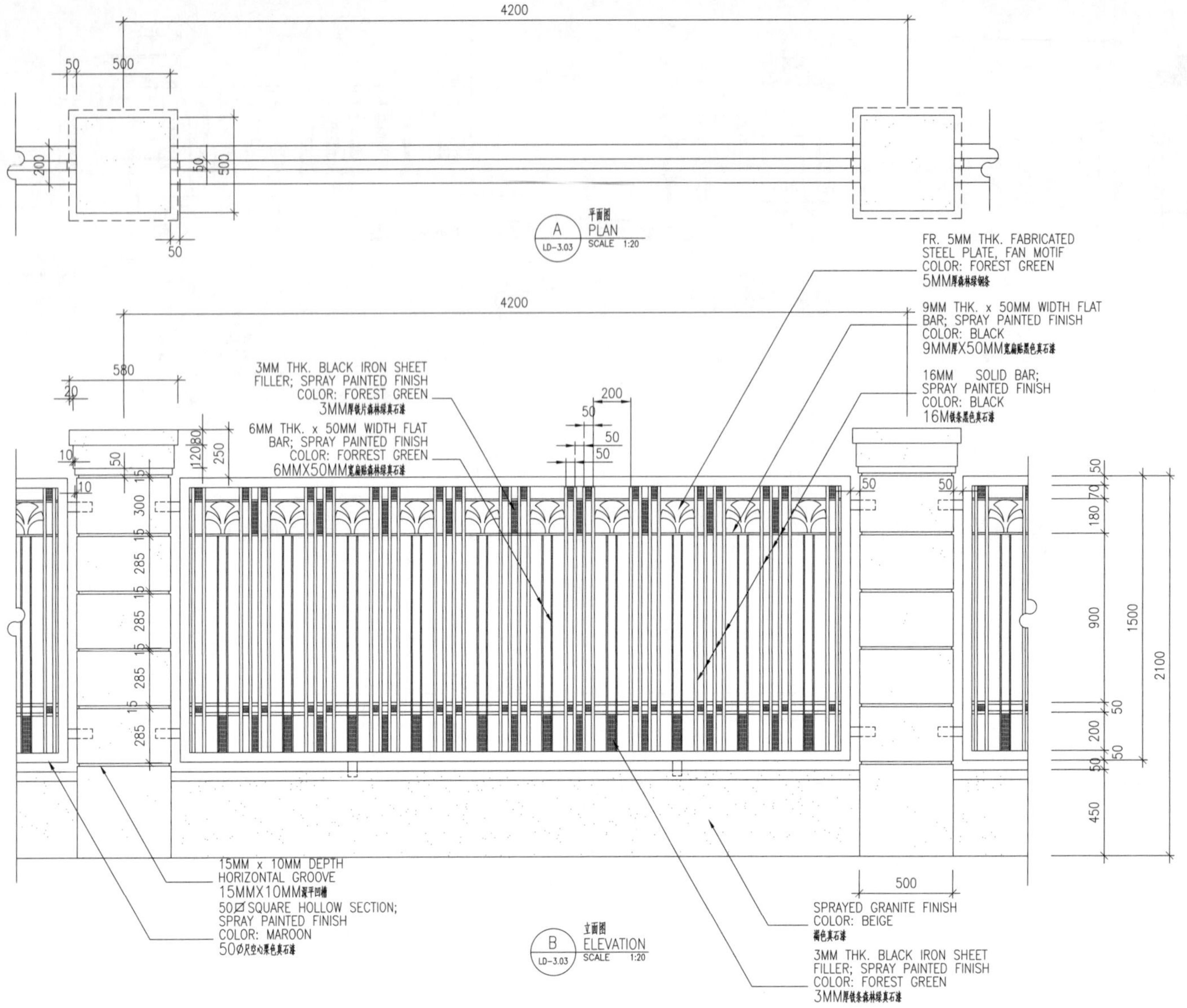

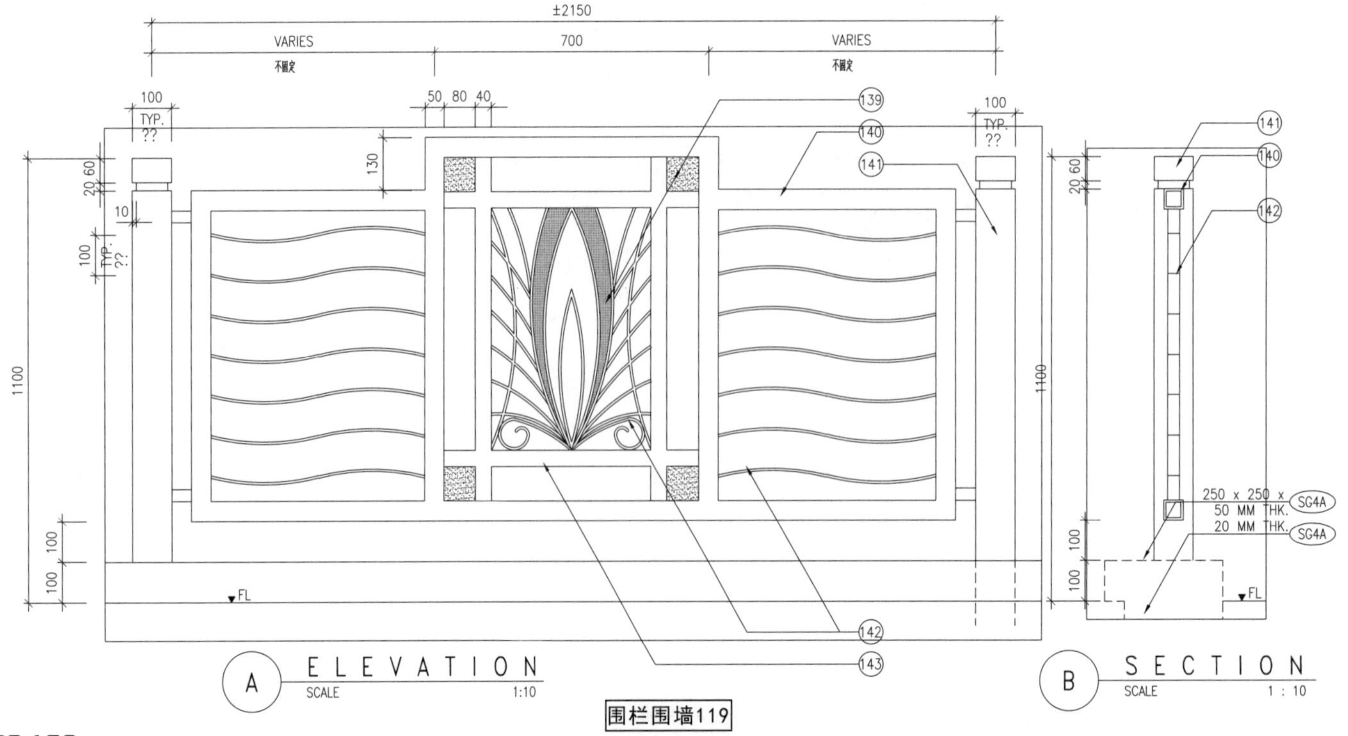

围栏围墙119

SWIMMING POOL GATE & FENCE
VARIES (REFER TO SETTING-OUT PLAN)
POOL DECK
TYPICAL FLUSHED PLANTER DETAIL
TYPICAL PLANTER WALL DETAIL
TYPICAL PLANTER CURB DETAIL
POOL DECK LEVEL +0.40
FL -0.30
SL -1.00
FALL
DRAIN TO WASTE
A SECTION SCALE 1:25
SWIMMING POOL FENCE & GATE DETAIL
B ELEVATION SCALE 1:25
1850 (TYPICAL MODULE)
B SECTION SCALE 1 : 30
A ELEVATION SCALE 1 : 30
围栏围墙120
REFER TO SETTING OUT PLAN
REFER TO LEVELS PLAN
COLUMN MURAL DETAIL
A ELEVATION SCALE 1:30
B SECTION SCALE 1:30
围栏围墙121

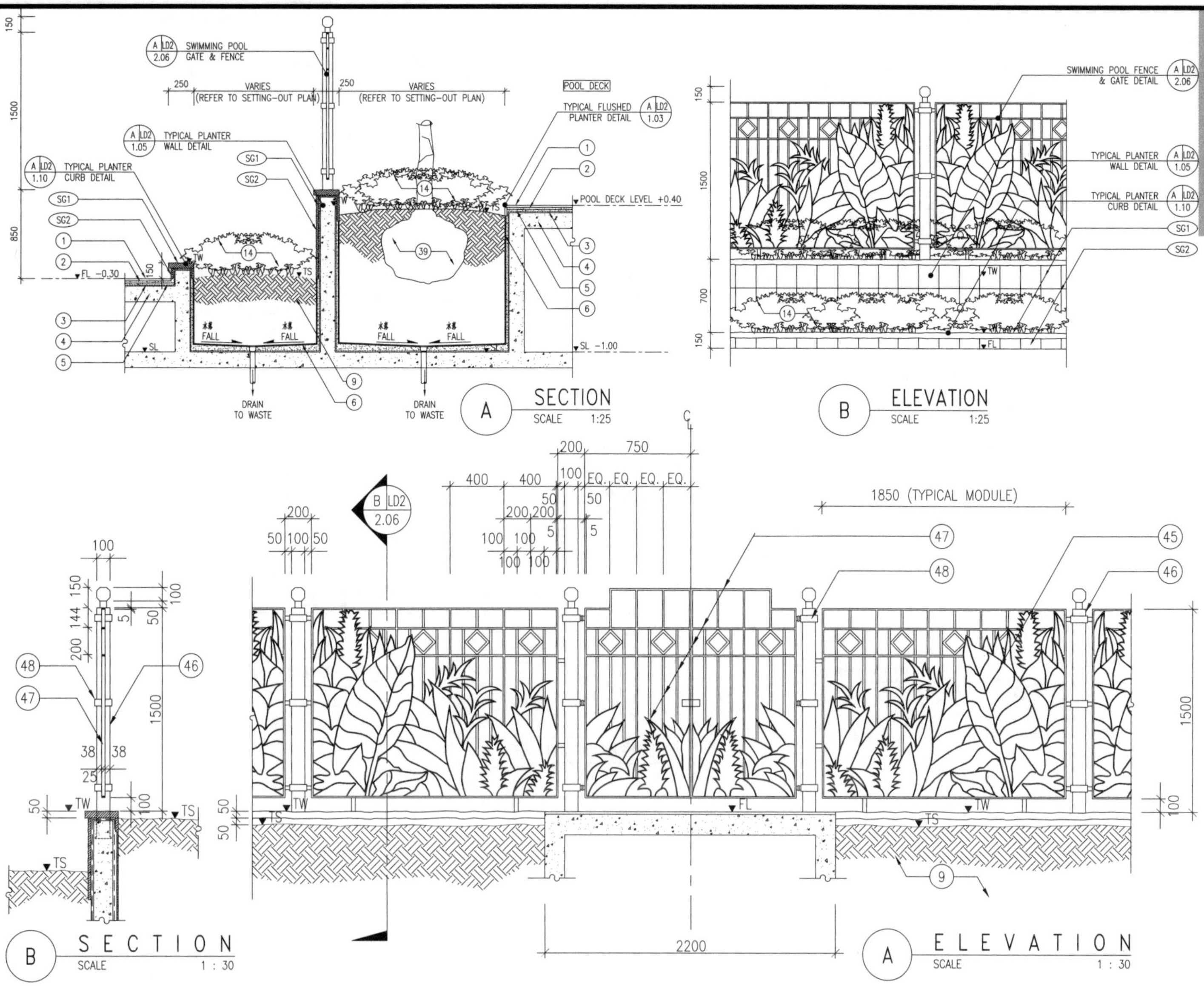

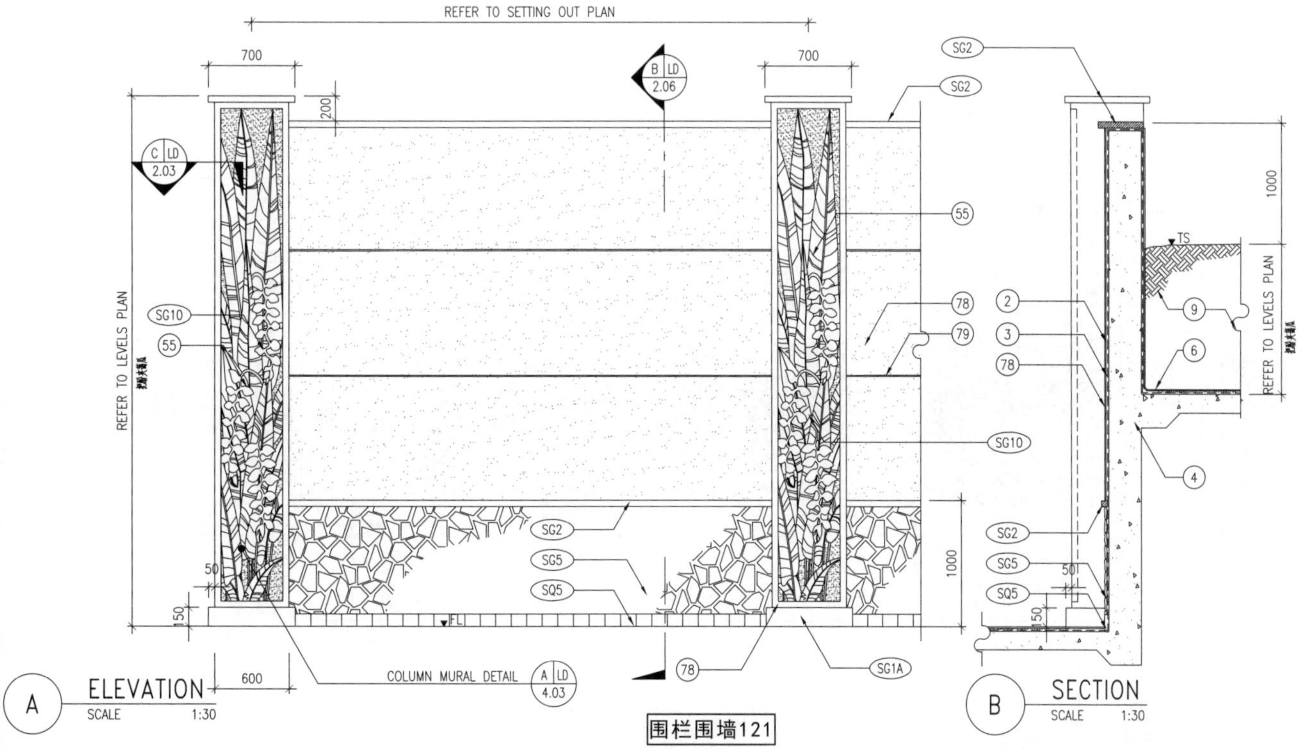

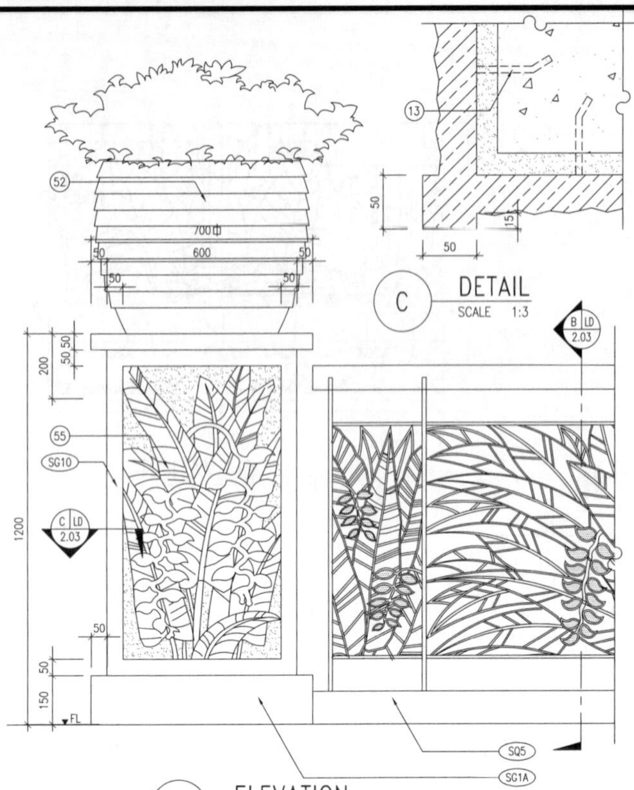

围栏围墙

DETAIL
SCALE 1:3

ELEVATION
SCALE 1:10

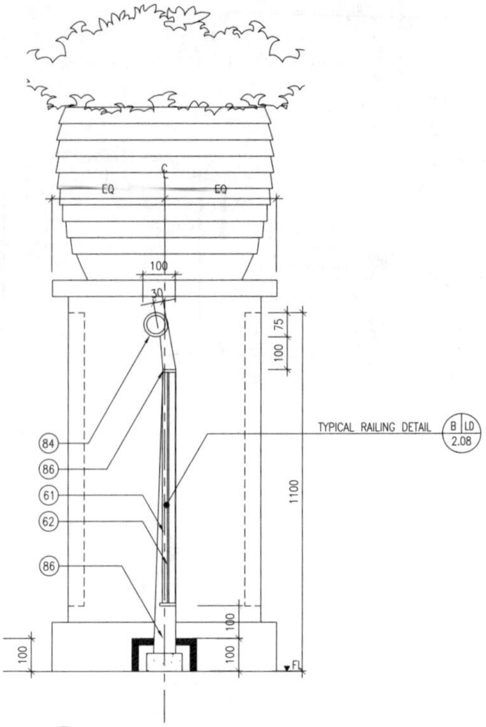

SECTION
SCALE 1:10

围栏围墙122

TYPICAL RAILING DETAIL

PART OF OUTSIDE.

PART OF INSIDE.

PLAN
SCALE 1:20

TYPICAL CURB DETAIL

ISOMETRIC

ELEVATION
SCALE 1:20

围栏围墙123

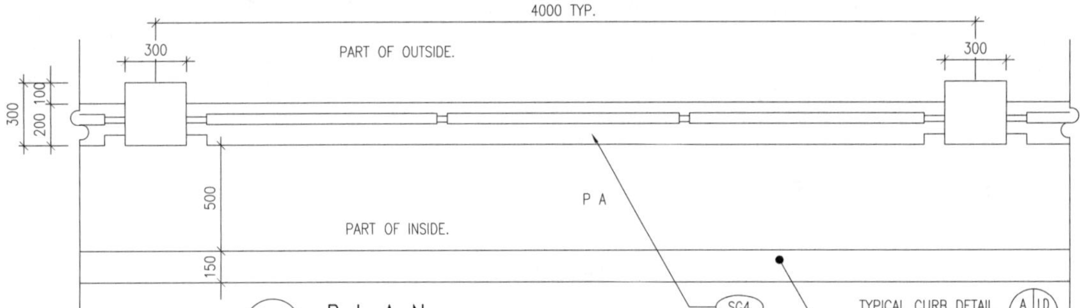

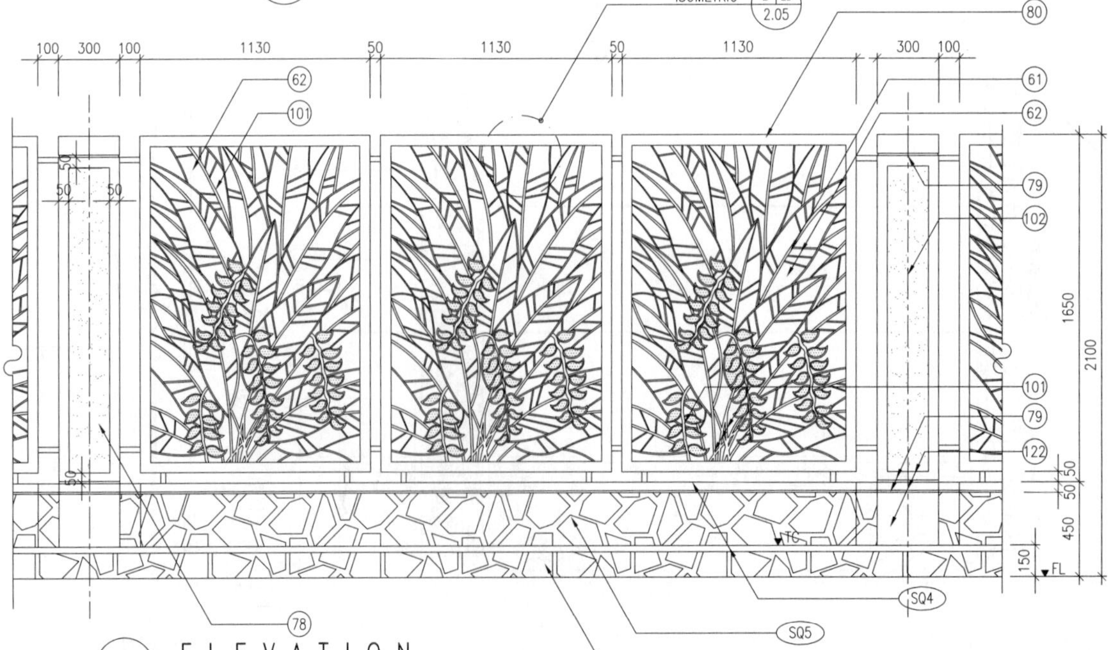

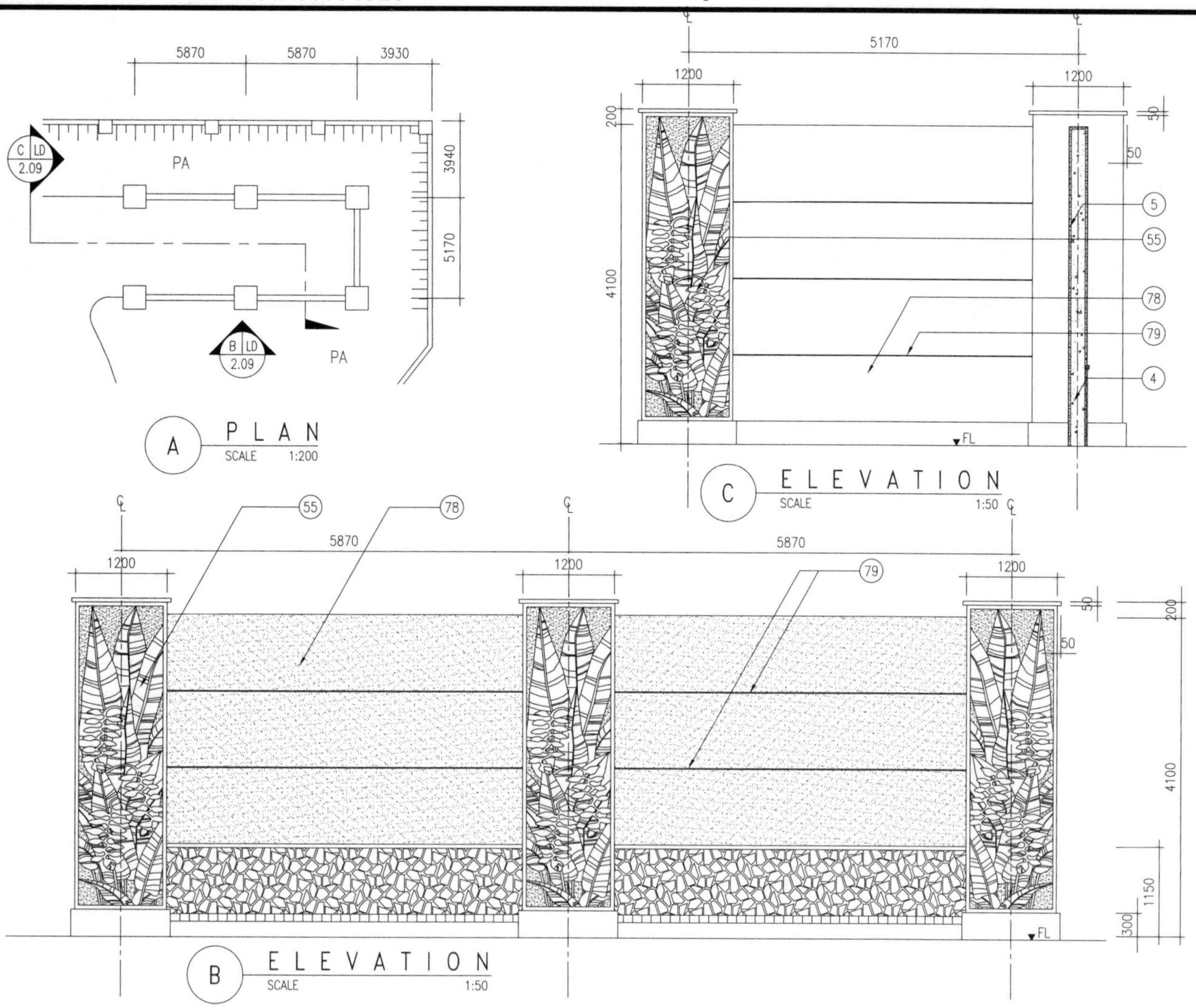

围栏围墙124

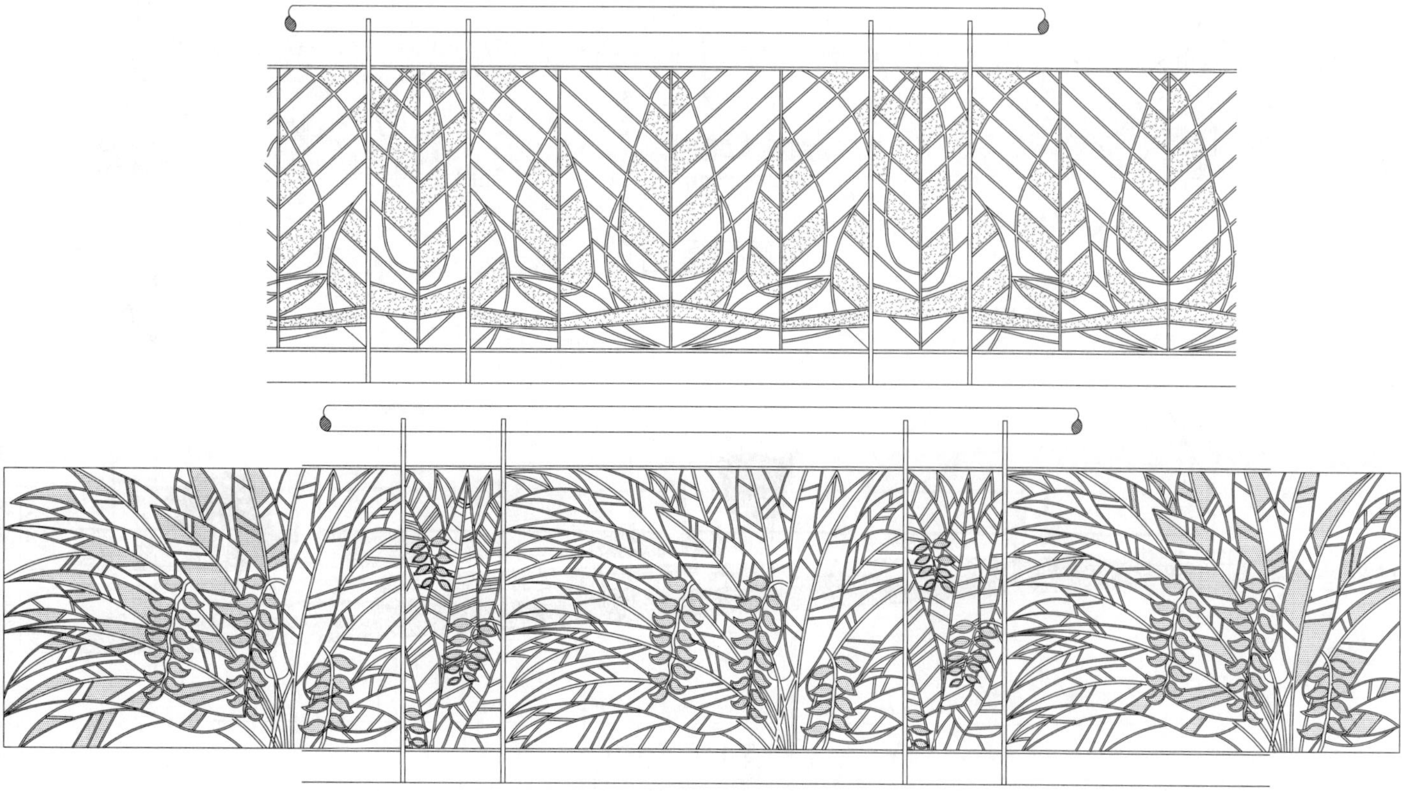

围栏围墙125

本页解压密码: 51694920

ELEVATION
SCALE 1:30

SECTION
SCALE 1:30

围栏围墙126

PLAN
SCALE 1:100

ELEVATION
SCALE 1:10

围栏围墙127

ELEVATION
SCALE 1:30

围栏围墙128

ELEVATION
SCALE 1:30

SECTION
SCALE 1:100

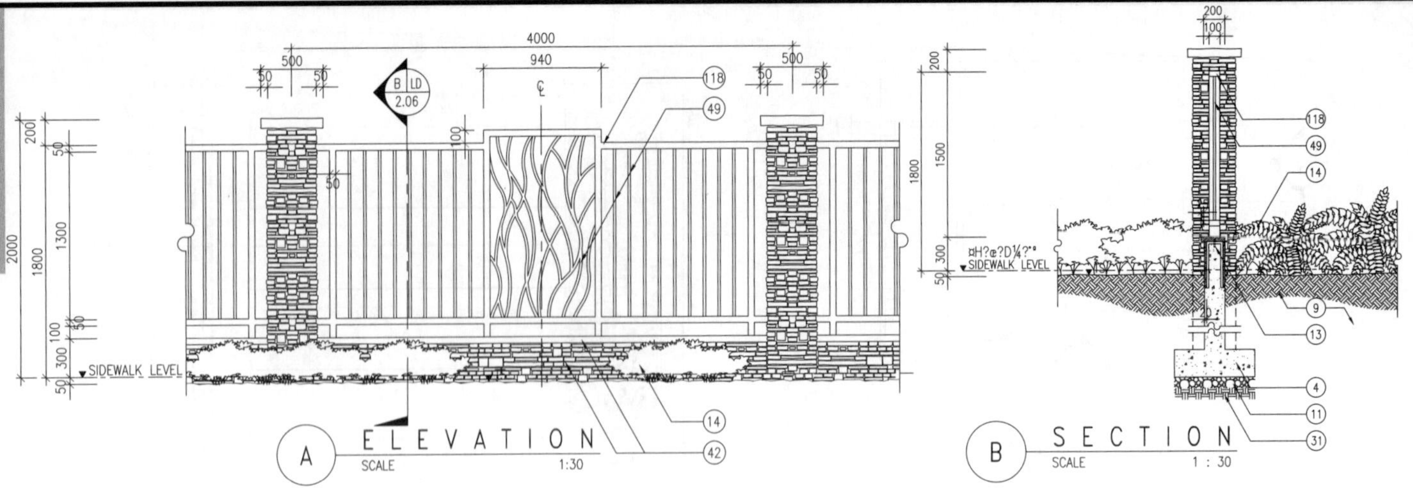

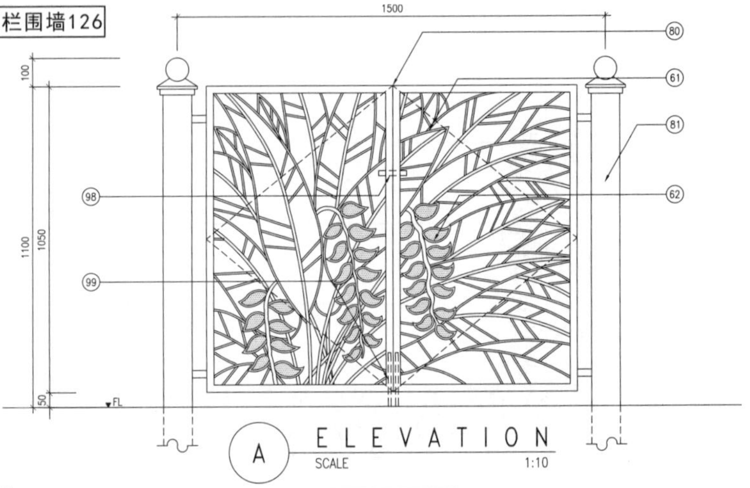

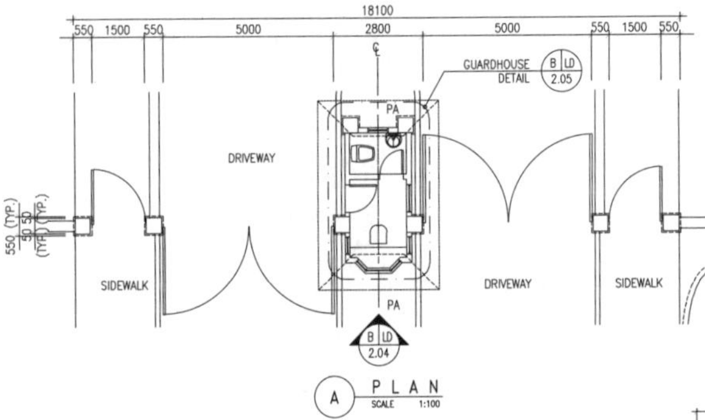

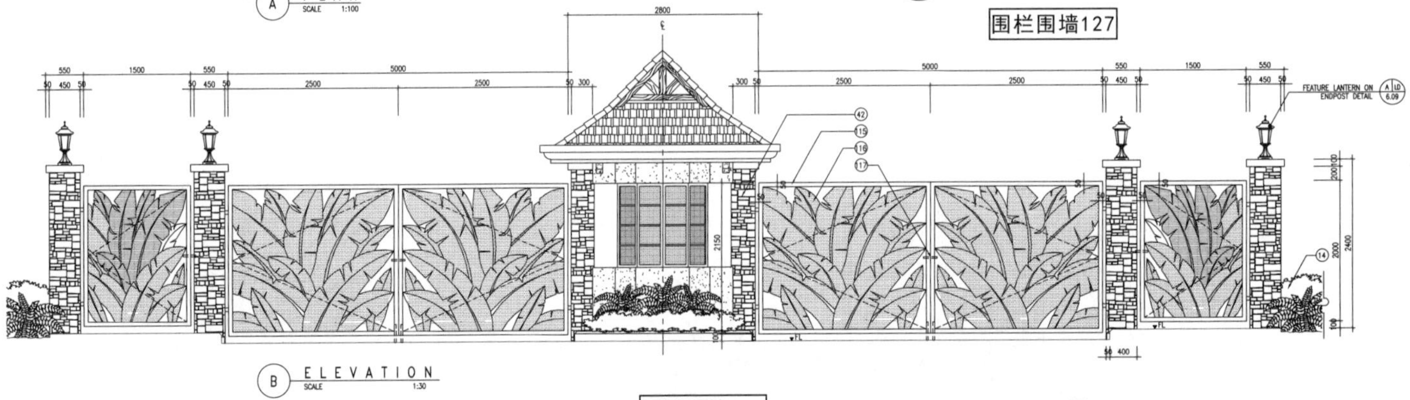

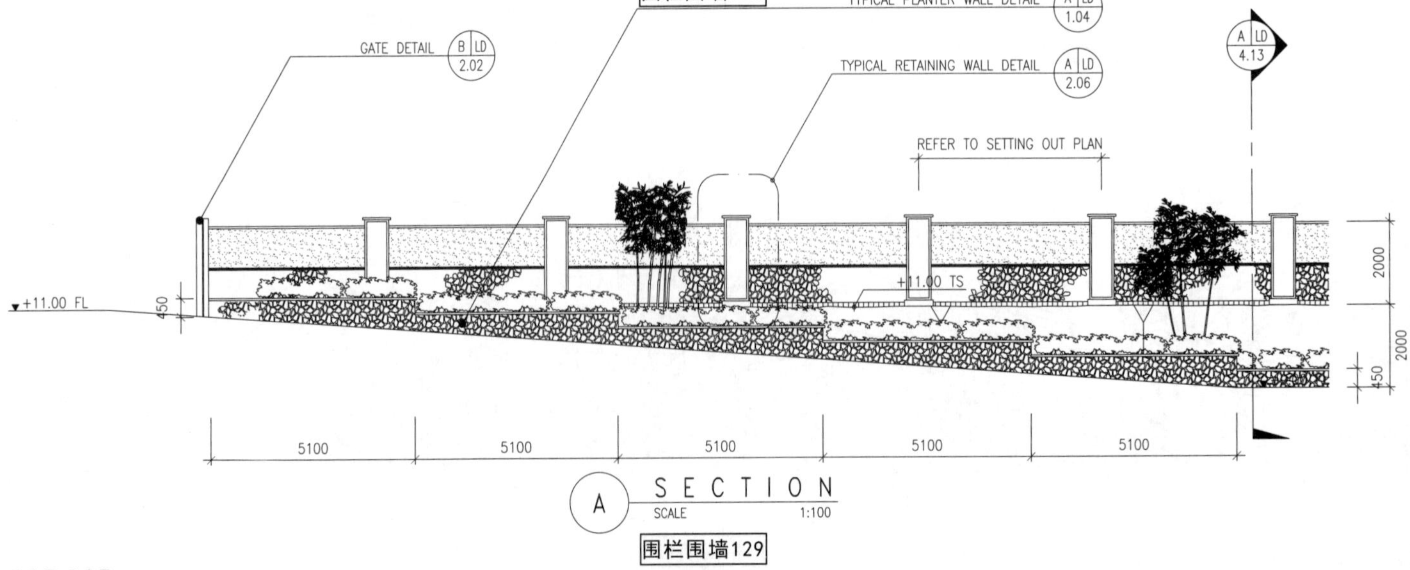

围栏围墙129

A　PLAN
SCALE　1:20

ISOMETRIC DETAIL

BOUNDARY FENCE
LIGHTING

B　ELEVATION
SCALE　1:20

C　SECTION
SCALE　1:20

围栏围墙130

TYPICAL RAILING
DETAIL

+16.85 WL
+17.30 FL
+18.40 TR

A　PLAN
SCALE　1:100

D　SECTION
SCALE　1:5

E　ISOMETRIC DETAIL
SCALE　1:10

TYPICAL RAILING
DETAIL

300 x 200 x 20 MM THK.

B　ELEVATION
SCALE　1:30

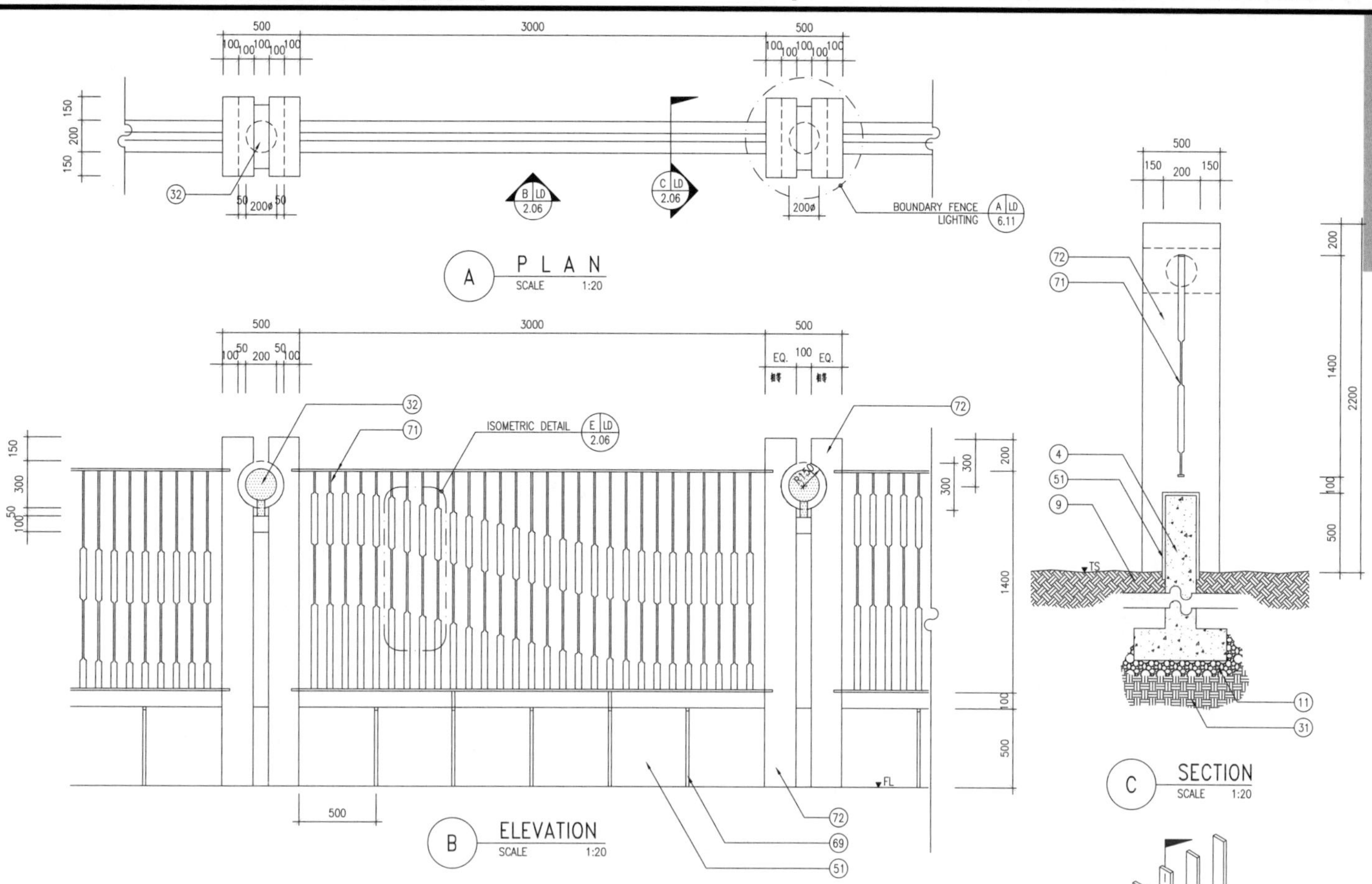

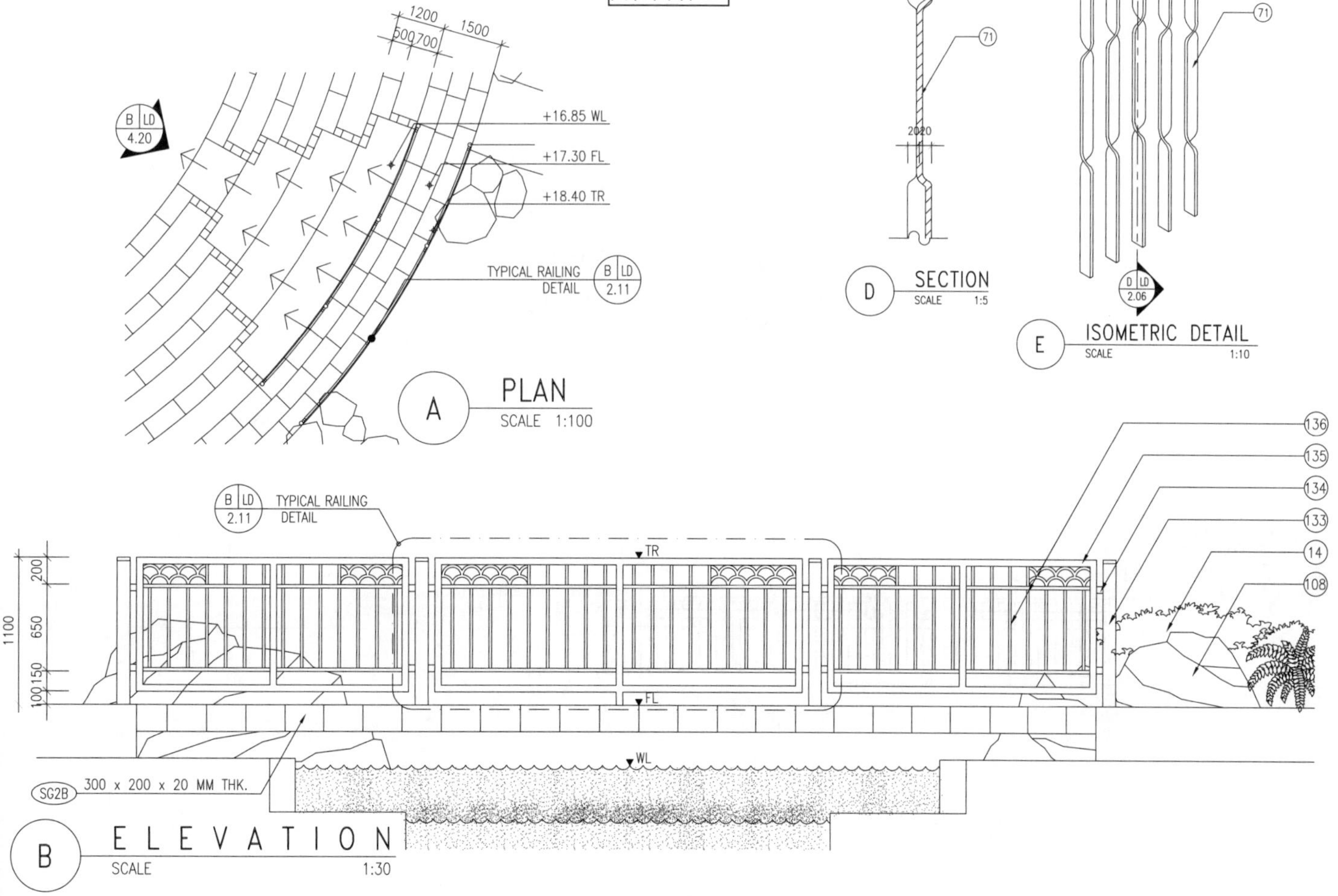

围栏围墙131

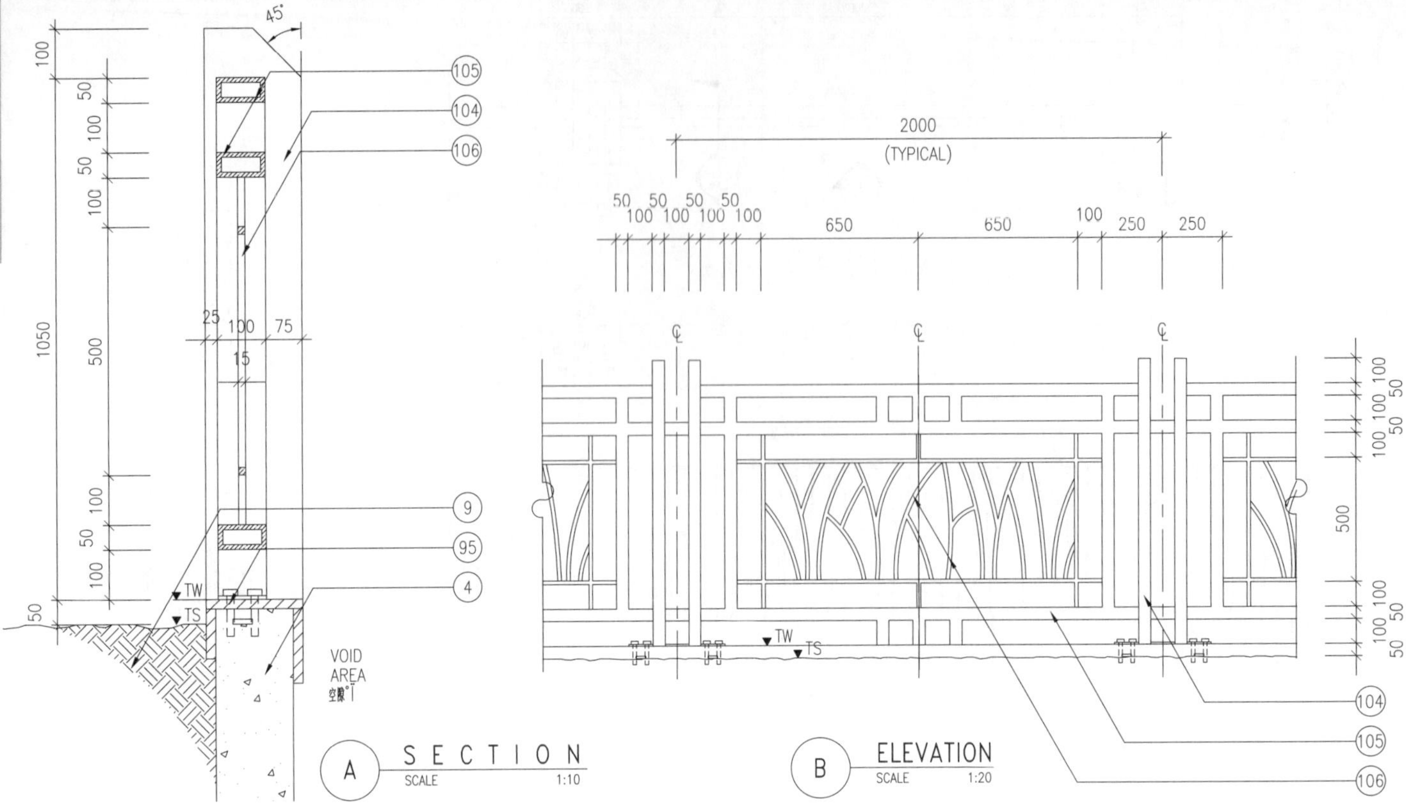

围栏围墙132

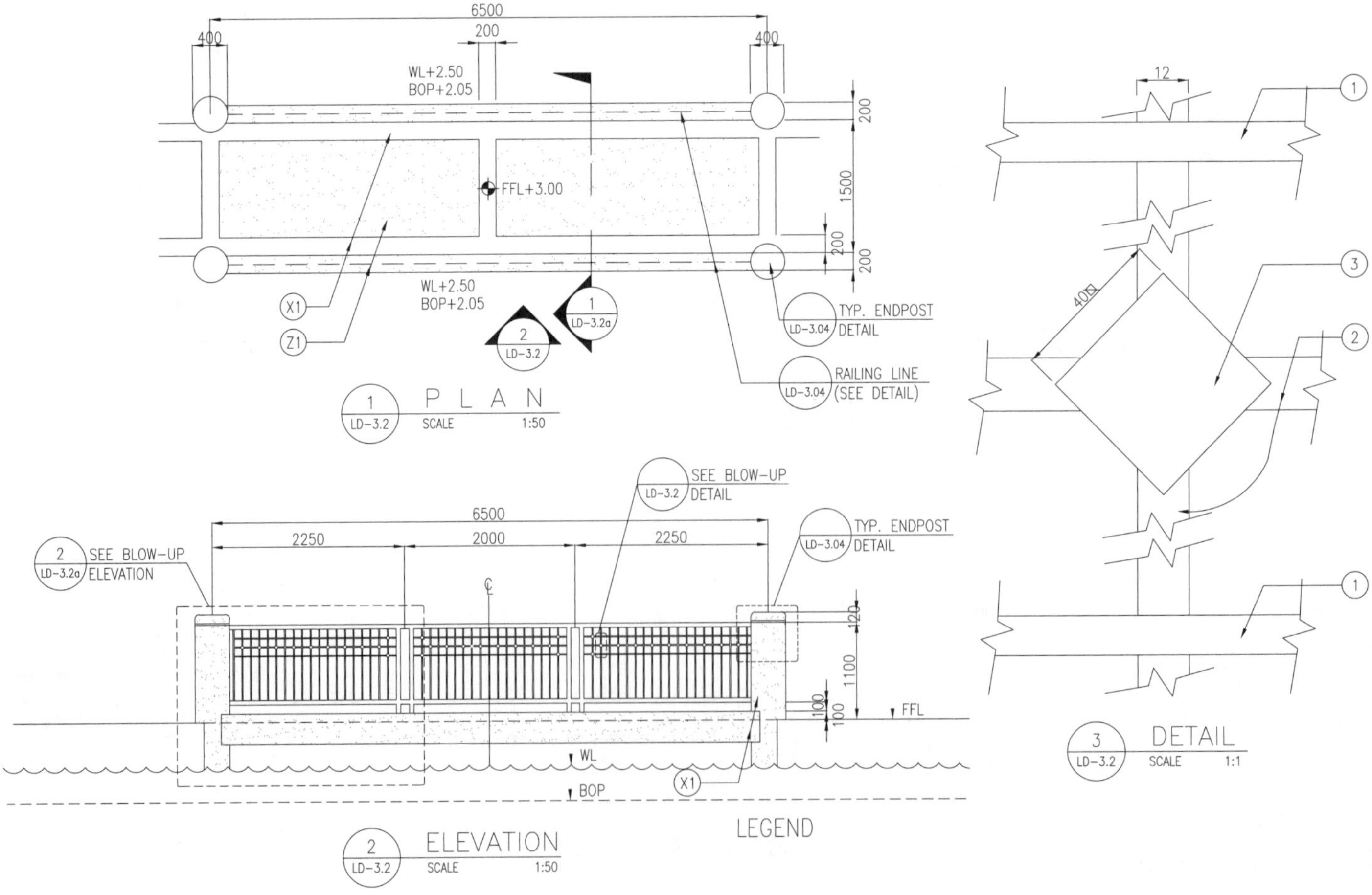

围栏围墙133

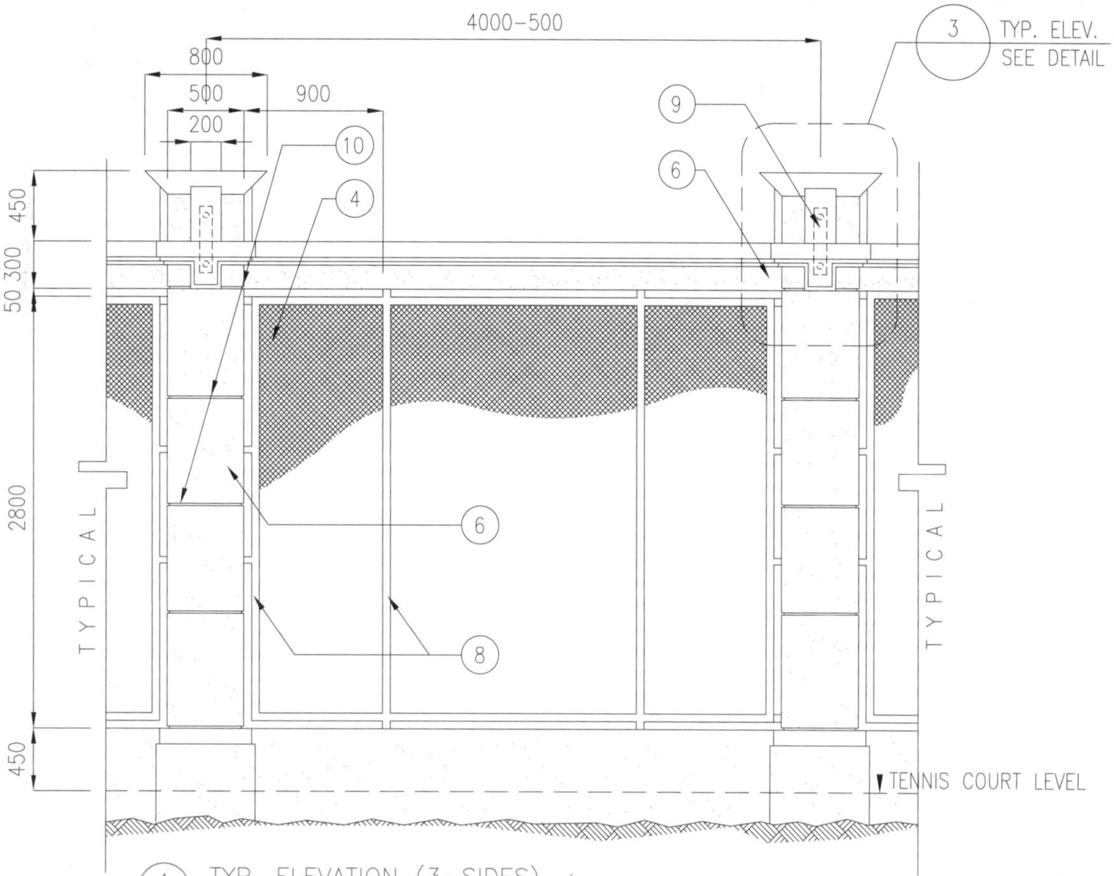

1 LD-3.10b TYP. ELEVATION (3-SIDES)
SCALE 1:40

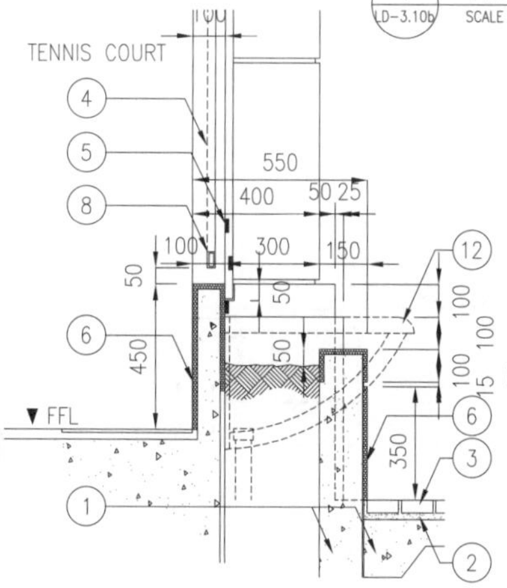

2 LD-3.10b SECTION DETAIL
SCALE 1:20

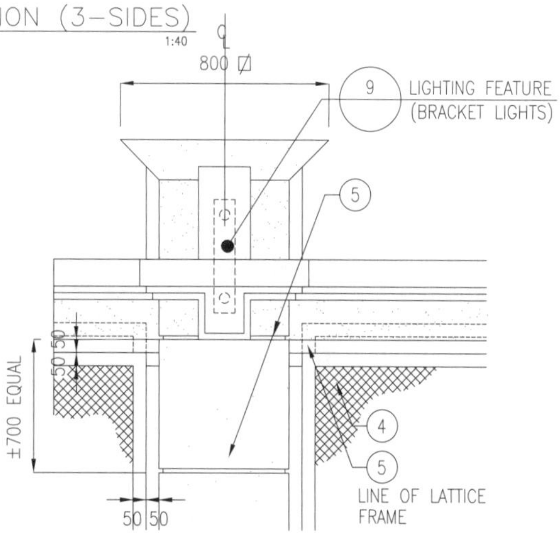

3 LD-3.10b TYP. ELEV. (COL.)
SCALE 1:20

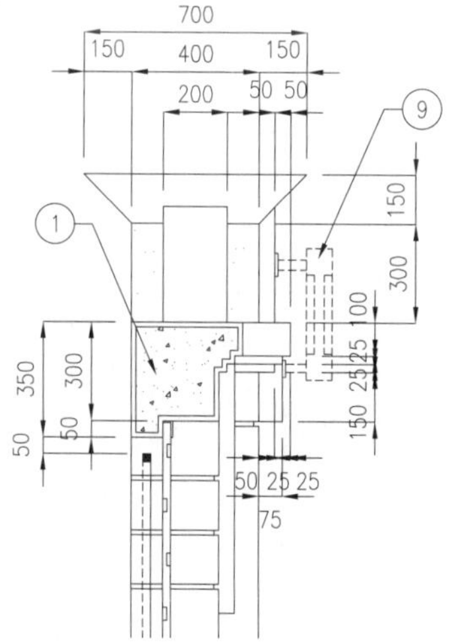

4 LD-3.10b SEC. DETAIL/SIDE ELEV.
SCALE 1:20

围栏围墙134

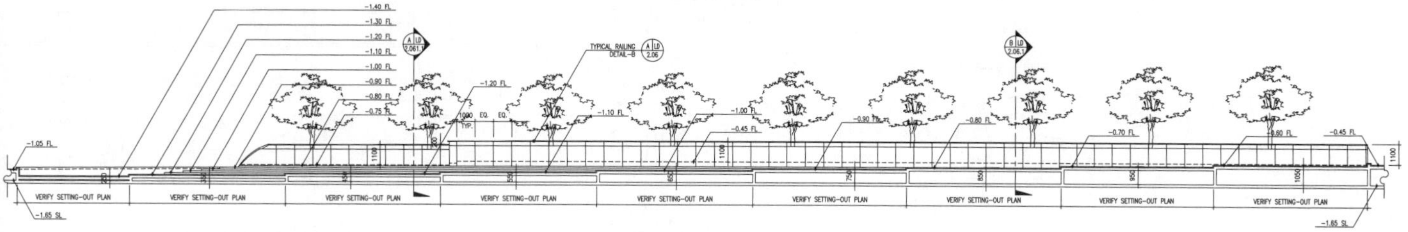

A SECTION-N
SCALE 1:100

围栏围墙135

围栏围墙

① PART PLAN
LD-3.10 SCALE 1:30

④ SECTION
3.10b DETAIL

② SECTION
3.10b DETAIL

TENNIS COURT

③ SECTION
LD-3.10 SCALE 1:30

② TYP. ELEVATION (FEATURE WALL)
LD-3.10 SCALE 1:30

TYPICAL

TENNIS COURT LEVEL
DRIVEWAY LEVEL

围栏围墙136

C ELEVATION
SCALE 1:10

B SECTION
SCALE 1:5

A ELEVATION
SCALE 1:10

REFER TO PLAN

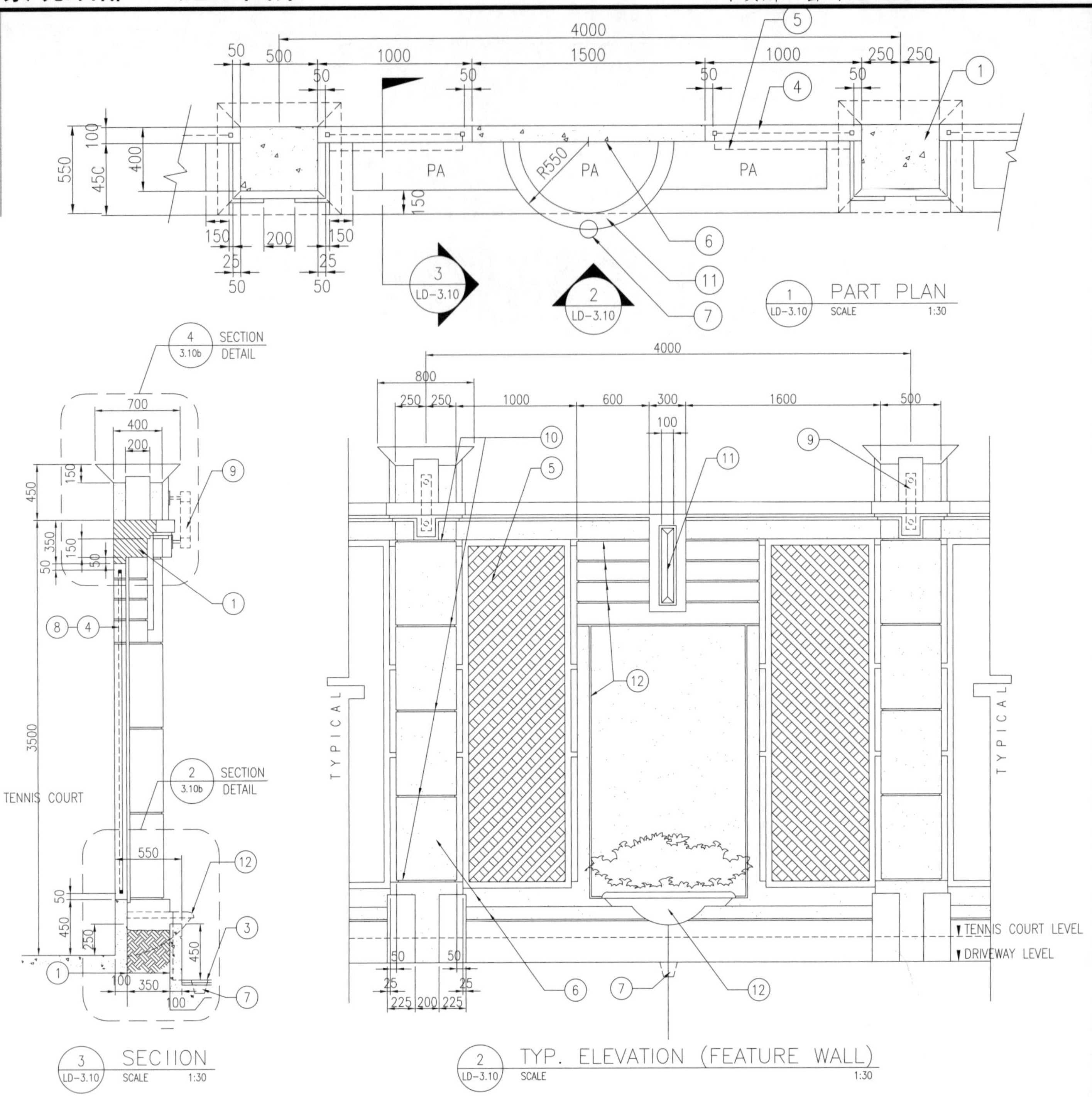

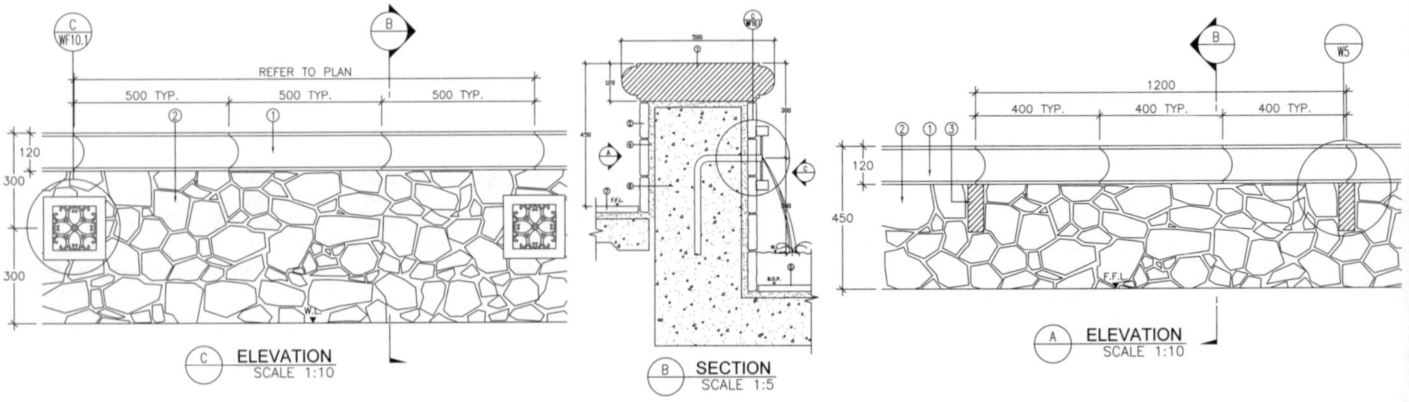

围栏围墙137

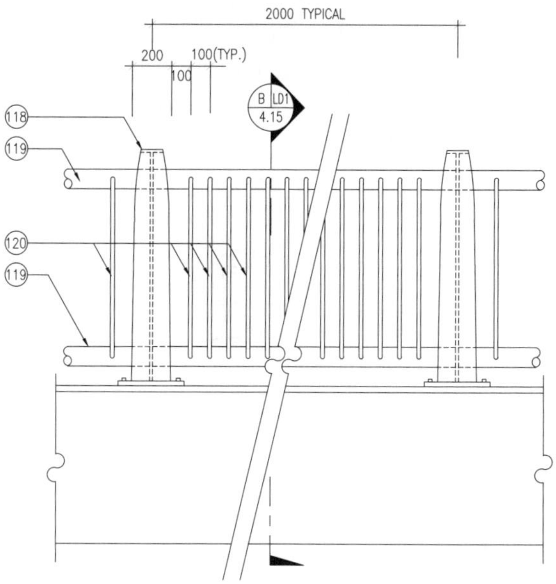

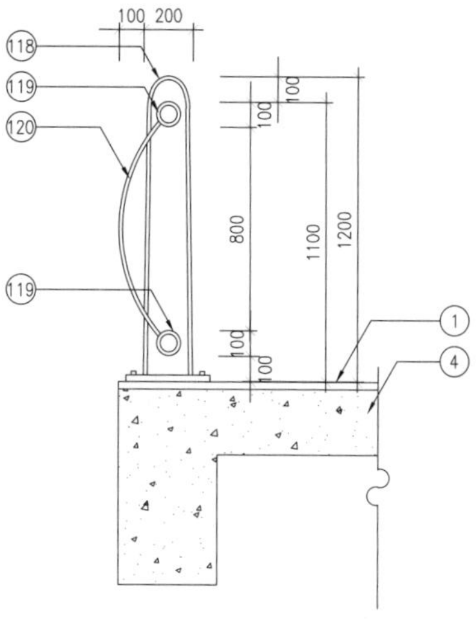

2000 TYPICAL
200   100(TYP.)
100

118
119

120
119

100 200

118
119
120

800
1100
1200
100
100

119

1
4

KEY PLAN
SCALE   1:400

栏杆细部截面图/立面图
RAILING DETAIL SECTION/ELEVATION
SCALE   1:20

主要入口車道架橋詳圖

围栏围墙138

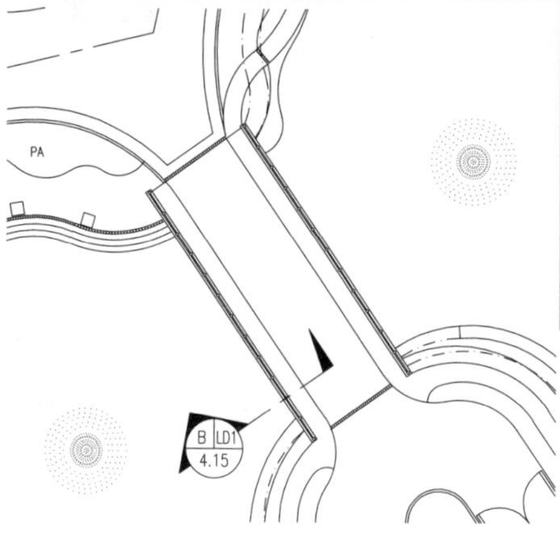

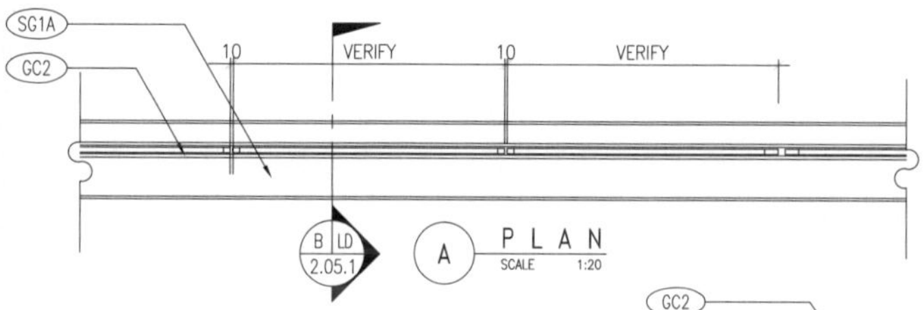

SG1A
GC2

10   VERIFY   10   VERIFY

GC2

B LD
2.05.1

A   PLAN
SCALE   1:20

25

GC2

1100
950

C LD
2.05.1

SPOT DETAIL

SG1A

1

FL
150

VARIES

57

SL

3
4
65

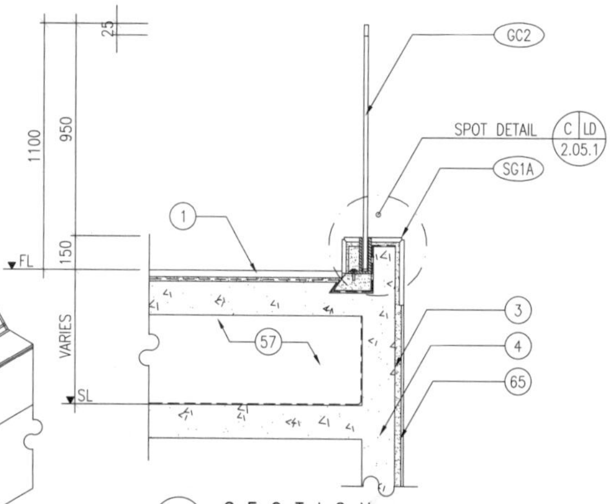

B   SECTION
SCALE   1:20

280
10

1

150
10

300

GC2

SG1A

65

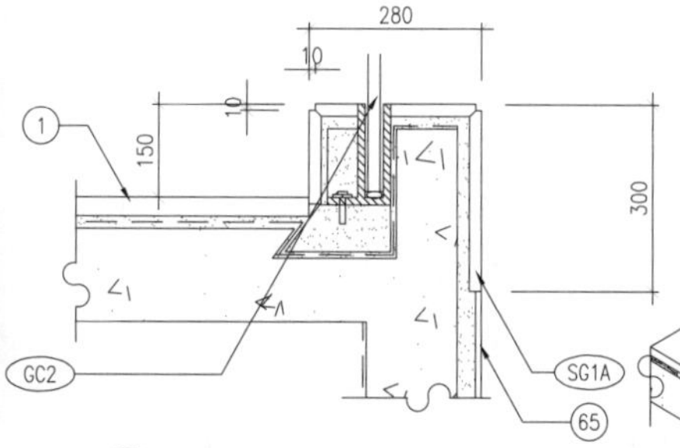

C   SPOT DETAIL
SCALE   1:10

GC2

SG1A

65

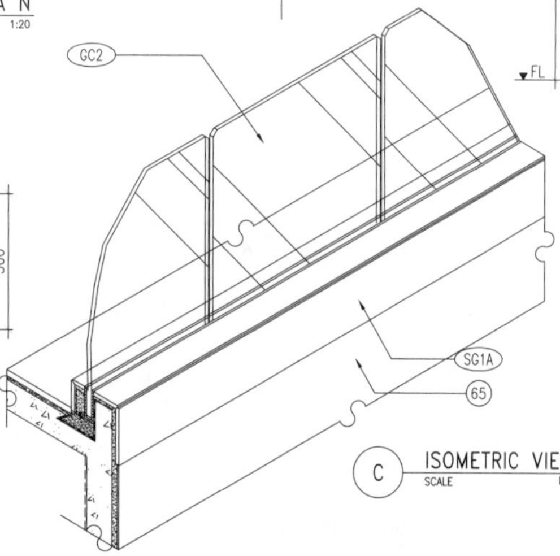

C   ISOMETRIC VIEW
SCALE   NTS

围栏围墙139

B LD
2.05.1

19'   11'

B LD
2.05

19'

A LD
2.05.1

VERIFY   10   VERIFY

25
25

1100

GC2
SG1A
1

FL
150

FL

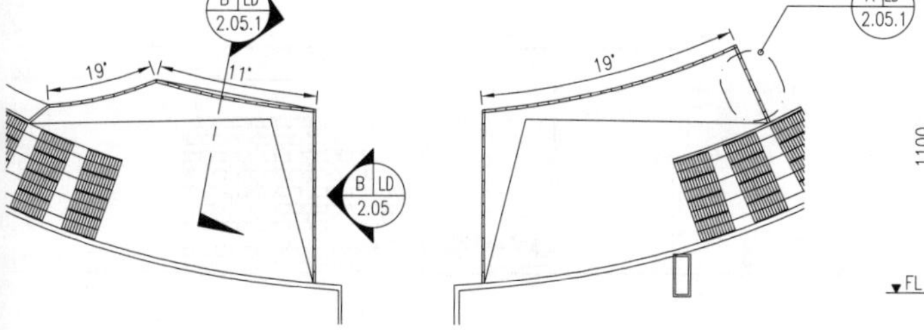

A   PLAN
SCALE   1:500

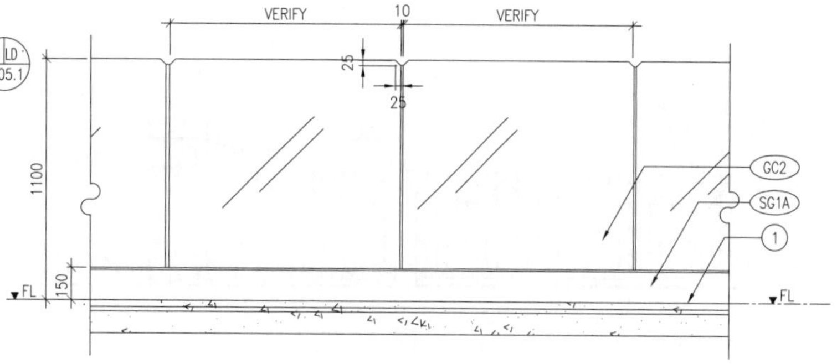

B   ELEVATION
SCALE   1:20

围栏围墙140

围栏围墙

白色水泥护栏

汉白玉圆球
R50
R30

30厚鹅卵石贴面

白色水泥拉毛

混凝土柱体

R100

预埋铁件

6Φ12
Φ6@150

汉白玉花岗岩

汉白玉花岗岩

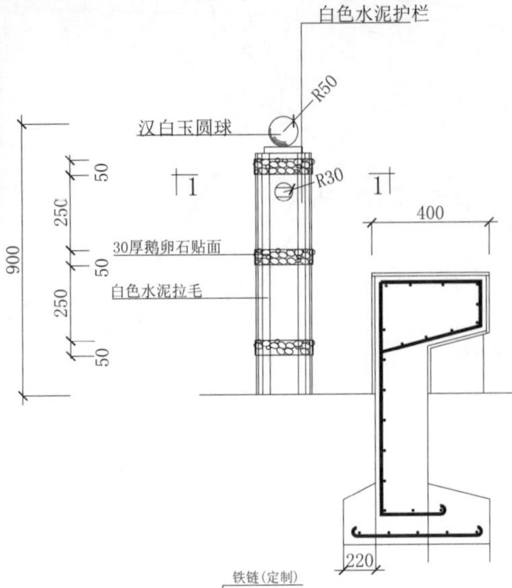

坐凳剖面图 1:15

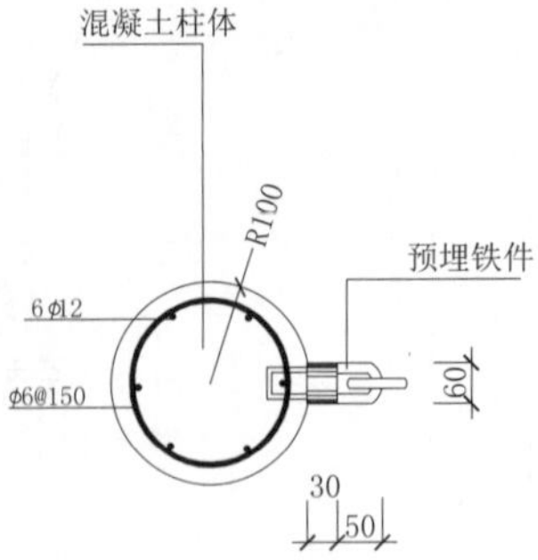

护栏1-1横剖面图

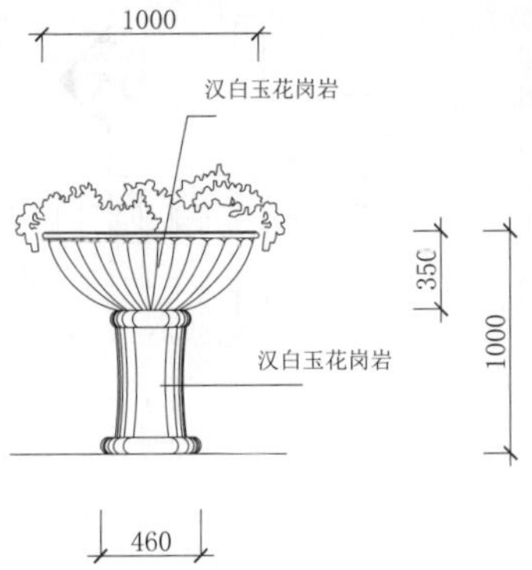

汉白玉花钵立面样式

铁链(定制)

枫叶红花岗石

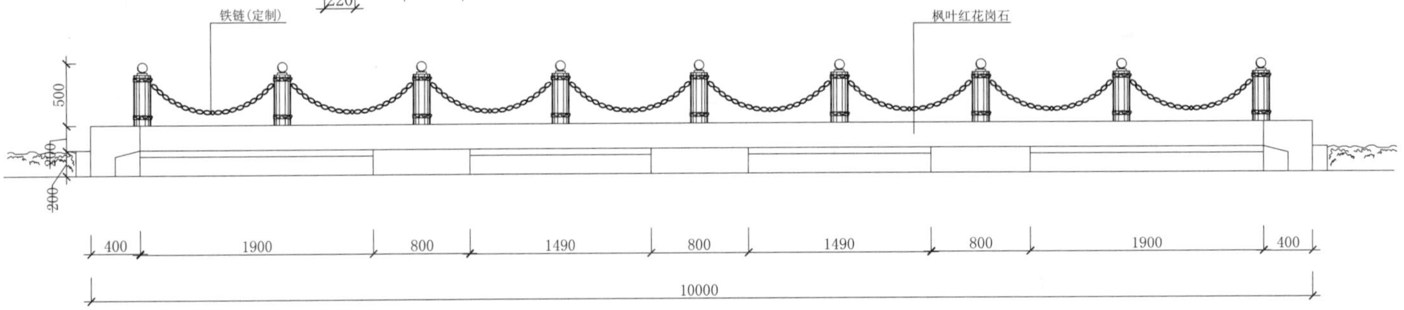

情侣广场休闲座立面 1:25

围栏围墙141

R=125

湖边围栏立面图 1:10

柱基础平面图

C - C

12Φ16
Φ8@200

围栏围墙142

振兴新村

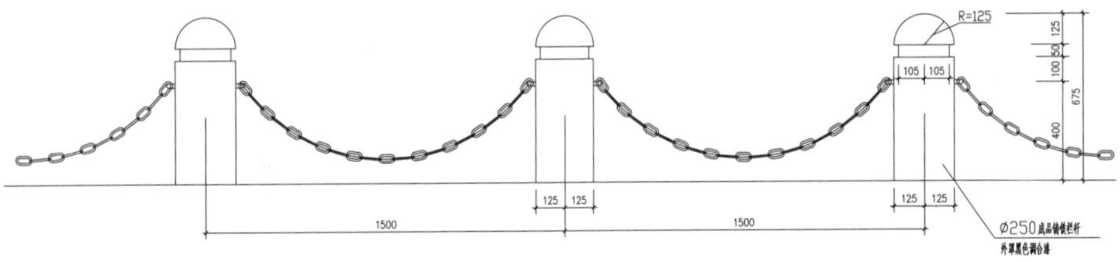

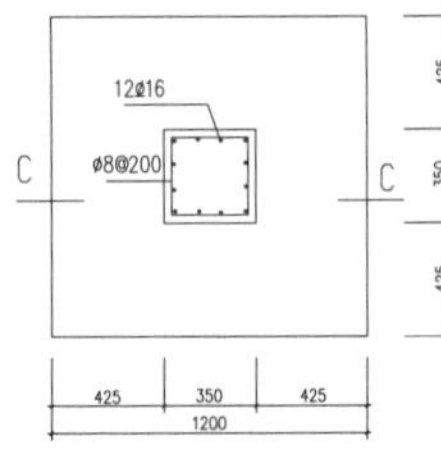

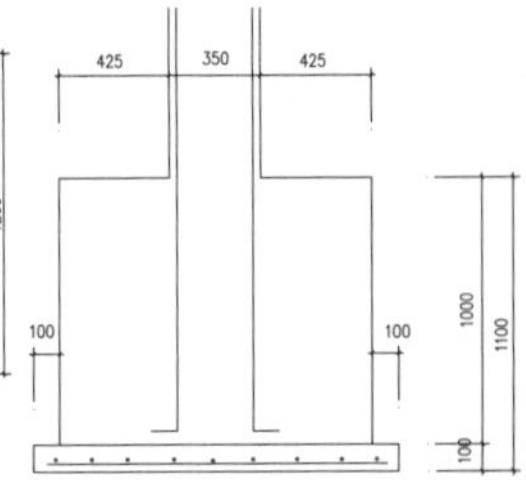

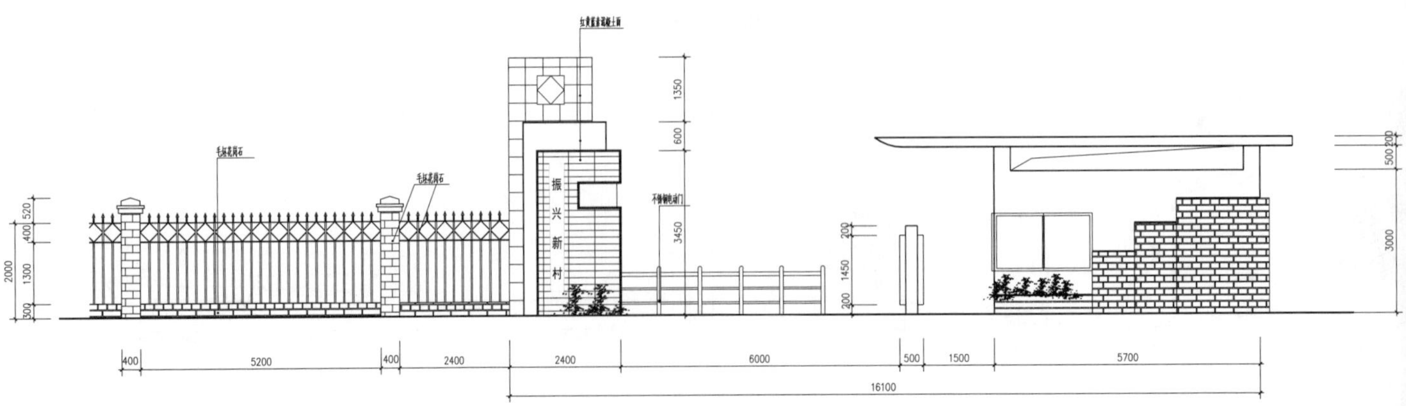

围墙、门房方案图

围栏围墙143

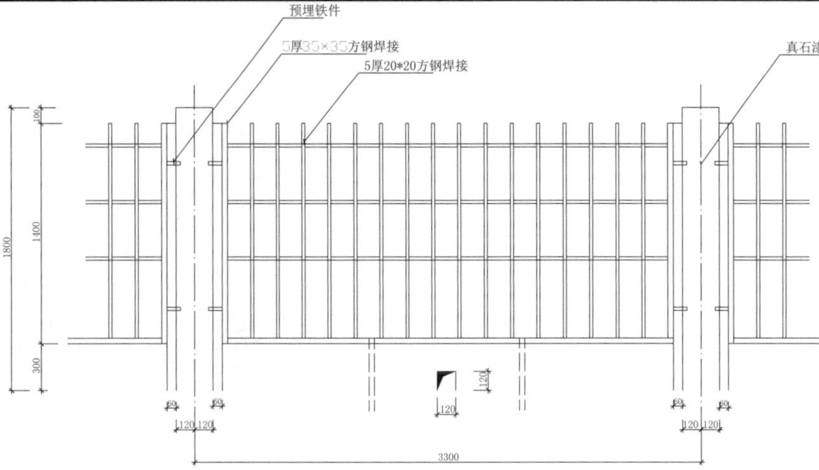
预埋铁件
5厚35×35方钢焊接
5厚20*20方钢焊接
真石漆饰面
3300

立面图 1:20

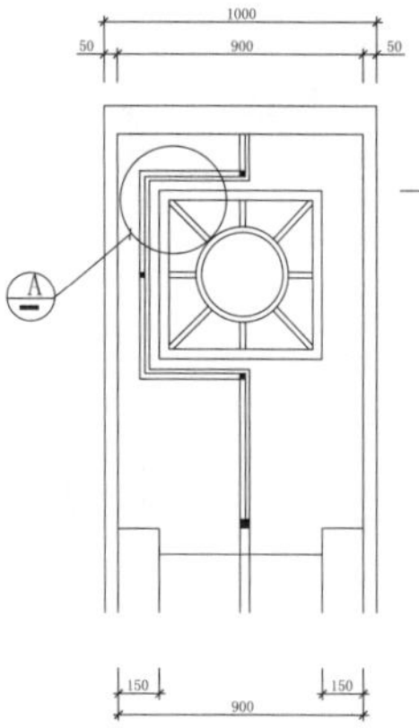

侧立面图 1:20

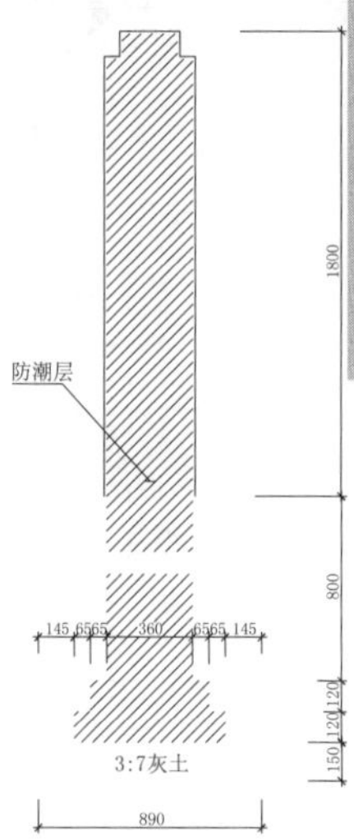
防潮层
3:7灰土
890

2-2 剖面 1:20

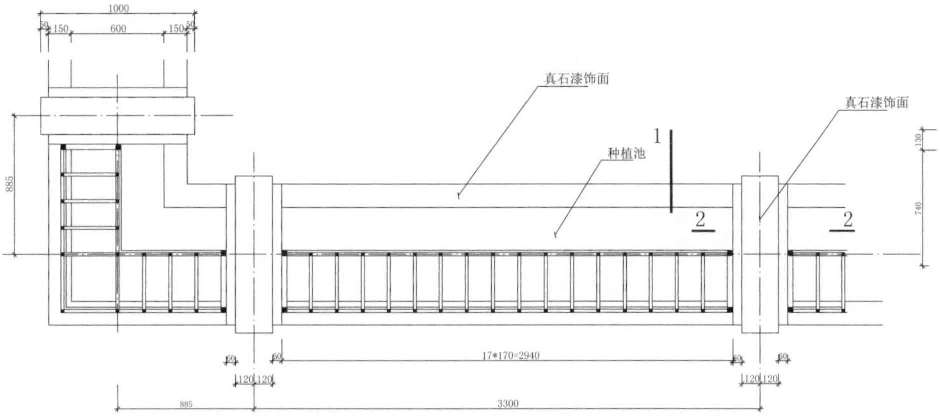

平面图 1:20

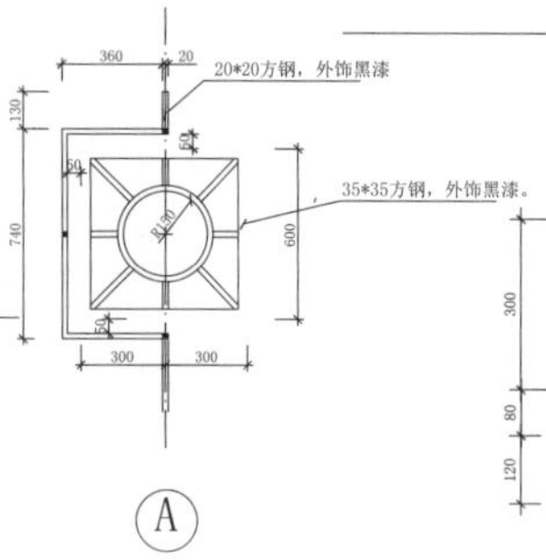
20*20方钢，外饰黑漆
35*35方钢，外饰黑漆。

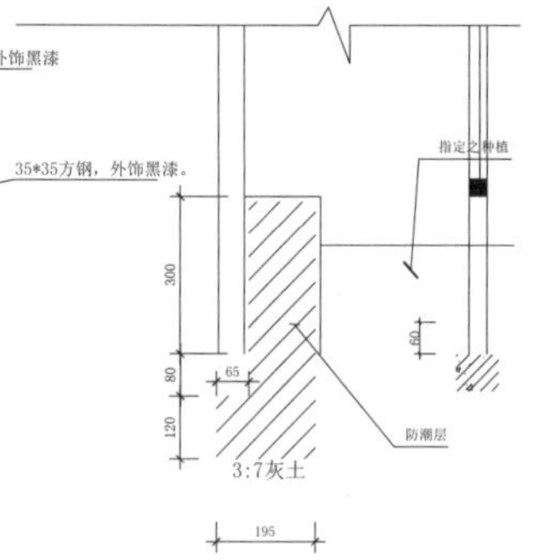
防潮层
3:7灰土

1-1 剖面 1:10

围栏围墙144

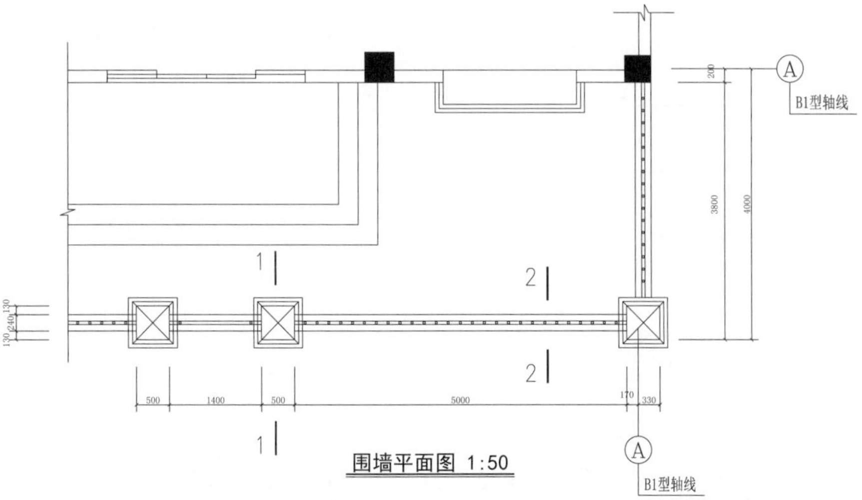
B1型轴线
B1型轴线

围墙平面图 1:50

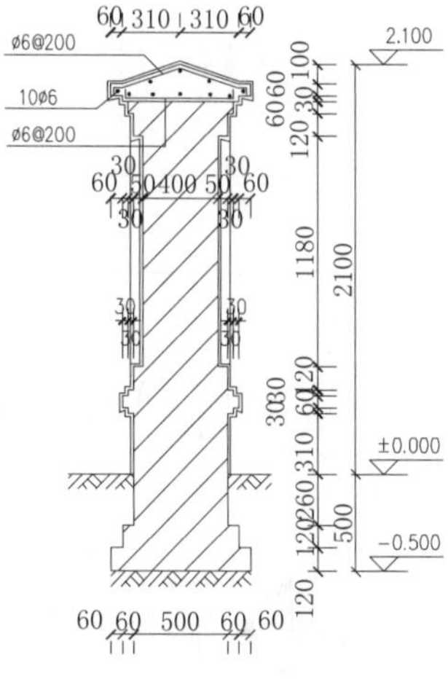

1-1 剖面图 1:25

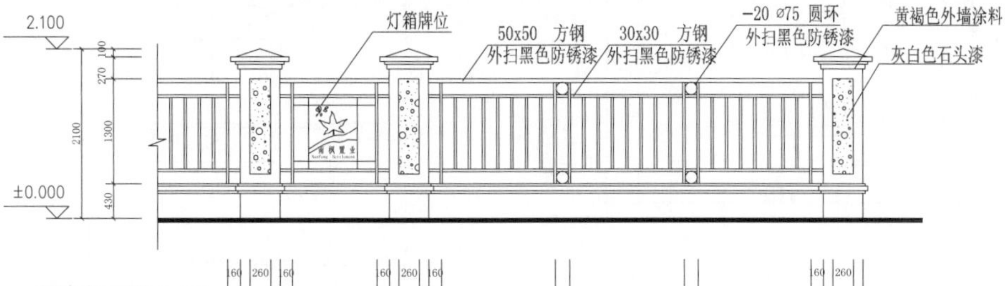
灯箱牌位
50x50 方钢
外扫黑色防锈漆
30x30 方钢
外扫黑色防锈漆
-20 ⌀75 圆环
外扫黑色防锈漆
黄褐色外墙涂料
灰白色石头漆
2.100
±0.000

围墙立面图 1:50

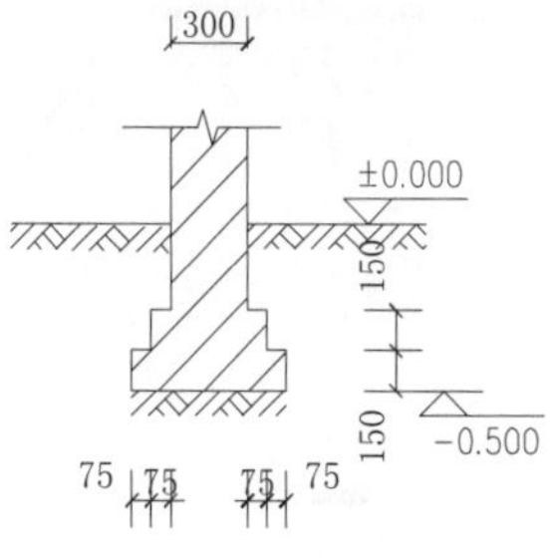

2-2 剖面图 1:25

围栏围墙145

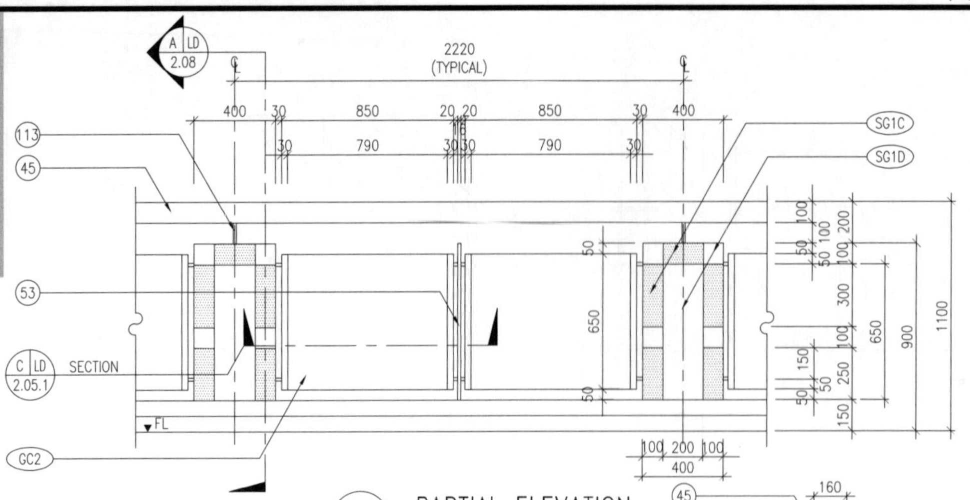

PARTIAL ELEVATION
SCALE 1:20

TYP. PLANTER CURB DETAIL - B

SECTION
SCALE 1:20

ISOMETRIC VIEW
SCALE 1:20

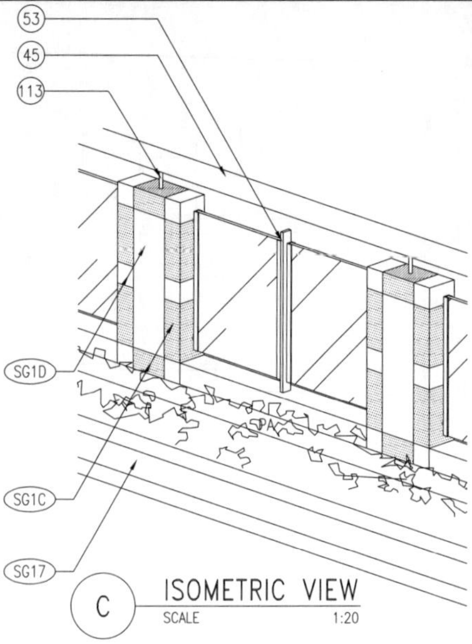

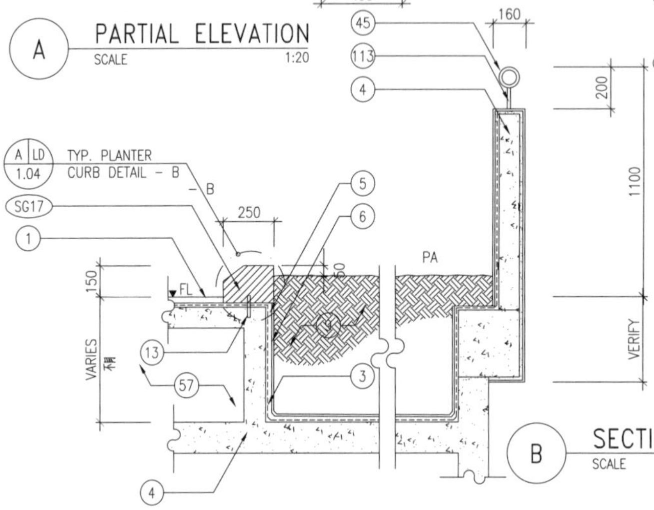

围栏围墙146

BALUSTER BELOW
欄杆以下

PLAN
SCALE 1:20

TYPICAL PLINTH DETAIL
標準底座詳圖

ELEVATION
SCALE 1:20

围栏围墙147

SECTION
SCALE 1:5

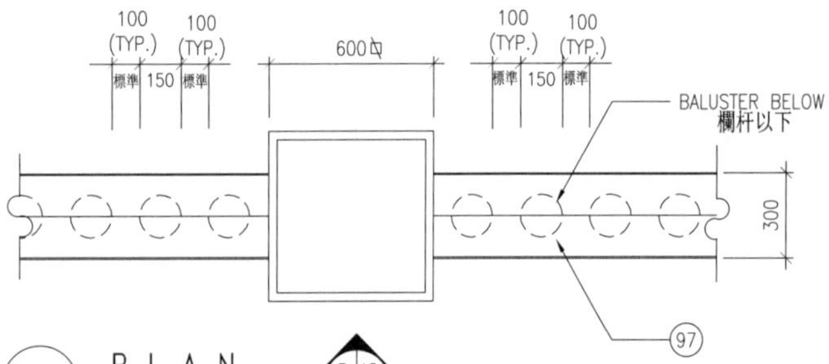

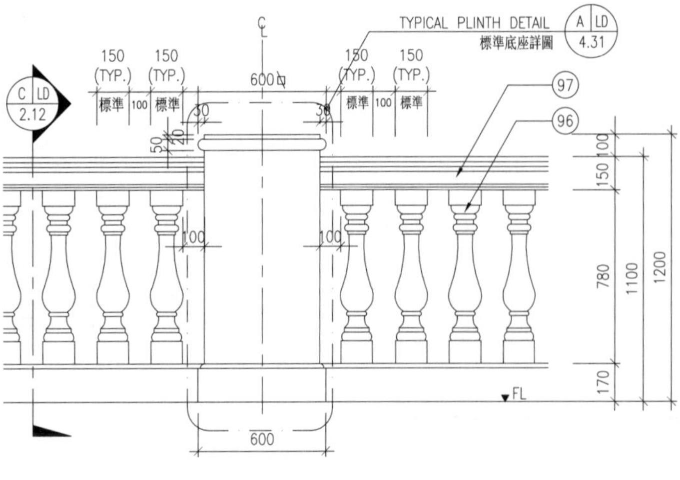

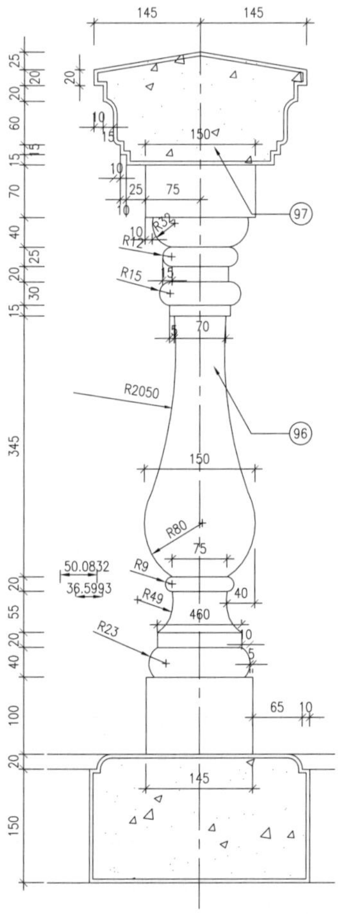

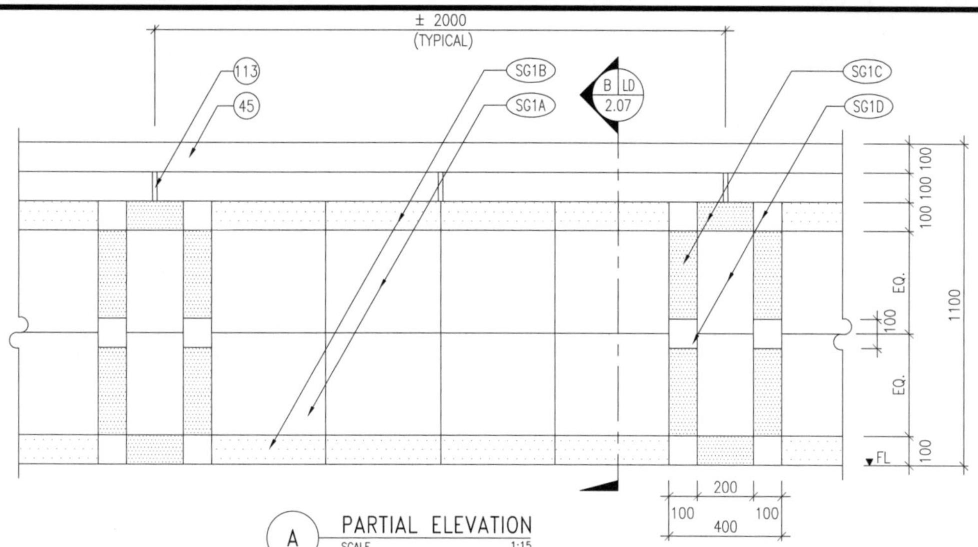

A PARTIAL ELEVATION
SCALE 1:15

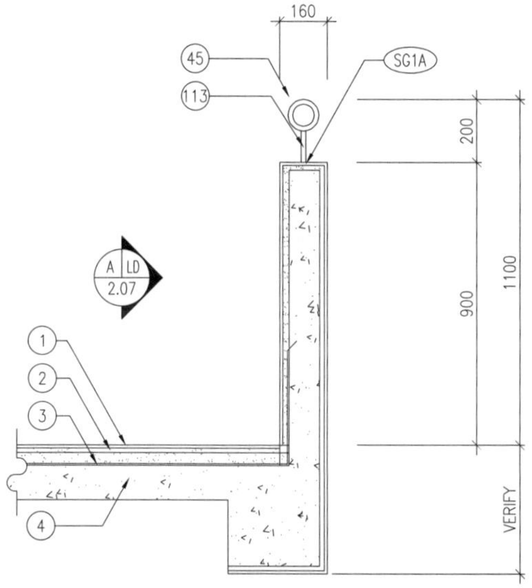

B SECTION
SCALE 1:15

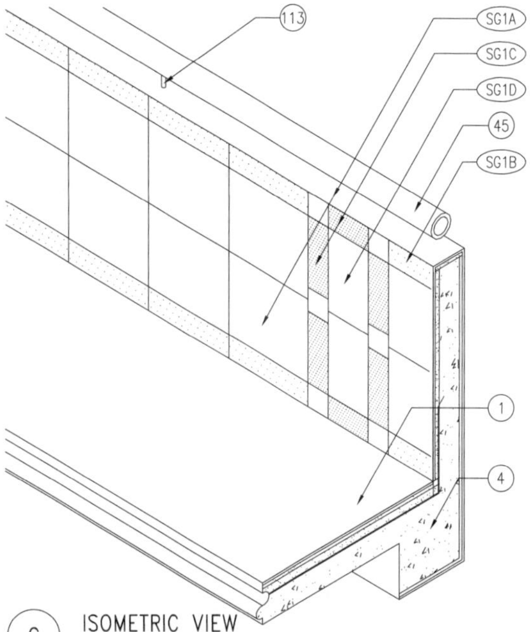

C ISOMETRIC VIEW
SCALE 1:15

围栏围墙148

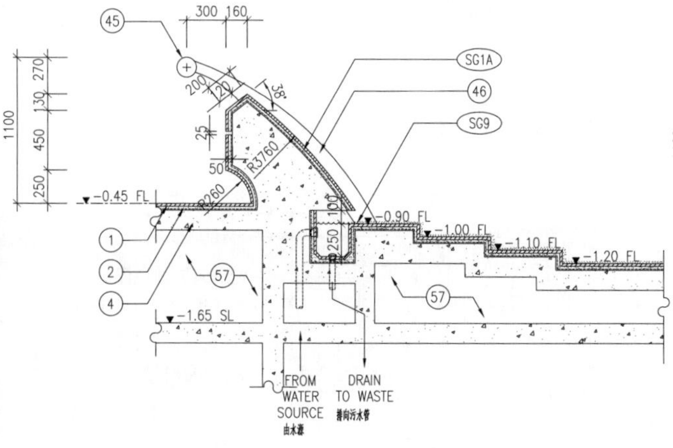

A SECTION
SCALE 1:30

B SECTION
SCALE 1:30 标准栏杆详图

FROM WATER SOURCE
由水器

DRAIN TO WASTE
排向污水器

围栏围墙149

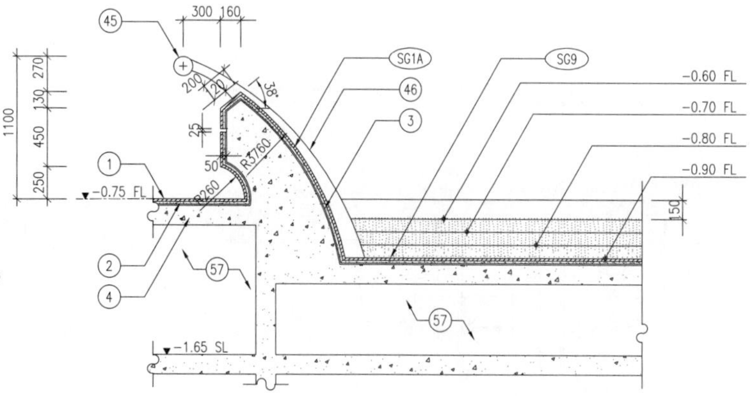

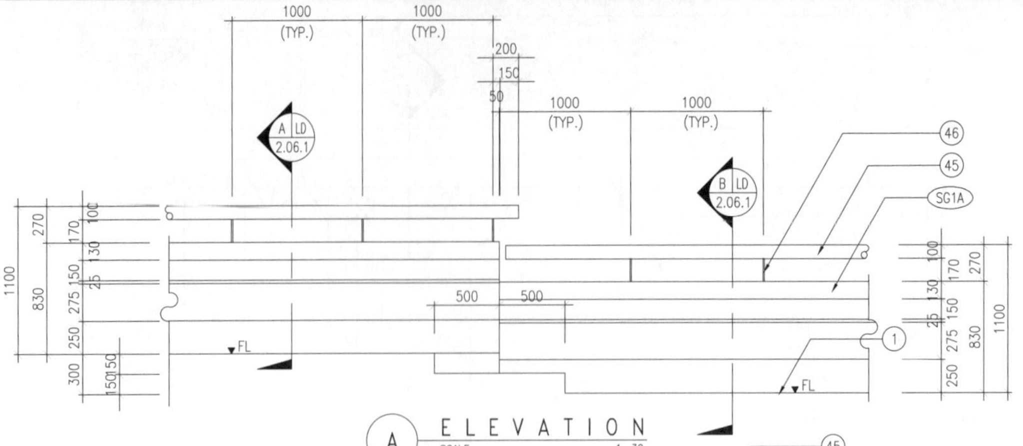

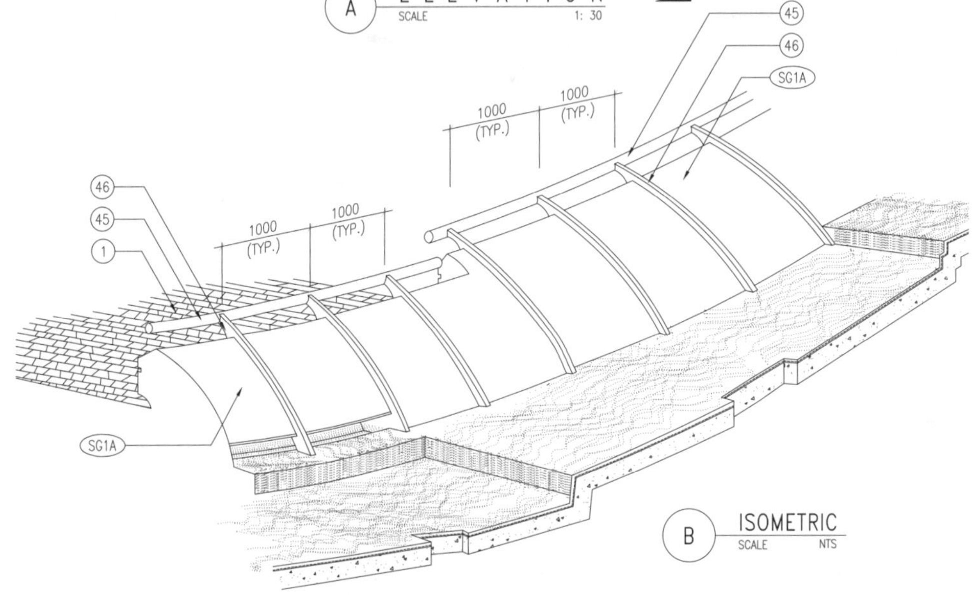

围栏围墙150

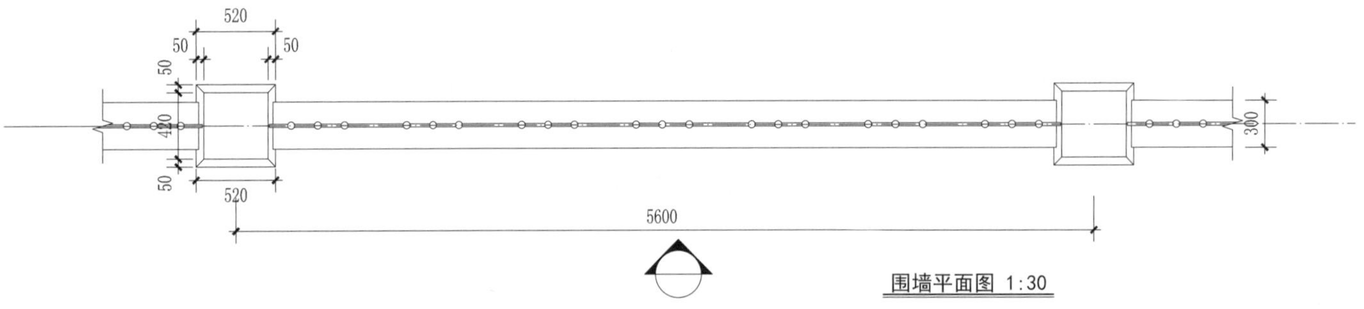

围墙平面图 1:30

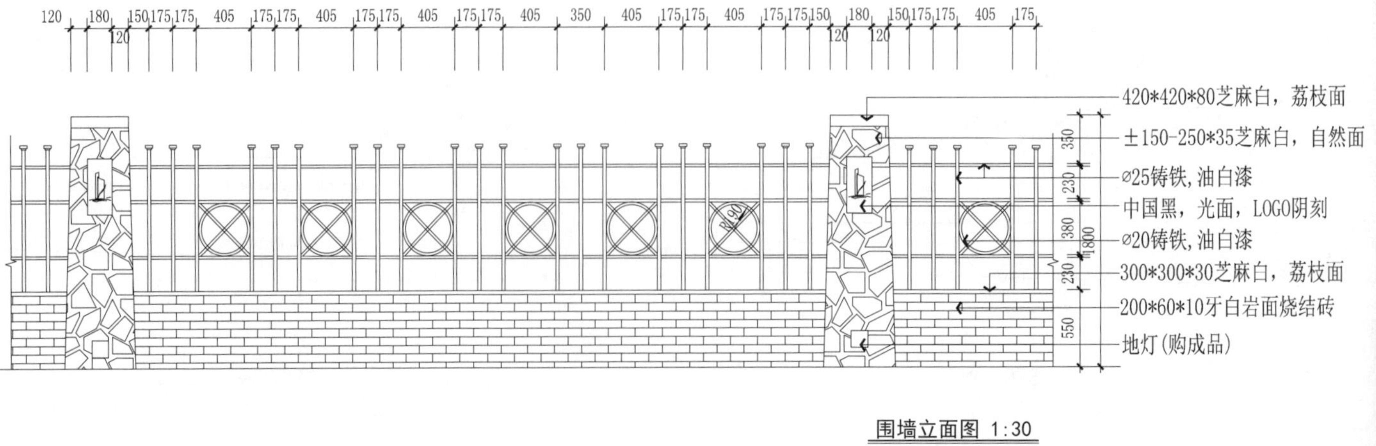
120
180
150
175
405
350
420*420*80芝麻白，荔枝面
±150-250*35芝麻白，自然面
⌀25铸铁, 油白漆
中国黑，光面，LOGO阴刻
⌀20铸铁, 油白漆
300*300*30芝麻白，荔枝面
200*60*10牙白岩面烧结砖
地灯(购成品)
350
230
380
230
550
1800

围墙立面图 1:30

围栏围墙151

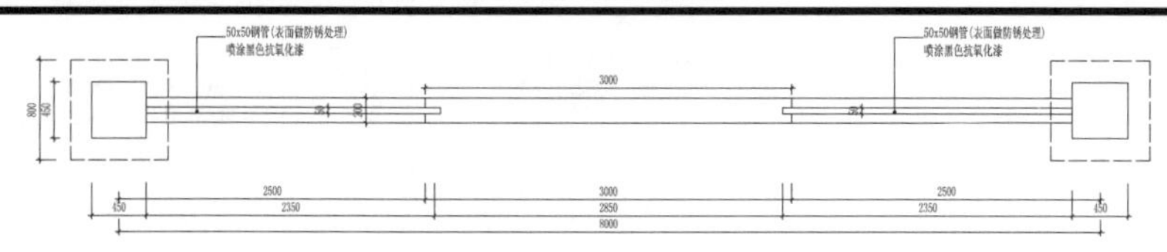

围栏单元平面（一）1:30

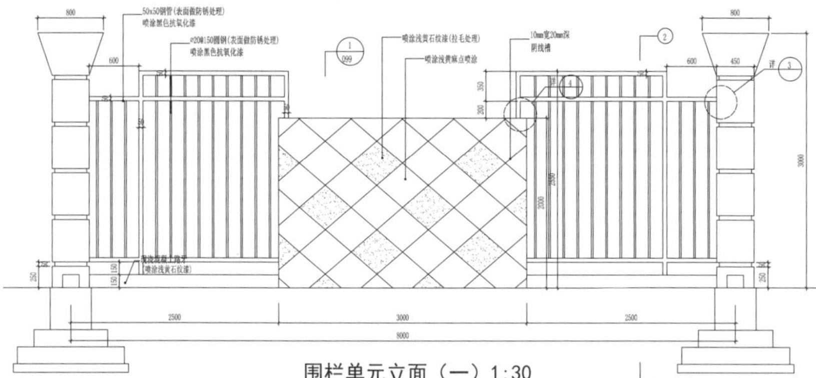

围栏单元立面（一）1:30

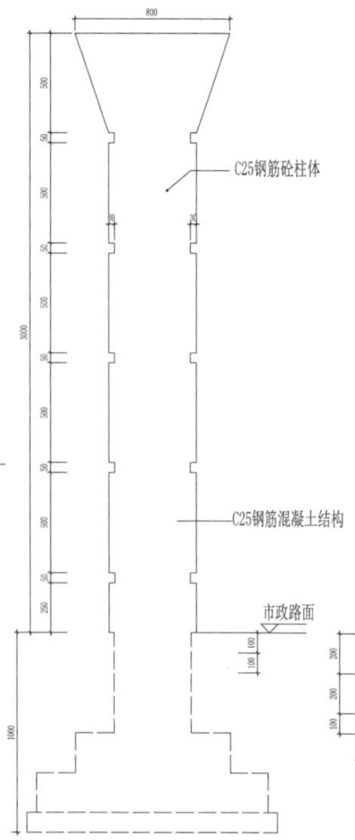

围栏柱子剖立面 1:15

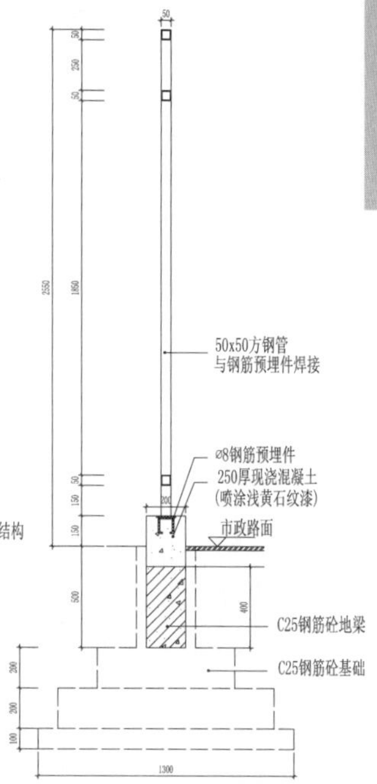

围栏剖立面2 1:15

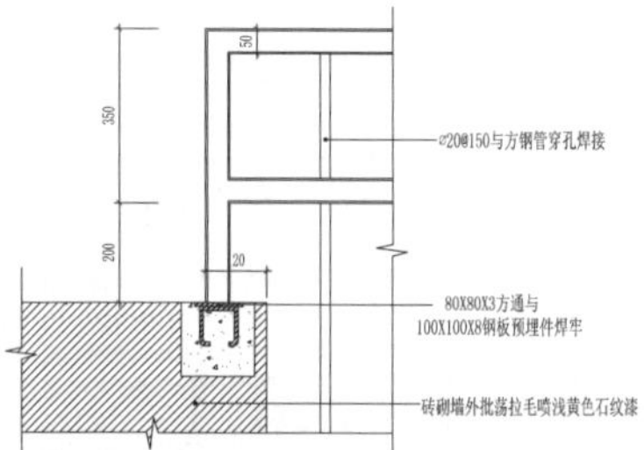

4 围栏与墙体连接大样 1:10

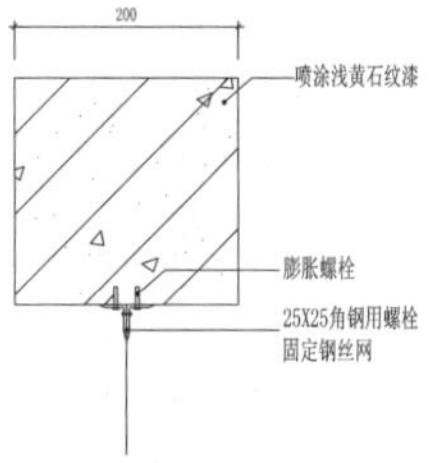

B 详图 1:5

围栏围墙152

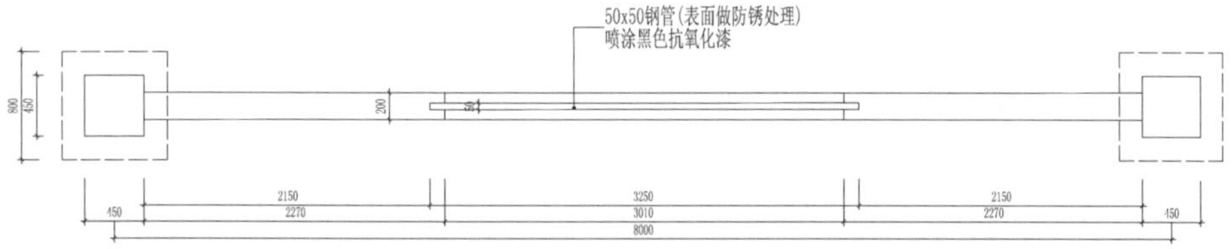

围栏单元平面（二）1:30

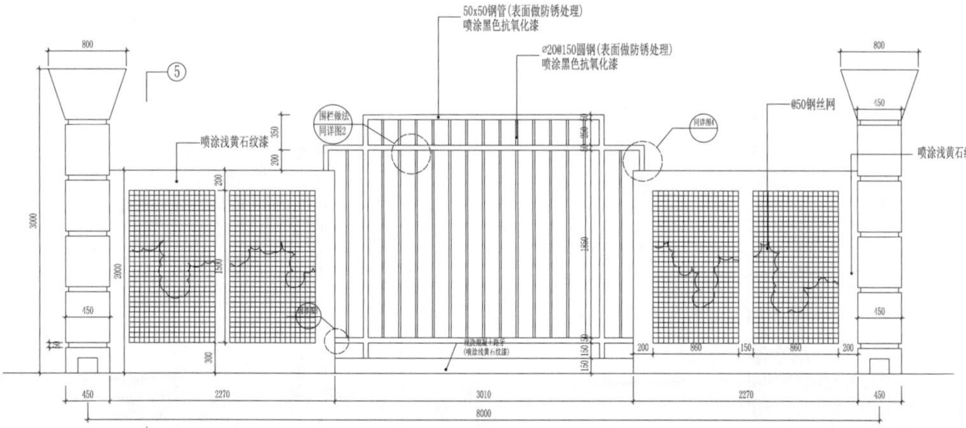

围栏单元立面（二）1:30

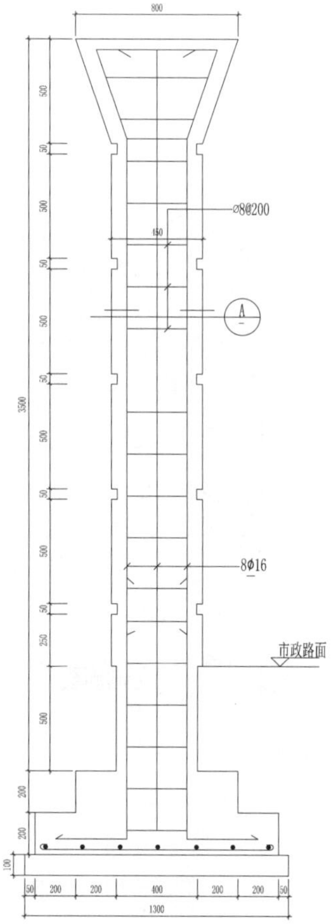

围栏配筋图 1:15

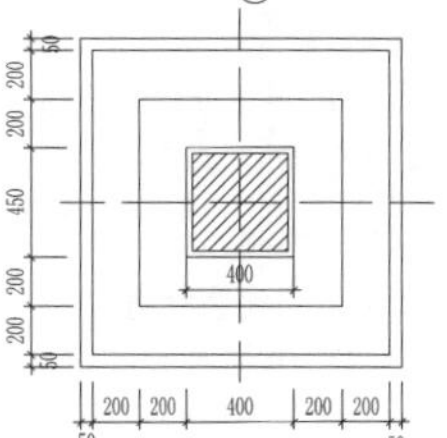

柱基础平面 1:25

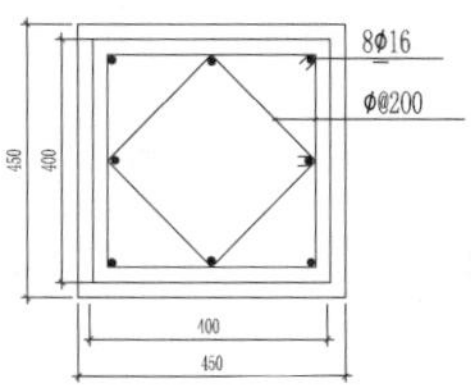

A 1:10

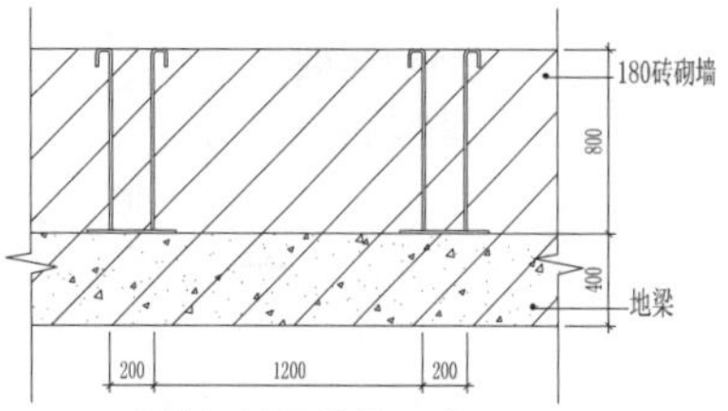

砖墙与地梁连接示意 1:25

围栏围墙153

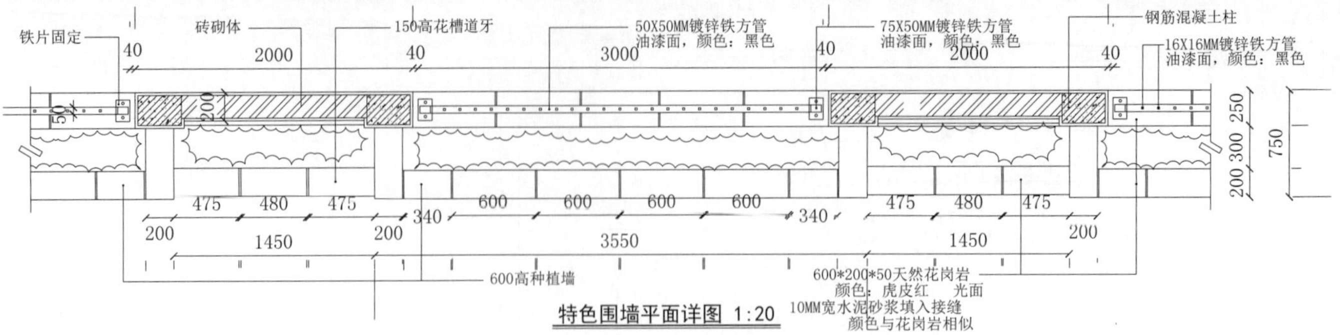

特色围墙平面详图 1:20

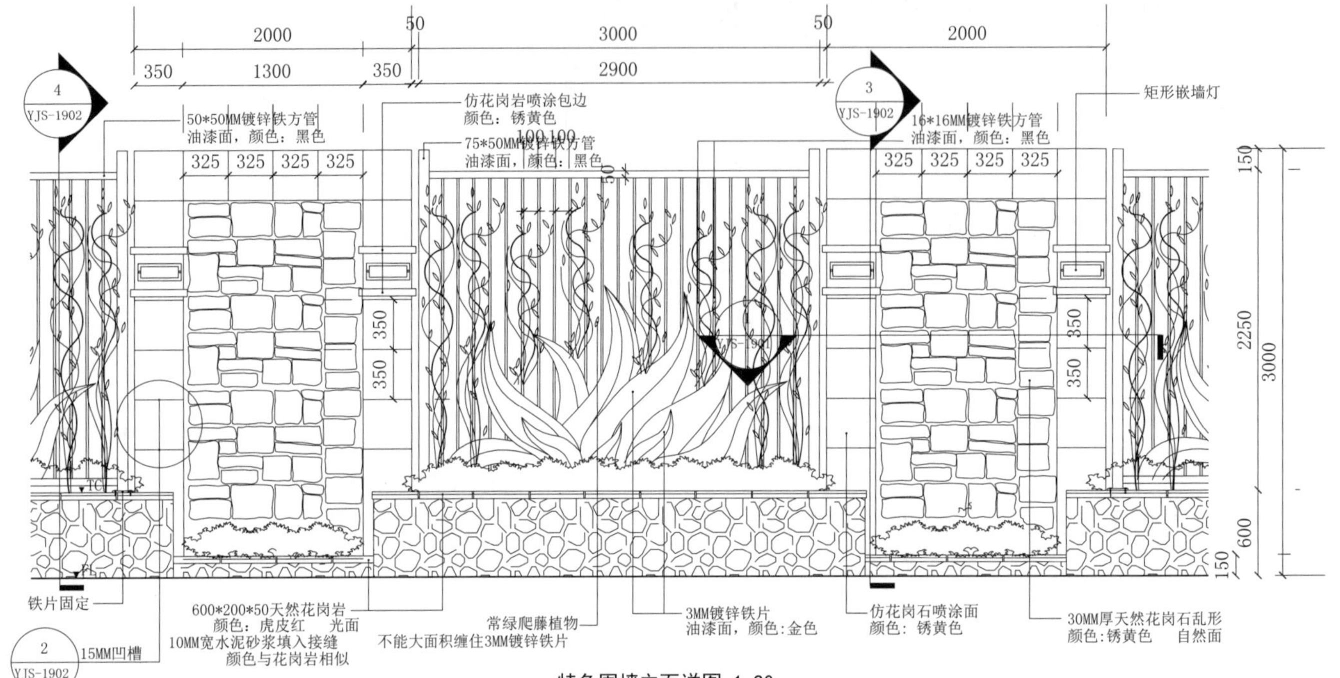

特色围墙立面详图 1:20

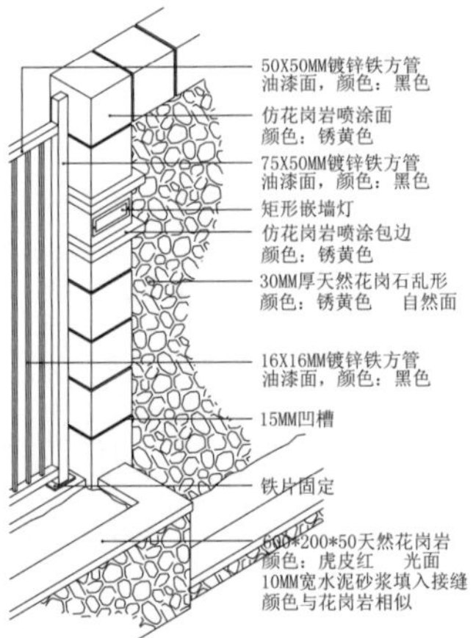

① 轴测图

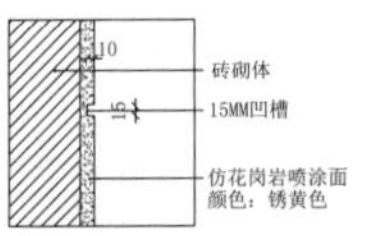

② 节点详图 1:5

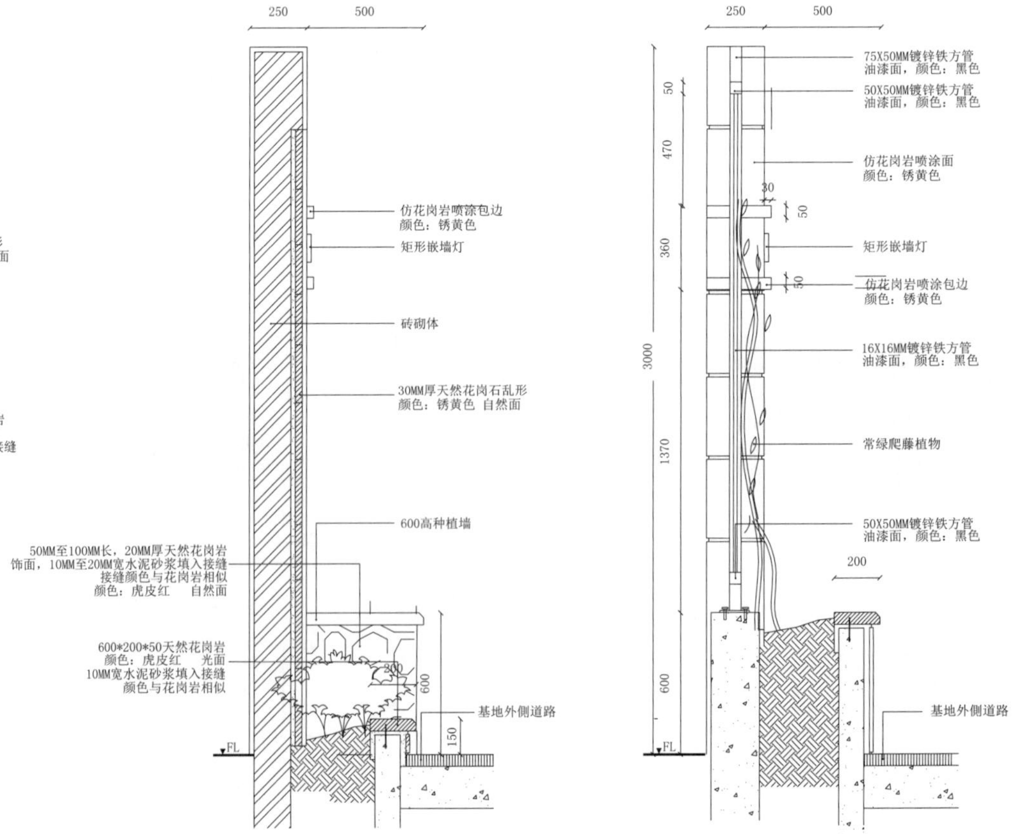

特色围墙剖面详图 1:10

围栏围墙154

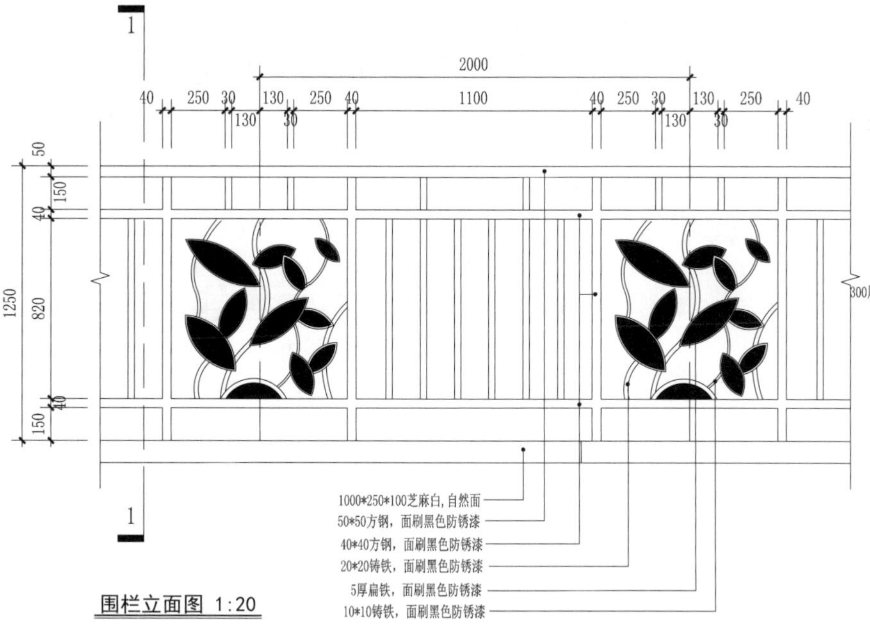

围栏立面图 1:20

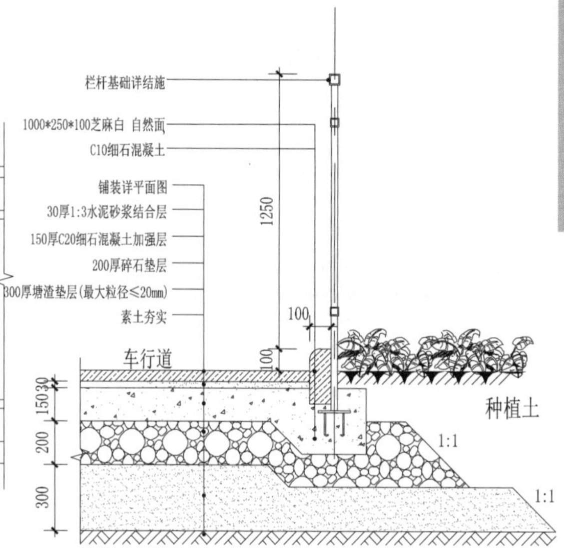
栏杆基础详结施
1000*250*100芝麻白 自然面
C10细石混凝土
铺装详平面图
30厚1:3水泥砂浆结合层
150厚C20细石混凝土加强层
200厚碎石垫层
300厚塘渣垫层(最大粒径≤20mm)
素土夯实
1250
100
100
车行道
种植土
30
150
200
300
1:1
1:1

围栏1-1剖面 1:20

围栏围墙155

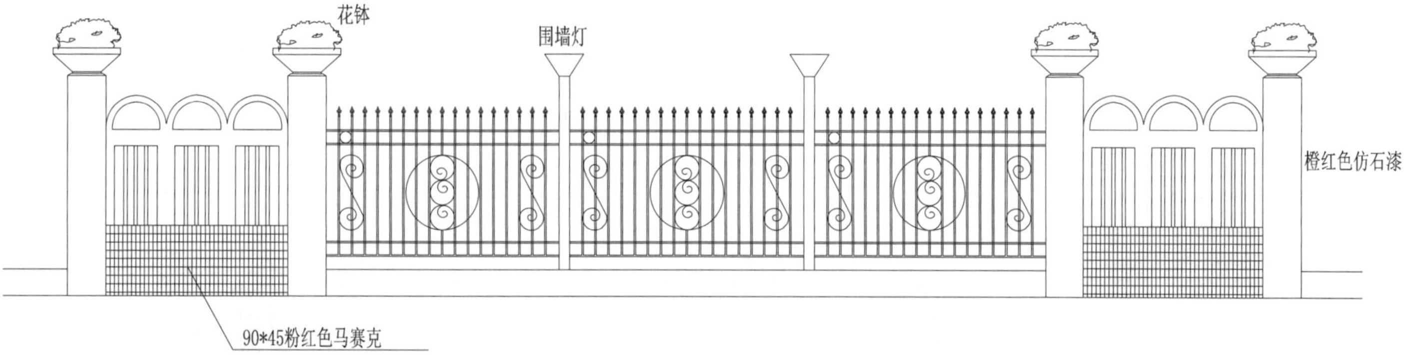
花钵
围墙灯
橙红色仿石漆
90*45粉红色马赛克

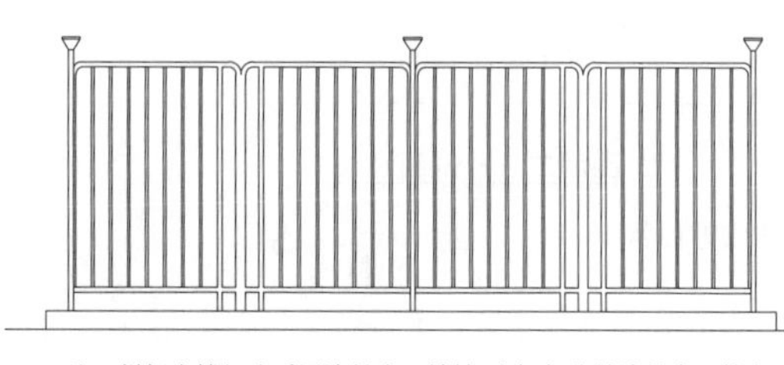

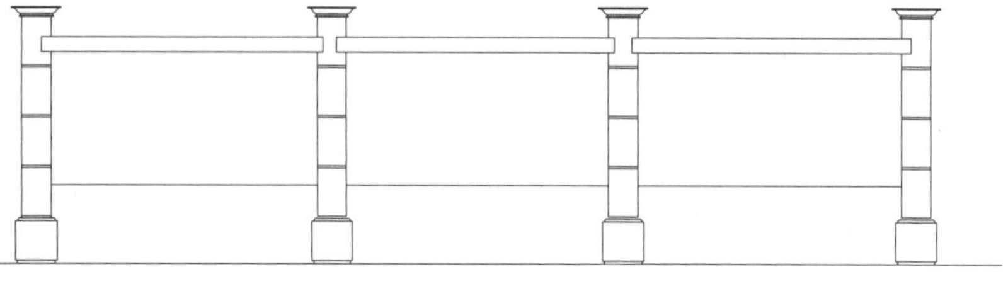

注：栏杆支撑部分采用边长为40铸铁，中间部分是边长为18的方形铸铁杆.

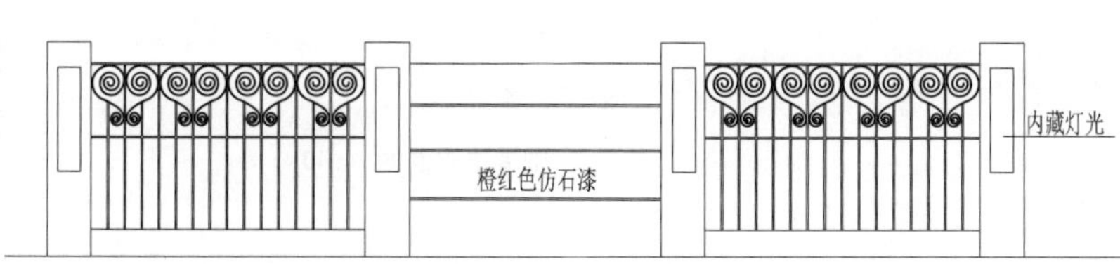
内藏灯光
橙红色仿石漆

花钵

围墙方案图

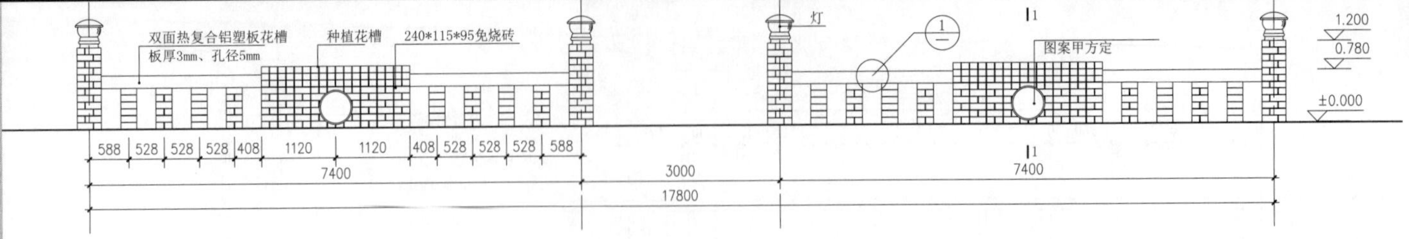
双面热复合铝塑板花槽
板厚3mm、孔径5mm
种植花槽
240*115*95免烧砖
灯
图案甲方定
1.200
0.780
±0.000
588 528 528 528 408 1120 1120 408 528 528 528 588
7400
3000
7400
17800

围墙一立面图 1:40

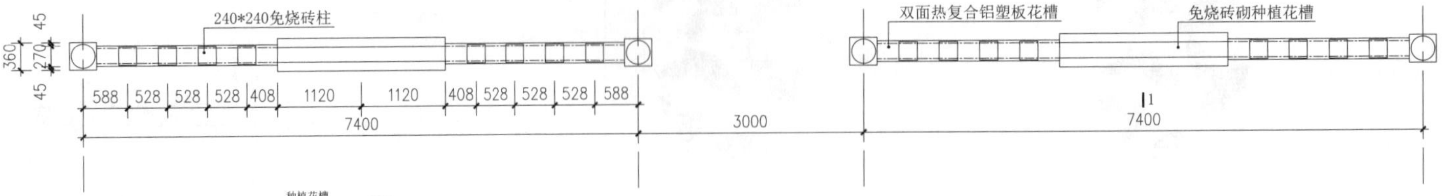
240*240免烧砖柱
双面热复合铝塑板花槽
免烧砖砌种植花槽
45 270 45 360
588 528 528 528 408 1120 1120 408 528 528 528 588
7400
3000
7400

围墙一平面图 1:40

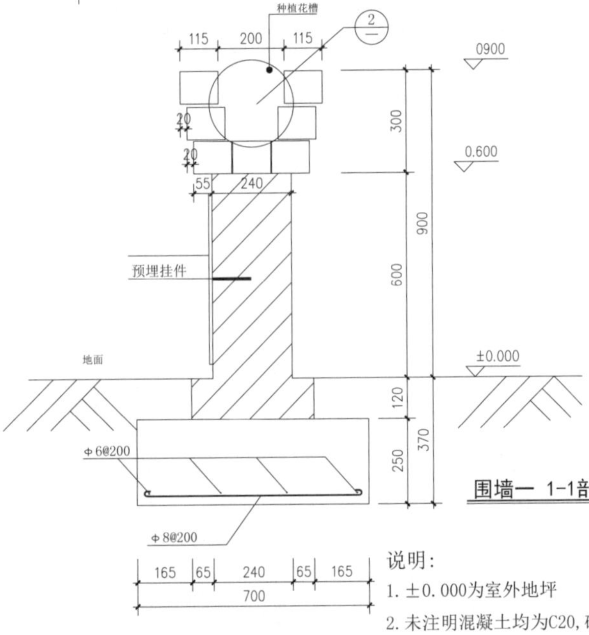

围墙一 1-1剖面 1:8

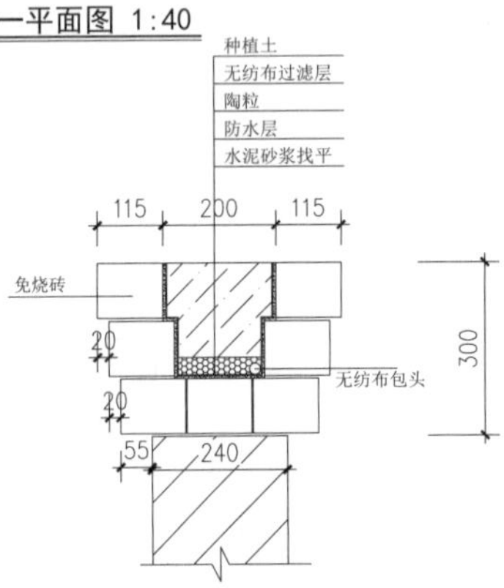
种植土
无纺布过滤层
陶粒
防水层
水泥砂浆找平
115 200 115
免烧砖
无纺布包头
300
240

② 1:8

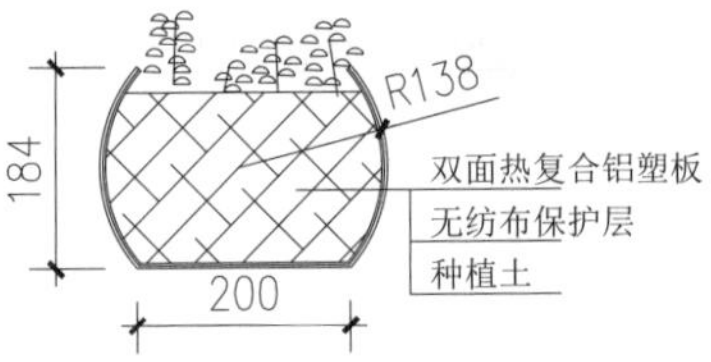
R138
184
200
双面热复合铝塑板
无纺布保护层
种植土

① 1:8

说明:

1. ±0.000为室外地坪
2. 未注明混凝土均为C20, 砖砌体采用240*115*95免烧砖, M5砌筑砂浆砌筑. ±0.000以下用M7.5水泥砂浆砌筑, 并用1:2水泥砂浆双面粉刷.
3. 铁制构件除锈后, 红丹防锈漆底, 黑色调和漆二道.
4. 铁制构件均为焊接.

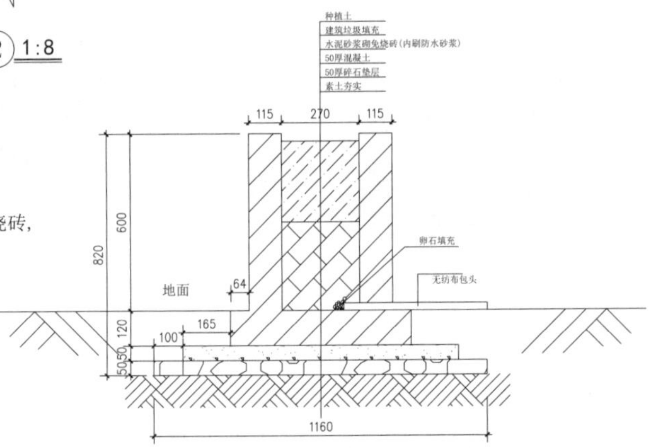
种植土
建筑垃圾填充
水泥砂浆砌免烧砖(内刷防水砂浆)
50厚混凝土
50厚碎石垫层
素土夯实
115 270 115
卵石填充
无纺布包头
地面
820
600
120
1160

围墙二 1-1剖面 1:8

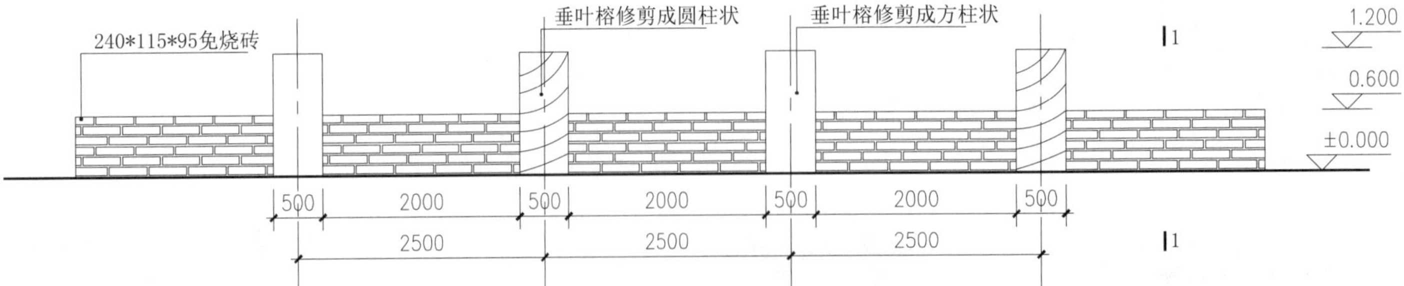
240*115*95免烧砖
垂叶榕修剪成圆柱状
垂叶榕修剪成方柱状
1.200
0.600
±0.000
500 2000 500 2000 500 2000 500
2500 2500 2500

围墙二立面图 1:40

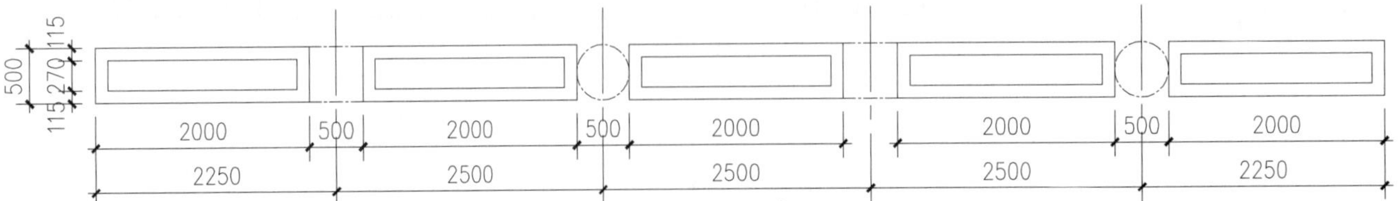
500
115 270 115
2000 500 2000 500 2000 2000 500 2000
2250 2500 2500 2500 2250

围墙二平面图 1:40

围栏围墙157

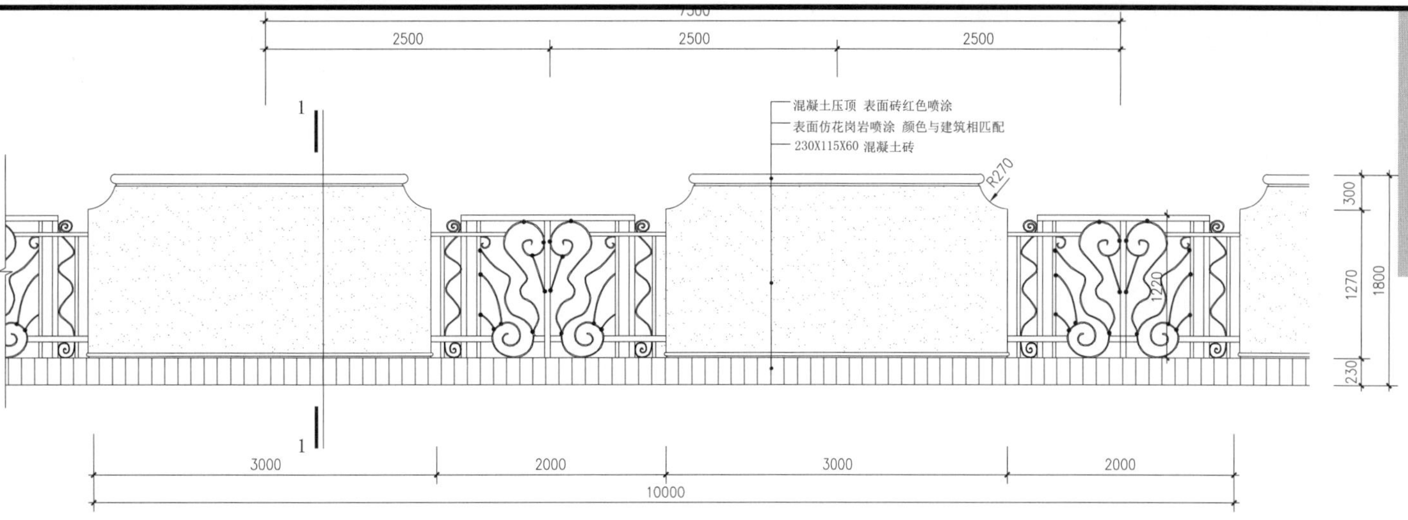

混凝土压顶 表面砖红色喷涂
表面仿花岗岩喷涂 颜色与建筑相匹配
230X115X60 混凝土砖

围墙立面图 1:30

C15 混凝土压顶 表面砖红色喷涂

Mu10砖M5水泥沙浆砌筑
25厚1:2.5水泥沙浆找平层
表面仿花岗岩喷涂 颜色与建筑相匹配

200X100X60混凝土砖

C15混凝土

1-1 剖面图 1:20

Mu10砖M5水泥沙浆砌筑
20厚1:2.5水泥沙浆找平层
表面仿花岗岩喷涂 颜色与建筑相匹配

φ6@200
C15混凝土
200X100X60混凝土砖

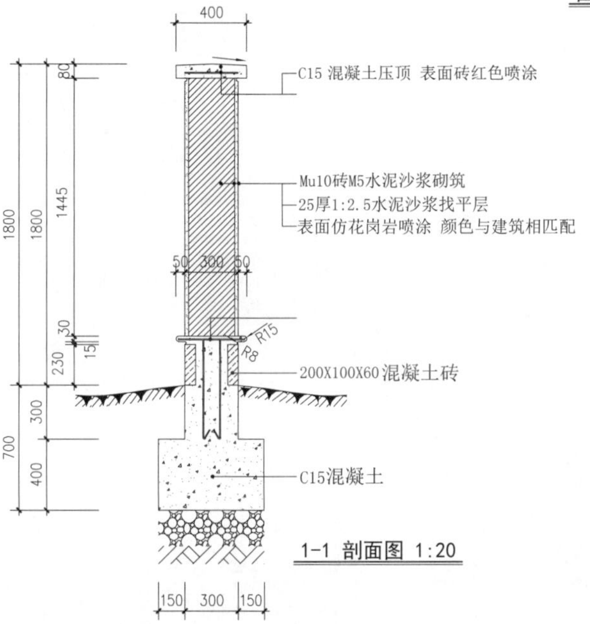

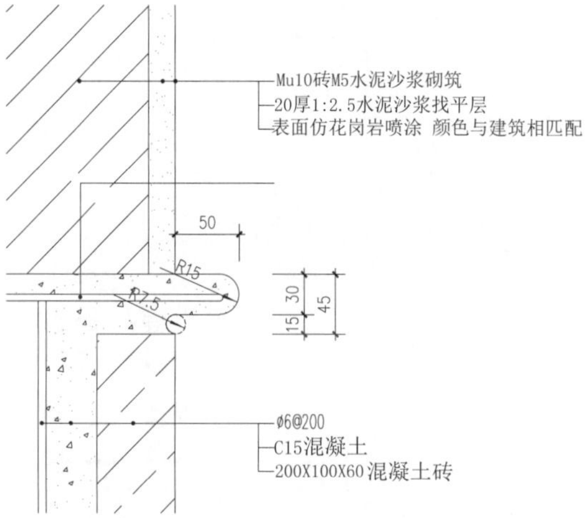

线脚大样 1:3

围栏围墙158

注: 栏杆支撑部分采用边长为40铸铁,中间部分
是边长为18的方形铸铁杆.

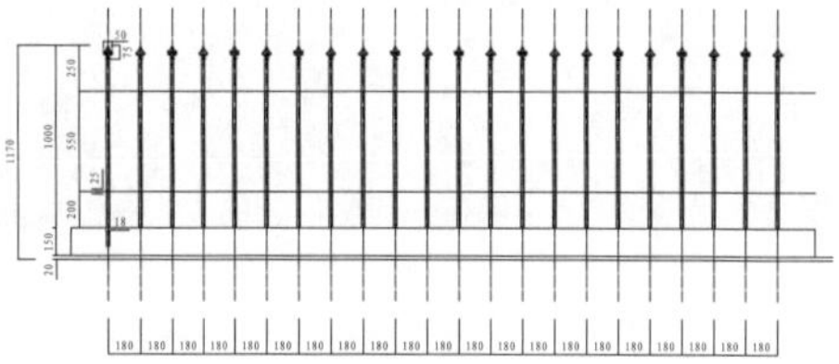

注: 竖向栏杆以φ18的圆钢制成,横向扁钢条贯通
以截面5×30制成,所有钢材除锈后先刷清漆两
边,再刷白色防锈漆两遍.

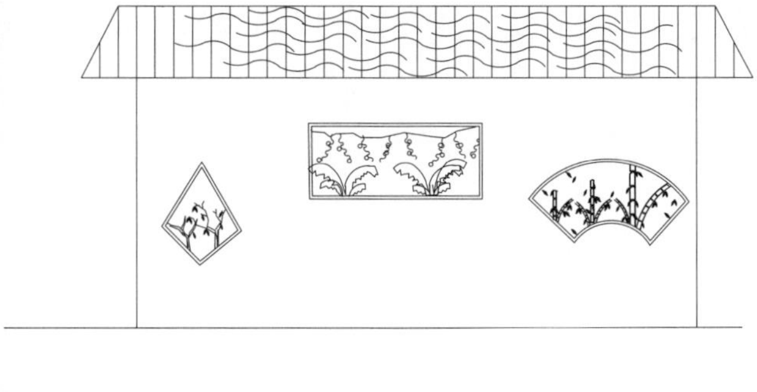

注: 栏杆以铸铁预制为主,刷清漆两遍,
再刷白色防锈漆两边,尺寸见图。

围栏围墙159

挡土景墙

RETAINING WALL

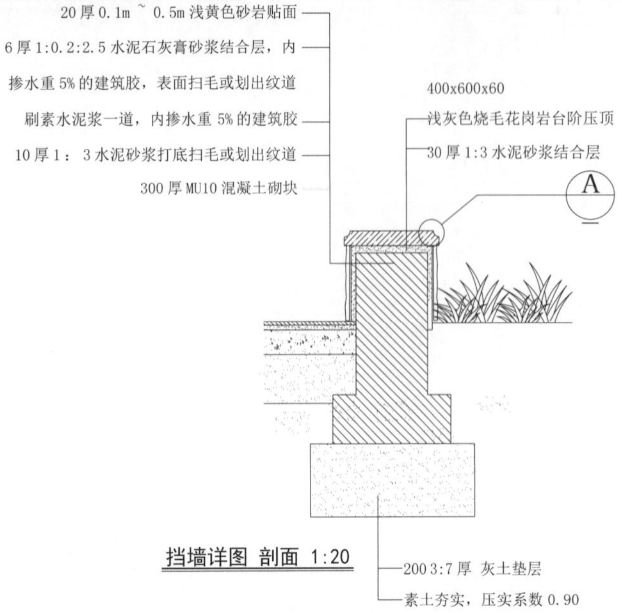
20厚0.1m ~ 0.5m浅黄色砂岩贴面
6厚1:0.2:2.5水泥石灰膏砂浆结合层，内
掺水重5%的建筑胶，表面扫毛或划出纹道
刷素水泥浆一道，内掺水重5%的建筑胶
10厚1：3水泥砂浆打底扫毛或划出纹道
300厚MU10混凝土砌块
400x600x60
浅灰色烧毛花岗岩台阶压顶
30厚1:3水泥砂浆结合层
A
200 3:7厚 灰土垫层
素土夯实，压实系数0.90

挡墙详图 剖面 1:20

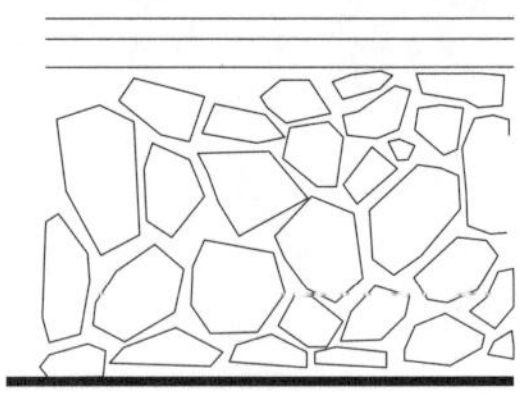

立面 1:20

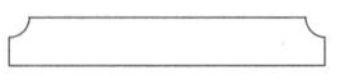

(A) 大样 1:10

挡土景墙001

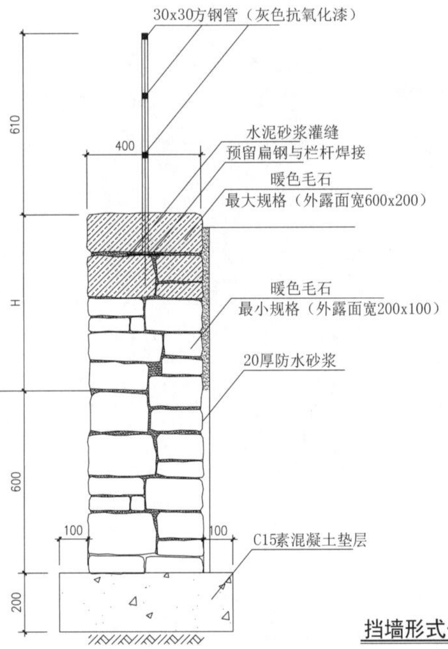
30x30方钢管（灰色抗氧化漆）
610
400
水泥砂浆灌缝
预留扁钢与栏杆焊接
暖色毛石
最大规格（外露面宽600x200）
H
暖色毛石
最小规格（外露面宽200x100）
20厚防水砂浆
600
100
100
C15素混凝土垫层
200

挡墙形式一剖面图 1:10

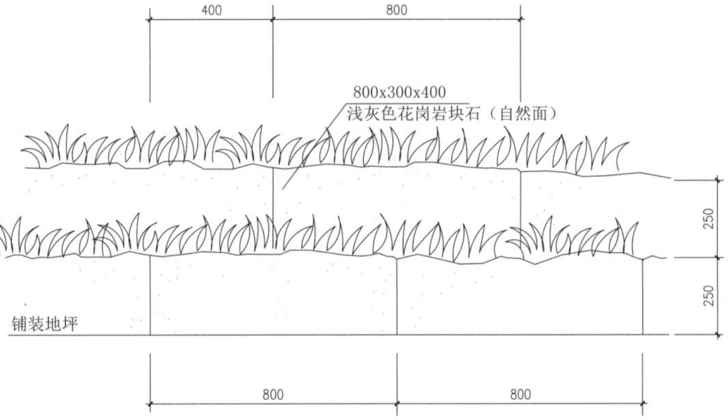
400
800
800x300x400
浅灰色花岗岩块石（自然面）
250
250
铺装地坪
800
800

挡墙形式二立面图 1:10

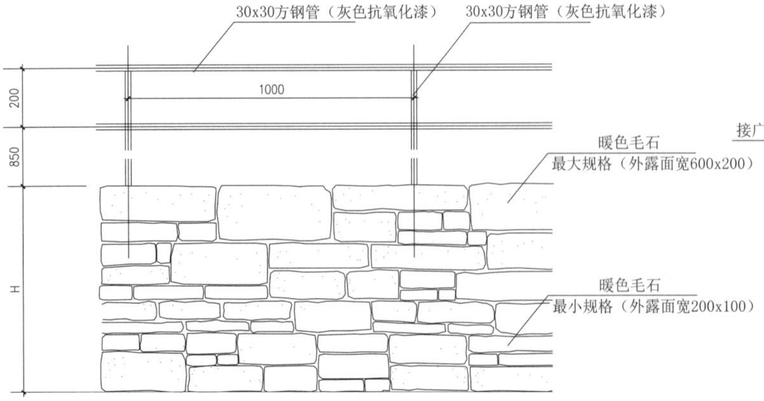
30x30方钢管（灰色抗氧化漆）
30x30方钢管（灰色抗氧化漆）
200
1000
850
暖色毛石
最大规格（外露面宽600x200）
H
暖色毛石
最小规格（外露面宽200x100）

挡墙形式一立面图 1:10

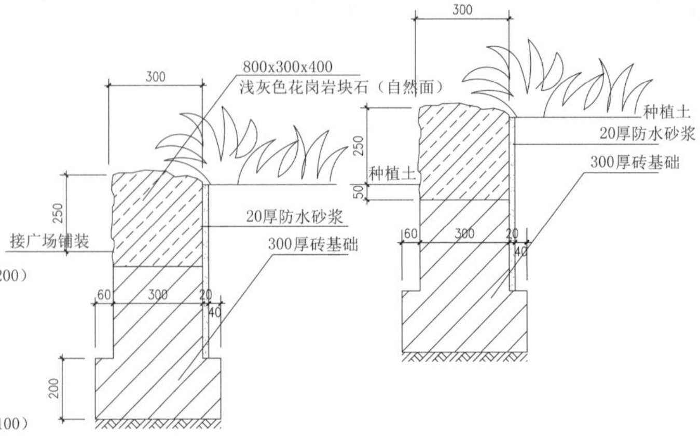
300
800x300x400
浅灰色花岗岩块石（自然面）
300
种植土
20厚防水砂浆
300厚砖基础
250
种植土
50
60
300
20
40
250
接广场铺装
20厚防水砂浆
300厚砖基础
60
300
20
40
200

挡墙形式二剖面图 1:10

挡土景墙002

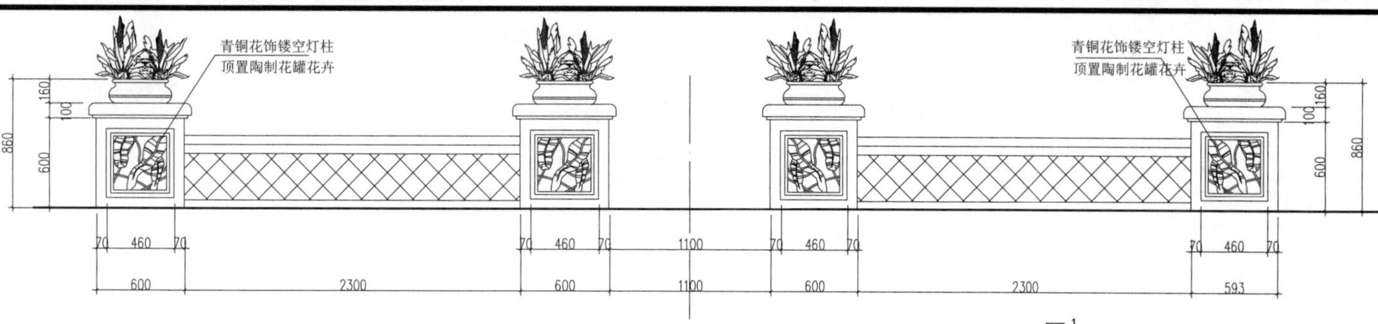

挡墙展开立面 1:50

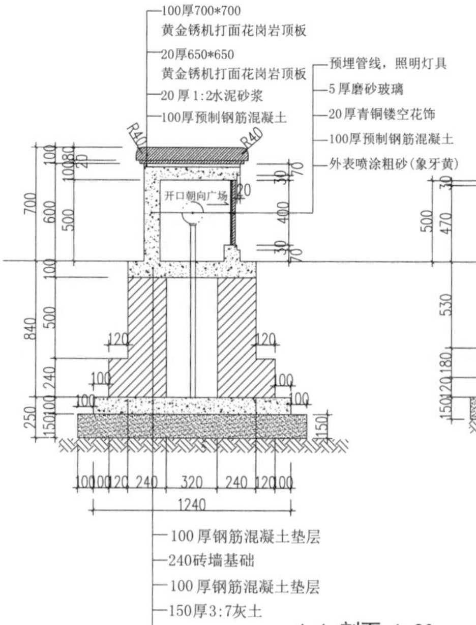
100厚700*700
黄金锈机打面花岗岩顶板
20厚650*650
黄金锈机打面花岗岩顶板
20 厚 1:2水泥砂浆
100厚预制钢筋混凝土
预埋管线，照明灯具
5厚磨砂玻璃
20厚青铜镂空花饰
100厚预制钢筋混凝土
外表喷涂粗砂(象牙黄)
开口朝向广场
100 厚钢筋混凝土垫层
240砖墙基础
100 厚钢筋混凝土垫层
150厚3:7灰土
素土夯实

1-1 剖面 1:20

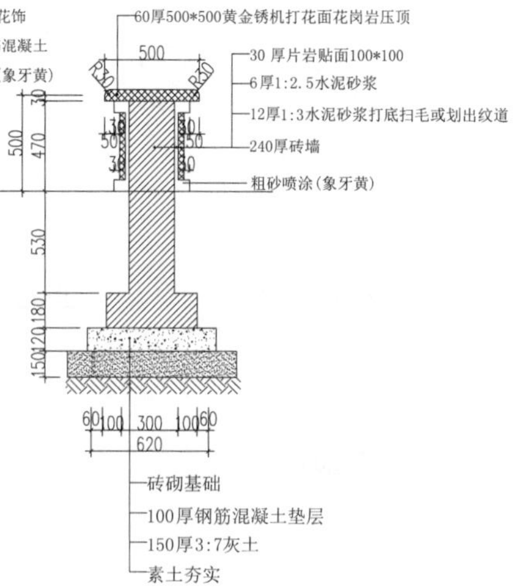
60厚500*500黄金锈机打花面花岗岩压顶
30 厚片岩贴面100*100
6厚1:2.5水泥砂浆
12厚1:3水泥砂浆打底扫毛或划出纹道
240厚砖墙
粗砂喷涂(象牙黄)
砖砌基础
100厚钢筋混凝土垫层
150厚3:7灰土
素土夯实

2-2 剖面 1:20

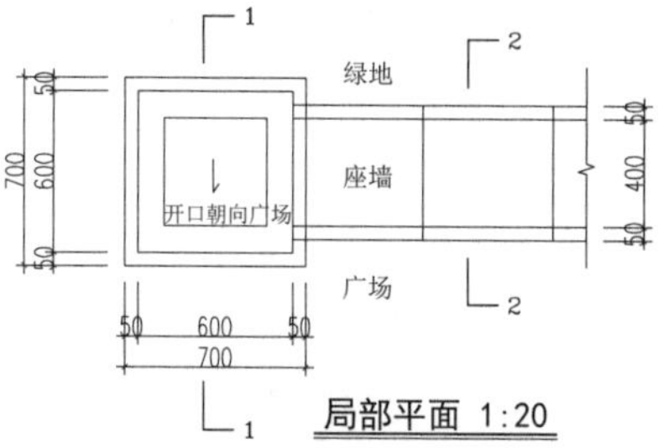
绿地
座墙
广场
开口朝向广场

局部平面 1:20

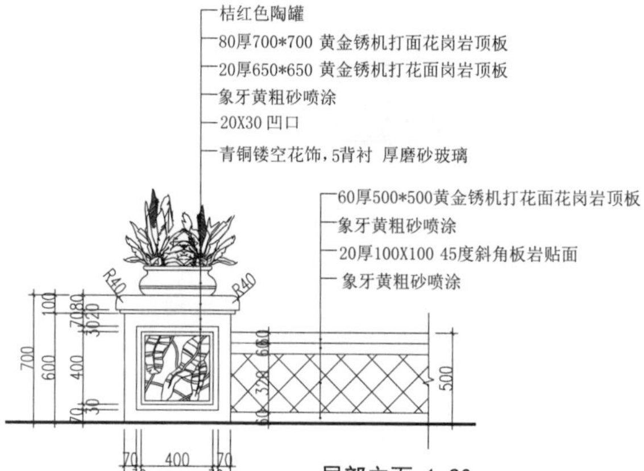
桔红色陶罐
80厚700*700 黄金锈机打面花岗岩顶板
20厚650*650 黄金锈机打花面岗岩顶板
象牙黄粗砂喷涂
20X30 凹口
青铜镂空花饰，5背衬 厚磨砂玻璃
60厚500*500黄金锈机打面花岗岩顶板
象牙黄粗砂喷涂
20厚100X100 45度斜角板岩贴面
象牙黄粗砂喷涂

局部立面 1:20

挡土景墙003

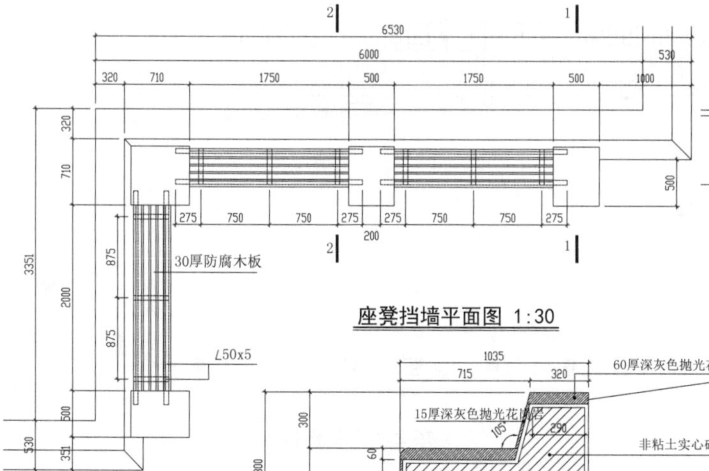
30厚防腐木板
∠50x5

座凳挡墙平面图 1:30

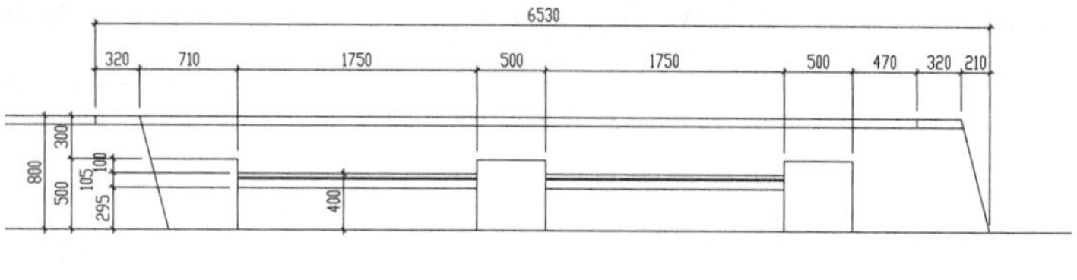

座凳挡墙立面图 1:30

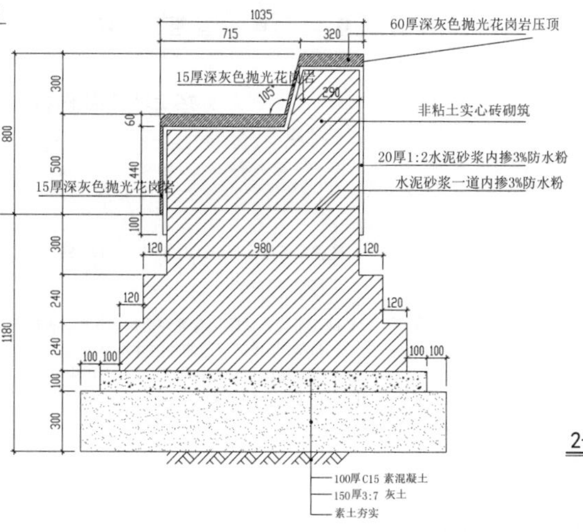
60厚深灰色抛光花岗岩压顶
15厚深灰色抛光花岗岩
非粘土实心砖砌筑
20厚1:2水泥砂浆内掺3%防水粉
水泥砂浆一道内掺3%防水粉
15厚深灰色抛光花岗岩
100厚C15 素混凝土
150厚3:7 灰土
素土夯实

1-1 剖面 1:15

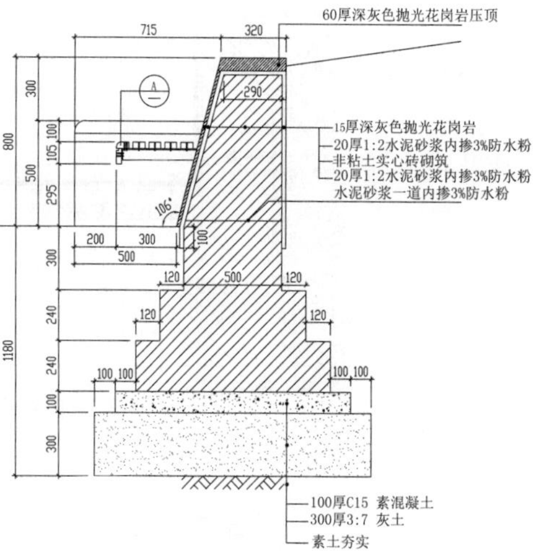
60厚深灰色抛光花岗岩压顶
15厚深灰色抛光花岗岩
20厚1:2水泥砂浆内掺3%防水粉
非粘土实心砖砌筑
20厚1:2水泥砂浆内掺3%防水粉
水泥砂浆一道内掺3%防水粉
100厚C15 素混凝土
300厚3:7 灰土
素土夯实

2-2 剖面 1:15

挡土景墙004

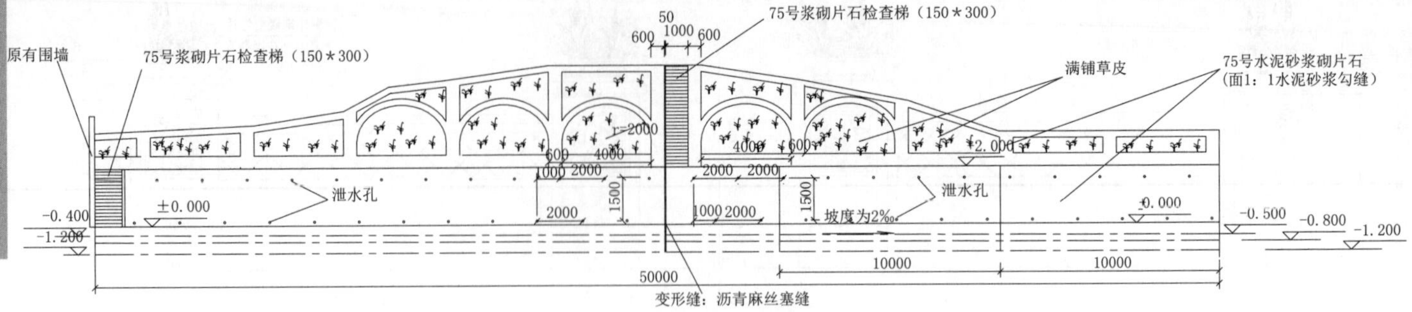

挡土墙正立面图

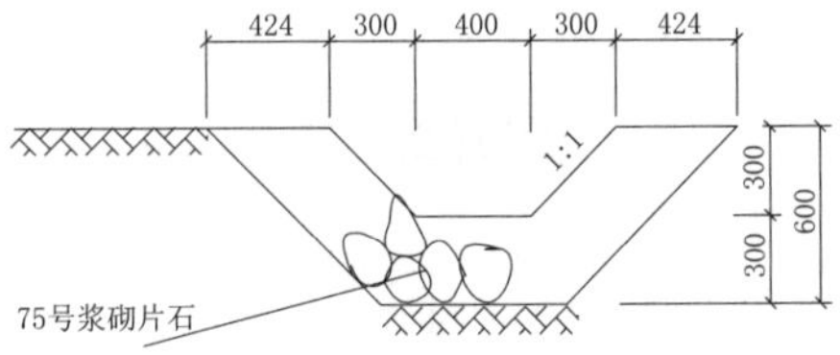

水沟截面大样

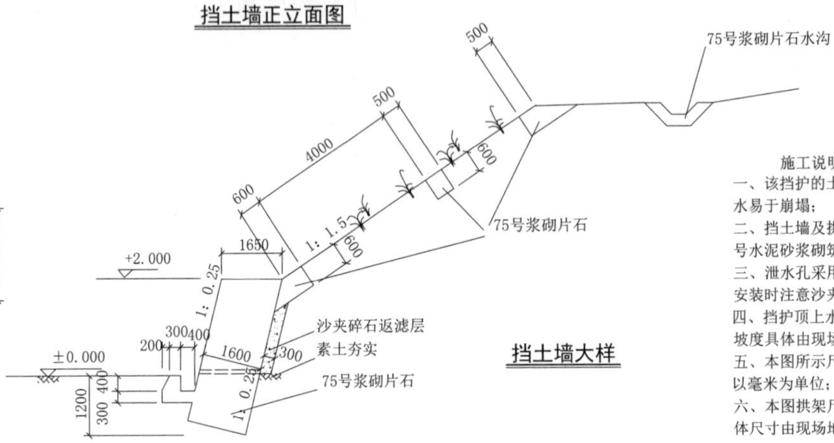

挡土墙大样

施工说明

一、该挡护的土质为亚粘性土，遇水易于崩塌；

二、挡土墙及拱架、水沟均采用75号水泥砂浆砌筑片石；

三、泄水孔采用预埋φ100PVC管，安装时注意沙夹碎石返滤层；

四、挡护顶上水沟间隔拱架边2米，坡度具体由现场地势决定；

五、本图所示尺寸（除标高外）均以毫米为单位；

六、本图拱架尺寸为示意性的，具体尺寸由现场地势决定。

挡土景墙005

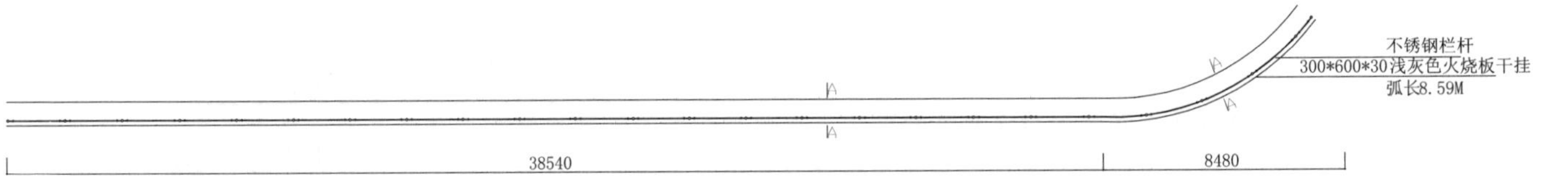

挡土墙平面图

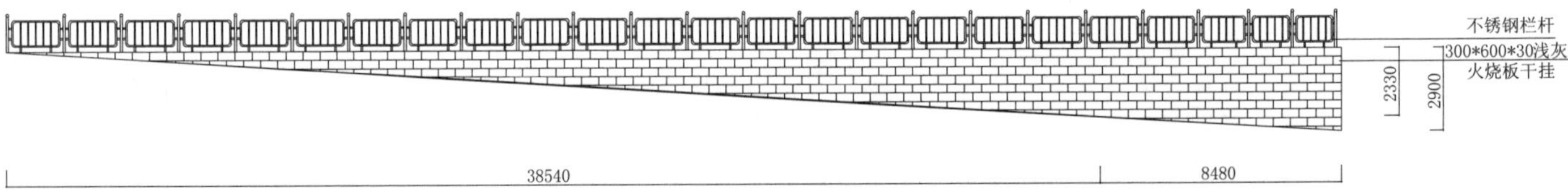

挡土墙立面图

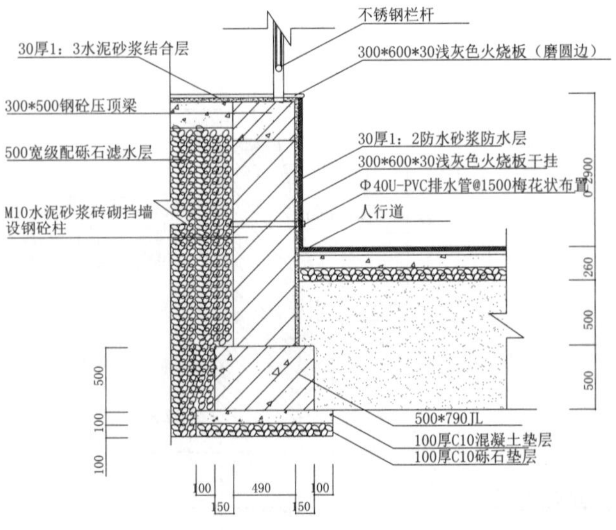

A-A 剖面

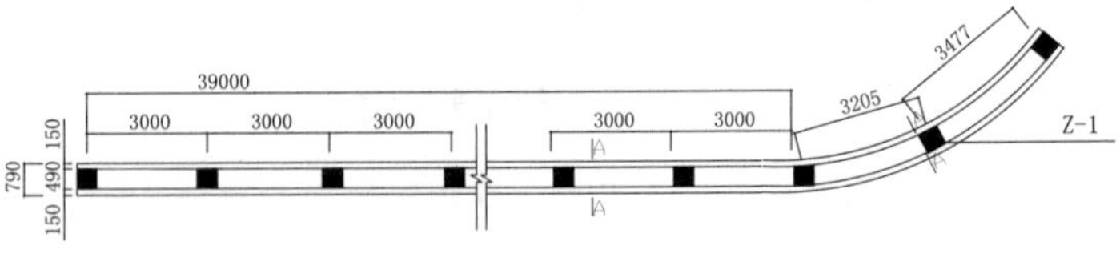

挡土墙结构平面图

说明：

1. 砼强度等级：垫层：C10；其他均为C20；
2. 砌体材料：MU10机制粘土砖，砂浆标号：M10；
3. 钢筋：Ⅱ级；
4. 钢筋搭接、锚固按有关规范执行；砌体@500设量4 9拉接筋与Z-1拉接，拉接筋每边伸入墙体不小于1M；
5. 根据不锈钢栏杆立柱尺寸在L-1中相应位置预埋150*150*50钢板；
6. 未尽事宜按规范执行。

挡土景墙006

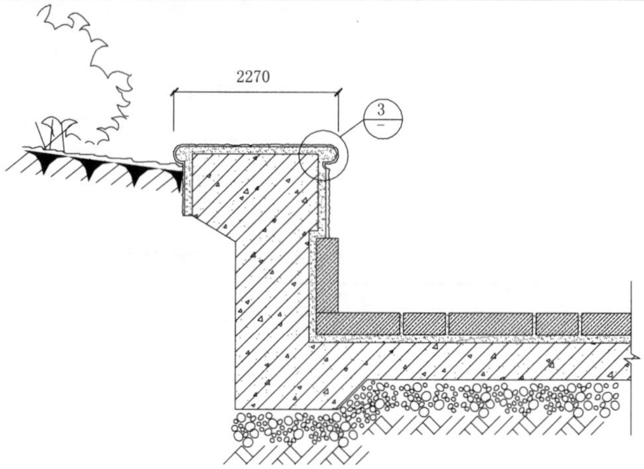

① 剖面

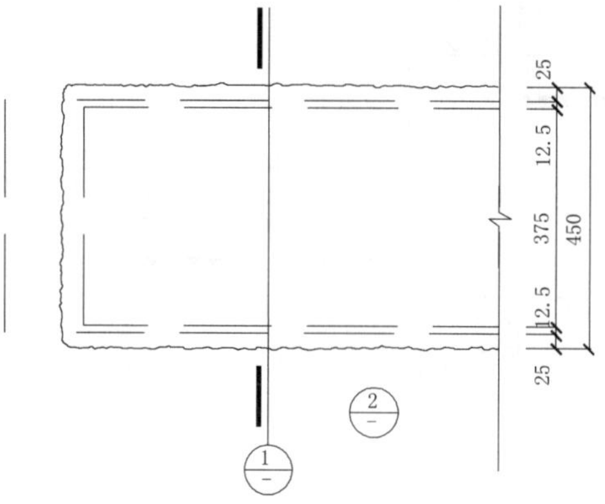

平面大样

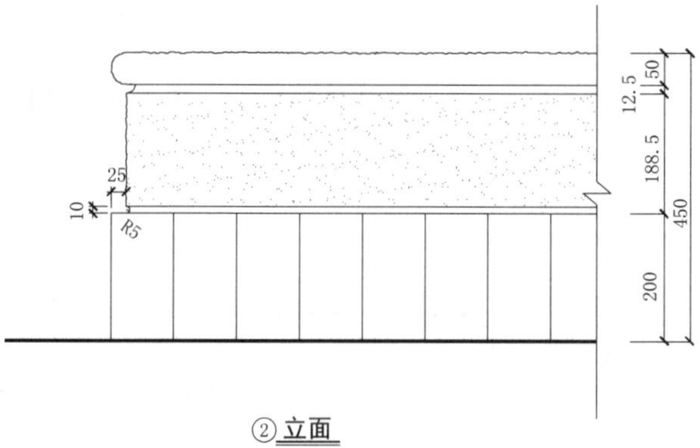

② 立面

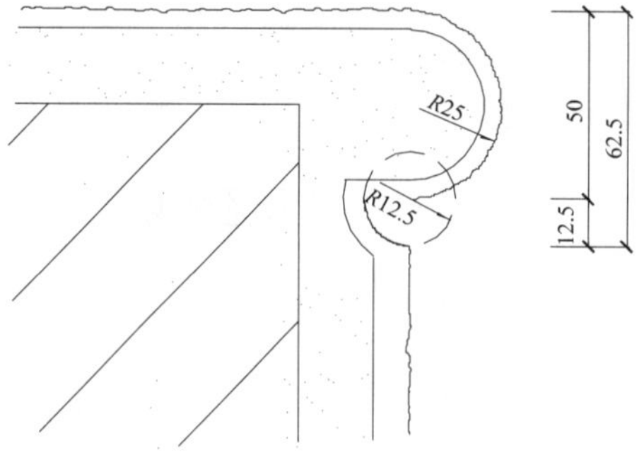

③ 大样

挡土景墙007

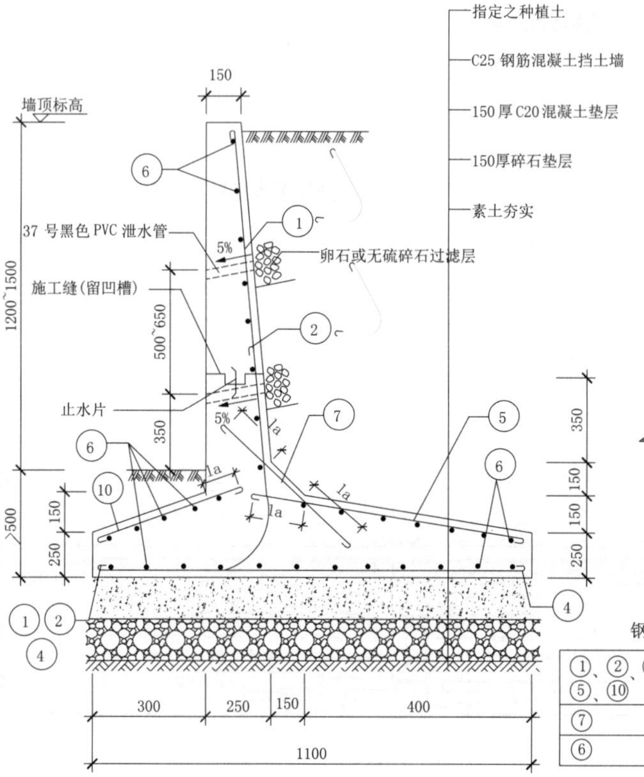

指定之种植土

C25 钢筋混凝土挡土墙

150 厚 C20混凝土垫层

150厚碎石垫层

素土夯实

卵石或无硫碎石过滤层

墙顶标高

37 号黑色 PVC 泄水管

施工缝(留凹槽)

止水片

钢筋表

①、②、④、	Φ12@200
⑤、⑩	
⑦	Φ12@150
⑥	Φ8@200

挡土墙构造大样

注：当⑤⑧筋直径相同时宜拉通

挡土景墙008

倒20平角

20厚米黄色不规则板岩贴面

种植槽

绿地

50厚黑色光面花岗岩
30厚1:3水泥压顶
Mu10砖砌砂浆
100厚C10混凝土
250厚块石垫层
素土夯实

剖面图 1:10

挡土景墙009

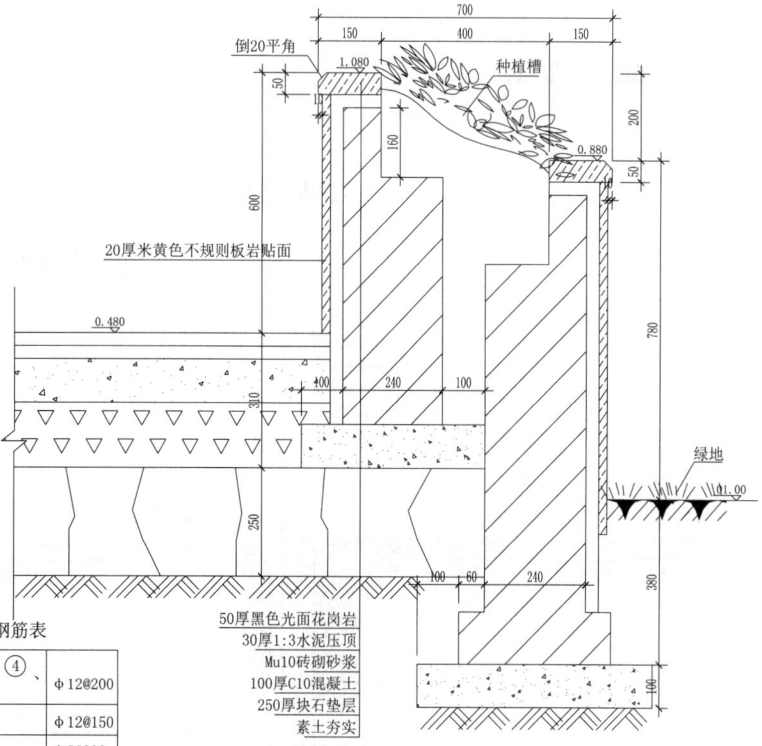

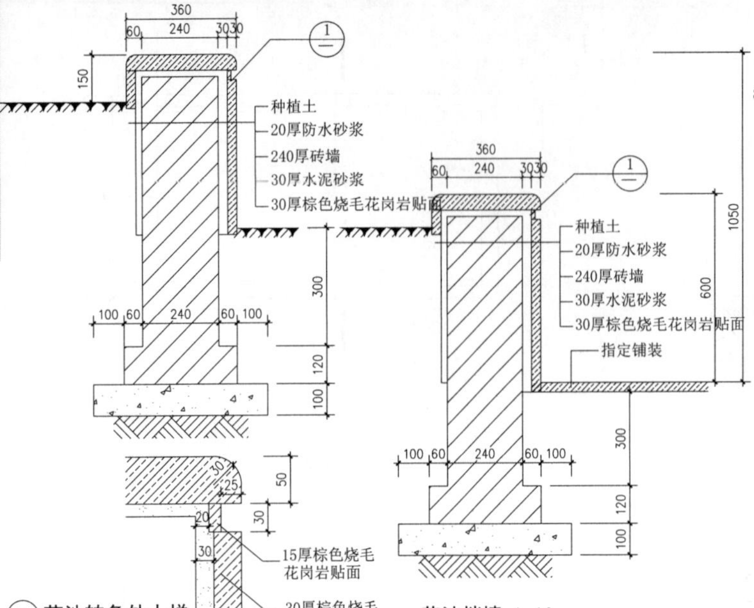

① 花池转角处大样

花池挡墙 1:10

挡土景墙010

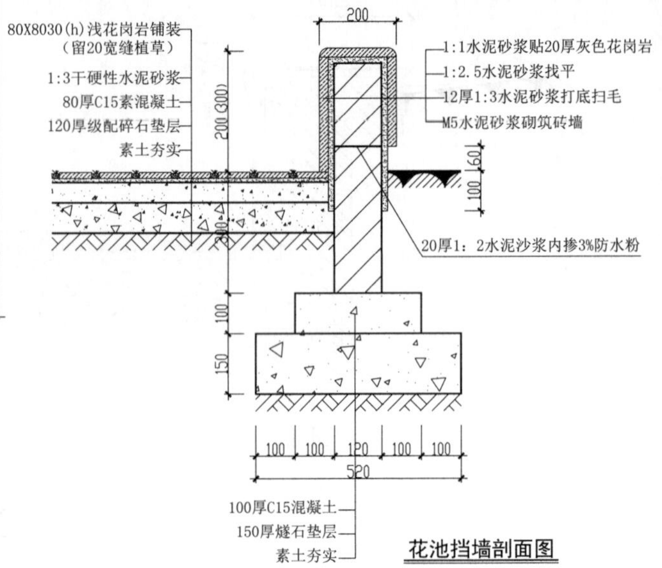
80X8030(h)浅花岗岩铺装
(留20宽缝植草)
1:3干硬性水泥砂浆
80厚C15素混凝土
120厚级配碎石垫层
素土夯实
200
1:1水泥砂浆贴20厚灰色花岗岩
1:2.5水泥砂浆找平
12厚1:3水泥砂浆打底扫毛
M5水泥砂浆砌筑砖墙
200 (300)
160
100
20厚1:2水泥沙浆内掺3%防水粉
100
150
100 100 120 100 100
520
100厚C15混凝土
150厚燧石垫层
素土夯实

花池挡墙剖面图

挡土景墙011

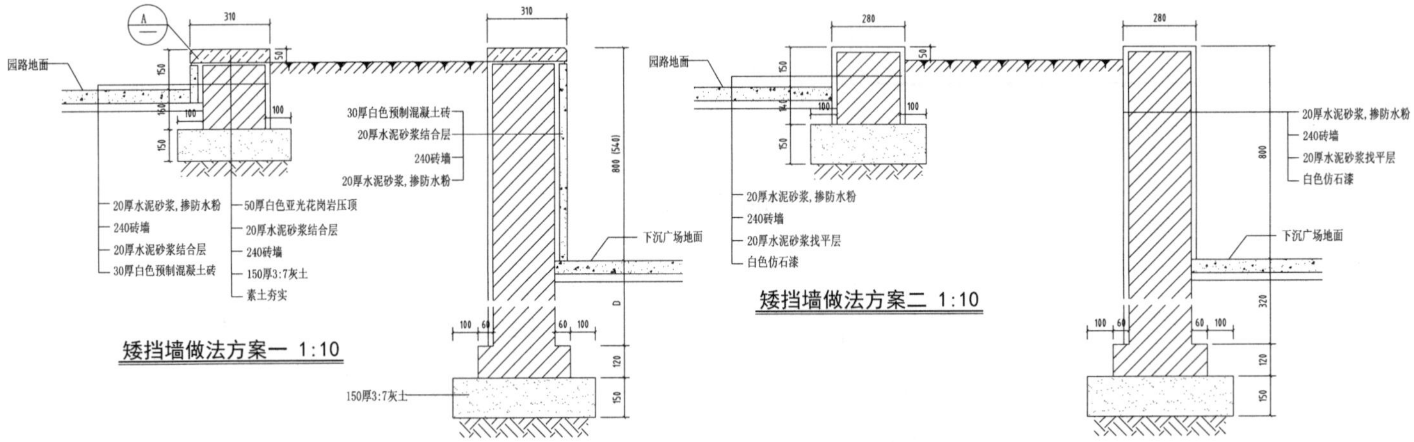
A
310
园路地面
150
50
160
100
100
150
20厚水泥砂浆, 掺防水粉
240砖墙
20厚水泥砂浆结合层
30厚白色预制混凝土砖
50厚白色亚光花岗岩压顶
20厚水泥砂浆结合层
240砖墙
150厚3:7灰土
素土夯实
30厚白色预制混凝土砖
20厚水泥砂浆结合层
240砖墙
20厚水泥砂浆, 掺防水粉
800 (540)
下沉广场地面
D
100 60 60 100
120
150
150厚3:7灰土
280
20厚水泥砂浆, 掺防水粉
240砖墙
20厚水泥砂浆找平层
白色仿石漆
800
320

矮挡墙做法方案一 1:10

高挡墙做法方案一 1:10

矮挡墙做法方案二 1:10

高挡墙做法方案二 1:10

挡土景墙012

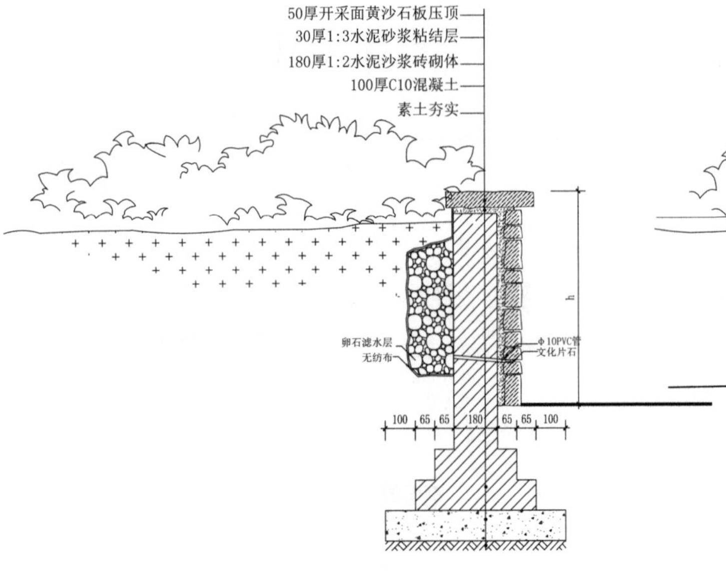
50厚开采面黄沙石板压顶
30厚1:3水泥砂浆粘结层
180厚1:2水泥沙浆砖砌体
100厚C10混凝土
素土夯实
h
卵石滤水层
无纺布
φ10PVC管
文化片石
100 65 65 180 65 65 100

挡土景墙013

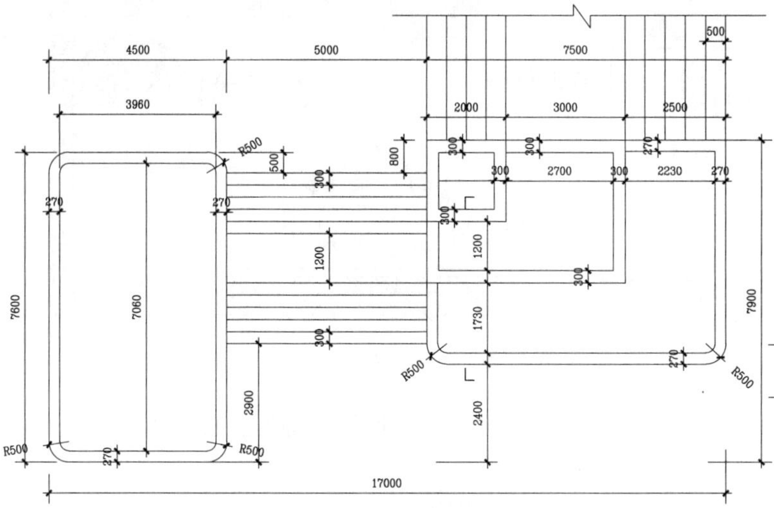

花池挡墙平面图 1:100

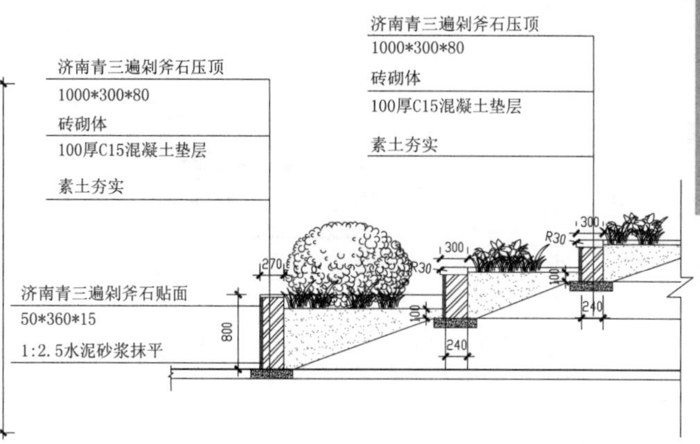
济南青三遍剁斧石压顶
1000*300*80
砖砌体
100厚C15混凝土垫层
素土夯实
济南青三遍剁斧石贴面
50*360*15
1:2.5水泥砂浆抹平

花池挡墙剖面图 1:50

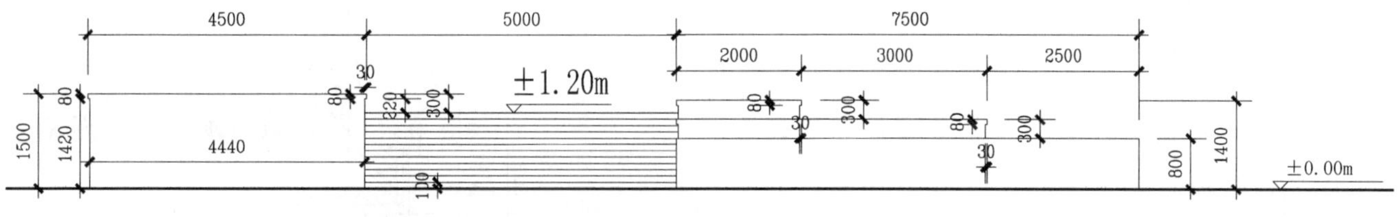
±1.20m
±0.00m

花池挡墙立面图 1:100

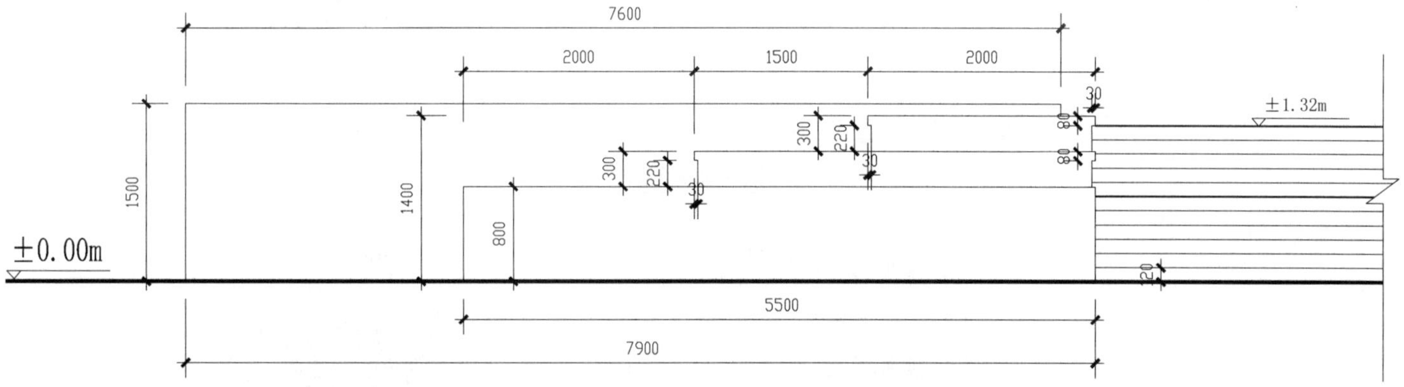

花池挡墙立面图 1:50

挡土景墙014

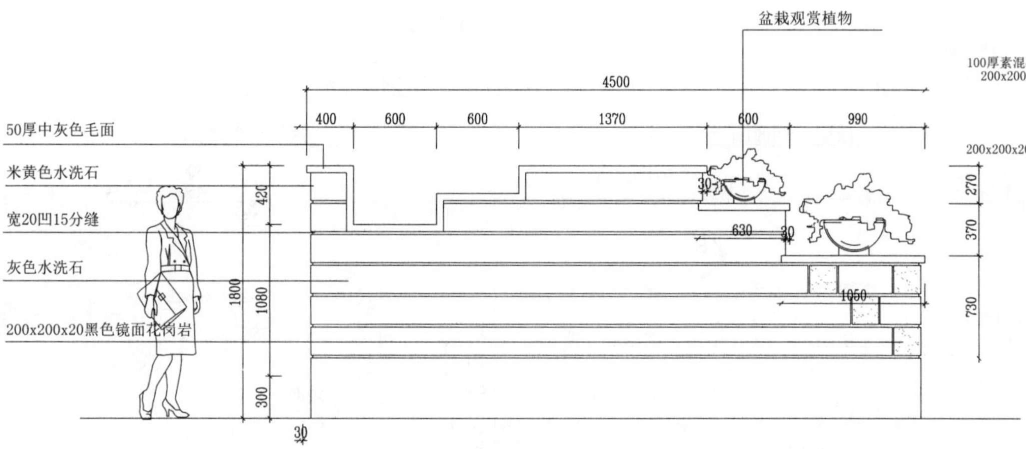
盆栽观赏植物
50厚中灰色毛面
米黄色水洗石
宽20凹15分缝
灰色水洗石
200x200x20黑色镜面花岗岩
4500

景墙立面

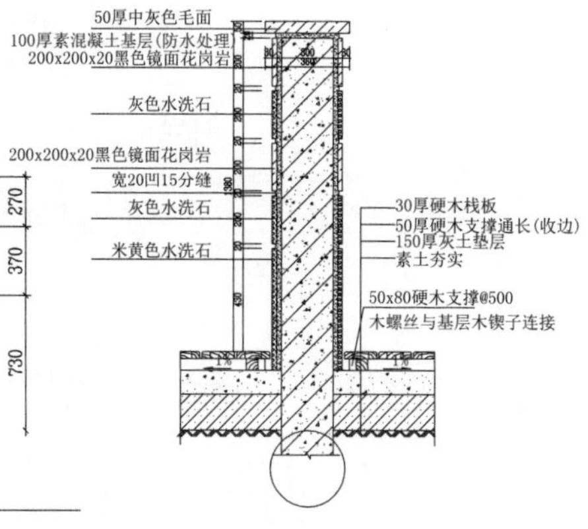
50厚中灰色毛面
100厚素混凝土基层(防水处理)
200x200x20黑色镜面花岗岩
灰色水洗石
200x200x20黑色镜面花岗岩
宽20凹15分缝
灰色水洗石
米黄色水洗石
30厚硬木栈板
50厚硬木支撑通长(收边)
150厚灰土垫层
素土夯实
50x80硬木支撑@500
木螺丝与基层木锲子连接

景墙结构 1:20

挡土景墙015

挡土景墙

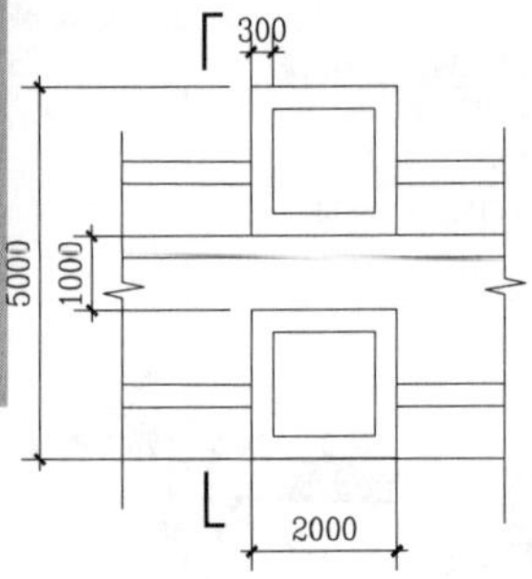

花池挡墙平面图 1:100

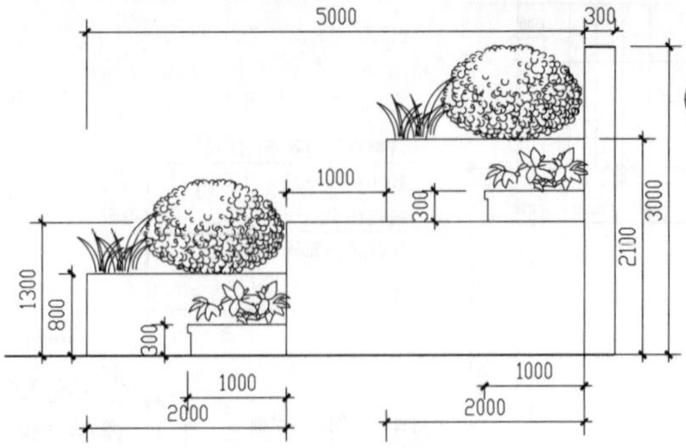

花池挡墙立面图 1:50

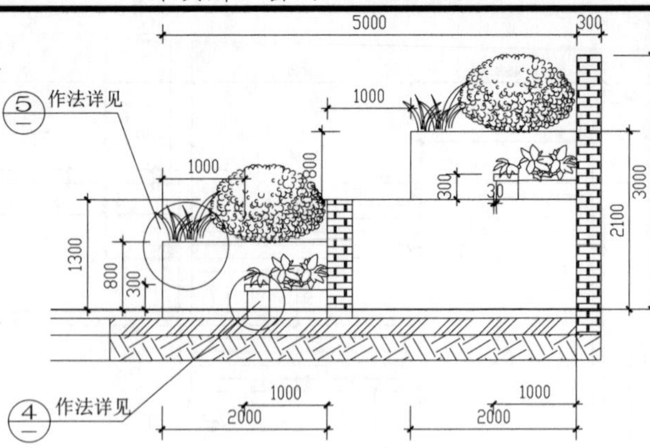

花池挡墙剖面图 1:50

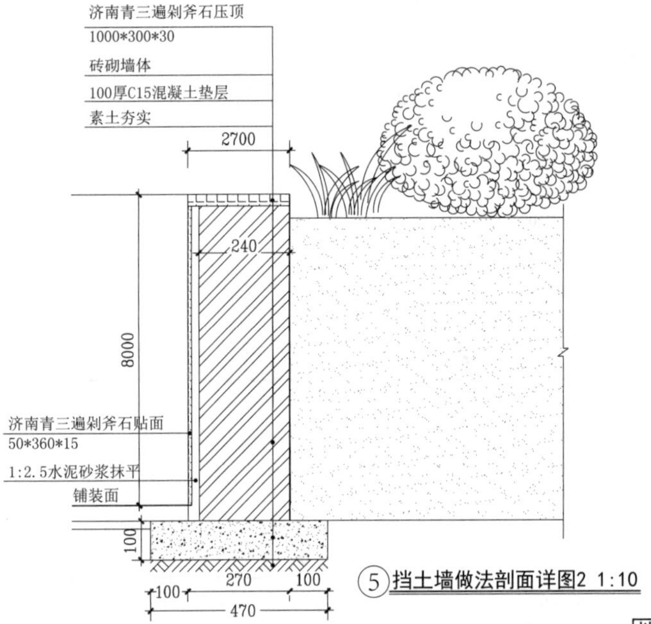

⑤ 作法详见

④ 作法详见

济南青三遍剁斧石压顶
1000*300*30
砖砌墙体
100厚C15混凝土垫层
素土夯实

2700

240

8000

济南青三遍剁斧石贴面
50*360*15
1:2.5水泥砂浆抹平
铺装面

⑤ 挡土墙做法剖面详图2 1:10

济南青三遍剁斧石压顶
1000*300*80
砖砌体
100厚C15混凝土垫层
素土夯实

济南青三遍剁斧石贴面
500*360*15
1:2.5水泥砂浆抹平
铺装面

R=360

300

④ 花坛做法剖面详图1 1:10

挡土景墙016

250

R=25 顶面

地面

挡墙一剖面图一

250

R=25 顶面

地面

挡墙一剖面图二

顶面

地面

挡墙一立面图

1000

B

地面

挡墙二立面图

500
450
25

地面

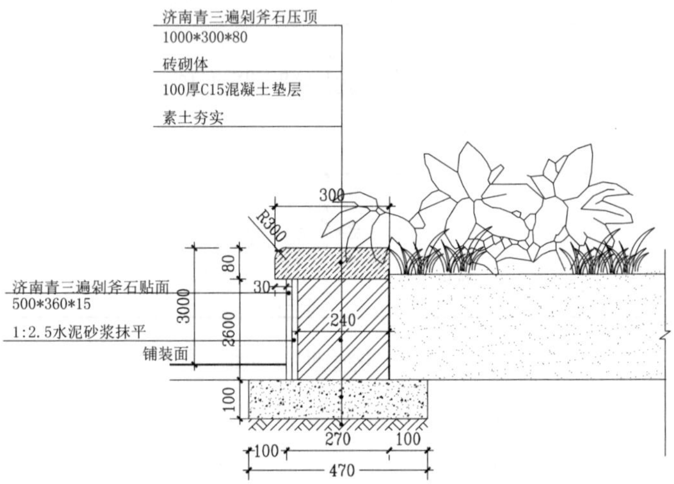

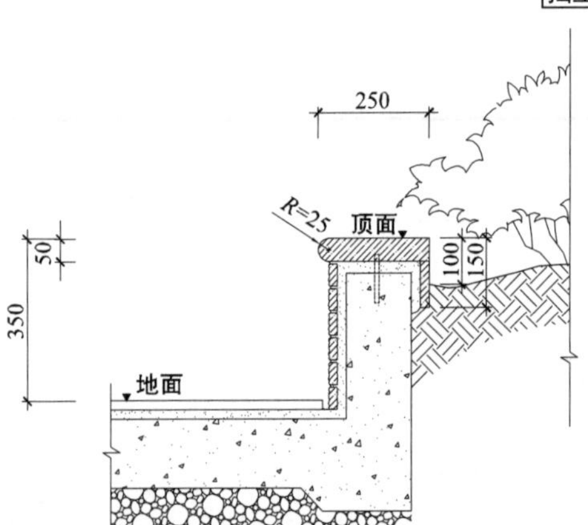

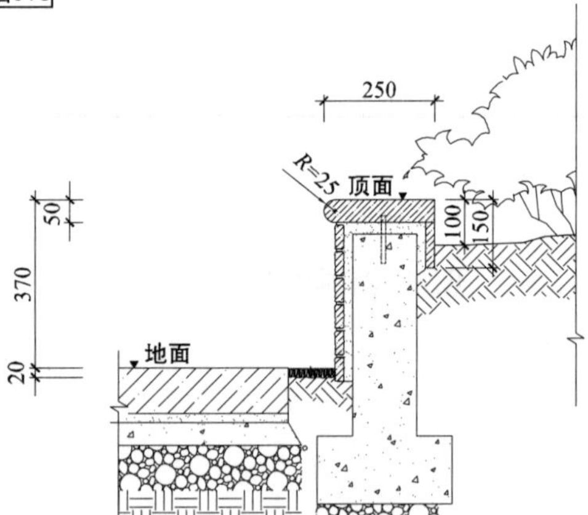

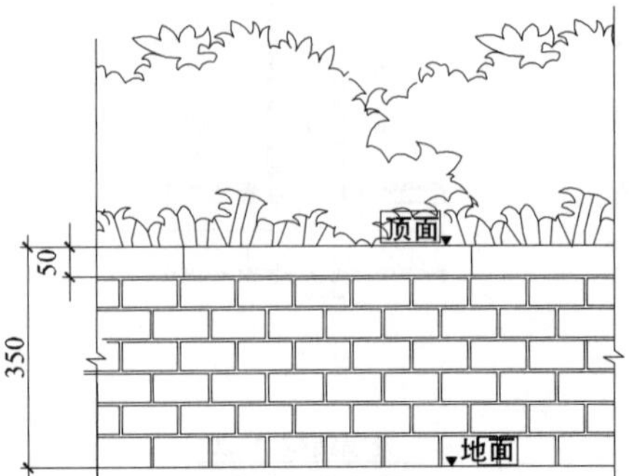

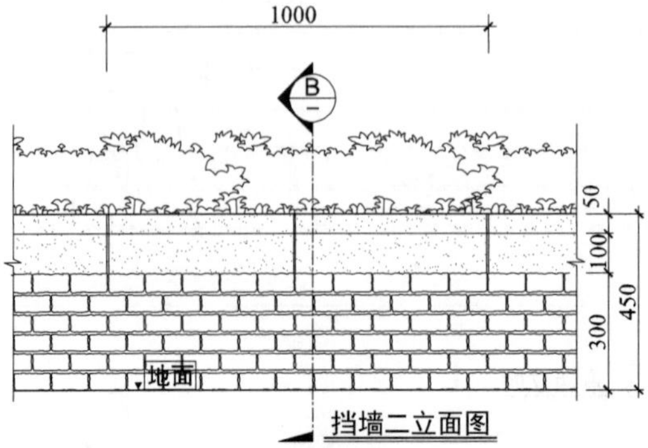

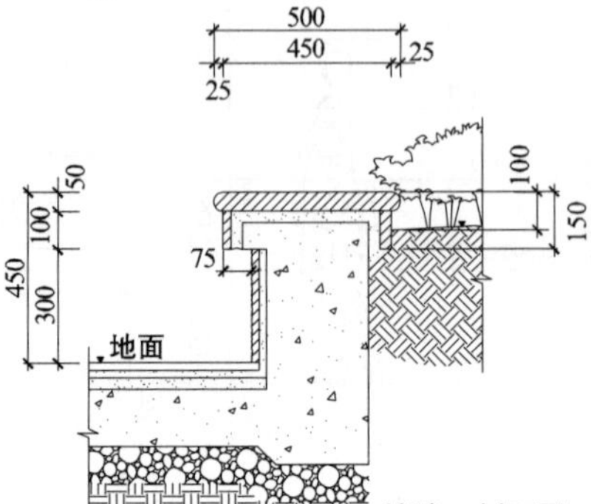

挡墙二剖面图

挡土景墙017

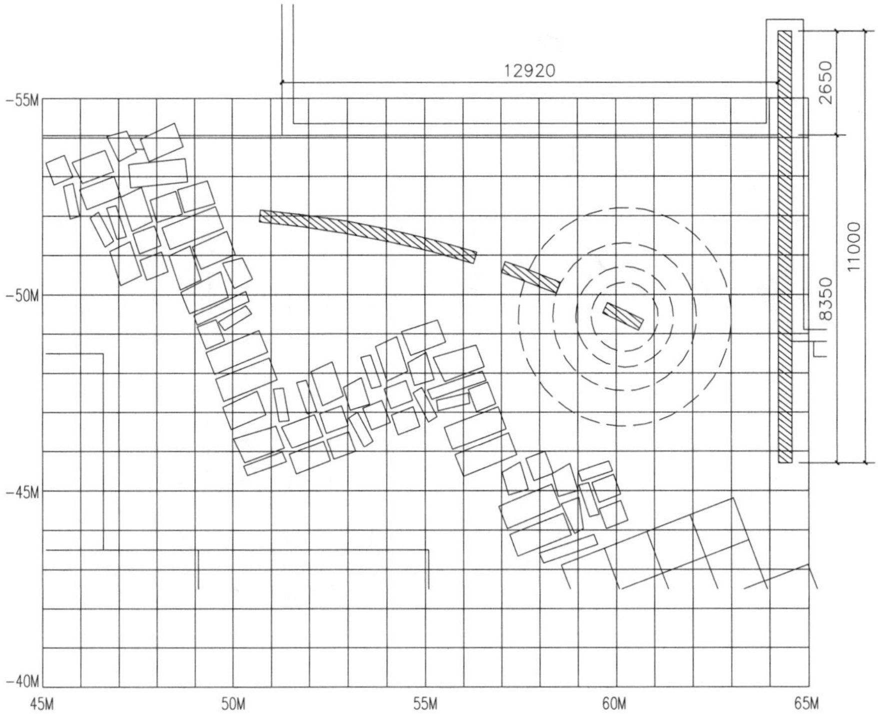
12920
2650
11000
8350
-55M
-50M
-45M
-40M
45M
50M
55M
60M
65M

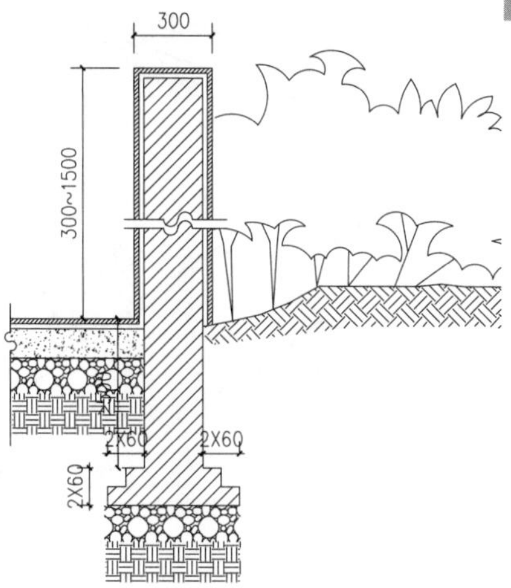
300
300~1500
2X60
2X60
2X60

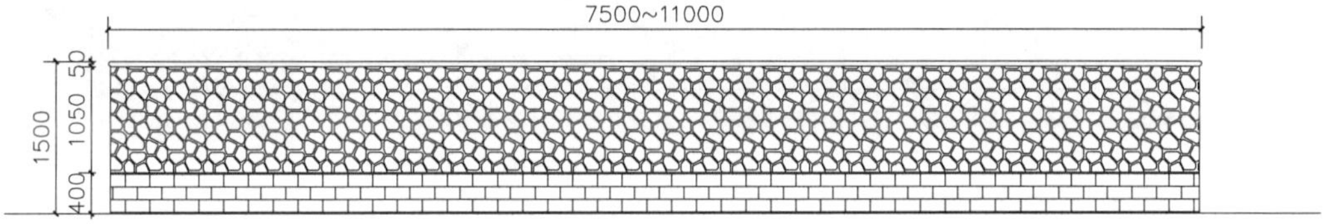
7500~11000
1500
1050
50
400

①

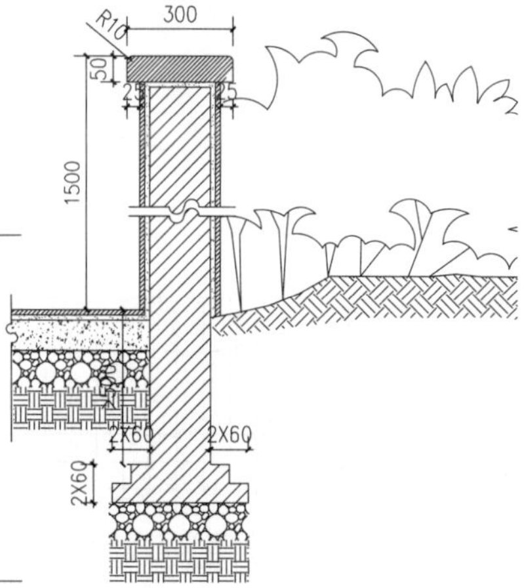
R10
300
50
1500
2X60
2X60
2X60

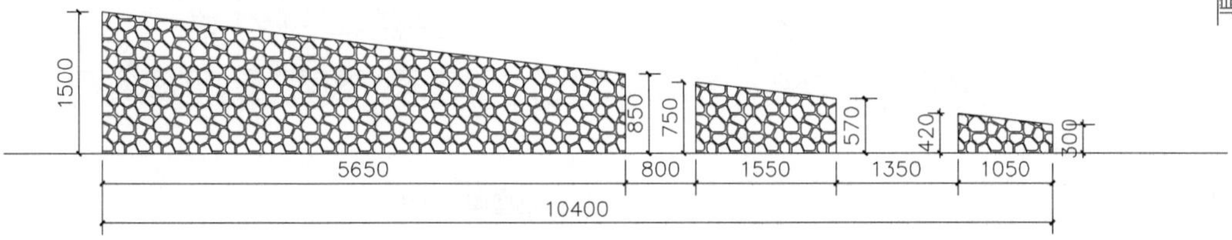
1500
850
750
570
420
300
5650
800
1550
1350
1050
10400

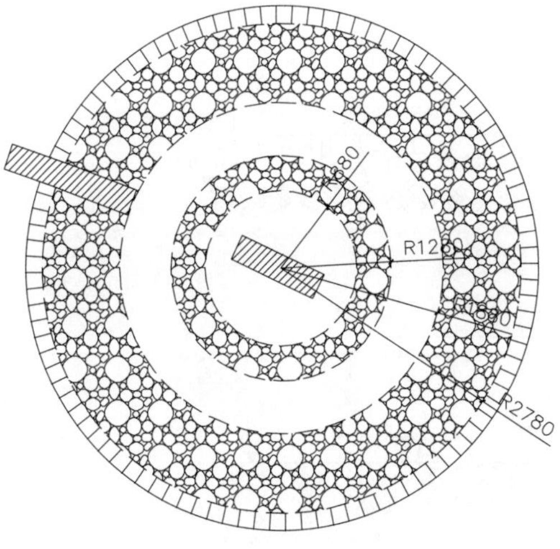
R880
R1260
R1880
R2780

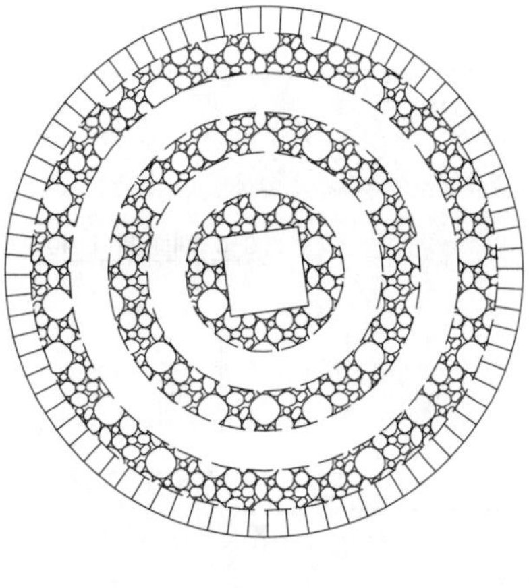

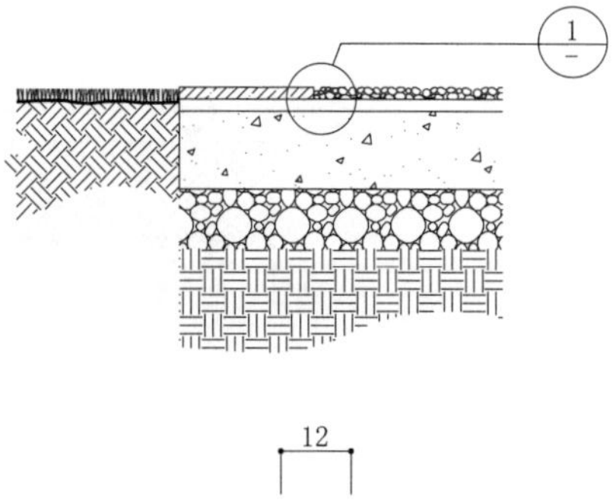
1

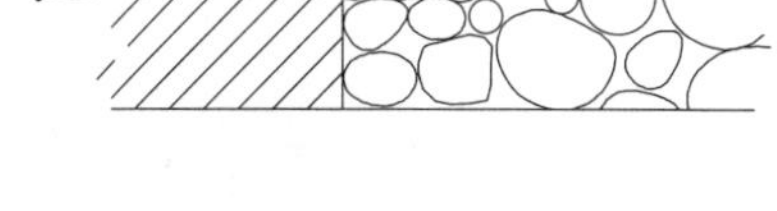
12
6

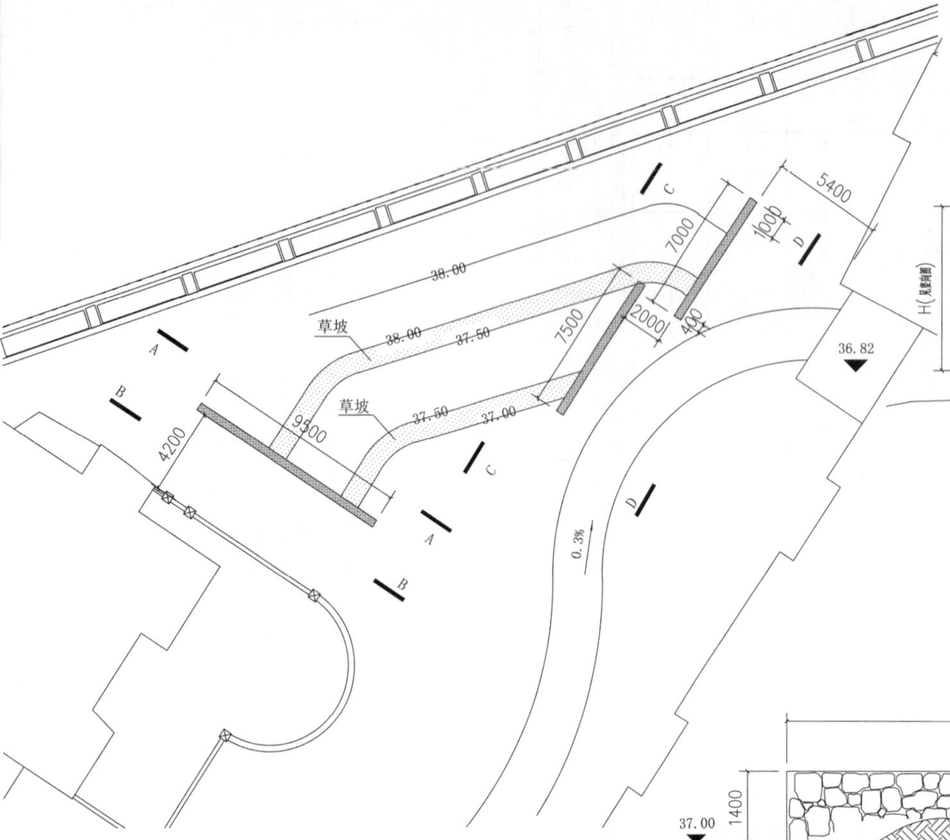

毛石挡墙平面位置图 1:200

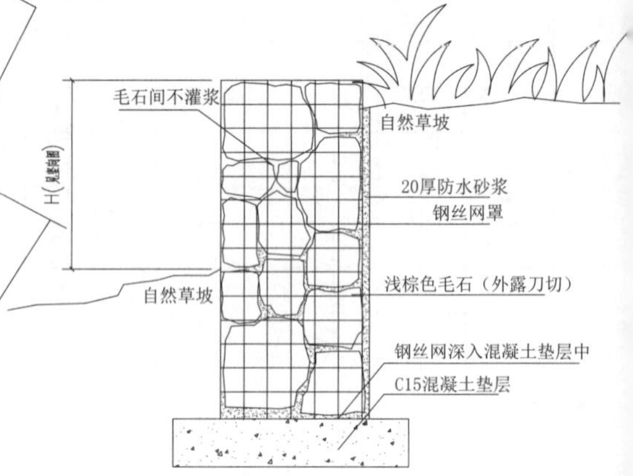
毛石间不灌浆
自然草坡
20厚防水砂浆
钢丝网罩
自然草坡
浅棕色毛石（外露刀切）
钢丝网深入混凝土垫层中
C15混凝土垫层
毛石挡墙剖面图 1:40

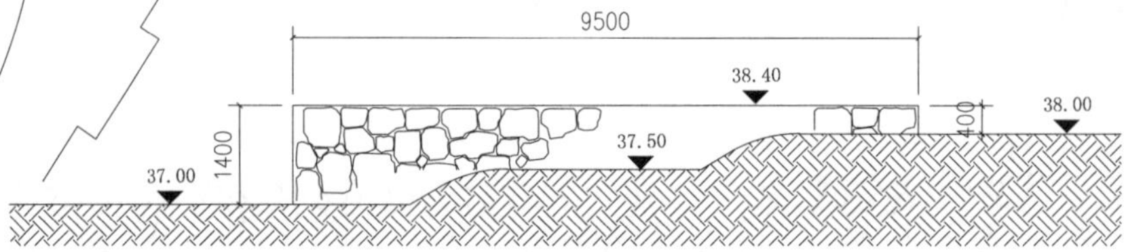

A-A 剖面图 1:40

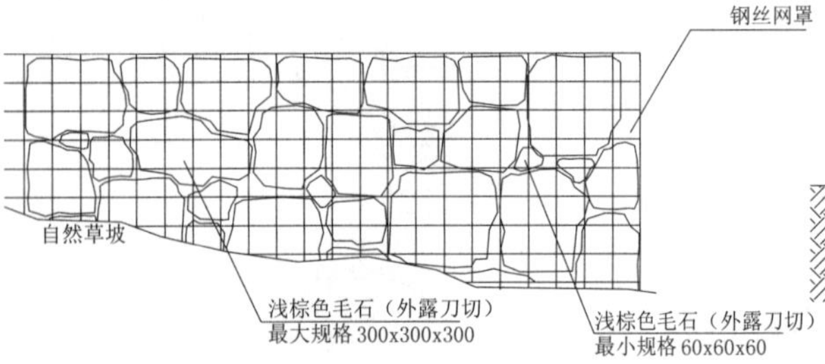
钢丝网罩
自然草坡
浅棕色毛石（外露刀切）
最大规格300x300x300
浅棕色毛石（外露刀切）
最小规格60x60x60
毛石挡墙立面图 1:40

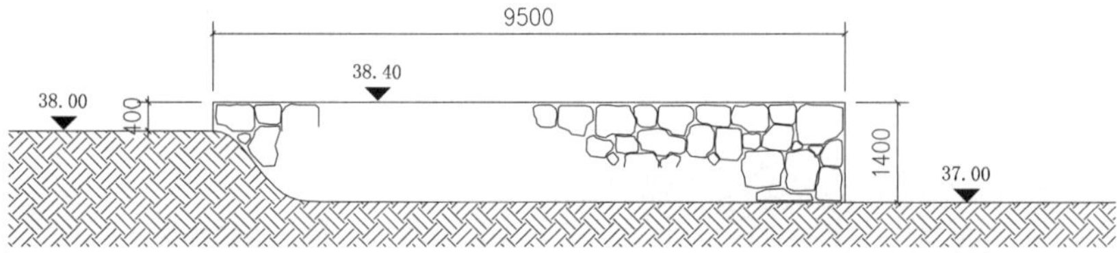

B-B 剖面图 1:40

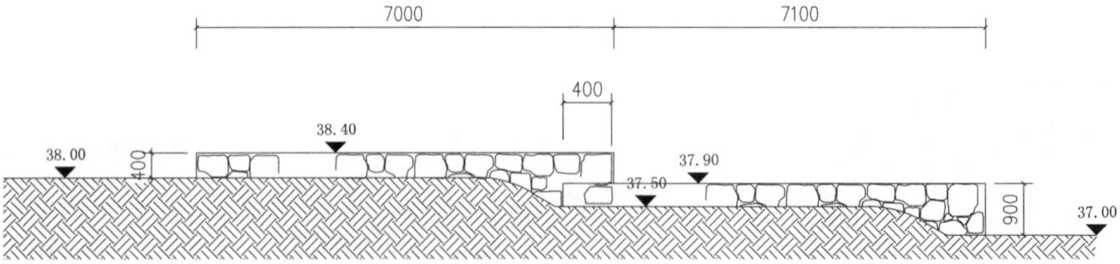

C-C 剖面图 1:40

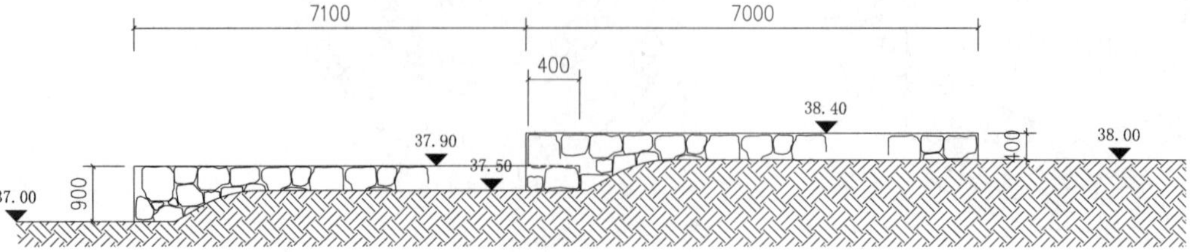

D-D 剖面图 1:40

挡土景墙019

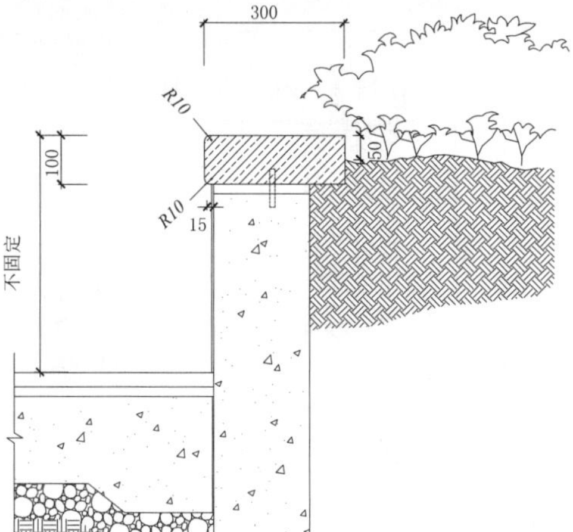

剖面图一

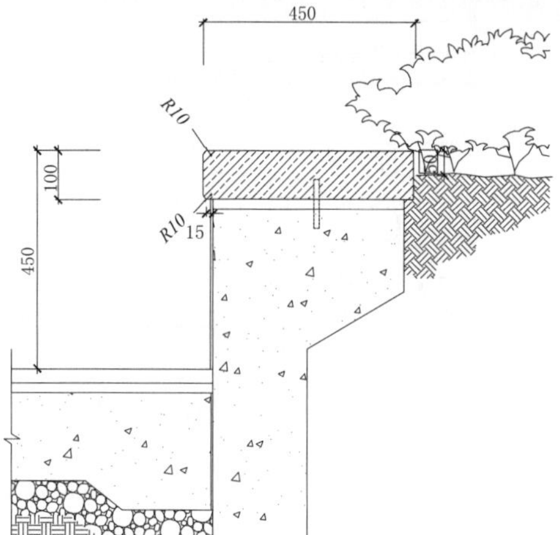

剖面图二

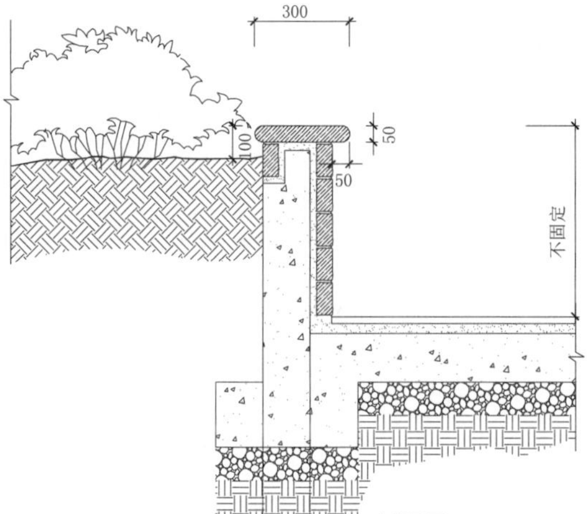

剖面图三

压顶石
10-20mm砂浆填缝，灰缝稍稍内斜
卵石混凝土砌块，露面稍作修凿
50mm厚砂浆基层
压实的碎石填充物
500X400的混凝土基础
选定的铺面

根据平面图尺寸定

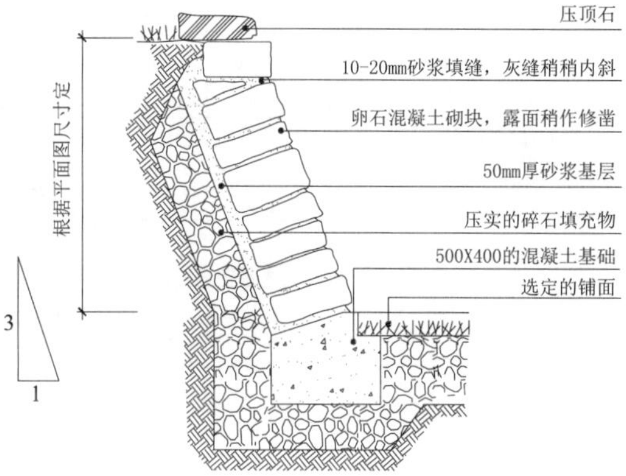

挡土墙详图

挡土景墙020

挡墙平面 1:20

挡墙侧立面 1:20

广场3地面
外侧道路路面

彩色水刷石面层
1:2水泥砂浆砌砖
150厚3:7灰土
素土夯实

广场3地面
外侧道路路面

铺装地面

挡墙正立面 1:20

挡墙构造 1:10

挡土景墙021

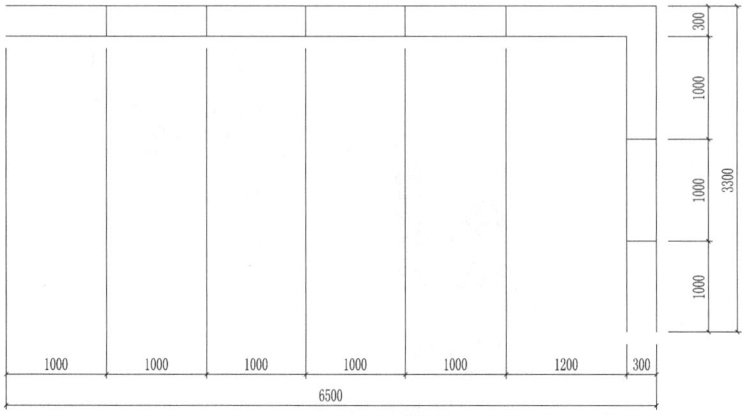

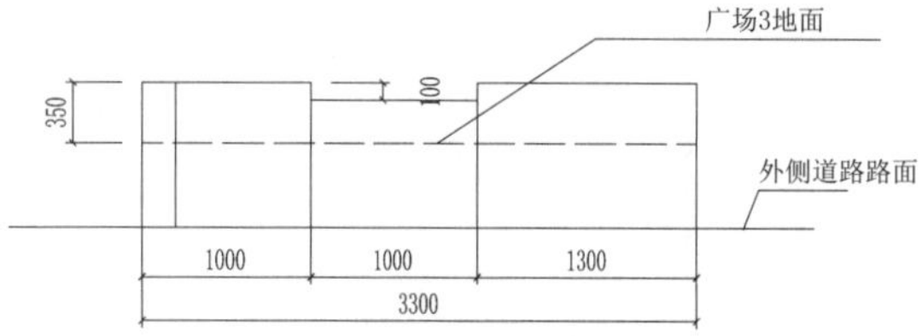

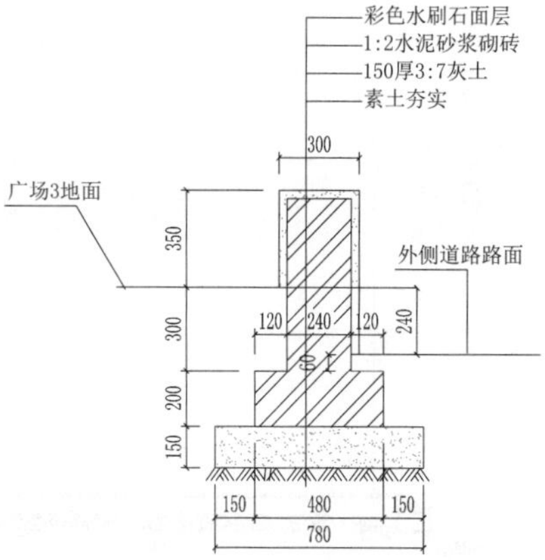

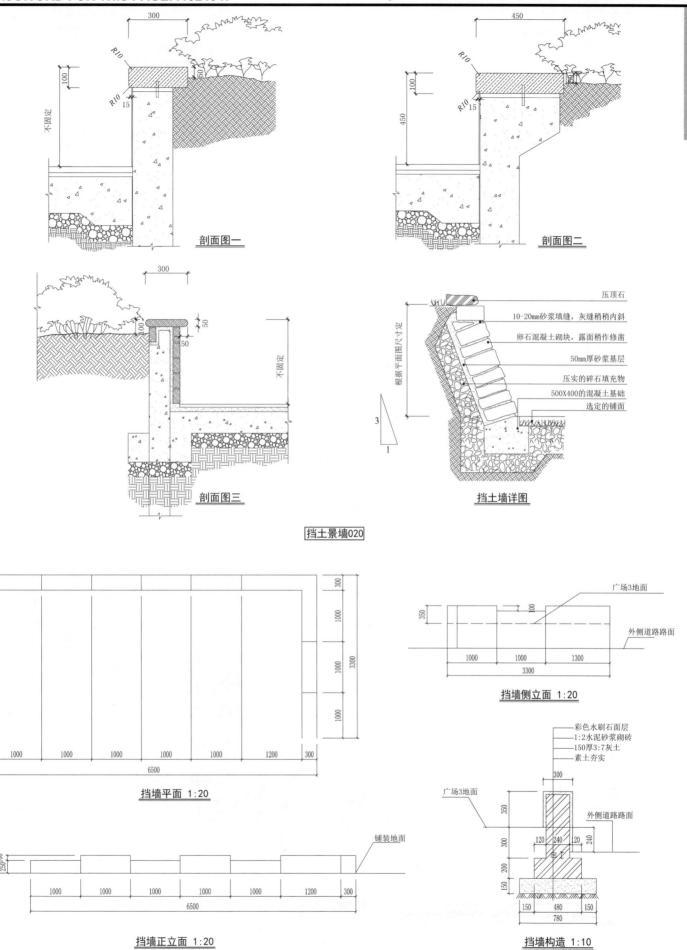

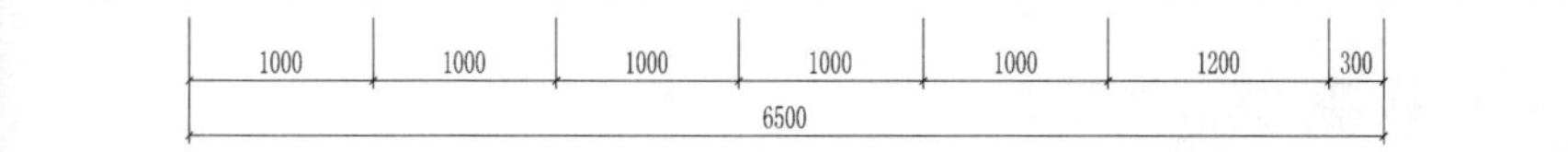

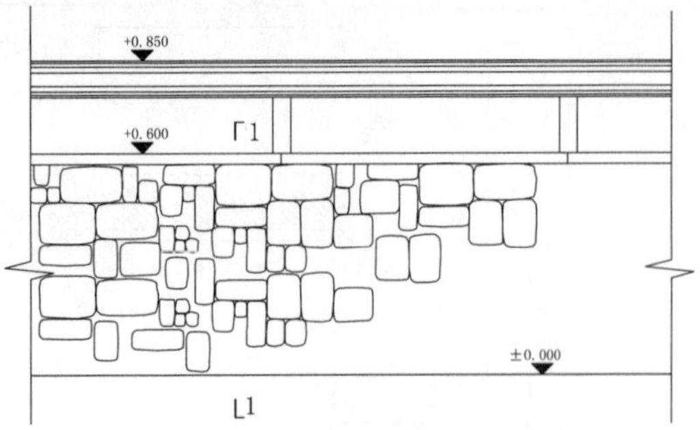

挡土墙立面图 1:10

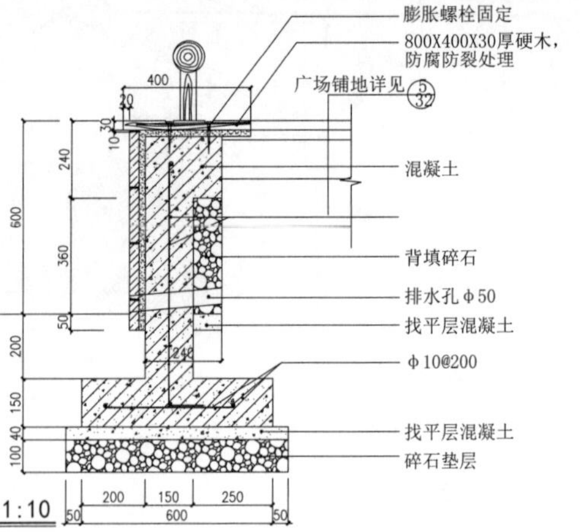
膨胀螺栓固定
800X400X30厚硬木，
防腐防裂处理
广场铺地详见
混凝土
背填碎石
排水孔ф50
找平层混凝土
ф10@200
找平层混凝土
碎石垫层

1-1 剖面图 1:10

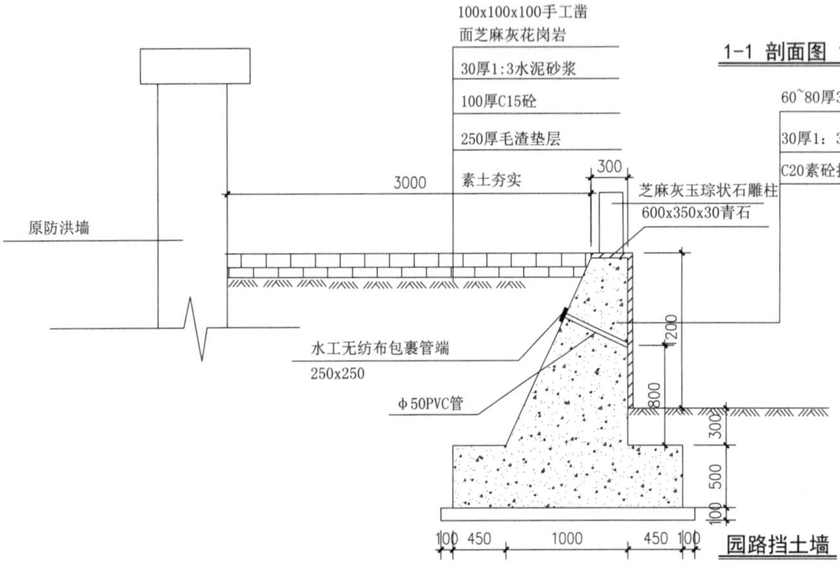
100x100x100手工凿
面芝麻灰花岗岩
30厚1:3水泥砂浆
100厚C15砼
250厚毛渣垫层
素土夯实
原防洪墙
芝麻灰玉琮状石雕柱
600x350x30青石
60~80厚300*600\300*300青石蘑菇石
30厚1：3水泥砂浆
C20素砼挡土墙
水工无纺布包裹管端
250x250
ф50PVC管

园路挡土墙

挡土景墙022

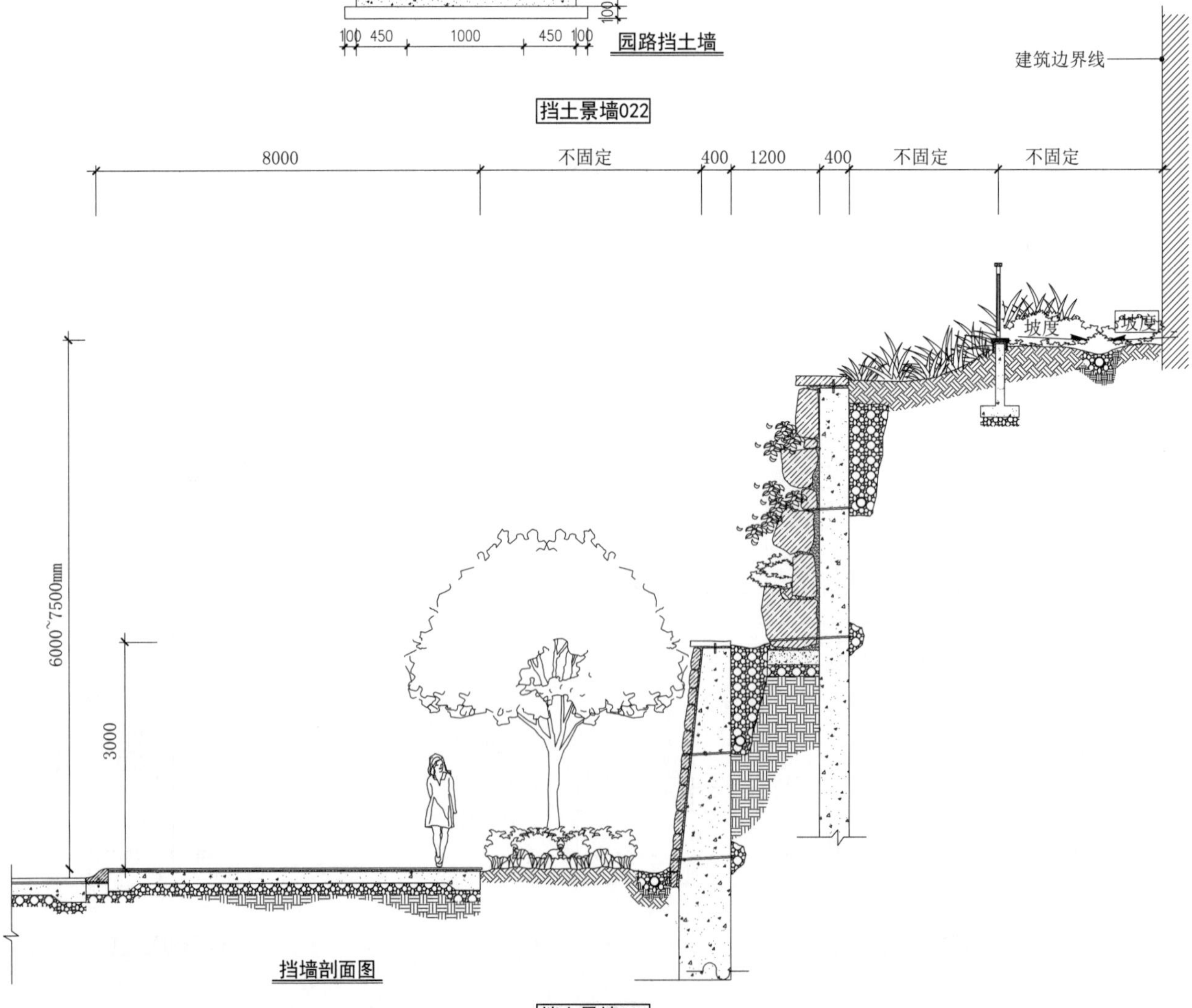

挡墙剖面图

挡土景墙023

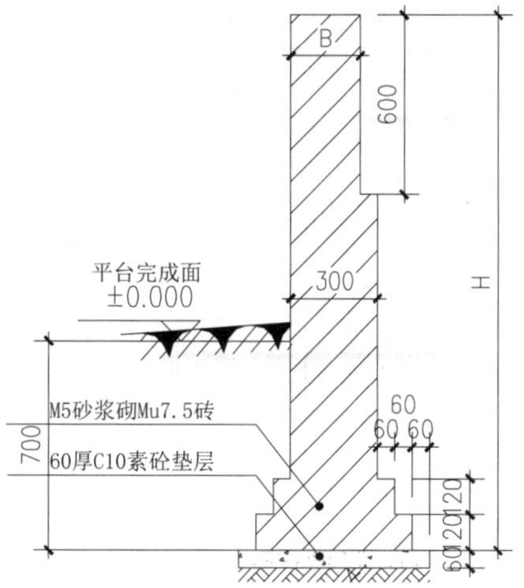

砖砌挡土墙大样 1:20

说明：H小于或等于1850适用。

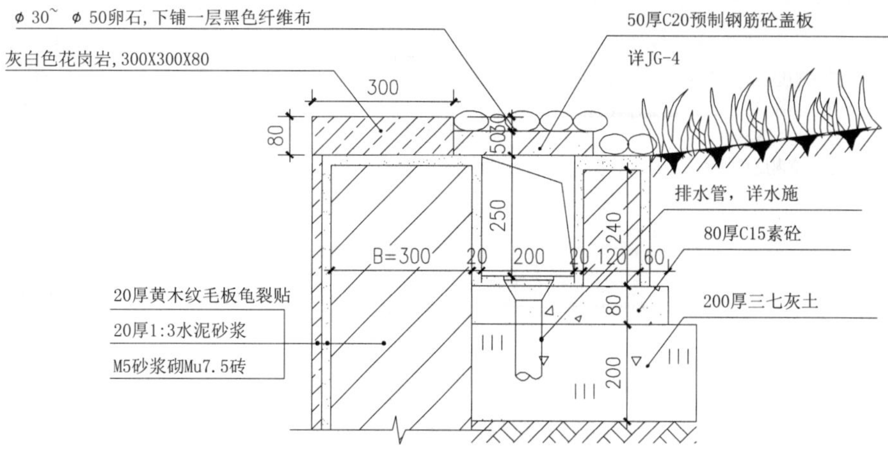

砖砌挡土墙顶部处理节点 1:10

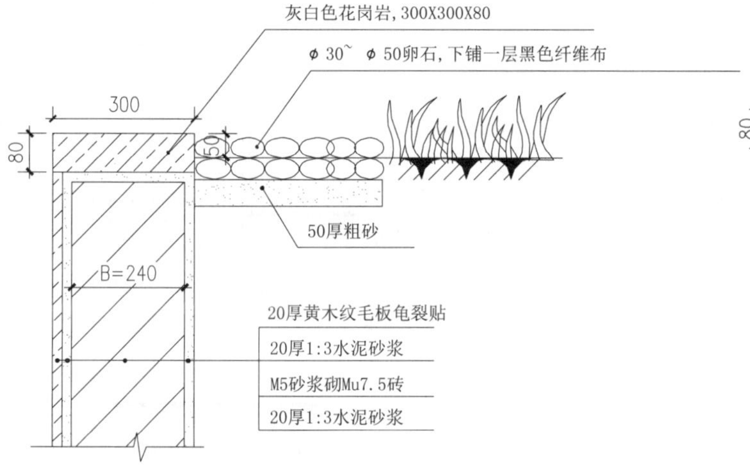

砖砌挡土墙顶部处理节点 1:10

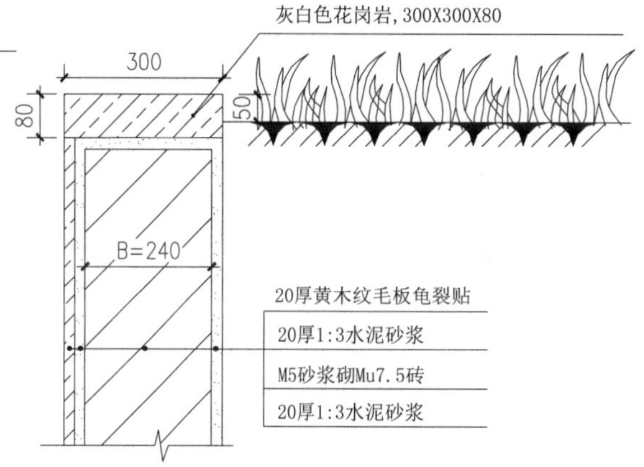

砖砌挡土墙顶部处理节点 1:10

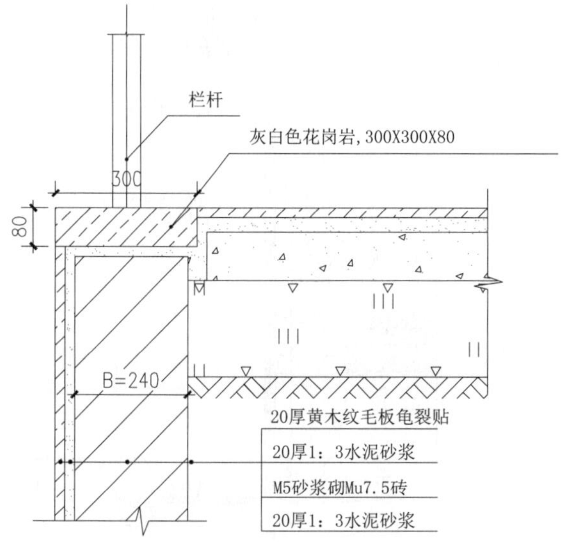

砖砌挡土墙顶部处理节点 1:10

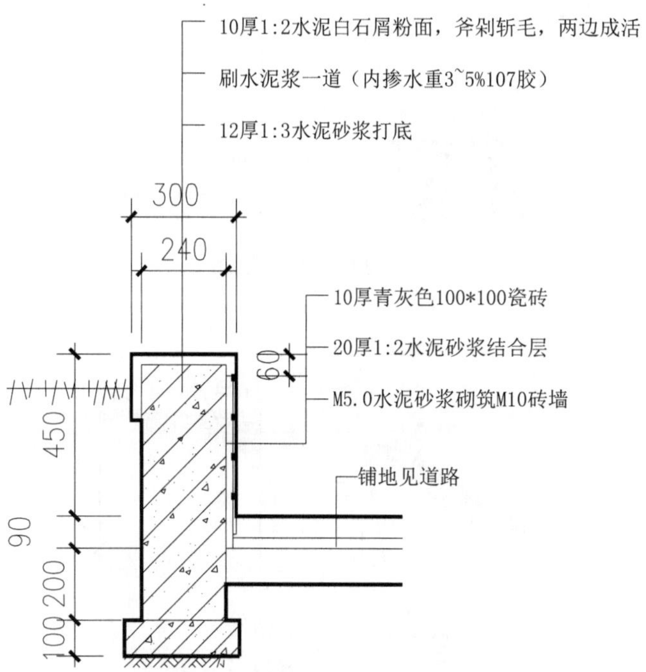

砖砌挡土墙铺贴瓷砖剖面 1:20

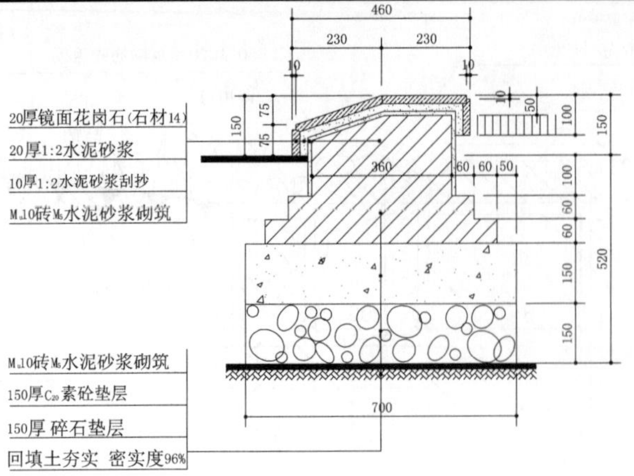

挡土景墙

20厚镜面花岗石(石材14)
20厚1:2水泥砂浆
10厚1:2水泥砂浆刮抄
M10砖M₅水泥砂浆砌筑

M10砖M₅水泥砂浆砌筑
150厚C₂₀素砼垫层
150厚碎石垫层
回填土夯实 密实度96%

挡土墙断面结构 1:10

20厚镜面花岗石(石材14)
20厚1:2水泥砂浆
10厚1:2水泥砂浆刮抄
M10砖M₅水泥砂浆砌筑

M10砖M₅水泥砂浆砌筑
150厚C₂₀素砼垫层
150厚碎石垫层
回填土夯实 密实度96%

挡土墙断面结构 1:10

乔木
攀缘植物
排水沟
挡墙
不规则石板
栏杆
灌木
石板
草坪
灌木
挡墙

20厚镜面花岗石(石材15)
20厚1:2水泥砂浆
10厚1:2水泥砂浆刮抄
M10砖M₅水泥砂浆砌筑

M10砖M₅水泥砂浆砌筑
150厚C₂₀素砼垫层
150厚碎石垫层
回填土夯实 密实度96%

挡土墙断面结构 1:10

30 厚页岩板
装饰地面
20厚1:2.5水泥砂浆结合层
100厚C10混凝土
100厚碎石层
素图夯实
种植土
毛石砌挡土墙
100厚C10混凝土
素图夯实

挡土墙大样 1:15

350X100X500毛石压顶
水洗石面层
240砖墙
地面铺装
种植土

600×400×100 斩甲面金山石(密缝拼接)
25厚1:3水泥砂浆找平层
M7.5水泥砂浆砌Mu10环保砖
100厚C15素混凝土
M7.5水泥砂浆砌MU30毛石堤岸
100厚C15素混凝土
150厚级配砂石垫层
素土夯实

400×50×30
斩甲面金山石(密缝拼接)

400×200×30
斩甲面金山石(密缝拼接)

路面做法见详图
Ã6.600

30 厚页岩板
种植土
种植土
毛石砌挡土墙
100厚C10混凝土
素图夯实

挡土墙大样 1:15

路面做法见详图
Ã3.500

Ã2.450

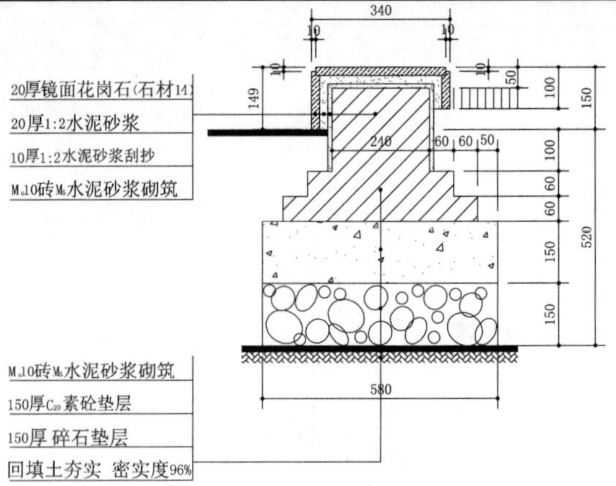

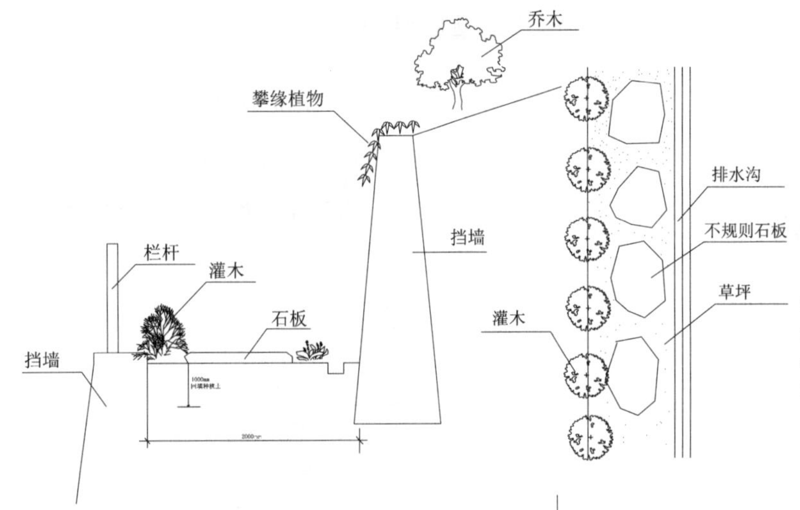

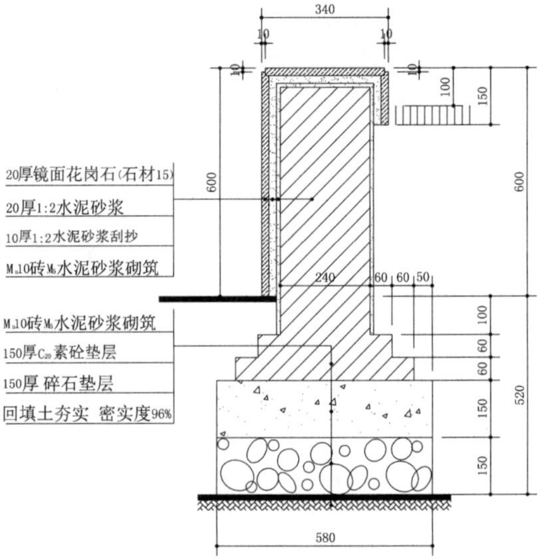

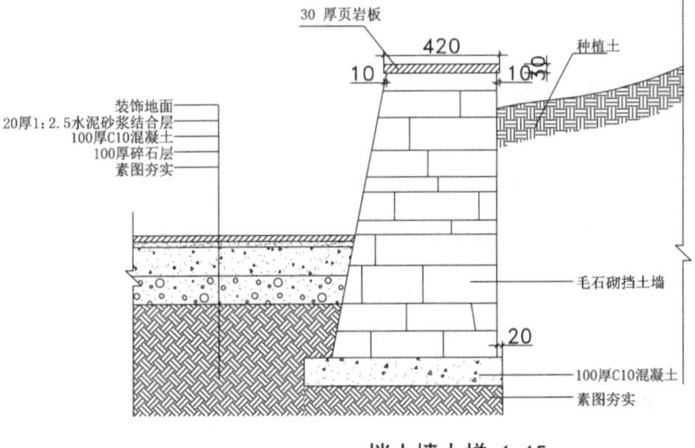

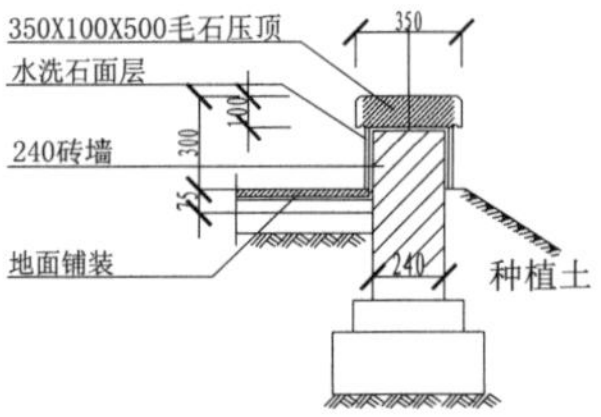

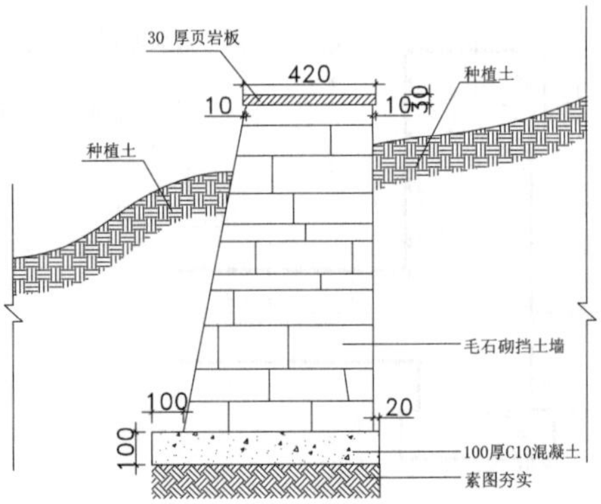

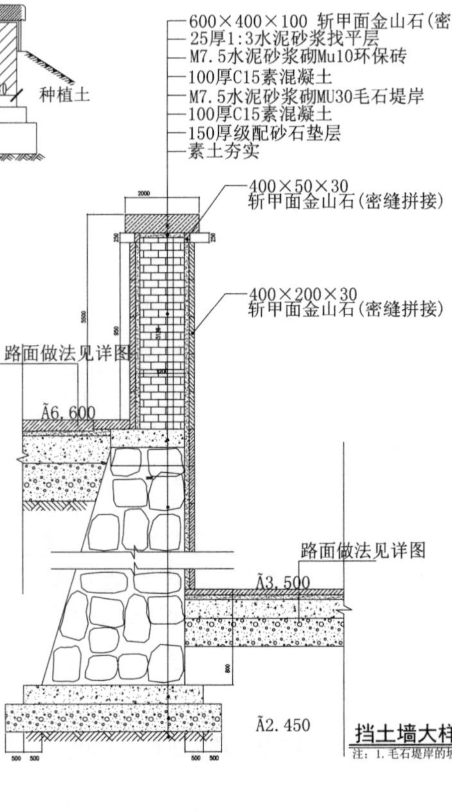

挡土墙大样二 1:20
注: 1. 毛石堤岸的坡度系数为1:0.3

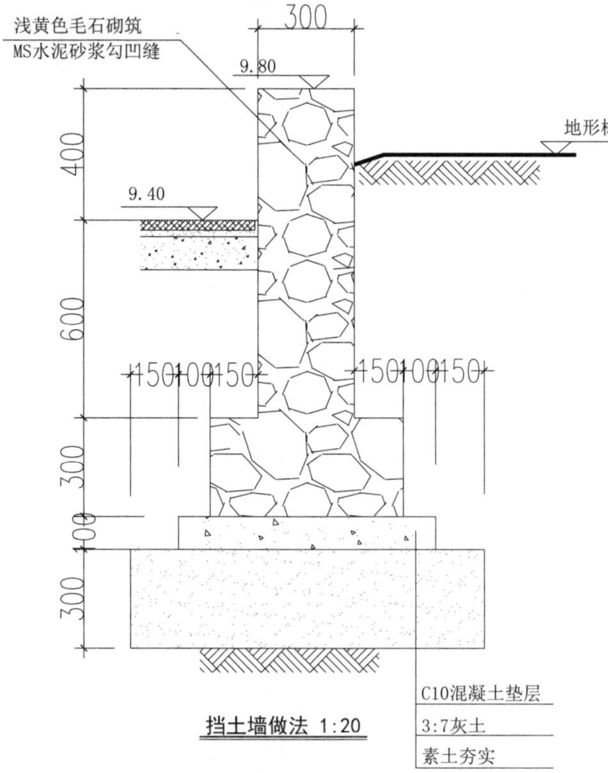

挡土墙做法 1:20

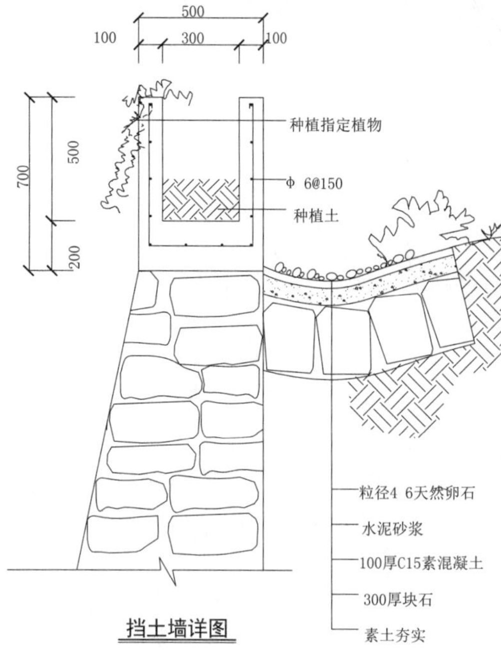
500
100
300
100
700
500
200
种植指定植物
Φ 6@150
种植土
粒径4 6天然卵石
水泥砂浆
100厚C15素混凝土
300厚块石
素土夯实

挡土墙详图

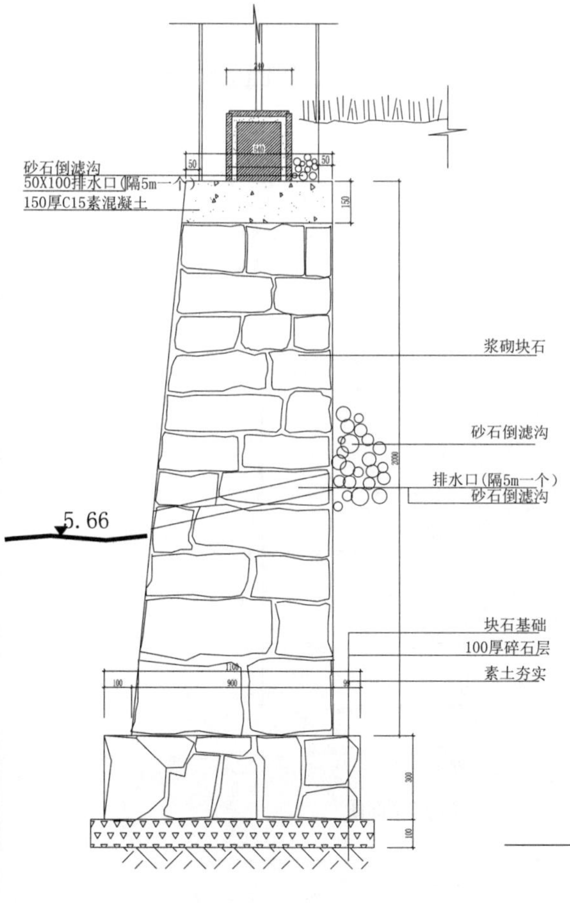
砂石倒滤沟
50X100排水口(隔5m一个)
150厚C15素混凝土
浆砌块石
砂石倒滤沟
排水口(隔5m一个)
砂石倒滤沟
5.66
块石基础
100厚碎石层
素土夯实

挡土墙剖面图 1:8

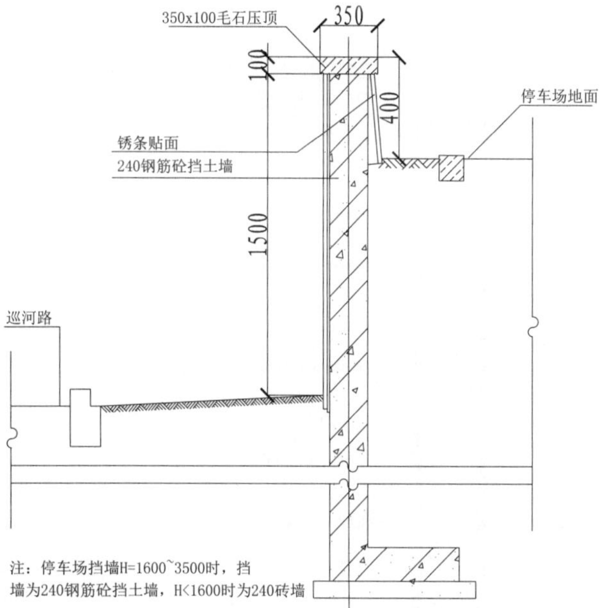
350x100毛石压顶
350
100
400
停车场地面
锈条贴面
240钢筋砼挡土墙
1500
巡河路
注：停车场挡墙H=1600~3500时，挡
墙为240钢筋砼挡土墙，H<1600时为240砖墙

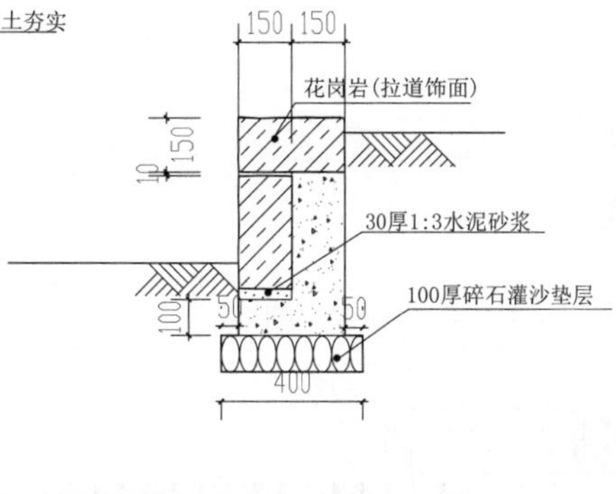

细方石砌挡土墙剖面详图 1:20

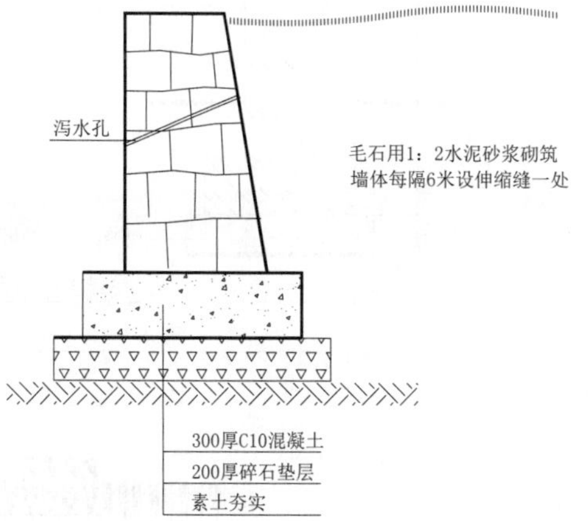
泻水孔
毛石用1：2水泥砂浆砌筑
墙体每隔6米设伸缩缝一处
300厚C10混凝土
200厚碎石垫层
素土夯实

围墙挡土墙部分剖面详图 1:20

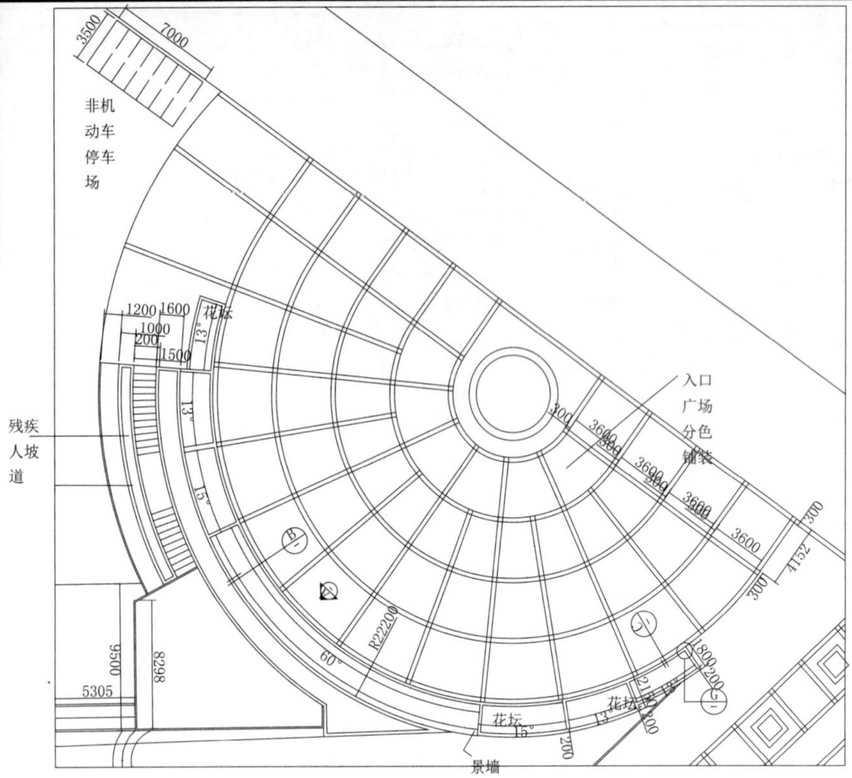

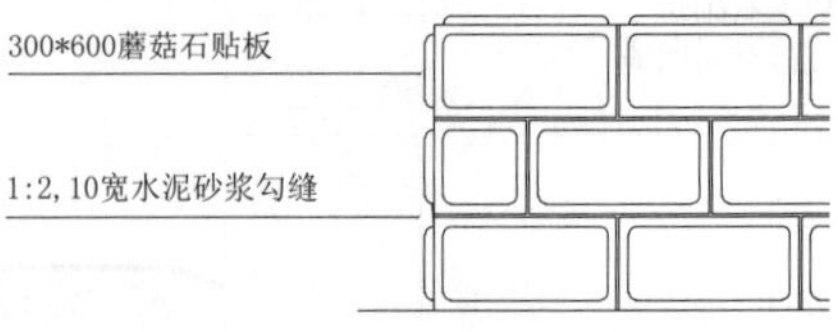
300*600蘑菇石贴板
1:2, 10宽水泥砂浆勾缝

花坛D挡墙立面

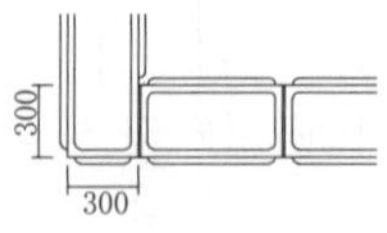
300
300

花坛挡墙G转角平面

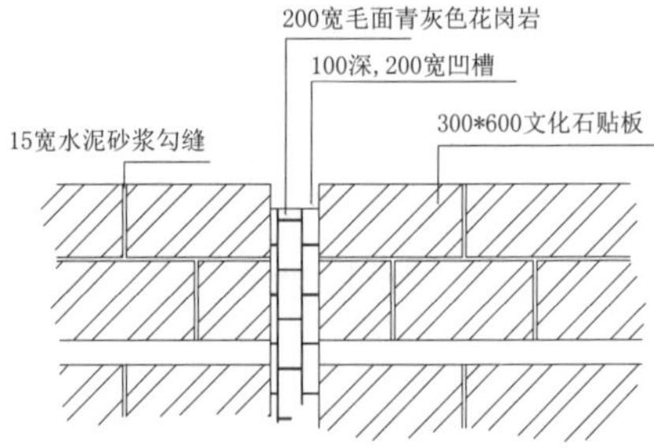
200宽毛面青灰色花岗岩
100深, 200宽凹槽
15宽水泥砂浆勾缝
300*600文化石贴板

景墙E凹槽立面大样

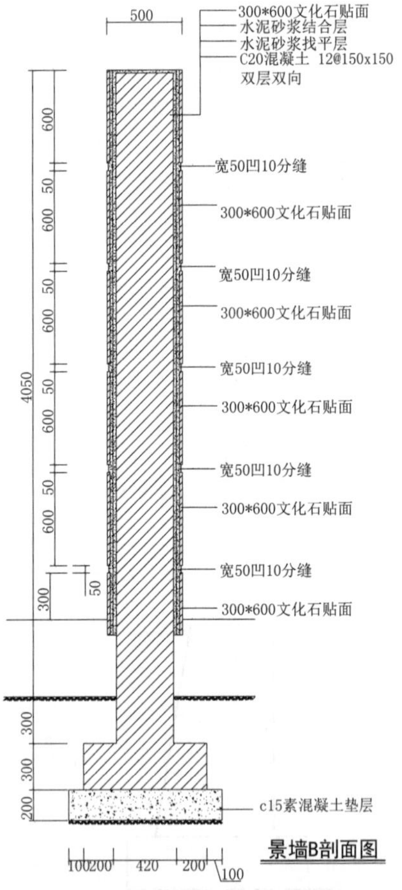
500
300*600文化石贴面
水泥砂浆结合层
水泥砂浆找平层
C20混凝土 12@150x150
双层双向
宽50凹10分缝
300*600文化石贴面
宽50凹10分缝
300*600文化石贴面
宽50凹10分缝
300*600文化石贴面
宽50凹10分缝
300*600文化石贴面
宽50凹10分缝
300*600文化石贴面
c15素混凝土垫层
4050
600
50
600
50
600
50
600
50
600
300
50
300
300
200
100 200
420
200
100

景墙B剖面图

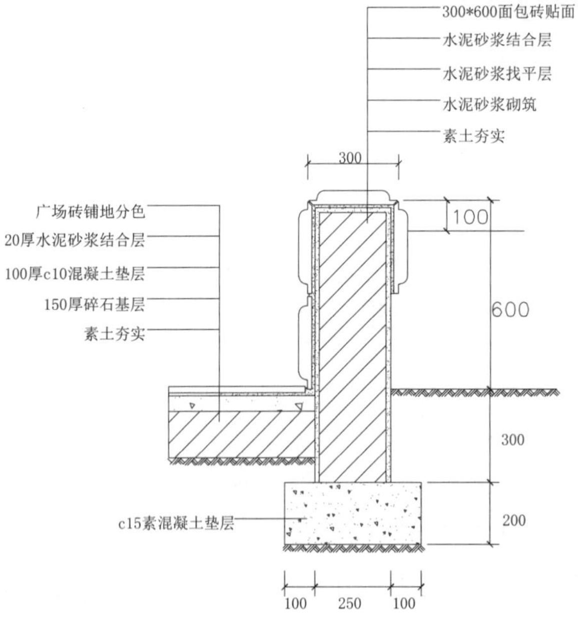
300*600面包砖贴面
水泥砂浆结合层
水泥砂浆找平层
水泥砂浆砌筑
素土夯实
300
广场砖铺地分色
20厚水泥砂浆结合层
100厚c10混凝土垫层
150厚碎石基层
素土夯实
100
600
300
200
c15素混凝土垫层
100
250
100

花坛C剖面图

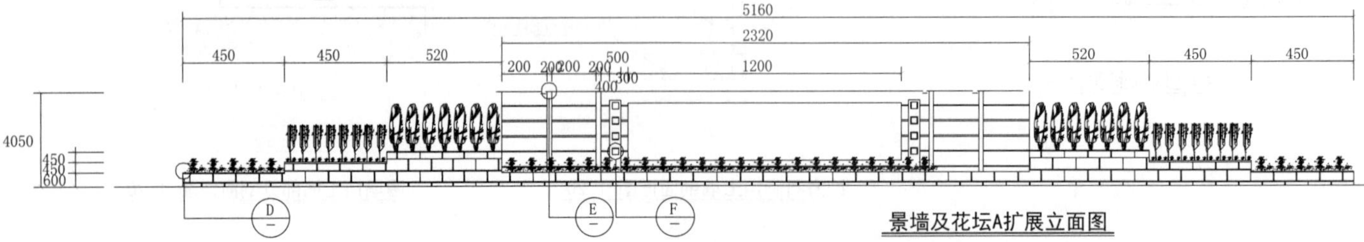

景墙及花坛A扩展立面图

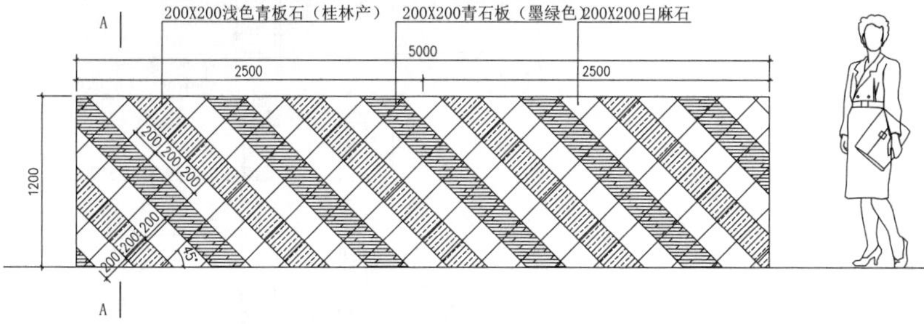

5M长矮墙正立面图 1:25

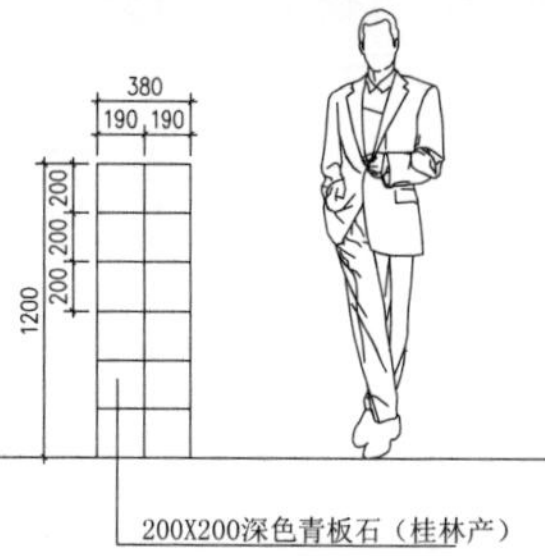

5M长矮墙侧立面图 1:25

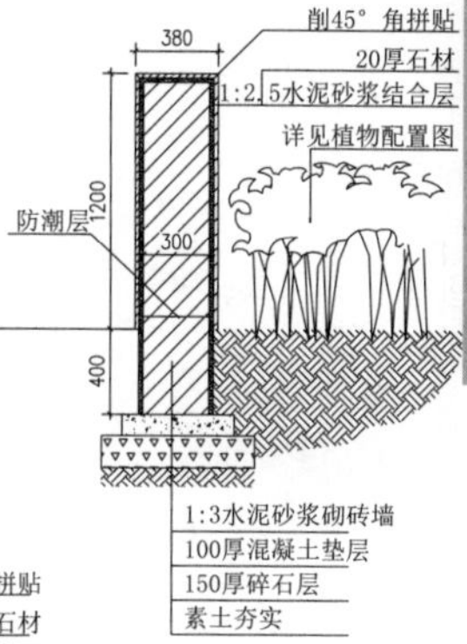
380
削45° 角拼贴
20厚石材
1:2.5水泥砂浆结合层
详见植物配置图
防潮层
1200
300
400
1:3水泥砂浆砌砖墙
100厚混凝土垫层
150厚碎石层
素土夯实

A-A 1:25

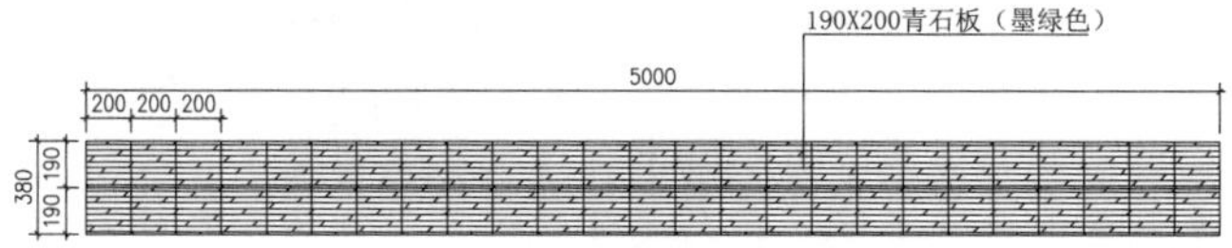

5M长矮墙平面图 1:25

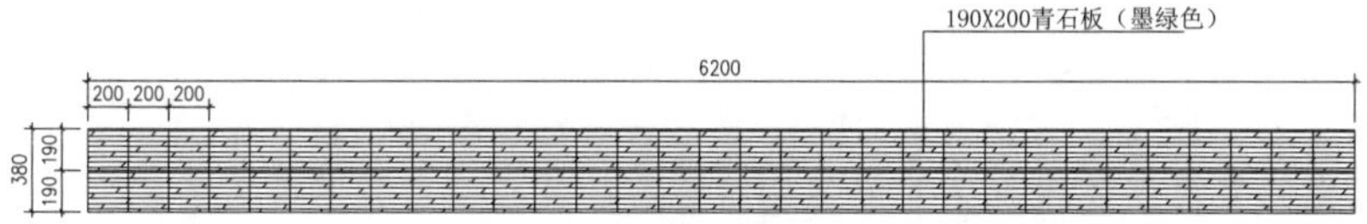

6.2M长矮墙平面图 1:25

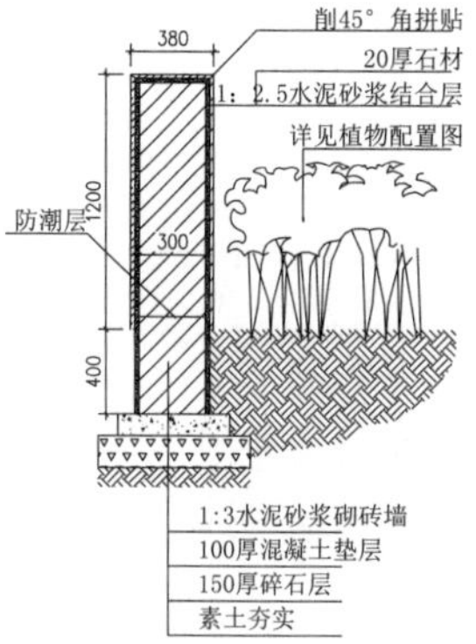
380
削45° 角拼贴
20厚石材
1:2.5水泥砂浆结合层
详见植物配置图
防潮层
1200
300
400
1:3水泥砂浆砌砖墙
100厚混凝土垫层
150厚碎石层
素土夯实

A-A 1:25

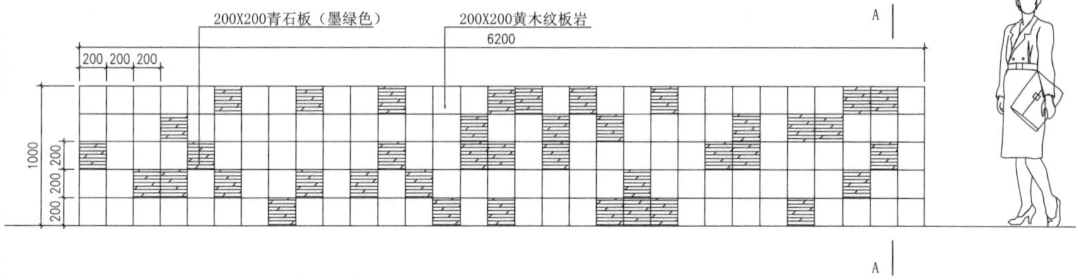

6.2M长矮墙正立面 1:25

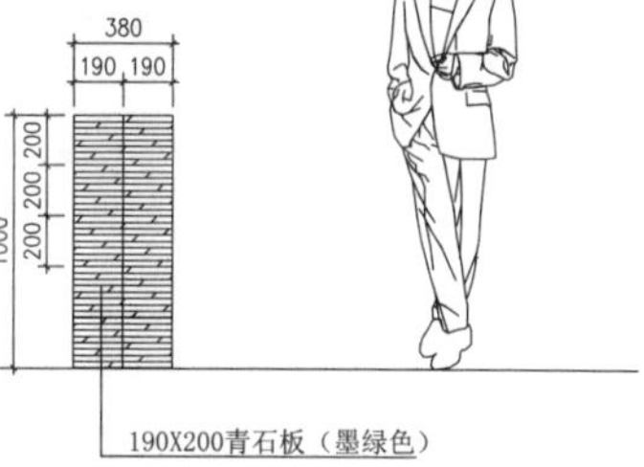

6.2M长矮墙侧立面 1:25

挡土景墙028

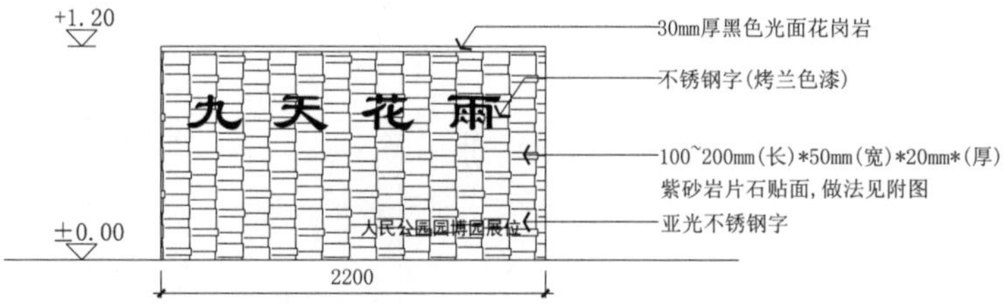
+1.20
±0.00
30mm厚黑色光面花岗岩
不锈钢字(烤兰色漆)
九天花雨
100~200mm(长)*50mm(宽)*20mm*(厚)
紫砂岩片石贴面,做法见附图
人民公园园博园展位
亚光不锈钢字
2200

标志墙正立面 1:30

注:志墙背立面去字,贴面材料同正立面。

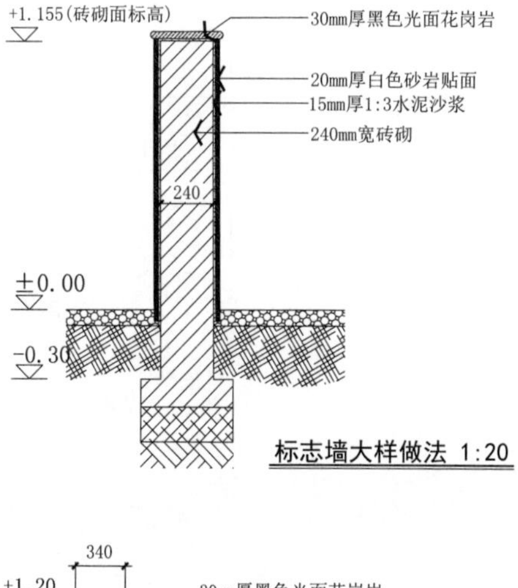
+1.155(砖砌面标高)
30mm厚黑色光面花岗岩
20mm厚白色砂岩贴面
15mm厚1:3水泥沙浆
240mm宽砖砌
240
±0.00
-0.30

标志墙大样做法 1:20

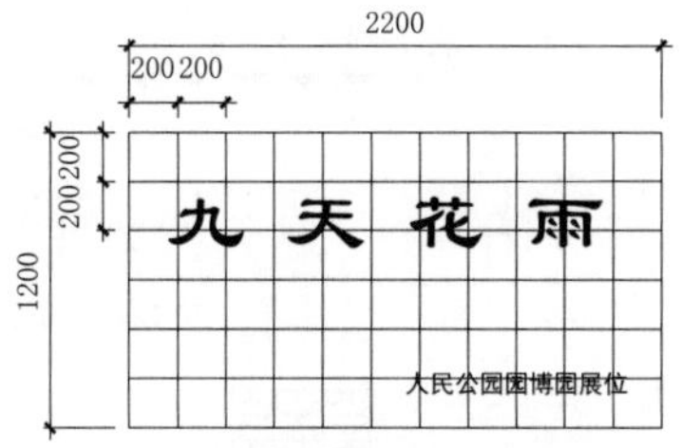
2200
200 200
1200
九天花雨
人民公园园博园展位

注:采用200*200方格网定位
"九天花雨"字样采用300*250*50平面突起
不锈钢字(1.0厚),烤蓝色漆
"人民公园园博园展位"字样采用120*90*25平面突起
不锈钢字(0.8厚),原色亚光面

不锈钢字定位图 1:30

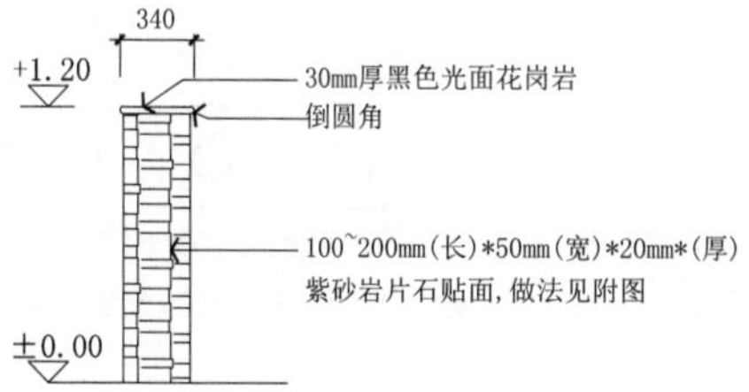
340
+1.20
30mm厚黑色光面花岗岩
倒圆角
100~200mm(长)*50mm(宽)*20mm*(厚)
紫砂岩片石贴面,做法见附图
±0.00

标志墙侧立面 1:30

挡土景墙029

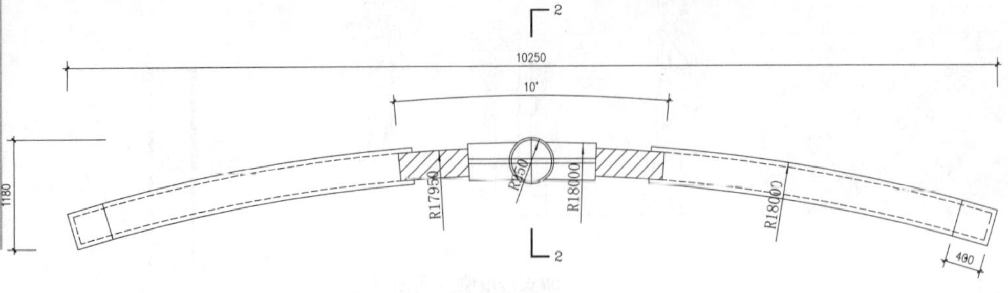

标志墙平面图 1:30

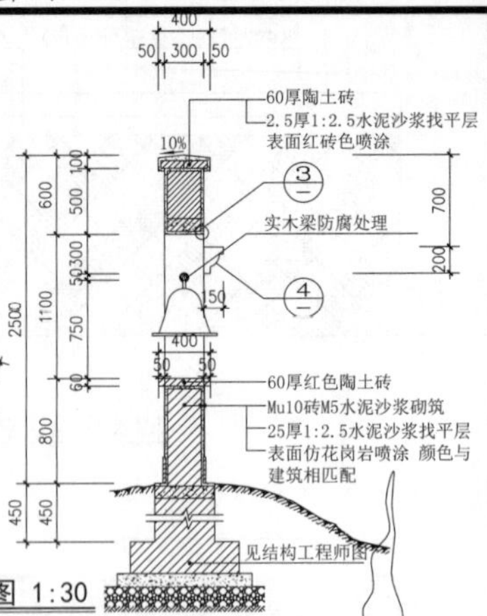

2-2 剖面图 1:30

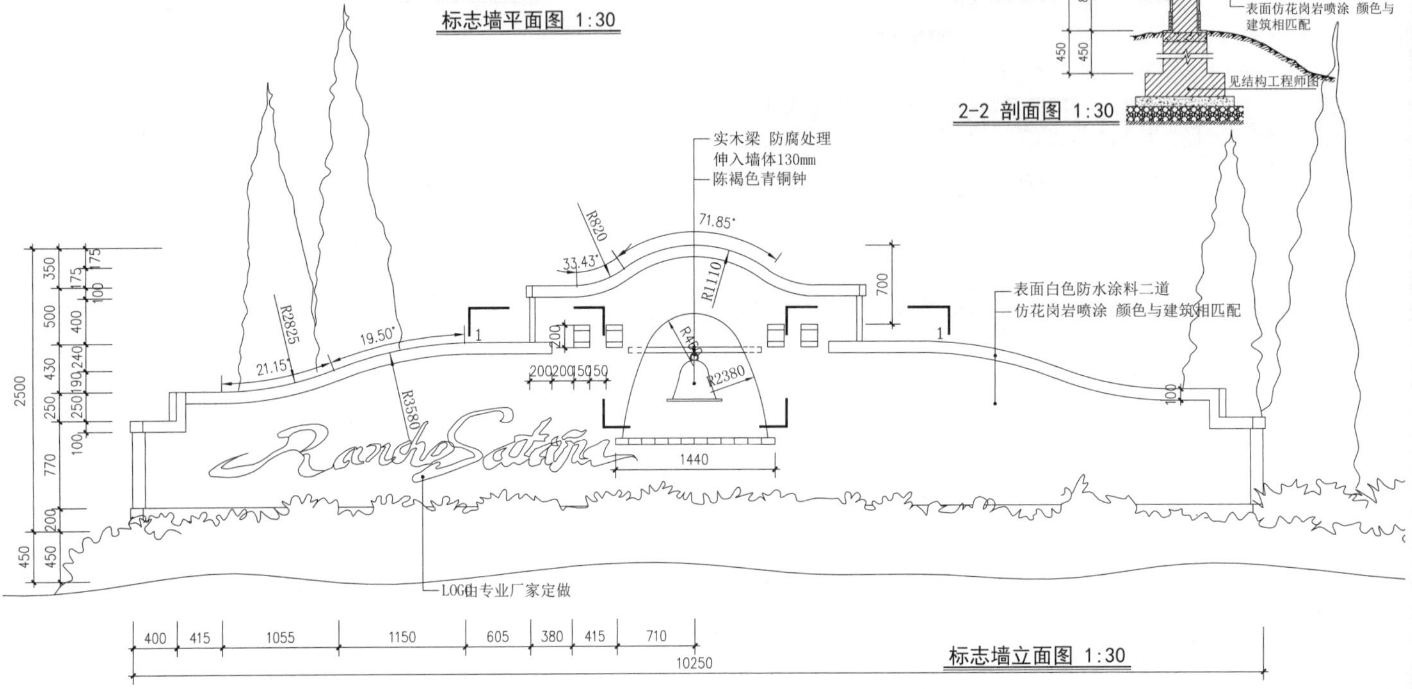

标志墙立面图 1:30

挡土景墙030

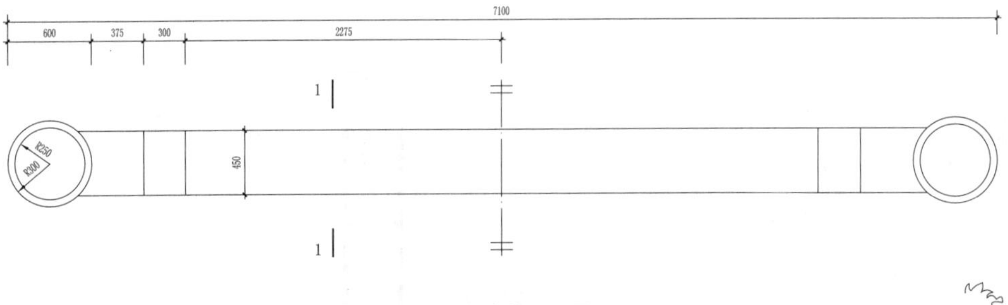

标志墙平面图 1:20

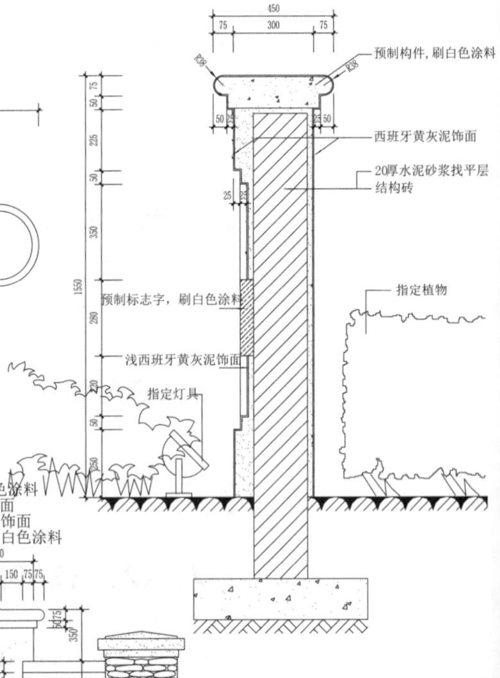

1-1 剖面图 1:10

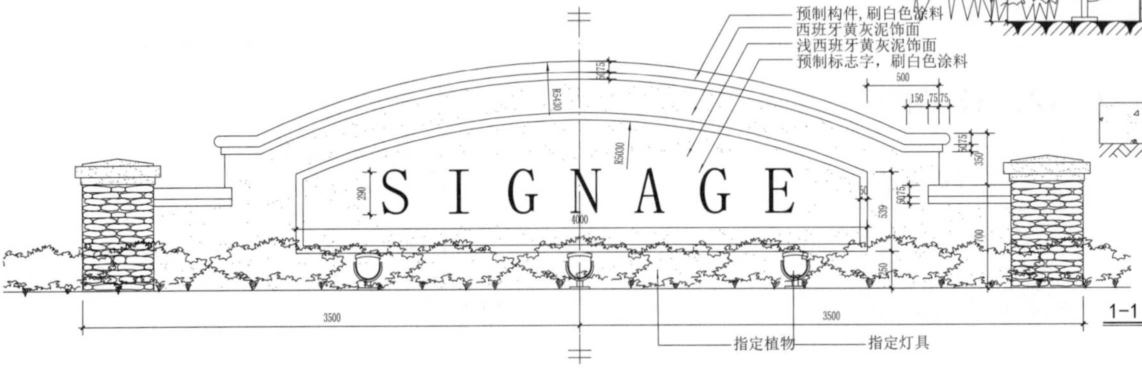

标志墙立面图 1:20

挡土景墙031

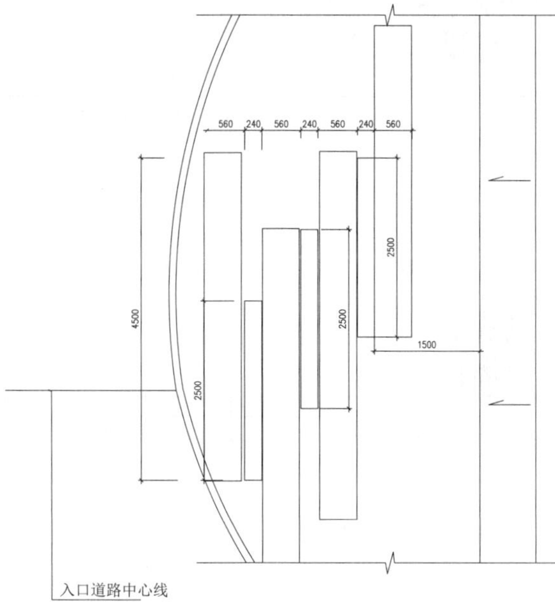

南入口大门标志墙详图 1:50

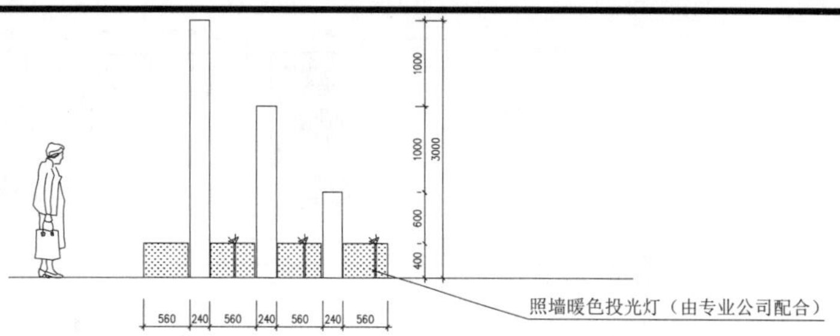

南入口大门标志墙侧立面图 1:50

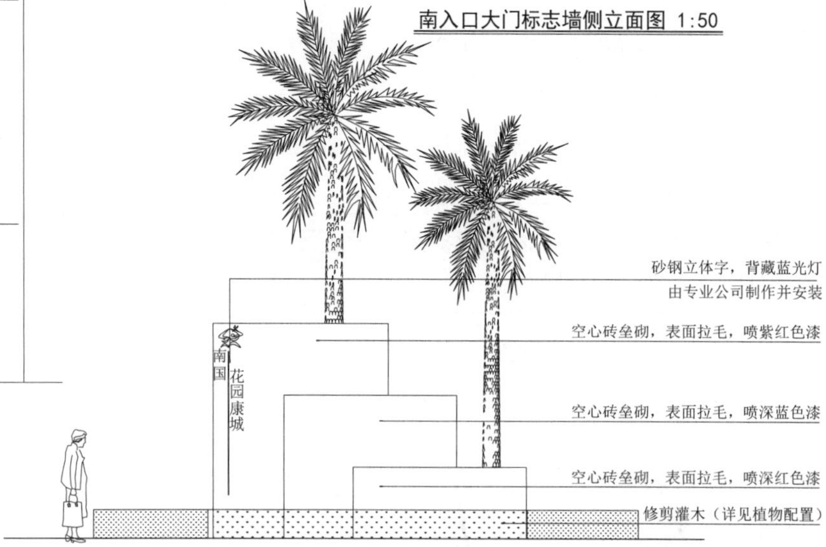
南国
花园康城
砂钢立体字，背藏蓝光灯
由专业公司制作并安装
空心砖垒砌，表面拉毛，喷紫红色漆
空心砖垒砌，表面拉毛，喷深蓝色漆
空心砖垒砌，表面拉毛，喷深红色漆
修剪灌木（详见植物配置）

南入口大门标志墙正立面图 1:50

挡土景墙032

索引平面

KEY PLAN

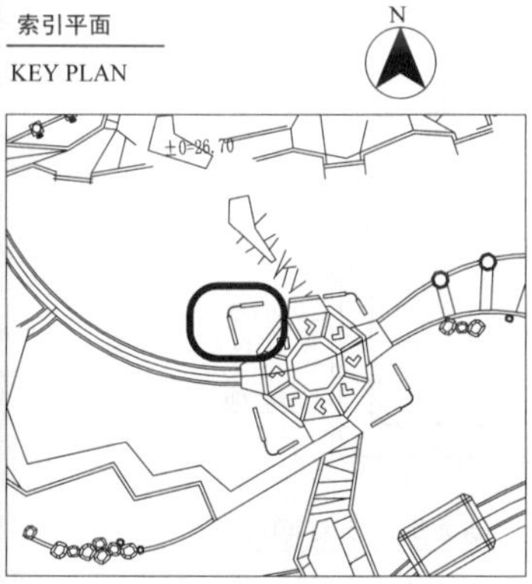

*P.A. PLANTING AREA － 植物种植区

1. 花岗岩烧毛面（深灰色） GRA 02 GRANITE FLAMED FINISH (COLOR DARK GRAY)
2. 花岗岩光面（深灰色） GRA 02 GRANITE SMOOTH FINISH (COLOR DARK GRAY)
3. ø50MM 钢管（白色） STEEL TUBE (COLOR WHITE)
4. 上照灯 UPLIGHT
5. 水泥灰浆粘剂或同等物料 CEMENT-MORTAR ADHESIVE OR APPROVED EQUAL
6. 素混凝土基础 CONCRETE BASIC
7. 碎石垫层 GRAVEL BASE COURSE
8. 素土夯实 SOIL BASE COURSE
9. 砖墙体 BRICK WALL

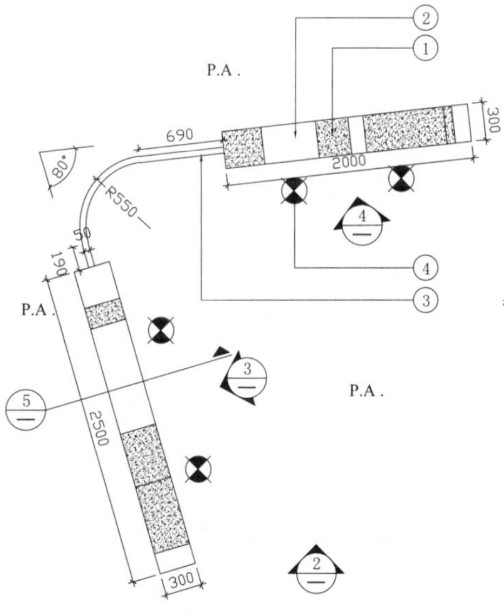

特色景墙平面 1:40

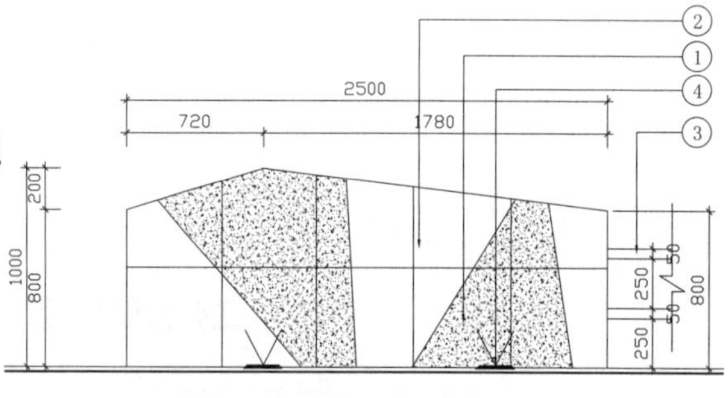

③ 特色景墙展开立面一 1:30

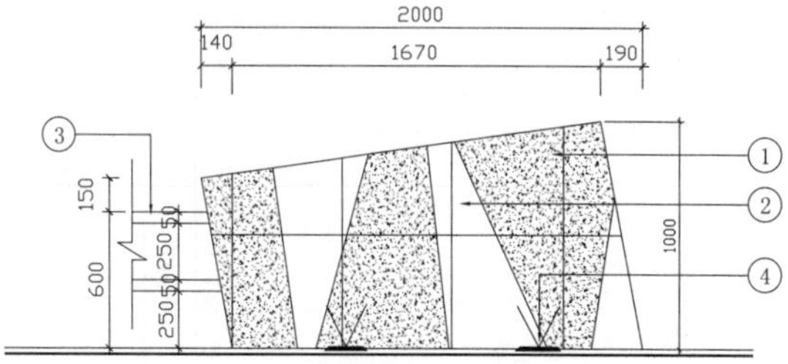

④ 特色景墙展开立面二 1:30

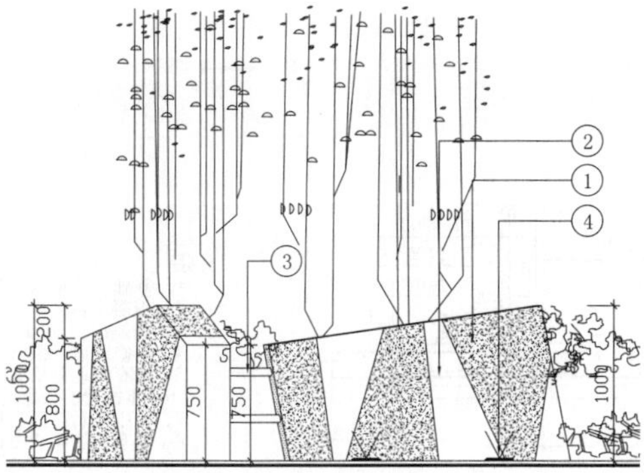

② 特色景墙立面 1:40

挡土景墙033

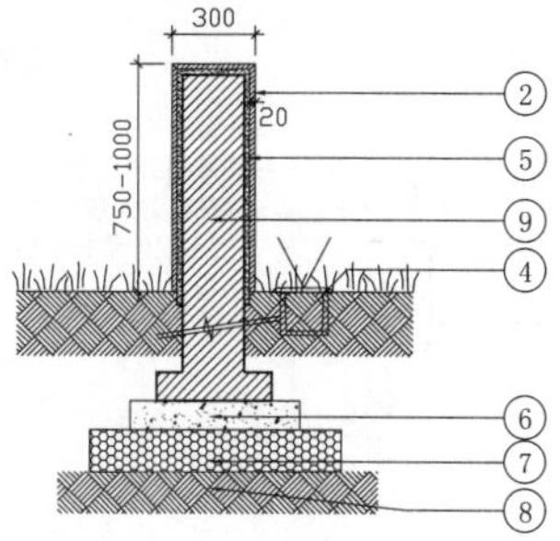

⑤ 特色景墙剖面 1:30

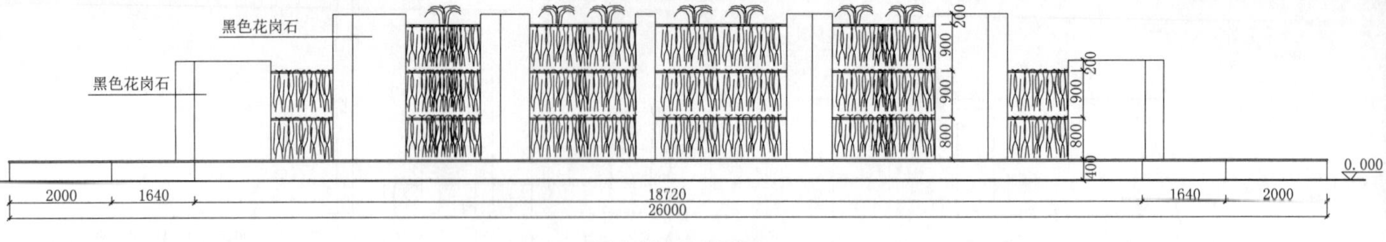

挡土景墙

叠水幕墙正立面图

C25钢筋砼溢水墙-1
C25钢筋砼溢水墙-2
M7.5水泥砂浆砌石墙

1-1 剖面图

叠水幕墙侧立面图

可见部分均为黑色花岗石贴面

叠水幕墙顶平面图

800*800*500泵坑

叠水幕墙

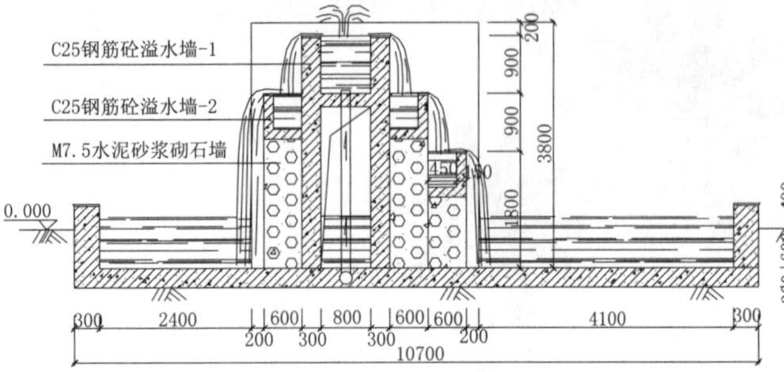

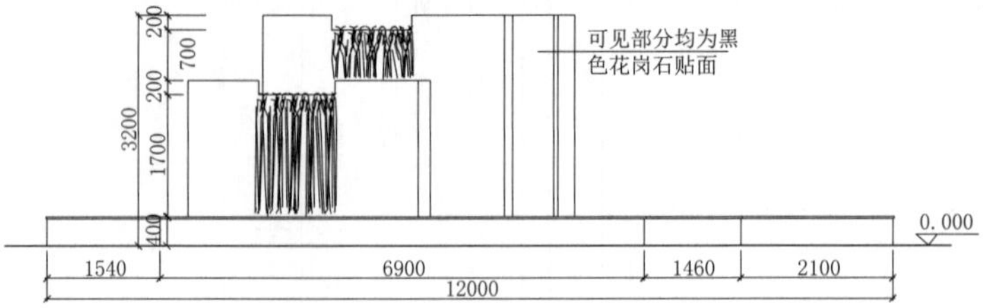

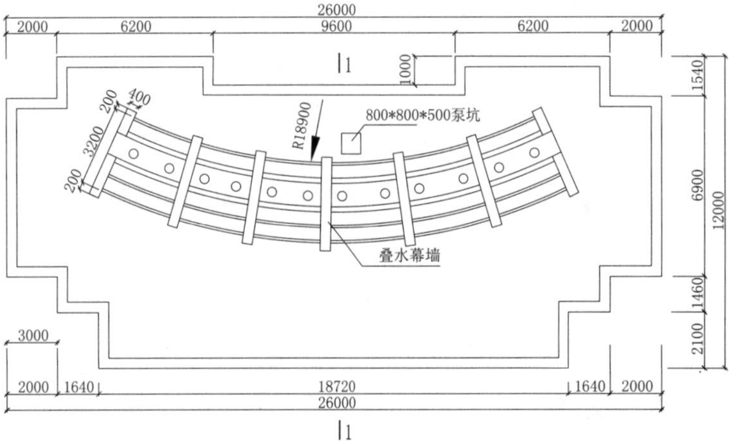

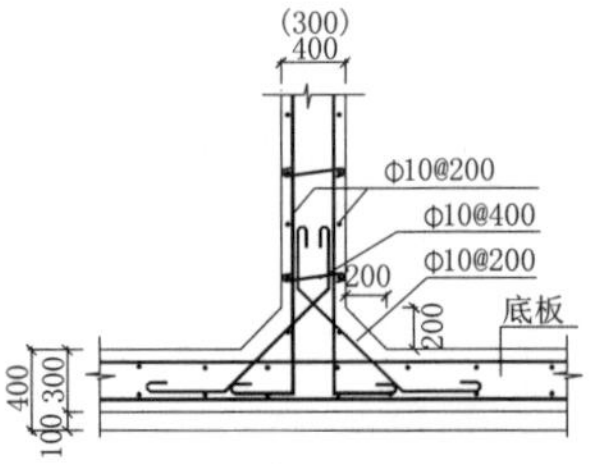

墙体配筋大样图-1

墙体配筋大样图-2

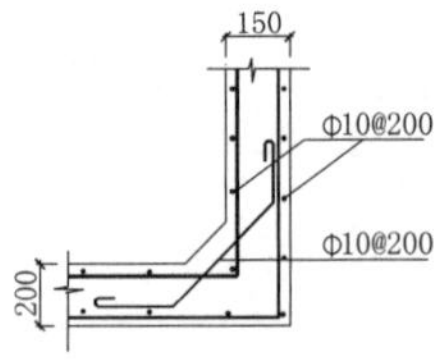

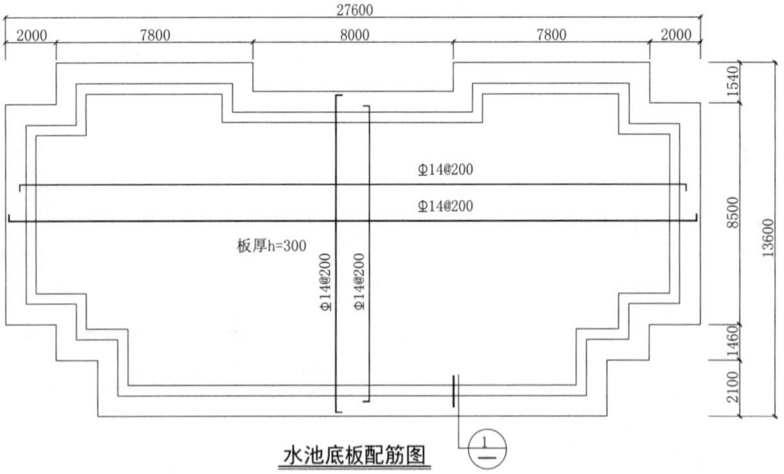

泵坑剖面图

板厚h=300

Φ14@200
Φ14@200
Φ14@200
Φ14@200

水池底板配筋图

黑色花岗石
仿石文化砖

浅蓝色饰面砖
40厚C20细石砼
3厚SBS防水层一道
1:2水泥砂浆找平层
结构层

① 节点大样图

① 节点大样图

挡土景墙034

说明：
1、基础置于角砾层上，且必须置于冻土层以下。
2、混凝土标号：垫层：C10；其于均为C25。
3、钢筋：Ⅰ一级钢筋；Ⅱ二级钢筋；保护层厚度：梁、墙25mm，底板35mm。
4、检修通道、泵坑、供排水等按水系统要求确定。
5、所有埋地管均做防腐处理。
6、本图为水景土建施工图，其余水、电按相应设计及施工规范要求。
7、图中所示花岗石规格：600X600X20，文化砖200X100X4，面砖240X53X5。
8、其余未注明或不详之处结合现场情况可做相应调整。

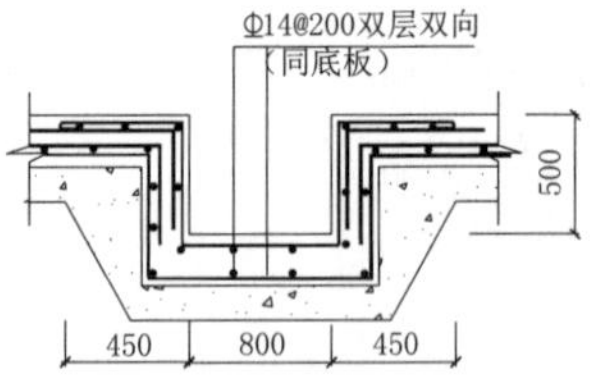

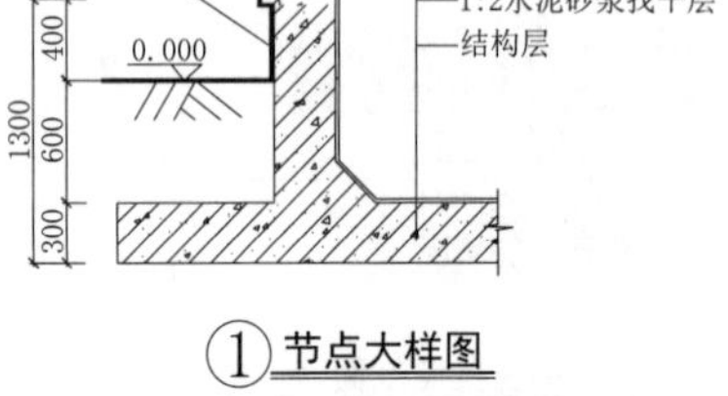

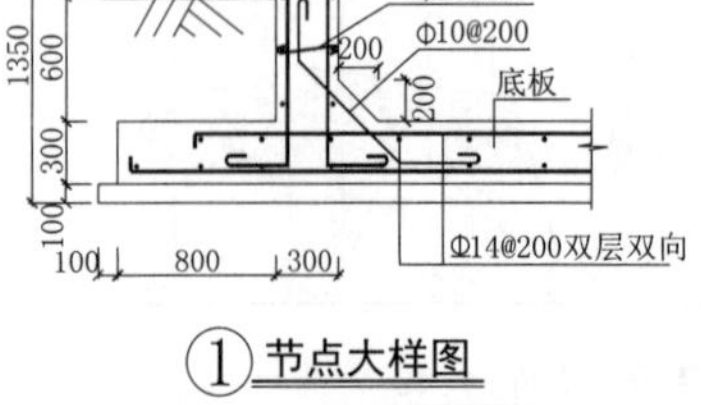

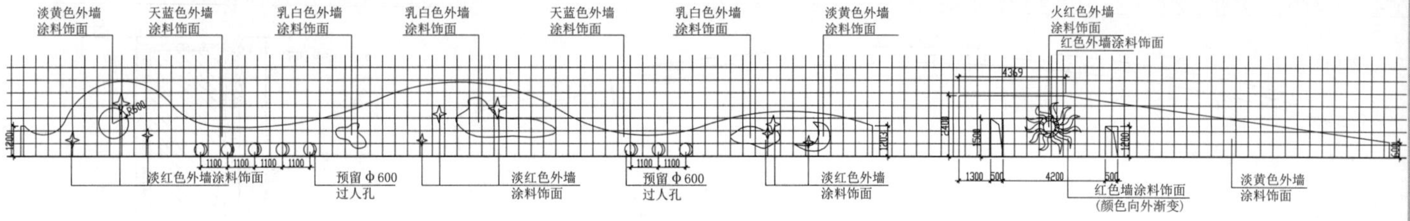

正立面图 1:100

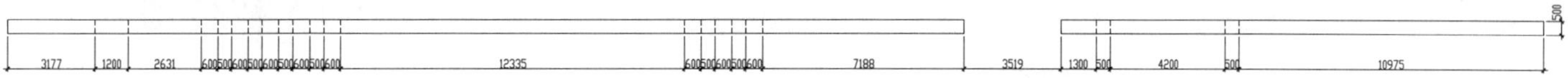

平面图 1:100

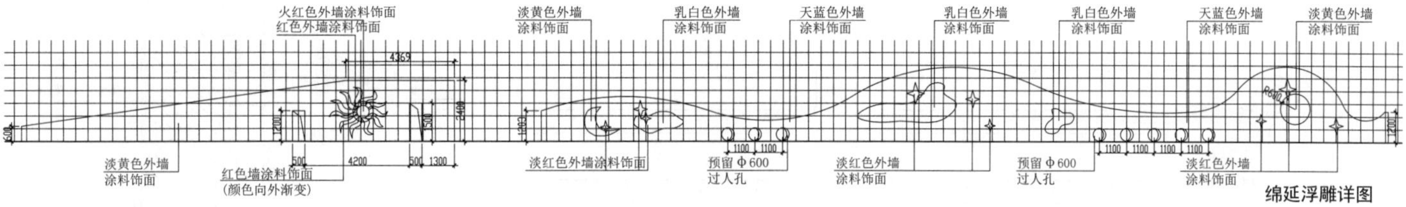

背立面图 1:100

挡土景墙035

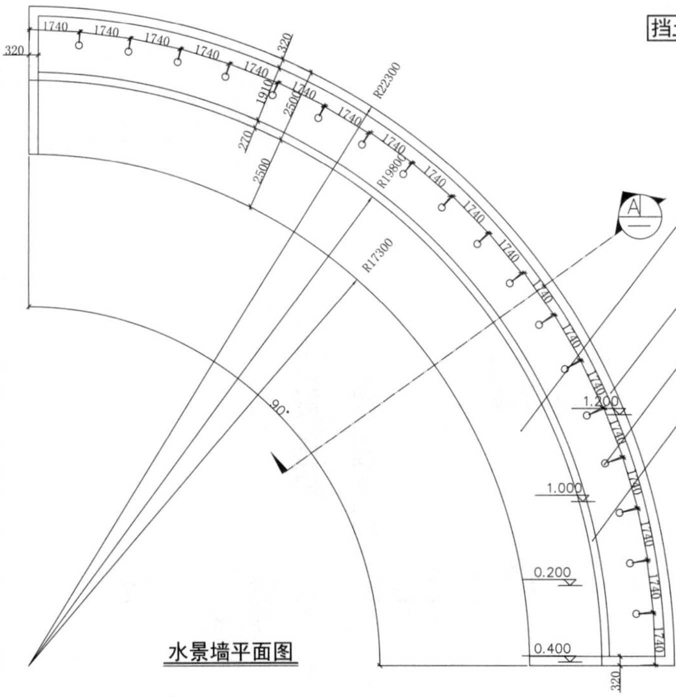

水景墙平面图

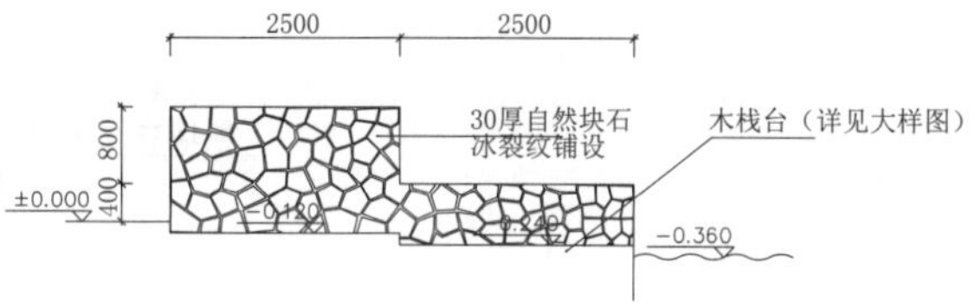

水景墙侧立面图

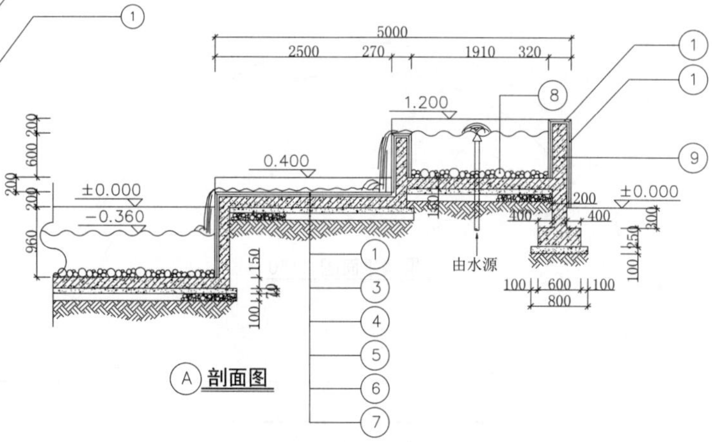

Ⓐ 剖面图

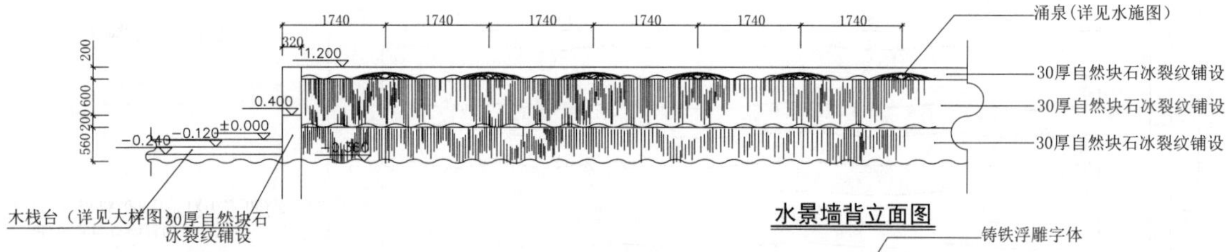

水景墙背立面图

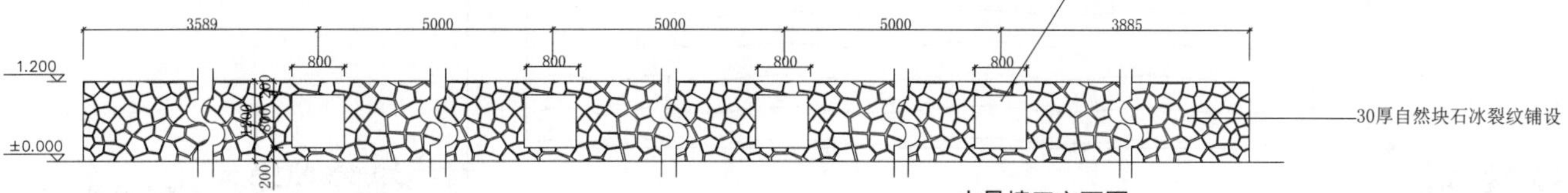

水景墙正立面图

挡土景墙036

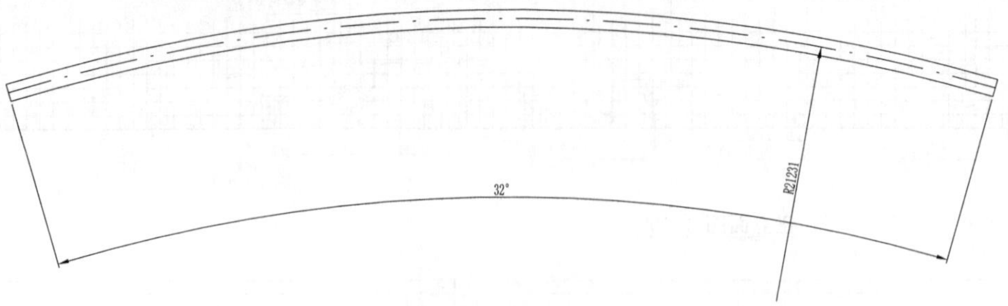

景墙平面图 1:150

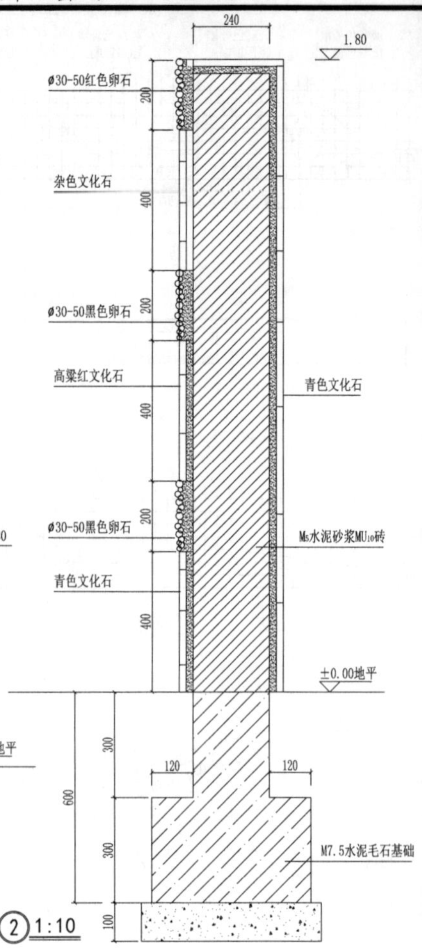

∅30-50红色卵石
杂色文化石
∅30-50黑色卵石
高粱红文化石
∅30-50黑色卵石
青色文化石

景墙立面图 1:30

挡土景墙037

240
1.80
∅30-50红色卵石
杂色文化石
青色文化石
∅30-50黑色卵石
高粱红文化石
∅30-50黑色卵石
青色文化石
M5水泥砂浆砌MU10砖
±0.00地平
M7.5水泥毛石基础

② 1:10

标高见铺装平面图

景墙平面图 1:50

见立面图
10厚1:1.5水泥砂浆结合层
20厚1:3水泥砂浆打底
M5水泥砂浆砌MU7.5砖

100厚C10砼垫层

景墙断面图 1:20

变量
200
200
200X400X20青砂石麻面石
(50~70)X(200~300)X20千层岩片石叠砌
突出青砂石墙面20-40

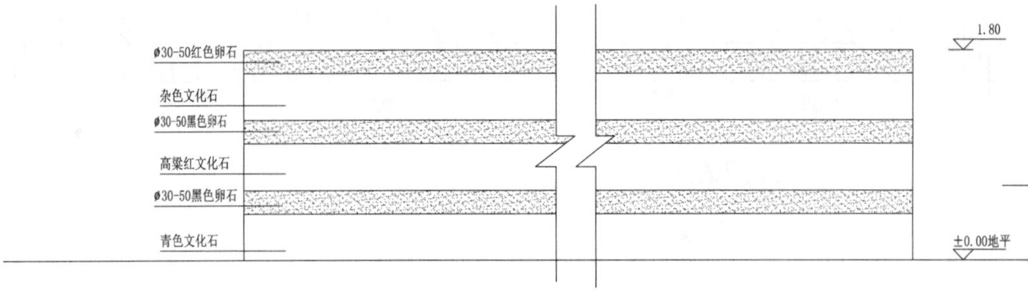

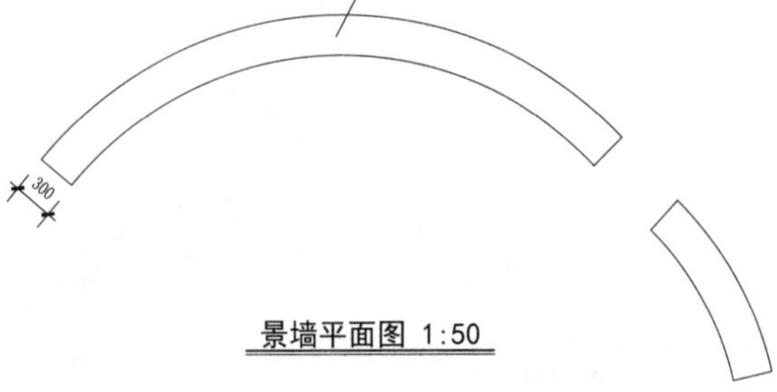

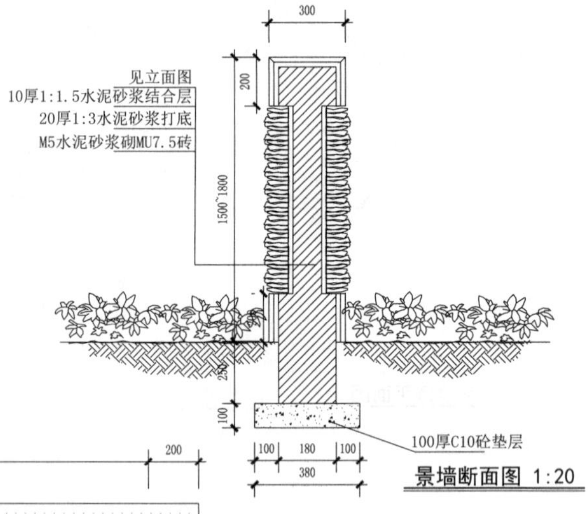

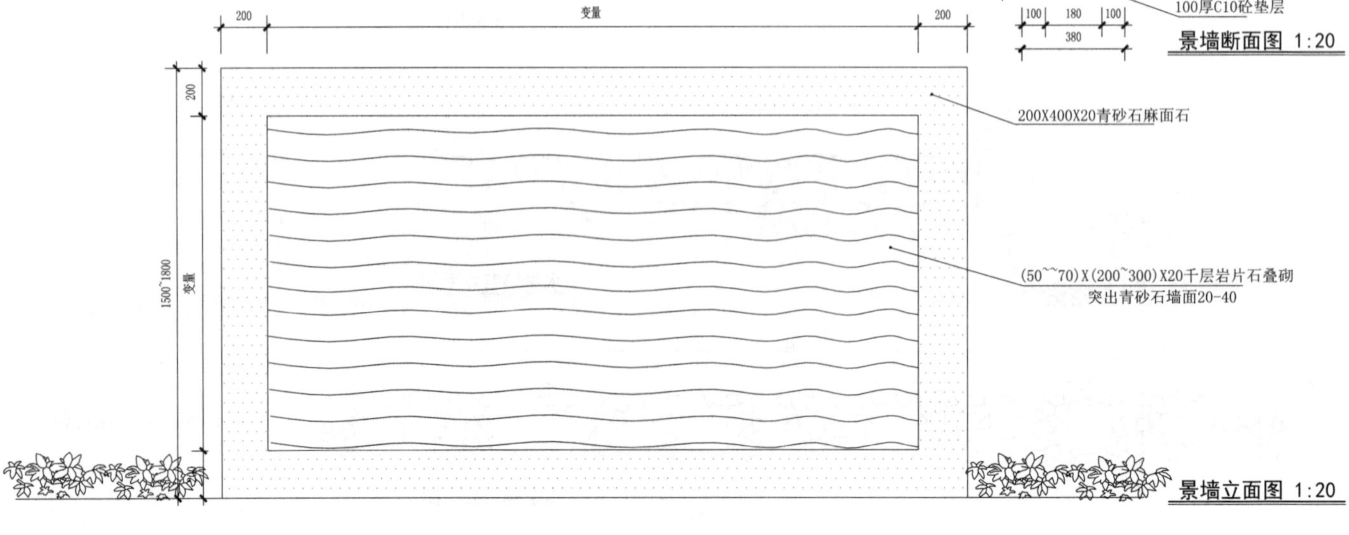

景墙立面图 1:20

挡土景墙038

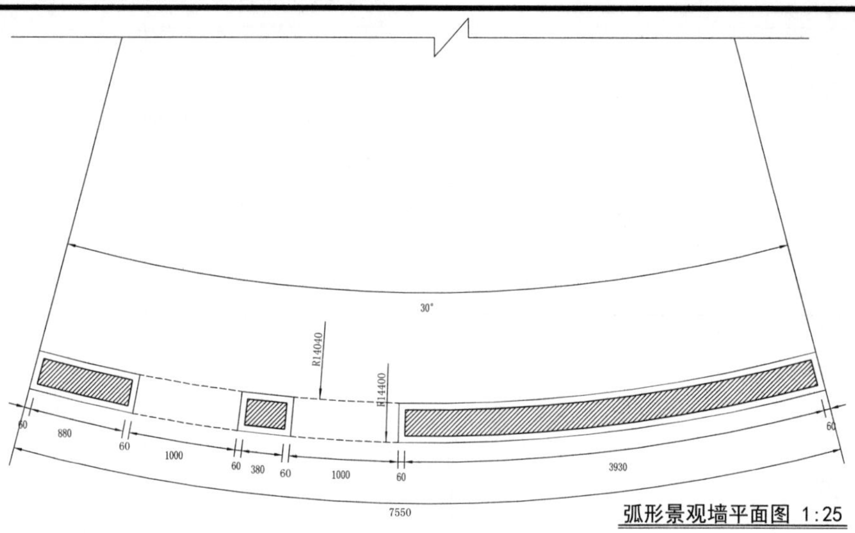

弧形景观墙平面图 1:25

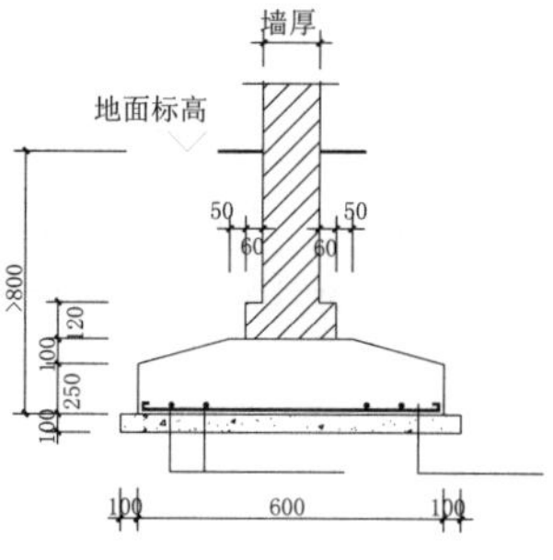

弧形景观墙基础图
(位置见建筑图墙体位置)

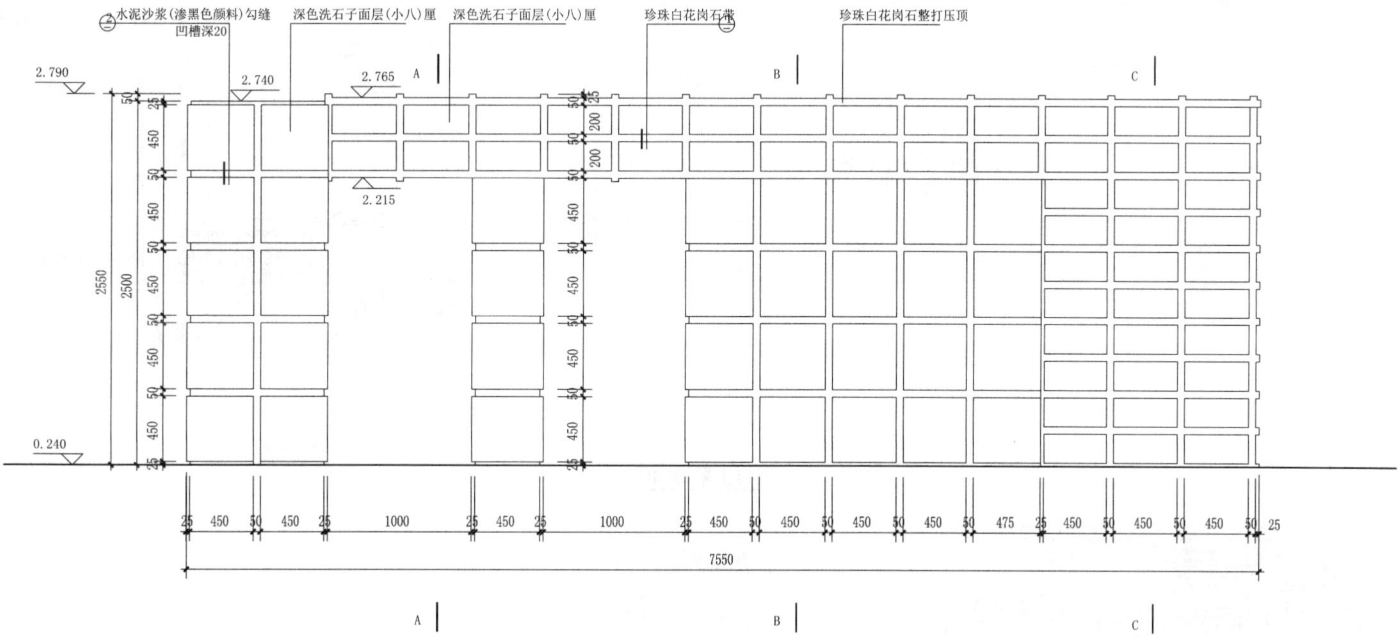

弧形景观墙正立面展开图 1:25

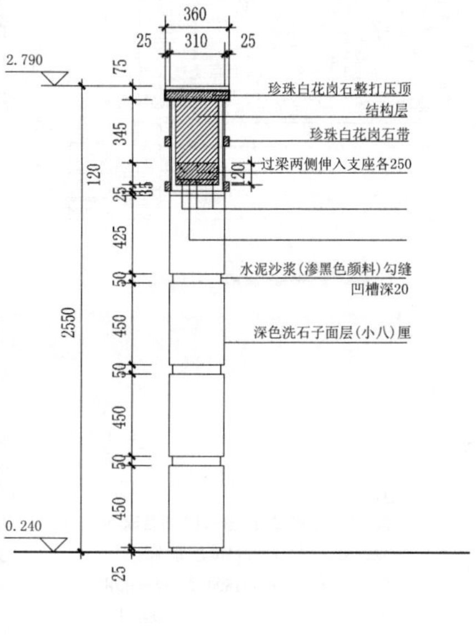

A-A 1:25

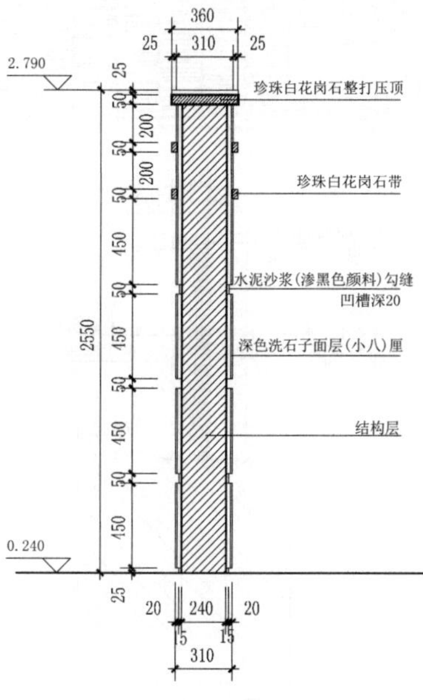

B-B 1:25

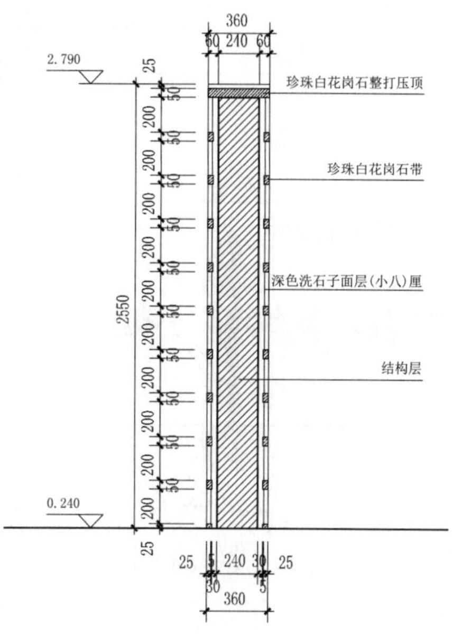

C-C 1:25

挡土景墙039

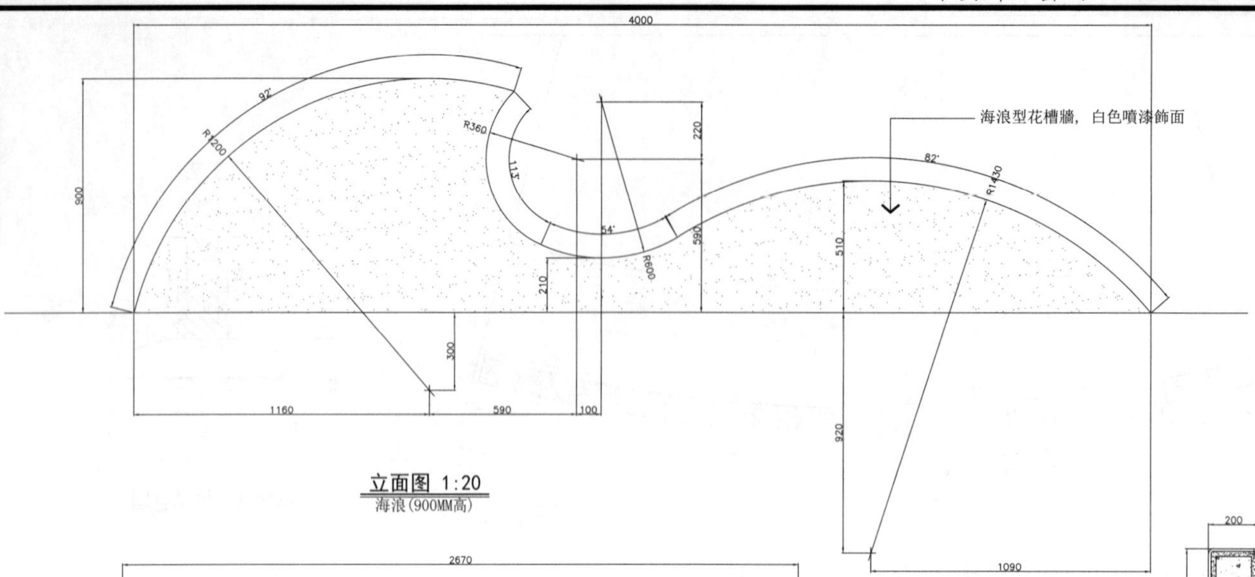

立面图 1:20
海浪(900MM高)

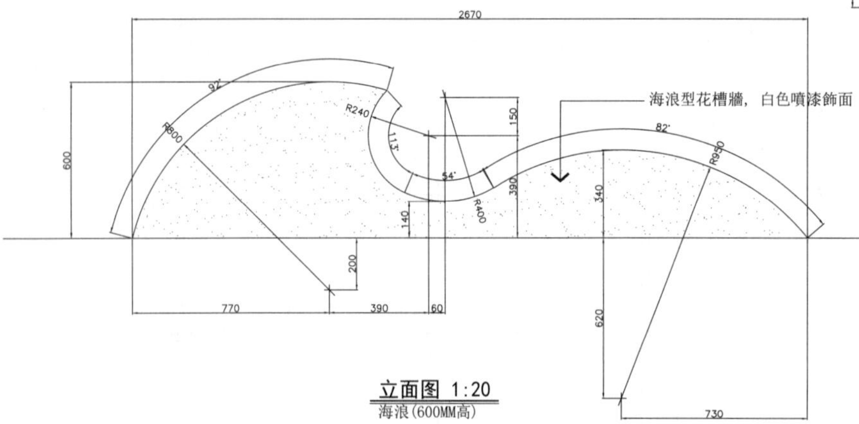

立面图 1:20
海浪(600MM高)

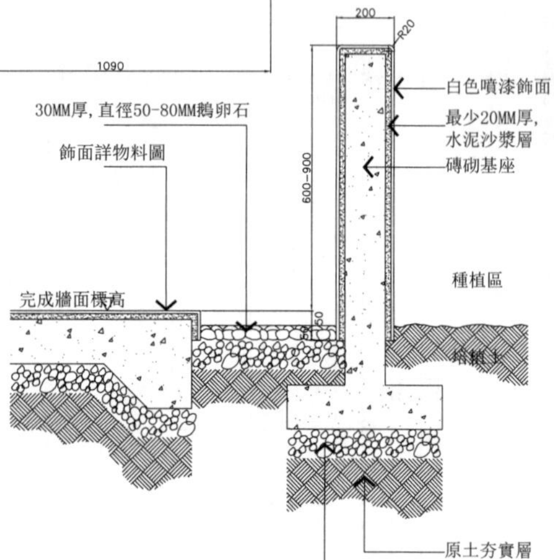
白色噴漆飾面
最少20MM厚，
水泥沙漿層
磚砌基座
30MM厚，直徑50-80MM鵝卵石
飾面詳物料圖
完成牆面標高
種植區
原土夯實層
碎石夯實層

剖面图 1:20

挡土景墙040

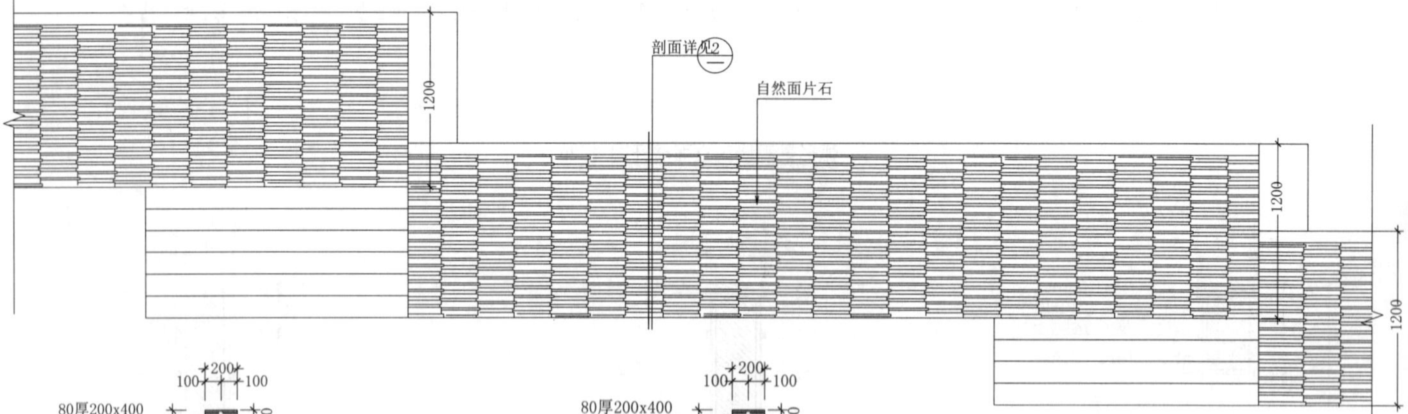
剖面详见2
自然面片石
1200

景墙立面 1:20

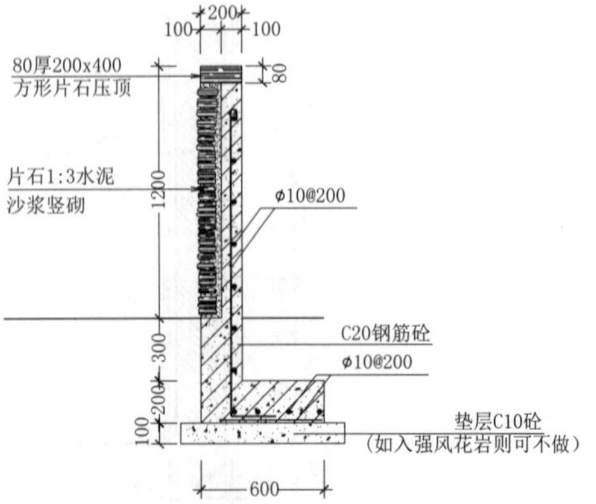
80厚200x400
方形片石压顶
片石1:3水泥
沙浆竖砌
φ10@200
C20钢筋砼
φ10@200
垫层C10砼
(如入强风花岩则可不做)
600

②景墙剖面 1:20

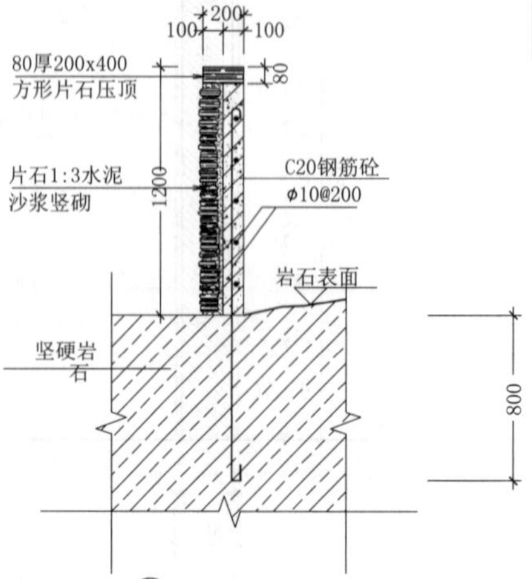
80厚200x400
方形片石压顶
片石1:3水泥
沙浆竖砌
C20钢筋砼
φ10@200
岩石表面
坚硬岩石
800

③景墙剖面 1:20

说明：

1、当景墙地基遇到坚硬岩石，基础的做法参见详图3，其它情况仍按详图2施工。

2、钢筋φ10深入岩石800深，岩石孔用C30细石砼灌密实;柱砼为C20砼，钢筋居中。

挡土景墙041

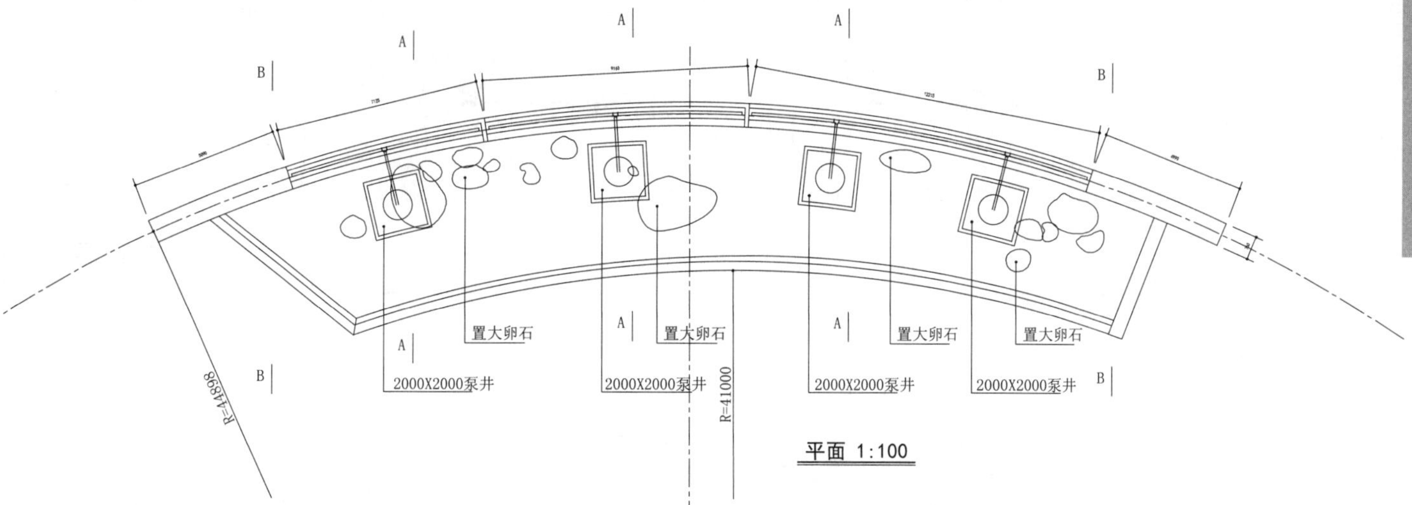

平面 1:100

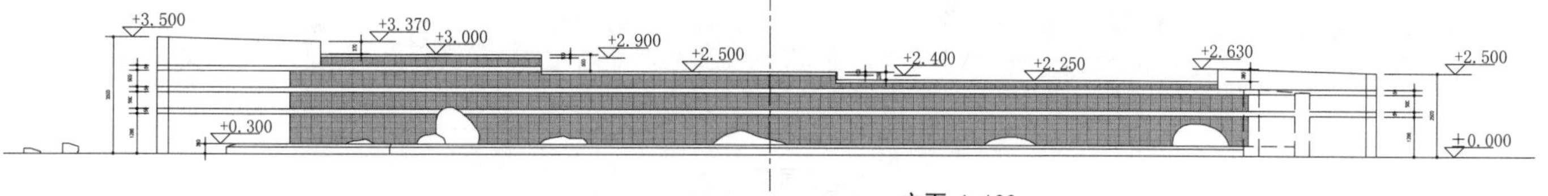

立面 1:100

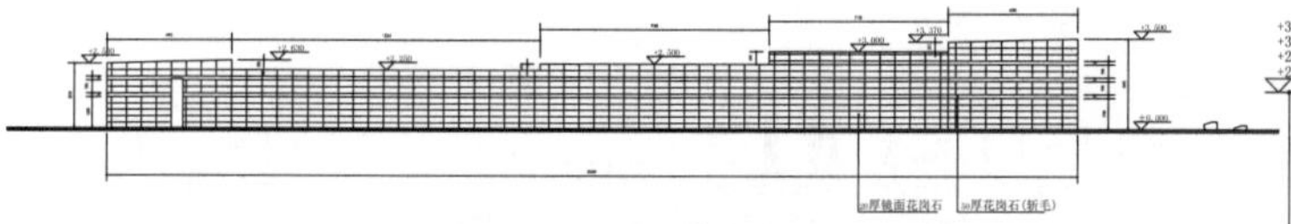

展开背立面 1:100

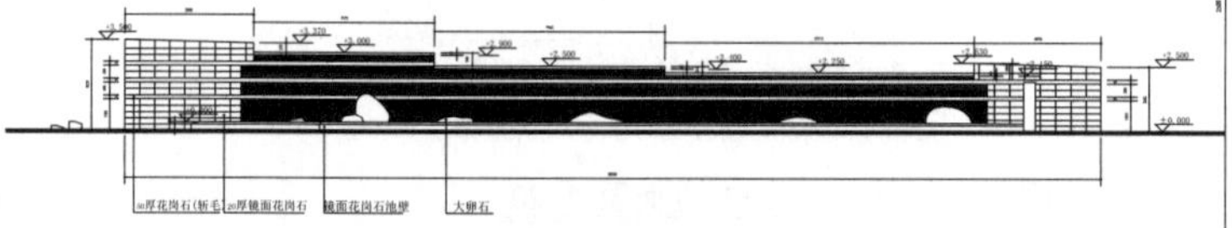

展开正立面 1:100

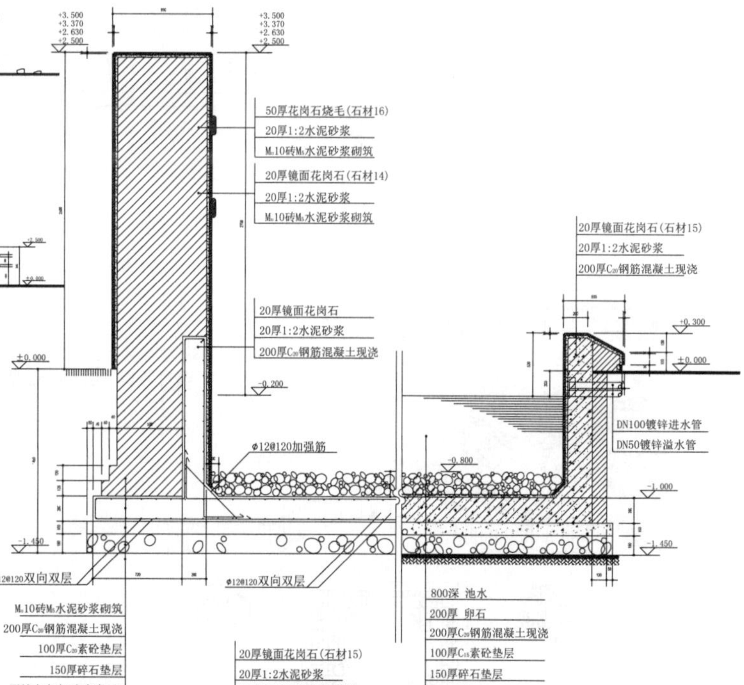

A-A 断面 1:20

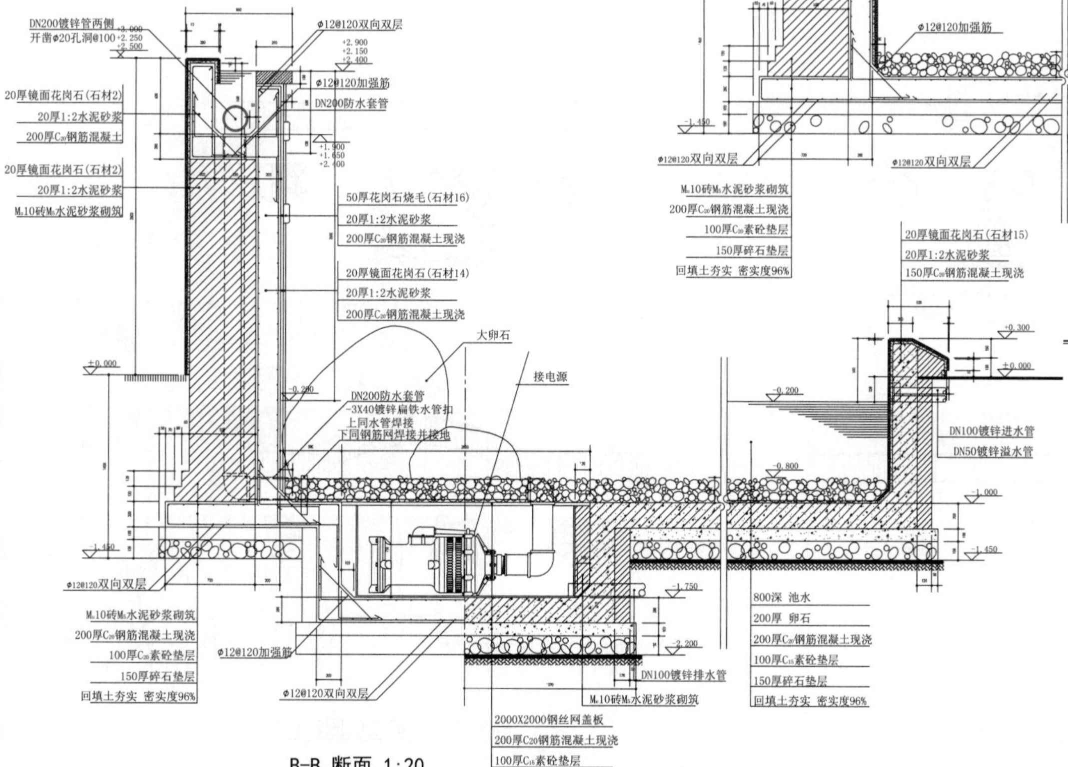

B-B 断面 1:20

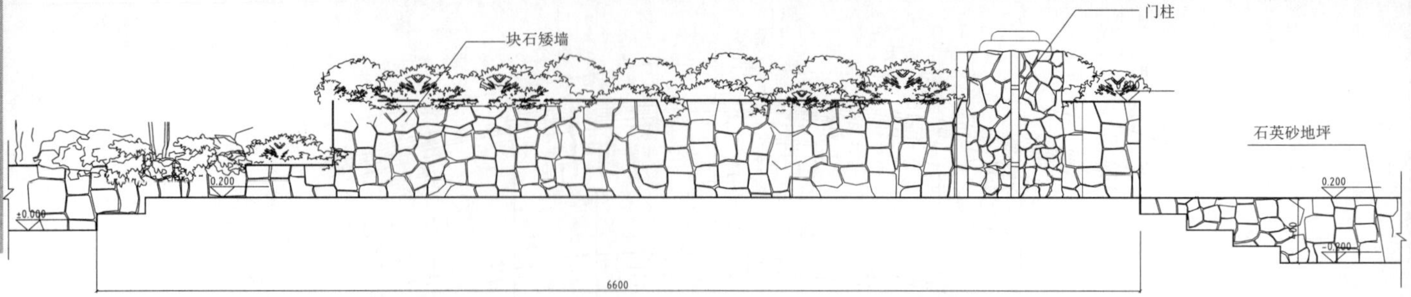

1-1 立面图 1:20

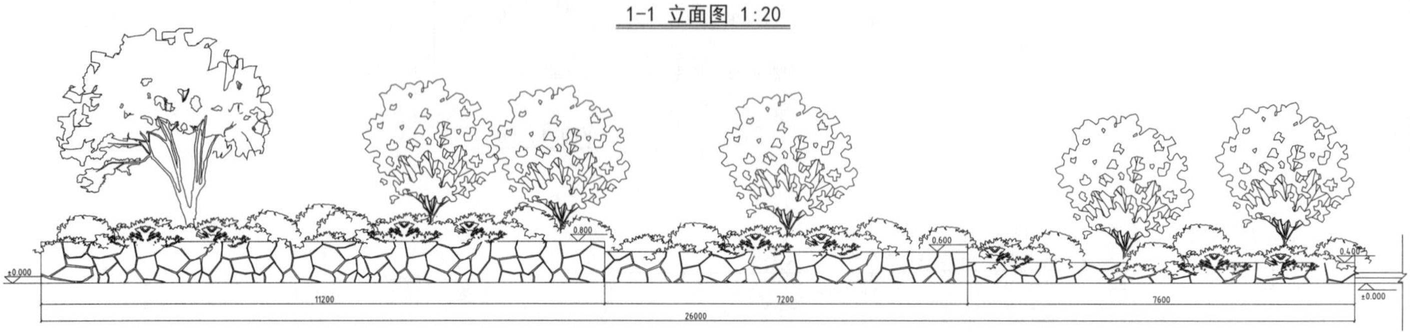

2-2 立面图 1:25

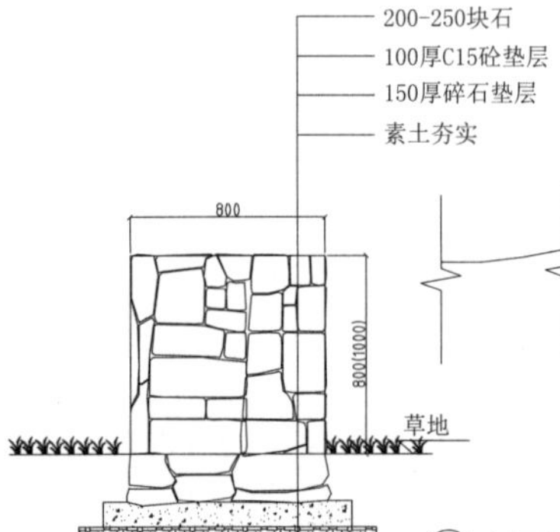
200-250块石
100厚C15砼垫层
150厚碎石垫层
素土夯实
800
800(1000)
草地

① 剖面图 1:20

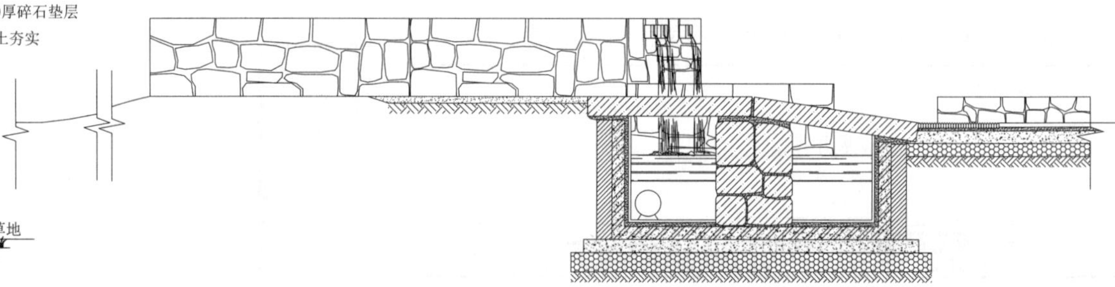

A-A 立面图 1:20

挡土景墙043

静幽

静幽小筑景墙立面图1 1:100

静幽小筑景墙立面图2 1:100

挡土景墙044

75 150 150
50 50

110厚梯形木方
80X50木方
80X120木方

6400

景墙顶视图 1:25

800   1600   1600   1600   800
50 50
75 150 150

80X50木方
80X120木方
110厚梯形木方
120X120工字焊接钢板
黑色氟碳漆底部与柱顶预埋件连接
60X60青石块
凹面贴蓝色瓷砖

80X30木方仿
红樱桃木色

2400

120

50 100 30 30

1100

130

400

平面铺250宽莹青石
凹入20贴黄木纹文化石
200x60黄木纹文化石

120
60 60

1350

景墙立面图 1:25

260宽莹青石板压顶

60 280 60

240   1360   240   1360   240   1360   240

景墙平面图 1:25

凹面贴蓝色瓷砖
60X60青石块

柱体
80X30木方仿
红樱桃木色
280X100青石贴面

60 145 60

(a) 剖面图 1:10

20080   540   80200
60   120   60

80X50木方
80X120木方
110厚梯形木方
120X120工字焊接钢板
黑色氟碳漆底部与柱顶预埋件连接
60X60青石块

160
80 120

140   140

280X100青石贴面

2000

60 280 60

景墙侧立面图 1:25

挡土景墙045

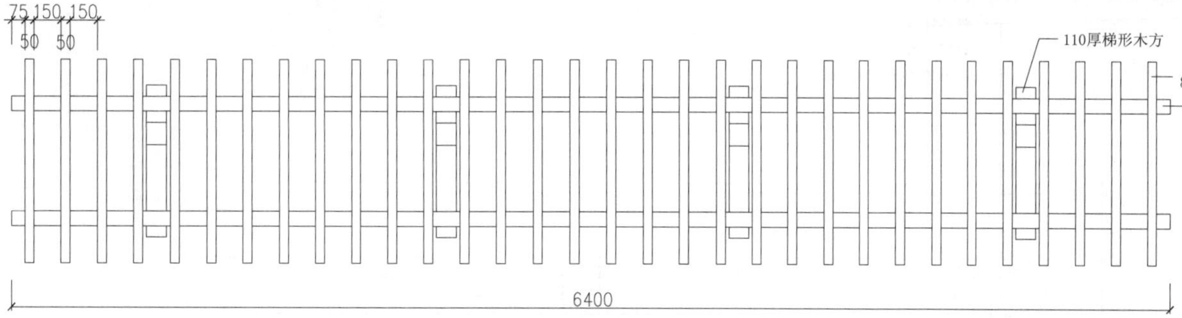

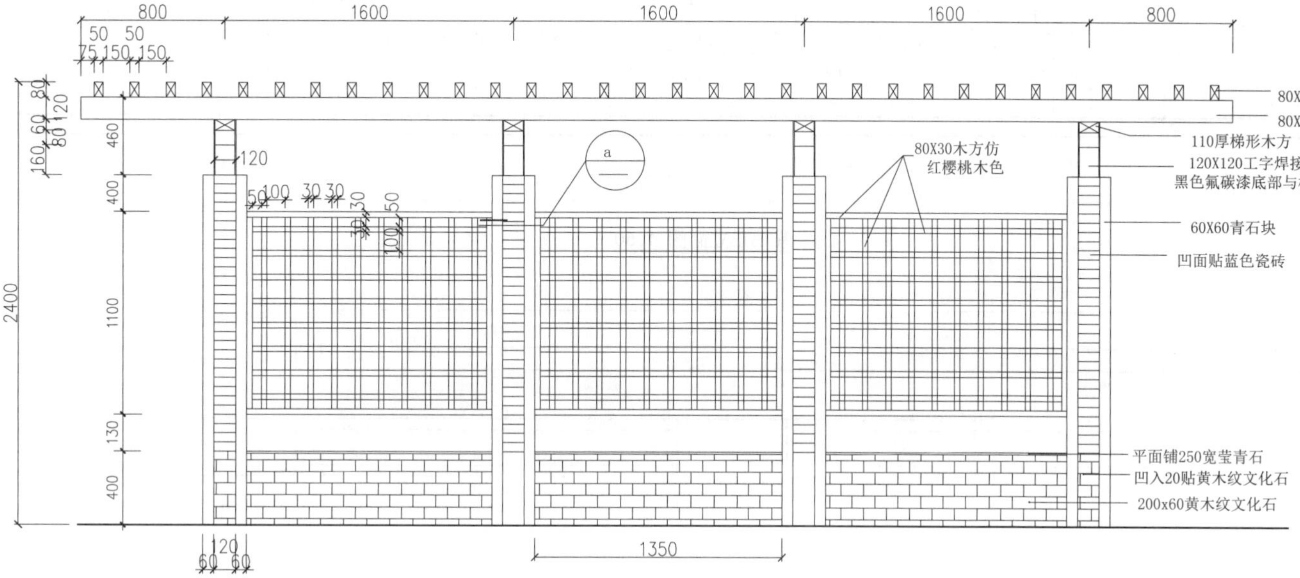

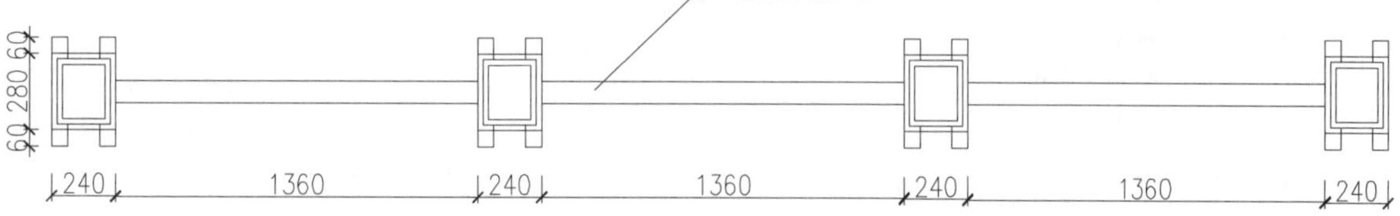

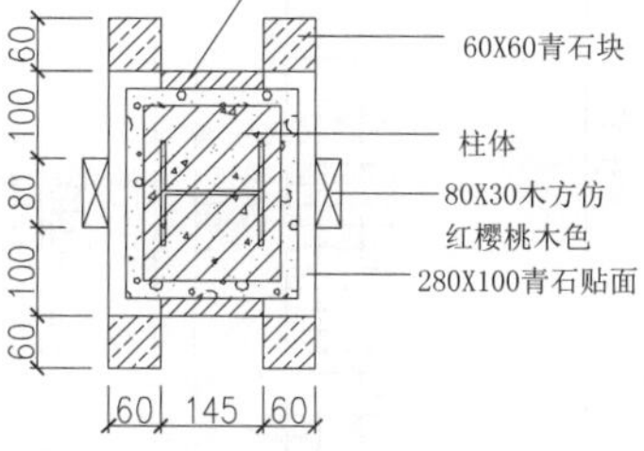

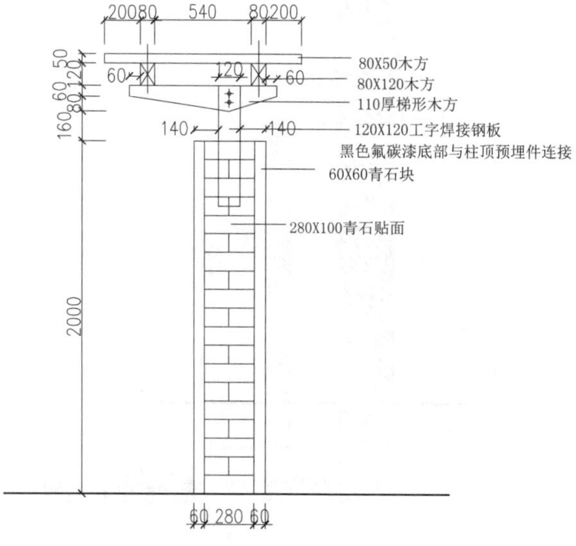

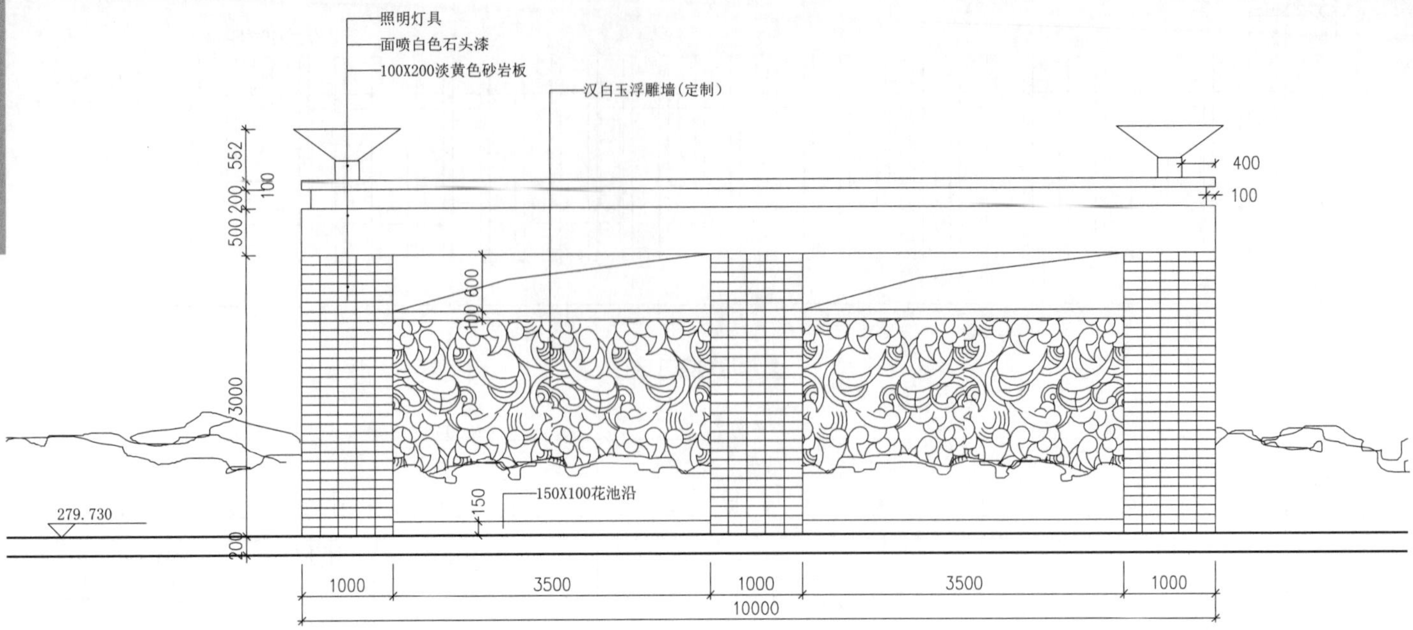

照明灯具
面喷白色石头漆
100X200淡黄色砂岩板
汉白玉浮雕墙(定制)

150X100花池沿

景墙正立面图 1:50

浮雕墙
花池
景墙

景墙平面图 1:50

照明灯具
20厚找平层
砖砌体
20厚水泥沙浆粘接层
砼墙体
面喷白色真石漆
100X200淡黄色砂岩板
汉白玉浮雕墙(定制)

景墙剖面图 1:50

照明灯具
面喷白色石头漆
100X200淡黄色砂岩板
汉白玉浮雕墙(定制)

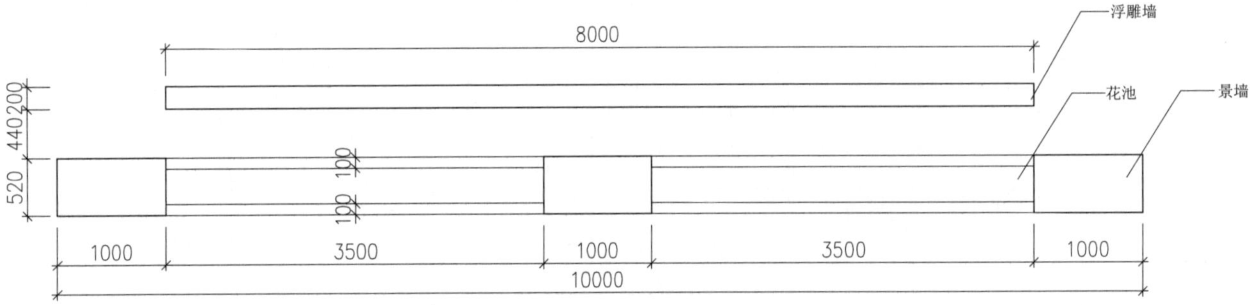

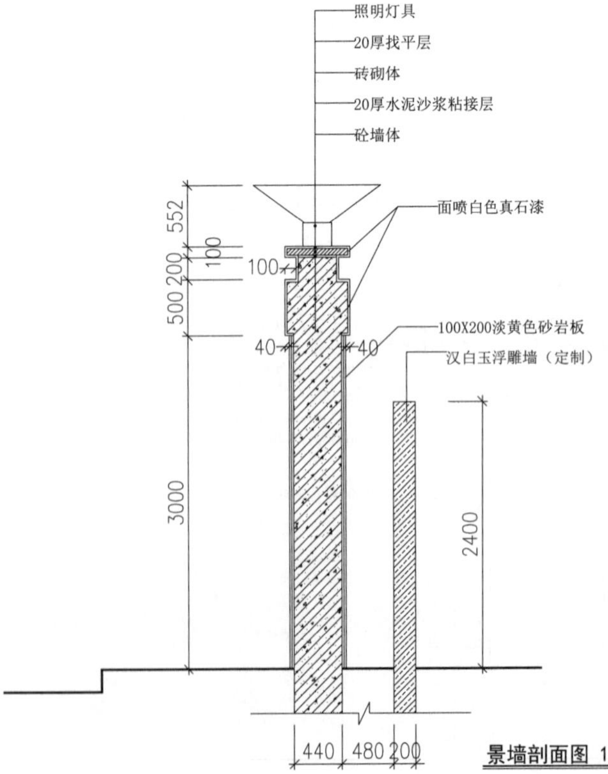

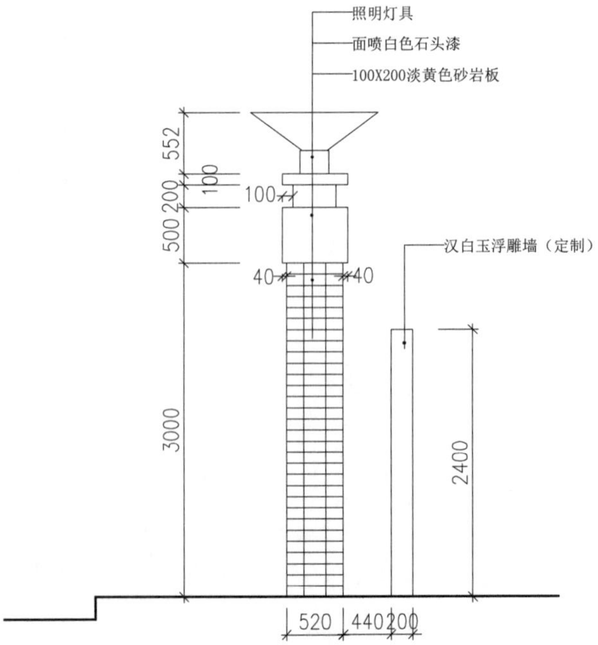

景墙侧立面图 1:50

挡土景墙046

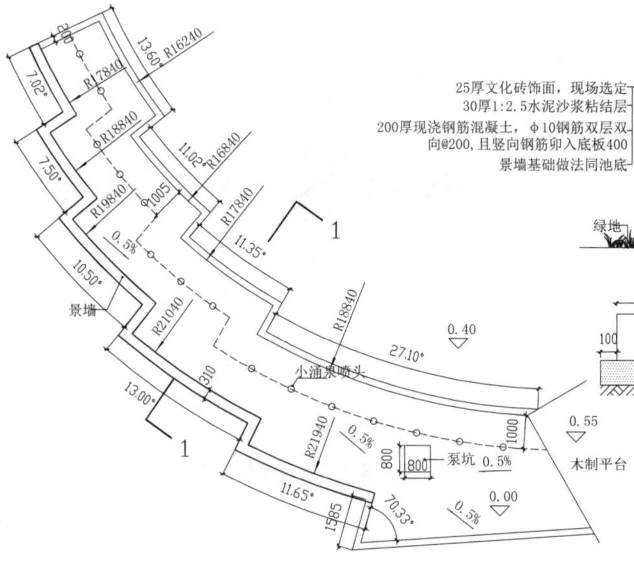

景墙水池平面图 1:100

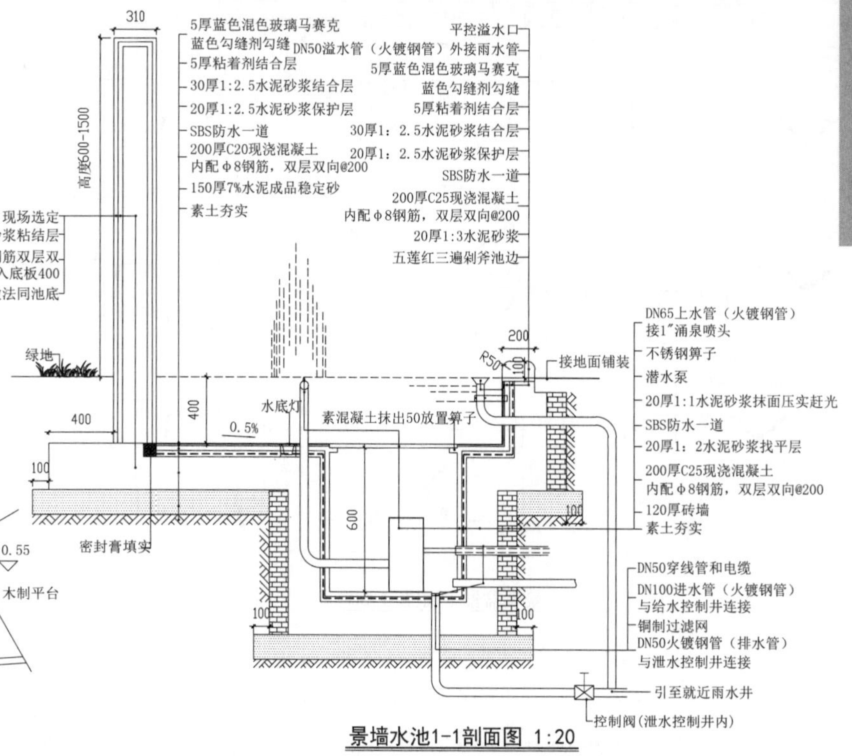
310
高度600-1500
5厚蓝色混色玻璃马赛克
蓝色勾缝剂勾缝
5厚粘着剂结合层
30厚1:2.5水泥砂浆结合层
20厚1:2.5水泥砂浆保护层
SBS防水一道
200厚C20现浇混凝土
内配φ8钢筋，双层双向@200
150厚7%水泥成品稳定砂
素土夯实
25厚文化砖饰面，现场选定
30厚1:2.5水泥沙浆粘结层
200厚现浇钢筋混凝土，φ10钢筋双层双向@200，且竖向钢筋卯入底板400
景墙基础做法同池底
平控溢水口
DN50溢水管（火镀钢管）外接雨水管
5厚蓝色混色玻璃马赛克
蓝色勾缝剂勾缝
5厚粘着剂结合层
30厚1：2.5水泥砂浆结合层
20厚1：2.5水泥砂浆保护层
SBS防水一道
200厚C25现浇混凝土
内配φ8钢筋，双层双向@200
20厚1:3水泥砂浆
五莲红三遍剁斧池边
绿地
400
400
0.5%
水底灯
素混凝土抹出50放置箅子
100
密封膏填实
600
100
100
200
R50
100
接地面铺装
DN65上水管（火镀钢管）
接1"涌泉喷头
不锈钢箅子
潜水泵
20厚1:1水泥砂浆抹面压实赶光
SBS防水一道
20厚1：2水泥砂浆找平层
200厚C25现浇混凝土
内配φ8钢筋，双层双向@200
120厚砖墙
素土夯实
DN50穿线管和电缆
DN100进水管（火镀钢管）
与给水控制井连接
铜制过滤网
DN50火镀钢管（排水管）
与泄水控制井连接
引至就近雨水井
控制阀（泄水控制井内）

景墙水池1-1剖面图 1:20

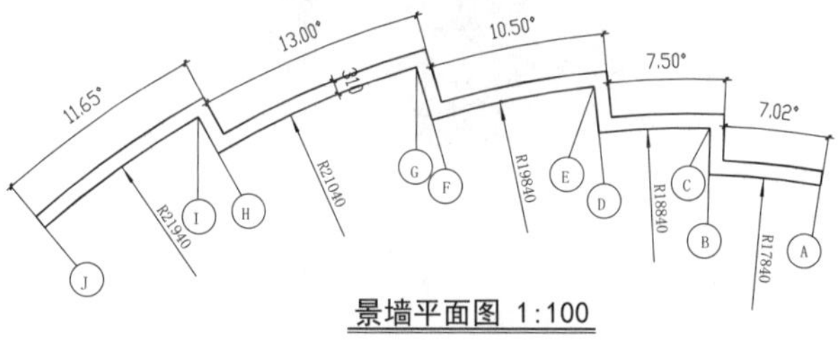

景墙平面图 1:100

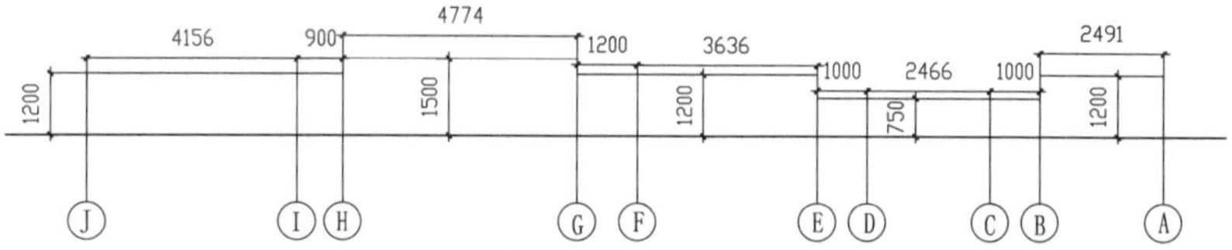

景墙立面展开图 1:100

挡土景墙047

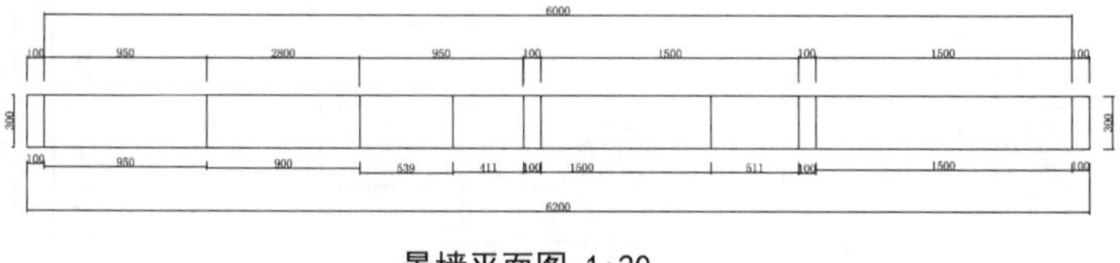

景墙平面图 1:20

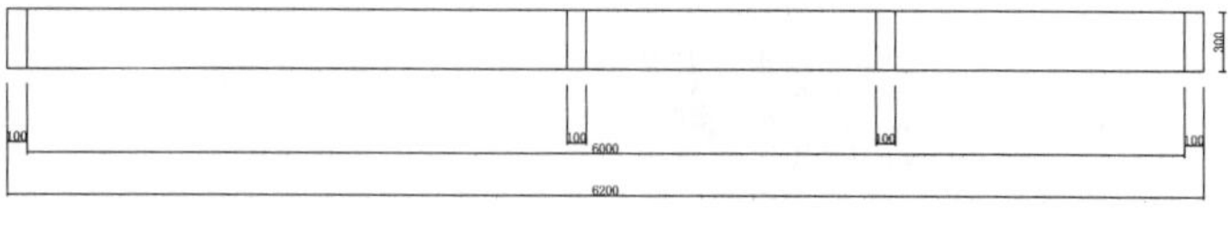

景墙平面图 1:20

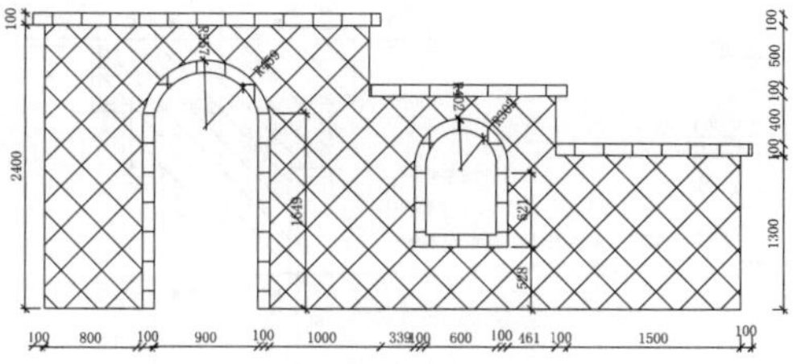

景墙立面图 1:50

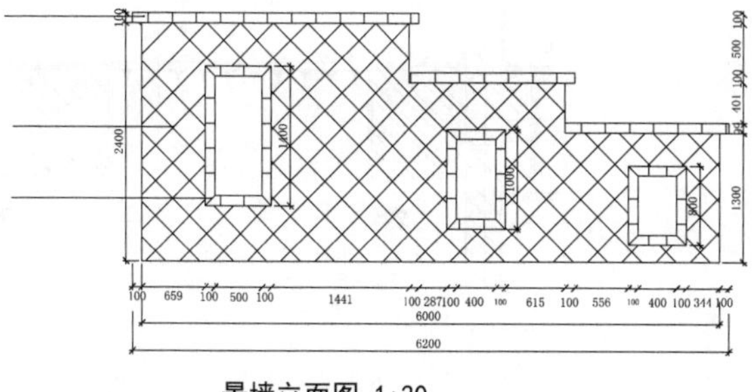

景墙立面图 1:30

挡土景墙048

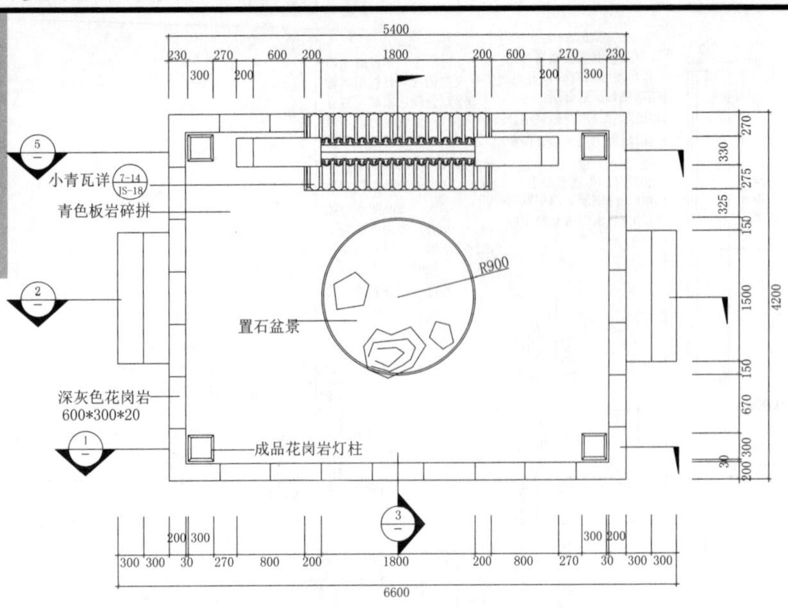
小青瓦详
青色板岩碎拼
置石盆景
R900
深灰色花岗岩
600*300*20
成品花岗岩灯柱

景墙盆景平面图 1:50

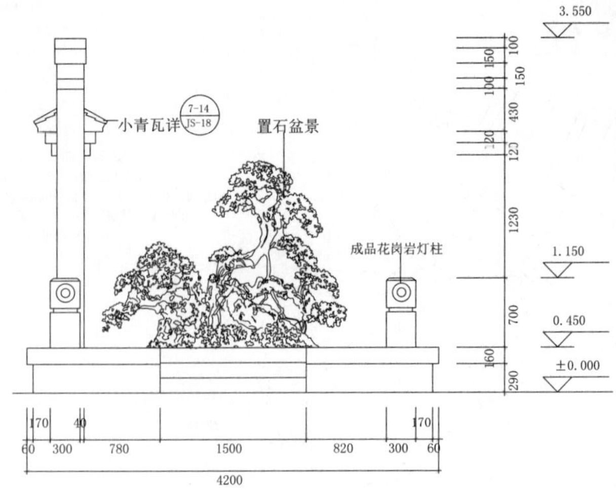
小青瓦详
置石盆景
成品花岗岩灯柱

景墙盆景侧立面图 1:50

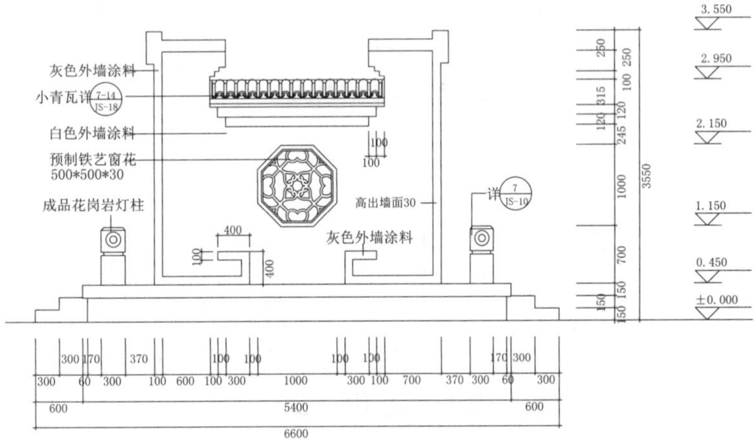
灰色外墙涂料
小青瓦详
白色外墙涂料
预制铁艺窗花
500*500*30
成品花岗岩灯柱
高出墙面30
灰色外墙涂料

景墙盆景后立面 1:50

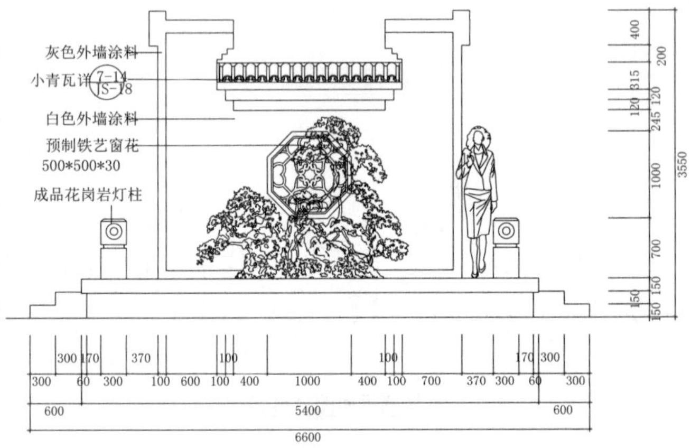
灰色外墙涂料
小青瓦详
白色外墙涂料
预制铁艺窗花
500*500*30
成品花岗岩灯柱

景墙盆景正立面 1:50

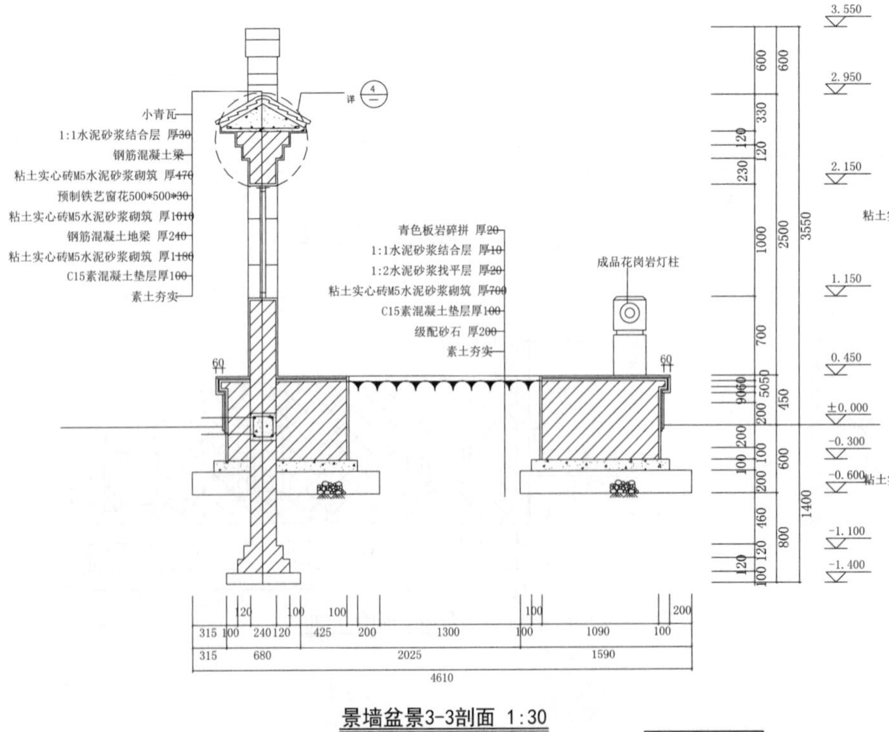
小青瓦
1:1水泥砂浆结合层 厚30
钢筋混凝土梁
粘土实心砖M5水泥砂浆砌筑 厚470
预制铁艺窗花500*500*30
粘土实心砖M5水泥砂浆砌筑 厚1010
钢筋混凝土地梁 厚240
粘土实心砖M5水泥砂浆砌筑 厚1180
C15素混凝土垫层厚100
素土夯实
青色板岩碎拼 厚20
1:1水泥砂浆结合层 厚10
1:2水泥砂浆找平层 厚20
粘土实心砖M5水泥砂浆砌筑 厚700
C15素混凝土垫层厚100
级配砂石 厚200
素土夯实
成品花岗岩灯柱

景墙盆景3-3剖面 1:30

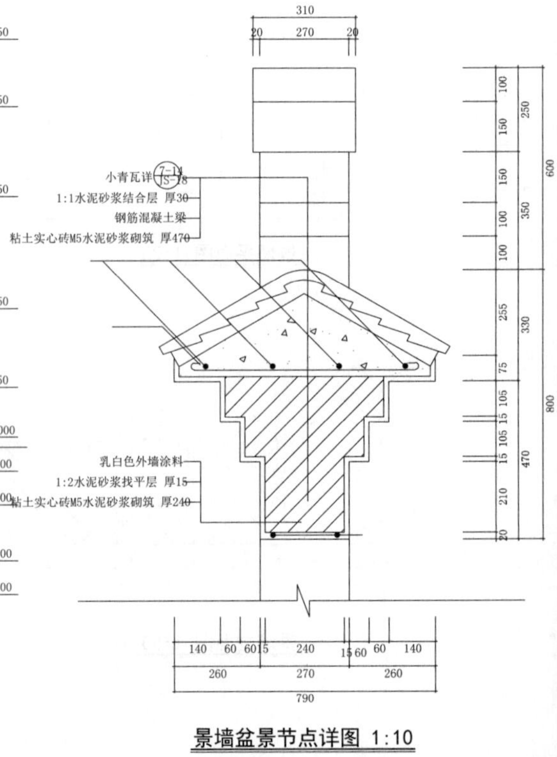
小青瓦详
1:1水泥砂浆结合层 厚30
钢筋混凝土梁
粘土实心砖M5水泥砂浆砌筑 厚470
乳白色外墙涂料
1:2水泥砂浆找平层 厚15
粘土实心砖M5水泥砂浆砌筑 厚240

景墙盆景节点详图 1:10

挡土景墙049

景墙立面 1:100

4Φ10
Φ6.5 @100

① 1:50

C20钢筋混凝土预制

50厚 花岗石
100厚 花岗石
20厚 1:2水泥砂浆
10厚 1:2水泥砂浆刮抄
Mu10砖 M5砂浆砌筑

水体
卵石
氯丁胶两度
车库顶

景墙断面 1:10

100厚 花岗石
20厚 1:2水泥砂浆
10厚 1:2水泥砂浆刮抄
Mu10砖 M5砂浆砌筑

车库顶

景墙断面 1:10

挡土景墙050

200X100黄色文化石   钢化玻璃   铝塑板   铝合金框

200X200青石压顶

200X100黄色文化石

灰色水洗石
20X20深蓝色马赛克

景墙2正立面图 1:25

铝合金框
200X200青石压顶
铝塑板
200X100黄色文化石
20X20深蓝色马赛克
灰色水洗石

剖面图 1:25

花池   花坛   置石   景墙

铝合金边框
墙体
灰色水洗石

景墙2平面图 1:25

铝合金框
100厚毛面花岗岩压顶
200X100黄色文化石

灰色水洗石
20X20深蓝色马赛克

景墙2侧立面图 1:25

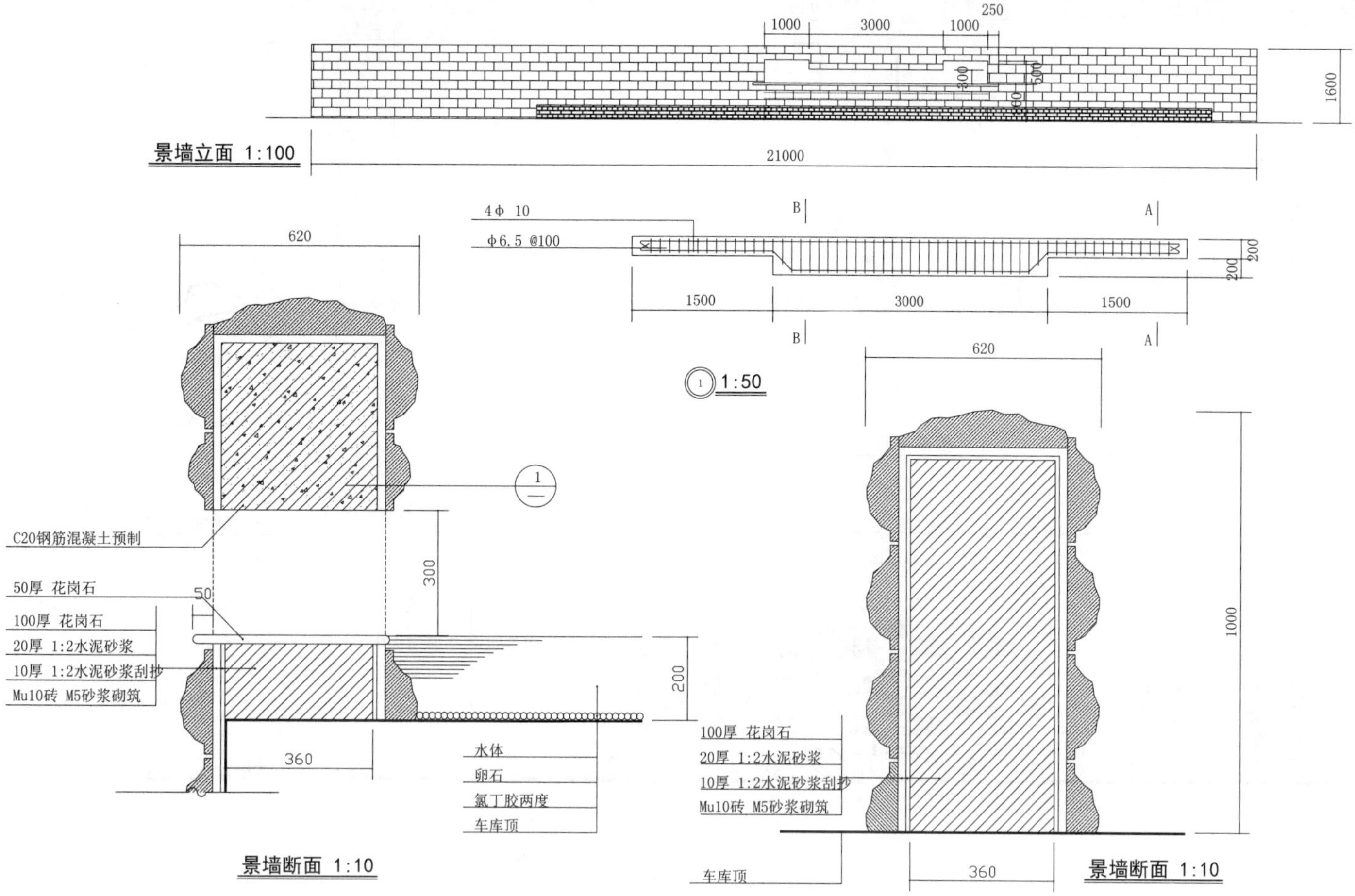

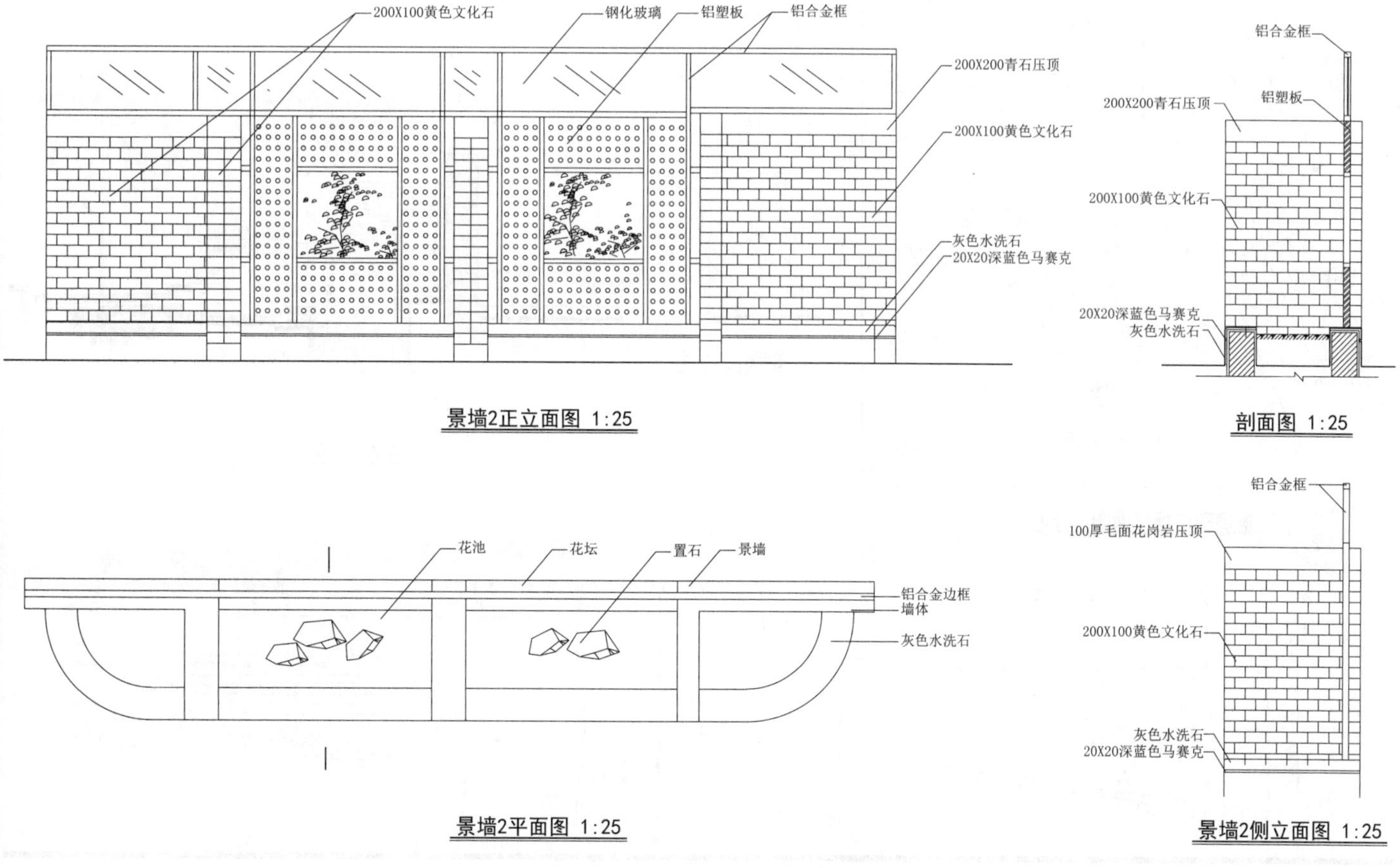

挡土景墙051

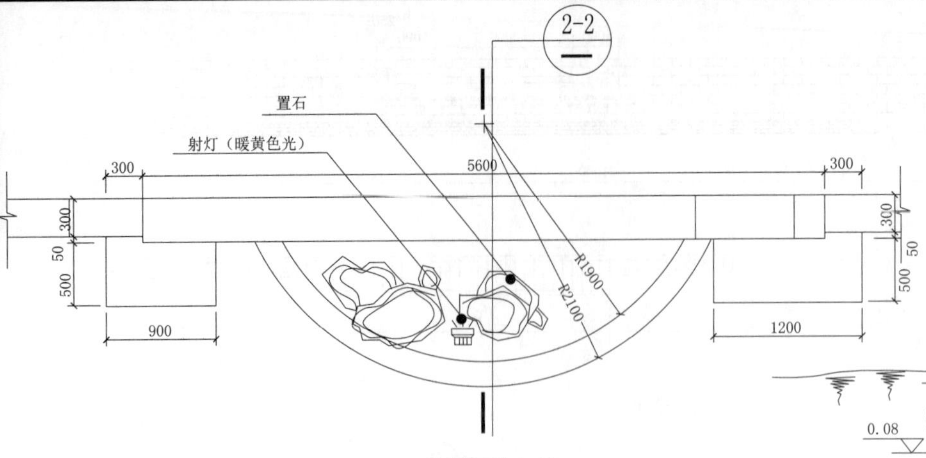

挡土景墙

置石
射灯(暖黄色光)

2-2

景墙平面 1:30

2.30

散置φ30-40白色卵石
置石

100厚混凝土垫层
素土夯实

2-2 剖面 1:20

景墙立面 1:30

暖黄色白色洗石子饰面
80x30025厚白色凹凸面文化石饰面
80x30025厚白色平板面文化石饰面
置石
φ800洞
灰白色洗石子饰面

挡土景墙052

景墙
红色广场砖 100x100
青石板 280宽 30厚
青石板50厚
芝麻灰花岗石 300x300x30厚

花槽 黑卵石立贴铺地 红石板铺地 300x300
墙高 600

水面260.60
水底 260.20
亲水木平台
芝麻黑花岗石 320x40厚
(立面)米黄色水洗石

景墙和广场平面图 1:50

剖面图 1:10

珍珠白大理石压顶磨边 430x280x50厚
黄木纹蘑菇石 60x200
芝麻白花岗石压顶磨边 230x320x60厚
青石压顶
白色赛纳砖
莹青石

A-A 1:50

青石压顶200厚 深灰色飘流石

白色赛纳条砖40x230 龙头吐水 芝麻白花岗岩 60厚 黄木纹磨菇石 60x200 韩国卵石

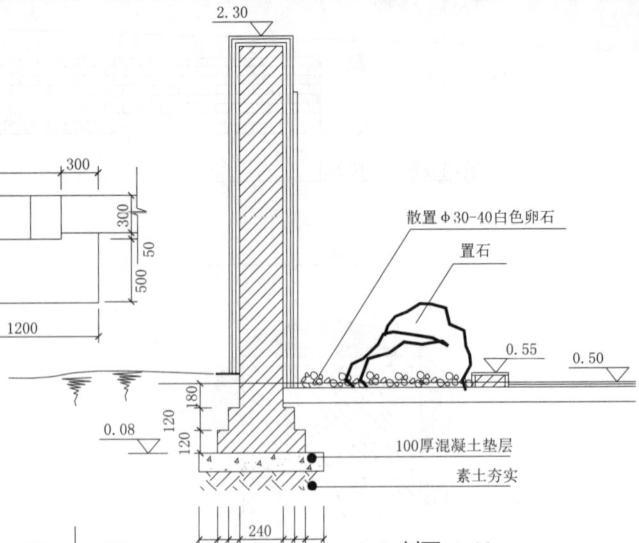

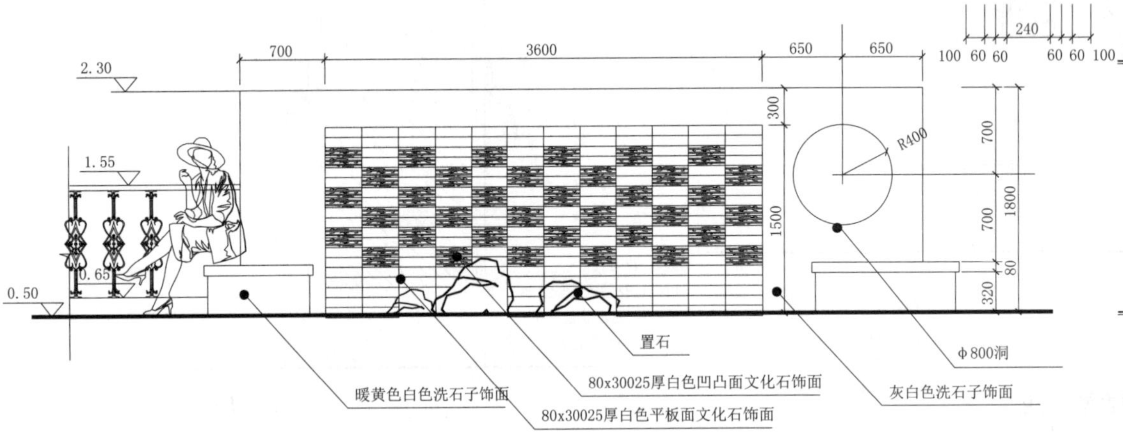

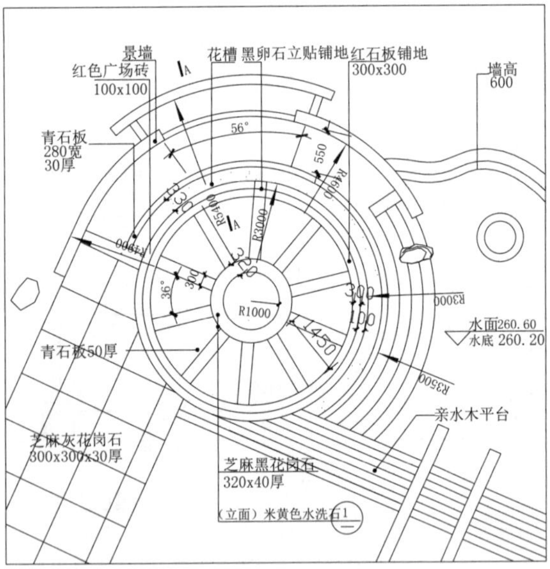

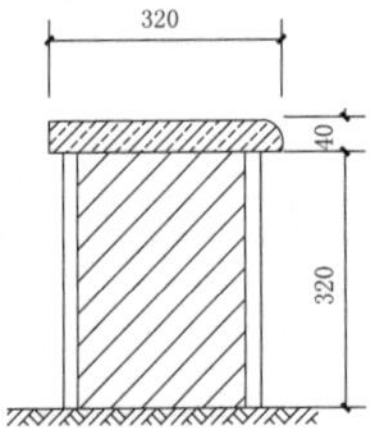

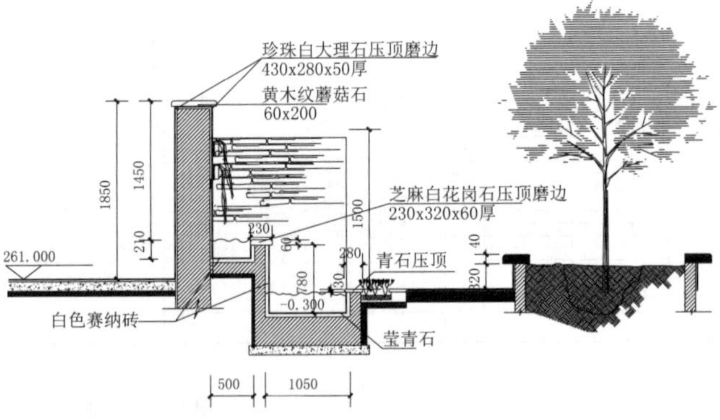

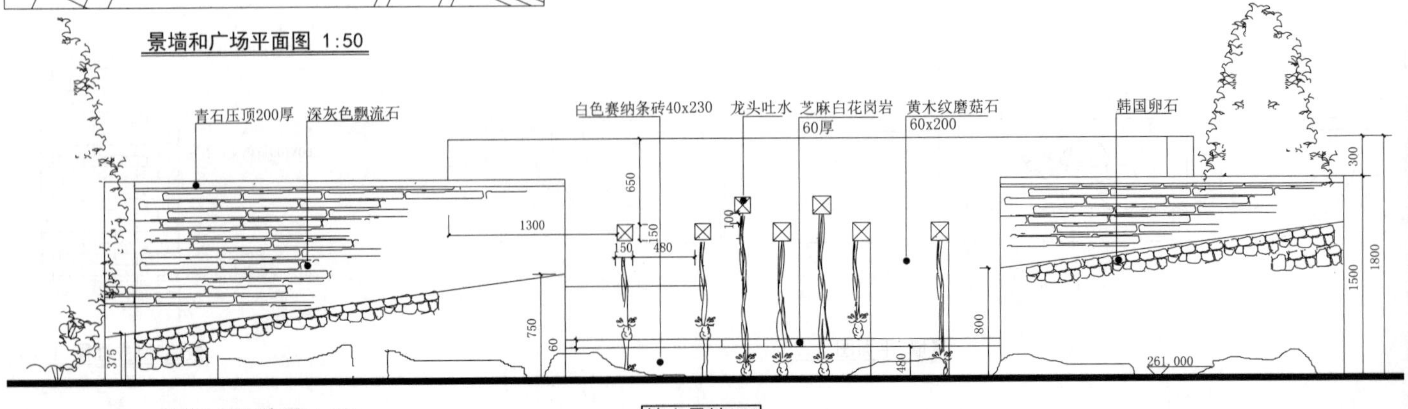

景墙立面示意图 1:25　　　　挡土景墙053

清水混凝土墙　　　成品紫玉雕塑厚30　　300长45X150钢管壁厚3

200*600*50厚654斩毛花岗岩　　　绿化

成品紫玉雕塑厚30　　清水混凝土墙　　D50出水口　　300长45X150钢管壁厚3　　　清水混凝土墙

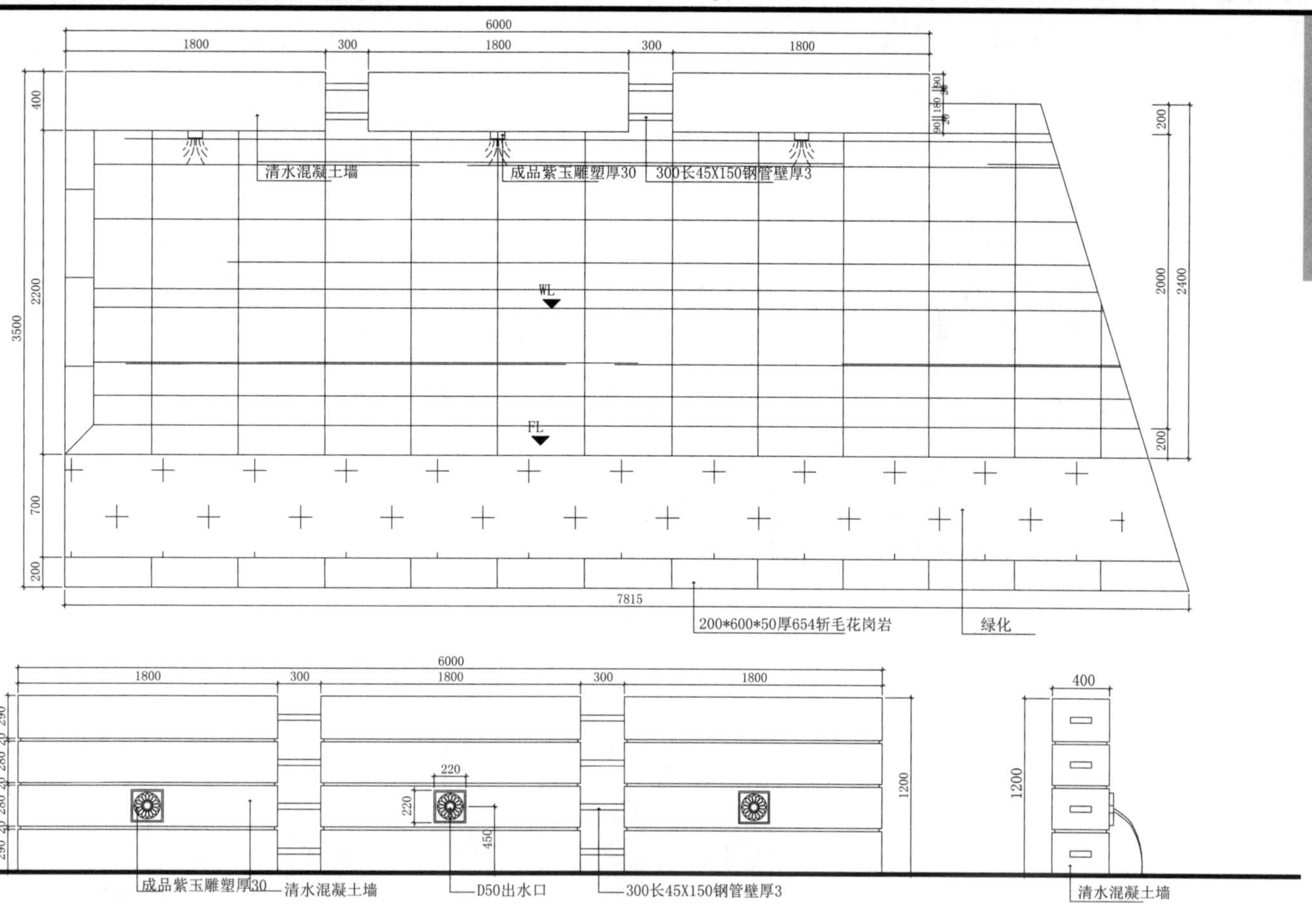

挡土景墙054

景墙平面图 1:50

景墙立面图 1:50

花池　详见 A

M7.5砂浆砌片石挡土墙

道路标高

C10混凝土垫层

景墙剖面图 1:20

15厚深灰色烧面花岗岩
25厚1:3水泥砂浆找平
C15素混凝土压顶
M7.5砂浆砌片石挡土墙

15厚黄木纹毛边乱形
规格边长200-300

楼梯扶手墙外饰黄木纹

C20钢筋混凝土梁
纵筋4∅14 箍筋∅6@200

15厚黄木纹毛边乱形
25厚1:3水泥砂浆找平
墙体

花池面浅灰色肌理涂料
20厚1:3水泥砂浆找平
80厚C20钢筋混凝土墙
内配∅8@200双层双向
花池内填植土
花池内种植详种植图

砂石滤水层
∅25泄水管

80厚C20钢筋混凝土板
内配∅8@150双层双向 面筋锚入梁内300
20厚1:3水泥砂浆找平
花池面浅灰色肌理涂料

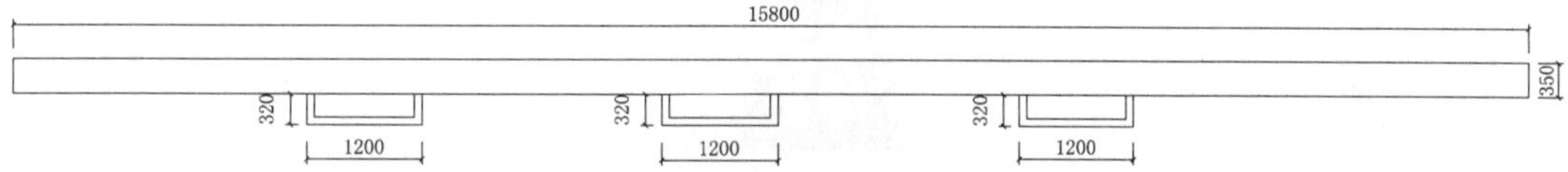

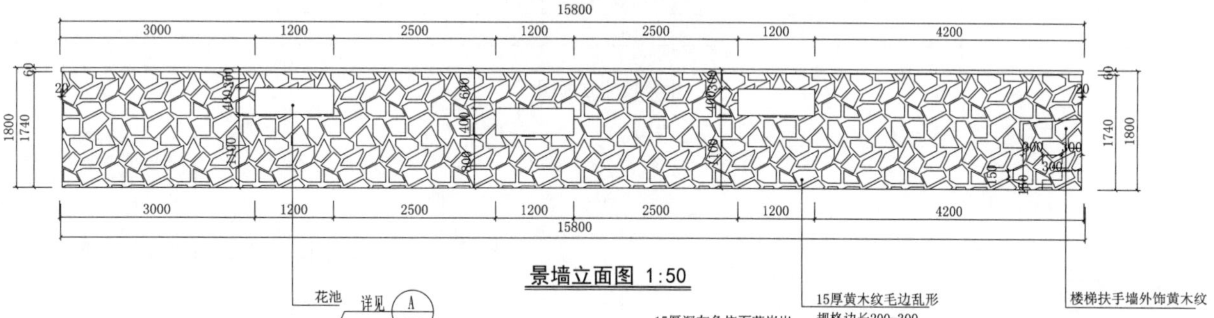

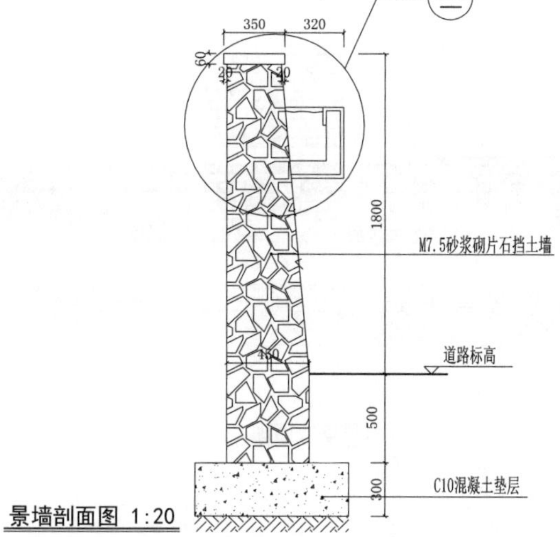

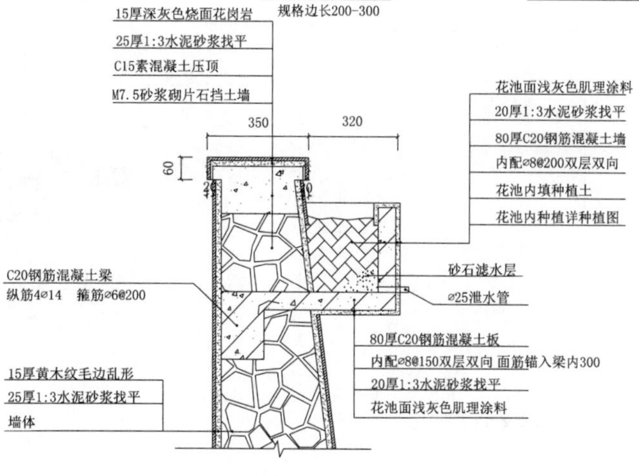

A详图 1:20

挡土景墙055

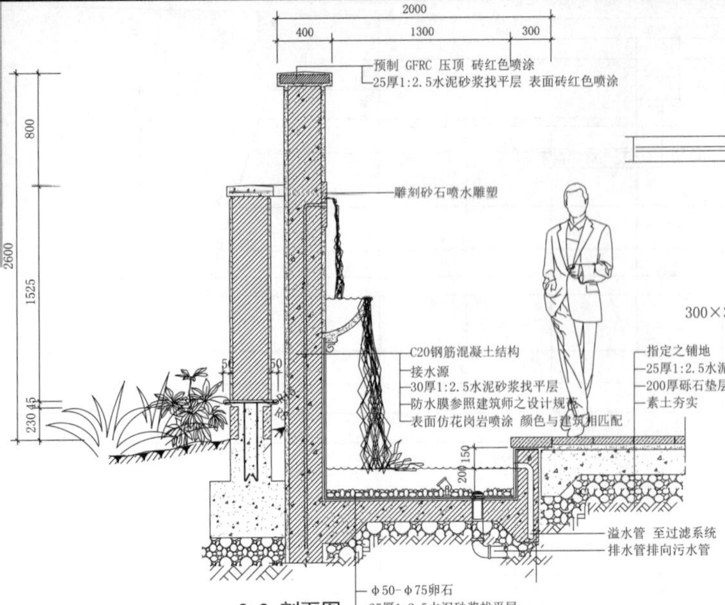
预制 GFRC 压顶 砖红色喷涂
25厚1:2.5水泥砂浆找平层 表面砖红色喷涂
雕刻砂石喷水雕塑
C20钢筋混凝土结构
接水源
30厚1:2.5水泥砂浆找平层
防水膜参照建筑师之设计规范
表面仿花岗岩喷涂 颜色与建筑相匹配
指定之铺地
25厚1:2.5水泥砂浆找平层
200厚砾石垫层
素土夯实
溢水管 至过滤系统
排水管排向污水管
φ50-φ75卵石
25厚1:2.5水泥砂浆找平层
防水膜参照建筑师之设计规范
2-2 剖面图

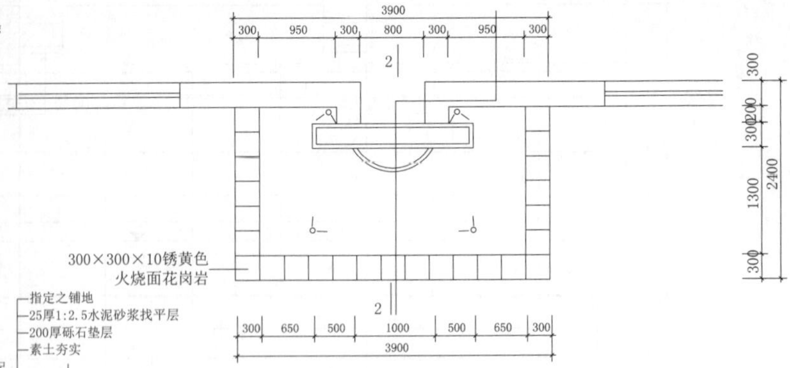
300×300×10锈黄色
火烧面花岗岩
水幕景墙平面

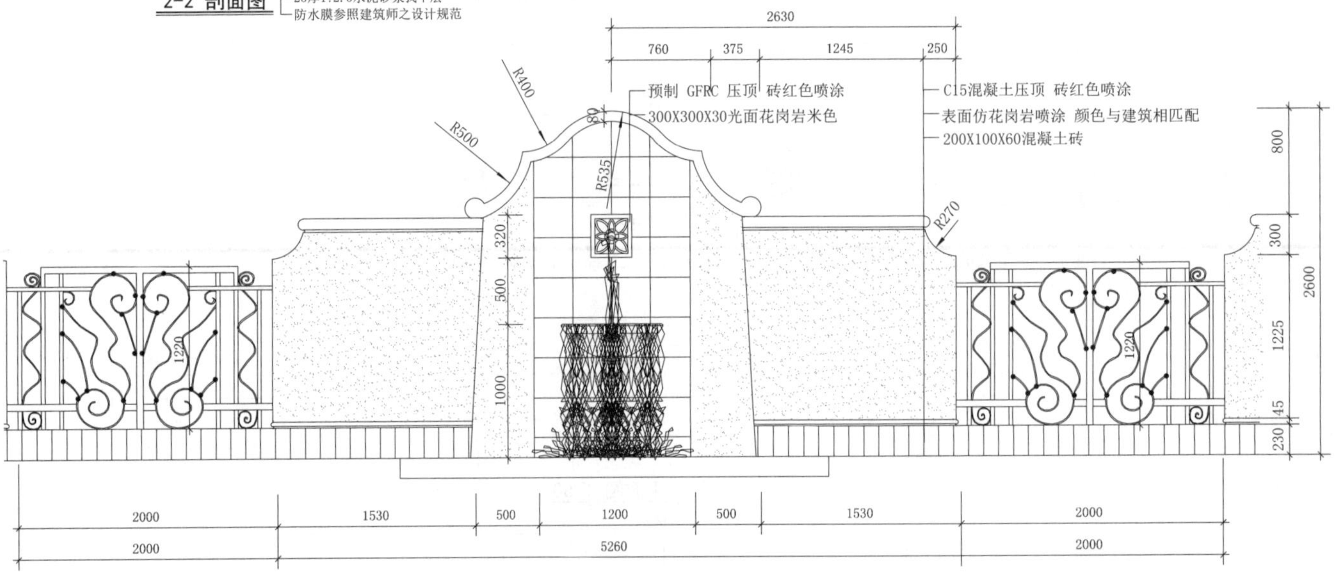
预制 GFRC 压顶 砖红色喷涂
300X300X30光面花岗岩米色
C15混凝土压顶 砖红色喷涂
表面仿花岗岩喷涂 颜色与建筑相匹配
200X100X60混凝土砖
水幕景墙立面图

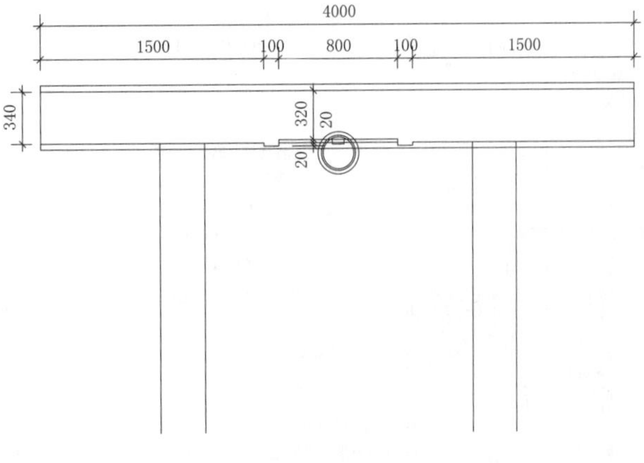
水景墙平面图

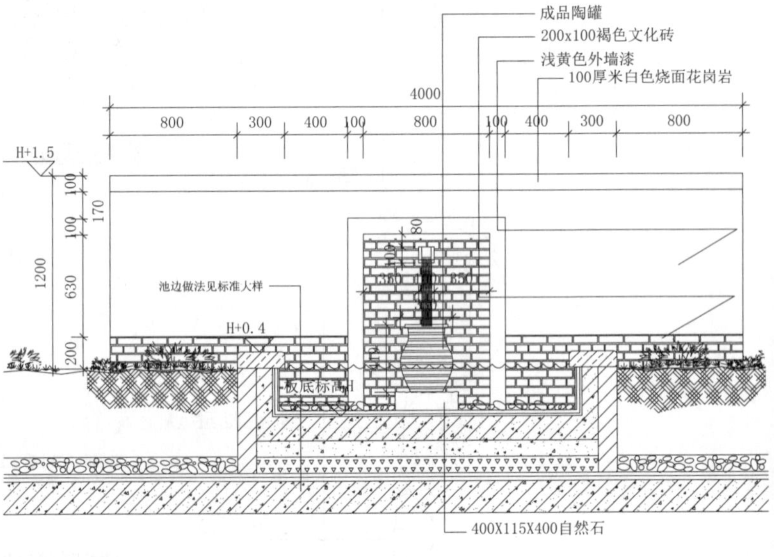
成品陶罐
200x100褐色文化砖
浅黄色外墙漆
100厚米白色烧面花岗岩
池边做法见标准大样
400X115X400自然石
水景墙立面图

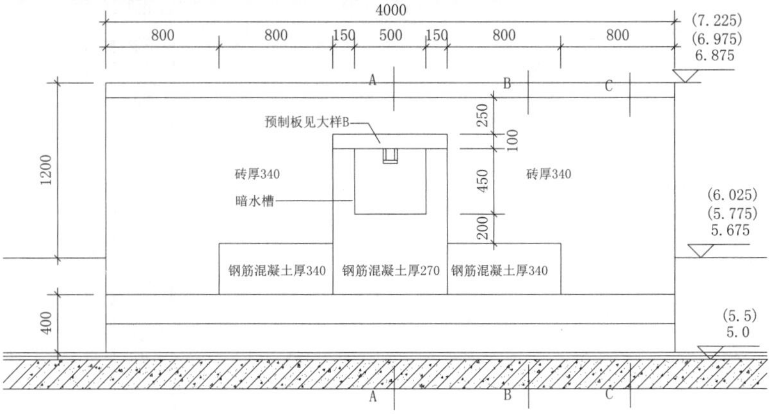

水景墙结构示意图
预制板见大样B
砖厚340
暗水槽
钢筋混凝土厚340
钢筋混凝土厚270
B-B 剖面图
420x600x100米白色烧面花岗岩
20厚水泥砂浆，外漆浅黄色仿石漆
20厚1:2水泥砂浆
钢筋混凝土结构
20厚1:3水泥砂浆
200X100褐色文化砖
种植土
无纺布
100厚卵石排水层
结构保护层
结构防水层
顶板结构
板底标高H
C30混凝土
A-A 剖面图
预制件
MU7.5红砖M5水泥砂浆
输水管
4不锈钢螺丝，L=150
2厚水泥基防水涂膜
15厚水泥砂浆找平层
池边做法见标准大样
C-C 剖面图
430x600x100米白色烧面花岗岩
挡土景墙056
景墙(喷米黄色漆)
组合花坛
花钵
坐凳
平面详图 1:30
景墙(文化石贴面)
芬兰木
壁画
背景树
喷浅蓝色喷漆
垂直花坛
挡土景墙057
立面详图 1:30

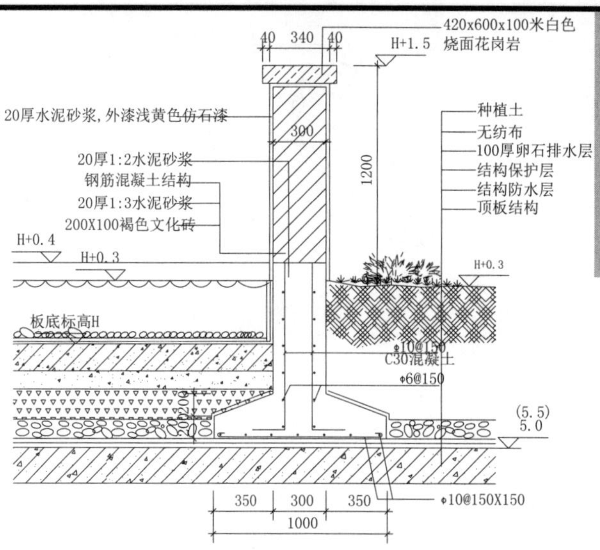

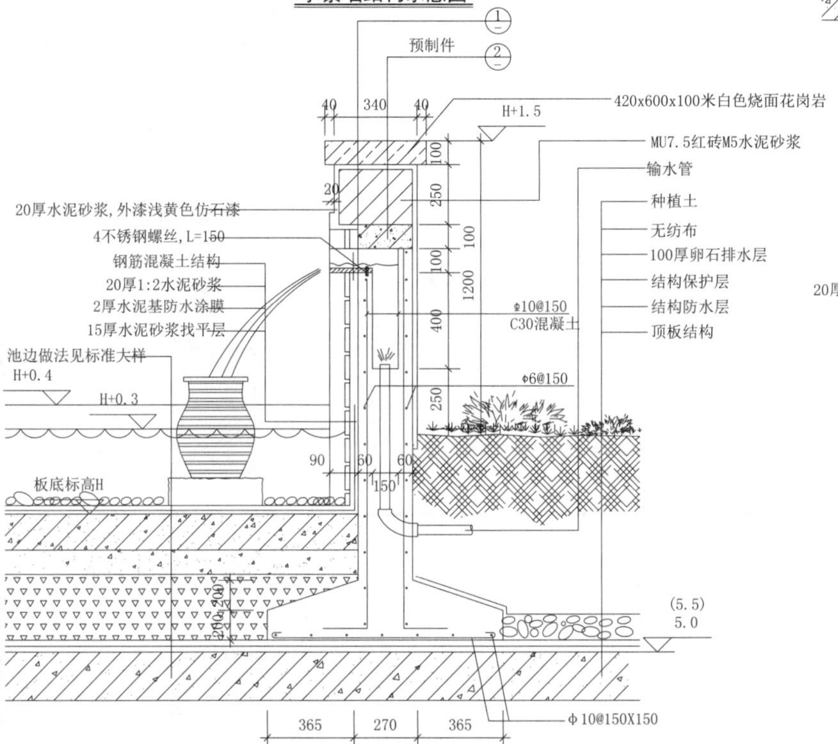

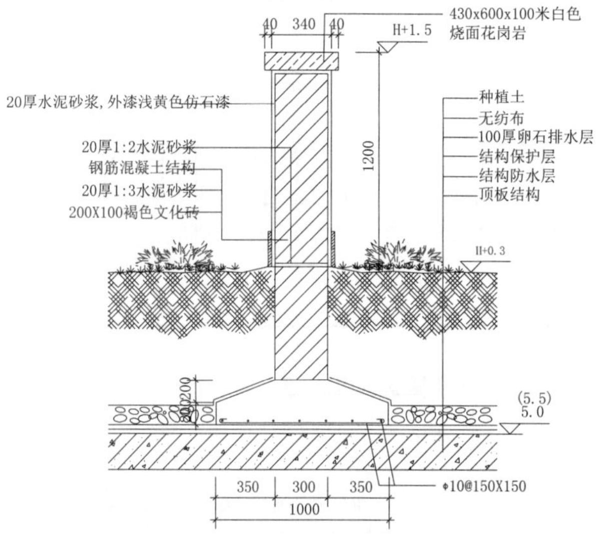

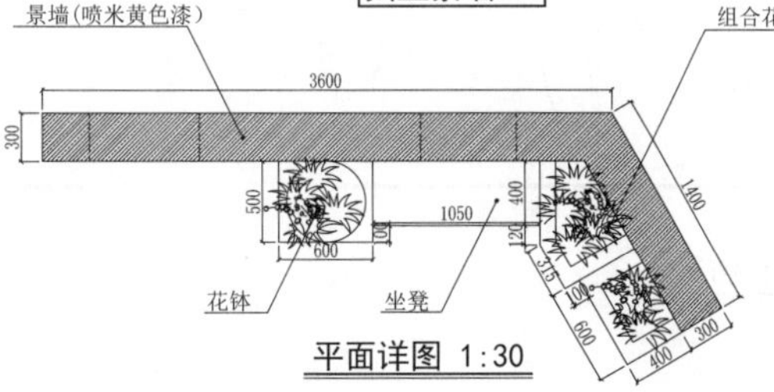

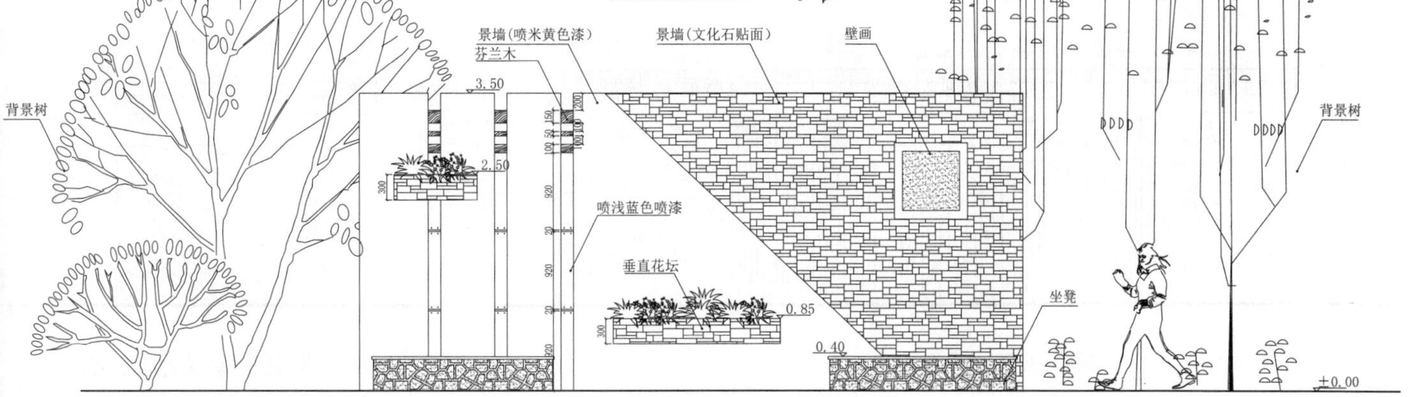

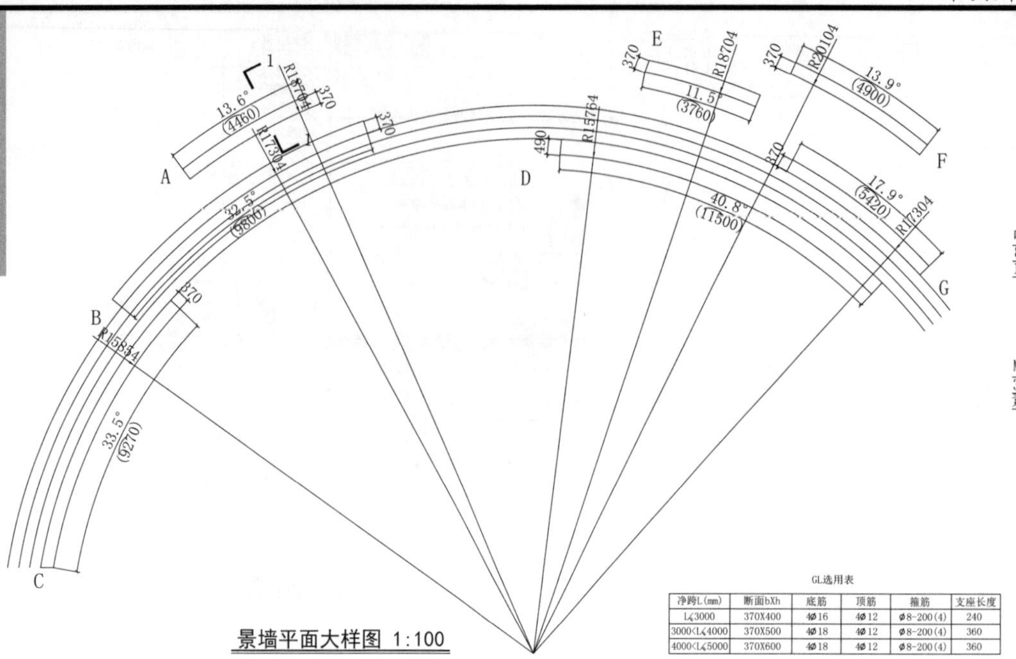

景墙平面大样图 1:100

GL选用表

净跨L(mm)	断面bXh	底筋	顶筋	箍筋	支座长度
L⩽3000	370X400	4ø16	4ø12	ø8-200(4)	240
3000<L⩽4000	370X500	4ø18	4ø12	ø8-200(4)	360
4000<L⩽5000	370X600	4ø18	4ø12	ø8-200(4)	360

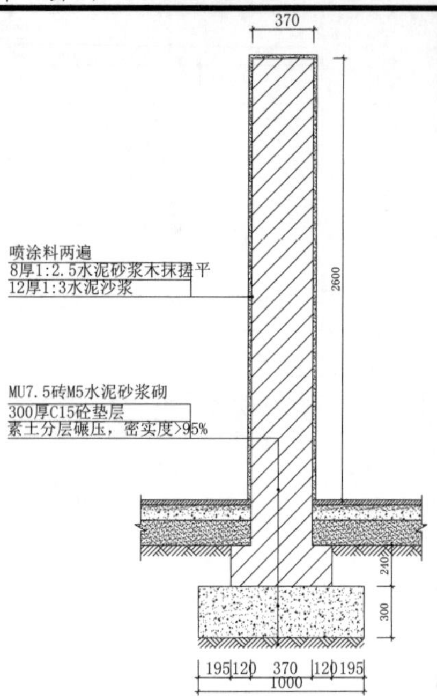
370
喷涂料两遍
8厚1:2.5水泥砂浆木抹搓平
12厚1:3水泥沙浆
2600
MU7.5砖M5水泥砂浆砌
300厚C15砼垫层
素土分层碾压，密实度>95%
240
300
195 120 370 120 195
1000

1-1 剖面图 1:20

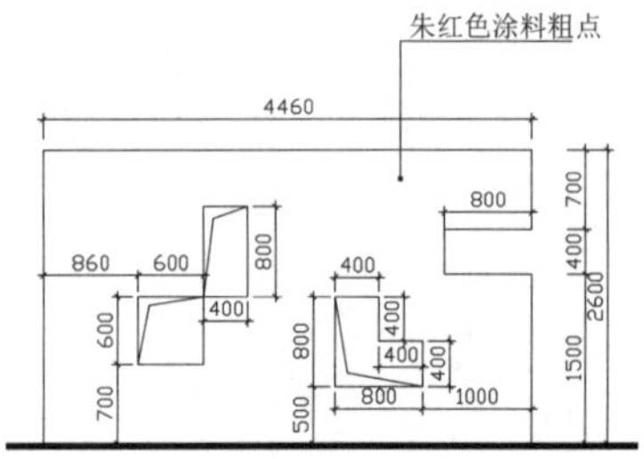

景墙A(朱红)立面图 1:50

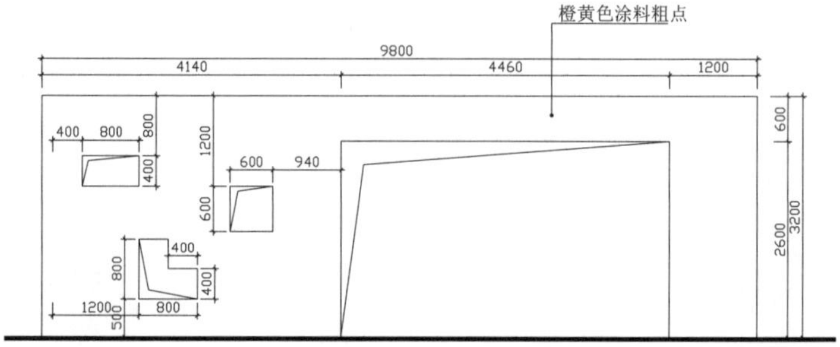

景墙B(橙黄)立面图 1:50

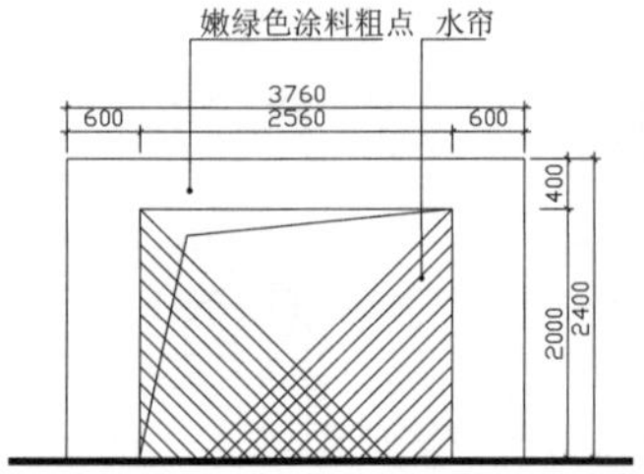

景墙E(橙黄)立面图 1:50

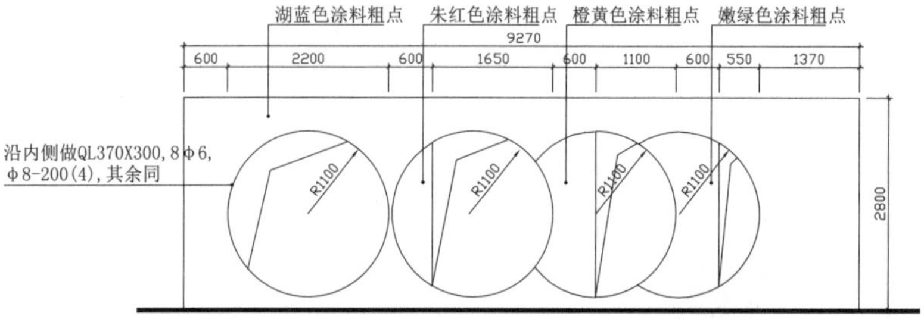

景墙C(湖蓝)立面图 1:50

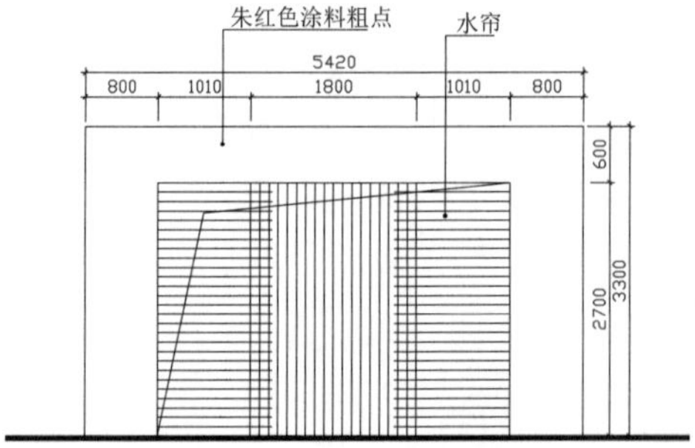

景墙G(朱红)立面图 1:50

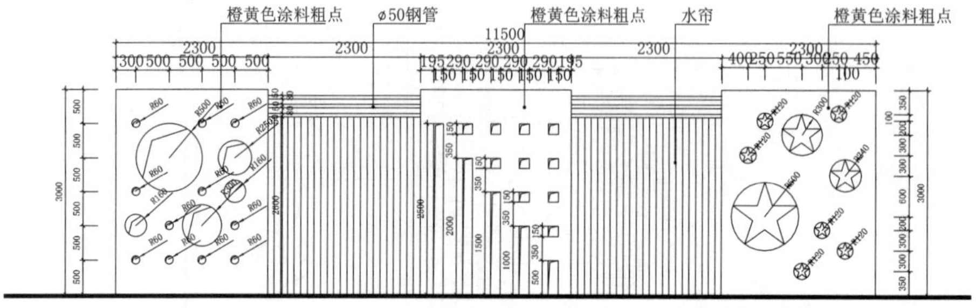

景墙D(橙黄)立面图 1:50

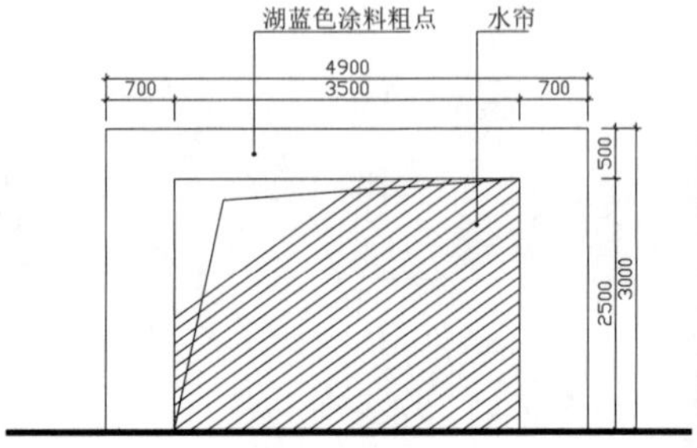

景墙F(湖蓝)立面图 1:50

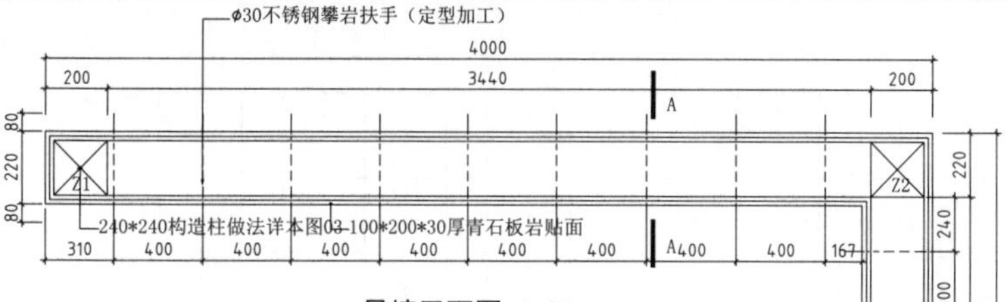

景墙平面图 1:20

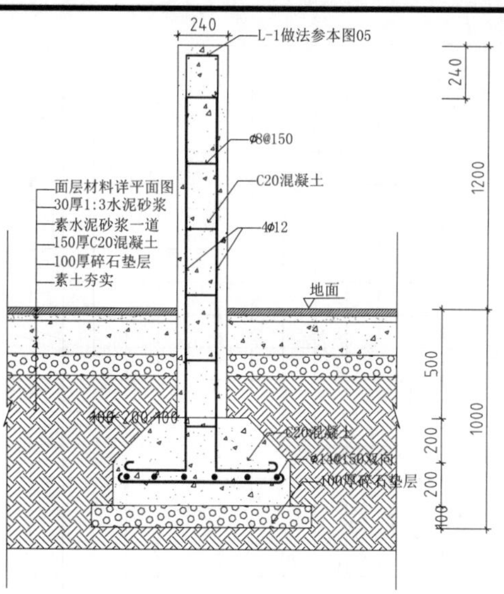

构造柱做法 1:20

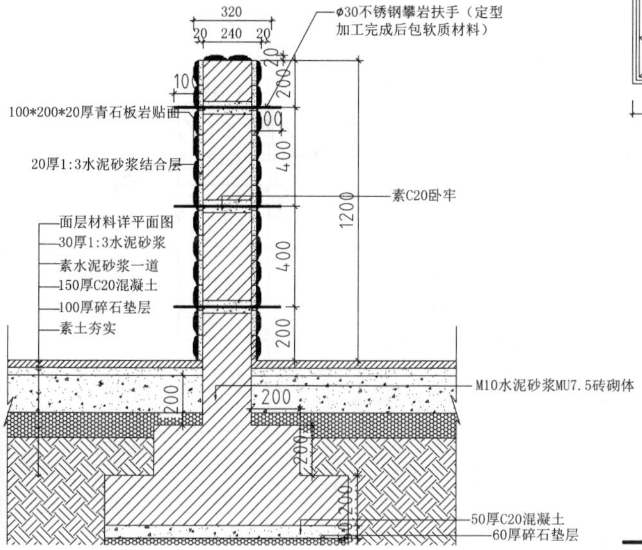

A-A 断面图 1:15

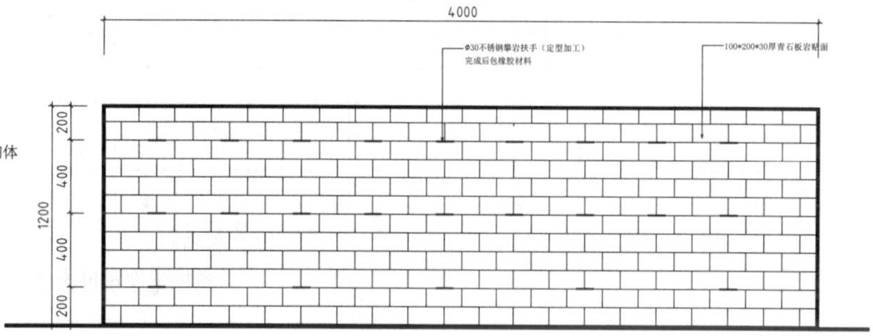

景墙立面图 1:20

挡土景墙059

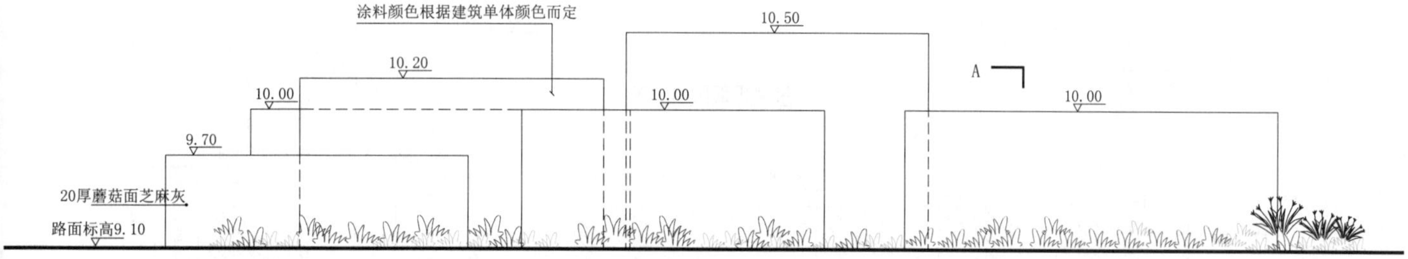

小片墙正立面 1:20

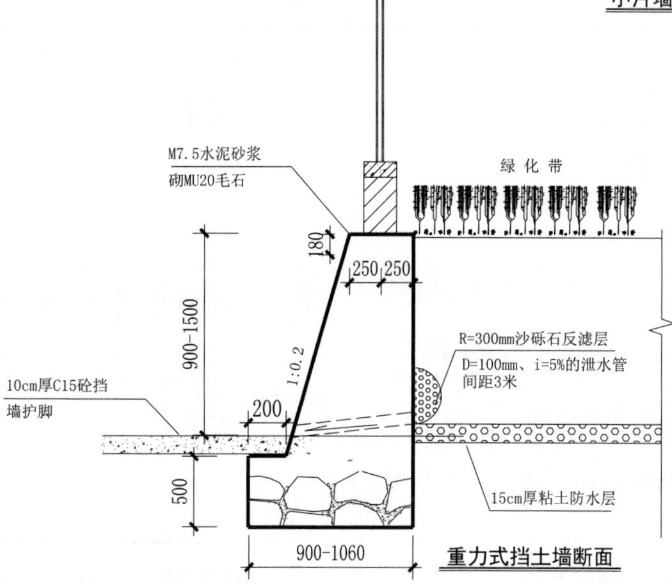

重力式挡土墙断面

挡土景墙061

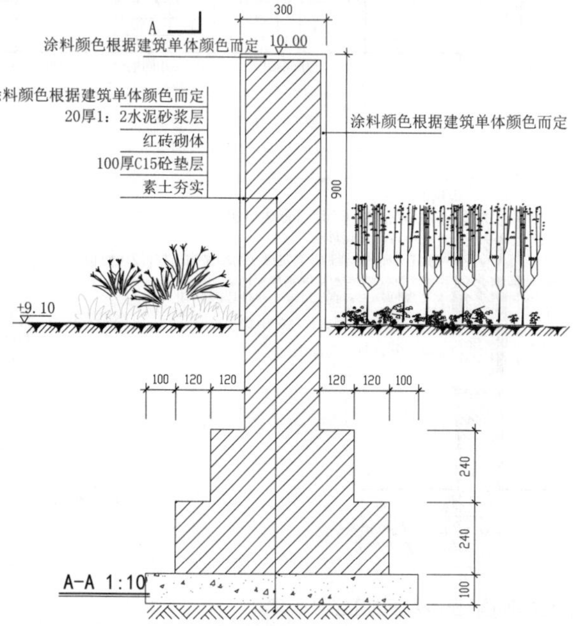

A-A 1:10

挡土景墙060

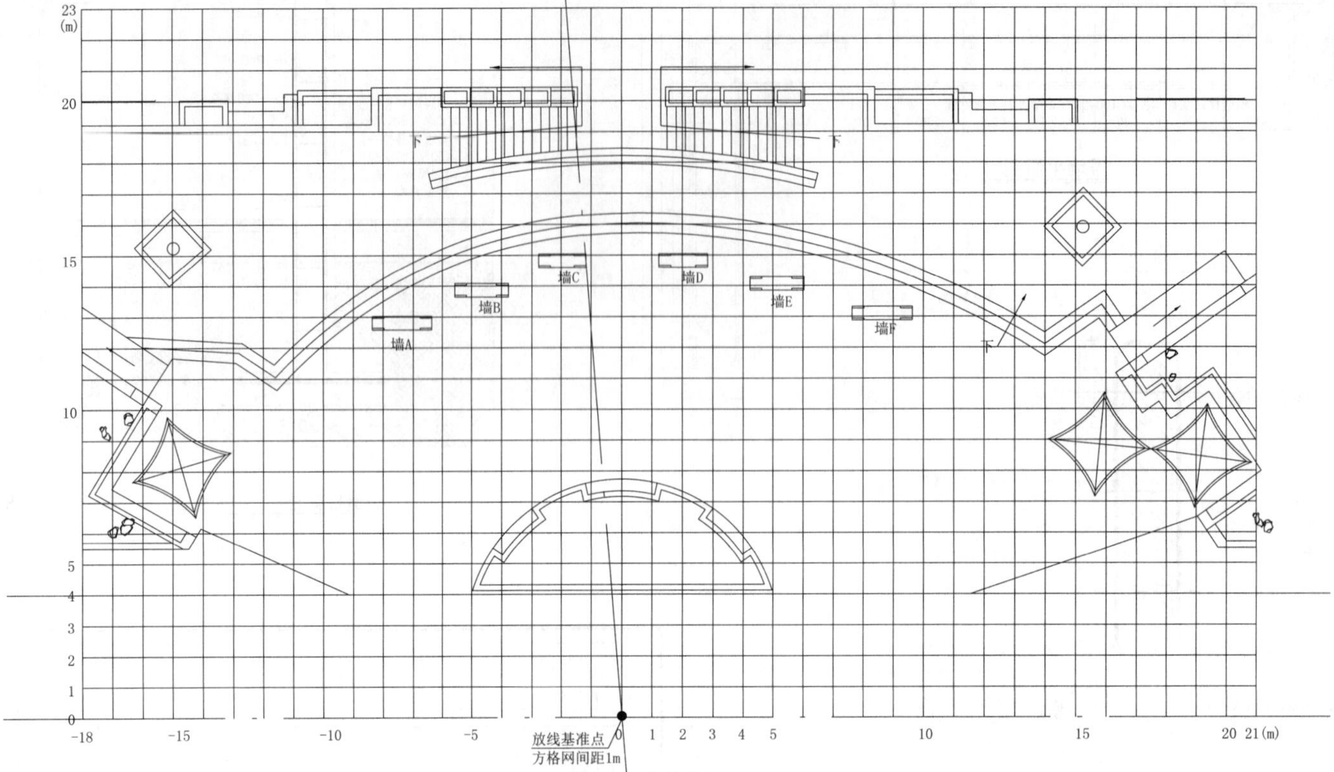
墙A
墙B
墙C
墙D
墙E
墙F
放线基准点
方格网间距1m

景墙平面定位图 1:150

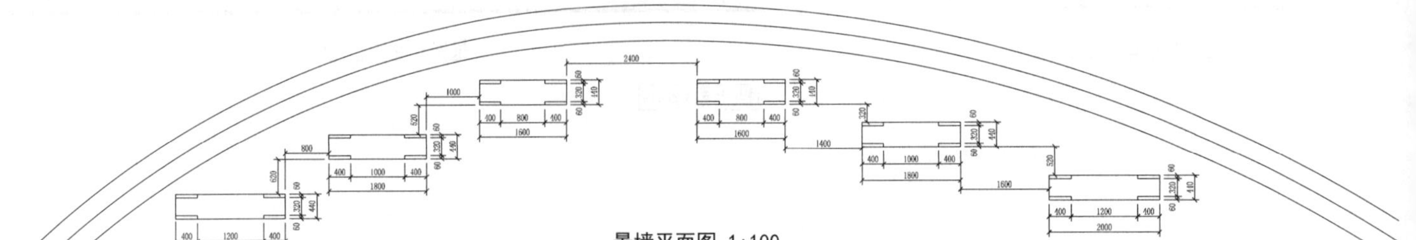

景墙平面图 1:100

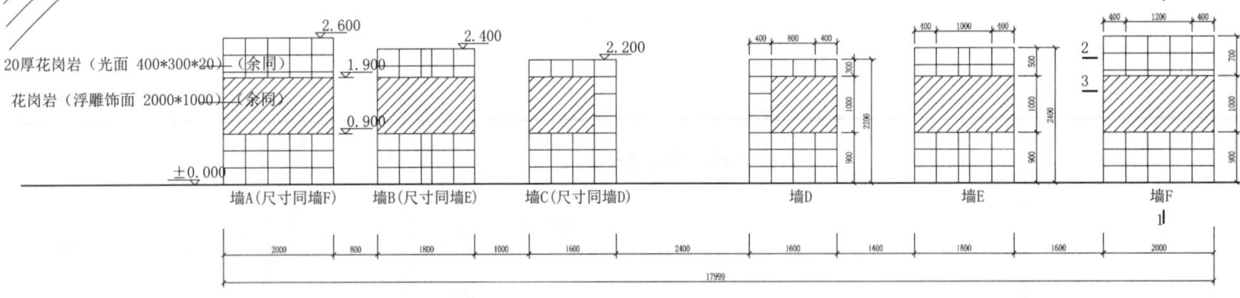

景墙立面图 1:100

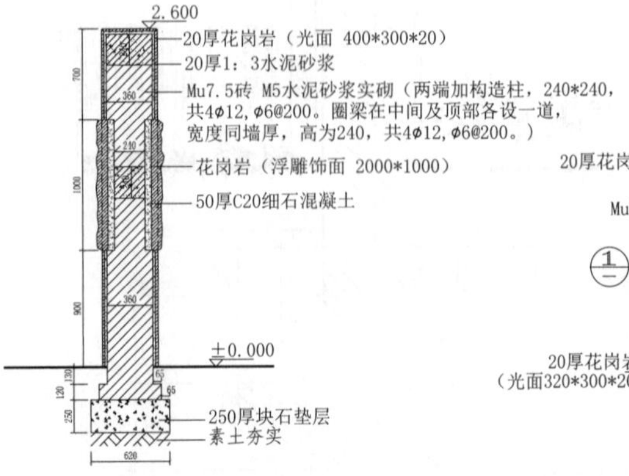
20厚花岗岩（光面 400*300*20）
20厚1：3水泥砂浆
Mu7.5砖 M5水泥砂浆实砌（两端加构造柱，240*240，共4φ12，φ6@200。圈梁在中间及顶部各设一道，宽度同墙厚，高为240，共4φ12，φ6@200。）
花岗岩（浮雕饰面 2000*1000）
50厚C20细石混凝土
250厚块石垫层
素土夯实

1-1 剖面图(做法余同) 1:30

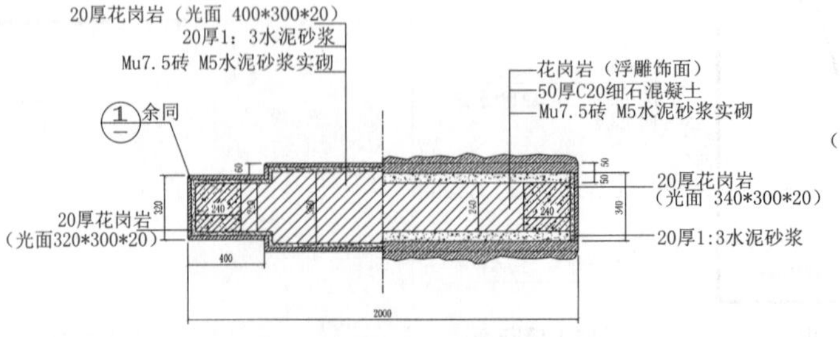
20厚花岗岩（光面 400*300*20）
20厚1：3水泥砂浆
Mu7.5砖 M5水泥砂浆实砌
花岗岩（浮雕饰面）
50厚C20细石混凝土
Mu7.5砖 M5水泥砂浆实砌
余同
20厚花岗岩（光面 340*300*20）
20厚花岗岩（光面320*300*20）
20厚1:3水泥砂浆

2-2、3-3 剖面图(做法余同) 1:20

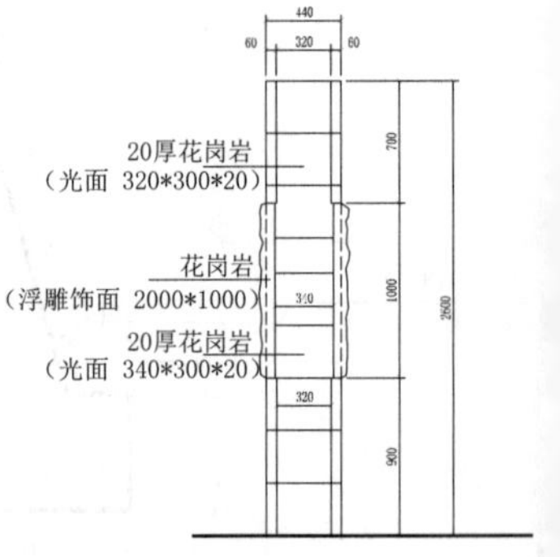
20厚花岗岩（光面 320*300*20）
花岗岩（浮雕饰面 2000*1000）
20厚花岗岩（光面 340*300*20）

墙F立面图(做法余同) 1:30

挡土景墙062

Z1(240X240)

240厚砖墙

Z1(240X240)

青石板(300x1500x100)
白色鹅卵石散铺(粒径R20-50)

240厚砖墙

Z1(240X240)

园道

Z1(240X240)

溪流

Z1(240X240)
240厚砖墙
Z1(240X240)

溪流

住宅出入口

R7995 R8235 R11735 R11495

38° 30°

750 3280 240

3000 2000

25°

300 150 5250

R8235 R7995

景墙平面图 1:100

地面 2000 1500 975

园道 地面 1175 3000 1500

3200 600 600 400 2000 1000 2230

4700 2000 3230

景墙立面图(一) 1:100

悬挂1/4球形花蓝装饰物

1150 3000 1450 400

悬挂1/4球形花蓝装饰物

地面 800 2000 1200

地面

900 890 3050 950

5890

景墙立面图(二) 1:100

240

φ8@200

4φ20

地面

100 150 150 150 150 100

均布钢筋网φ8@200
C10素混凝土垫层

1040

Z-1配筋剖面图 1:10

挡土景墙063

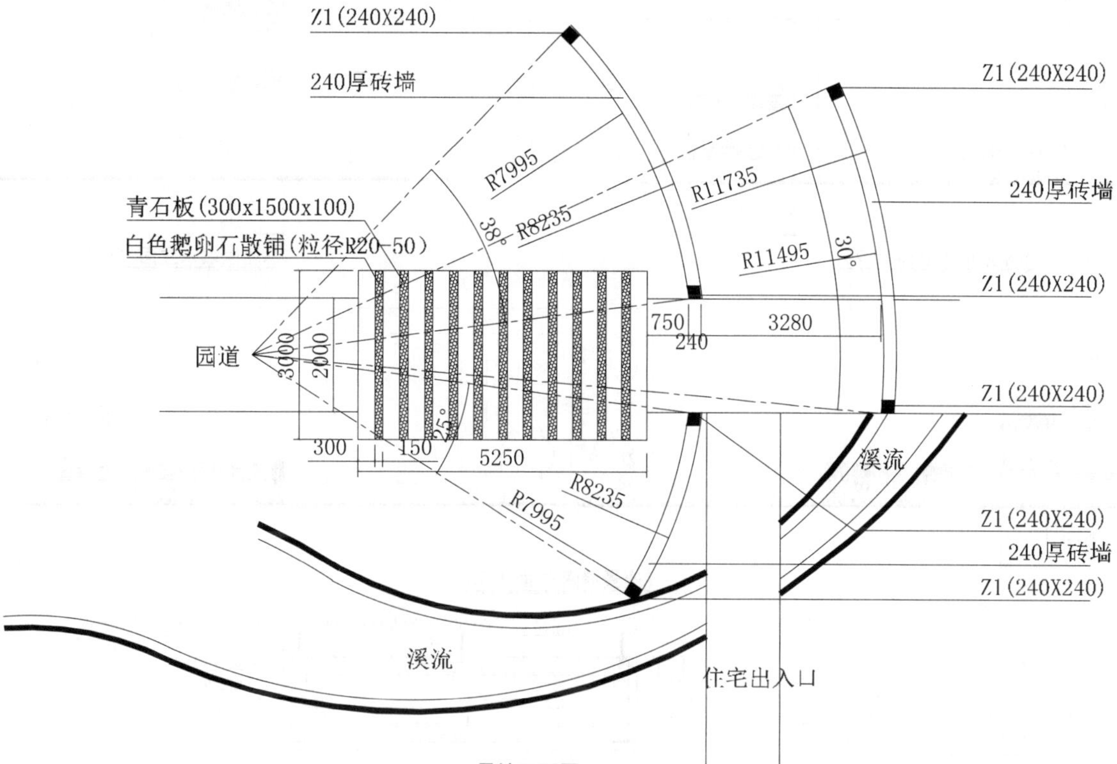

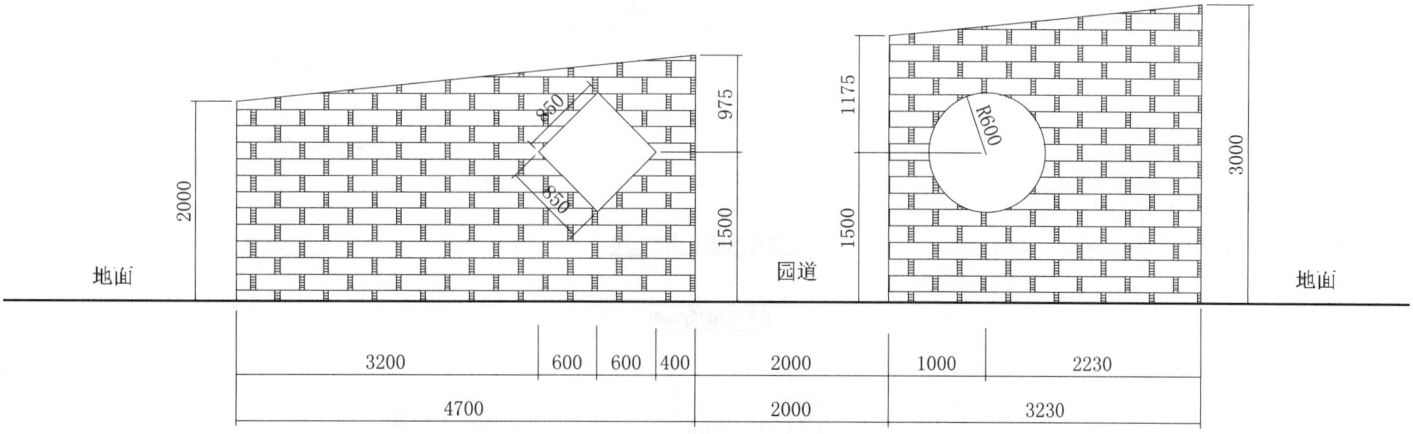

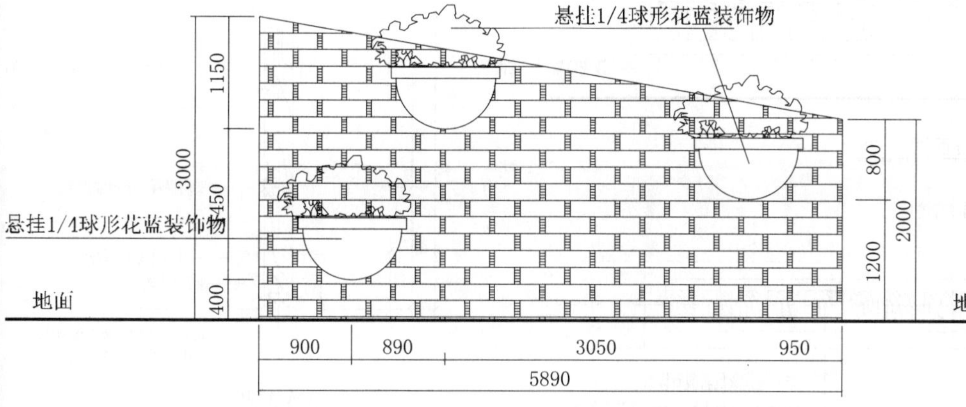

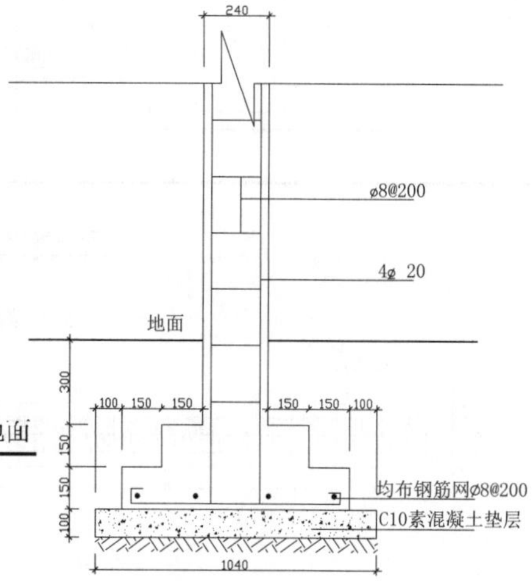

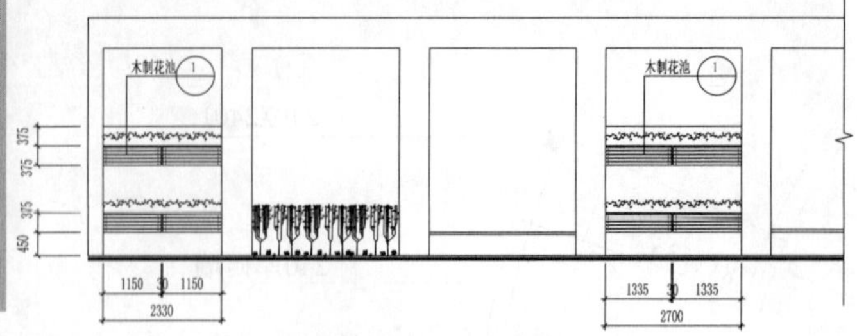

B座景墙南立面 1:75

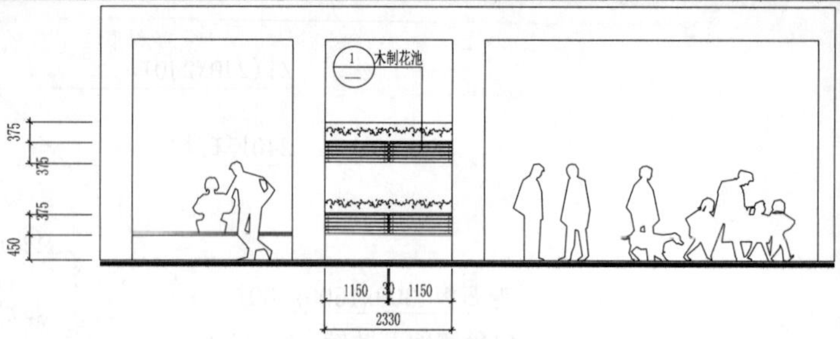

A座景墙东立面 1:75

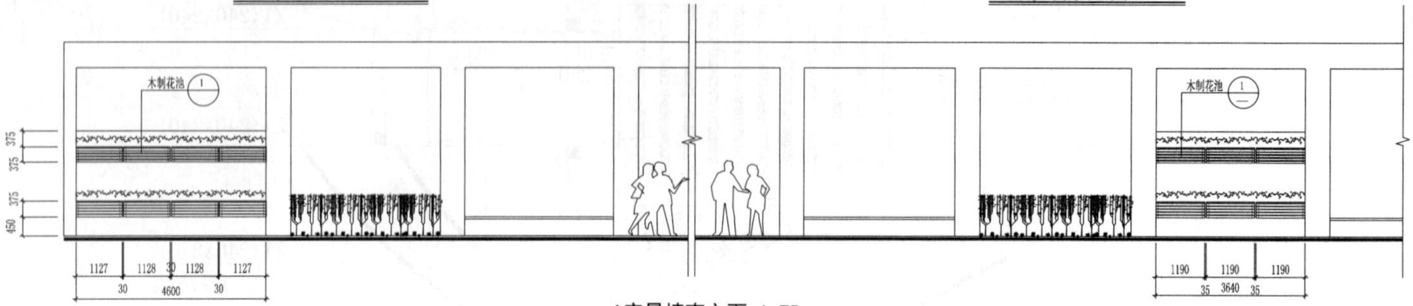

A座景墙南立面 1:75

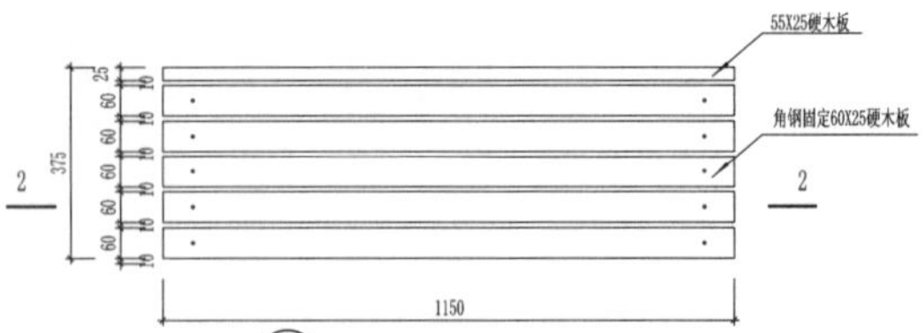

① 木制花池正立面 1:10

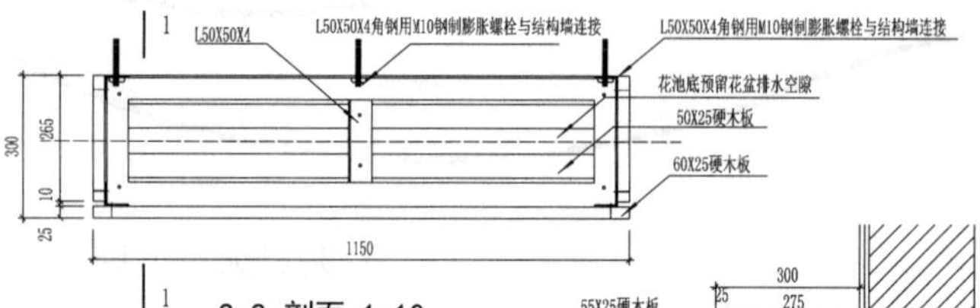

L50X50X4
L50X50X4角钢用M10钢制膨胀螺栓与结构墙连接
L50X50X4角钢用M10钢制膨胀螺栓与结构墙连接
花池底预留花盆排水空隙
50X25硬木板
60X25硬木板
300
Ø65
10
25
1150
1

2-2 剖面 1:10

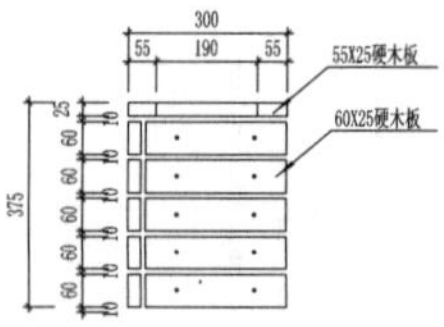

木制花池侧立面 1:10

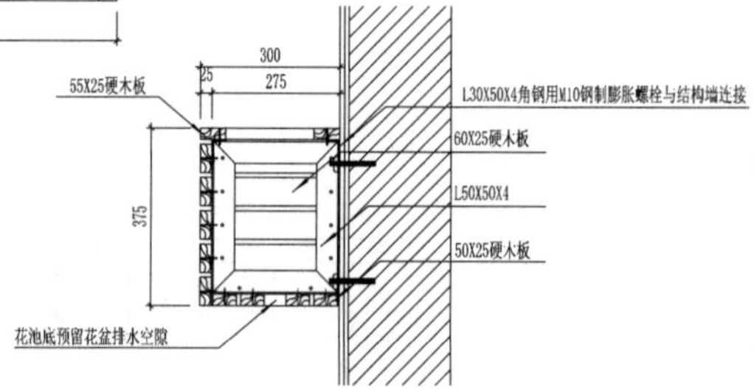

300
25
275
55X25硬木板
L30X50X4角钢用M10钢制膨胀螺栓与结构墙连接
60X25硬木板
L50X50X4
50X25硬木板
375
花池底预留花盆排水空隙

1-1 剖面 1:10

木制花池数量统计:

名称	规格	单位	数量	所在部位
木制花池	L=1150	个	8	B座景墙南立面A座景墙东立面
木制花池	L=1335	个	4	B座景墙南立面
木制花池	L=1127	个	8	A座景墙南立面
木制花池	L=1190	个	6	A座景墙南立面

注:花箱内放置花盆,花盆高320,浇花时为避免污染墙面需将花盆从花箱内取下后再浇水。

挡土景墙064

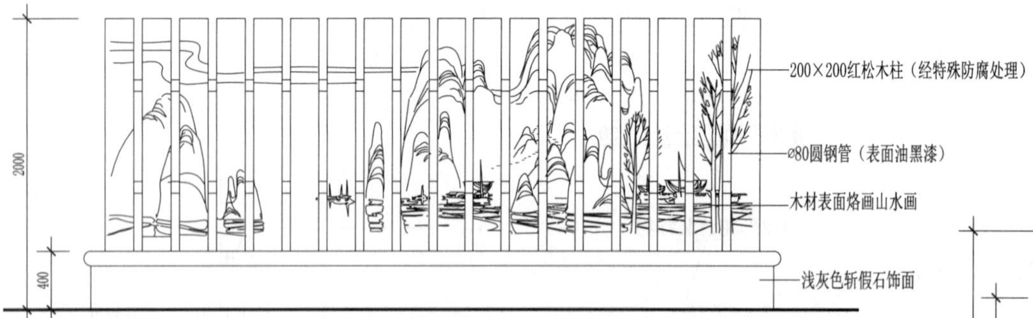

200×200红松木柱（经特殊防腐处理）
Ø80圆钢管（表面油黑漆）
木材表面烙画山水画
浅灰色斩假石饰面
2000
400

列柱景墙立面图 1:25

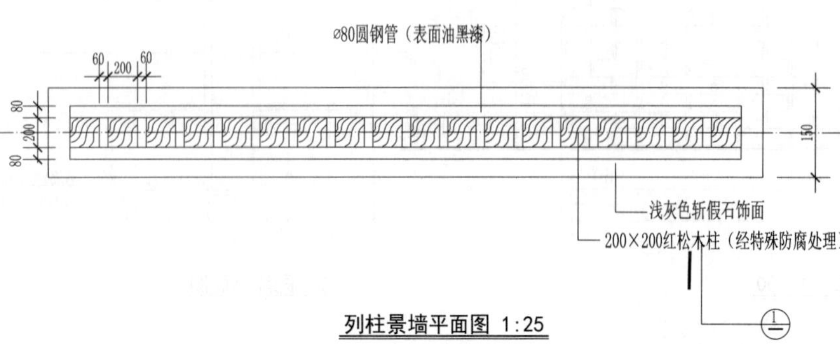

列柱景墙平面图 1:25

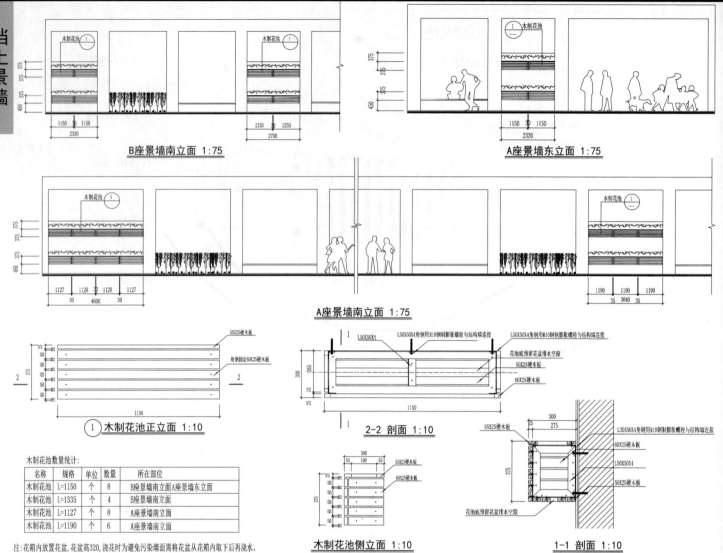

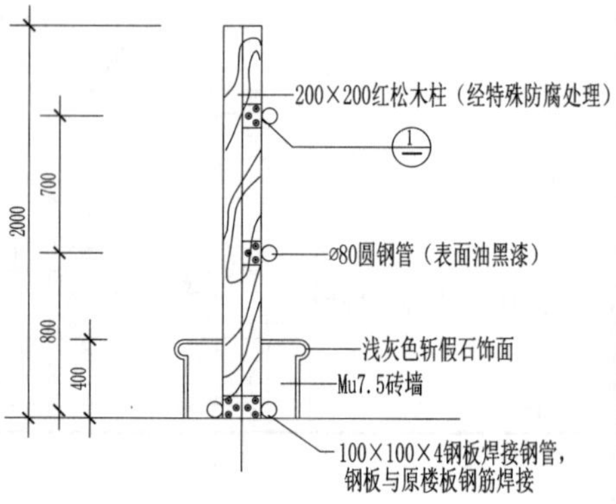

200×200红松木柱（经特殊防腐处理）
Ø80圆钢管（表面油黑漆）
浅灰色斩假石饰面
Mu7.5砖墙
100×100×4钢板焊接钢管,
钢板与原楼板钢筋焊接
2000
700
800
400

A-A 1:25

挡土景墙065

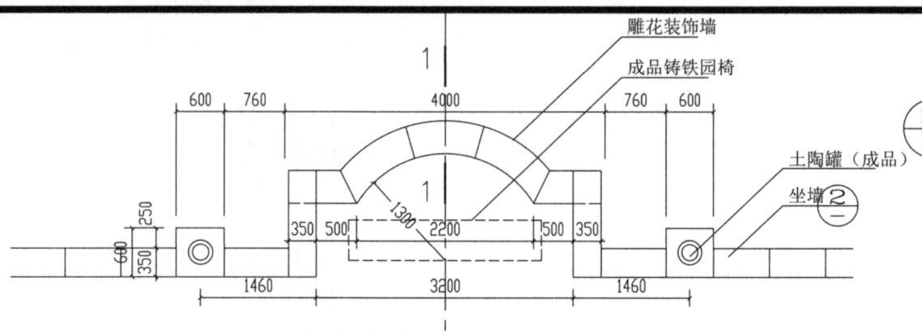

弧形小景墙平面图 1:50

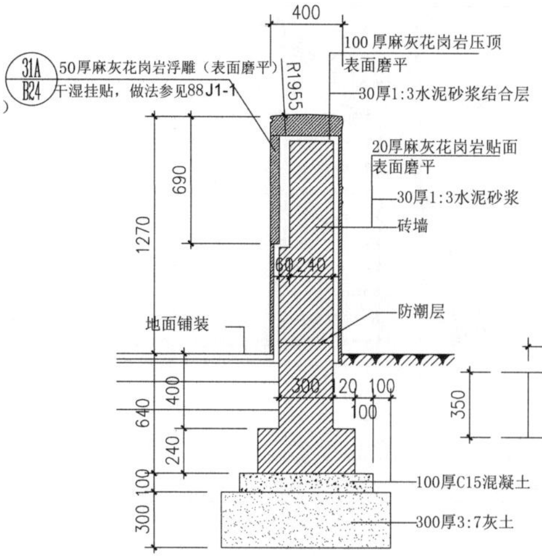

1-1 剖面 1:20

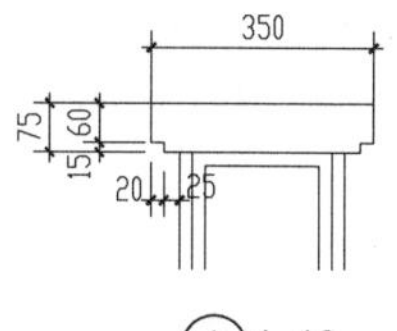

Ⓐ 1:10

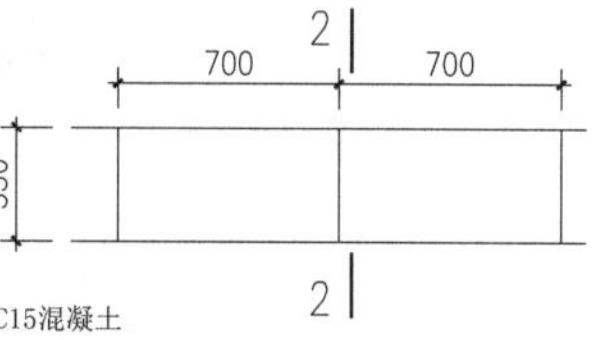

② 坐墙平面图 1:20

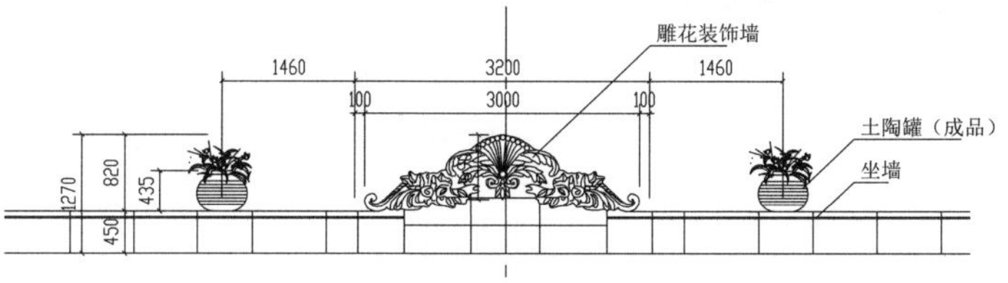

弧形小景墙正立面 1:50

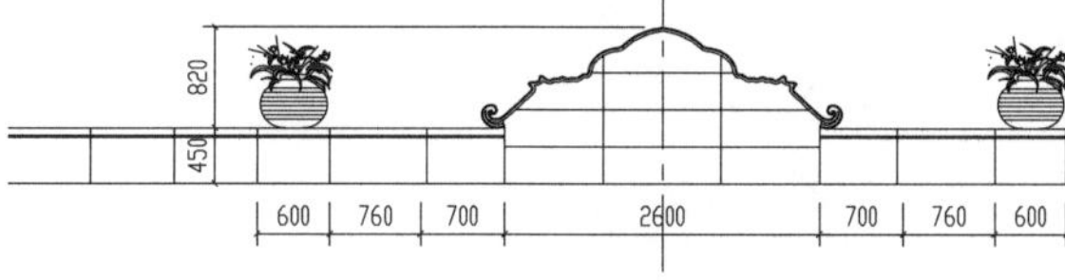

弧形小景墙背立面 1:50

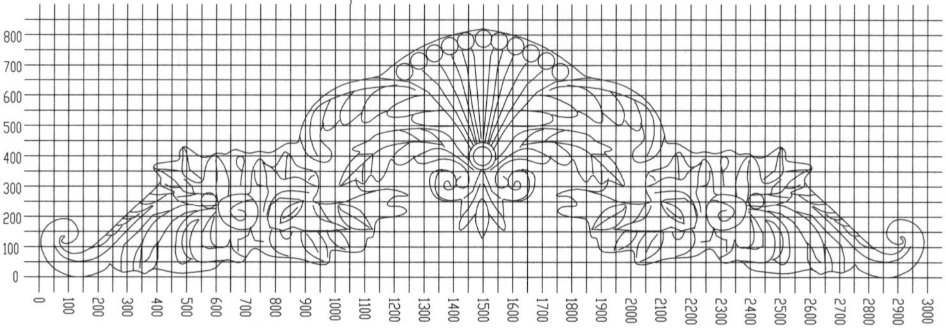

雕花平面大样 1:10

说明：放线网格单位为 ：mm

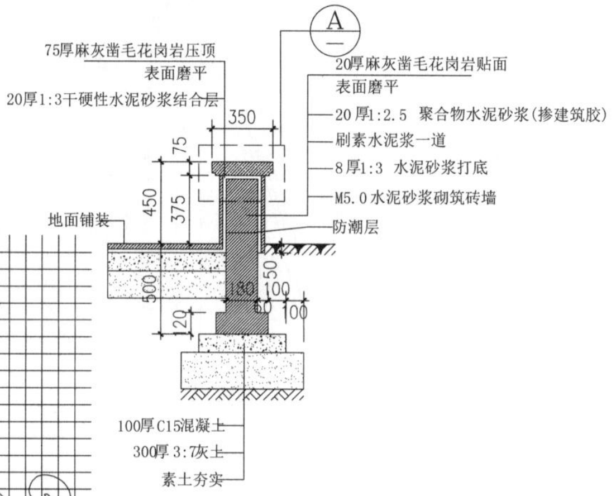

2-2 剖面 1:20

挡土景墙066

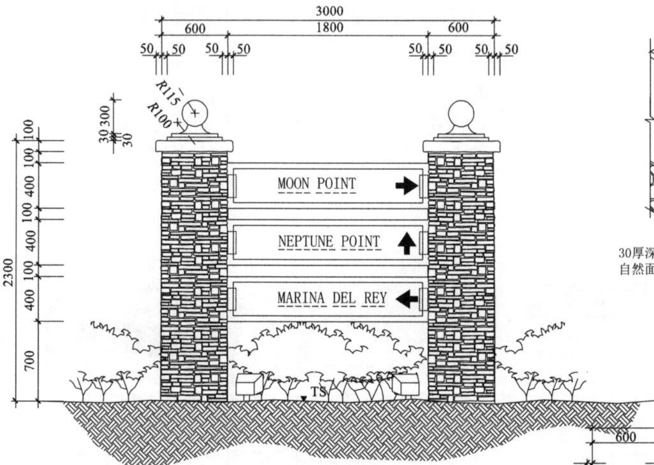

Ⓑ 立面图

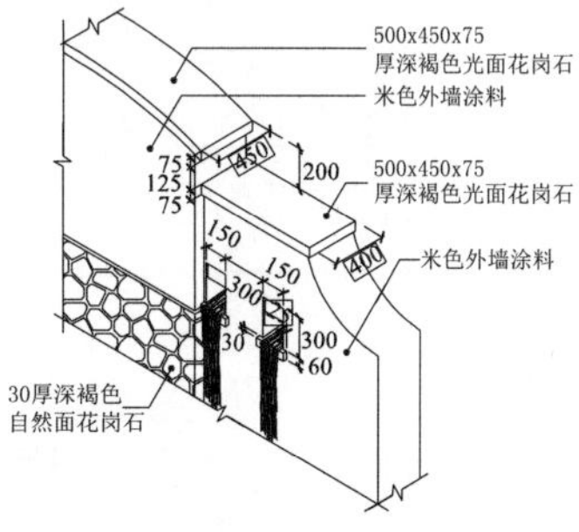

标志墙跌水透视图

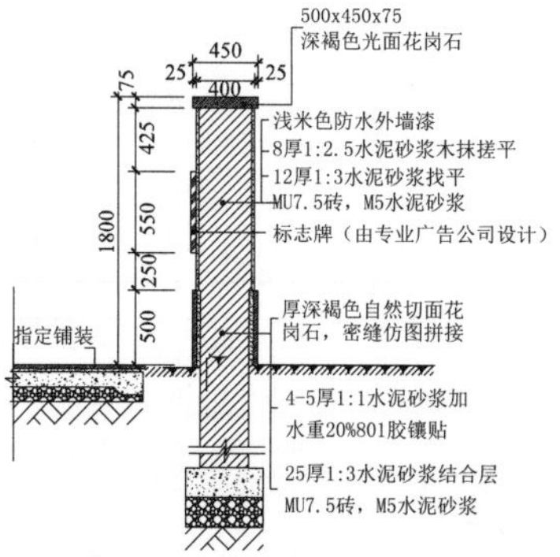

标志墙剖面图二

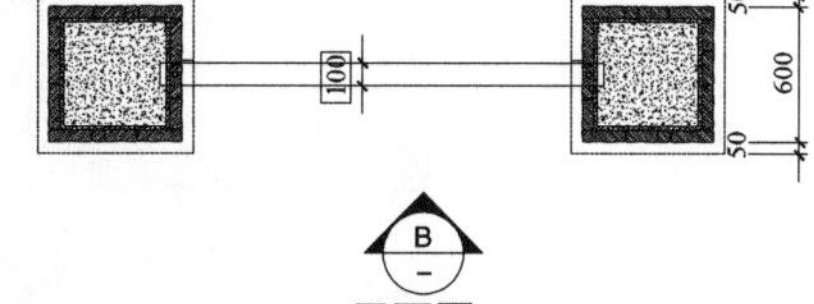

平面图

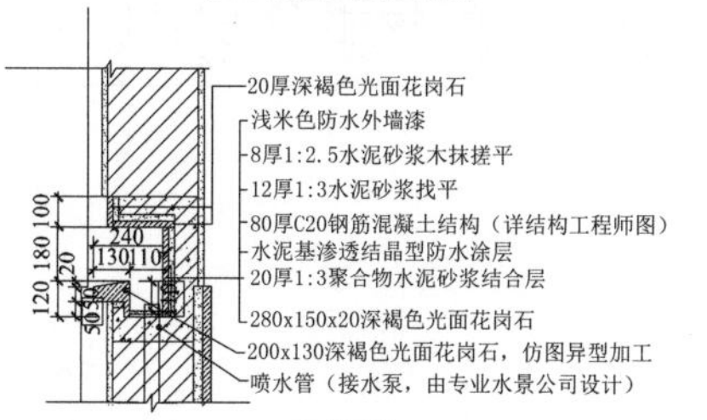

大样图

挡土景墙067

挡土景墙

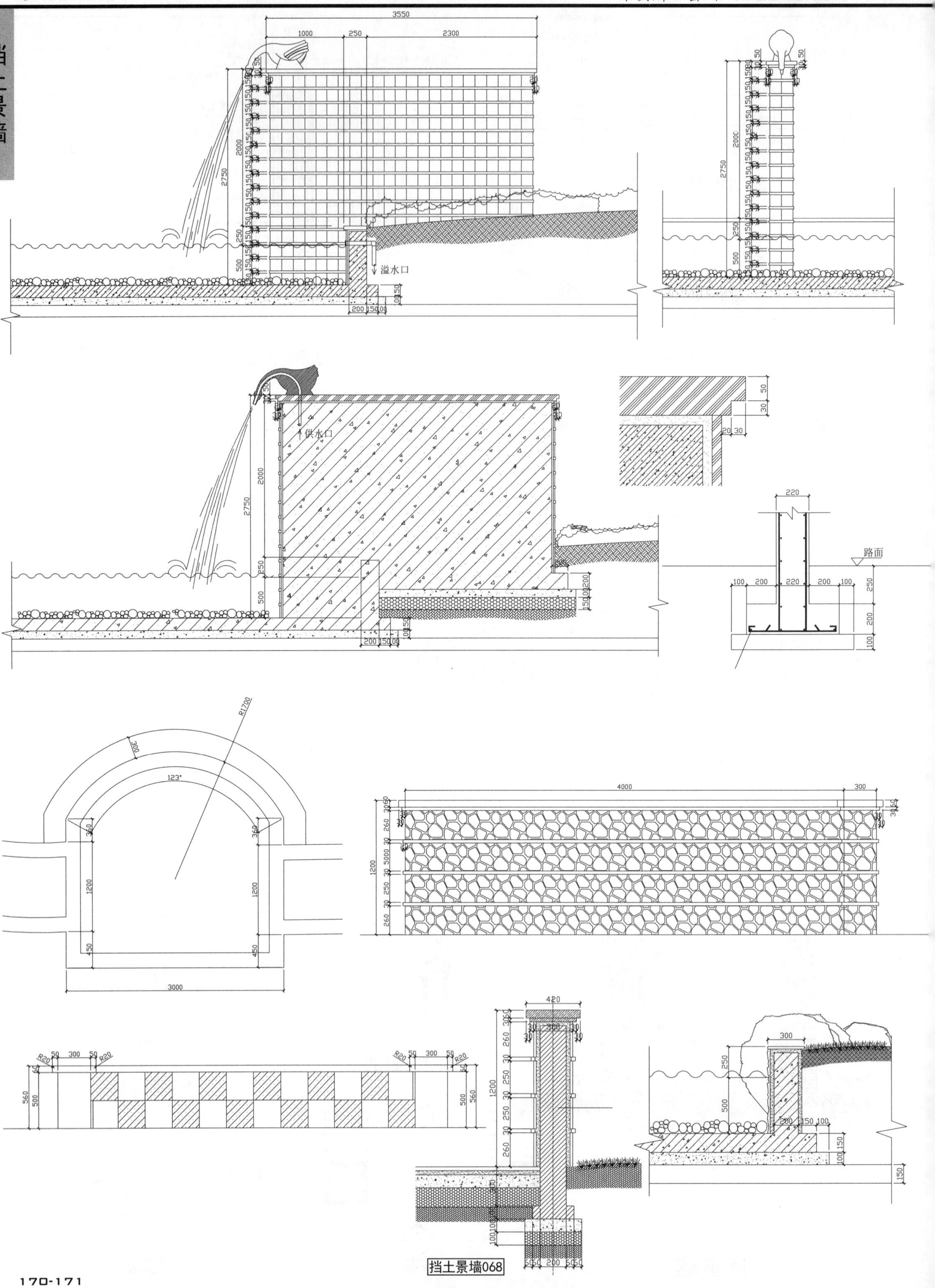

挡土景墙068

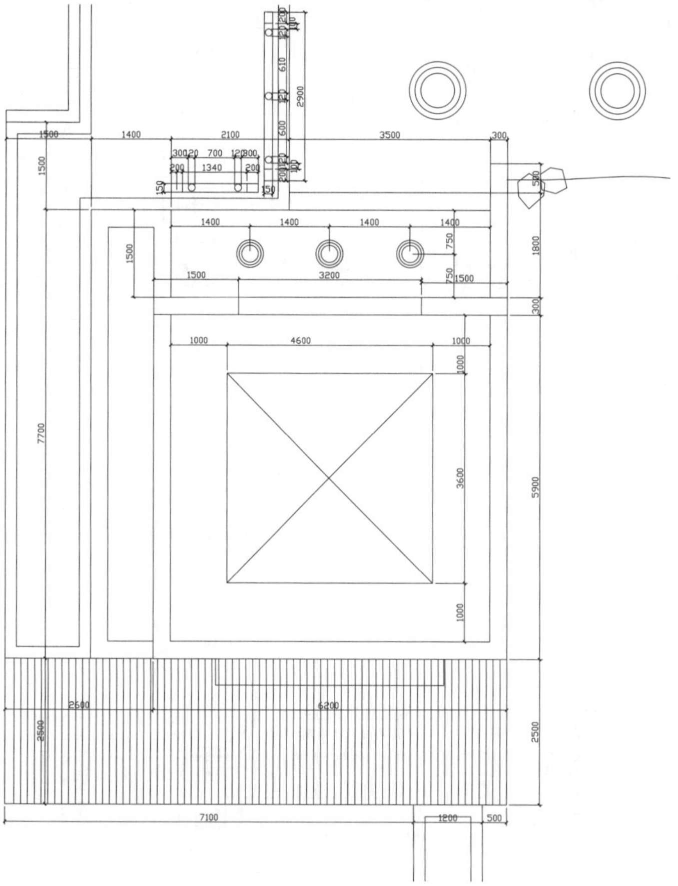
1500
1400
2100
3500
300
1400
1400
1400
1400
1500
3200
1500
1000
4600
1000
7700
5900
3600
2500
6200
2500
2500
7100
1200
500
2900

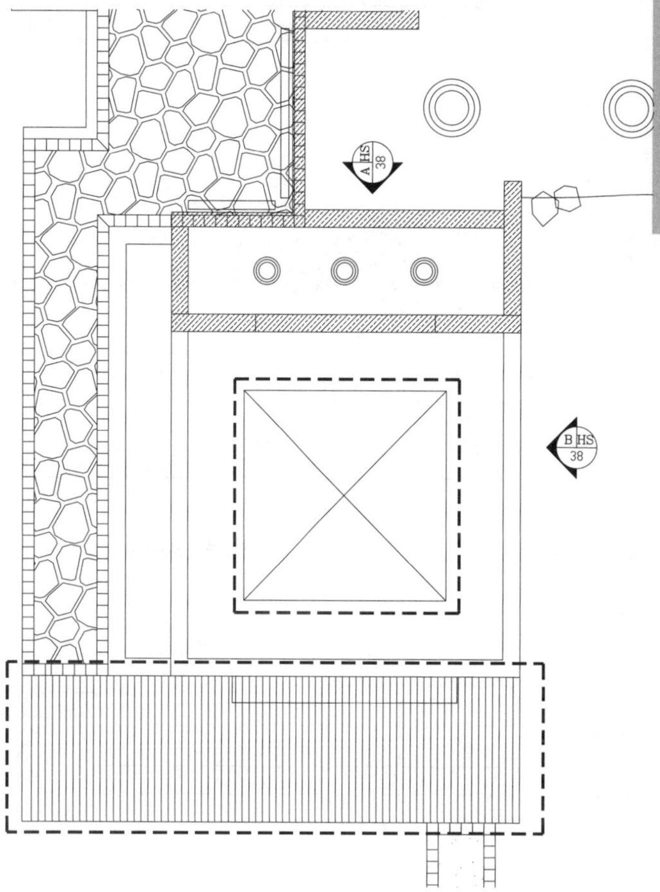
A HS 38
B HS 38

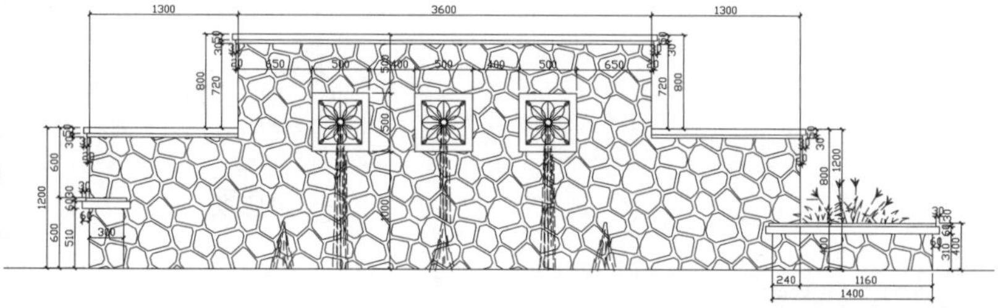
1300
3600
1300
650
500
400
500
400
500
650
800
720
1200
240
1160
1400

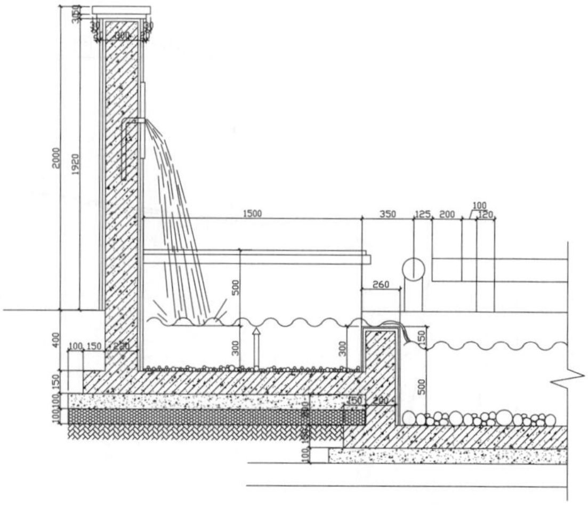
2000
1920
1500
350
125
200
100
120
500
260
400
300
300
500

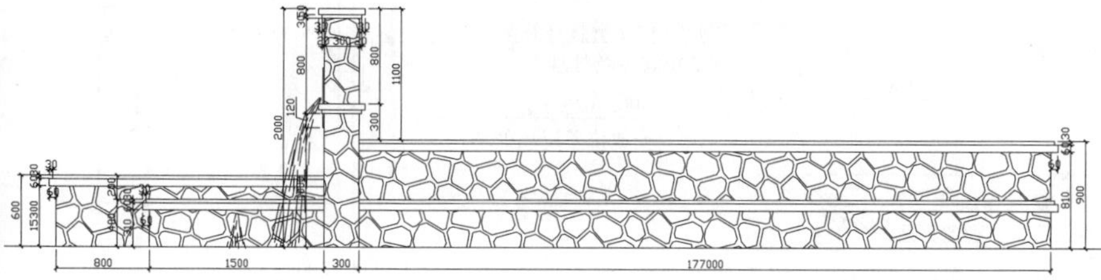
800
1500
300
177000
1100
800
2000
900

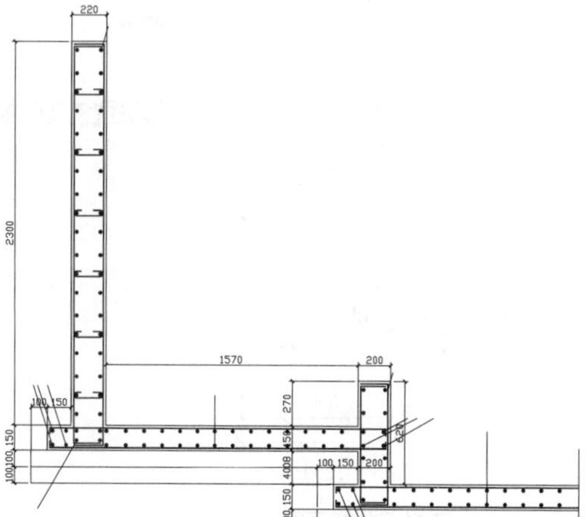
220
2300
1570
200
270

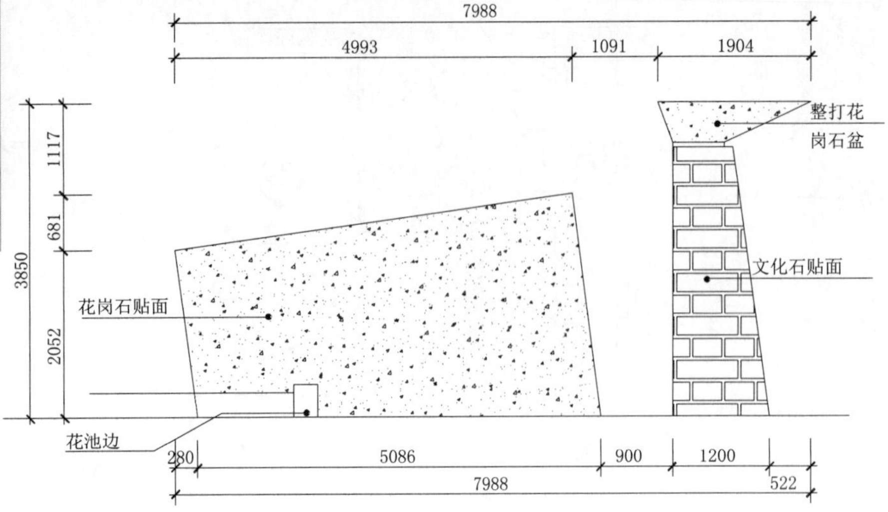
整打花岗石盆
文化石贴面
花岗石贴面
花池边

记事碑正立面图

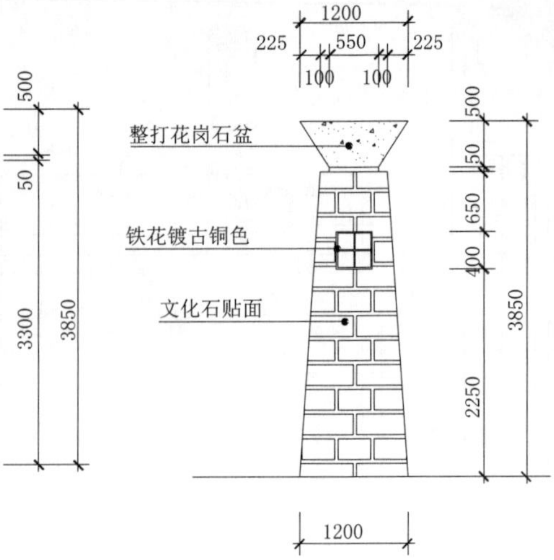
整打花岗石盆
铁花镀古铜色
文化石贴面

记事碑侧立面图

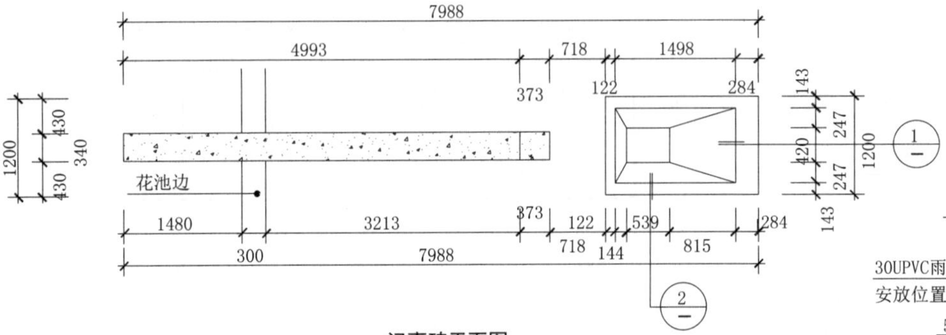

记事碑平面图

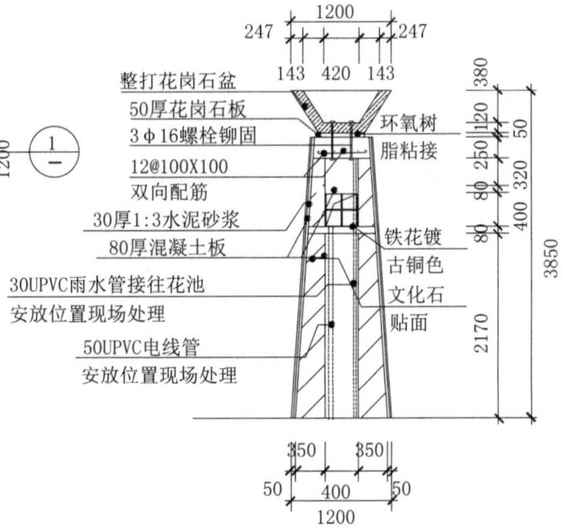
整打花岗石盆
50厚花岗石板
3φ16螺栓铆固
12@100X100
双向配筋
30厚1:3水泥砂浆
80厚混凝土板
30UPVC雨水管接往花池
安放位置现场处理
50UPVC电线管
安放位置现场处理
环氧树
脂粘接
铁花镀
古铜色
文化石
贴面

② 剖面图

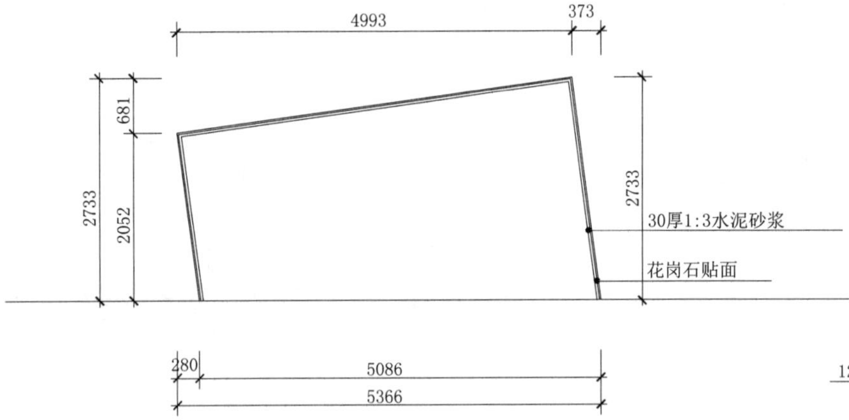
30厚1:3水泥砂浆
花岗石贴面

记事碑体立面大样图

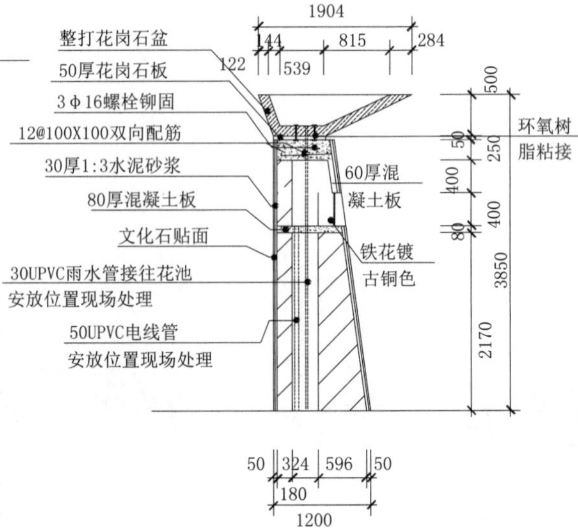
整打花岗石盆
50厚花岗石板
3φ16螺栓铆固
12@100X100双向配筋
30厚1:3水泥砂浆
80厚混凝土板
文化石贴面
30UPVC雨水管接往花池
安放位置现场处理
50UPVC电线管
安放位置现场处理
环氧树
脂粘接
60厚混
凝土板
铁花镀
古铜色

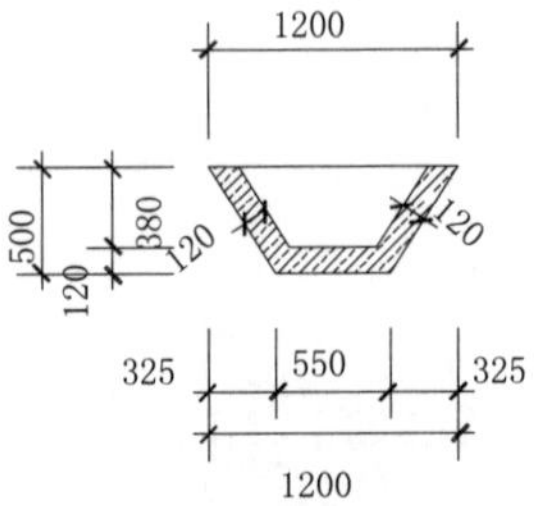

花岗石盆断面图一

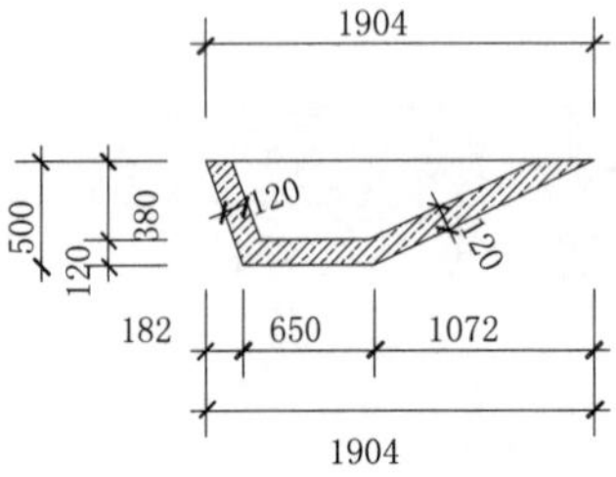

花岗石盆断面图二

① 剖面图

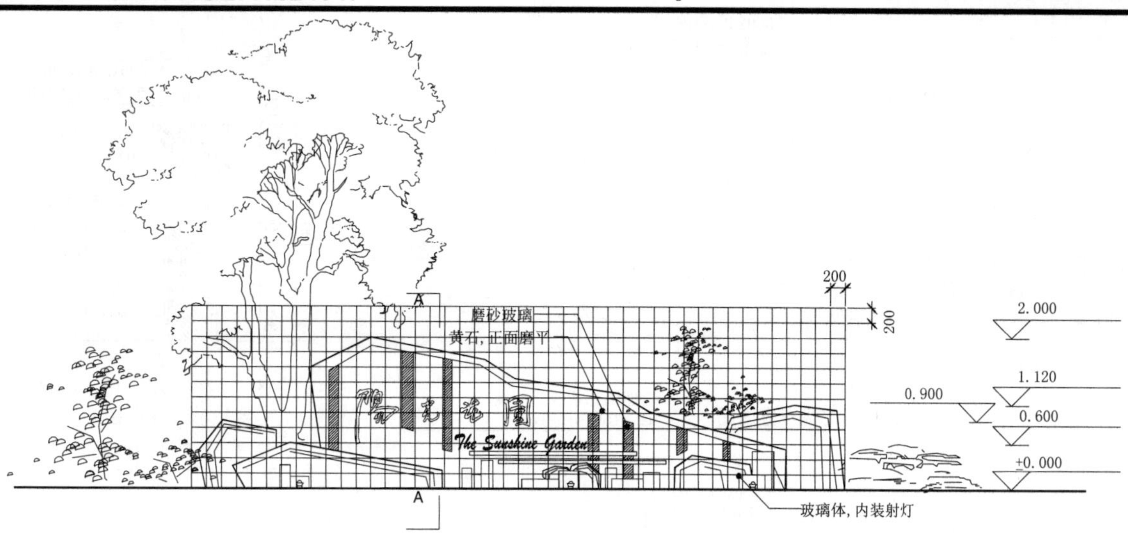
200
200
A
磨砂玻璃
黄石，正面磨平
The Sunshine Garden
2.000
1.120
0.900
0.600
±0.000
A
玻璃体，内装射灯

立面图

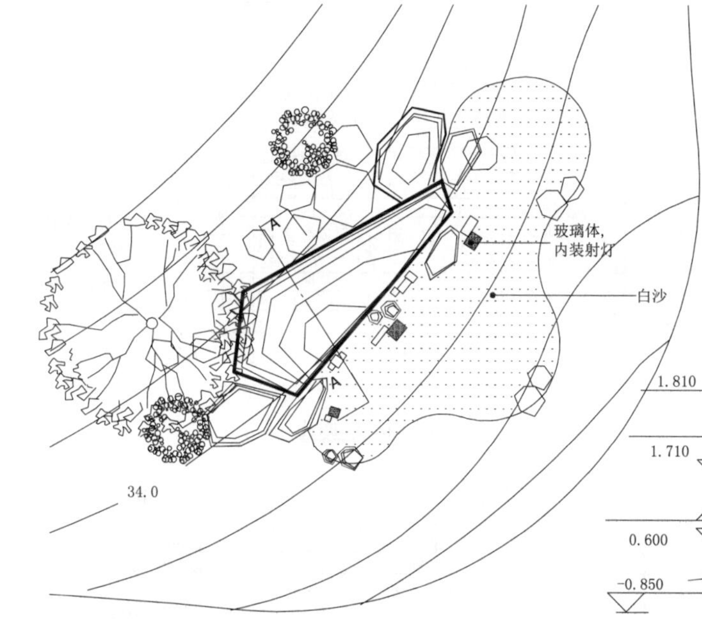

平面图

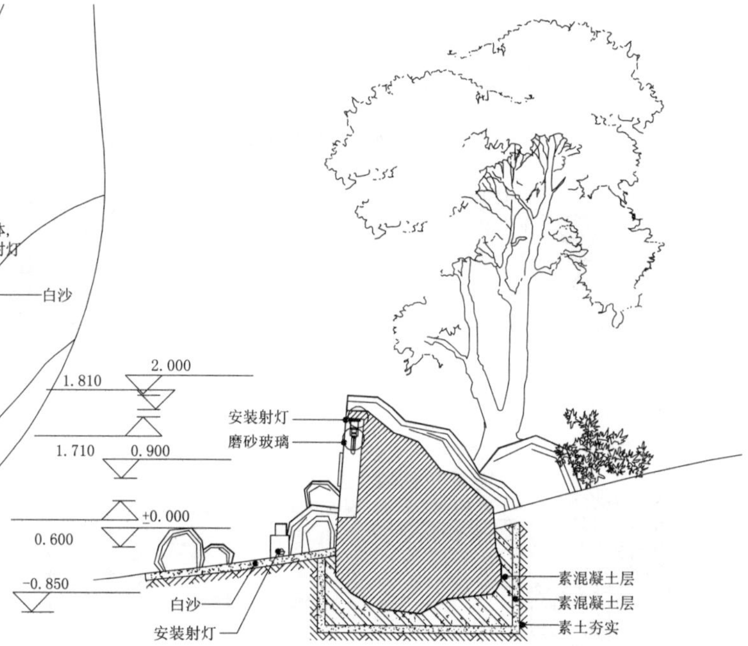
1.810
2.000
1.710
0.900
±0.000
0.600
-0.850
安装射灯
磨砂玻璃
白沙
安装射灯
素混凝土层
素混凝土层
素土夯实

A-A 剖面图

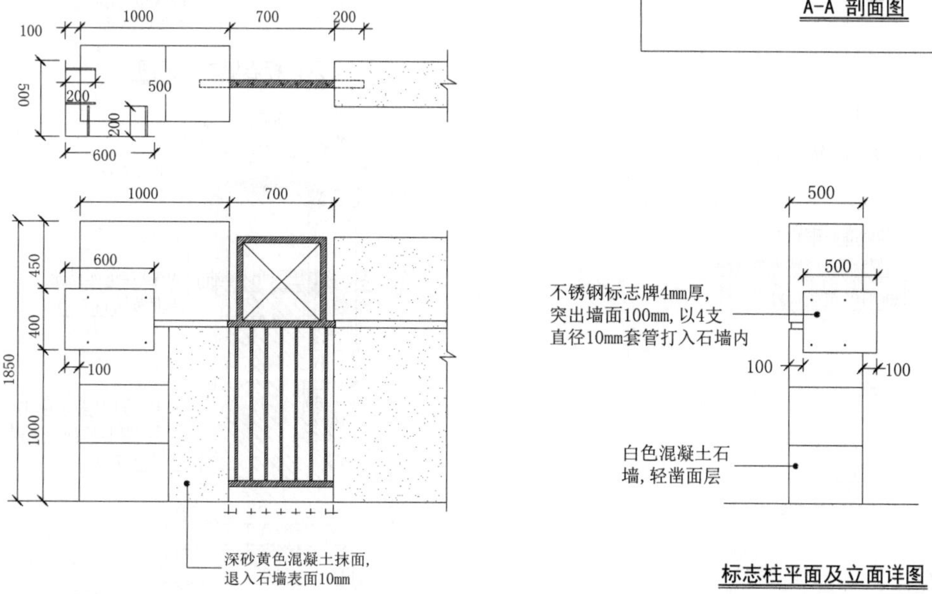
100
1000
700
200
500
200
500
200
600
1000
700
600
450
400
1850
1000
100
深砂黄色混凝土抹面，
退入石墙表面10mm
500
500
不锈钢标志牌4mm厚，
突出墙面100mm，以4支
直径10mm套管打入石墙内
100
100
白色混凝土石
墙，轻凿面层

标志柱平面及立面详图

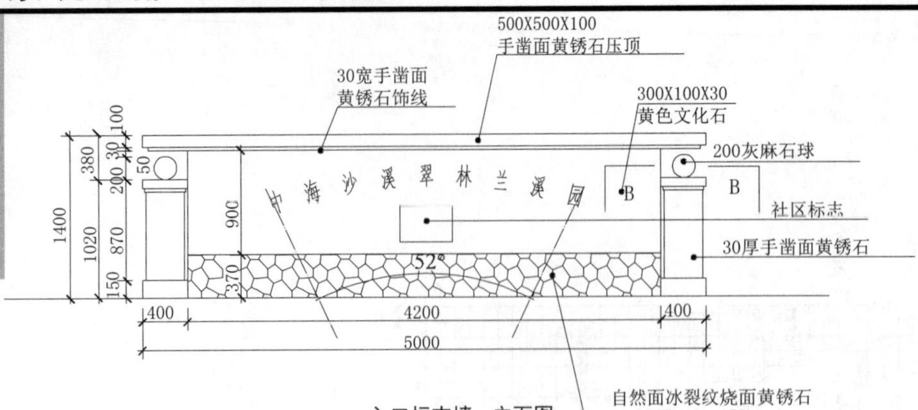
500X500X100
手凿面黄锈石压顶
30宽手凿面
黄锈石饰线
300X100X30
黄色文化石
200灰麻石球
社区标志
30厚手凿面黄锈石
中海沙溪翠林兰溪园
52°
自然面冰裂纹烧面黄锈石
max=150 min=150
400
4200
400
5000

入口标志墙一立面图

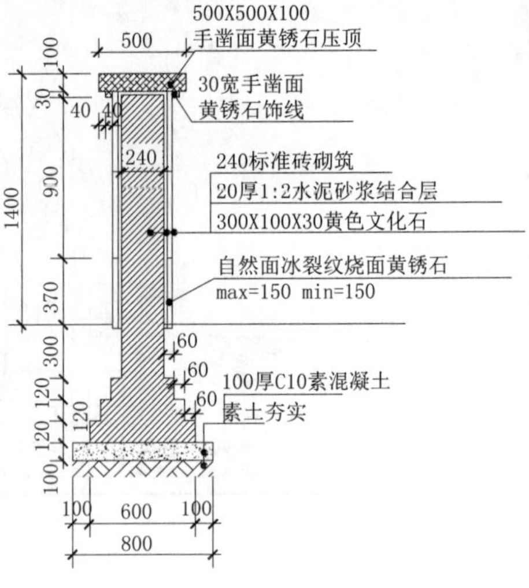
500X500X100
手凿面黄锈石压顶
30宽手凿面
黄锈石饰线
240标准砖砌筑
20厚1:2水泥砂浆结合层
300X100X30黄色文化石
自然面冰裂纹烧面黄锈石
max=150 min=150
100厚C10素混凝土
素土夯实
800

入口标志墙一A-A剖面

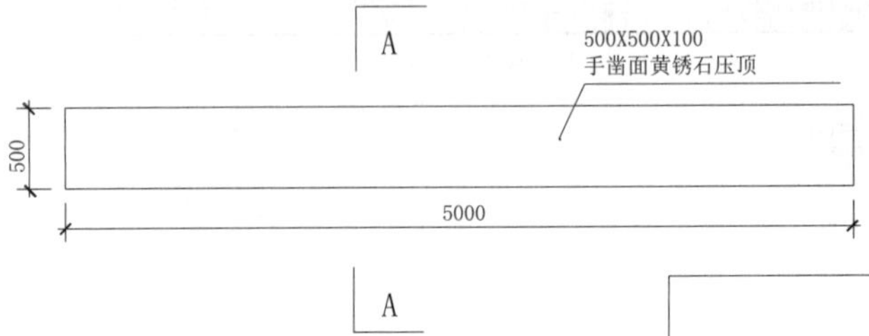

入口标志墙一平面图

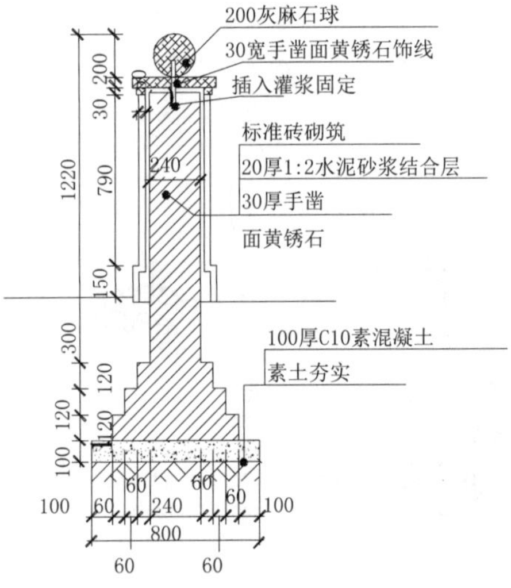
200灰麻石球
30宽手凿面黄锈石饰线
插入灌浆固定
标准砖砌筑
20厚1:2水泥砂浆结合层
30厚手凿
面黄锈石
100厚C10素混凝土
素土夯实
800

入口标志墙一B-B剖面

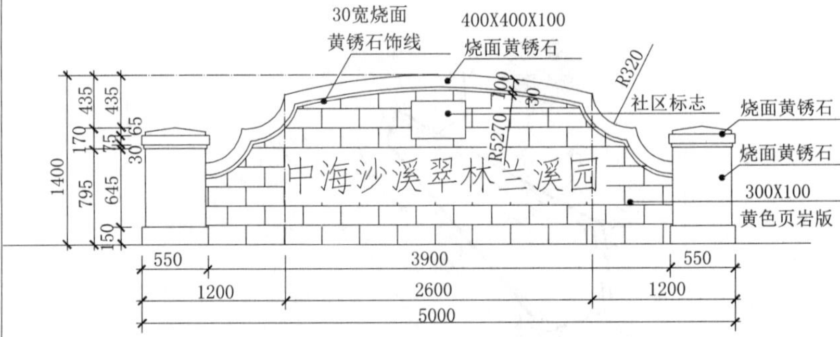
30宽烧面
黄锈石饰线
400X400X100
烧面黄锈石
R320
R5270
社区标志
烧面黄锈石
烧面黄锈石
300X100
黄色页岩版
中海沙溪翠林兰溪园
550
3900
550
1200
2600
1200
5000

入口标志墙二立面图

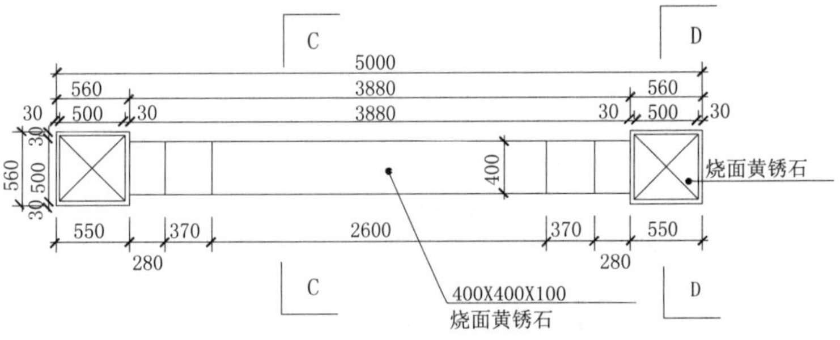

入口标志墙二平面图

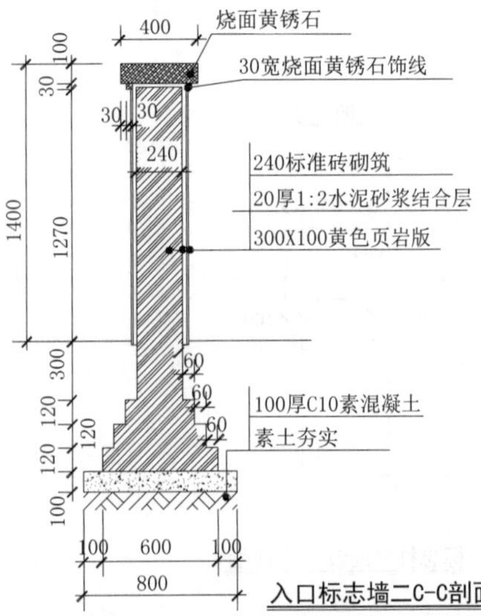
烧面黄锈石
30宽烧面黄锈石饰线
240标准砖砌筑
20厚1:2水泥砂浆结合层
300X100黄色页岩版
100厚C10素混凝土
素土夯实
800

入口标志墙二C-C剖面

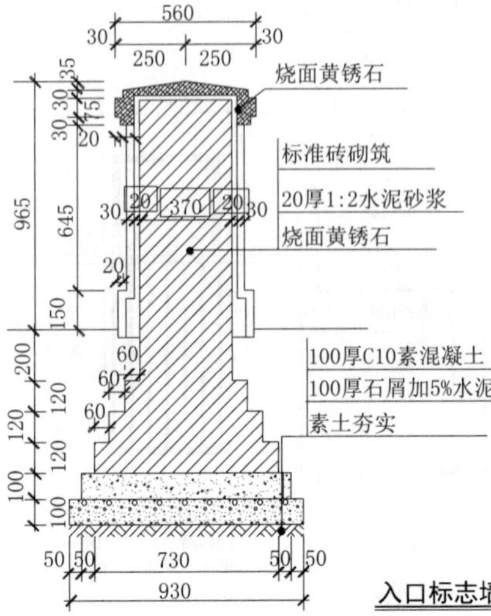
560
烧面黄锈石
标准砖砌筑
20厚1:2水泥砂浆
烧面黄锈石
100厚C10素混凝土
100厚石屑加5%水泥
素土夯实
930

入口标志墙二D-D剖面

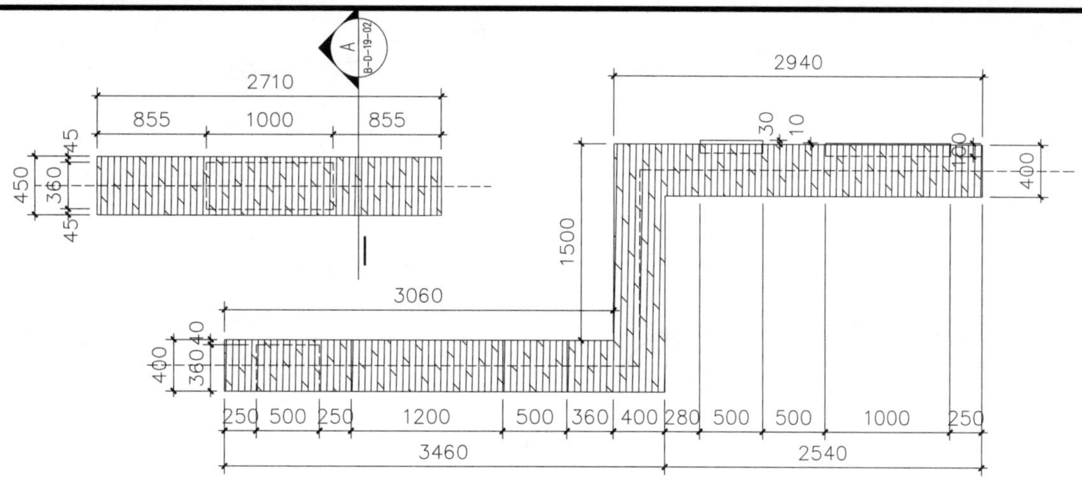

林荫景墙平面图 1:30

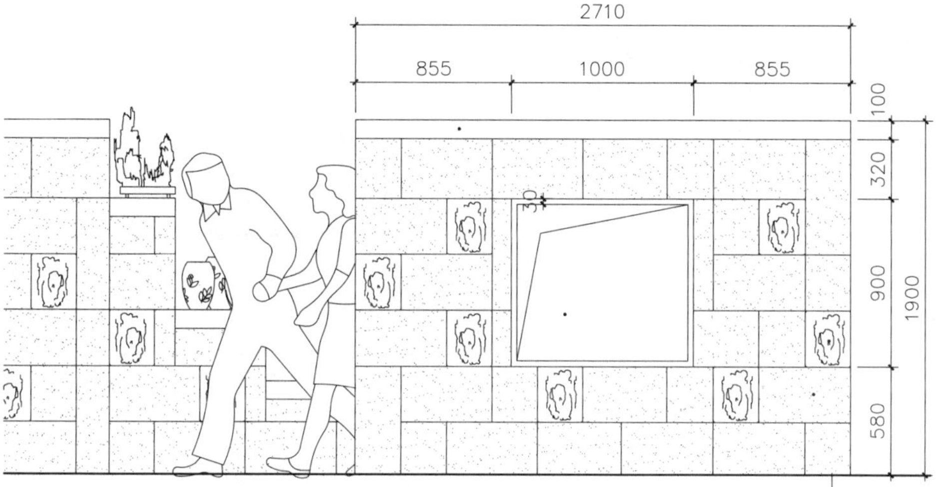

林荫景墙1正/背立面图 1:20

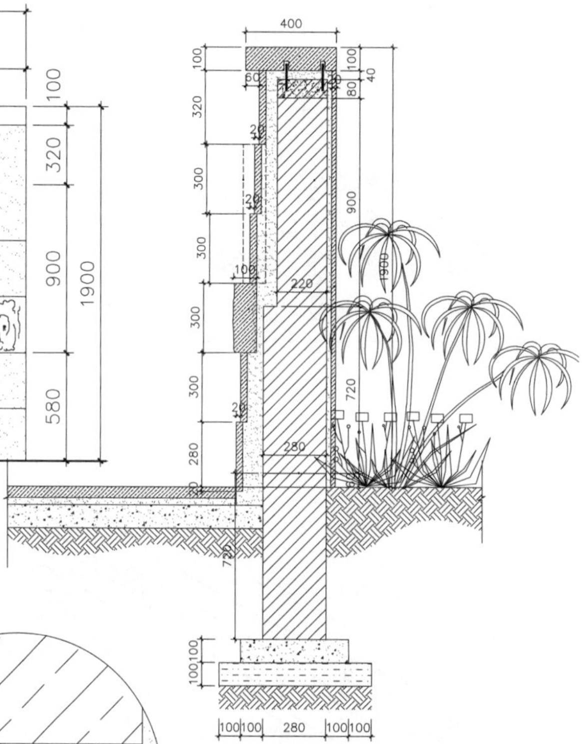

林荫景墙剖面图A 1:10

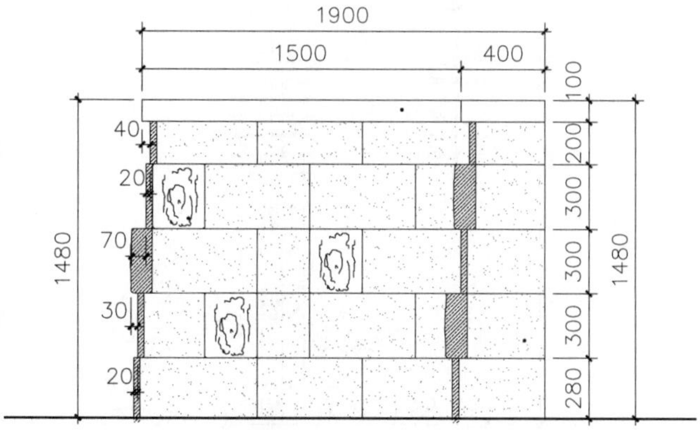

林荫景墙1正/背立面图 1:20

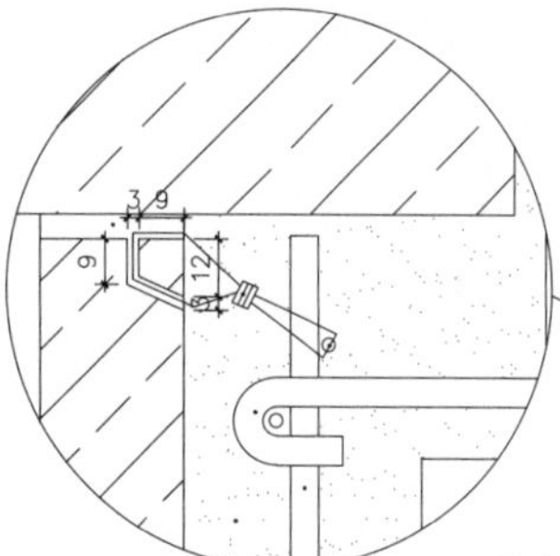

节点详图 1:1

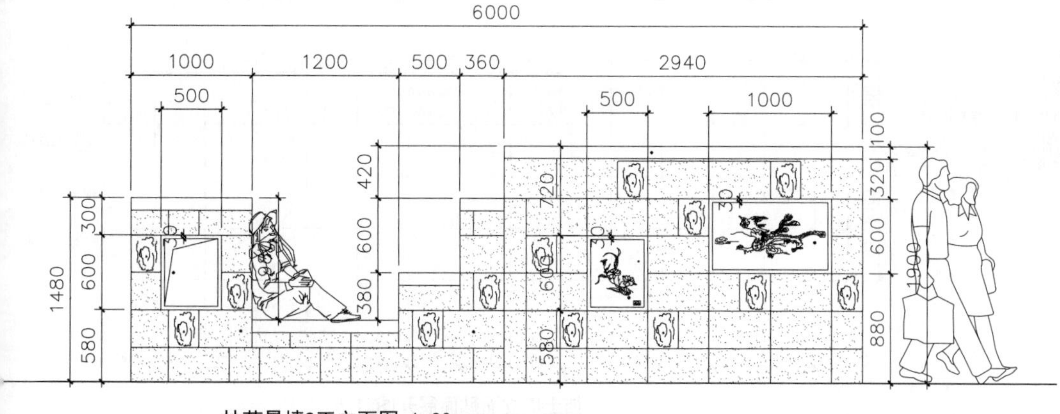

林荫景墙2正立面图 1:30

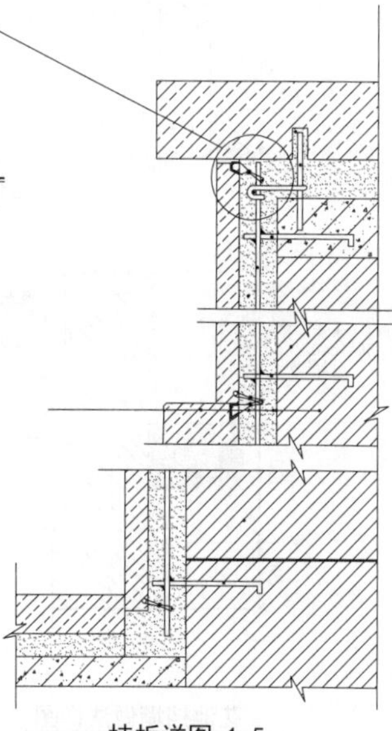

挂板详图 1:5

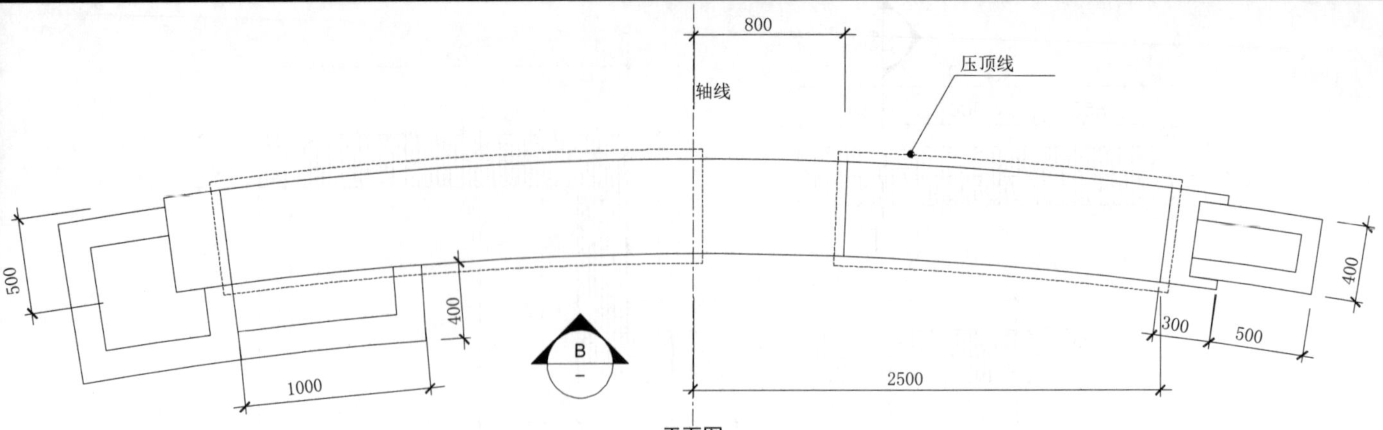

平面图

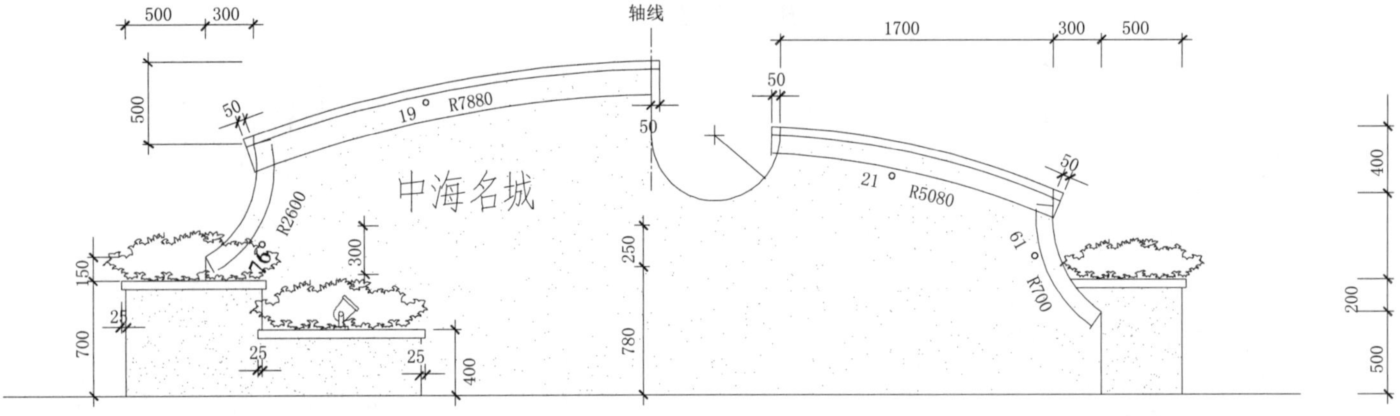

B立面图

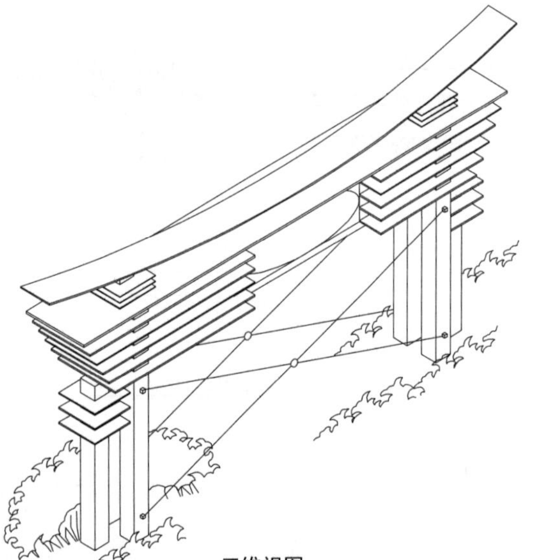
三维视图

挡土景墙074

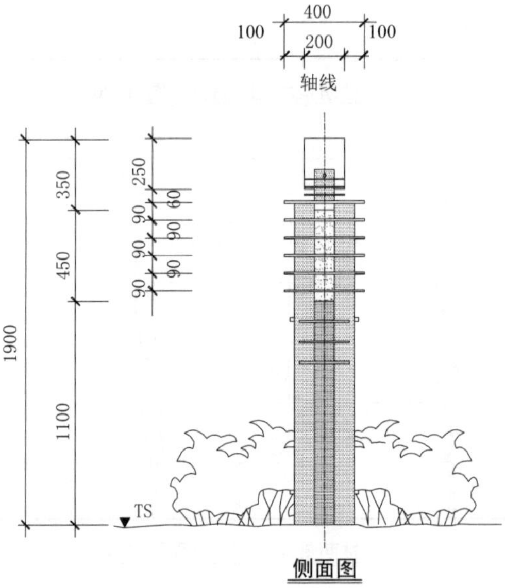

侧面图

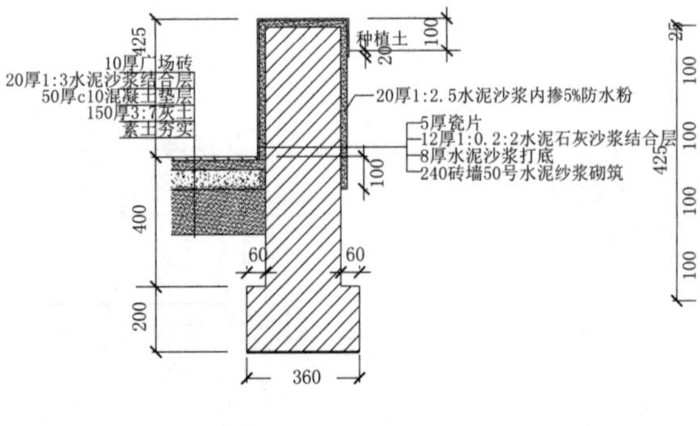
10厚广场砖
20厚1:3水泥沙浆结合层
50厚c10混凝土垫层
150厚3:7灰土
素土夯实
种植土
20厚1:2.5水泥沙浆内掺5%防水粉
5厚瓷片
12厚1:0.2:2水泥石灰沙浆结合层
8厚水泥沙浆打底
240砖墙50号水泥纱浆砌筑
425
400
200
60
360
100
花池挡墙做法详图 1:10

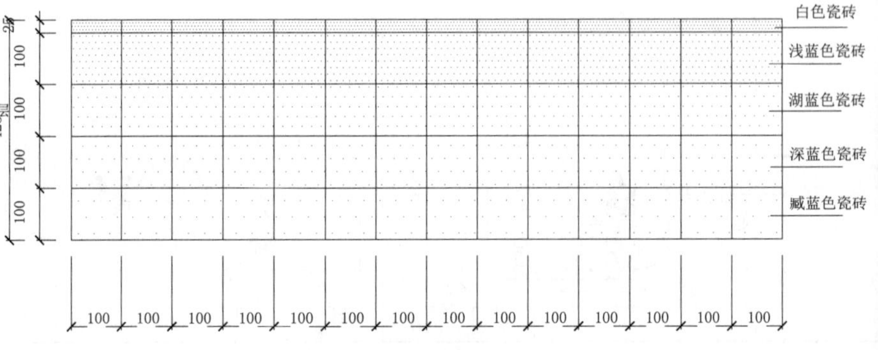
白色瓷砖
浅蓝色瓷砖
湖蓝色瓷砖
深蓝色瓷砖
靛蓝色瓷砖
25
100
425
挡土墙立面贴面展开图 1:5

挡土景墙075

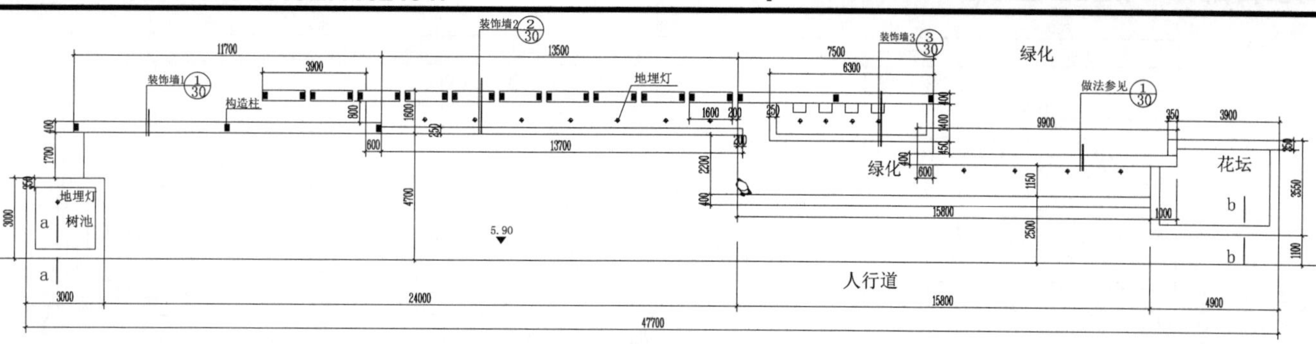

景墙平面

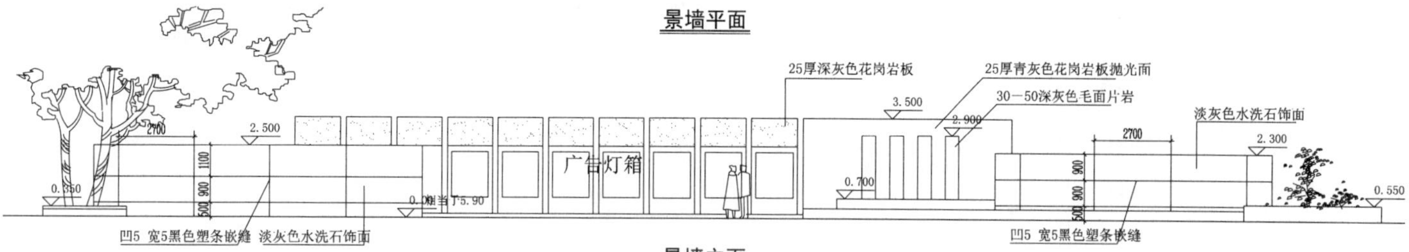

景墙立面

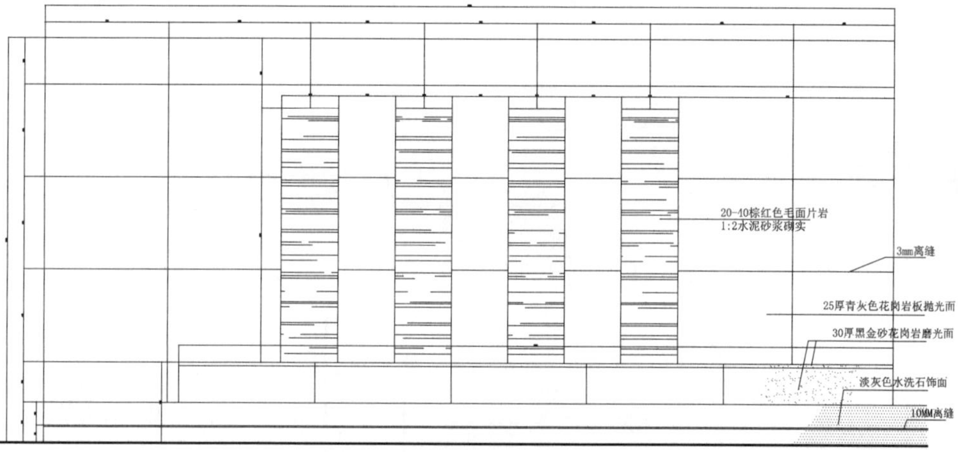

装饰墙3立面

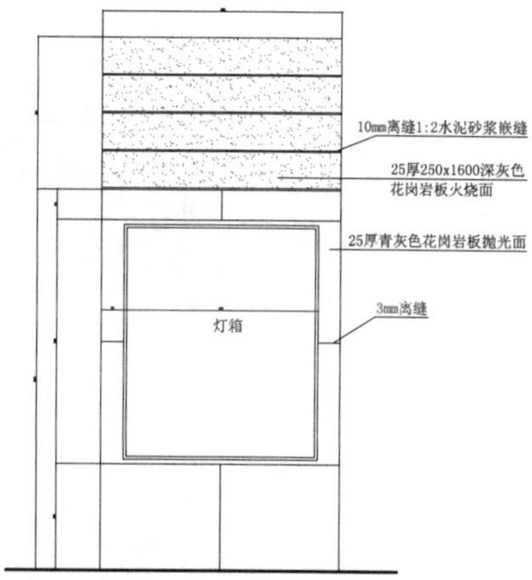

装饰墙2立面

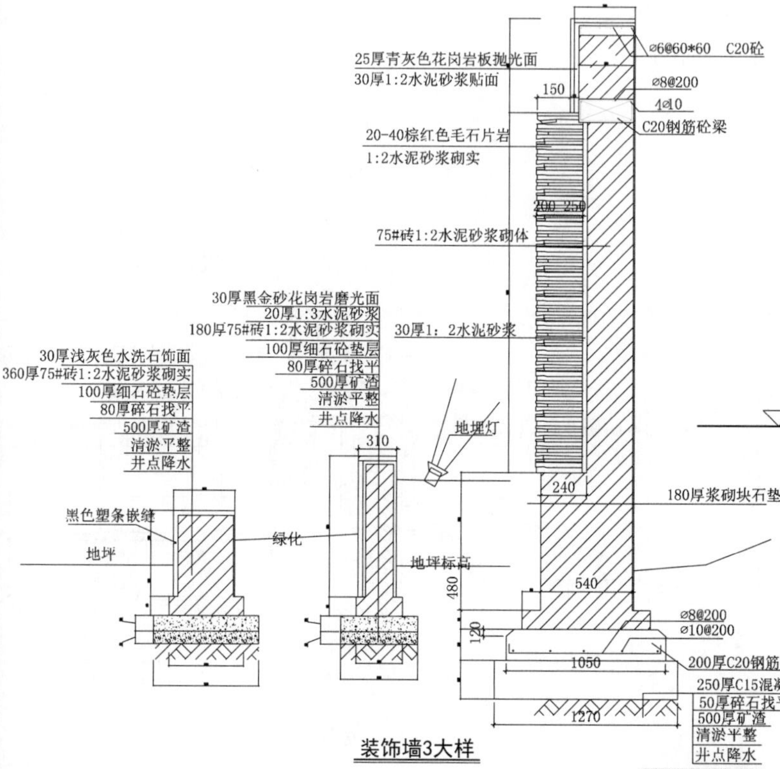

装饰墙3大样

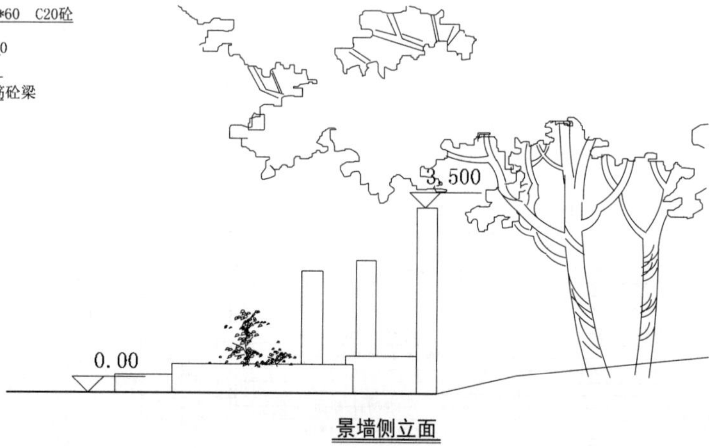

景墙侧立面

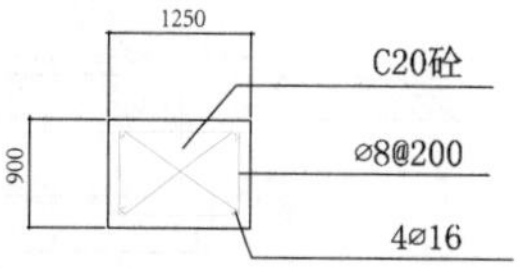

墙体构造柱大样

注：墙体每5m设一个

挡土景墙076

挡土景墙

花岗岩条石 荔枝面 南非黑
150~250(L)*20~35(W)*60(H)

花岗岩 烧面 中灰 (两端均分)
750(L)*600(W)*40(H)

花岗岩 烧面 中灰
800(L)*400(W)*40(H)

花岗岩 烧面 中灰
1000(L)*400(W)*80(H)

花岗岩 烧面 中灰 (两端均分)
800(L)*600(W)*40(H)

花岗岩 烧面 中灰
1000(L)*400(W)*40(H)

花岗岩 烧面 中灰 (两端均分)
750(L)*600(W)*40(H)

围篱详图 L8.7

正立面图 1:50

花岗岩条石 荔枝面 南非黑
1000(L)*250(W)*150(H)

花岗石 烧面 中灰
1200(L)*400(W)*40(H)

同局部放大详图

花岗岩 烧面 中灰
1200(L)*400(W)*40(H)

花岗岩 烧面 中灰
900(L)*400(W)*40(H)

花岗岩 烧面 中灰
1000(L)*400(W)*80(H)

花岗岩 烧面 中灰
1000(L)*400(W)*40(H)

花岗岩 烧面 南非黑
1000(L)*400(W)*150(H)

石英版岩 黑色
300(L)*300(W)*20(H)

RC混凝土结构及防水层

同局部剖面详图 4 L7.1.2

剖面详图(1)

花岗岩 烧面 南非黑
1000(L)*400(W)*150(H)

花岗岩 烧面 中灰
600(L)*400(W)*40(H)

详图 3 L7.1.2

花岗岩 烧面 中灰
600(L)*300(W)*40(H)

花岗岩 烧面 中灰
900(L)*400(W)*40(H)

混凝土结构

石英版岩 黑色
300(L)*300(W)*20~25(H)

结构与防水层

剖面详图(2) 1:30

花岗岩 烧面 中灰
(L)*300(W)*60(H)

花岗岩条石 荔枝面 南非黑
1000(L)*250(W)*150(H)

花岗岩 烧面 南非黑
1000(L)*400(W)*150(H)

花岗石 烧面 中灰
1000(L)*400(W)*60(H)

混凝土结构

3 详图
L7.1.2

石英版岩 黑色
300(L)*300(W)*20(H)

混凝土结构及防水层

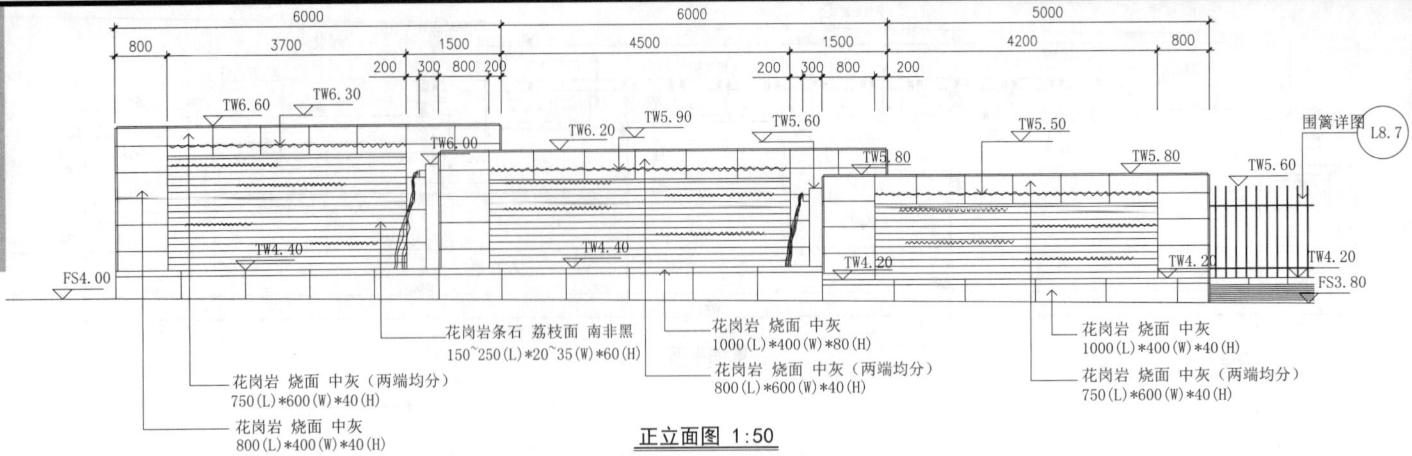

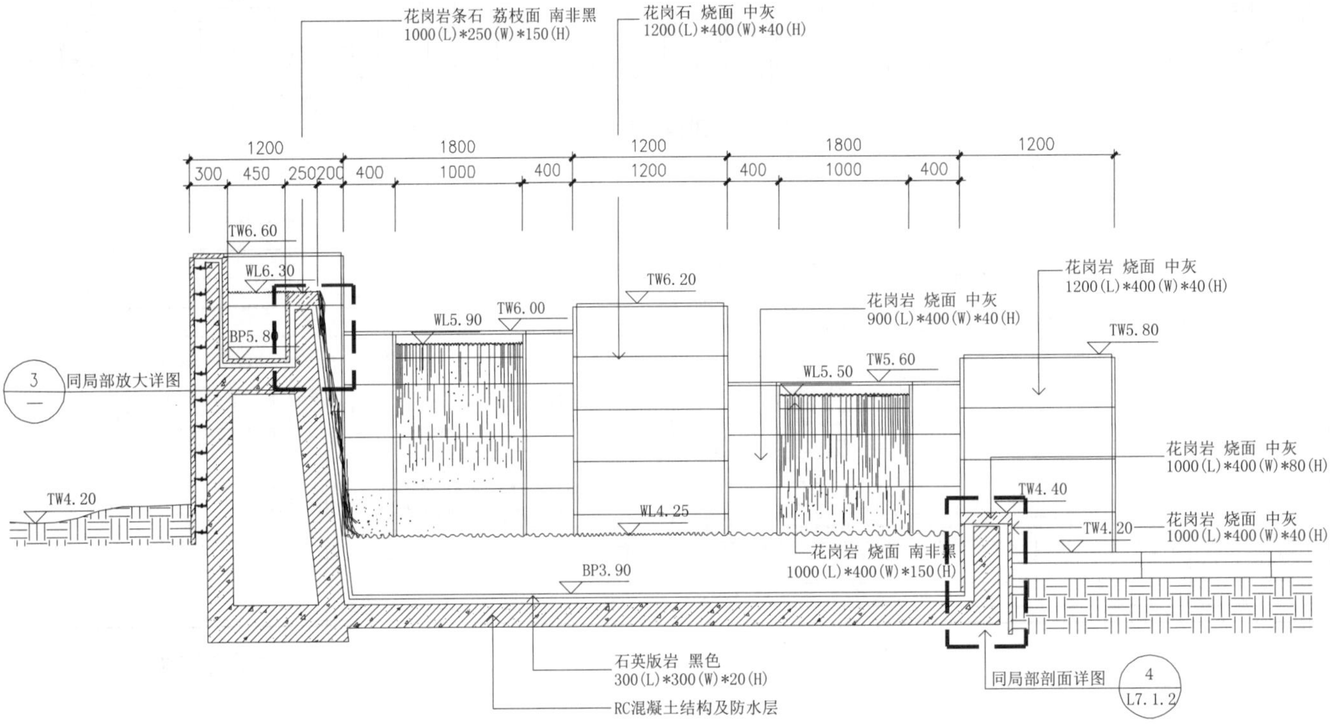

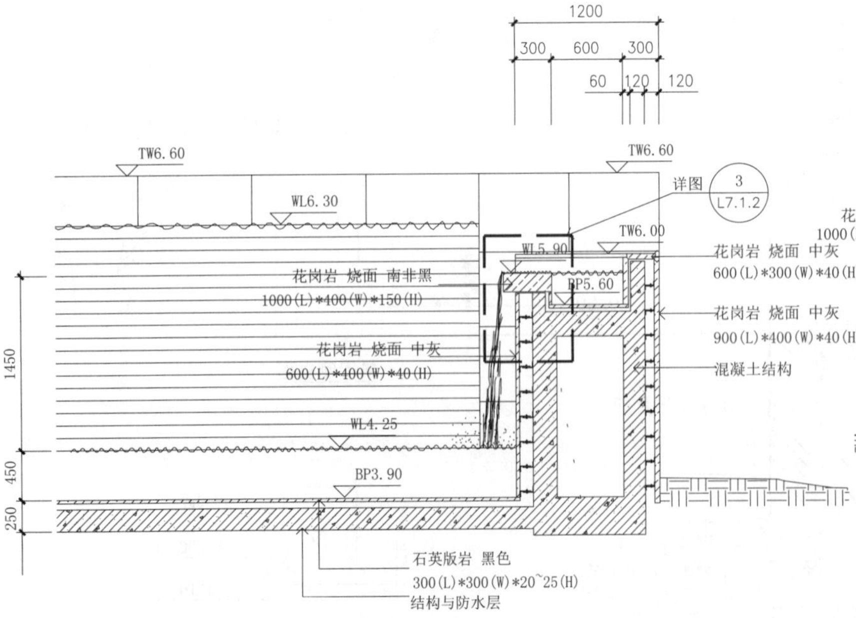

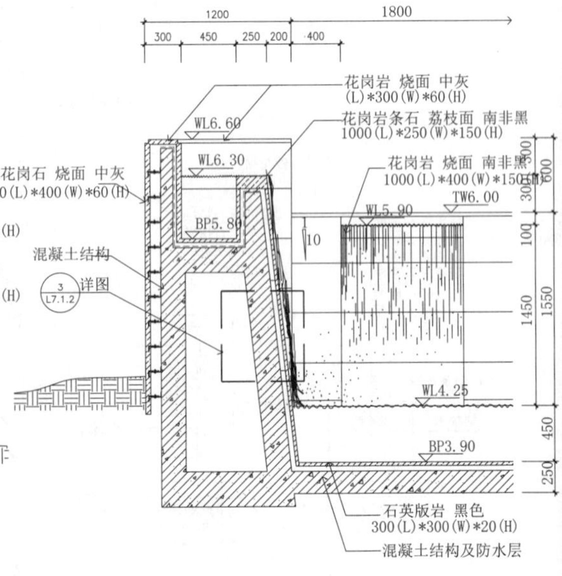

放大详图 1:20

挡土景墙077

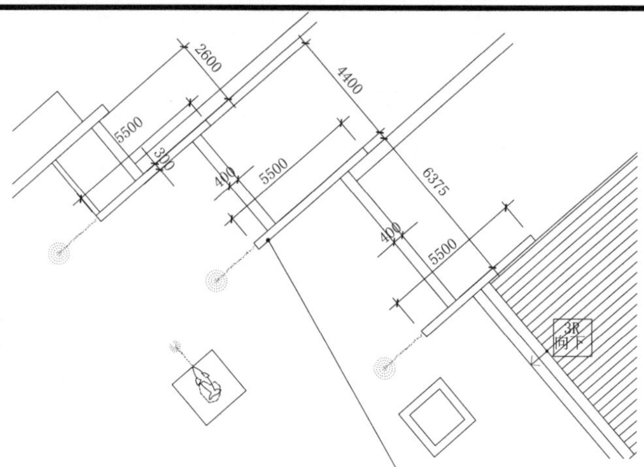

① 平面详图

平面图   平面详图 ①／—

20mm厚烧面浅色灰麻
100mmX20mm光面紫晶
20mm厚锈板岩
具体材料见物料图
防水层
结构层见建筑师图

Ⓑ 立面图

75mmX50mm厚光面森林绿
20mm厚光面高明绿
进水管

Ⓐ 剖面图／立面图

挡土景墙078

景观水体

平面图 1:50

Ø8@150
30厚灰色青石板压顶
C25砼浇铸
凸包石贴面
4Φ16
茶壶喷水雕塑
黄木纹砂岩贴面
砂浆砌砖
前面用凸包石贴面
背面接绿化植栽
10厚1:2.5防水砂浆
M5.0水泥砂浆砌砖
Ø25PPR进水管
凸包石贴面
1:2.5防水砂浆饰面
M5.0水泥砂浆砌砖
水深40cm
池壁、池底做法见通—01 水泵
自然水体做法

1-1 剖面图 1:25

凸包石贴面
30厚灰色青石板压顶
成品砂岩雕刻中国画图案
图案由业主认定
凸包石贴面
200厚C20砼基础
±0.00
地面铺装
车库顶板
100厚C10砼垫层
砂浆砌砖

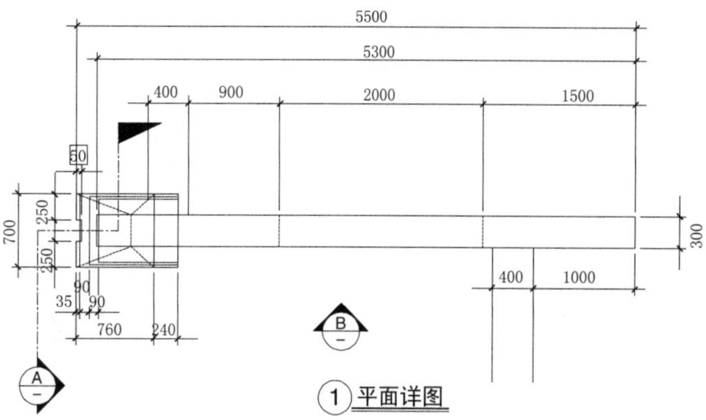

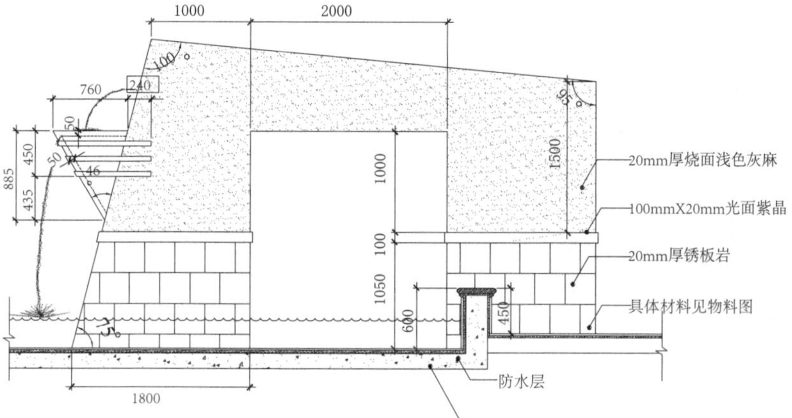

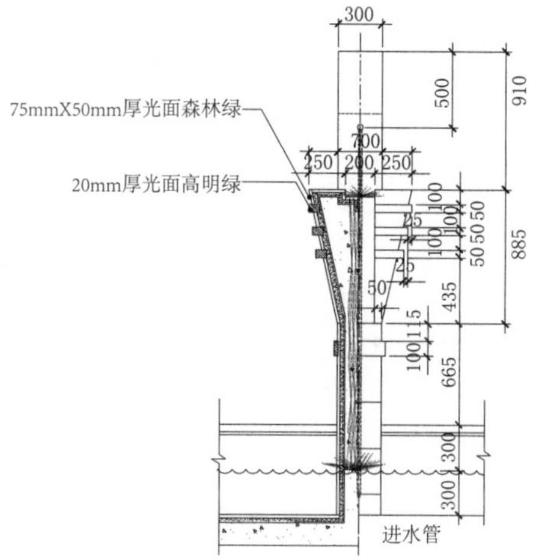

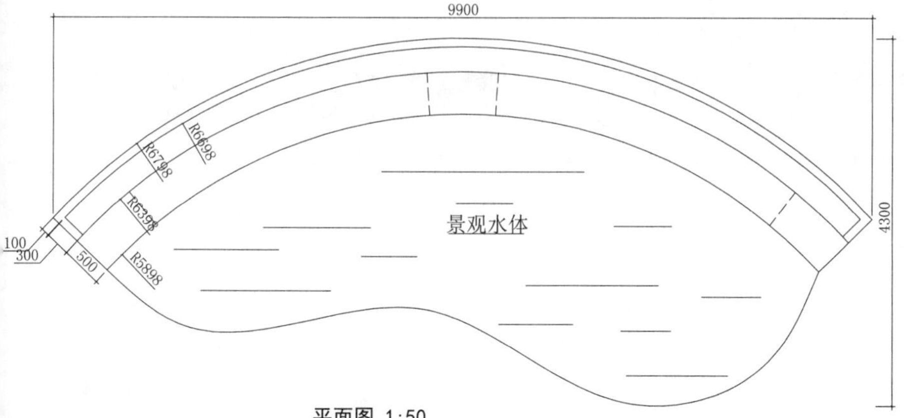

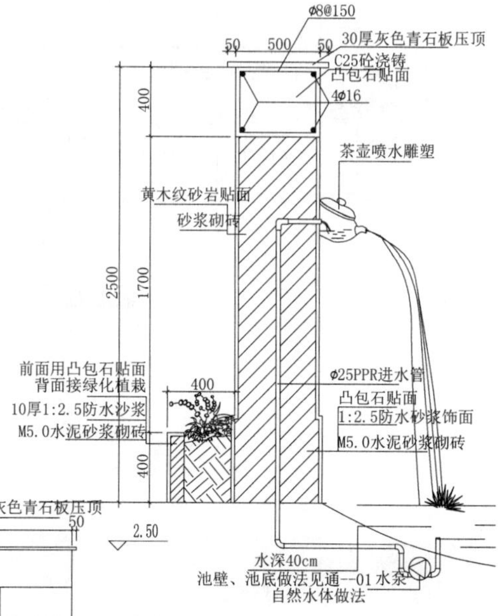

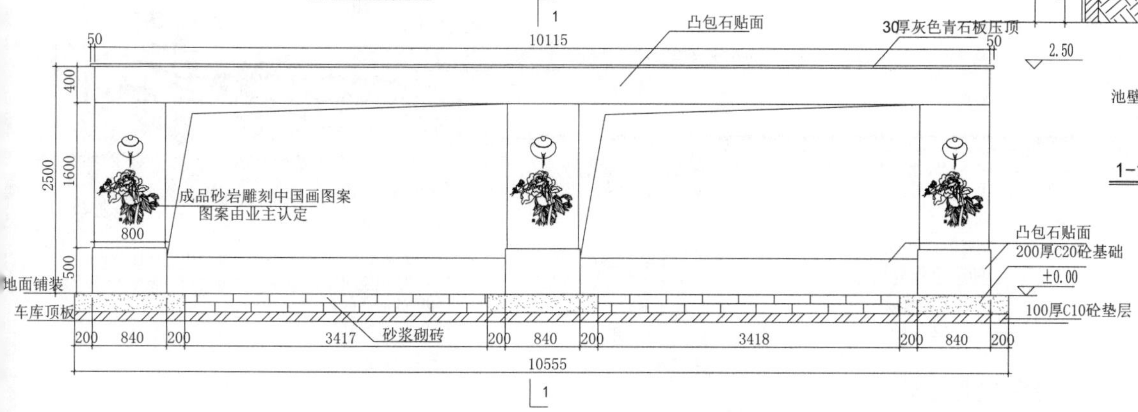

立面展开图 1:40   挡土景墙079

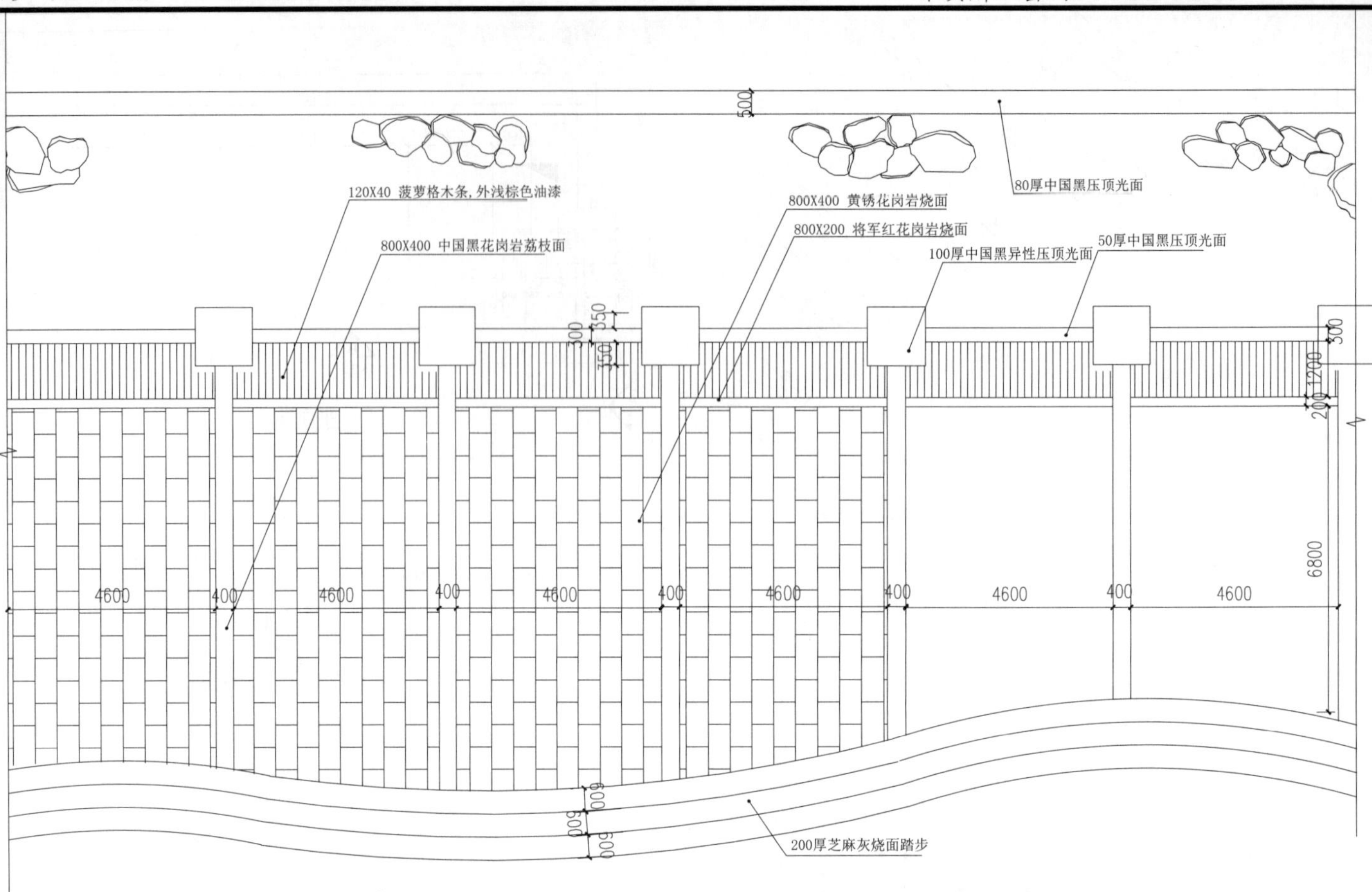
500
120X40 菠萝格木条,外浅棕色油漆
800X400 中国黑花岗岩荔枝面
800X400 黄锈花岗岩烧面
800X200 将军红花岗岩烧面
80厚中国黑压顶光面
100厚中国黑异性压顶光面
50厚中国黑压顶光面
300
350
350
300
1200
200
6800
4600
400
4600
400
4600
400
4600
400
4600
400
4600
600
600
600
200厚芝麻灰烧面踏步

景墙平面图 1:60

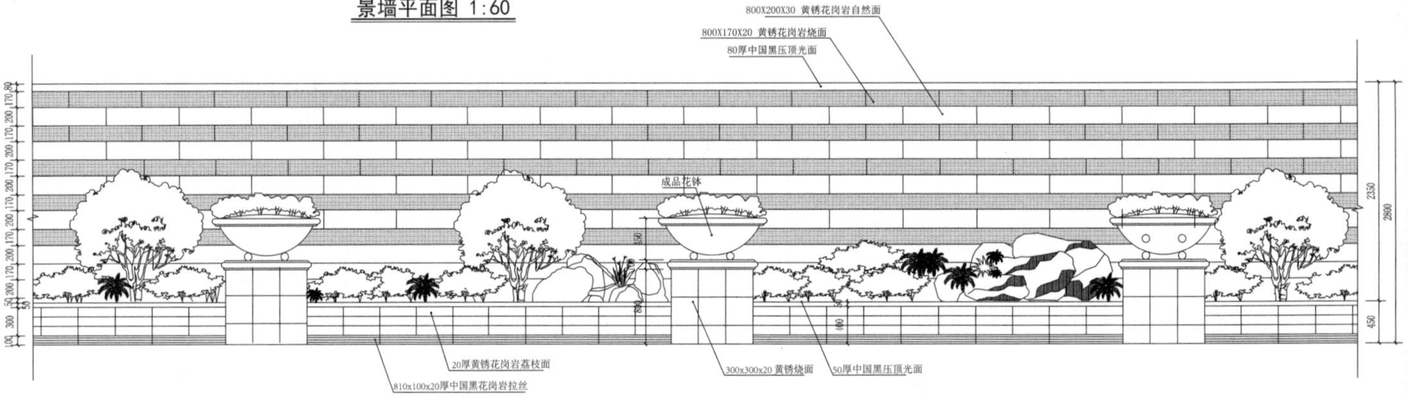
800X200X30 黄锈花岗岩自然面
800X170X20 黄锈花岗岩烧面
80厚中国黑压顶光面
成品花钵
2350
2800
450
20厚黄锈花岗岩荔枝面
810x100x20厚中国黑花岗岩拉丝
300x300x20 黄锈烧面
50厚中国黑压顶光面

景墙立面图 1:60

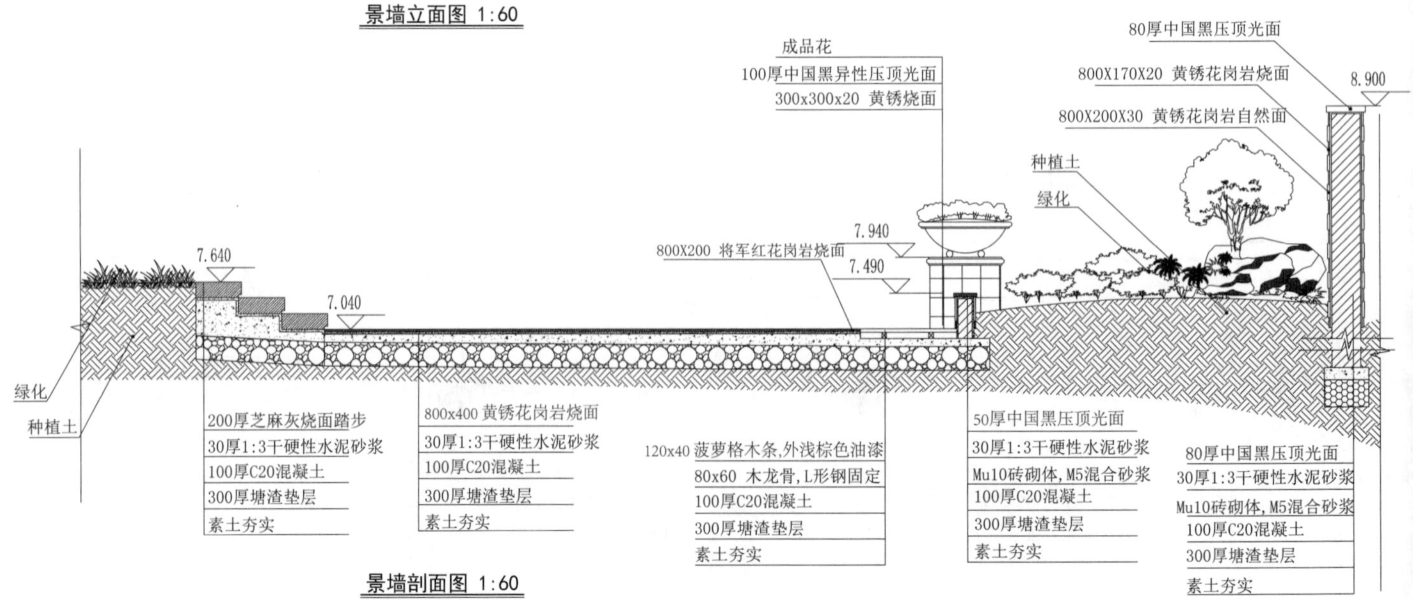
80厚中国黑压顶光面
800X170X20 黄锈花岗岩烧面
800X200X30 黄锈花岗岩自然面
8.900
成品花
100厚中国黑异性压顶光面
300x300x20 黄锈烧面
种植土
绿化
7.940
7.640
800X200 将军红花岗岩烧面
7.490
7.040
绿化
种植土
200厚芝麻灰烧面踏步
30厚1:3干硬性水泥砂浆
100厚C20混凝土
300厚塘渣垫层
素土夯实
800x400 黄锈花岗岩烧面
30厚1:3干硬性水泥砂浆
100厚C20混凝土
300厚塘渣垫层
素土夯实
120x40 菠萝格木条,外浅棕色油漆
80x60 木龙骨,L形钢固定
100厚C20混凝土
300厚塘渣垫层
素土夯实
50厚中国黑压顶光面
30厚1:3干硬性水泥砂浆
Mu10砖砌体,M5混合砂浆
100厚C20混凝土
300厚塘渣垫层
素土夯实
80厚中国黑压顶光面
30厚1:3干硬性水泥砂浆
Mu10砖砌体,M5混合砂浆
100厚C20混凝土
300厚塘渣垫层
素土夯实

景墙剖面图 1:60

挡土景墙080

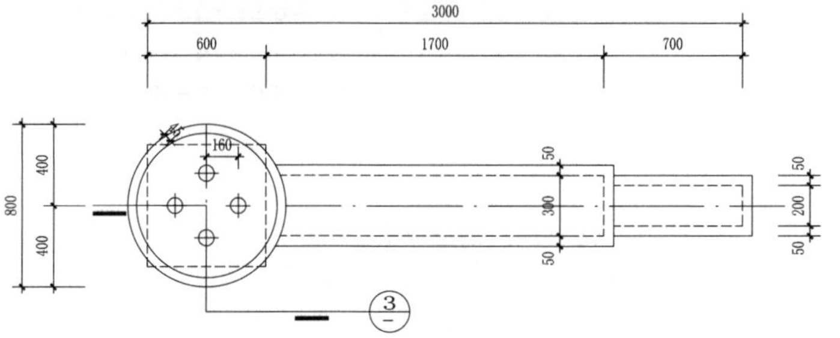

对景墙平面图 1:20

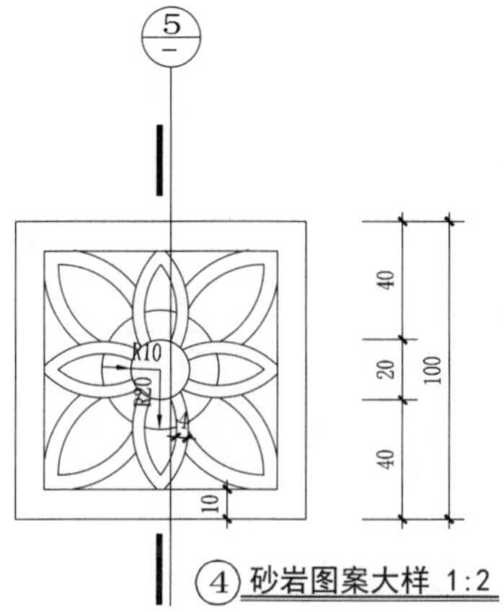

4 砂岩图案大样 1:2

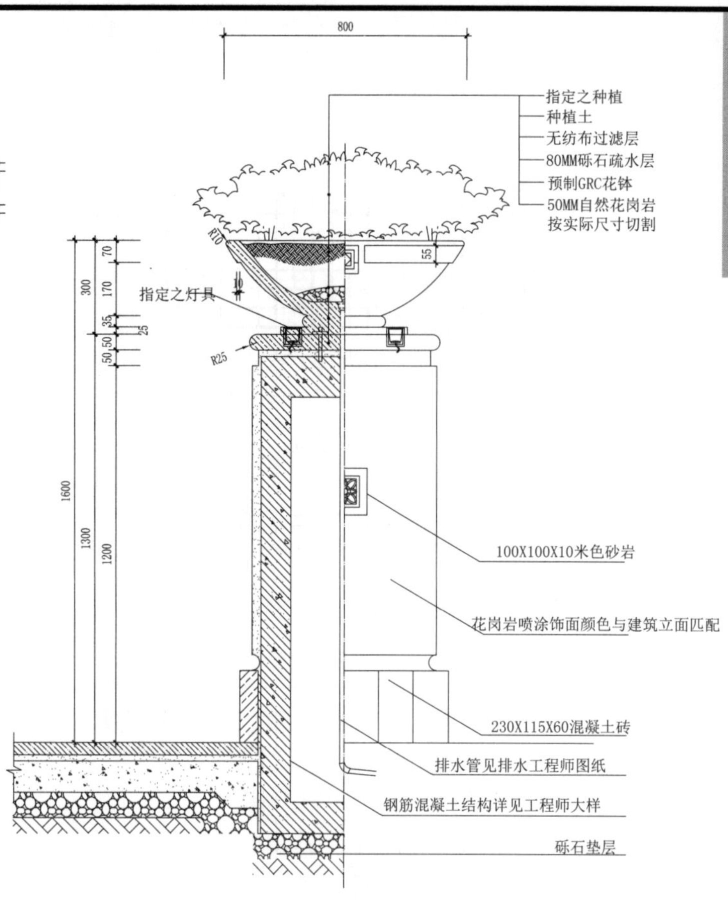
800
指定之种植
种植土
无纺布过滤层
80MM砾石疏水层
预制GRC花钵
50MM自然花岗岩
按实际尺寸切割
指定之灯具
R10
R25
55
10
300
70
170
35
25
50
50
1600
1300
1200
100X100X10米色砂岩
花岗岩喷涂饰面颜色与建筑立面匹配
230X115X60混凝土砖
排水管见排水工程师图纸
钢筋混凝土结构详见工程师大样
砾石垫层

3 剖面图 1:10

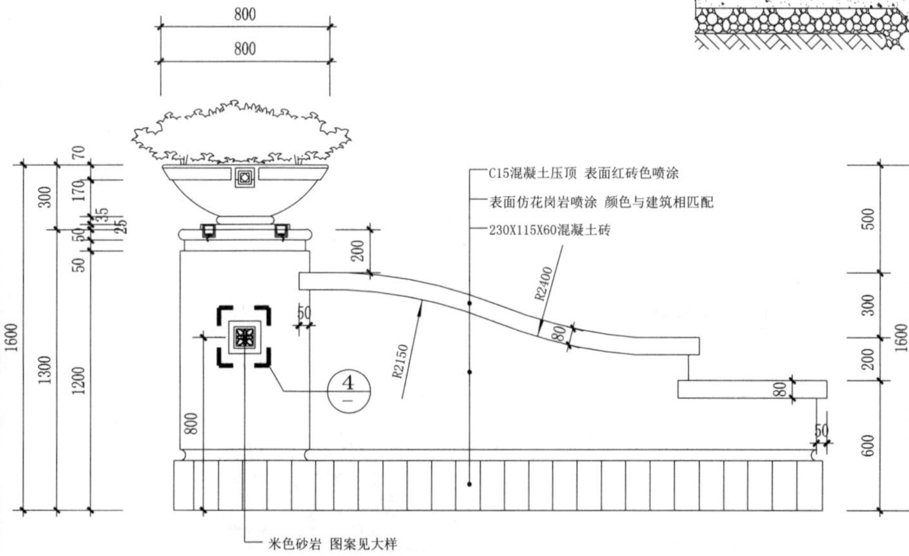

对景墙立面图 1:20

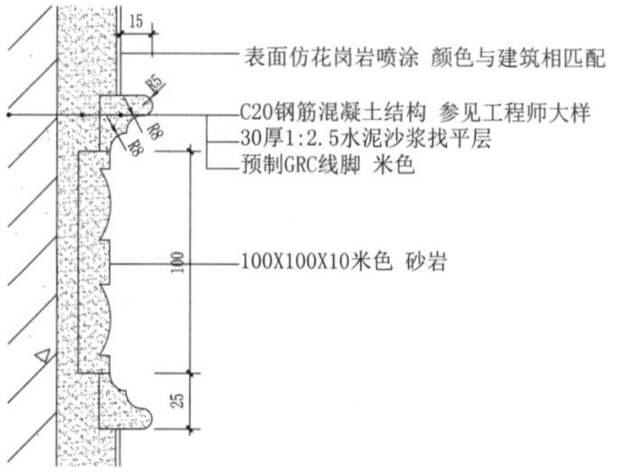
15
表面仿花岗岩喷涂 颜色与建筑相匹配
R5
R8
R8
C20钢筋混凝土结构 参见工程师大样
30厚1:2.5水泥沙浆找平层
预制GRC线脚 米色
100X100X10米色 砂岩
100
25

5 剖面图 1:2

挡土景墙081

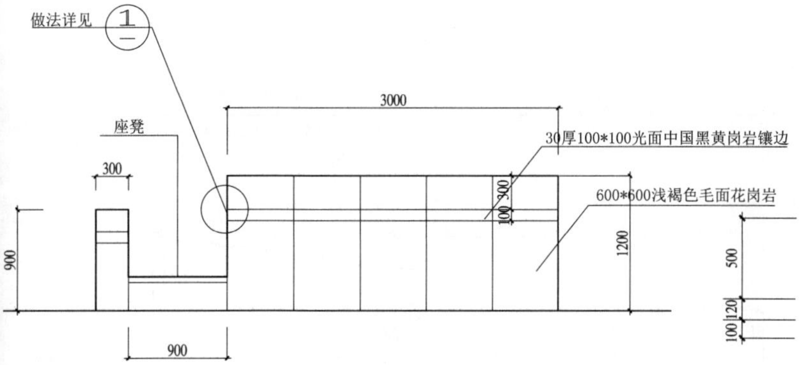

景墙立面 1:20

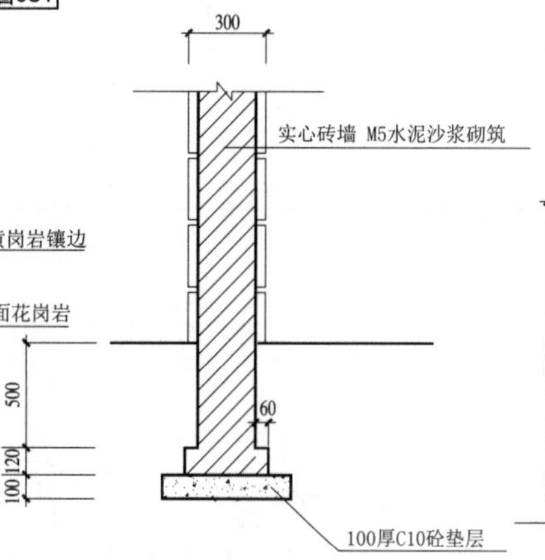

景墙基础大样 1:20

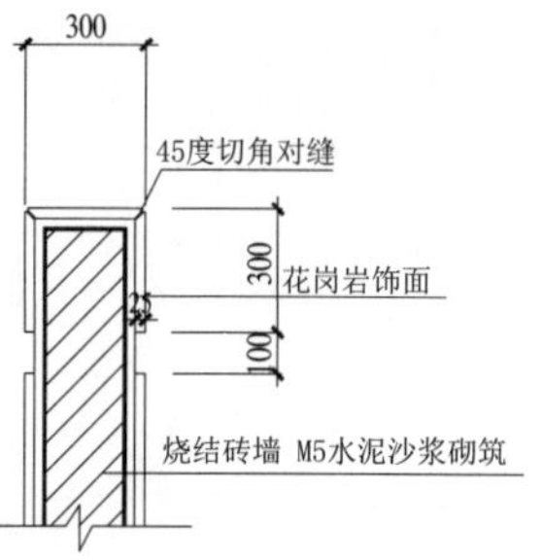

1 1:20

挡土景墙082

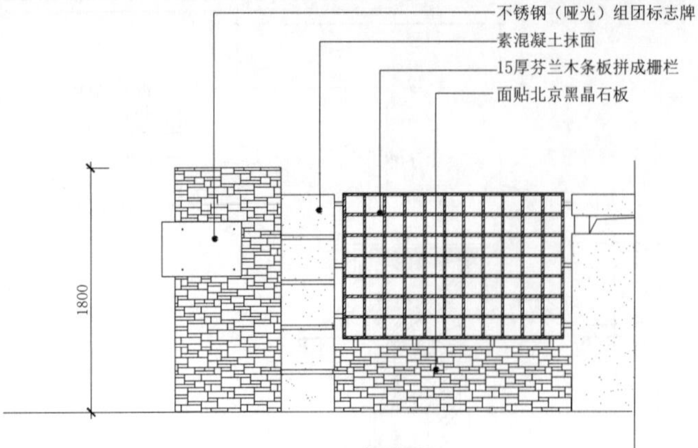
不锈钢（哑光）组团标志牌
素混凝土抹面
15厚芬兰木条板拼成栅栏
面贴北京黑晶石板
1800

立面图

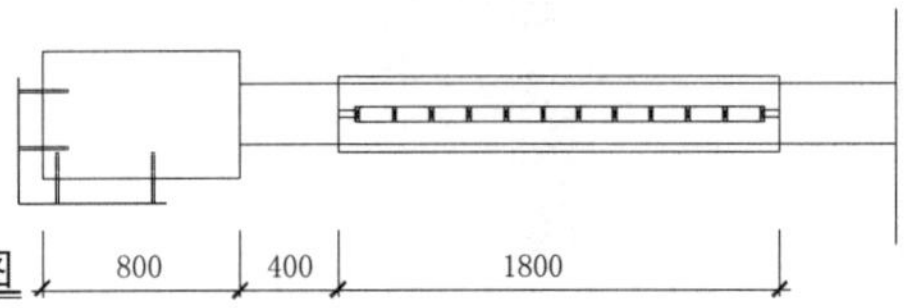
800
400
1800

平面图

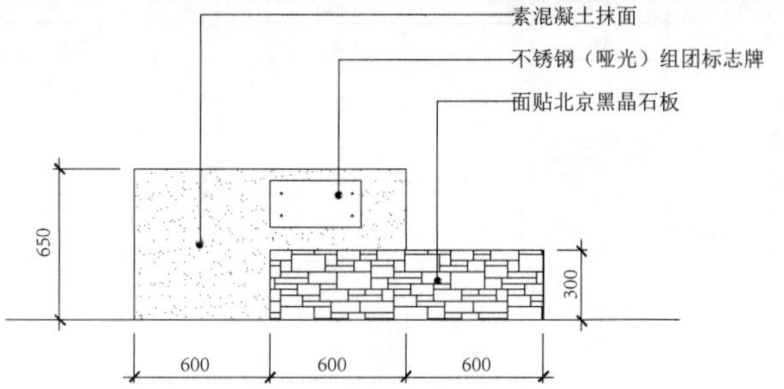
素混凝土抹面
不锈钢（哑光）组团标志牌
面贴北京黑晶石板
650
300
600
600
600

门牌号及信报箱标志图

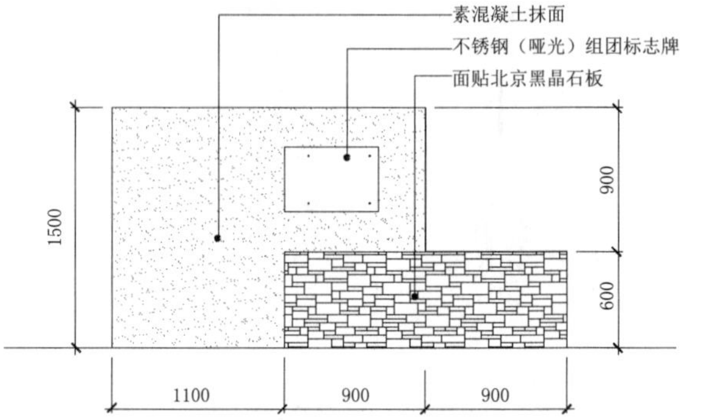

组团标志图

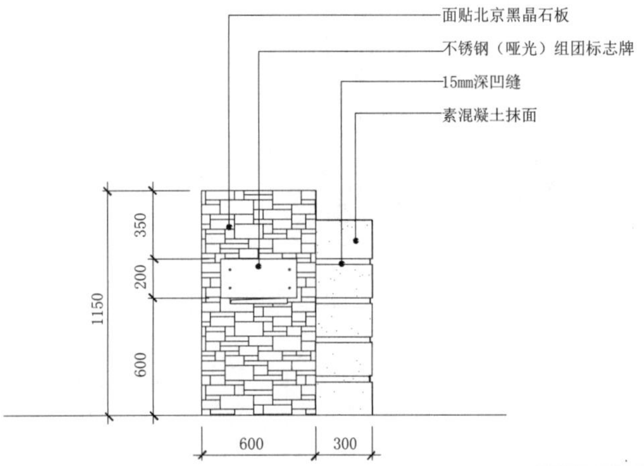
面贴北京黑晶石板
不锈钢（哑光）组团标志牌
15mm深凹缝
素混凝土抹面
1150
350
200
600
600
300

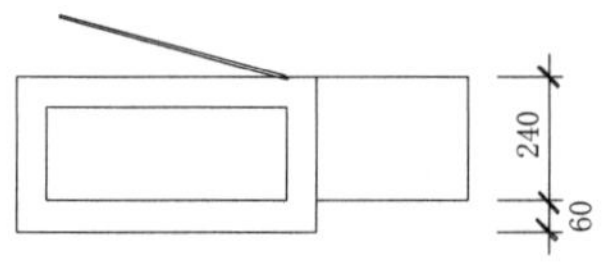

门牌号及信报箱标志图

挡土景墙083

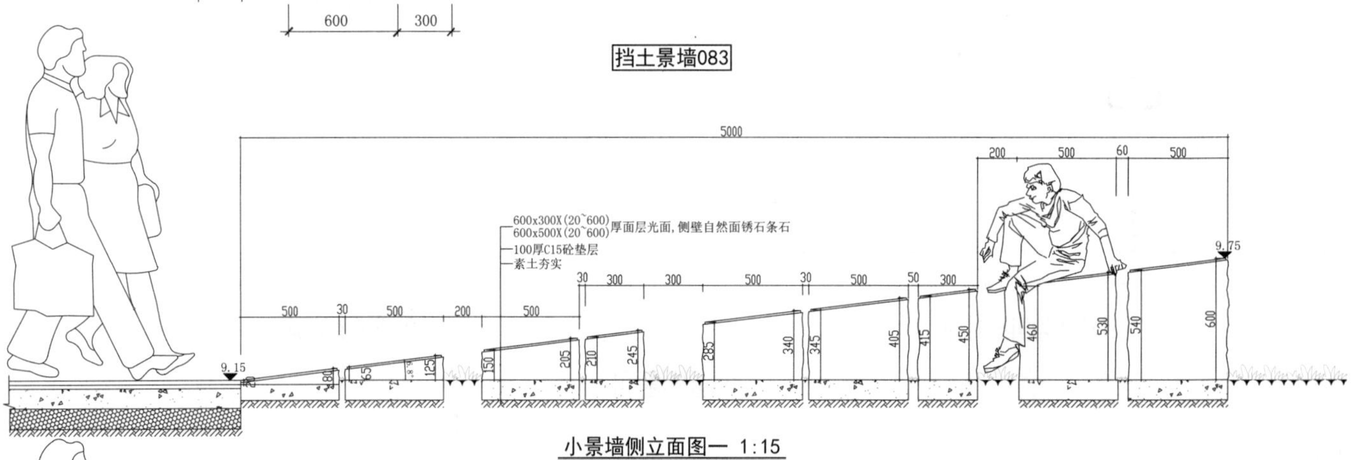
5000
600x300X(20~600)
600x500X(20~600)厚面层光面，侧壁自然面锈石条石
100厚C15砼垫层
素土夯实
9.15
9.75

小景墙侧立面图一 1:15

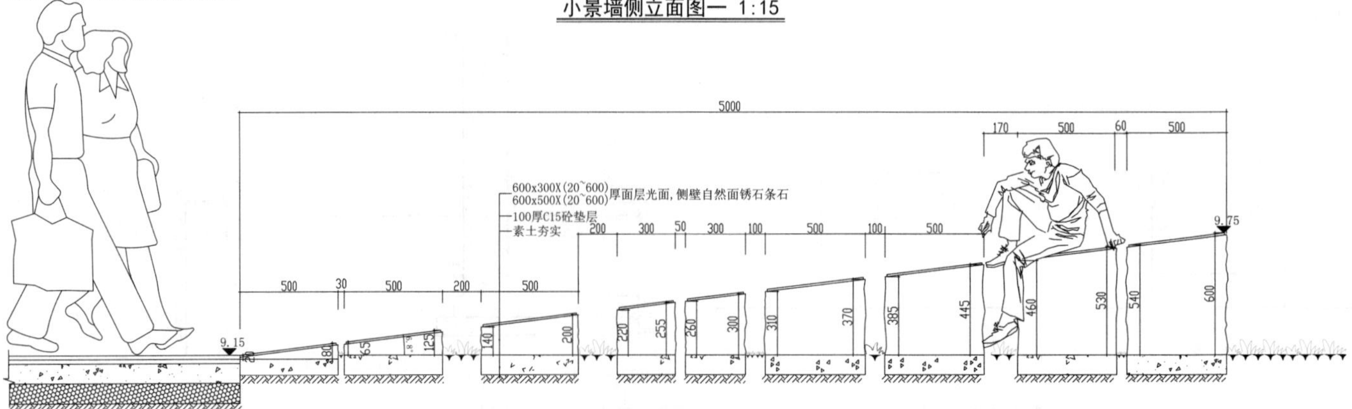
5000
600x300X(20~600)
600x500X(20~600)厚面层光面，侧壁自然面锈石条石
100厚C15砼垫层
素土夯实
9.15
9.75

小景墙侧立面图二 1:15

挡土景墙084

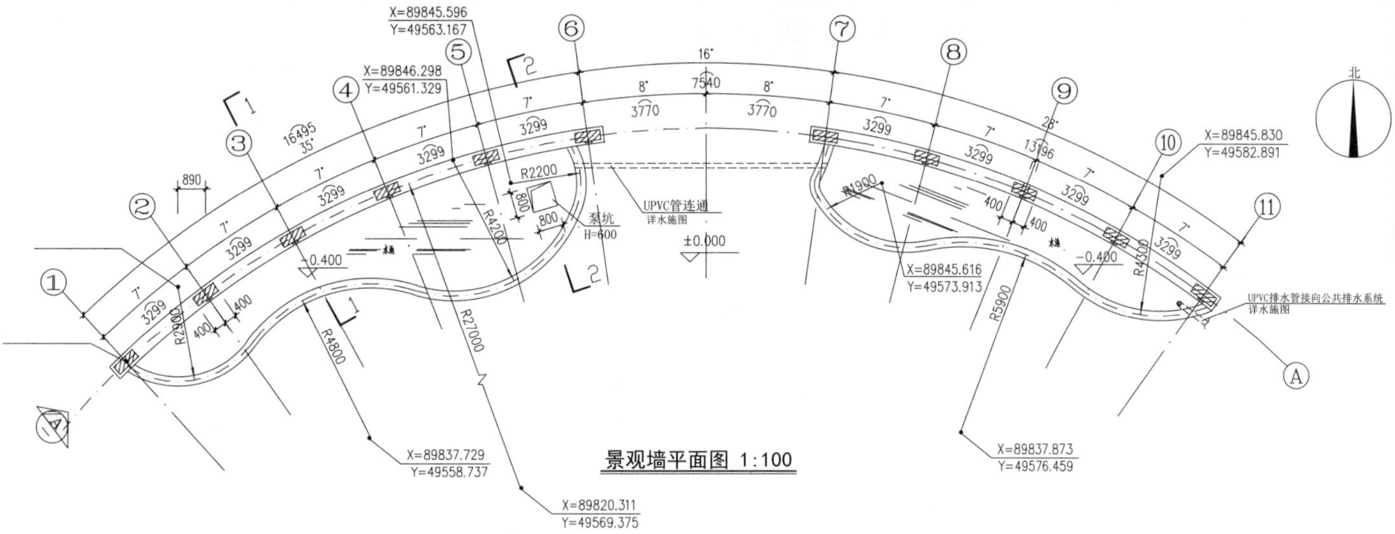

景观墙平面图 1:100

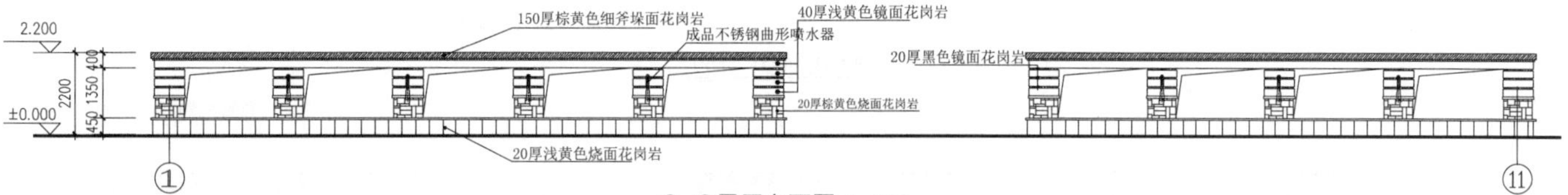

①-⑪展开立面图 1:100

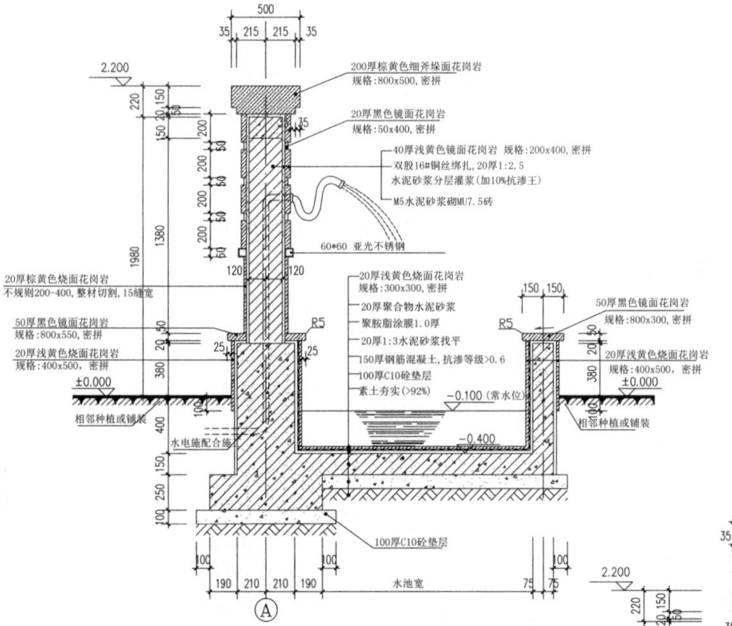

1-1 剖面图 1:20

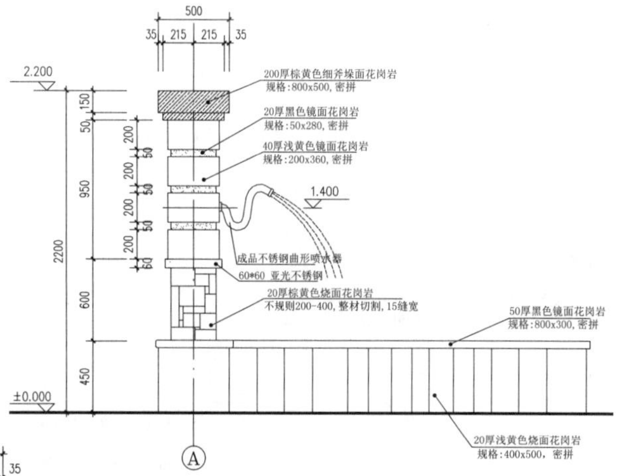

Ⓐ 景观墙侧立面图 1:100

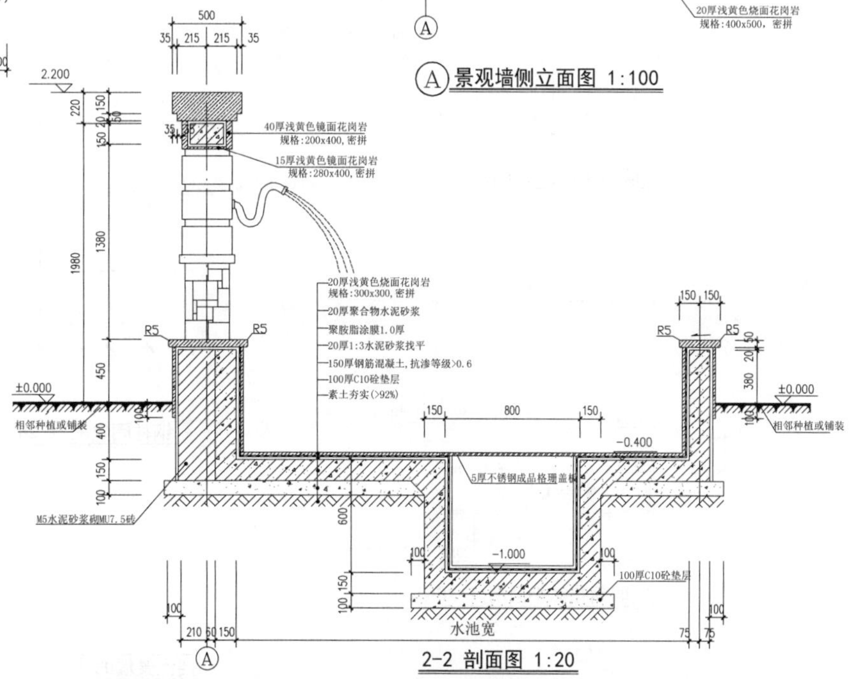

2-2 剖面图 1:20

挡土景墙085

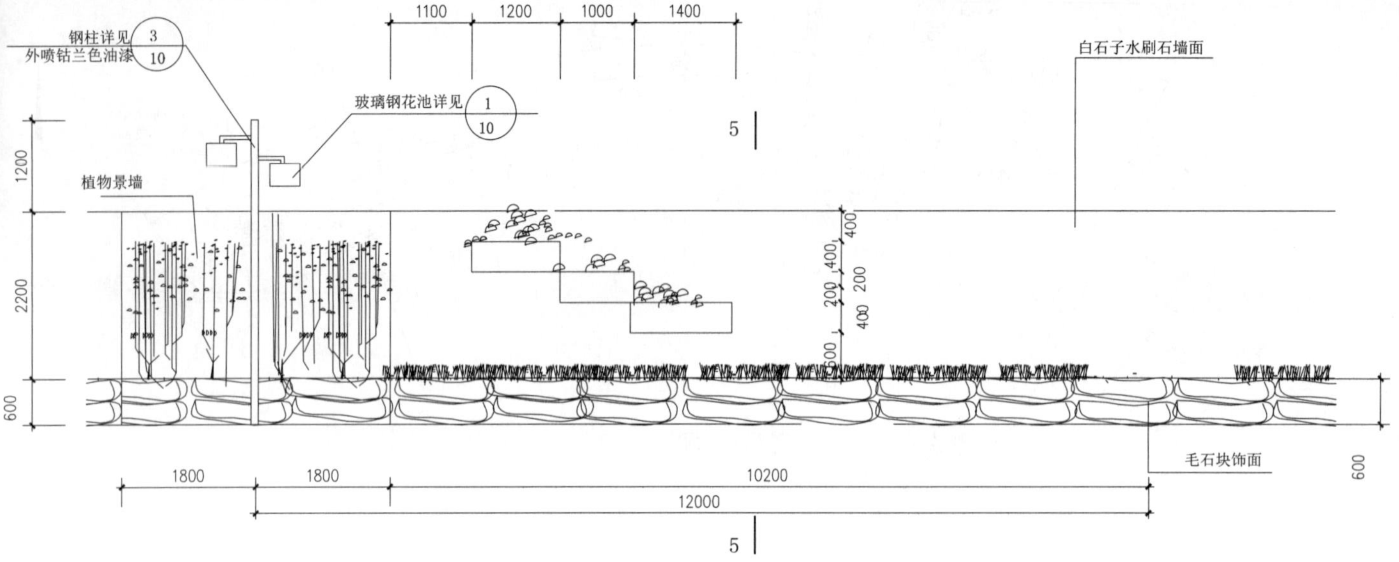

挡土景墙

钢柱详见 3/10
外喷钻兰色油漆

玻璃钢花池详见 1/10

植物景墙

白石子水刷石墙面

毛石块饰面

饰墙立面图 1:50

花池内置假山石及雕塑

钢柱

卵石铺地

240砖墙外饰毛石

原有伸缩缝加宽至300镶嵌卵石

原有伸缩缝加宽至300镶嵌卵石

饰墙平面图 1:50

米色玻璃钢预制花池

40x40角钢底框骨架
外刷防锈漆(置于花池内)

玻璃钢花钵正立面图 1:20

预制混凝土块

钢柱固定图 1:20

预制混凝土花池

砖基础大放脚

3:7灰土 300厚

素土夯实

5-5 剖面图 1:25

焊接

40x40角钢吊架

20X20角钢底框托架

玻璃钢花钵平面图 1:20

挡土景墙086

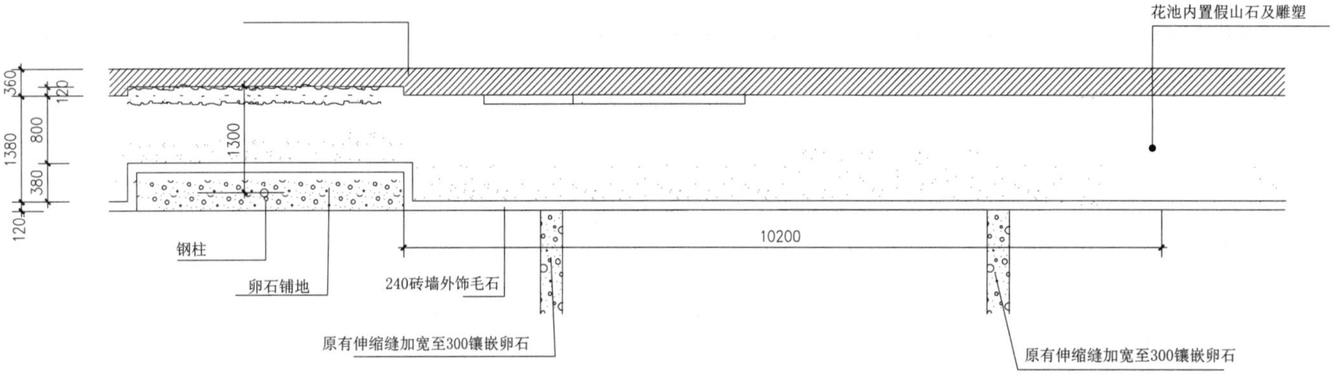

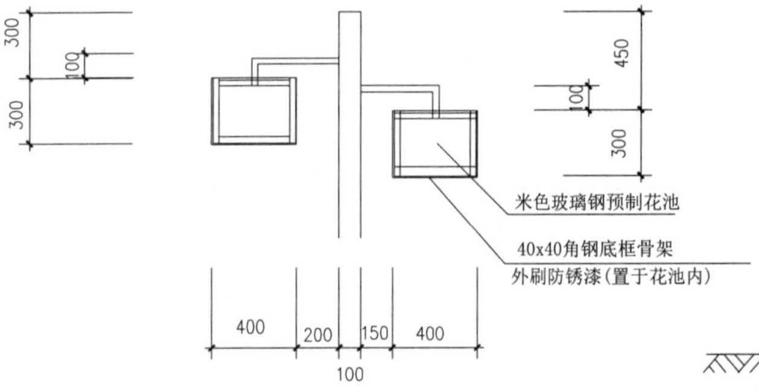

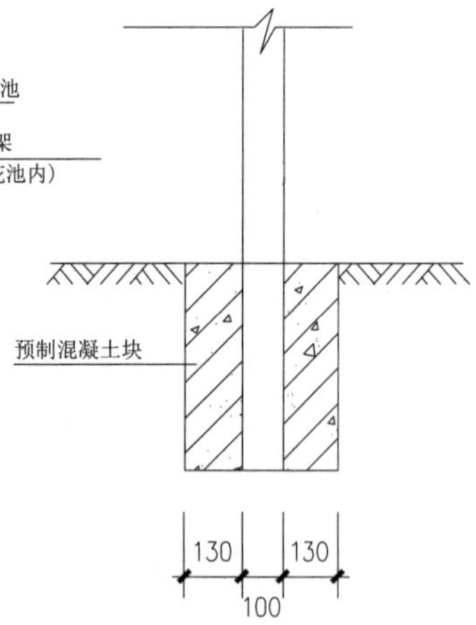

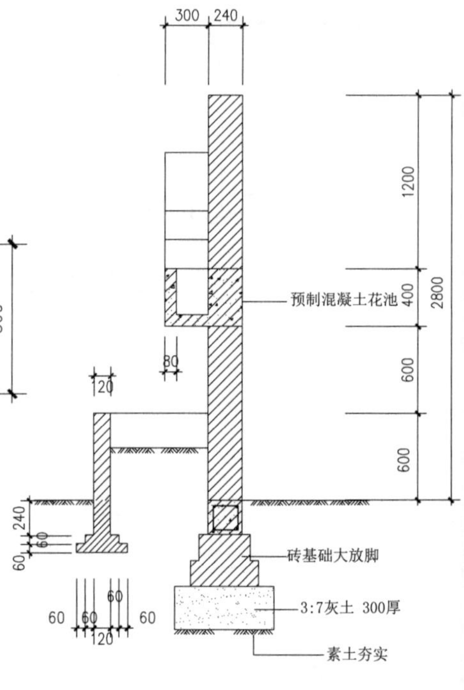

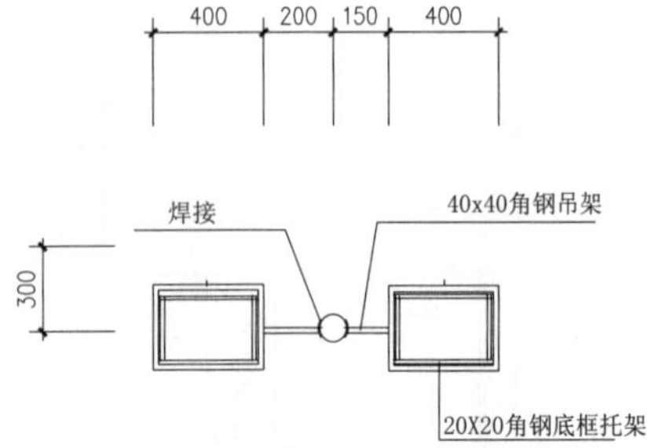

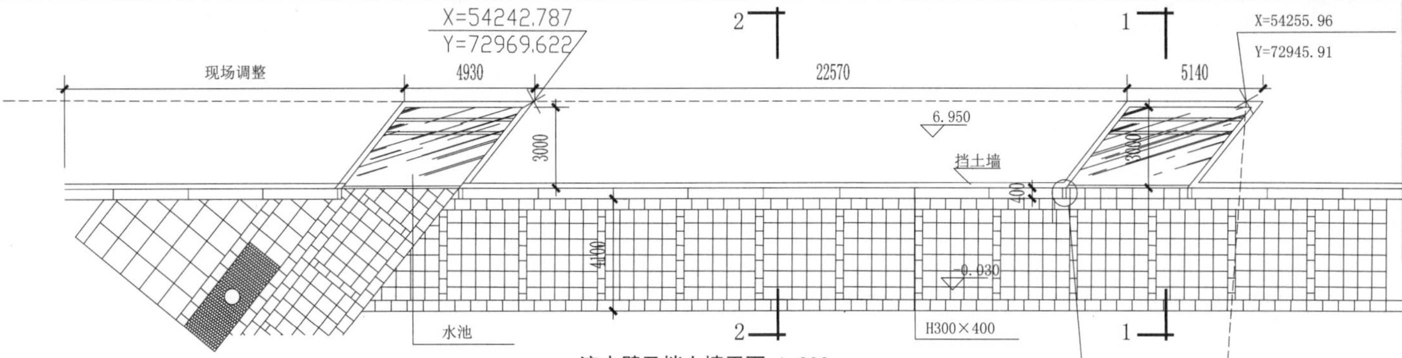

现场调整

X=54242.787
Y=72969.622

4930   22570   5140

X=54255.96
Y=72945.91

6.950

挡土墙

H300×400

-0.030

水池

流水壁及挡土墙平面 1:200

金属栏杆   H300×400 工字钢灰色烤漆   钢丝网内垒碎石   迭水平台（深色页岩横纹）

6.950

-0.030

EQ EQ EQ EQ EQ EQ EQ EQ

23120   4624

流水壁及挡土墙立面 1:200

H300×400   金属栏杆

6.950

灯光

水管

循环水泵

水池

2000 500 500

1-1 剖面图 1:100

H300×400

80x100Φ6钢丝网
钢丝网内垒碎石
挡土墙

380宽6厚钢板横档

-0.030

400

2-2 剖面图 1:100

挡土景墙087

挡土墙
钢丝网内垒碎石
80x100Φ6钢丝网

挡土墙   H300×400
与挡土墙埋件焊劳

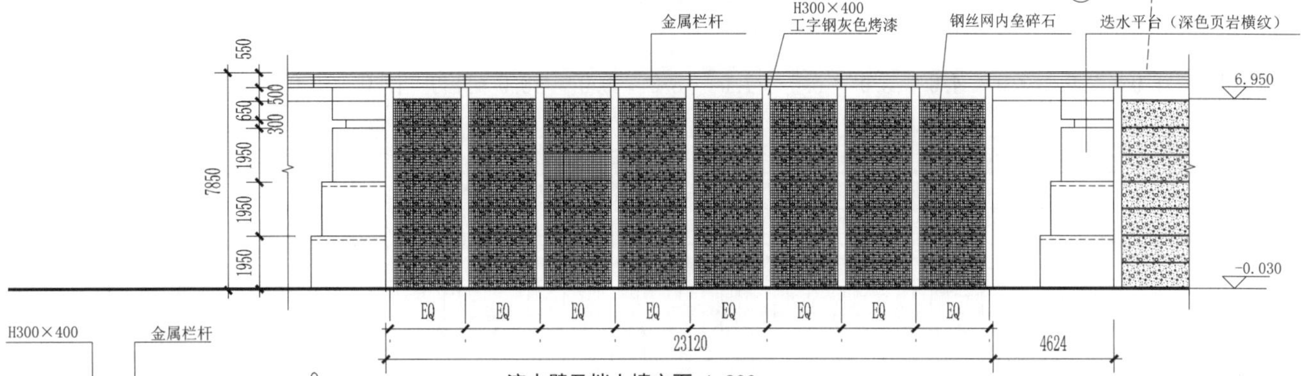

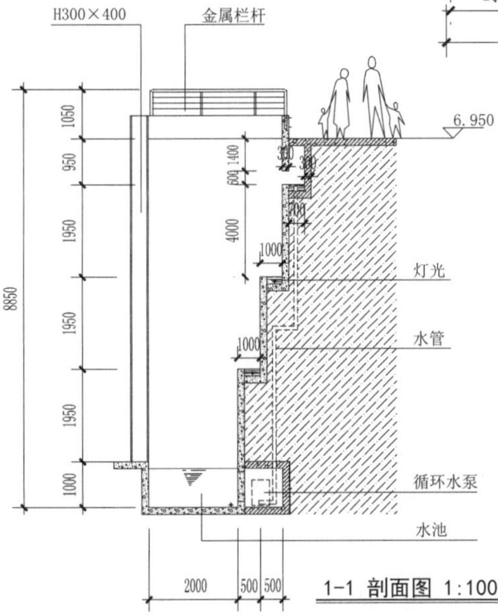

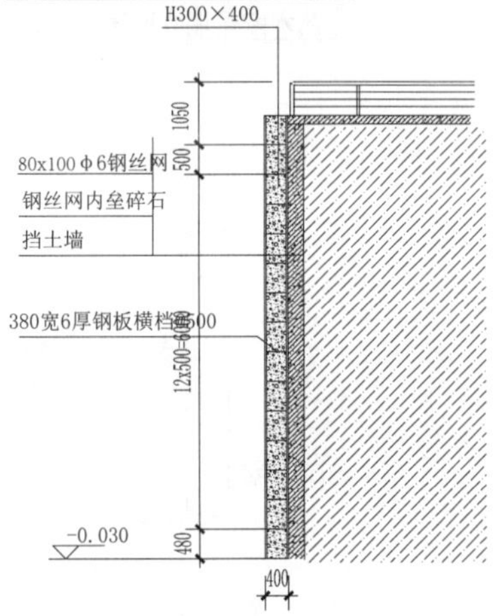

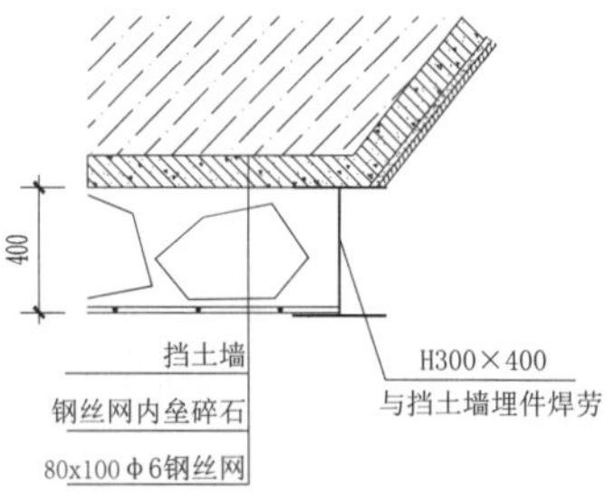

① 1:25

注：
本图-0.030相当于绝对标高2242.20
本图6.950相当于绝对标高2249.00

功能景观健康佛墙

4.90

4.40

水面 -0.10

水面 -0.30

11200   2800

14000

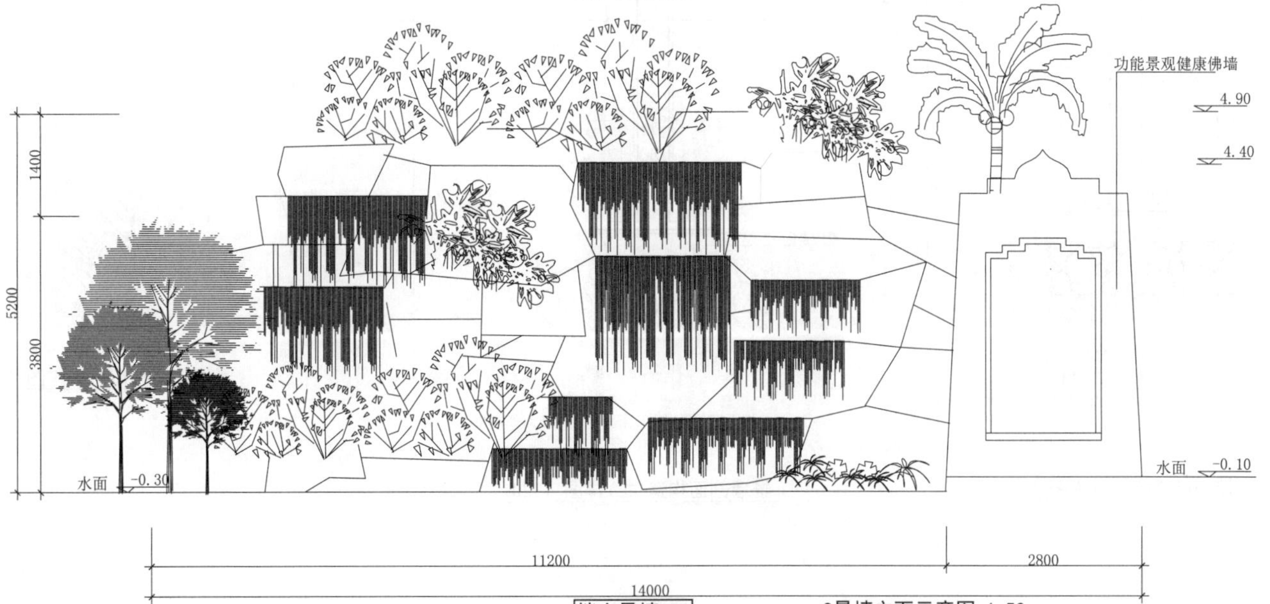

挡土景墙088   C景墙立面示意图 1:50

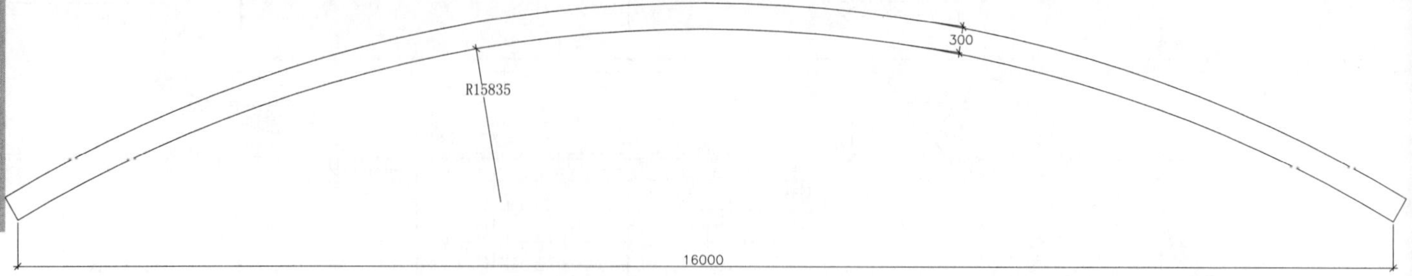

艺术家景墙平面图 1:50

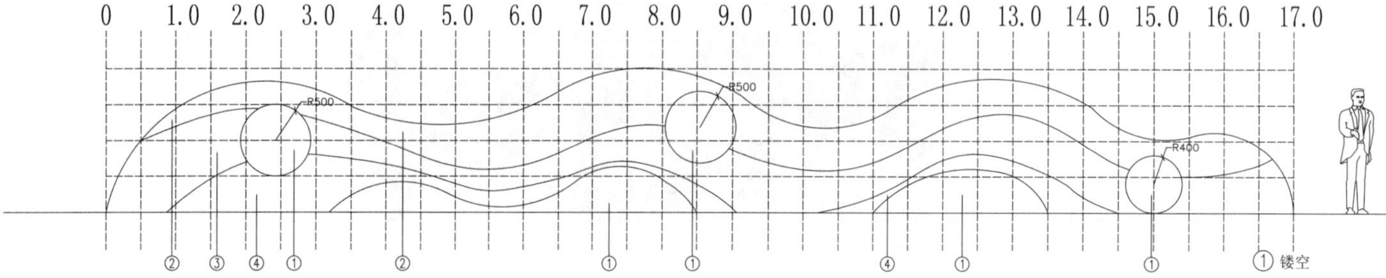

艺术家景墙立面图 1:50

① 镂空
② 黄色陶瓷贴片
③ 白色陶瓷贴片
④ 青花陶瓷贴片

① 陶瓷贴面
② 30厚1:2水泥砂浆
③ C25钢砼
FFL 完成地面标高

① 黄色真石漆
② 20厚1:2水泥
③ C25钢砼

墙体竖向分布筋φ10@200
(遇洞口断开,洞口两侧竖筋为2φ12)

水平分布筋φ8@200
(遇洞口断开)

2φ12
洞口加强筋

2φ12
洞口加强筋

C10素砼

碎石垫层
填土素土夯实
(地下室顶板以上碎石垫层四周边向外1500范围内)

景墙剖面构造(一)详图 1:20

景墙剖面构造(二)详图 1:20

景墙剖面构造(三)详图 1:20

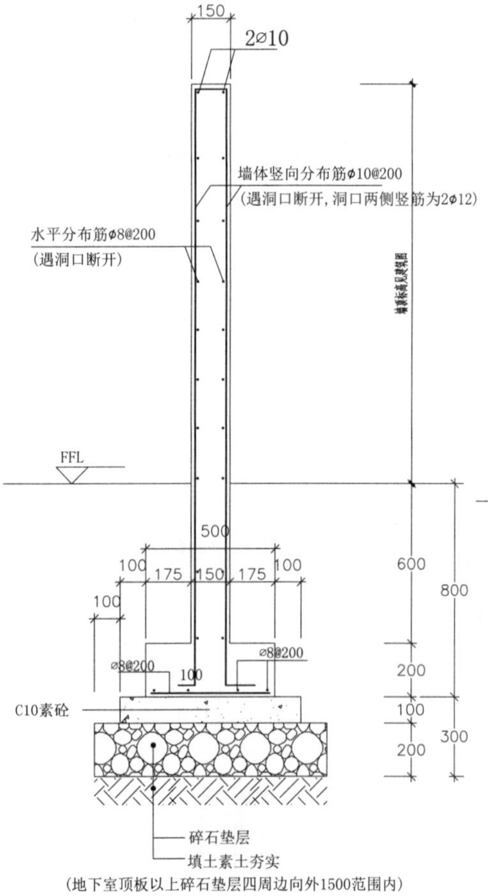

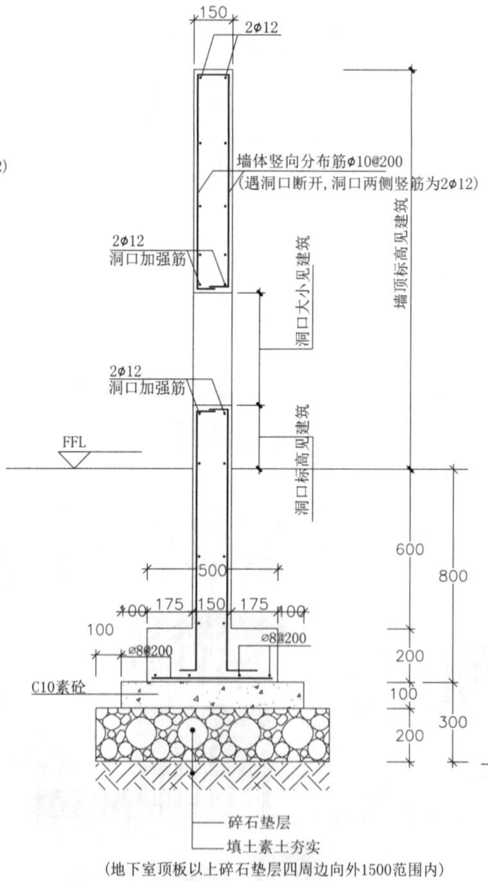

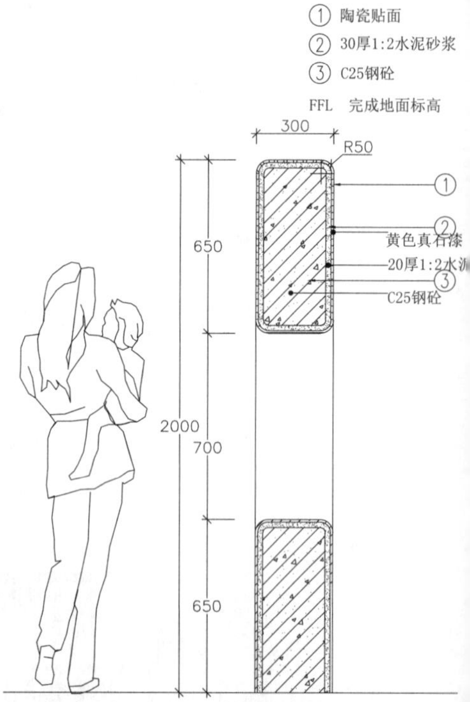

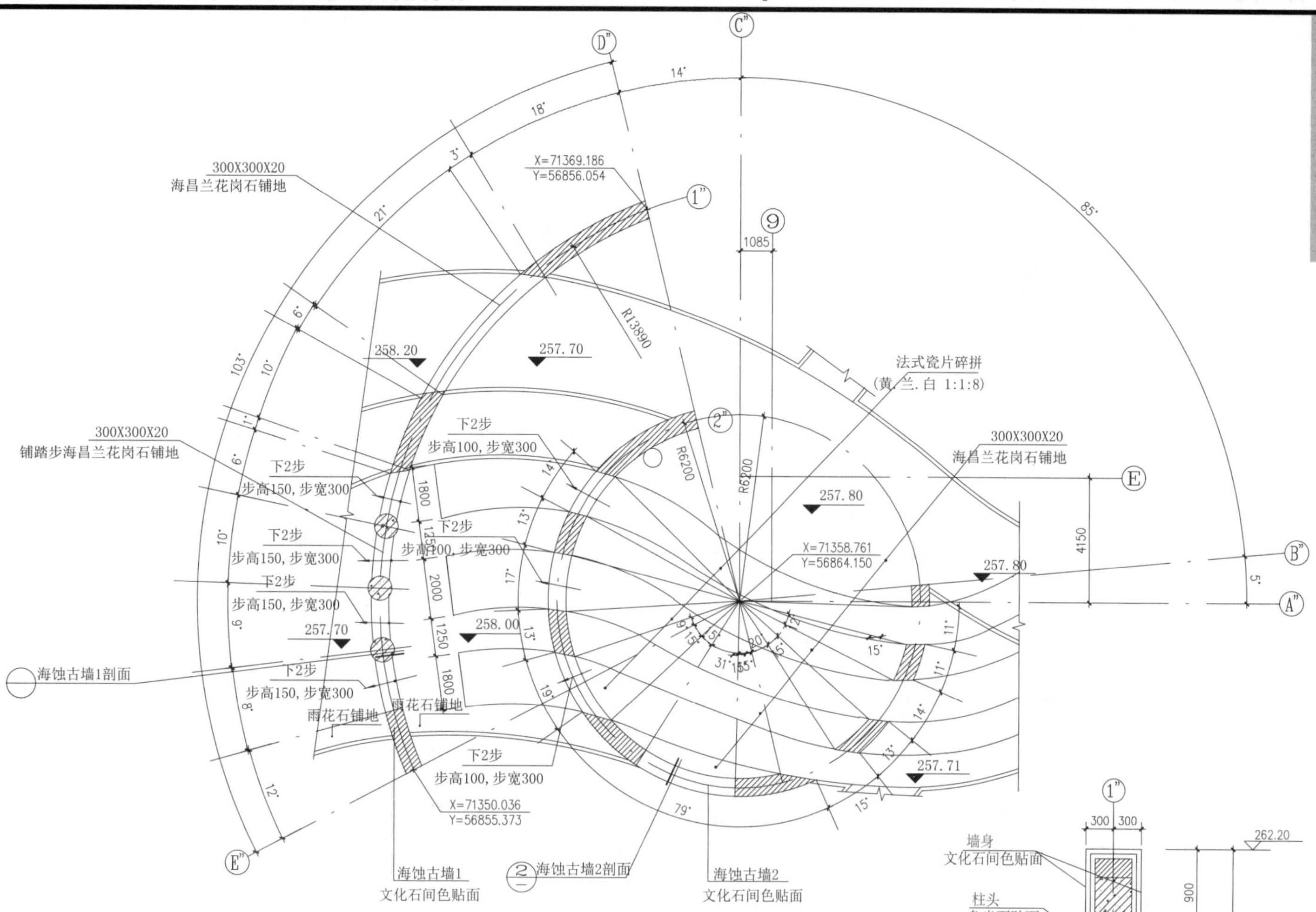

海蚀古墙1-1剖面 1:100

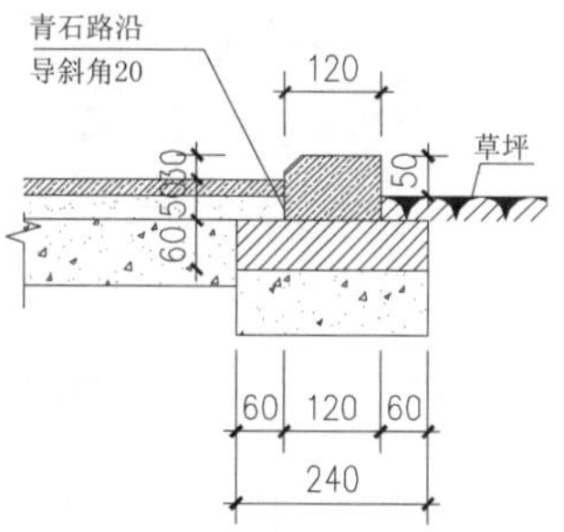

青石路沿剖面图 1:10

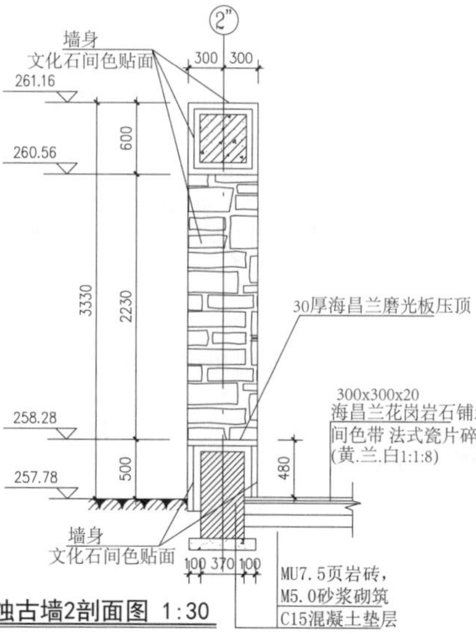

海蚀古墙2剖面图 1:30

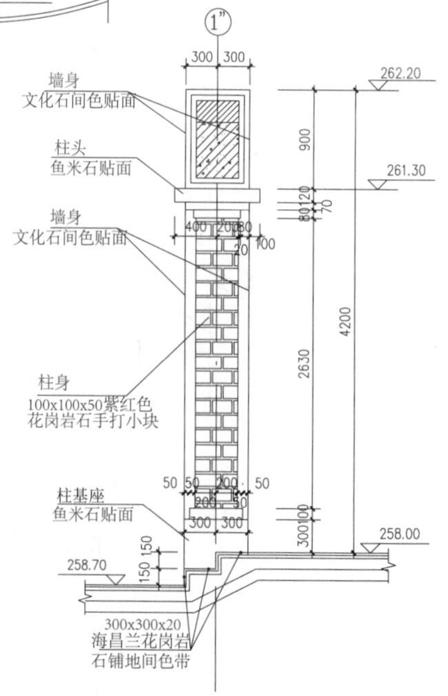

海蚀古墙1剖面图 1:30

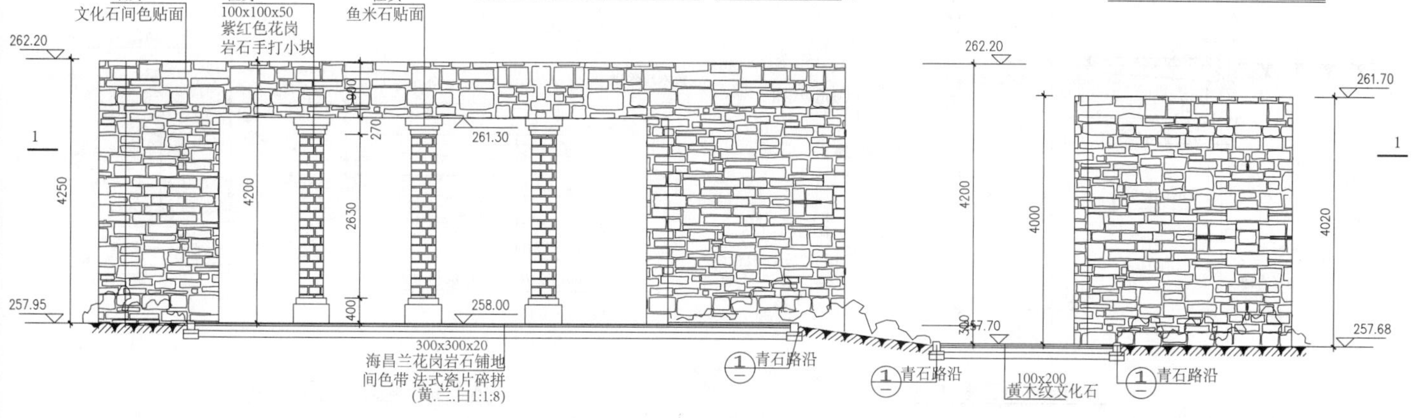

挡土景墙090

海蚀古墙A向立面 1:30

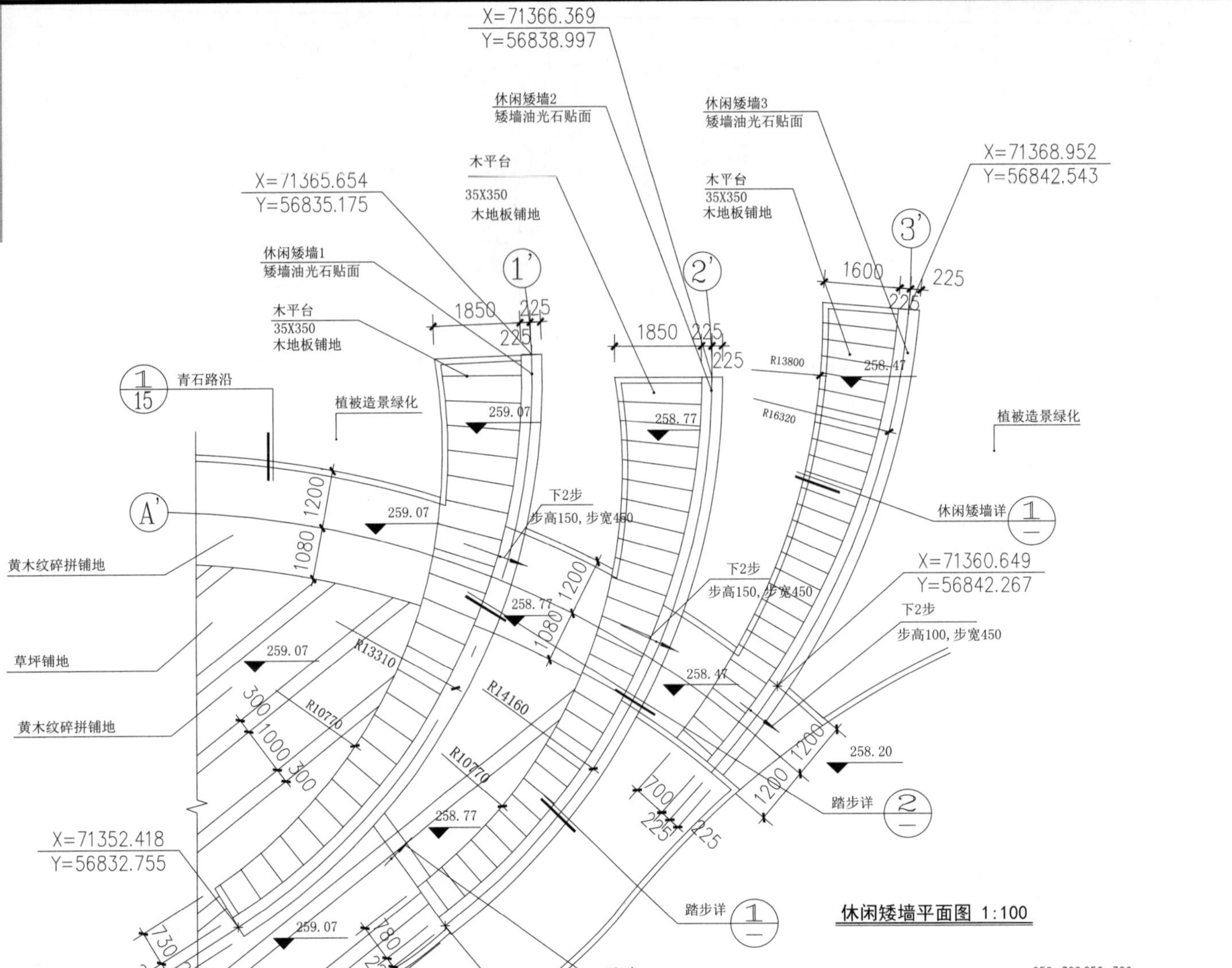

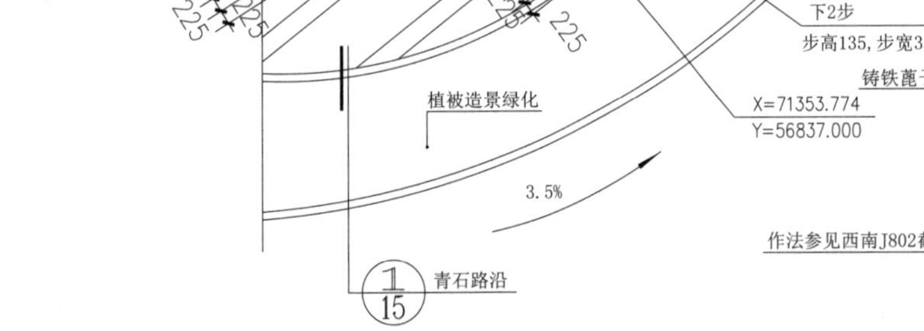

休闲矮墙平面图 1:100

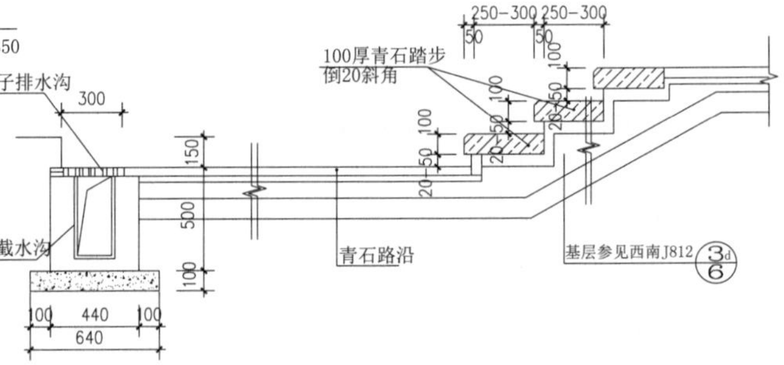

入户踏步剖面图 1:20

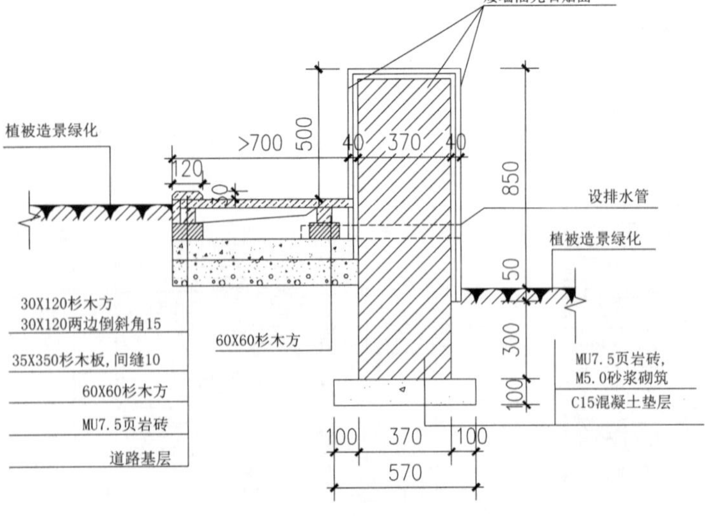

休闲矮墙剖面图 1:20

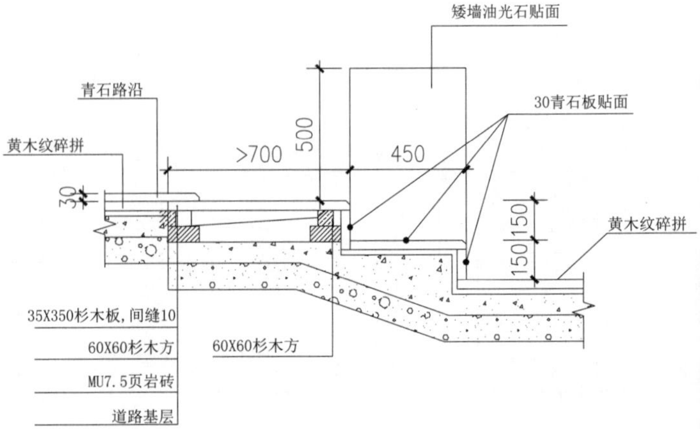

休闲矮墙踏步剖面图 1:20

挡土景墙091

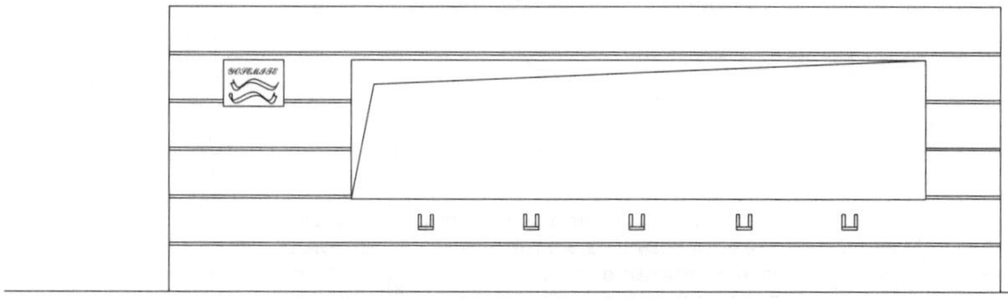

景墙立面图 1:30

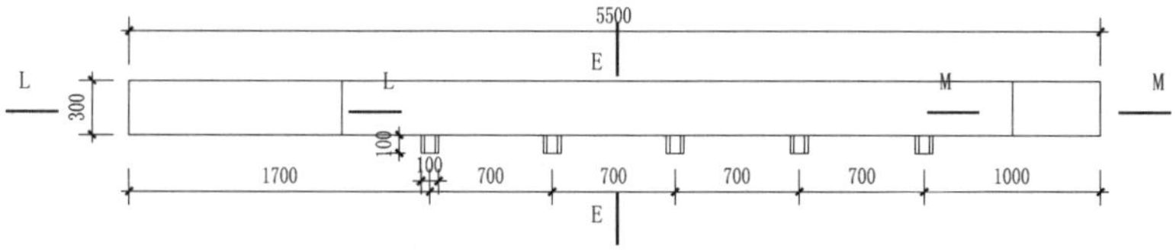

景墙平面图 1:30

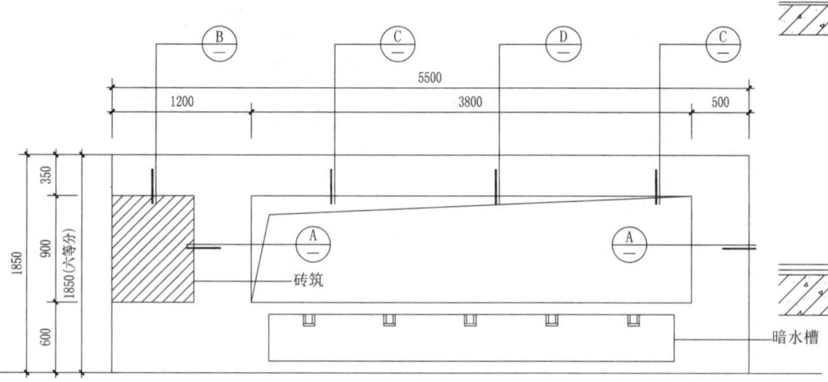

结构示意图 1:30

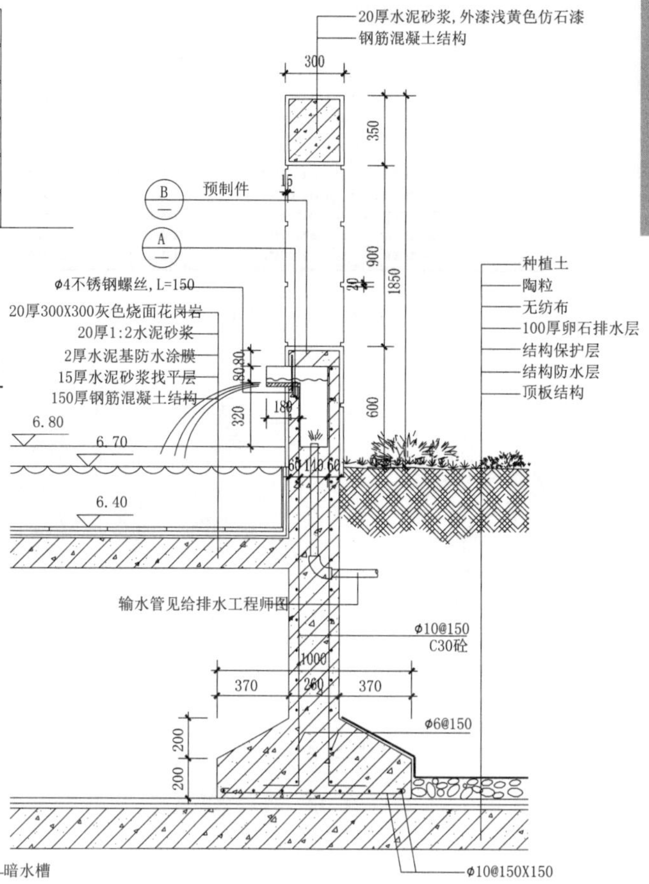
20厚水泥砂浆,外漆浅黄色仿石漆
钢筋混凝土结构
300
350
预制件
900
1850
600
ϕ4不锈钢螺丝,L=150
20厚300X300灰色烧面花岗岩
20厚1:2水泥砂浆
2厚水泥基防水涂膜
15厚水泥砂浆找平层
150厚钢筋混凝土结构
种植土
陶粒
无纺布
100厚卵石排水层
结构保护层
结构防水层
顶板结构
6.80
6.70
6.40
320
180
输水管见给排水工程师图
ϕ10@150
C30砼
1000
370
260
370
ϕ6@150
200
200
ϕ10@150X150

E-E 剖面图 1:20

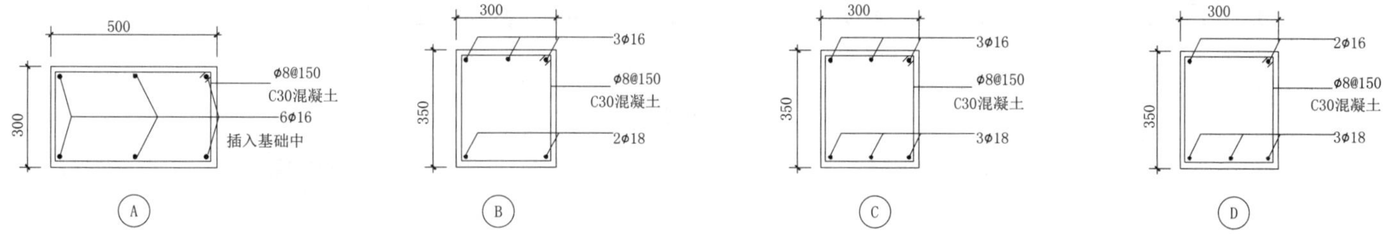

挡土景墙092

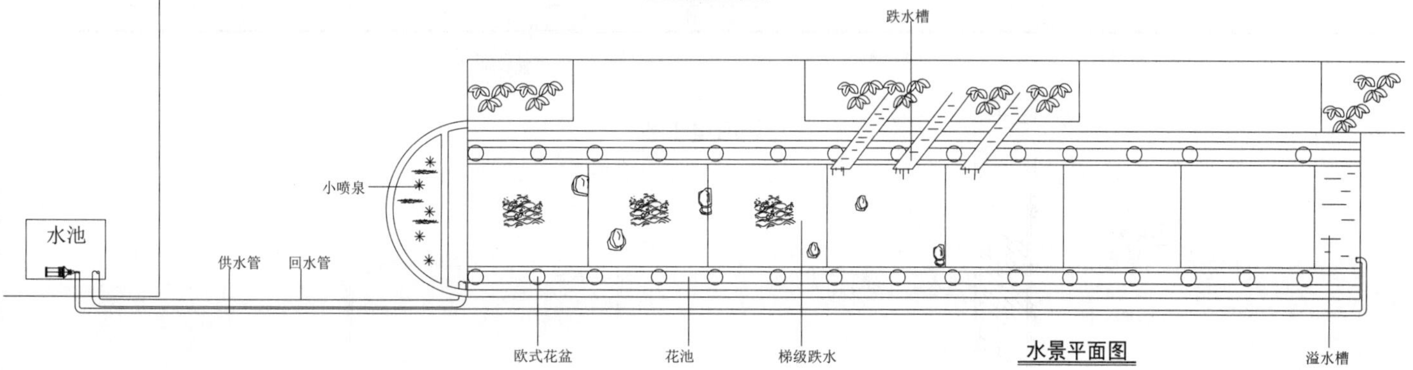
跌水槽
小喷泉
水池
供水管
回水管
欧式花盆
花池
梯级跌水
溢水槽

水景平面图

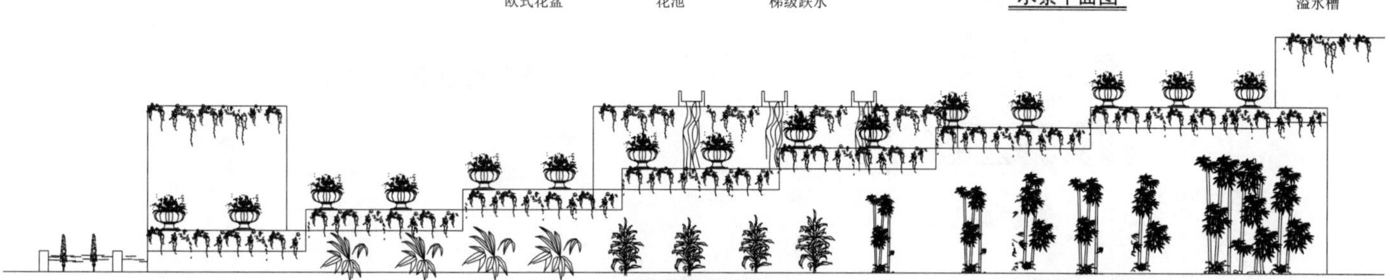

挡土景墙093

水景侧立面图

挡土景墙

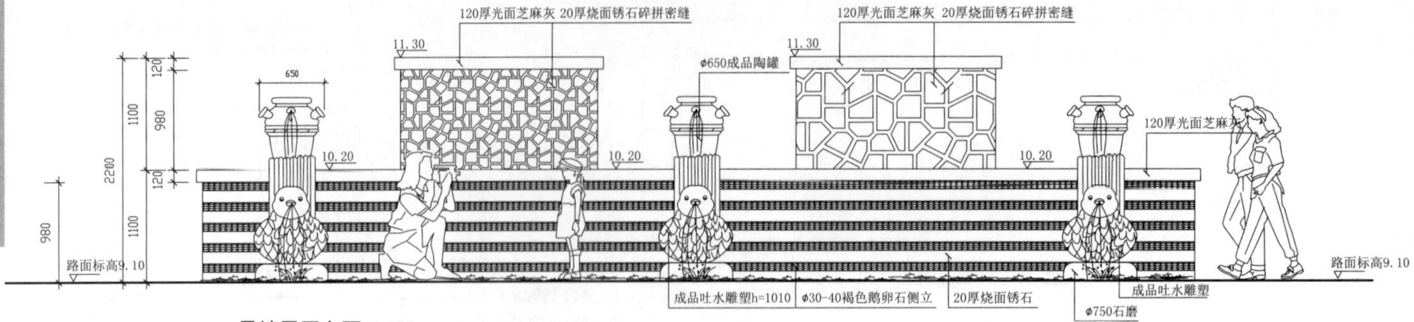

景墙展开立面 1:30

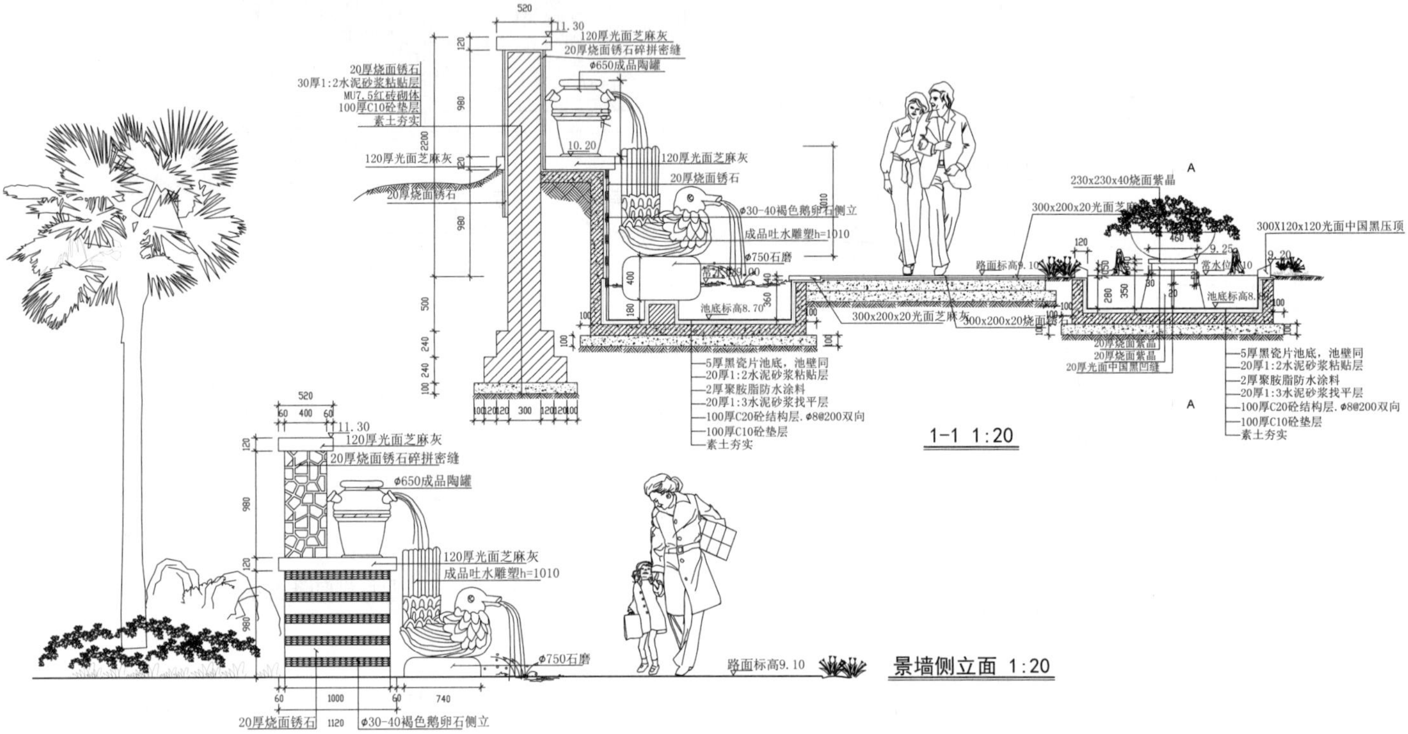

景墙侧立面 1:20

挡土景墙094

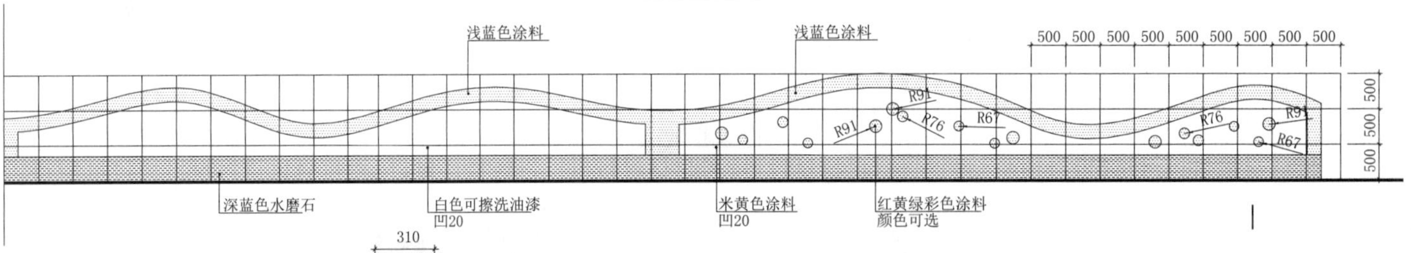

景墙详图 1:50

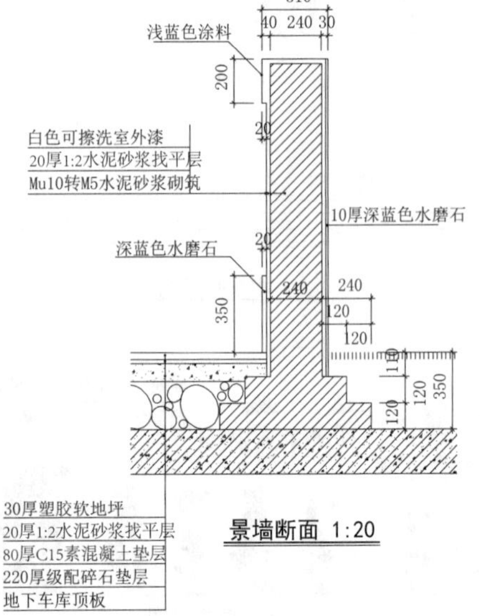

景墙断面 1:20

景墙平面示意

挡土景墙095

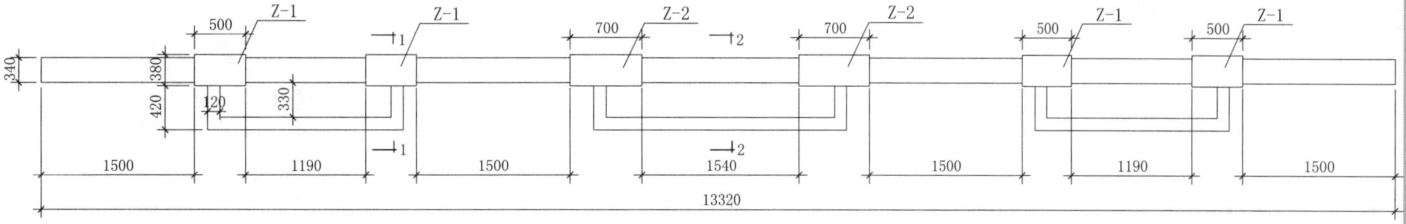

宅前景墙平面图 1:30

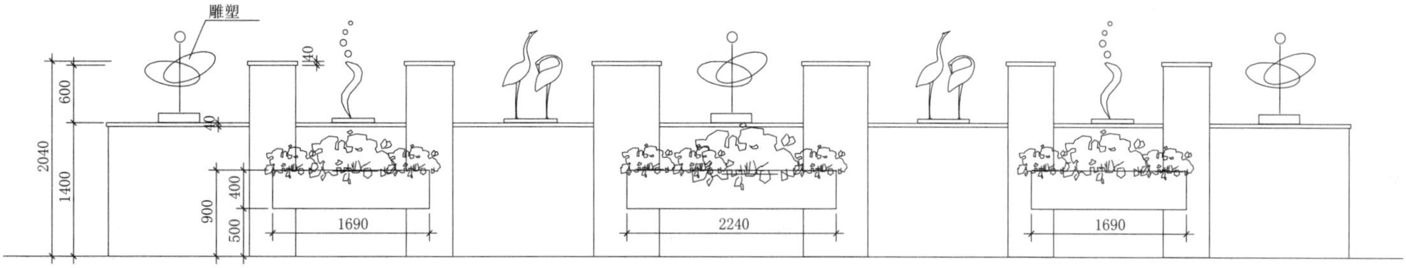

宅前景墙立面图 1:30

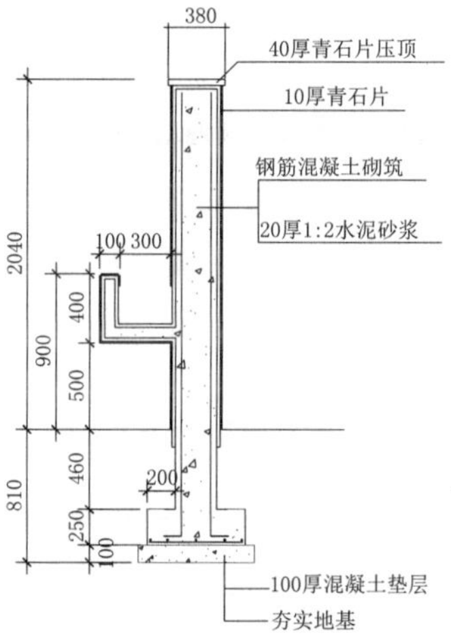

1-1 剖面图 1:20

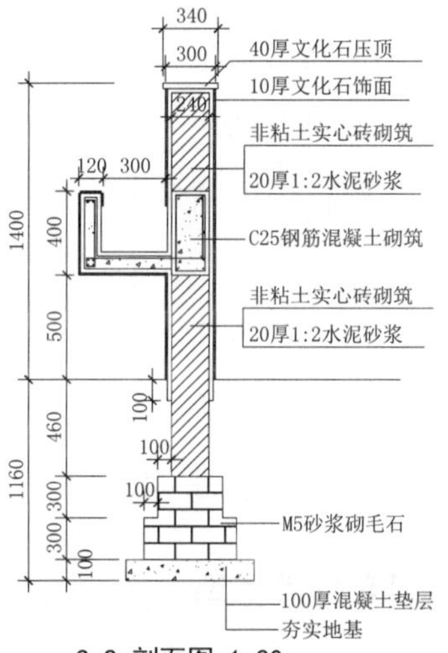

2-2 剖面图 1:20

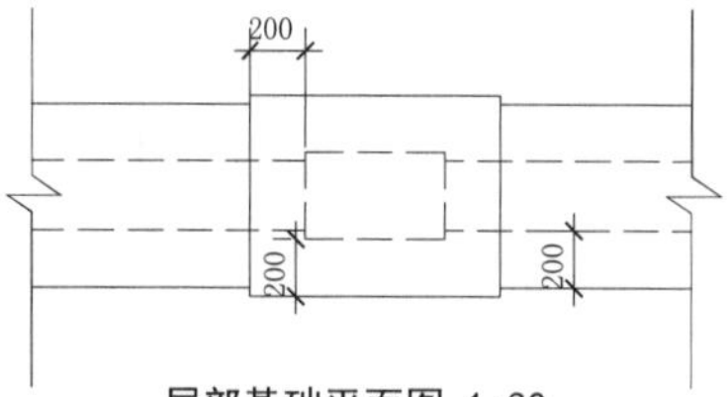

局部基础平面图 1:30

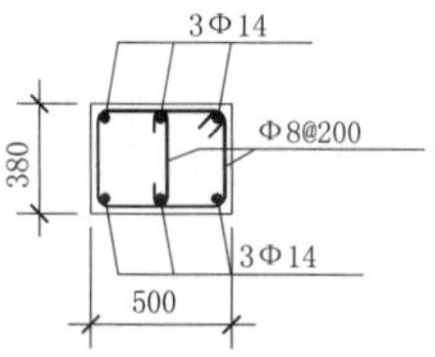

Z-1 1:25

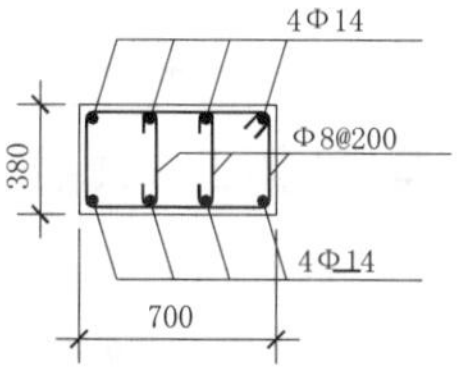

Z-2 1:25

挡土景墙096

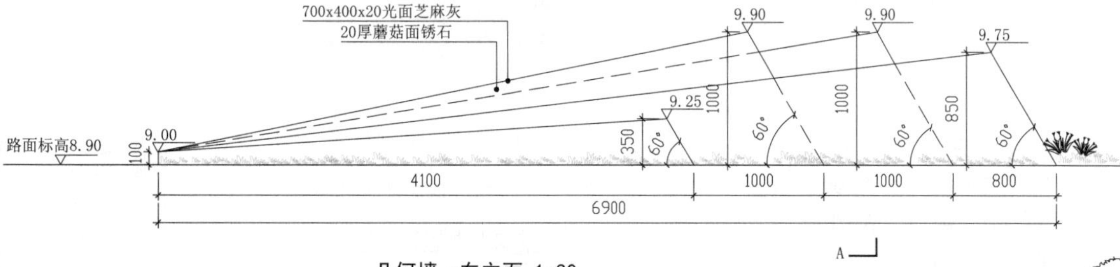

几何墙一东立面 1:30

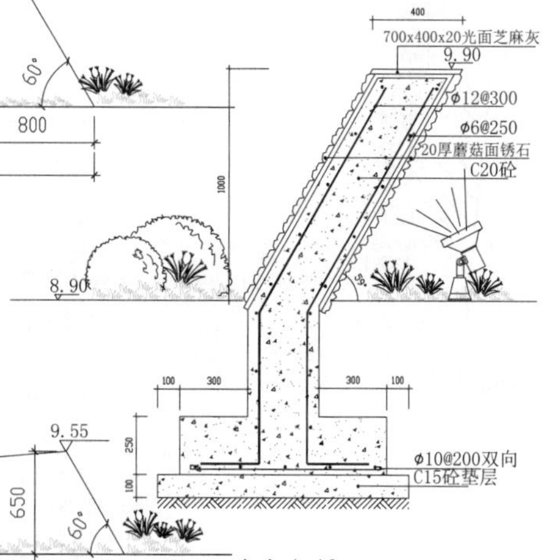

A-A 1:10

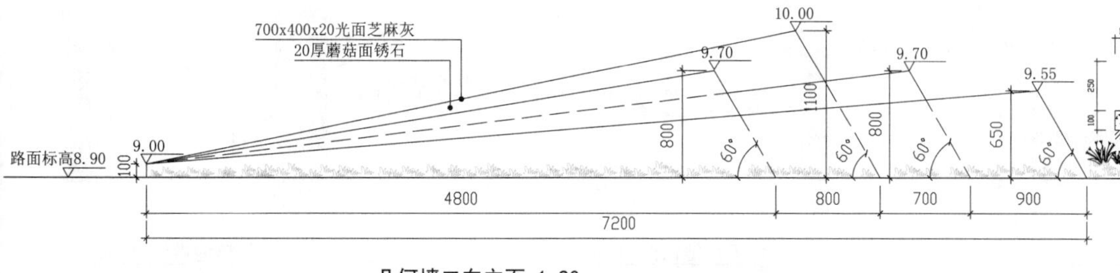

几何墙二东立面 1:20

挡土景墙097

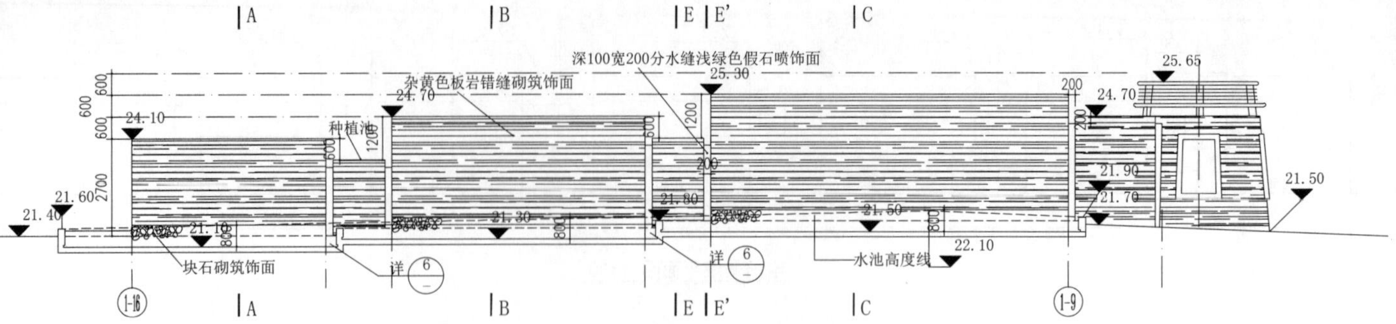

水墙及门卫房展开立面 1:100

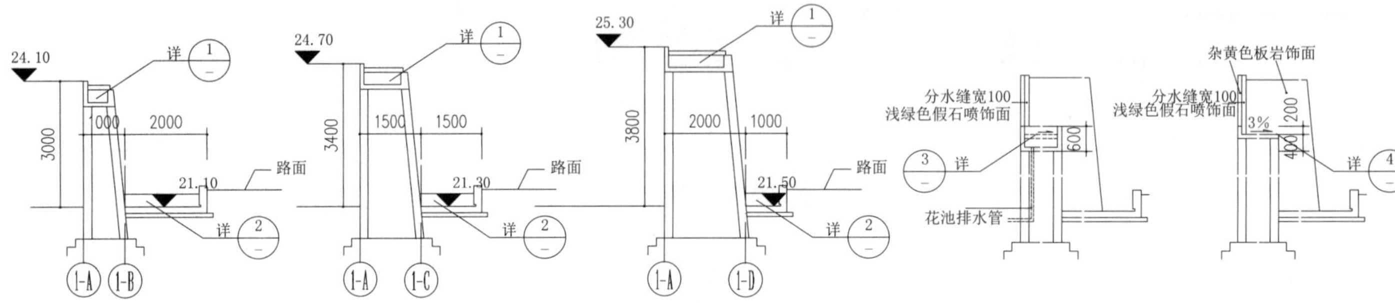

A-A 剖面 1:100

B-B 剖面 1:100

C-C 剖面 1:100

E-E 剖面 1:100

E'-E' 剖面 1:100

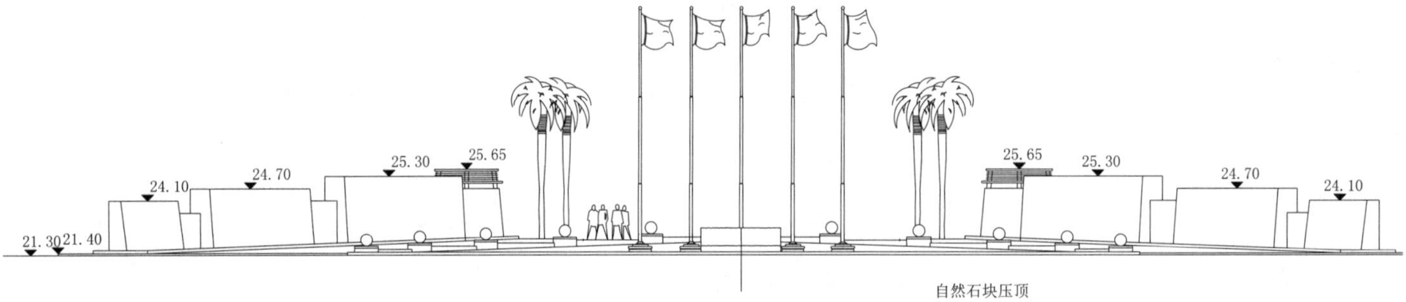

入口正立面示意 1:100

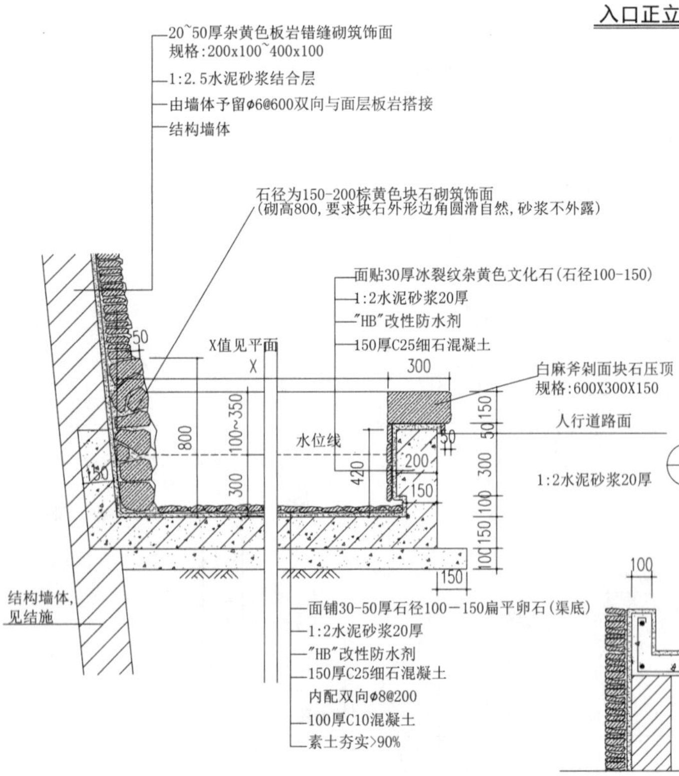

② 落水池做法 1:20

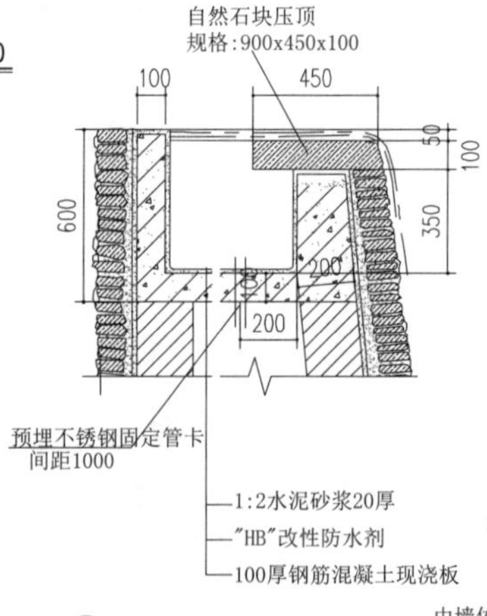

① 墙顶水池做法 1:20

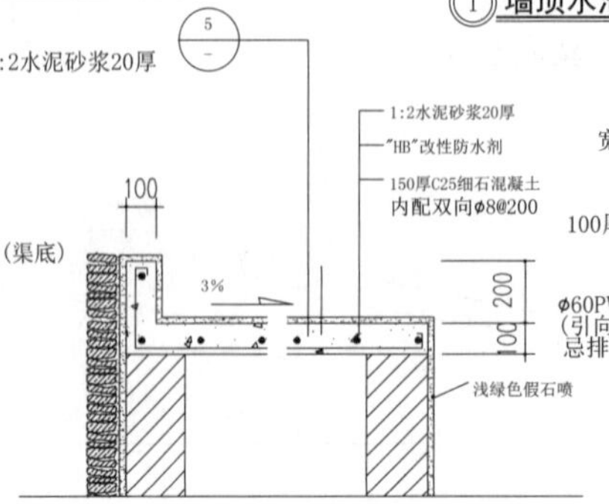

④ 流水缝做法 1:20

注:流水缝宽200

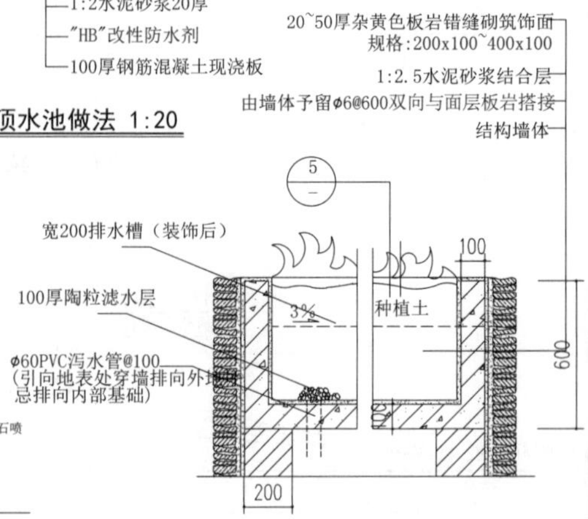

③ 种植池做法 1:20

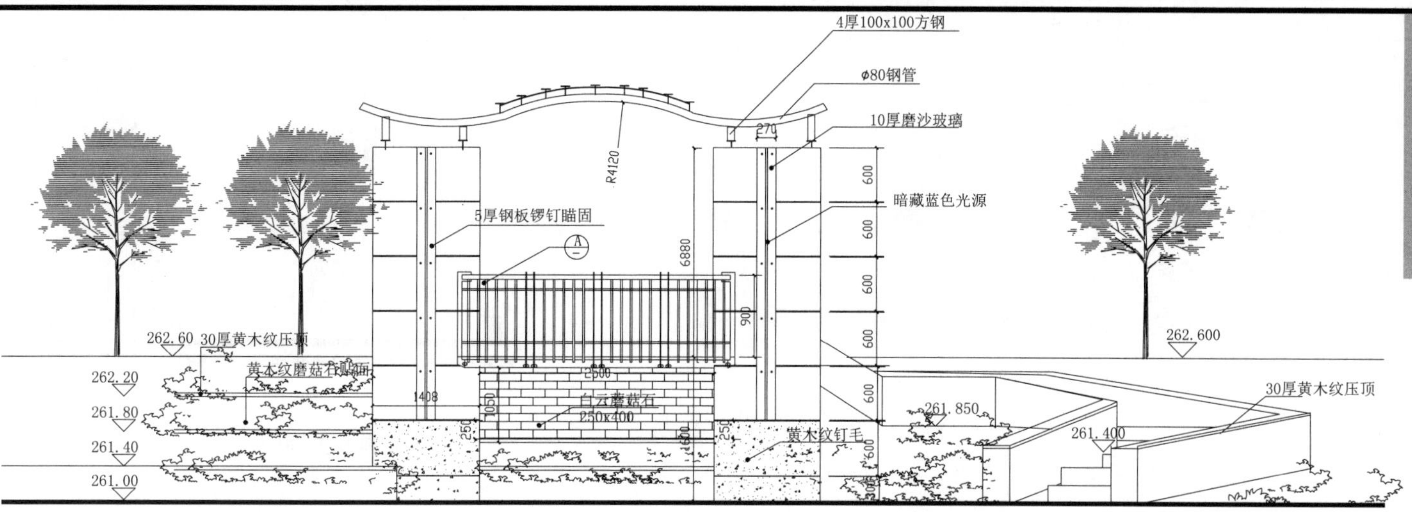

4厚100x100方钢
φ80钢管
10厚磨沙玻璃
暗藏蓝色光源
5厚钢板锣钉瞄固
262.60 30厚黄木纹压顶
黄本纹磨菇石饰面
262.20
261.80
261.40
261.00
R4120
6880
900
600
600
600
600
白云蓝菇石
250x400
黄木纹钉毛
261.850
261.400
30厚黄木纹压顶

景墙立面图 1:30

1800
1200
φ80钢管
6厚T型钢板焊接
1500
1500
100
600 380
262.600
900
1200
330x300x30厚黄木纹压顶
262.20
261.80
261.40
261.00
120
1600

B剖面图 1:30

挡土景墙099

φ20钢管　φ50钢管
1200 900
2950

3000

Ⓐ 栏杆立面大样图 1:25

约30厚黄木纹文化石毛板龟裂贴面
福建黄花岗石打制出水口
488 1350 1650 219
300
250
1000
400
120 240

喷水景墙侧立面图 1:25

约30厚黄木纹文化石毛板龟裂贴面
福建黄花岗石打制出水口
400
1550
600
1150

喷水景墙正立面图 1:25

根据实际
80 120 100
100

2-2 剖面图 1:25

约30厚黄木纹文化石龟裂贴面
1:3水泥砂浆
MU7.5砖砌体(M5水泥砂浆砌筑)
1:3水泥砂浆
约30厚黄木纹文化石龟裂贴面
根据实际
400
600

1-1 剖面图 1:25

给水管
163 250 75 1350 1650 219
250
300
福建黄花岗石打制出水口
1150
20 240
80 440

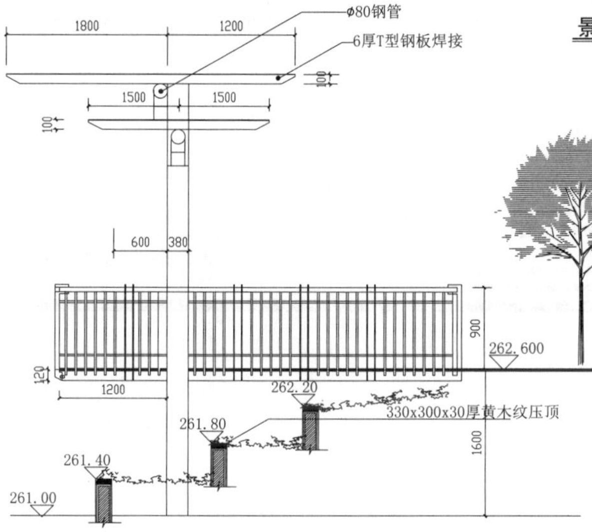

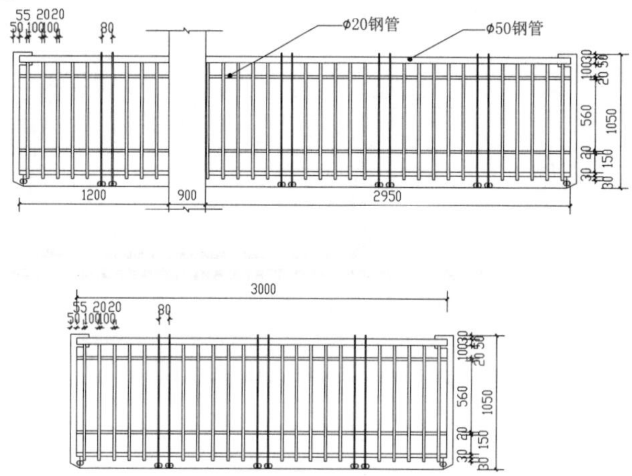

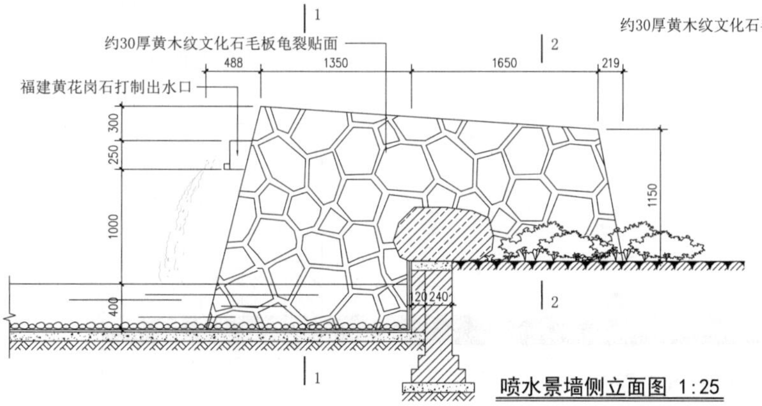

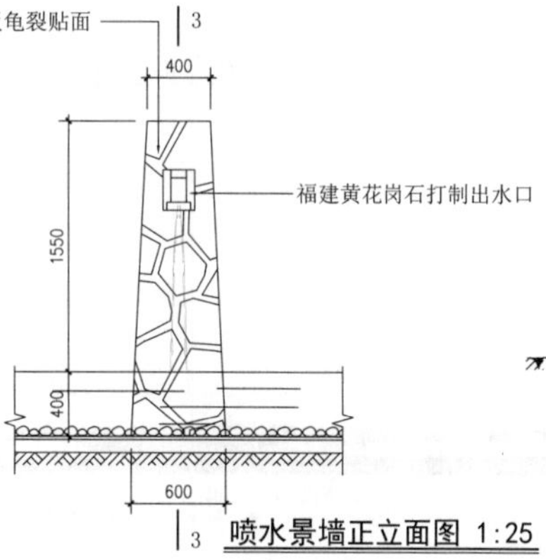

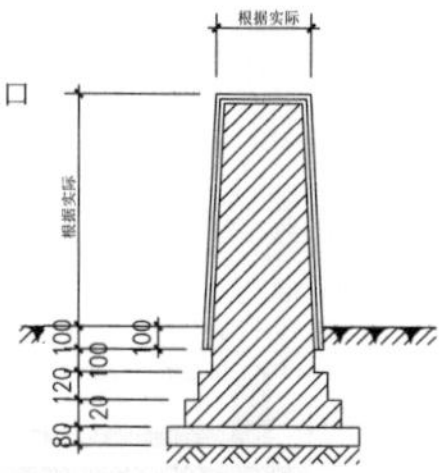

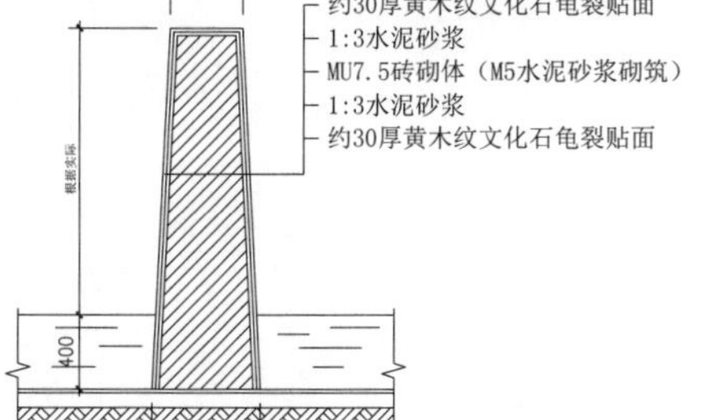

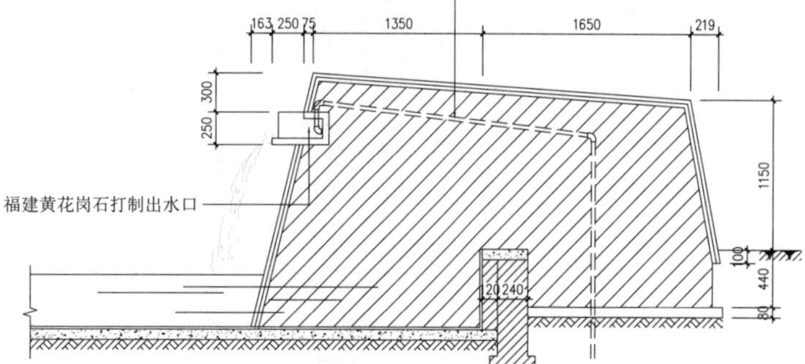

3-3 剖面图 1:25

挡土景墙100

挡土景墙

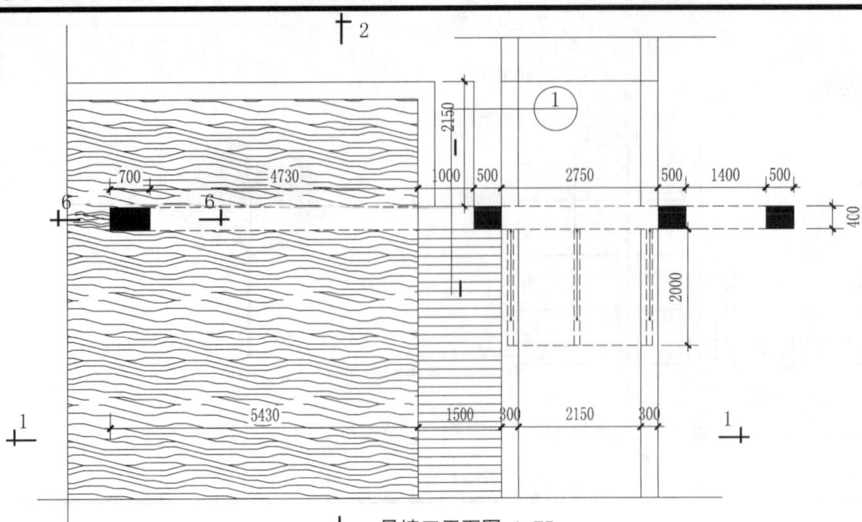

2-2 剖面图 1:75

2 景墙三平面图 1:75

浅黄色涂料　轻钢结构详专业厂家　180~300 黄木纹贴面

池边做法参

1-1 剖立面图 1:75

板厚见剖面

景墙三基础平面图 1:75

4-4 断面

C30砼　地下室顶保护层

砖砌　砖砌　砖砌

3-3结构示意图 1:75

地下室顶保护层

A-A

C30砼

5-5 断面

C30砼　C30砼　地下室顶保护层

B-B

C30砼

挡土景墙101

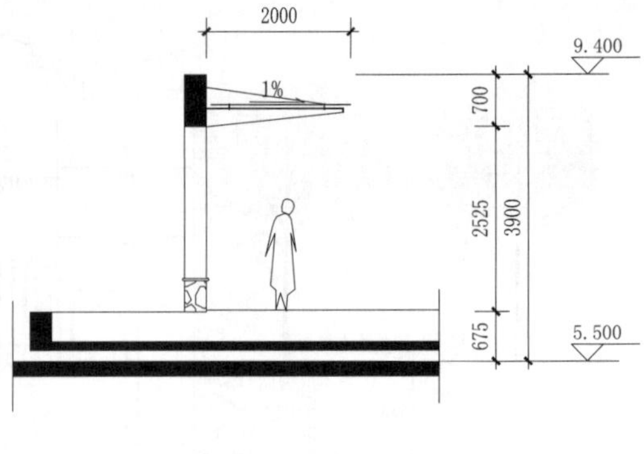

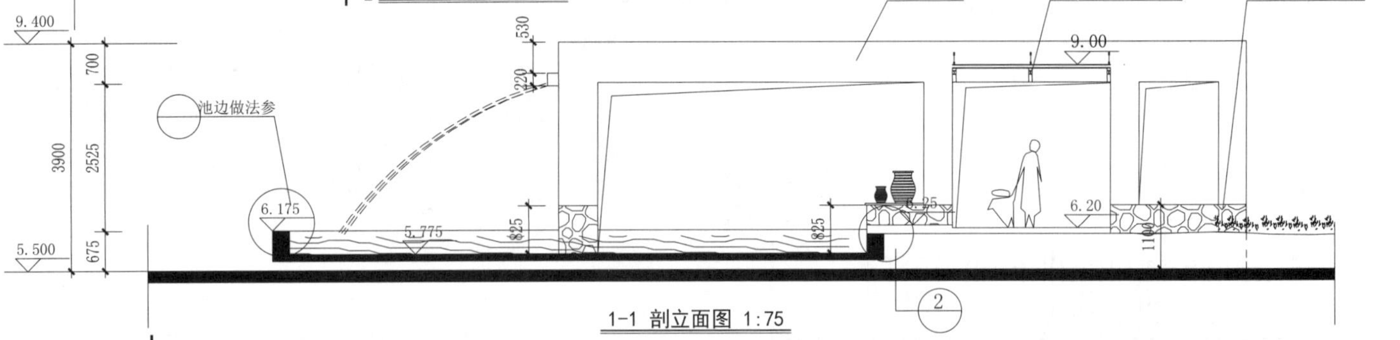

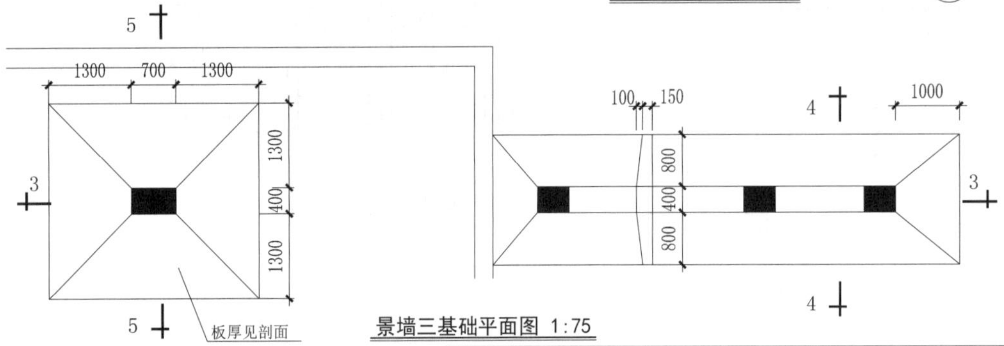

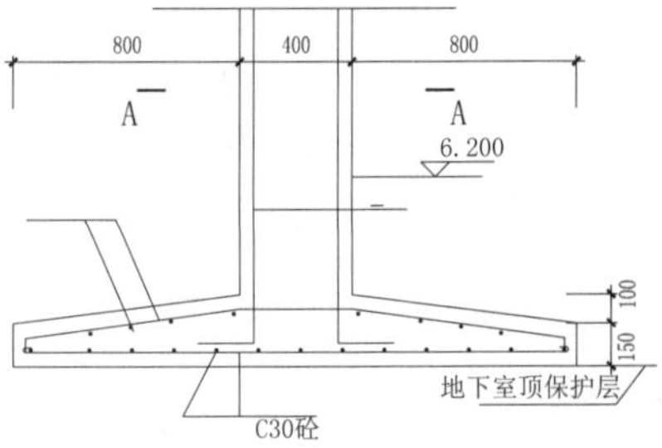

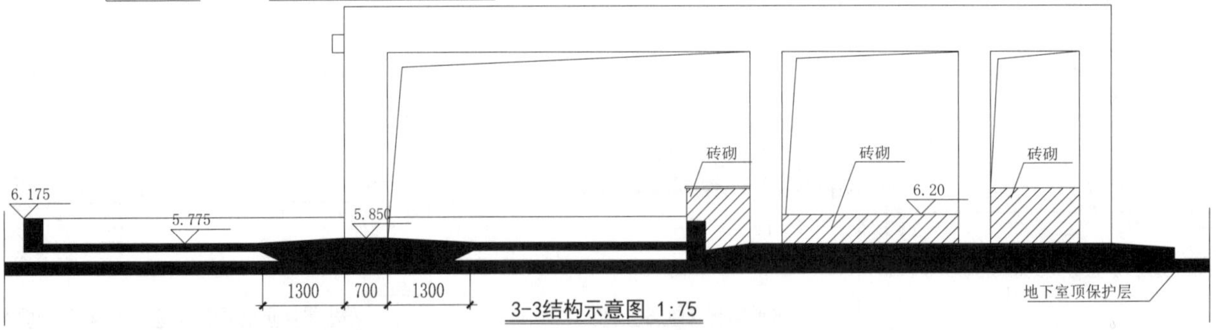

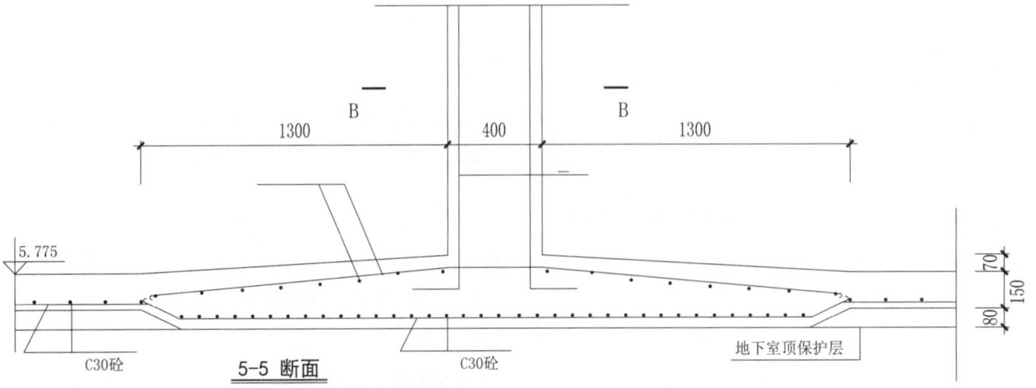

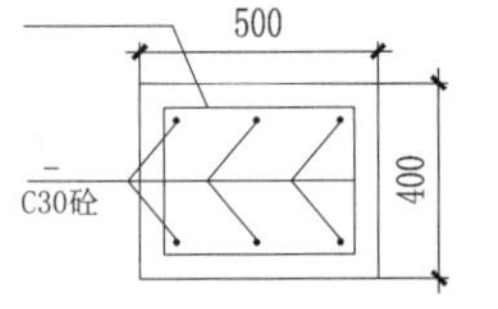

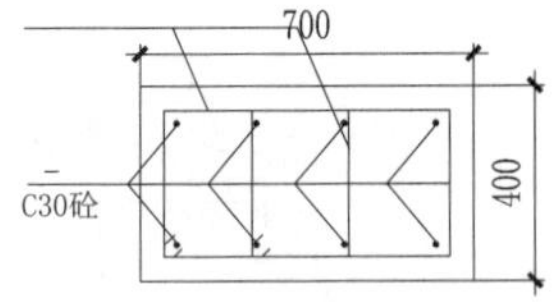

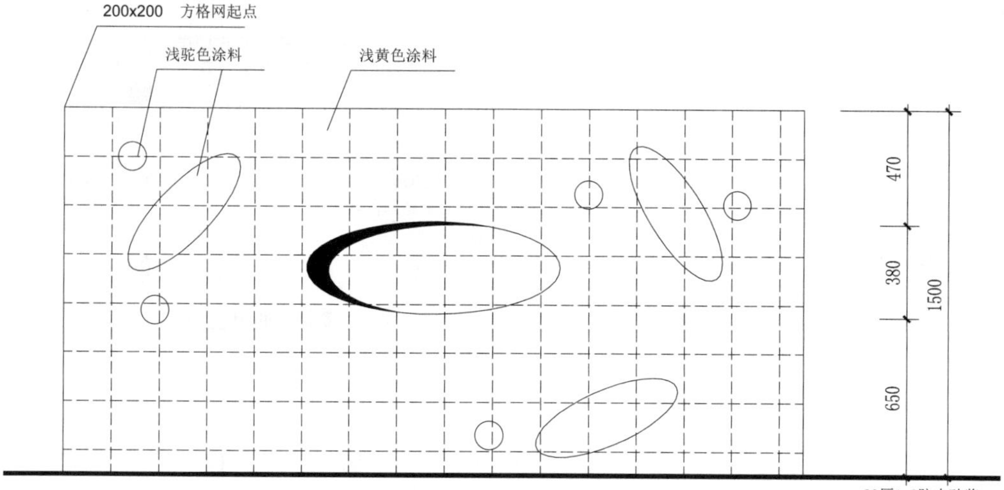

200x200 方格网起点
浅驼色涂料
浅黄色涂料

景墙6立面图 1:20

20厚1:2防水砂浆
外墙涂料两道

1-1 剖面图 1:20

20厚1:2防水砂浆
外墙涂料两道

2-2 剖面图 1:20

景墙6平面图 1:20

挡土景墙101

景墙
垂直花坛
坐凳

平面详图 1:30

种植区
景墙(喷米黄色漆)
芬兰木百叶窗造形
花钵
组合花坛
种植区
坐凳

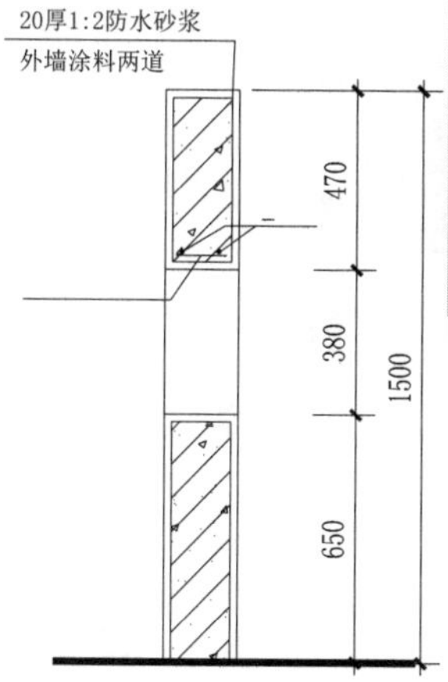

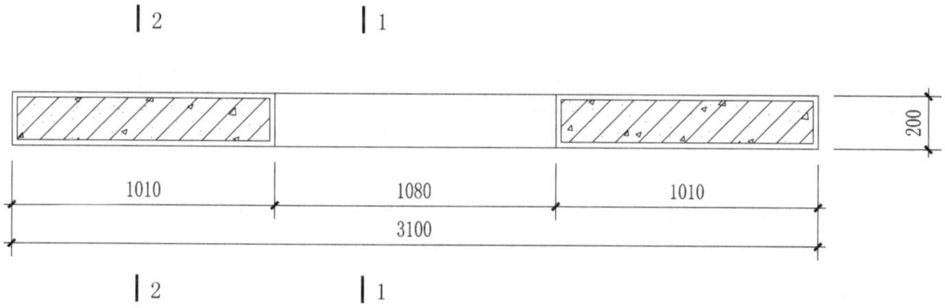

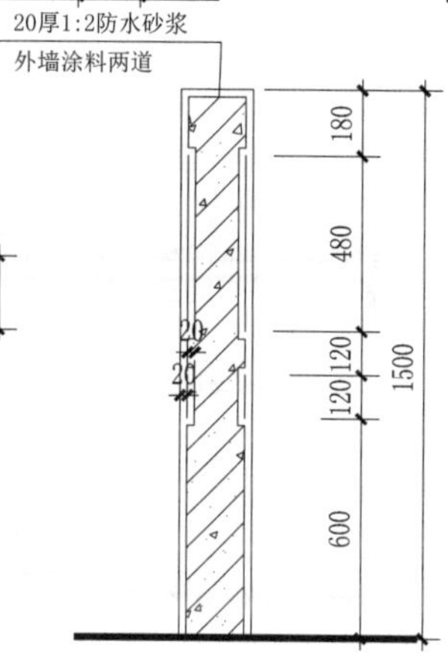

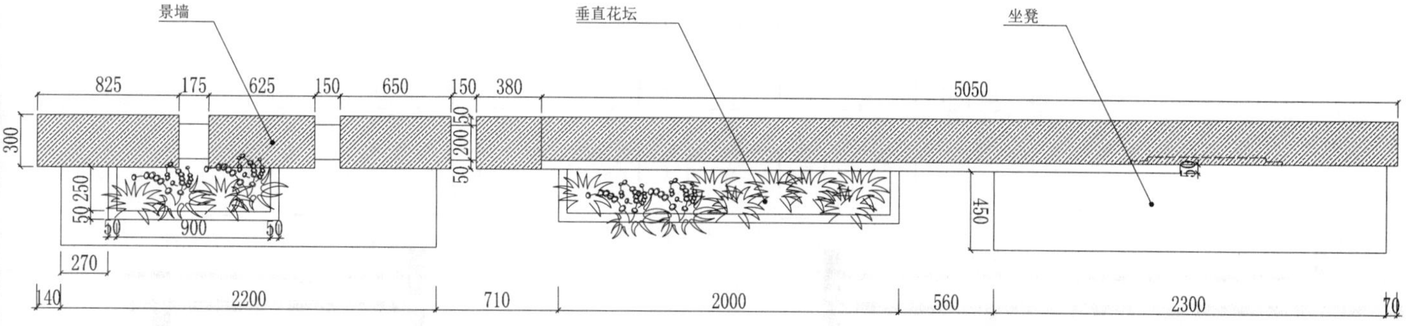

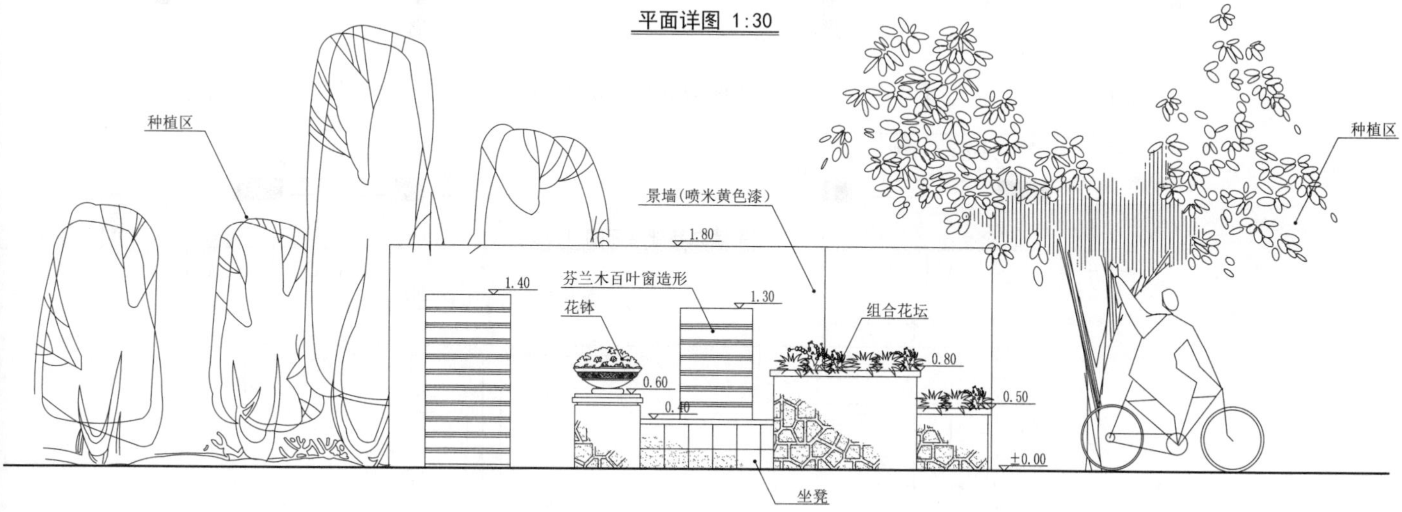

立面图 1:30

挡土景墙102

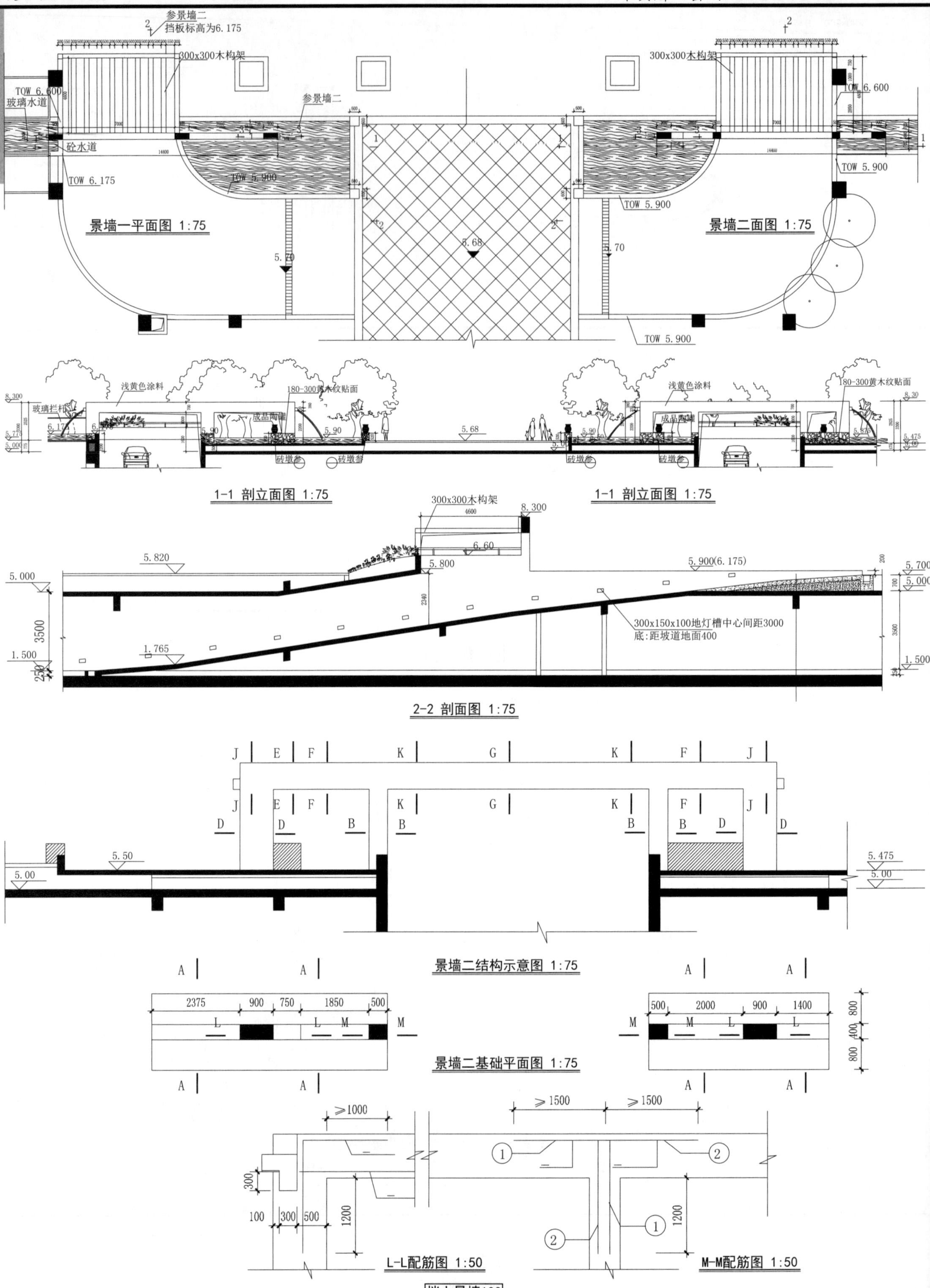
参景墙二
挡板标高为6.175
300x300木构架
TOW 6.600
玻璃水道
参景墙二
砼水道
TOW 6.175
TOW 5.900
景墙一平面图 1:75
景墙二面图 1:75
5.70
5.68
TOW 5.900
浅黄色涂料
180-300黄木纹贴面
玻璃栏杆
成品陶罐
砖墩参
1-1 剖立面图 1:75
300x300木构架
8.300
6.60
5.820
5.800
5.900(6.175)
5.700
5.000
3500
1.500
1.765
300x150x100地灯槽中心间距3000
底:距坡道地面400
2-2 剖面图 1:75
5.50
5.00
5.475
景墙二结构示意图 1:75
2375
900
750
1850
500
2000
1400
景墙二基础平面图 1:75
≥1000
≥1500
300
100
500
1200
L-L配筋图 1:50
M-M配筋图 1:50

挡土景墙103

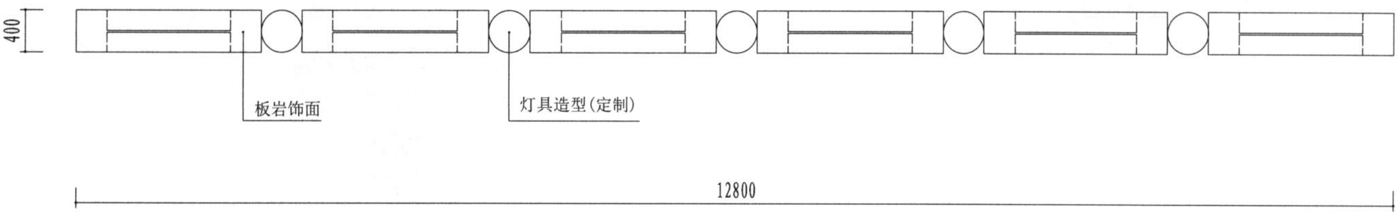
400
板岩饰面
灯具造型(定制)
12800

石屏造型平面图 1:50

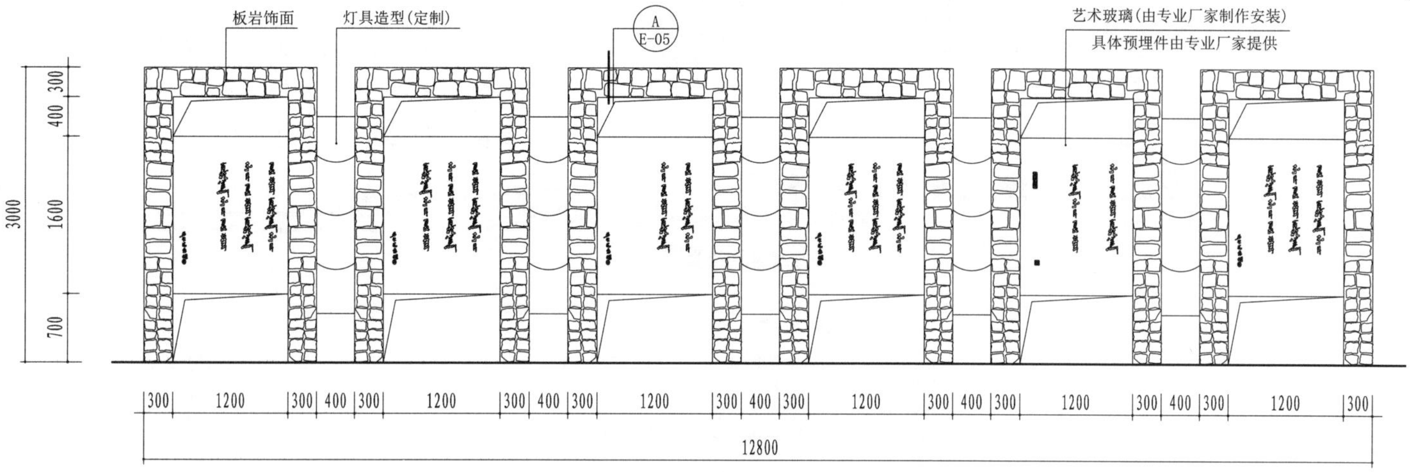
板岩饰面
灯具造型(定制)
A
E-05
艺术玻璃(由专业厂家制作安装)
具体预埋件由专业厂家提供
3000
300
400
1600
700
300 1200 300 400 300 1200 300 400 300 1200 300 400 300 1200 300 400 300 1200 300 400 300 1200 300
12800

石屏造型立面图 1:50

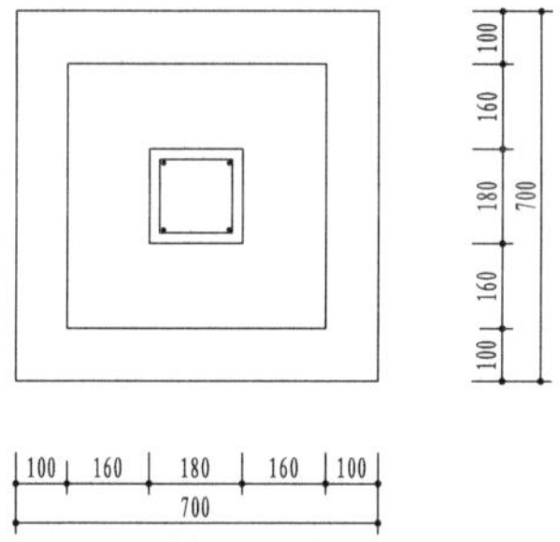
100
160
180
160
100
700
100 160 180 160 100
700

石屏造型基础详图 1:10

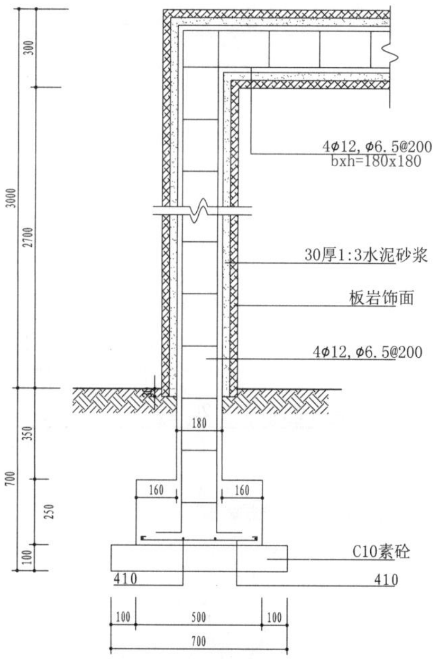
300
3000
2700
350
700
250
100
4φ12, φ6.5@200
bxh=180x180
30厚1:3水泥砂浆
板岩饰面
4φ12, φ6.5@200
180
160
160
C10素砼
410
410
100 500 100
700

石屏造型立面A剖面图 1:10

挡土景墙104

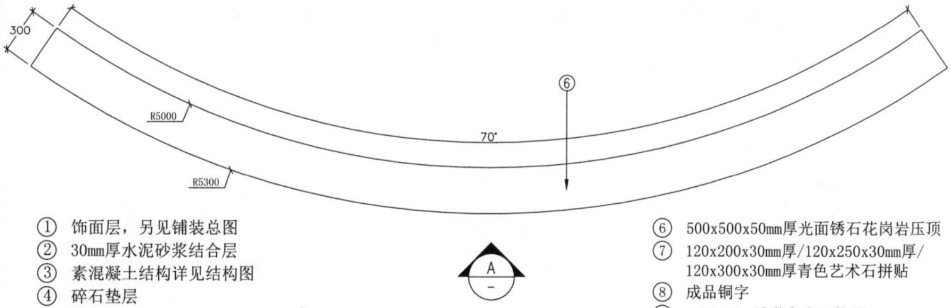

① 饰面层，另见铺装总图
② 30mm厚水泥砂浆结合层
③ 素混凝土结构详见结构图
④ 碎石垫层
⑤ 素土夯实
⑥ 500x500x50mm厚光面锈石花岗岩压顶
⑦ 120x200x30mm厚/120x250x30mm厚/120x300x30mm厚青色艺术石拼贴
⑧ 成品铜字
⑨ φ30-40mm浅黄色卵石饰面
⑩ 钢筋混凝土

特色景墙平面大样图 1:25

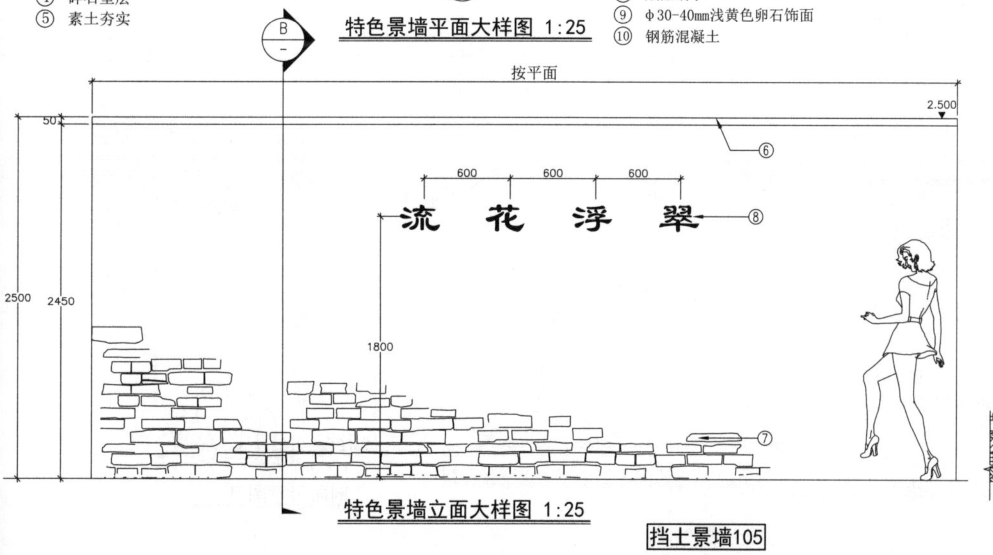
B
按平面
2.500
50
⑥
600 600 600
流 花 浮 翠
⑧
2500
2450
1800
⑦

特色景墙立面大样图 1:25

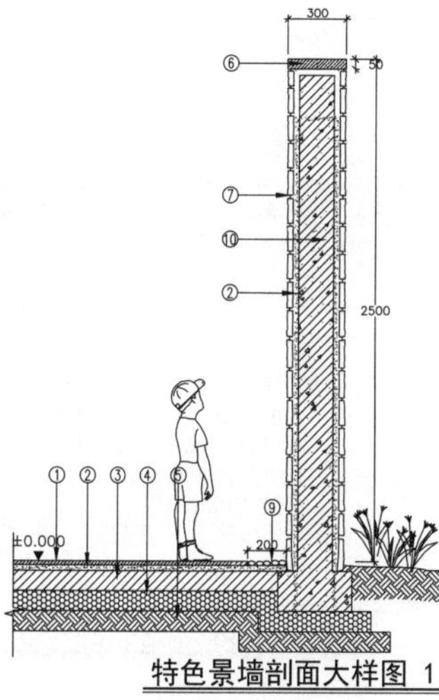

特色景墙剖面大样图 1:25

挡土景墙105

挡土景墙

景墙立面示意图 1:20

泥色陶罐成品

300X150X20蘑菇面锈石
20厚1:3水泥砂浆层
M5水泥砂浆砌MU7.5机砖

100厚C15砼垫层
素土夯实

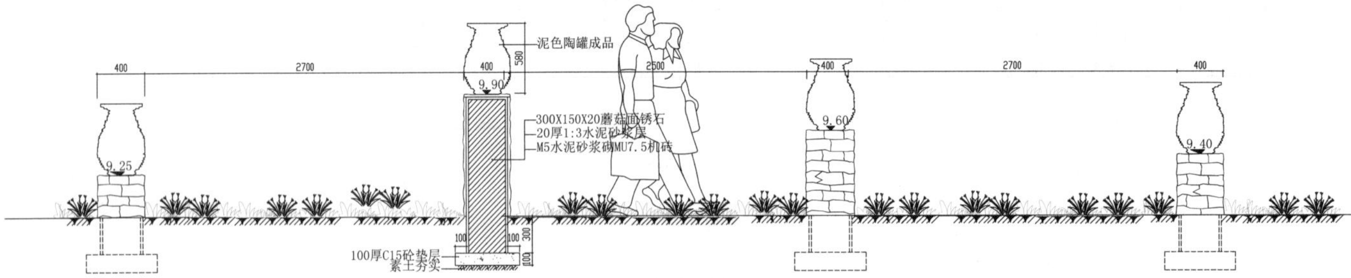

C-C剖立面图 1:20

景墙立面图 1:20

泥色陶罐成品
80厚光面锈石条石框架
100X30x50黄木纹
C20砼预制花池
100x100x20绿板

80厚光面锈石条石框架

泥色陶罐成品

A-A 1:20

C20砼预制花池
100x100x20绿板
20厚1:3水泥砂浆层
M5水泥砂浆砌MU7.5机砖
100X30x50黄木纹

100厚C15砼垫层
素土夯实

B-B 1:20

200x200x20厚烧面芝麻灰
20厚1:3水泥砂浆找平层
100厚C20混凝土层
100厚C10砼垫层
素土夯实

45厚塑木复合板
200x200x20厚烧面芝麻灰
300X150x20烧面紫晶

成品坐椅

景墙做法

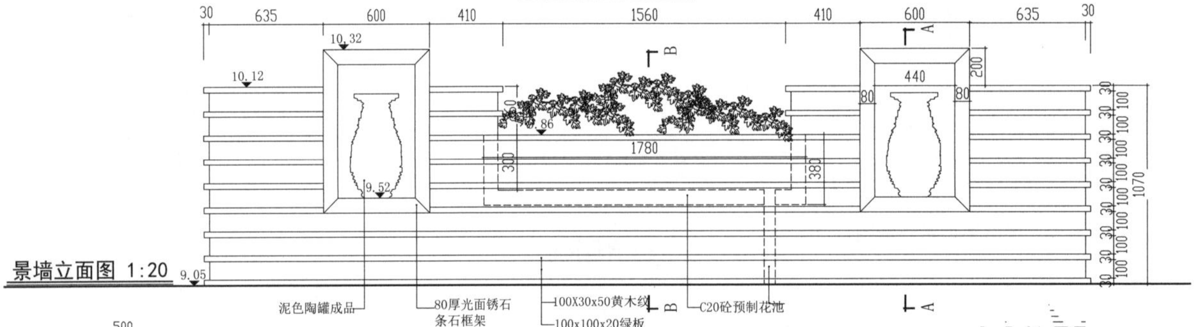

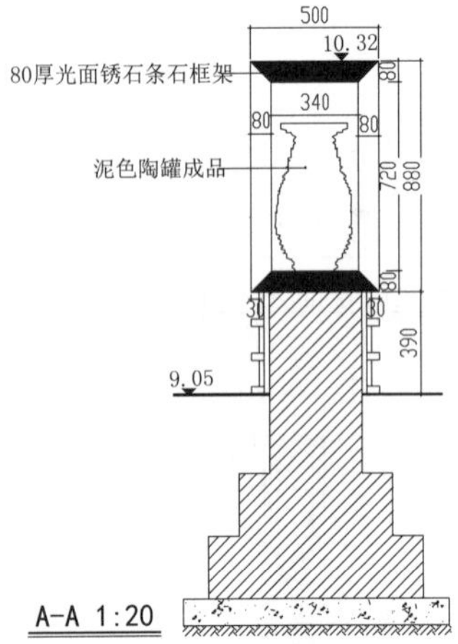

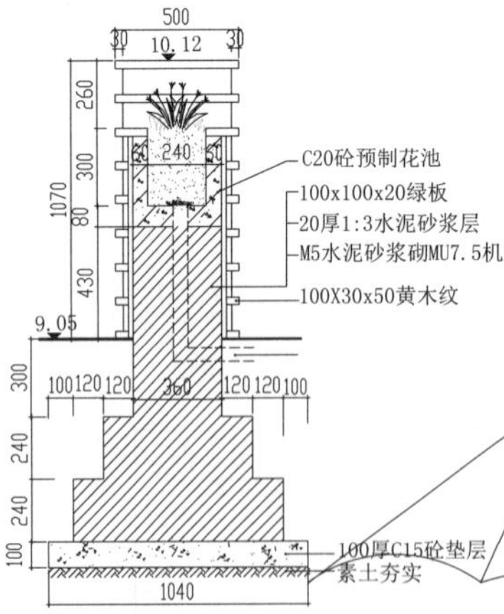

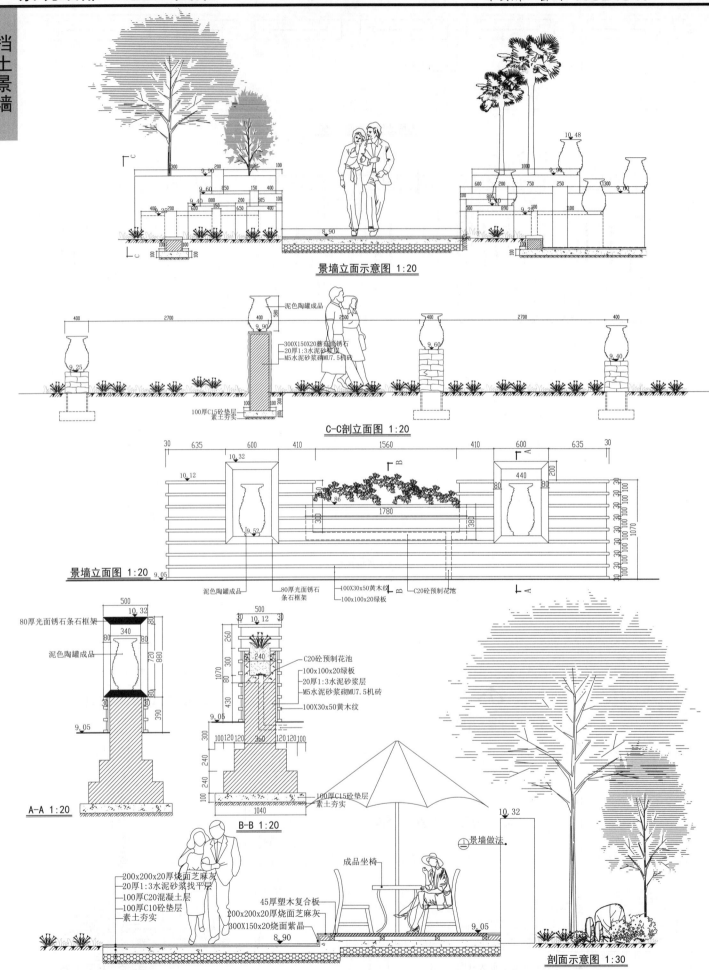

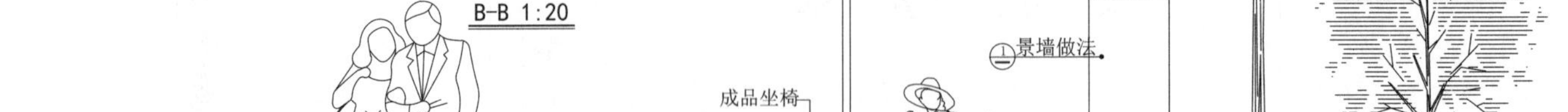

剖面示意图 1:30

挡土景墙106

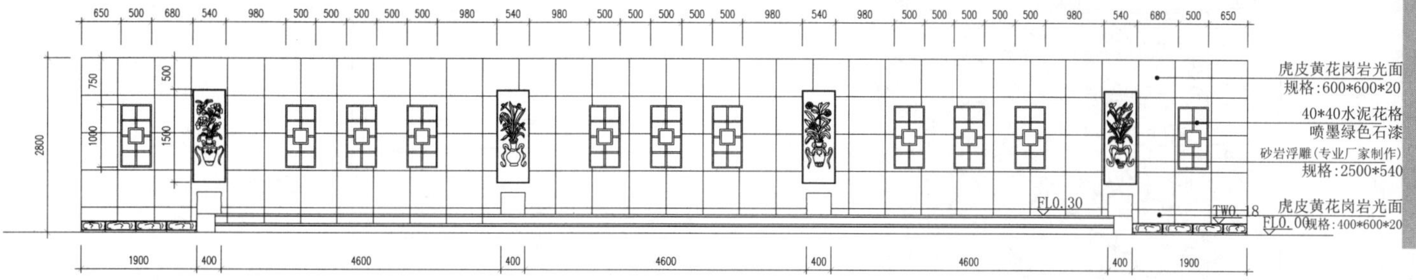

景墙正立面大样 1:50

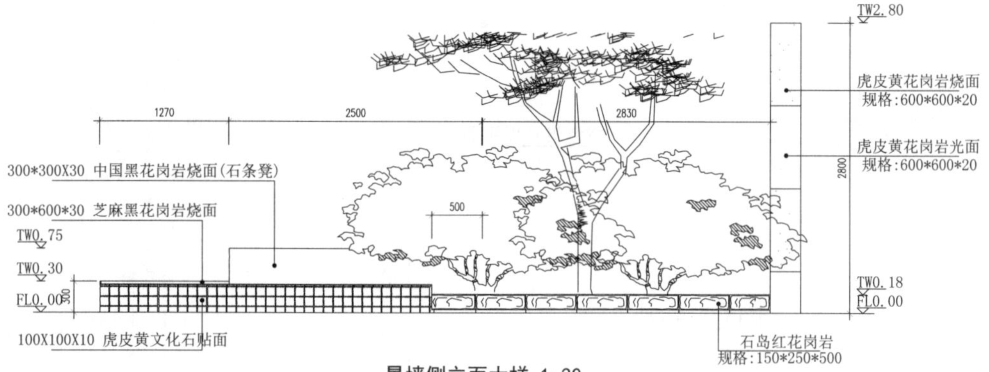

虎皮黄花岗岩光面
规格:600*600*20

40*40水泥花格
喷墨绿色石漆

砂岩浮雕(专业厂家制作)
规格:2500*540

虎皮黄花岗岩光面
规格:400*600*20

景墙侧立面大样 1:30

300*300X30 中国黑花岗岩烧面(石条凳)
300*600*30 芝麻黑花岗岩烧面
100X100X10 虎皮黄文化石贴面

虎皮黄花岗岩烧面
规格:600*600*20

虎皮黄花岗岩光面
规格:600*600*20

石岛红花岗岩
规格:150*250*500

预制水泥花格大样 1:10

40*40水泥花格
喷墨绿色石漆

40*40水泥花格
喷墨绿色石漆

景墙平面大样 1:30

240*240(JZ)

砖砌体

景墙基础剖面A Ⓐ

景墙基础剖面B Ⓑ

景墙结构立面大样 1:30

240*240(QL)

240*240(JZ)

砖砌体

景墙基础剖面A大样 1:25

250厚C20钢筋砼基
100厚C15素砼垫层
100厚碎石垫层
素土夯实

景墙基础剖面B大样 1:25

20厚1:3水泥砂浆防潮层
MU10M7.5水泥砂浆砖砌体
250厚C20钢筋砼基
100厚C15素砼垫层
100厚碎石垫层
素土夯实

景墙柱、梁剖面大样 1:25

2φ14
φ6@200
2φ14
梁 Ⓛ

2φ14
φ6@200
2φ14
柱 Ⓩ

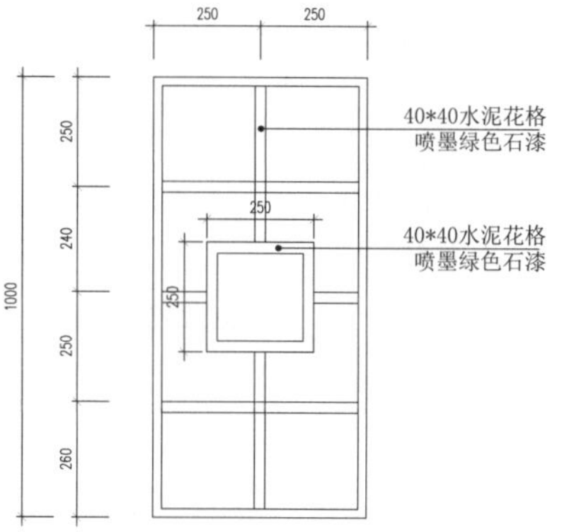

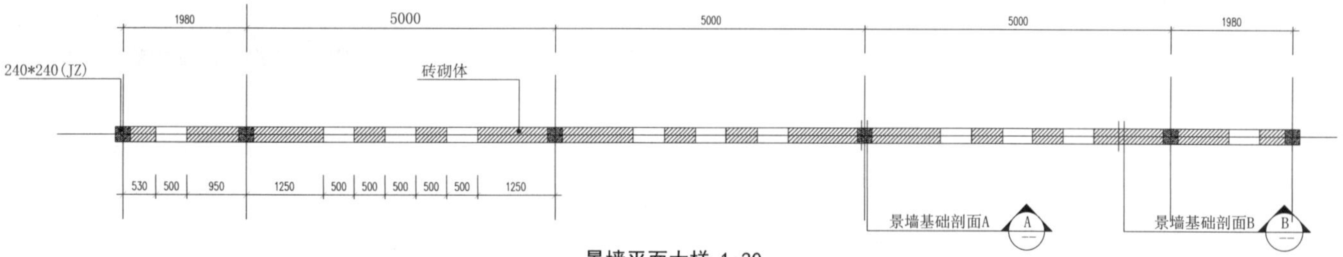

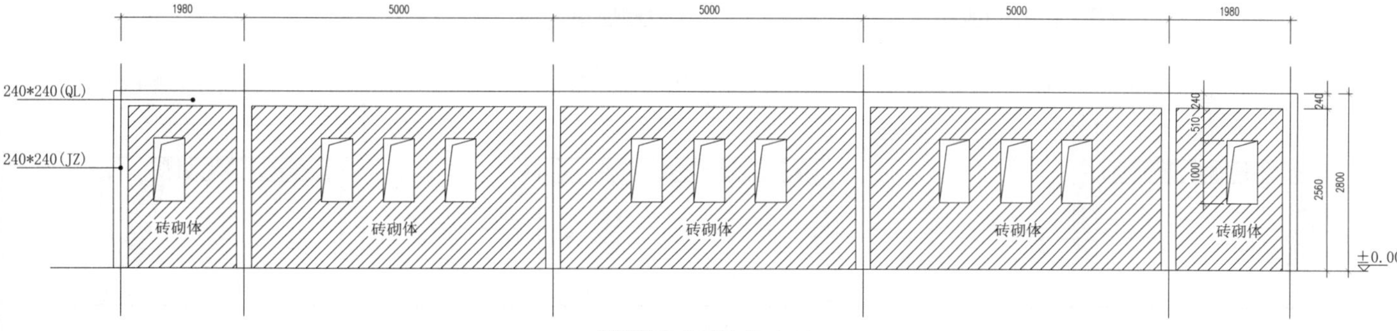

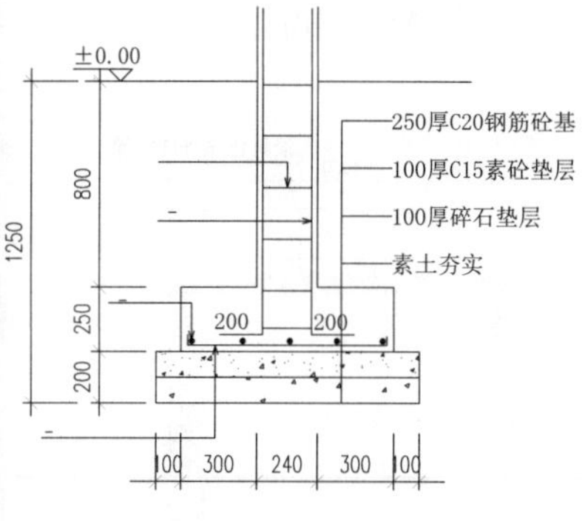

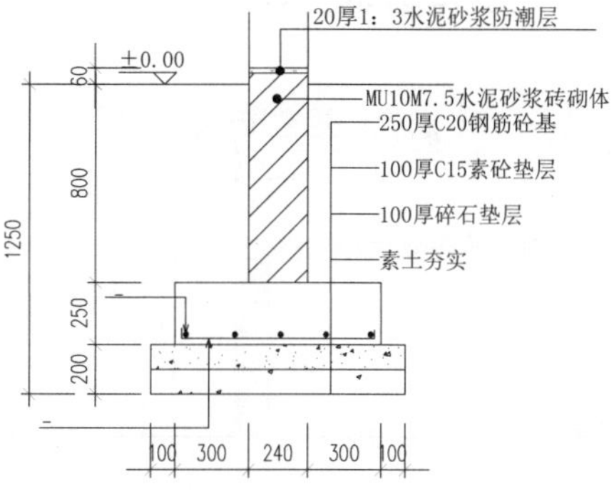

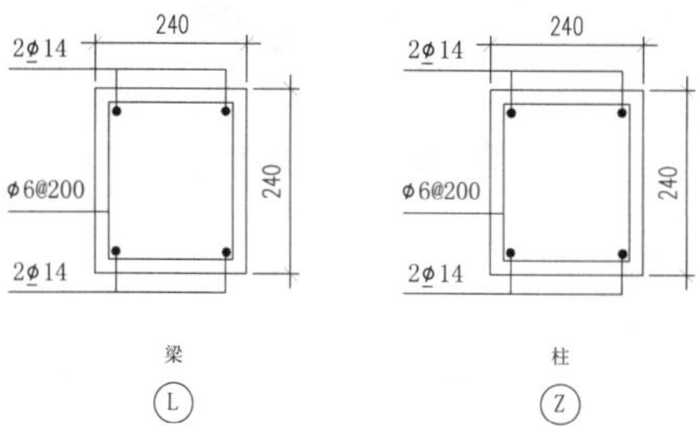

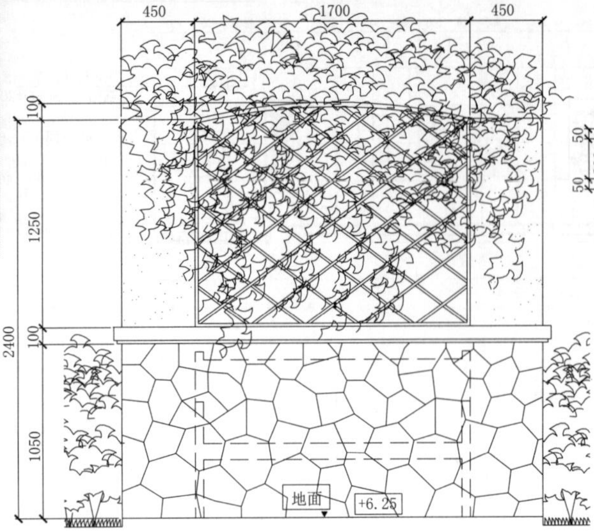

本页解压密码: 41524547

挡土景墙

特色景观墙立面

特色景观墙平面

挡土景墙108

特色景观墙1-1剖面

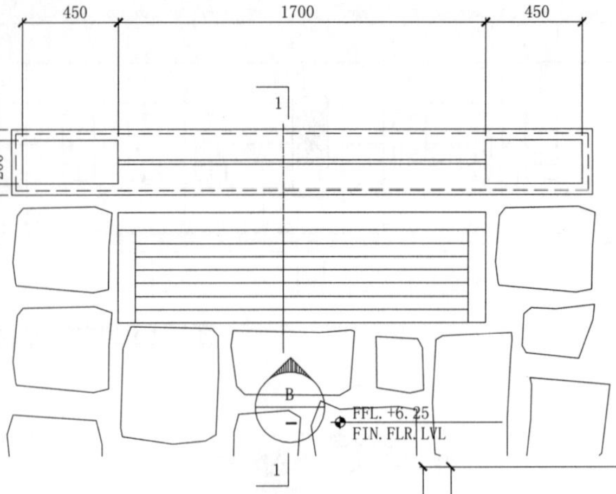

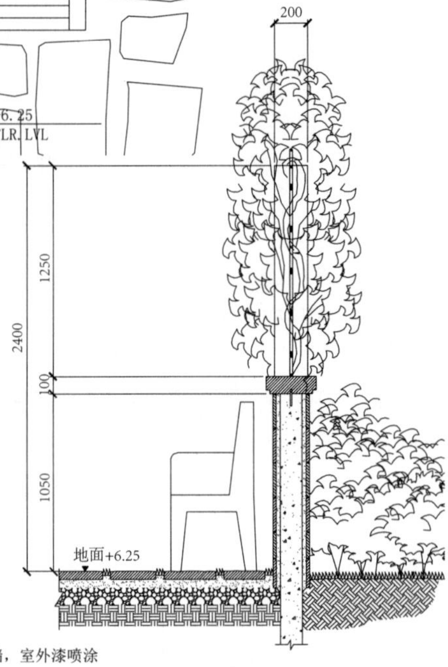

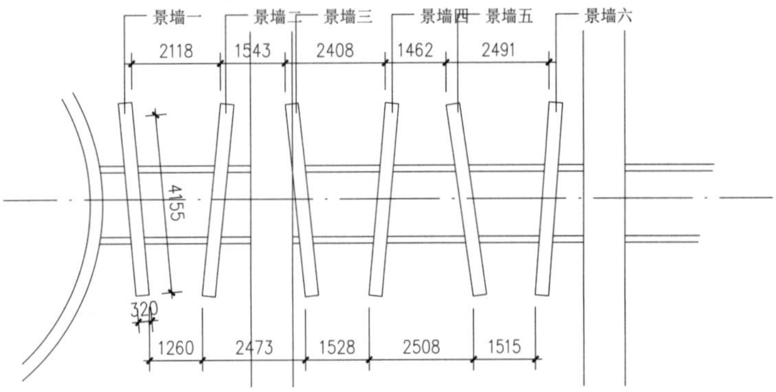

景墙平面图 1:100

景墙剖面图 1:50

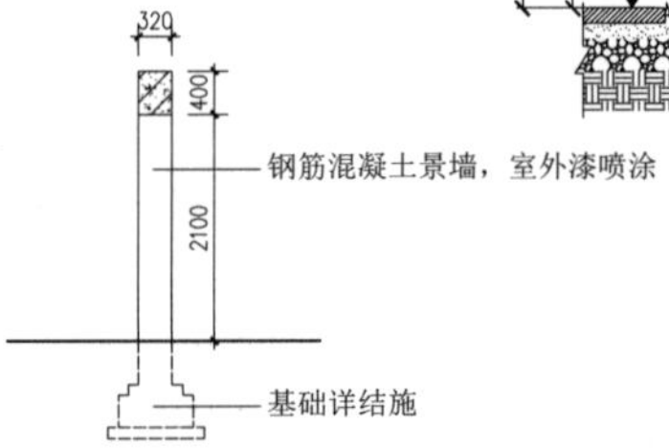

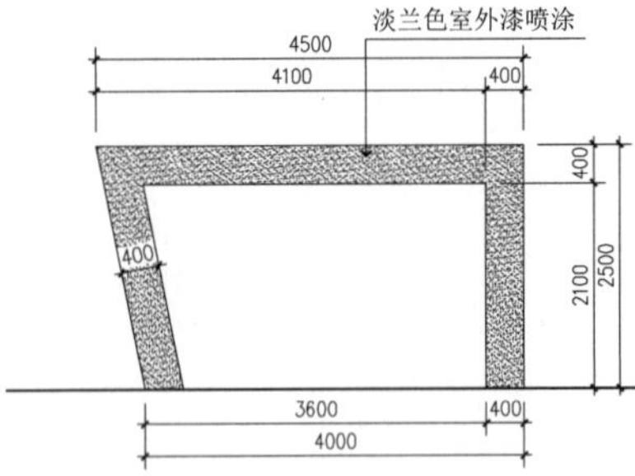

钢筋混凝土景墙，室外漆喷涂

基础详结施

景墙一立面图 1:50

淡兰色室外漆喷涂

景墙二立面图 1:50

橙黄色室外漆喷涂

景墙三立面图 1:50

淡黄色室外漆喷涂

景墙四立面图 1:50

淡兰色室外漆喷涂

景墙五立面图 1:50

橙黄色室外漆喷涂

景墙六立面图 1:50

淡黄色室外漆喷涂

挡土景墙109

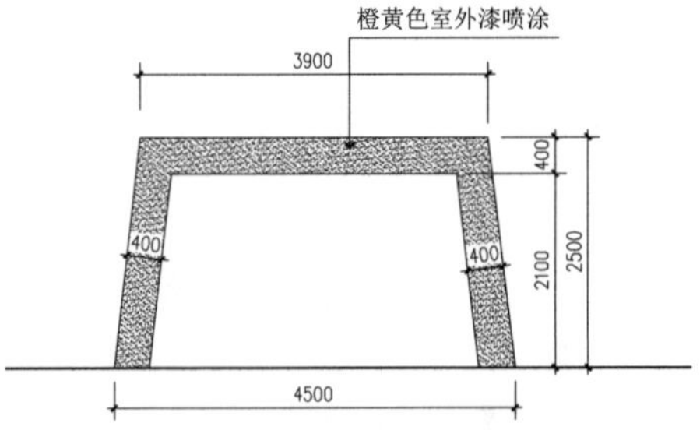

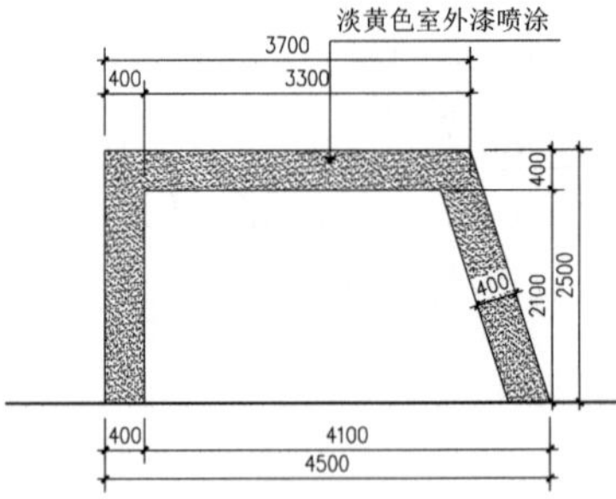

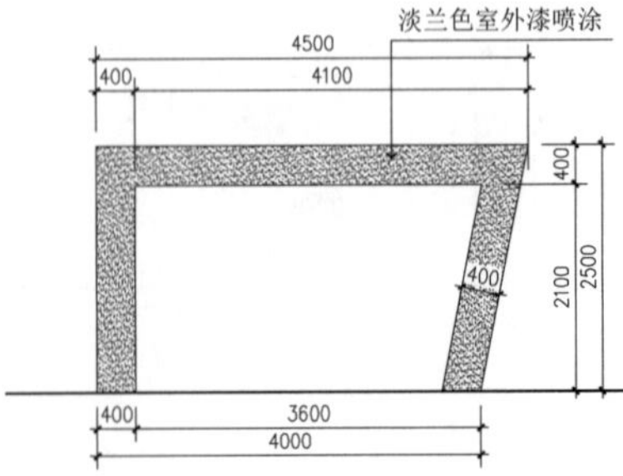

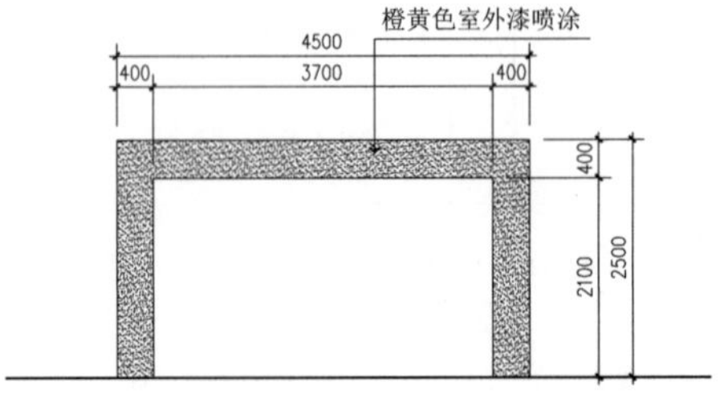

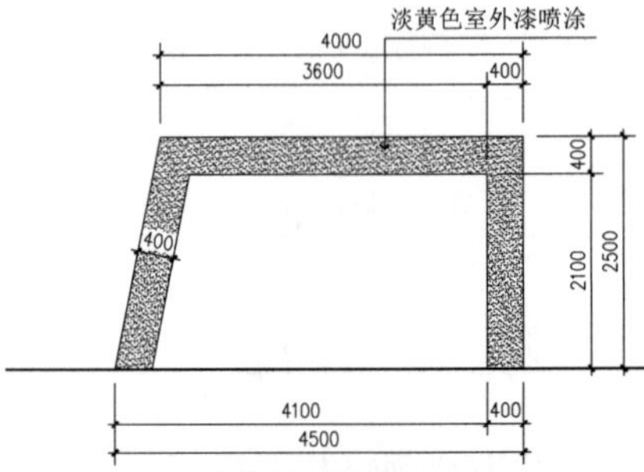

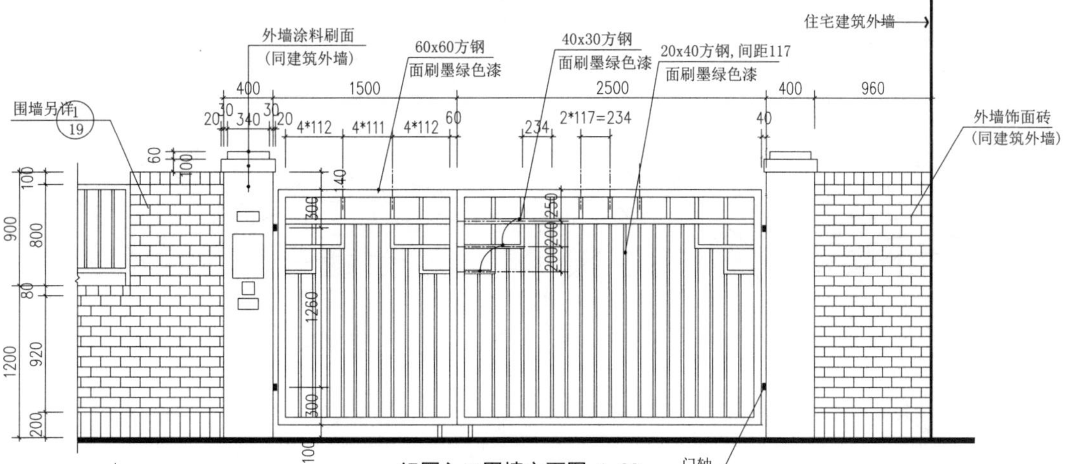

组团入口围墙立面图 1:30

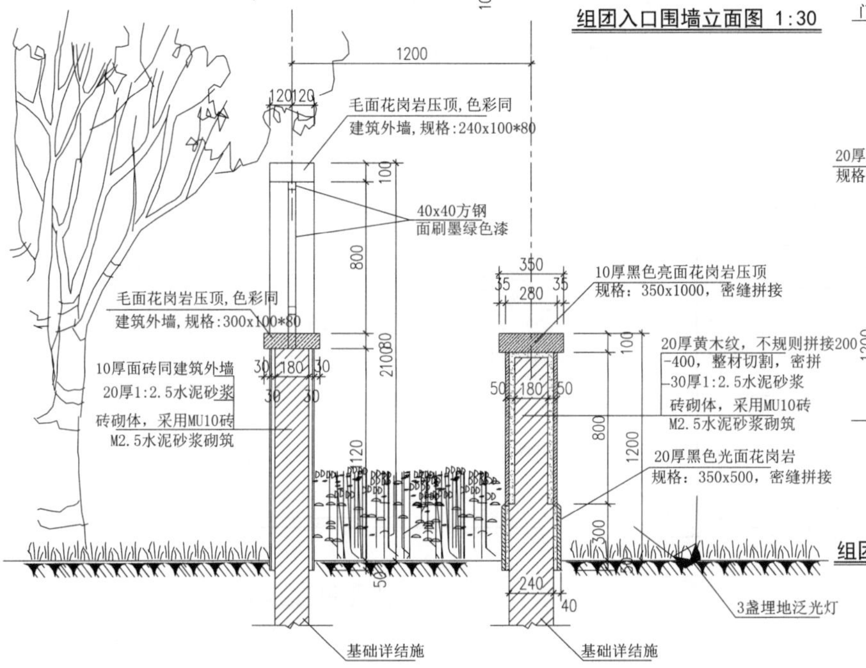
1200
120
120
毛面花岗岩压顶，色彩同
建筑外墙，规格：240x100*80
40x40方钢
面刷墨绿色漆
毛面花岗岩压顶，色彩同
建筑外墙，规格：300x100*80
10厚面砖同建筑外墙
20厚1:2.5水泥砂浆
砖砌体，采用MU10砖
M2.5水泥砂浆砌筑
350
35
280
35
10厚黑色亮面花岗岩压顶
规格：350x1000，密缝拼接
20厚黄木纹，不规则拼接200
-400，整材切割，密拼
30厚1:2.5水泥砂浆
砖砌体，采用MU10砖
M2.5水泥砂浆砌筑
20厚黑色光面花岗岩
规格：350x500，密缝拼接
100
800
2100
80
30
180
30
50
180
50
1120
800
1200
300
240
40
3盏埋地泛光灯
基础详结施
基础详结施

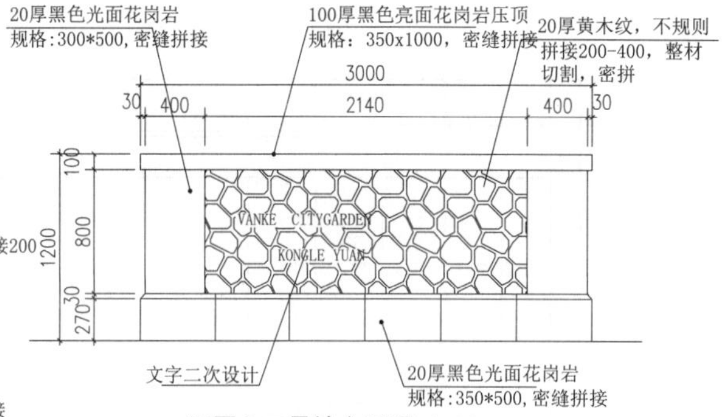
20厚黑色光面花岗岩
规格：300*500，密缝拼接
100厚黑色亮面花岗岩压顶
规格：350x1000，密缝拼接
20厚黄木纹，不规则
拼接200-400，整材
切割，密拼
3000
30
400
2140
400
30
100
800
1200
30
270
VANKE CITYGARDEN
KONGLE YUAN
文字二次设计
20厚黑色光面花岗岩
规格：350*500，密缝拼接

组团入口景墙立面图 1:30

组团入口围墙及景墙剖面图 1:20

挡土景墙110

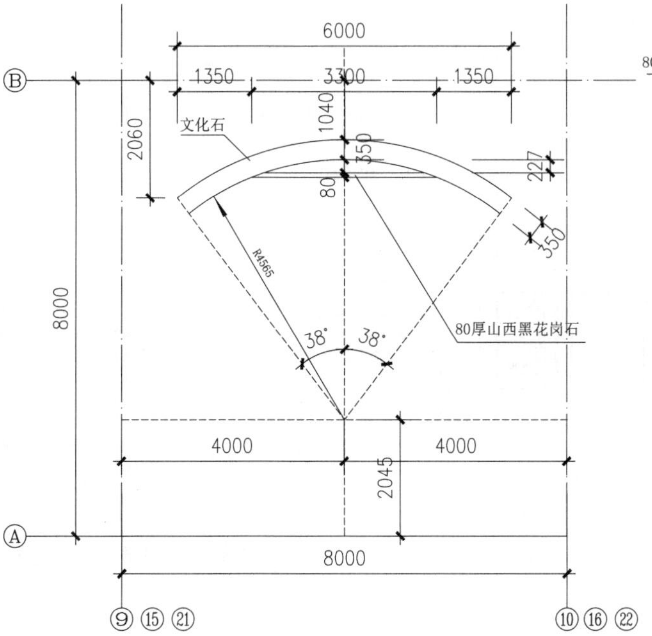

记事墙平面图 1:50

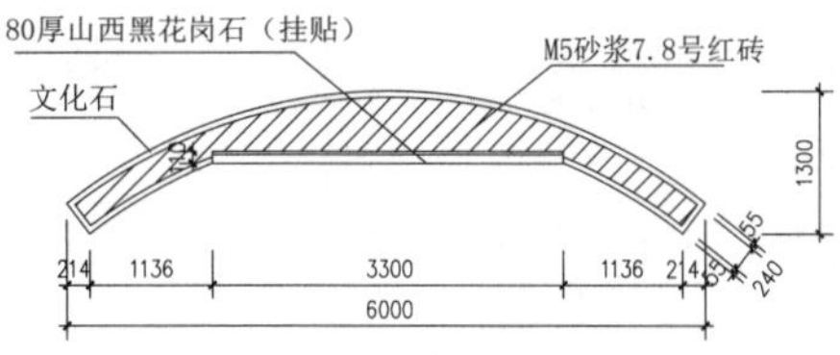

记事墙1-1剖面图 1:50

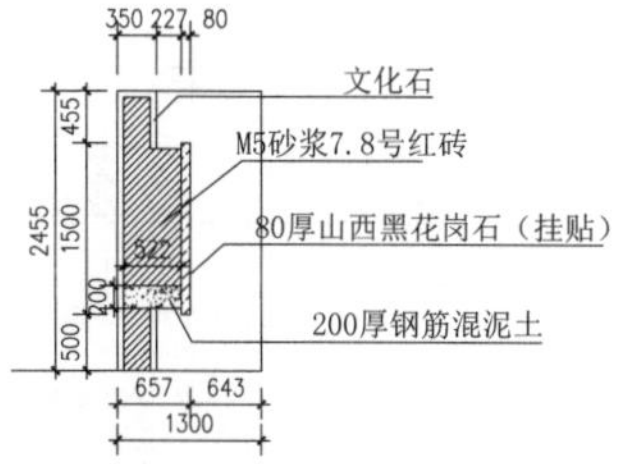

记事墙2-2剖面图 1:50

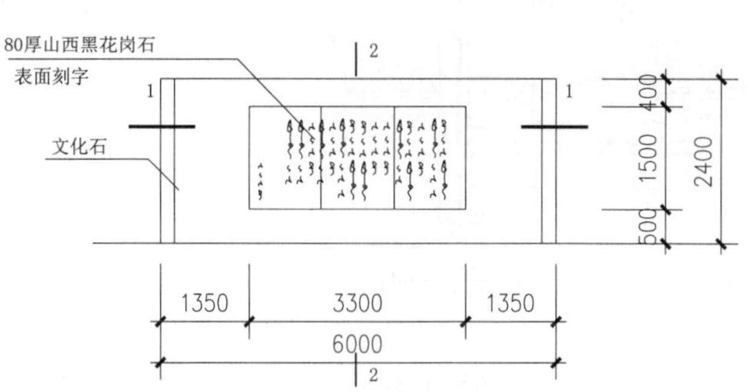

记事墙立面图 1:50

挡土景墙111

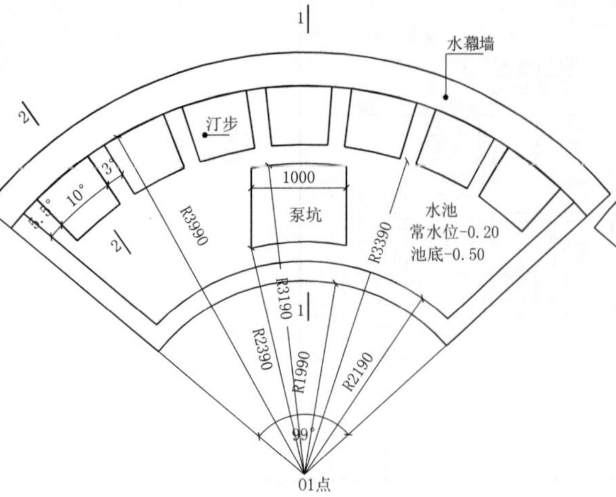

水幕墙1平面图 1:30

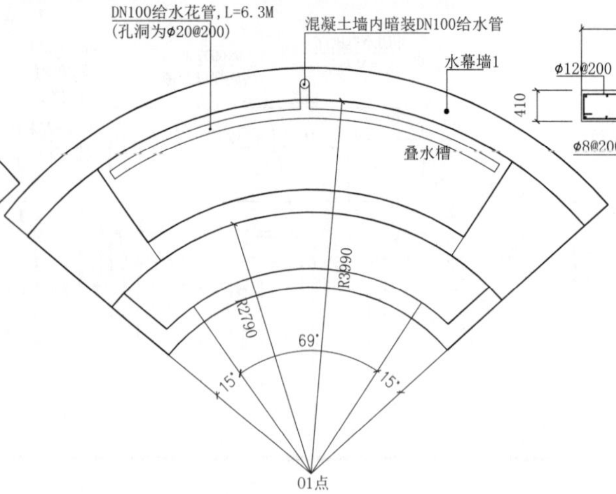

水幕墙1顶平面图 1:30

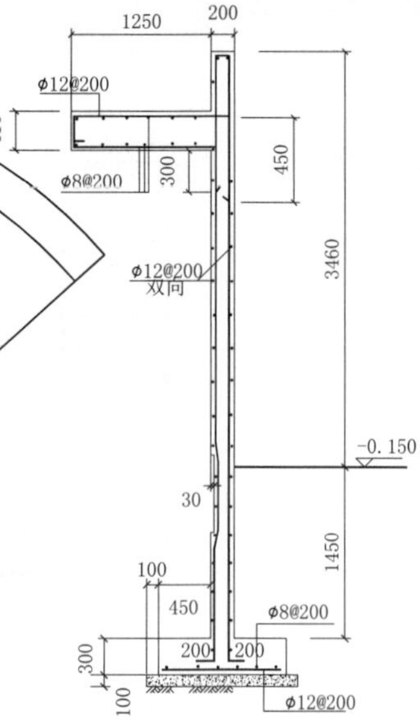

水幕墙1 2-2结构图 1:30

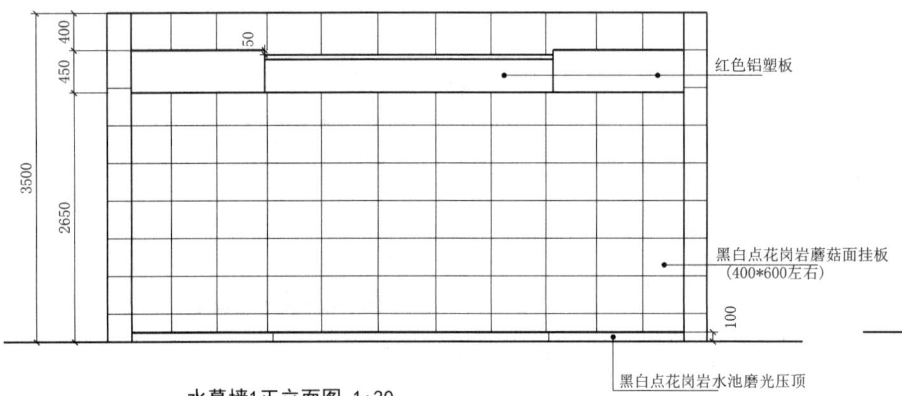

水幕墙1正立面图 1:30

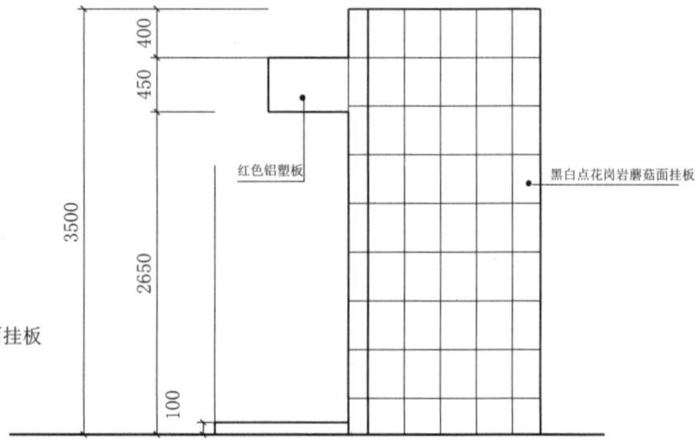

水幕墙1侧立面图 1:30

水幕墙1 2-2剖面图:30

水幕墙1 2-2剖面 1:30

水幕墙1 1-1剖面 1:30

水幕墙1 1-1结构图图 1:30

挡土景墙112

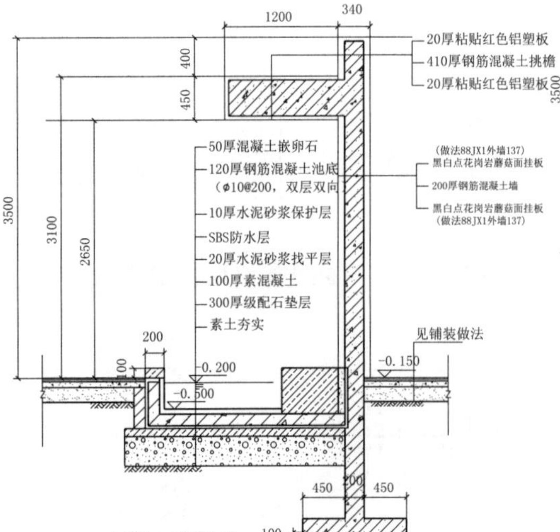

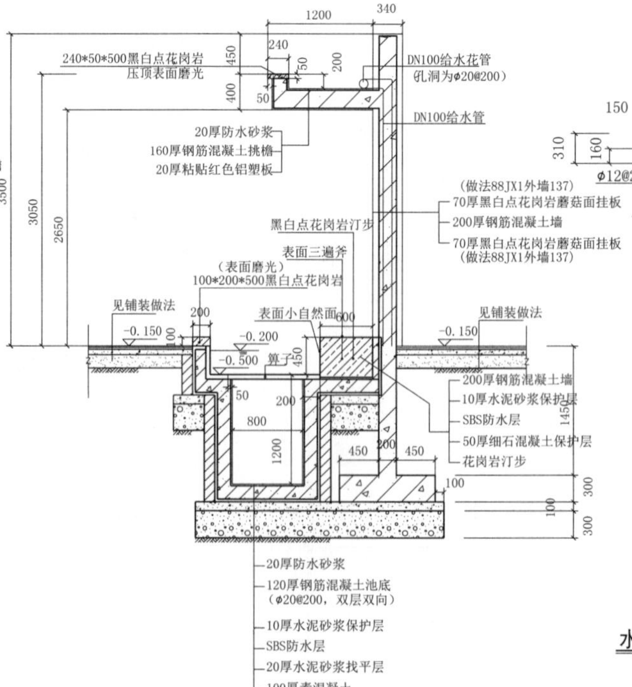

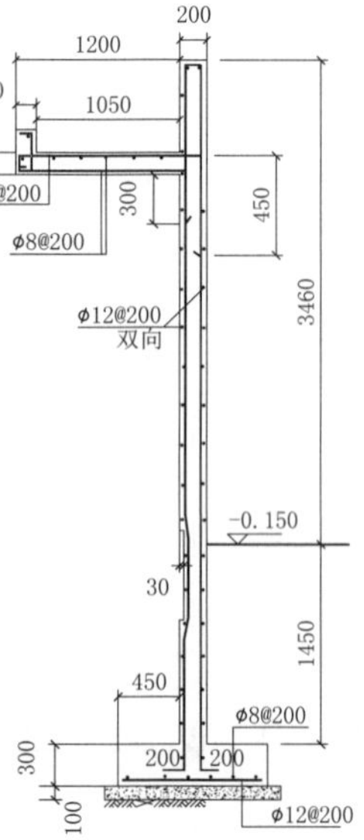

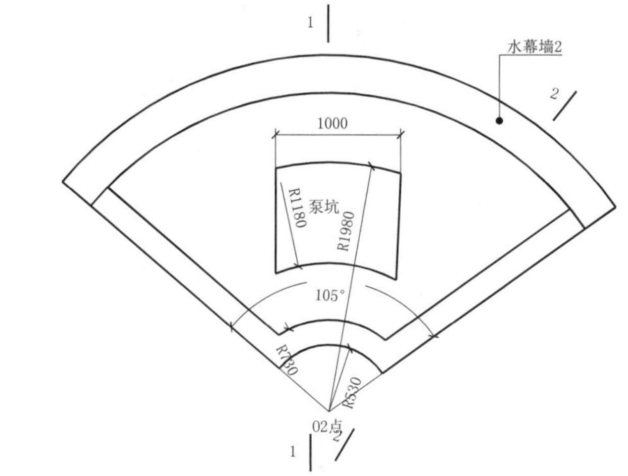

水幕墙2平面图 1:30

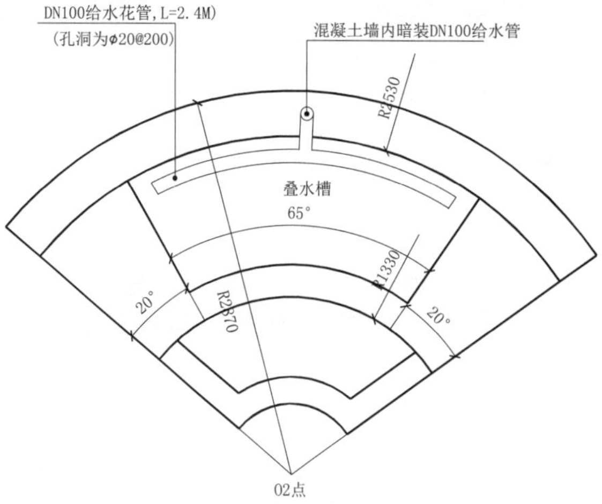

水幕墙2顶面图 1:30

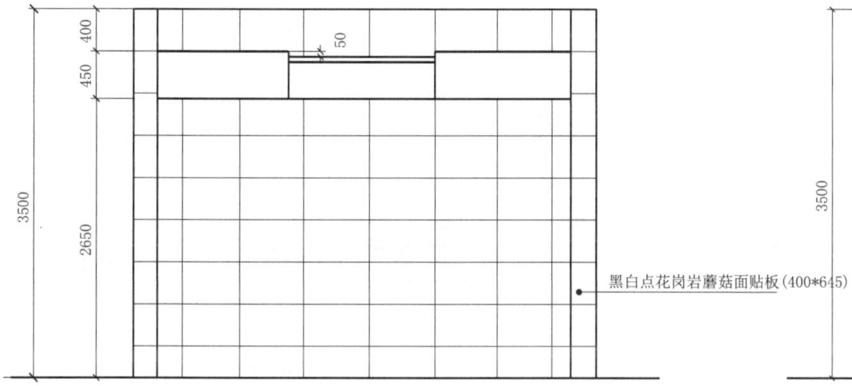

水幕墙2正立面图 1:30

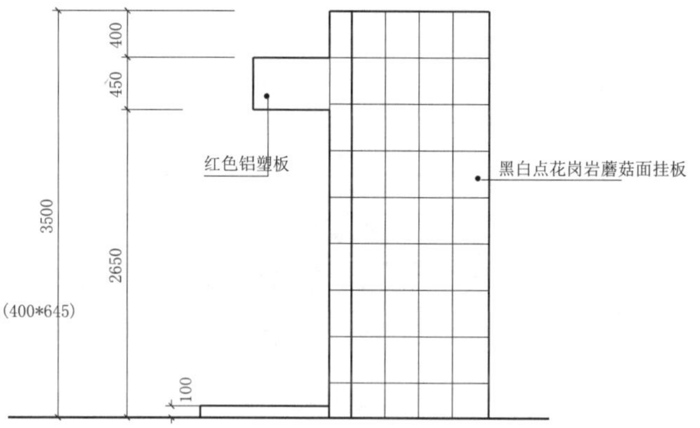

水幕墙2侧立面图 1:30

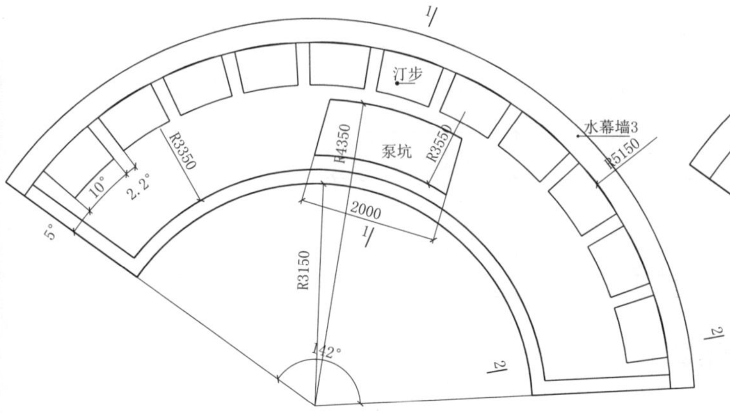

水幕墙3平面图 1:30

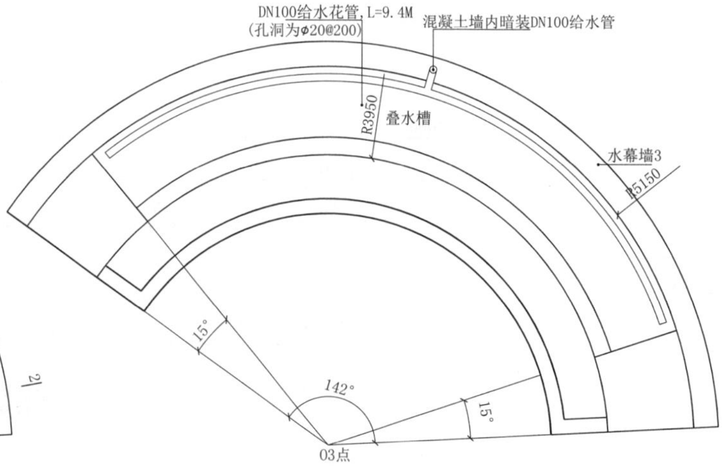

水幕墙3顶平面图 1:30

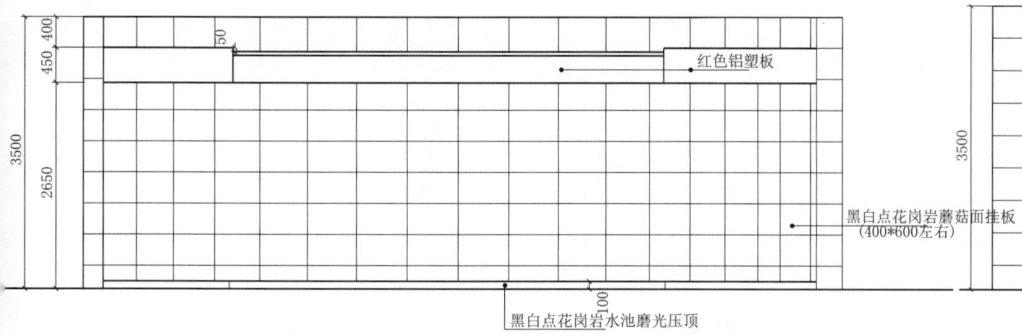

水幕墙3正立面图 1:30

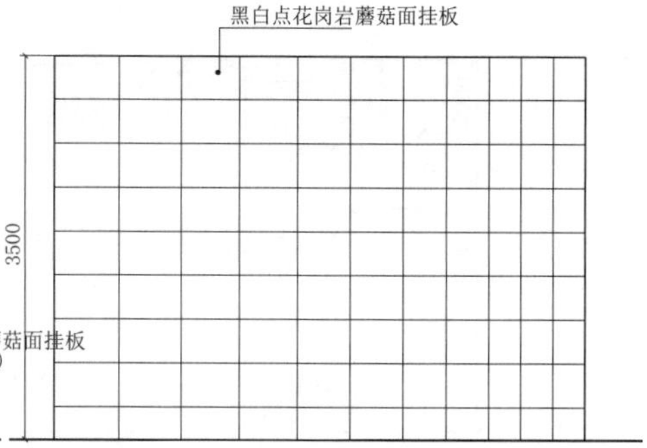

水幕墙3侧立面图 1:30

7000
600
600
500 100
400
2500
700
地面
立面图
5000
400
400
500 100
200
2000
400
地面
立面图
3000
400
400
500 100
200
2000
400
地面
立面图

20000
4000
12000
4000
7000
2750
2750
7000
500
500
500
500
500
500
400
400
400
平面图
20000
3500
500
12000
500
3500
2500
500
500
与建筑颜色匹配
1000
300
900
300
200
1000
200
200
800
5000
4000
3000
600
地面
立面图

挡土景墙113

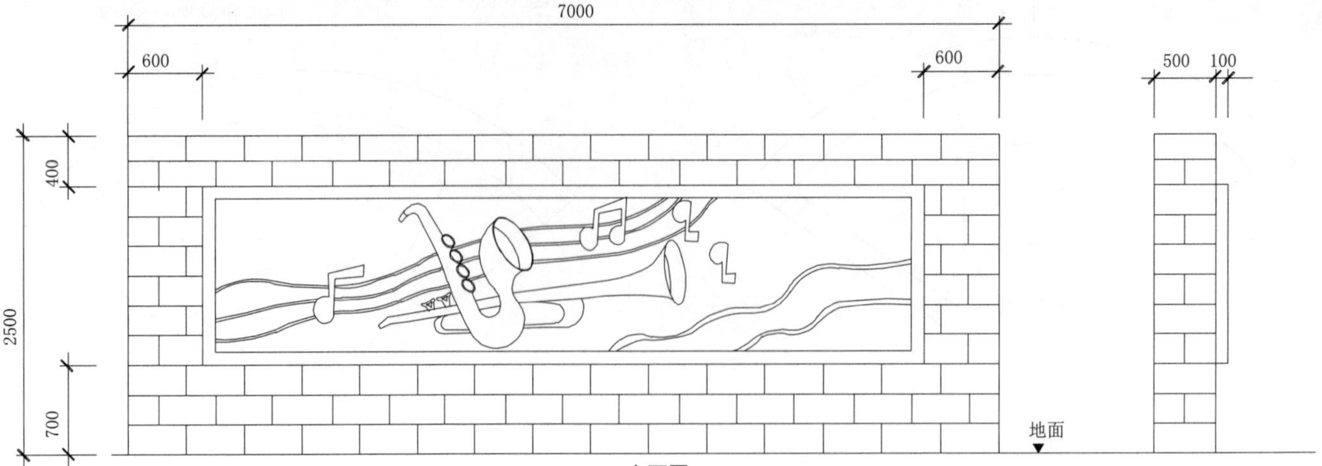

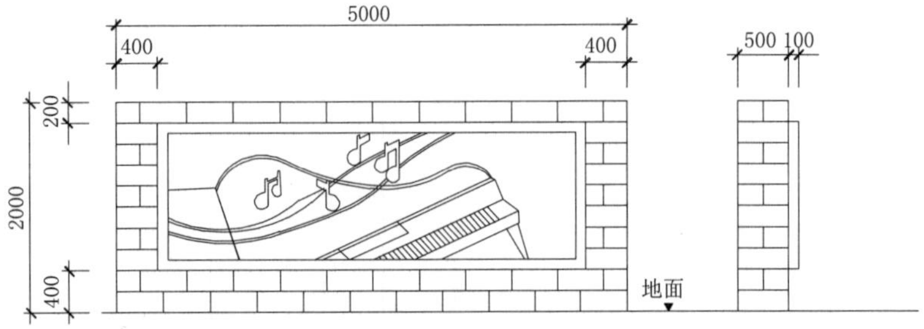

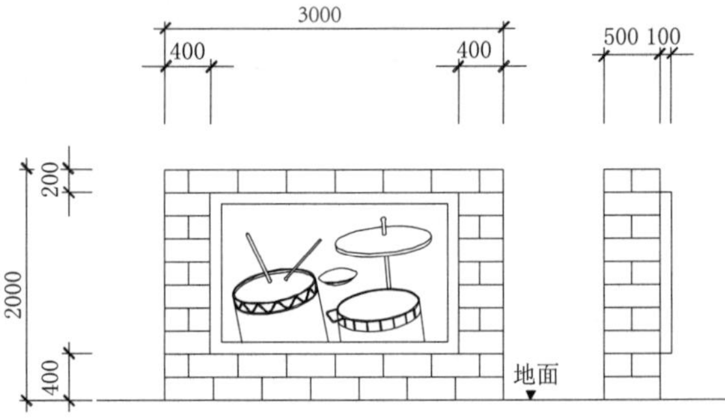

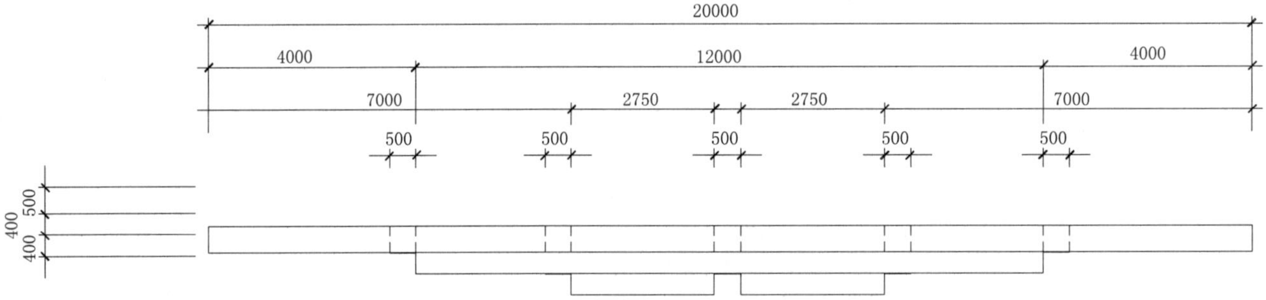

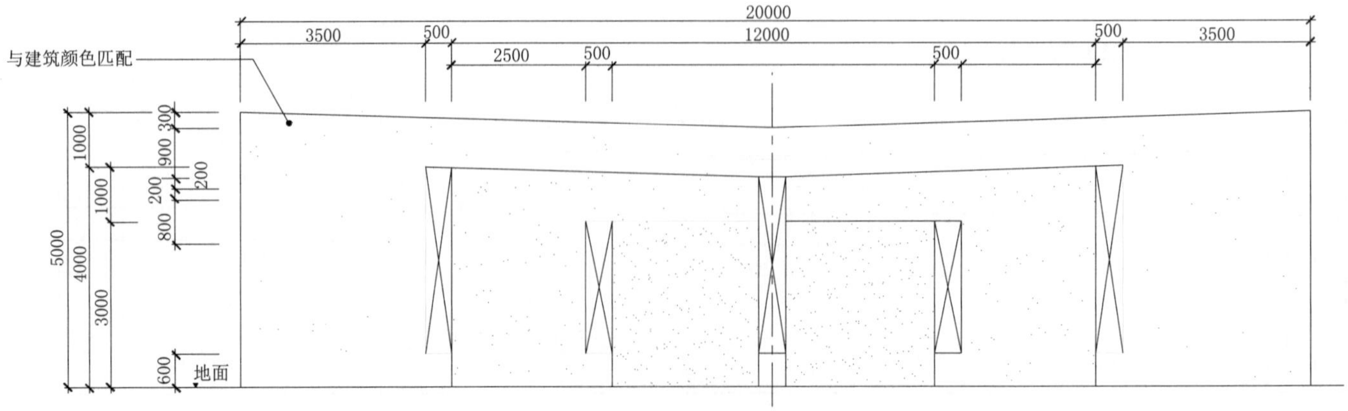

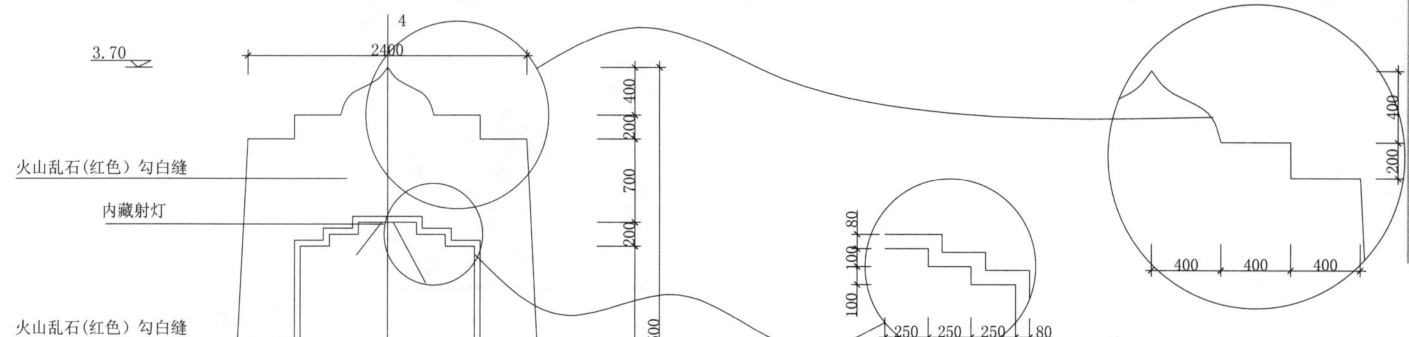

3.70

火山乱石(红色)勾白缝

内藏射灯

火山乱石(红色)勾白缝

佛像出水口
(从佛像内部走水管) 3
火山规格板(青色)线条

0.40
莲花佛台参照大样图
-0.10

水面

A景墙立面图 1:40

火山活石(青色)佛台面
莲花佛台参照大样图 佛像内部水管

3-3剖面图 1:40

钢筋混凝土基层
火山乱石(红色)勾白缝

佛像出水口
(从佛像内部走水管)
火山规格板(青色)线条

火山活石(青色)佛台面
莲花佛台参照大样图
水面

4-4剖面图 1:40

内藏射灯

挡土景墙114

种植槽
池底面铺白色卵石(粒径80-120)
500x500樱花红花岗石
300宽深色麻木铺地
花岗石路牙

水墙平面图 1:50

500x500樱花红花岗石
会所
水面标高
478.00

1-1 剖面 1:50

开槽200宽
800x80樱花红花岗石墙面

出 水 芙 蓉

478.00

樱花红花岗石面板

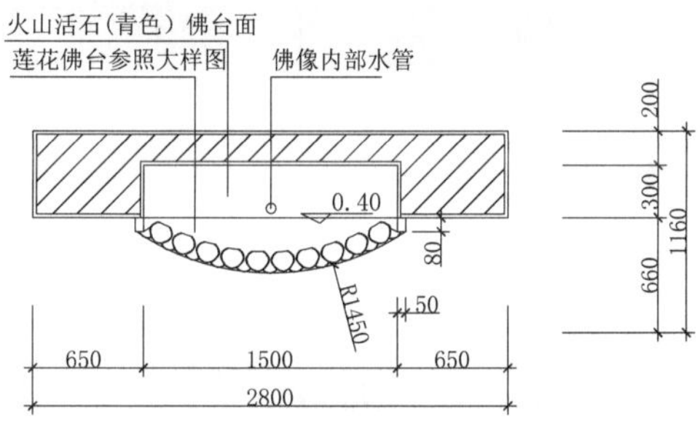

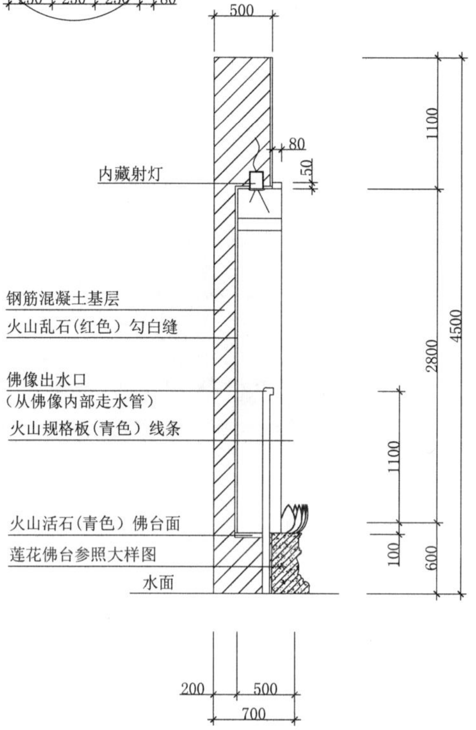

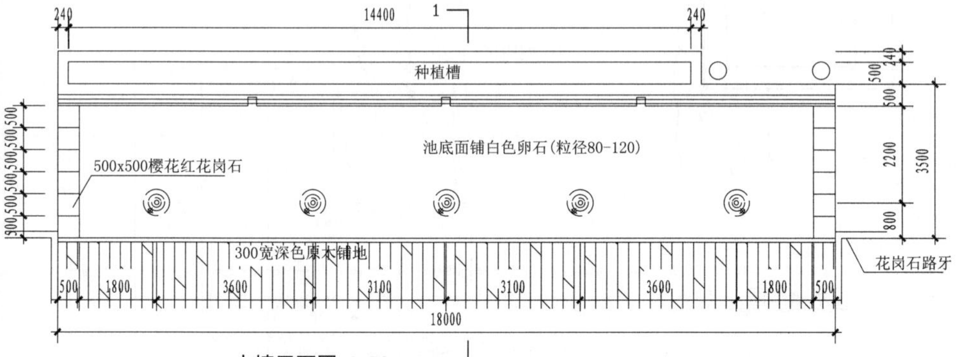

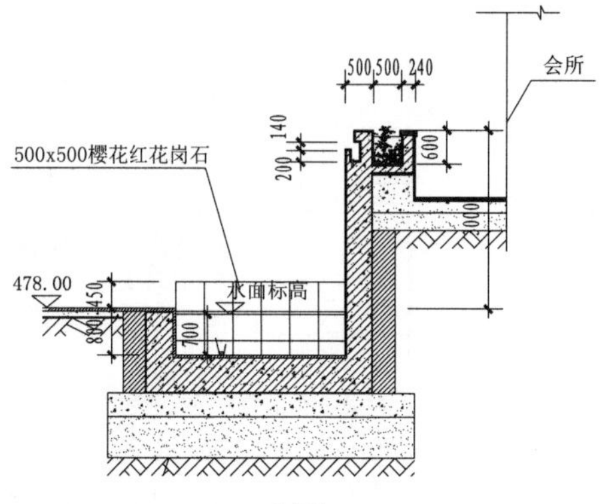

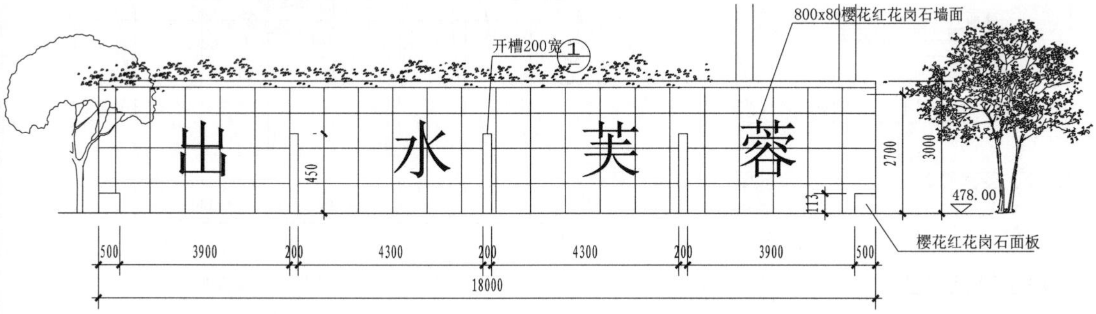

水墙立面图 1:50

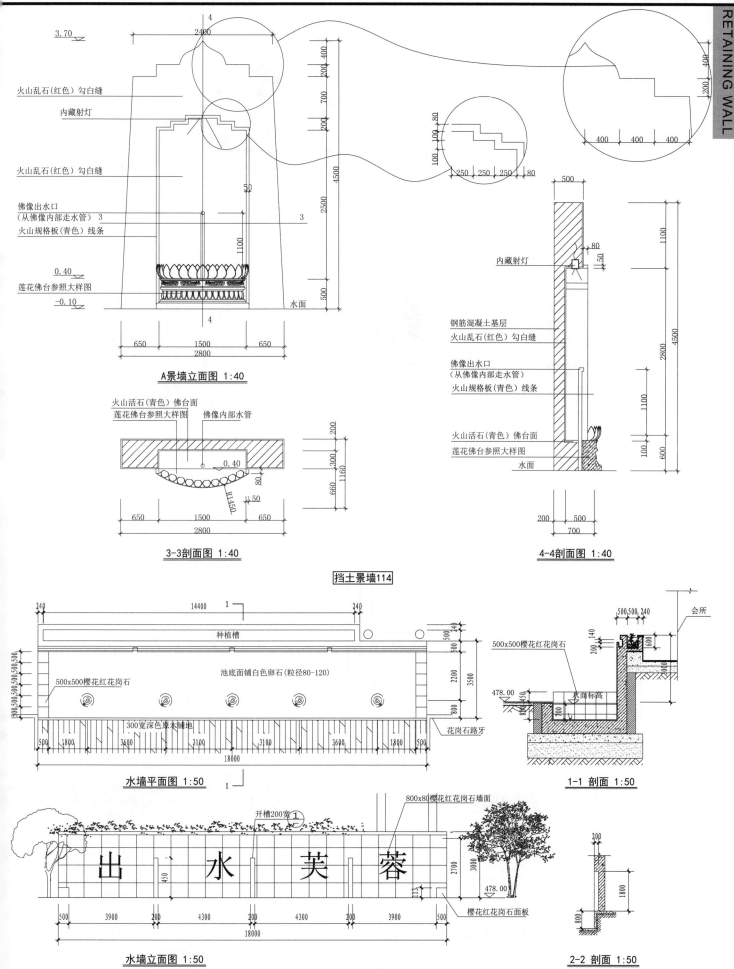

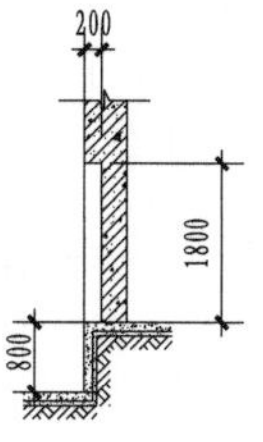

2-2 剖面 1:50

挡土景墙115

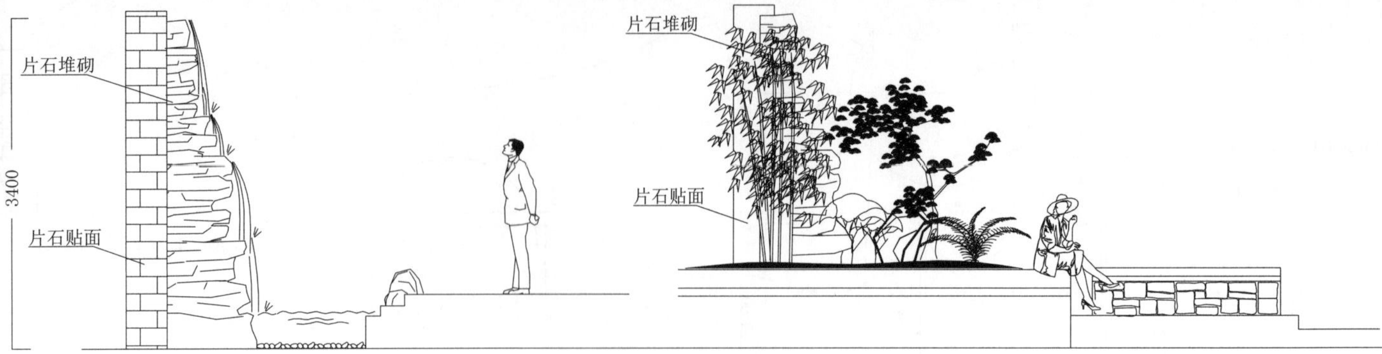

水幕墙侧立面示意图

水幕墙正立面示意图(局部)

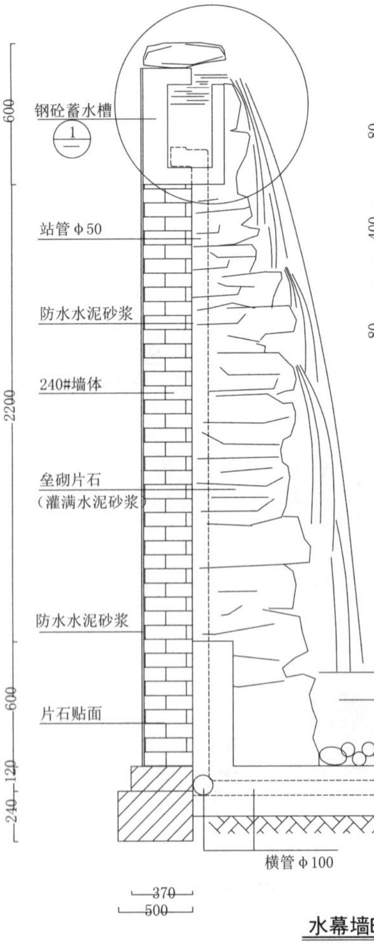

水幕墙B-B结构图 1:20

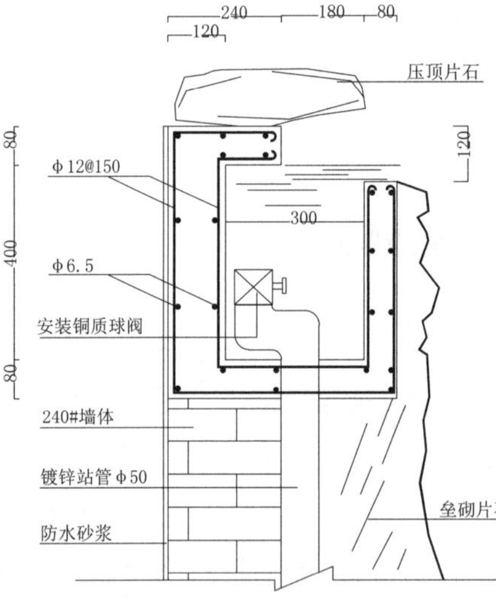

① 蓄水槽详图 1:10

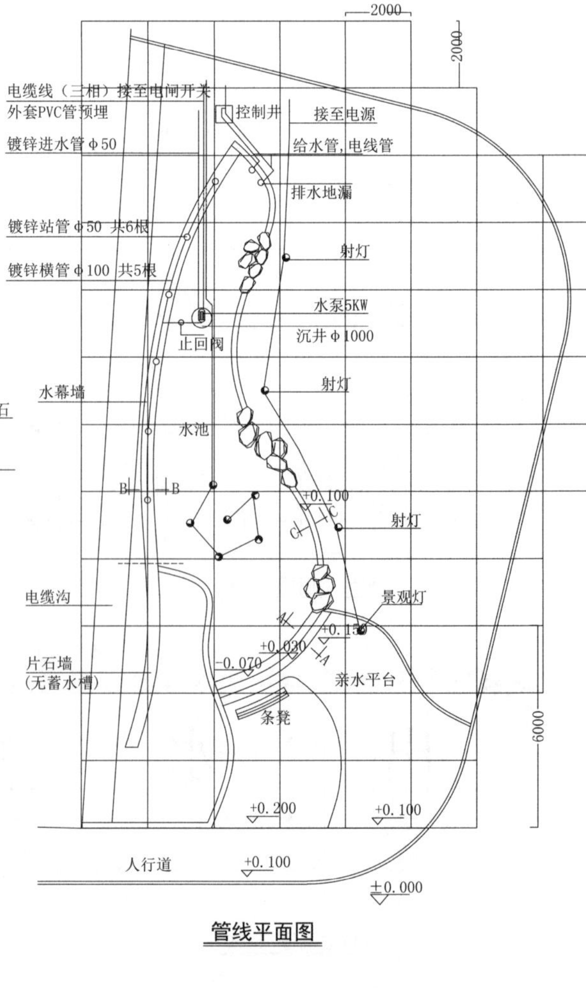

管线平面图

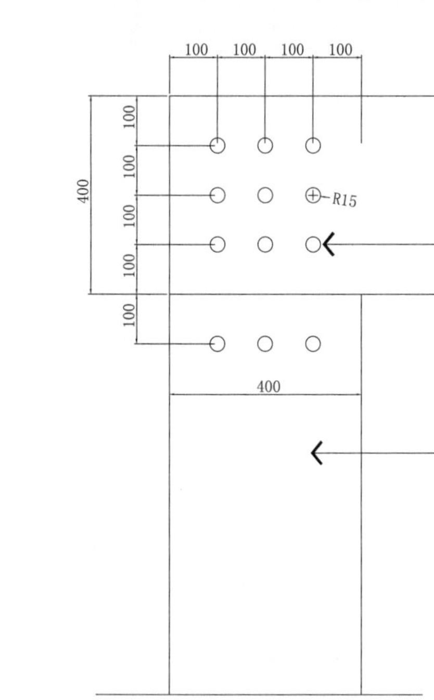

装饰钉详图 1:10

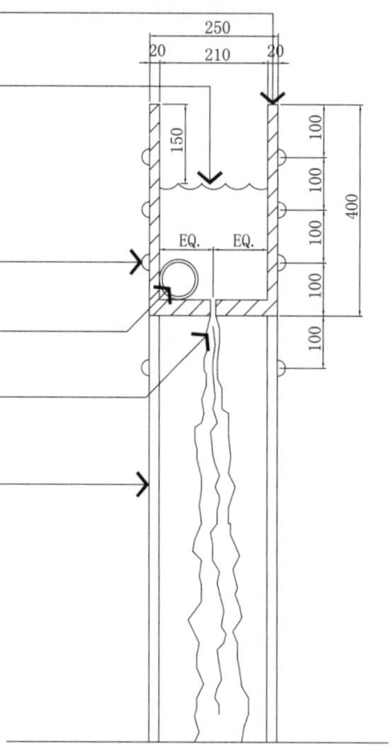

支柱侧剖面图 1:10

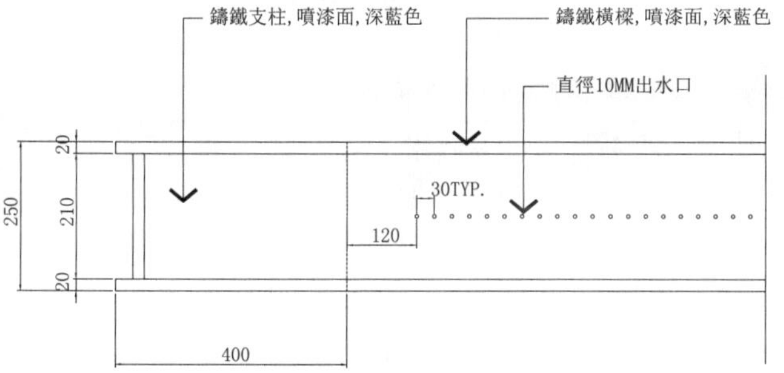

横梁平面图 1:10

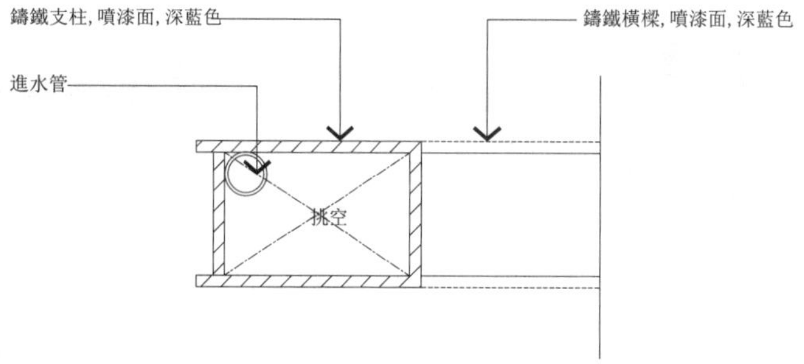

支柱平面图 1:10

水墙节点详图

挡土景墙117

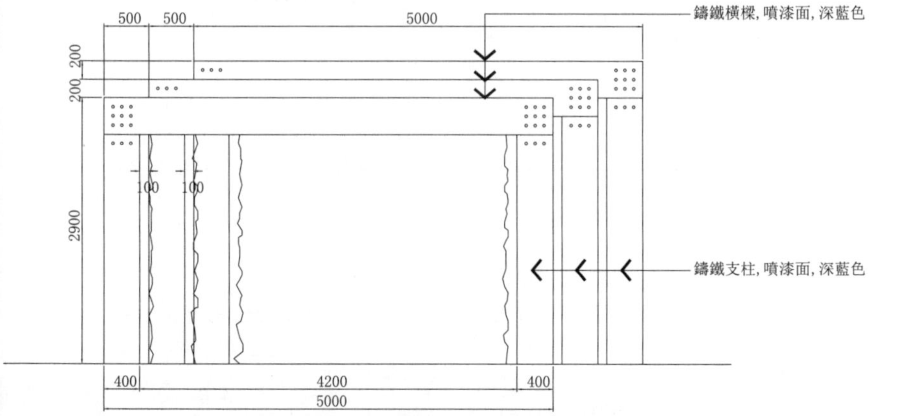

正立面图 1:50

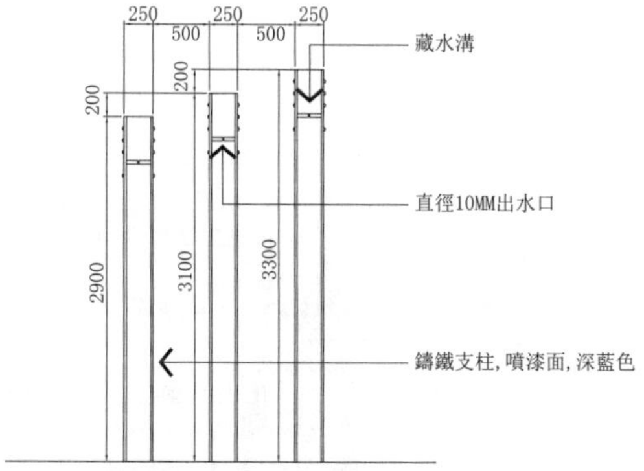

侧立面图 1:50

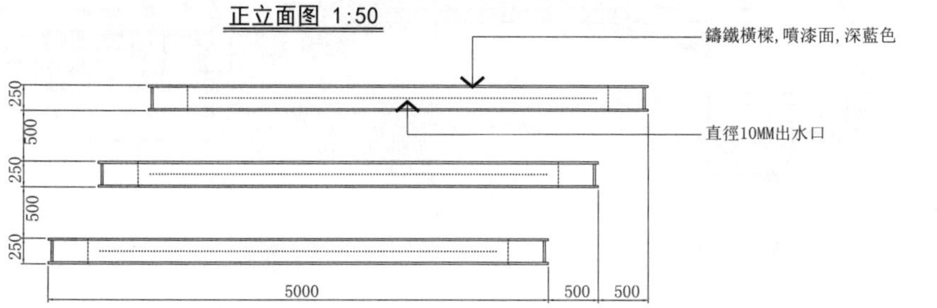

平面图 1:50

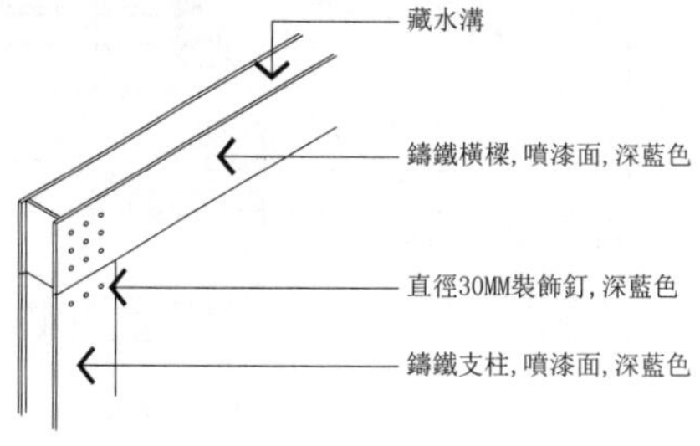

详图

水墙平立剖及详图

挡土景墙118

鑄鐵橫樑,噴漆面,深藍色

藏水溝

直徑30MM裝飾釘,深藍色

進水管

直徑10MM出水口

鑄鐵支柱,噴漆面,深藍色

装飾钉详图 1:10

支柱側剖面图 1:10

鑄鐵支柱,噴漆面,深藍色　　鑄鐵橫樑,噴漆面,深藍色

直徑10MM出水口

30TYP.

横梁平面图 1:10

鑄鐵支柱,噴漆面,深藍色　　鑄鐵橫樑,噴漆面,深藍色

進水管

挑空

水墙节点详图

支柱平面图 1:10

挡土景墙117

鑄鐵橫樑,噴漆面,深藍色

鑄鐵支柱,噴漆面,深藍色

正立面图 1:50

藏水溝

直徑10MM出水口

鑄鐵支柱,噴漆面,深藍色

側立面图 1:50

鑄鐵橫樑,噴漆面,深藍色

直徑10MM出水口

平面图 1:50

水墙平立剖及详图

藏水溝

鑄鐵橫樑,噴漆面,深藍色

直徑30MM裝飾釘,深藍色

鑄鐵支柱,噴漆面,深藍色

详图

挡土景墙118

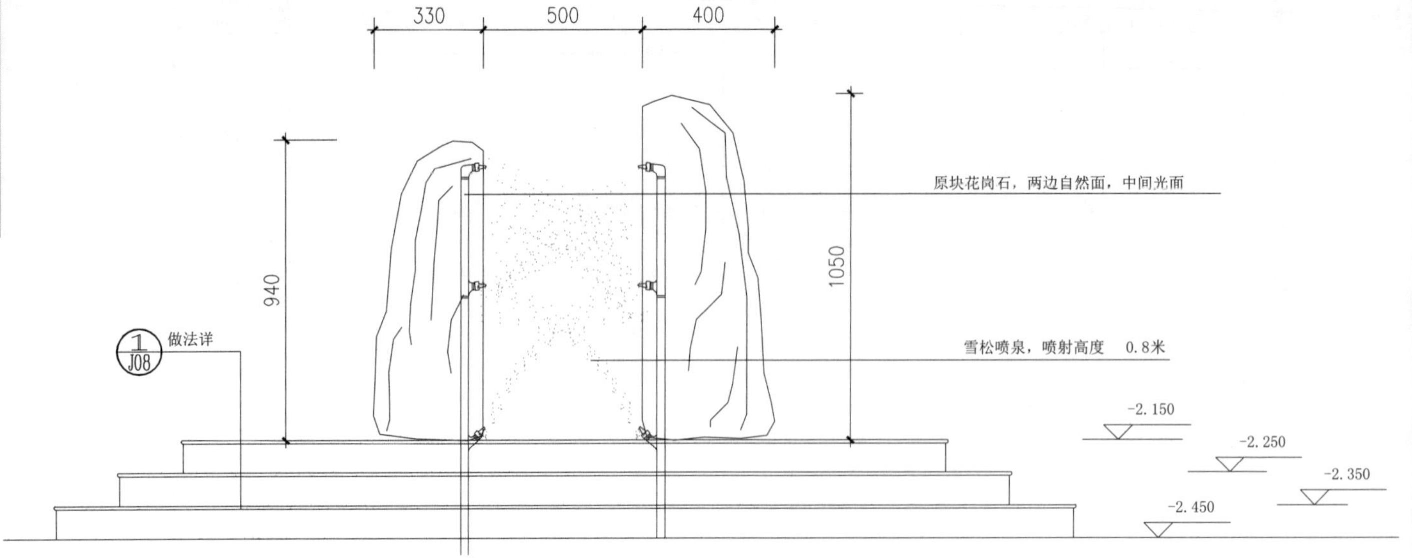

330
500
400
940
1050
原块花岗石，两边自然面，中间光面
做法详
1
J08
雪松喷泉，喷射高度 0.8米
-2.150
-2.250
-2.350
-2.450

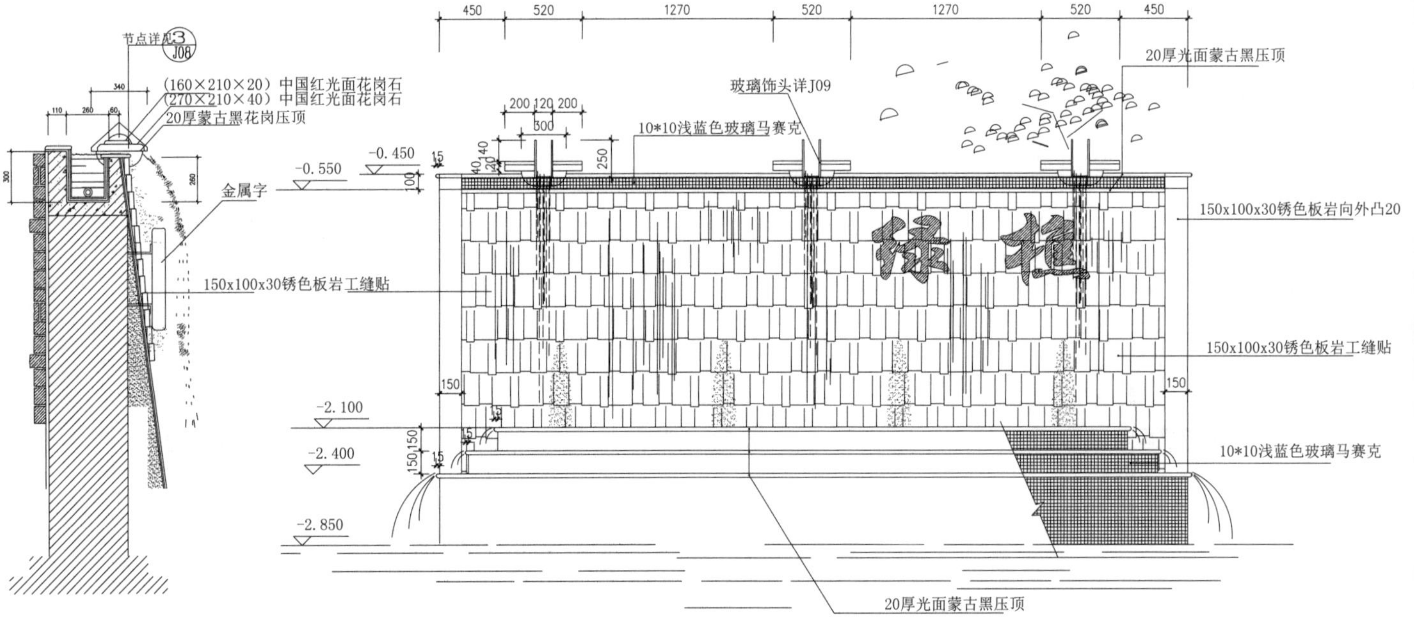

节点详见3
J08
(160×210×20) 中国红光面花岗石
(270×210×40) 中国红光面花岗石
20厚蒙古黑花岗压顶
金属字
-0.450
-0.550
150x100x30锈色板岩工缝贴
-2.100
-2.400
-2.850
450
520
1270
520
1270
520
450
玻璃饰头详J09
20厚光面蒙古黑压顶
10*10浅蓝色玻璃马赛克
150x100x30锈色板岩向外凸20
150x100x30锈色板岩工缝贴
10*10浅蓝色玻璃马赛克
20厚光面蒙古黑压顶

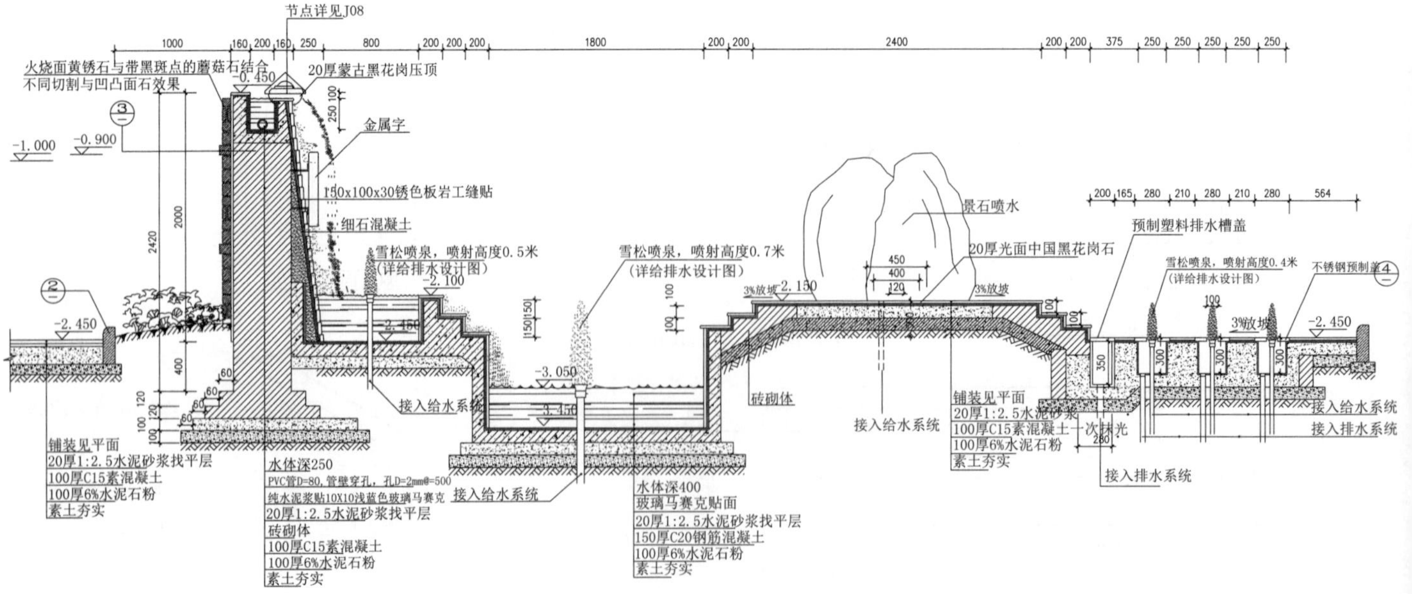

节点详见J08
火烧面黄锈石与带黑斑点的蘑菇石结合
不同切割与凹凸面石效果
20厚蒙古黑花岗压顶
-0.450
-1.000
-0.900
金属字
150x100x30锈色板岩工缝贴
细石混凝土
雪松喷泉，喷射高度0.5米
(详给排水设计图)
雪松喷泉，喷射高度0.7米
(详给排水设计图)
景石喷水
20厚光面中国黑花岗石
预制塑料排水槽盖
雪松喷泉，喷射高度0.4米
(详给排水设计图)
不锈钢预制盖
-2.450
-2.100
-2.150
-3.050
-3.450
3%放坡
接入给水系统
砖砌体
接入给水系统
接入排水系统
铺装见平面
20厚1:2.5水泥砂浆找平层
100厚C15素混凝土
100厚6%水泥石粉
素土夯实
水体深250
PVC管D=80, 管壁穿孔, 孔D=2mm@=500
纯水泥浆贴10X10浅蓝色玻璃马赛克
20厚1:2.5水泥砂浆找平层
砖砌体
100厚C15素混凝土
100厚6%水泥石粉
素土夯实
水体深400
玻璃马赛克贴面
20厚1:2.5水泥砂浆找平层
150厚C20钢筋混凝土
100厚6%水泥石粉
素土夯实
铺装见平面
20厚1:2.5水泥砂浆
100厚C15素混凝土一次抹光
100厚6%水泥石粉
素土夯实

挡土景墙119

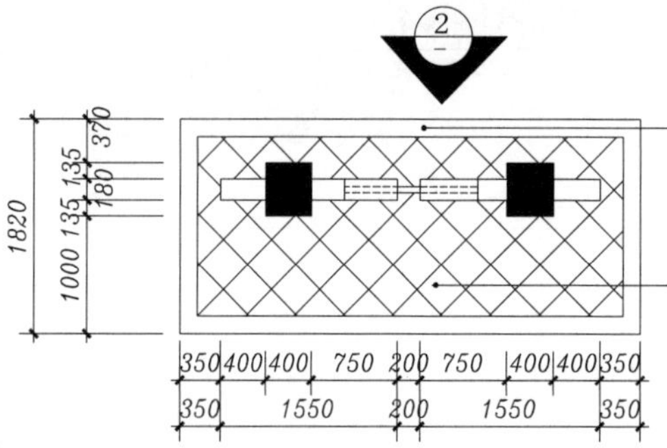

架空层景墙平面图 1:50

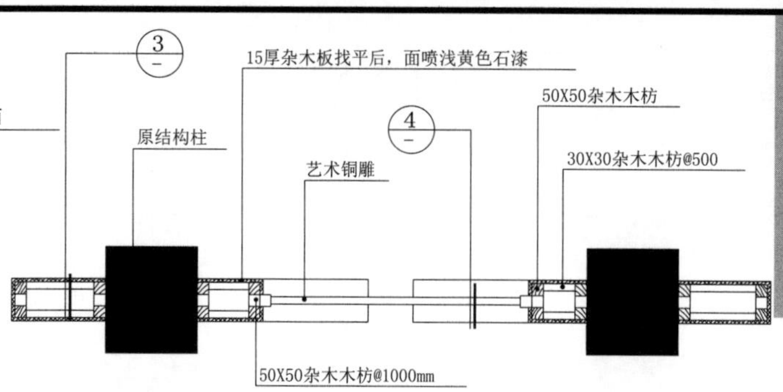
15厚杂木板找平后，面喷浅黄色石漆
50X50杂木木枋
原结构柱
艺术铜雕
30X30杂木木枋@500
50X50杂木木枋@1000mm

景墙剖面图 1:20

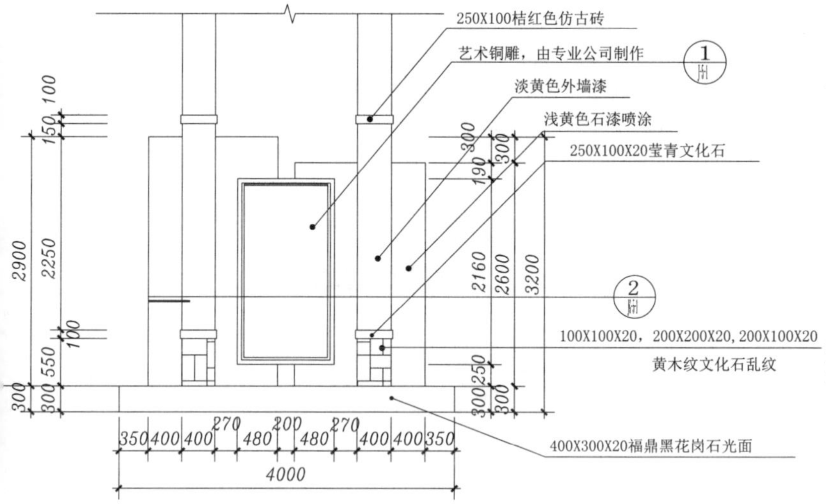

② 架空层景墙立面图 1:50

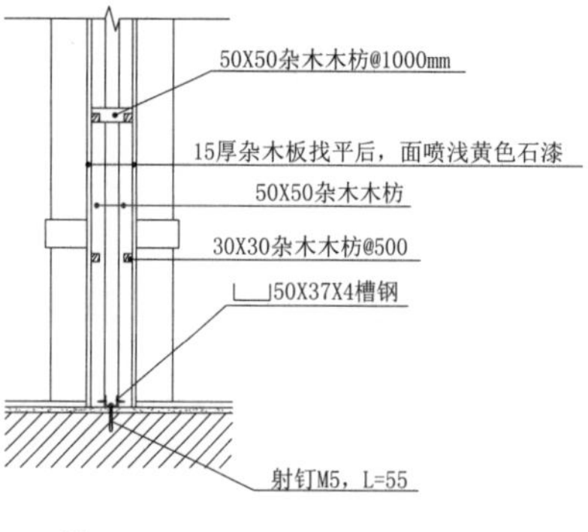
50X50杂木木枋@1000mm
15厚杂木板找平后，面喷浅黄色石漆
50X50杂木木枋
30X30杂木木枋@500
50X37X4槽钢
射钉M5，L=55

③ 1:20

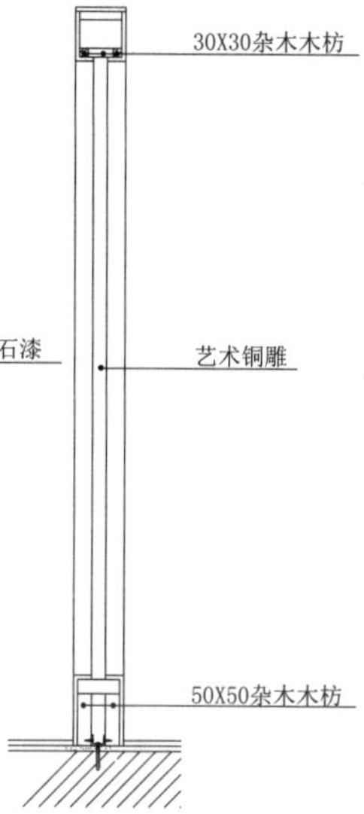
30X30杂木木枋
艺术铜雕
50X50杂木木枋

④ 1:20

挡土景墙120

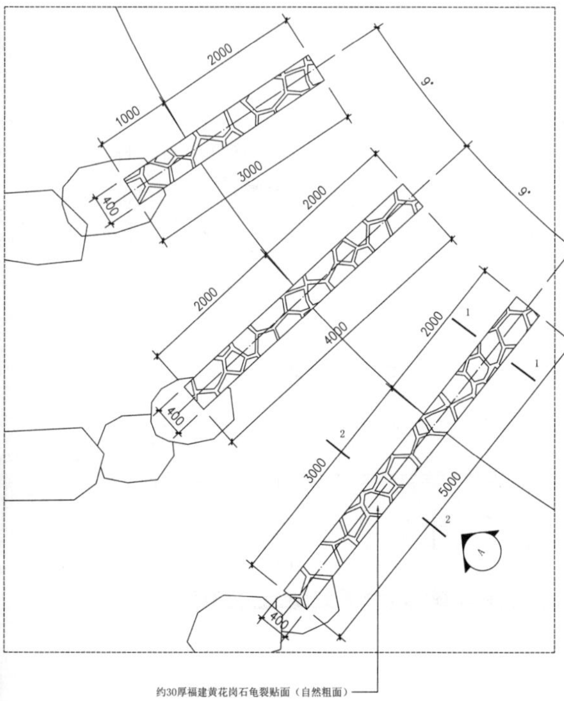

景墙平面图 1:40

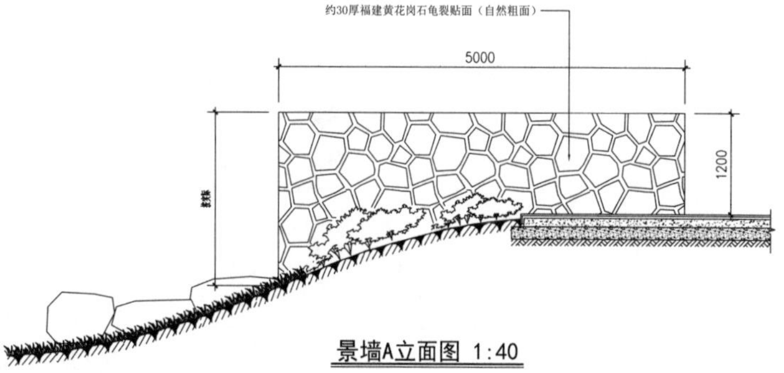
约30厚福建黄花岗石龟裂贴面（自然粗面）
5000
1200

景墙A立面图 1:40

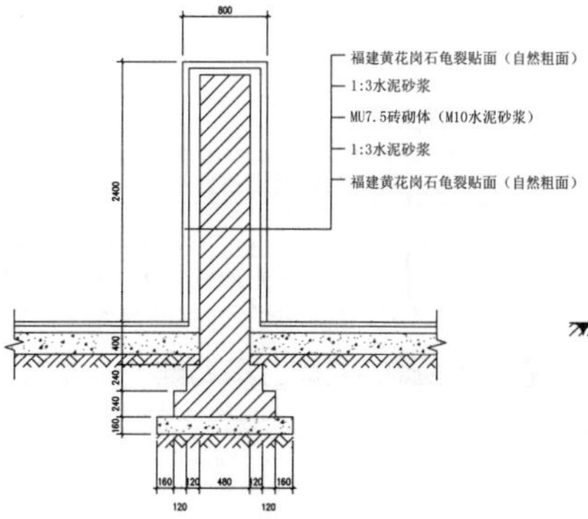
福建黄花岗石龟裂贴面（自然粗面）
1:3水泥砂浆
MU7.5砖砌体（M10水泥砂浆）
1:3水泥砂浆
福建黄花岗石龟裂贴面（自然粗面）
800
2400

1-1 剖面图 1:20

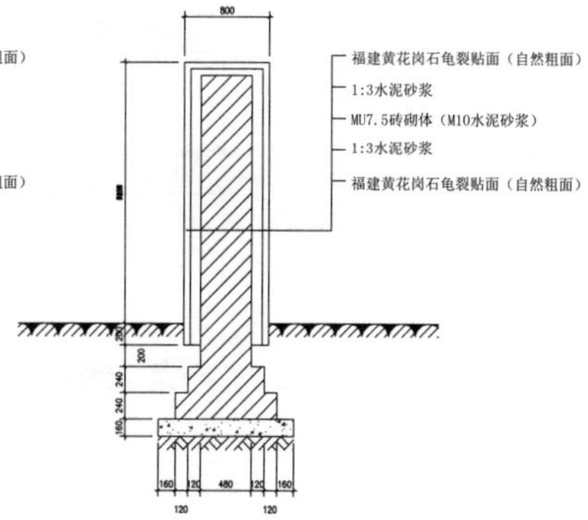
福建黄花岗石龟裂贴面（自然粗面）
1:3水泥砂浆
MU7.5砖砌体（M10水泥砂浆）
1:3水泥砂浆
福建黄花岗石龟裂贴面（自然粗面）
800

2-2 剖面图 1:20

挡土景墙121

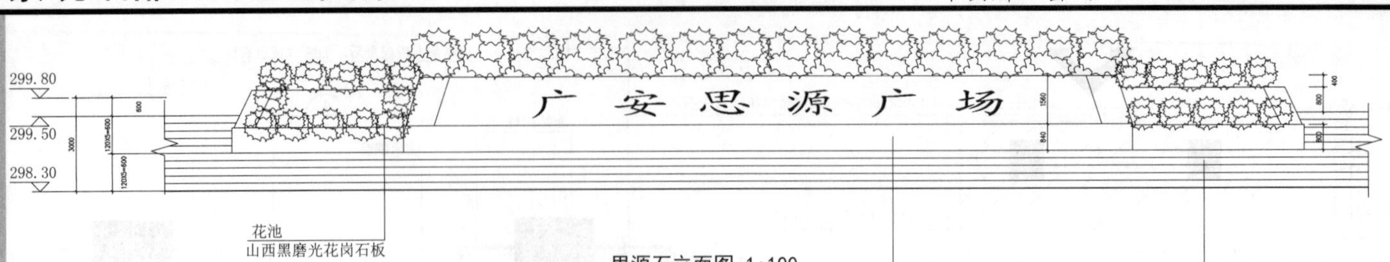

思源石立面图 1:100

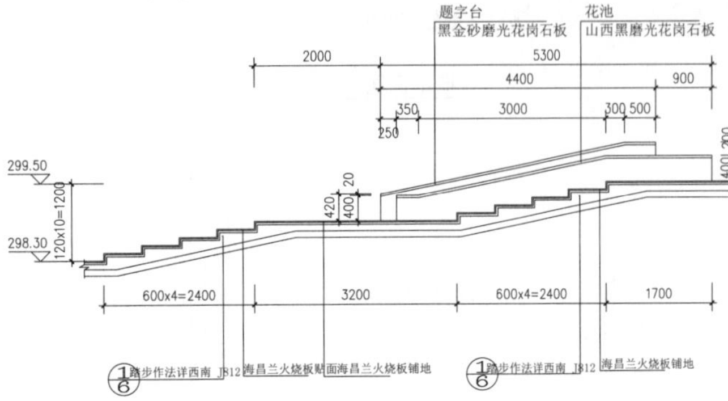

1-1 1:50

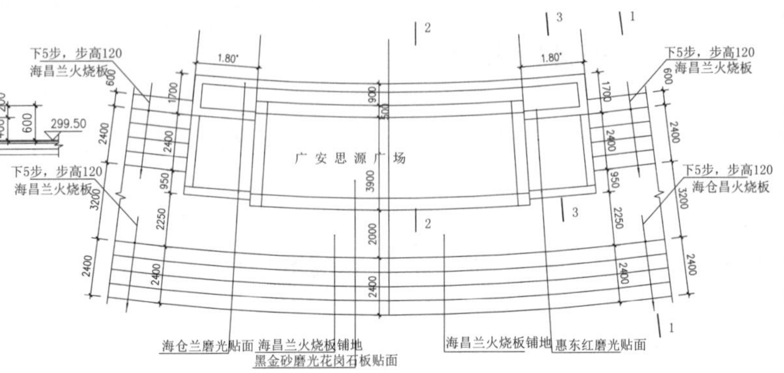

思源石平面图 1:100

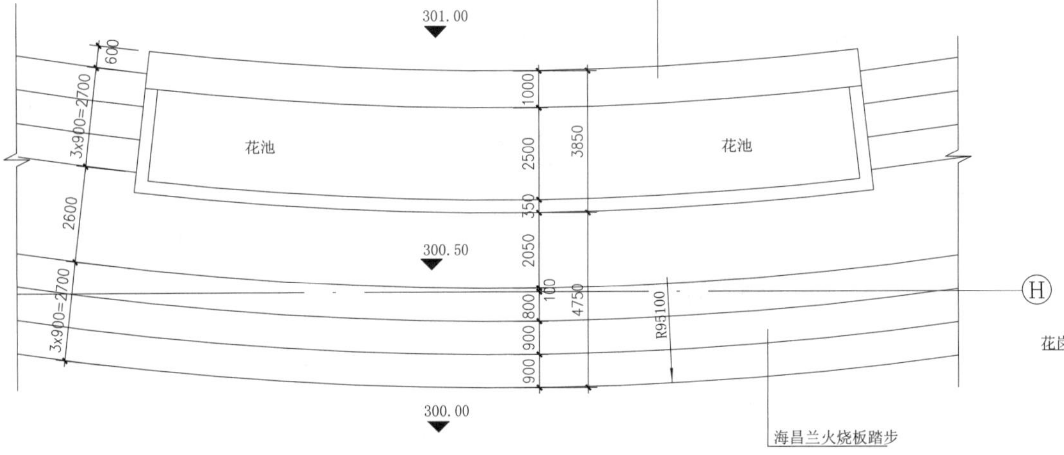

思源石平面图 1:100

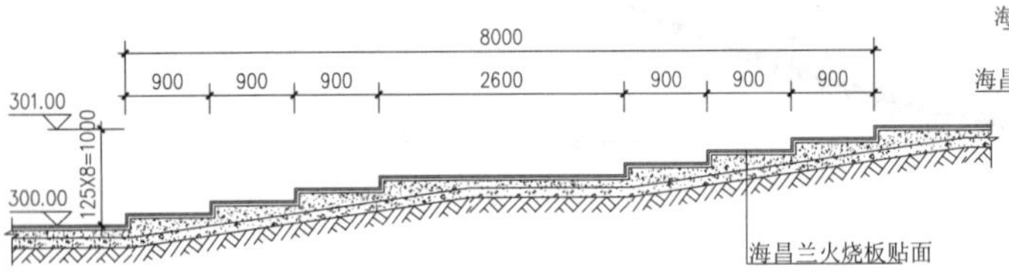

2-2 剖面图 1:50

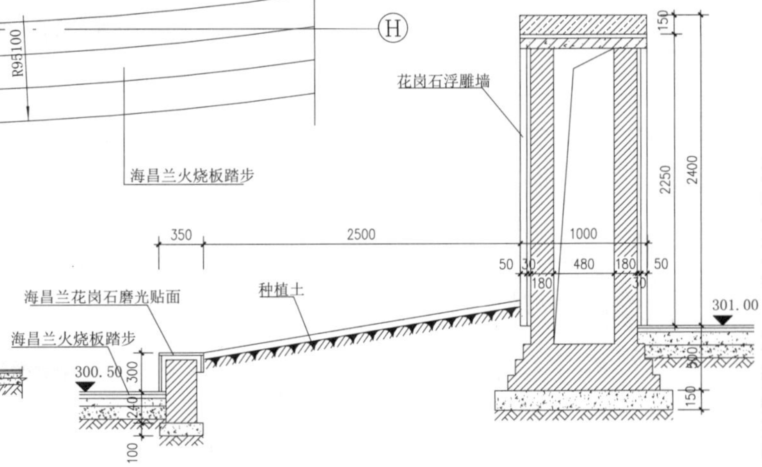

1-1 剖面图 1:25

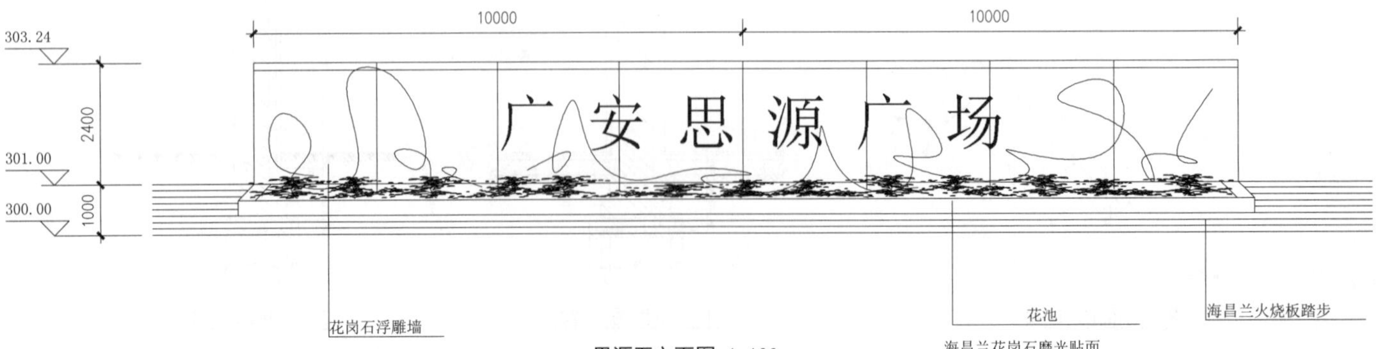

思源石立面图 1:100

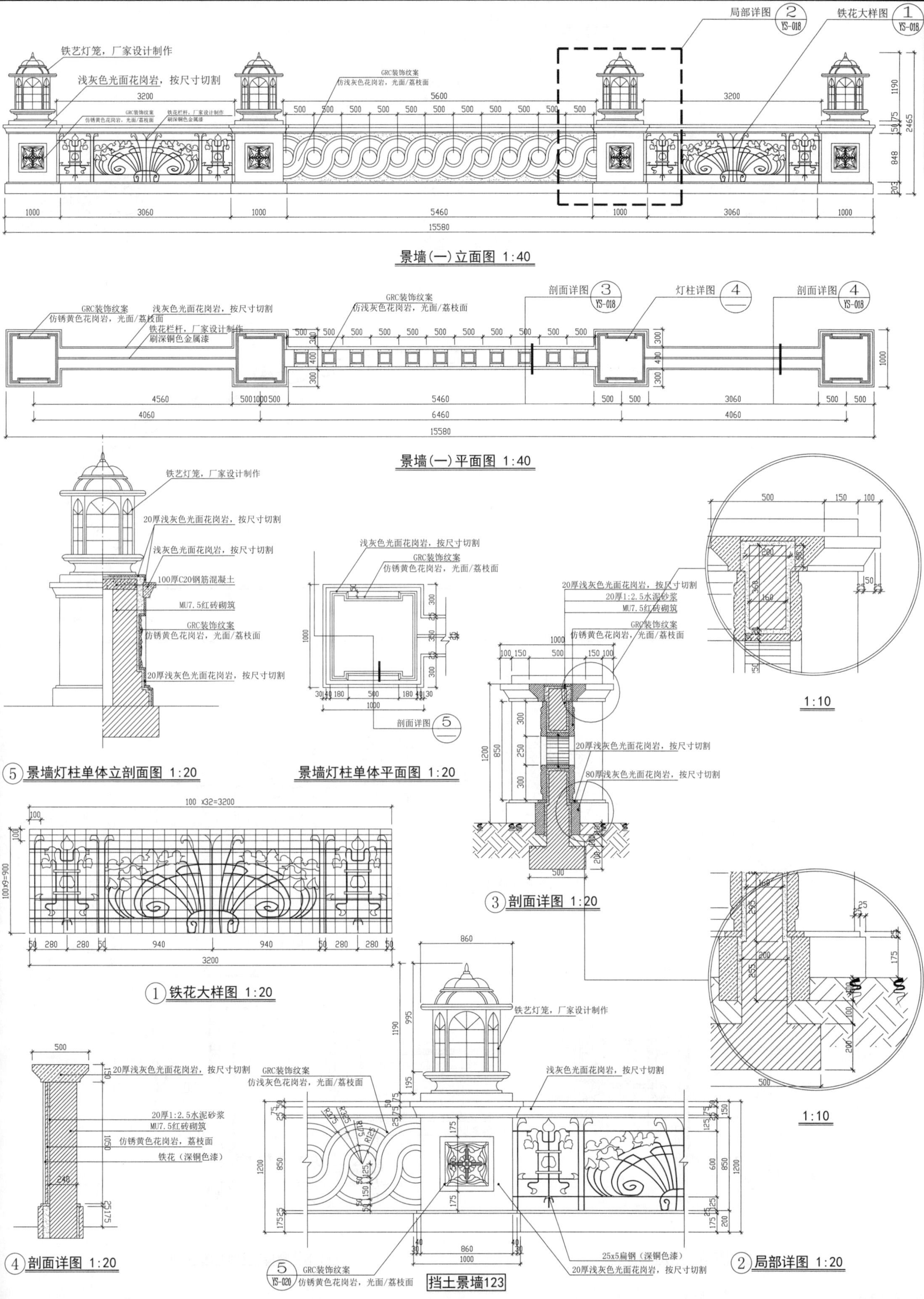

铁花灯笼，厂家设计制作

浅灰色光面花岗岩，按尺寸切割

GRC装饰纹案
仿浅灰色花岗岩，光面/荔枝面

局部详图 ② YS-018
铁花大样图 ① YS-018

GRC装饰纹案
仿锈黄色花岗岩，光面/荔枝面
铁花栏杆，厂家设计制作
刷深铜色金属漆

景墙(一)立面图 1:40

GRC装饰纹案
仿锈黄色花岗岩，光面/荔枝面
浅灰色光面花岗岩，按尺寸切割
铁花栏杆，厂家设计制作
刷深铜色金属漆

GRC装饰纹案
仿浅灰色花岗岩，光面/荔枝面

剖面详图 ③ YS-018
灯柱详图 ④
剖面详图 ④ YS-018

景墙(一)平面图 1:40

铁艺灯笼，厂家设计制作
20厚浅灰色光面花岗岩，按尺寸切割
浅灰色光面花岗岩，按尺寸切割
100厚C20钢筋混凝土
MU7.5红砖砌筑
GRC装饰纹案
仿锈黄色花岗岩，光面/荔枝面
20厚浅灰色光面花岗岩，按尺寸切割

⑤ 景墙灯柱单体立剖面图 1:20

浅灰色光面花岗岩，按尺寸切割
GRC装饰纹案
仿锈黄色花岗岩，光面/荔枝面

剖面详图 ⑤

景墙灯柱单体平面图 1:20

20厚浅灰色光面花岗岩，按尺寸切割
20厚1:2.5水泥砂浆
MU7.5红砖砌筑
GRC装饰纹案
仿锈黄色花岗岩，光面/荔枝面

1:10

20厚浅灰色光面花岗岩，按尺寸切割
80厚浅灰色光面花岗岩，按尺寸切割

③ 剖面详图 1:20

① 铁花大样图 1:20

500
20厚浅灰色光面花岗岩，按尺寸切割
20厚1:2.5水泥砂浆
MU7.5红砖砌筑
仿锈黄色花岗岩，荔枝面
铁花（深铜色漆）

④ 剖面详图 1:20

铁艺灯笼，厂家设计制作
GRC装饰纹案
仿浅灰色花岗岩，光面/荔枝面
浅灰色光面花岗岩，按尺寸切割

1:10

⑤ GRC装饰纹案 YS-020
仿锈黄色花岗岩，光面/荔枝面

挡土景墙123

25x5扁钢（深铜色漆）
20厚浅灰色光面花岗岩，按尺寸切割

② 局部详图 1:20

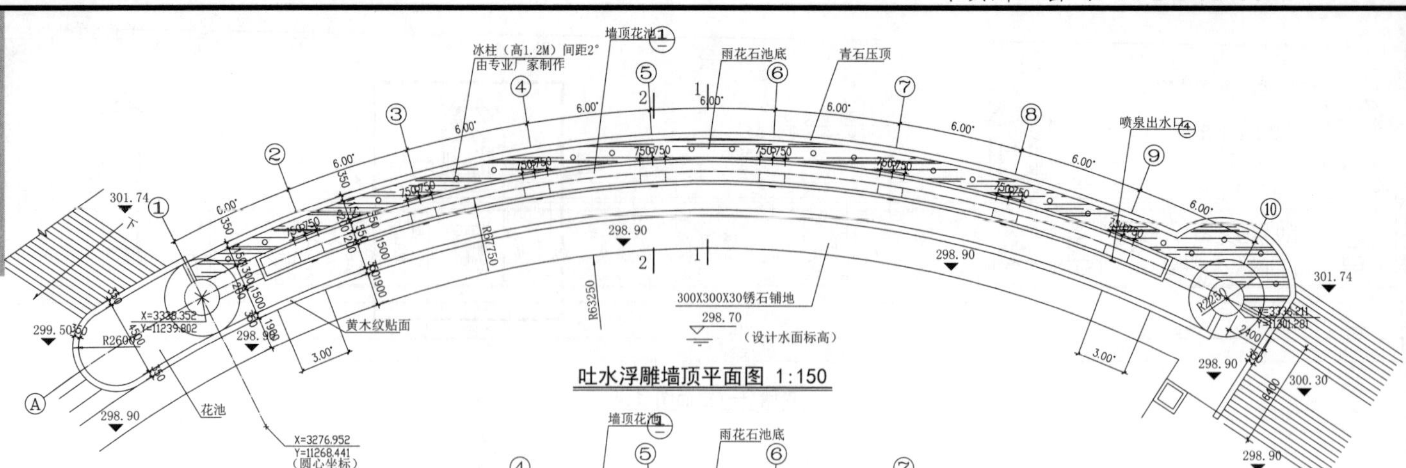

吐水浮雕墙顶平面图 1:150

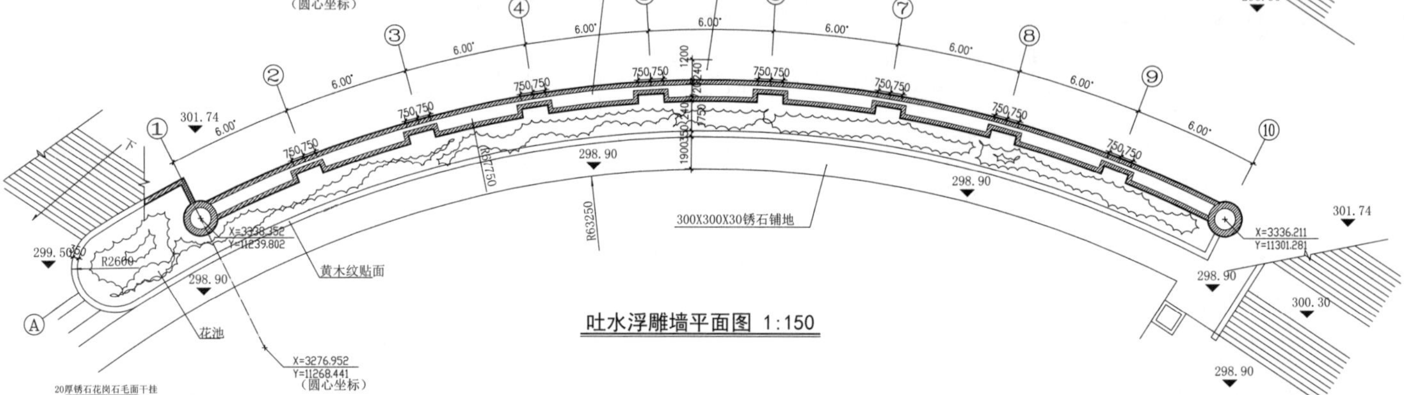

吐水浮雕墙平面图 1:150

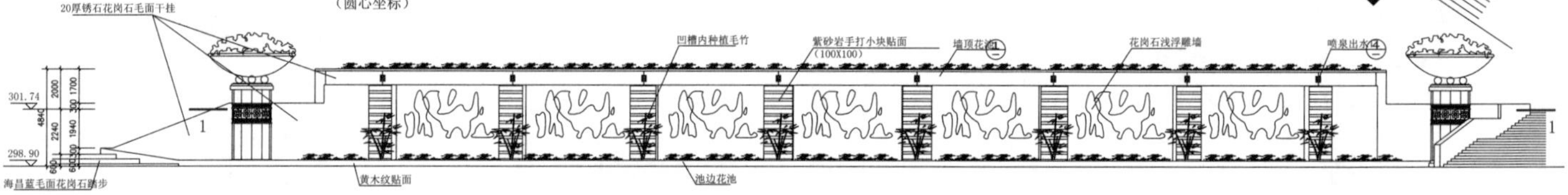

吐水浮雕墙①~⑩立面图 1:100

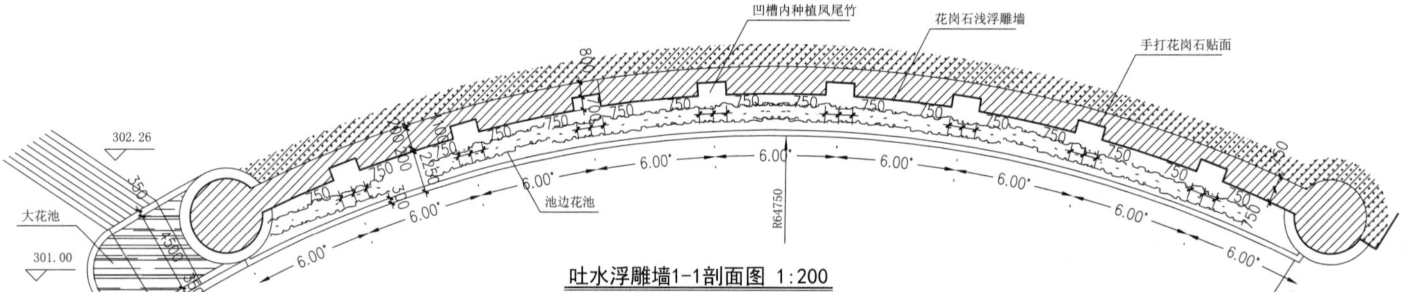

吐水浮雕墙1-1剖面图 1:200

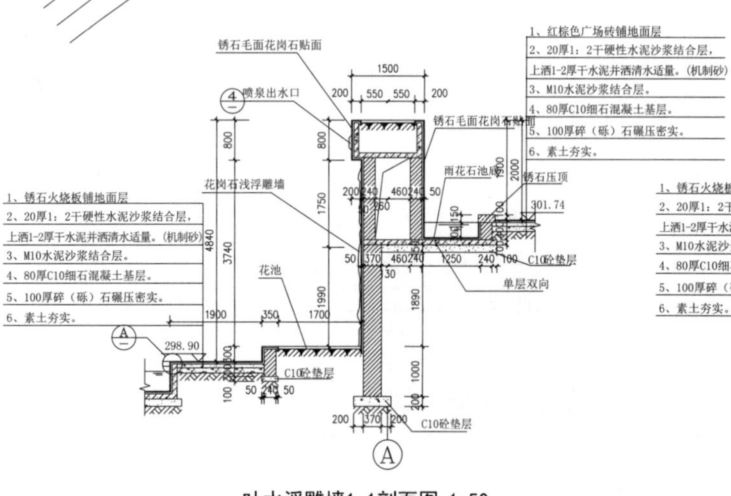

吐水浮雕墙1-1剖面图 1:50

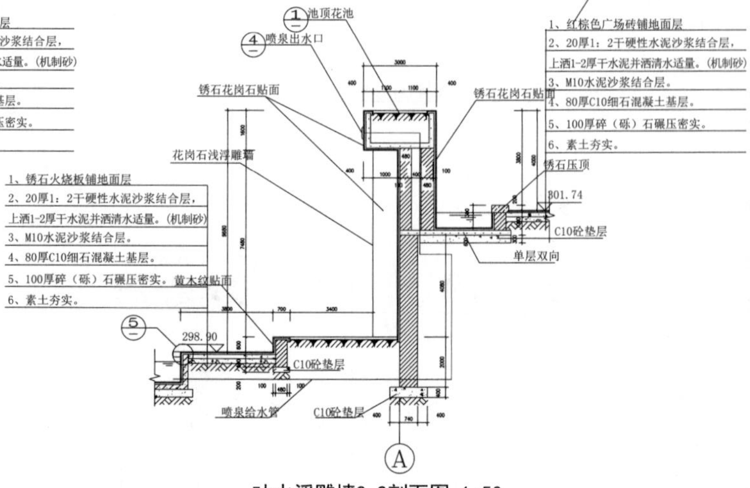

吐水浮雕墙2-2剖面图 1:50

挡土景墙124

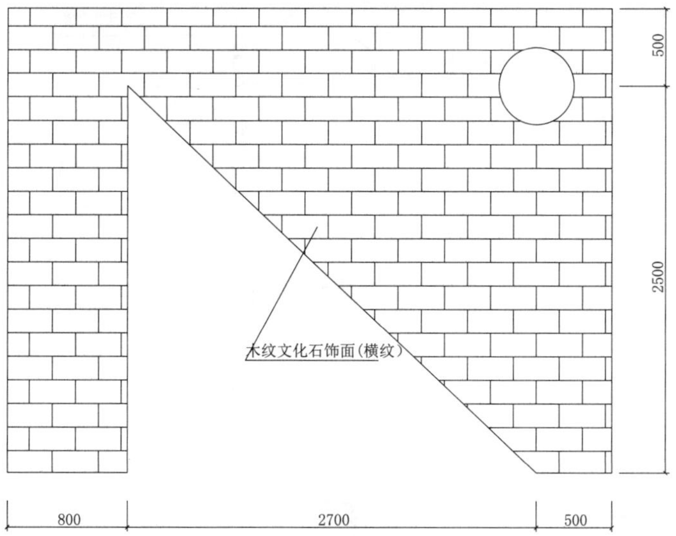

造型墙1正立面图 1:20

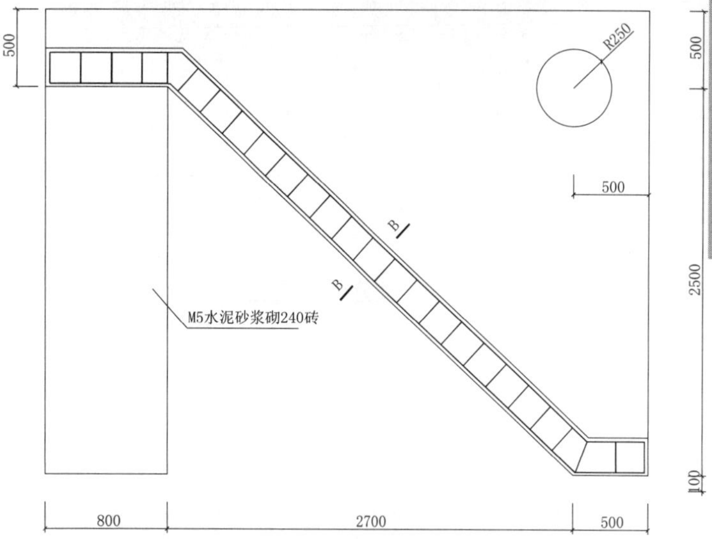

A-A 1:20

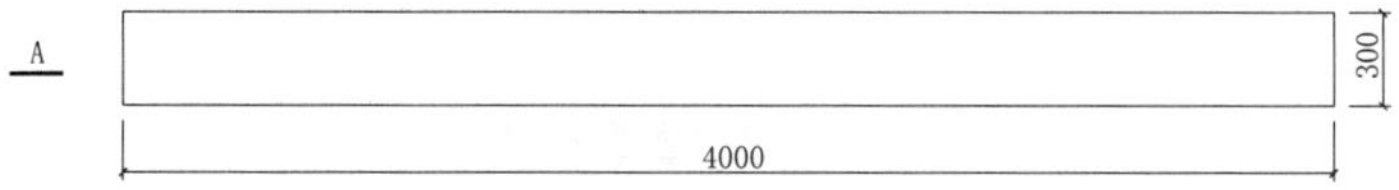

造型墙1平面图 1:20

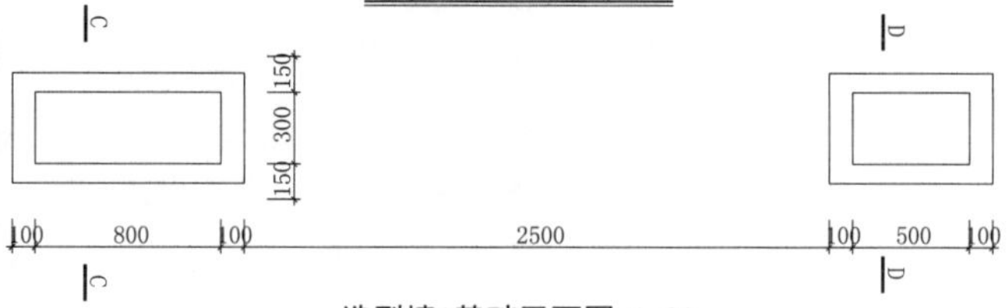

造型墙1基础平面图 1:20

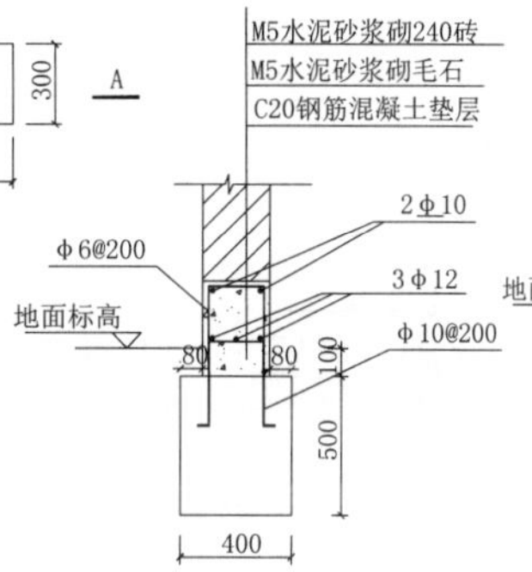

D-D 1:20

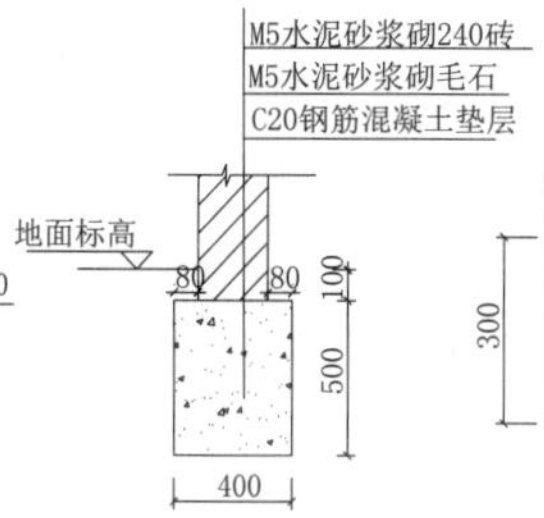
M5水泥砂浆砌240砖
M5水泥砂浆砌毛石
C20钢筋混凝土垫层
地面标高
80
80
100
500
400

C-C 1:20

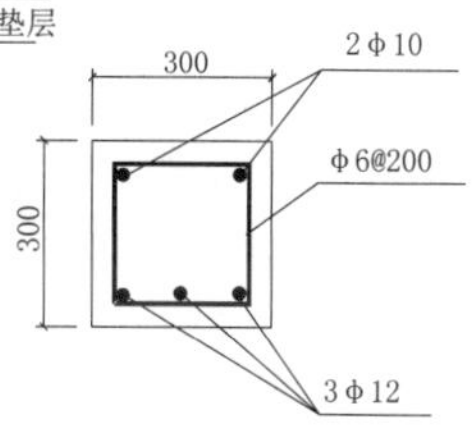

B-B 1:20

挡土景墙125

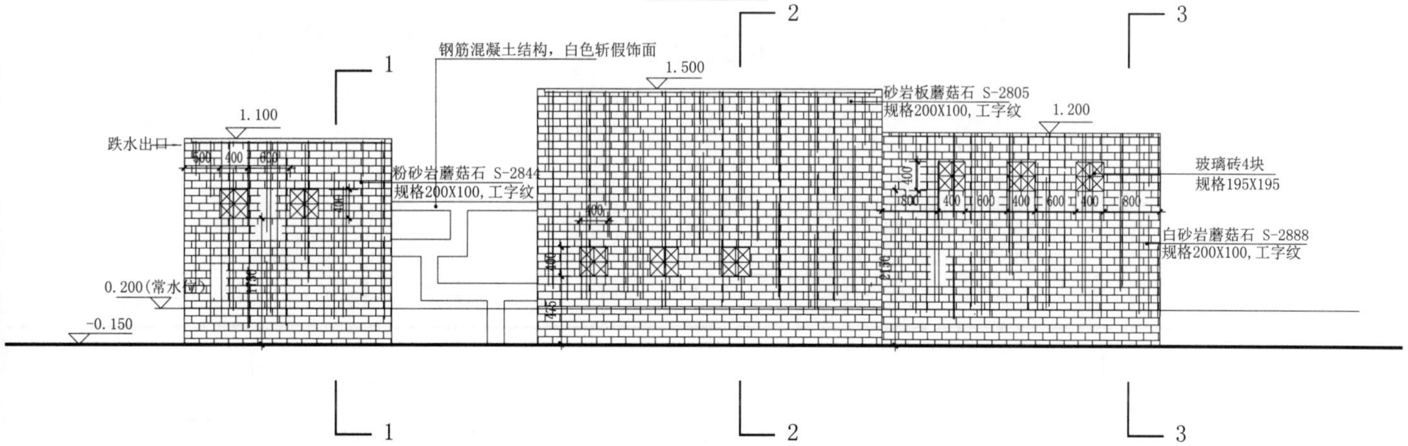
钢筋混凝土结构，白色斩假饰面
1.500
砂岩板蘑菇石 S-2805
规格200X100，工字纹
1.200
1.100
跌水出口
粉砂岩蘑菇石 S-2844
规格200X100，工字纹
玻璃砖4块
规格195X195
白砂岩蘑菇石 S-2888
规格200X100，工字纹
0.200(常水位)
-0.150
1
2
3

景墙立面图（拉展） 1:50

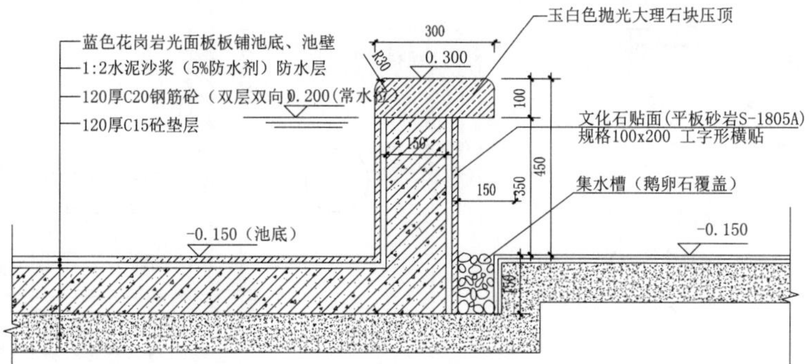
蓝色花岗岩光面板板铺池底、池壁
1:2水泥沙浆（5%防水剂）防水层
120厚C20钢筋砼（双层双向
120厚C15砼垫层
0.200(常水位)
300
R30
0.300
玉白色抛光大理石块压顶
100
150
450
350
150
文化石贴面(平板砂岩S-1805A)
规格100x200 工字形横贴
集水槽（鹅卵石覆盖）
-0.150（池底）
-0.150

② B-B 剖面图 1:10

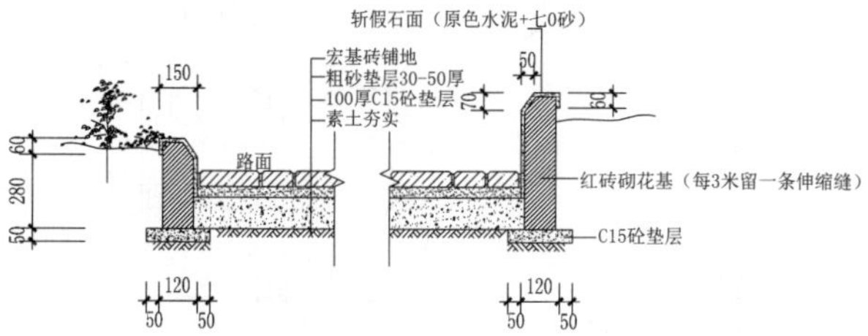
斩假石面（原色水泥+七0砂）
宏基砖铺地
粗砂垫层30-50厚
100厚C15砼垫层
素土夯实
150
50
60
路面
60
280
50
红砖砌花基（每3米留一条伸缩缝）
C15砼垫层
120
50
50

① A-A 剖面图 1:20

挡土景墙126

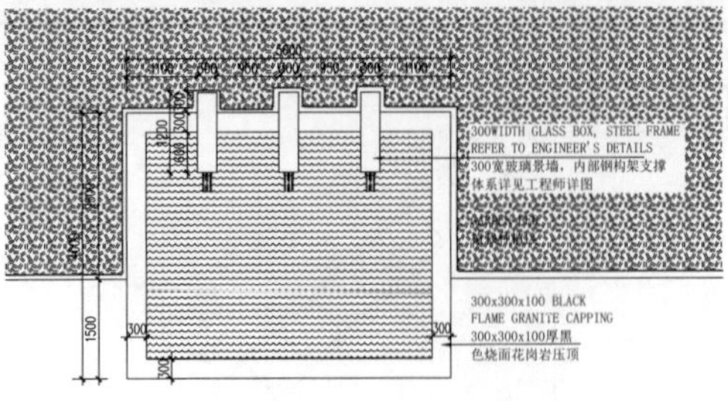

水景一平面图 1:50
水景一堰口详图 1:5
水景一侧立面图 1:20
水景一玻璃墙侧剖面图 1:20
水景一正立面图 1:20
水景一玻璃墙正剖面图 1:20
挡土景墙127
300WIDTH GLASS BOX, STEEL FRAME REFER TO ENGINEER'S DETAILS
300宽玻璃盒景墙，内部钢构架支撑体系详见工程师详图
300x300x100 BLACK FLAME GRANITE CAPPING
300x300x100厚黑色烧面花岗岩压顶
GLASS WEIR
玻璃堰口
SUPPLY WATER PIPE REFER TO HYDRALIC ENGINEER'S DETAILS
供水管详见给排水工程师详图
STEEL FRAME REFER TO ENGINEER'S DETAILS
内部钢构架支撑体系详见工程师详图
S/S RESERVOIR
不锈钢储水槽，与支撑玻璃的结构焊接牢固，见工程师详图
450X300X20mm THICK BLACK POLISHED GRANITE CLADDING PLINTH
底部为450X300X20厚黑色抛光花岗岩贴面座基
GROWING MEDIUM, PLANTING REFER TO PLANTING DESIGN
种植土，植栽详见植栽设计图
20 THICK 300X300 BLACK POLISHED GRANITE CLADDING
侧壁和池底均为20厚300X300黑色抛光花岗岩贴面
SURFACE PAVEMENT REFER TO PAVEMENT PLAN
相邻地面铺装见铺装图
WATERPROOF REFER TO ENGINEER'S DETAILS
防水膜见工程师详图
CONCRETE SLAB REFER TO ENGINEER'S DETAILS
混凝土板详见工程师详图
深灰色涂料
乳白色光面涂料
浅灰色涂料（高宽同结构梁尺寸）
黑色灯罩
内置灯具
构造柱
C15钢筋混凝土压顶配筋详
防潮层
基础部分砌块用C15细石混凝土灌孔填实
100厚C15混凝土
150厚3:7灰土或碎石垫层
素土夯实
过梁详
30厚1:2.5水泥砂浆
M5水泥砂浆砌MU10砖
散铺鹅卵石 粒径10～60mm
30厚1:2.5防水砂浆
200厚C25, S6抗渗钢筋砼
300厚3:7灰土
挡土景墙128

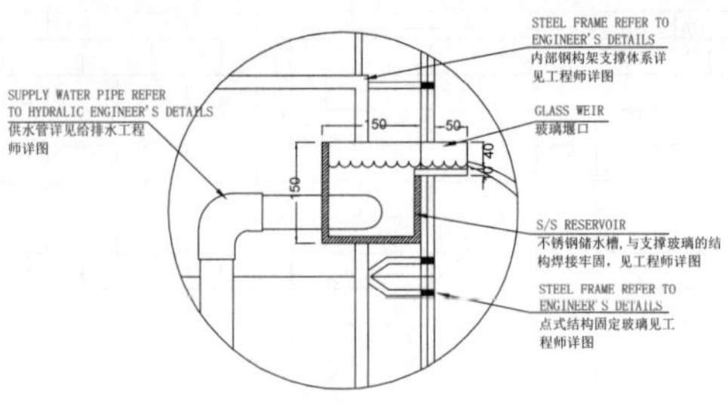

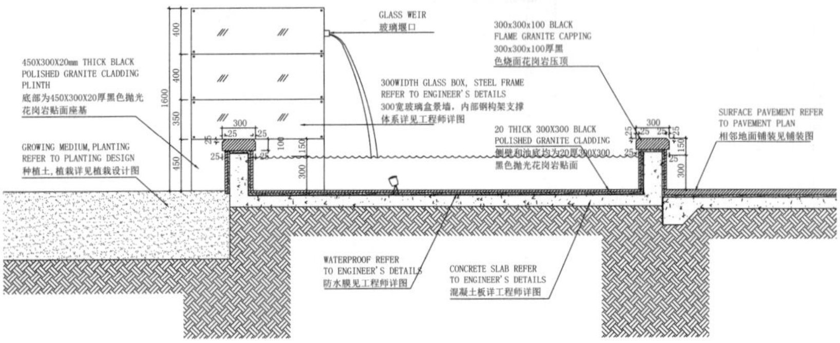

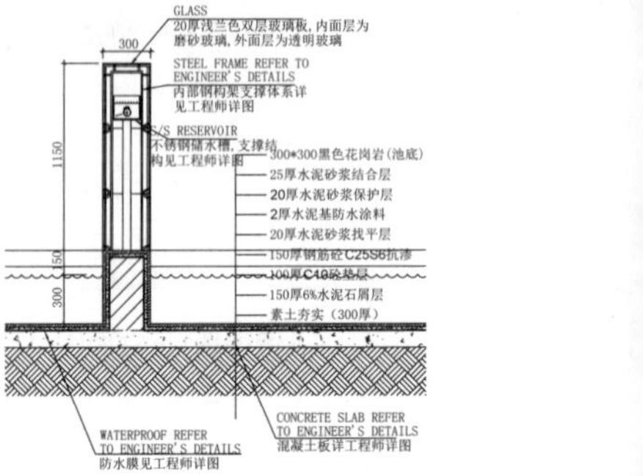

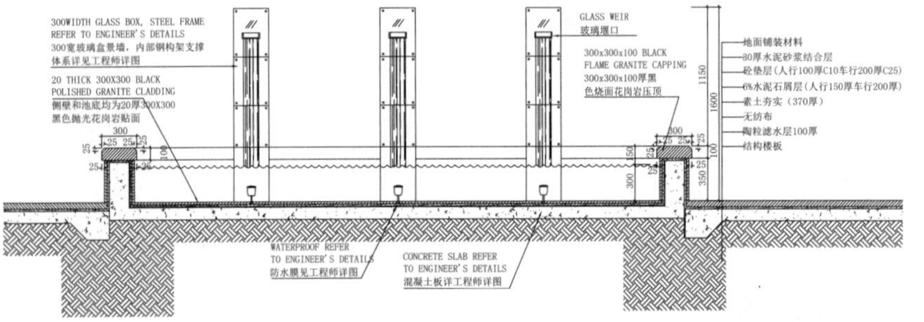

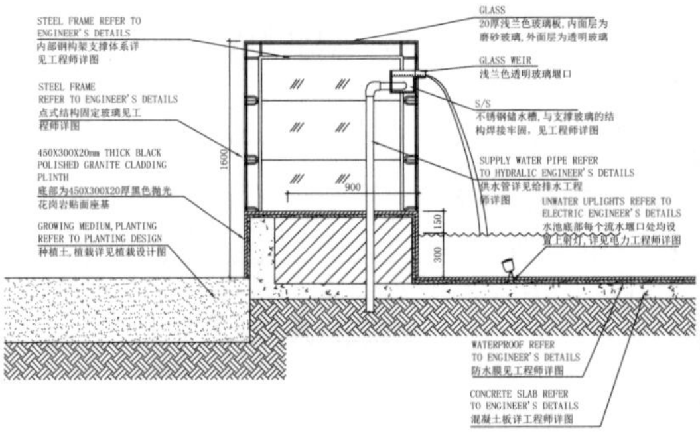

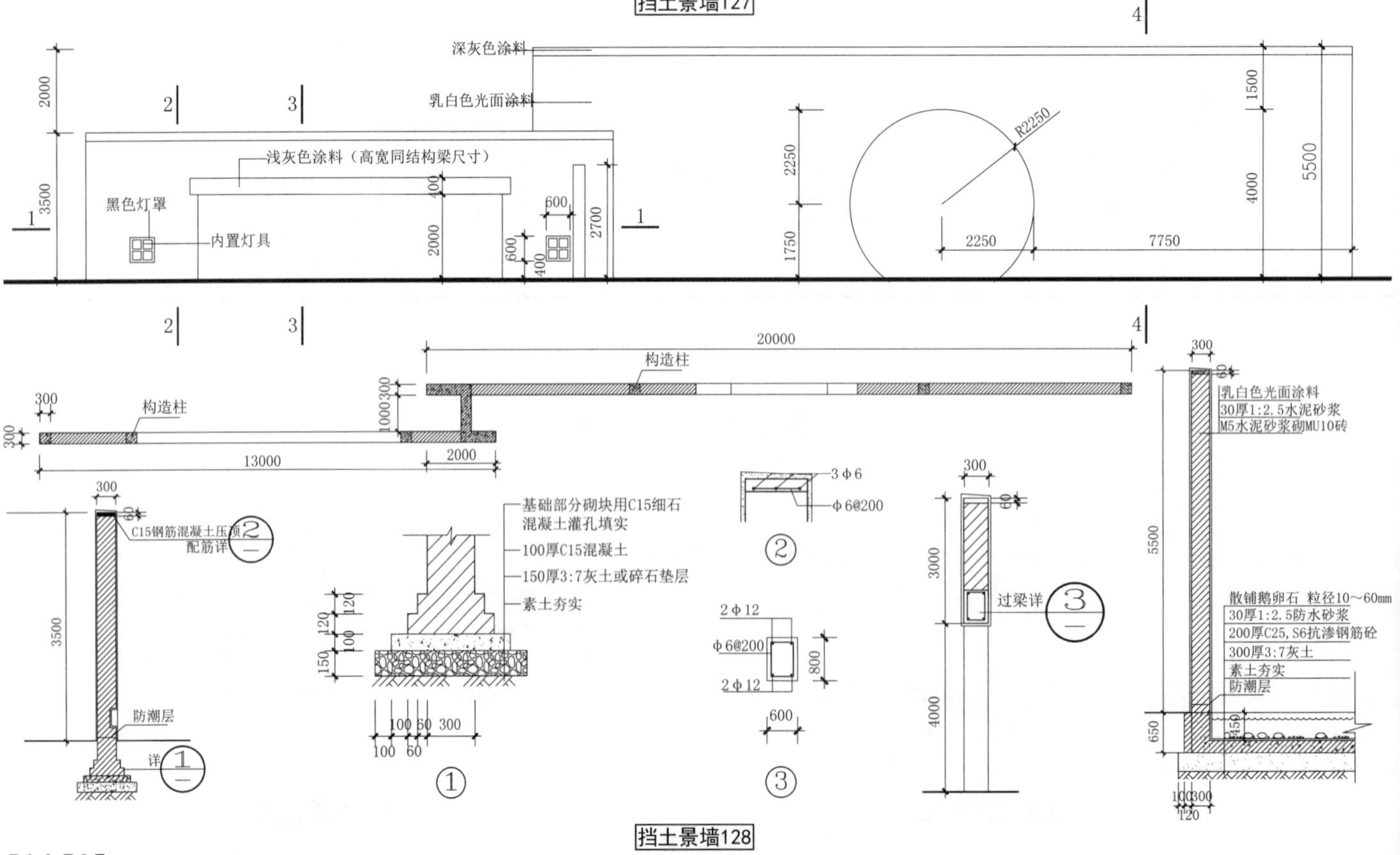

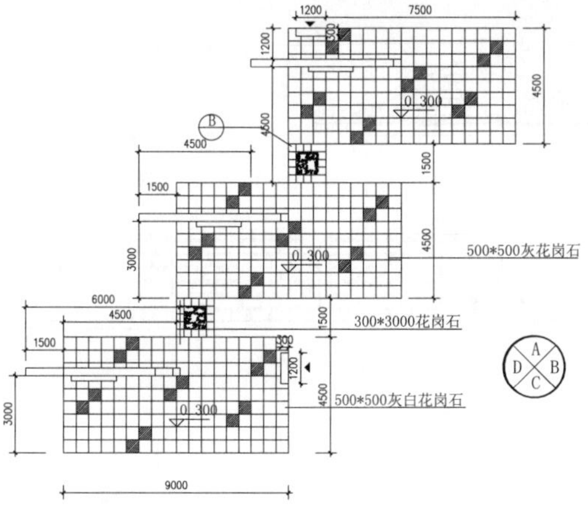
500*500灰花岗石
300*3000花岗石
500*500灰白花岗石
0.300

影壁平面 1:100

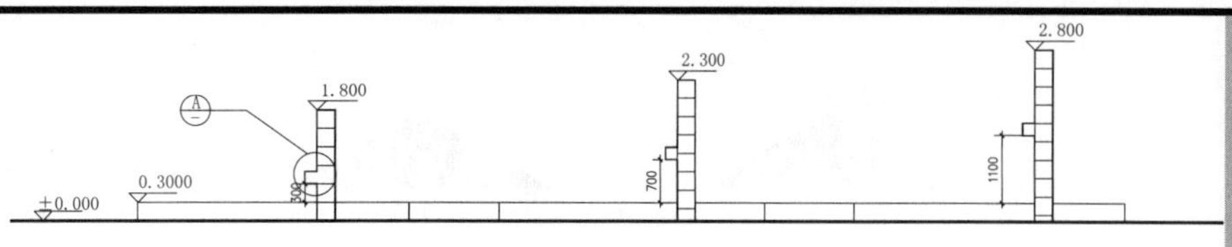

影壁D立面 1:100

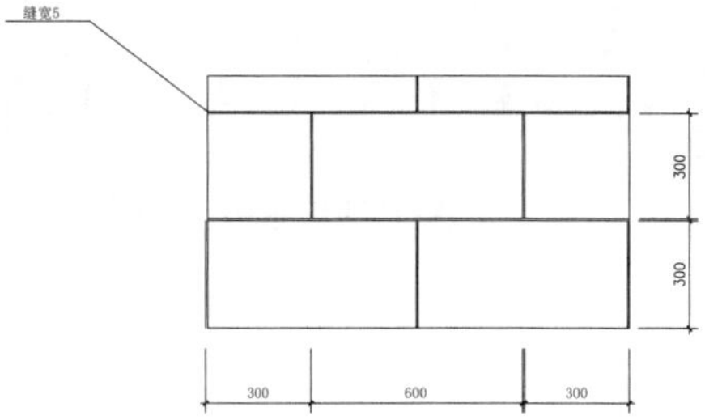
缝宽5

花岗石贴面局部分格 1:10

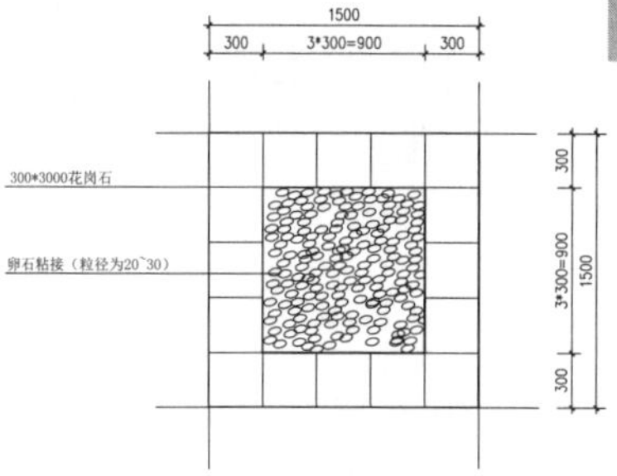

(B) 铺装详图 1:20

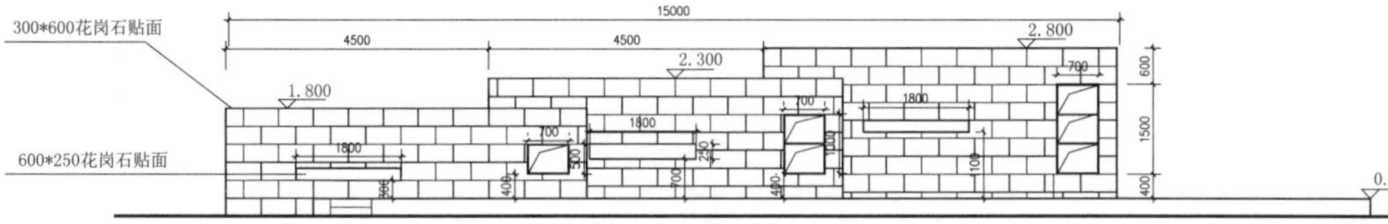

影壁A立面 1:50

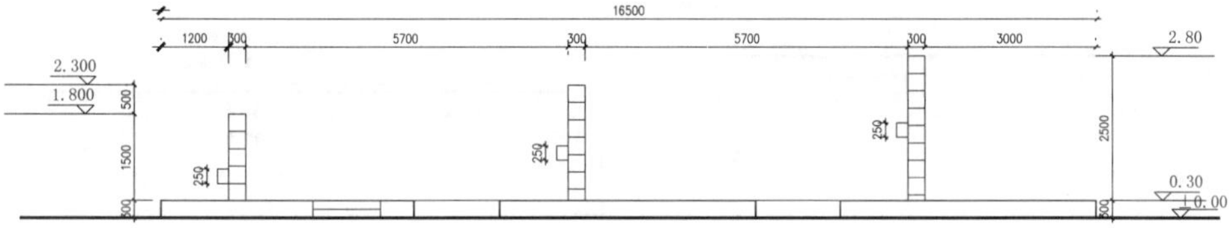

影壁B立面 1:50

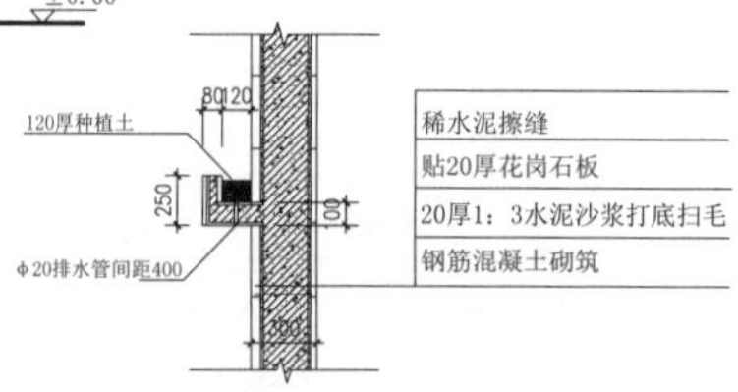
120厚种植土
Φ20排水管间距400
稀水泥擦缝
贴20厚花岗石板
20厚1：3水泥沙浆打底扫毛
钢筋混凝土砌筑

(A) 剖面详图 1:20

挡土景墙129

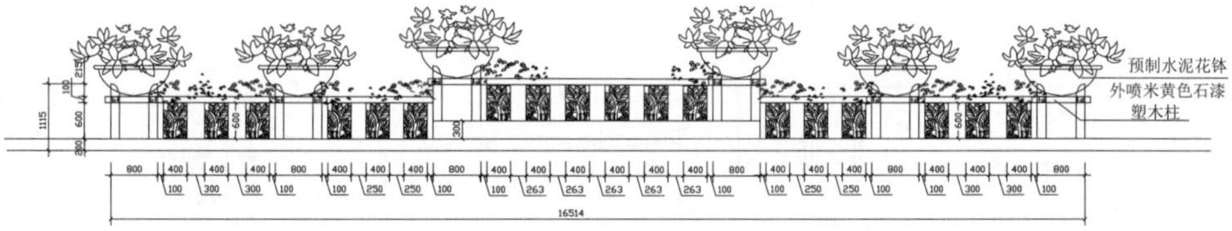
预制水泥花钵
外喷米黄色石漆
塑木柱
16514

浮雕景墙背立面图 1:80

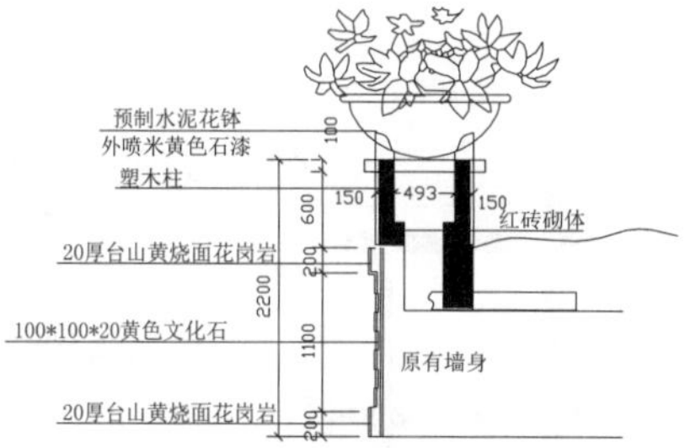
预制水泥花钵
外喷米黄色石漆
塑木柱
红砖砌体
20厚台山黄烧面花岗岩
100*100*20黄色文化石
原有墙身
20厚台山黄烧面花岗岩

A-A 剖面图 1:50

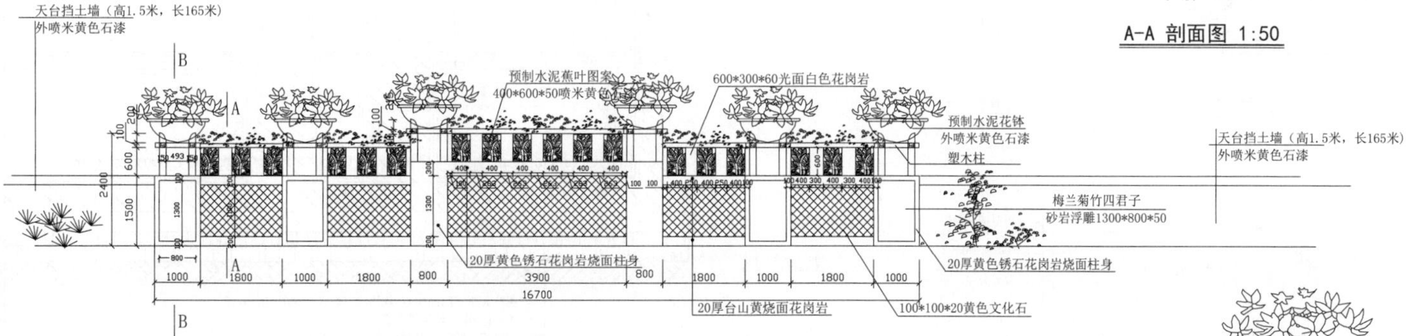
天台挡土墙（高1.5米，长165米）
外喷米黄色石漆
预制水泥蕉叶图案
400*600*50喷米黄色
600*300*60光面白色花岗岩
预制水泥花钵
外喷米黄色石漆
塑木柱
梅兰菊竹四君子
砂岩浮雕1300*800*50
20厚黄色锈石花岗岩烧面柱身
20厚台山黄烧面花岗岩
100*100*20黄色文化石
16700

浮雕景墙正立面图 1:80

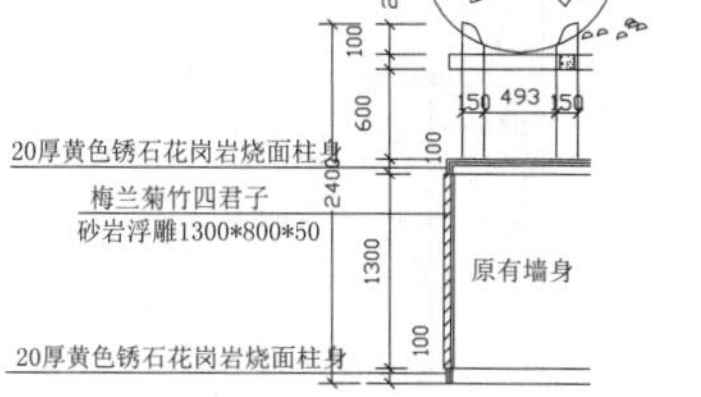
20厚黄色锈石花岗岩烧面柱身
梅兰菊竹四君子
砂岩浮雕1300*800*50
原有墙身
20厚黄色锈石花岗岩烧面柱身

B-B 剖面图 1:50

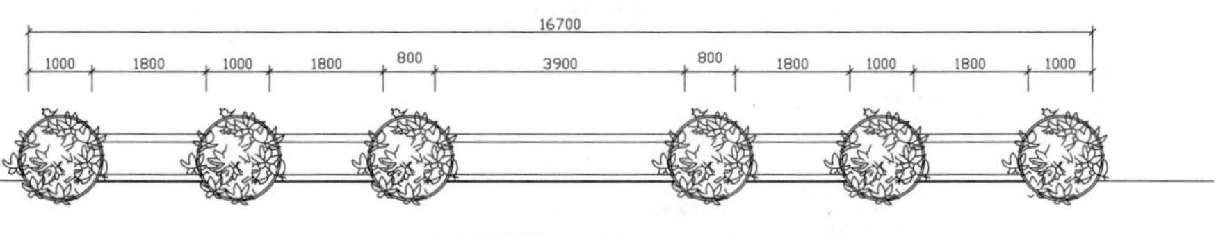

浮雕景墙平面图 1:80

挡土景墙130

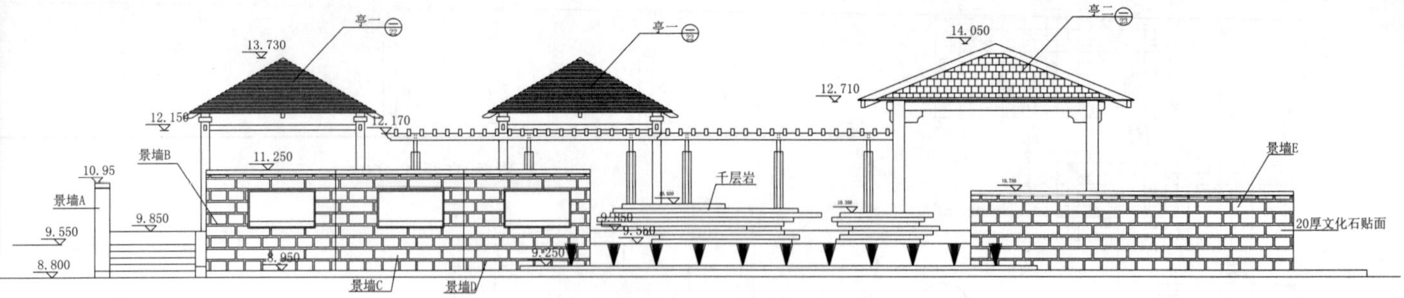

入口广场立面图 1:50

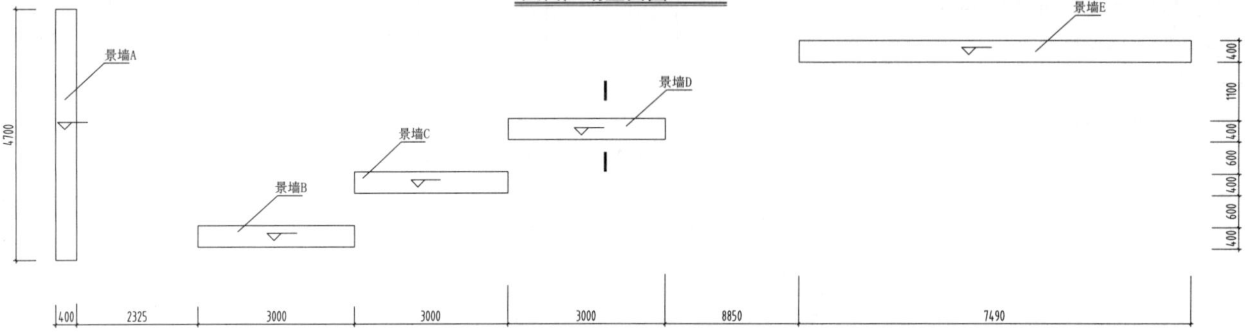

景墙A、B、C、D、E平面 1:50

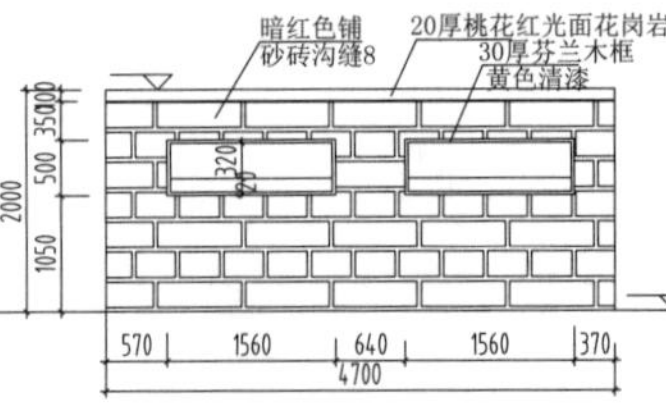

景墙A立面 1:50

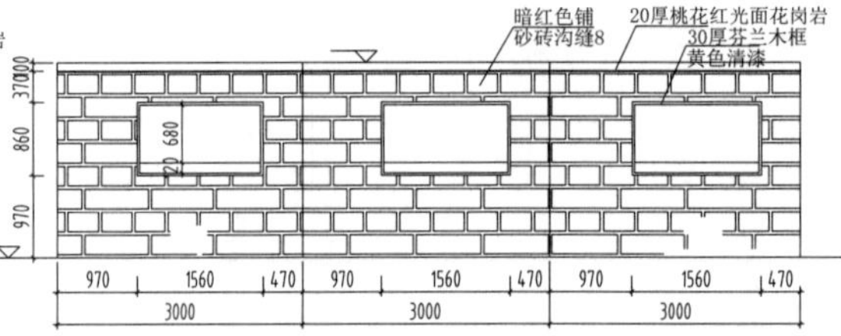

景墙B、C、D立面 1:50

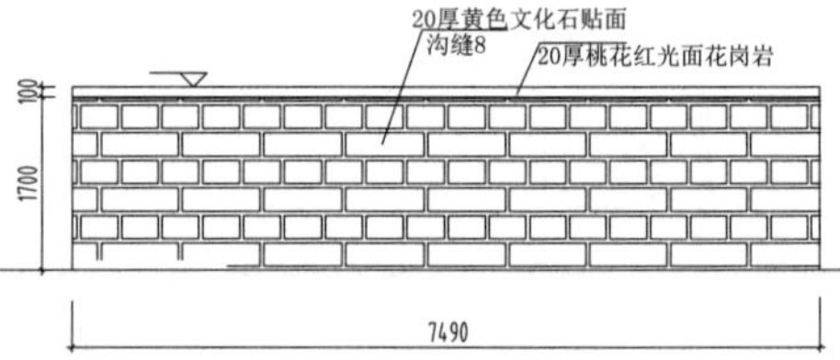

景墙E立面 1:50

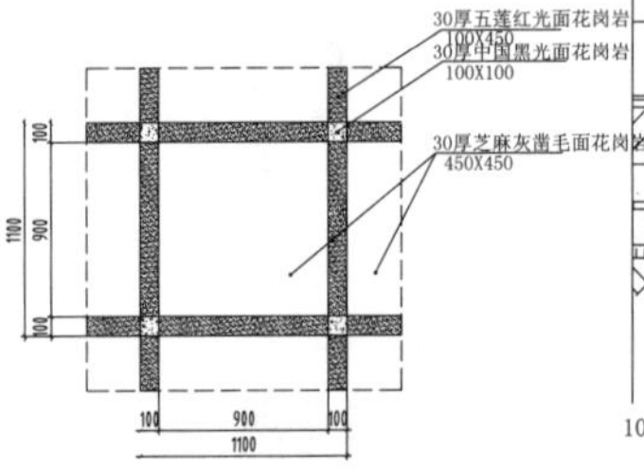

① 铺装大样 1:20

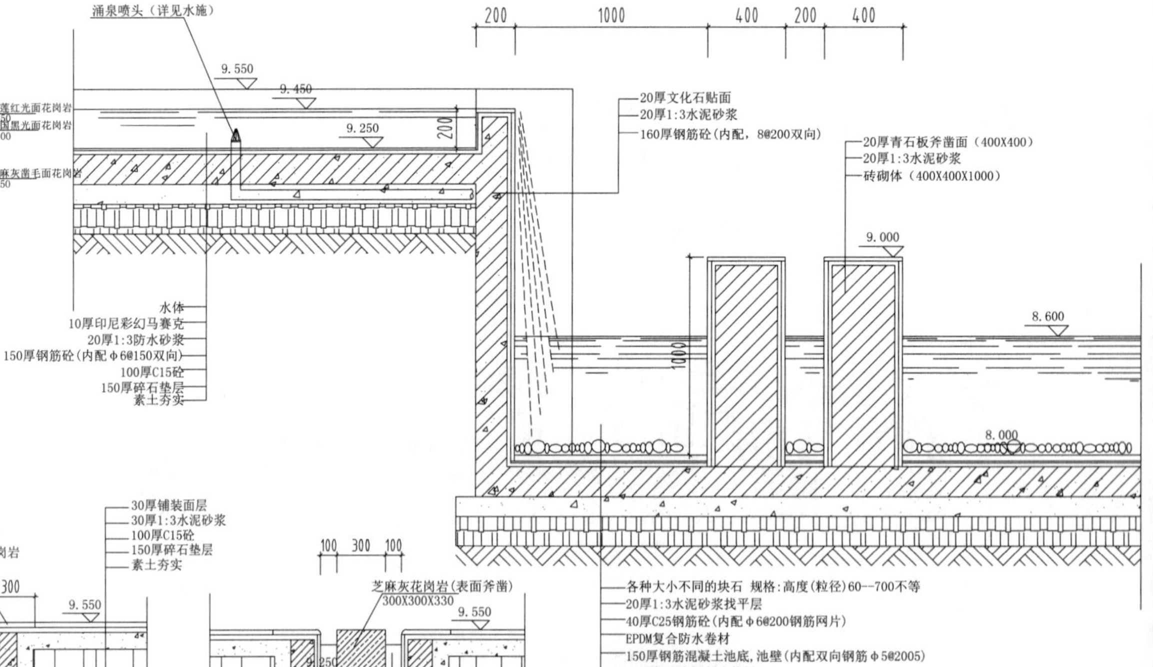

④ 1:50

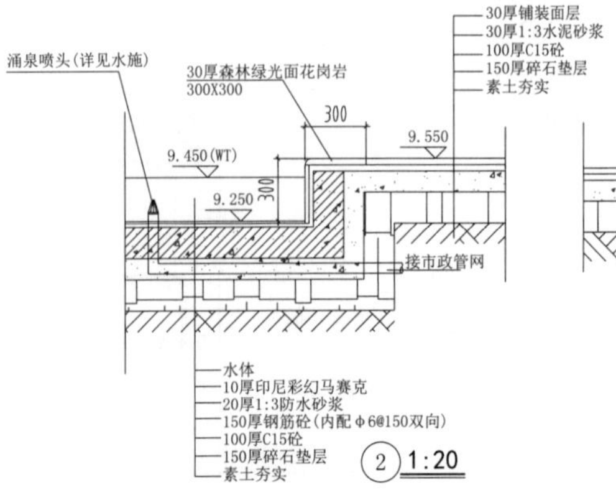

② 1:20

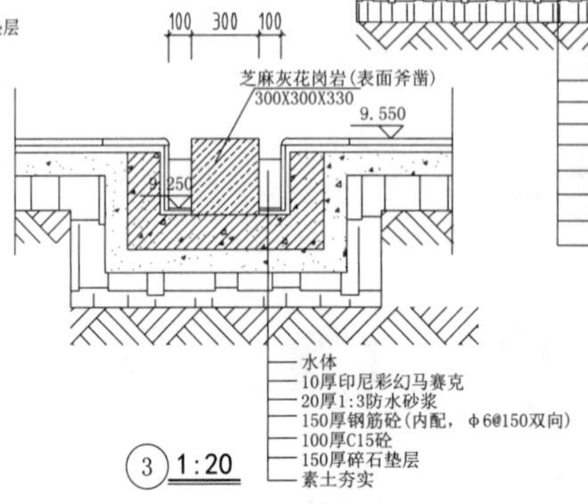

③ 1:20

挡土景墙131

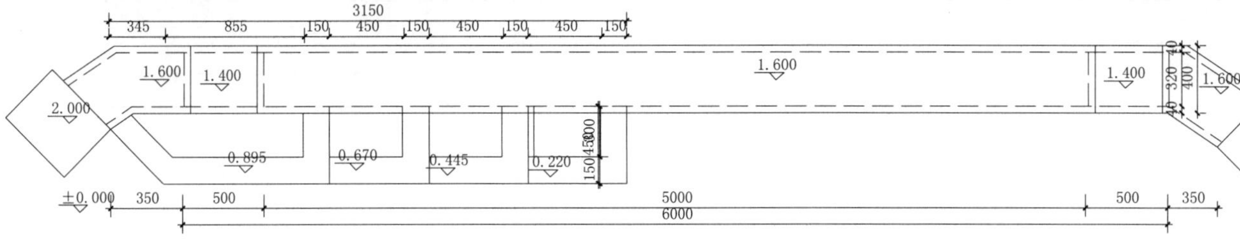

景墙平面图 1:20

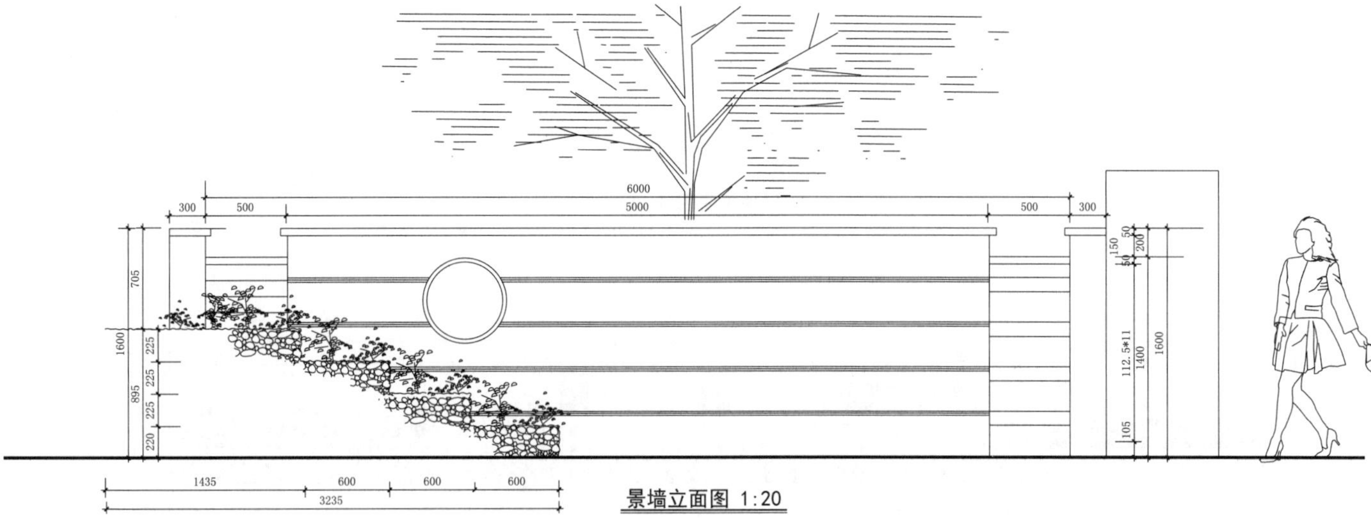

景墙立面图 1:20

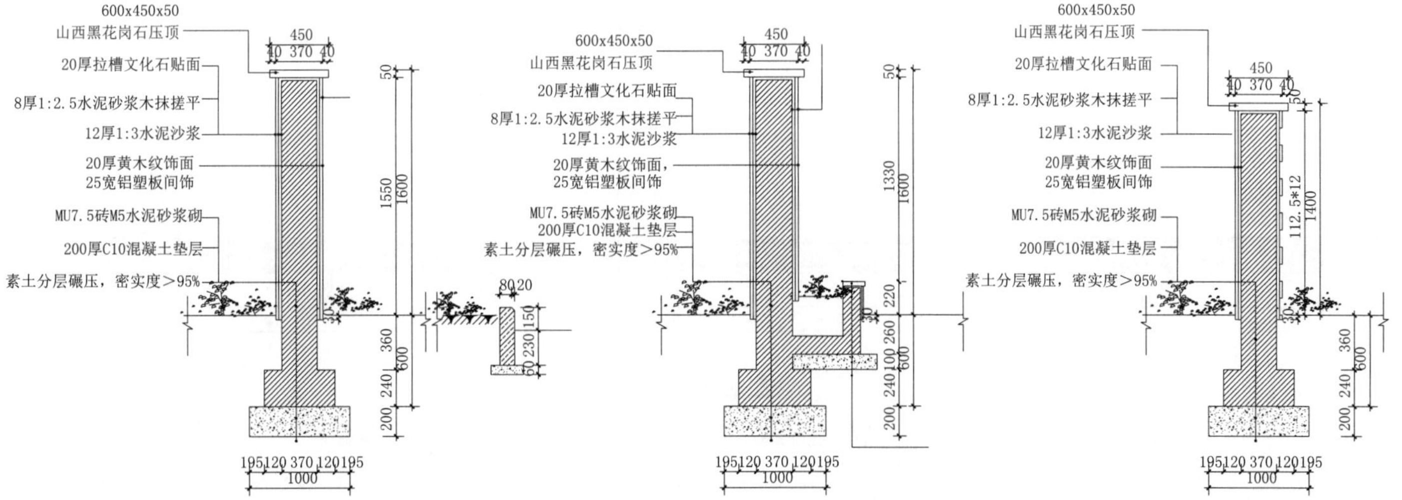

600x450x50
山西黑花岗石压顶
20厚拉槽文化石贴面
8厚1:2.5水泥砂浆木抹搓平
12厚1:3水泥沙浆
20厚黄木纹饰面
25宽铝塑板间饰
MU7.5砖M5水泥砂浆砌
200厚C10混凝土垫层
素土分层碾压,密实度>95%

600x450x50
山西黑花岗石压顶
20厚拉槽文化石贴面
8厚1:2.5水泥砂浆木抹搓平
12厚1:3水泥沙浆
20厚黄木纹饰面,
25宽铝塑板间饰
MU7.5砖M5水泥砂浆砌
200厚C10混凝土垫层
素土分层碾压,密实度>95%

600x450x50
山西黑花岗石压顶
20厚拉槽文化石贴面
8厚1:2.5水泥砂浆木抹搓平
12厚1:3水泥沙浆
20厚黄木纹饰面
25宽铝塑板间饰
MU7.5砖M5水泥砂浆砌
200厚C10混凝土垫层
素土分层碾压,密实度>95%

挡土景墙132

300x300x8钢管
表面包木 胡桃木色饰面
焊牢
80x120方木条
钢管分段拼接成弧形
基础详见

预埋件与钢柱焊牢

地面
钢垫板
锚筋4φ12 L=250
5φ10双向

①

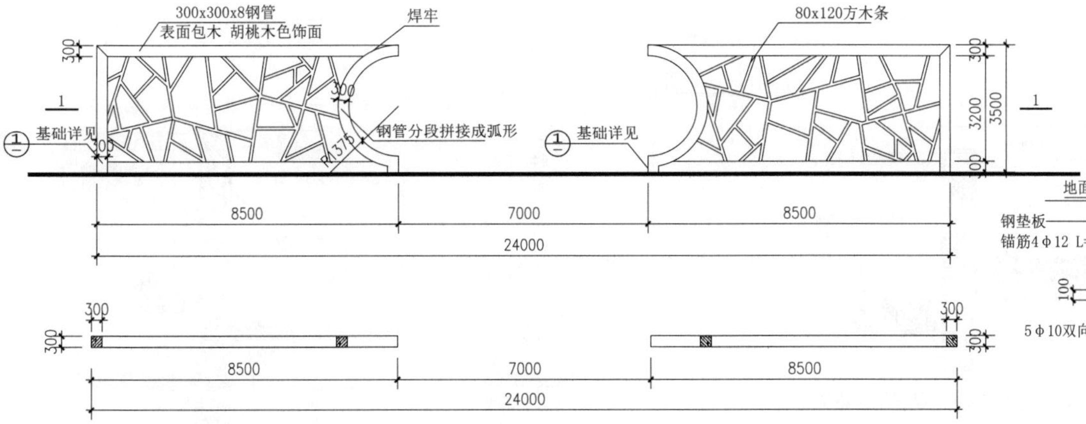

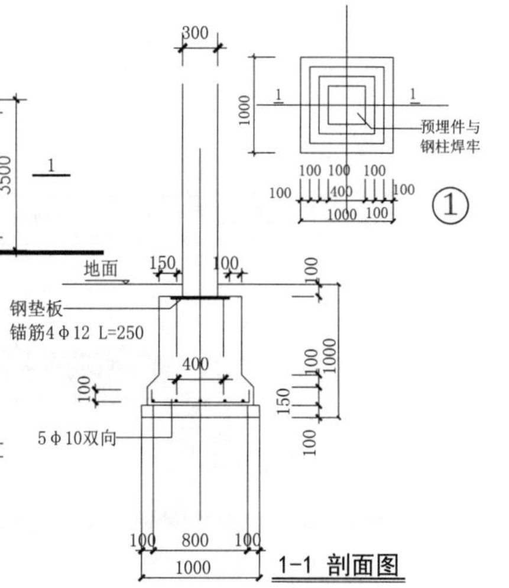

1-1 剖面图

说明:1.钢外框架方钢管连接节点均为满焊焊接。
2.焊口除毛刺后搓平,防锈漆两遍。
3.所有木构件均需作防腐,防水,防虫处理。
4.方木条与钢管采用螺栓连接。
5.金属螺栓,螺钉均嵌入木材内,表面腻子找平。
6.木结构采用榫接,并胶接。木材深色漆饰面。

挡土景墙133

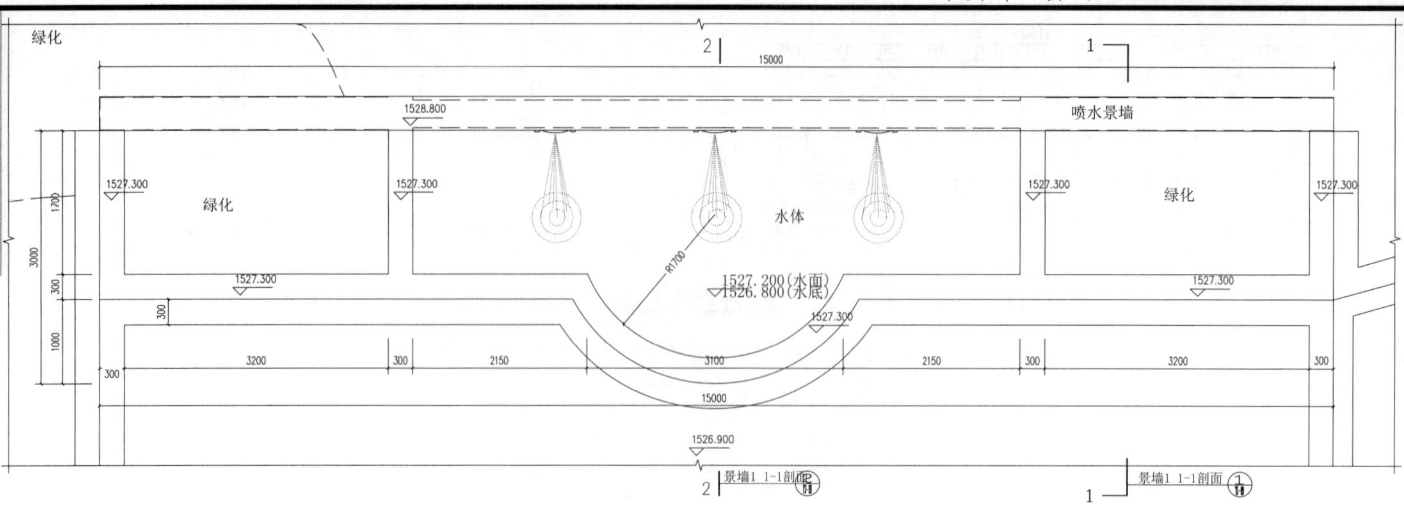

景墙平面图 1:30

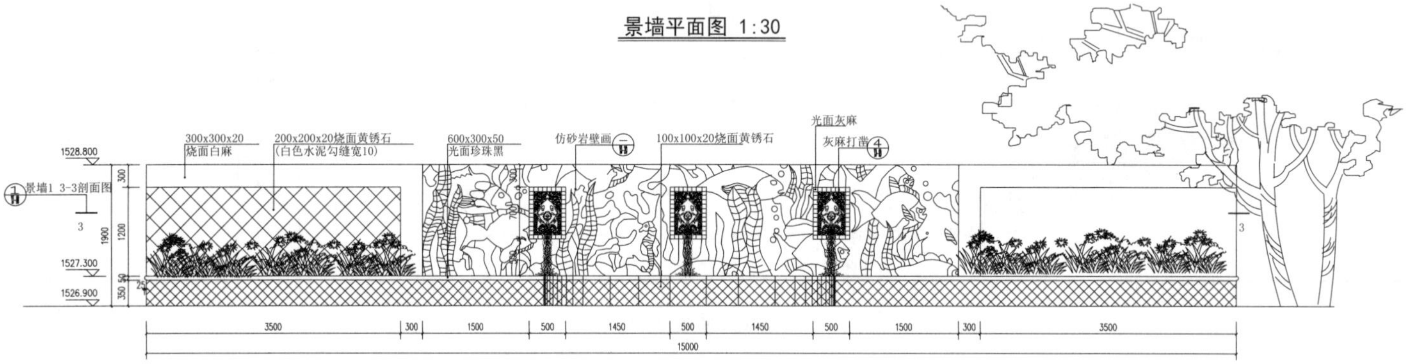

景墙1正立面图 1:30

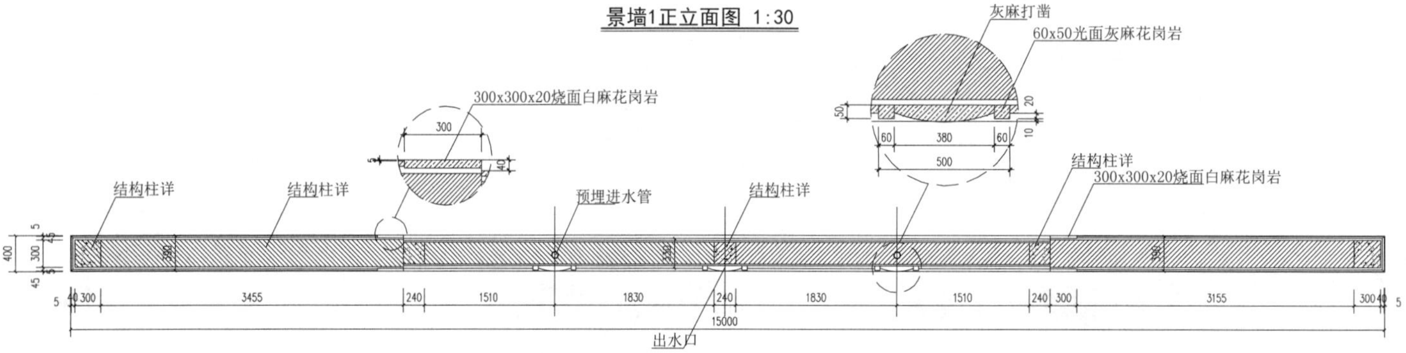

景墙1 3-3剖面图 1:30

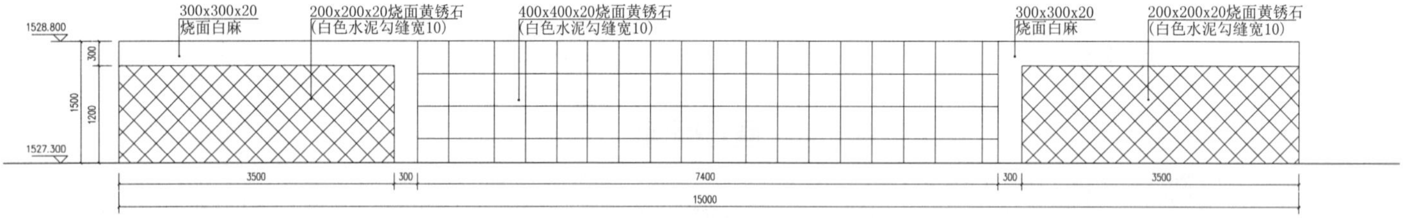

景墙1背立面图 1:30

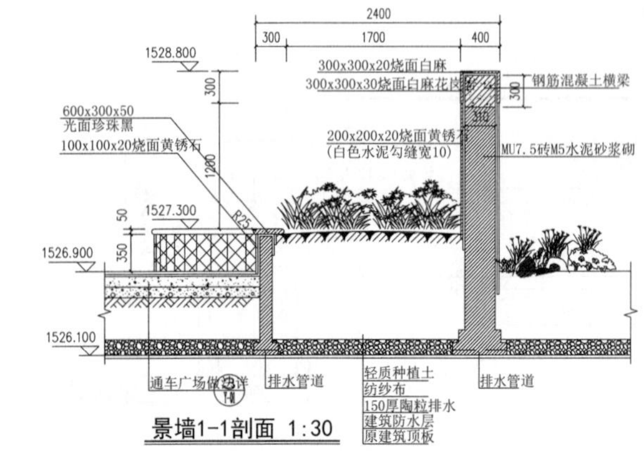

景墙1-1剖面 1:30

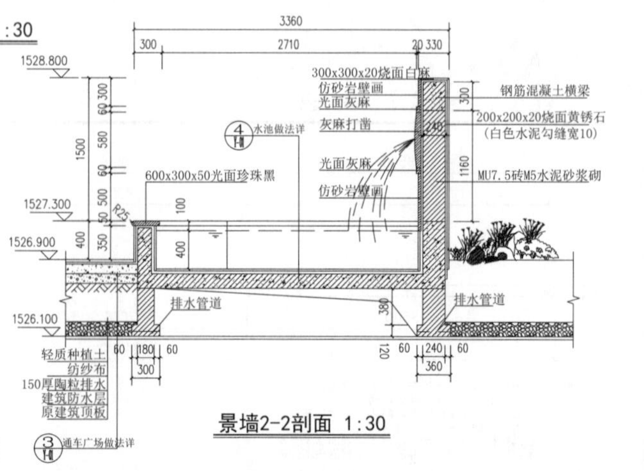

景墙2-2剖面 1:30

挡土景墙134

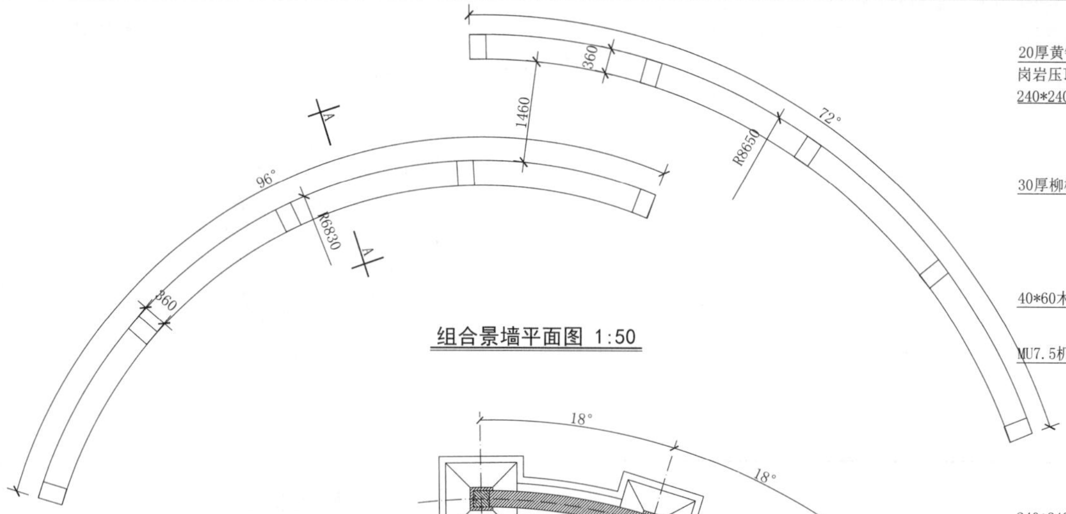

组合景墙平面图 1:50

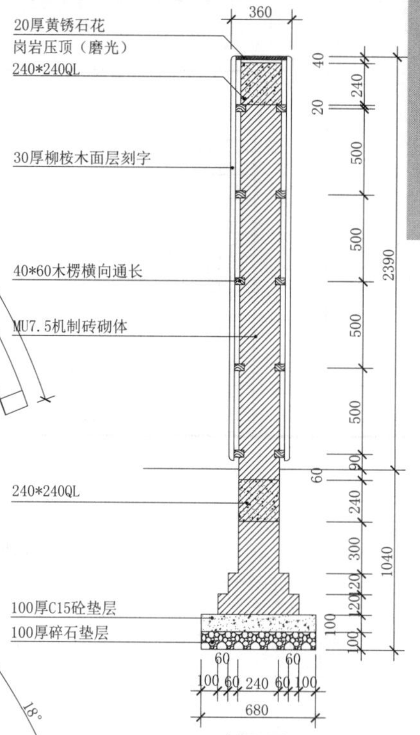

组合景墙基础平面图 1:50

20厚黄锈石花岗岩压顶（磨光）
240*240QL

30厚柳桉木面层刻字

40*60木楞横向通长

MU7.5机制砖砌体

240*240QL

100厚C15砼垫层
100厚碎石垫层

A-A 剖面图 1:20

组合景墙立面图 1:50

柳桉木
字体由甲方定制
±0.00
+2.39

柱基础平面图 1:20

φ8@200

8φ12

φ10@200双向

100厚C15砼垫层
100厚碎石垫层

柱基础剖面图 1:20

8φ12

φ8@200

柱配筋图 1:10

挡土景墙135

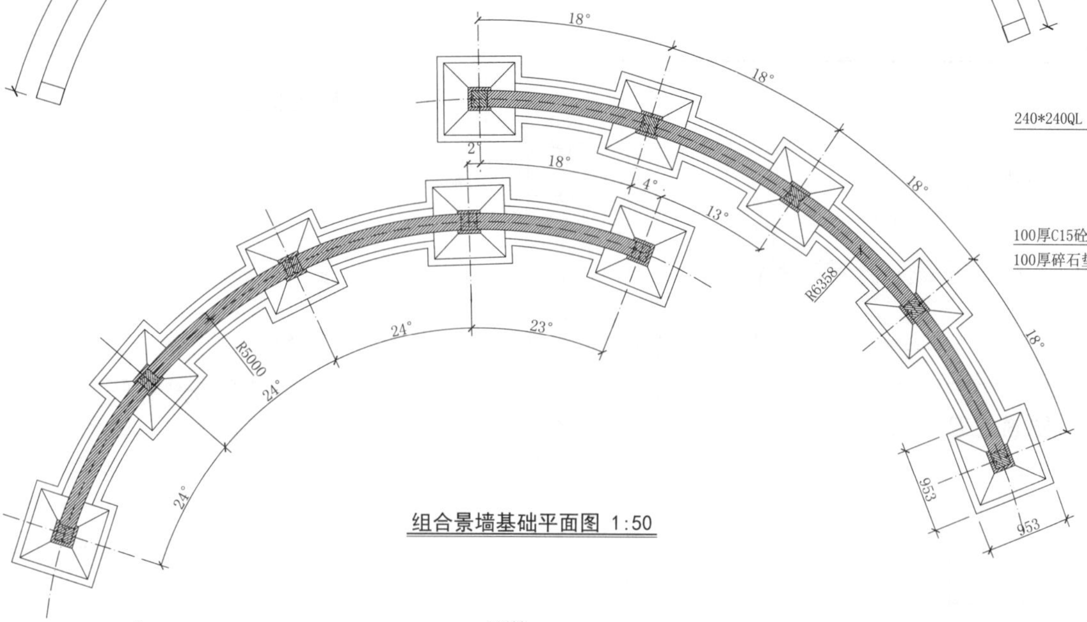

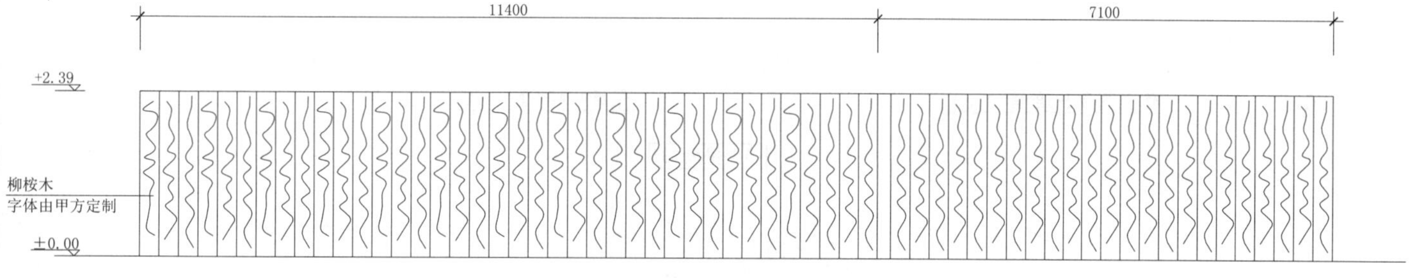

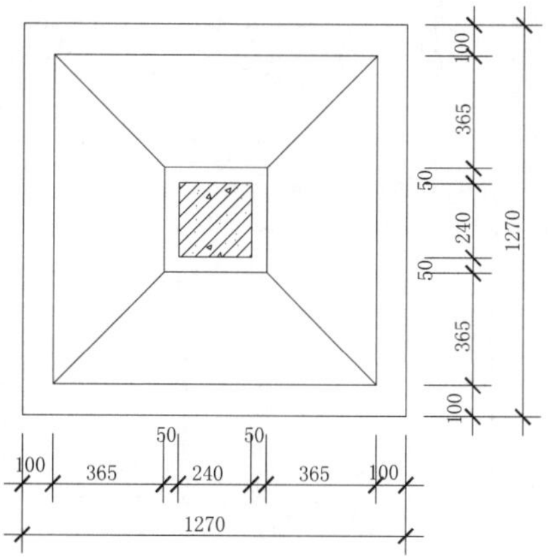

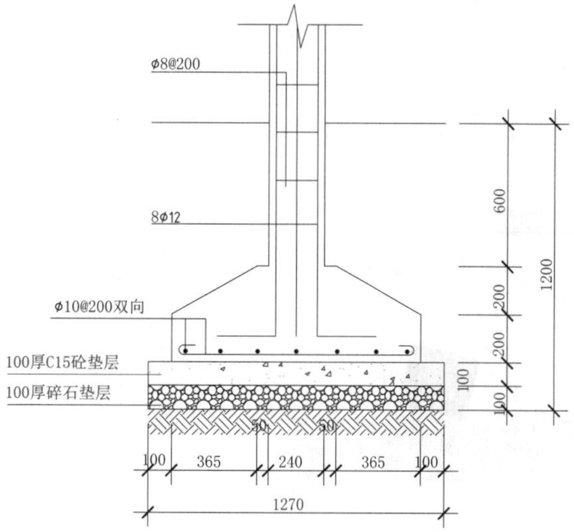

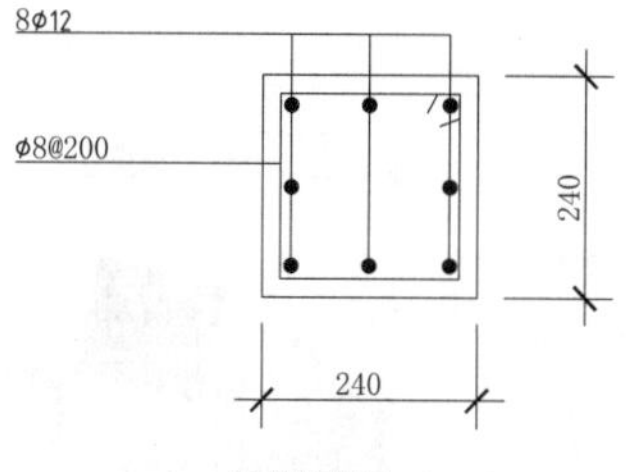

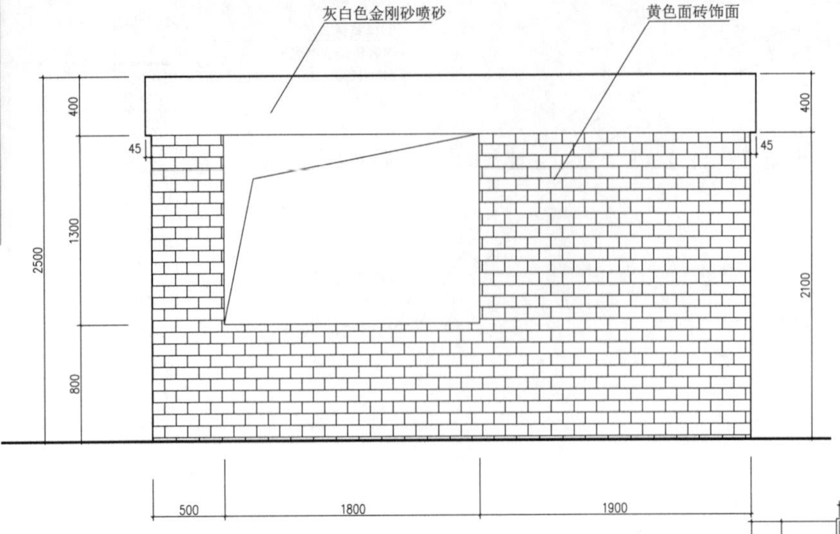

景墙立面 1:20

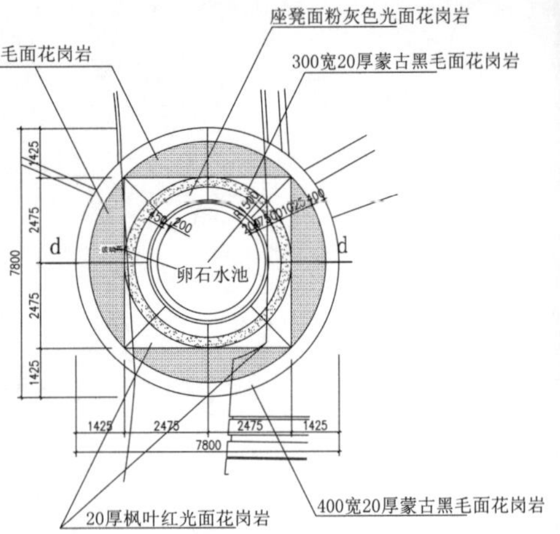
座凳面粉灰色光面花岗岩
20厚浅灰色毛面花岗岩
300宽20厚蒙古黑毛面花岗岩
卵石水池
7800
1425
2475
400宽20厚蒙古黑毛面花岗岩
20厚枫叶红光面花岗岩

休息圆盘 1:100

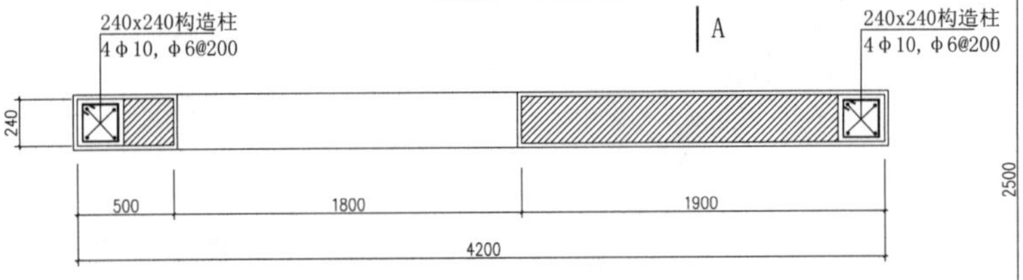

景墙平面 1:20

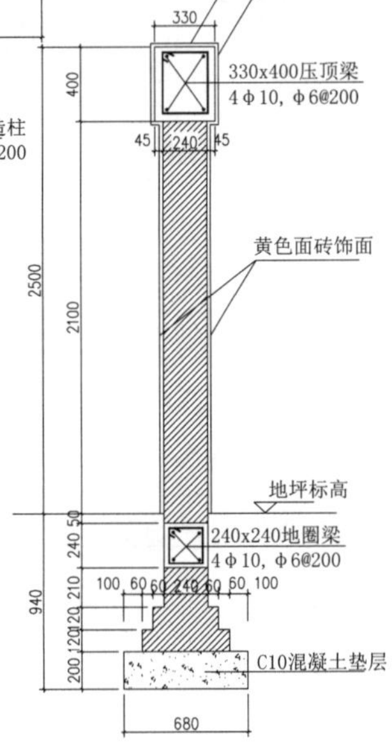
灰白色金刚砂喷砂
330
330x400压顶梁
4φ10, φ6@200
黄色面砖饰面
地坪标高
240x240地圈梁
4φ10, φ6@200
C10混凝土垫层
2500
2100
940
680

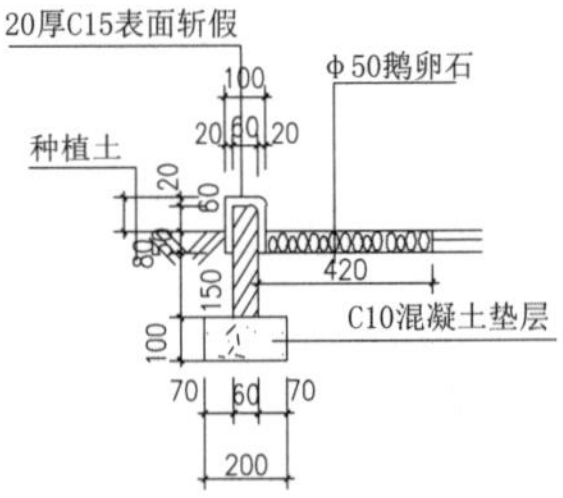
20厚C15表面斩假
φ50鹅卵石
种植土
420
C10混凝土垫层
200

中心水池道牙详图 1:20

树穴侧壁

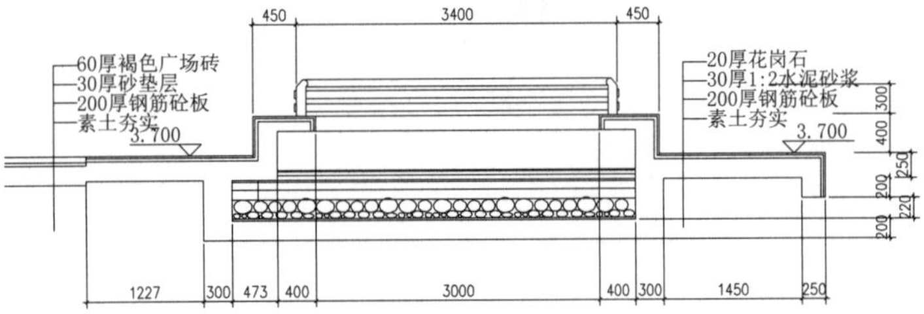

休息圆盘d-d剖面 1:50

景墙A-A剖面 1:20

挡土景墙136

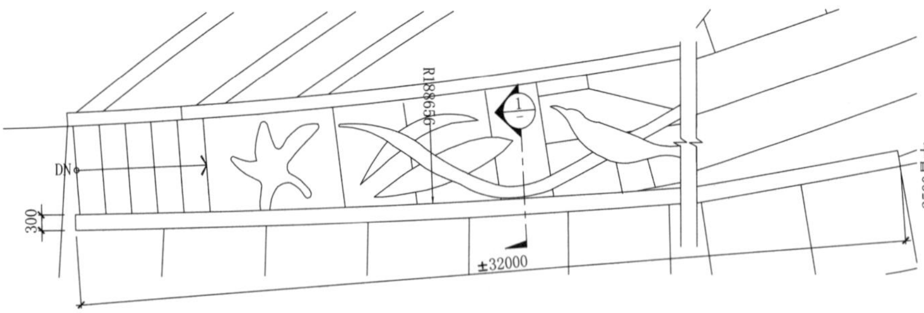

平面图

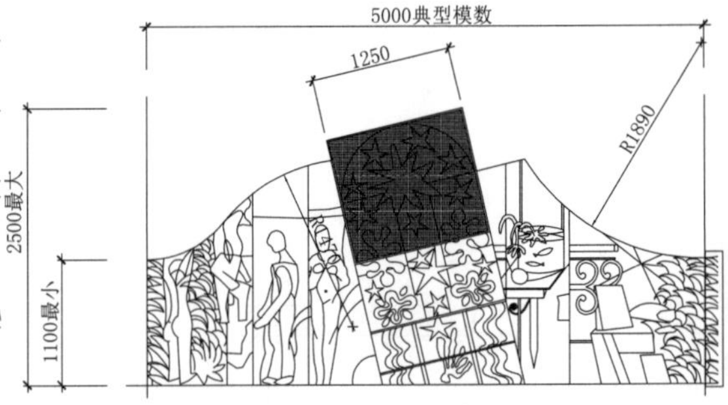
5000典型模数
1250
R1890
2500最大
1100最小

② 详图

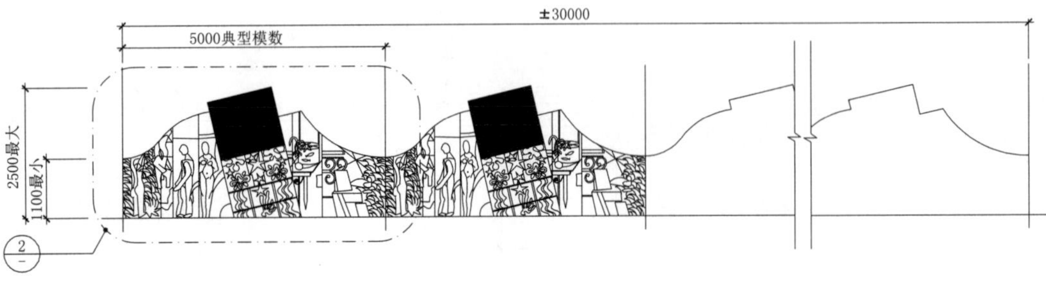
±30000
5000典型模数
2500最大
1100最小

立面图

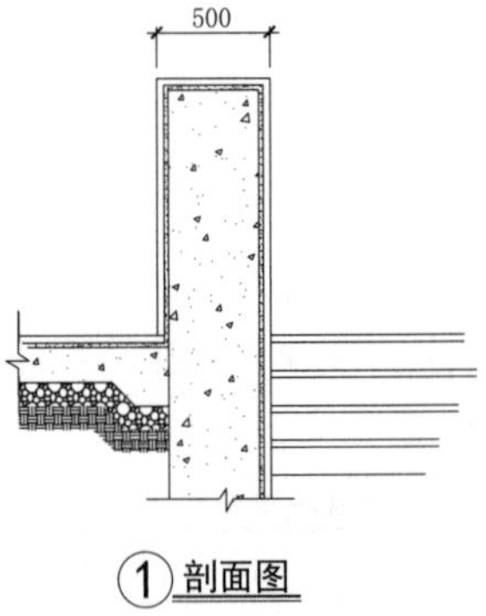

① 剖面图

挡土景墙137

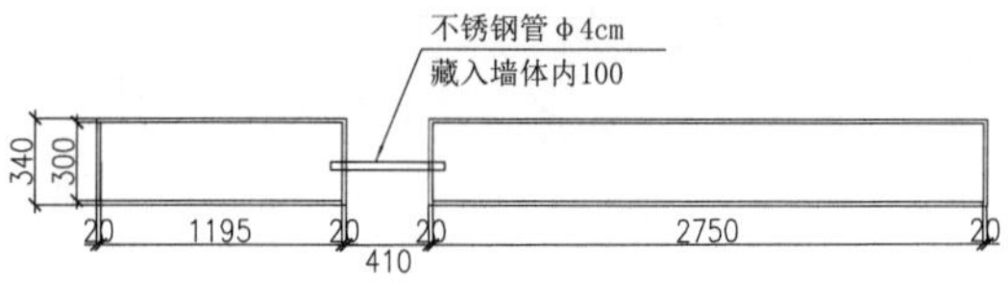
不锈钢管 ф4cm
藏入墙体内100
340
300
20
1195
20
410
20
2750
20

A景墙平面图 1:30

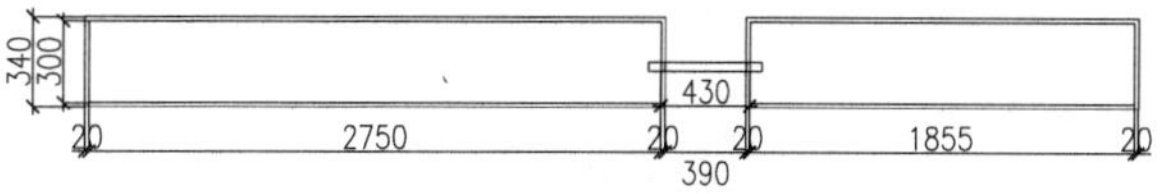

B景墙平面图 1:30

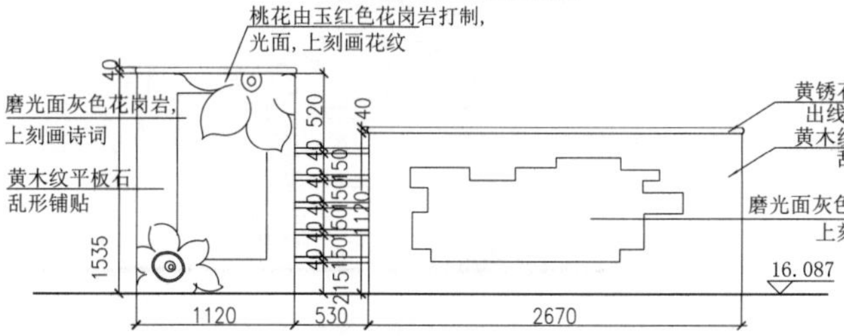
桃花由玉红色花岗岩打制,
光面,上刻画花纹
磨光面灰色花岗岩,
上刻画诗词
黄木纹平板石
乱形铺贴
黄锈石压顶双
出线,磨圆角
黄木纹平板石
乱形铺贴
磨光面灰色花岗岩,
上刻画诗词
16.087
1535
1120
1120
530
2670

A景墙立面图 1:30

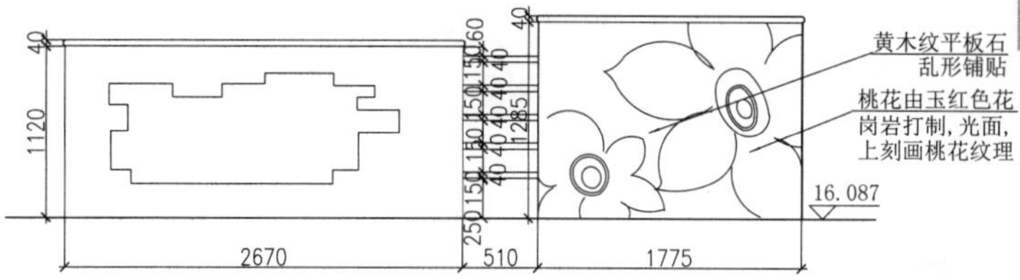
黄木纹平板石
乱形铺贴
桃花由玉红色花
岗岩打制,光面,
上刻画桃花纹理
16.087
1120
1285
2670
510
1775

B景墙立面图 1:30

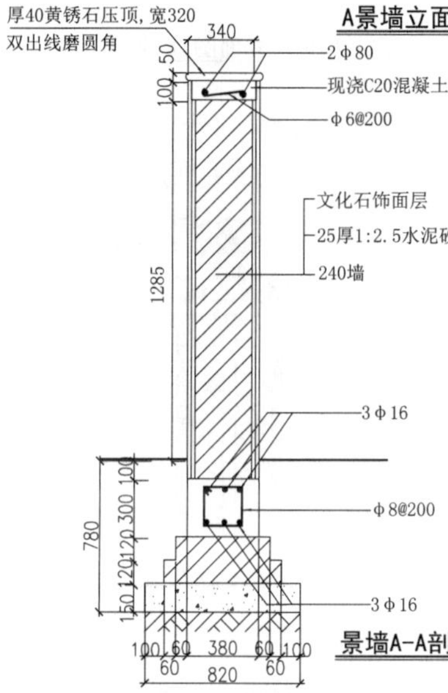
厚40黄锈石压顶,宽320
双出线磨圆角
340
2ф80
现浇C20混凝土压顶
ф6@200
文化石饰面层
25厚1:2.5水泥砂浆找平层
240墙
1285
3ф16
ф8@200
3ф16
780
100 60 380 60 100
60 820 60

景墙A-A剖面图 1:20

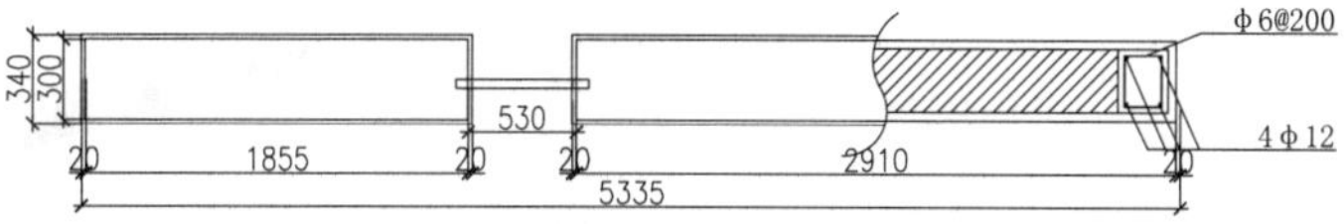

C景墙平面图 1:30

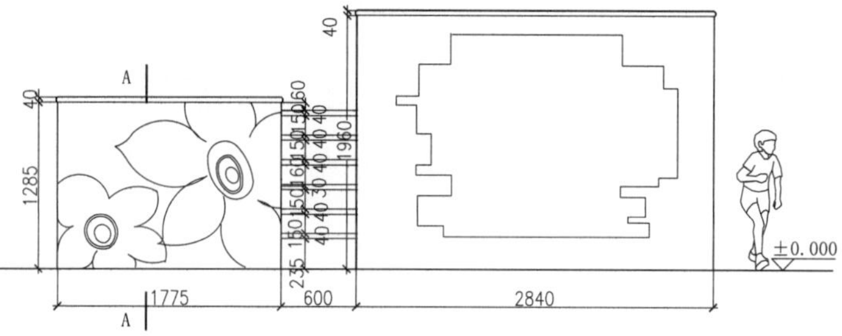

C景墙立面图 1:30

挡土景墙138

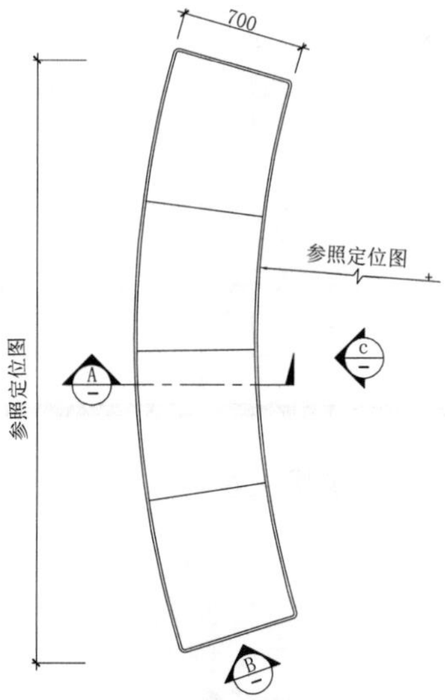

平面图

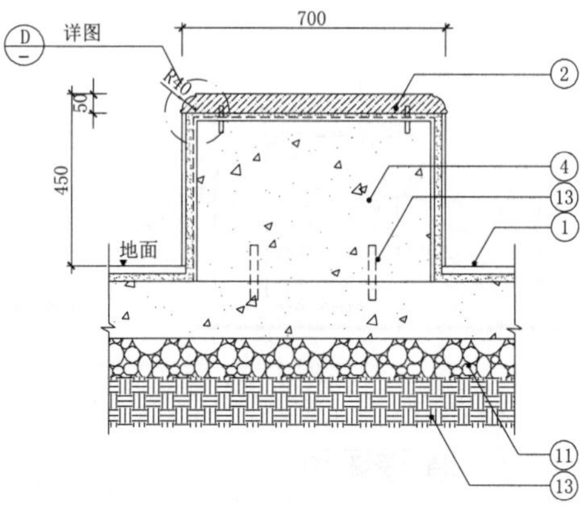
D
详图
700
R40
50
450
地面
2
4
13
1
11
13

Ⓐ剖面图

1. 批准铺面物料(参照物料总表)
2. 水泥灰浆粘剂或同等之物料
4. 钢筋混凝土结构参照工程师详图
11. 卵砾石基层列
13. 不锈钢合板钉
31. 压实次层

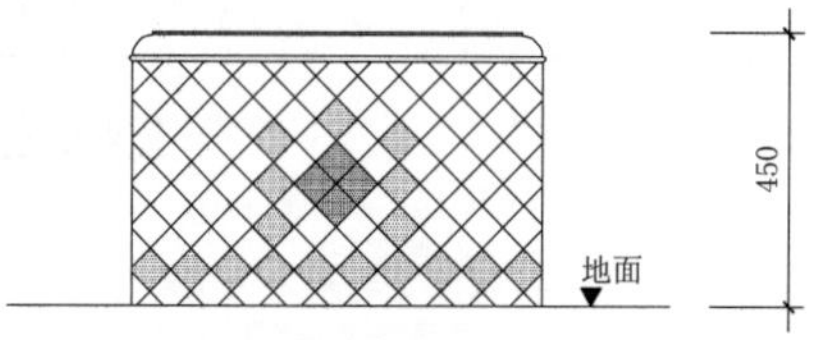
450
地面

Ⓑ立面图

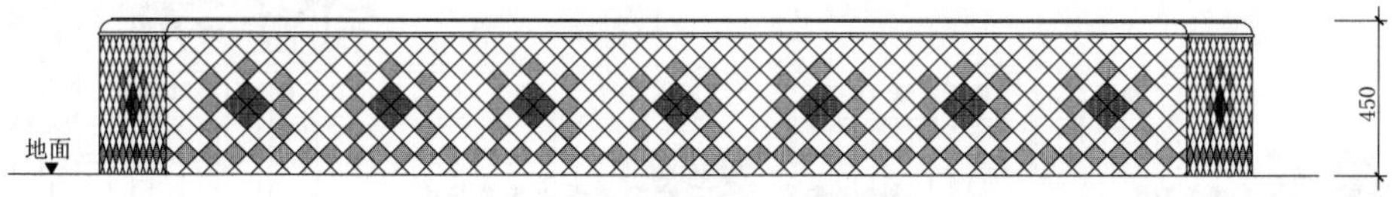

Ⓒ立面图

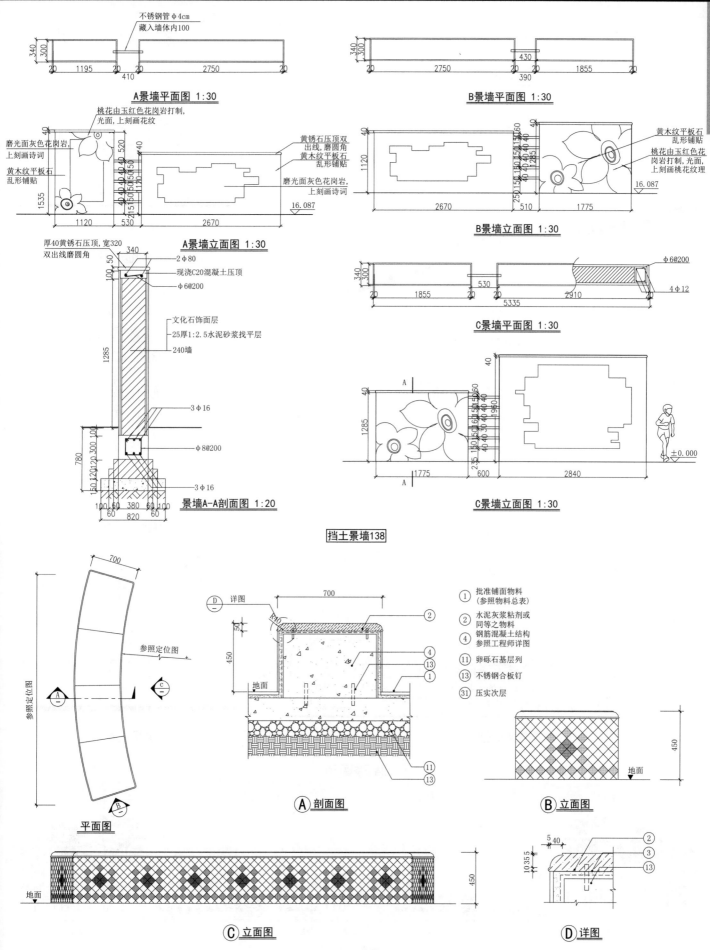

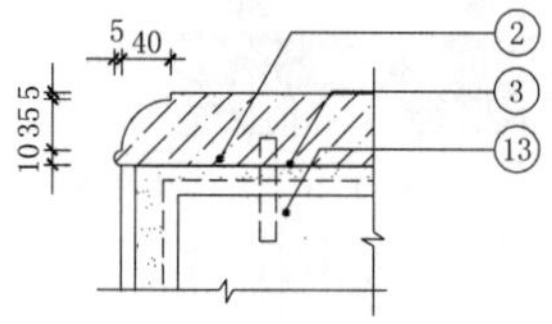

Ⓓ详图

挡土景墙139

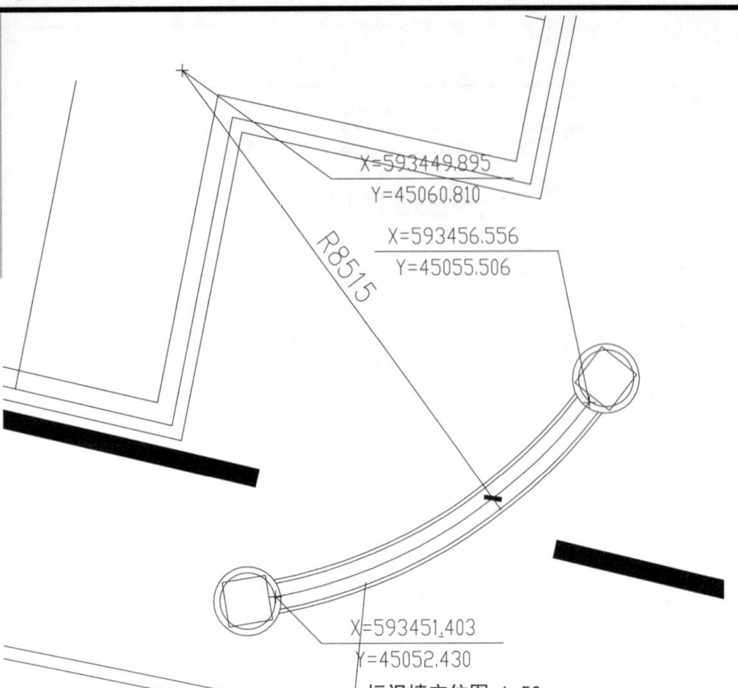

X=593449.895
Y=45060.810

R8515

X=593456.556
Y=45055.506

X=593451.403
Y=45052.430

R8515

标识墙定位图 1:50

花钵   花槽   花岗岩花钵

720   720

720   45°   720

R350   720

150   PA   R350

540   PA

PA   720

1   1

标识墙平面图 1:50

见植物布置图

花岗岩花钵

30mm厚黄金麻花岗岩

525

500

700

标识墙立面图 1:50

150*300*100mm厚黄色烧面花岗岩（按型切割）

150   240   150

种植土   300

30   30   60

标准砖砌

20mm厚C20水泥砂浆结合层   1370   1500

30厚300-500黄褐色板岩碎拼

排水管

1-1剖面图 1:20

300-500黄褐色板岩碎拼
LOGO由广告公司进行二次设计制作安装
100mm厚黄色烧面花岗岩   见植物布置图

D LD 花钵详见
3.02

525   525

花钵详见 LD
3.01

Howard Johnson

1500   1500

700   700

标识墙立面图 1:50

30 100
130

50 200 300 200
50

300   100mm厚黄色烧面花岗岩（按型切割）

1500   300   300   300

砂岩图案详见 LD
3.02

300   30mm厚黄金麻烧面花岗岩

170

详图 1:20

挡土景墙140

0.200

四季竹   弧形景墙   60厚青石板岩压顶   矩形帖锈板岩   景观雕塑   弧形景墙   时令花草   华盖树   弧形景墙   四季竹

±0.000

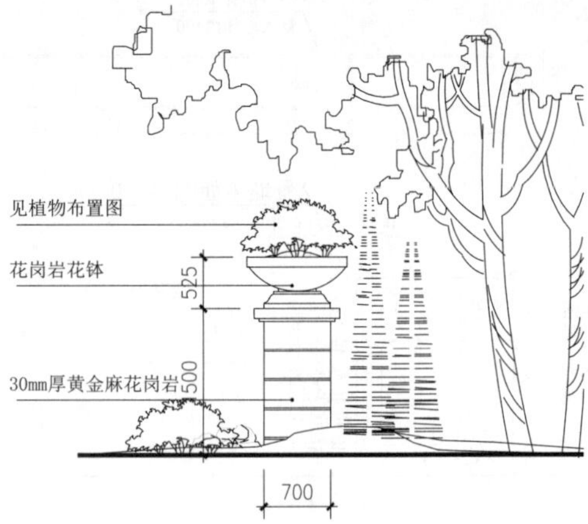

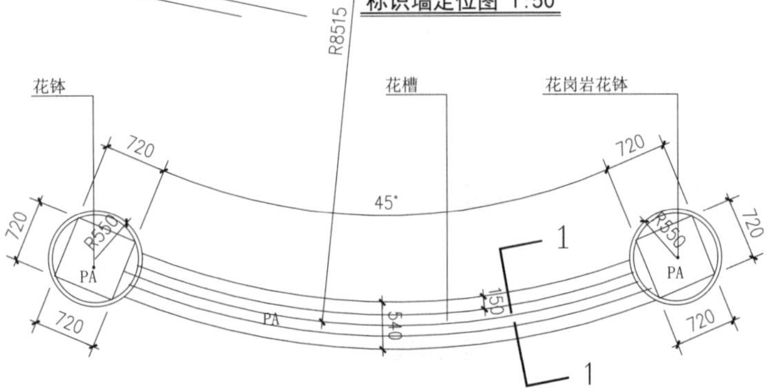

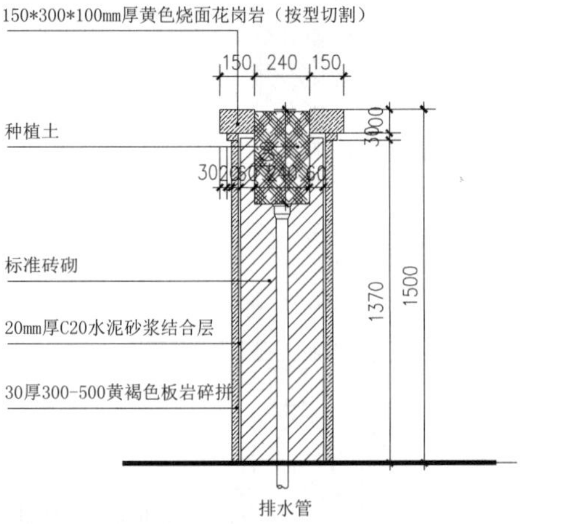

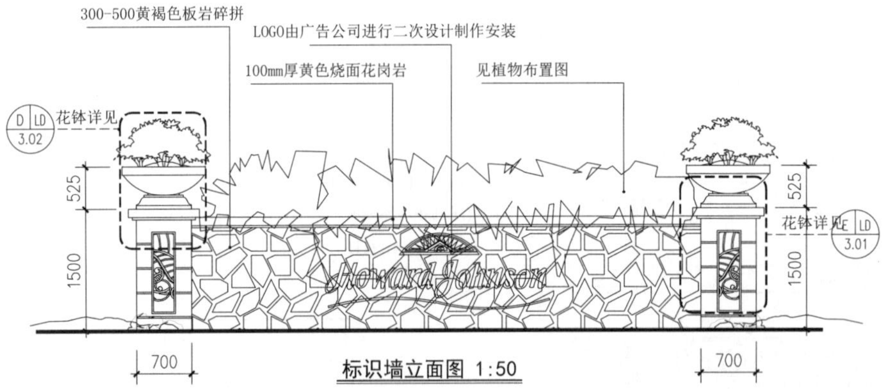

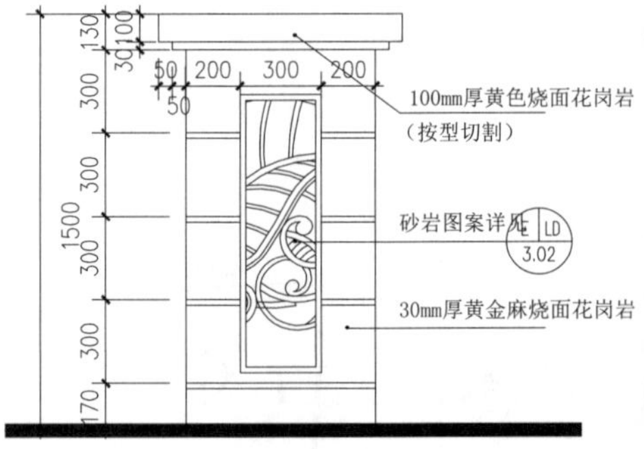

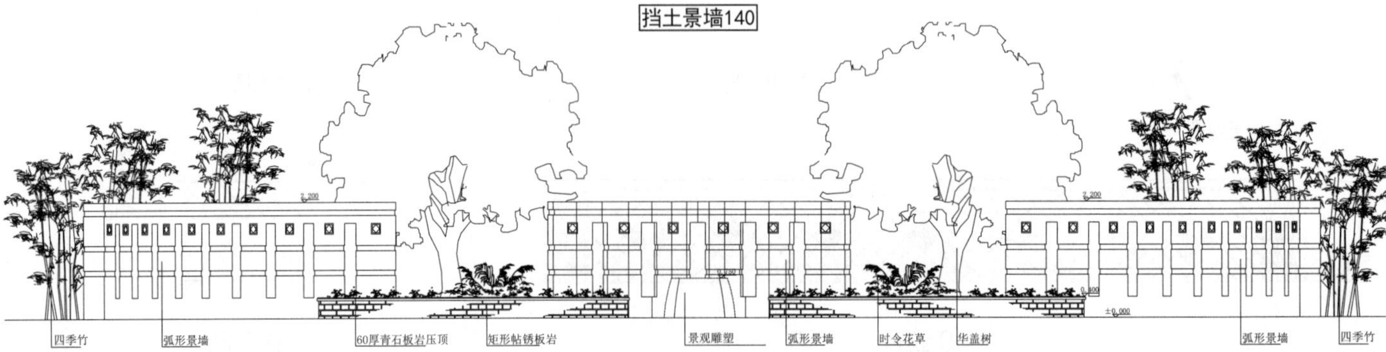

剖面 1:50

挡土景墙141

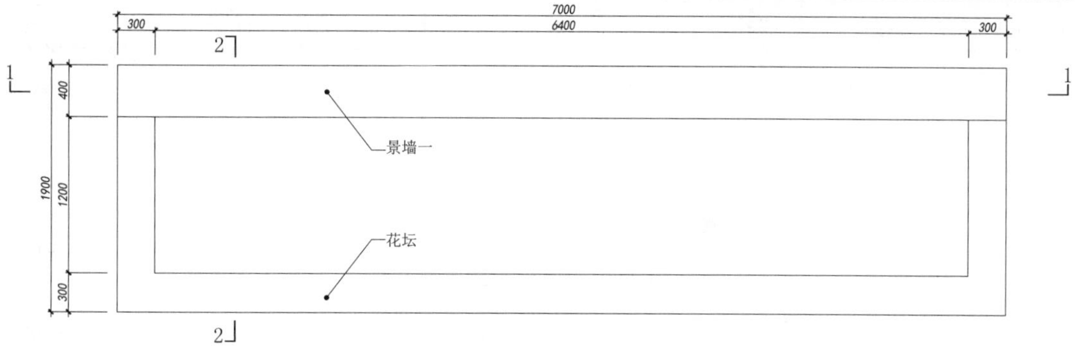

景墙一及花坛平面图 1:20

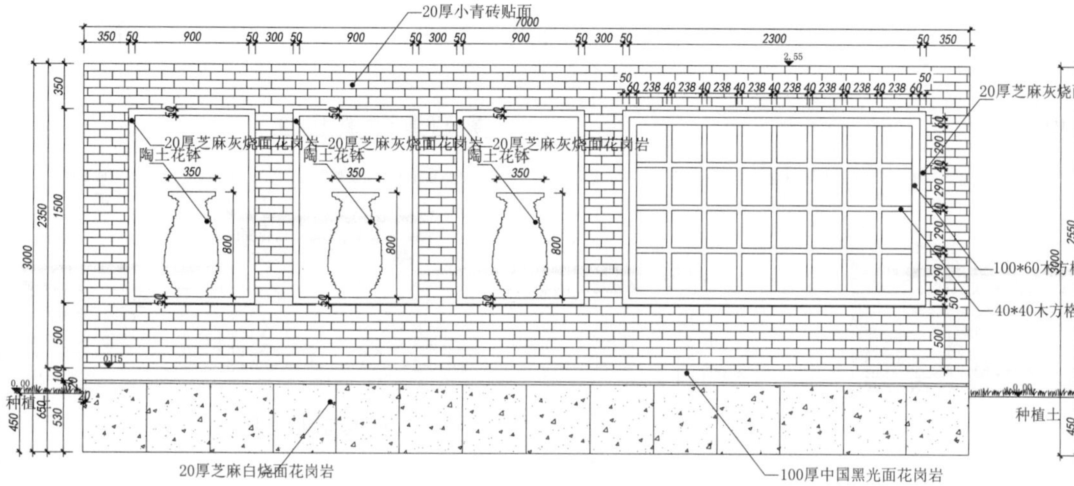

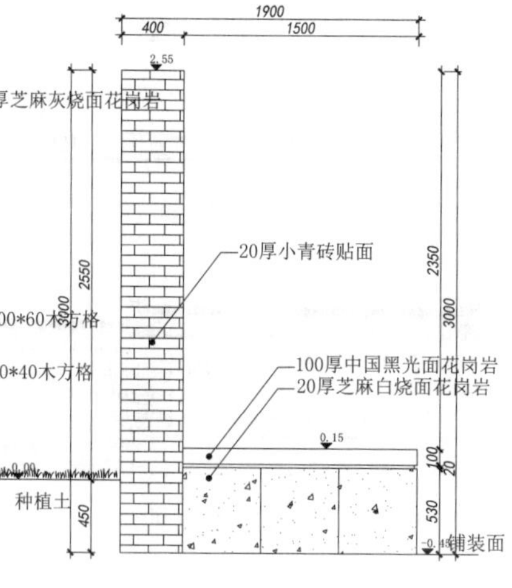

景墙一及花坛正立面图 1:20

景墙一及花坛侧立面图 1:20

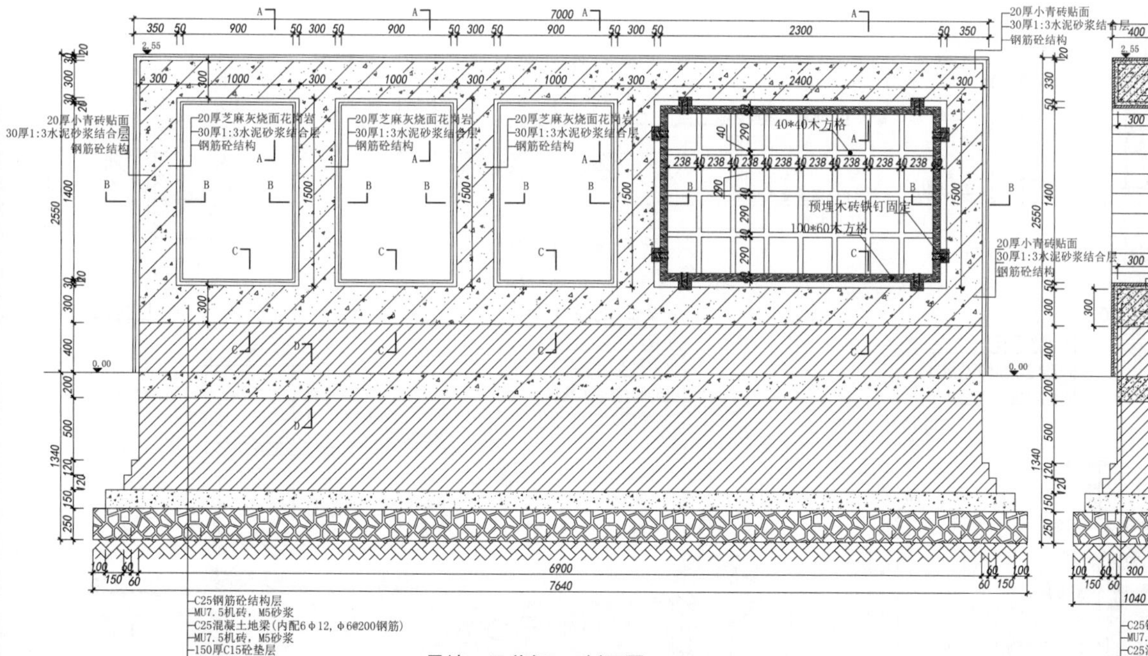

景墙一及花坛1-1剖面图 1:20

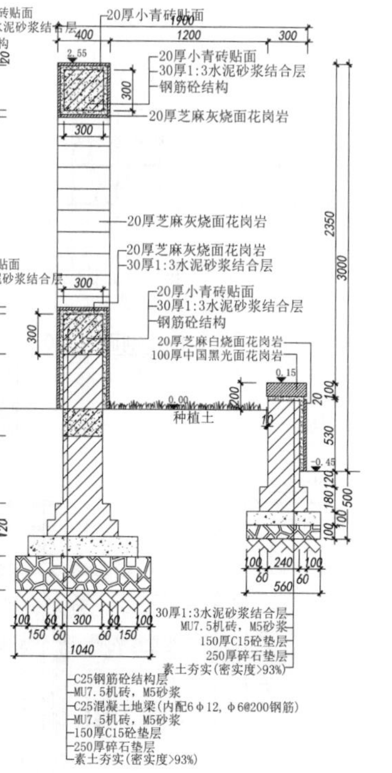

景墙一及花坛2-2剖面图 1:20

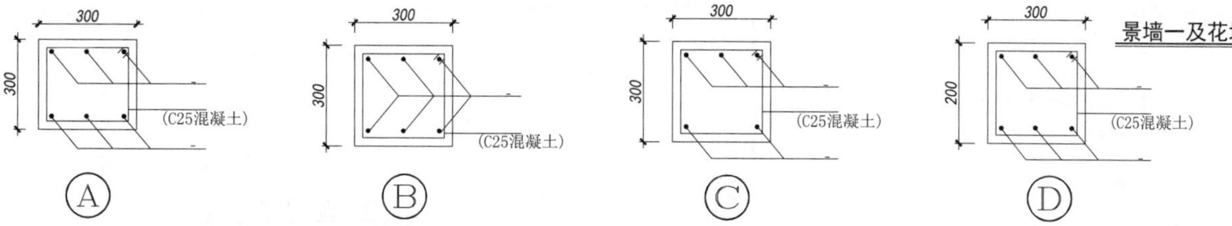

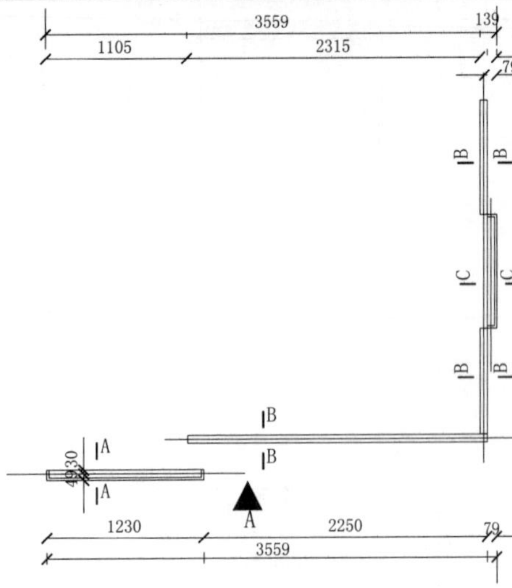

景墙平面布置图 1:100

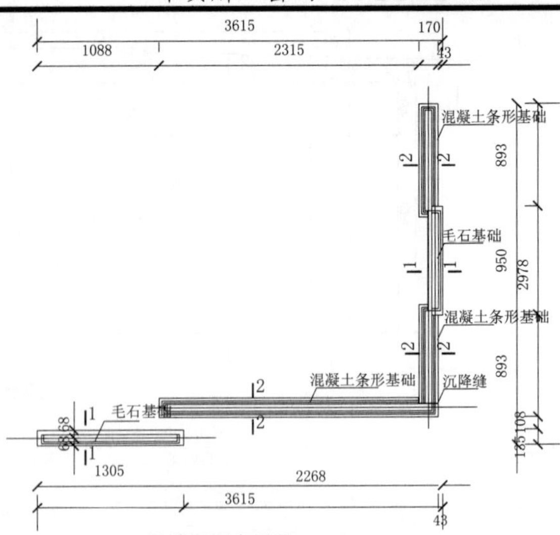

景墙平面布置图 1:100

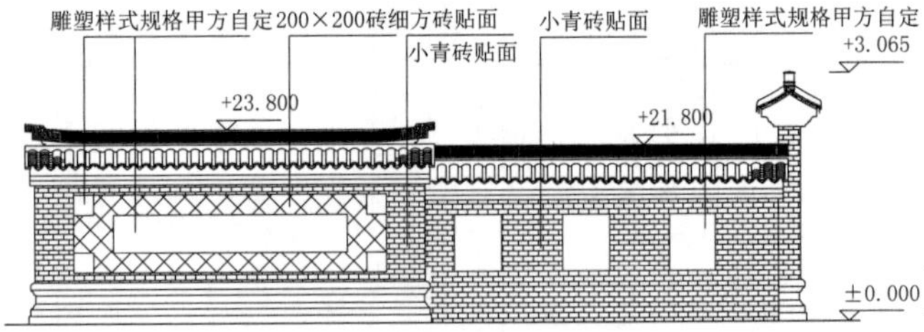

A向立面图 1:50

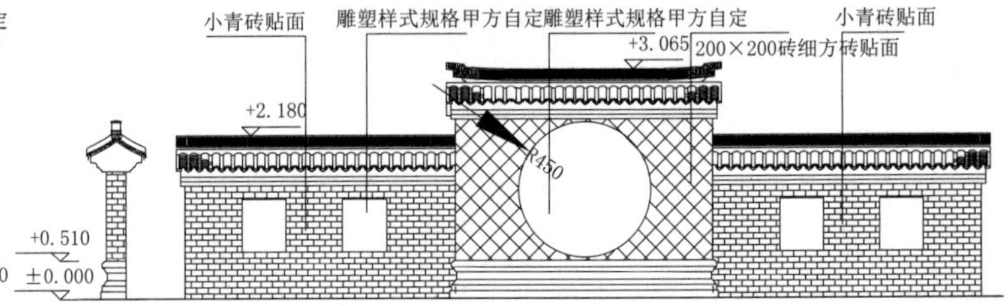

B向立面图 1:50

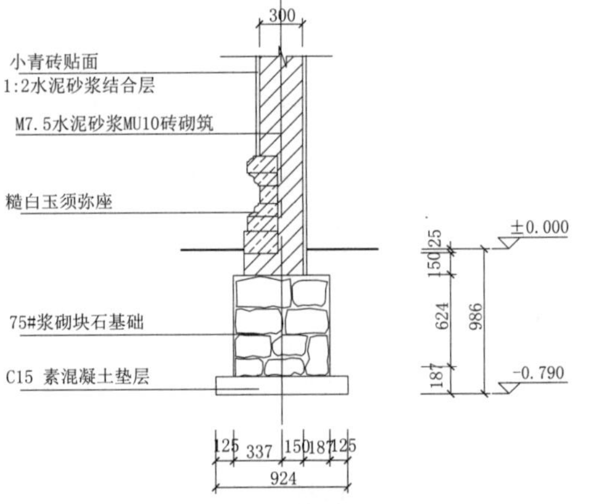

1-1 剖面 1:20

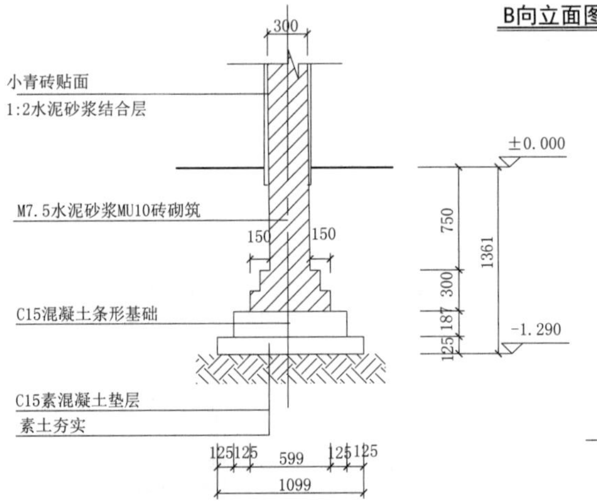

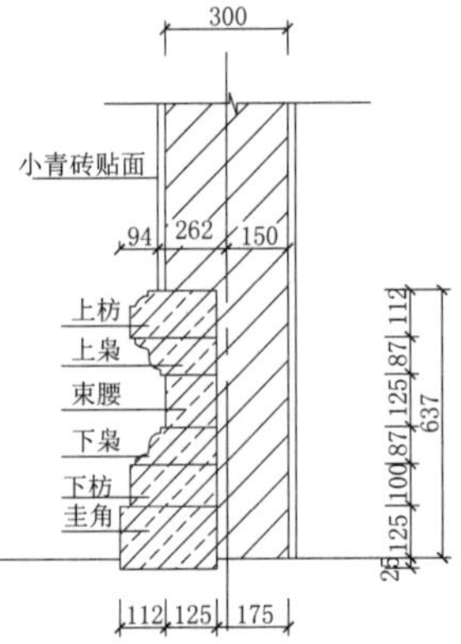

2-2 剖面 1:20

B 1:10

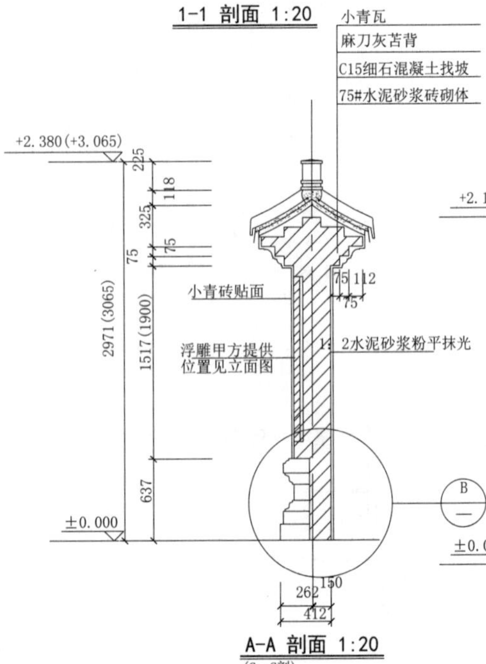

A-A 剖面 1:20
(C--C剖)

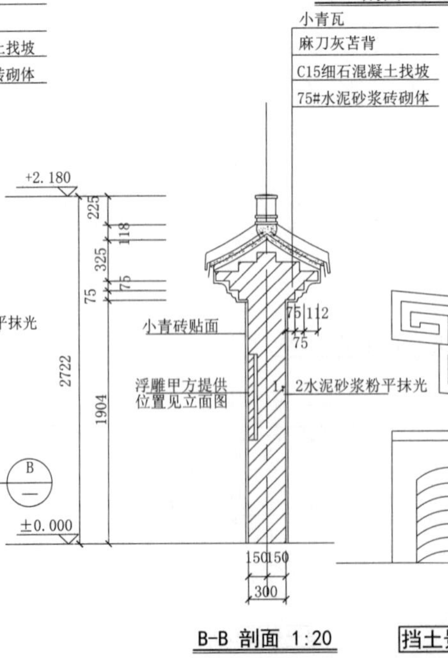

B-B 剖面 1:20

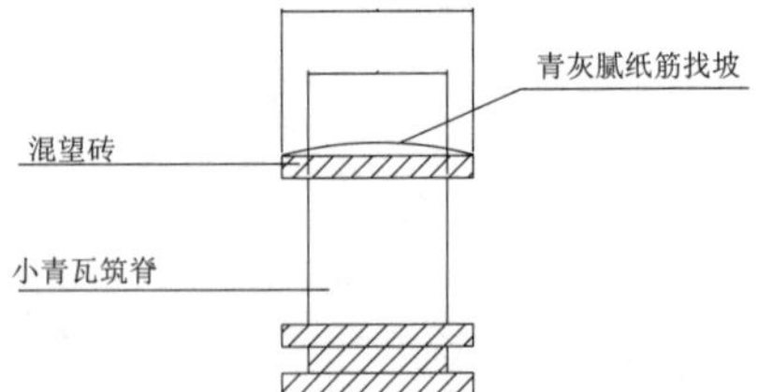

1-1 1:5

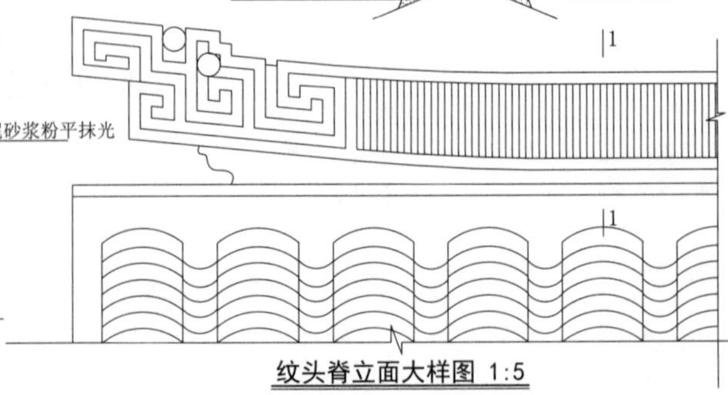

纹头脊立面大样图 1:5

挡土景墙143

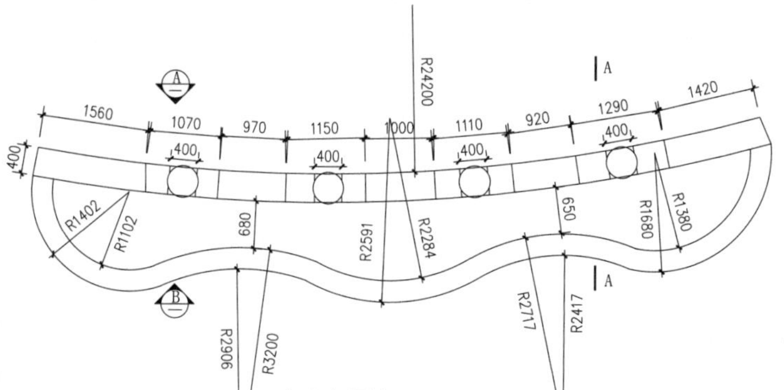

湖中岛景墙1平面图 1:50

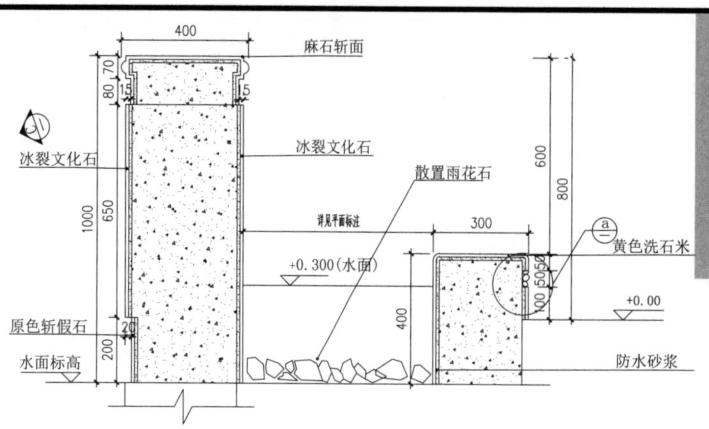

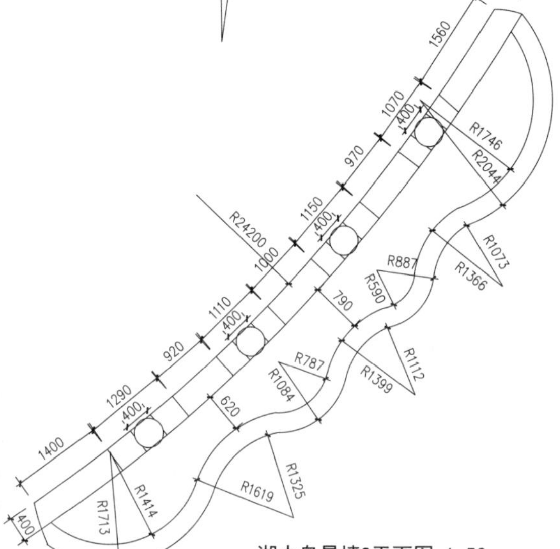

湖中岛景墙2平面图 1:50

湖中岛景墙A-A剖面图 1:10

冰裂文化石
麻石斩面
冰裂文化石
散置雨花石
黄色洗石米
原色斩假石
水面标高
+0.300(水面)
防水砂浆

a节点图 1:5

黄色洗石米
黑色雨花石
锈石火烧面
(100x100x20)

原色斩假石

b节点图 1:5

湖中岛景墙1、2-C立面图 1:10

原色斩假石
冰裂文化石

挡土景墙144

景墙平面 1:50

景墙立面 1:50

暖黄色碎石漆石面
60x60木格栅
80x300x25灰色凹凸面文化石饰面
80x300x25白色凹凸面文化石饰面
景观石
Φ800洞

郑楼公园

80x300x25灰色凹凸面文化石饰面
30厚1:3水泥砂浆
280厚M5水泥砂浆砌砖墙
人造景观石
散置Φ30-40白色卵石
150厚C15砼
100厚碎石垫层
素土夯实

1-1剖面 1:25

60x60木格栅
人造景观石
散置Φ30-40白色卵石
150厚C15砼
100厚碎石垫层
素土夯实

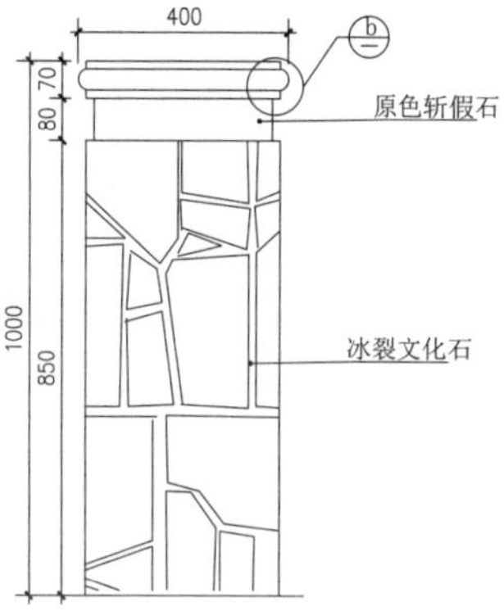

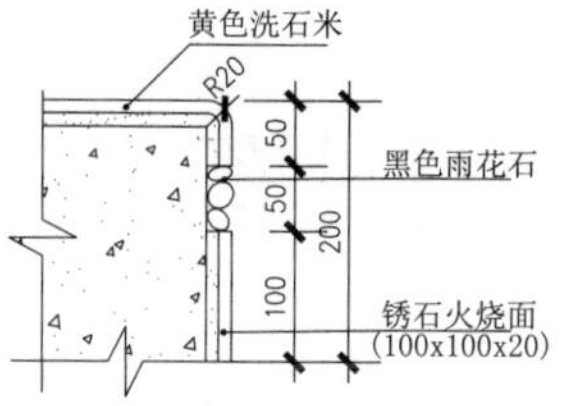

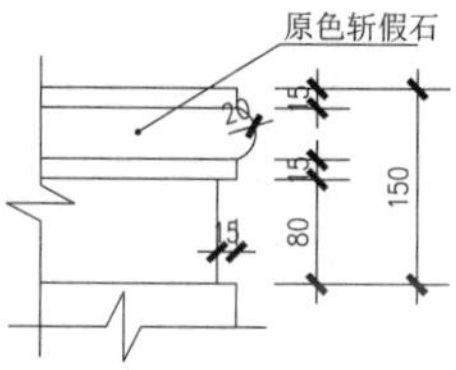

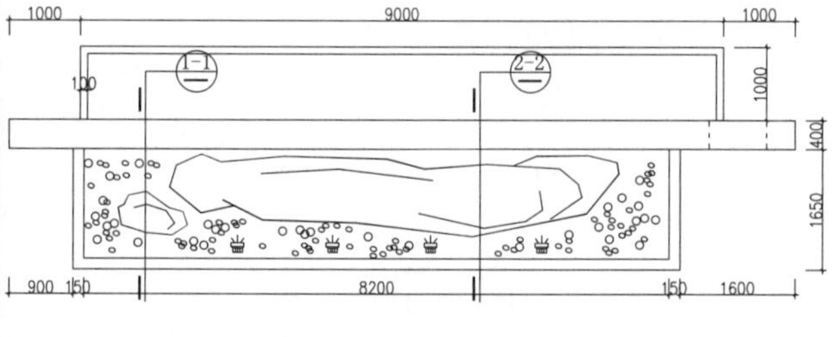

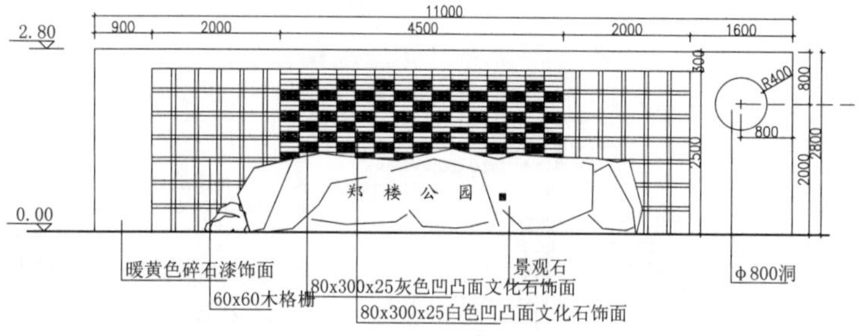

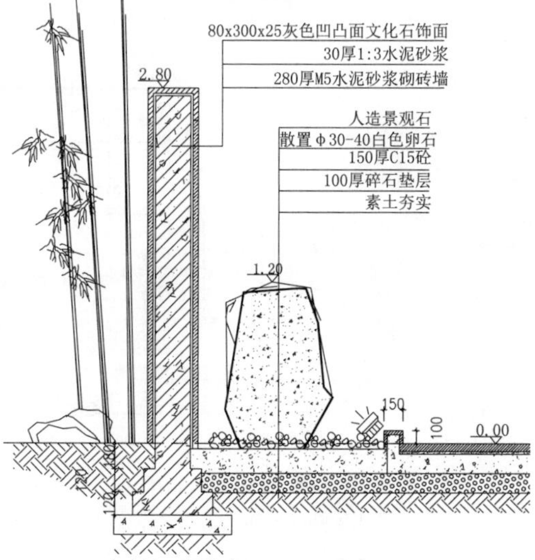

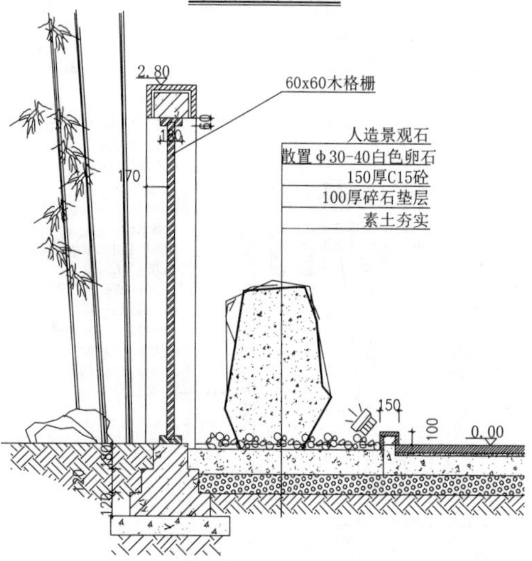

2-2剖面 1:25

挡土景墙145

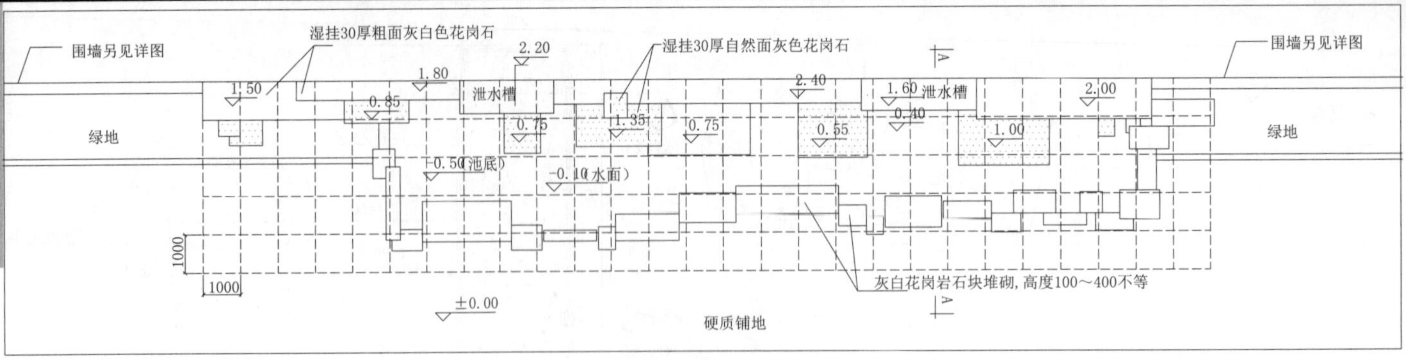

景墙平面图 1:100

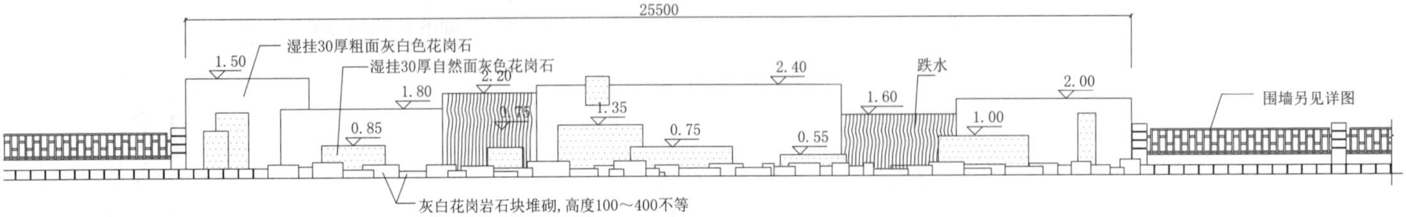

景墙立面图 1:100

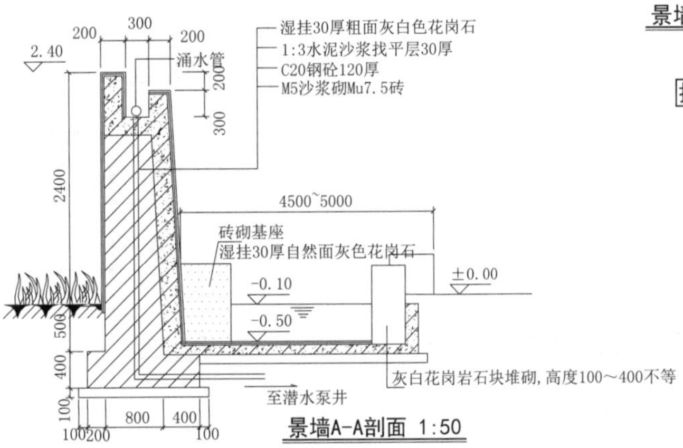

景墙A-A剖面 1:50

挡土景墙146

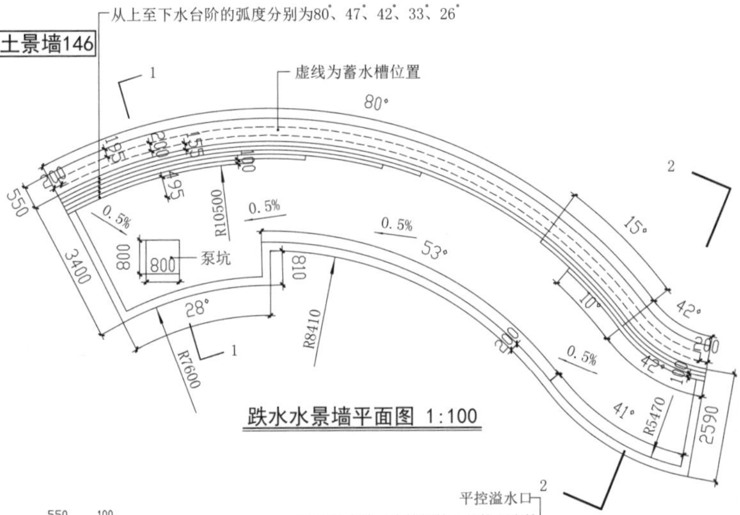

跌水水景墙平面图 1:100

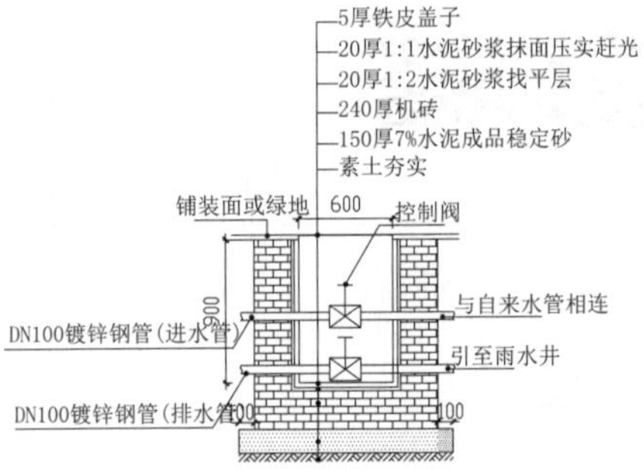
5厚铁皮盖子
20厚1:1水泥砂浆抹面压实赶光
20厚1:2水泥砂浆找平层
240厚机砖
150厚7%水泥成品稳定砂
素土夯实
铺装面或绿地
600
控制阀
与自来水管相连
DN100镀锌钢管(进水管)
引至雨水井
DN100镀锌钢管(排水管)

控制井剖面 1:30

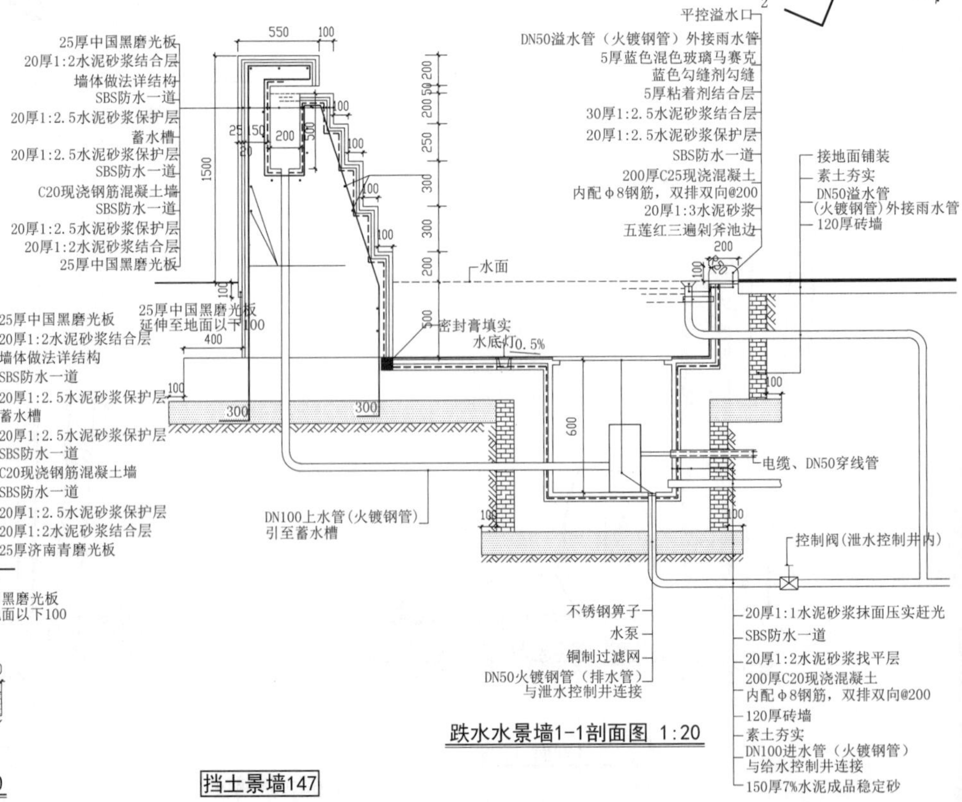
25厚中国黑磨光板
20厚1:2水泥砂浆结合层
墙体做法详结构
SBS防水一道
20厚1:2.5水泥砂浆保护层
蓄水槽
20厚1:2.5水泥砂浆保护层
SBS防水一道
C20现浇钢筋混凝土墙
SBS防水一道
20厚1:2.5水泥砂浆保护层
20厚1:2水泥砂浆结合层
25厚中国黑磨光板
550
100
1500
25厚中国黑磨光板
延伸至地面以下100
400
密封膏填实
水底灯
0.5%
水面
300
300
平控溢水口
DN50溢水管(火镀钢管)外接雨水管
5厚蓝色混色玻璃马赛克
蓝色勾缝剂勾缝
5厚粘着剂结合层
30厚1:2.5水泥砂浆结合层
20厚1:2.5水泥砂浆保护层
SBS防水一道
200厚C25现浇混凝土
内配φ8钢筋, 双排双向@200
20厚1:3水泥砂浆
五莲红三遍剁斧池边
接地面铺装
素土夯实
DN50溢水管
(火镀钢管)外接雨水管
120厚砖墙
600
电缆、DN50穿线管
DN100上水管(火镀钢管)
引至蓄水槽
控制阀(泄水控制井内)
不锈钢箅子
水泵
铜制过滤网
DN50火镀钢管(排水管)
与泄水控制井连接
20厚1:1水泥砂浆抹面压实赶光
SBS防水一道
20厚1:2水泥砂浆找平层
200厚C20现浇混凝土
内配φ8钢筋, 双排双向@200
120厚砖墙
素土夯实
DN100进水管(火镀钢管)
与给水控制井连接
150厚7%水泥成品稳定砂

跌水水景墙1-1剖面图 1:20

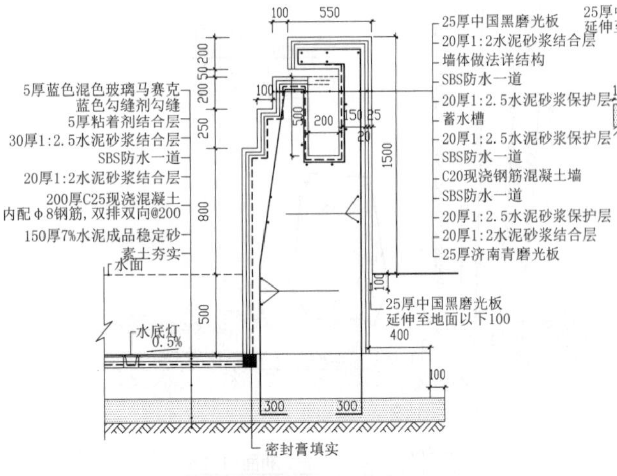
100
550
5厚蓝色混色玻璃马赛克
蓝色勾缝剂勾缝
5厚粘着剂结合层
30厚1:2.5水泥砂浆结合层
SBS防水一道
20厚1:2水泥砂浆结合层
200厚C25现浇混凝土
内配φ8钢筋, 双排双向@200
150厚7%水泥成品稳定砂
素土夯实
水面
水底灯
0.5%
25厚中国黑磨光板
20厚1:2水泥砂浆结合层
墙体做法详结构
SBS防水一道
20厚1:2.5水泥砂浆保护层
蓄水槽
20厚1:2.5水泥砂浆保护层
SBS防水一道
C20现浇钢筋混凝土墙
SBS防水一道
20厚1:2.5水泥砂浆保护层
20厚1:2水泥砂浆结合层
25厚济南青磨光板
1500
25厚中国黑磨光板
延伸至地面以下100
400
300
300
密封膏填实

跌水水景墙2-2剖面图 1:20

挡土景墙147

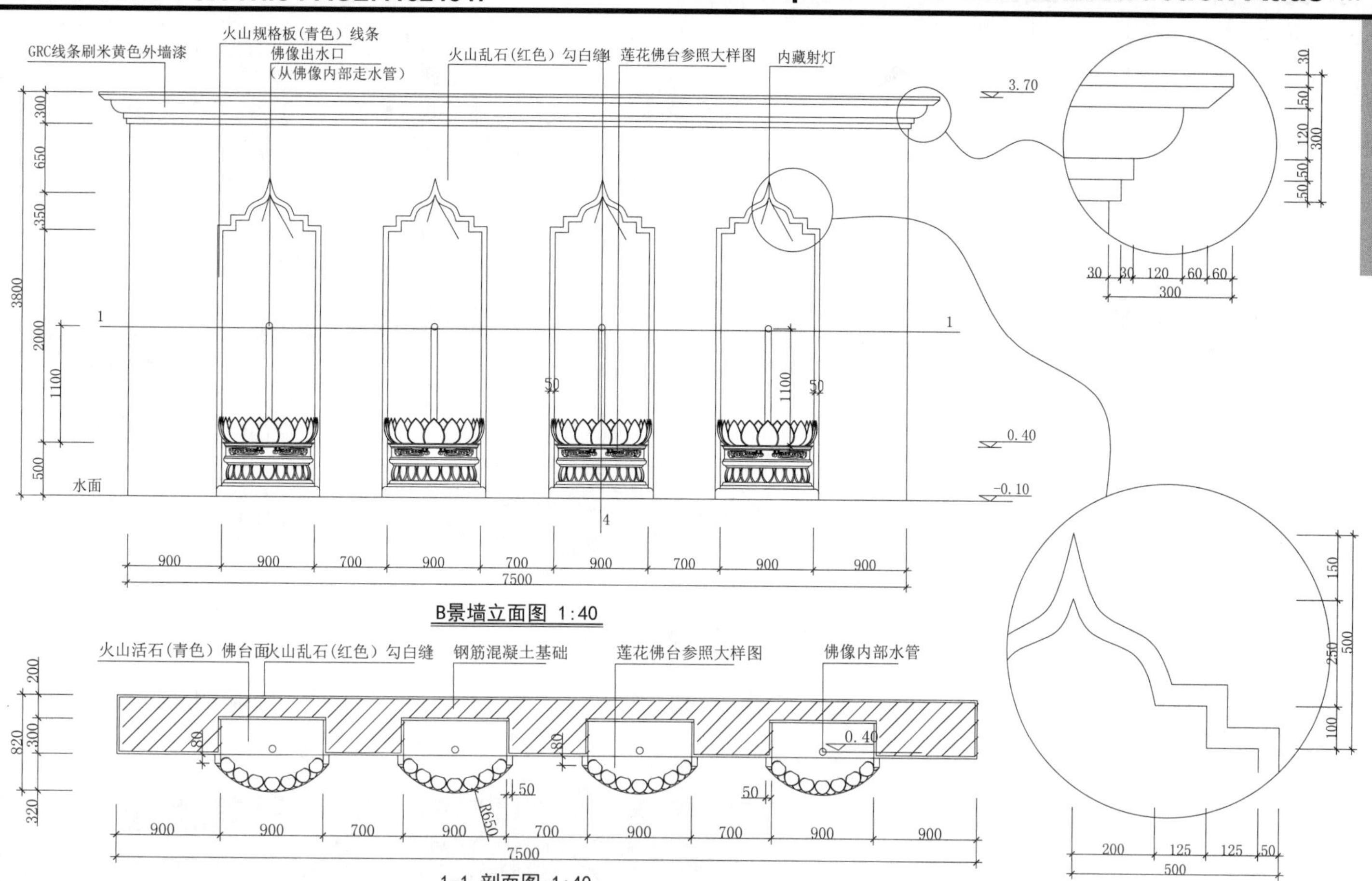
GRC线条刷米黄色外墙漆
火山规格板(青色)线条
佛像出水口
(从佛像内部走水管)
火山乱石(红色)勾白缝
莲花佛台参照大样图
内藏射灯
3.70
0.40
-0.10
水面
火山活石(青色)佛台面
火山乱石(红色)勾白缝
钢筋混凝土基础
莲花佛台参照大样图
佛像内部水管
R650
7500
300
500

B景墙立面图 1:40

1-1 剖面图 1:40

挡土景墙148

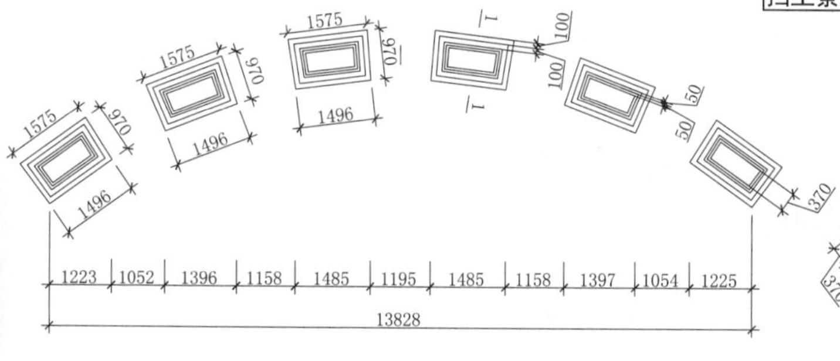

景墙基础平面图

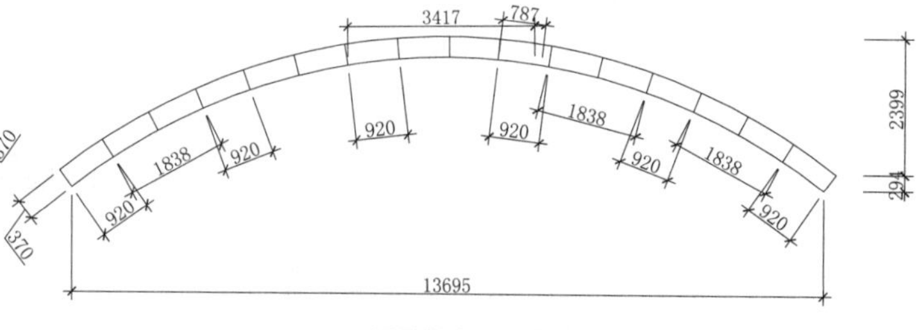

景墙墙身平面图

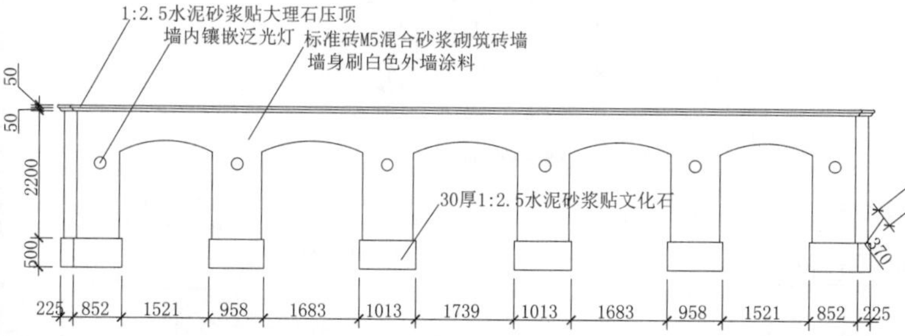
1:2.5水泥砂浆贴大理石压顶
墙内镶嵌泛光灯
标准砖M5混合砂浆砌筑砖墙
墙身刷白色外墙涂料
30厚1:2.5水泥砂浆贴文化石

景墙结构平面图

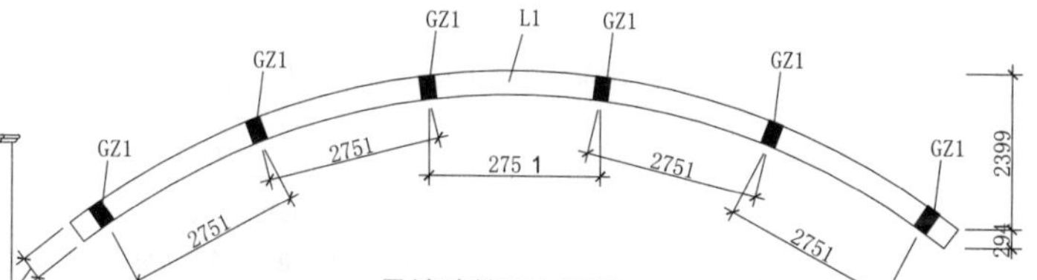

景墙建筑正立面图

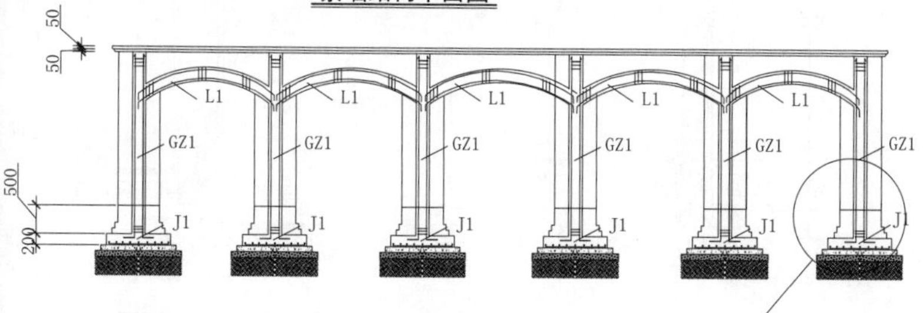

景墙结构正立面图

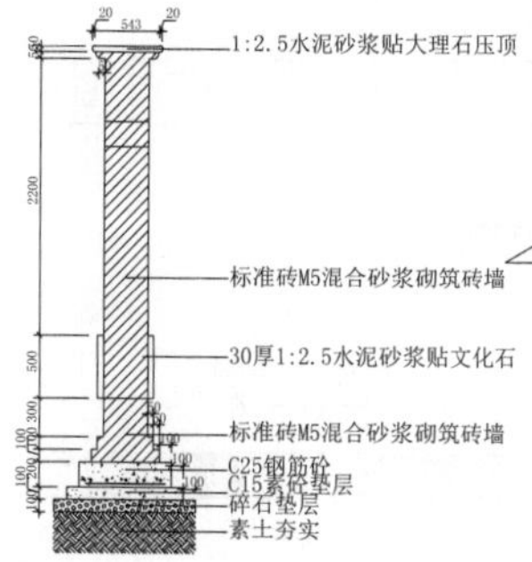
1:2.5水泥砂浆贴大理石压顶
标准砖M5混合砂浆砌筑砖墙
30厚1:2.5水泥砂浆贴文化石
标准砖M5混合砂浆砌筑砖墙
C25钢筋砼
C15素砼垫层
碎石垫层
素土夯实

1-1 剖面图

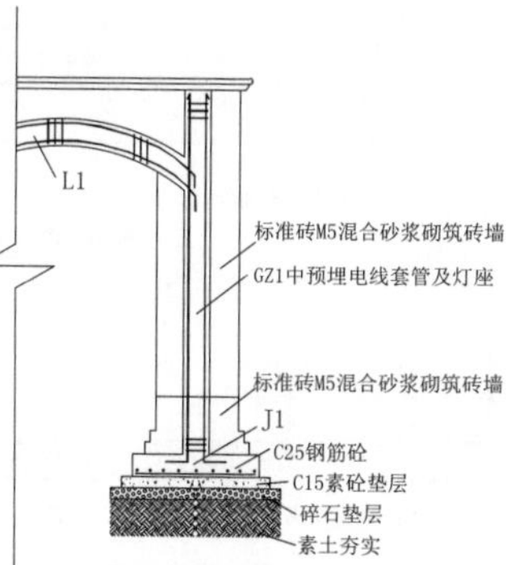
L1
标准砖M5混合砂浆砌筑砖墙
GZ1中预埋电线套管及灯座
标准砖M5混合砂浆砌筑砖墙
J1
C25钢筋砼
C15素砼垫层
碎石垫层
素土夯实

结构大样图

挡土景墙149

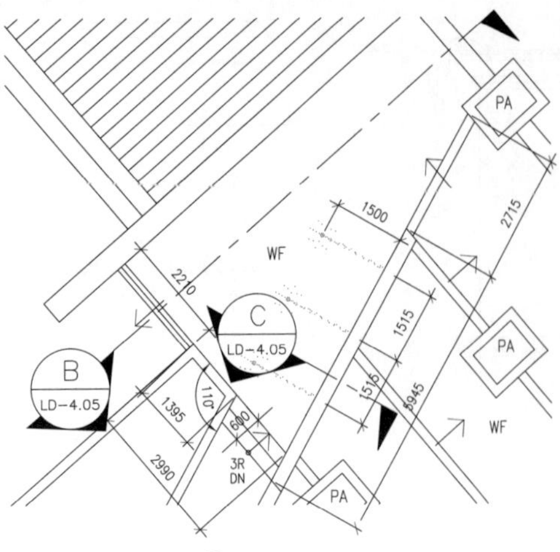

A 平面图 1:200

50 MM THK. TREATED TIMBER DECK
50MM厚木平台

20MM THK. NATURAL GRANITE POLISHED FINISH COLOR: GREENISH GRAY
20MM厚光面高明绿

20MM THK. NATURAL GRANITE RANDOM CUT PATTERN COLOR: LIGHT GRAY
20MM厚浅灰色乱石冰裂纹

C 剖面图 1:20

DETAIL A 大样图 LD-4.05

50 MM THK NATURAL GRANITE MURAL WALL W/ FERN DESIGN CURVING; COLOR GREEN
50厚高明绿

STAINLESS STEEL DOWEL
锚钉

FROM WATER SOURCE
喷水源头

WL+2.30

20 MM THK. CEMENT-MORTAR ADHESIVE
20MM水泥砂浆粘结层

LEAF DESIGN GRANITE WATER SPOUT MOULDING COLOR: FOREST GREEN
森林绿叶形喷水口

STAINLESS STEEL DOWEL
锚钉

D 大样图 1:05

30 X 50 MM GRANITE POLISHED FINISH COLOR: MARBLE MAROON
30X50MM光面紫红纹

20 MM THK. CEMENT-MORTAR ADHESIVE
20MM厚黄沙石

APPROVED WATERPROOFING BY SPECIALIST
防水层

E 大样图 1:10

20MM THK. NATURAL GRANITE CRAZY CUT PATTERN COLOR: RUSTIC YELLOW
20MM厚光面黄锈石冰裂纹

GRANITE MOULDING POLISHED FINISH COLOR: GREEN GRAY
光面高明绿

PAVING MATERIAL AS SPECIFIED (REFER TO MATERIALS PLAN)
具体材料见物料料

1500 · 1355

FL+2.50

MURAL WALL W/ FERN DESIGN CURVING; COLOR GREEN
高明绿

20MM THK. NATURAL GRANITE CRAZY CUT PATTERN COLOR: RUSTIC YELLOW
20MM厚光面黄锈石冰裂纹

WL+2.15

BOP+1.85

TO FILTRATION SYSTEM
过滤系统

MURAL WALL GRANITE BACKGROUND COLOR: LIGHT SALMON
西瓜红

B 立面图 1:30

E DETAIL LD-4.05 大样图

挡土景墙150

景墙立面图

2.640

2000

-0.090

-0.260

80厚海昌蓝压顶线条

银白色铝塑板饰面

100×100锈石花岗石手打小块

景窗

70×370锈石花岗石磨光线条

红灰色条形陶砖贴面

景墙顶平面图

10200

670

银白色铝塑板饰面

景墙1-1剖面图

100x100锈石花岗石手打小块

70x370锈石花岗石磨光线条

矮墙3-3剖面图

红灰色条形陶砖贴面

80厚海昌蓝压顶线条

40厚木板

60×100木梁

蓝色玻璃锦砖池底

景墙2-2剖面图

银白色铝塑板饰面

2.640

70×370锈石花岗石磨光线条

投射灯

100×100锈石花岗石手打小块

0.240

挡土景墙151

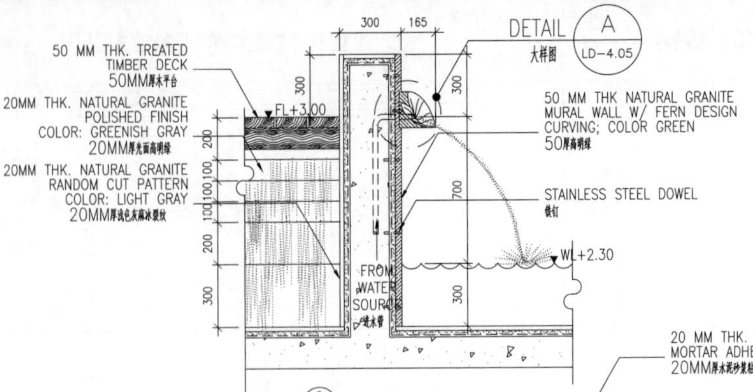

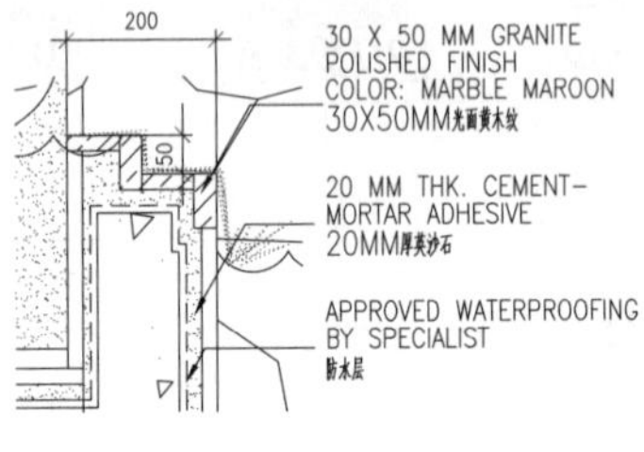

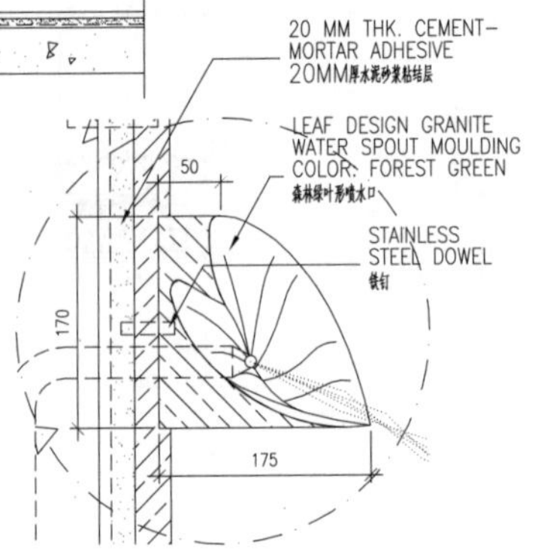

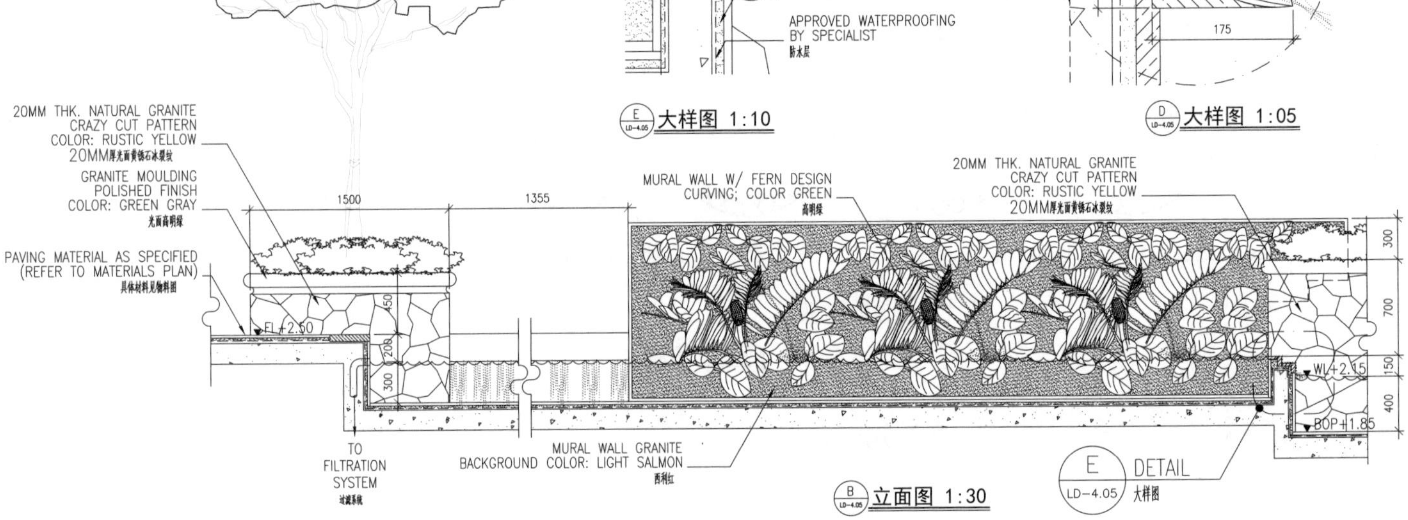

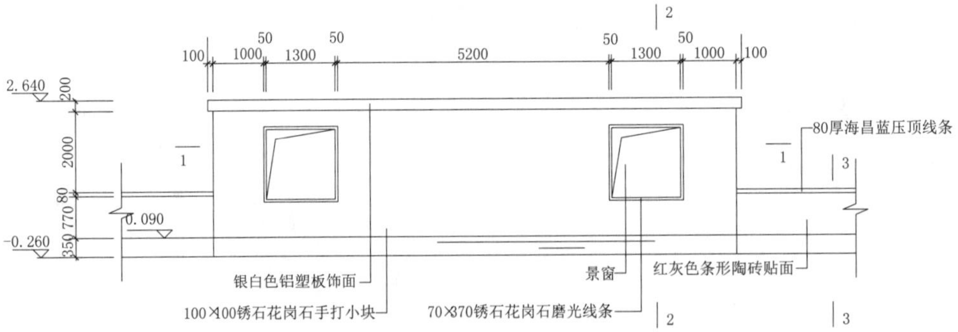

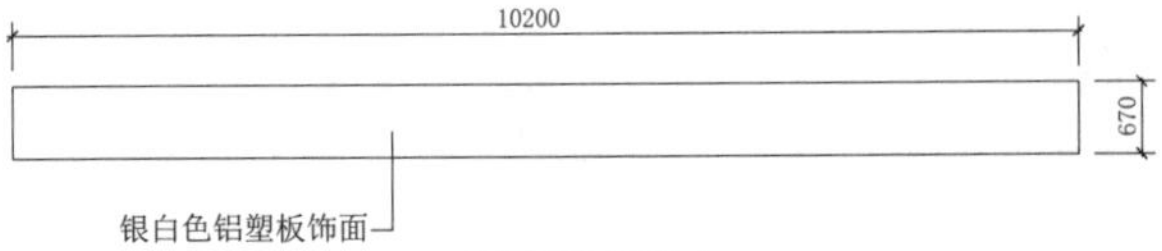

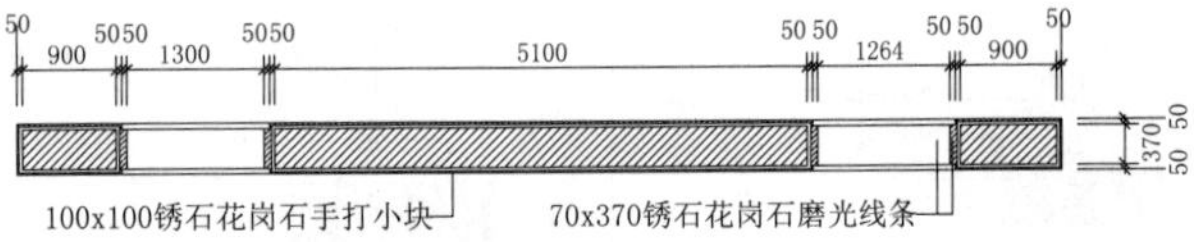

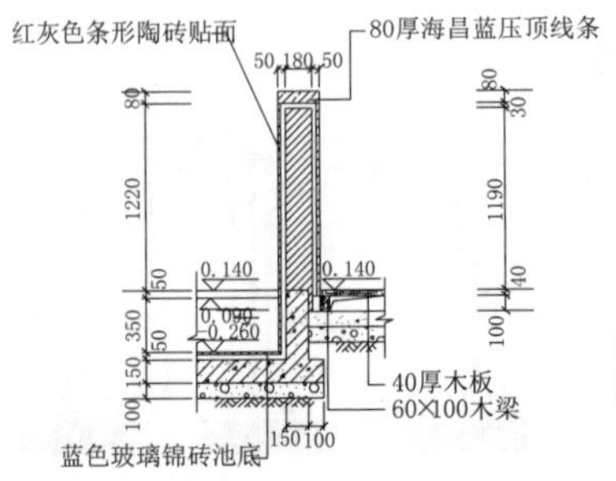

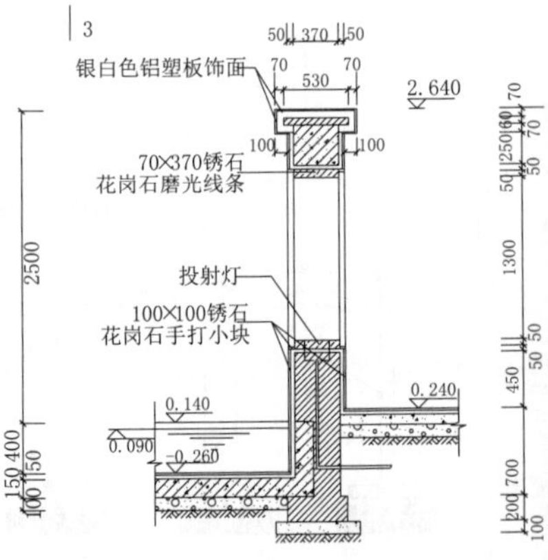

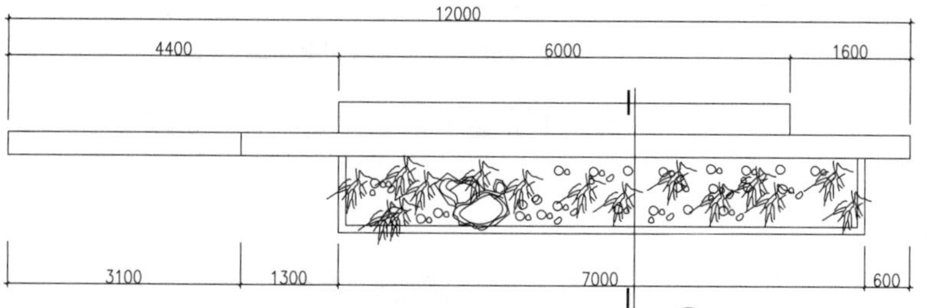

景墙平面 1:50

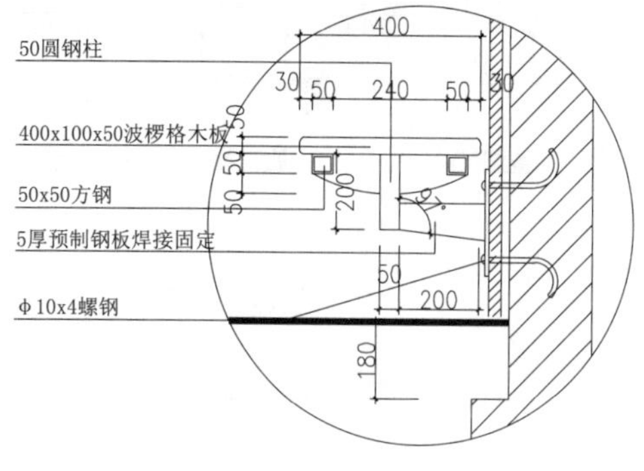

E 1:50

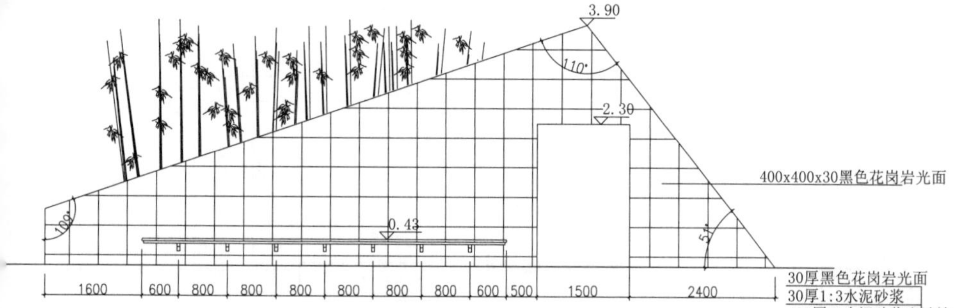

景墙西立面 1:50

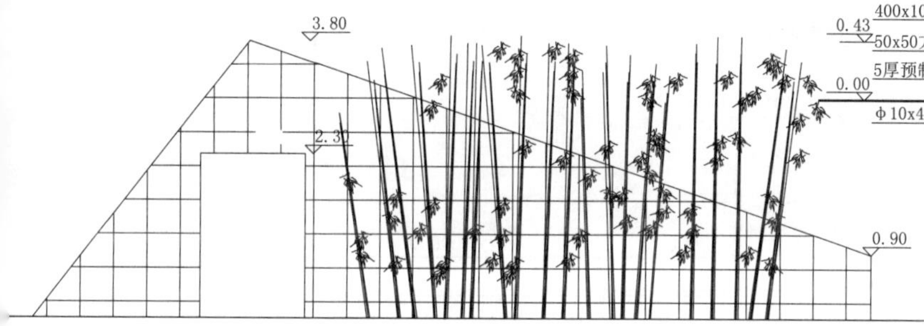

景墙东立面 1:50

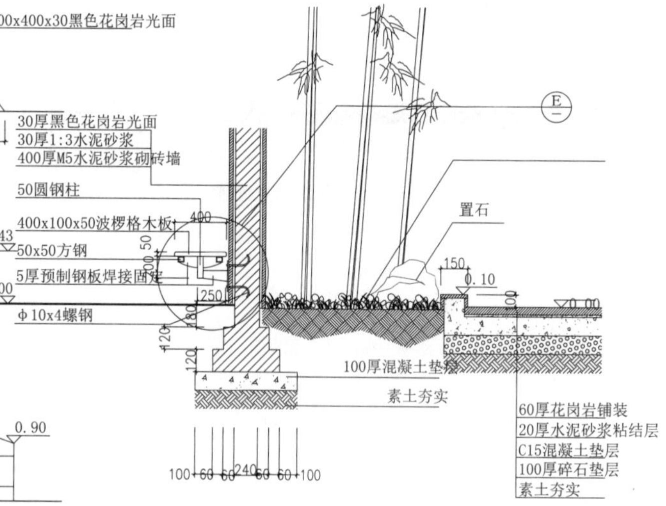
E
30厚黑色花岗岩光面
30厚1:3水泥砂浆
400厚M5水泥砂浆砌砖墙
50圆钢柱
400x100x50波椤格木板
50x50方钢
5厚预制钢板焊接固定
φ10x4螺钢
0.43
0.00
置石
150
0.10
0.00
100厚混凝土垫层
素土夯实
60厚花岗岩铺装
20厚水泥砂浆粘结层
C15混凝土垫层
100厚碎石垫层
素土夯实
100 60 60 240 60 60 100
1-1 剖面 1:25

挡土景墙152

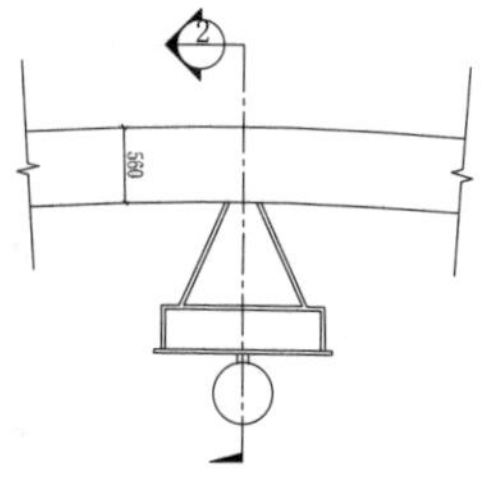

平面详图（长55m）1:40

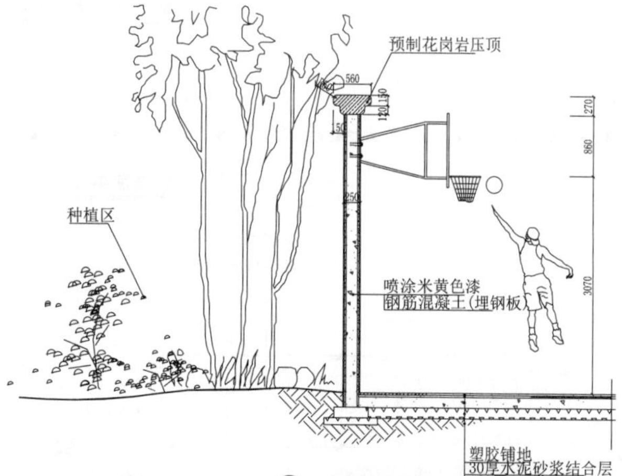
预制花岗岩压顶
560
270
860
种植区
喷涂米黄色漆
钢筋混凝土(埋钢板)
3070
塑胶铺地
30厚水泥砂浆结合层
100厚C10砼
100厚碎石垫层
素土夯实
2 剖面图 1:40

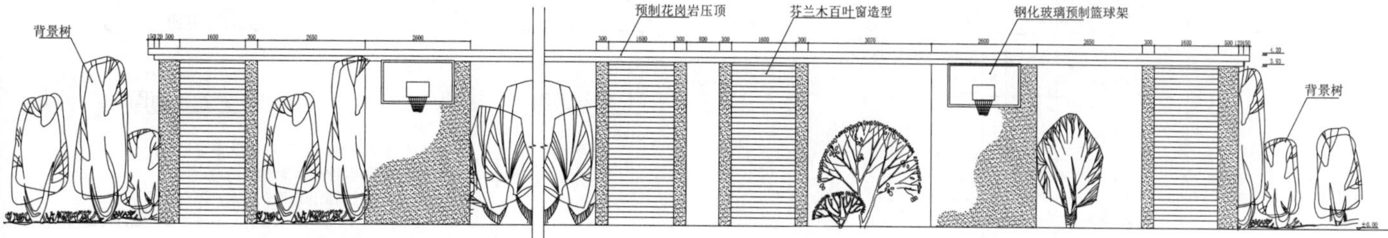
背景树
预制花岗岩压顶
芬兰木百叶窗造型
钢化玻璃预制篮球架
背景树
展开立面详图（长55m）1:40

挡土景墙153

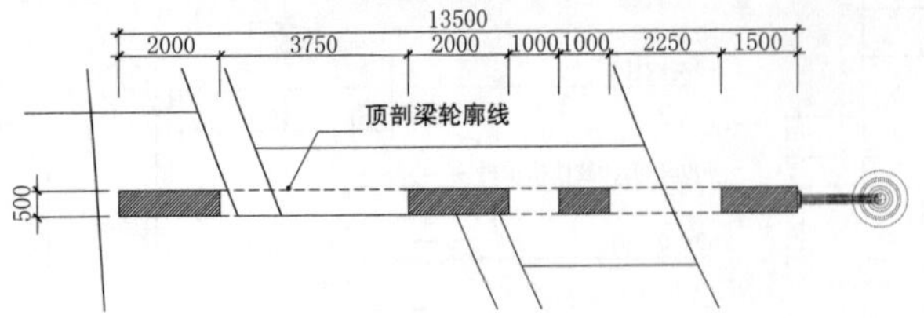

景墙二平面图

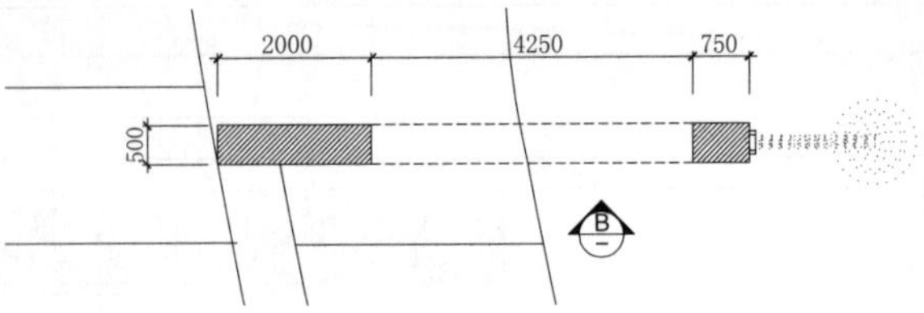

景墙三平面图

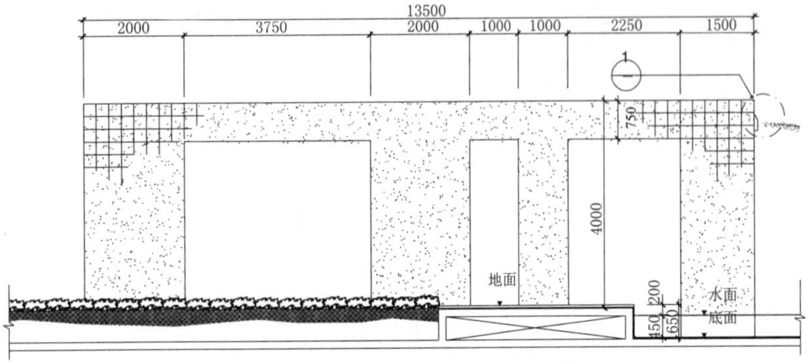

景墙二立面图

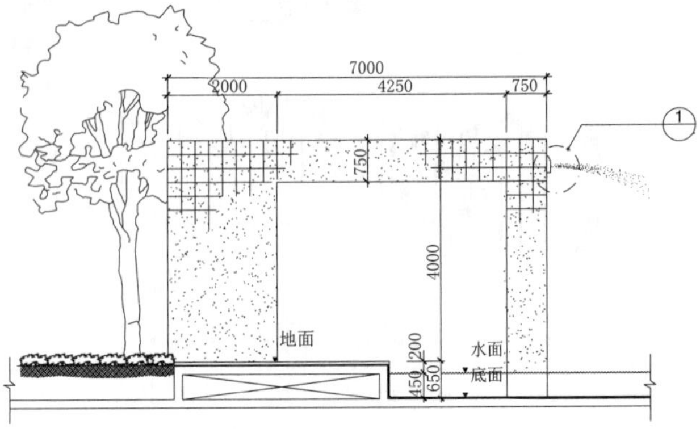

景墙三立面图

挡土景墙154

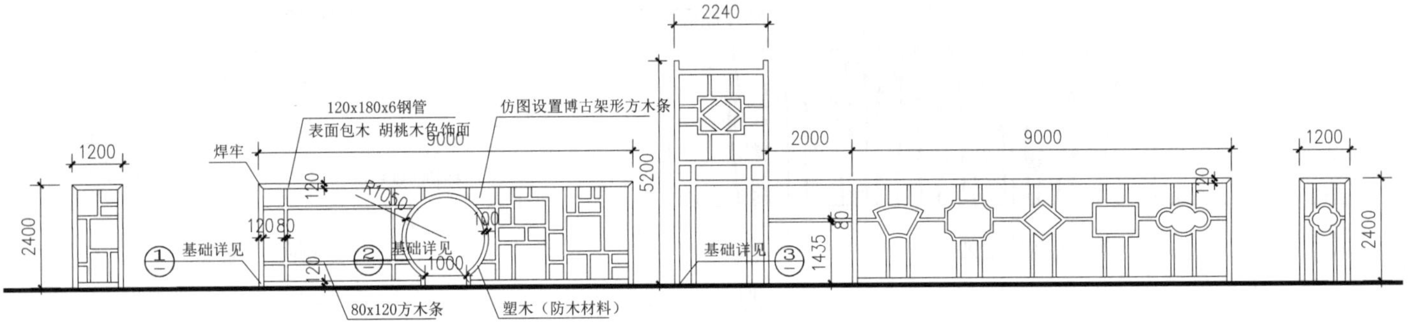

景墙展开立面图

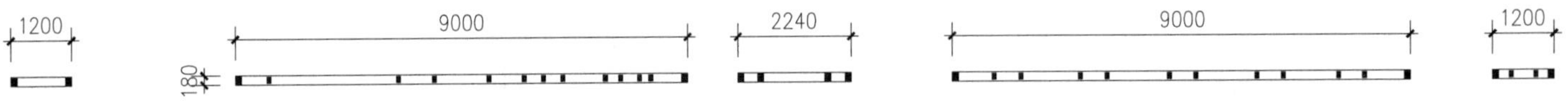

景墙展开平面图

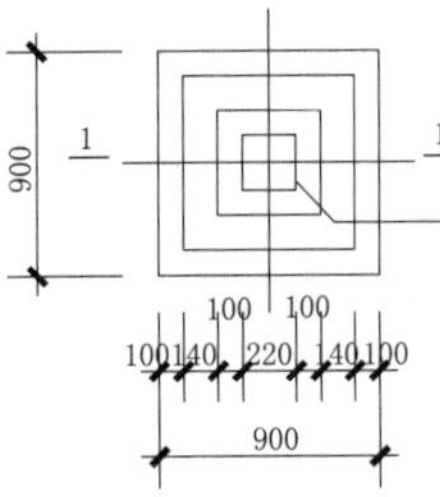

①

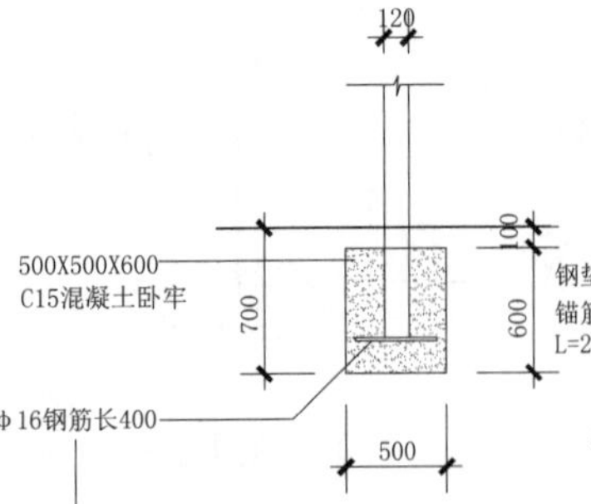

②

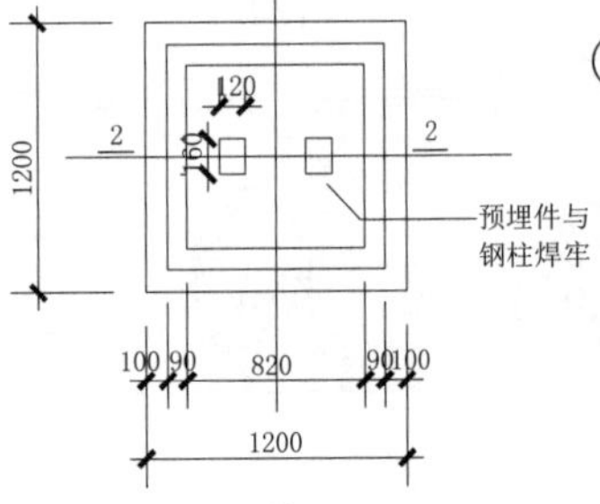

③

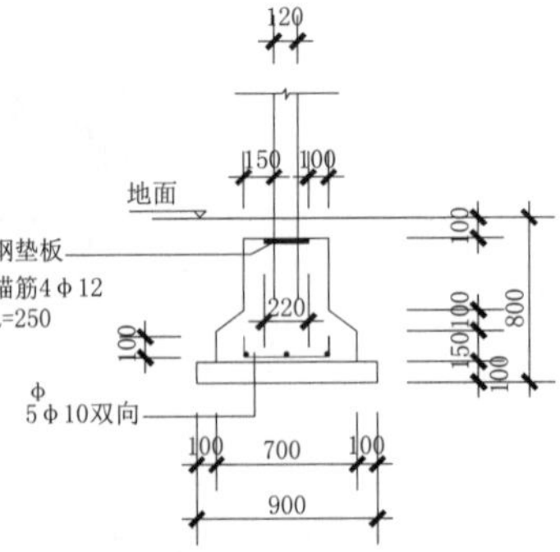

1-1 剖面图

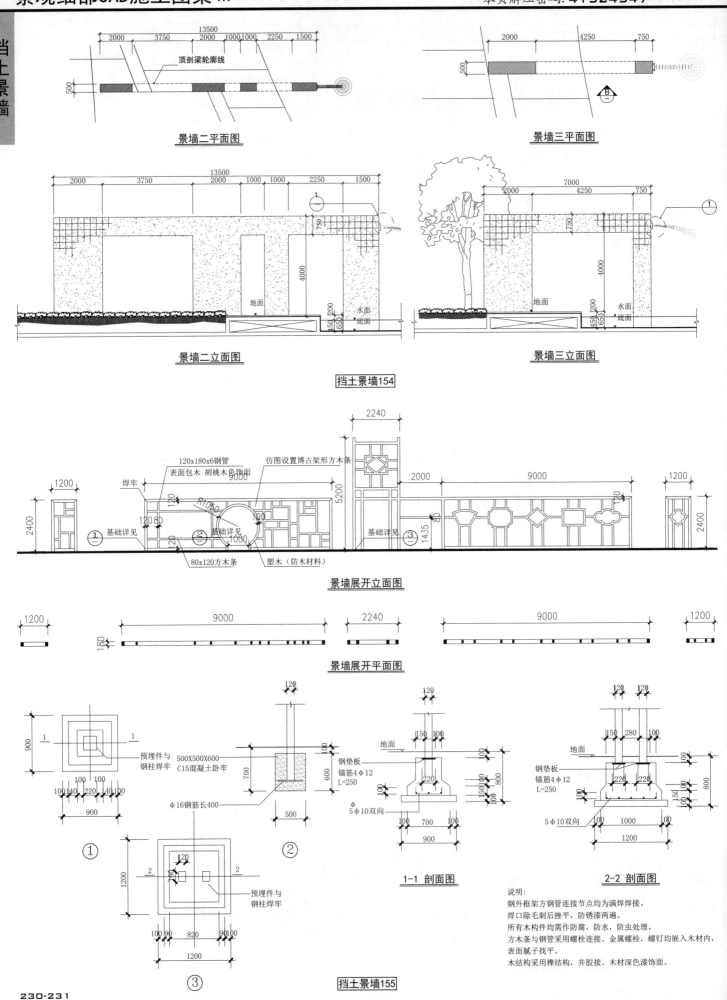

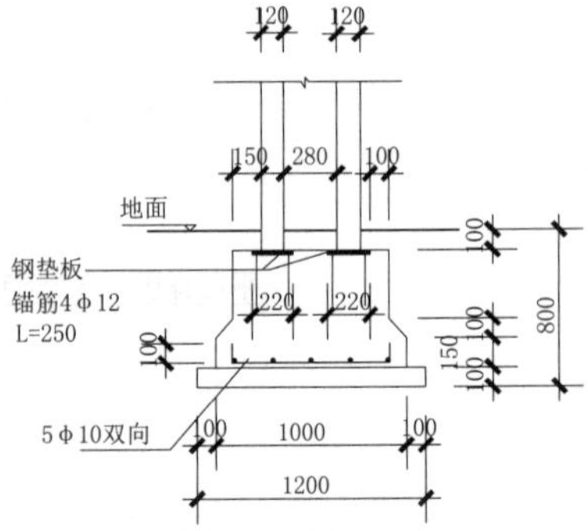

2-2 剖面图

说明：

钢外框架方钢管连接节点均为满焊焊接。

焊口除毛刺后挫平，防锈漆两遍。

所有木构件均需作防腐，防水，防虫处理。

方木条与钢管采用螺栓连接。金属螺栓，螺钉均嵌入木材内，表面腻子找平。

木结构采用榫结构，并胶接。木材深色漆饰面。

挡土景墙155

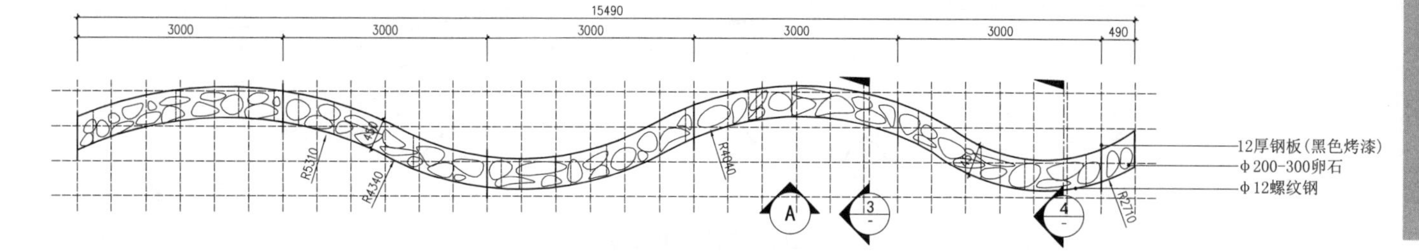

艺术家景墙平面图 1:50

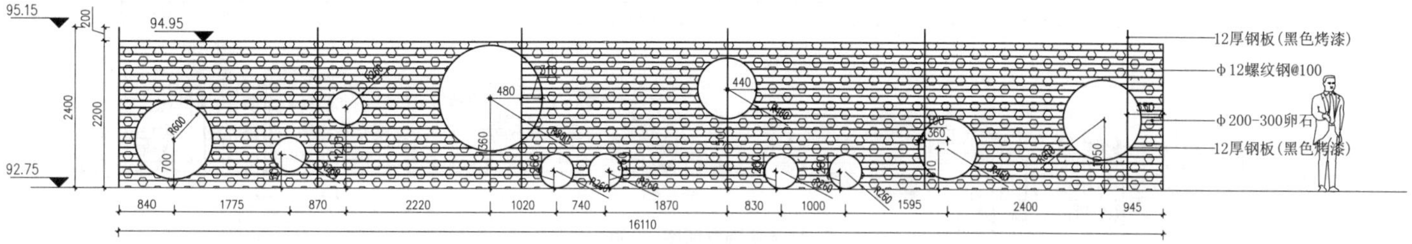

- 12厚钢板(黑色烤漆)
- φ12螺纹钢@100
- φ200-300卵石
- 12厚钢板(黑色烤漆)

艺术家景墙立面图 1:50

③ 艺术家景墙基础结构平面 1:50

⑦ 基础剖面图二 1:20

剖面图GZ1 1:20

⑥ 基础剖面图一 1:20

⑤ 艺术家景墙剖面图二 1:20

④ 艺术家景墙剖面图一 1:20

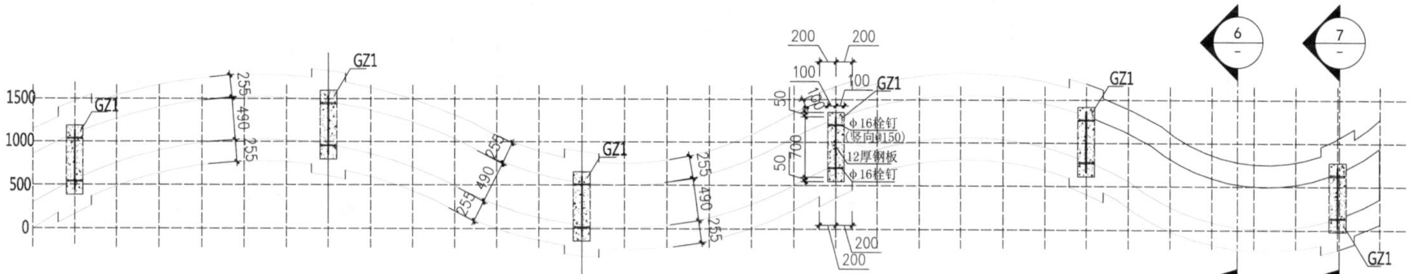

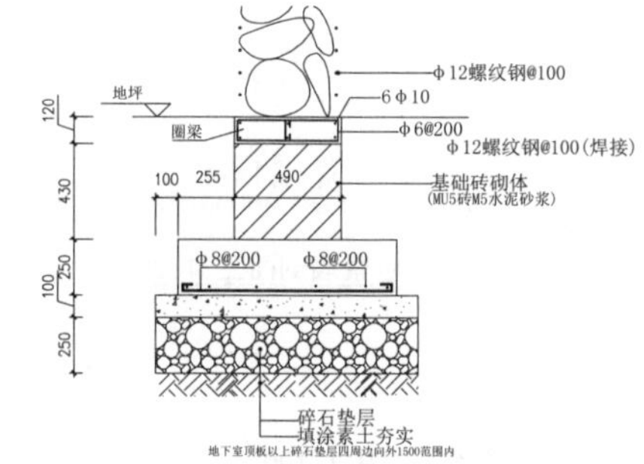

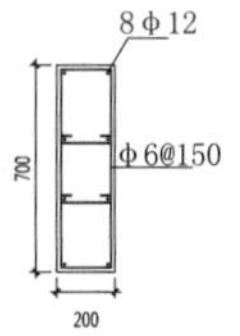

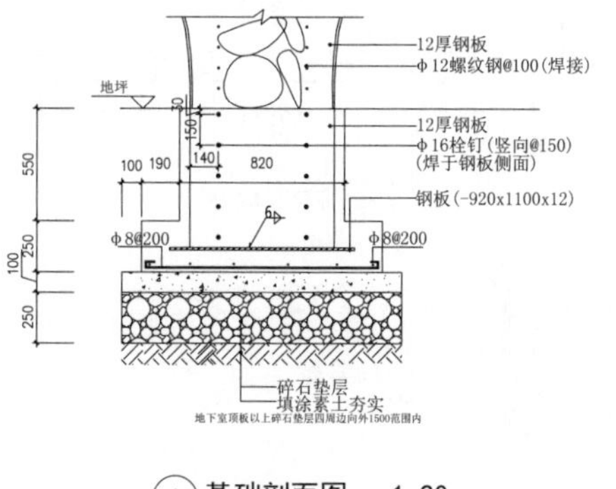

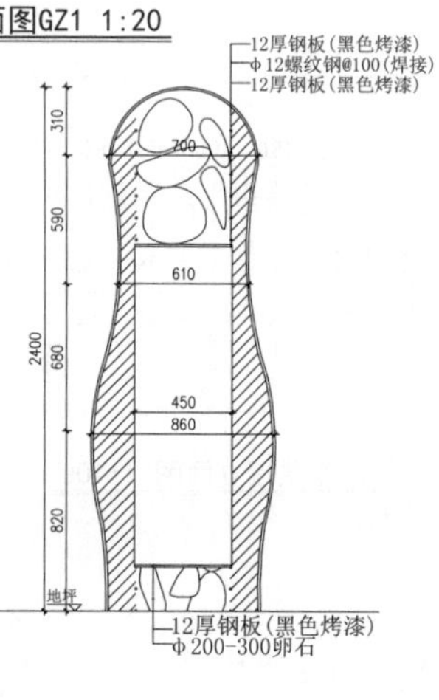

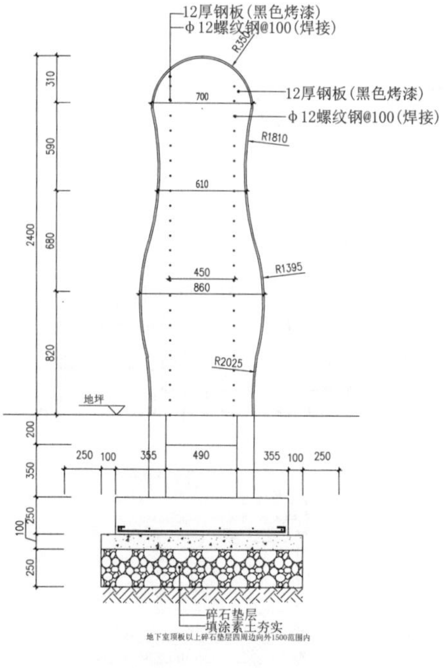

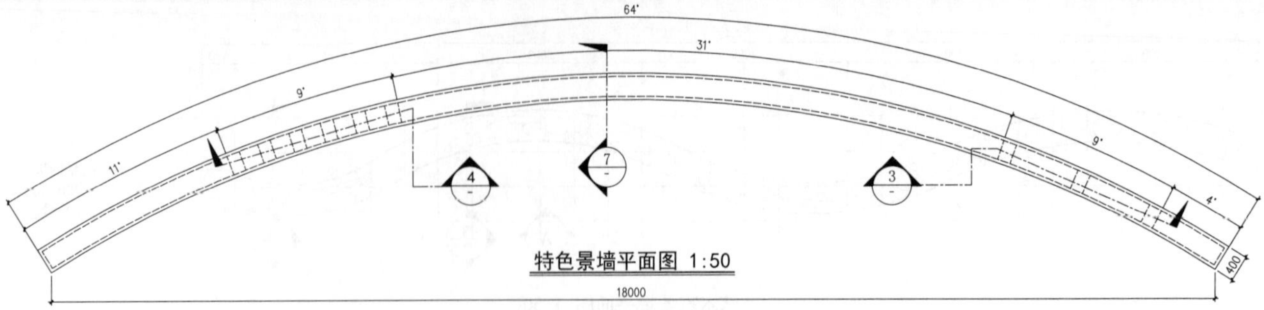

特色景墙平面图 1:50

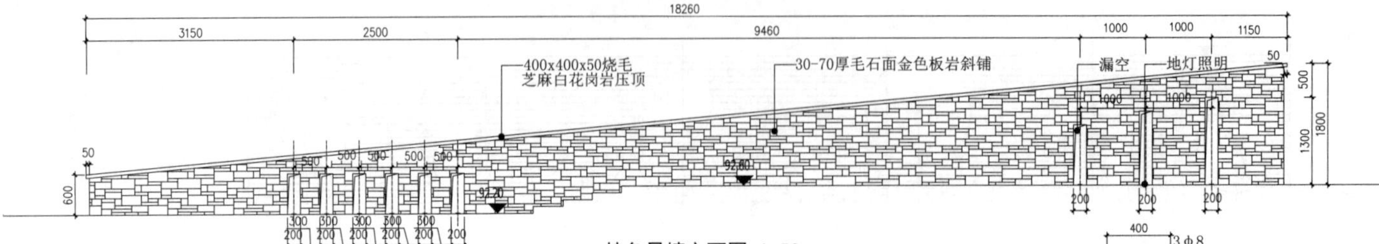

特色景墙立面图 1:50

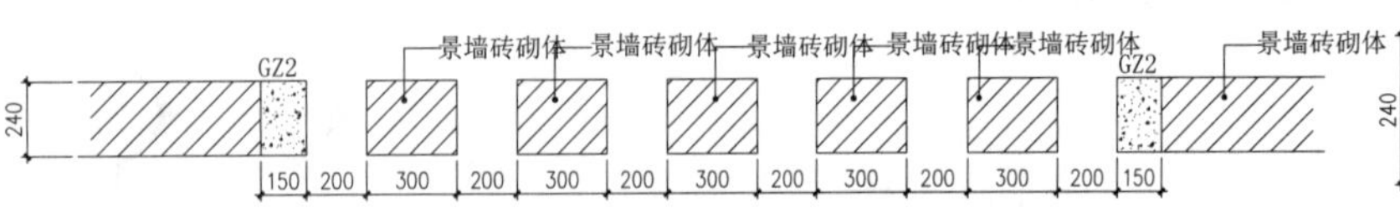

③ 特色景墙剖面一 1:20

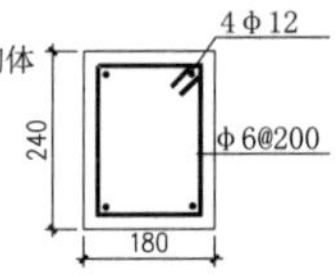

⑤ GZ1 1:10

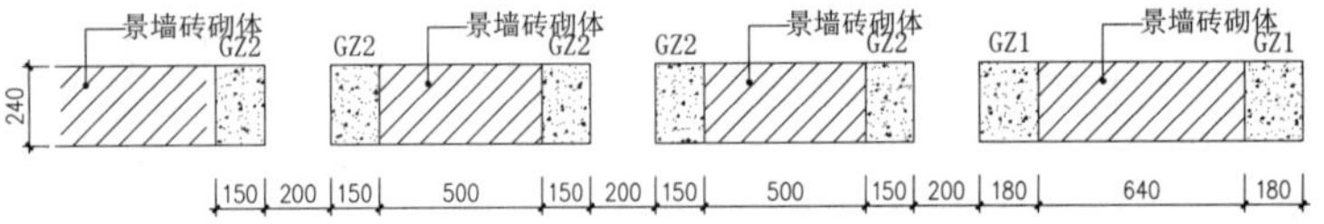

④ 特色景墙剖面二 1:20

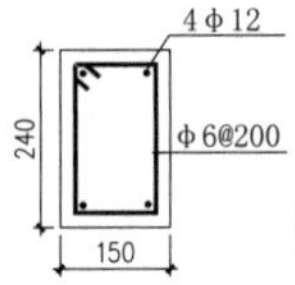

⑥ GZ2 1:10

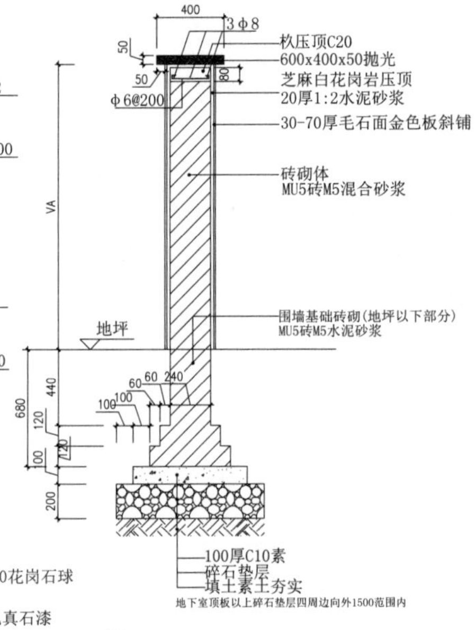

⑦ 特色景墙剖面三 1:20

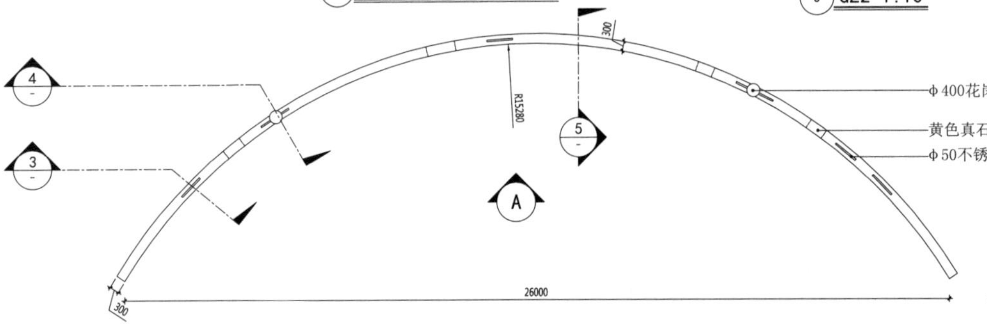

沙龙景墙平面图 1:100

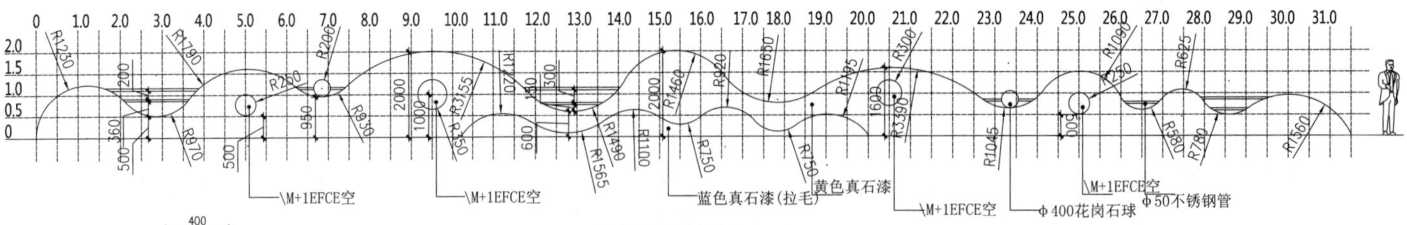

沙龙景墙立面图 1:100

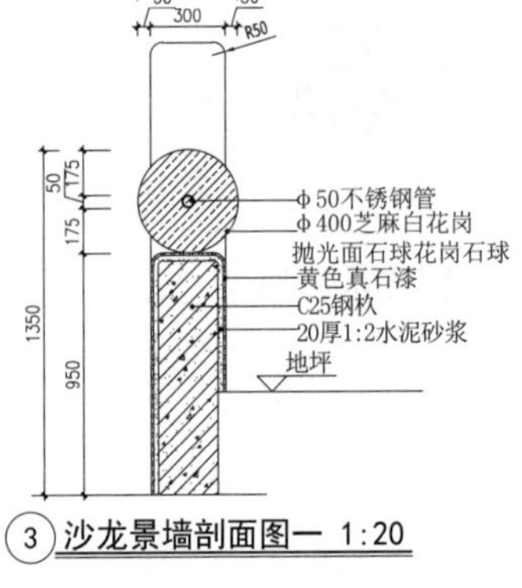

③ 沙龙景墙剖面图一 1:20

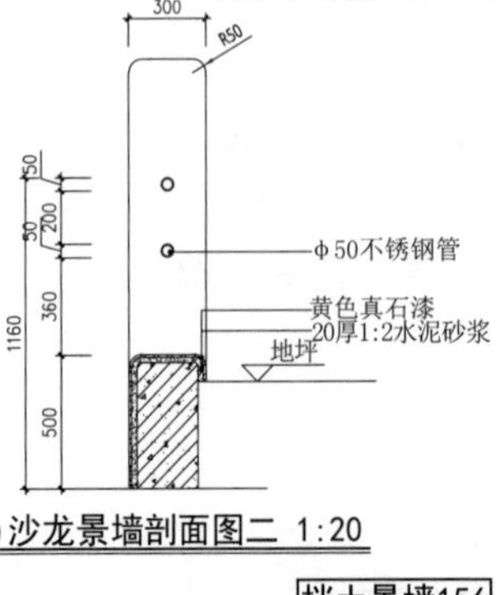

④ 沙龙景墙剖面图二 1:20

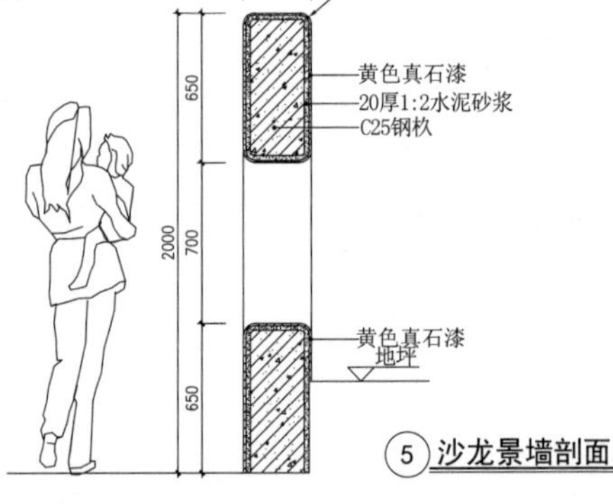

⑤ 沙龙景墙剖面图三 1:20

挡土景墙156

特色景墙平面图 1:50

特色景墙立面图 1:50

400x400x50烧毛芝麻白花岗岩压顶

30-70厚毛石面金色板岩斜铺

漏空

地灯照明

景墙砖砌体

3 特色景墙剖面一 1:20

4 特色景墙剖面二 1:20

5 GZ1 1:10

6 GZ2 1:10

4φ12
φ6@200

枕压顶C20
600x400x50抛光芝麻白花岗岩压顶
20厚1:2水泥砂浆
30-70厚毛石面金色板岩斜铺
砖砌体 MU5砖M5混合砂浆
围墙基础砖砌(地坪以下部分) MU5砖M5水泥砂浆

100厚C10素
碎石垫层
填土素土夯实
地下室顶板以上碎石垫层四周边向外1500范围内

7 特色景墙剖面三 1:20

沙龙景墙平面图 1:100

φ400花岗石球
黄色真石漆
φ50不锈钢管

沙龙景墙立面图 1:100

\M+1EFCE空   蓝色真石漆(拉毛)   黄色真石漆   \M+1EFCE空   φ400花岗石球   φ50不锈钢管

φ50不锈钢管
φ400芝麻白花岗抛光面石球花岗石球
黄色真石漆
C25钢枕
20厚1:2水泥砂浆
地坪

3 沙龙景墙剖面图一 1:20

φ50不锈钢管
黄色真石漆
20厚1:2水泥砂浆
地坪

4 沙龙景墙剖面图二 1:20

黄色真石漆
20厚1:2水泥砂浆
C25钢枕

黄色真石漆
地坪

5 沙龙景墙剖面图三 1:20

挡土景墙156

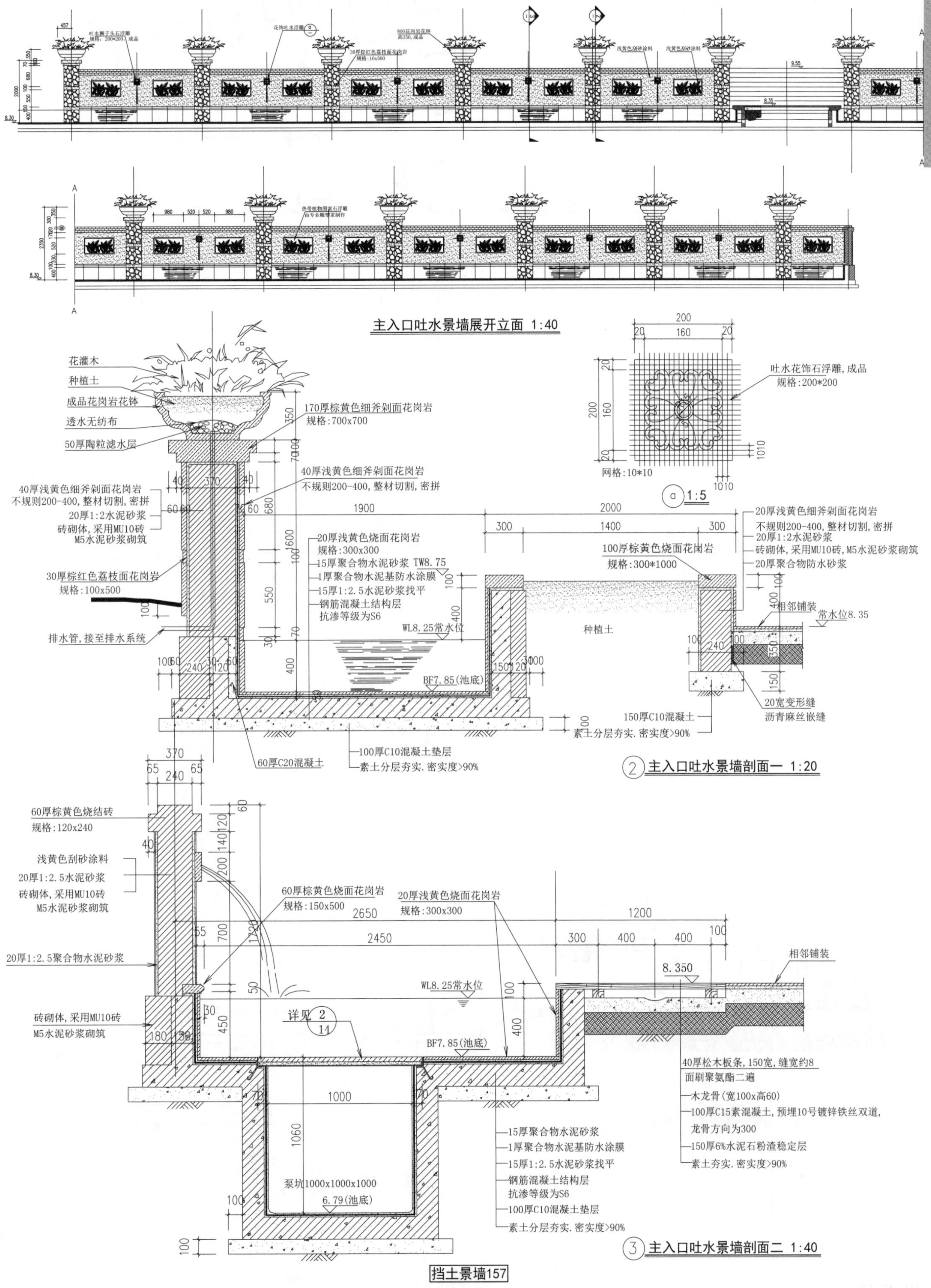

主入口吐水景墙展开立面 1:40

吐水花饰石浮雕,成品
规格:200*200

网格:10*10

ⓐ 1:5

花灌木
种植土
成品花岗岩花钵
透水无纺布
50厚陶粒滤水层

170厚棕黄色细斧剁面花岗岩
规格:700x700

40厚浅黄色细斧剁面花岗岩
不规则200-400,整材切割,密拼

40厚浅黄色细斧剁面花岗岩
不规则200-400,整材切割,密拼
20厚1:2水泥砂浆
砖砌体,采用MU10砖
M5水泥砂浆砌筑

20厚浅黄色烧面花岗岩
规格:300x300
15厚聚合物水泥砂浆 TW8.75
1厚聚合物水泥基防水涂膜
15厚1:2.5水泥砂浆找平
钢筋混凝土结构层
抗渗等级为S6

100厚棕黄色烧面花岗岩
规格:300*1000

20厚浅黄色细斧剁面花岗岩
不规则200-400,整材切割,密拼
20厚1:2水泥砂浆
砖砌体,采用MU10砖,M5水泥砂浆砌筑
20厚聚合物防水砂浆

相邻铺装
常水位8.35

30厚棕红色荔枝面花岗岩
规格:100x500

排水管,接至排水系统

WL8.25常水位

种植土

BF7.85(池底)

150厚C10混凝土
素土分层夯实.密实度>90%

20宽变形缝
沥青麻丝嵌缝

60厚C20混凝土

100厚C10混凝土垫层
素土分层夯实.密实度>90%

② 主入口吐水景墙剖面一 1:20

60厚棕黄色烧结砖
规格:120x240

浅黄色刮砂涂料
20厚1:2.5水泥砂浆
砖砌体,采用MU10砖
M5水泥砂浆砌筑

60厚棕黄色烧面花岗岩
规格:150x500

20厚浅黄色烧面花岗岩
规格:300x300

相邻铺装

20厚1:2.5聚合物水泥砂浆

8.350

WL8.25常水位

砖砌体,采用MU10砖
M5水泥砂浆砌筑

详见 ②/11

BF7.85(池底)

40厚松木板条,150宽,缝宽约8
面刷聚氨酯二遍
木龙骨(宽100x高60)
100厚C15素混凝土,预埋10号镀锌铁丝双道,
龙骨方向为300
150厚6%水泥石粉渣稳定层
素土夯实.密实度>90%

泵坑1000x1000x1000
6.79(池底)

15厚聚合物水泥砂浆
1厚聚合物水泥基防水涂膜
15厚1:2.5水泥砂浆找平
钢筋混凝土结构层
抗渗等级为S6
100厚C10混凝土垫层
素土分层夯实.密实度>90%

③ 主入口吐水景墙剖面二 1:40

挡土景墙157

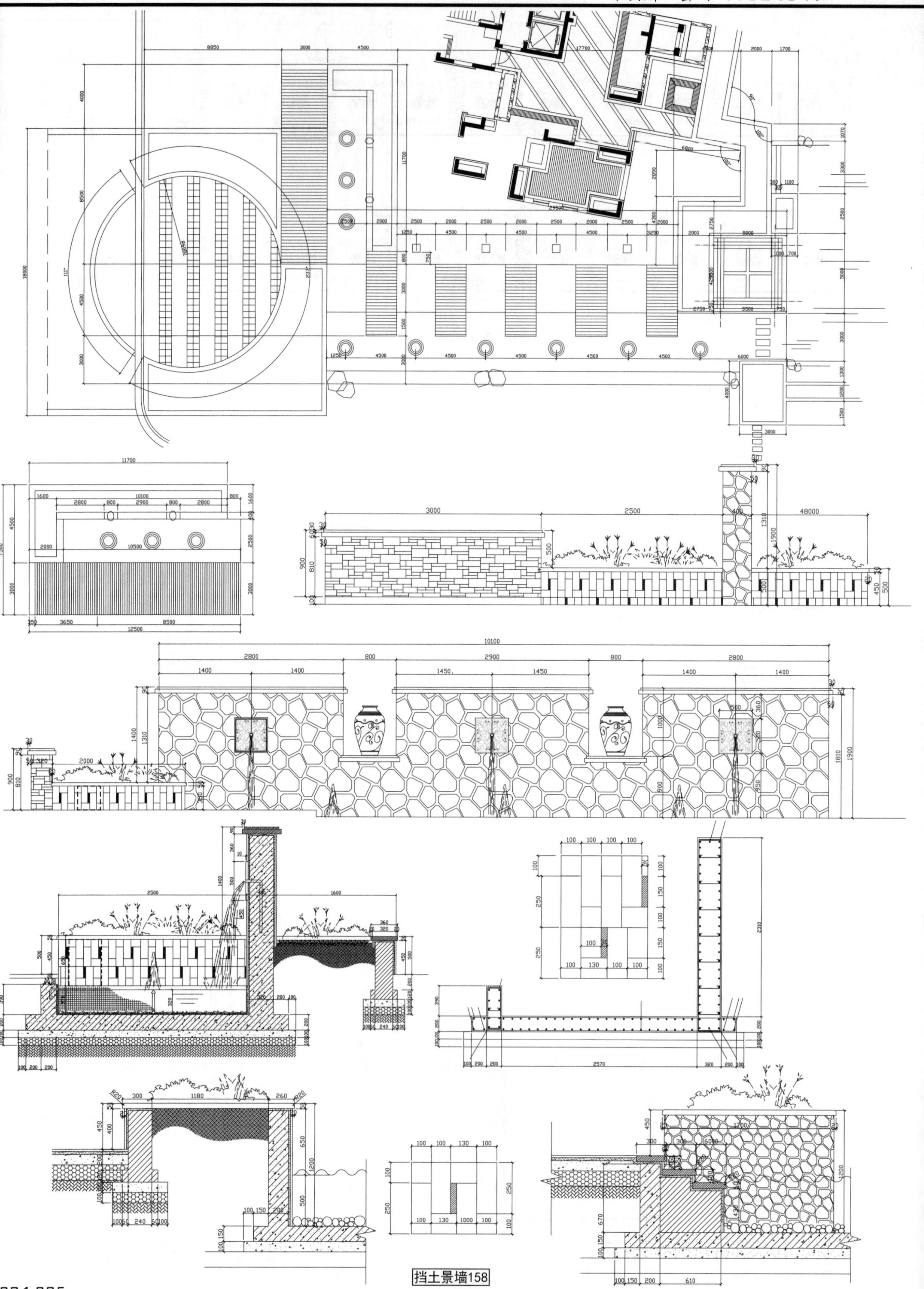

挡土景墙158

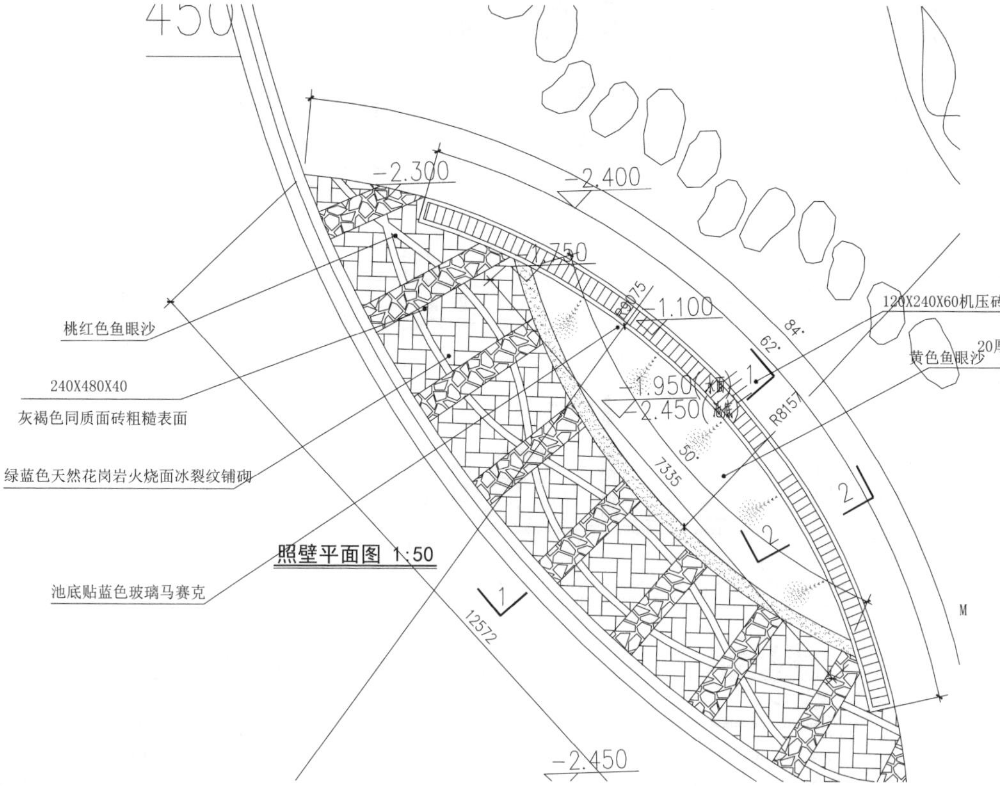

桃红色鱼眼沙

240X480X40

灰褐色同质面砖粗糙表面

绿蓝色天然花岗岩火烧面冰裂纹铺砌

池底贴蓝色玻璃马赛克

照壁平面图 1:50

120X240X60机砖压砖压顶
180厚砖砌体
不同切割文化石贴面
20厚1:2.5水泥砂浆

120X240X60机砖压砖压顶
池底贴蓝色玻璃马赛克
黄色鱼眼沙
20厚1:2.5水泥砂浆掺防水剂
C20钢筋混凝土 φ8@200
C20素枕层
100厚石粉垫层
素土夯实

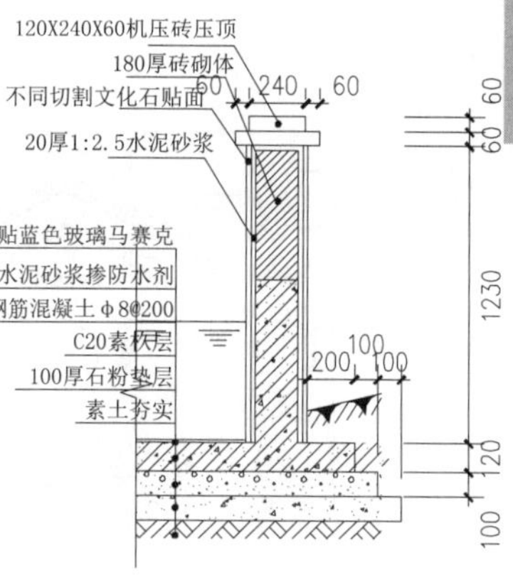

照壁2-2断面 1:25

注:1. 本图长度单位为毫米,标高单位为米。
2. ▽ 为假定设计路面标高。
3. 本设计图内未作说明者,均按国家、地方
有关规范规程执行。若有特殊问题均应经设计、
业主及施工三方共同协商统一后执行。
4. 网格大小为1000×1000mm。

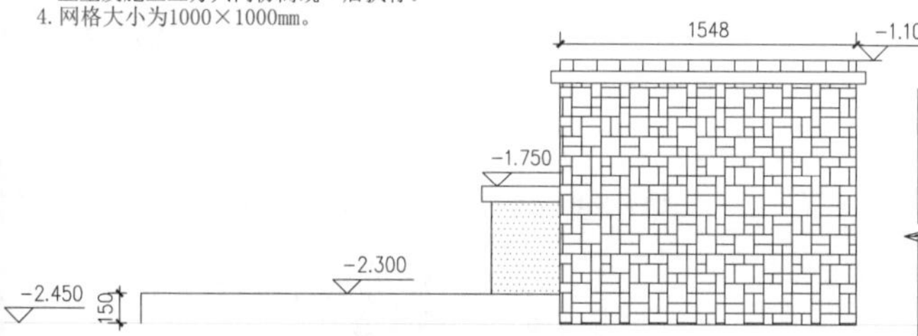

饰面详见平面图
20厚1:2.5水泥砂浆
C20素枕层
100厚石粉垫层
素土夯实

照壁侧立面图 1:25

饰面详见平面图
20厚1:2.5水泥砂浆
C20素枕层
100厚石粉垫层
素土夯实

树脂浮雕砖(厂家成品)

照壁1-1断面 1:25

120X240X60机砖压砖压顶

不同切割文化石贴面

树脂浮雕砖(厂家成品)

照壁正立面图 1:50

挡土景墙159

150x400x800草白玉
雨花石嵌面
高广场或草地面

25x25凹角
底广场
底广场垫层
M7.5砌砖

挡墙做法

挡土景墙160

430*600*80棕色抛光花岗岩,两边倒20圆角
30厚水泥砂浆结合层
基础及墙体做法详见建筑施工图

种植土

20厚棕色花岗岩
厚水泥砂浆结合层
240厚实心或非黏土砖墙砌筑

种植土
20厚1:3水泥砂浆
内掺5%防水粉

100厚C15素混凝土垫层
300厚3:7灰土
素土夯实

花池挡墙做法详图 1:20

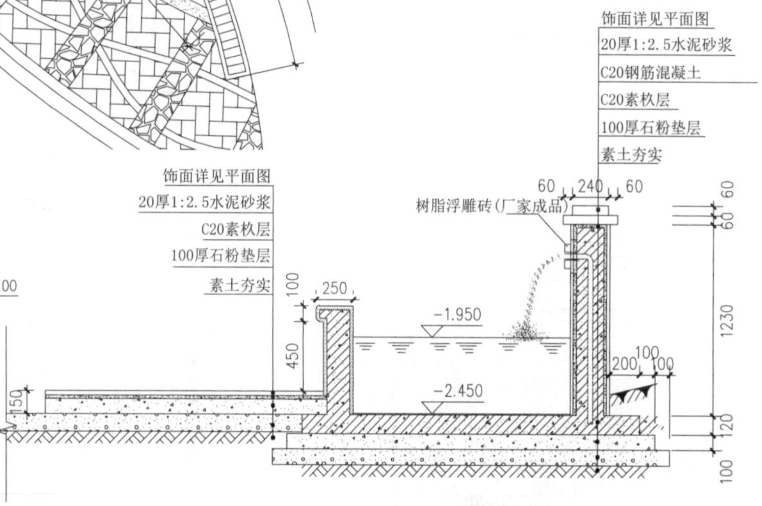

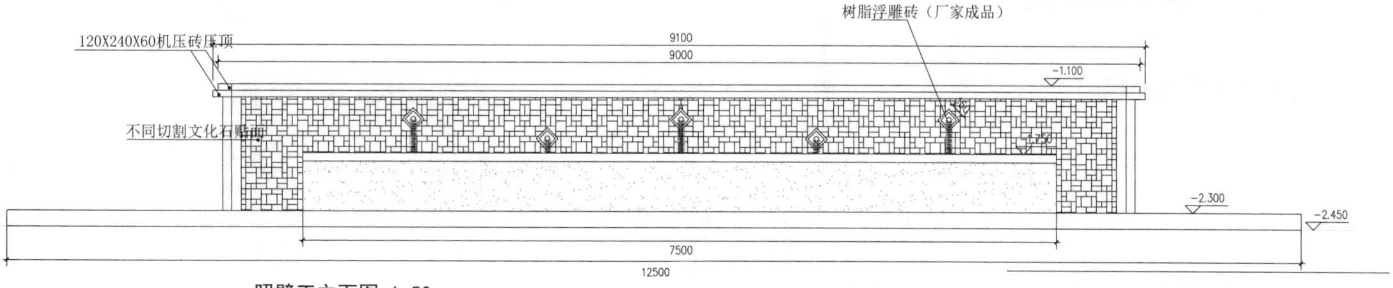

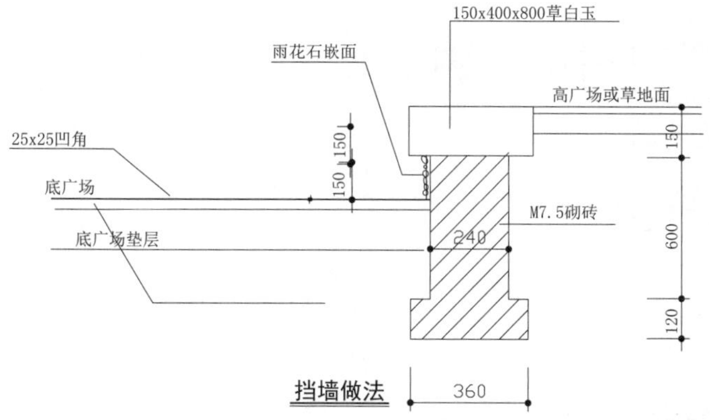

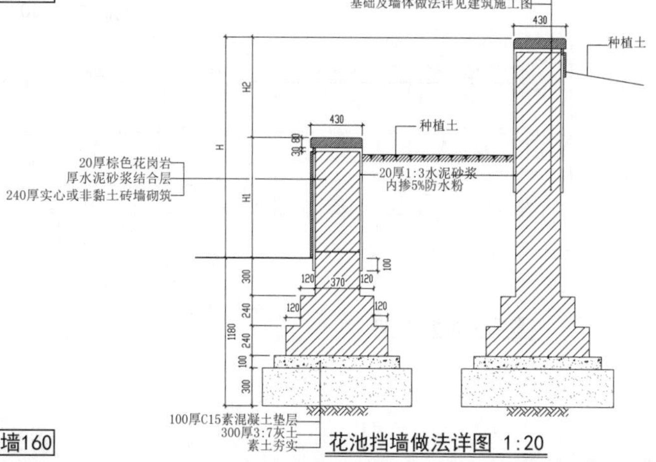

挡土景墙

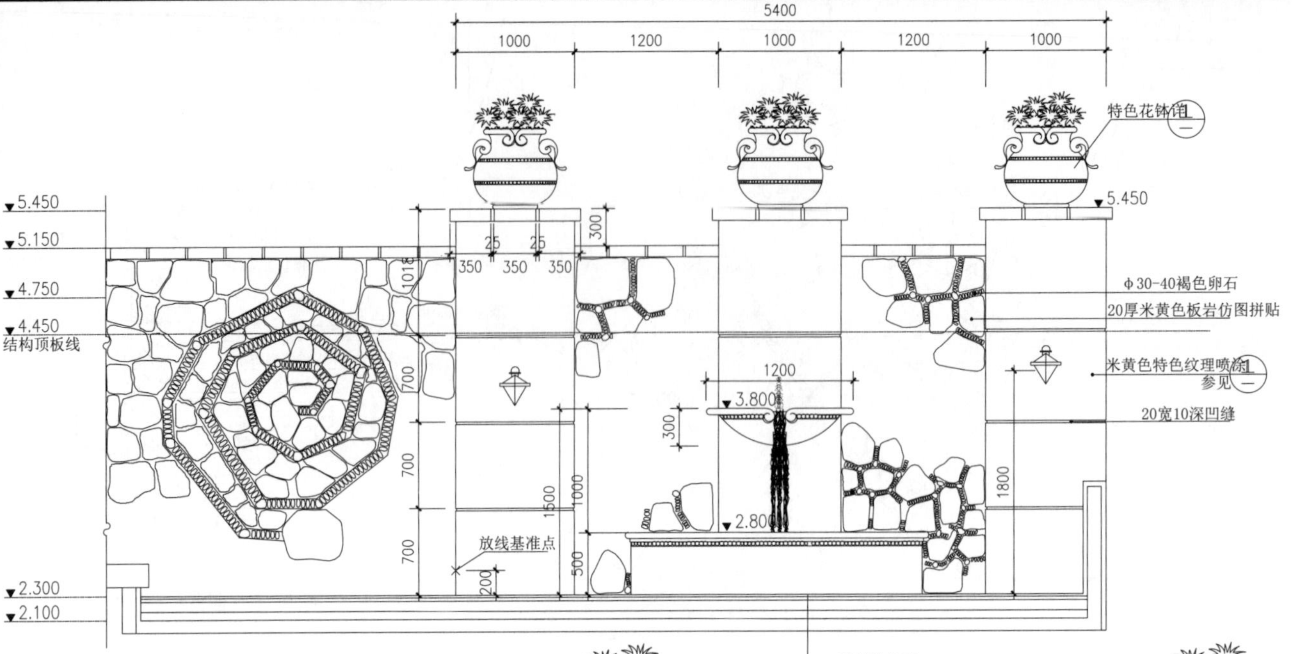

景墙剖立面图 1:30

特色装饰图案放线详图 1:20

景墙平面图 1:30

2-2 剖面图 1:20

1-1 剖面图 1:20

特色花钵钼

φ30-40褐色卵石
20厚米黄色板岩仿图拼贴

米黄色特色纹理喷涂 参见

20宽10深凹缝

石材铺装另详
30厚1:3干硬性水泥砂浆结合层
建施屋一(3-8)

花池壁

250高涌泉
米黄色黄岗岩水钵
预埋构件@400
10厚钢制构件
10厚钢制托架
接水泵循环系统
池壁混凝土基础
30厚1:3干硬性水泥砂浆结合层
建施屋一(5.7.8)

接景观供水系统

50厚50x50蓝色马赛克贴面
(60%蓝色30%浅蓝色10%深蓝色)

池壁混凝土基础
30厚1:3干硬性水泥砂浆结合层
建施屋一(5.7.8)

接景观排水系统 接景观排水系统
(溢水管)   (排水管)

池壁混凝土基础
30厚1:3干硬性水泥砂浆结合层
建施屋一(5.7.8)

挡土景墙161

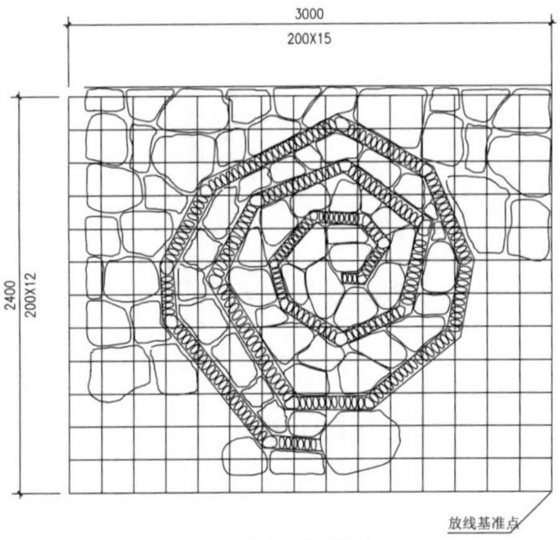

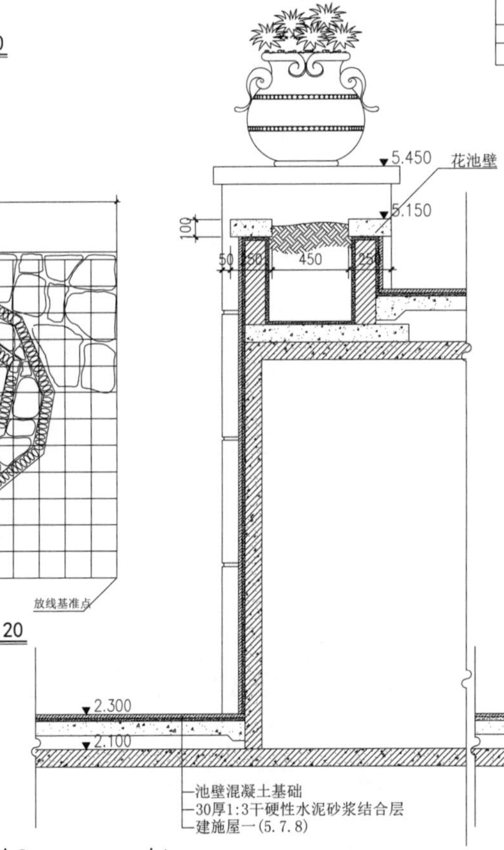

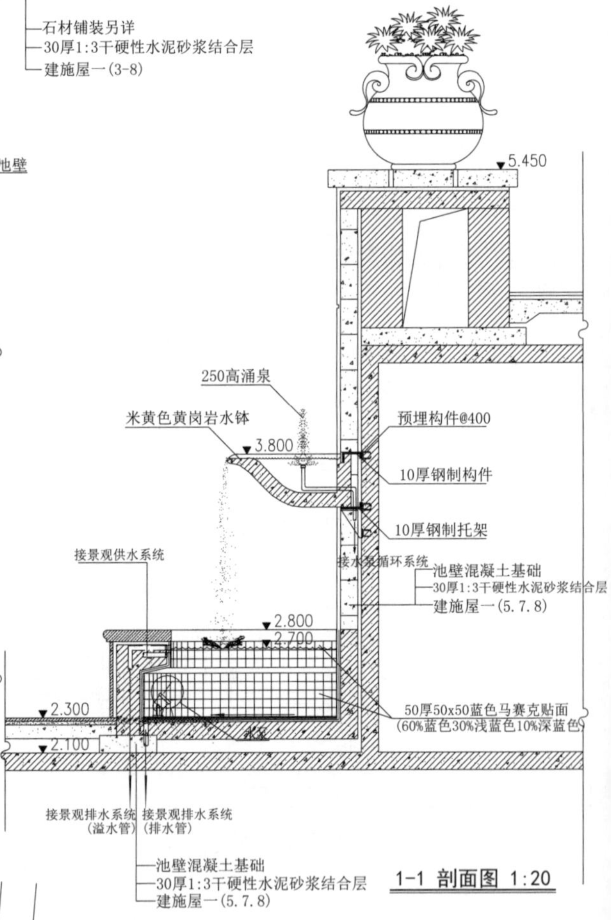

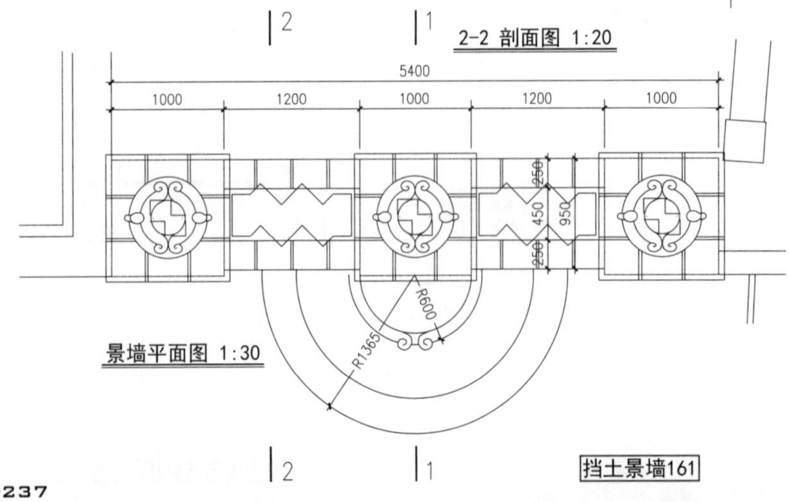

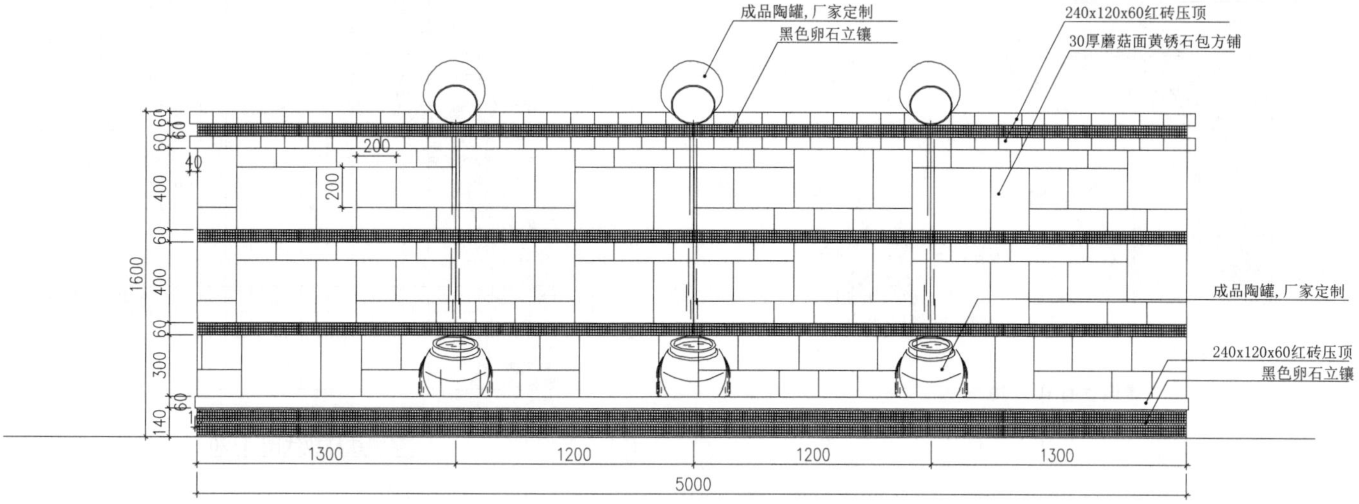
成品陶罐，厂家定制
黑色卵石立镶
240x120x60红砖压顶
30厚蘑菇面黄锈石包方铺
成品陶罐，厂家定制
240x120x60红砖压顶
黑色卵石立镶
1300
1200
1200
1300
5000
1600

喷水景墙立面图 1:10

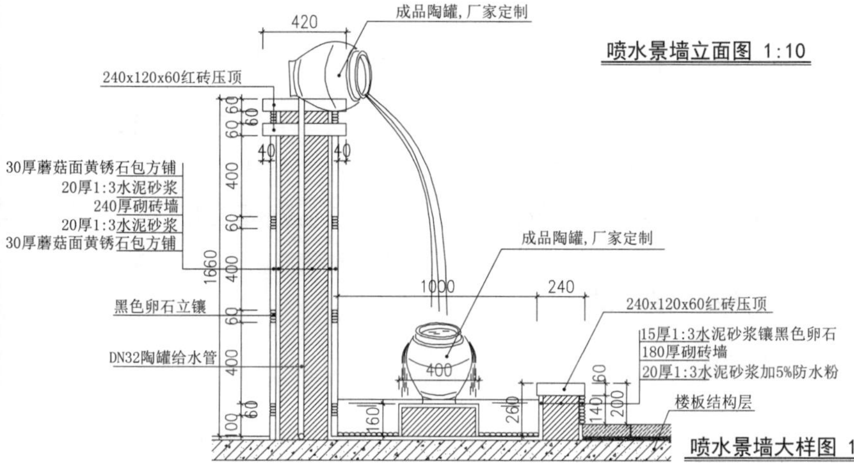
420
成品陶罐，厂家定制
240x120x60红砖压顶
30厚蘑菇面黄锈石包方铺
20厚1:3水泥砂浆
240厚砌砖墙
20厚1:3水泥砂浆
30厚蘑菇面黄锈石包方铺
黑色卵石立镶
DN32陶罐给水管
成品陶罐，厂家定制
240x120x60红砖压顶
15厚1:3水泥砂浆镶黑色卵石
180厚砌砖墙
20厚1:3水泥砂浆加5%防水粉
楼板结构层
1000
240
1660

喷水景墙大样图 1:20

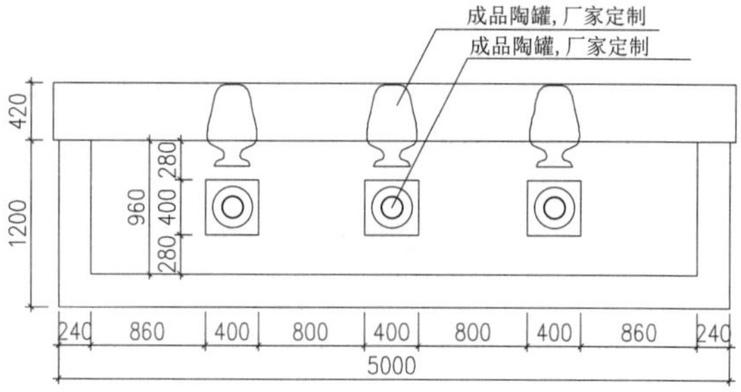

喷水景墙平面图 1:20

挡土景墙162

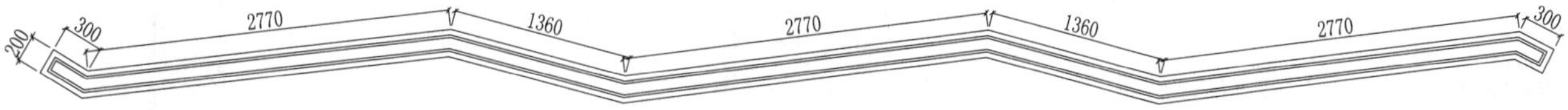

平面详图 1:40

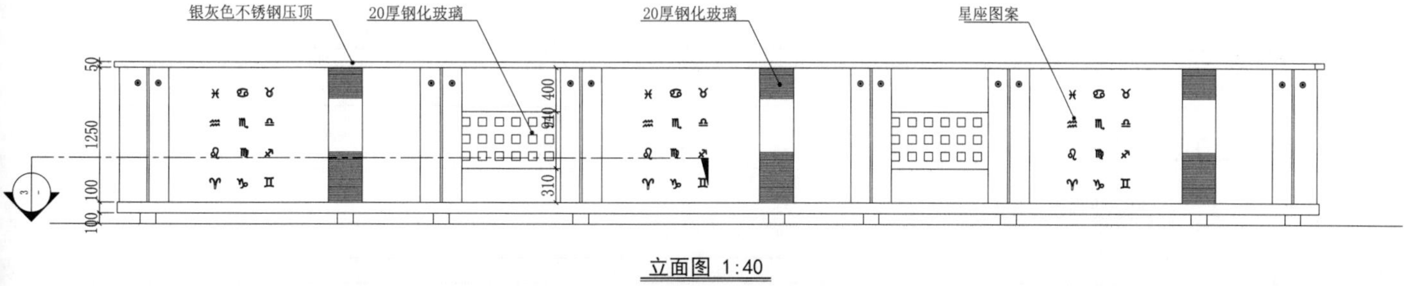
银灰色不锈钢压顶
20厚钢化玻璃
20厚钢化玻璃
星座图案
1250

立面图 1:40

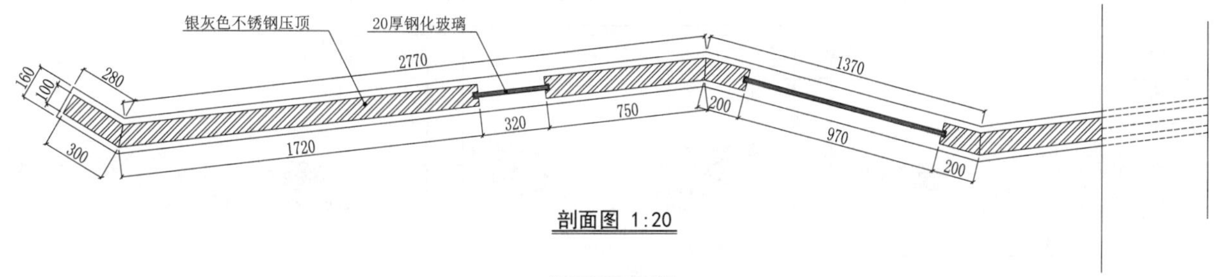

剖面图 1:20

挡土景墙163

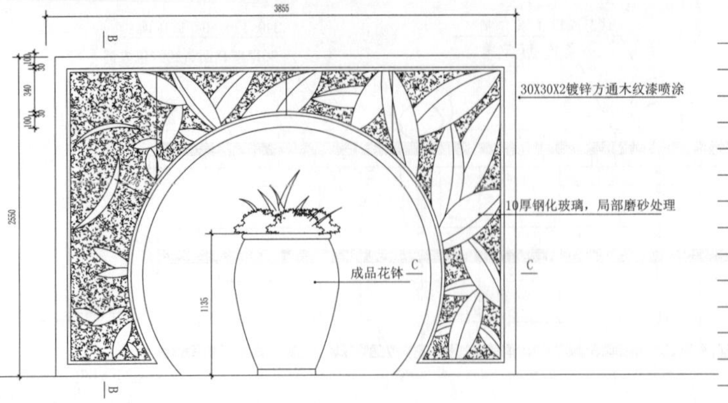
3855
30X30X2镀锌方通木纹漆喷涂
10厚钢化玻璃，局部磨砂处理
成品花钵
2550
1135

景墙立面图 1:20

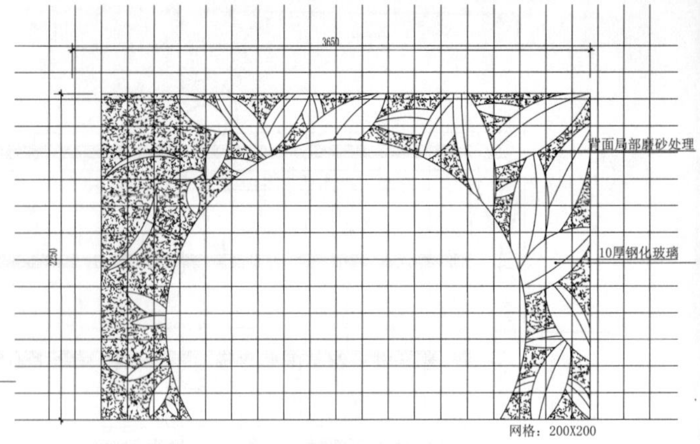
3650
背面局部磨砂处理
10厚钢化玻璃
网格：200X200

景墙纹样放线图 1:20

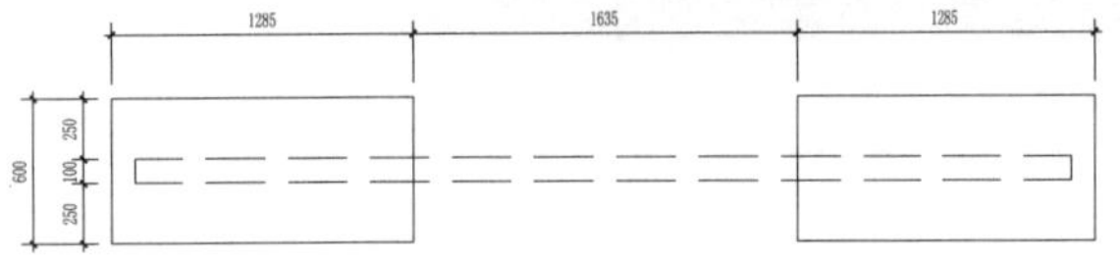

景墙基础平面图 1:20

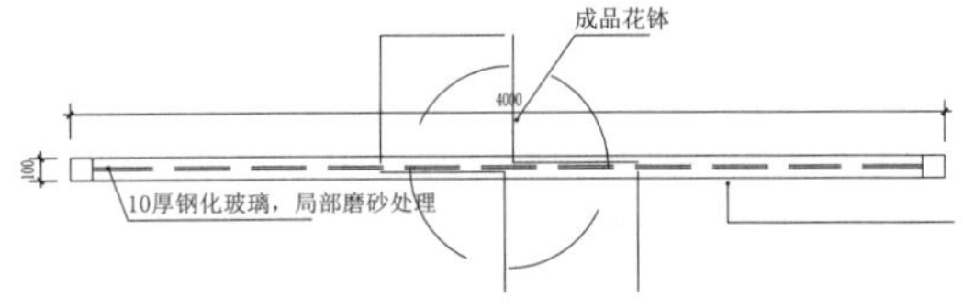
成品花钵
10厚钢化玻璃，局部磨砂处理

景墙平面图 1:20

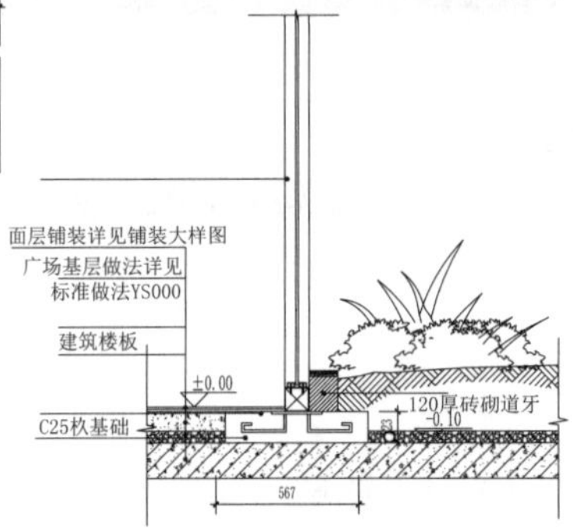
面层铺装详见铺装大样图
广场基层做法详见
标准做法YS000
建筑楼板
±0.00
120厚砖砌道牙
-0.10
C25枕基础
567

B-B 剖面图 1:15

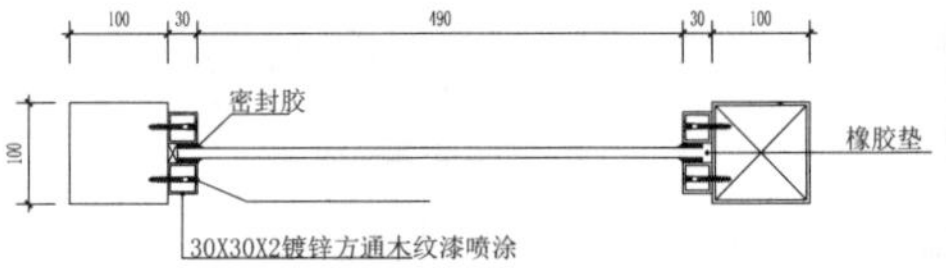

C-C 剖面图 1:20

挡土景墙164

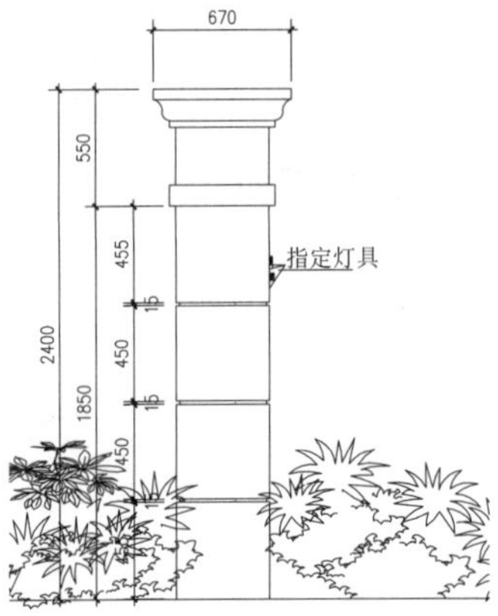

景墙侧立面图 1:20

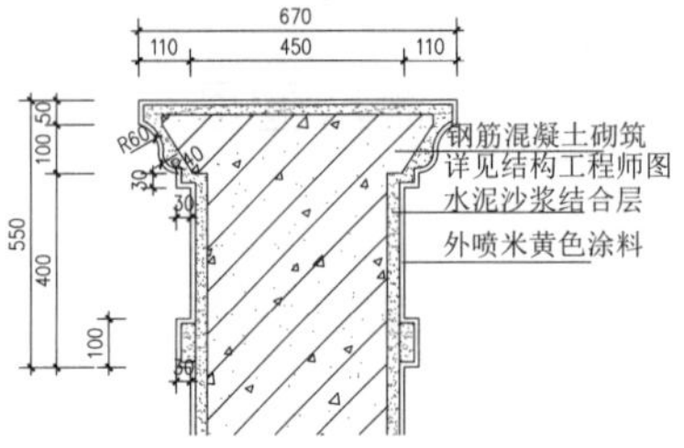
670
110
450
110
550
400
钢筋混凝土砌筑
详见结构工程师图
水泥沙浆结合层
外喷米黄色涂料

① 节点详图 1:10

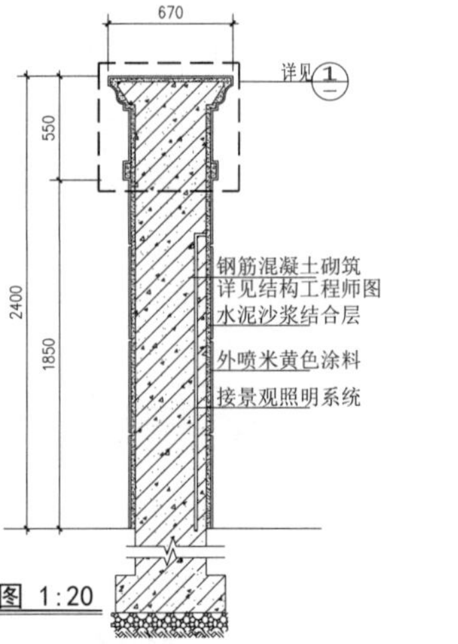
670
详见①
550
2400
1850
钢筋混凝土砌筑
详见结构工程师图
水泥沙浆结合层
外喷米黄色涂料
接景观照明系统

A-A 剖面图 1:20

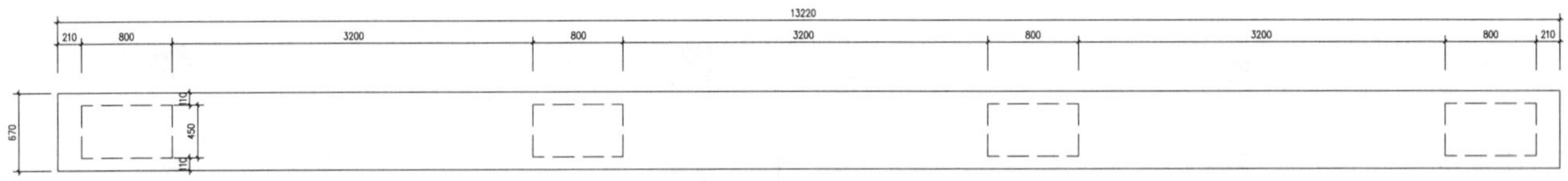

景墙平面图 1:30

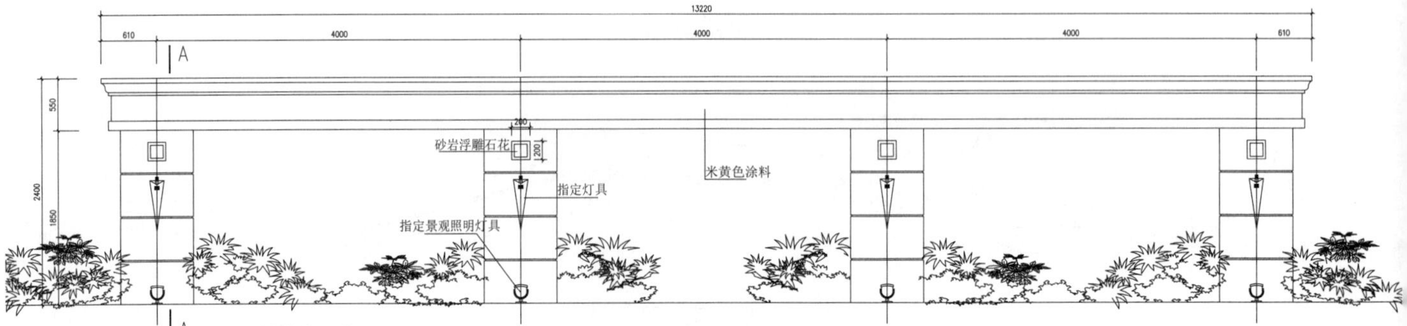

景墙立面图 1:30

挡土景墙165

索引平面
KEY PLAN

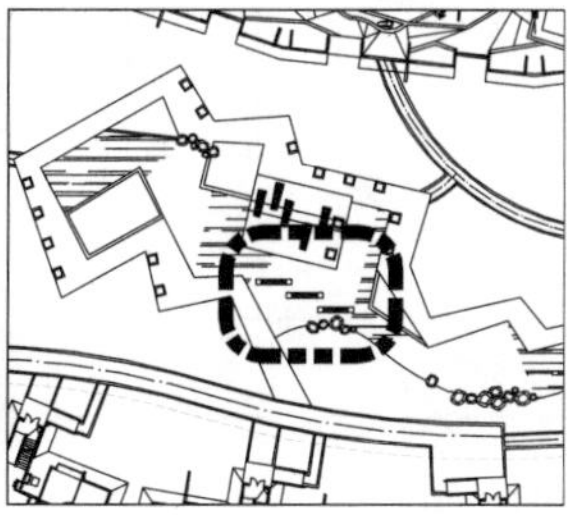

1. 真石漆（米黄色系）STBL 30 NATURAL STONE PAINT (COLOR BEIGE SYSTEM)
2. 真石漆（灰色系）STBL 11 NATUAL STONE PAINT (COLOR GRAY SYSTEM)
3. 真石漆（红色系）STBL 25 NATURAL STONE PAINT (COLOR RED SYSTEM)
4. 天然花岗岩光面（灰色）GRA 15 NATURAL CHINESE GRANITE SMOOTH FINISH (COLOR GRAY)
5. 马赛克饰面（五彩色）MOSAIC CERAMIC TILE FINISH (COLOR RAINBOW)
6. 水泥灰浆粘剂或同等物料 CEMENT-MORTAR ADHESIVE OR APPROVED EQUAL
7. 钢筋混凝土结构参照工程规范 RC STRUCTURE (AS PER ENGINEER'S SPECIFICATION)
8. 防水膜（按工程规范施工）WATER ROOFING (AS PER ENGINEEKS SPECIFICATION)
9. 铺装面 PAVING
10. 低压灯 LOW PRESSURE LIGHTING
11. 碎石垫层 GRAVEL BASE COURSE
12. 素土夯实 SOIL BASE COURSE
13. 常水位线 WATER LINE
14. 水幕 WATER SCREEN
15. 天然花岗岩光面（浅灰色）GRA 14 NATURAL GRANITE SMOOTH FINISH (COLOR LIGHT GRAY)

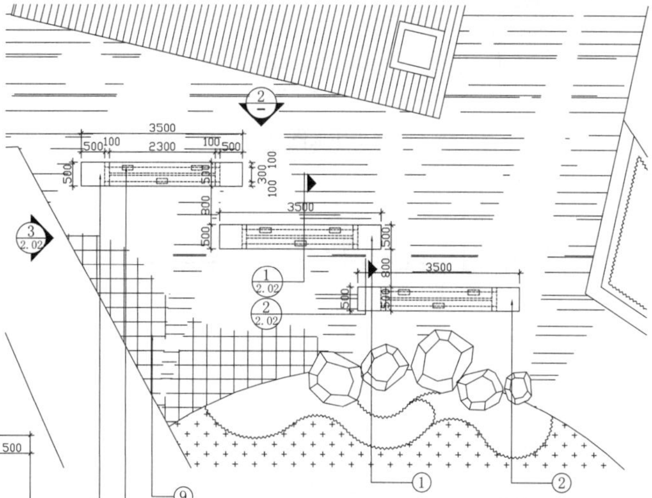

1 景墙平面 1:80
FEATURE WALL PLAN

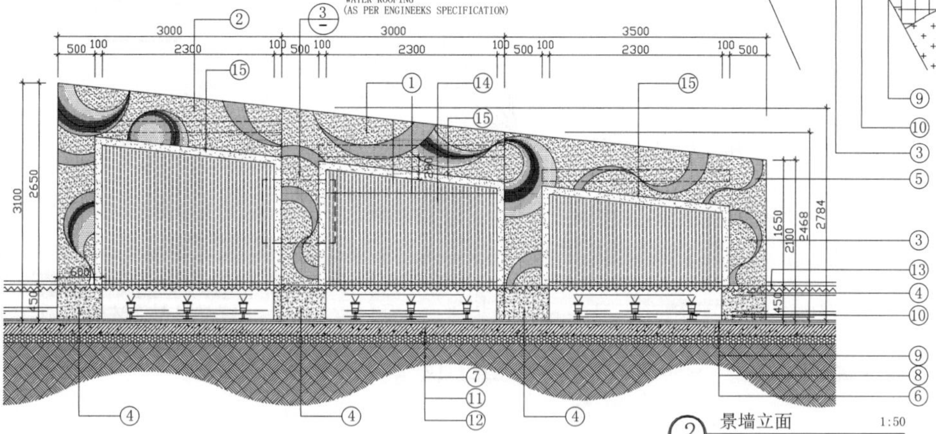

2 景墙立面 1:50
FEATURE WALL ELEVATION

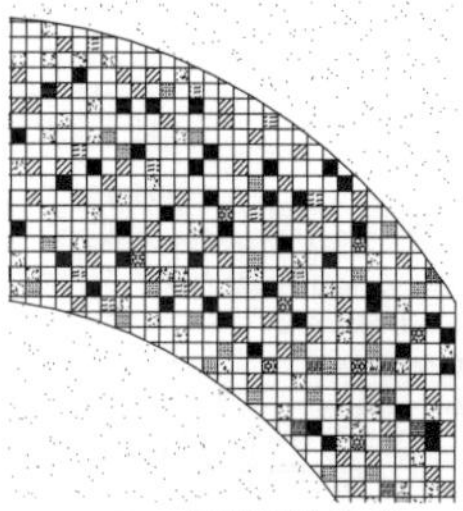

- 红色马赛克 MOS 05
- 黄色马赛克 MOS 01
- 绿色马赛克 MOS 12
- 青色马赛克 MOS 15
- 蓝色马赛克 MOS 08
- 紫色马赛克 MOS 20
- 白色马赛克 MOS 22

3 景墙装饰大样 1:5
FEATURE WALL DECORATE DETAIL

索引平面
KEY PLAN

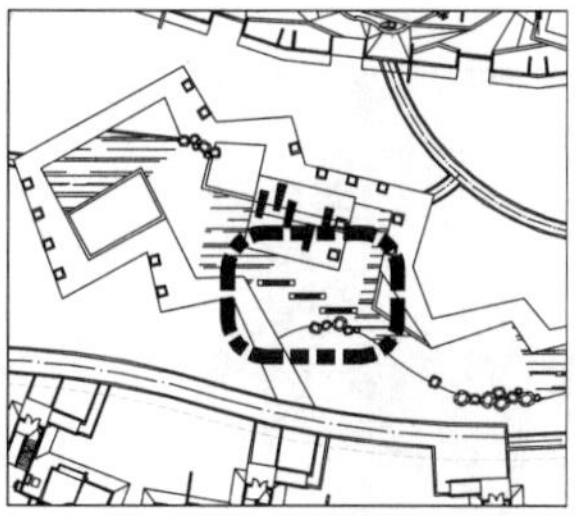

1. 真石漆（米黄色系）STBL 30 NATURAL STONE PAINT (COLOR BEIGE SYSTEM)
2. 真石漆（灰色系）STBL 11 NATUAL STONE PAINT (COLOR GRAY SYSTEM)
3. 真石漆（红色系）STBL 25 NATURAL STONE PAINT (COLOR RED SYSTEM)
4. 天然花岗岩光面（灰色）GRA 15 NATURAL CHINESE GRANITE SMOOTH FINISH (COLOR GRAY)
5. 马赛克饰面(五彩色) MOSAIC CERAMIC TILE FINISH (COLOR RAINBOW)
6. 水泥灰浆粘剂或同等物料 CEMENT-MORTAR ADHESIVE OR APPROVED EQUAL
7. 钢筋混凝土结构参照工程规范 RC STRUCTURE (AS PER ENGINEER'S SPECIFICATION)
8. 防水膜（按工程规范施工）WATER ROOFING (AS PER ENGINEEKS SPECIFICATION)
9. 铺装面 PAVING
10. 低压灯 LOW PRESSURE LIGHTING
11. 碎石垫层 GRAVEL BASE COURSE
12. 素土夯实 SOIL BASE COURSE
13. 常水位线 WATER LINE
14. 水幕 WATER SCREEN
15. 水管 WATER PIPE
16. 混凝土基础 CONCRETE BASE
17. 天然花岗岩光面（浅灰色）GRA 14 NATURAL GRANITE SMOOTH FINISH (COLOR LIGHT GRAY)

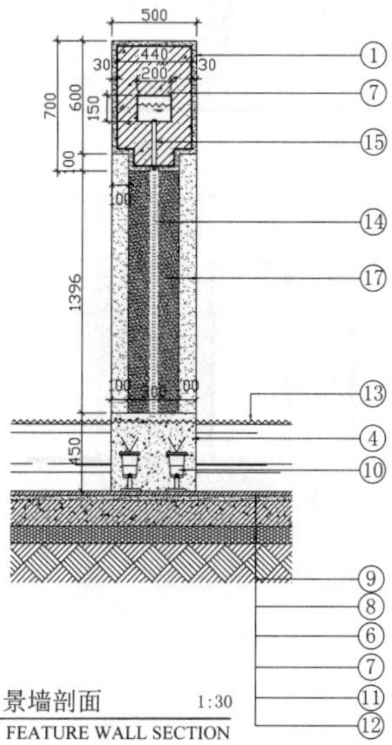

1 景墙剖面 1:30
FEATURE WALL SECTION

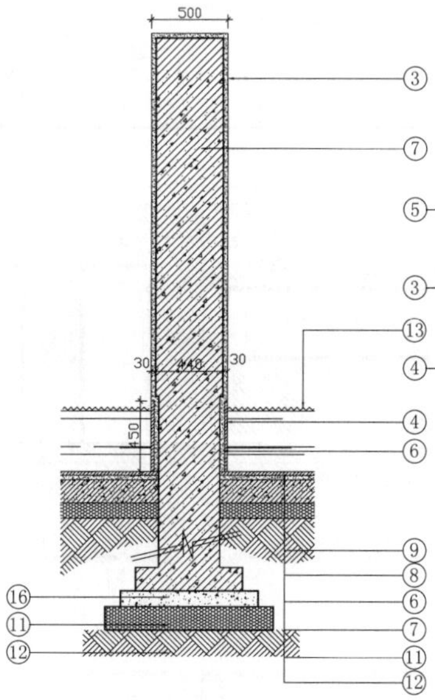

2 景墙剖面 1:30
FEATURE WALL SECTION

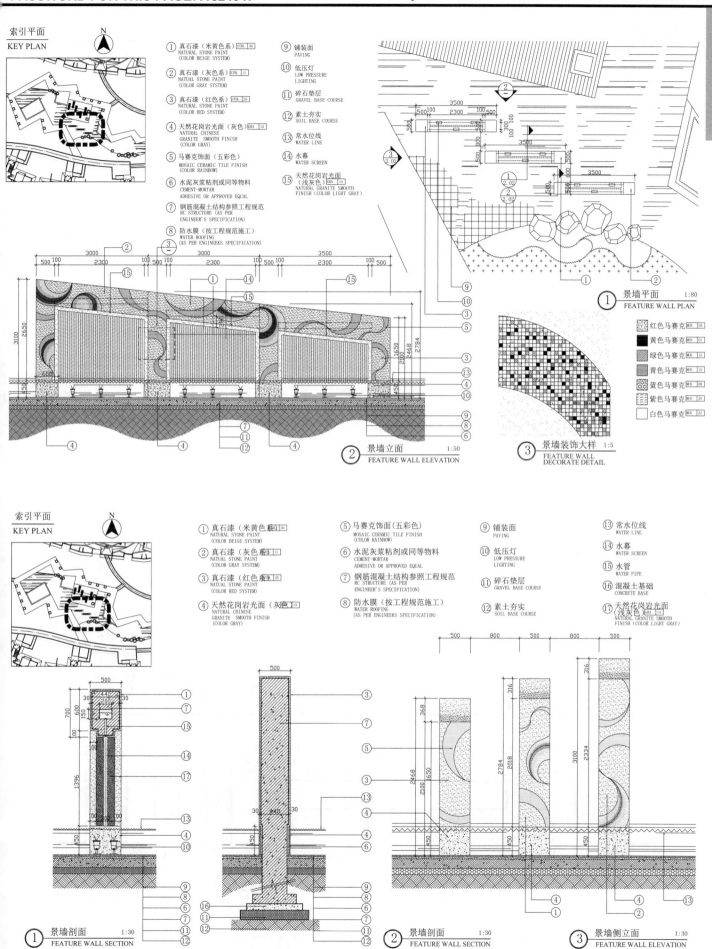

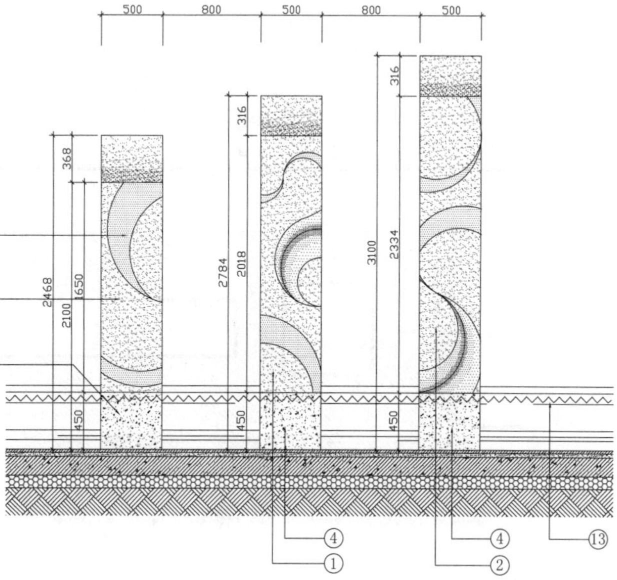

3 景墙侧立面 1:30
FEATURE WALL ELEVATION

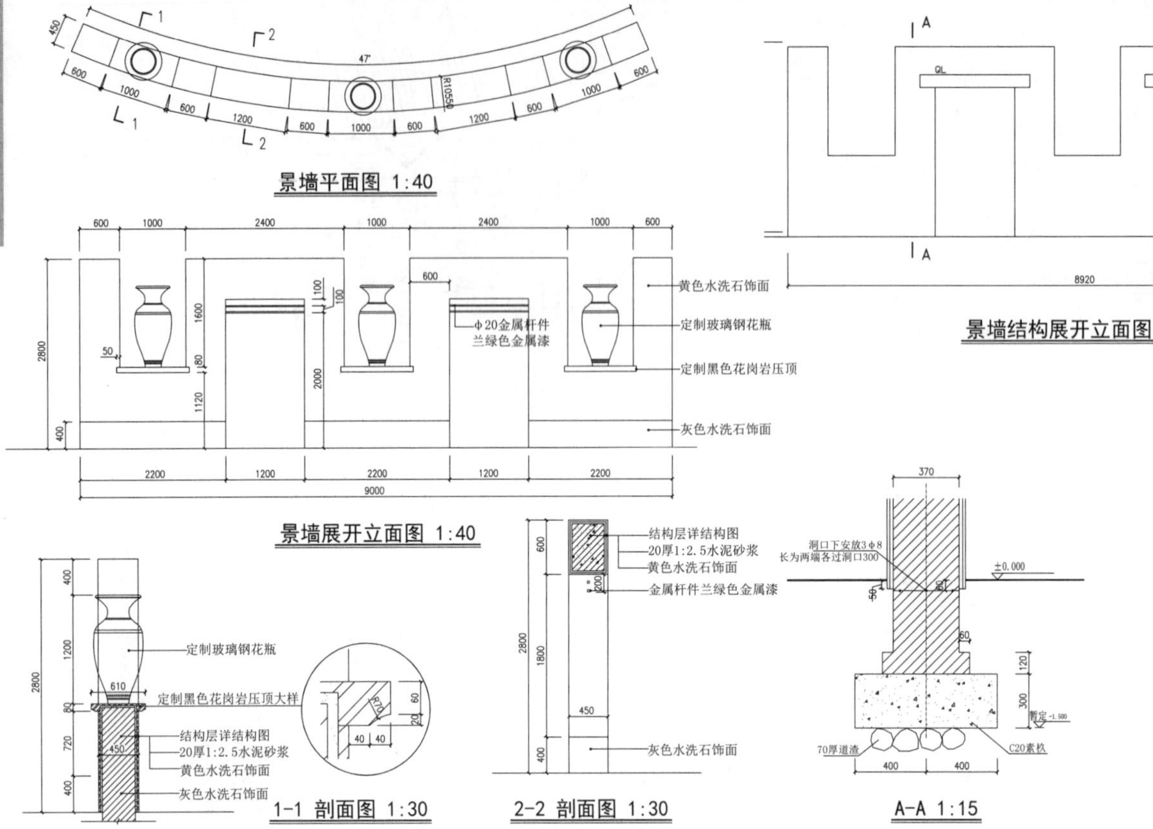
景墙平面图 1:40
景墙结构展开立面图 1:40
8920
景墙展开立面图 1:40
黄色水洗石饰面
定制玻璃钢花瓶
Φ20金属杆件
兰绿色金属漆
定制黑色花岗岩压顶
灰色水洗石饰面
9000
1-1 剖面图 1:30
定制黑色花岗岩压顶大样
结构层详结构图
20厚1:2.5水泥砂浆
2-2 剖面图 1:30
金属杆件兰绿色金属漆
A-A 1:15
洞口下安放3Φ8
长为两端各过洞口300
±0.000
70厚道渣
C20素枕

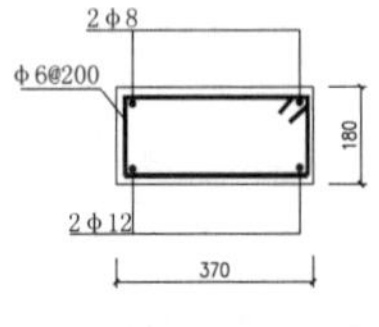

QL

结构说明:
1. 钢筋Ⅰ级′，Ⅱ级μ，砼C20；
2. ±0.000以下：标准砖MU10，水泥砂浆M10；
±0.000以上：标准砖MU10，混合砂浆M7.5；
3. 基础须埋入老土，至少素土夯实；
4. 保护层：梁、柱25，板15，基础35，

挡土景墙167

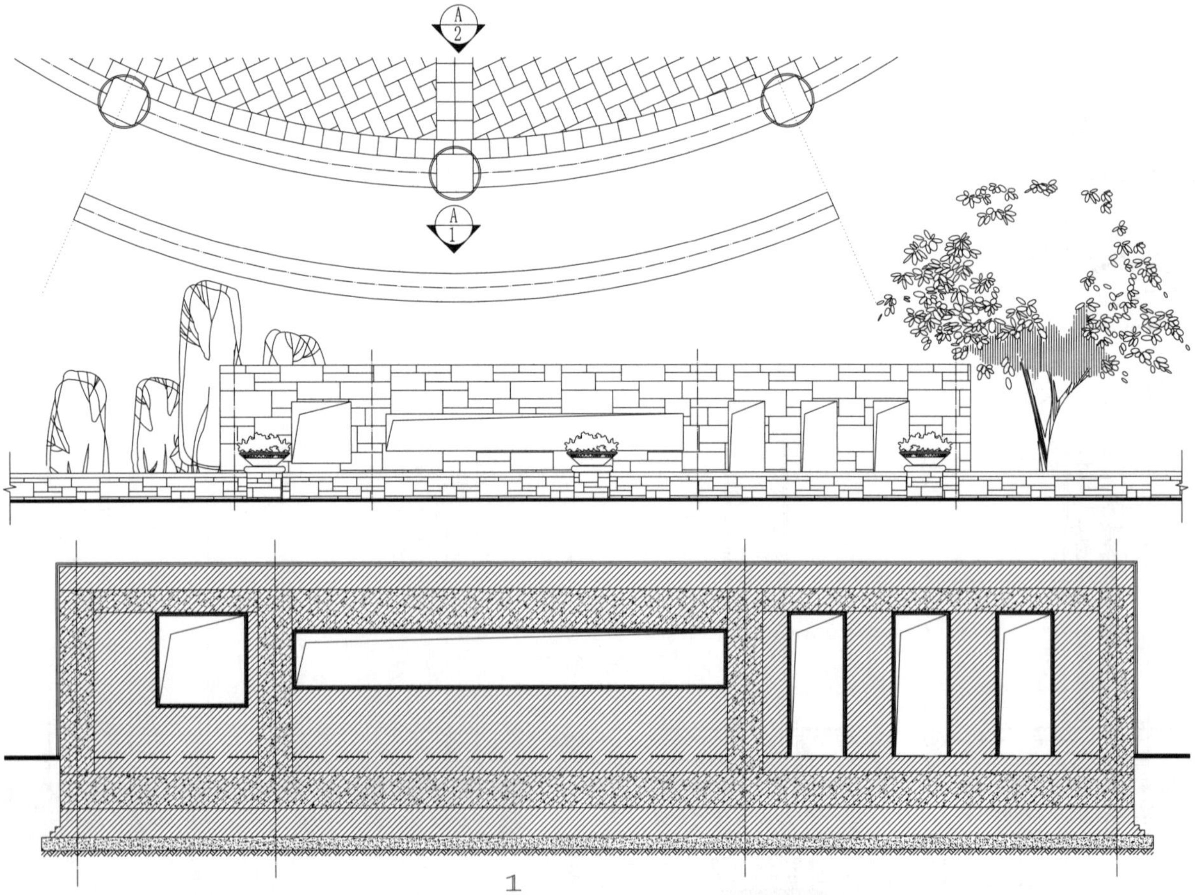

1

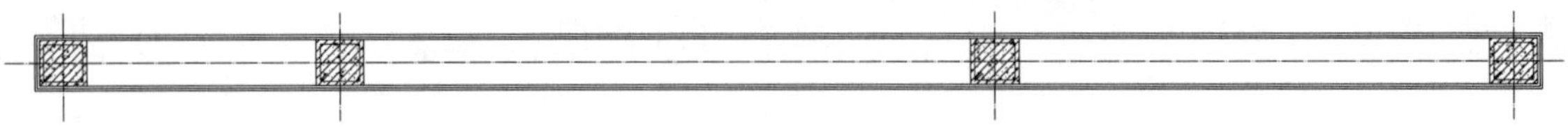

挡土景墙168

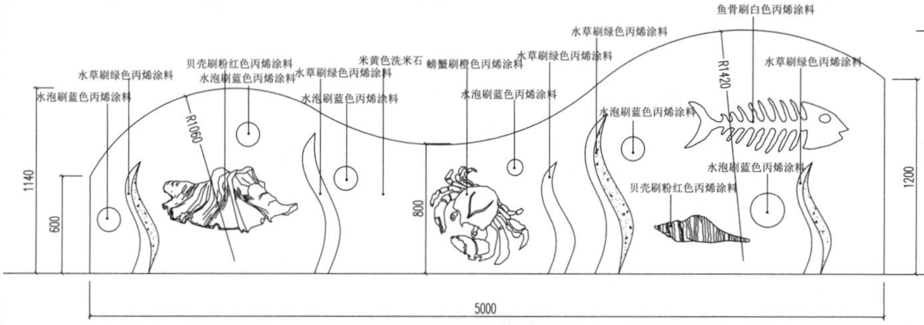

景墙三正立面图 1:20

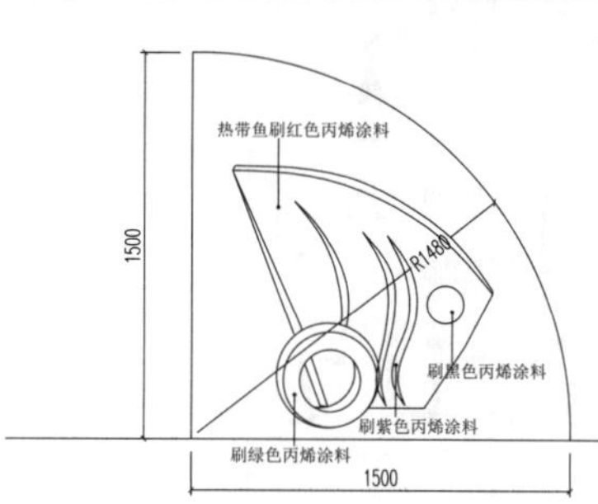

景墙四正立面图 1:20

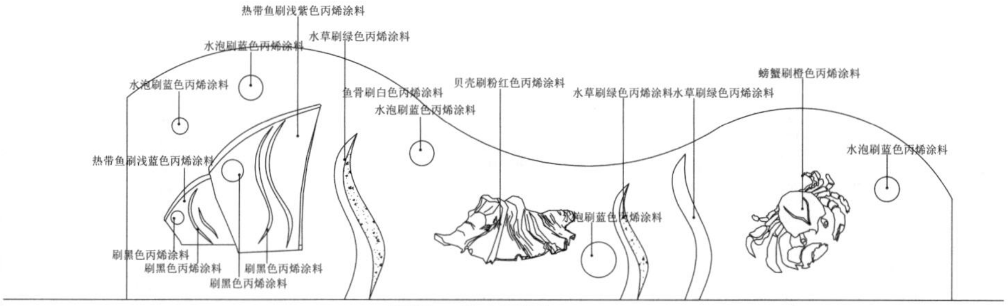

景墙三背立面图 1:20

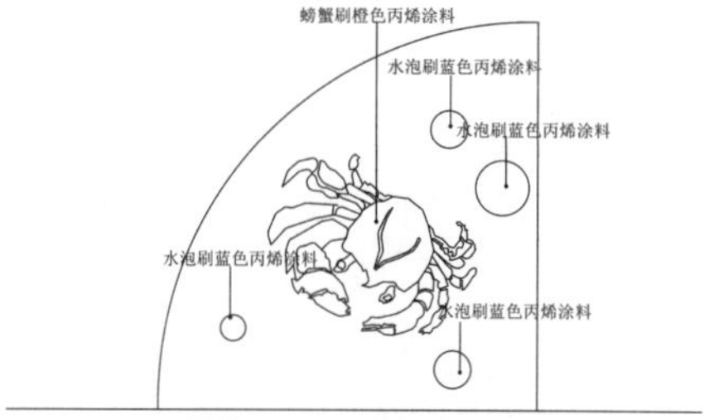

景墙四背立面图 1:20

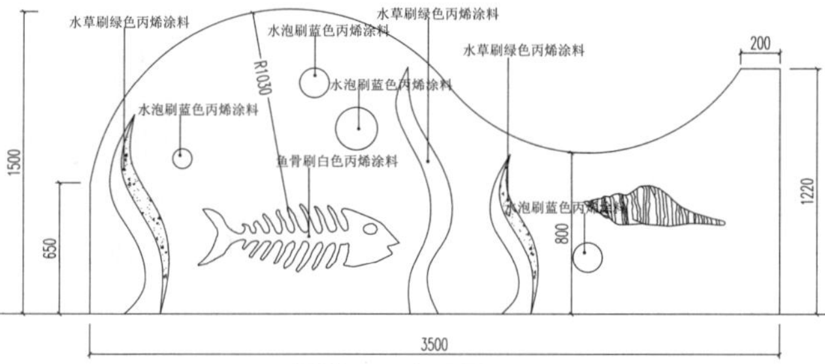

景墙五正立面图 1:20

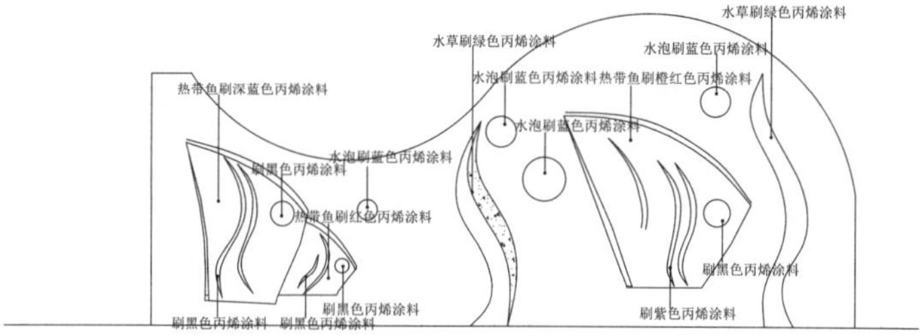

景墙五背立面图 1:20

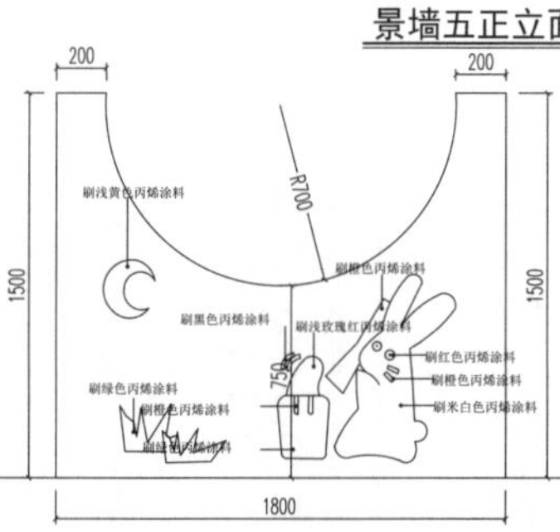

景墙一正立面图 1:20

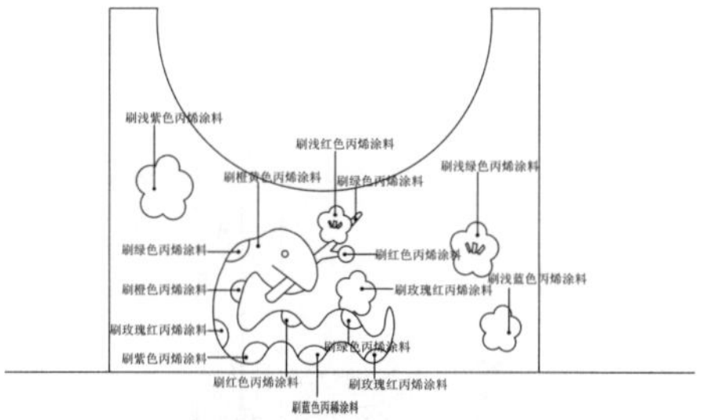

景墙一背立面图 1:20

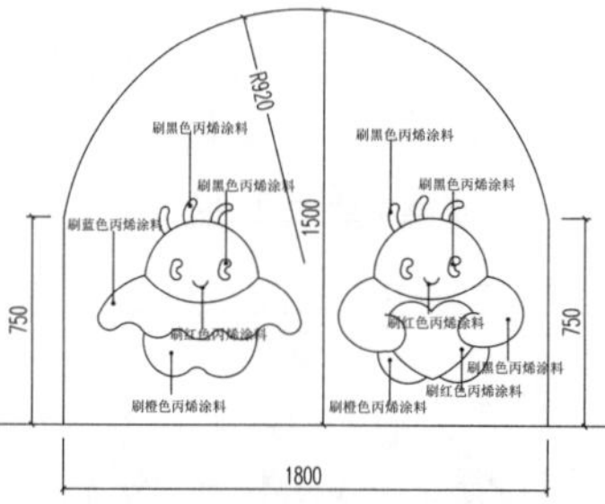

景墙二正立面图 1:20

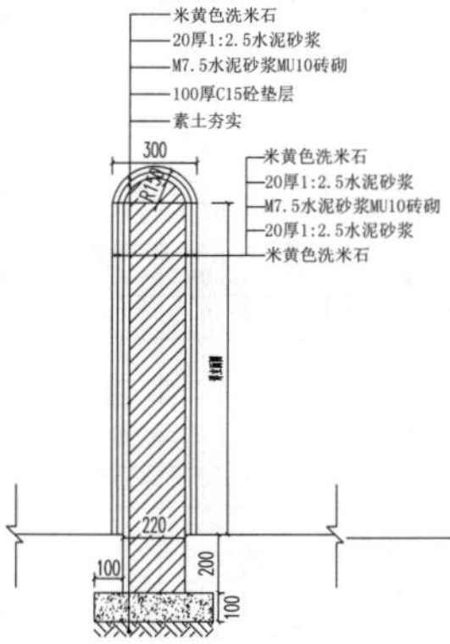

景墙剖面图 1:20

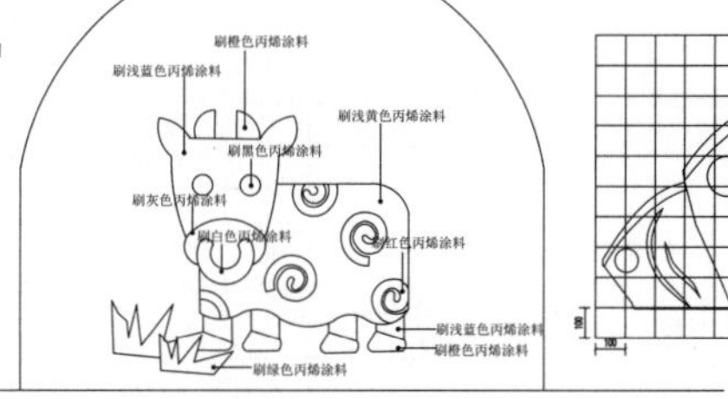

景墙二背立面图 1:20

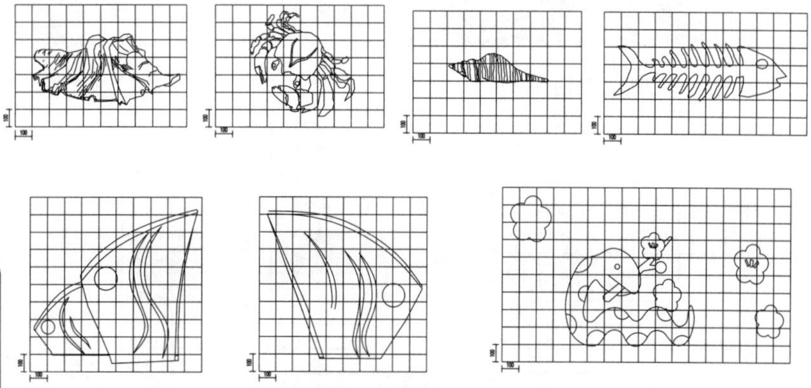

图案1-10网格图 1:10

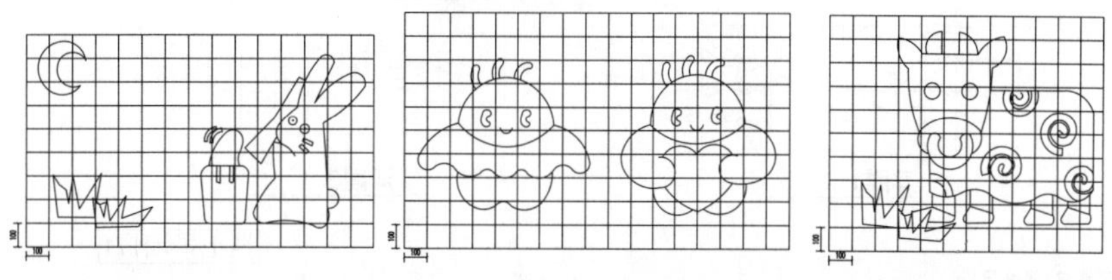

挡土景墙

索引平面
KEY PLAN

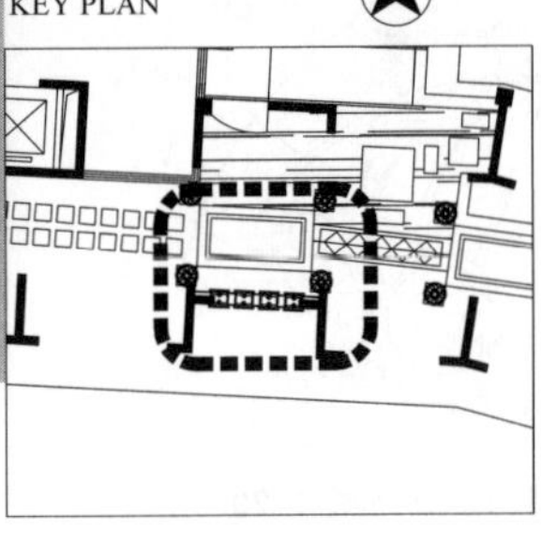

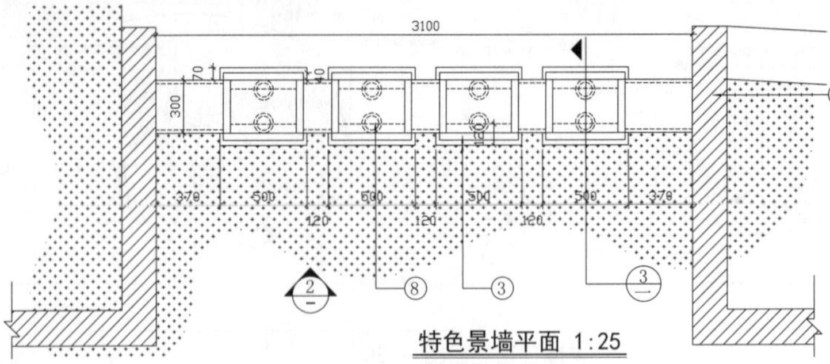

特色景墙平面 1:25

1. 硬木板 (自然色) WOOD 02
HARDWOOD BOARD
(COLOR NATURAL)
2. 真石漆 (米黄色) STBL 32
STONE-BREAKING LACQUER
(COLOR BEIGE)
3. 烧面花岗岩 (黑色) GRA 01
NATURAL CHINESE GRANITE
FLAMED FINISH(COLOUR BLACK)
4. 烧面花岗岩 (深灰色) GRA 15
NATURAL CHINESE GRANITE
FLAMED FINISH(COLOUR DARK GRAY)
5. 烧面花岗岩 (灰色) GRA 14
NATURAL CHINESE GRANITE
FLAMED FINISH(COLOUR GRAY)
6. 钢筋混凝土结构 (参照工程师详图)
R.S.STRUCTURE
(AS PER ENGINEER'S SPECIFICATION)
7. 水泥砂浆结合层
CEMENT-MORTAR
ADHESIVE ORAPPROVED EQUAL
8. 内藏式灯
ENDOTHECIUM LAMP
9. 预埋铁件
PRECAST IRON
10. 磨砂玻璃 (蓝色)
GLASS (COLOR BLUE)
11. 线管
TUBE
12. 空心砖砌筑
BRIK PAVERS
13. 不锈钢钉
STEELY NAIL

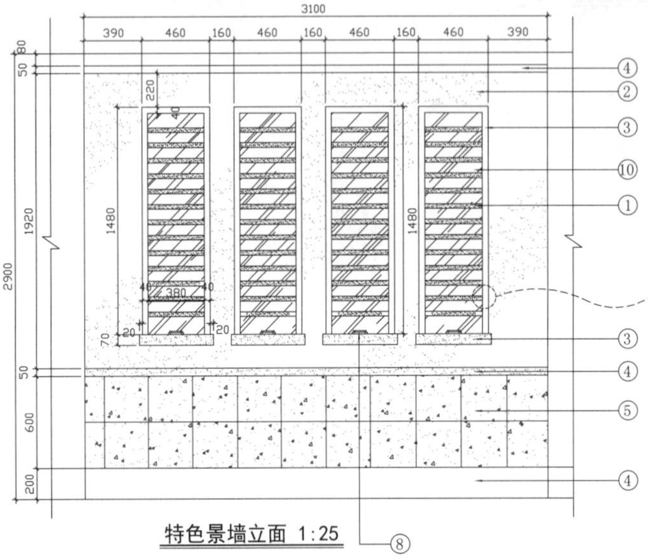

特色景墙立面 1:25

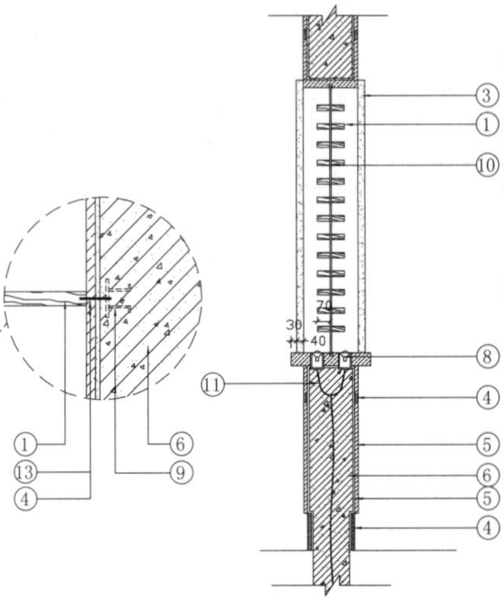

特色景墙剖面 1:25

挡土景墙170

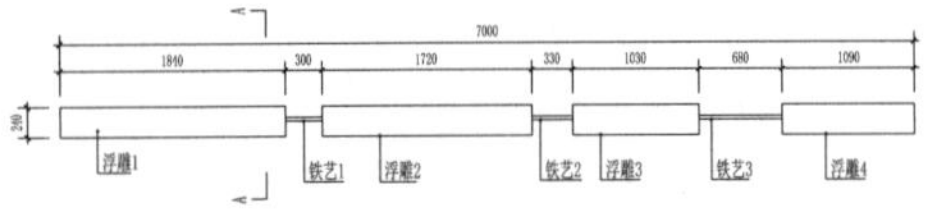

景墙平面图 1:30

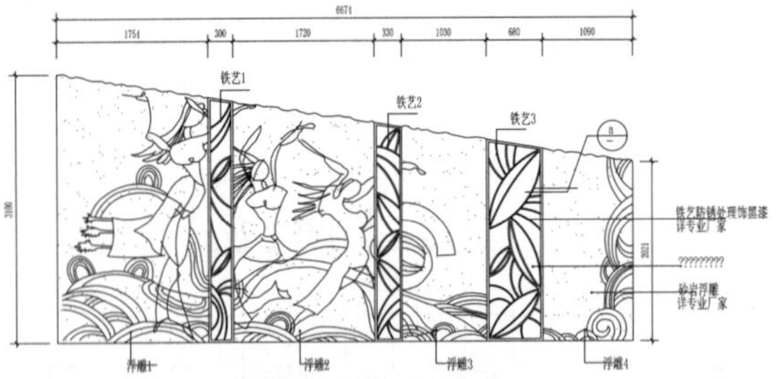

景墙立面图 1:30

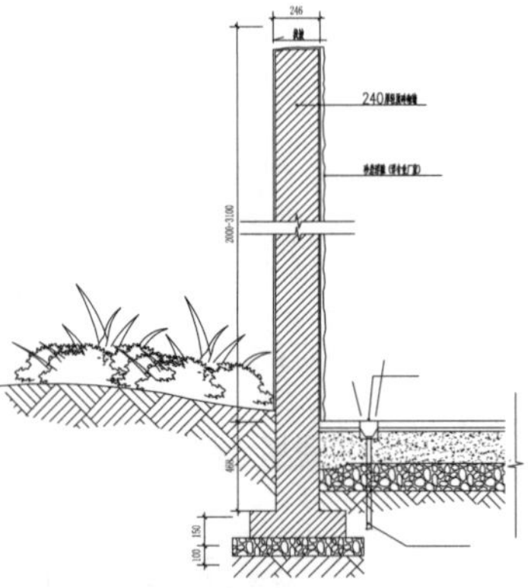

A-A 剖面图 1:15

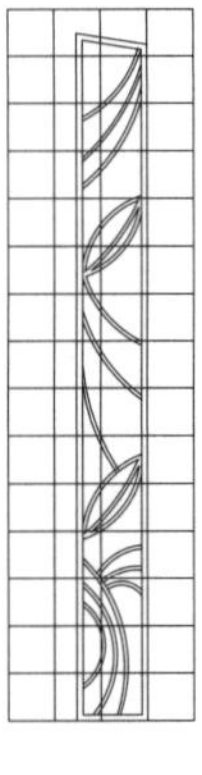

铁艺1 1:15

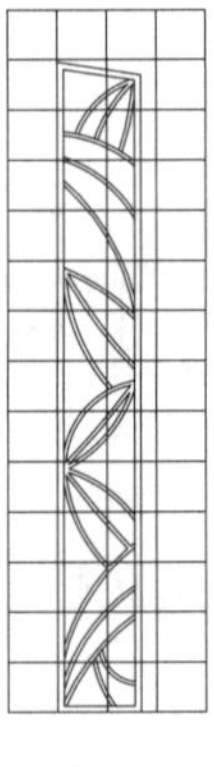

铁艺2 1:15

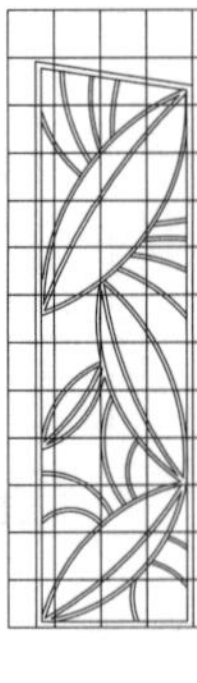

铁艺3 1:15

浮雕1 1:15

浮雕2 1:15

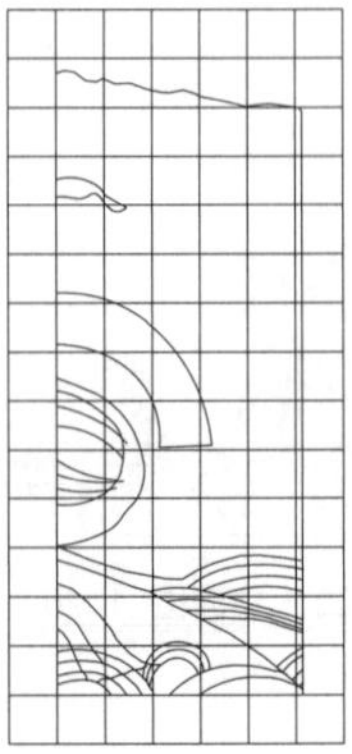

浮雕3 1:15

方格 200*200

浮雕4 1:15

挡土景墙171

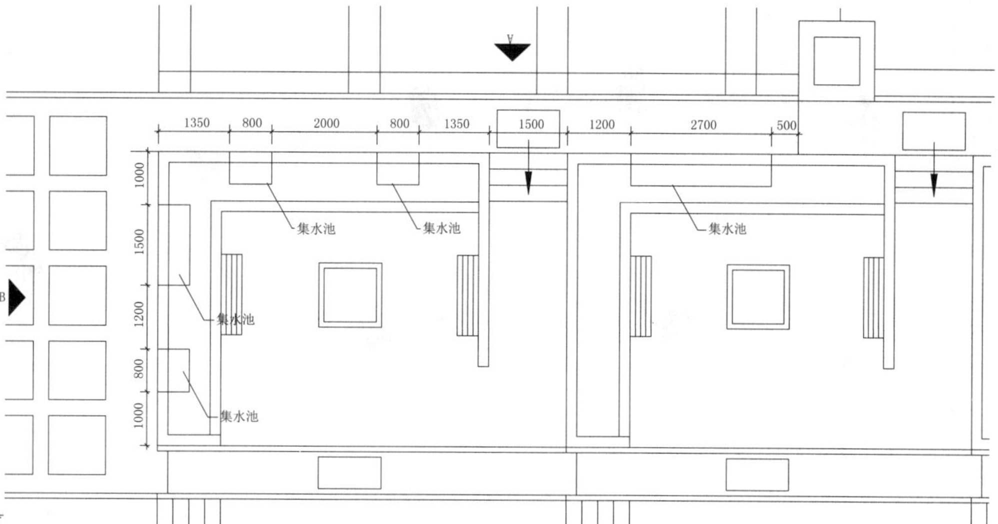

水幕景墙平面图

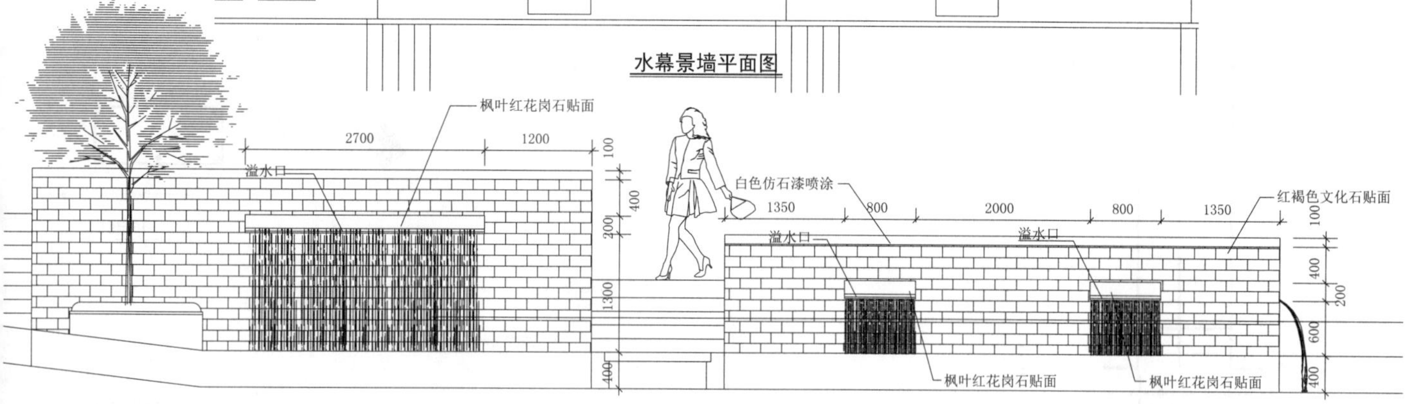

集水池

集水池

枫叶红花岗石贴面

2700　　1200

溢水口

A向立面图

白色仿石漆喷涂

1350　　800　　2000　　800　　1350

溢水口　　溢水口

红褐色文化石贴面

枫叶红花岗石贴面　　枫叶红花岗石贴面

白色仿石漆喷涂

1000　　1500　　1200　　800　　1000

溢水口

枫叶红花岗石贴面

红褐色文化石贴面

B向立面图

挡土景墙172

枫叶红花岗石贴面

溢水口

红褐色文化石贴面

条石堡坎

C15钢筋混凝土水壁

集水池剖面图

景墙二展开立面放线图

放样基准点

注：放线网格为200x200方格

景墙一展开立面放线图

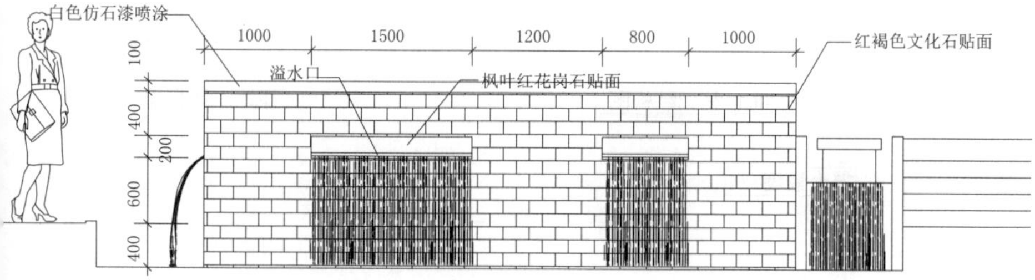

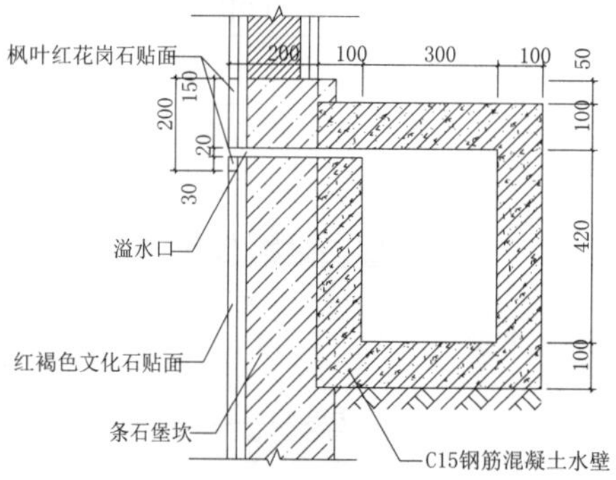

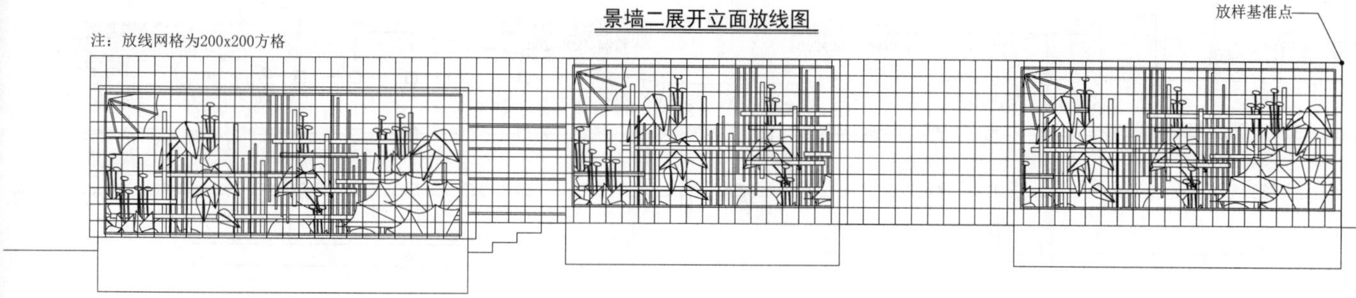

注：1.建议浮雕景墙先做模型经设计人员确认后，
　　由专业公司承做。
　　2.景墙正反两面浮雕花纹相同

挡土景墙173

挡土景墙

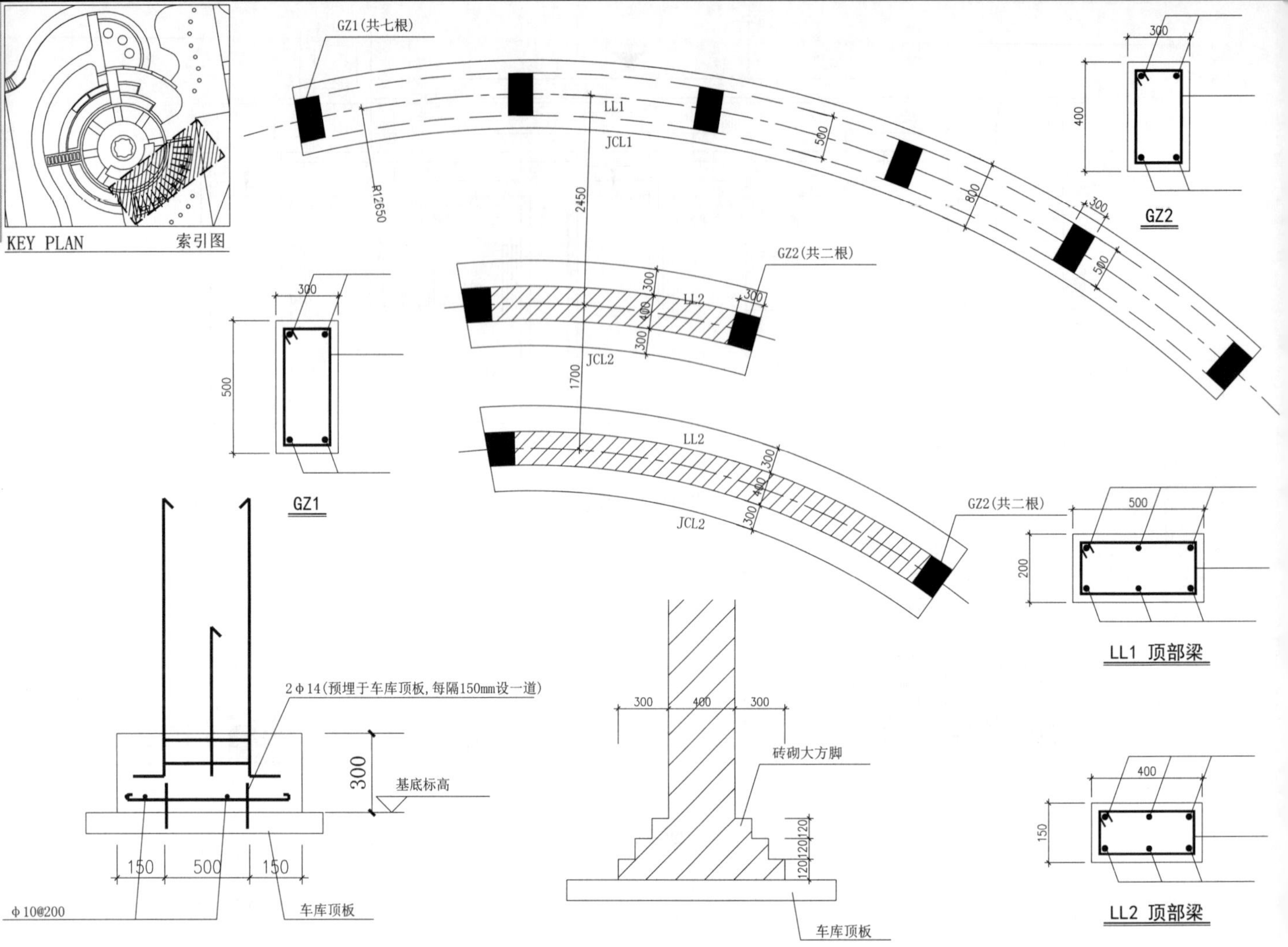

JCL1 基础结构图　　JCL1 基础结构图　　绿地广场景墙结构图

挡土景墙174

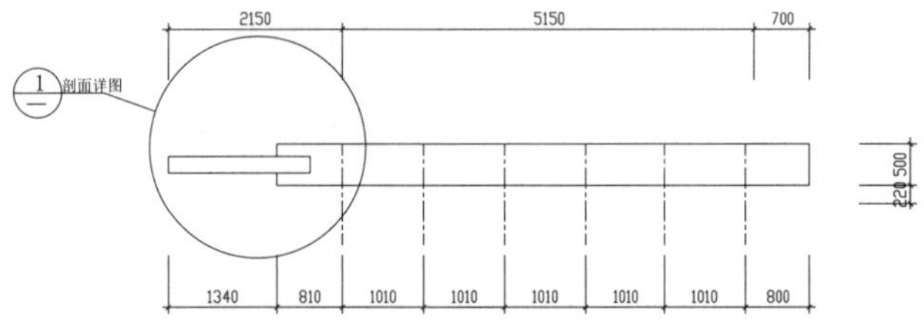

标志墙平面图 1:50

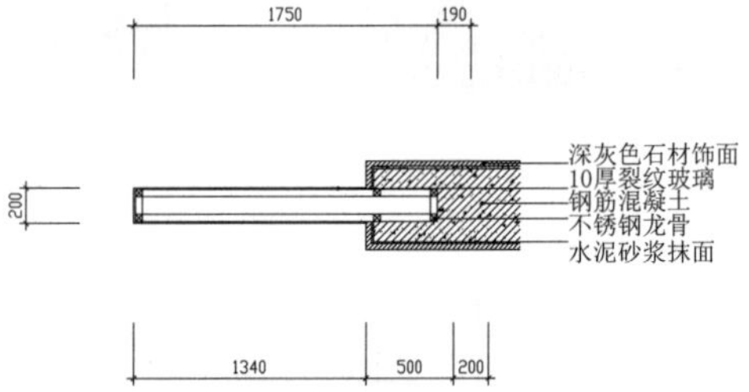

① 1:25

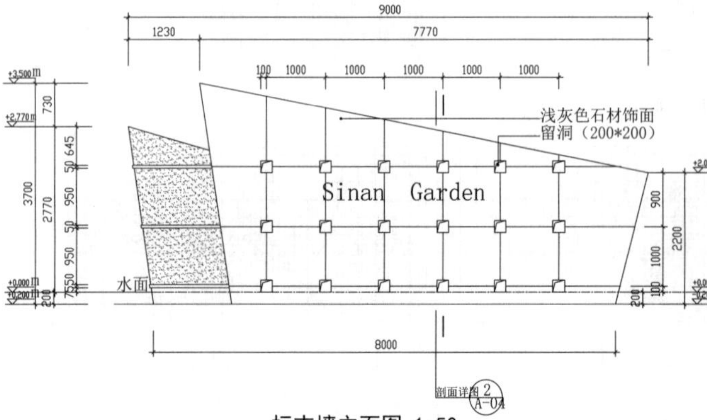

标志墙立面图 1:50

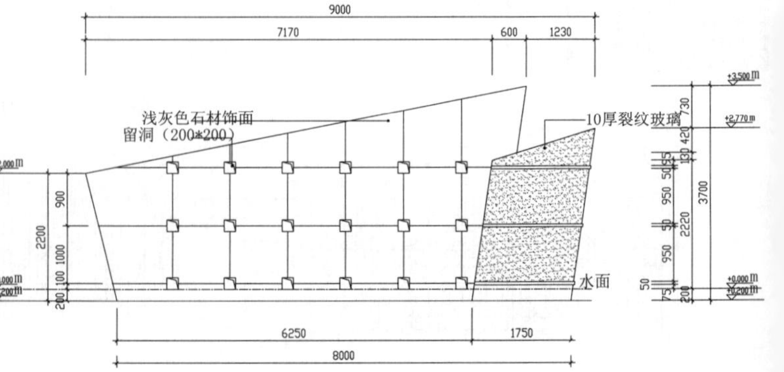

标志墙背立面图 1:50

挡土景墙175

GZ1(共七根)

GZ2

LL1 顶部梁

LL2 顶部梁

GZ1

GZ2(共二根)

GZ2(共二根)

绿地广场景墙结构图

2Φ14(预埋于车库顶板, 每隔150mm设一道)

基底标高

Φ10@200

车库顶板

JCL1 基础结构图

砖砌大方脚

车库顶板

JCL1 基础结构图

挡土景墙174

① 剖面详图

标志墙平面图 1:50

深灰色石材饰面
10厚裂纹玻璃
钢筋混凝土
不锈钢龙骨
水泥砂浆抹面

① 1:25

Sinan Garden

浅灰色石材饰面
留洞(200*200)

水面

浅灰色石材饰面
留洞(200*200)

10厚裂纹玻璃

水面

剖面详图 2
A-04

标志墙立面图 1:50

标志墙背立面图 1:50

挡土景墙175

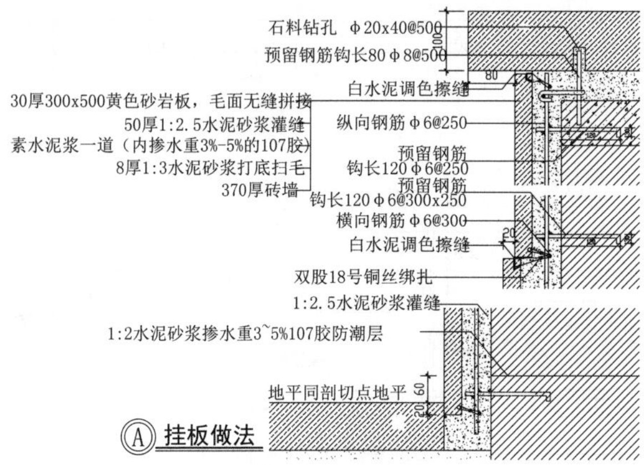
石料钻孔 φ20x40@500
预留钢筋钩长80 φ8@500
30厚300x500黄色砂岩板，毛面无缝拼接
白水泥调色擦缝
50厚1:2.5水泥砂浆灌缝
纵向钢筋 φ6@250
素水泥浆一道（内掺水重3%-5%的107胶）
8厚1:3水泥砂浆打底扫毛
预留钢筋
钩长120 φ6@250
370厚砖墙
预留钢筋
钩长120 φ6@300x250
横向钢筋 φ6@300
白水泥调色擦缝
双股18号铜丝绑扎
1:2.5水泥砂浆灌缝
1:2水泥砂浆掺水重3~5%107胶防潮层
地平同剖切点地平
100
80
20
60
20
Ⓐ 挂板做法

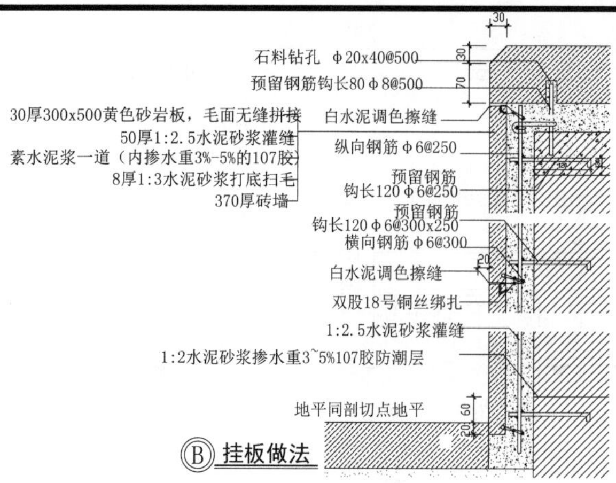
30
石料钻孔 φ20x40@500
预留钢筋钩长80 φ8@500
30厚300x500黄色砂岩板，毛面无缝拼接
白水泥调色擦缝
50厚1:2.5水泥砂浆灌缝
纵向钢筋 φ6@250
素水泥浆一道（内掺水重3%-5%的107胶）
8厚1:3水泥砂浆打底扫毛
预留钢筋
钩长120 φ6@250
370厚砖墙
预留钢筋
钩长120 φ6@300x250
横向钢筋 φ6@300
白水泥调色擦缝
双股18号铜丝绑扎
1:2.5水泥砂浆灌缝
1:2水泥砂浆掺水重3~5%107胶防潮层
地平同剖切点地平
30
70
20
60
20
Ⓑ 挂板做法

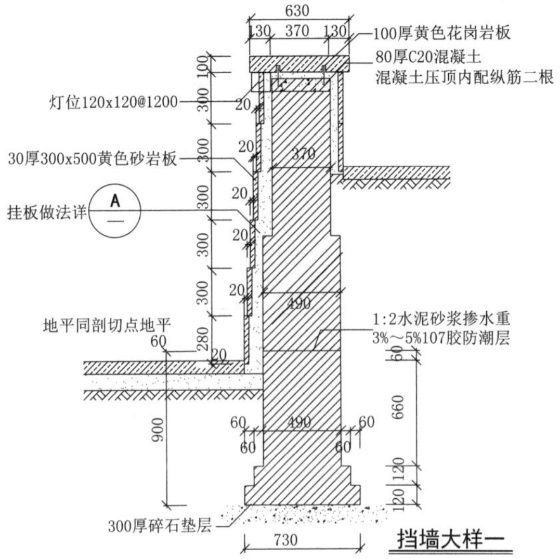
630
130 370 130
100厚黄色花岗岩板
80厚C20混凝土
混凝土压顶内配纵筋二根
灯位120x120@1200
30厚300x500黄色砂岩板
挂板做法详 A
地平同剖切点地平
1:2水泥砂浆掺水重
3%～5%107胶防潮层
300厚碎石垫层
100
300
300
300
300
280
60
20
370
490
490
60
900
660
120
120
730
挡墙大样一

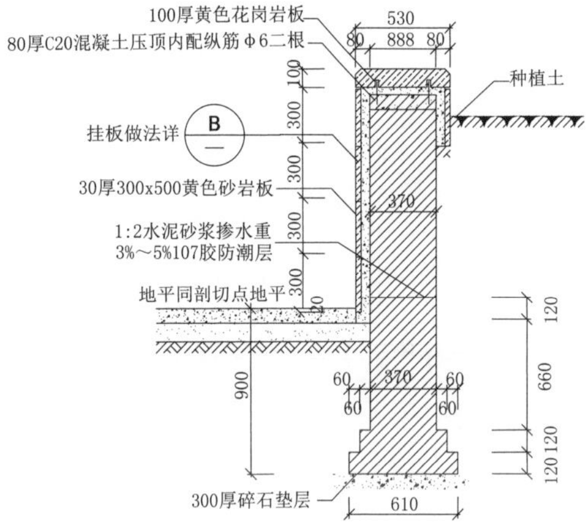

挡墙大样二

挡土景墙176

1. APPROVED PAVING MATERIAL REFER TO MATERIALS PLAN
2. 'KERACRETE' CEMENT-MORTAR ADHESIVE OR APPROVED EQUAL 'KERACRETE'
3. WATERPROOFING AS PER ARCHITECT'S SPECIFICATION
4. R.C. STRUCTURE AS PER ENGINEER'S DETAIL
9. SOIL MIX AS SPECIFIED
11. GRAVEL BASE COURSE
13. STAINLESS STEEL DOW
14. PLANTING AS SPECIFIED (REFER TO PLANTING PLAN)
31. COMPACTED SUBGRADE
43. NATURAL ROCK BOULDERS BY ROCKWORK SPECIALIST
130. CONCRETE SETTING BED

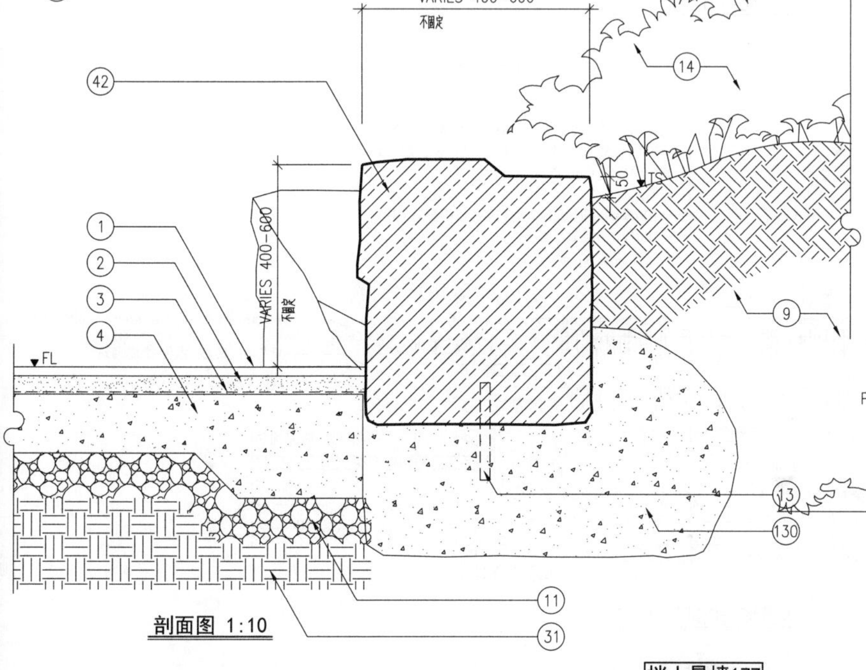

剖面图 1:10

立面图 1:20

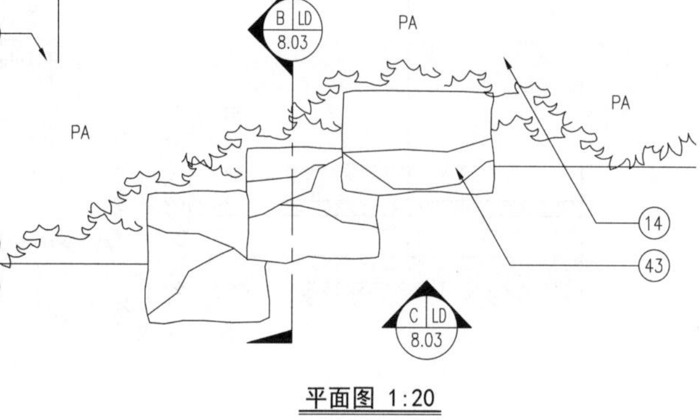

平面图 1:20

挡土景墙177

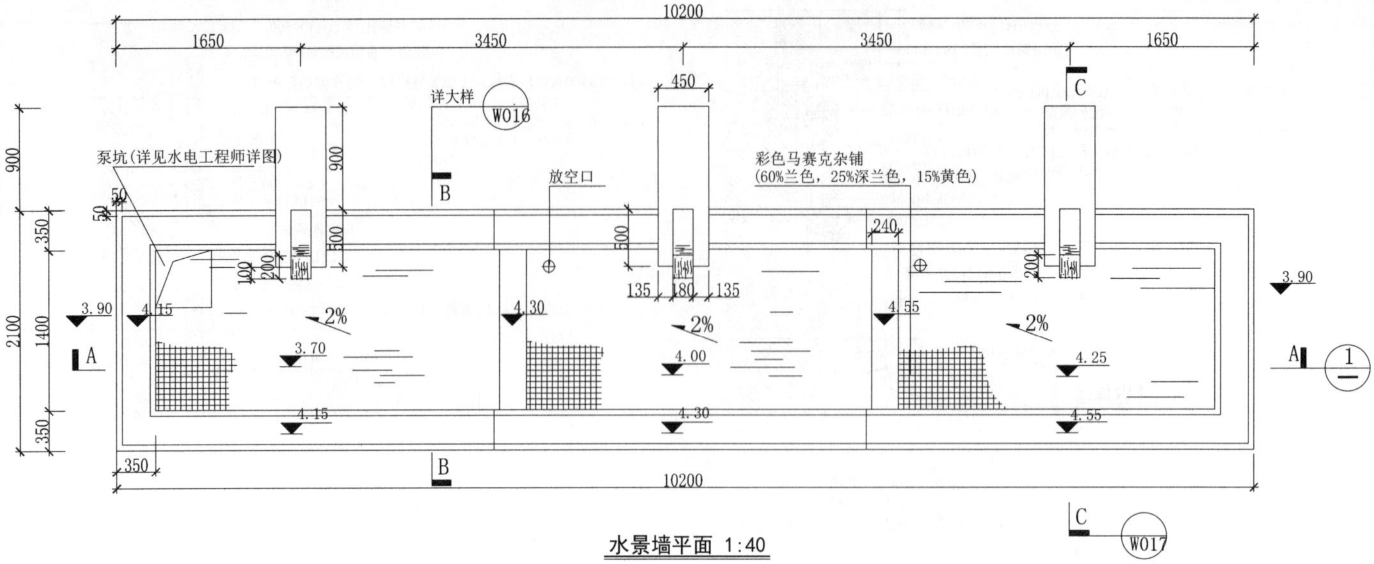

水景墙平面 1:40

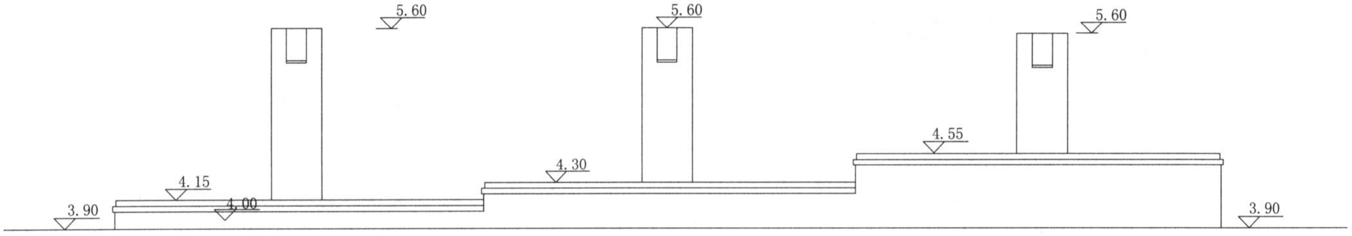

水景墙立面 1:40

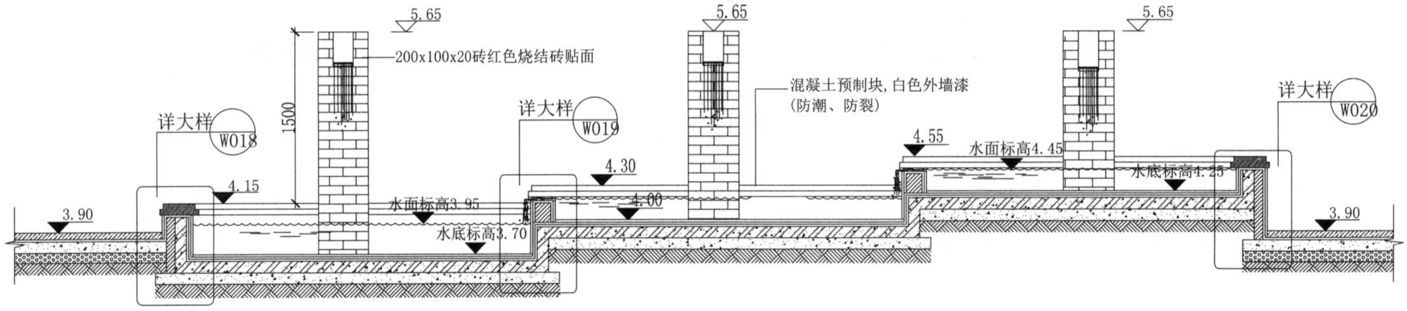

水景墙A-A剖面 1:40

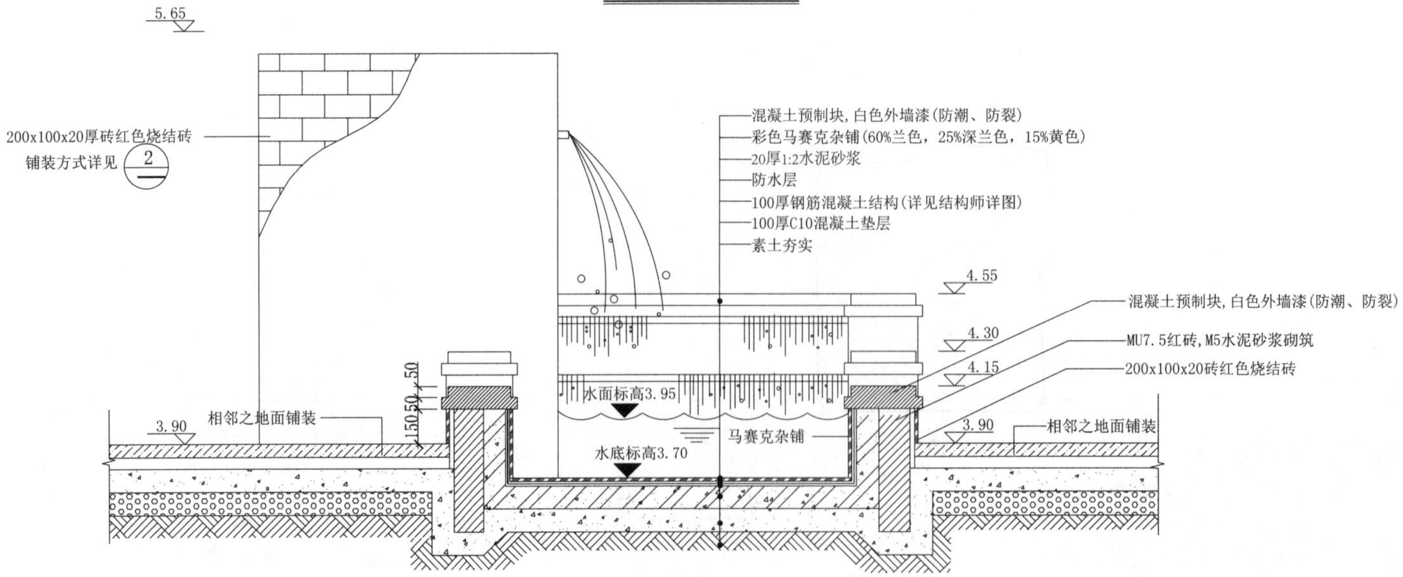

水景墙B-B剖面 1:20

挡土景墙178

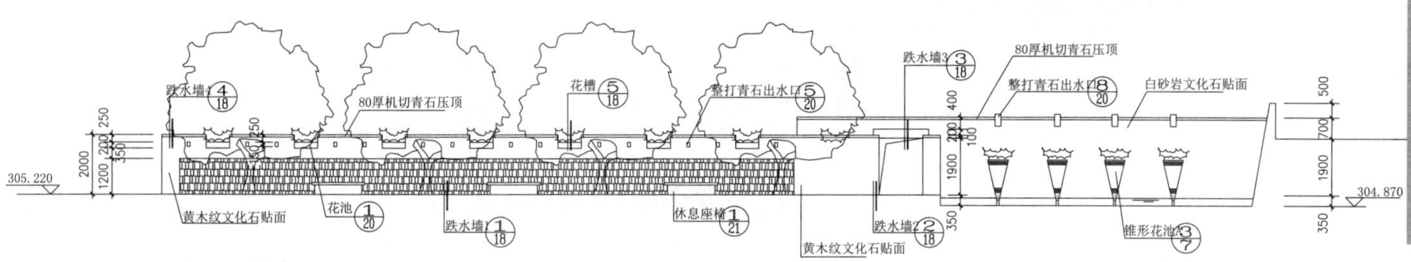

水景墙立面图 1:100

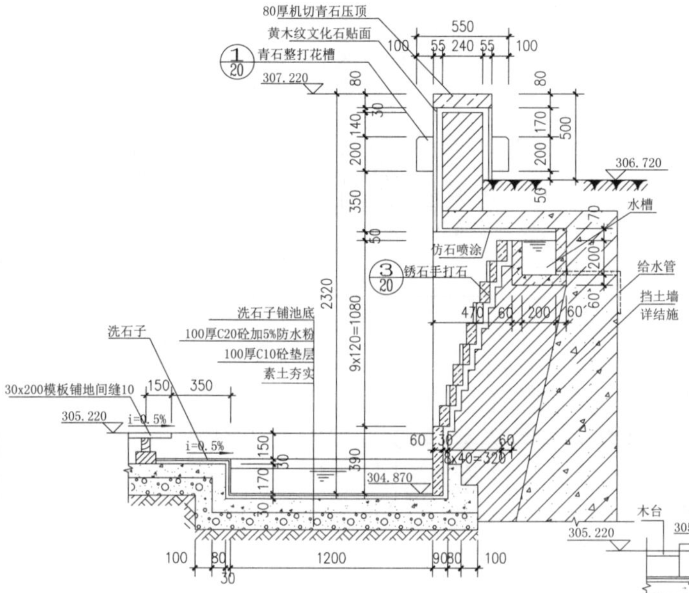

跌水墙剖面图1 1:20

说明：凡挡土墙部分均按结构施工图为准。

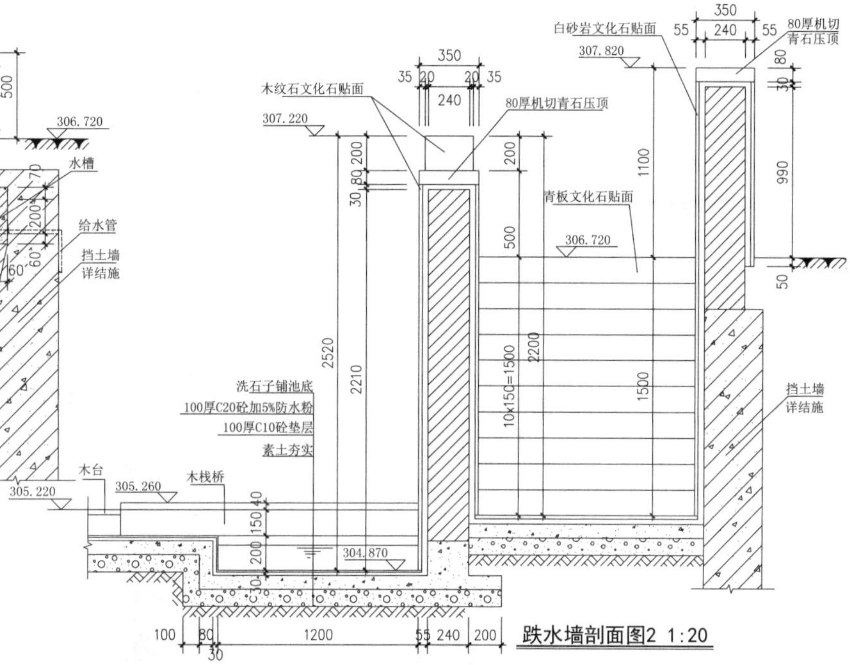

跌水墙剖面图2 1:20

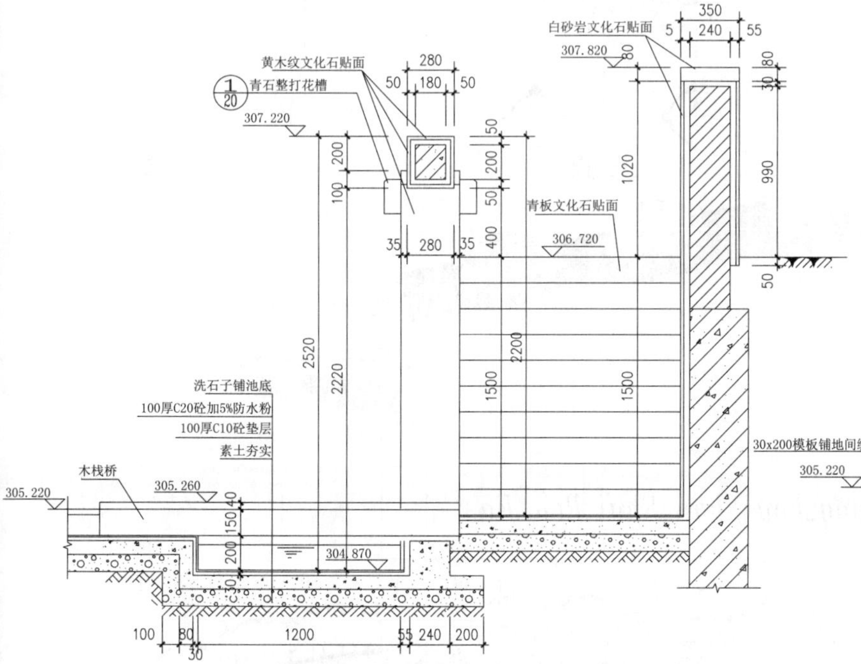

跌水墙剖面图3 1:20

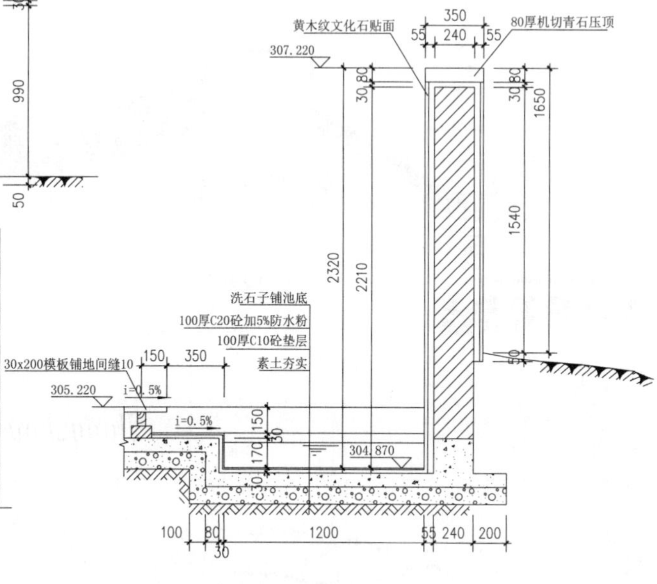

跌水墙剖面图4 1:20

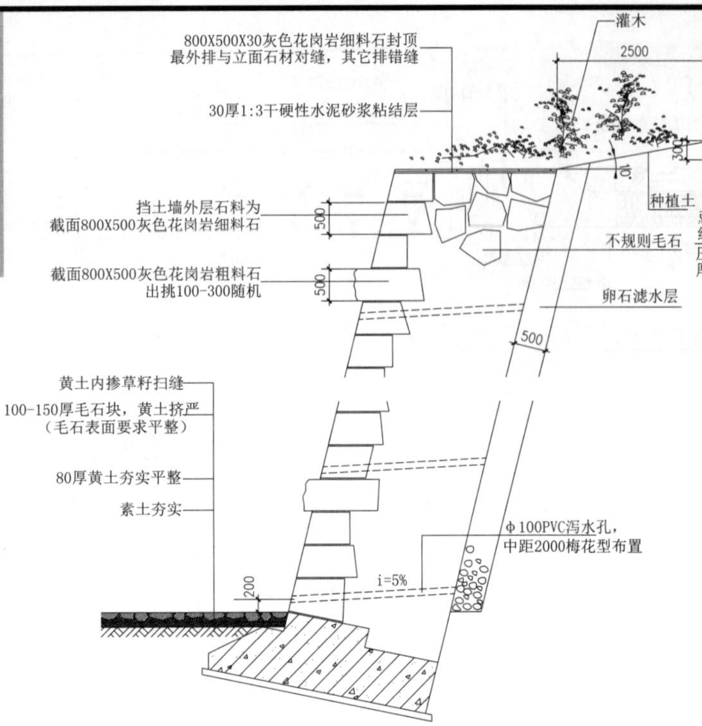
800X500X30灰色花岗岩细料石封顶
最外排与立面石材对缝，其它排错缝
30厚1:3干硬性水泥砂浆粘结层
灌木
2500
200 600 200
60厚片石砌筑排洪沟
M7.5水泥砂浆砌筑
种植土
挡土墙外层石料为
截面800X500灰色花岗岩细料石
不规则毛石
截面800X500灰色花岗岩粗料石
出挑100-300随机
卵石滤水层
500
黄土内掺草籽扫缝
100-150厚毛石块，黄土挤严
（毛石表面要求平整）
80厚黄土夯实平整
素土夯实
Φ100PVC泻水孔，
中距2000梅花型布置
i=5%
200

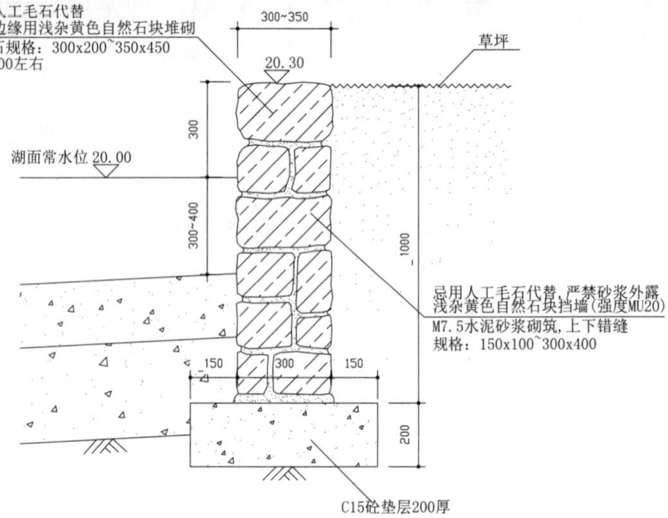
忌用人工毛石代替
绿岛边缘用浅杂黄色自然石块堆砌
压边石规格：300x200~350x450
厚度200左右
300~350
20.30
草坪
300
湖面常水位 20.00
300~400
1000
忌用人工毛石代替,严禁砂浆外露
浅杂黄色自然石块挡墙（强度MU20）
M7.5水泥砂浆砌筑,上下错缝
规格：150x100~300x400
150 300 150
200
C15砼垫层200厚

挡土景墙180

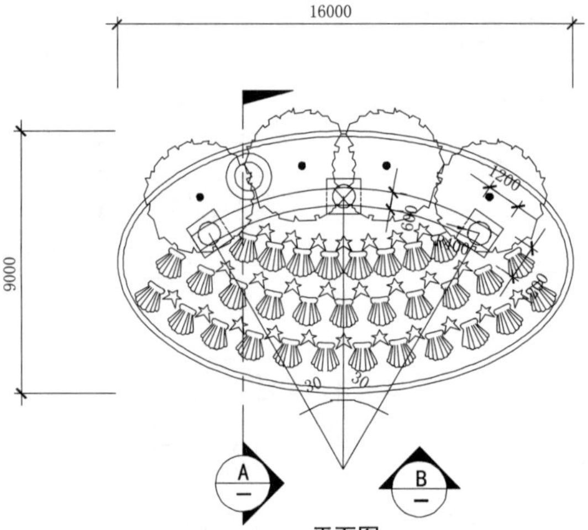

平面图

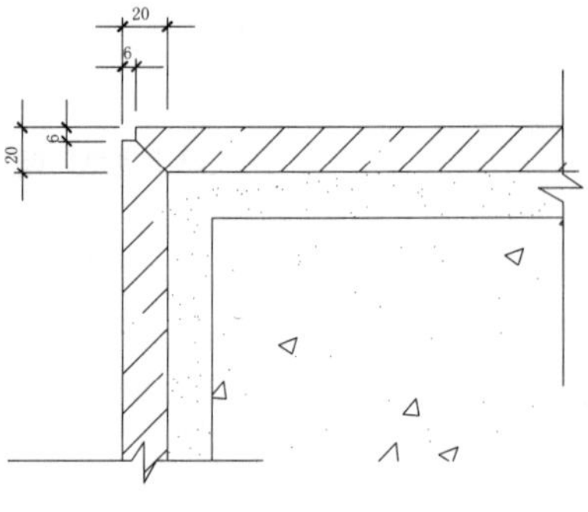
20
6
6
20

① 详图

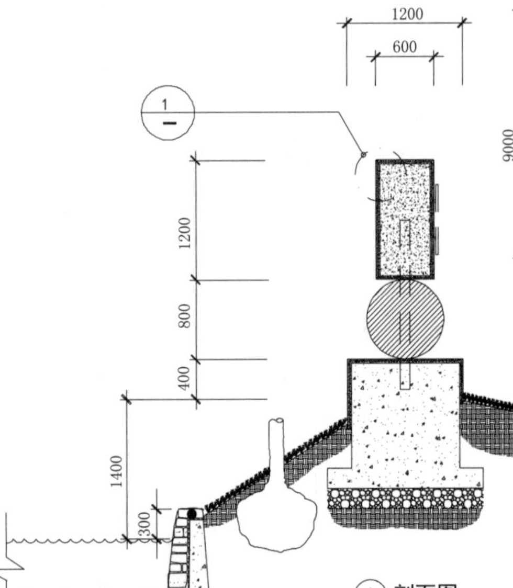

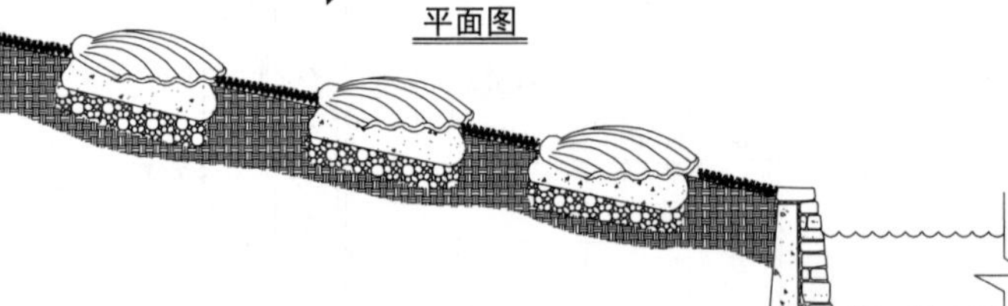

Ⓐ 剖面图

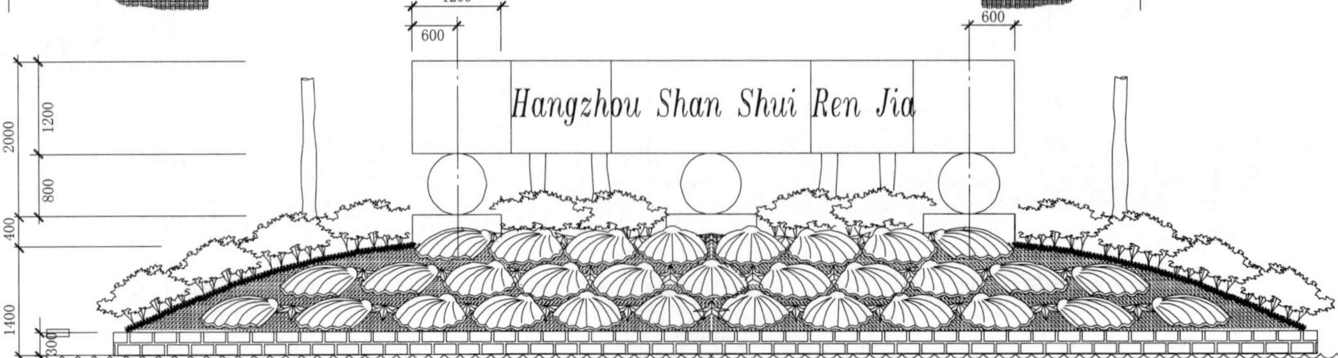
1200
600
600
Hangzhou Shan Shui Ren Jia
2000
1200
800
400
1400
300

Ⓑ 立面图

挡土景墙181

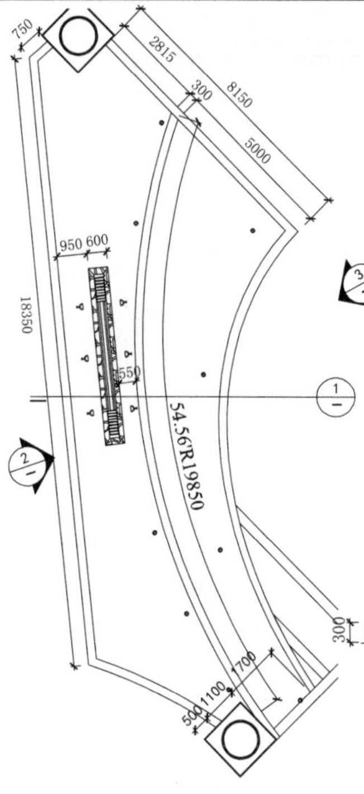

500x250x80厚光面
花岗石虎皮黄压顶
20厚黄色石英石碎拼

500x250x80厚光面
花岗石虎皮黄压顶
20厚黄色石英石碎拼

500x250x80厚光面
花岗石虎皮黄压顶
20厚黄色石英石碎拼

机砖砌筑(180mm)
C20混凝土

① 剖面图

500x250x80厚光面
花岗石虎皮黄压顶
10mm凹缝
20厚黄色石英石碎拼
详见标志墙

上海新干线商城
ShangHai New Trunk Mall

② 立面图

500x250x80厚光面
花岗石虎皮黄压顶
500x250x80厚光面
花岗石虎皮黄压顶
500x250x80厚光面
花岗石虎皮黄压顶
20厚黄色石英石碎拼

上海新干线商城
ShangHai New Trunk Mall

平面图

③ 立面展开图

挡土景墙182

挡土墙立面图

指定植物种植

无纺布过滤层
100厚砾石疏水层
排水管
100厚规整石块压顶300~600mm长度
20厚水泥砂浆坐浆
M7.5砌筑当地石块Mu≥20石块应无风化

C15素混凝土
C15碎石垫层

1-1 剖面图

指定之铺地
无纺布过滤层
粒径20~50碎砾石疏水层
排水管
200MM粘土隔水层
28.500

挡土墙平面图

100厚规整石块压顶300~600mm长度
20厚水泥砂浆坐浆
M7.5砌筑当地石块Mu≥20石块应无风化

26.000

碎石垫层

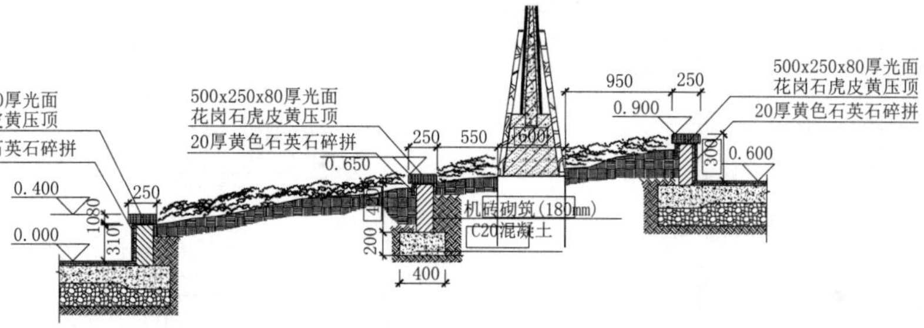

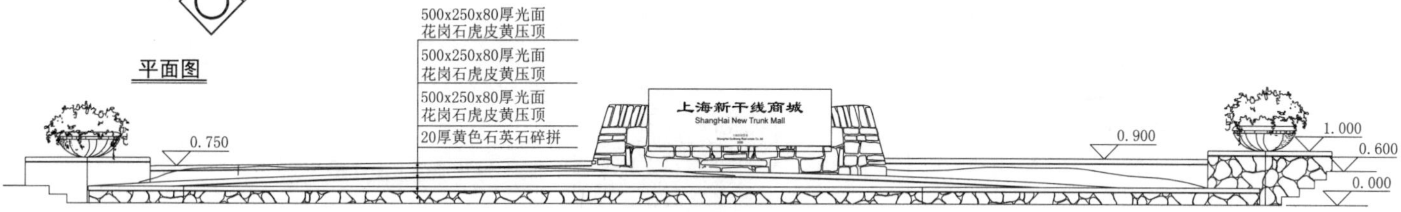

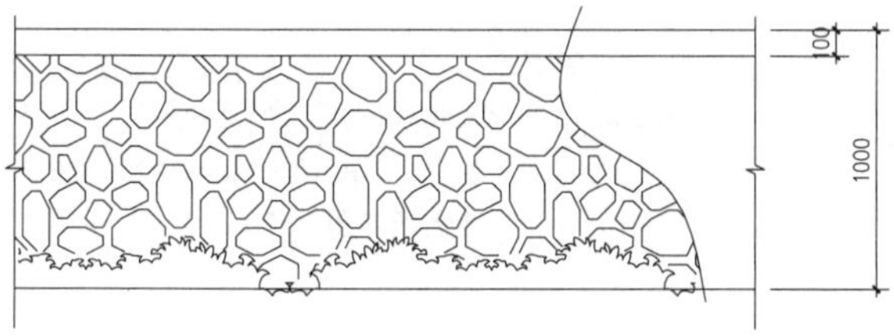

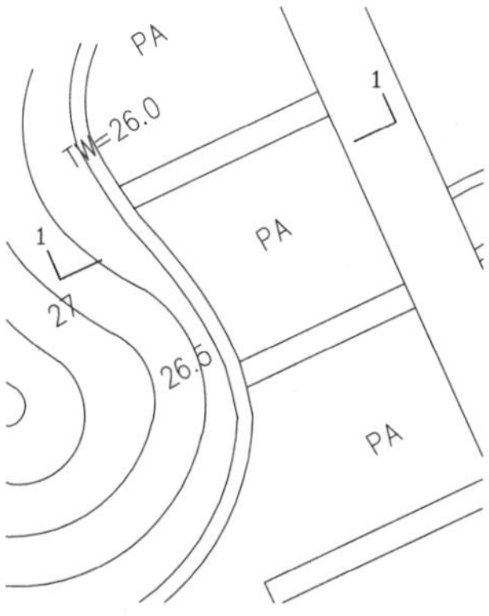

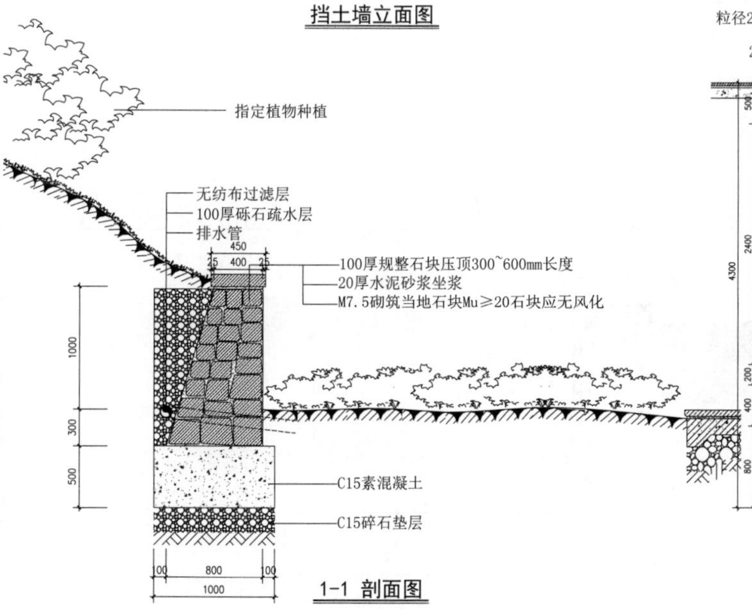

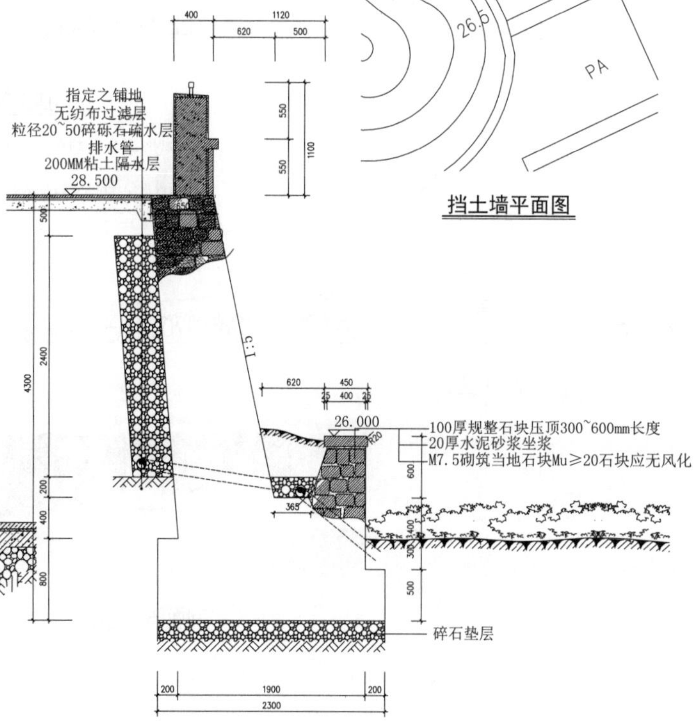

挡土景墙183

挡土景墙

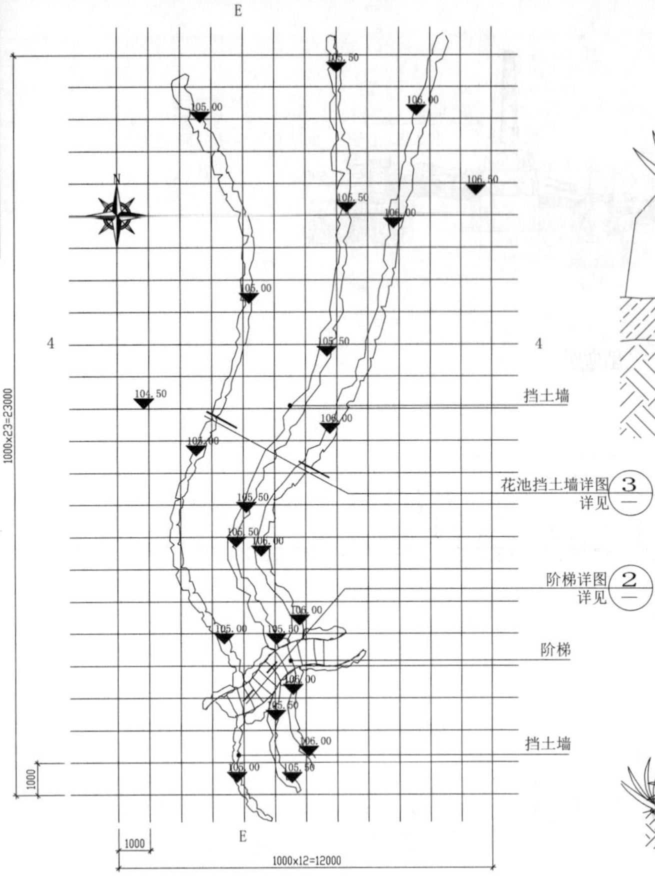

自然面黄锈石板岩
长700-900宽550-750厚120-150
素土夯实

② 阶梯详图 1:10

自然面沛特文化石压顶
宽350-450厚100-150
1:2.5水泥砂浆
C20钢筋混凝土

植物种植土

沛特文化石贴面
宽130-150厚30-100
100厚未筛碎石垫层

③ 花池挡土墙详图 1:20

花池挡土墙、台阶平面 1:100

100厚浅灰色烧面花岗岩压顶
30厚1:3水泥砂浆结合层

300厚MU7.5砖砌体

75厚沛特文化石CSV7003贴面
6厚1:0.2:2.5水泥石膏砂浆结合层,内
掺水重5%的建筑胶,表面扫毛或划出纹道
刷素水泥浆一道,内掺水重5%的建筑胶
10厚1:3水泥砂浆打底扫毛或划出纹道

150厚未筛碎石垫层

④ 挡土墙详图 1:20

100厚浅灰色烧面花岗岩压顶

⑥ 1:10

100厚浅灰色烧面花岗岩压顶
75厚沛特文化石CSV7003贴面
5mm水泥砂浆勾缝

⑤ 挡土墙立面示意图 1:20

挡土景墙184

20MM厚洗水石,约直径15-25MM米黄色石春

约直径50-80MM米白色鹅卵石

① 立面图 1:20

種植槽

培植土

20MM厚洗水石,约直径15-25MM米黄色石春

饰面见物料圈

约直径50-80MM米白色鹅卵石

② 剖面图 1:10

结構层见工程師圈

最少20MM厚,水泥沙浆层

砖砌基座

挡土景墙185

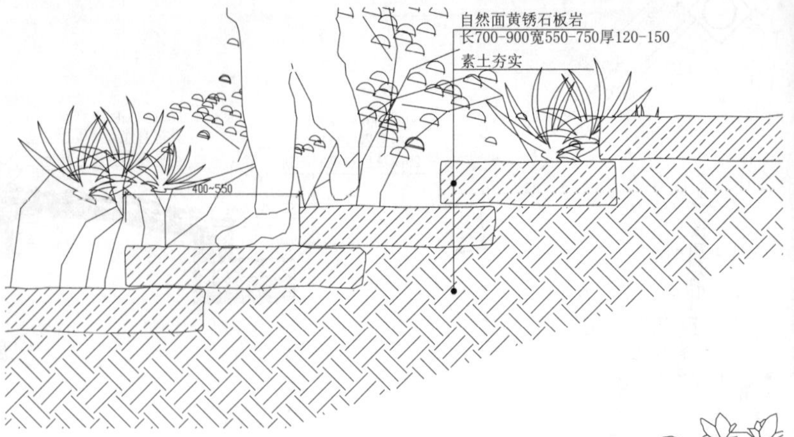

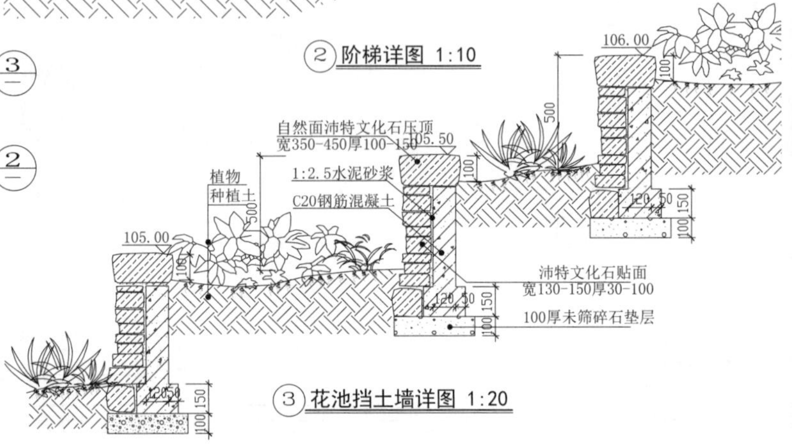

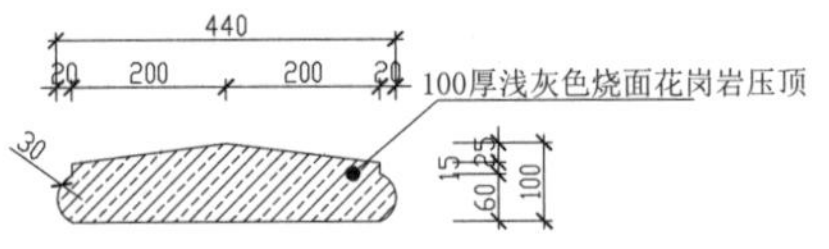

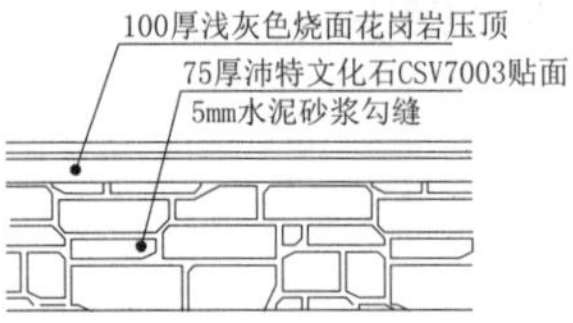

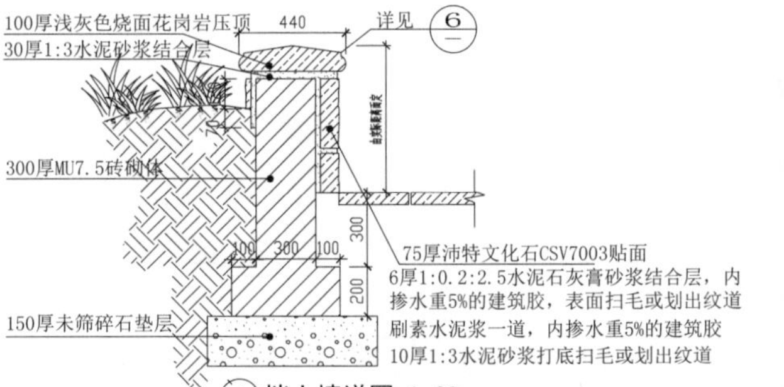

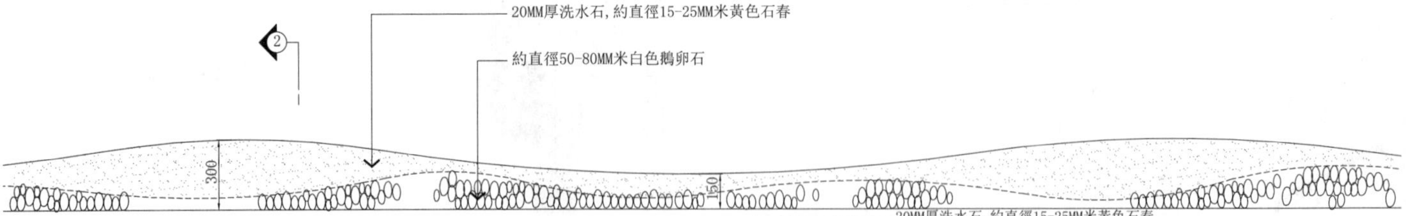

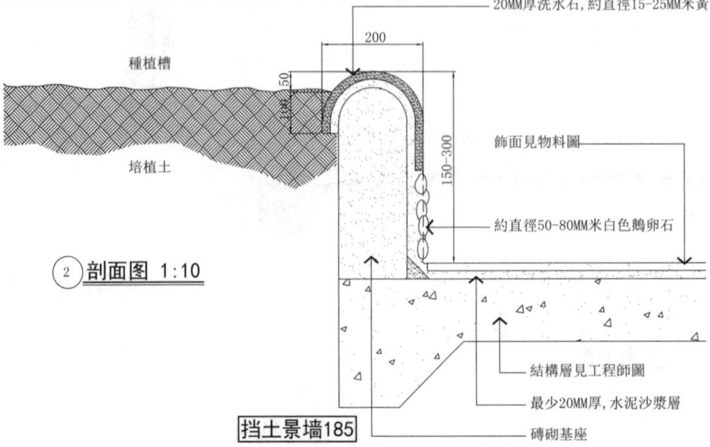

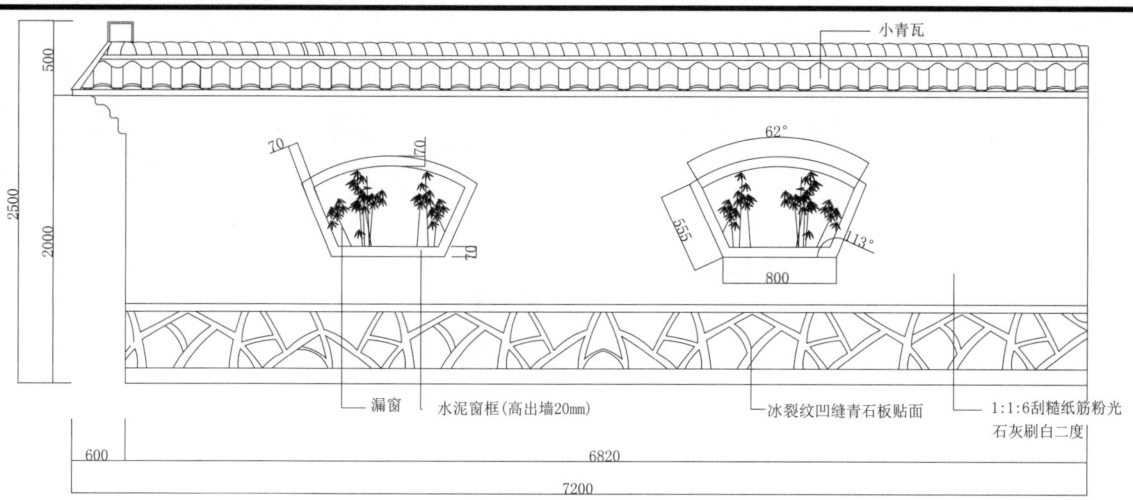

小青瓦

小青瓦
漏窗(高出墙20mm)
砖砌体
1:1:6刮糙纸筋粉光
石灰刷白二度
冰裂纹凹缝
青石板贴面

1-1 剖立面图 1:450

漏窗　水泥窗框(高出墙20mm)　冰裂纹凹缝青石板贴面　1:1:6刮糙纸筋粉光石灰刷白二度

A立面图 1:450

小青瓦

灰色条纹　1:1:6刮糙纸筋粉光石灰刷白二度　冰裂纹凹缝青石板贴面

B立面图 1:450

景墙平面图

1

7200

A立面图

B立面图

4200

1

说明：景墙为我国古典园林形式，其型状为"L"长为7.2米，竖向长为为4.2米。
墙面为1:1:6刮糙纸筋粉光石灰刷白二度，墙根为冰裂纹凹缝青石板贴面
墙面上设有漏窗，行成框景的艺术效果。

挡土景墙186

完成面標高±0.00

行人道

牆頂標高▽0.50

牆頂標高▽0.30

種植區

平面图 1:150

見圖4

③

20MM厚洗水石，約直徑5~8MM石卵，米白色
1:3原色水泥沙漿找平層

25x25x10MM厚，馬塞克磚，顏色:淺藍50%,藍30%,深藍20%

20MM厚洗水石，約直徑5~8MM石卵，米白色
1:3原色水泥沙漿找平層

立面图 1:20

圖例:
25x25x10MM厚，馬塞克磚
淺藍50% 藍30% 深藍20%

④ 詳圖 1:10

種植區

培植土

③ 剖面图 1:10

25x25x10MM厚，馬塞克磚，顏色:淺藍50%,藍30%,深藍20%
飾面見物料圖

結構層見工程師圖

最少20MM厚，水泥沙漿層

磚砌基座

挡土景墙187

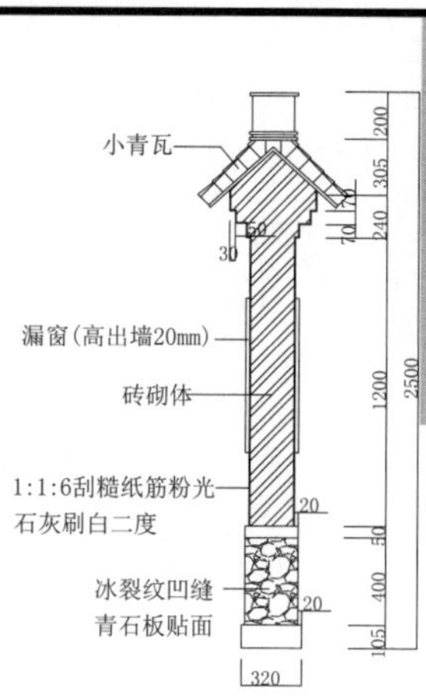

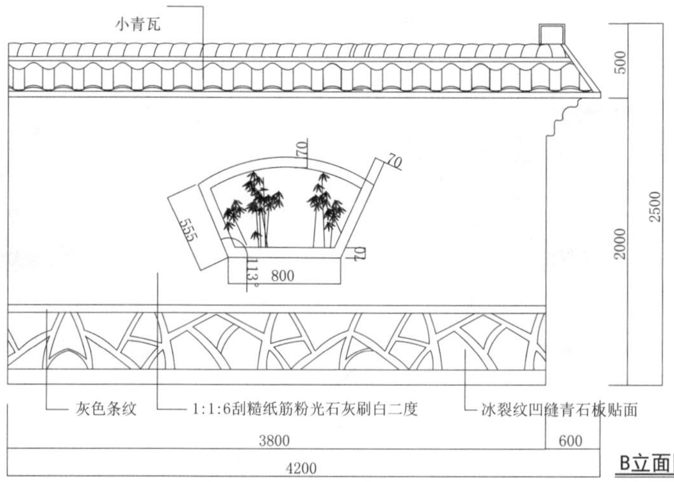

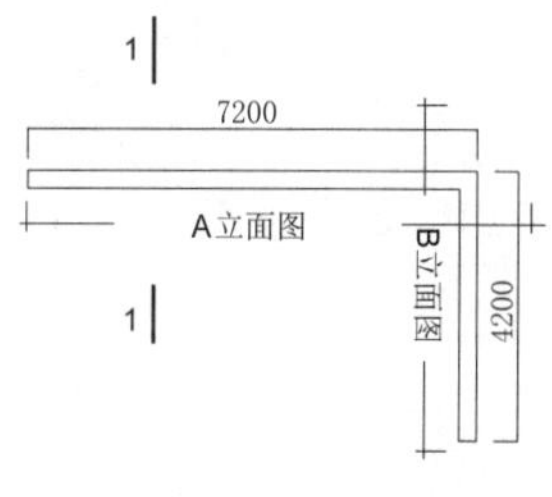

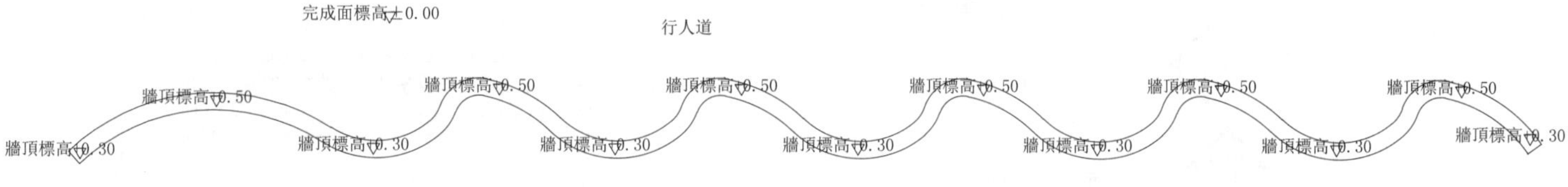

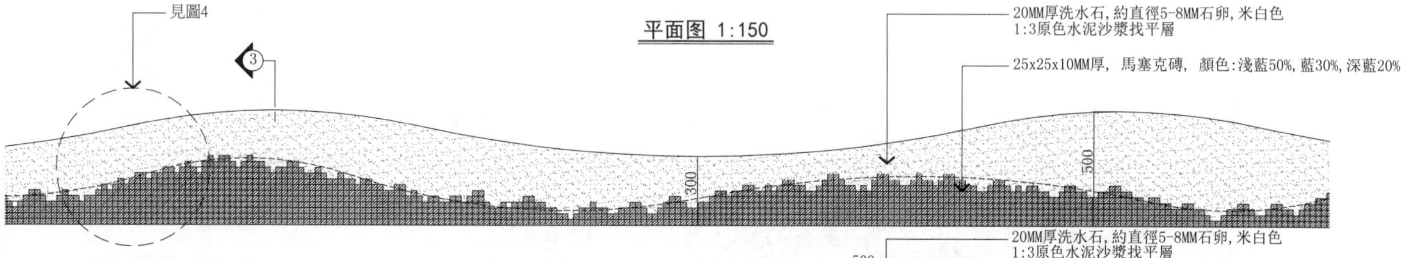

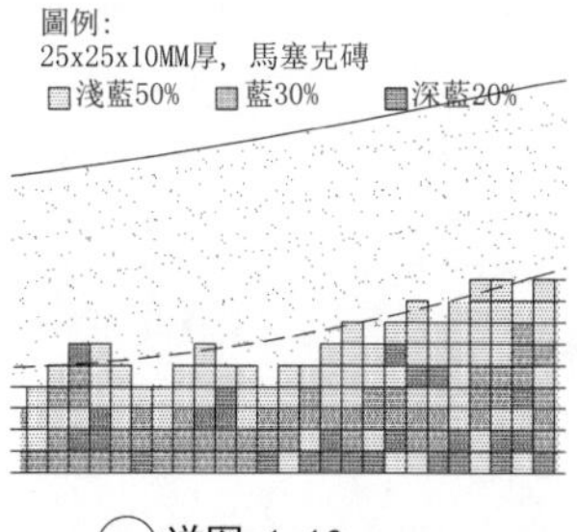

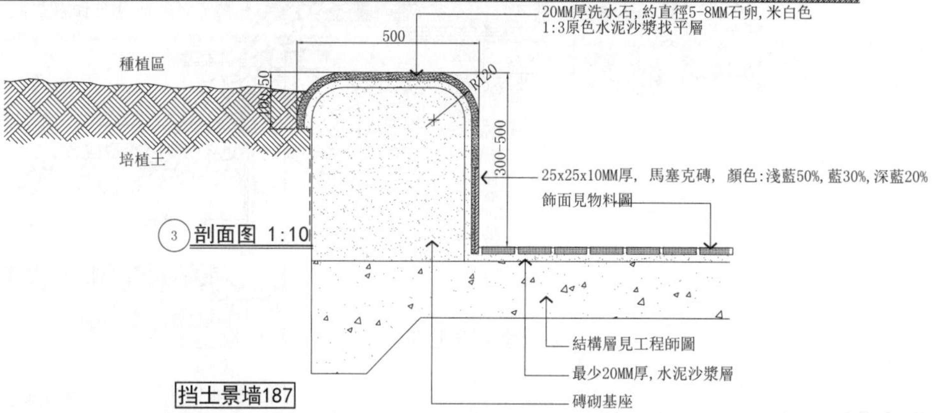

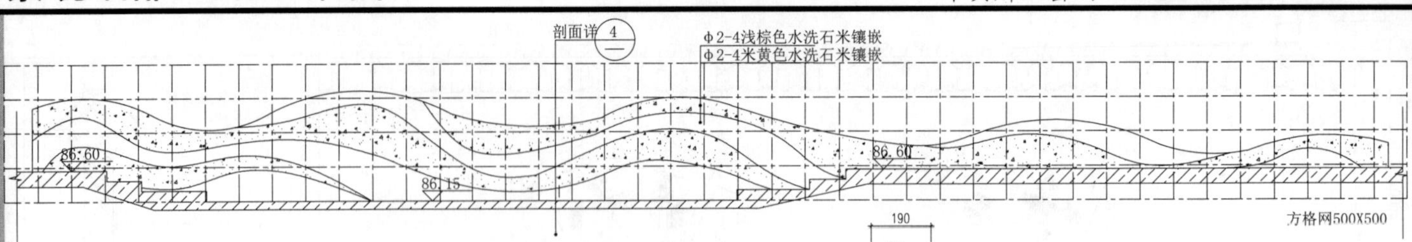

剖面详 ④

Φ2-4浅棕色水洗石米镶嵌
Φ2-4米黄色水洗石米镶嵌

86.60

86.15

86.60

方格网500X500

广场景墙立面展开图 1:50

190
R115
50

Φ2-4浅棕色、米黄色水洗石米分色镶嵌
20厚1:1水泥砂浆结合层
150厚C20钢筋砼景墙
⑥

成品玻璃钢花盆
做法同 ─/050

1400
1200

900
400

350

150X3=450

300

Φ3-6棕色水洗石米镶嵌
20厚1:3干水泥砂浆结合层
100厚C10细石砼垫层
20厚砂土混合物垫层(土:砂=1:3)
100厚级配碎石垫层
50厚石粉渣垫层
素土夯实(>95%)

阶梯大样详 ③/─

② **局部剖面图 1:20**

⑥ 大样详

Φ2-4浅棕色、米黄色水洗石米分色镶嵌
20厚1:1水泥砂浆结合层
150厚C20钢筋砼景墙

200厚C20钢筋砼
30厚1:3水泥砂浆找平层
150厚级配碎石垫层
50厚石粉渣垫层
素土夯实(>95%)

1100~1600

300
200

广场剖面做法详

100 250 150 250 100

④ **景墙剖面图 1:20**

190

Φ10@200双相筋

1100~1600

300
200

Φ10@150
Φ10@200

100 250 150 250 100

⑤ **景墙配筋示意图 1:20**

挡土景墙188

PA 種植區　　PA 種植區

POND 池塘

C LD 4.11
B LD 4.11

平面图 1:300

C LD 4.11

CRAZY CUT X 20 THK
不规则拼花 SG10c

TW

300
200
200
300
100

FL

立面图 1:20 B

FR 600 X 200 X 50 THK SG55c
CRAZY CUT PATTERN 20 THK
不规则拼花 SG10c

CUT TO SIZE X 20 THK
按尺寸砌割 SG55c

SG55c FR 600 X 300 X 50 THK

14

300 600 200 920

200 TYP.

TW
20
10

300

WL

200 TYP.

BE

FL
300

WL
200

BE
300

④
⑪
㉛

FROM WATER SOURCE
由水源

⑬
②
③

75-100 MMØ SR1c

㉜

C **剖面图 1:20**

DRAIN TO WASTE
排向污水管

挡土景墙189

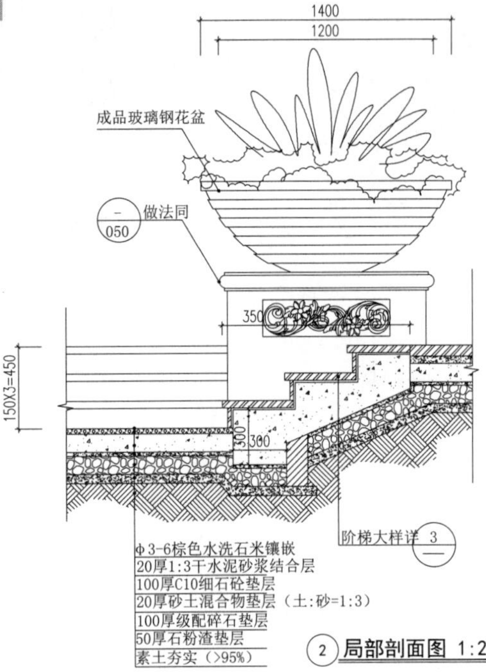

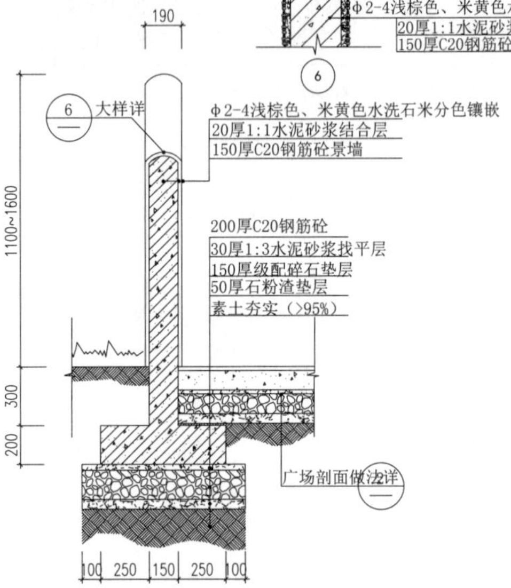

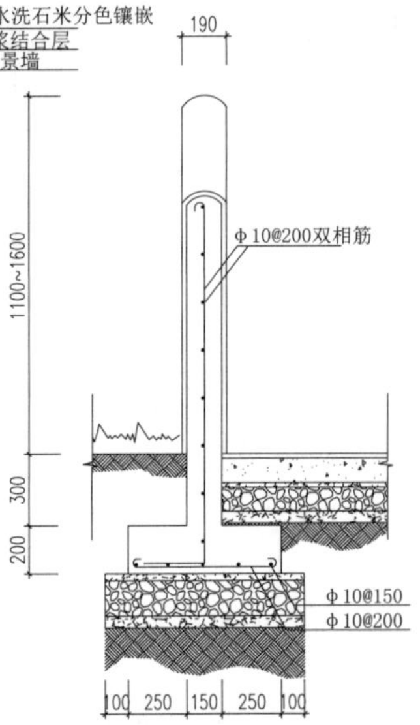

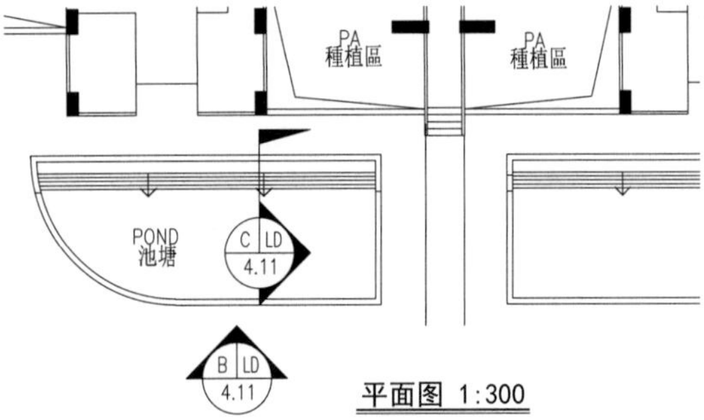

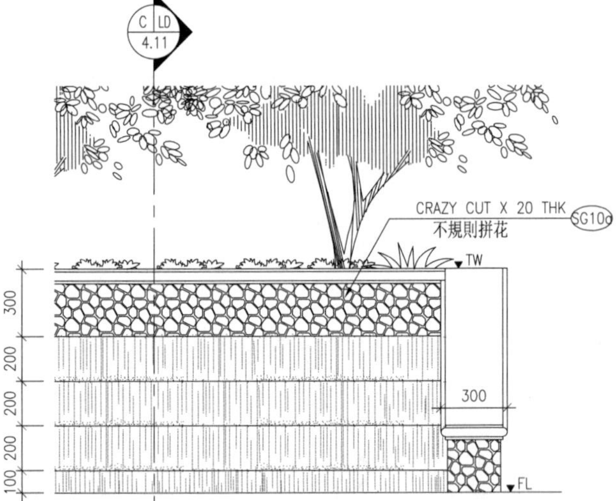

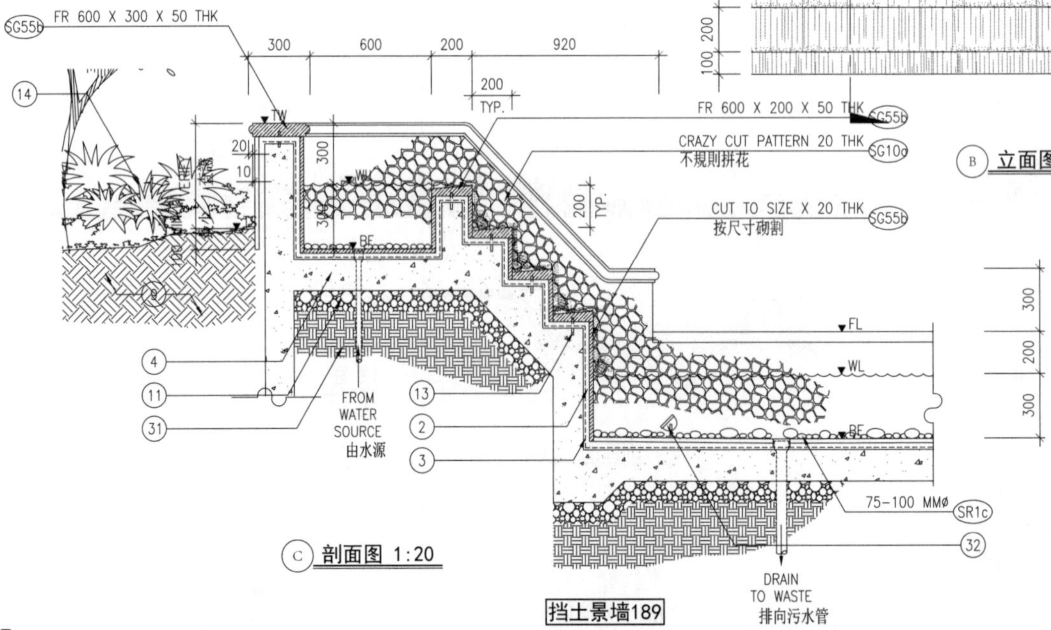

平面图 1:200
详图 1:10
立面图 1:50
剖面图 1:30
POND
池塘
FROM WATER SOURCE
由水源
DRAIN TO WASTE
排向污水管
TO FILTRATION SYSTEM
至過濾系統
600 X 500 X 50 THK.
CRAZY CUT X 20 THK.
不規則拼花
FR. 600 X 200 X 50 THK.
5 TREADS @ 200

挡土景墙190

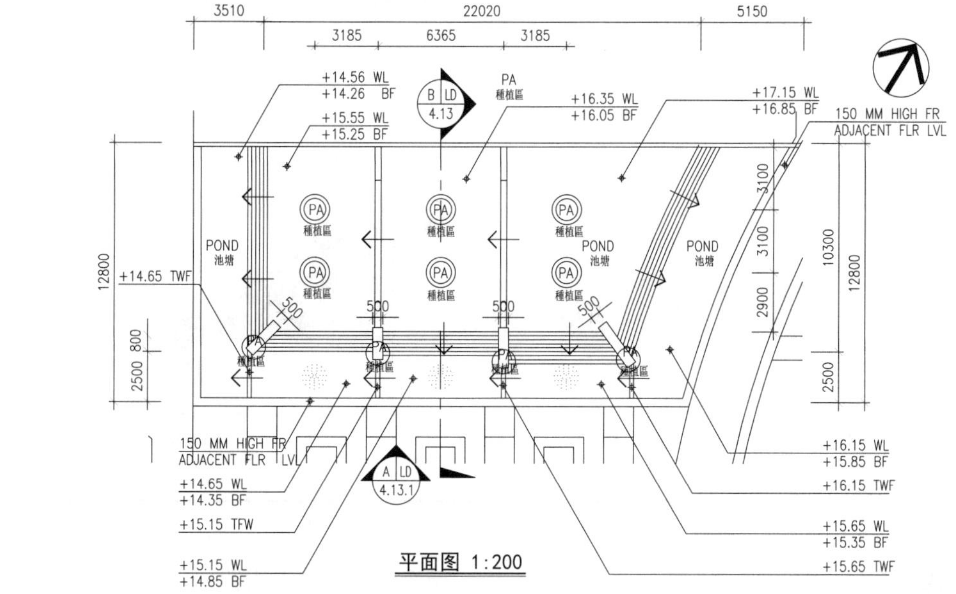

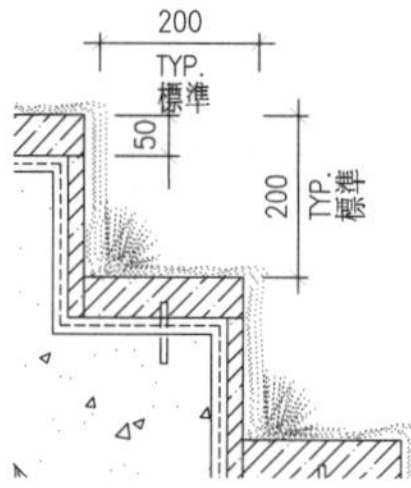

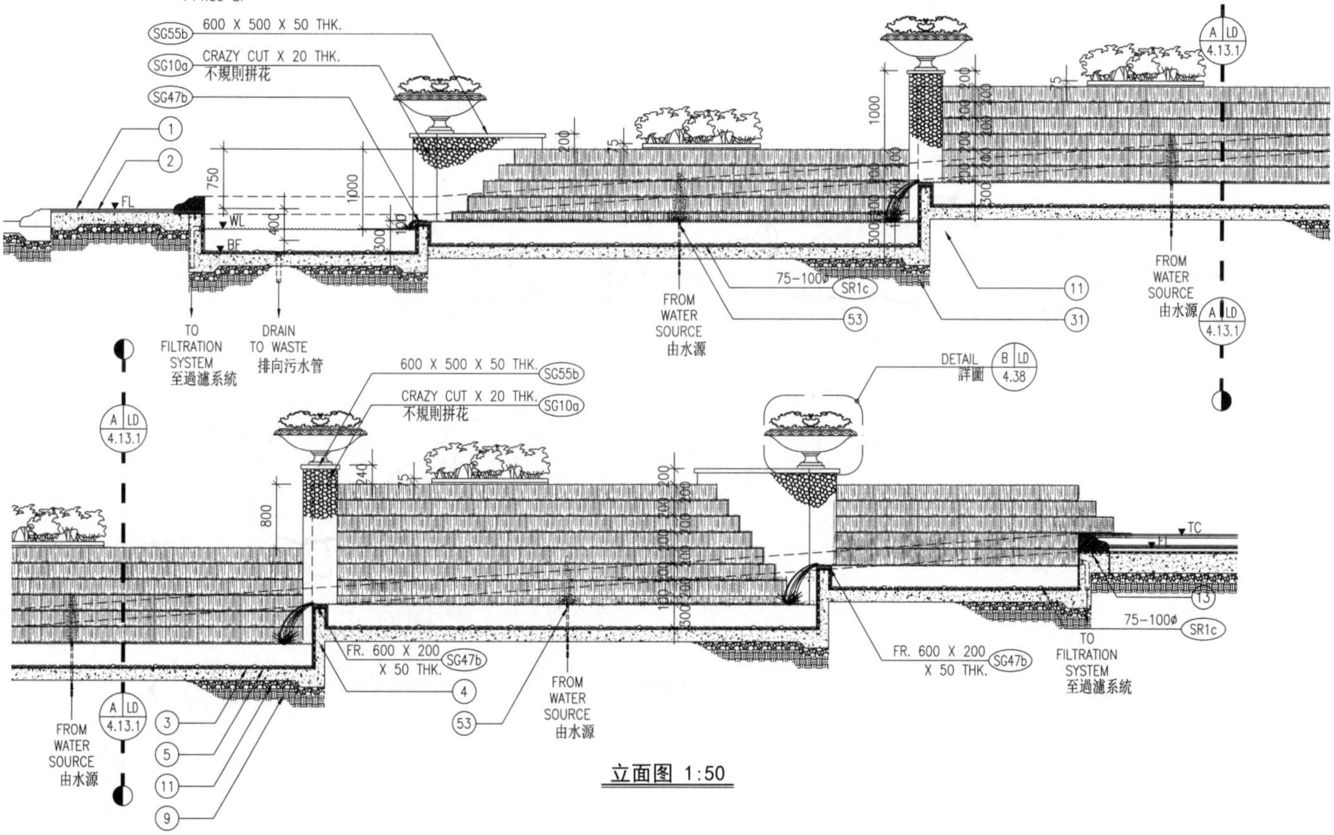

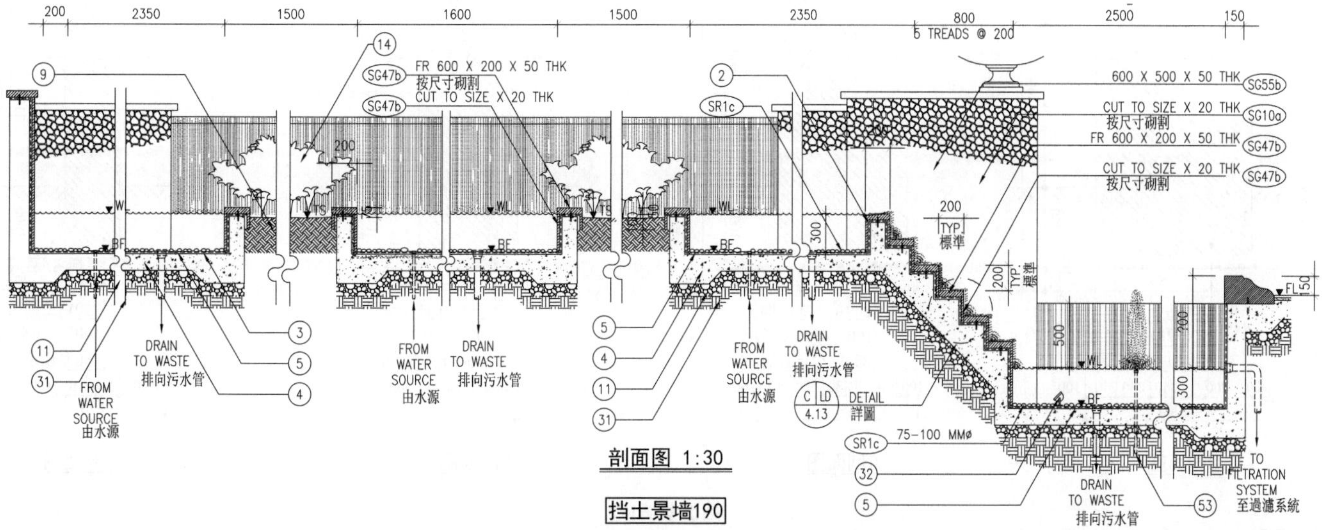

挡土景墙

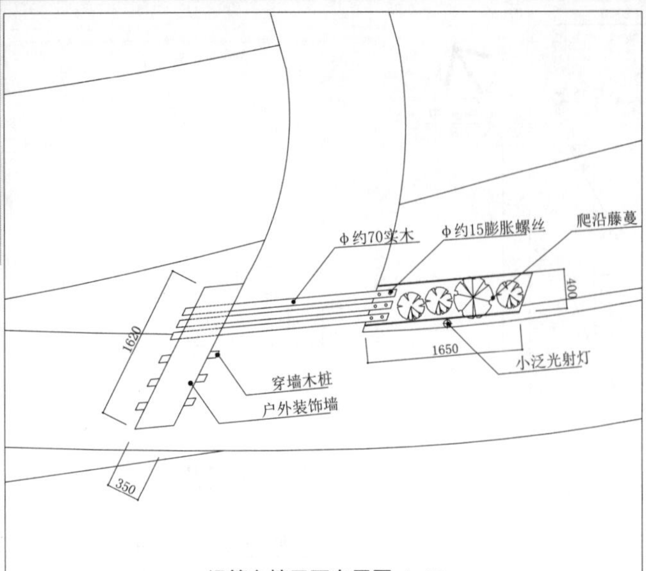

φ约70实木　φ约15膨胀螺丝　爬沿藤蔓

穿墙木桩
户外装饰墙
小泛光射灯

绿篱乡情平面布置图 1:50

φ约70实木　φ约15膨胀螺丝

爬沿藤蔓

艺术外墙砖饰面
砖砌基础

天然石块

小泛光射灯

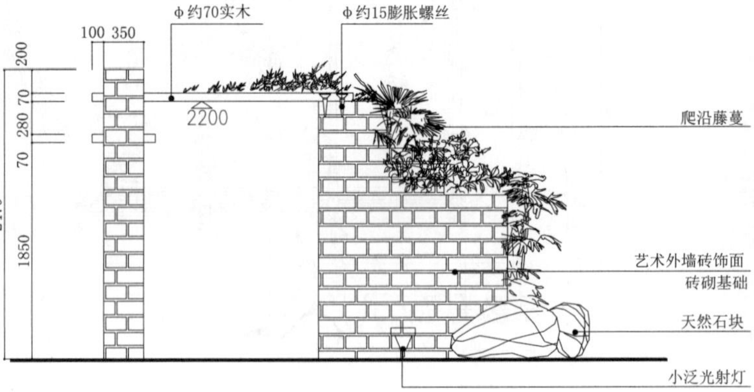

绿篱乡情立面布置图 1:50

挡土景墙191

240粘土砖山墙

人造假石

鹅卵石铺面A、B
面层做法参UJ1-05

平面图

240粘土砖山墙
100厚C10素混凝土
250厚稳定石屑

B剖面图

240粘土砖山墙
100厚C10素混凝土
250厚稳定石屑

C剖面图

240粘土砖山墙
100厚C10素混凝土
250厚稳定石屑

D剖面图

240粘土砖山墙
100厚C10素混凝土
250厚稳定石屑

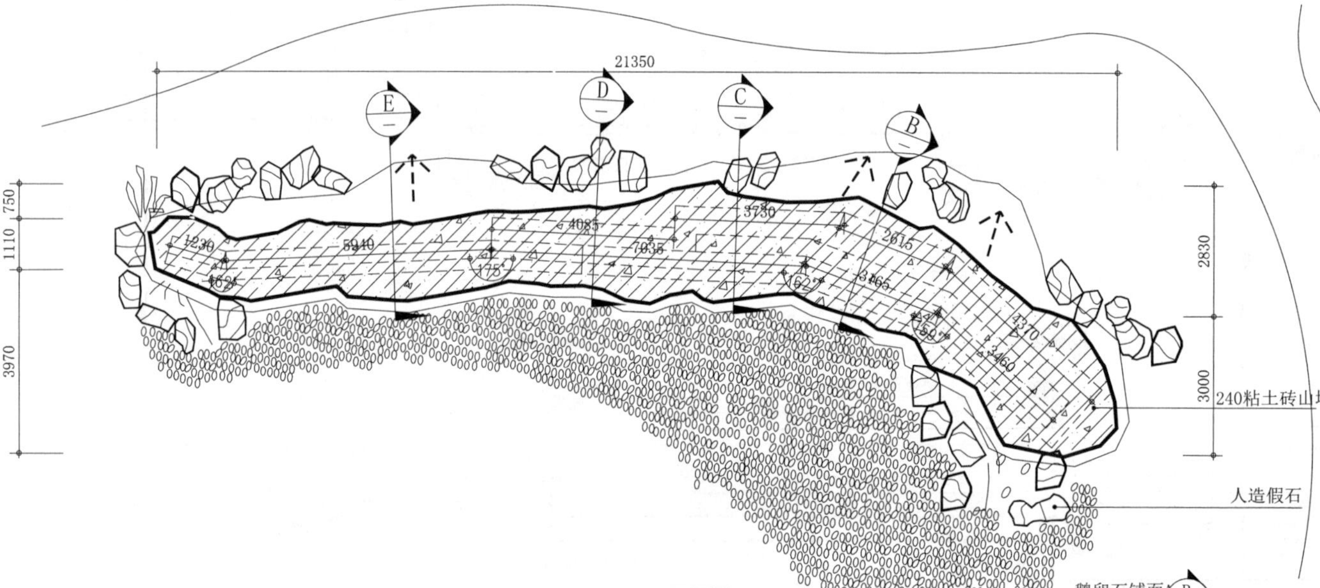

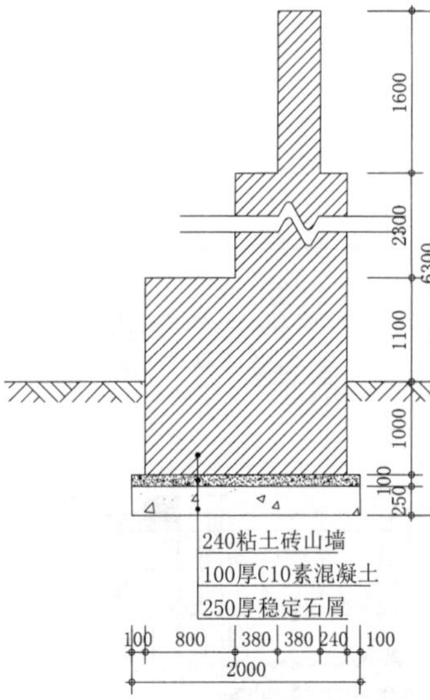

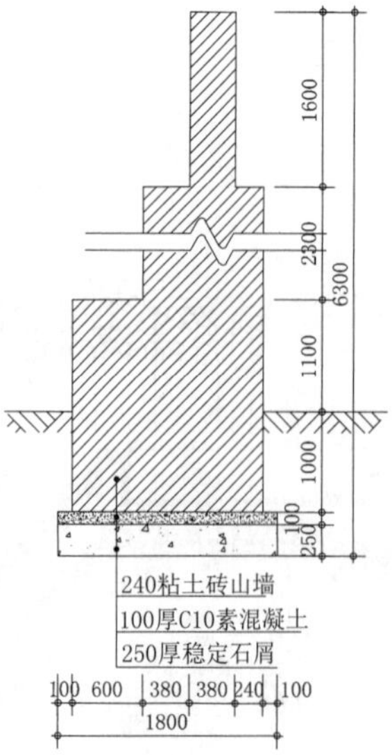

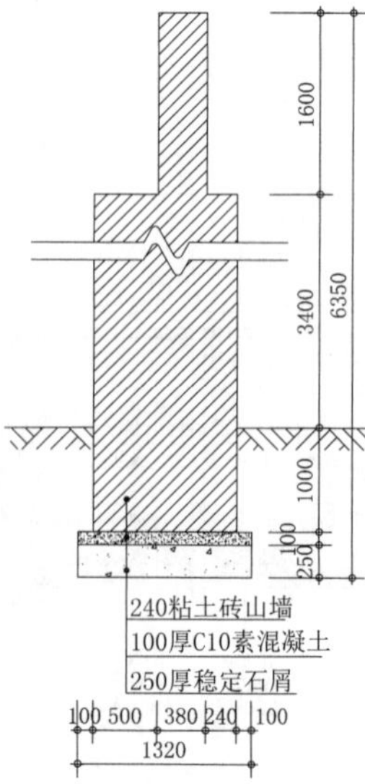

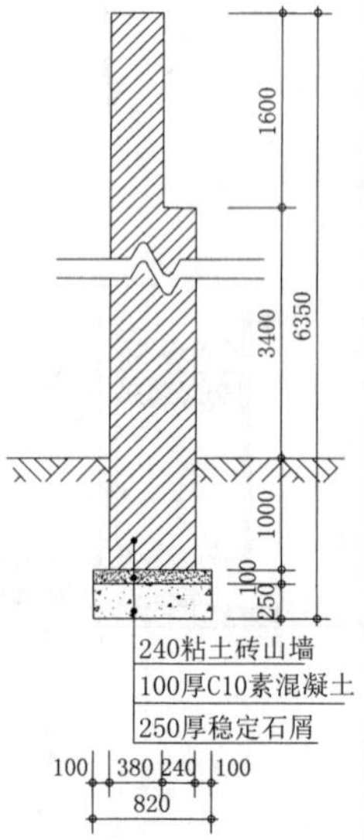

E剖面图

挡土景墙192

1 APPROVED PAVING MATERIAL (REFER TO MATERIALS PLAN)

32 LIGHTING FIXTURE AS SPECIFIED (REFER TO LIGHTING PLAN)

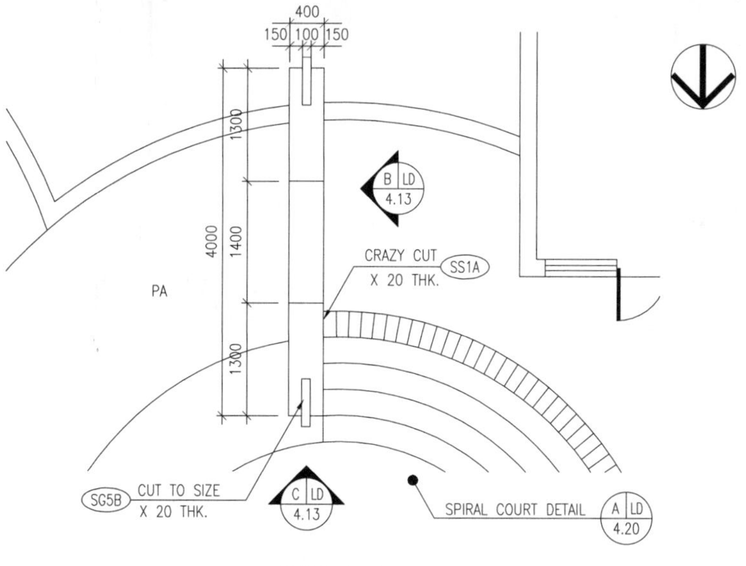

平面图 1:100

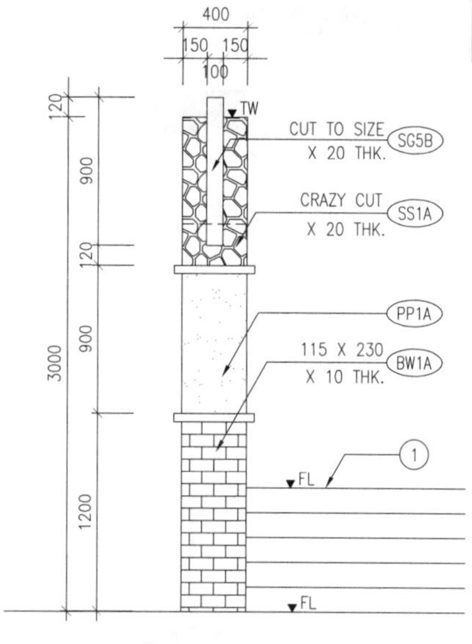

C 侧立面图 1:30

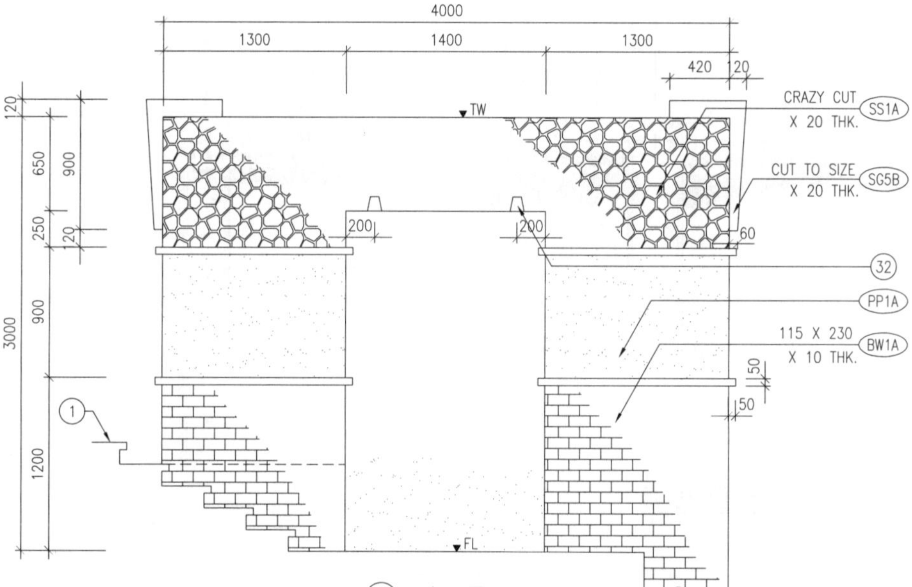

B 正立面图 1:30

挡土景墙193

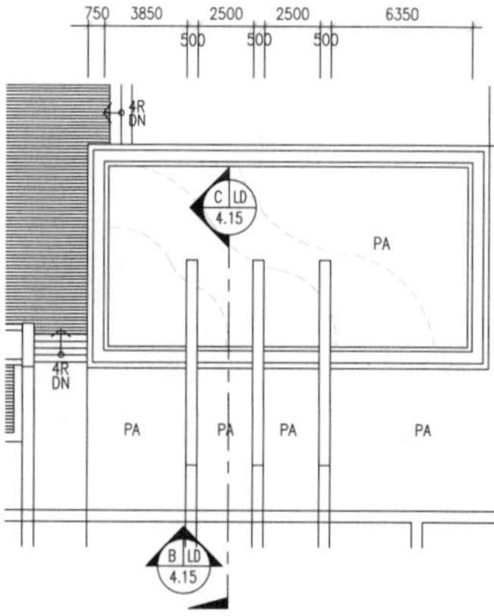

平面图 1:200

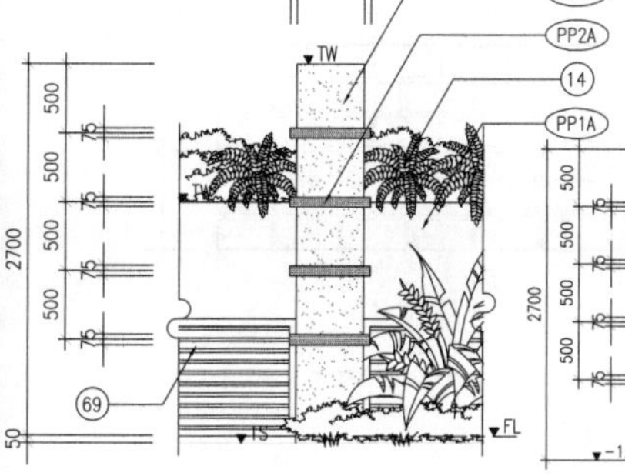

B 立面图 1:40

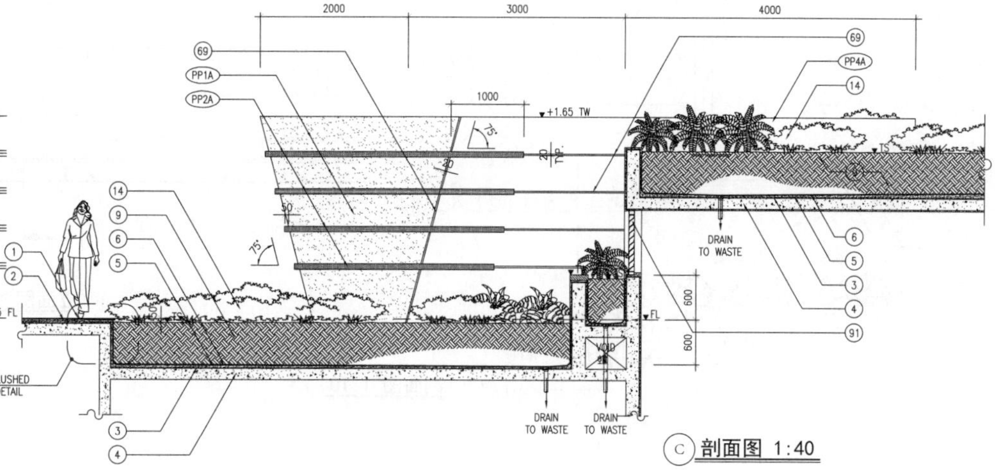

C 剖面图 1:40

挡土景墙194

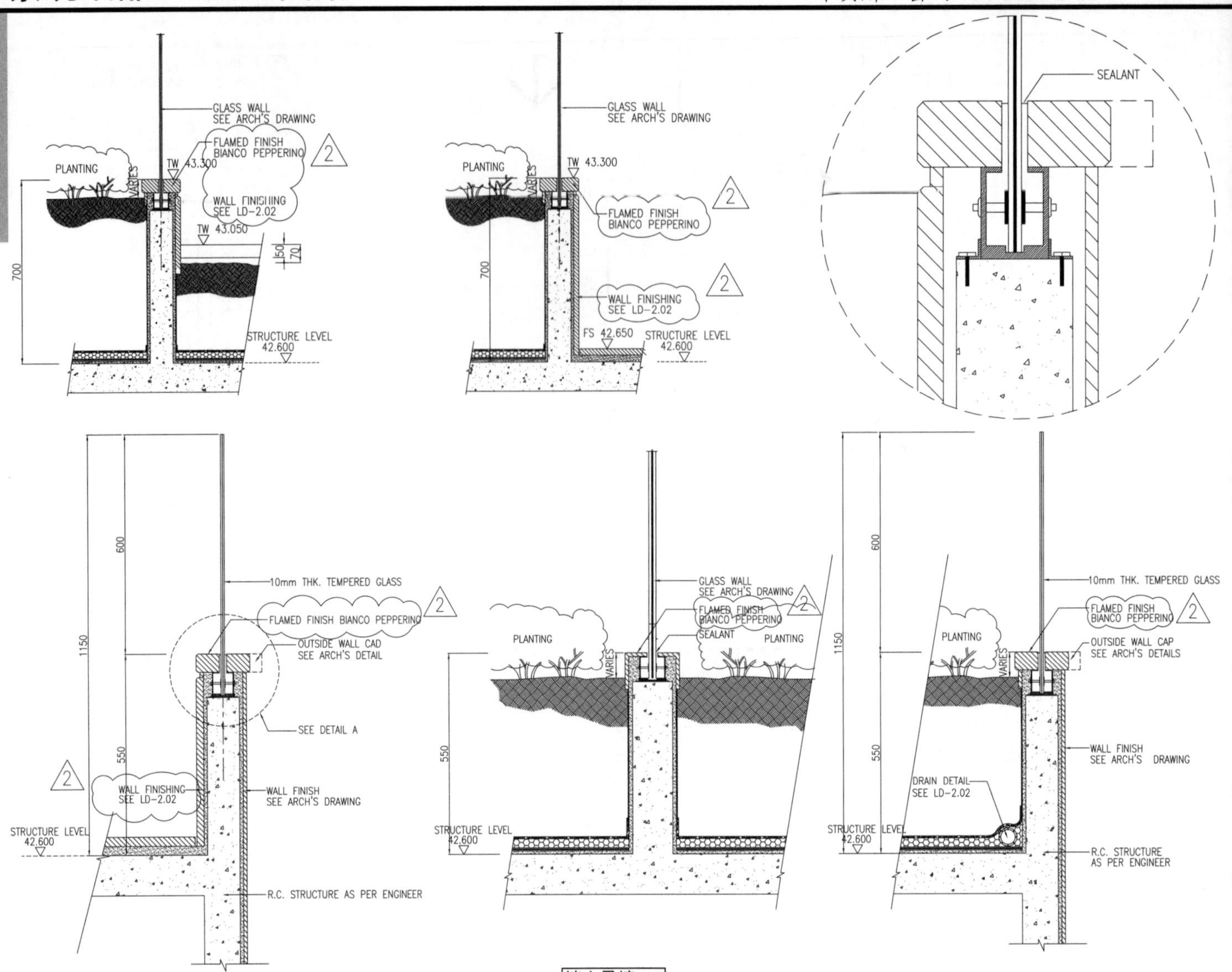

挡土景墙195

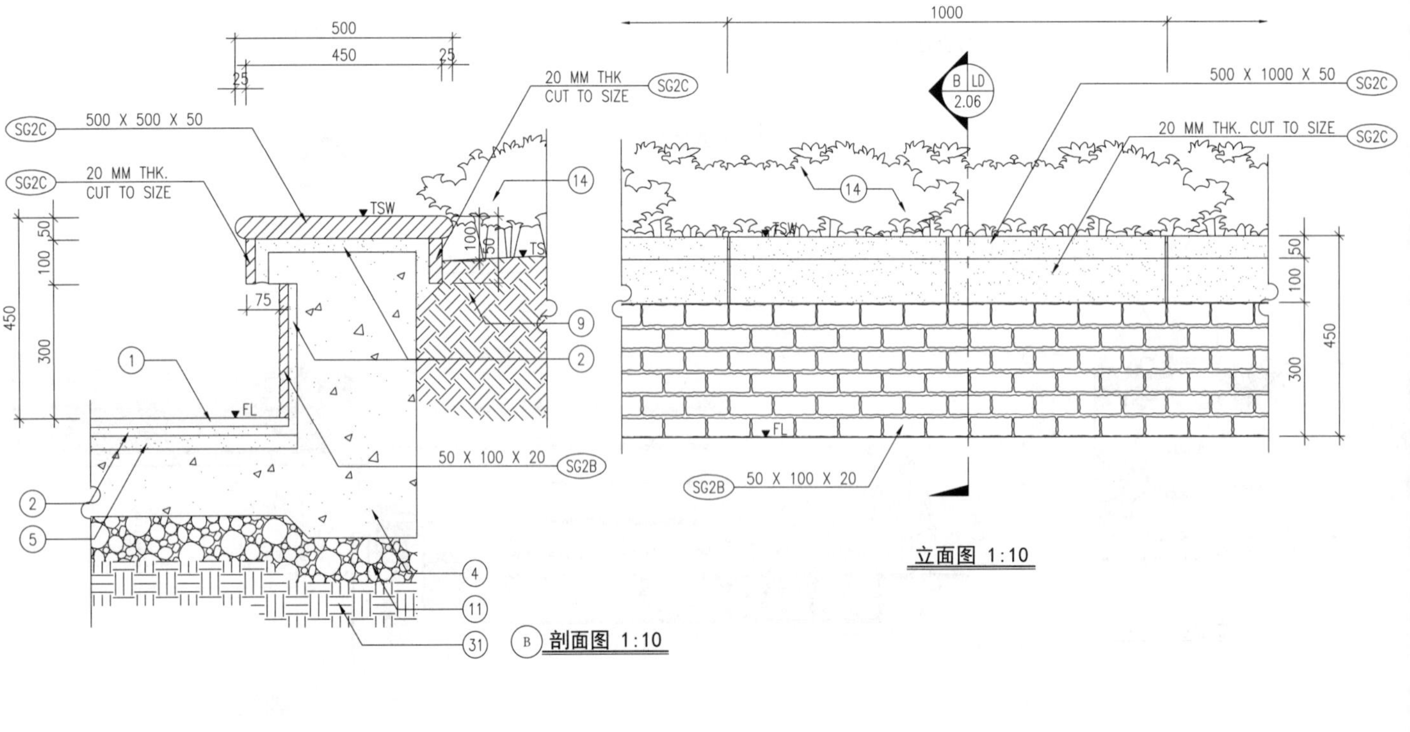

B 剖面图 1:10

立面图 1:10

挡土景墙196

平面图 1:50

44° R3870   56° R5170

1260 400 1040 400 1020 400 1020 400 1020 400 1220

300

B LD 4.11

CRAZY CUT X 20 THK   SS1A

TW

3100 2850 150

FL

PP1A

CRAZY CUT X 20 THK   SS1A

14

B 立面图 1:30

挡土景墙197

34° R8860

1060 400 860 400 860 400 1060

300

CRAZY CUT X 20 THK   SS1A

B LD 4.12

平面图 1:50

TW

3100 2850 150

PP1A

CRAZY CUT X 20 THK   SS1A

14

B 立面图 1:30

挡土景墙198

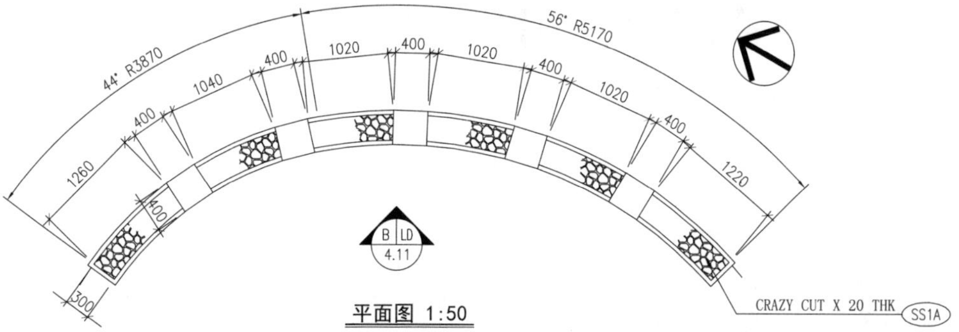

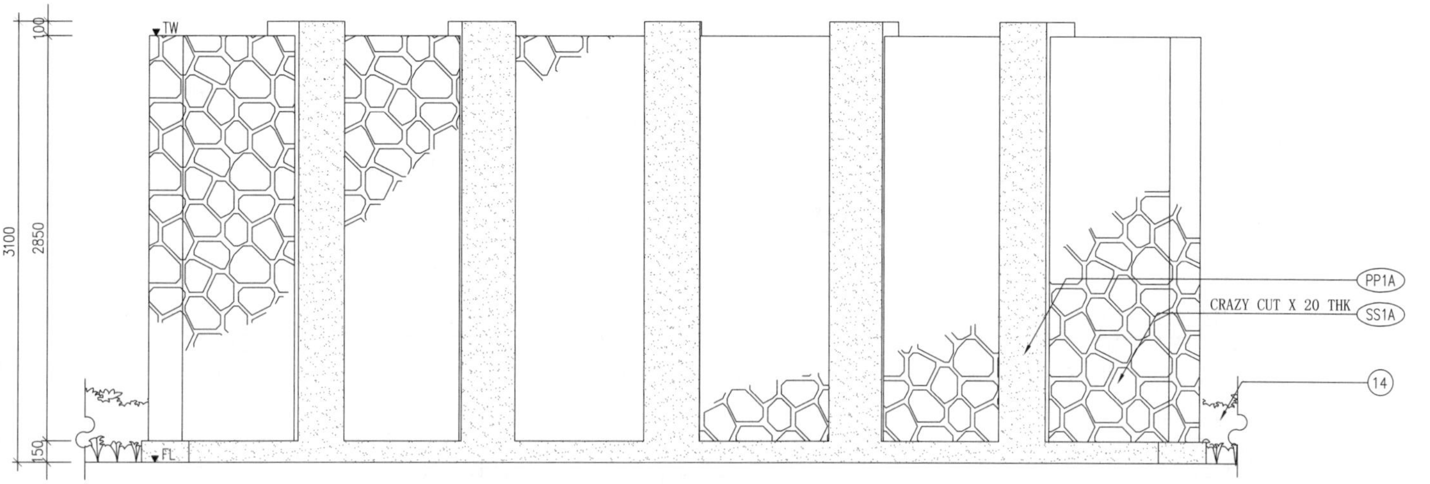

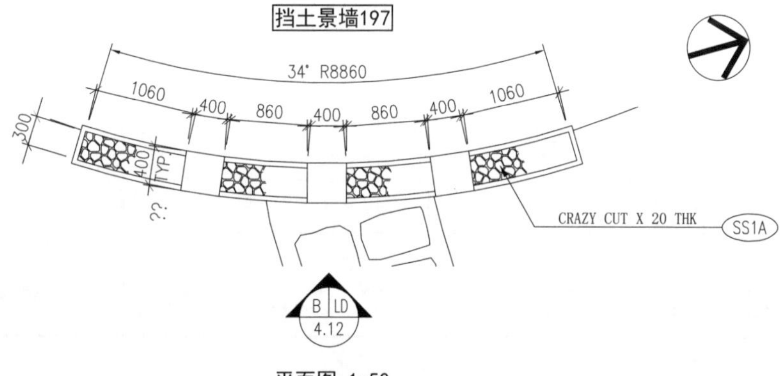

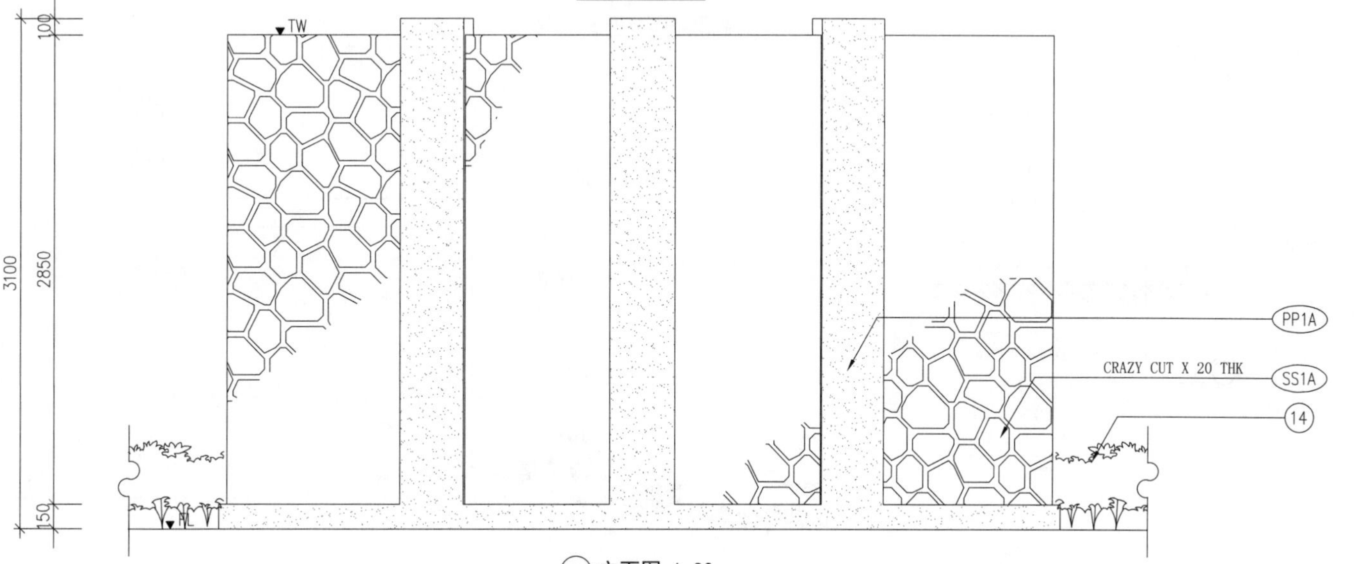

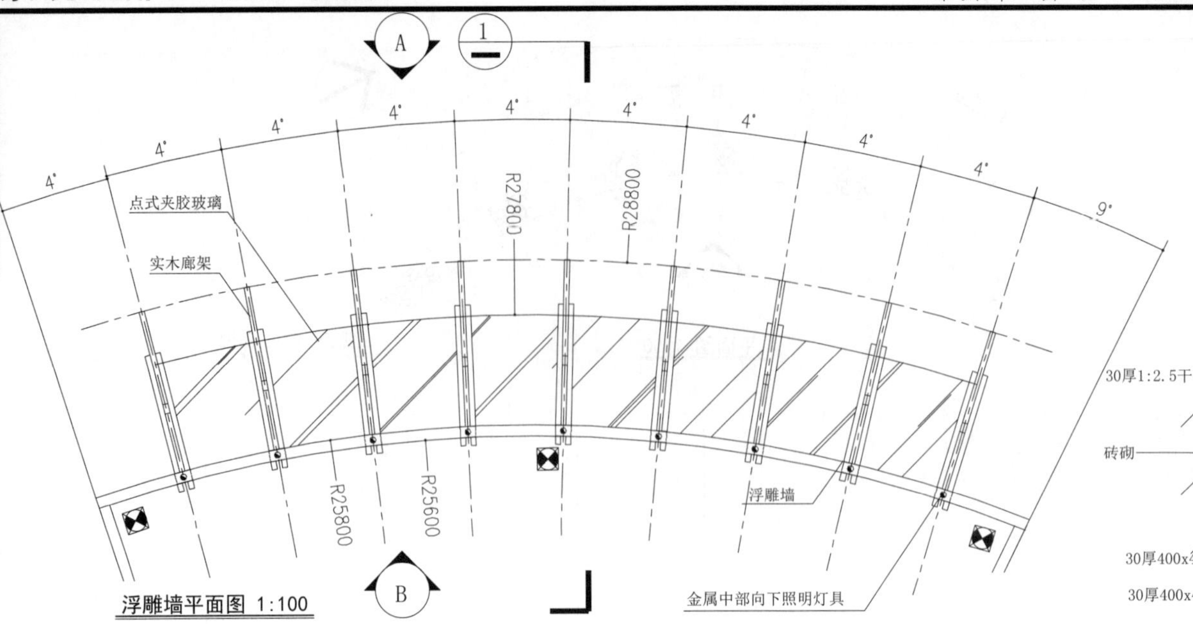

浮雕墙平面图 1:100

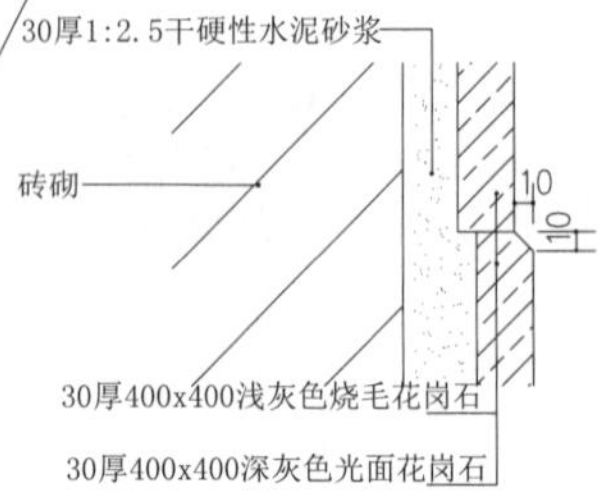

点式夹胶玻璃
实木廊架
R27800
R28800
R25800
R25600
浮雕墙
金属中部向下照明灯具

30厚1:2.5干硬性水泥砂浆
砖砌
30厚400x400浅灰色烧毛花岗石
30厚400x400深灰色光面花岗石

③ 1:5

300x150黄色片岩　　点式夹胶玻璃　　实木廊架
金属中部向下照明灯具

金属中部向上照明灯具
浮雕墙(内容由甲方自定)

浮雕墙A展开立面图 1:50

400x400浅灰色烧毛花岗石　　400x400深灰色光面花岗石　　实木廊架　　实木廊架　　300x150黄色片岩

金属中部向上照明灯具　　400宽浅灰色毛面花岗石路缘石　　② 残疾人坡道详见 400x400浅灰色光面花岗石坡道挡墙
(02-01)

浮雕墙B展开立面图 1:50

浅灰色烧毛路缘石
-0.400
-0.600
铺地材料详见02-03
种植土
100
300
150
50

② 1:20
C15素混凝土护脚
碎石垫层压实
素土夯实

② 做法参见
种植土
-0.100
0.600

透明硅胶
点式夹胶玻璃
专业厂家配合施工
实木廊架
金属中部向下照明灯具
2.650
2.550
浮雕墙
实木廊架
金属中部向上照明灯具
±0.000
60°
150
250
200

① 浮雕墙剖面图 1:50
200　　3000

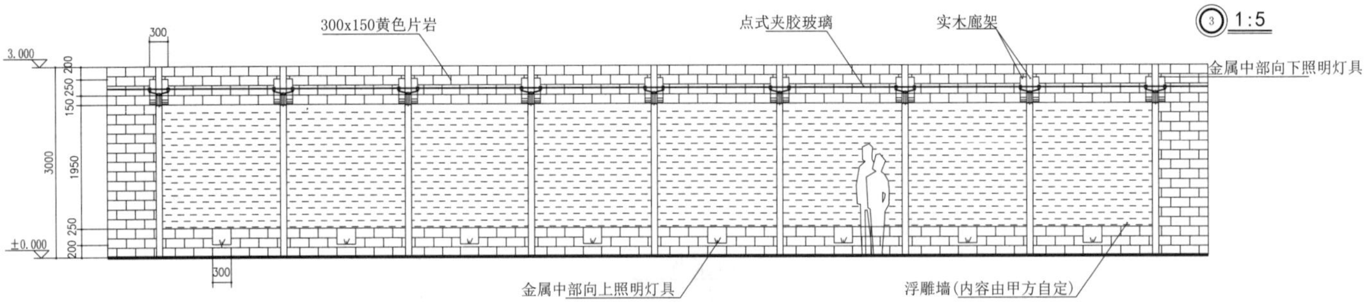

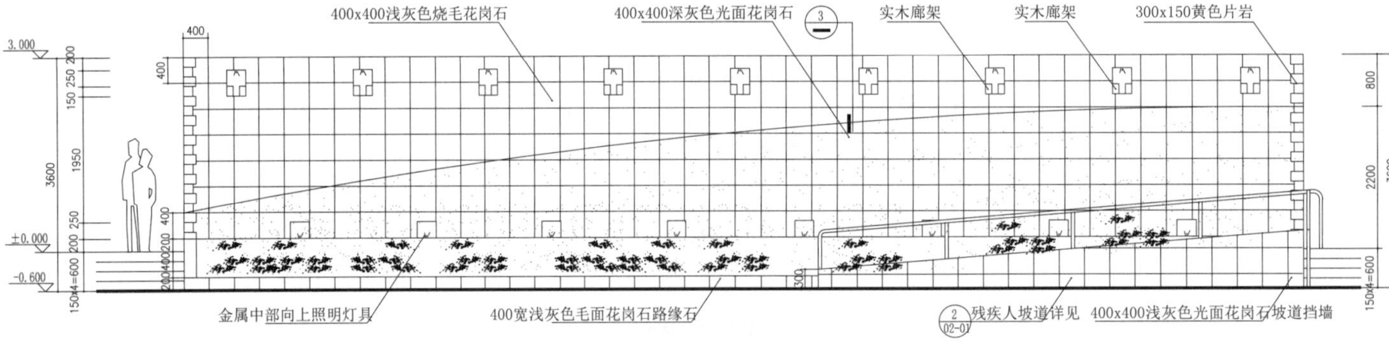

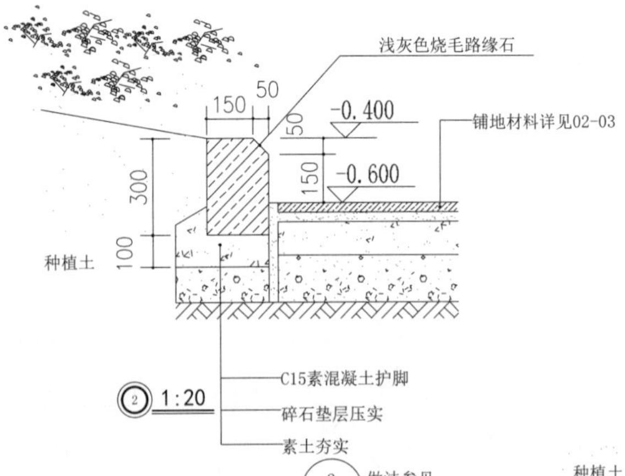

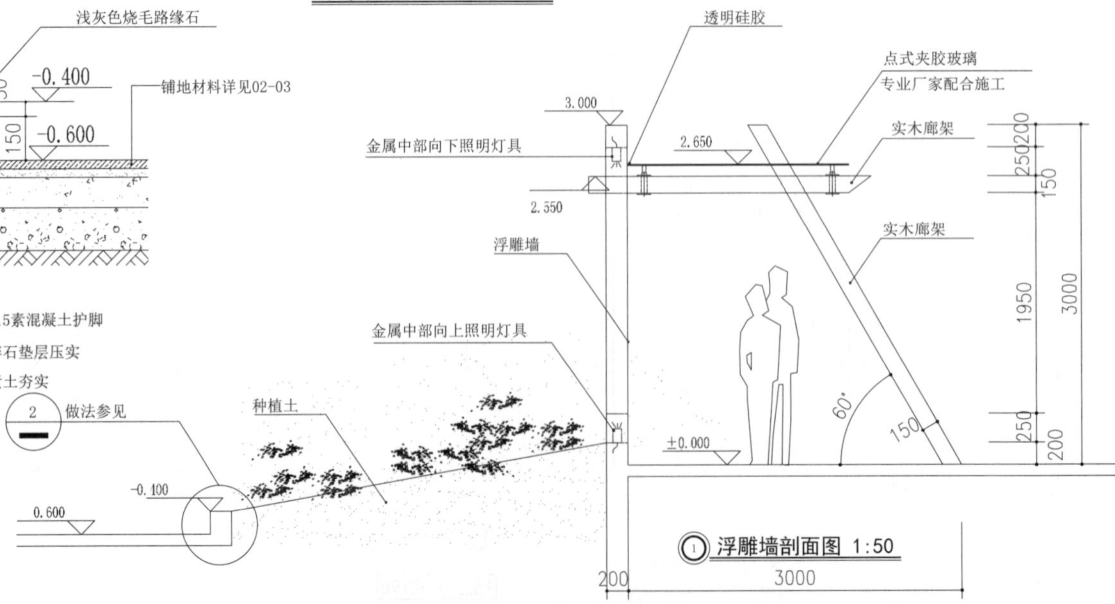

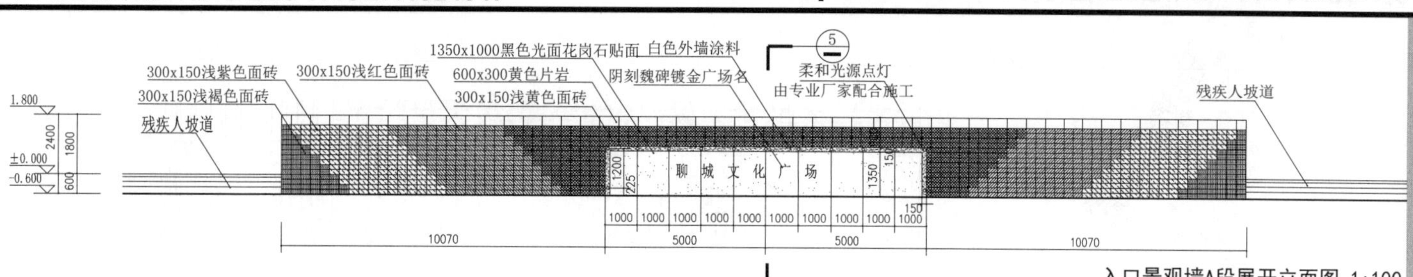
1350x1000黑色光面花岗石贴面
白色外墙涂料
300x150浅紫色面砖
300x150浅红色面砖
600x300黄色片岩
阴刻魏碑镀金广场名
300x150浅褐色面砖
300x150浅黄色面砖
柔和光源点灯
由专业厂家配合施工
残疾人坡道
残疾人坡道
聊 城 文 化 广 场
1.800
±0.000
-0.600
10070
5000
5000
10070
入口景观墙A段展开立面图 1:100

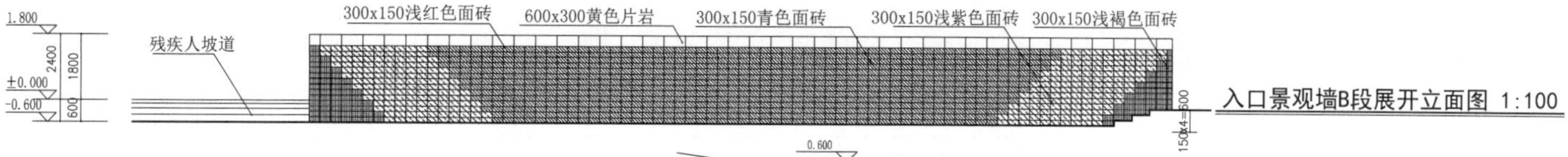
300x150浅红色面砖
600x300黄色片岩
300x150青色面砖
300x150浅紫色面砖
300x150浅褐色面砖
残疾人坡道
1.800
±0.000
-0.600
入口景观墙B段展开立面图 1:100

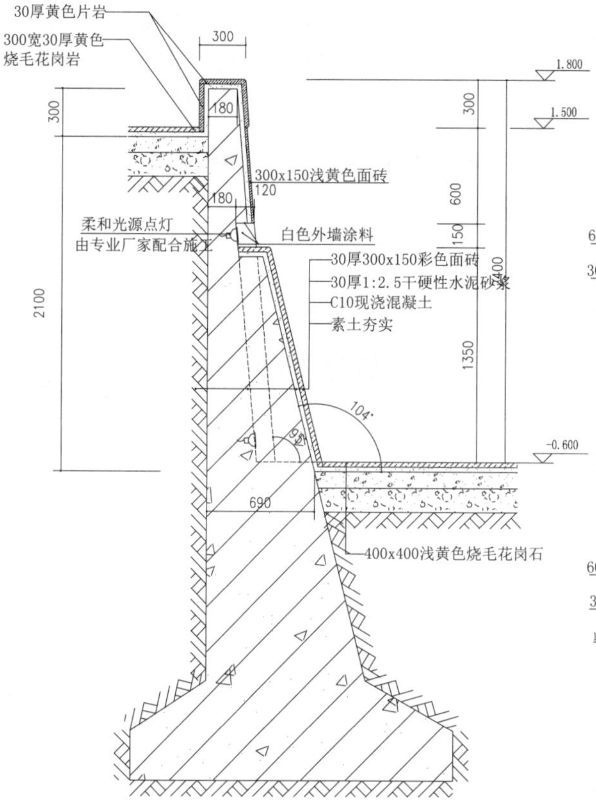
30厚黄色片岩
300宽30厚黄色
烧毛花岗岩
300x150浅黄色面砖
柔和光源点灯
由专业厂家配合施工
白色外墙涂料
30厚300x150彩色面砖
30厚1:2.5干硬性水泥砂浆
C10现浇混凝土
素土夯实
400x400浅黄色烧毛花岗石
1.800
1.500
-0.600
1:25

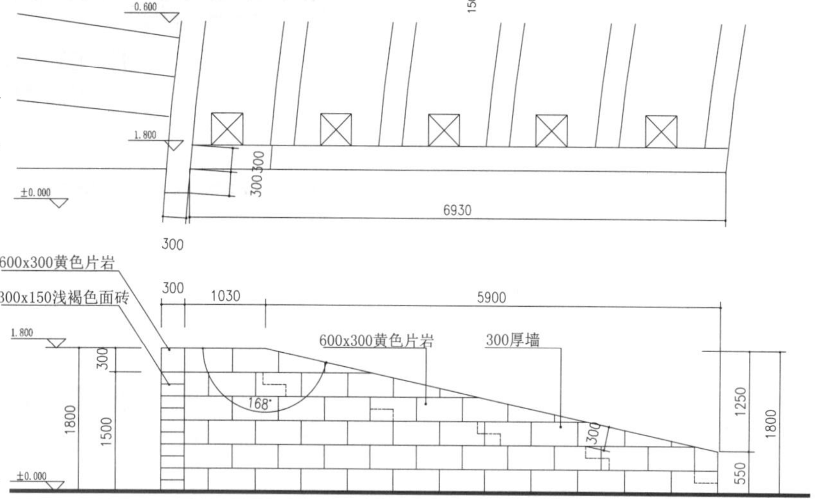

侧墙1展开立面图 1:50

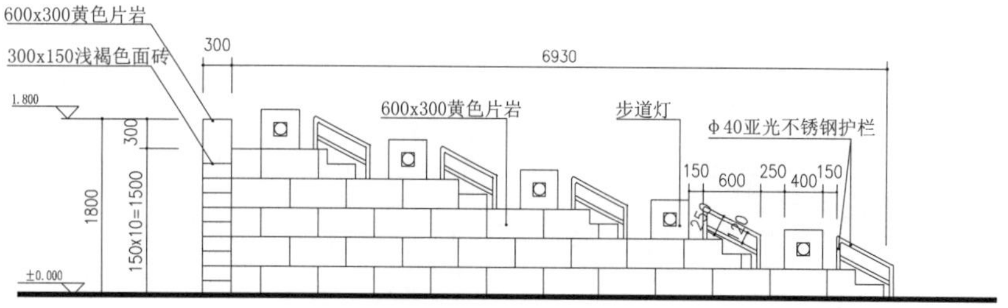
600x300黄色片岩
300x150浅褐色面砖
600x300黄色片岩
步道灯
φ40亚光不锈钢护栏
1.800
±0.000
6930
侧墙2展开立面图 1:50

挡土景墙199

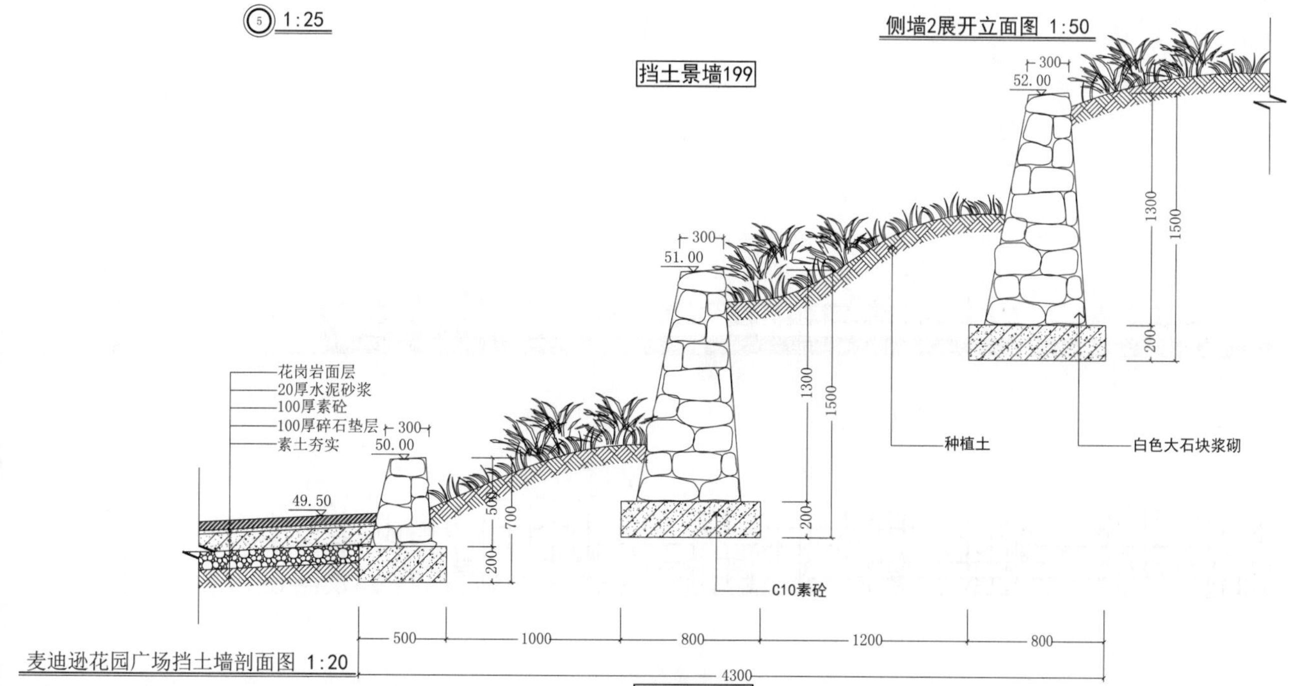

麦迪逊花园广场挡土墙剖面图 1:20

挡土景墙200

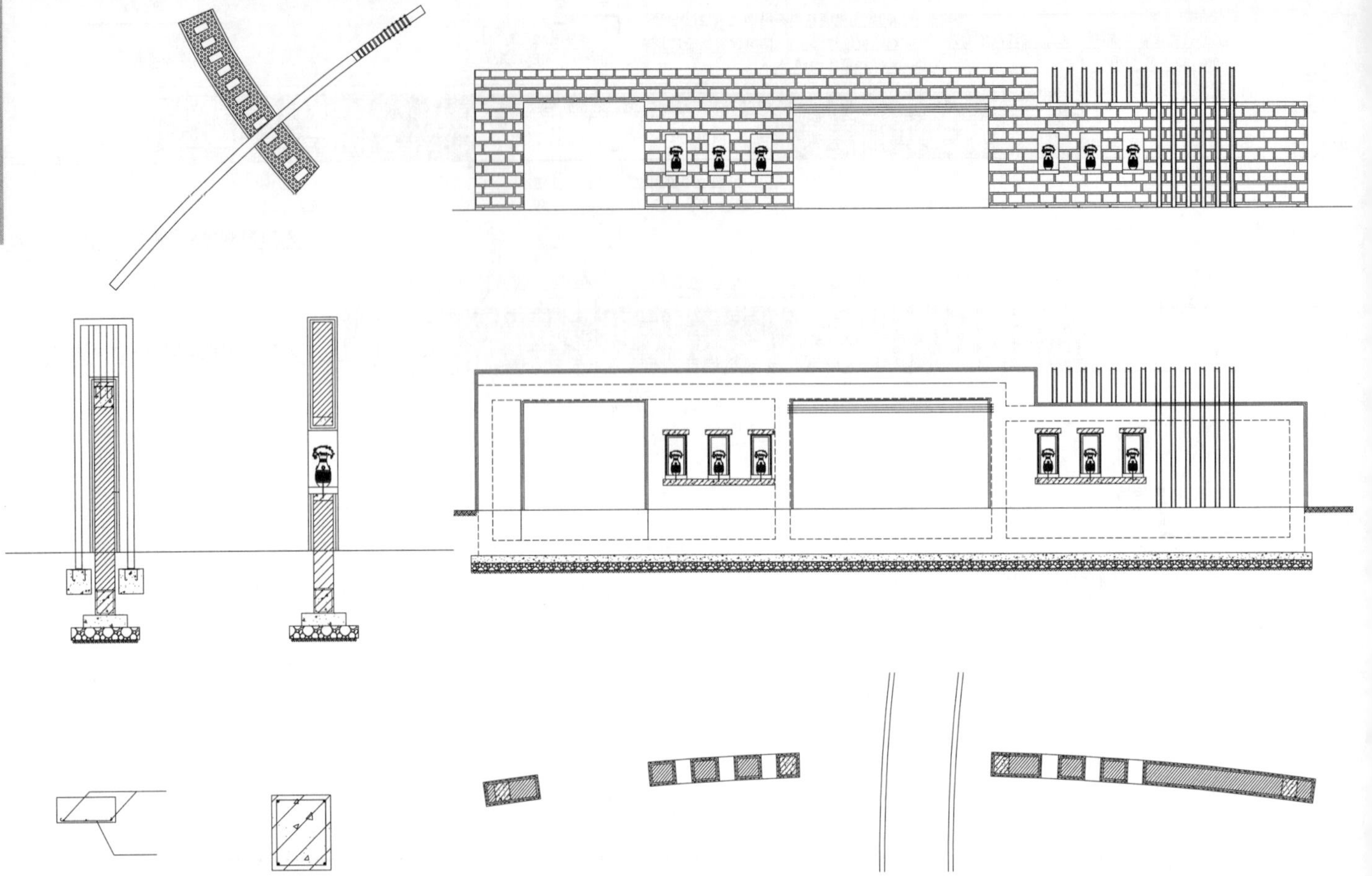

挡土景墙201

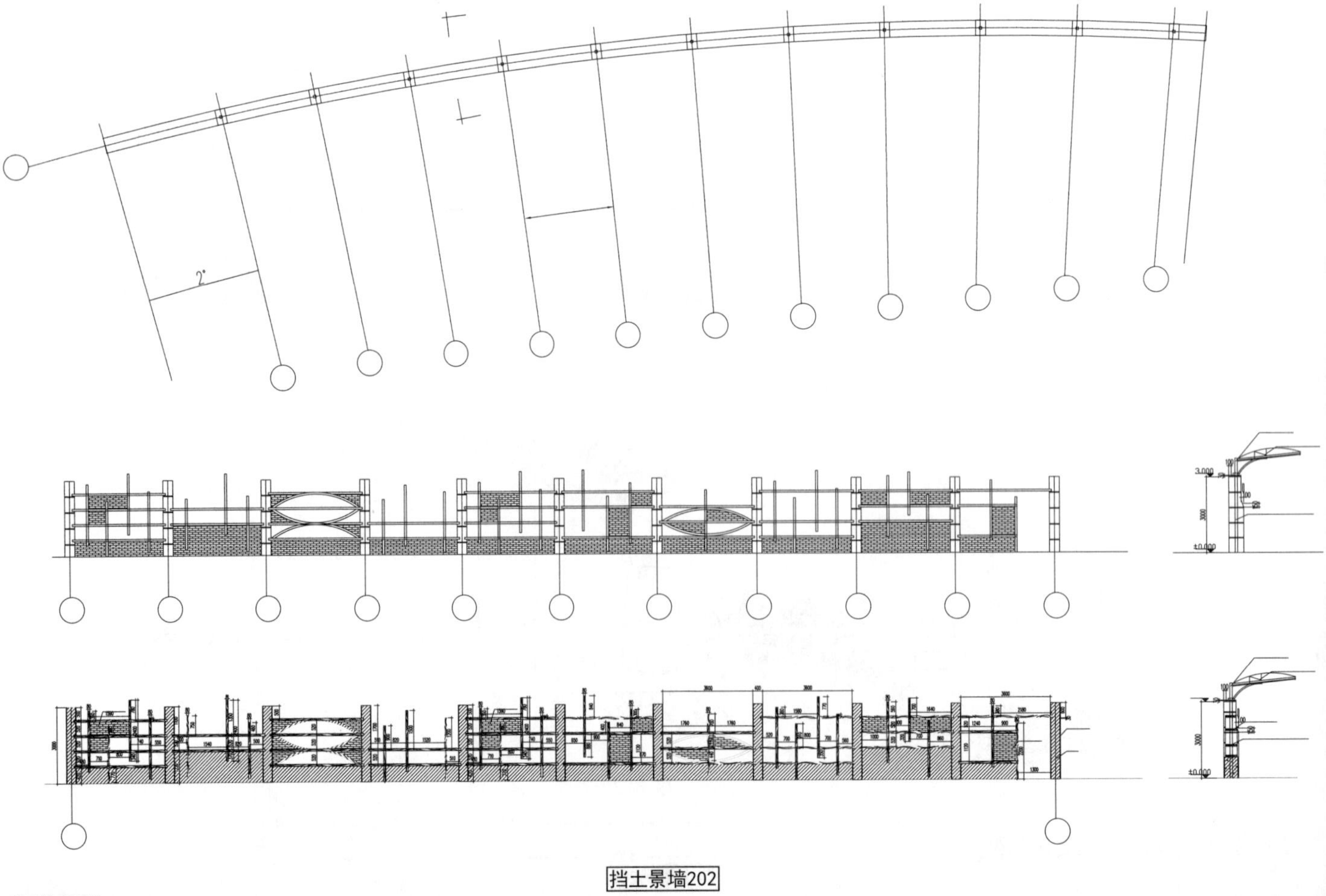

挡土景墙202

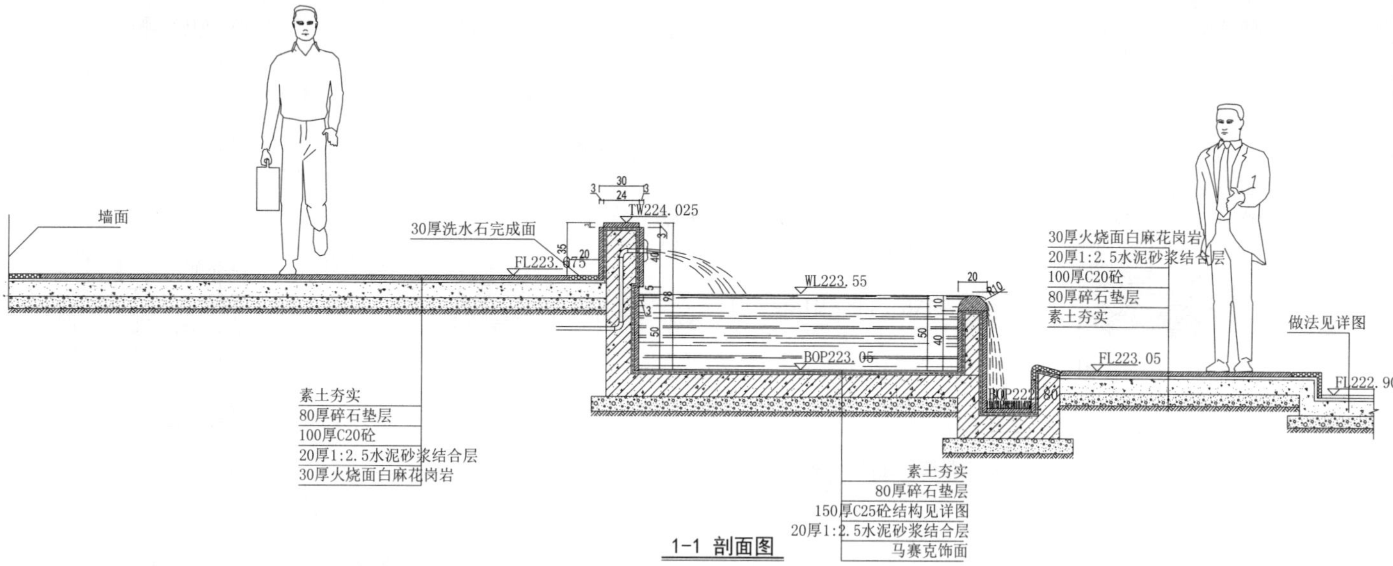
墙面
30厚洗水石完成面
TW224.025
FL223.675
WL223.55
BOP223.05
BOP222.80
FL223.05
FL222.90
30厚火烧面白麻花岗岩
20厚1:2.5水泥砂浆结合层
100厚C20砼
80厚碎石垫层
素土夯实
做法见详图
素土夯实
80厚碎石垫层
100厚C20砼
20厚1:2.5水泥砂浆结合层
30厚火烧面白麻花岗岩
素土夯实
80厚碎石垫层
150厚C25砼结构见详图
20厚1:2.5水泥砂浆结合层
马赛克饰面

1-1 剖面图

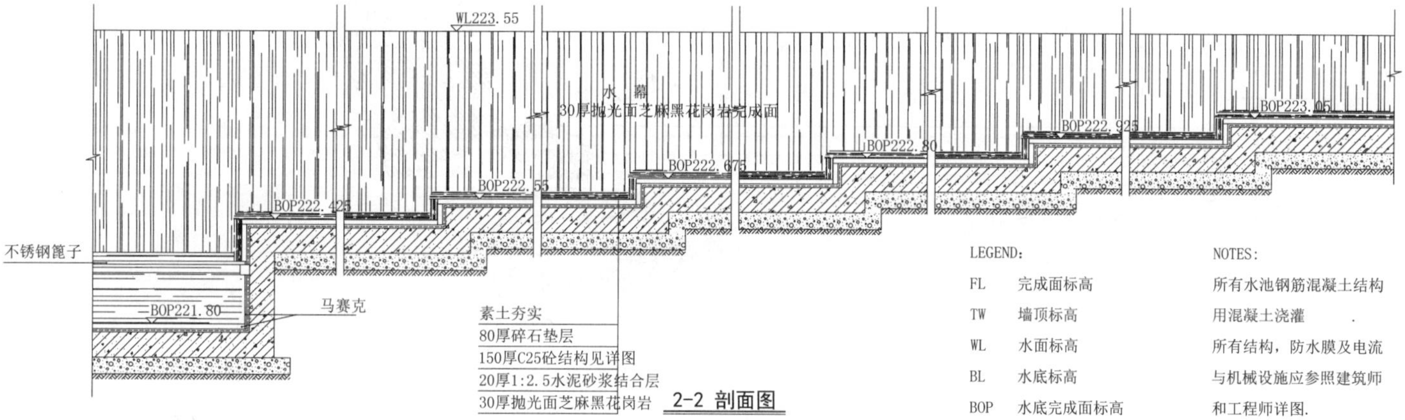
WL223.55
水幕
30厚抛光面芝麻黑花岗岩完成面
BOP223.05
BOP222.925
BOP222.80
BOP222.675
BOP222.55
BOP222.425
不锈钢篦子
BOP221.80
马赛克
素土夯实
80厚碎石垫层
150厚C25砼结构见详图
20厚1:2.5水泥砂浆结合层
30厚抛光面芝麻黑花岗岩

2-2 剖面图

LEGEND:

FL	完成面标高
TW	墙顶标高
WL	水面标高
BL	水底标高
BOP	水底完成面标高

NOTES:

所有水池钢筋混凝土结构用混凝土浇灌 .
所有结构，防水膜及电流与机械设施应参照建筑师和工程师详图.

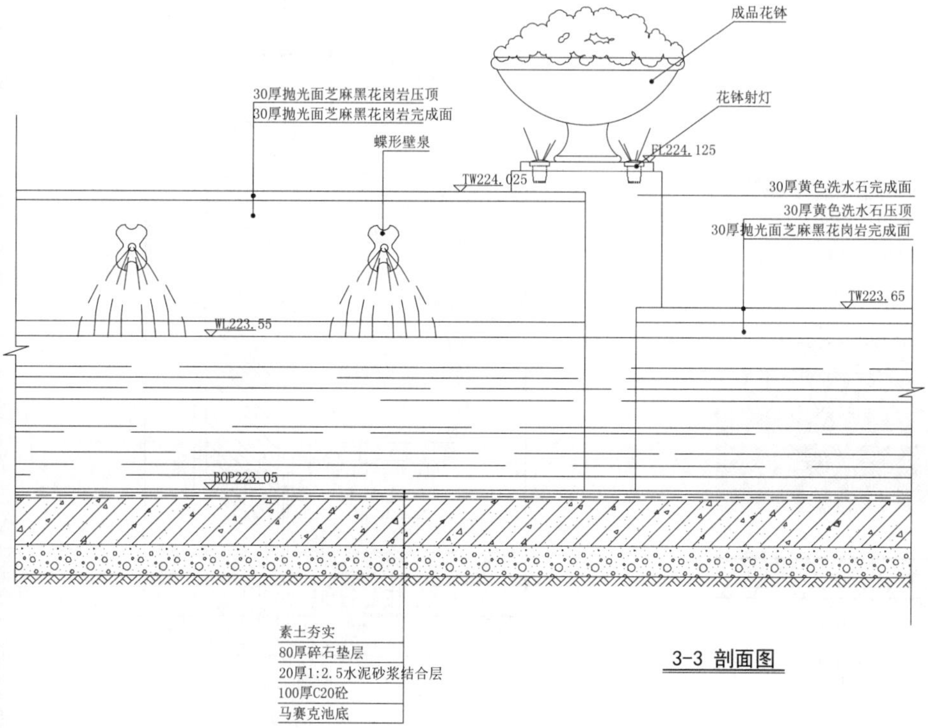
成品花钵
30厚抛光面芝麻黑花岗岩压顶
30厚抛光面芝麻黑花岗岩完成面
螺形壁泉
花钵射灯
FL224.125
TW224.025
30厚黄色洗水石完成面
30厚黄色洗水石压顶
30厚抛光面芝麻黑花岗岩完成面
TW223.65
WL223.55
BOP223.05
素土夯实
80厚碎石垫层
20厚1:2.5水泥砂浆结合层
100厚C20砼
马赛克池底

3-3 剖面图

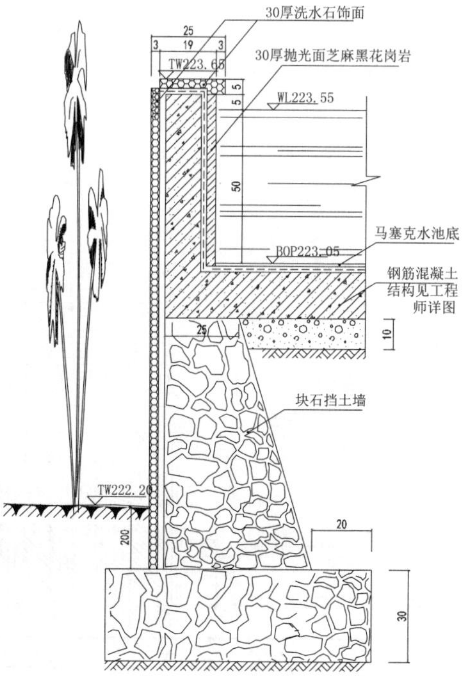
30厚洗水石饰面
30厚抛光面芝麻黑花岗岩
TW223.65
WL223.55
马塞克水池底
BOP223.05
钢筋混凝土结构见工程师详图
块石挡土墙
TW222.20

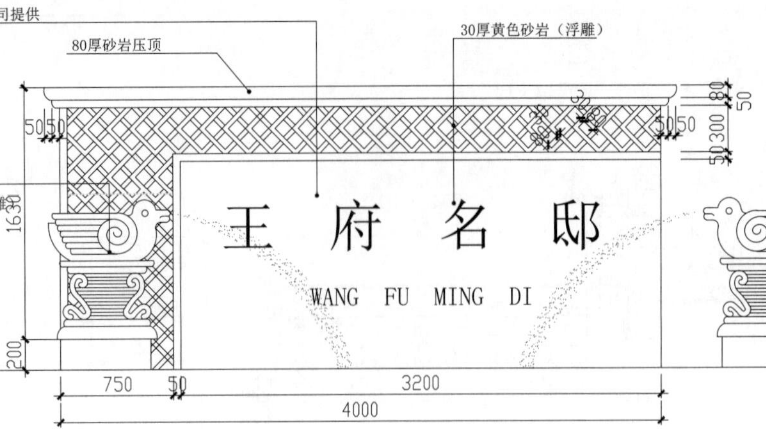
字体由广告策划公司提供
80厚砂岩压顶
30厚黄色砂岩（浮雕）
喷水鸭子
（黄锈石烧面成品石雕）
王 府 名 邸
WANG FU MING DI
750
3200
4000

标识景墙平面图 1:30

注：标识景墙正立面采用30厚黄色砂岩浮雕，具体图案及刻字由广告策划公司提供

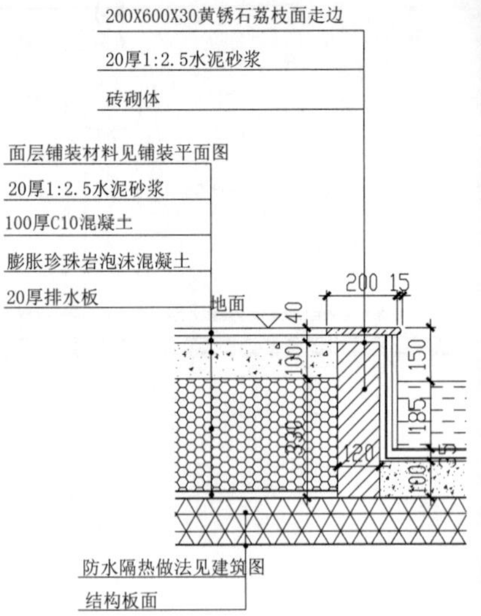
200X600X30黄锈石荔枝面走边
20厚1:2.5水泥砂浆
砖砌体
面层铺装材料见铺装平面图
20厚1:2.5水泥砂浆
100厚C10混凝土
膨胀珍珠岩泡沫混凝土
20厚排水板
地面
防水隔热做法见建筑图
结构板面

3-3 1:15

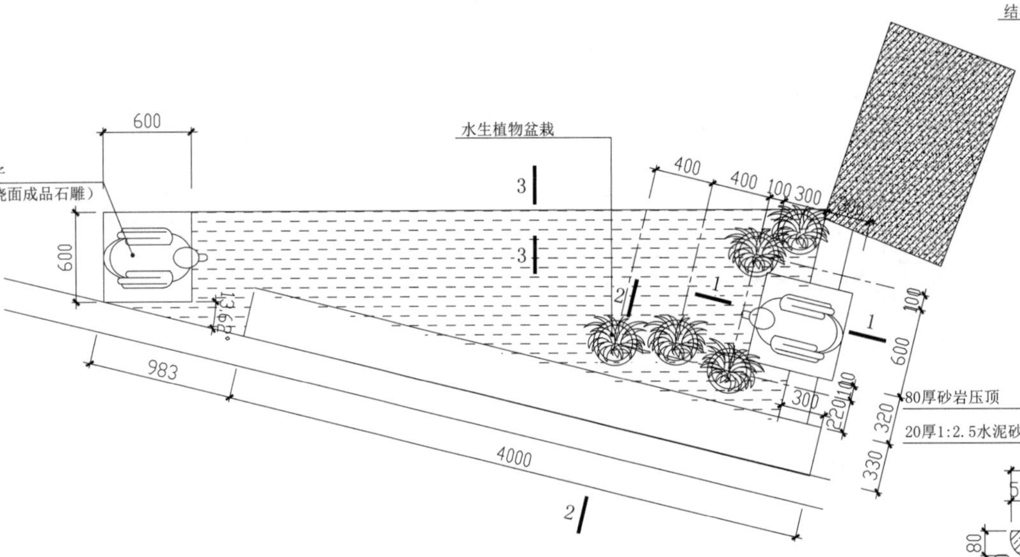
600
喷水鸭子
（黄锈石烧面成品石雕）
水生植物盆栽
983
4000

标识景墙立面图 1:30

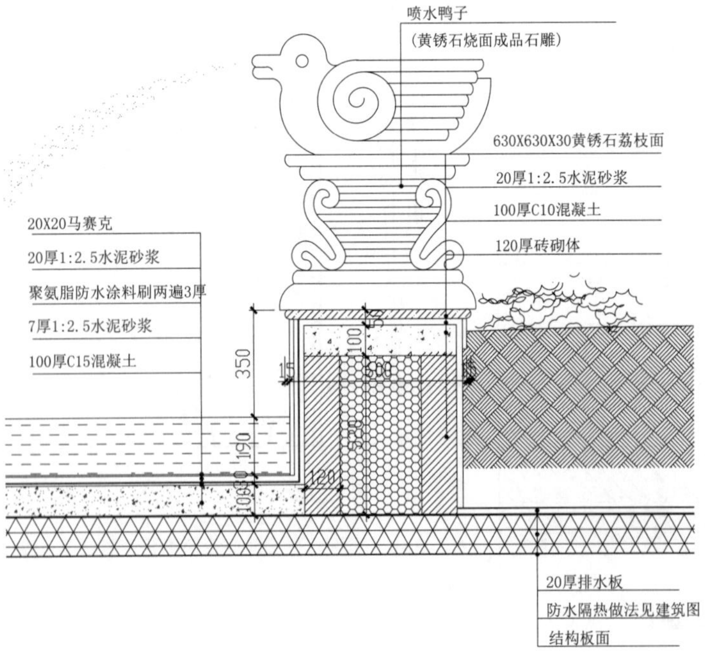
喷水鸭子
（黄锈石烧面成品石雕）
630X630X30黄锈石荔枝面
20厚1:2.5水泥砂浆
100厚C10混凝土
120厚砖砌体
20X20马赛克
20厚1:2.5水泥砂浆
聚氨脂防水涂料刷两遍3厚
7厚1:2.5水泥砂浆
100厚C15混凝土
20厚排水板
防水隔热做法见建筑图
结构板面

1-1 1:15

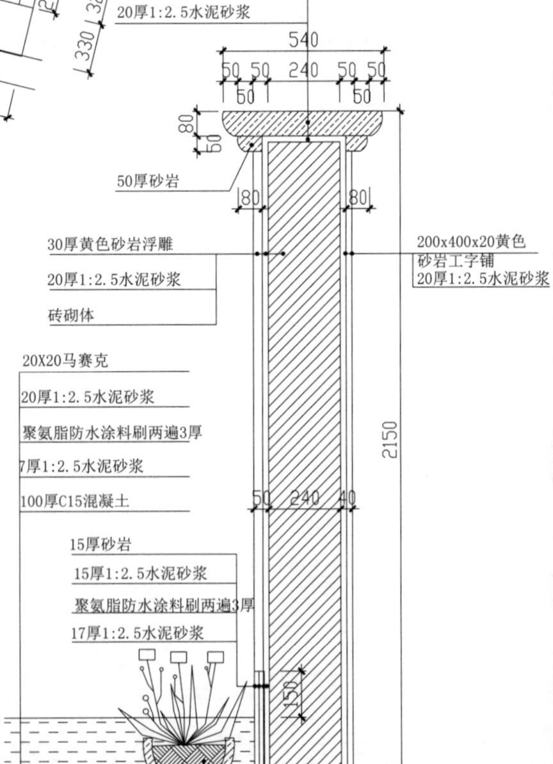
80厚砂岩压顶
20厚1:2.5水泥砂浆
50厚砂岩
30厚黄色砂岩浮雕
20厚1:2.5水泥砂浆
砖砌体
200x400x20黄色
砂岩工字铺
20厚1:2.5水泥砂浆
20X20马赛克
20厚1:2.5水泥砂浆
聚氨脂防水涂料刷两遍3厚
7厚1:2.5水泥砂浆
100厚C15混凝土
15厚砂岩
15厚1:2.5水泥砂浆
聚氨脂防水涂料刷两遍3厚
17厚1:2.5水泥砂浆
水生植物盆栽

2-2 1:15

注：马赛克颜色为深蓝、浅蓝、白色三色

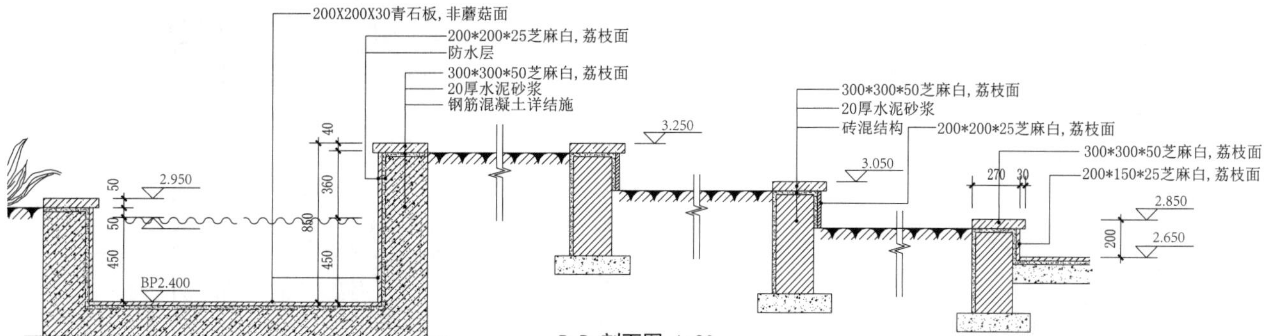
200X200X30青石板，非蘑菇面
200*200*25芝麻白，荔枝面
防水层
300*300*50芝麻白，荔枝面
20厚水泥砂浆
钢筋混凝土详结施
300*300*50芝麻白，荔枝面
20厚水泥砂浆
砖混结构
200*200*25芝麻白，荔枝面
300*300*50芝麻白，荔枝面
200*150*25芝麻白，荔枝面
3.250
3.050
2.950
2.850
2.650
BP2.400
40
360
850
450
50
50
450
270
30
200

B-B 剖面图 1:20

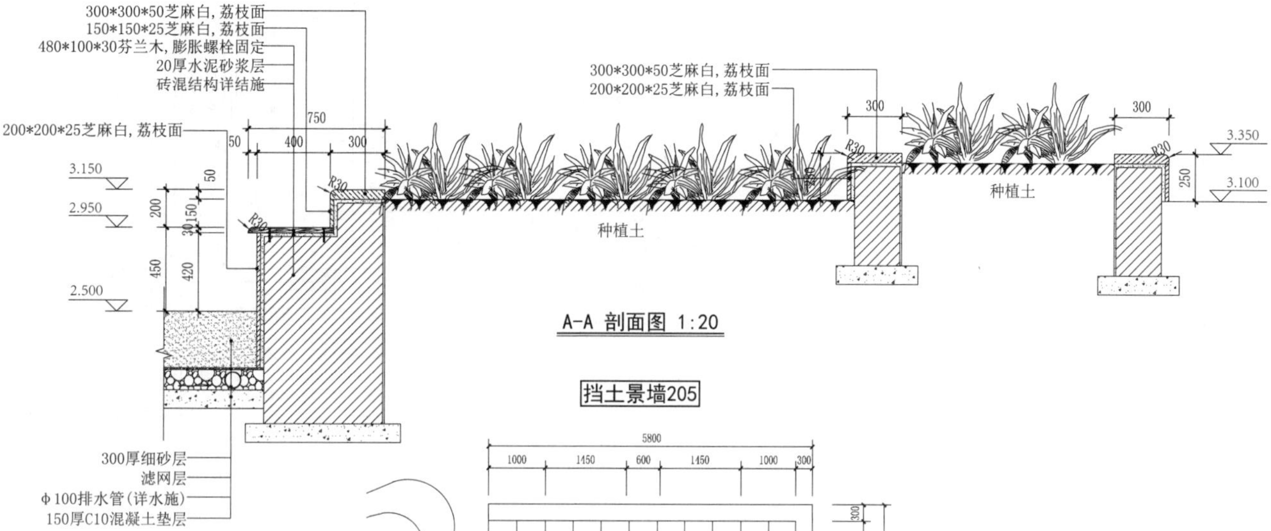

A-A 剖面图 1:20

挡土景墙205

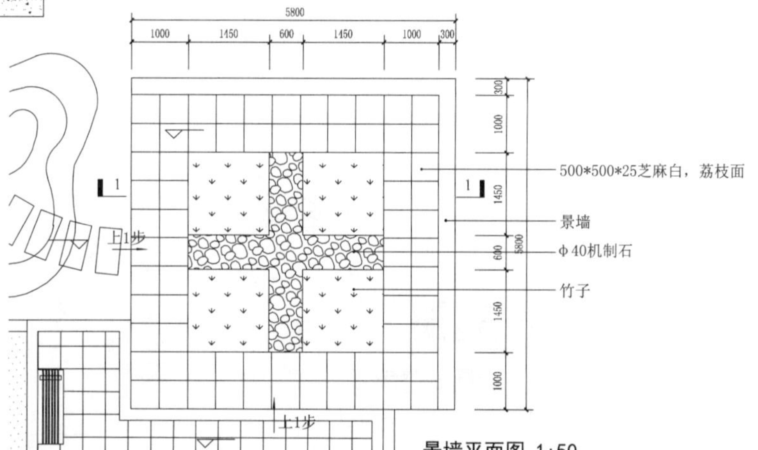

景墙平面图 1:50

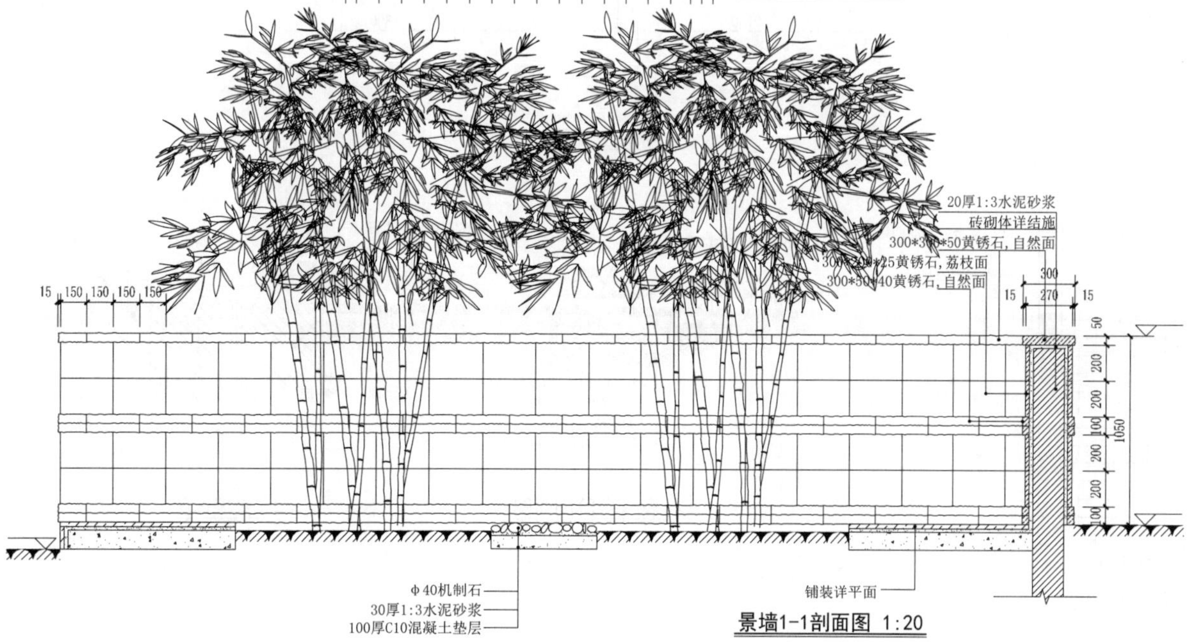
20厚1:3水泥砂浆
砖砌体详结施
300*300*50黄锈石，自然面
300*200*25黄锈石，荔枝面
300*50*40黄锈石，自然面
15
150
300
270
1050
200
100
ф40机制石
30厚1:3水泥砂浆
100厚C10混凝土垫层
铺装详平面

景墙1-1剖面图 1:20

挡土景墙206

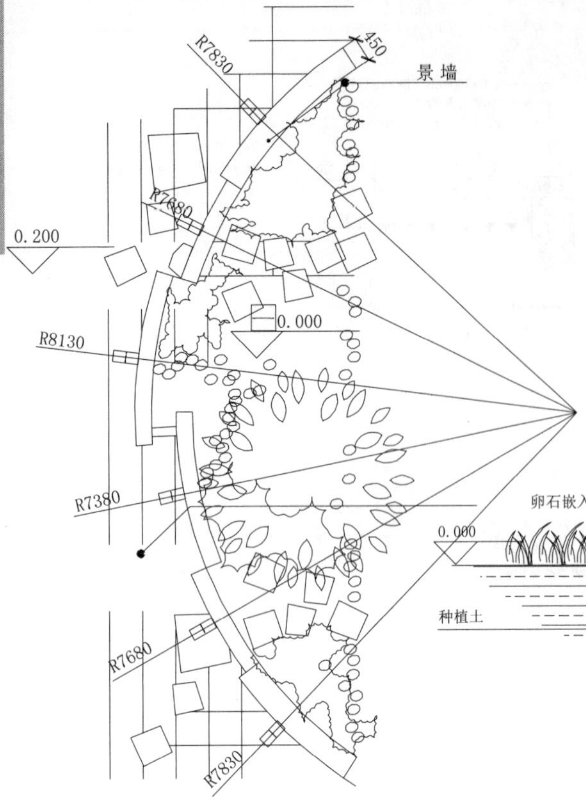

景墙平面图

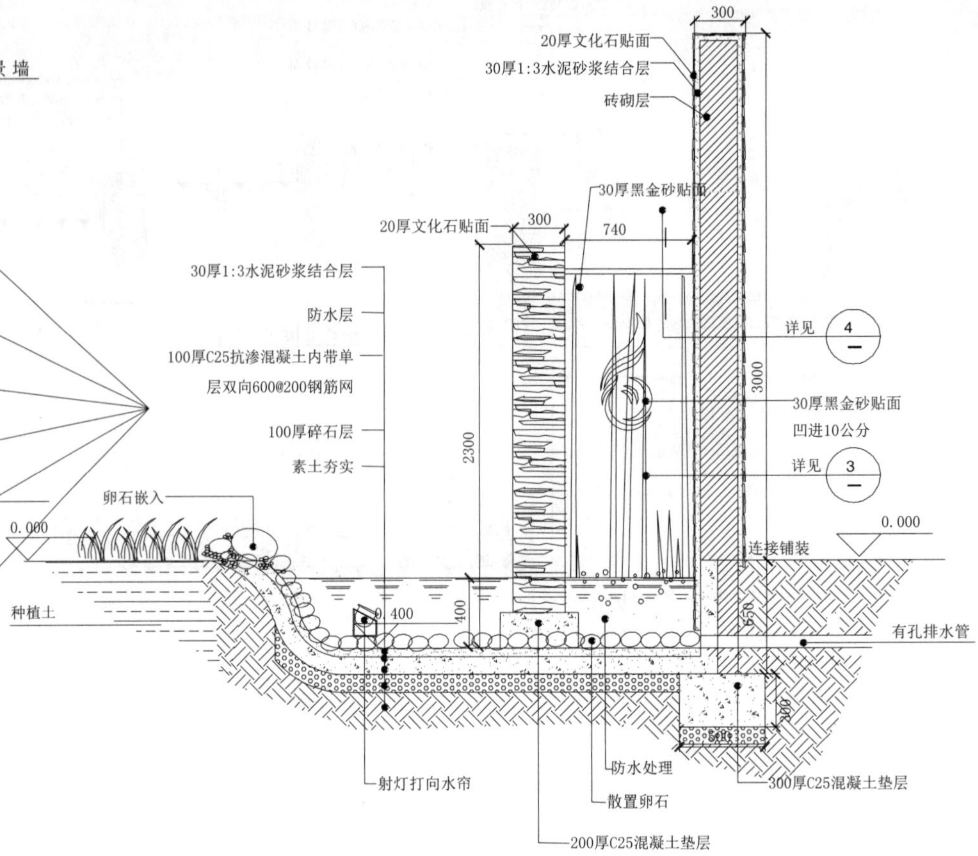

景墙剖面图

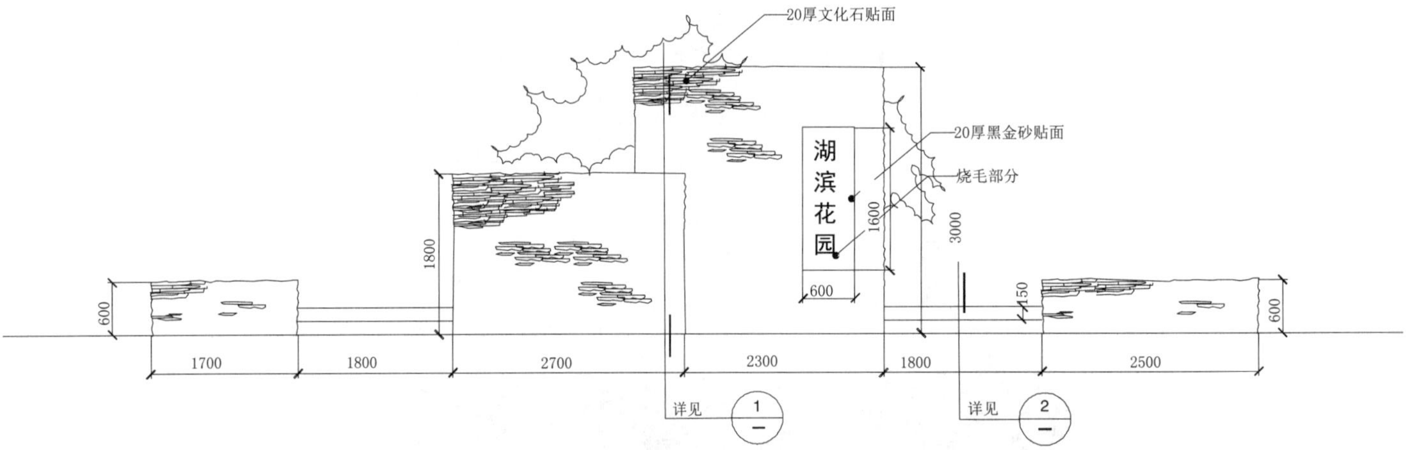

景墙立面图

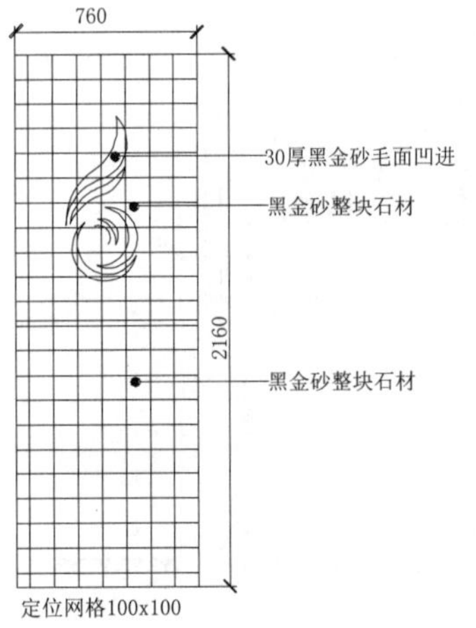

③ 景墙详图

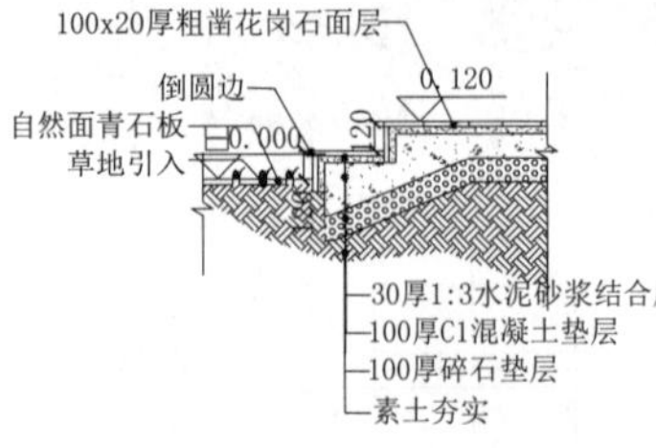

② 景墙台阶剖面图

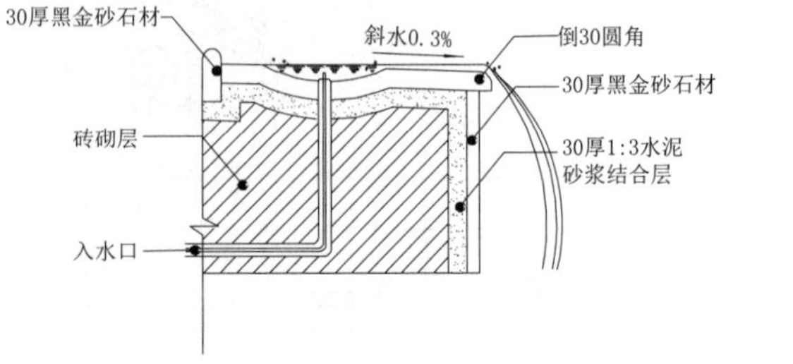

④ 景墙详图

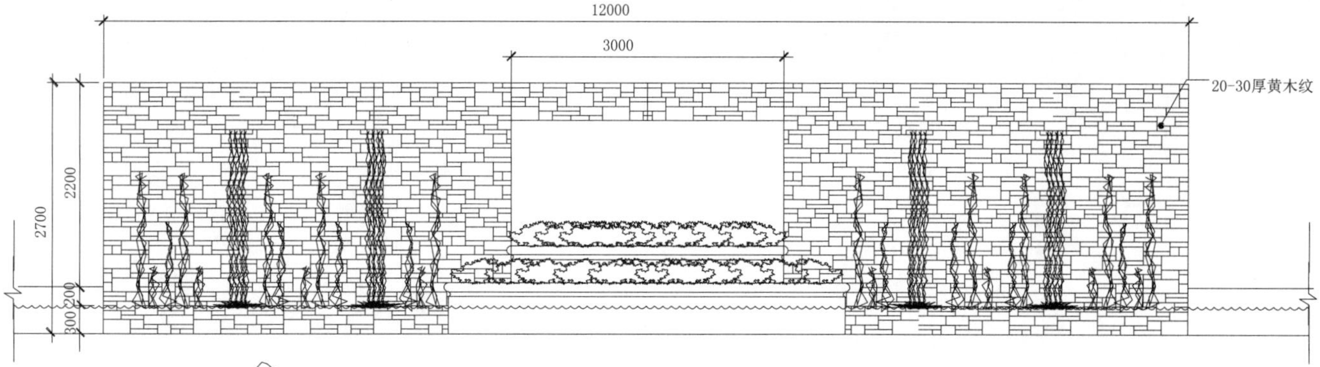

C 立面图

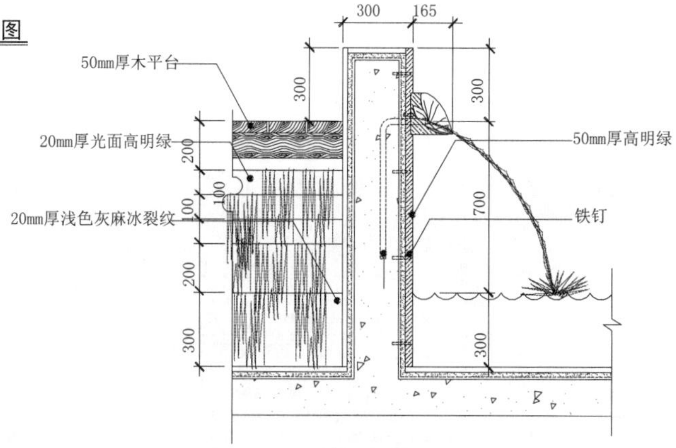

A 剖面图

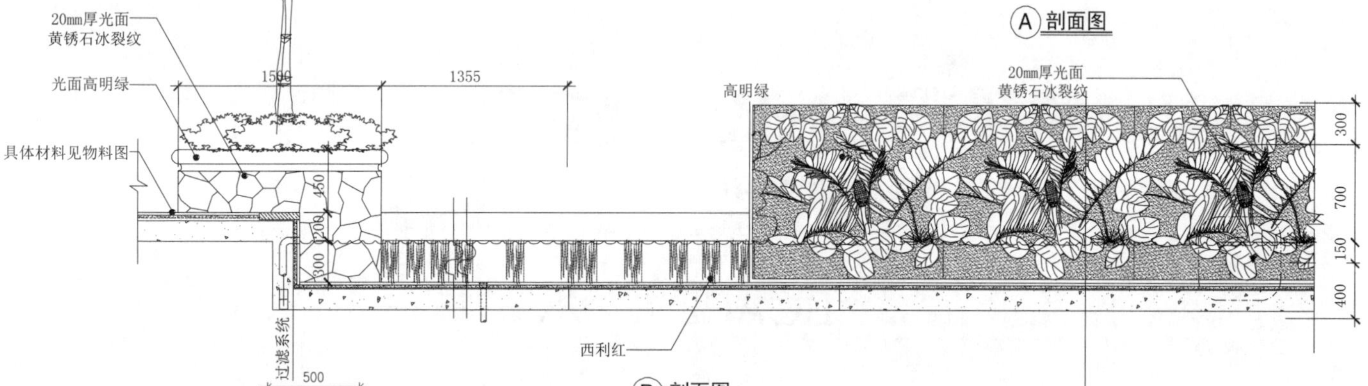

B 剖面图

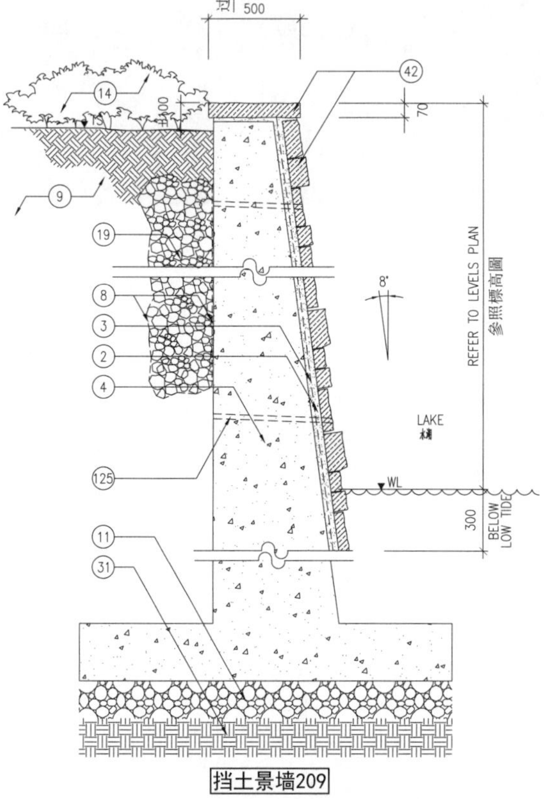

挡土景墙209

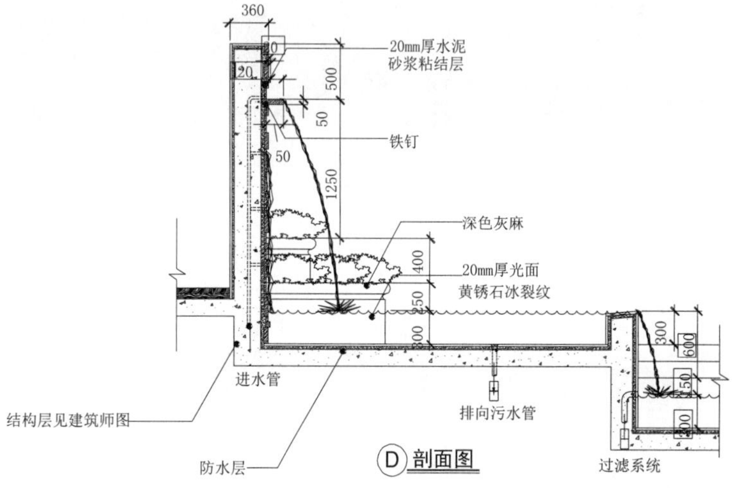

D 剖面图

挡土景墙208

20-30厚黄木纹

12000

3000

2700

2200

300 200

Ⓒ 立面图

50mm厚木平台

20mm厚光面高明绿

20mm厚浅色灰麻冰裂纹

300

165

50mm厚高明绿

铁钉

Ⓐ 剖面图

20mm厚光面
黄锈石冰裂纹

光面高明绿

高明绿

1500

1355

20mm厚光面
黄锈石冰裂纹

具体材料见物料图

西利红

过滤系统

500

Ⓑ 剖面图

42

14

70

9

19

8

3

2

4

125

11

31

REFER TO LEVELS PLAN
参照标高图

8°

LAKE
湖

WL

300

BELOW
LOW TIDE

挡土景墙209

360

20mm厚水泥
砂浆粘结层

铁钉

深色灰麻

20mm厚光面
黄锈石冰裂纹

进水管

结构层见建筑师图

防水层

排向污水管

Ⓓ 剖面图

过滤系统

挡土景墙208

栈道平台

BOARDWALK

18000

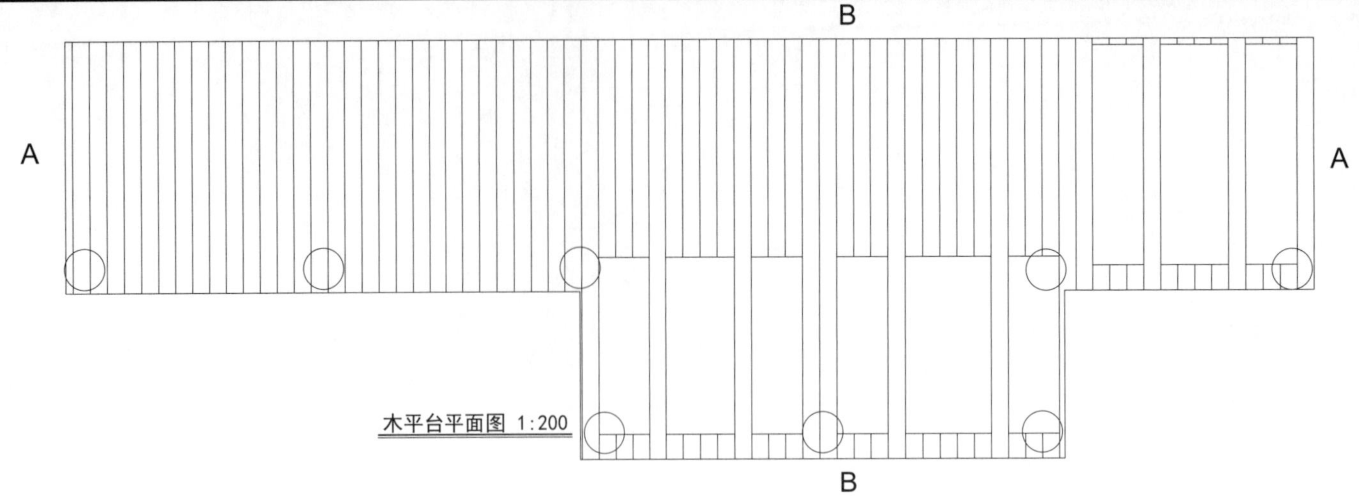
B
A
A
B

木平台平面图 1:200

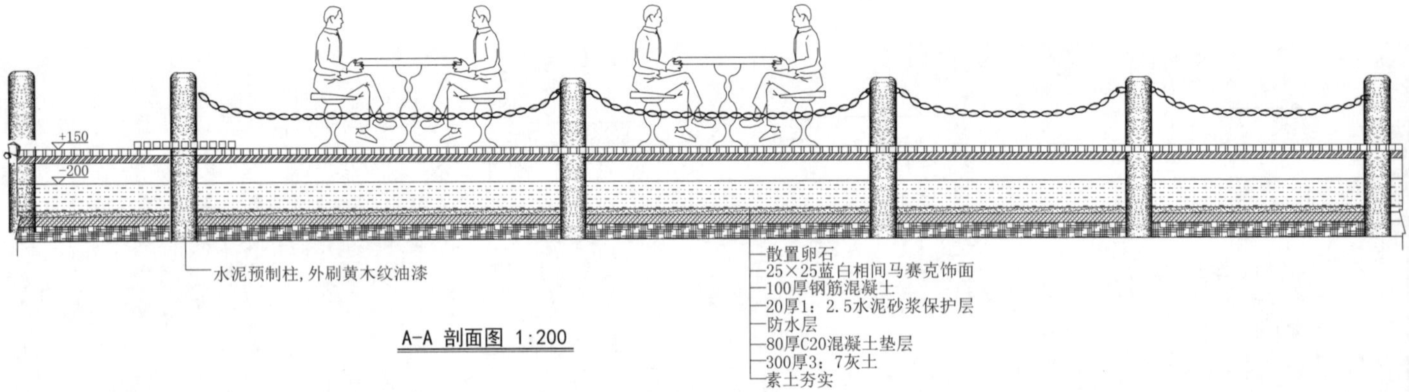
+150
-200
水泥预制柱，外刷黄木纹油漆
散置卵石
25×25蓝白相间马赛克饰面
100厚钢筋混凝土
20厚1：2.5水泥砂浆保护层
防水层
80厚C20混凝土垫层
300厚3：7灰土
素土夯实

A-A 剖面图 1:200

栈道平台001

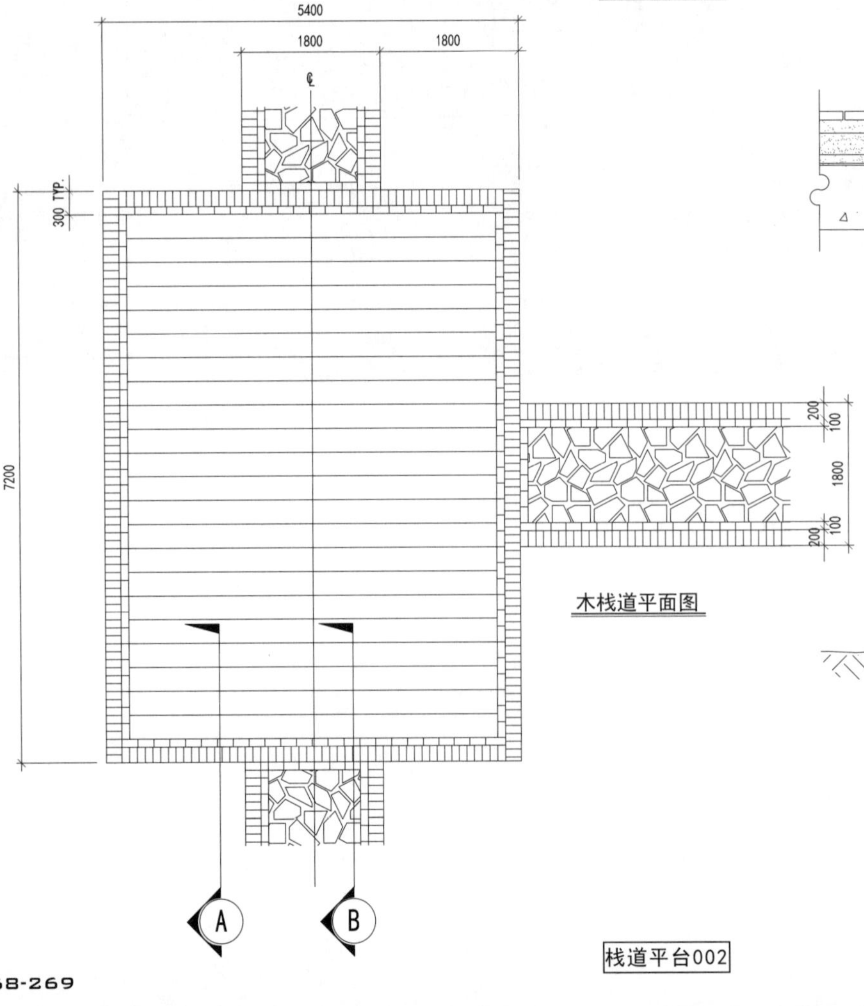

木栈道平面图

A 木栈道剖面图

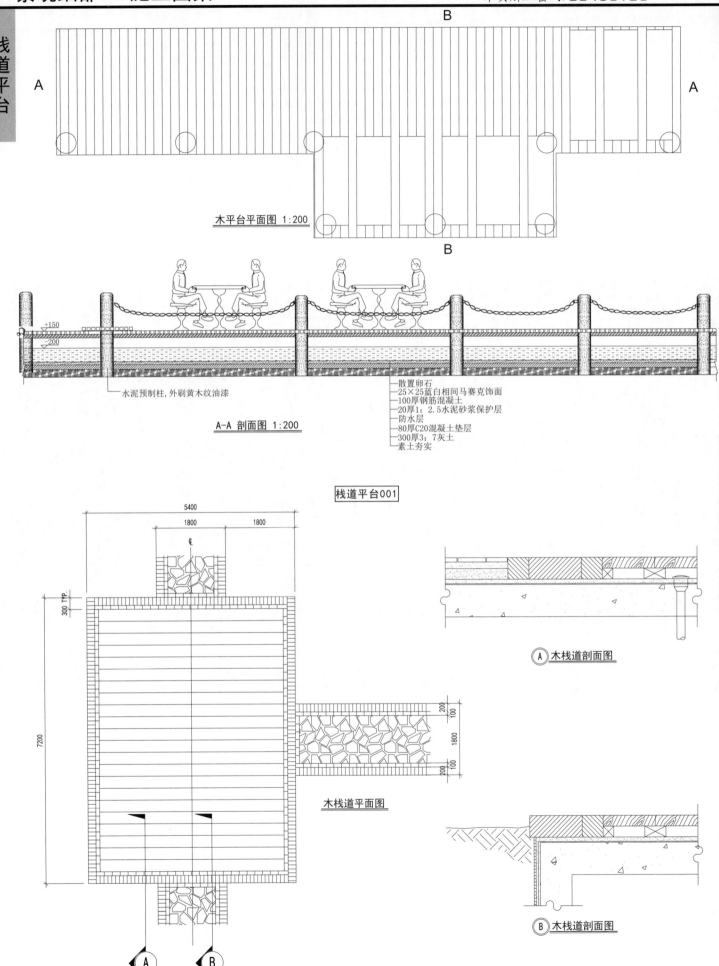

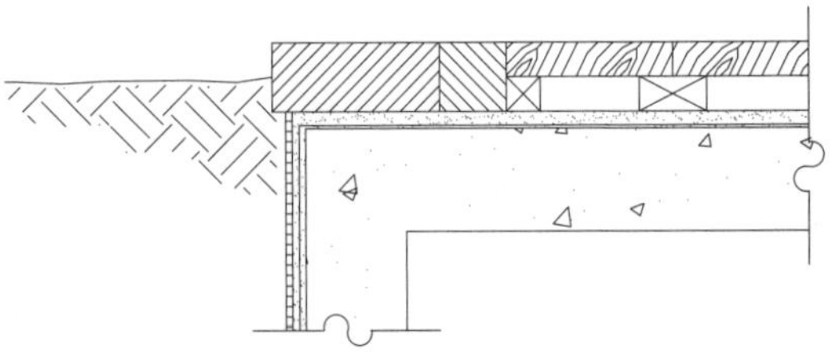

B 木栈道剖面图

栈道平台002

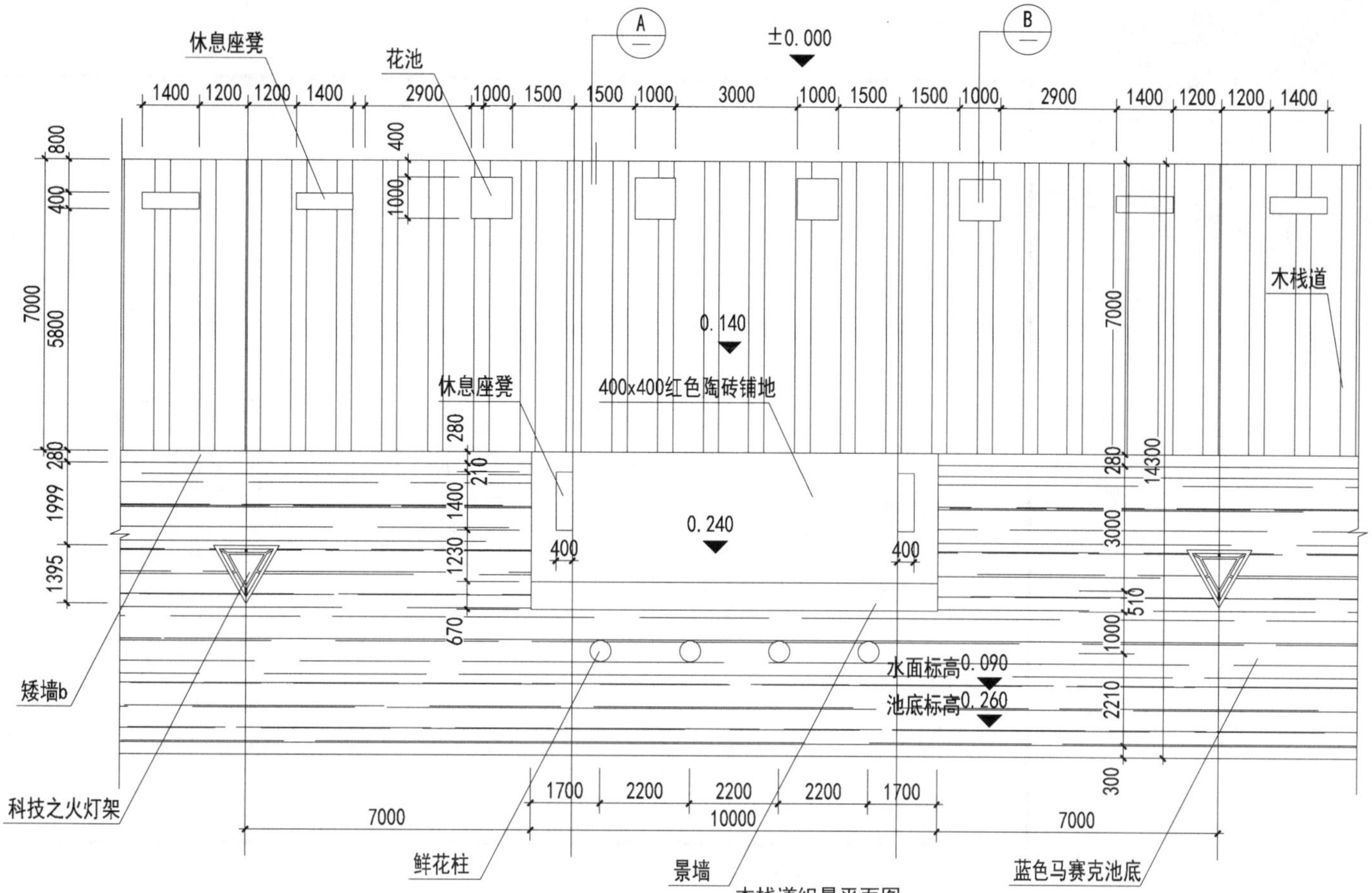
休息座凳
花池
±0.000
木栈道
0.140
休息座凳
400x400红色陶砖铺地
0.240
水面标高0.090
池底标高0.260
矮墙b
科技之火灯架
鲜花柱
景墙
蓝色马赛克池底

木栈道组景平面图

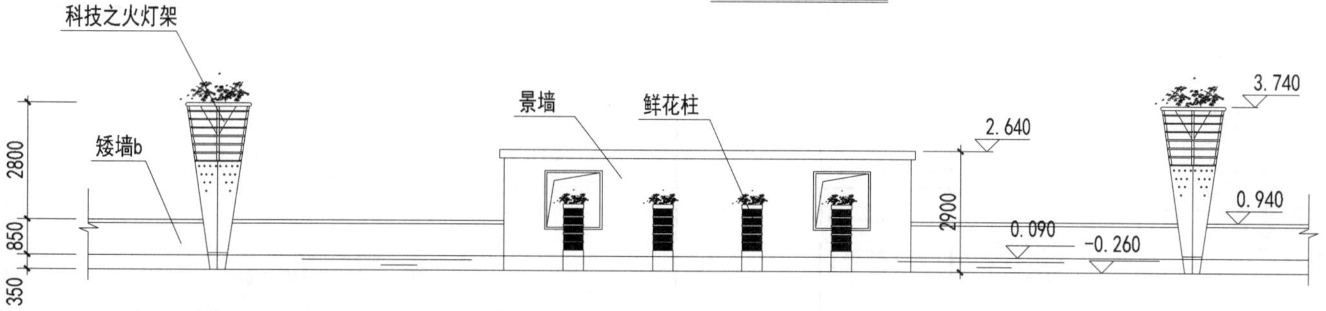

木栈道组景立面图

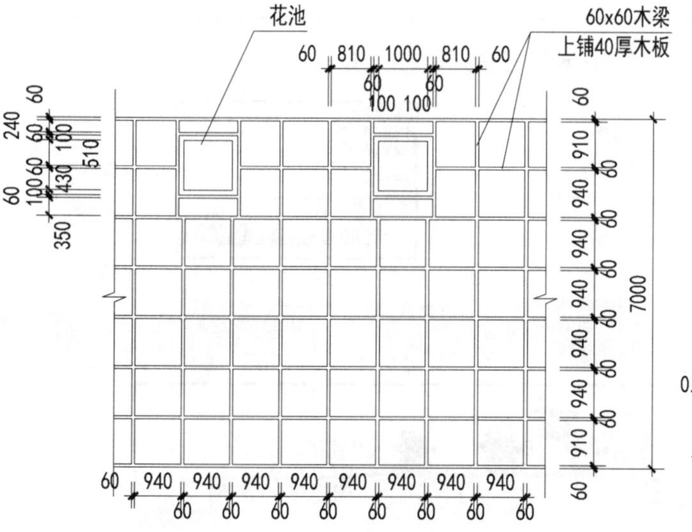
花池
60x60木梁
上铺40厚木板

木栈道梁平面图

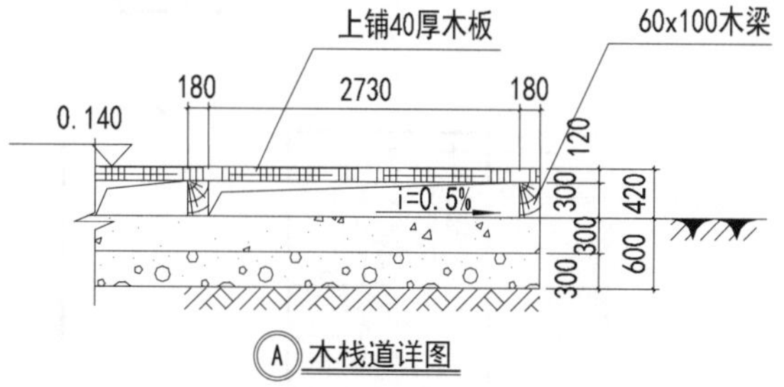
上铺40厚木板
60x100木梁
0.140
i=0.5%

(A) 木栈道详图

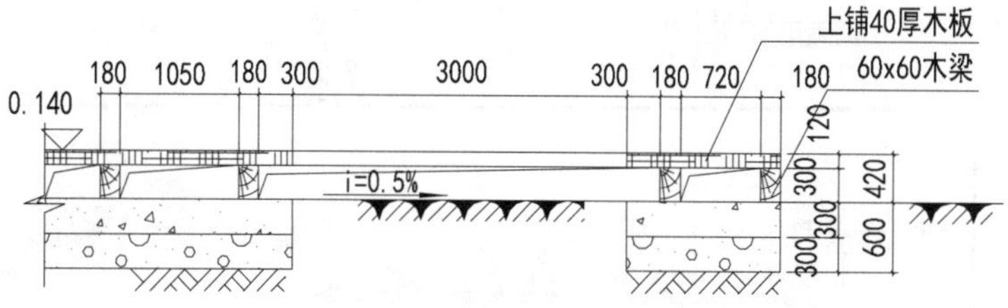
上铺40厚木板
60x60木梁
0.140
i=0.5%

(B) 木栈道详图

栈道平台

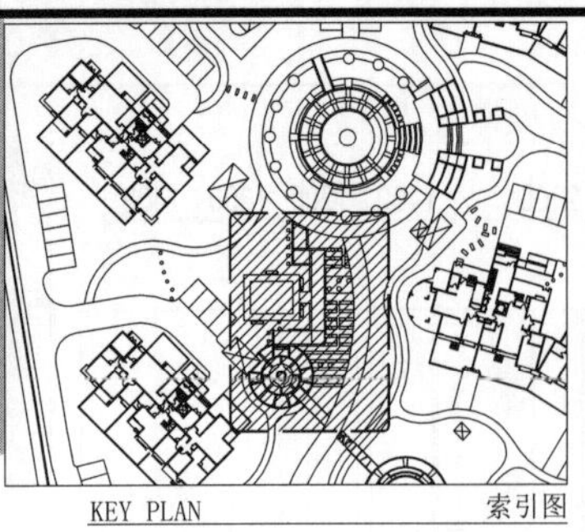
KEY PLAN
索引图

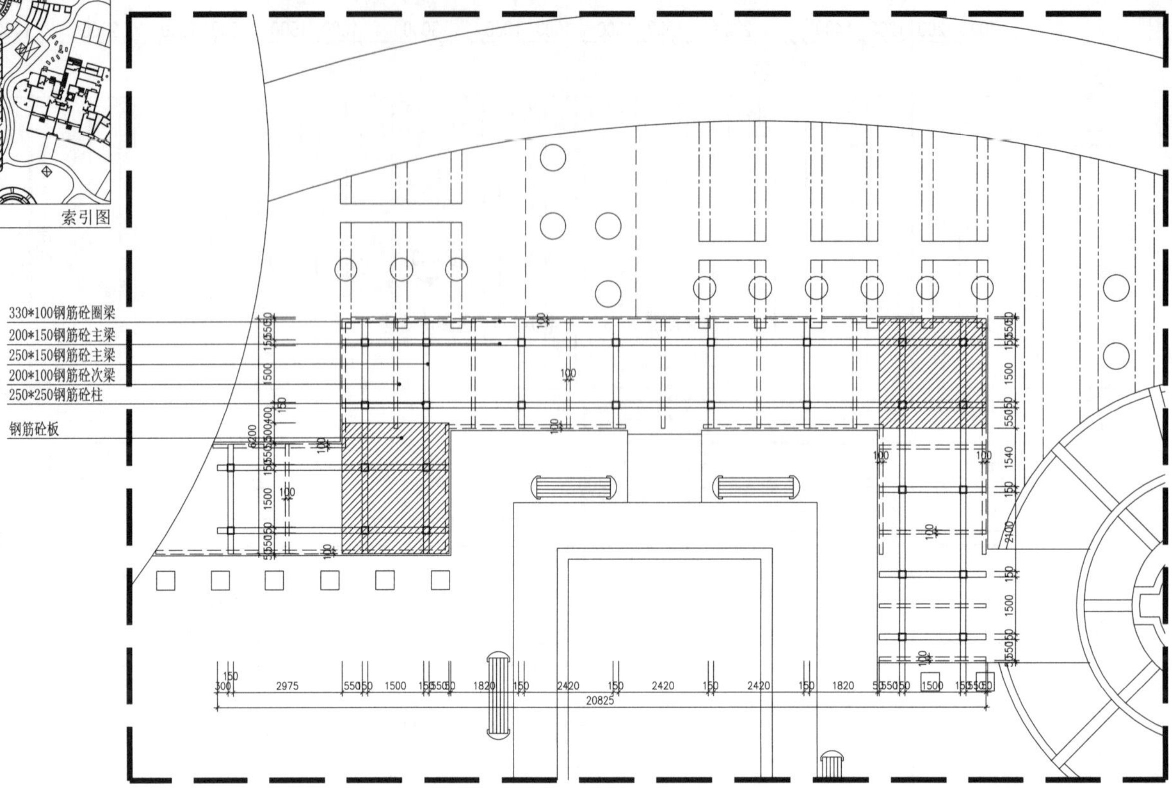
330*100钢筋砼圈梁
200*150钢筋砼主梁
250*150钢筋砼主梁
200*100钢筋砼次梁
250*250钢筋砼柱
钢筋砼板
20825

B区木平台结构平面示意图 1:100

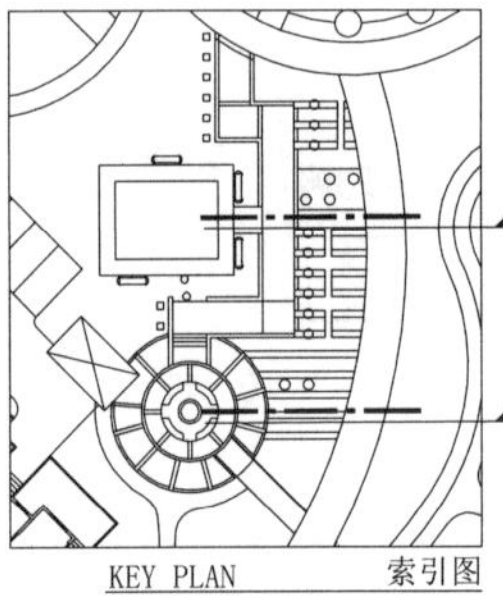

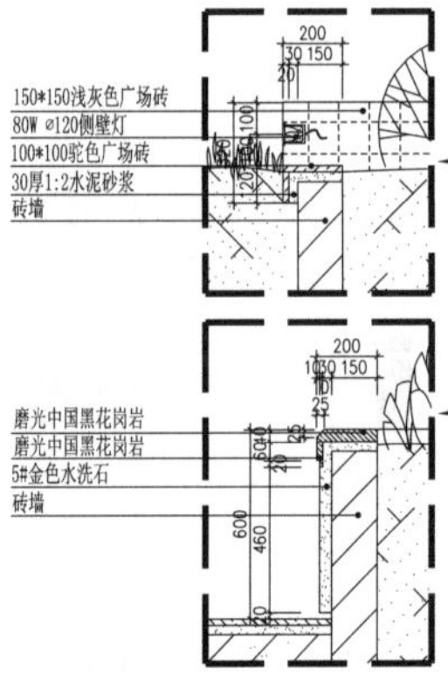
150*150浅灰色广场砖
80W ⌀120侧壁灯
100*100驼色广场砖
30厚1:2水泥砂浆
砖墙
磨光中国黑花岗岩
磨光中国黑花岗岩
5#金色水洗石
砖墙

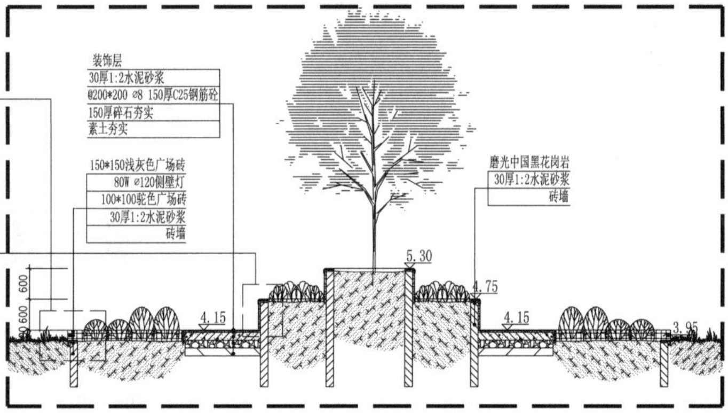
装饰层
30厚1:2水泥砂浆
@200*200 ⌀8 150厚C25钢筋砼
150厚碎石夯实
素土夯实
150*150浅灰色广场砖
80W ⌀120侧壁灯
100*100驼色广场砖
30厚1:2水泥砂浆
砖墙
磨光中国黑花岗岩
30厚1:2水泥砂浆
砖墙
5.30
4.75
4.15
4.15
3.95

D B区木平台剖面图一 1:75

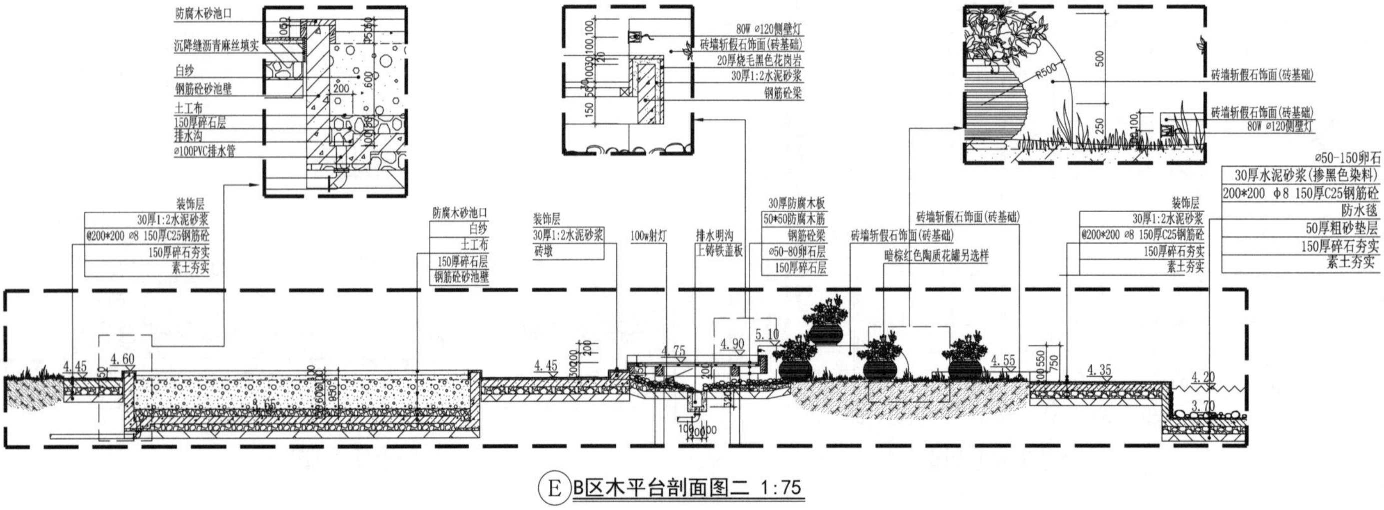
防腐木砂池口
沉降缝沥青麻丝填实
白纱
钢筋砼砂池壁
土工布
150厚碎石层
排水沟
⌀100PVC排水管
80W ⌀120侧壁灯
砖墙斩假石饰面(砖基础)
20厚烧毛黑色花岗岩
30厚1:2水泥砂浆
钢筋砼梁
砖墙斩假石饰面(砖基础)
砖墙斩假石饰面(砖基础)
80W ⌀120侧壁灯
⌀50-150卵石
30厚水泥砂浆(掺黑色染料)
200*200 ⌀8 150厚C25钢筋砼
防水毯
50厚粗砂垫层
150厚碎石夯实
素土夯实
装饰层
30厚1:2水泥砂浆
@200*200 ⌀8 150厚C25钢筋砼
150厚碎石夯实
素土夯实
防腐木砂池口
白纱
土工布
150厚碎石层
钢筋砼砂池壁
装饰层
30厚1:2水泥砂浆
砖墩
100W射灯
排水明沟
上铸铁盖板
30厚防腐木板
50*50防腐木筋
钢筋砼梁
⌀50-80卵石层
150厚碎石层
砖墙斩假石饰面(砖基础)
砖墙斩假石饰面(砖基础)
暗棕红色陶质花罐另选样
装饰层
30厚1:2水泥砂浆
@200*200 ⌀8 150厚C25钢筋砼
150厚碎石夯实
素土夯实
4.45
4.60
4.45
4.75
4.90
5.10
4.55
4.35
4.20
3.70

E B区木平台剖面图二 1:75

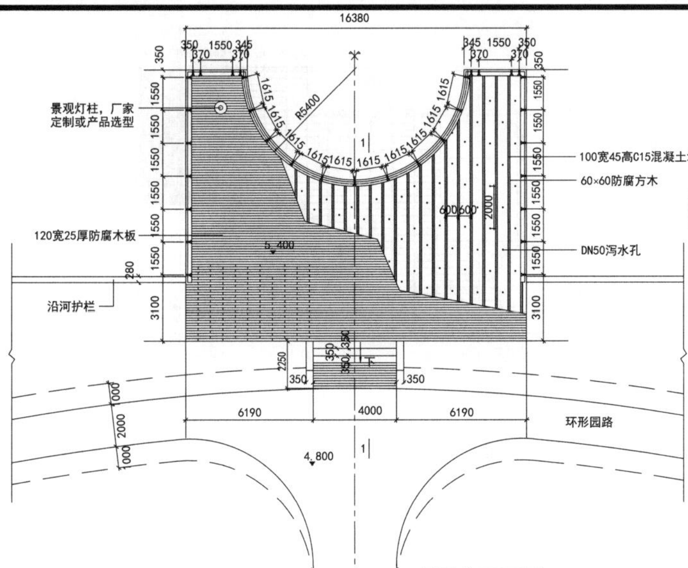

观景台平面图

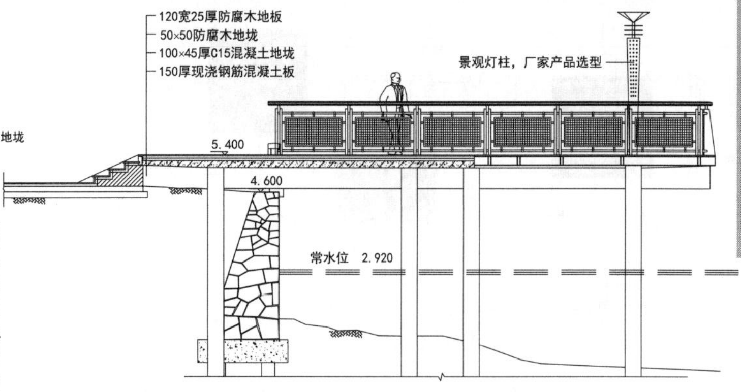

观景台1-1剖面图

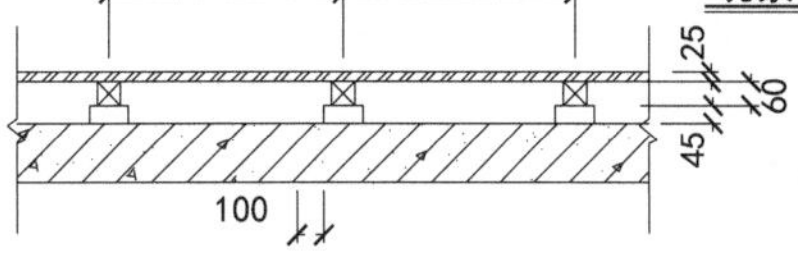

观景台地面做法

栈道平台005

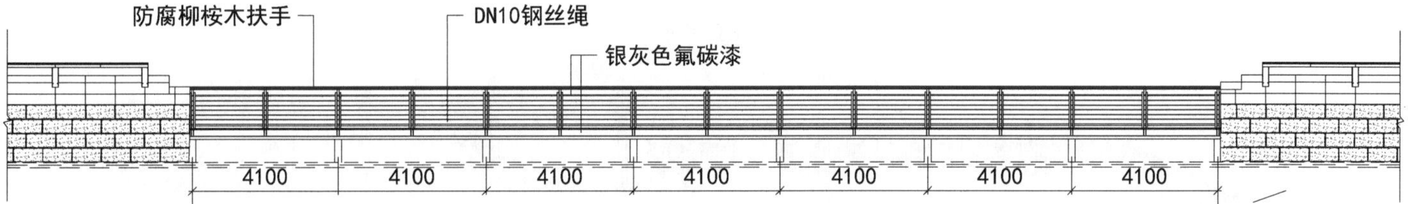

木栈台立面图（从水面方向）

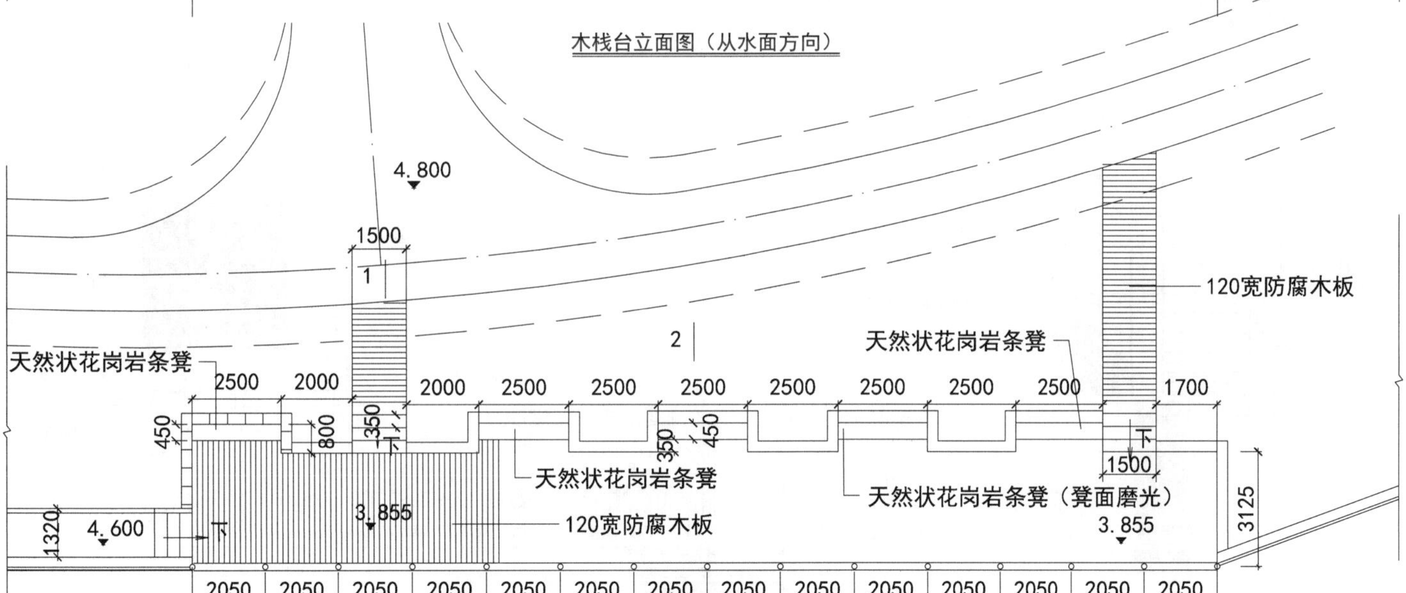

木栈台平面图

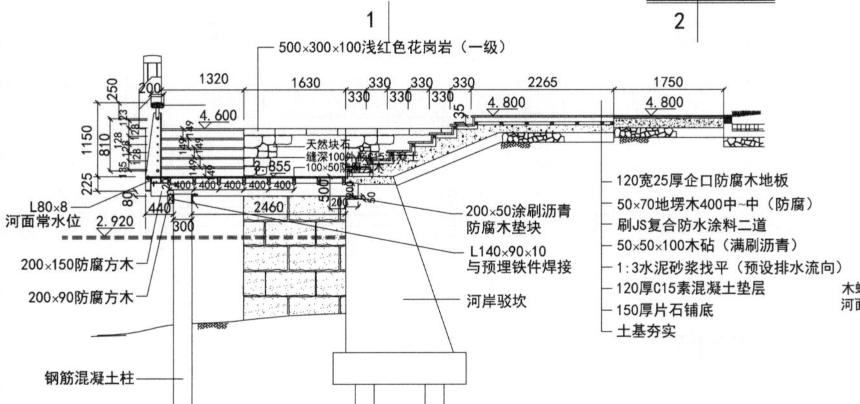

木栈台1-1剖面图

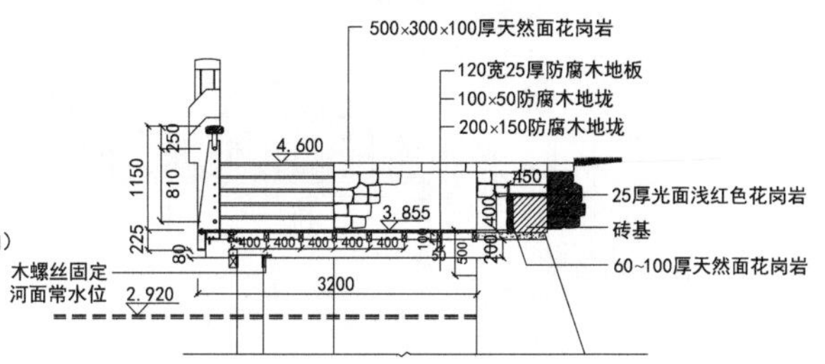

木栈台2-2剖面图

栈道平台006

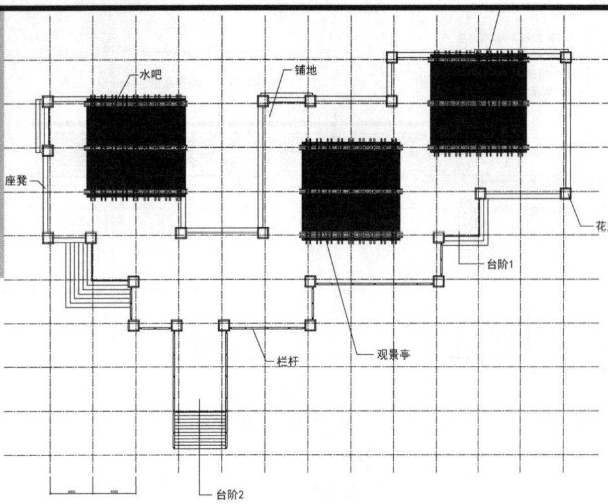
水吧
铺地
座凳
花盆
台阶1
栏杆
观景亭
台阶2

平面图(一)

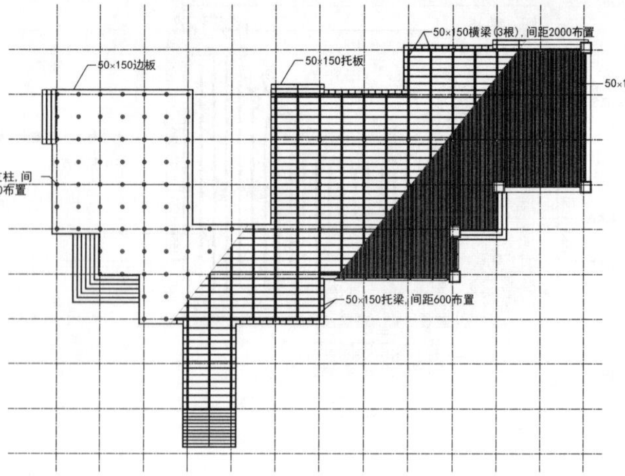
50×150横梁(3根), 间距2000布置
50×150托板
50×150边板
50×100铺面板, 板缝9
φ100支柱, 间距2000布置
50×150托梁, 间距600布置

平面图(二)

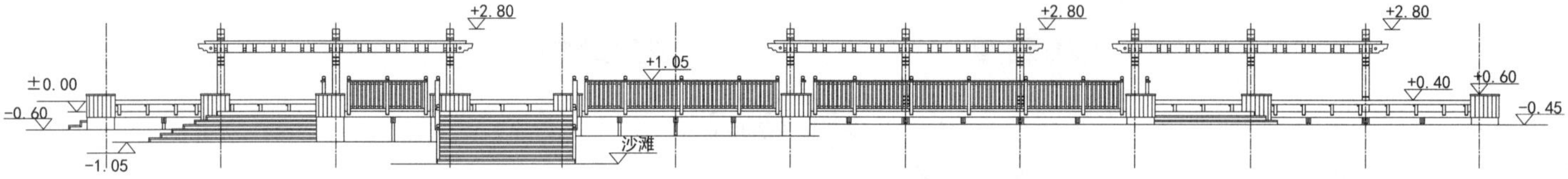
+2.80
+2.80
+2.80
+1.05
±0.00
-0.60
-1.05
沙滩
+0.40
+0.60
-0.45

正立面图

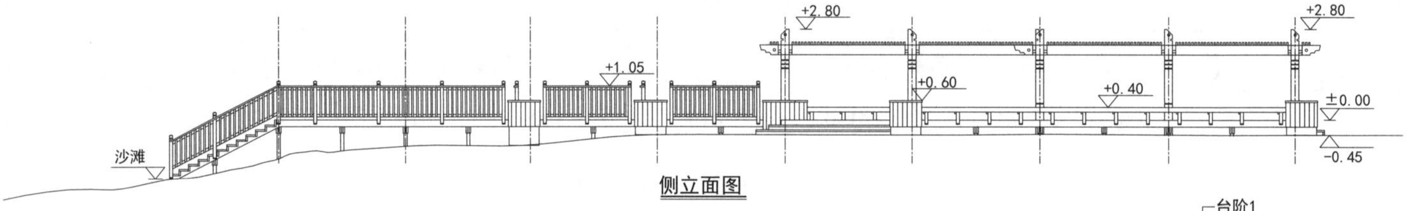
+2.80
+2.80
+1.05
+0.60
+0.40
±0.00
沙滩
-0.45

侧立面图

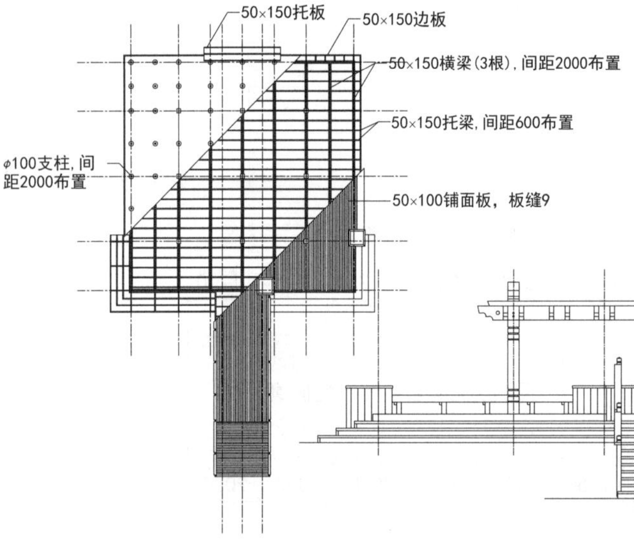
50×150托板
50×150边板
50×150横梁(3根), 间距2000布置
50×150托梁, 间距600布置
φ100支柱, 间距2000布置
50×100铺面板, 板缝9

平面图(二)

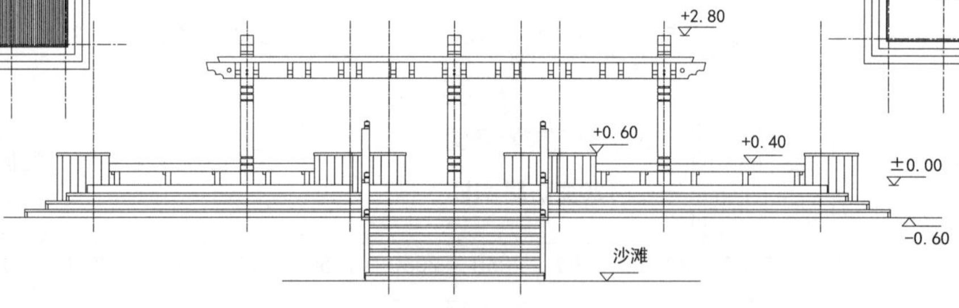
+2.80
+0.60
+0.40
±0.00
-0.60
沙滩

正立面图

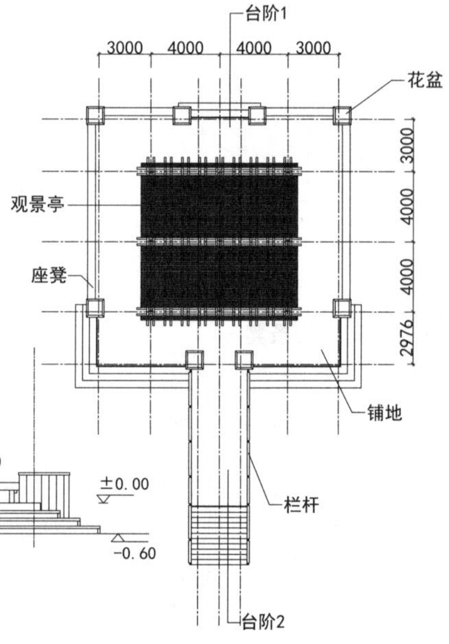

平面图(一)

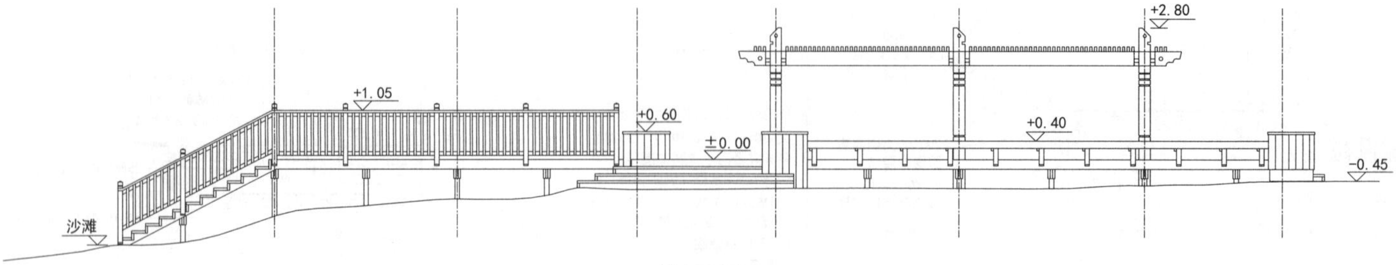
+2.80
+1.05
+0.60
±0.00
+0.40
-0.45
沙滩

侧立面图

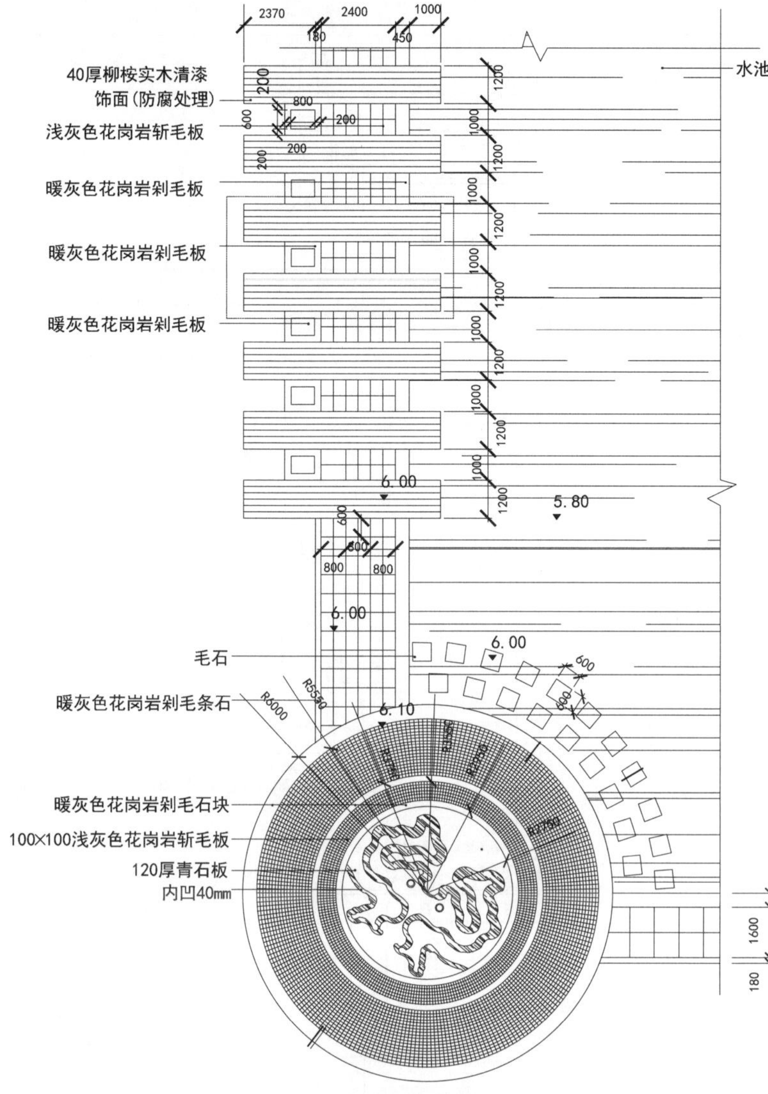
2370
2400
1000
180
450
40厚柳桉实木清漆
饰面(防腐处理)
浅灰色花岗岩斩毛板
暖灰色花岗岩剁毛板
暖灰色花岗岩剁毛板
暖灰色花岗岩剁毛板
水池
6.00
5.80
毛石
暖灰色花岗岩剁毛条石
暖灰色花岗岩剁毛石块
100×100浅灰色花岗岩斩毛板
120厚青石板
内凹40mm
6.10
R6000
R5500
1600
450
180

曲水流觞和木平台平面图

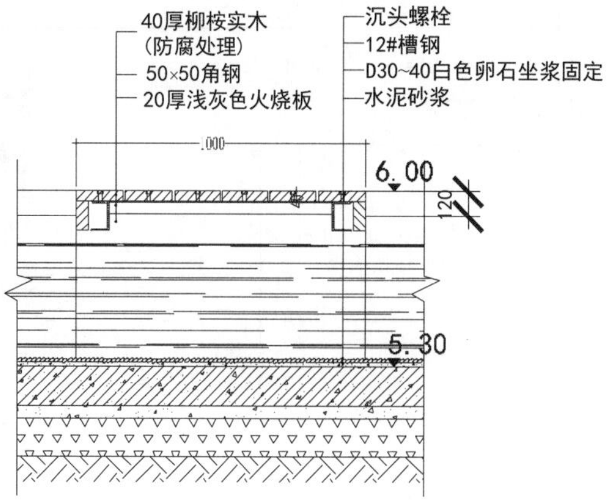
40厚柳桉实木
(防腐处理)
50×50角钢
20厚浅灰色火烧板
沉头螺栓
12#槽钢
D30~40白色卵石坐浆固定
水泥砂浆
6.00
5.30
120

2 剖面图

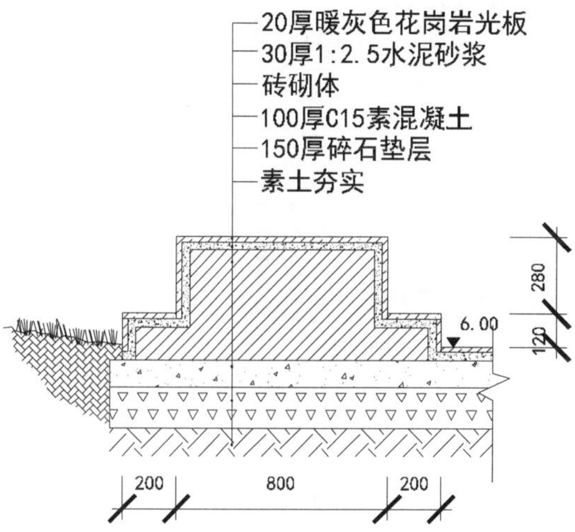
20厚暖灰色花岗岩光板
30厚1:2.5水泥砂浆
砖砌体
100厚C15素混凝土
150厚碎石垫层
素土夯实
280
120
6.00
200
800
200

3 剖面图

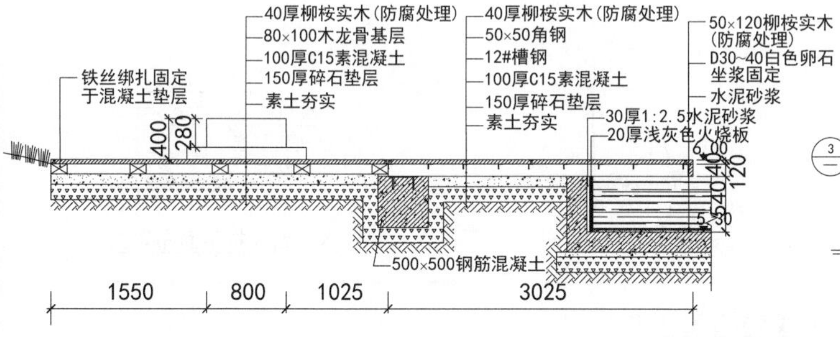
铁丝绑扎固定
于混凝土垫层
40厚柳桉实木(防腐处理)
80×100木龙骨基层
100厚C15素混凝土
150厚碎石垫层
素土夯实
40厚柳桉实木(防腐处理)
50×50角钢
12#槽钢
100厚C15素混凝土
150厚碎石垫层
素土夯实
50×120柳桉实木
(防腐处理)
D30~40白色卵石
坐浆固定
水泥砂浆
30厚1:2.5水泥砂浆
20厚浅灰色火烧板
500×500钢筋混凝土
400
280
6.00
5.40
5.30
120
1550
800
1025
3025

1 剖面图

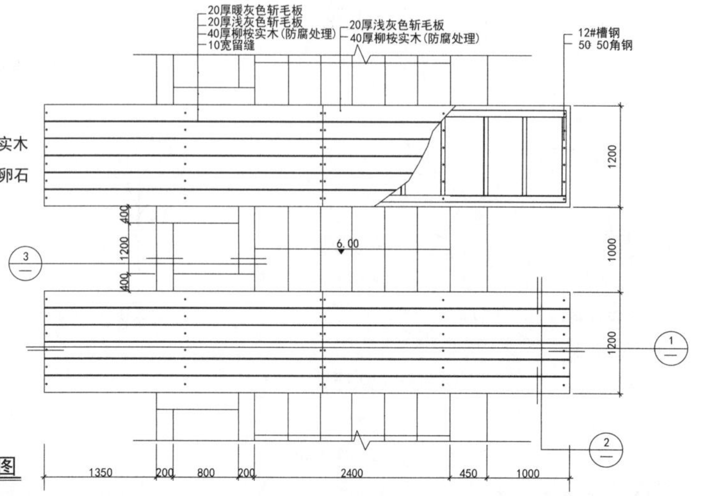
20厚暖灰色斩毛板
20厚浅灰色斩毛板
40厚柳桉实木(防腐处理)
10宽留缝
20厚浅灰色斩毛板
40厚柳桉实木(防腐处理)
12#槽钢
50 50角钢
6.00
1200
1000
1200
1350
200
800
200
2400
450
1000

木平台平面图

栈道平台008

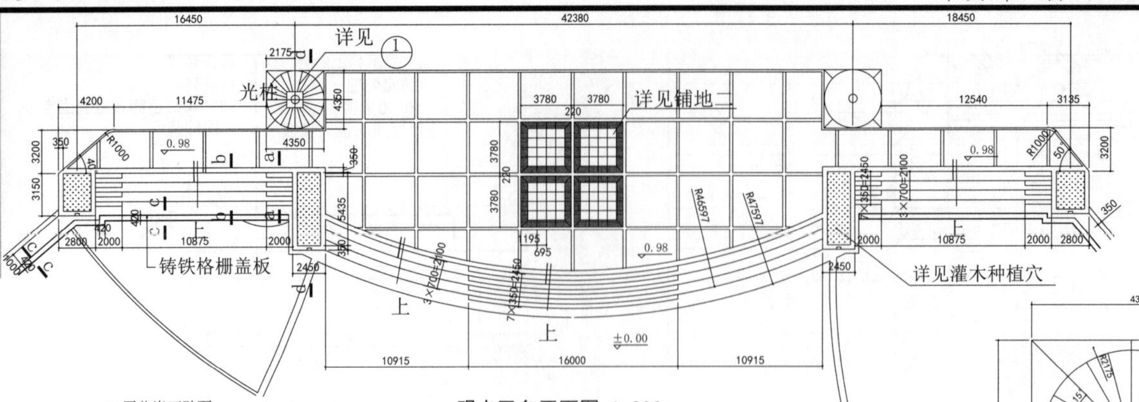

观光平台平面图 1:200

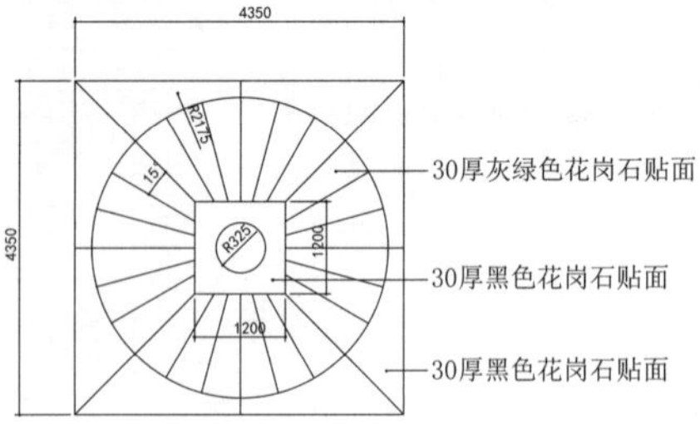
4350
30厚灰绿色花岗石贴面
30厚黑色花岗石贴面
30厚黑色花岗石贴面
1200

① 平面图 1:50

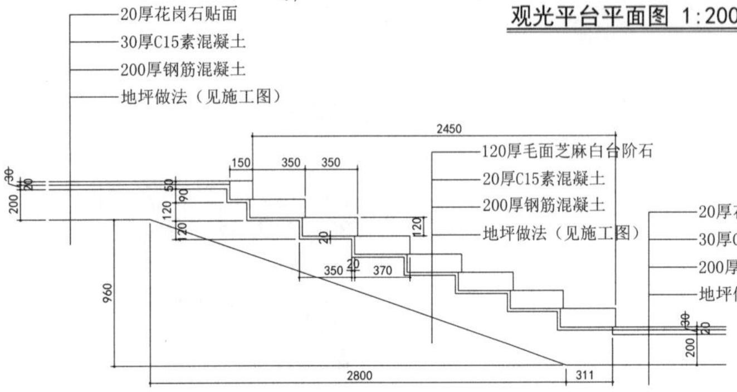
20厚花岗石贴面
30厚C15素混凝土
200厚钢筋混凝土
地坪做法（见施工图）
120厚毛面芝麻白台阶石
20厚C15素混凝土
200厚钢筋混凝土
地坪做法（见施工图）
20厚花岗石贴面
30厚C15素混凝土
200厚钢筋混凝土
地坪做法（见施工图）
2450
2800
311

a-a 1:20

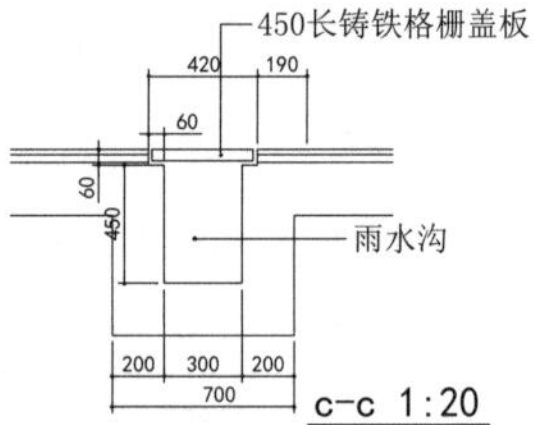

c-c 1:20

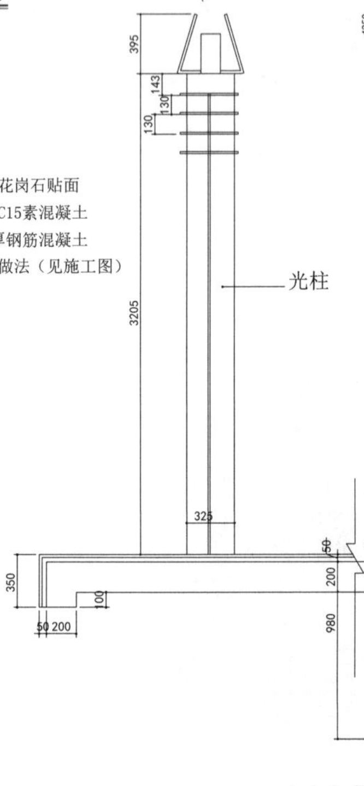

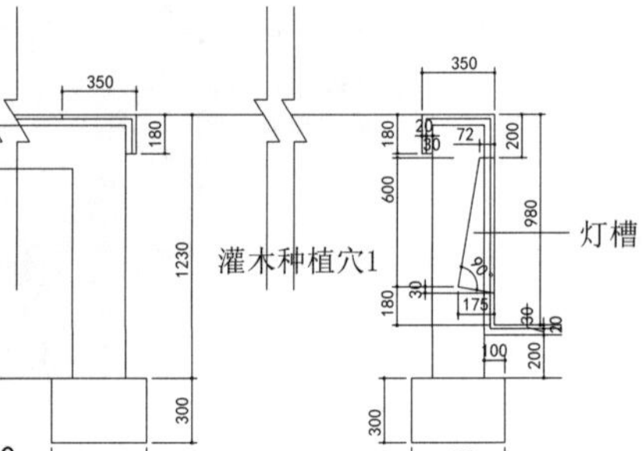

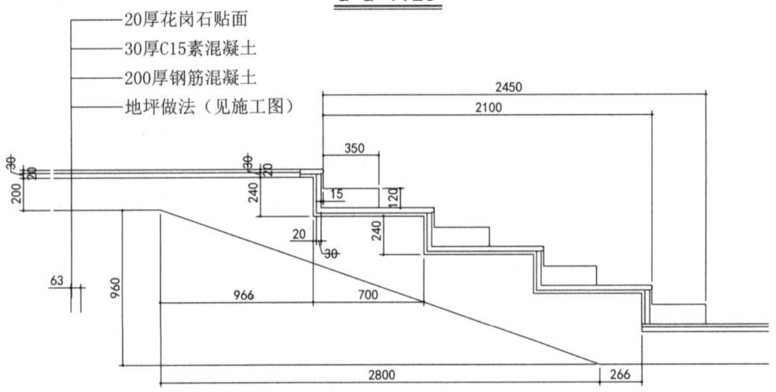
20厚花岗石贴面
30厚C15素混凝土
200厚钢筋混凝土
地坪做法（见施工图）
2450
2100
2800
266

b-b 1:20

d-d 1:20

栈道平台009

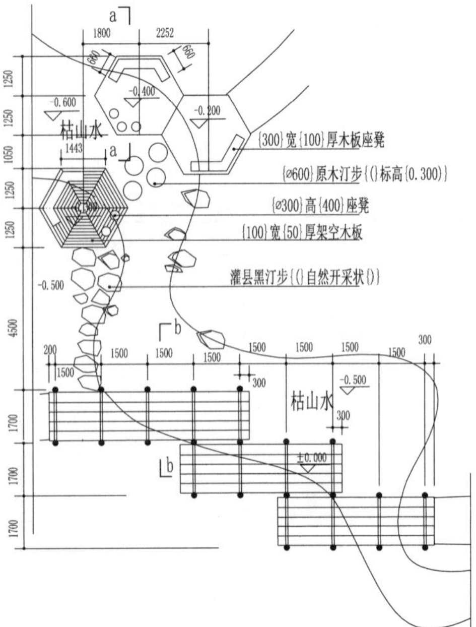

木栈道平面图 1:100

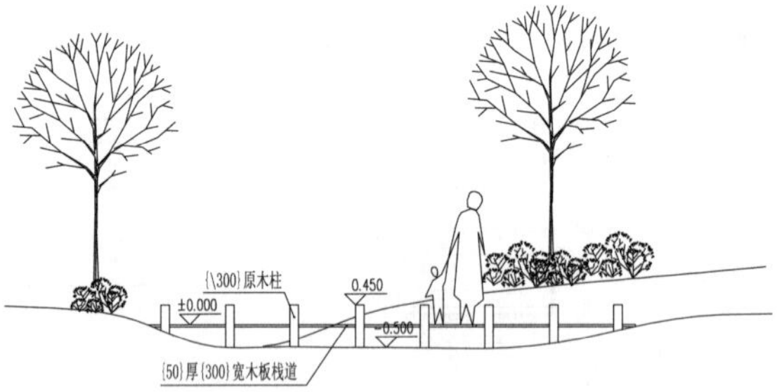

木栈道立面图 1:50

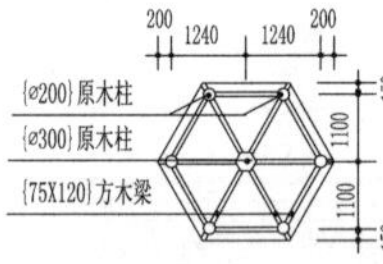

木平台梁柱平面布置图

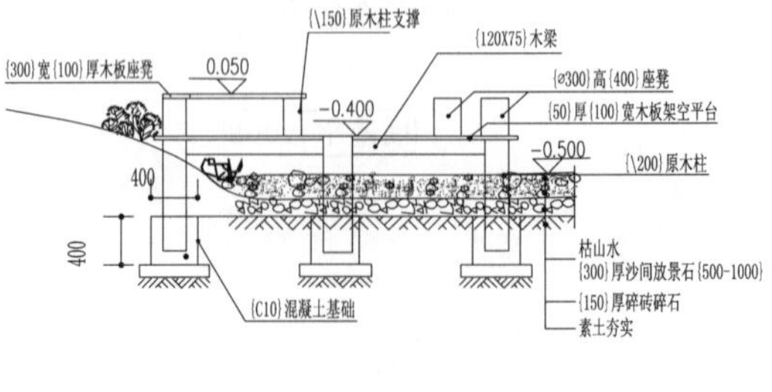
(\150)原木柱支撑
(120X75)木梁
(300)宽(100)厚木板座凳
(ø300)高(400)座凳
(50)厚(100)宽木板架空平台
(\200)原木柱
0.050
-0.400
-0.500
枯山水
(300)厚沙间放景石(500-1000)
(150)厚碎砖碎石
素土夯实
(C10)混凝土基础

a-a 剖面图 1:50

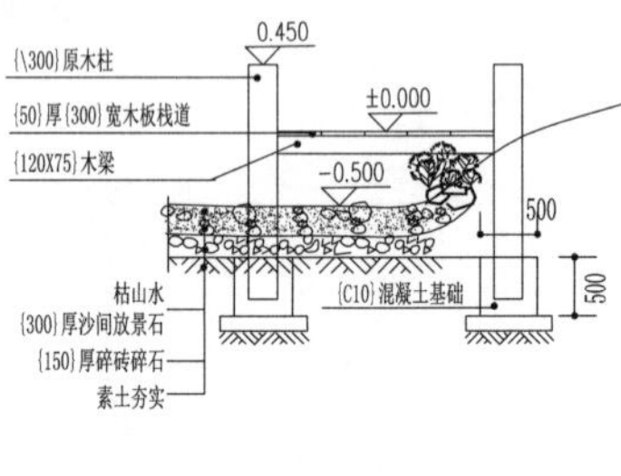
(\300)原木柱
(50)厚(300)宽木板栈道
(120X75)木梁
0.450
±0.000
-0.500
枯山水
(300)厚沙间放景石
(150)厚碎砖碎石
素土夯实
(C10)混凝土基础

b-b 剖面图 1:50

栈道平台010

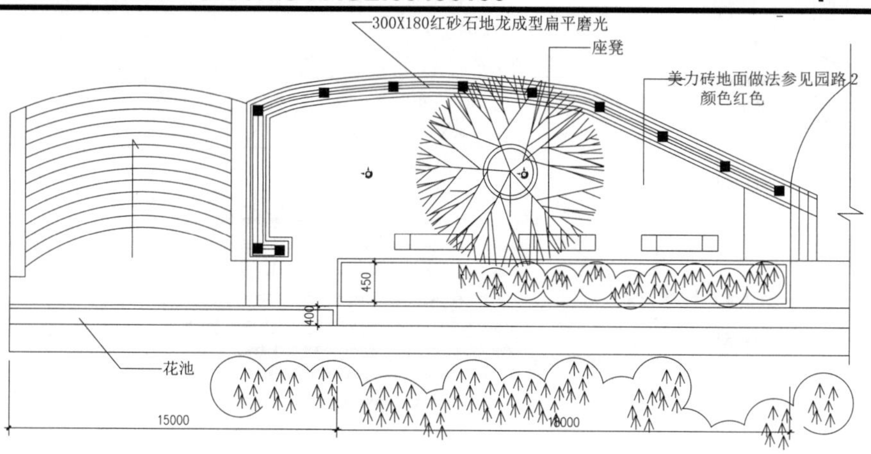

300X180红砂石地龙成型扁平磨光

座凳

美力砖地面做法参见园路2 颜色红色

20厚黑金砂花岗石

50厚磨光黑金砂花岗石

400　1300　400

20厚枫叶红花岗石
赛纳砖贴面

座凳立面图 1:20

花池

450

400

15000　8000

亲水台平面图 1:75

400

50厚磨光黑色花岗石

20厚枫叶红花岗石

回填土

砖砌体

c15混凝土垫层

600

座凳剖面图 1:20

50厚红砂石扁光

红砂石表面钉麻

50厚红砂石扁光

青石表面钉麻

亲水台栏杆大样 1:20

亲水台立面图 1:50

美力砖路沿石

堡嵌

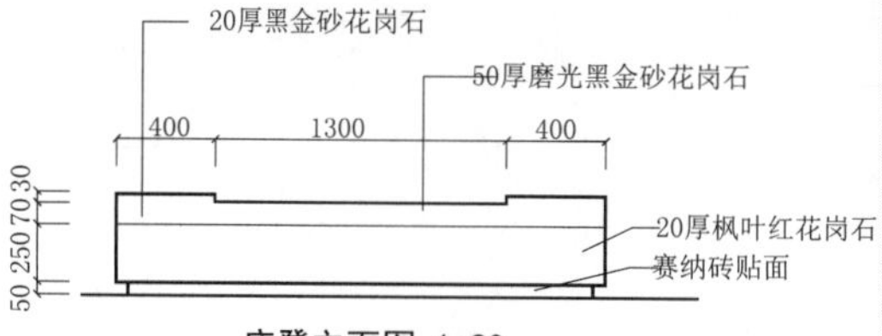

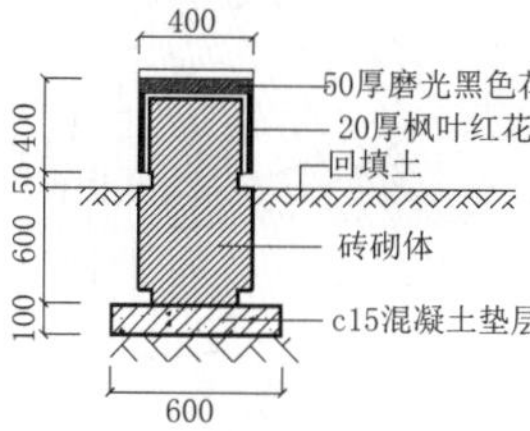

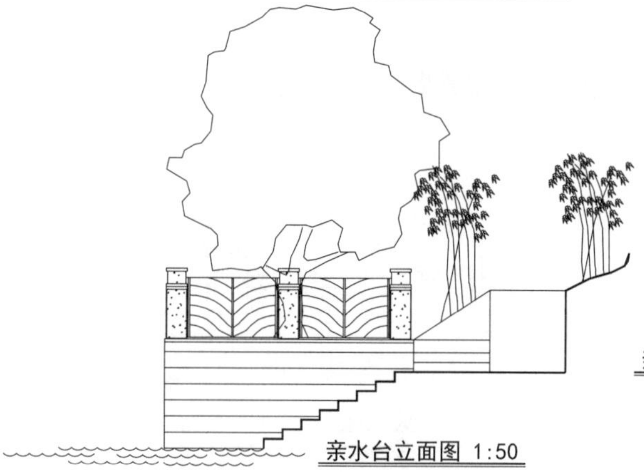

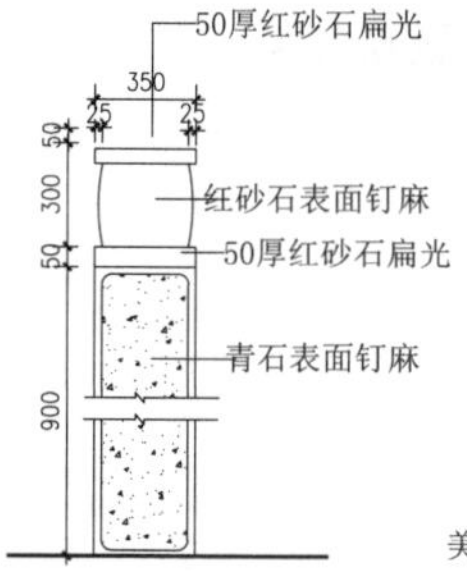

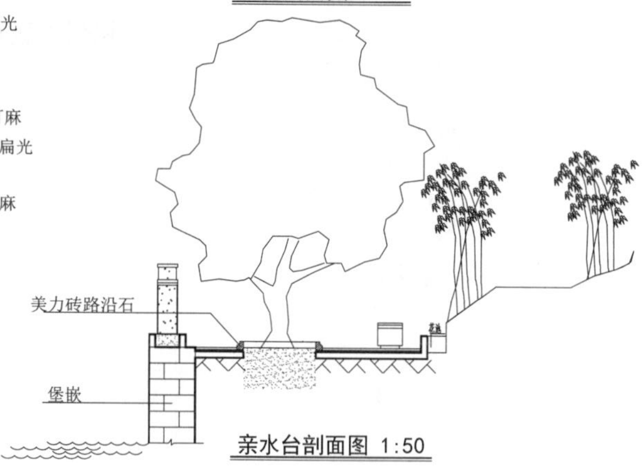

亲水台剖面图 1:50

栈道平台011

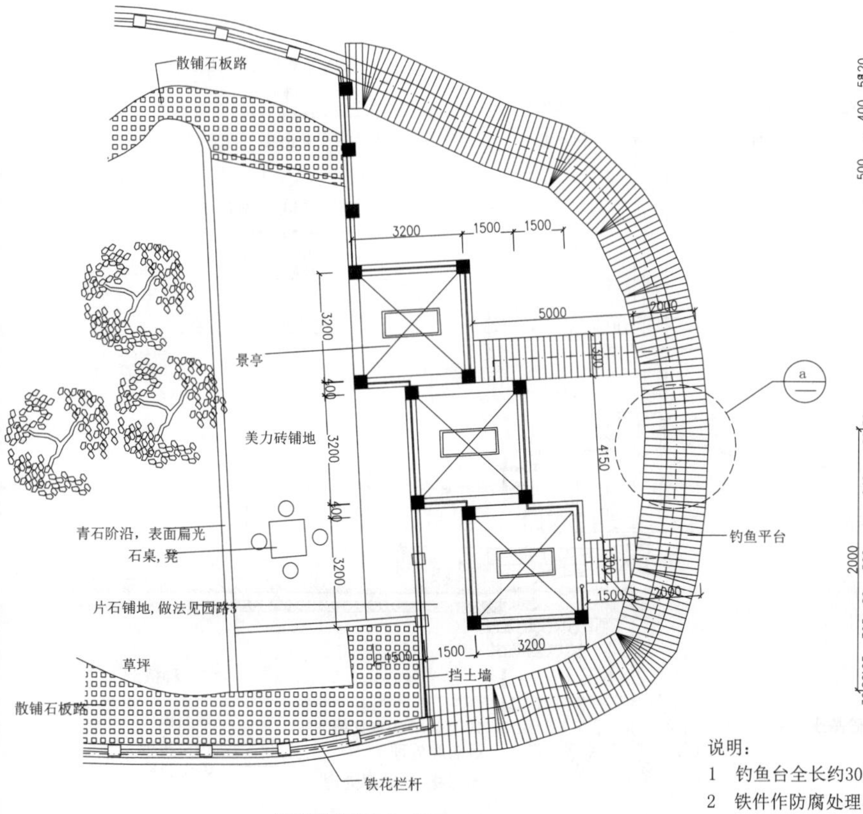

散铺石板路

3200　1500　1500

5000

景亭

美力砖铺地

青石阶沿，表面扁光
石桌,凳

片石铺地,做法见园路3

草坪

散铺石板路

铁花栏杆

钓鱼平台

挡土墙

景亭总平面 1:150

2000
1400

200X120冷云杉木方（作防腐处理）
30X70木板收边
125X80X8角钢
140X58 槽钢反扣
125X80X8槽钢

池壁

500

a 剖面图 1:25

2000

30X70冷云杉木板收边
140X58 槽钢反扣
125X80X8角钢
200X120木方间缝10

池壁

125X80X8角钢

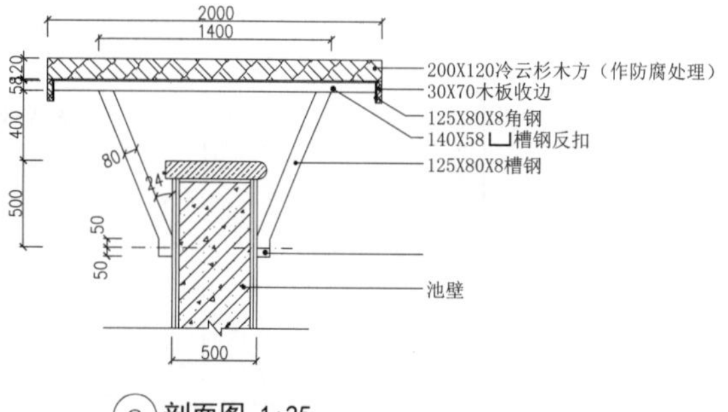

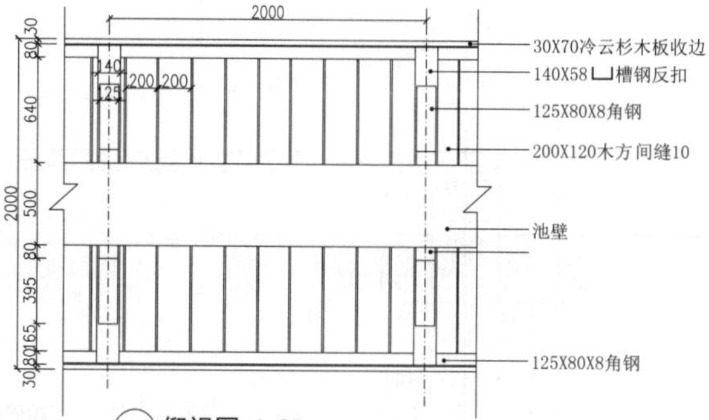

a 仰视图 1:25

说明:
1 钓鱼台全长约30米。
2 铁件作防腐处理,外刷红丹漆两遍,面黑漆。
3 木件脱脂防虫,烘干,面层刷防腐油漆。

栈道平台012

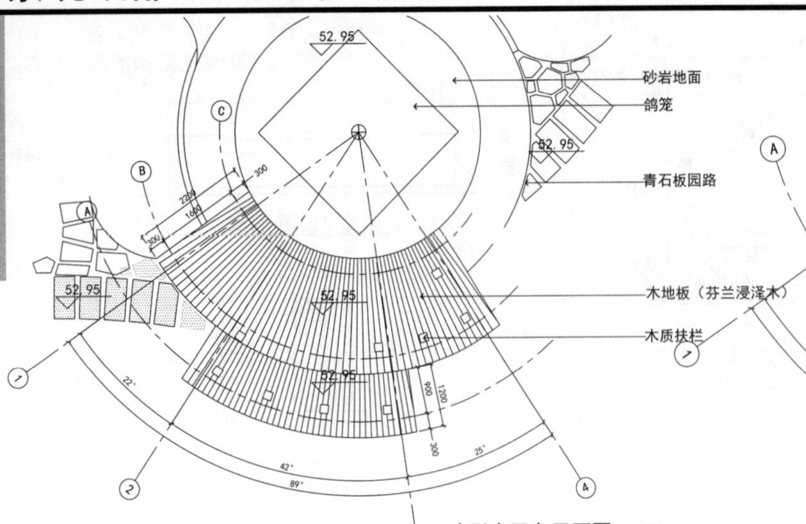

扇形木平台平面图 1:50

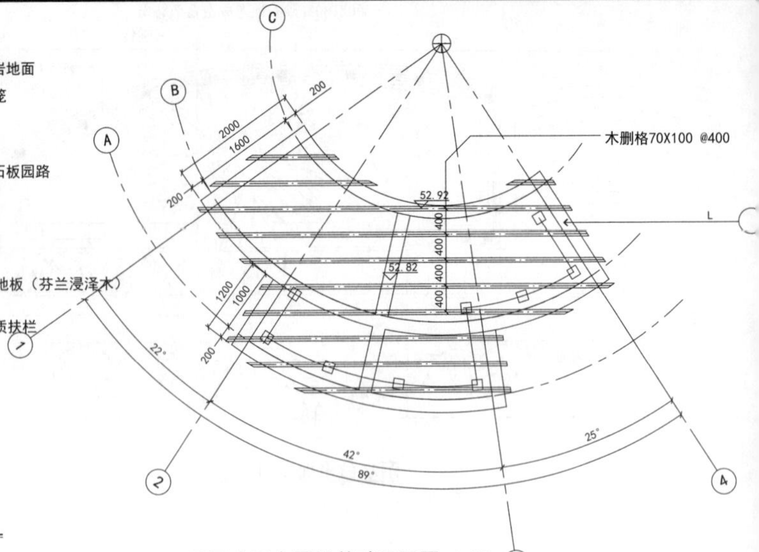

扇形木平台圈梁基础平面图 1:50

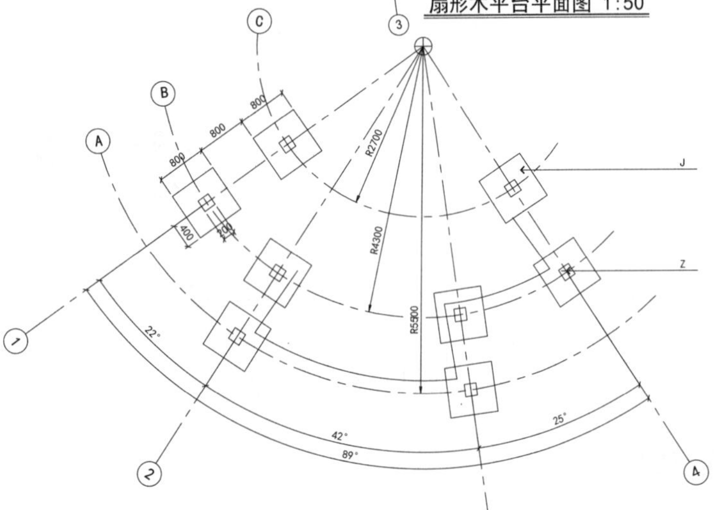

扇形木平台柱基平面图 1:50

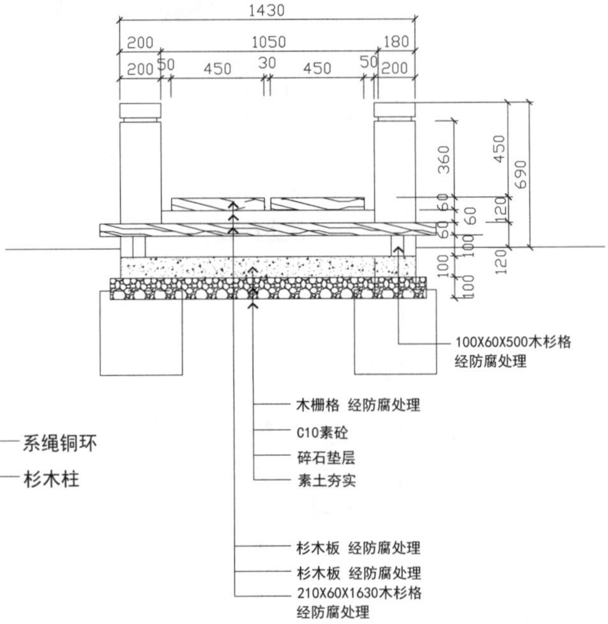
1430
1050
100X60X500木杉格
经防腐处理
木栅格 经防腐处理
C10素砼
碎石垫层
素土夯实
杉木板 经防腐处理
杉木板 经防腐处理
210X60X1630木杉格
经防腐处理

A-A剖面图 1:20

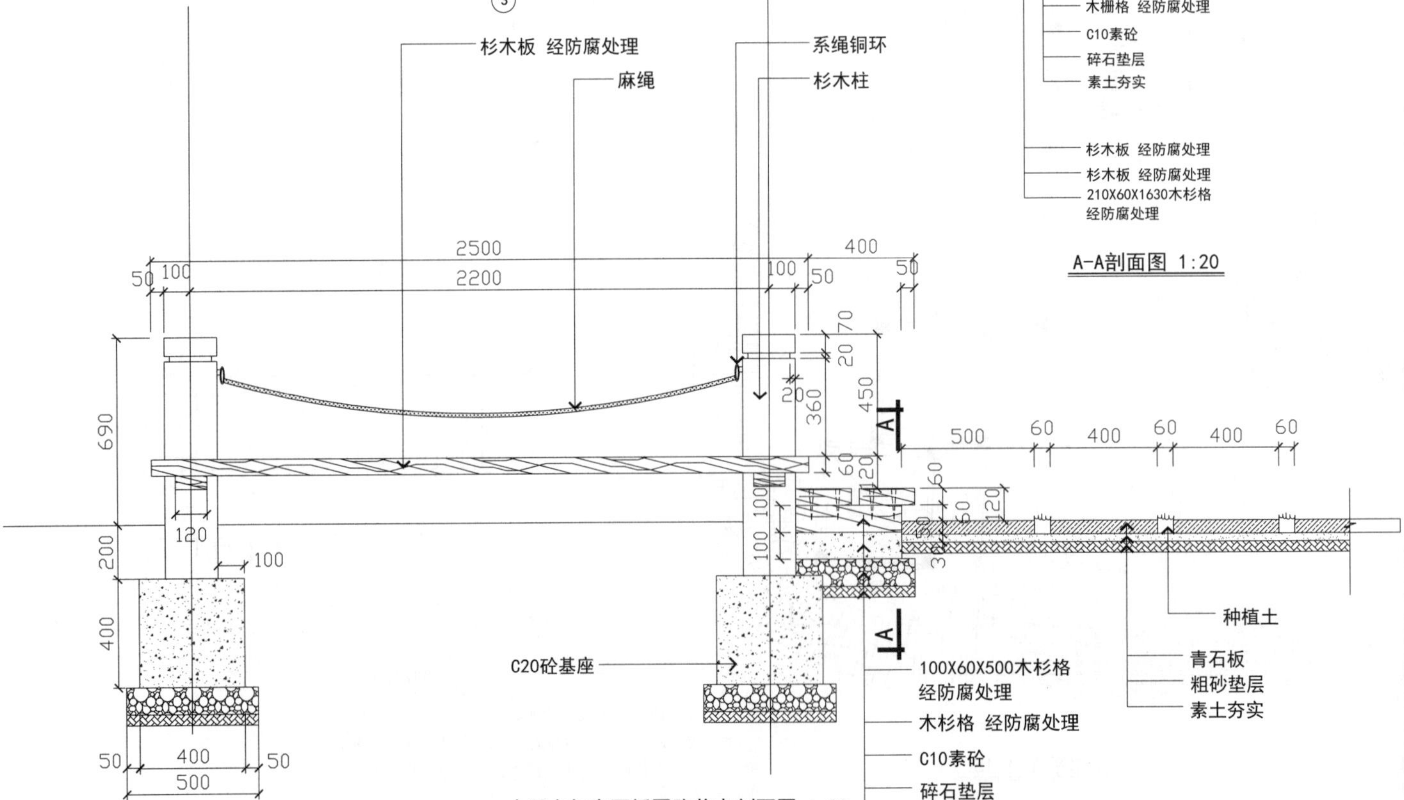
杉木板 经防腐处理
系绳铜环
麻绳
杉木柱
2500
2200
C20砼基座
100X60X500木杉格
经防腐处理
木杉格 经防腐处理
C10素砼
碎石垫层
素土夯实
种植土
青石板
粗砂垫层
素土夯实

木平台与青石板园路节点剖面图 1:20

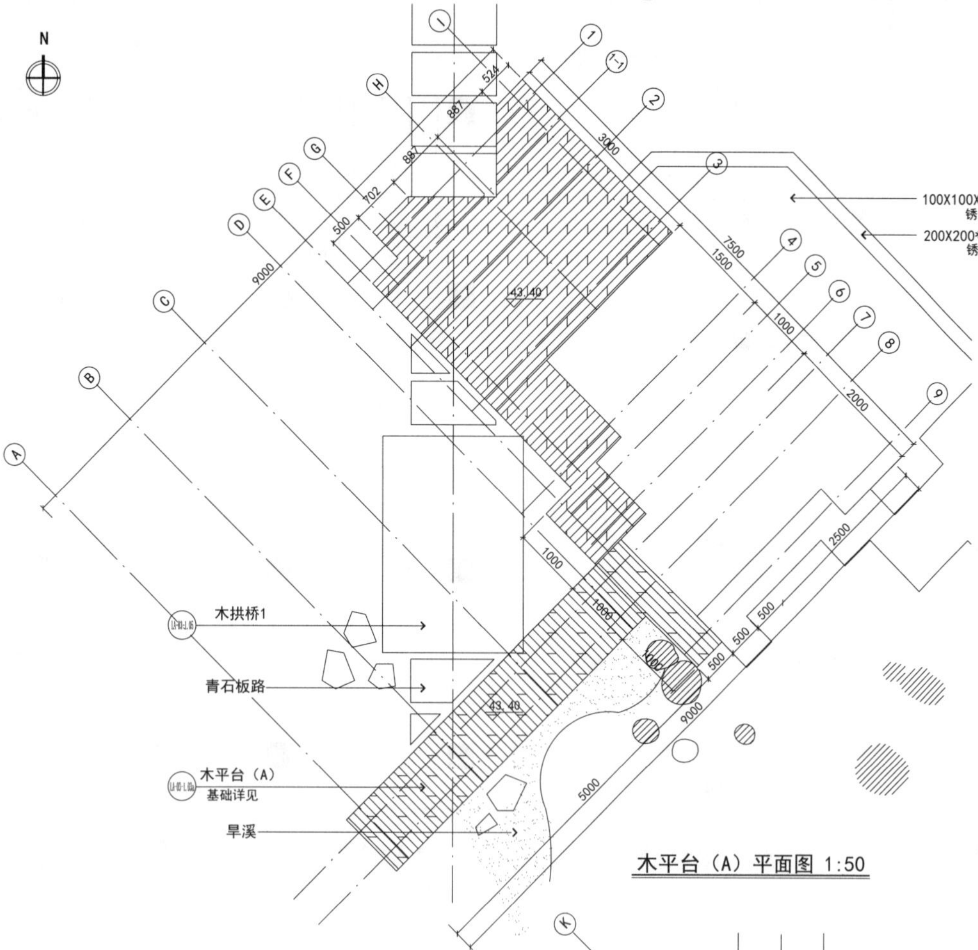
N
100X100X30花岗岩
锈红色 烧毛
200X200*30花岗岩
锈红色 镜面
木拱桥1
青石板路
木平台（A）
基础详见
旱溪

木平台（A）平面图 1:50

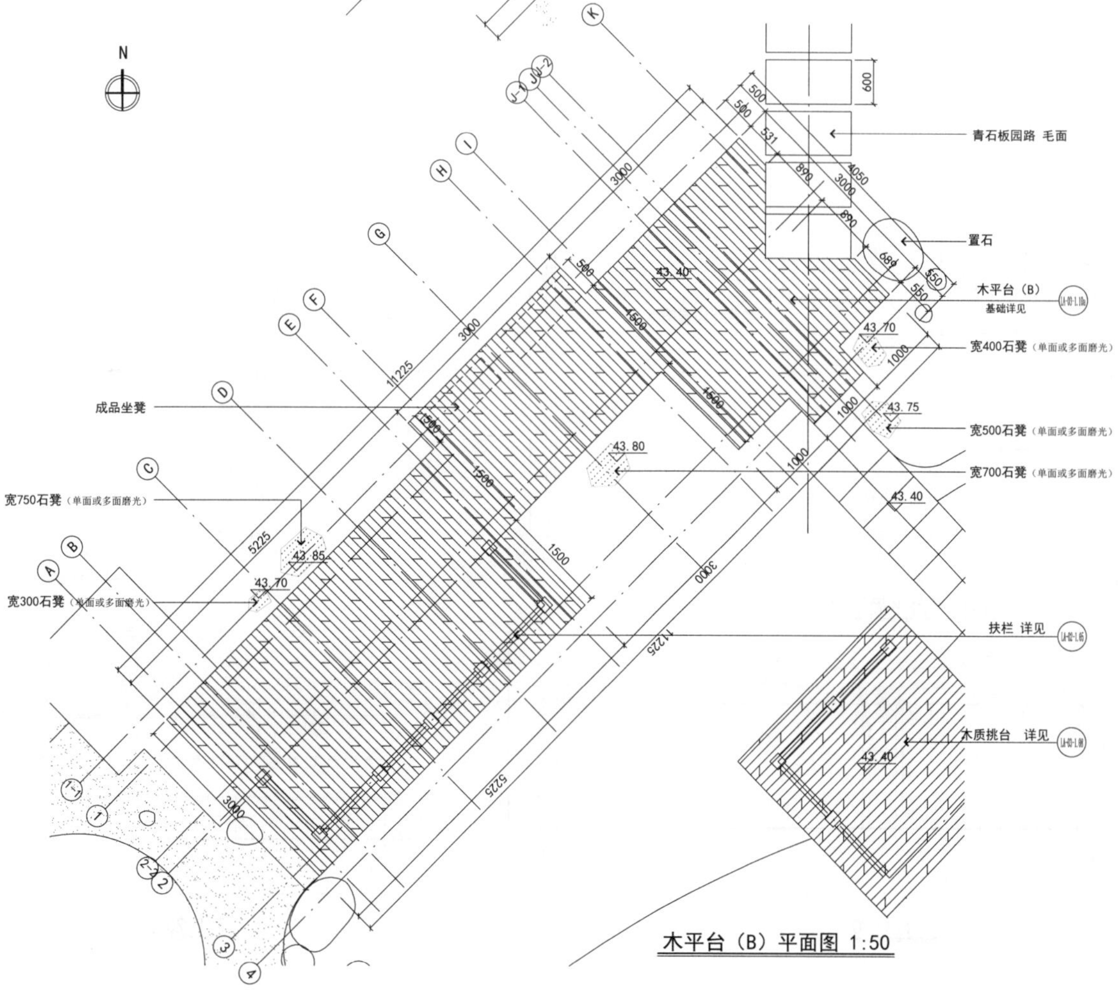
N
青石板园路 毛面
置石
木平台（B）
基础详见
宽400石凳（单面或多面磨光）
成品坐凳
宽500石凳（单面或多面磨光）
宽700石凳（单面或多面磨光）
宽750石凳（单面或多面磨光）
宽300石凳（单面或多面磨光）
扶栏 详见
木质挑台 详见

木平台（B）平面图 1:50

栈道平台

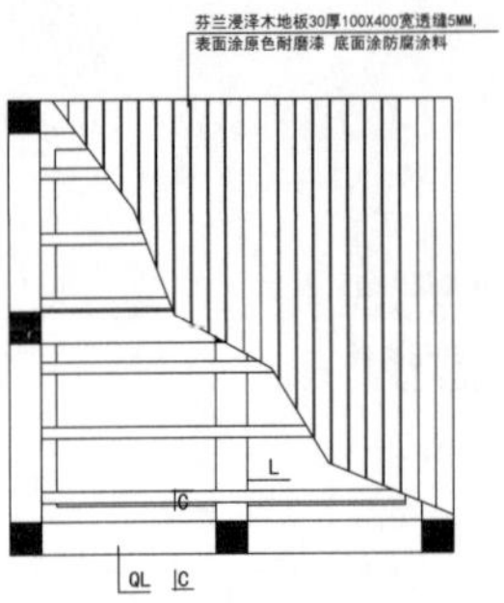

方型木挑台结构平面

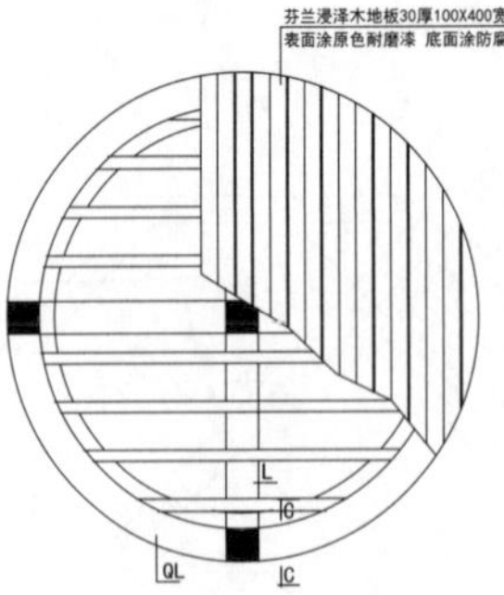

圆形挑台结构平面图

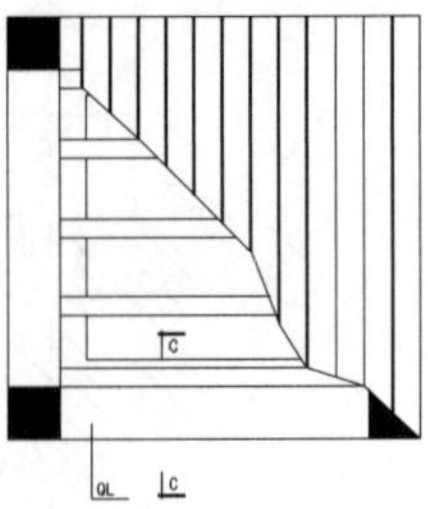

休息平台结构平面

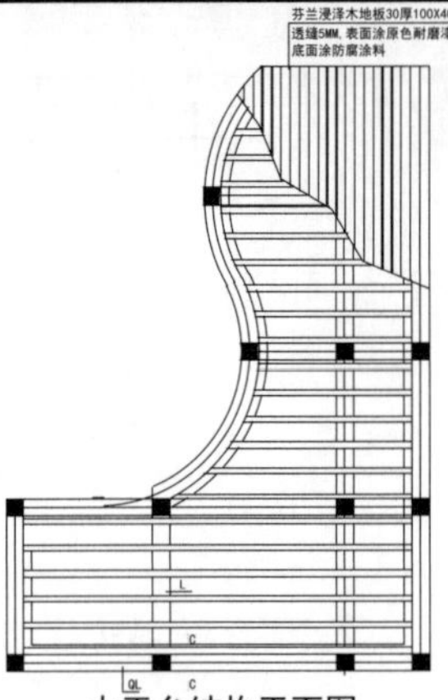

木平台结构平面图

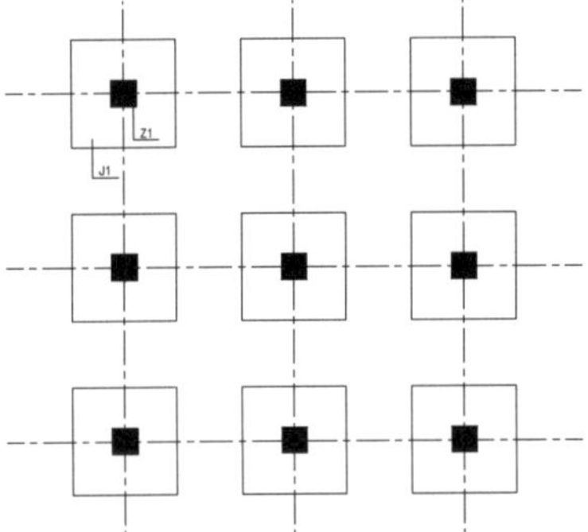

方型木挑台基础平面

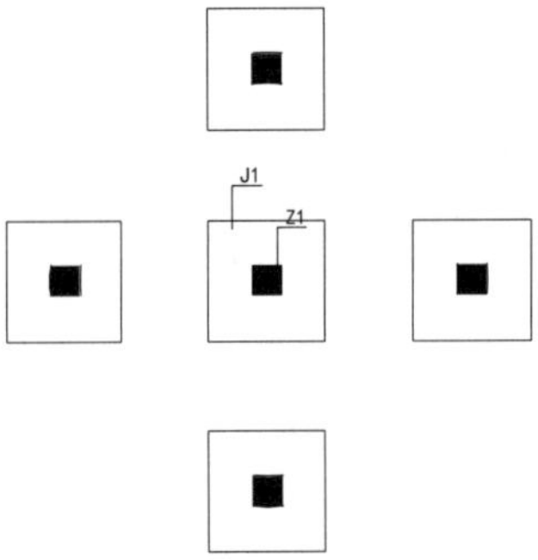

圆形挑台基础平面图

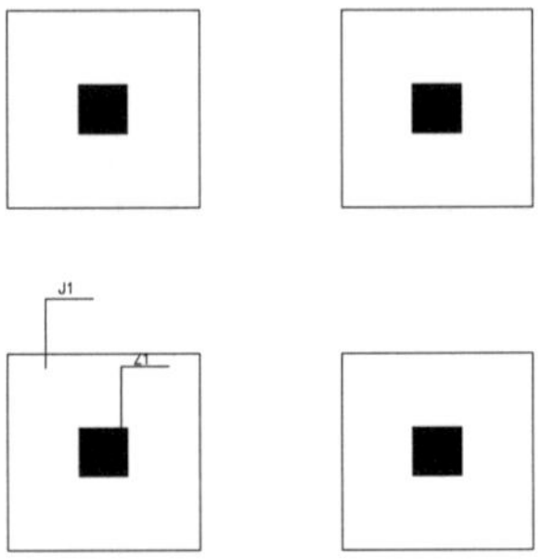

休息平台基础平面

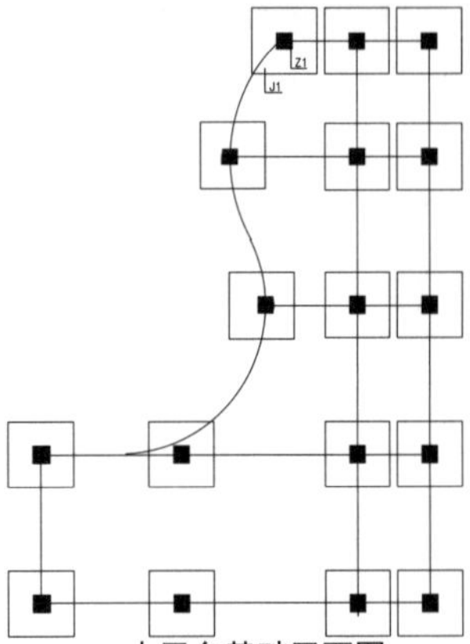

木平台基础平面图

栈道平台015

休息平台平面图 1:20

黑色花岗岩铺地

塑料座椅(厂家成品)

650x650米色花岗岩铺地

2-2 1:20

100厚现浇C20混凝土 ø8@150钢筋双向

100厚现浇C20混凝土 ø10@150钢筋双向

C15混凝土
200厚块石垫层

1-1 1:20

花岗岩贴面(余同)

3-3 1:20

花岗岩贴面(余同)

栈道平台016

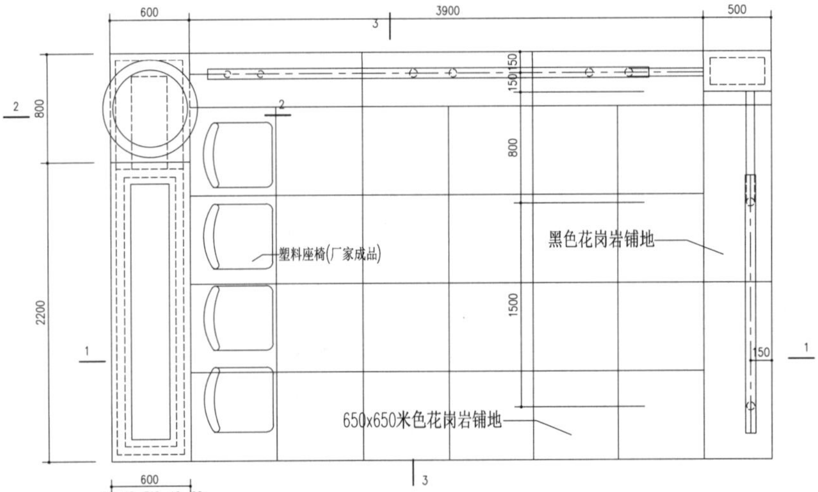

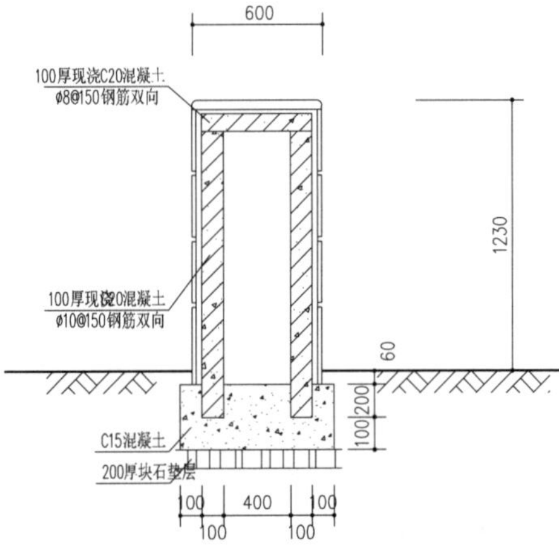

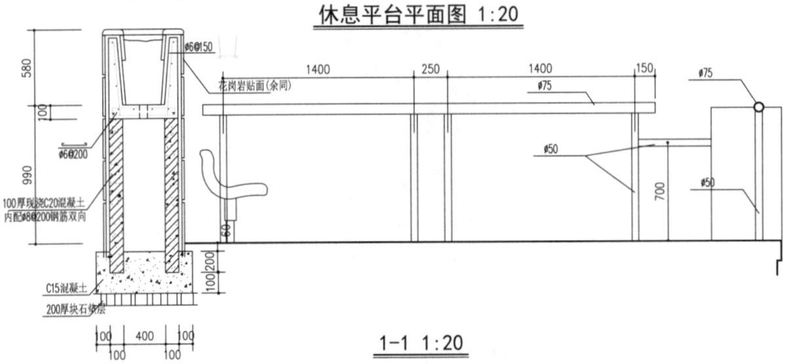

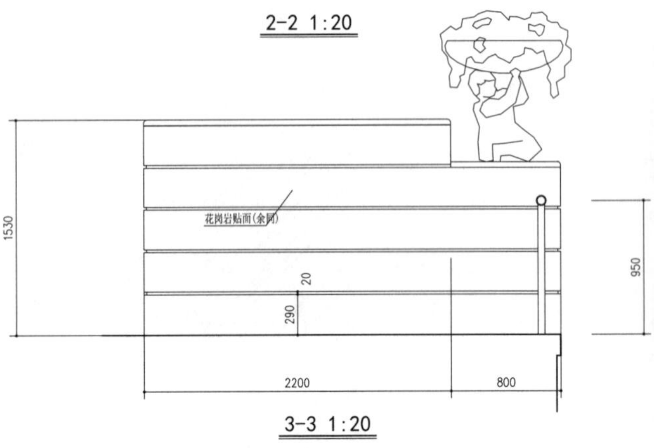

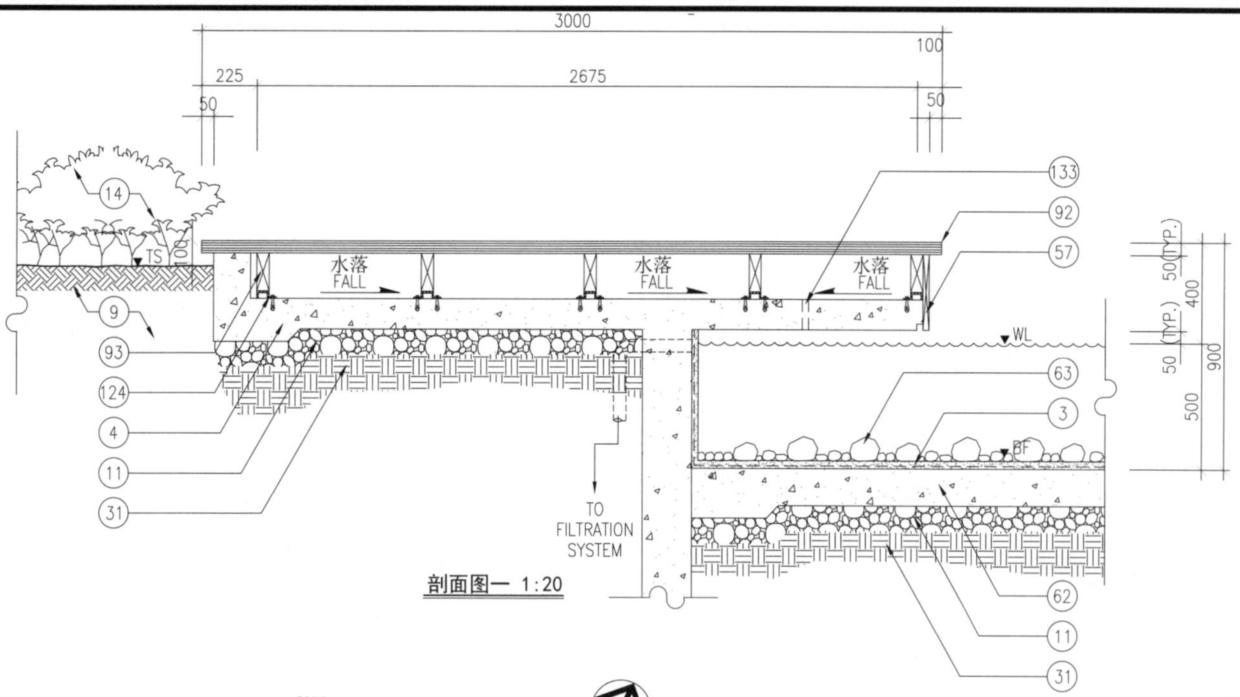

剖面图一 1:20

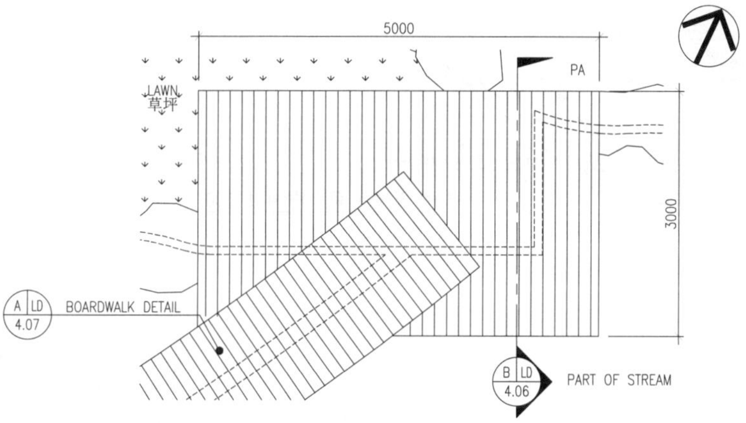

平面图一 1:50

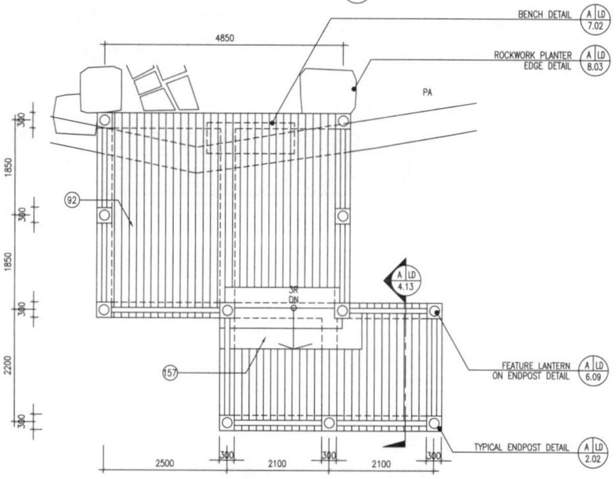

平面图二 1:50

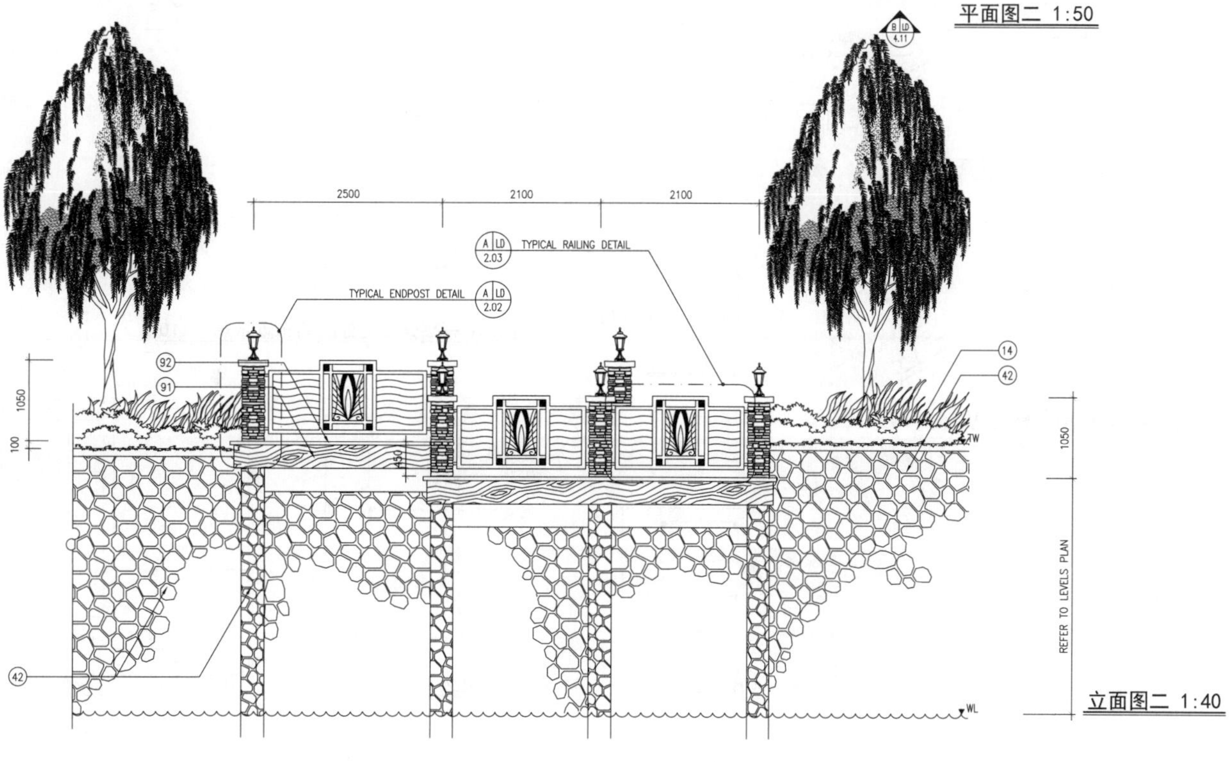

立面图二 1:40

栈道平台017

3000
225
2675
100
水落
FALL
水落
FALL
水落
FALL
TS
WL
BF
TO
FILTRATION
SYSTEM
5000
3000
LAWN
草坪
PA
BOARDWALK DETAIL
PART OF STREAM
4850
BENCH DETAIL
ROCKWORK PLANTER EDGE DETAIL
FEATURE LANTERN ON ENDPOST DETAIL
TYPICAL ENDPOST DETAIL
2500
2100
2100
TYPICAL RAILING DETAIL
TYPICAL ENDPOST DETAIL
REFER TO LEVELS PLAN

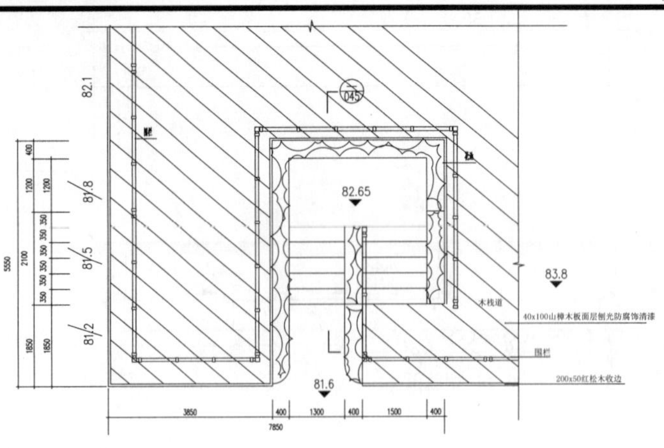

A大样 1:75

- 20厚白麻火烧面花岗岩
- 20厚锈石烧面
- 20厚镜面莎利士红花岗岩

20厚锈石烧面
20厚白麻火烧面花岗岩
20厚镜面莎利士红花岗岩
20厚白麻火烧面花岗岩
围栏
200x50红松木收边
40x100山樟木板面层刨光防腐饰清漆

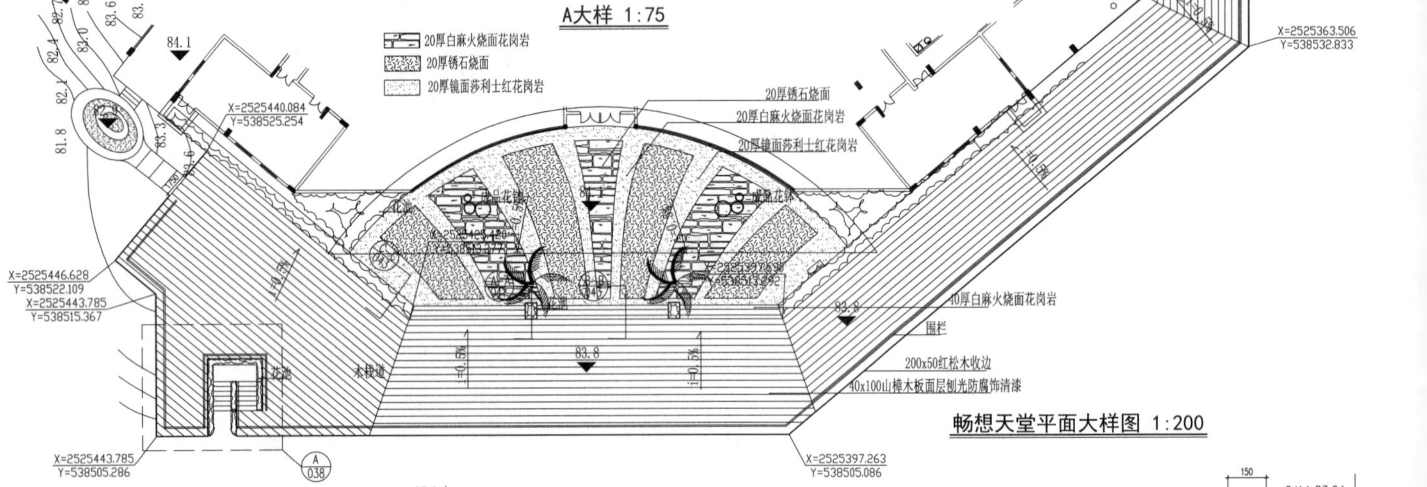

畅想天堂平面大样图 1:200

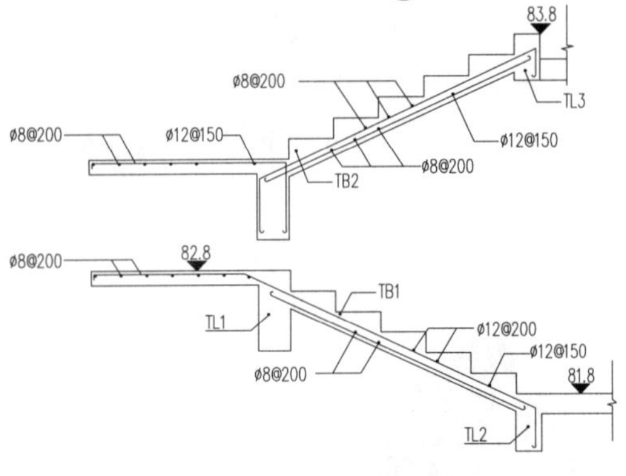

木栈道入口台阶配筋 1:25

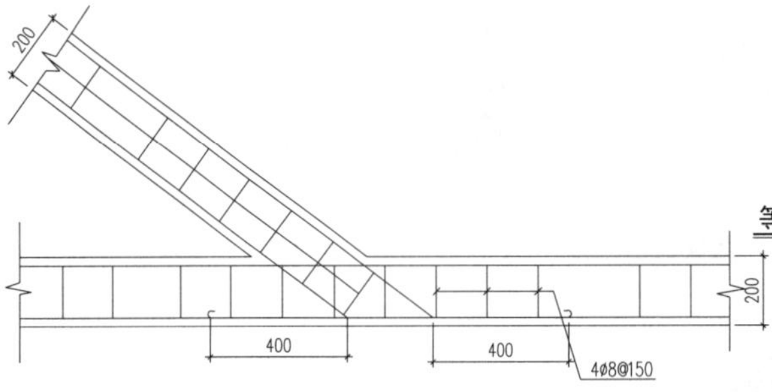

梁斜向交叉处配筋示意 1:10

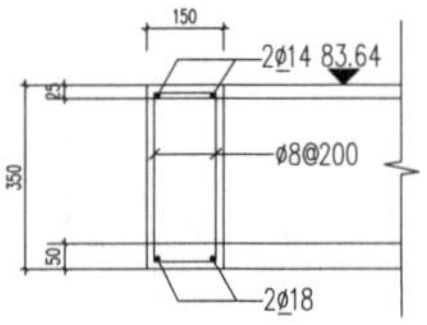

等高梁相交处纵筋布置示意 1:10

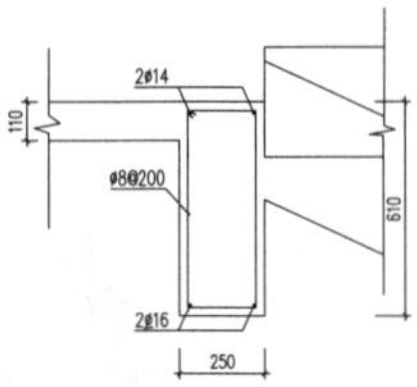

梁转折处配筋示意 1:10

1-1 1:10

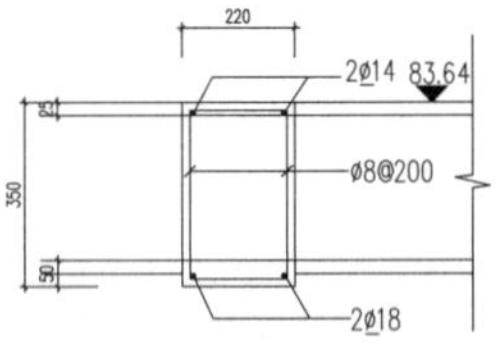

主次不等高梁相交处配筋布置示意 1:10

TL1 1:10

TL3 1:10

A 1:10

TL2 1:10

Z-2 1:10

栈道平台018

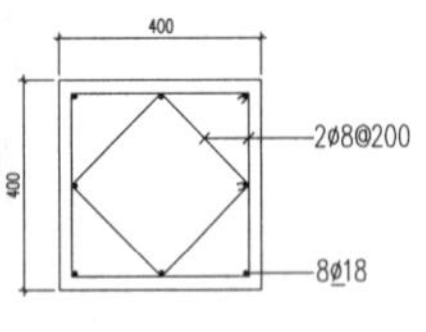

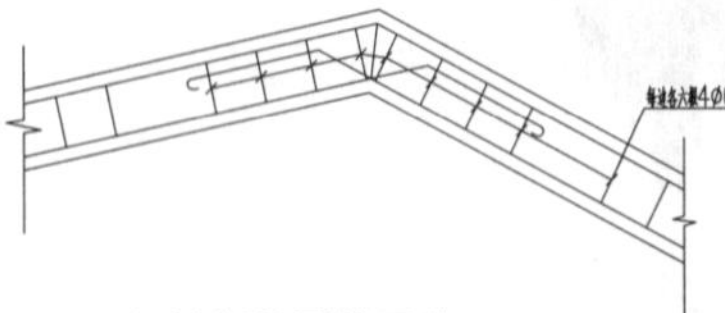

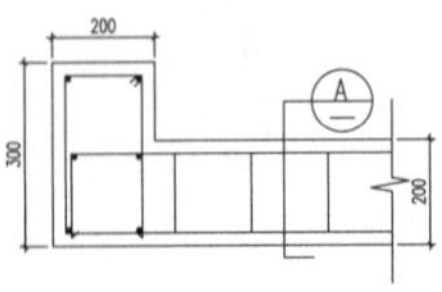

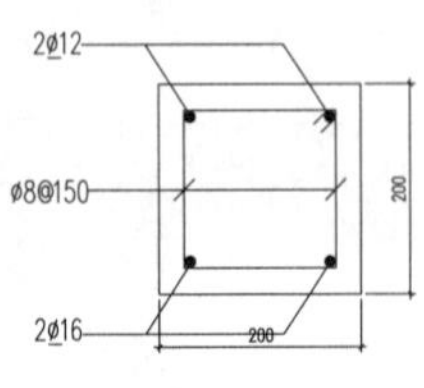

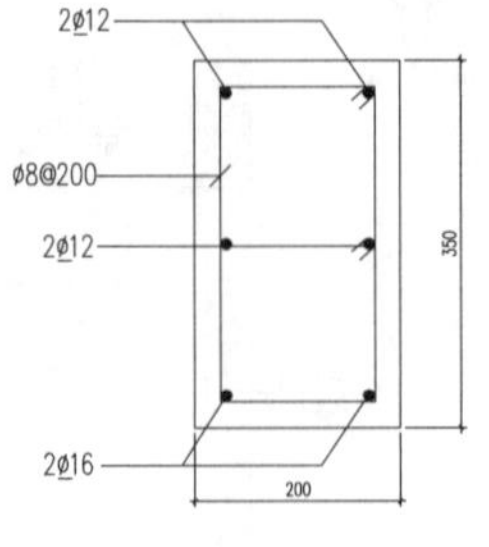

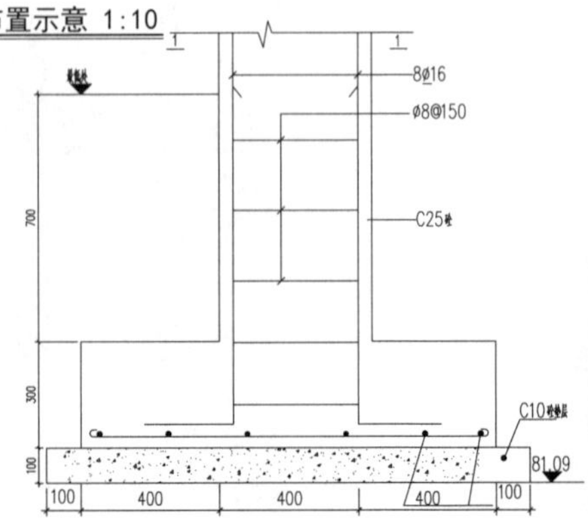

区域位置图
KEY PLAN

有坐凳的休息凉棚(见节点大样AD-04)
绿篱(见种植图)
1200MM 宽人行道
(见铺装详图)

木平台(见节点大样AD-03)
成品木长椅1,详见室外产品选型目录

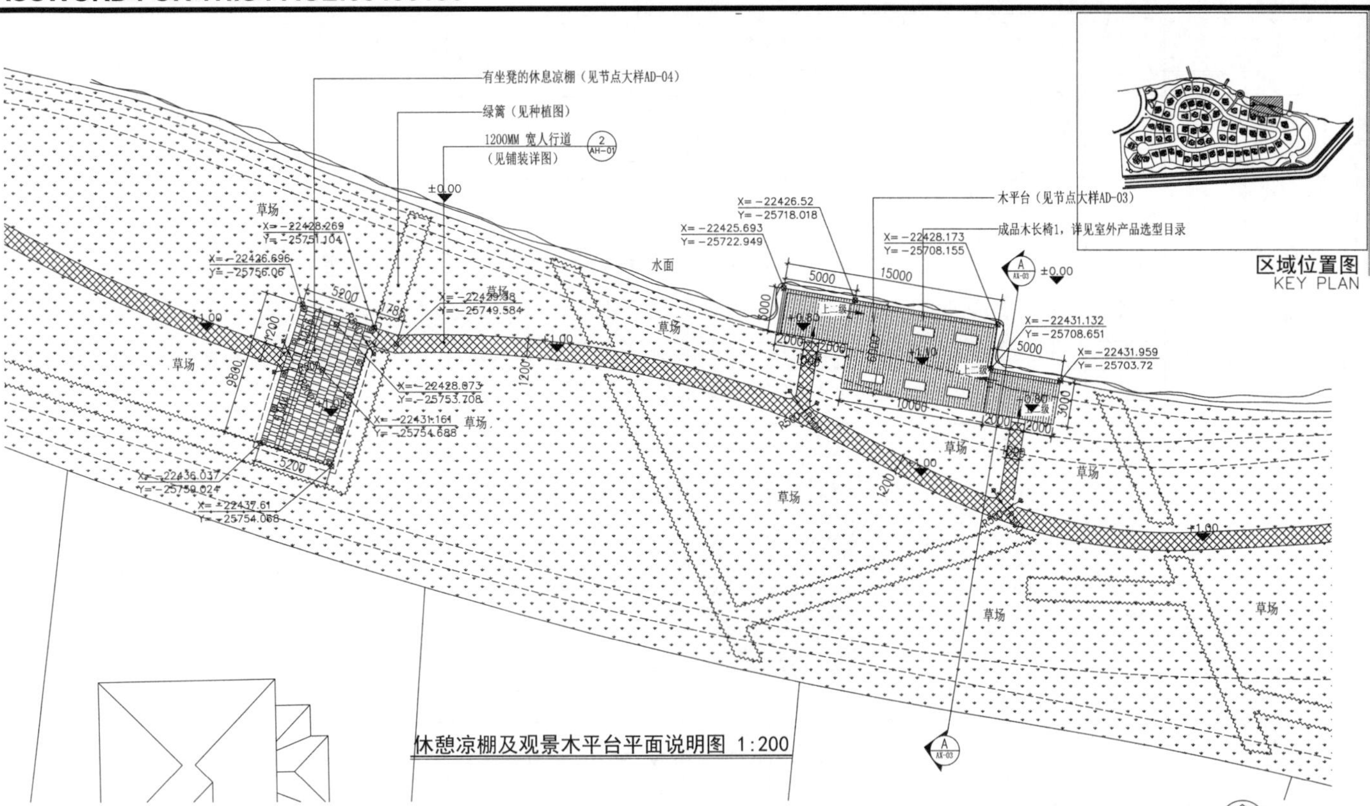

休憩凉棚及观景木平台平面说明图 1:200

边缘砌石

木栈台见大样图

围墙

别墅区 植栽
VILLABLANTING

土岗上种植绿篱零星点缀一两株乔木
PINGO

步道
PATH WAYATH WAY(GO TO TIMBER DECK)

通往木栈台的步道

木栈台
TIMBER DECK

水面
RIVER

观景木平台A-A剖面图 1:100

90×90MM红杉木栏杆柱
120×90MM红杉木栏杆扶手
防腐南方松木(1500*90*28MM)
间距10MM

观景木平台平面 1:50

栈道平台019

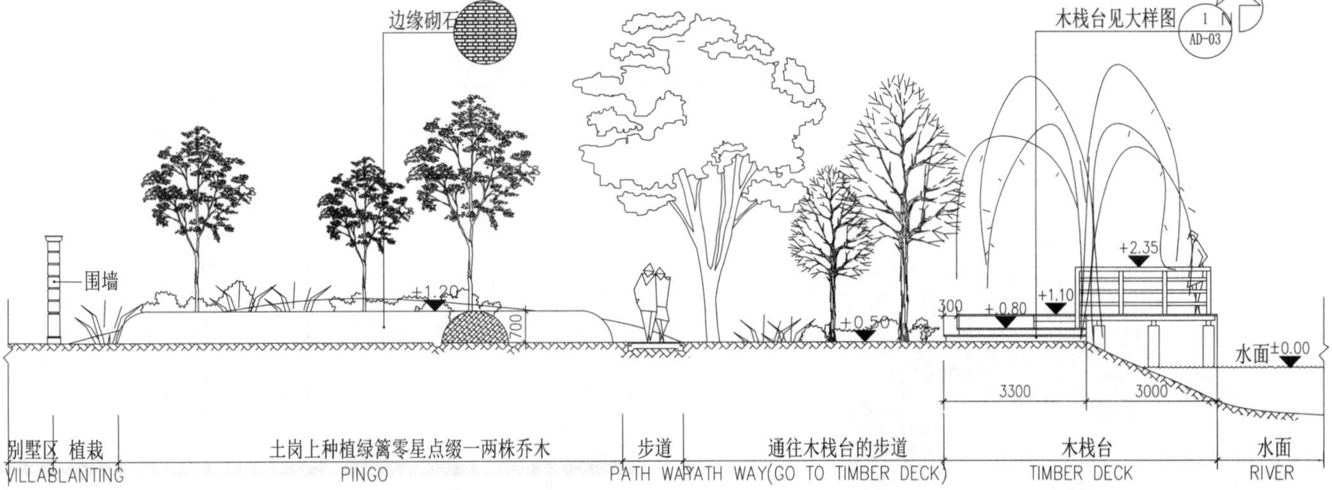

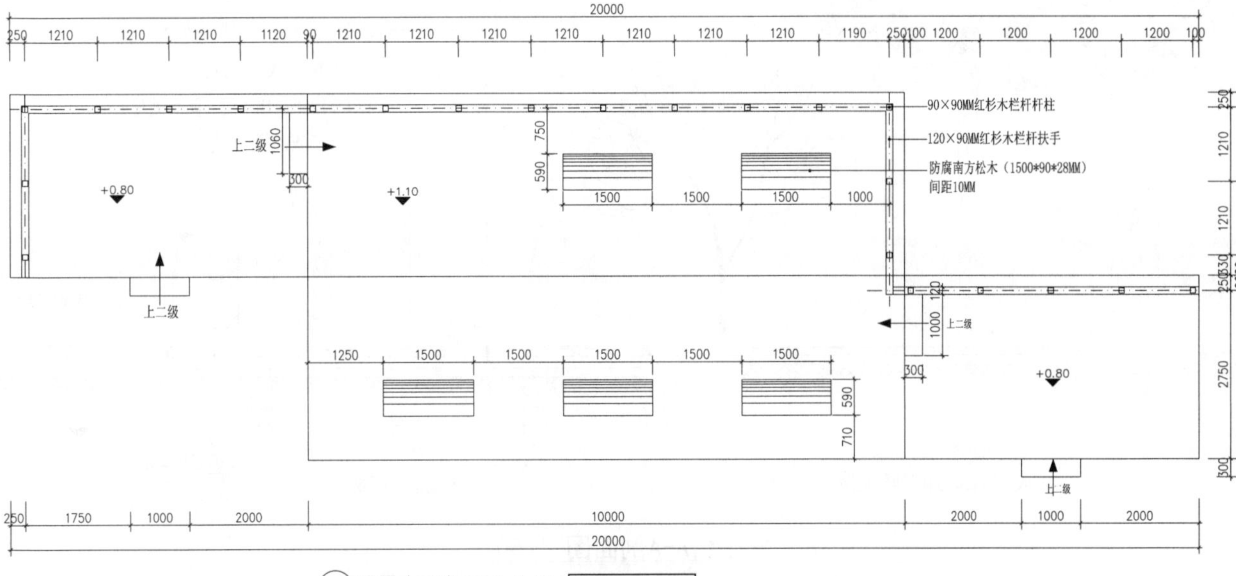

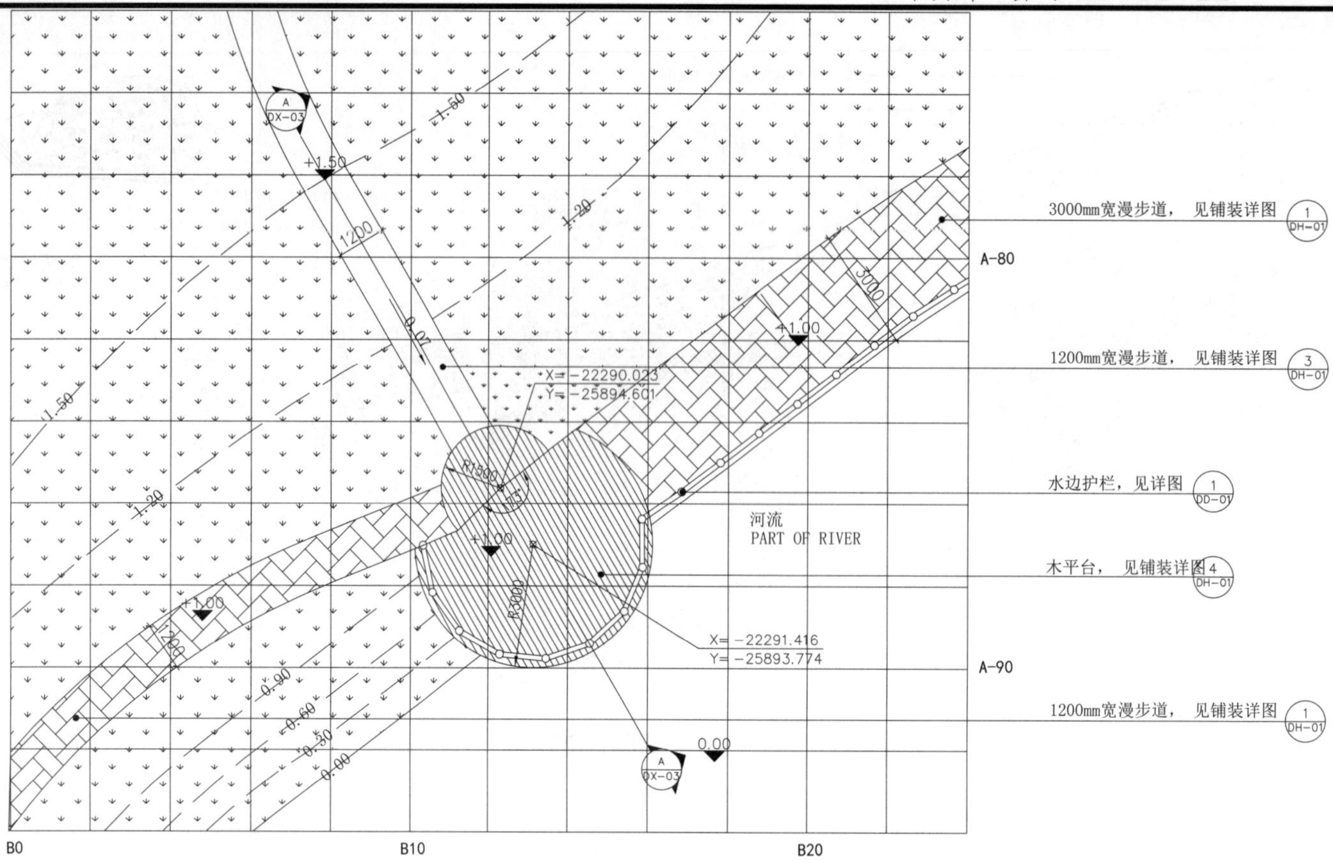

3000mm宽漫步道, 见铺装详图 ①DH-01

A-80

1200mm宽漫步道, 见铺装详图 ③DH-01

X= -22290.023
Y= -25894.601

河流
PART OF RIVER

水边护栏, 见详图 ①DD-01

木平台, 见铺装详图4 ④DH-01

A-90

X= -22291.416
Y= -25893.774

1200mm宽漫步道, 见铺装详图 ①DH-01

B0   B10   B20

木平台平面说明及定位图 1:100

1200   1200   1200

直径为150MM的木柱
直径约为30MM的铁链

150
400
1100
550

1200   1200   1200

水边护栏做法 1:20

28MM厚木板地坪 (防腐处理)
80×80MM木梁 (防腐处理)
120×120MM@1M木梁 (防腐处理)
250×250MM混凝土快

+2.10

28MM后防腐木板饰面
混凝土压顶
毛石浆砌驳岸

7%

+1.00

+0.00
WL
±0.00

250   250   250   250

5850   6120

水洗碎石砾面层铺装道路   木板铺装广场

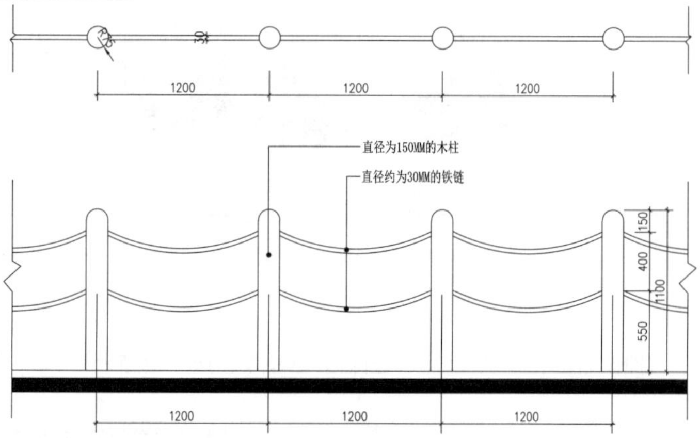

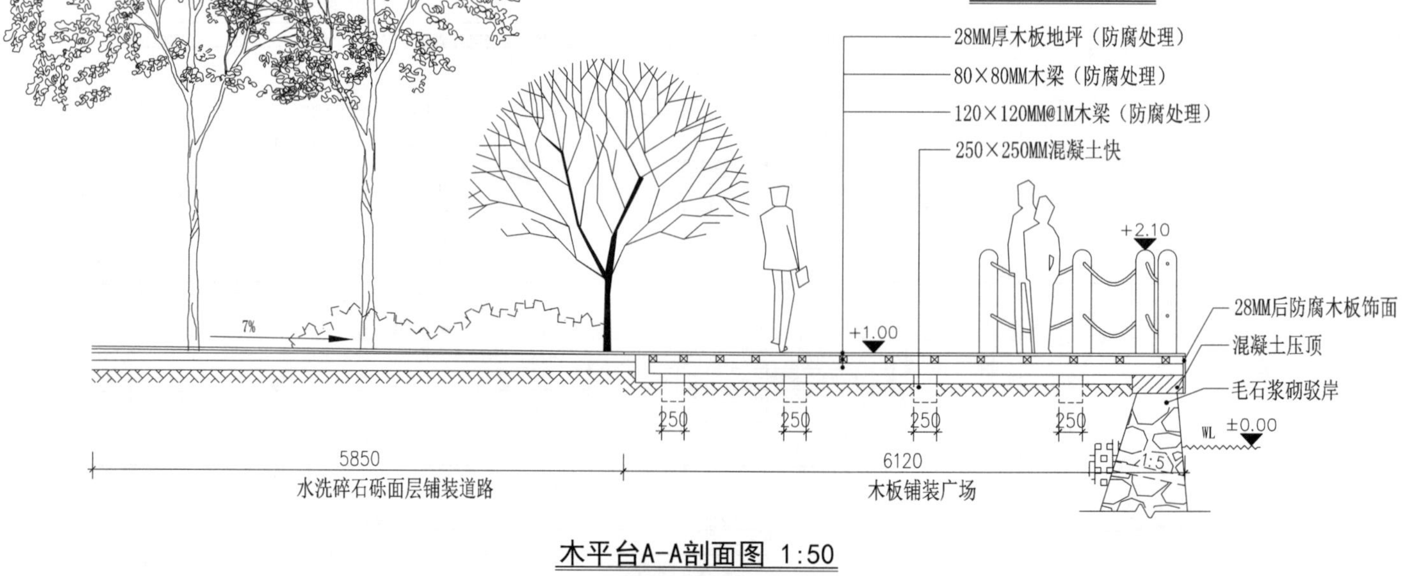

木平台A-A剖面图 1:50

栈道平台020

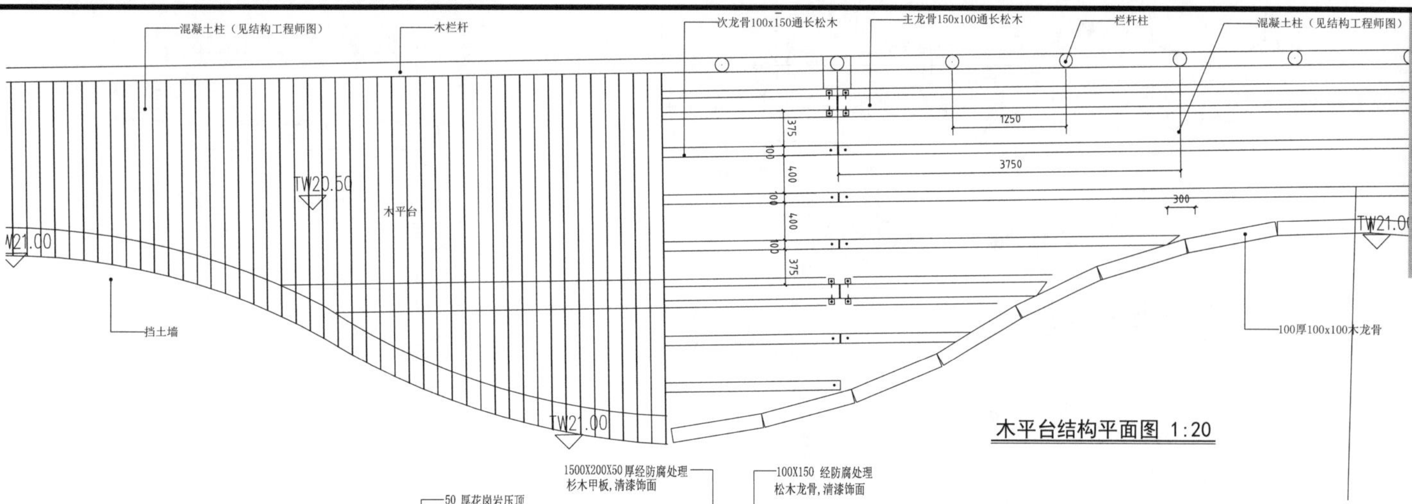
混凝土柱（见结构工程师图）
木栏杆
次龙骨100x150通长松木
主龙骨150x100通长松木
栏杆柱
混凝土柱（见结构工程师图）
1250
3750
300
TW20.50
木平台
TW21.00
挡土墙
TW21.00
100厚100x100木龙骨

木平台结构平面图 1:20

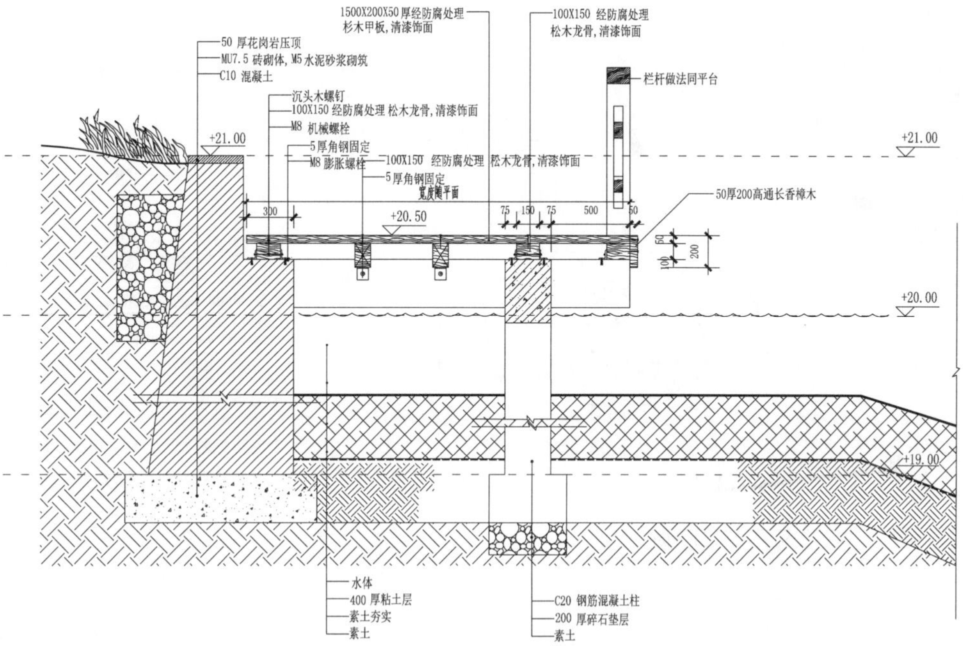
1500X200X50 厚经防腐处理 杉木甲板，清漆饰面
100X150 经防腐处理 松木龙骨，清漆饰面
50 厚花岗岩压顶
MU7.5 砖砌体，M5 水泥砂浆砌筑
C10 混凝土
栏杆做法同平台
沉头木螺钉
100X150 经防腐处理 松木龙骨，清漆饰面
M8 机械螺栓
5厚角钢固定
M8 膨胀螺栓
100X150 经防腐处理 松木龙骨，清漆饰面
5厚角钢固定
+21.00
+20.50
50厚200高通长香樟木
+20.00
+19.00
水体
400 厚粘土层
素土夯实
素土
C20 钢筋混凝土柱
200 厚碎石垫层
素土

木平台详图 1:30

栈道平台021

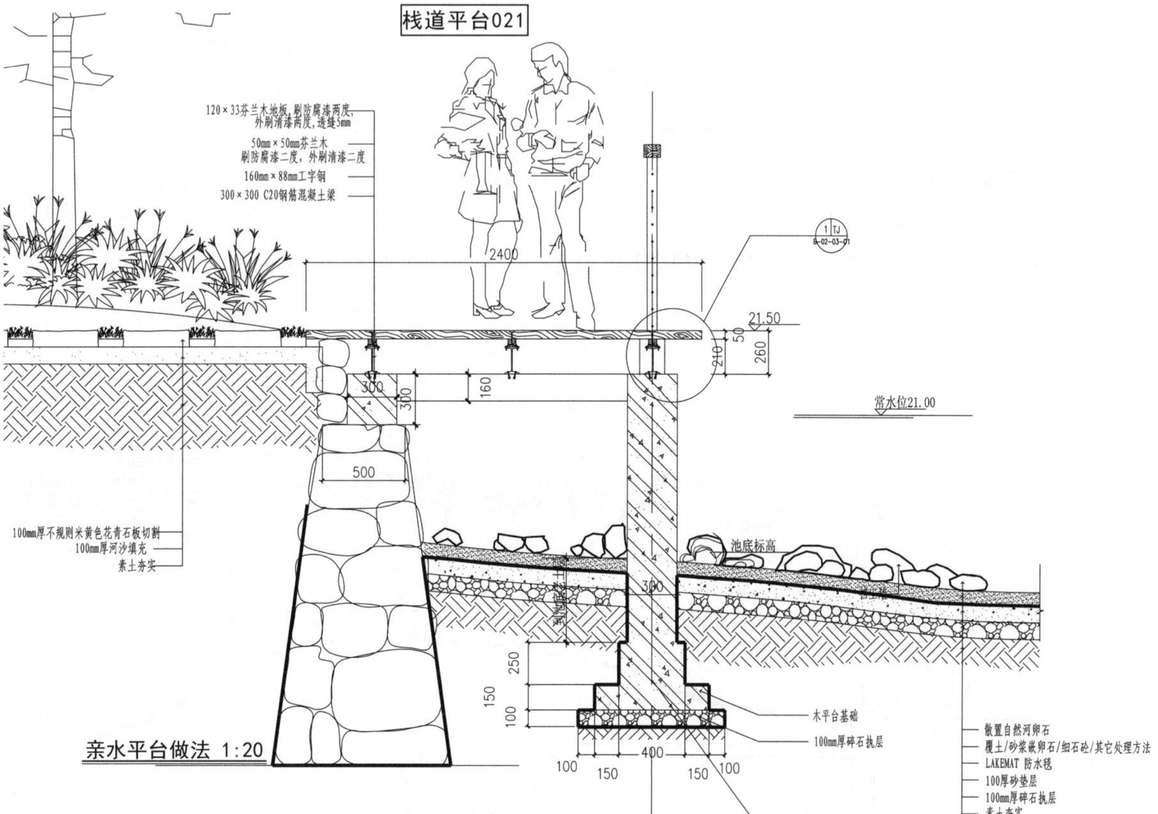
120×33芬兰木地板，刷防腐漆两度，外刷清漆两度，透缝5mm
50mm×50mm芬兰木 刷防腐漆二度，外刷清漆二度
160mm×88mm工字钢
300×300 C20钢筋混凝土梁
2400
21.50
常水位21.00
池底标高
100mm厚不规则米黄色花青石板切割
100mm厚河沙填充
素土夯实
木平台基础
100mm厚碎石垫层
散置自然河卵石
覆土/砂浆嵌卵石/细石砼/其它处理方法
LAKEMAT 防水毯
100厚砂垫层
100mm厚碎石垫层
素土夯实

亲水平台做法 1:20

栈道平台022

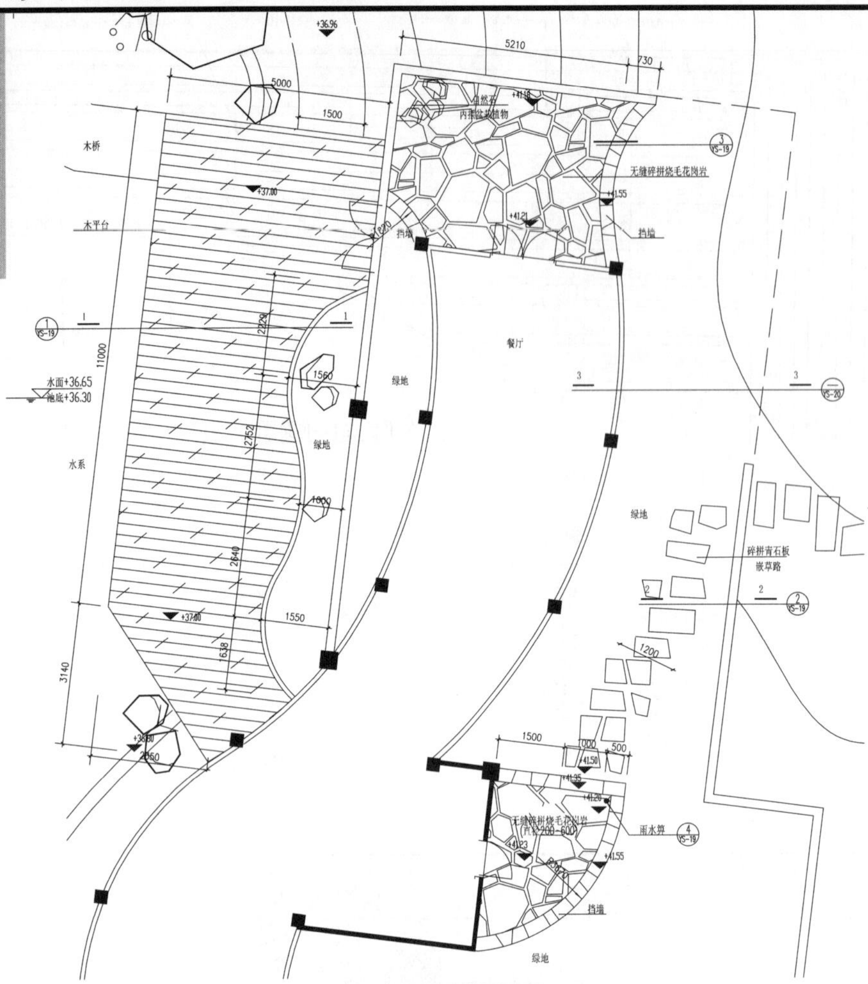

木平台及屋顶花园平面
木桥
木平台
水系
水面+36.65
池底+36.30
绿地
餐厅
挡墙
无缝碎拼烧毛花岗岩
碎拼青石板嵌草路
雨水算
木平台龙骨平面 1:20
900X150X30 原色防腐木
50X50 木龙骨
2-2 剖面 1:20
80厚碎拼青石板
表面剁斧两遍
30厚粗砂
190厚 3:7灰土
原楼板结构及防水层
300厚种植土
20厚千束彩排水板
30厚 1:3水泥砂浆找坡 (坡度 1.5%)
原楼板结构及防水层
填种植土播草种
预留排水管
雨水篦作法 1:20
20厚雨水算
20厚千束彩排水板
30厚 1:3水泥砂浆找坡层
原楼板结构及防水层
碎毛花岗岩作法同
300厚种植土
作法同
20厚 1:2.5硬性水泥砂浆
铺地及挡墙作法 1:20
20厚无缝碎拼烧毛花岗岩
20厚 1:2.5硬性水泥砂浆
20厚千束彩排水板
30厚 1:3水泥砂浆找坡 (坡度 1.5%)
原楼板结构及防水层
种植
20厚无缝碎拼烧毛花岗岩
20厚1:2.5水泥砂浆(掺建筑胶)
240砖墙
20厚1:2.5水泥砂浆 (内掺 5%防水粉)
1-1 剖面 1:20
900X150X30 原色防腐木
50X50 龙骨 (螺栓固定于混凝土中)
20厚 1:2.5干硬性水泥砂浆
50厚 C15素混凝土
150厚 3:7灰土
素土夯实
平铺自然色卵石
粒径 150-250
100厚 C10素混凝土
7厚膨润土防水毯
50厚中砂找平层
150厚 3:7灰土
素土夯实
30厚 1:2.5水泥砂浆嵌砌自然色卵石粒径 30-50
12厚 1:3水泥砂浆打底扫毛
7厚膨润土防水毯
240非粘土砖墙
素土夯实
400X400X100 灰色花岗岩表面剁斧两遍
20厚 1:2.5干硬性水泥砂浆
150厚 3:7灰土
素土夯实
注：防腐木板上表面与相临路平，木板下混凝土地面坡度1%坡向沙坑，排水方向龙骨留缝。
屋顶地形剖面

栈道平台023

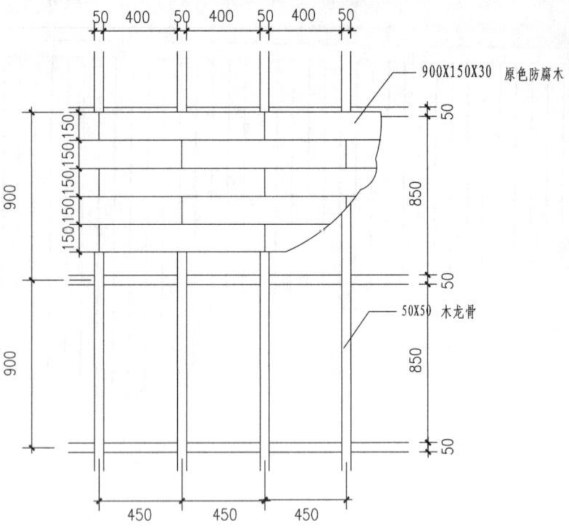

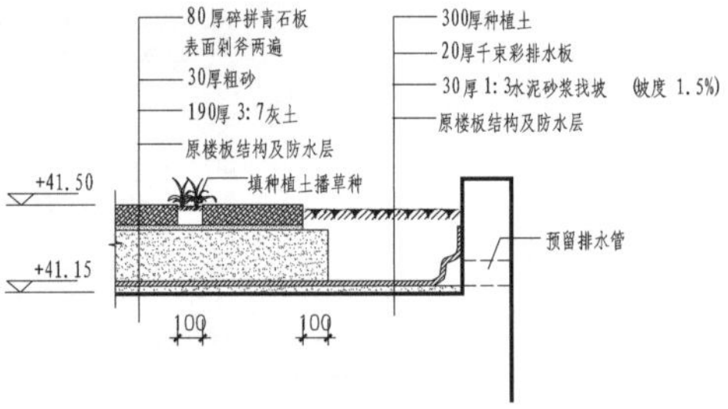

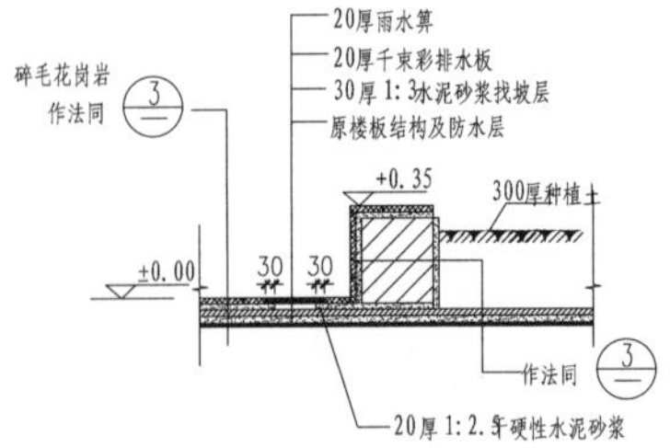

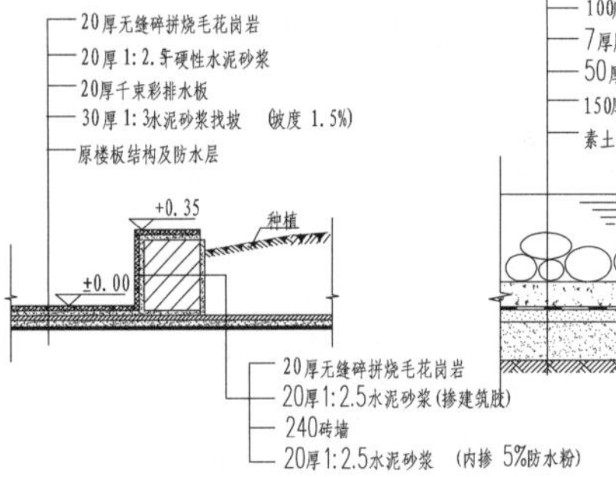

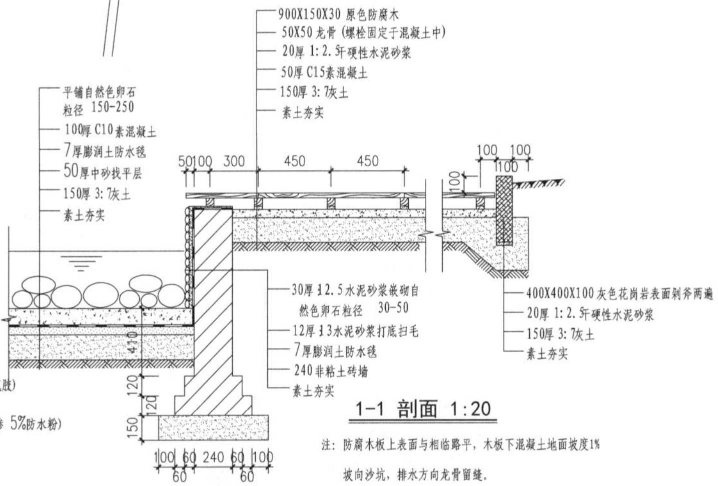

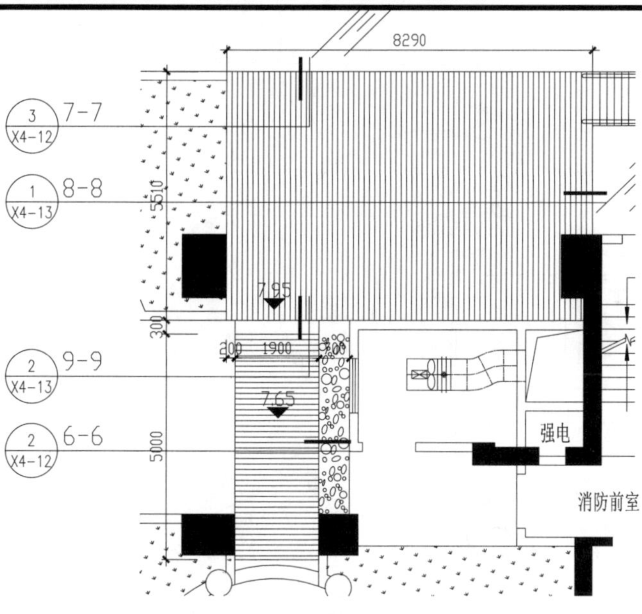

木平台平面图 1:100

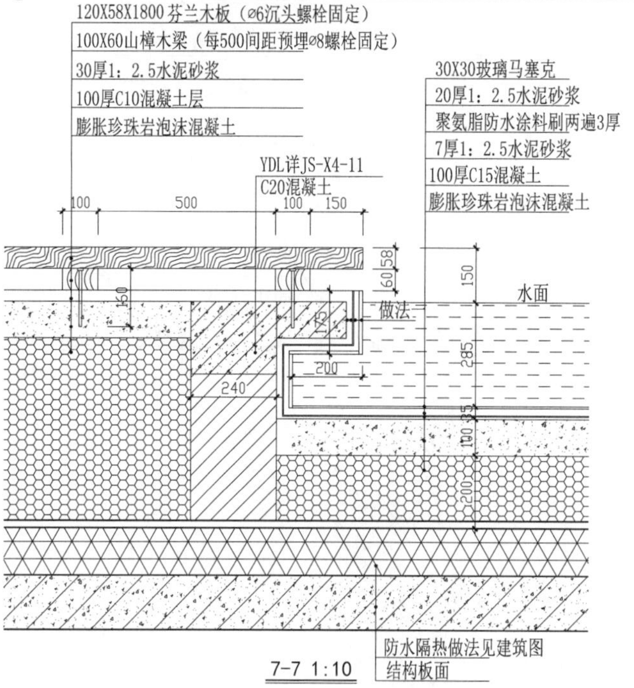
120X58X1800芬兰木板（⌀6沉头螺栓固定）
100X60山樟木梁（每500间距预埋⌀8螺栓固定）
30厚1：2.5水泥砂浆
100厚C10混凝土层
膨胀珍珠岩泡沫混凝土
30X30玻璃马塞克
20厚1：2.5水泥砂浆
聚氨脂防水涂料刷两遍3厚
7厚1：2.5水泥砂浆
100厚C15混凝土
膨胀珍珠岩泡沫混凝土
YDL详JS-X4-11
C20混凝土
100
500
100
150
水面
做法
240
200
285
防水隔热做法见建筑图
结构板面

7-7 1:10

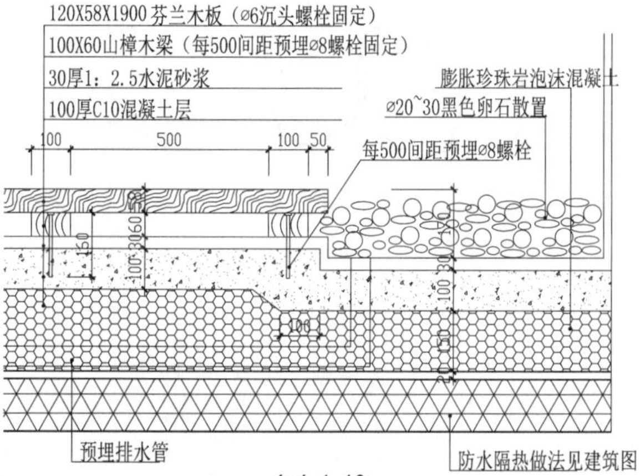
120X58X1900芬兰木板（⌀6沉头螺栓固定）
100X60山樟木梁（每500间距预埋⌀8螺栓固定）
30厚1：2.5水泥砂浆
100厚C10混凝土层
膨胀珍珠岩泡沫混凝土
⌀20~30黑色卵石散置
每500间距预埋⌀8螺栓
100
500
100
50
预埋排水管
防水隔热做法见建筑图

6-6 1:10

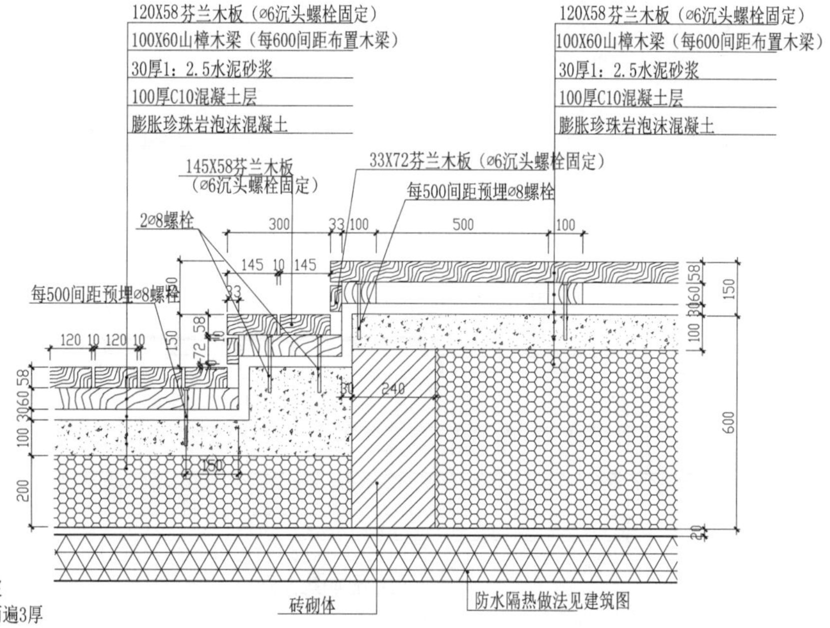
120X58芬兰木板（⌀6沉头螺栓固定）
100X60山樟木梁（每600间距布置木梁）
30厚1：2.5水泥砂浆
100厚C10混凝土层
膨胀珍珠岩泡沫混凝土
120X58芬兰木板（⌀6沉头螺栓固定）
100X60山樟木梁（每600间距布置木梁）
30厚1：2.5水泥砂浆
100厚C10混凝土层
膨胀珍珠岩泡沫混凝土
145X58芬兰木板
（⌀6沉头螺栓固定）
33X72芬兰木板（⌀6沉头螺栓固定）
每500间距预埋⌀8螺栓
2⌀8螺栓
每500间距预埋⌀8螺栓
300
33
100
500
100
145
10
145
120
10
120
10
240
150
600
200
砖砌体
防水隔热做法见建筑图

9-6 1:10

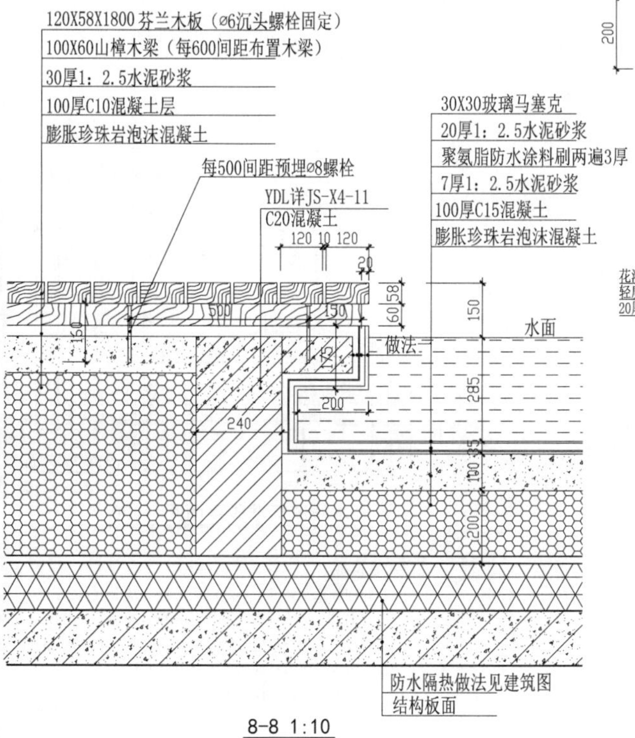
120X58X1800芬兰木板（⌀6沉头螺栓固定）
100X60山樟木梁（每600间距布置木梁）
30厚1：2.5水泥砂浆
100厚C10混凝土层
膨胀珍珠岩泡沫混凝土
30X30玻璃马塞克
20厚1：2.5水泥砂浆
聚氨脂防水涂料刷两遍3厚
7厚1：2.5水泥砂浆
100厚C15混凝土
膨胀珍珠岩泡沫混凝土
每500间距预埋⌀8螺栓
YDL详JS-X4-11
C20混凝土
120
10
120
500
150
水面
做法
240
200
285
防水隔热做法见建筑图
结构板面

8-8 1:10

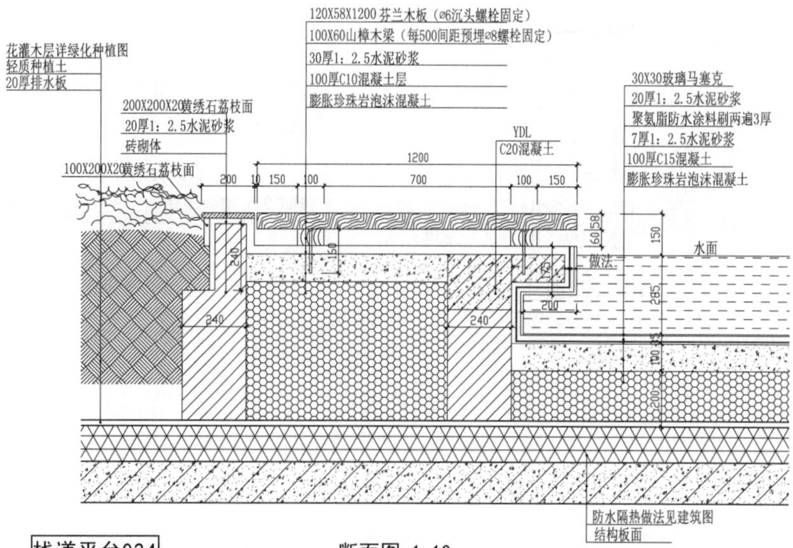
120X58X1200芬兰木板（⌀6沉头螺栓固定）
100X60山樟木梁（每500间距预埋⌀8螺栓固定）
30厚1：2.5水泥砂浆
100厚C10混凝土层
膨胀珍珠岩泡沫混凝土
花灌木层详绿化种植图
轻质种植土
20厚排水板
200X200X20黄绣石荔枝面
20厚1：2.5水泥砂浆
砖砌体
100X200X20黄绣石荔枝面
30X30玻璃马塞克
20厚1：2.5水泥砂浆
聚氨脂防水涂料刷两遍3厚
7厚1：2.5水泥砂浆
100厚C15混凝土
膨胀珍珠岩泡沫混凝土
YDL
C20混凝土
1200
700
200
150
100
水面
做法
240
200
285
防水隔热做法见建筑图
结构板面

断面图 1:10

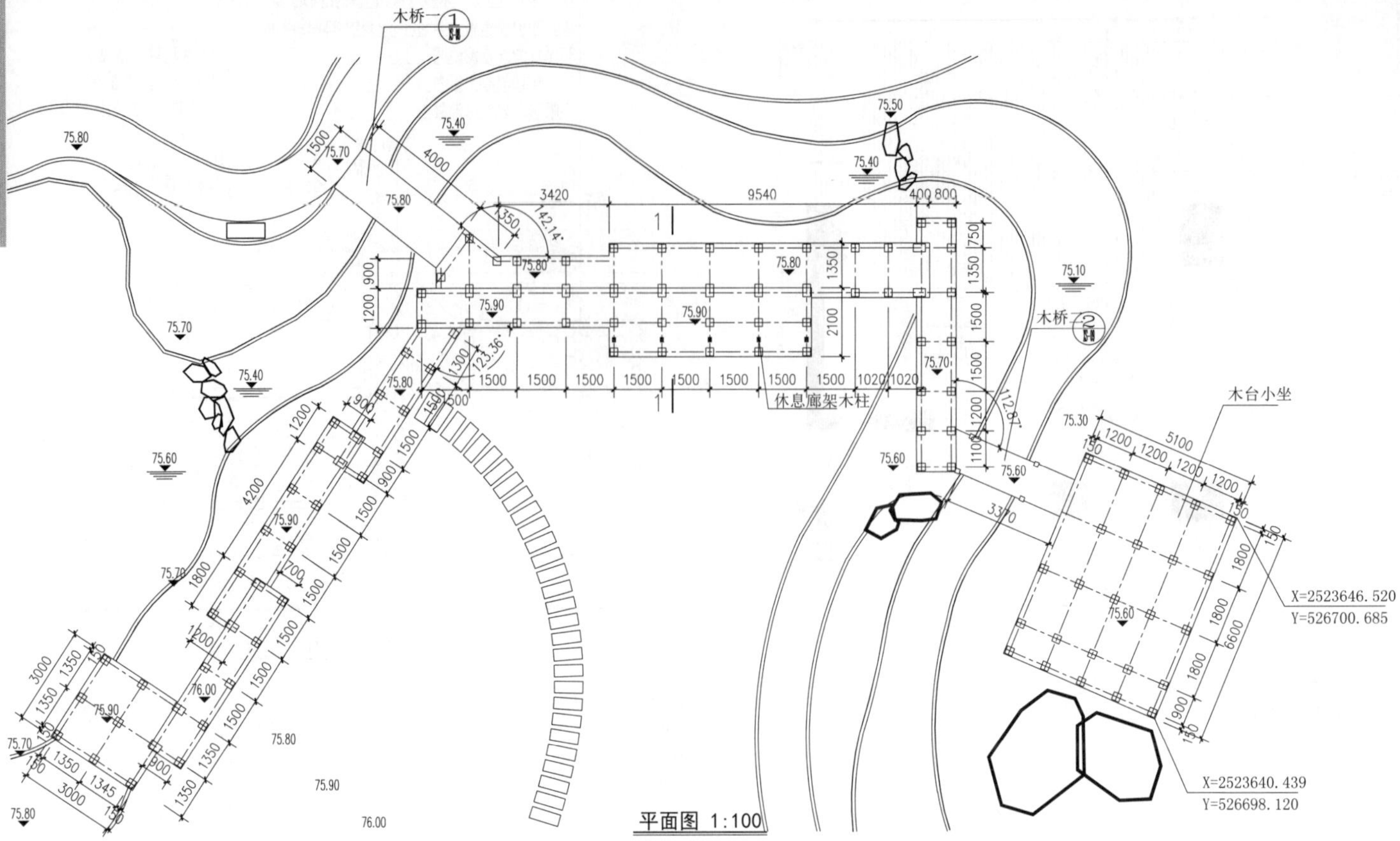
木桥一
木桥二
休息廊架木柱
木台小坐
X=2523646.520
Y=526700.685
X=2523640.439
Y=526698.120

平面图 1:100

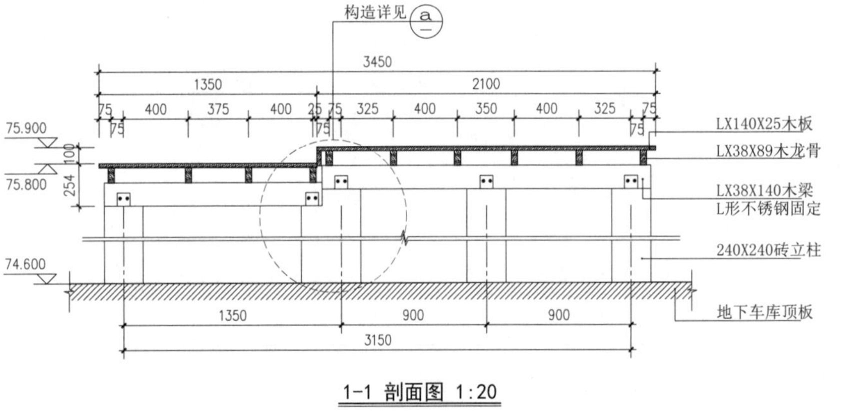
构造详见 a
LX140X25木板
LX38X89木龙骨
LX38X140木梁
L形不锈钢固定
240X240砖立柱
地下车库顶板

1-1 剖面图 1:20

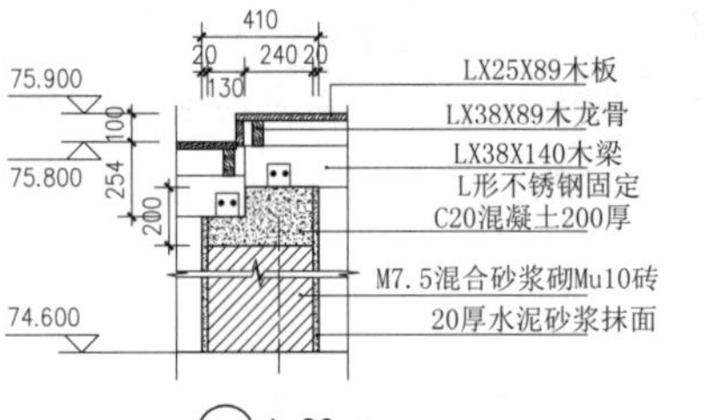
LX25X89木板
LX38X89木龙骨
LX38X140木梁
L形不锈钢固定
C20混凝土200厚
M7.5混合砂浆砌Mu10砖
20厚水泥砂浆抹面

a 1:20

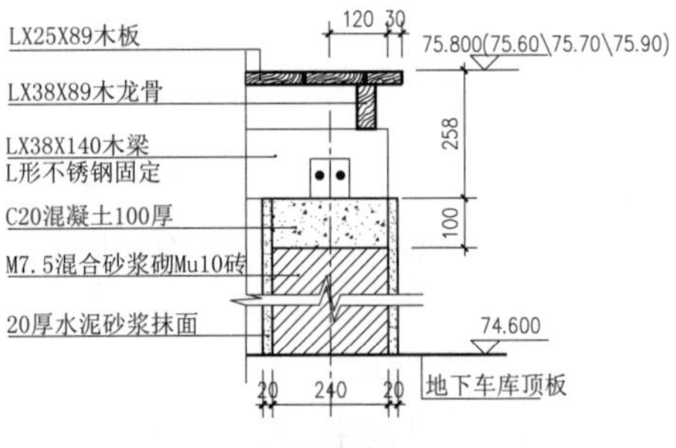
LX25X89木板
LX38X89木龙骨
LX38X140木梁
L形不锈钢固定
C20混凝土100厚
M7.5混合砂浆砌Mu10砖
20厚水泥砂浆抹面
地下车库顶板

3-3 剖面图 1:10

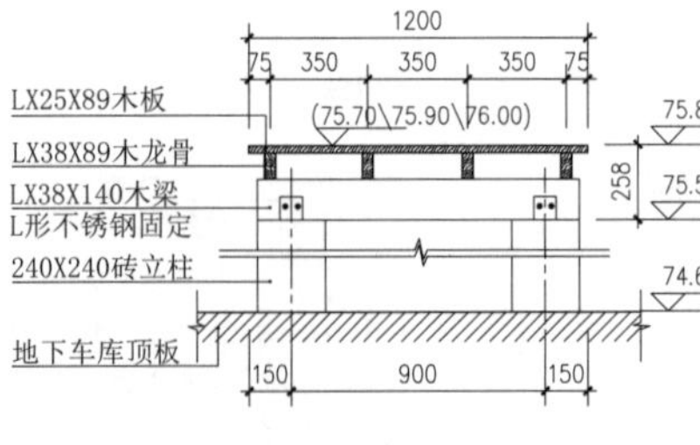
LX25X89木板
LX38X89木龙骨
LX38X140木梁
L形不锈钢固定
240X240砖立柱
地下车库顶板

2-2 剖面图 1:20

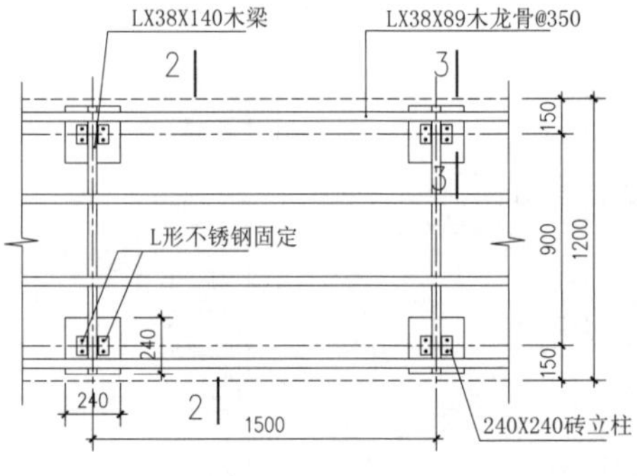
LX38X140木梁
LX38X89木龙骨@350
L形不锈钢固定
240X240砖立柱

木栈道标准段平面图 1:20

设计说明:

1. 此图为翠湖新城中心花园的木栈道及木台小坐。
2. 木栈道、木台小坐及小木桥定位详见总平定位图。
4. 木栈道、木台小坐底部回填土的高度由甲方现场确定.
5. 本图内所用木材均属美国南方松木材。
6. 本图中未详之处按有关规范施工。

栈道平台025

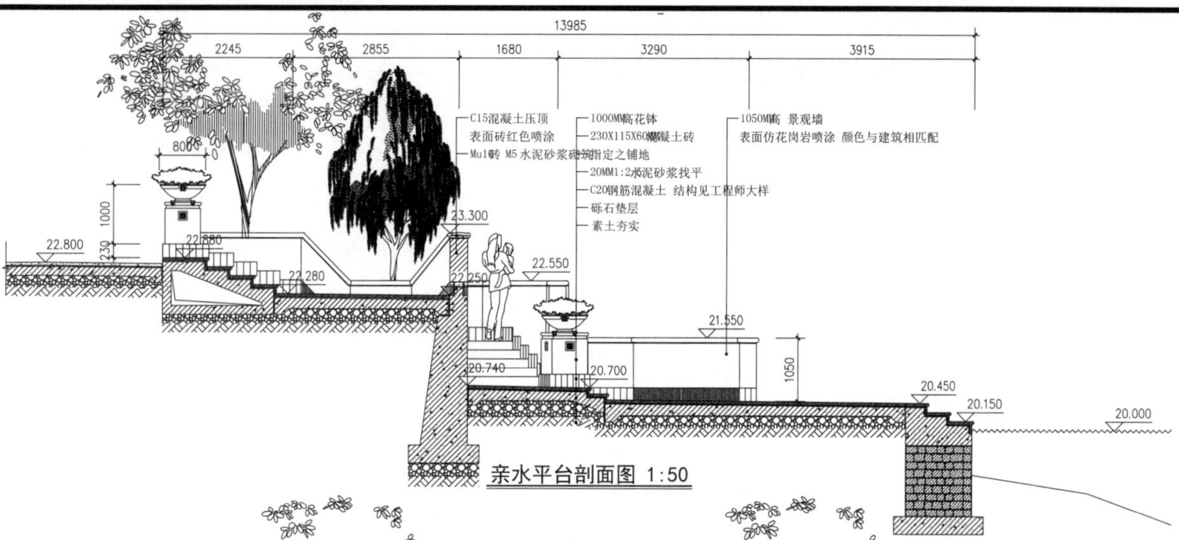

13985

2245　　2855　　1680　　3290　　3915

C15混凝土压顶　　1000MM陶花体　　1050MM高 景观墙
表面砖红色喷涂　　230X115X60混凝土砖　　表面仿花岗岩喷涂 颜色与建筑相匹配
Mu1砖 M5 水泥砂浆砌指定之铺地
20MM1:2水泥砂浆找平
C20钢筋混凝土 结构见工程师大样
砾石垫层
素土夯实

8000

1000

23.300
22.800
22.680
22.280
23.300

22.550
21.550
20.740
20.700
20.450
20.150
20.000
1050

亲水平台剖面图 1:50

150　　150

14545

挡土墙线　　150

23.300　　23.200

250　　300

22.550

1560　　1570　　1560

21.550
250　　950

20.740
20.000

150　　1030　　150　　5785　　7765　　5785　　150　　1180

21995

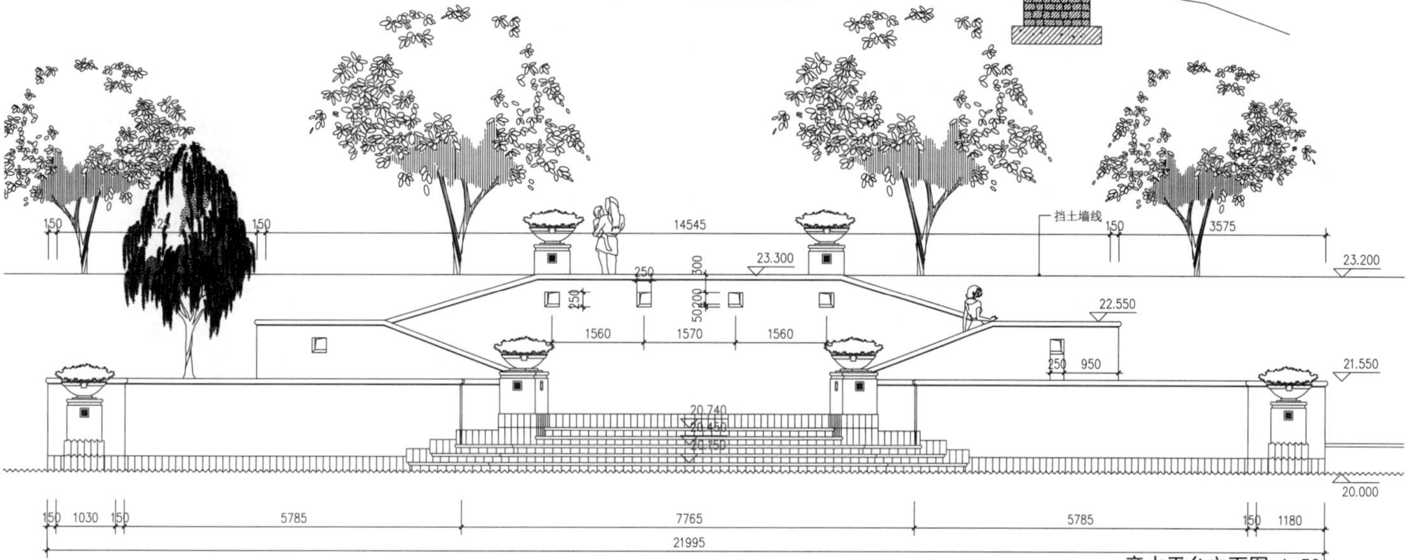

亲水平台立面图 1:50

栈道平台026

30厚美国防腐红松

R2200

伸缩缝

70*70龙骨

50厚美国防腐红松
70*70枕木
100厚素石砂浆层
200厚块石垫层
素土夯实

木螺栓

13400

±0.000
-0.030

60*100枕木膨胀螺丝固定
150*150砼枕条
40宽30深排水沟

3200

-0.100

-0.250
-0.350

-0.400

-0.550

-0.720

600　　600

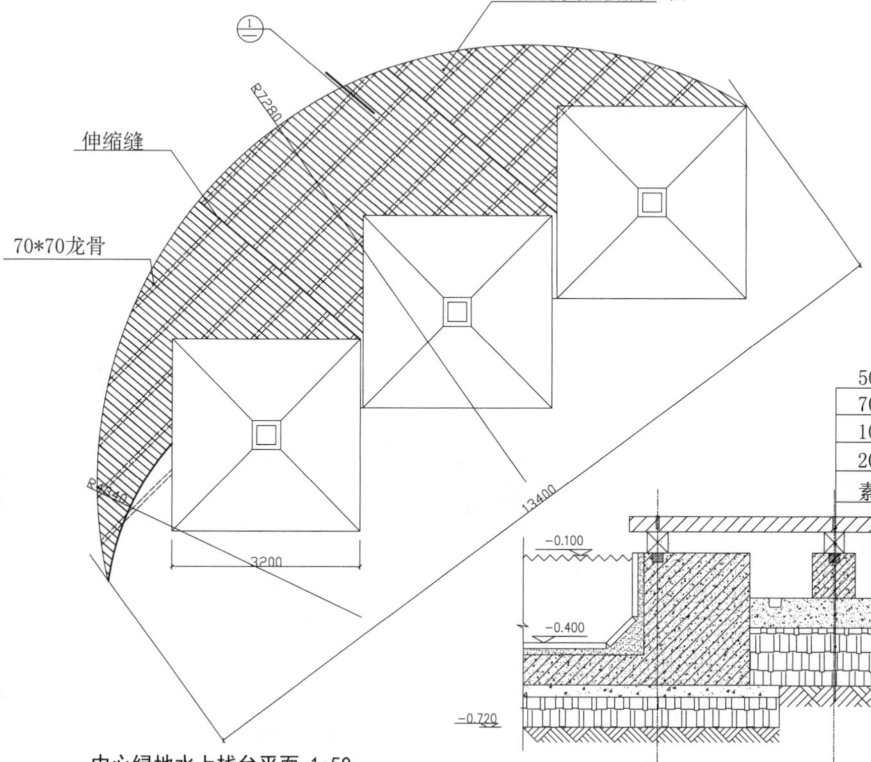

中心绿地水上栈台平面 1:50　　中心绿地水上木栈台剖立面 1:10

栈道平台027

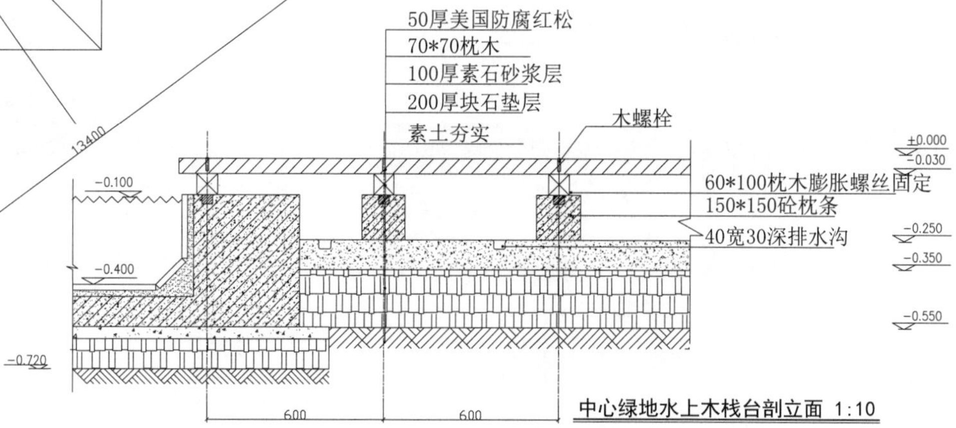

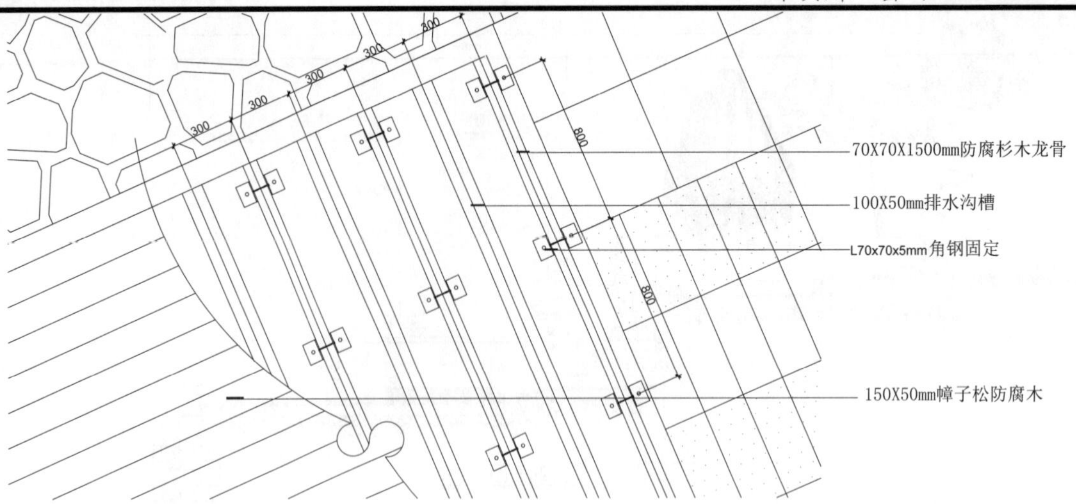

70X70X1500mm防腐杉木龙骨

100X50mm排水沟槽

L70x70x5mm角钢固定

150X50mm樟子松防腐木

龙骨布置图 1:20

100X50mm排水沟槽
不锈钢圆钉加固

150X50mm樟子松防腐木
L70x70x5mm角钢固定
70X70X1500mm防腐杉木龙骨

100厚C20混凝土垫层

100厚碎石垫层

素土夯实　　剖面图 1:10

栈道平台028

臺階,見圖#7204

矮柱,見圖#7303

木平台,見圖#7413

鋼筋混凝土結構層,見工程師圖

龍骨,70*70MM木架,600 MM中心間距

水湖沿边弧形木平台剖面图 1:20

防水層見建築師圖
結構層見工程師圖

水面
WL+2.80
BOP+0.80

踏步另詳#7204

矮柱另詳#7303

L型鍍鋅鋼角片及螺絲固定
1000MM中心間距
30x105MM地板,透縫5MM

小徑另詳#7207

木條需經過防腐,防蟲及風干壓縮處理,再塗室外用油漆

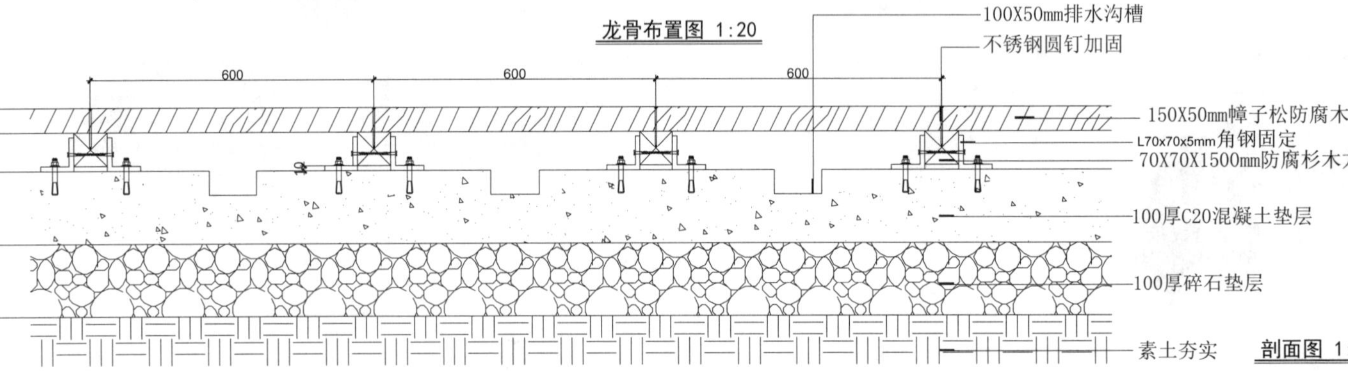

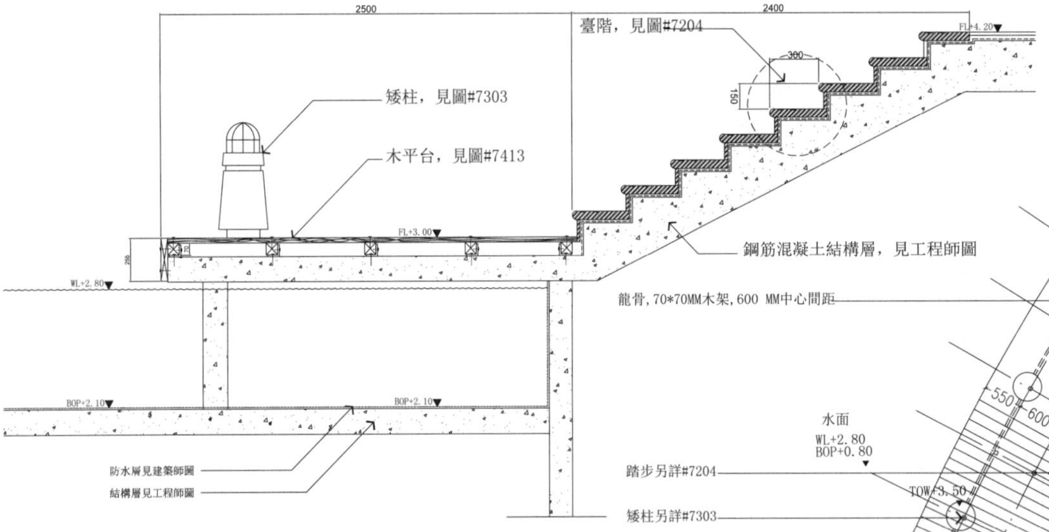

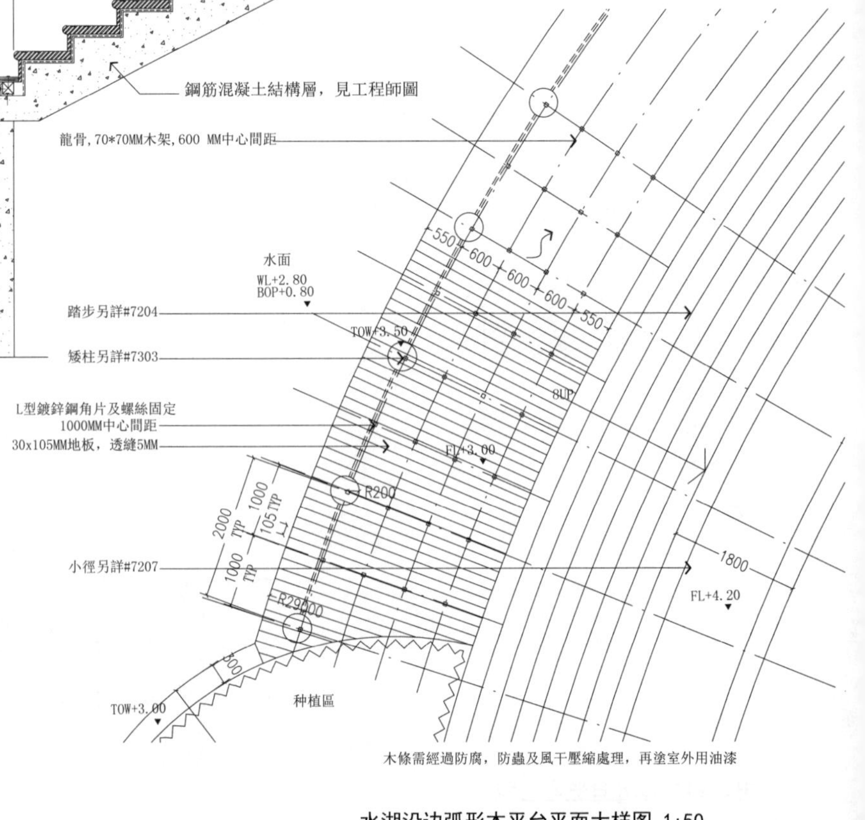

水湖沿边弧形木平台平面大样图 1:50

栈道平台029

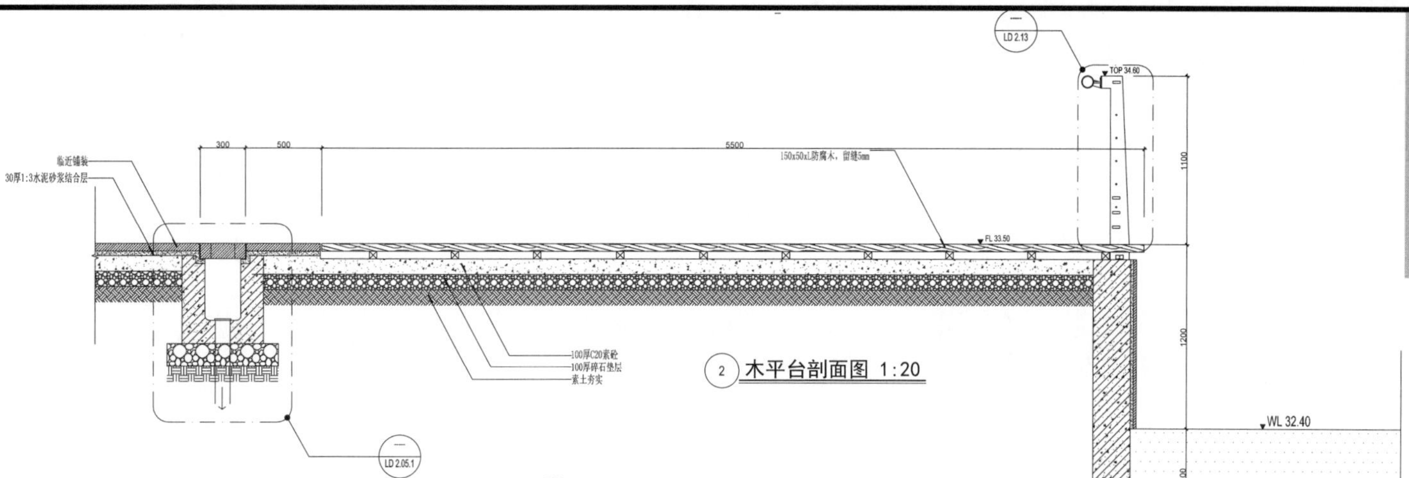
LD 2.13
TOP 34.60
临近铺装
30厚1:3水泥砂浆结合层
300
500
5500
150x50xL防腐木，留缝5mm
FL 33.50
1100
1200
100厚C20素砼
100厚碎石垫层
素土夯实
LD 2.05.1
WL 32.40
600
BP 31.80
种植壤土
原土夯实
C20钢砼驳岸
100厚C15素砼
100厚碎石垫层
素土夯实

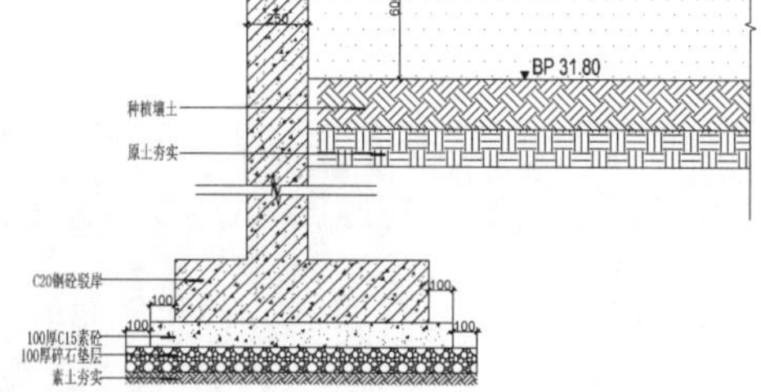

② 木平台剖面图 1:20

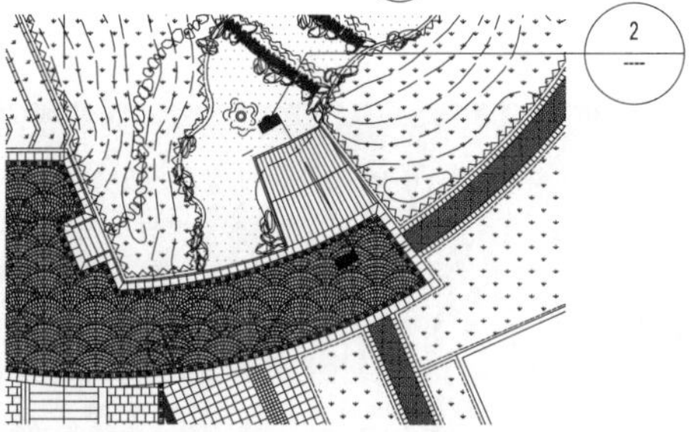

索引图

栈道平台030

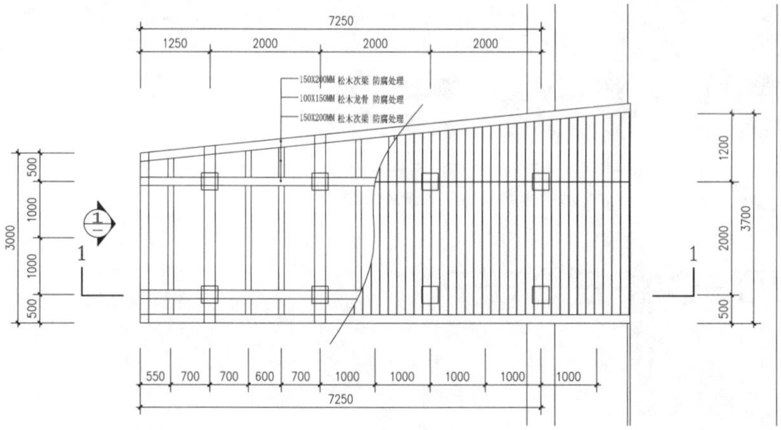

挑台平面图 1:50

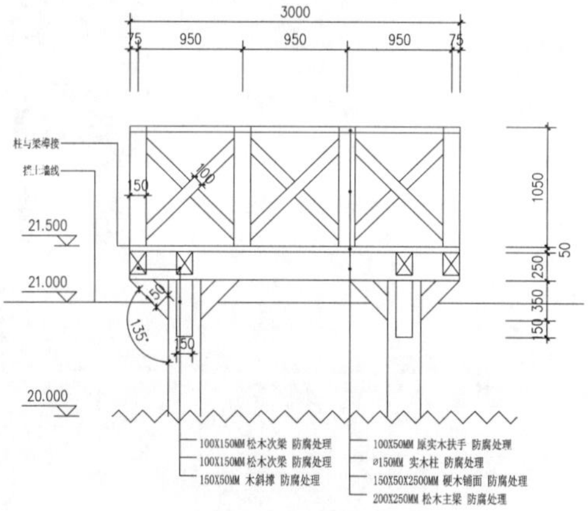
3000
75
950
950
950
75
柱与梁榫接
扶手藻线
21.500
21.000
20.000
1050
250
350
135°
100X150MM 松木次梁 防腐处理
100X150MM 松木次梁 防腐处理
150X50MM 木斜撑 防腐处理
100X50MM 原实木扶手 防腐处理
ø150MM 实木柱 防腐处理
150X50X2500MM 硬木铺面 防腐处理
200X250MM 松木主梁 防腐处理

挑台立面图 1:30

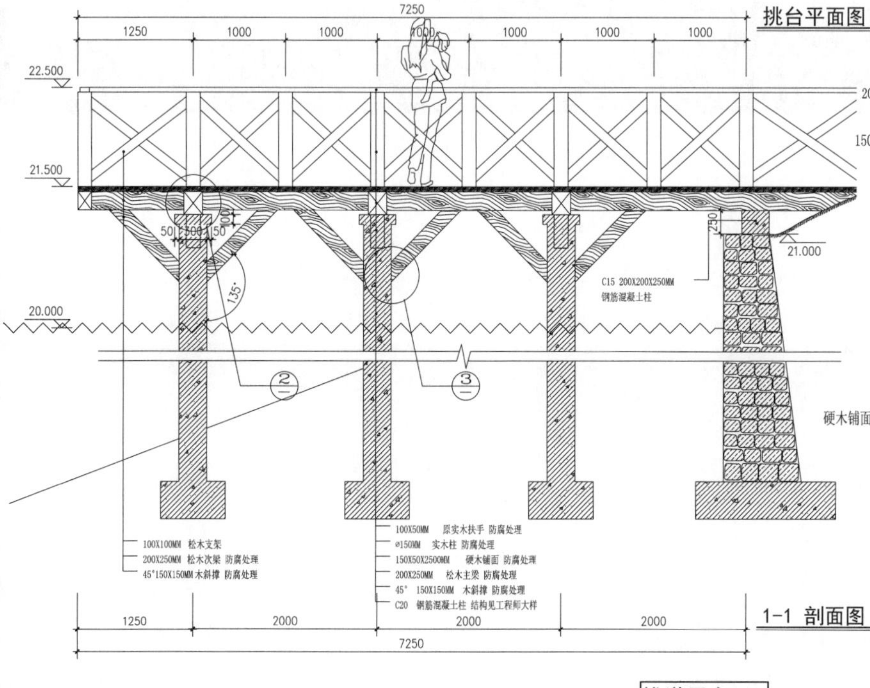
7250
1250
1000
1000
1000
1000
1000
1000
22.500
21.500
21.000
20.000
200X250MM松木主梁 防腐处理
150X200MM松木次梁 防腐处理
C15 200X200X250MM
钢筋混凝土柱
135°
硬木铺面 防腐处理
100X100MM 松木支架
200X250MM 松木次梁 防腐处理
45°150X150MM木斜撑 防腐处理
100X50MM 原实木扶手 防腐处理
ø150MM 实木柱 防腐处理
150X50X2500MM 硬木铺面 防腐处理
200X250MM 松木主梁 防腐处理
45° 150X150MM 木斜撑 防腐处理
C20 钢筋混凝土柱 结构见工程师大样
1250
2000
2000
2000
7250

1-1 剖面图 1:30

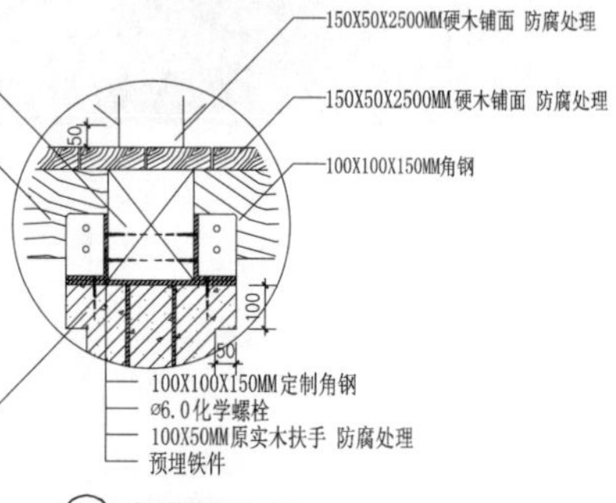

② 大样图 1:10

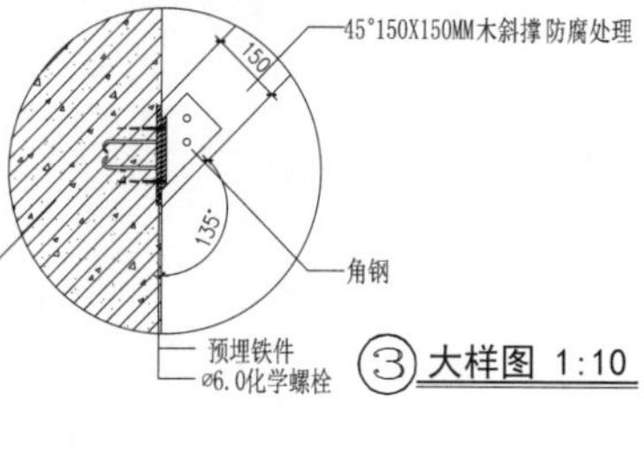

③ 大样图 1:10

栈道平台031

台阶坡道

LANDSCAPE STEP

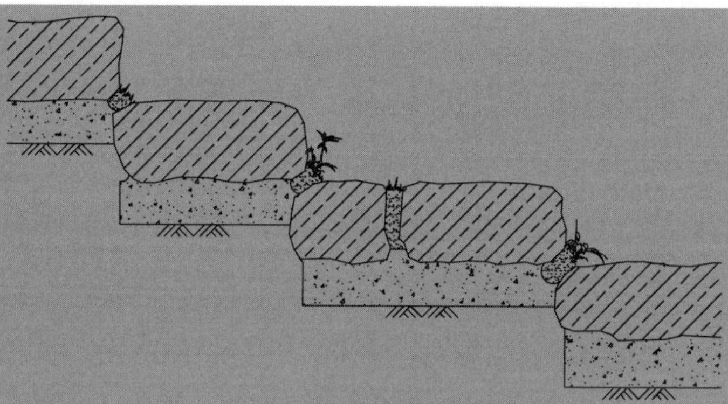

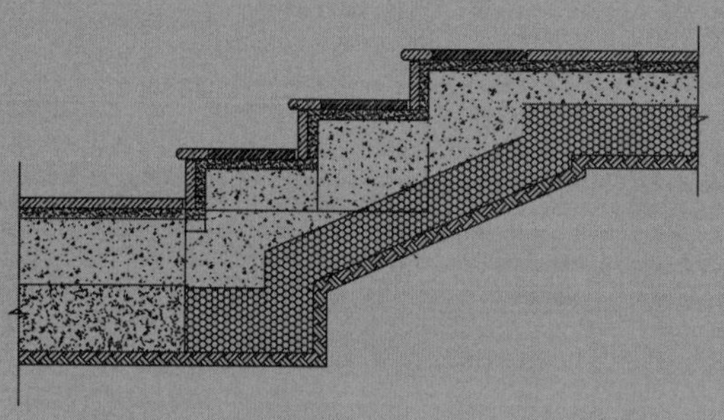

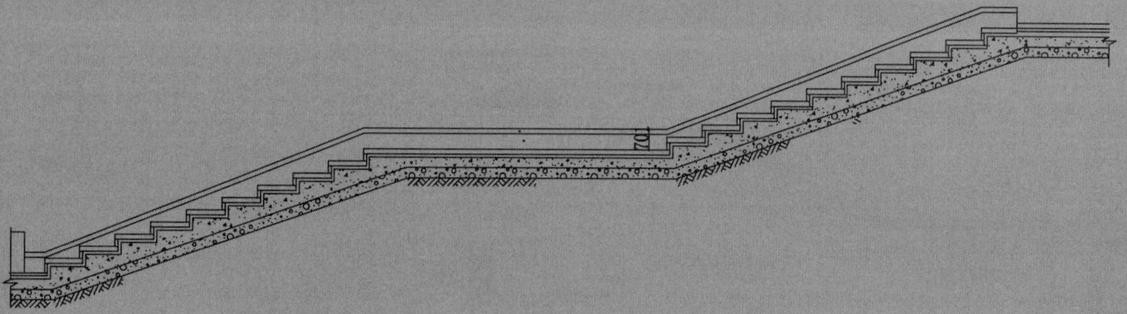

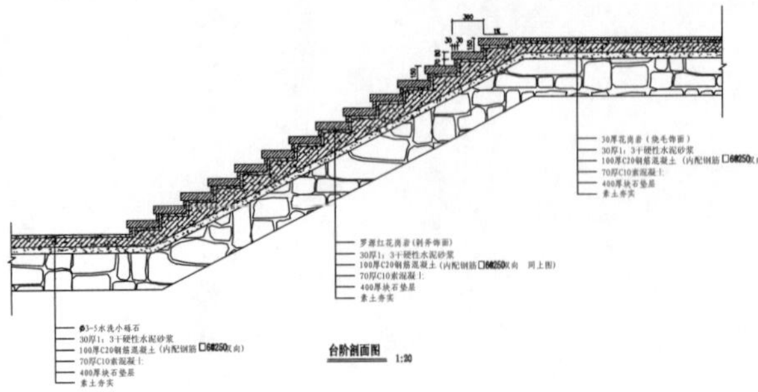

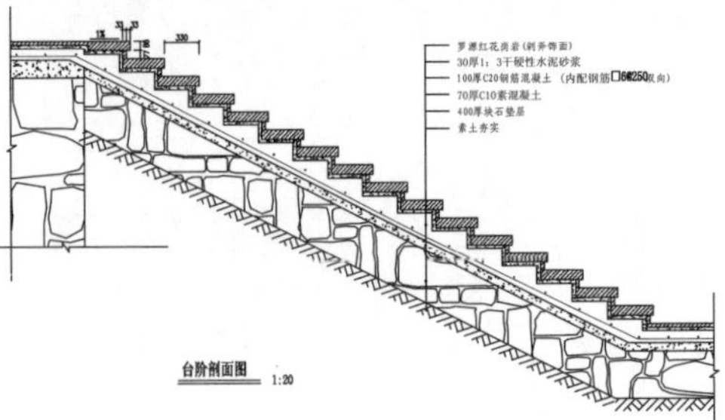

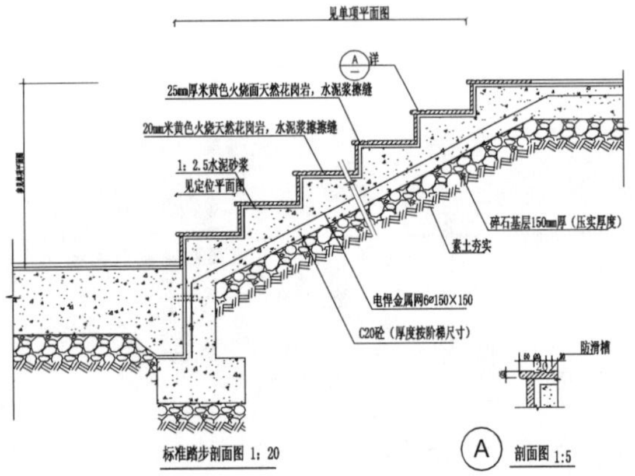

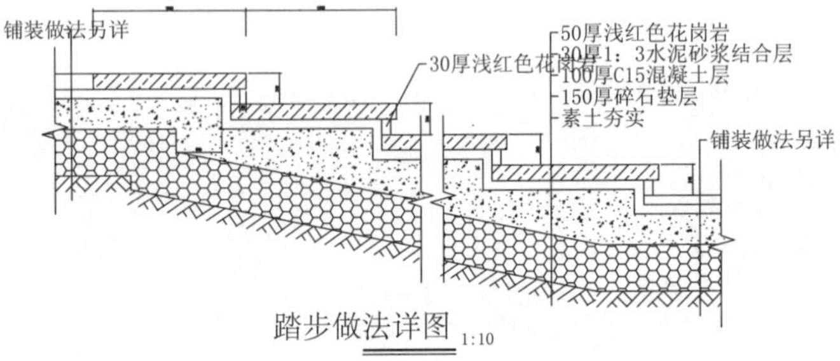

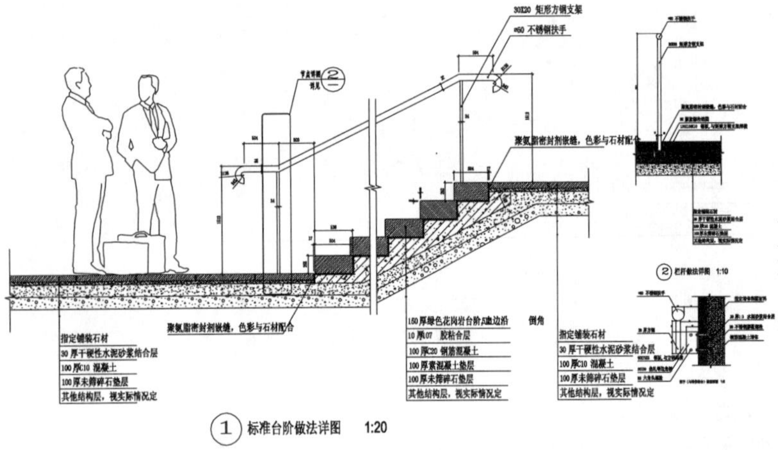

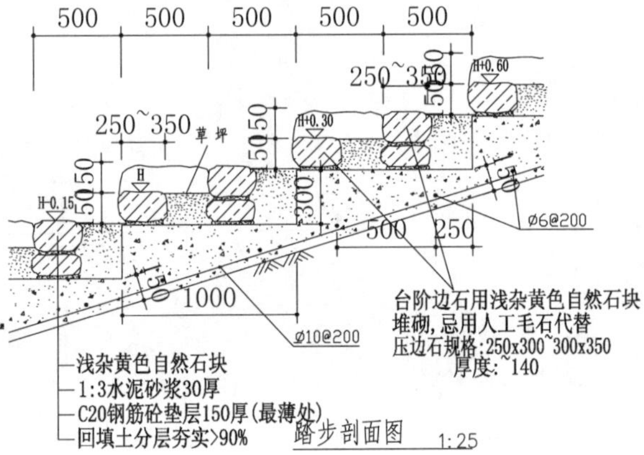

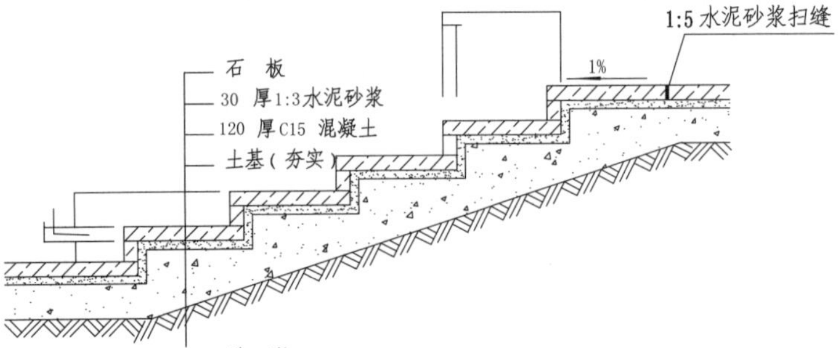

说　明：

1. 踏步应与地面平或略低一些。
2. 踏步宽一般　　300-600
3. 踏步高一般 100-150

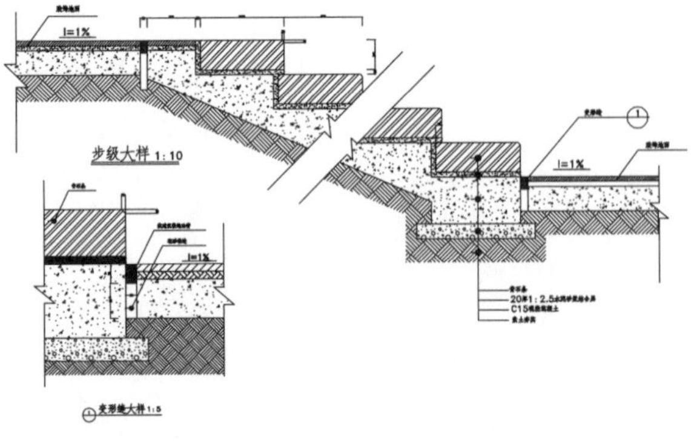

台阶坡道001

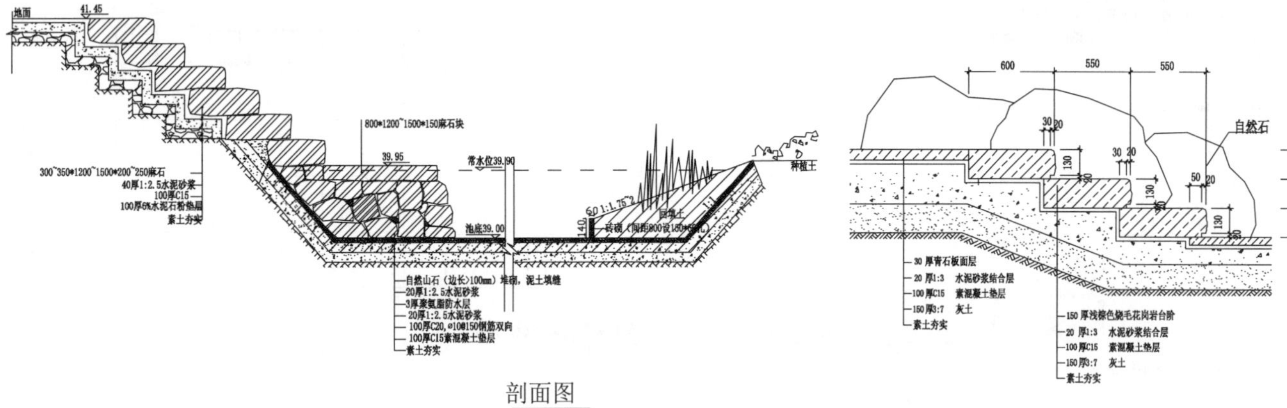

剖面图

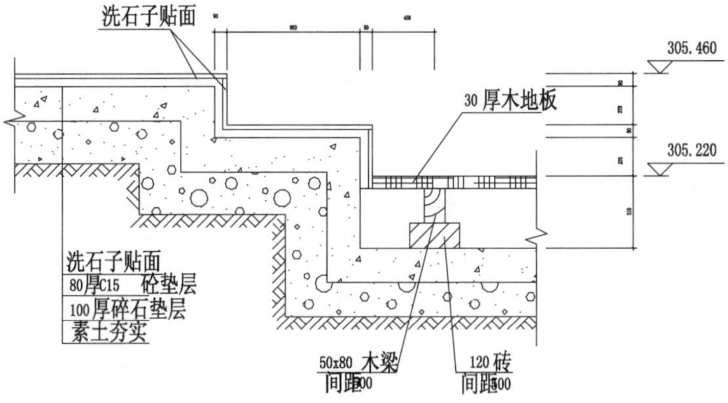

踏步祥图 1:10

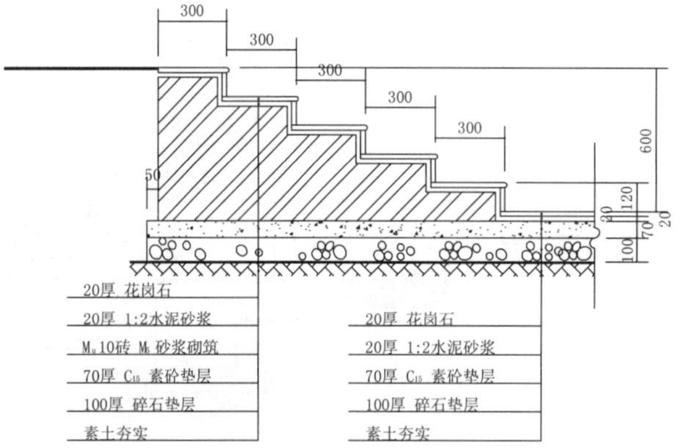

花岗岩台阶断面 1:20

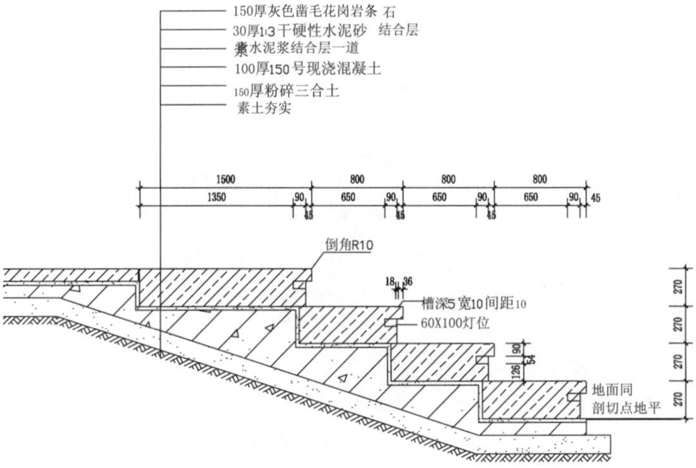

台阶剖面 1:20

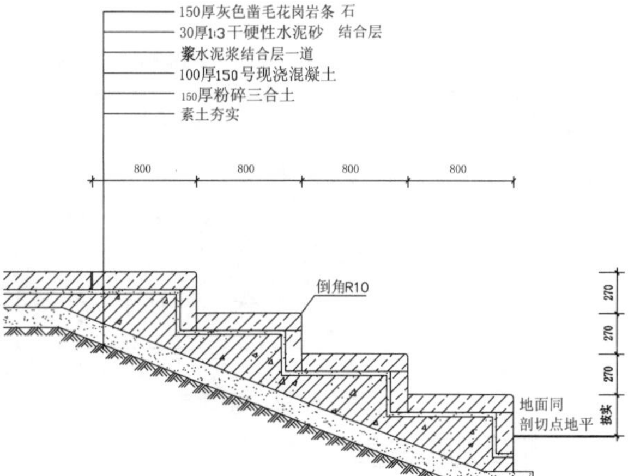

台阶剖面 1:20

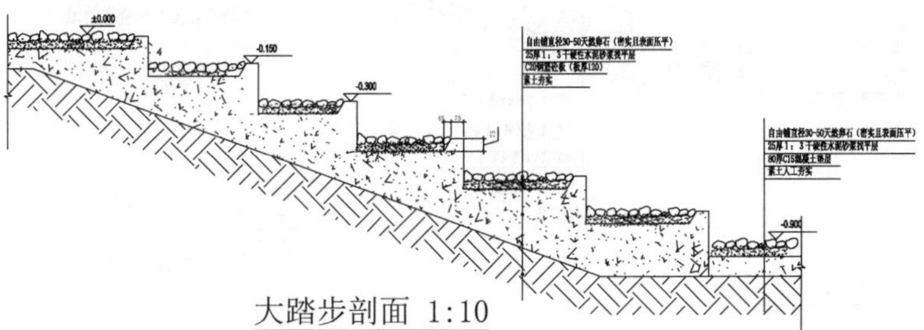
大踏步剖面 1:10

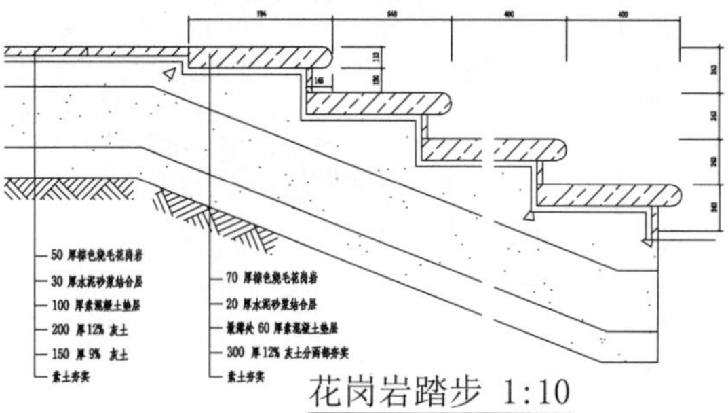
花岗岩踏步 1:10

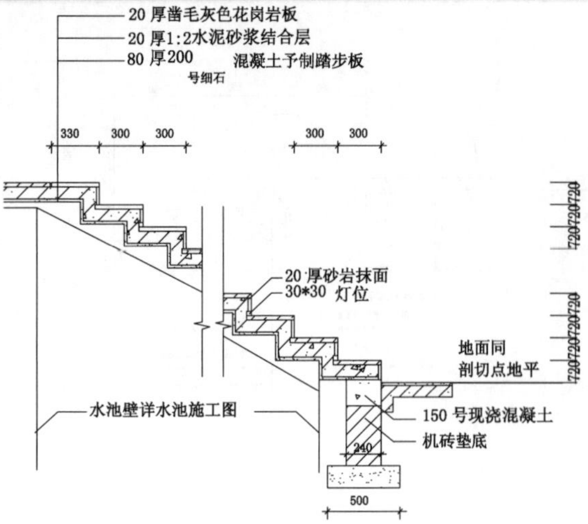
20 厚凿毛灰色花岗岩板
20 厚1:2水泥砂浆结合层
80 厚200号细石混凝土予制踏步板
330 300 300
300 300
720720720
20 厚砂岩抹面
30*30 灯位
地面同剖切点地平
水池壁详水池施工图
150 号现浇混凝土
机砖垫底
240
500

台阶剖面图 1:20

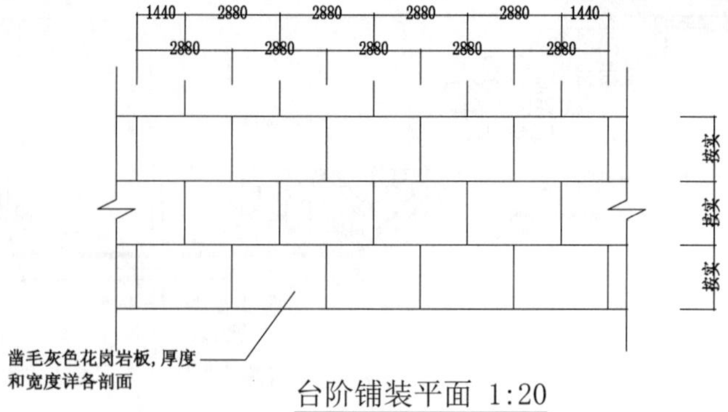

台阶铺装平面 1:20

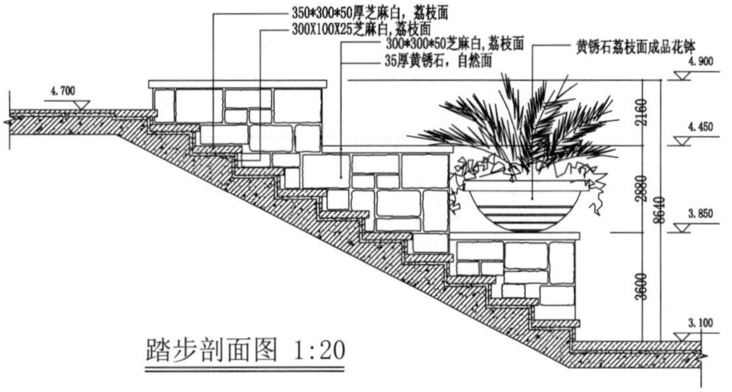

踏步剖面图 1:20

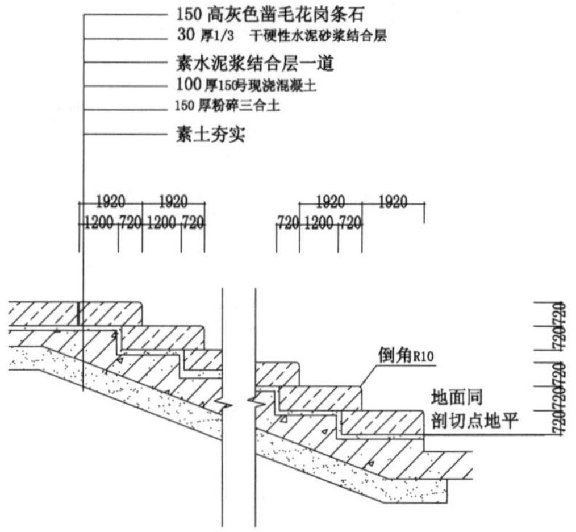
150 高灰色凿毛花岗条石
30 厚1/3 干硬性水泥砂浆结合层
素水泥浆结合层一道
100 厚150号现浇混凝土
150 厚粉碎三合土
素土夯实
1920 1920 1920 1920
1200 720 1200 720 720 1200 720
倒角R10
地面同剖切点地平
720720720

台阶剖面图 1:20

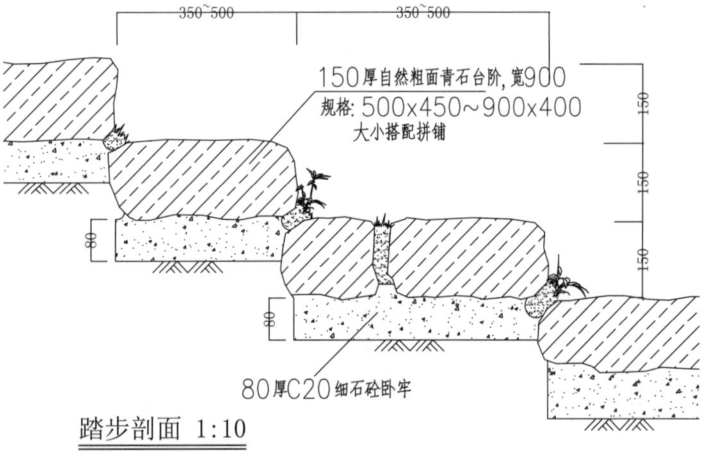

踏步剖面 1:10

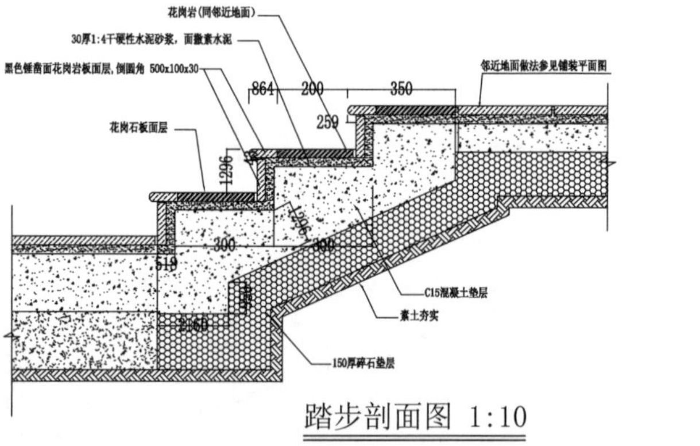

踏步剖面图 1:10

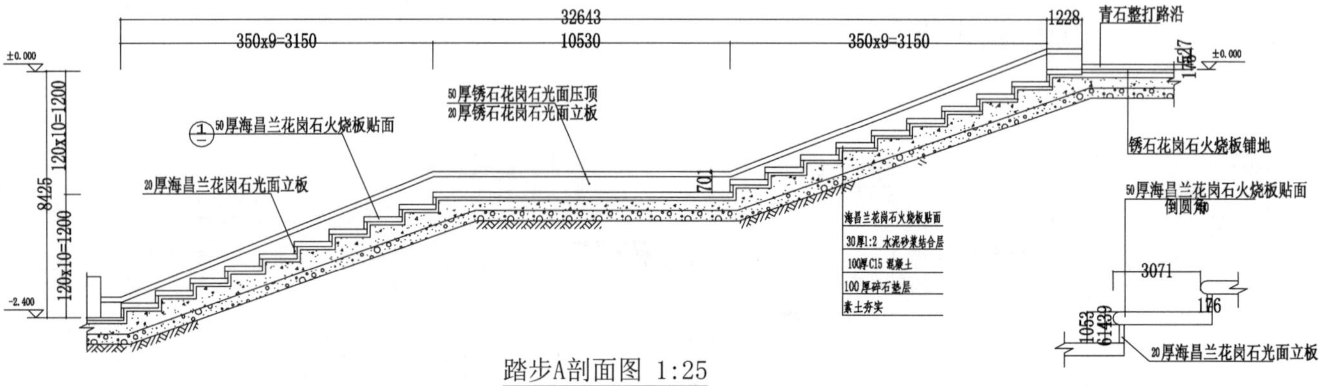
32643
1228
350x9=3150
10530
350x9=3150
青石整打路沿
±0.000
±0.000
-2.400
120x10=1200
8425
120x10=1200
50厚锈石花岗石光面压顶
20厚锈石花岗石光面立板
① 50厚海昌兰花岗石火烧板贴面
20厚海昌兰花岗石光面立板
701
锈石花岗石火烧板铺地
海昌兰花岗石火烧板贴面
30厚1:2 水泥砂浆结合层
100厚C15 混凝土
100厚碎石垫层
素土夯实
50厚海昌兰花岗石火烧板贴面
倒圆角
3071
176
20厚海昌兰花岗石光面立板

踏步A剖面图 1:25

① 1:10

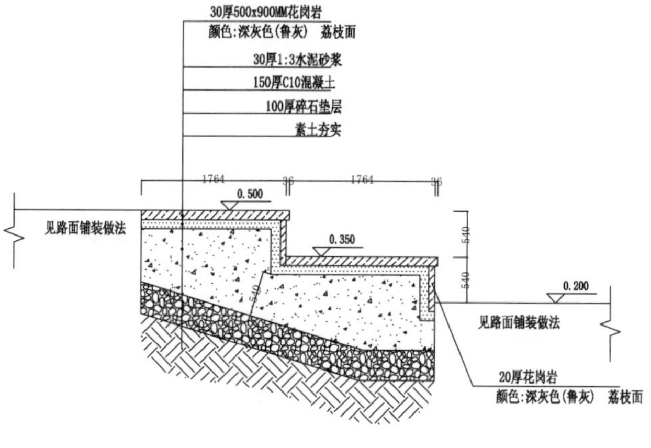

30厚500x900MM花岗岩
颜色:深灰色(鲁灰) 荔枝面
30厚1:3水泥砂浆
150厚C10混凝土
100厚碎石垫层
素土夯实
见路面铺装做法
20厚花岗岩
颜色:深灰色(鲁灰) 荔枝面
台阶剖面图 1:10
50厚350x600MM花岗岩压顶
颜色:浅灰色(芝麻灰) 火烧面
20厚100x500MM花岗岩贴面
颜色:浅灰色(芝麻灰) 火烧面
参照网格定位
台阶剖立面图 1:20
石 板
30 厚1:3 水泥砂浆
120 厚C15 混凝土
土基（夯实）
1:5水泥砂浆扫缝
50厚自然块石
30厚1：3水泥砂浆结合层
80厚C15混凝土层
120厚碎石垫层
素土夯实
1：2干性水泥砂浆勾缝
50厚青石板
30厚1：3水泥砂浆结合层
100厚C15混凝土层
120厚碎石垫层
30厚青石板
踏步做法详图 1:10
20厚浅灰色烧面花岗岩
规格:120*1000,密缝拼结
30厚浅灰色烧面花岗岩
规格:370*1000
350*1000,密缝拼结
R10
20厚1:2.5水泥砂浆
100厚C15素混凝土
200厚二八灰土
素土夯实(密实度>90%)
台阶剖面详图
30厚500x900花岗岩阶沿石
30厚300x600花岗岩阶沿石
50厚350x600MM花岗岩压顶
20厚100x600MM花岗岩贴面
20厚120x900花岗岩
台阶剖面 1:20
面层石材
30厚干硬性水泥浆砂浆
100厚C10混凝土
钢筋网
100厚碎石垫层压实
素土夯实
30厚花岗石
30厚干硬性水泥浆砂浆
100厚C10混凝土
100厚碎石垫层压实
素土夯实
台阶详图 1：20
台阶详图 1:10

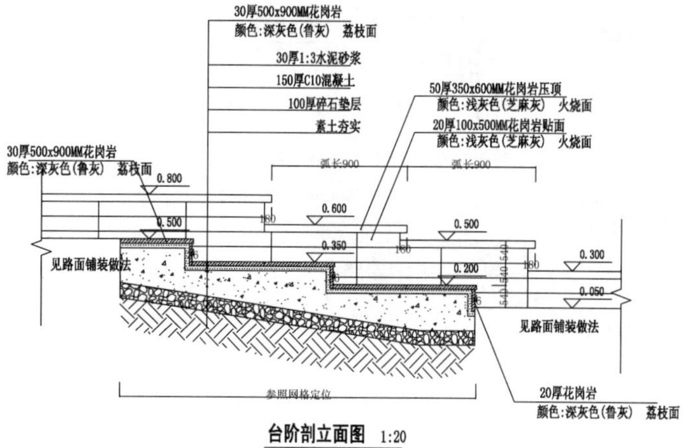

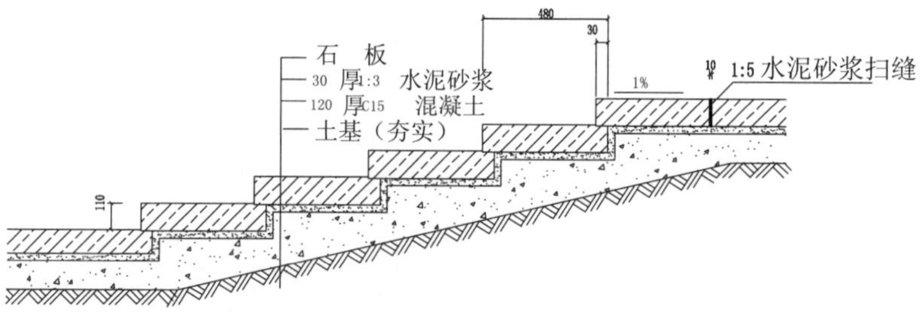

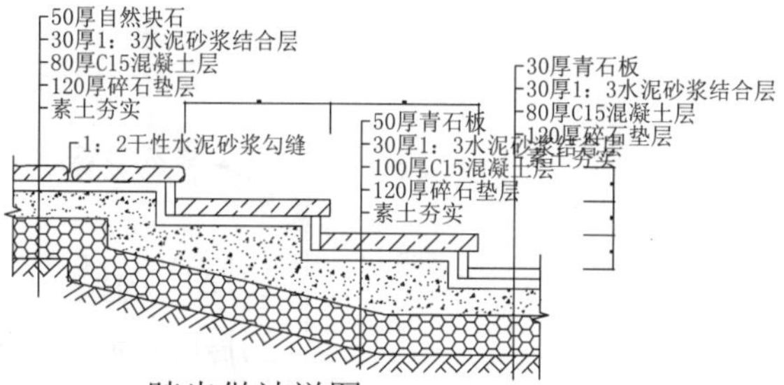

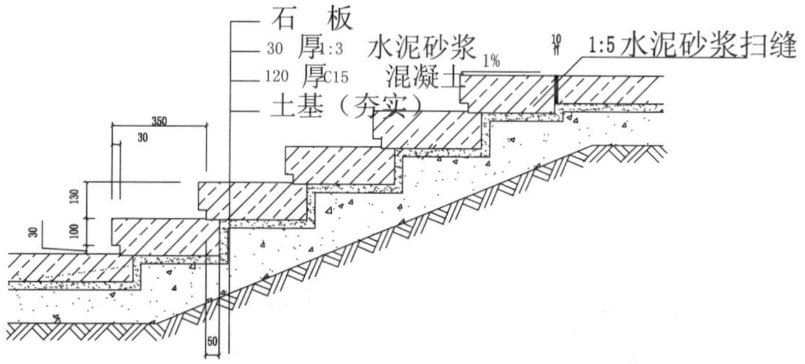

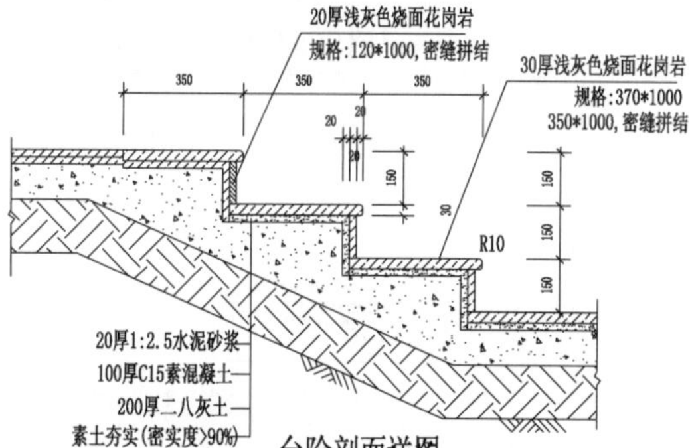

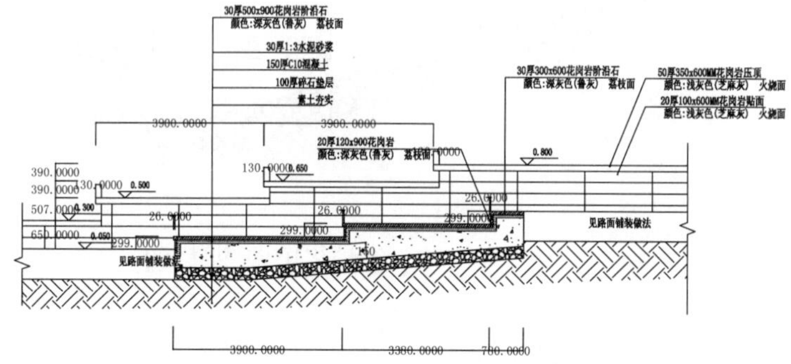

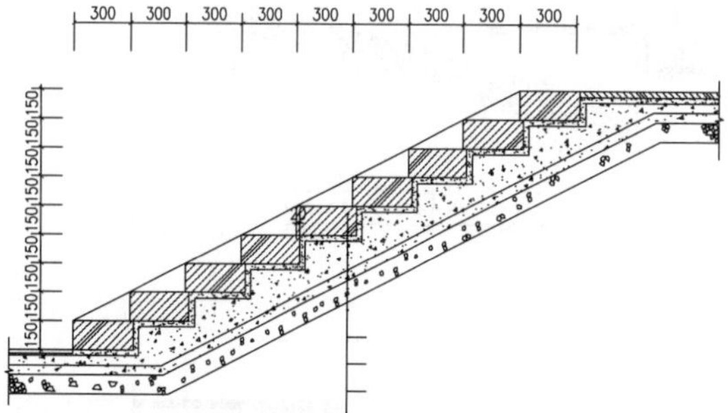

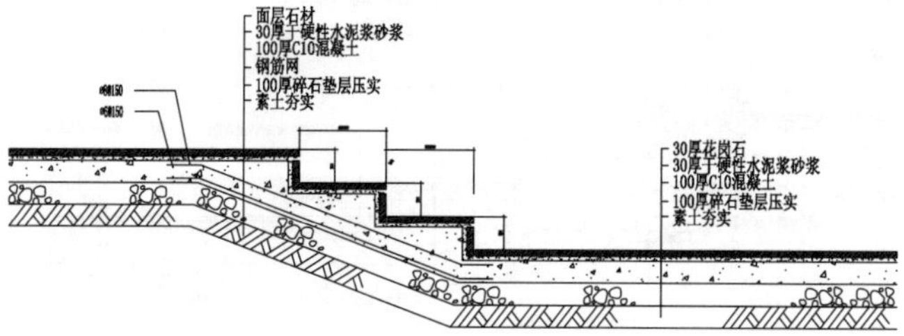

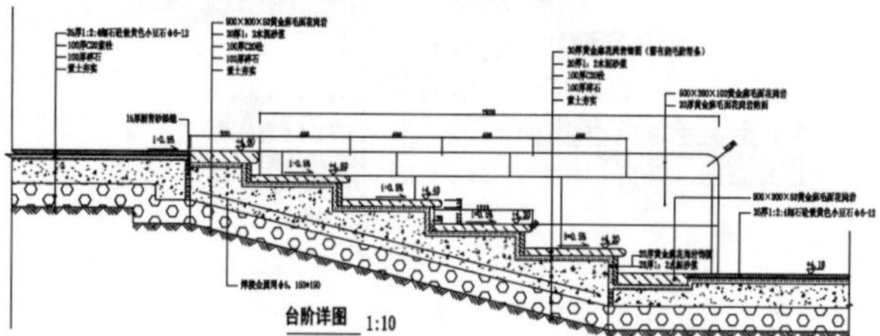

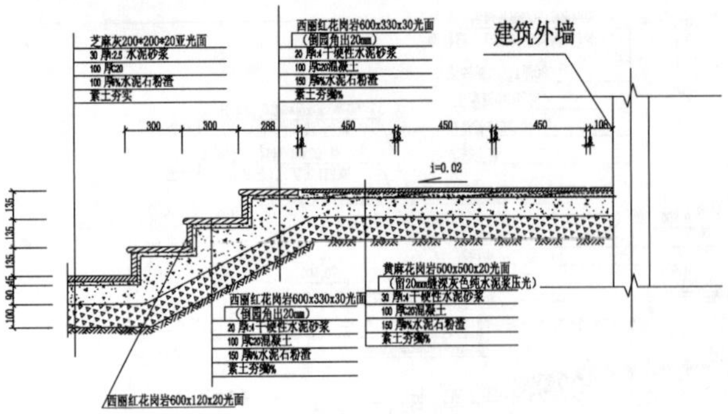

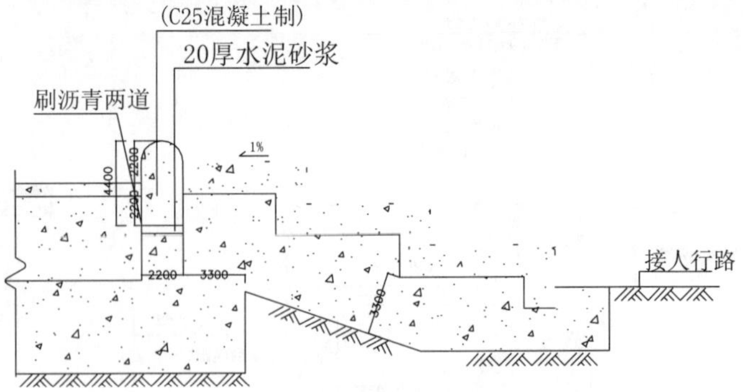

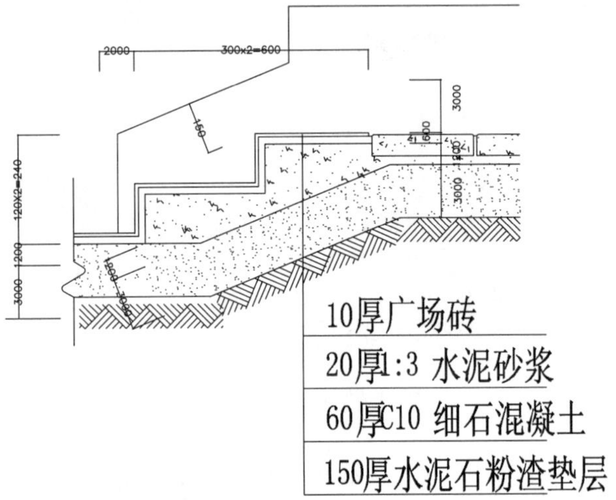
10厚广场砖
20厚1:3 水泥砂浆
60厚C10 细石混凝土
150厚水泥石粉渣垫层

踏步（h=240）1:20

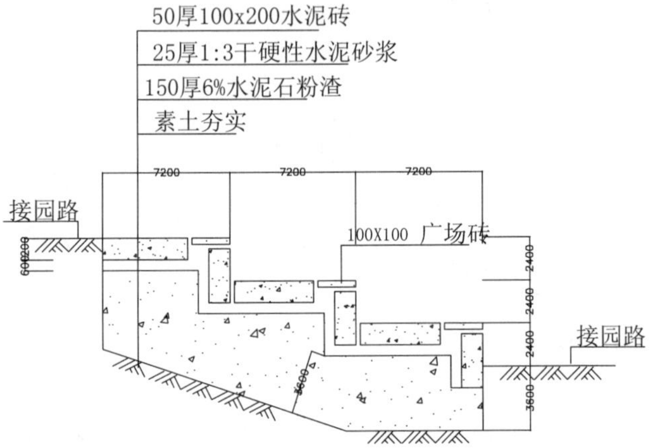

A-A　1:10

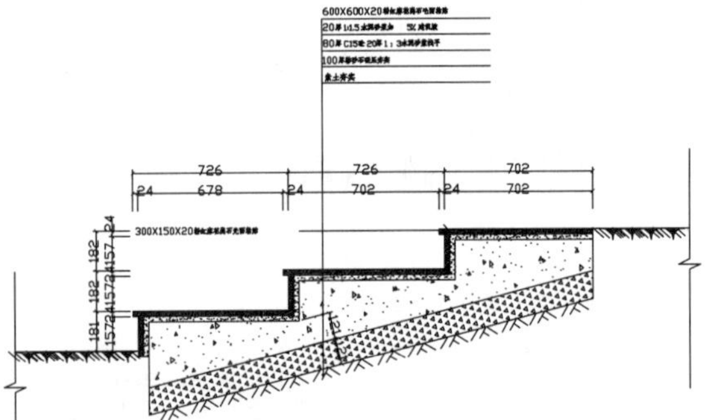

梯步大样图 1:10

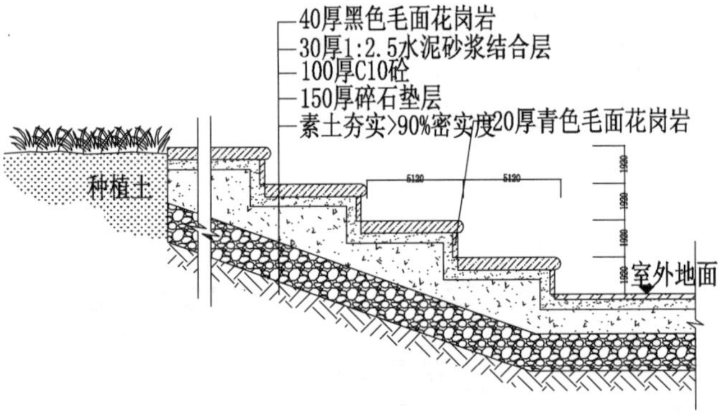

小踏步剖面图 1:20

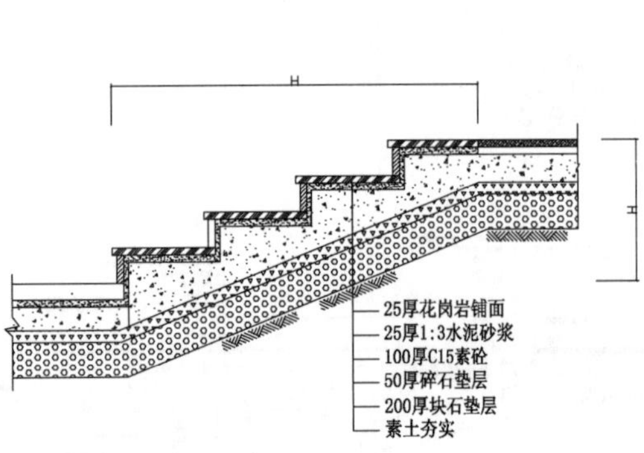

台阶做法 1:20

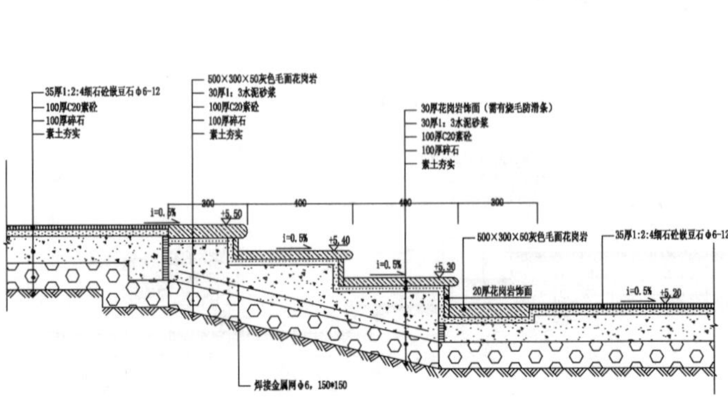

台阶详图 1:10

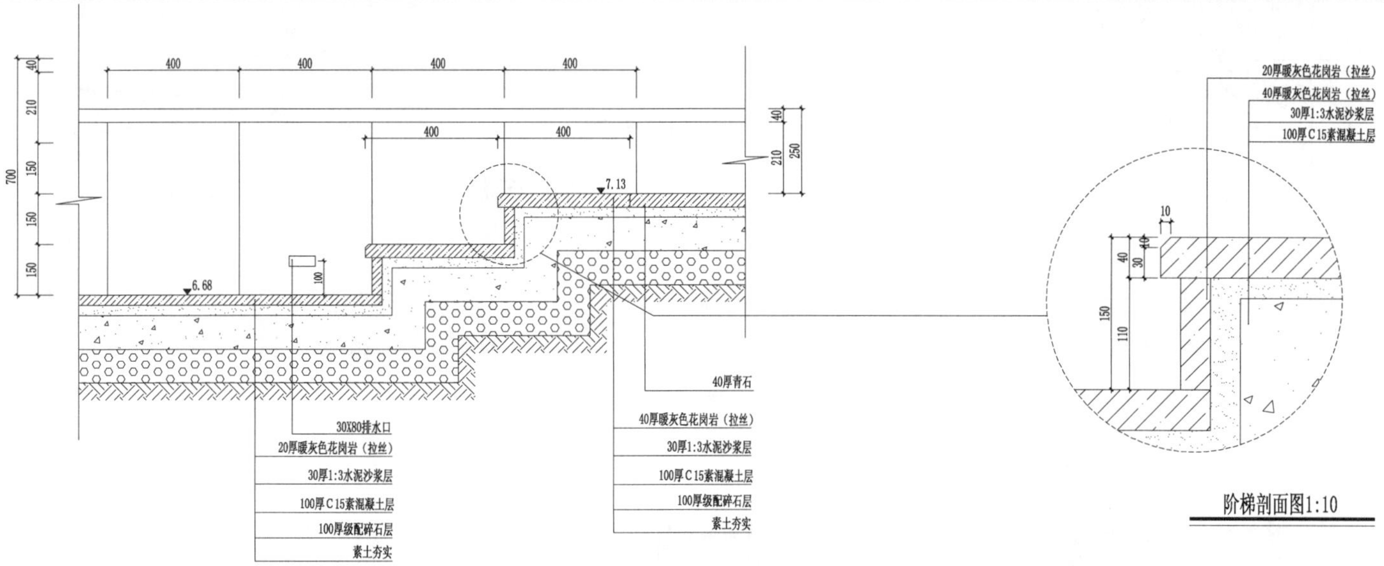
40厚青石
30X80排水口
20厚暖灰色花岗岩（拉丝）
30厚1:3水泥沙浆层
100厚C15素混凝土层
100厚级配碎石层
素土夯实
40厚暖灰色花岗岩（拉丝）
30厚1:3水泥沙浆层
100厚C15素混凝土层
100厚级配碎石层
素土夯实
20厚暖灰色花岗岩（拉丝）
40厚暖灰色花岗岩（拉丝）
30厚1:3水泥沙浆层
100厚C15素混凝土层
阶梯剖面图1:10

台阶坡道006

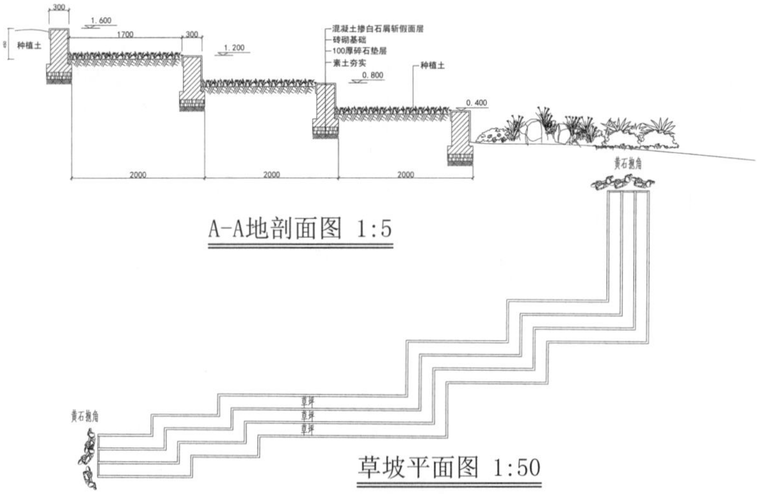
A-A地剖面图 1:5
草坡平面图 1:50

台阶坡道007

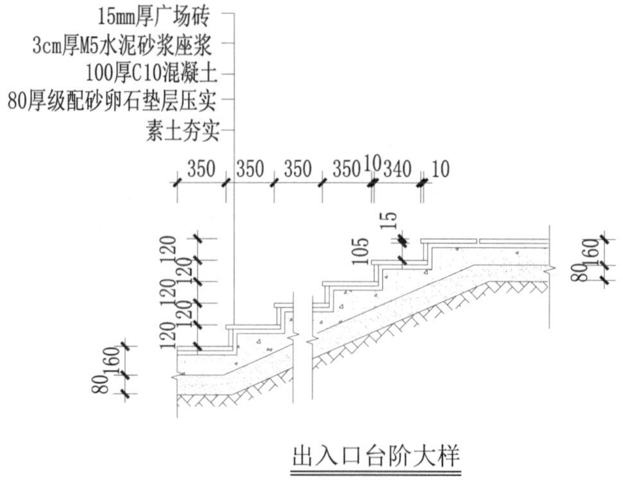
15mm厚广场砖
3cm厚M5水泥砂浆座浆
100厚C10混凝土
80厚级配砂卵石垫层压实
素土夯实
出入口台阶大样

台阶坡道008

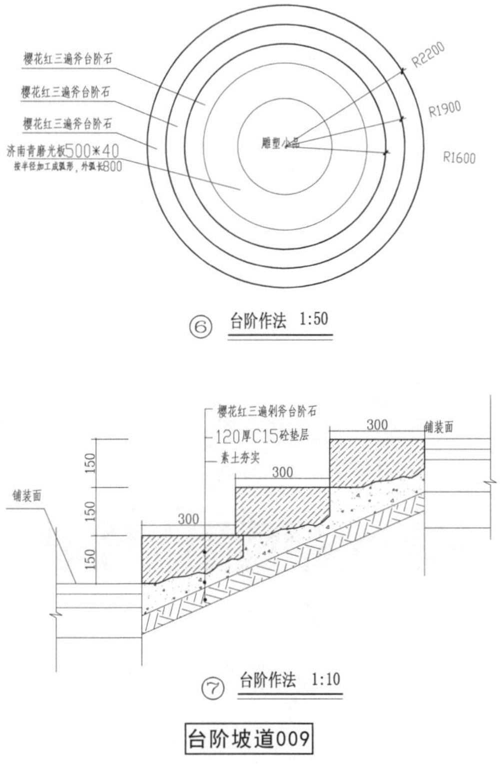
樱花红三遍斧台阶石
樱花红三遍斧台阶石
樱花红三遍斧台阶石
济南青磨光板500*40
R2200
R1900
R1600
⑥ 台阶作法 1:50
樱花红三遍剁斧台阶石
120厚C15砼垫层
素土夯实
铺装面
铺装面
⑦ 台阶作法 1:10

台阶坡道009

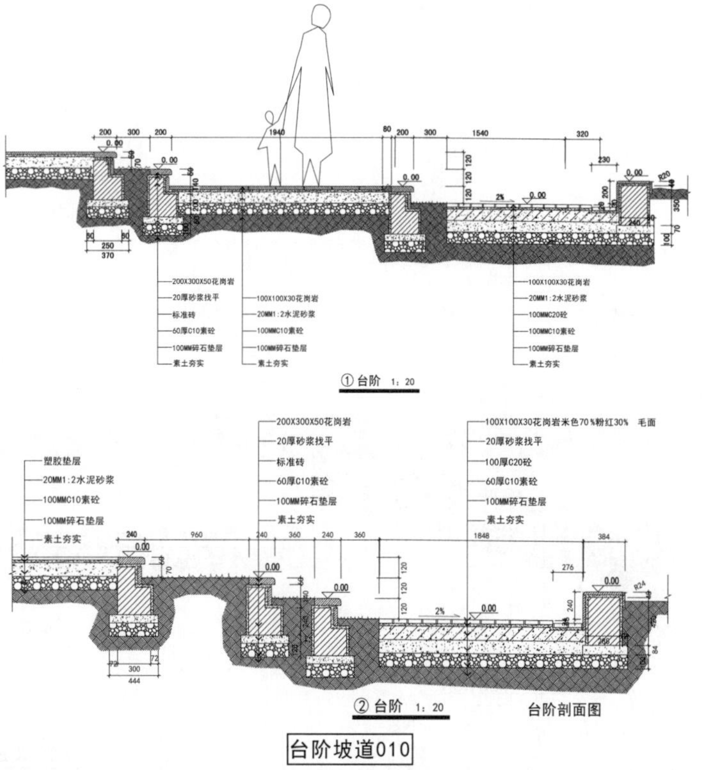
200X300X50花岗岩
20厚砂浆找平
标准砖
60厚C10素砼
100MM碎石垫层
素土夯实
100X100X30花岗岩
20MM1:2水泥砂浆
100MMC10素砼
100MM碎石垫层
素土夯实
100X100X30花岗岩
20MM1:2水泥砂浆
100MMC20砼
100MMC10素砼
100MM碎石垫层
素土夯实
① 台阶 1:20
塑胶垫层
20MM1:2水泥砂浆
100MMC10素砼
100MM碎石垫层
素土夯实
200X300X50花岗岩
20厚砂浆找平
标准砖
60厚C10素砼
100MM碎石垫层
素土夯实
100X100X30花岗岩米色70%粉红30% 毛面
20厚砂浆找平
100厚C20砼
60厚C10素砼
100MM碎石垫层
素土夯实
② 台阶 1:20
台阶剖面图

台阶坡道010

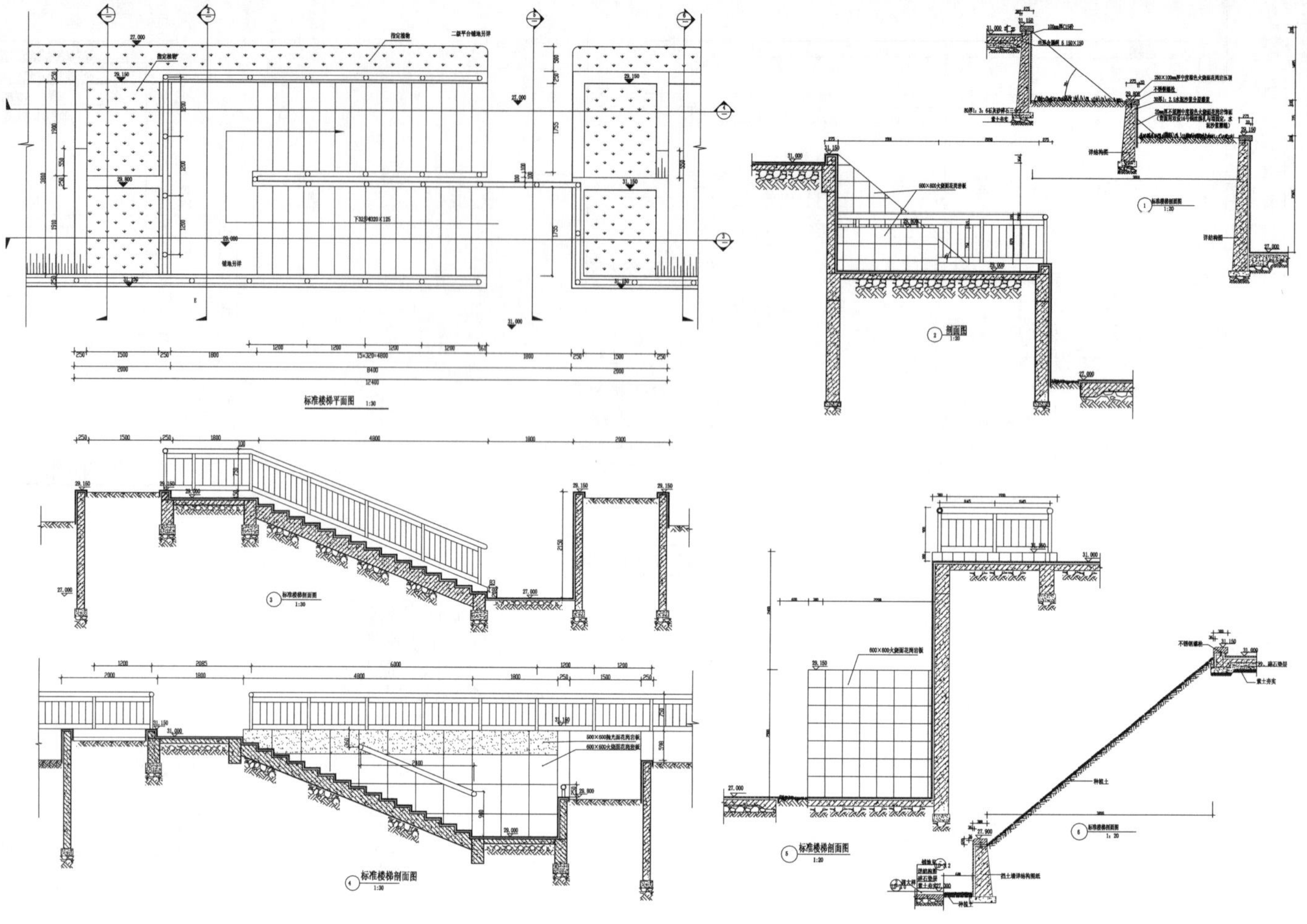

台阶坡道011

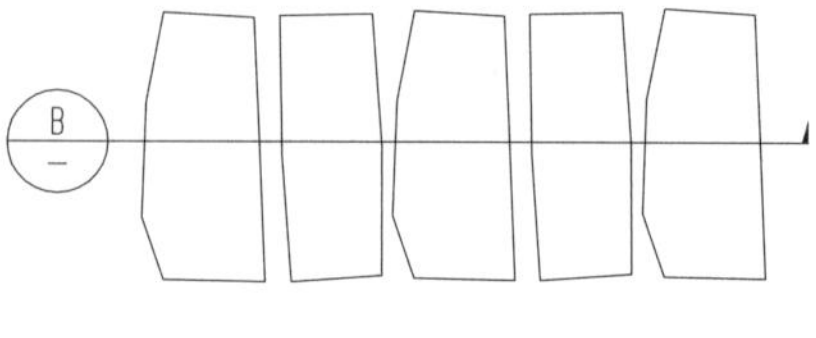

A PLAN
SCALE 1:30

C PLAN
SCALE 1:30

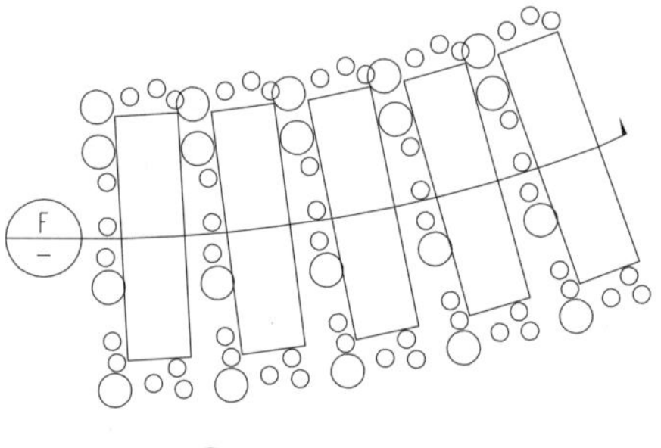

E PLAN
SCALE 1:30

① 50mm厚青色条石
② 30mm厚水泥砂浆结合层
③ 素混凝土结构详见结构详图
④ 碎石垫层
⑤ 素土夯实
⑥ 50mm厚平整沙层
⑦ 150mm厚碎石层
⑧ 散置φ30-50mm灰、白鹅卵石

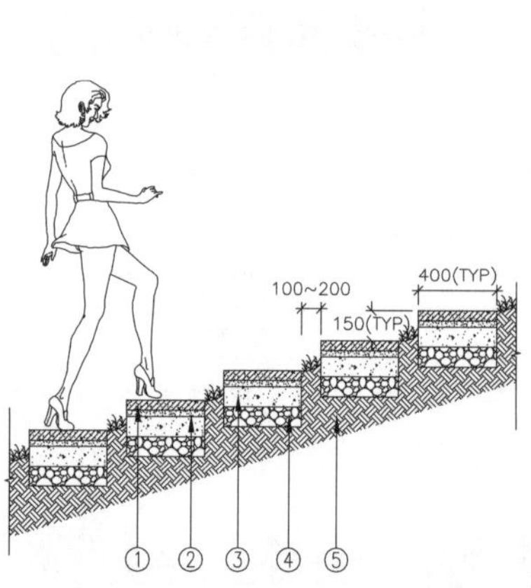

B SECTION
SCALE 1:30

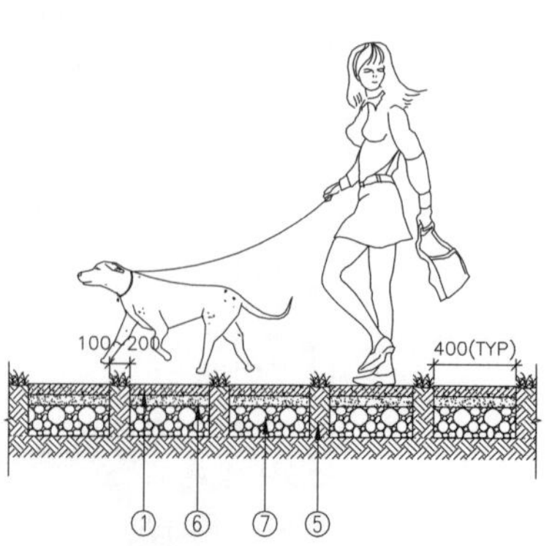

D SECTION
SCALE 1:30

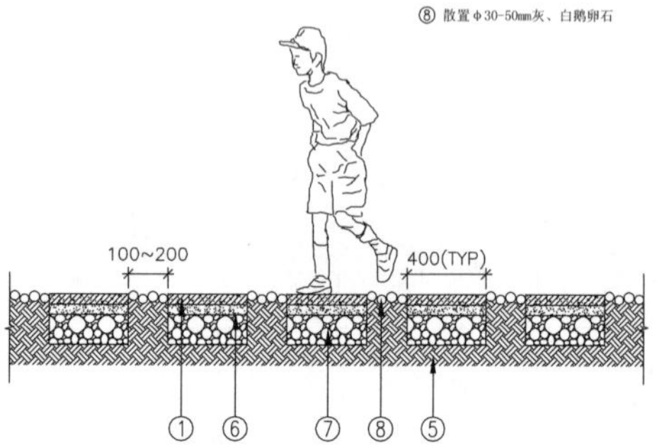

F SECTION
SCALE 1:30

台阶坡道012

600　150　600
最大

不固定
100　75

天然草坡
种植土混合成分

1000*600*75芝麻灰火烧板
碎石垫层
素土夯实
美力9000排水组合系统
水泥砂浆面层（不少于20mm厚）
防水膜
钢筋混凝土结构

A-A剖面图　1:10

600
1000

不固定

草坪

草坪

标准踏步石平面图　1:50

台阶坡道013

350(400)X500X50厚改灰色烧面花岗岩台阶
20厚1:25水泥砂浆结合层
100厚C15混凝土垫层
100厚碎石垫层
素土夯实

粒径3-5洗石米,30%灰色,70%米黄色

200宽50厚锈黄色烧面花岗岩

0.600
25

550　　650　　200
350　　350

0.300

100　50
20 30
20
225

0.300
25
50
25

±0.000

标准台阶剖面图

张拉膜由专业厂家设计

详见标准凉亭图

详见
详见

台阶坡道014

台阶坡道015

20厚岑溪红镜面板
20厚1:2.5水泥砂浆
机砖砌体
100厚C10混凝土垫层
素土夯实

100X200蘑菇石

种植土

100X200芝麻灰蘑菇石

20厚1:2.5水泥砂浆

400
30
320
350
100
360
360
280
500
60 240 60
100 120
100
1640

2000
400
320
350
30
280
100 120
60 240 100

①　1:20

40厚岑溪红（拉毛面）
30厚1:3水泥沙浆
100厚C15混凝土垫层
素土夯实

30厚1:2.5水泥沙浆

360
120
120
120

450　450　450
1350

③　1:10

1800
360　1080　360

蒙古黑整石
b

洗石子广场地面

种植土

蒙古黑整石

60
120
260
24
360

b　1:5

20厚岑溪红镜面板
20厚1:2.5水泥砂浆结合层
20厚1:3水泥砂浆抹灰
机砖砌体
100厚C10混凝土垫层
素土夯实

20厚岑溪红镜面板
144
24
288
24
120
288
78
120

480
100X200芝麻灰蘑菇石
48
456
504
336
600
144
120

B区花池施工图　1:20

台阶坡道016

40厚岑溪红（拉毛面）
10
40
20
10
40

a　1:2

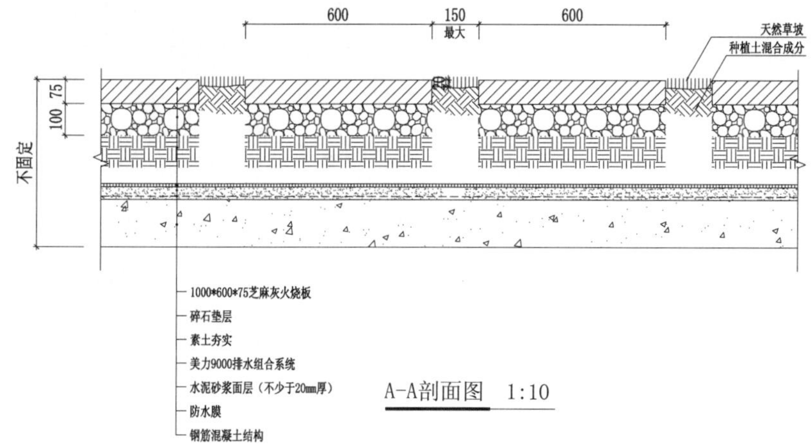

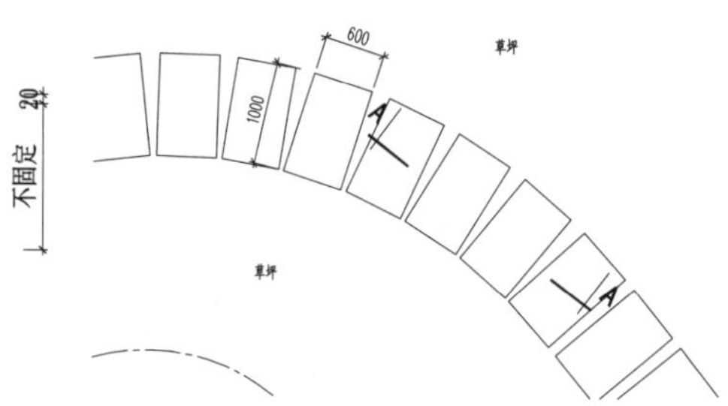

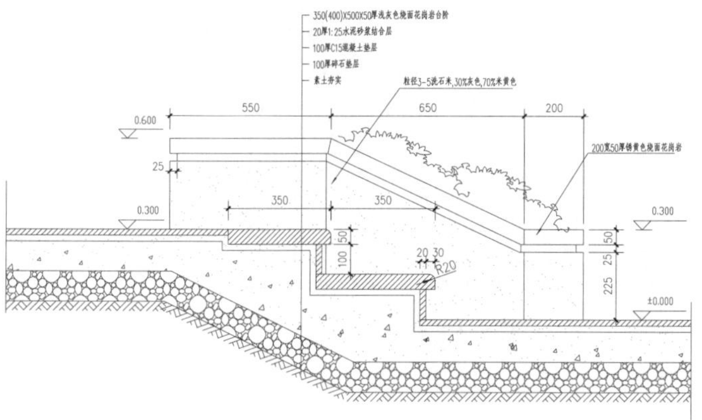

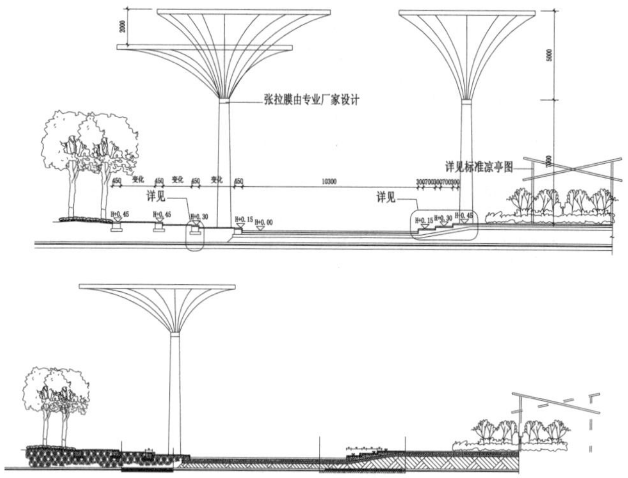

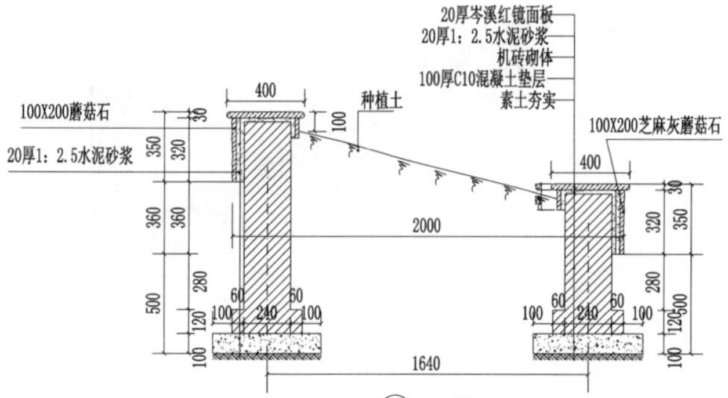

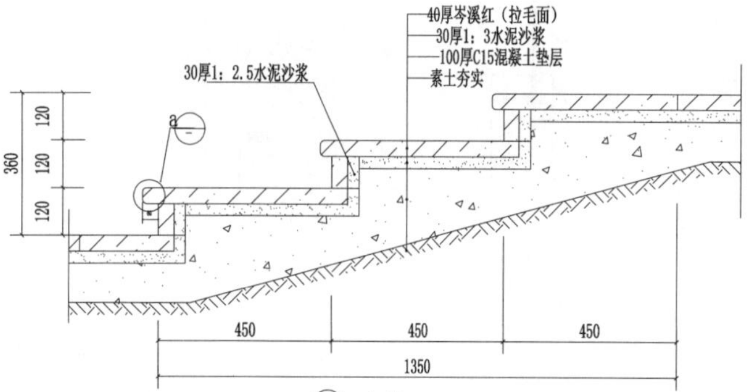

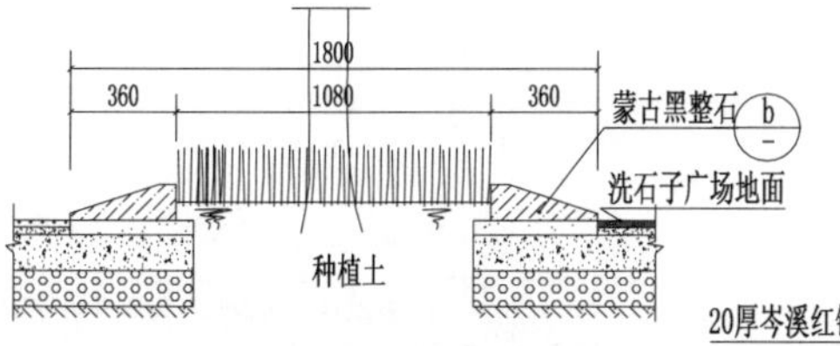

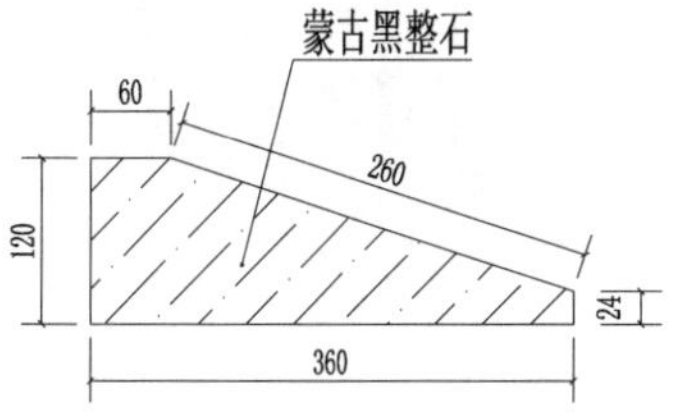

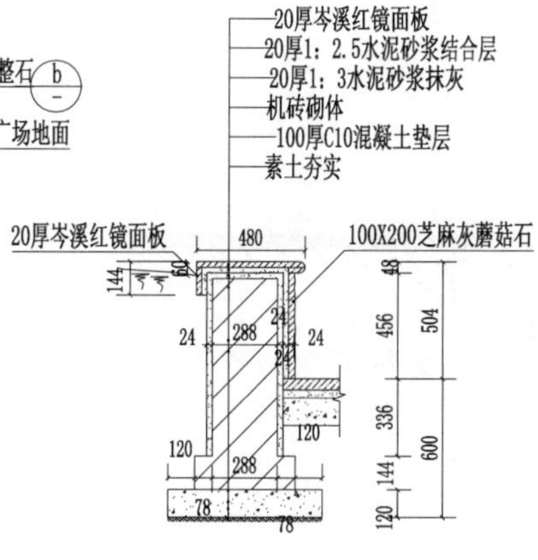

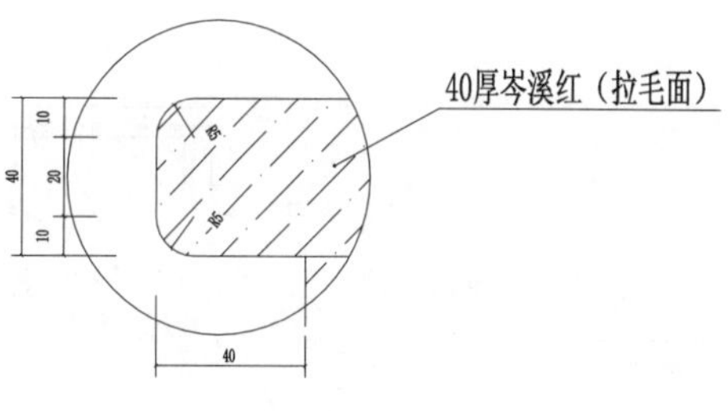

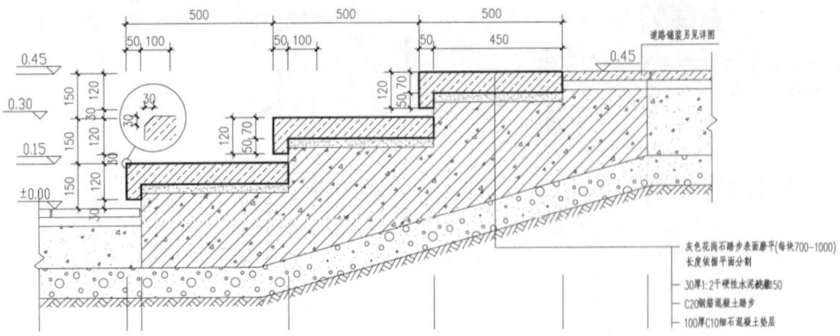

台阶坡道017

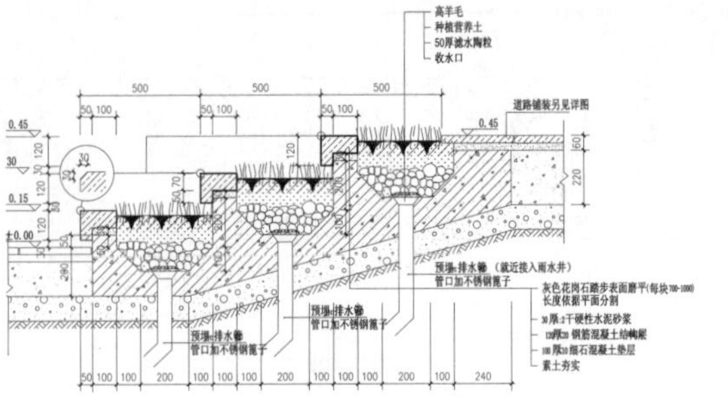

台阶坡道018

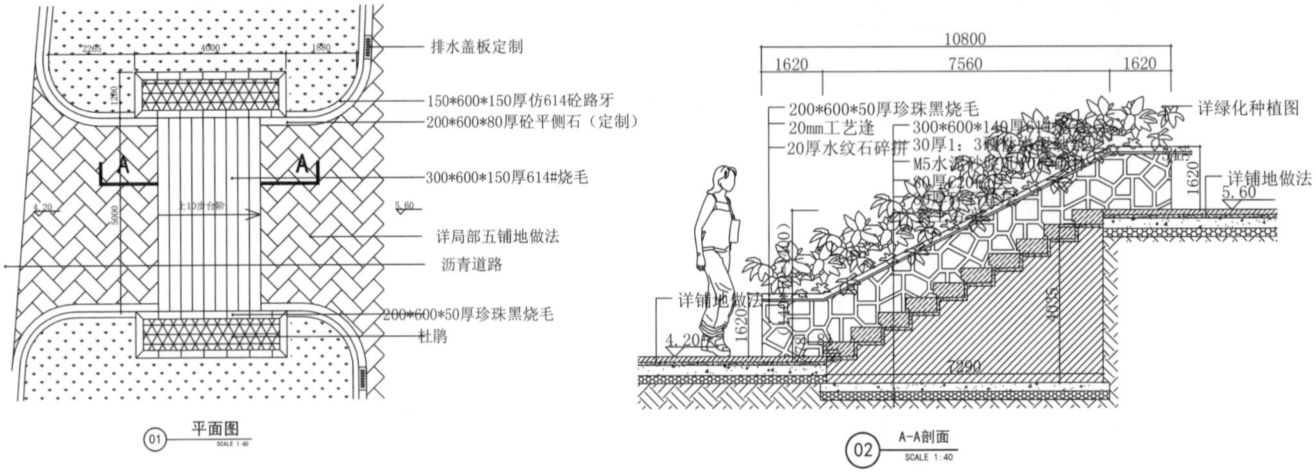

台阶坡道019

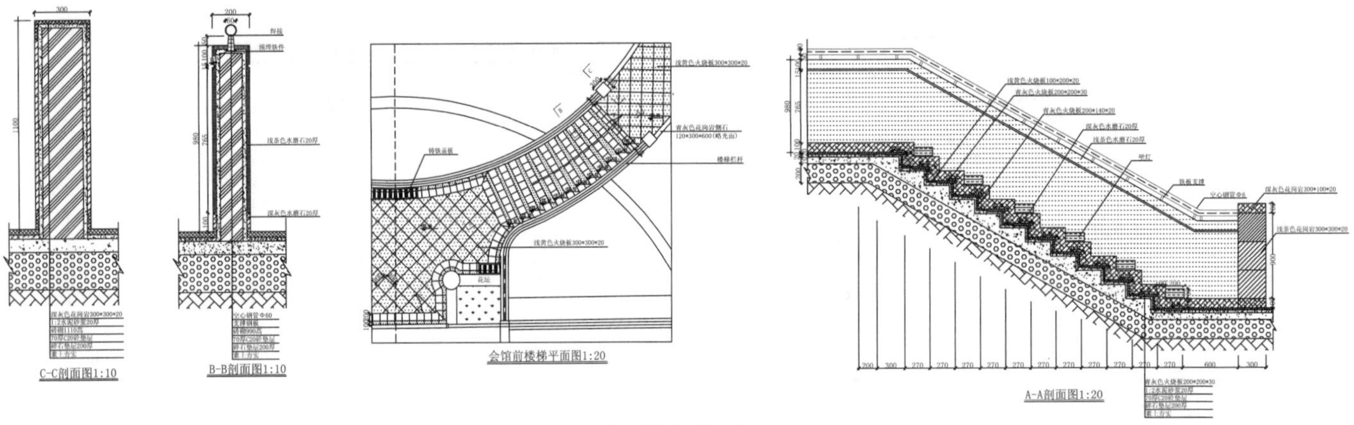
C-C剖面图1:10
B-B剖面图1:10
会馆前楼梯平面图1:20
A-A剖面图1:20

台阶坡道020

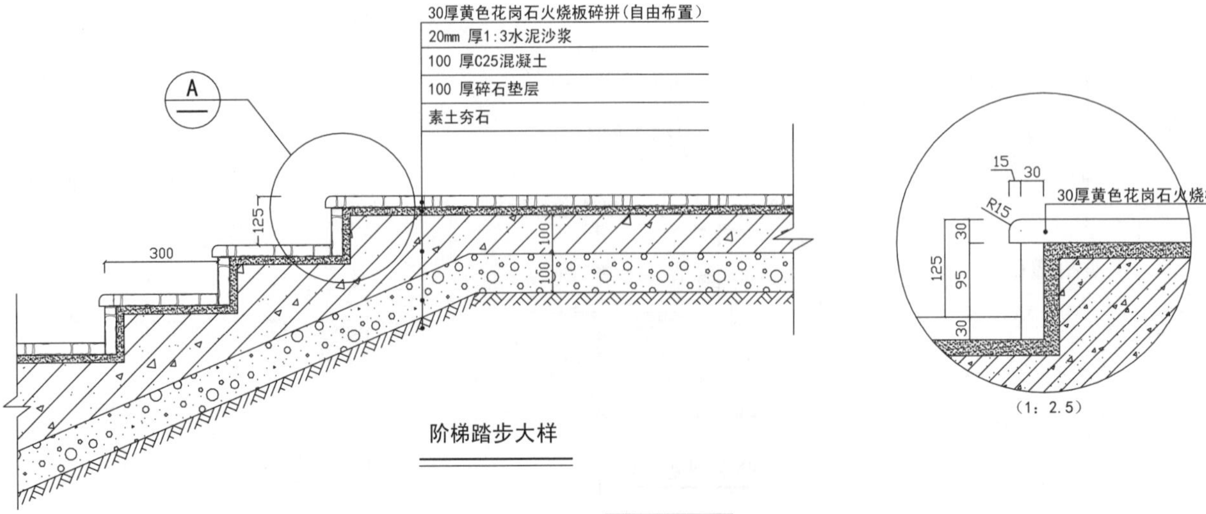
30厚黄色花岗石火烧板碎拼(自由布置)
20mm 厚1:3水泥沙浆
100 厚C25混凝土
100 厚碎石垫层
素土夯石
A
125
300
100
15
30
30厚黄色花岗石火烧板碎拼(自由布置)
R15
30
125
95
30
(1: 2.5)

阶梯踏步大样

台阶坡道021

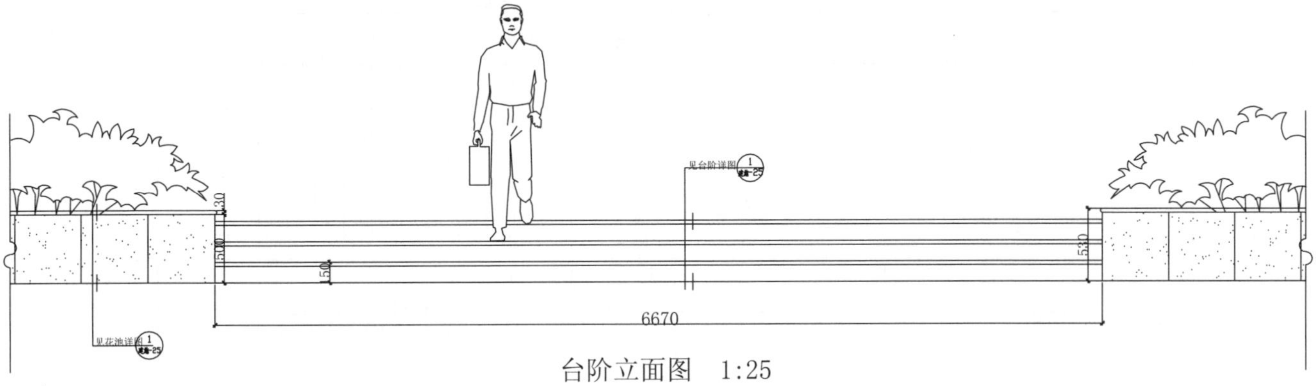

台阶立面图 1:25

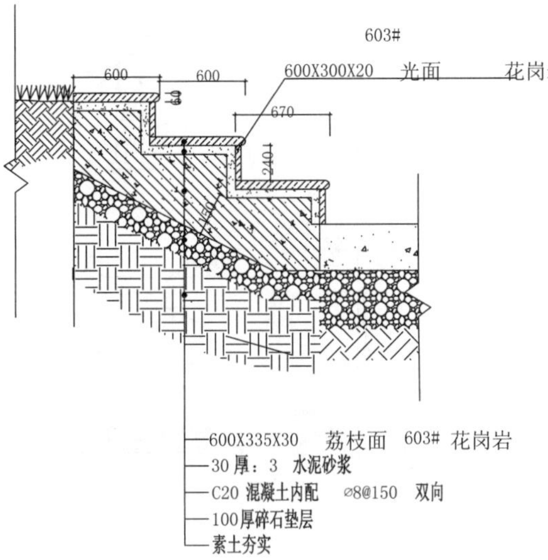
603#
600
600
600X300X20 光面 花岗岩
670
240
600X335X30 荔枝面 603# 花岗岩
30厚：3 水泥砂浆
C20 混凝土内配 ⌀8@150 双向
100厚碎石垫层
素土夯实

台阶剖面图 1:25

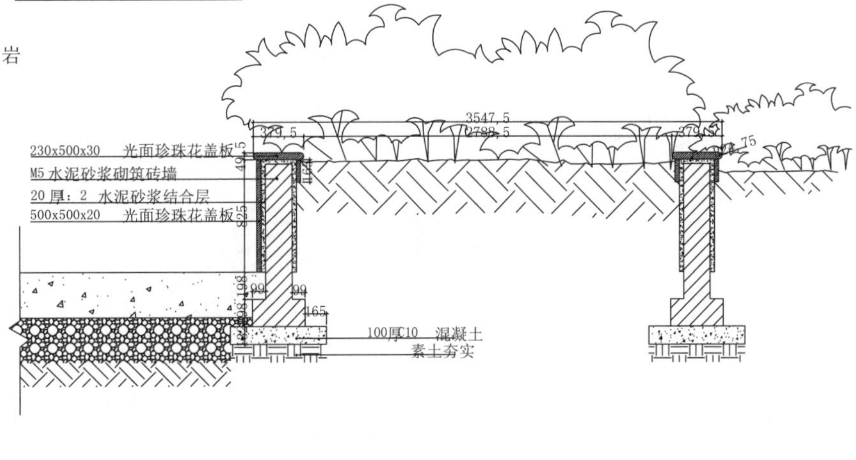

花池剖面图 1:25

台阶坡道022

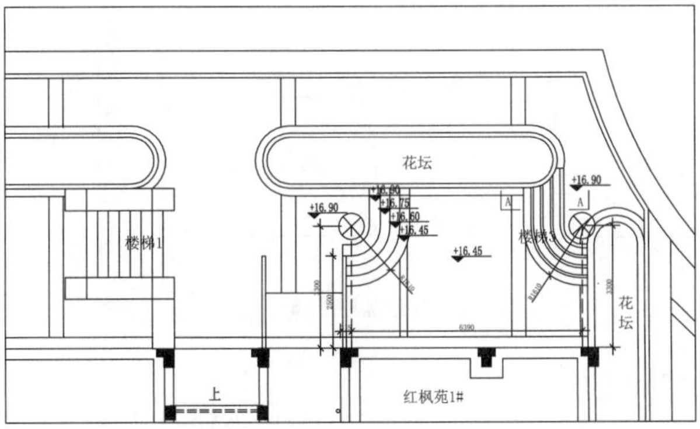

楼梯2平面图1:100

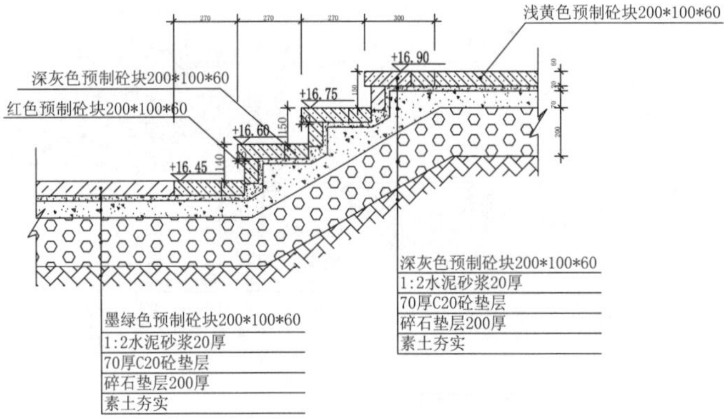
浅黄色预制砼块200*100*60
+16.90
深灰色预制砼块200*100*60
+16.75
红色预制砼块200*100*60
+16.60
+16.45
深灰色预制砼块200*100*60
1:2水泥砂浆20厚
70厚C20砼垫层
碎石垫层200厚
素土夯实
墨绿色预制砼块200*100*60
1:2水泥砂浆20厚
70厚C20砼垫层
碎石垫层200厚
素土夯实

A-A剖面图1:20

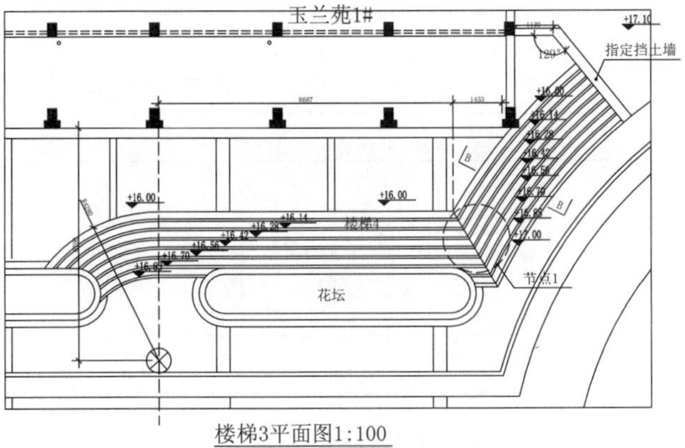

楼梯3平面图1:100

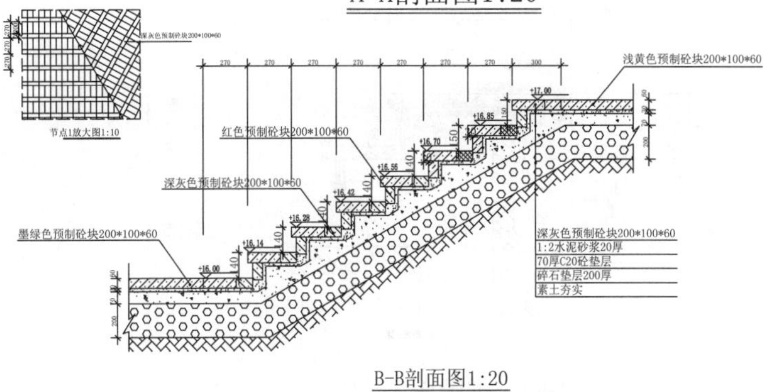
节点1放大图1:10
浅黄色预制砼块200*100*60
+17.00
红色预制砼块200*100*60
深灰色预制砼块200*100*60
墨绿色预制砼块200*100*60
+16.00
深灰色预制砼块200*100*60
1:2水泥砂浆20厚
70厚C20砼垫层
碎石垫层200厚
素土夯实

B-B剖面图1:20

台阶坡道023

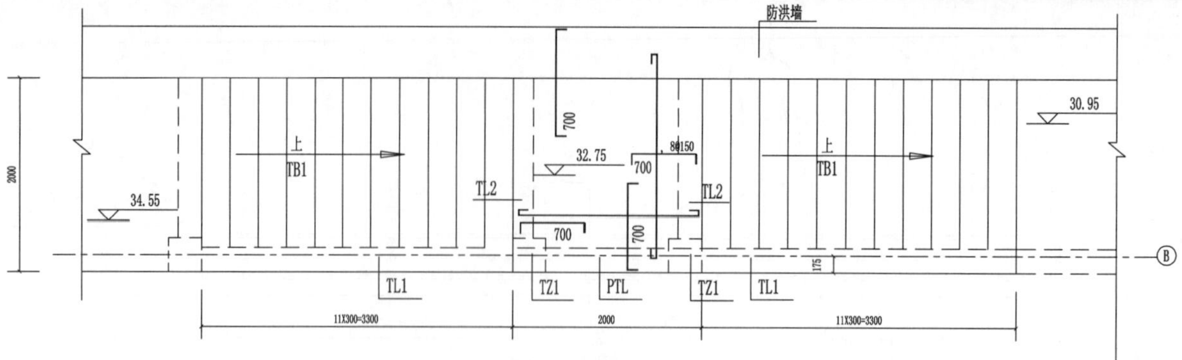

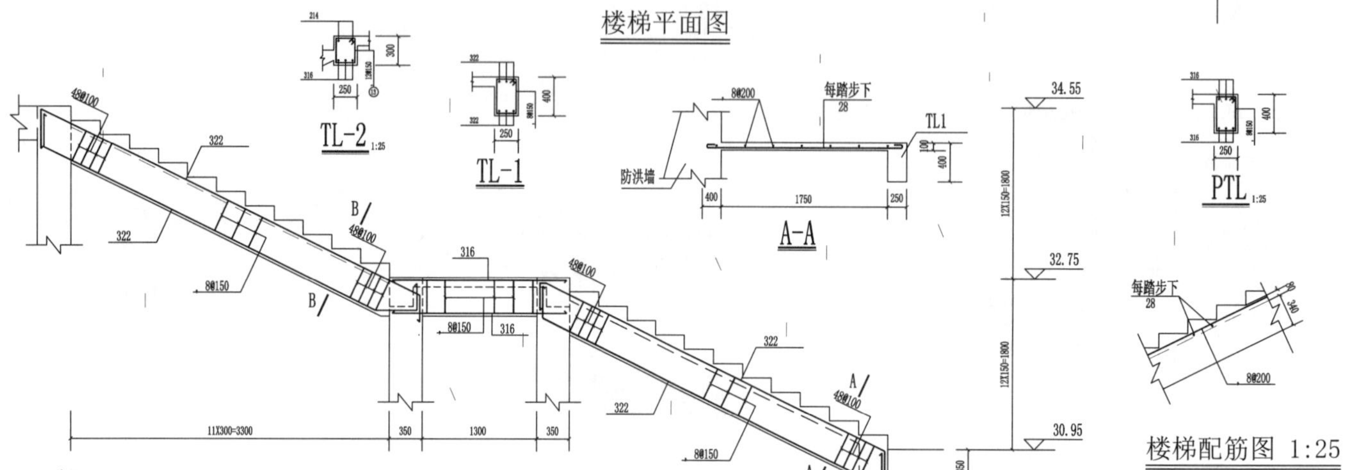

说明:
1. 图中尺寸除高程以米计外, 其余均以毫米计;
2. 图中未注明梁板厚均为100mm; 未注明梁平面位置的, 梁中心线均与轴线重合;
3. 材料: 砼除垫层为C20外其他均为C25; 钢筋为HPB235级, Φ为HRB335级;
4. 未注明板受力钢筋均为8@180, 分布筋为6@200, 板主筋保护层15mm;
   梁、柱保护层30mm;
6. 柱底标高均为所在基础顶标高, 柱子均升至平台板顶;
7. 楼梯梁、板钢筋伸入防洪墙内者, 钢筋锚固长度满足规范要求;.

楼梯平面图

TL-2   1:25

TL-1

A-A

PTL   1:25

楼梯配筋图 1:25

TB-1   1:25

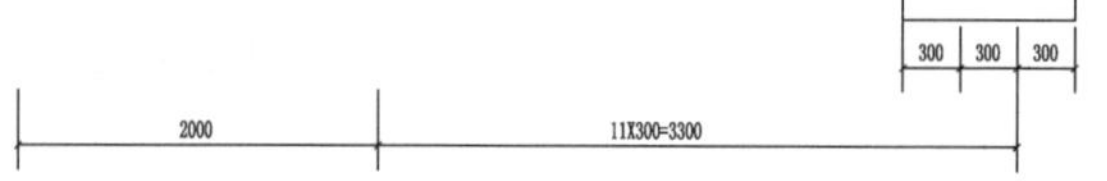

台阶坡道024

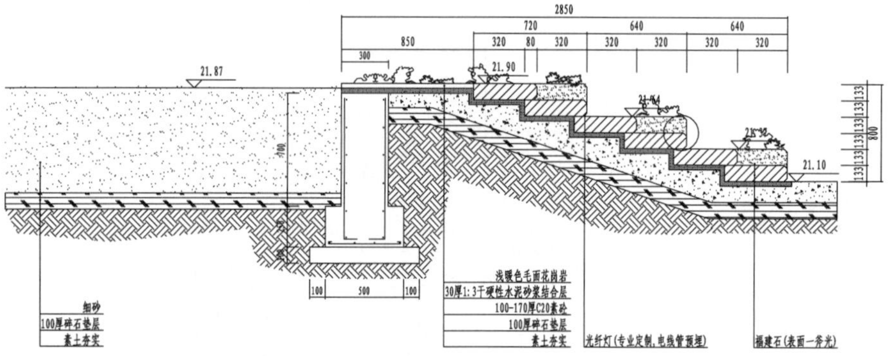

剖面 1:20

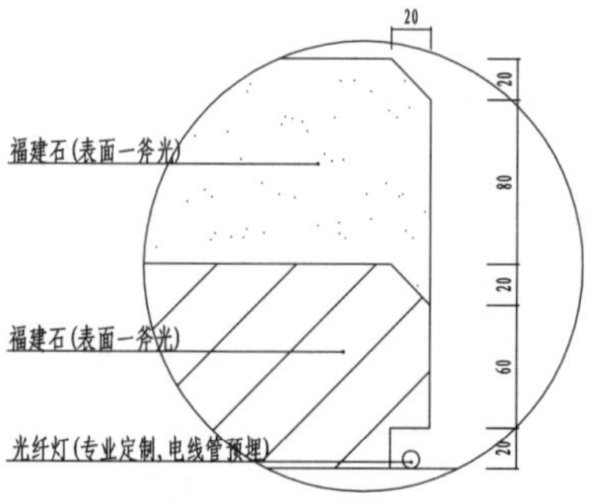

台阶大样图 1:2

台阶坡道025

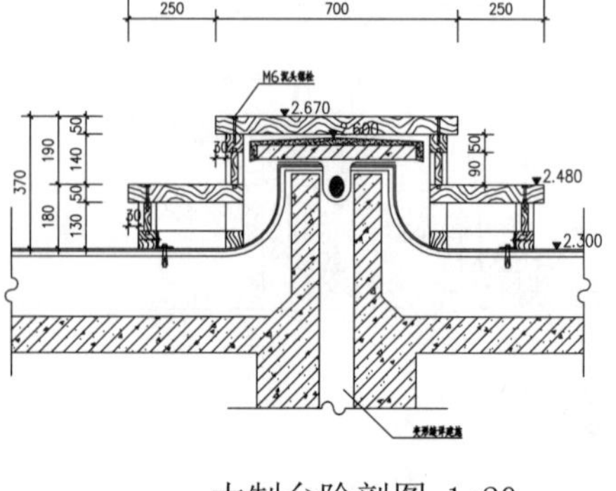

木制台阶剖图 1:20

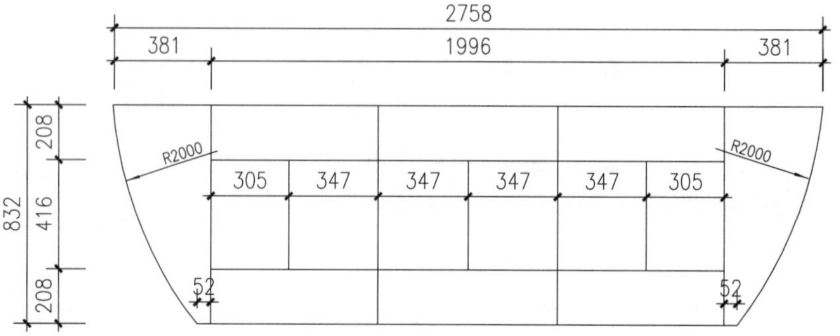

木制台阶平面图 1:20

台阶坡道026

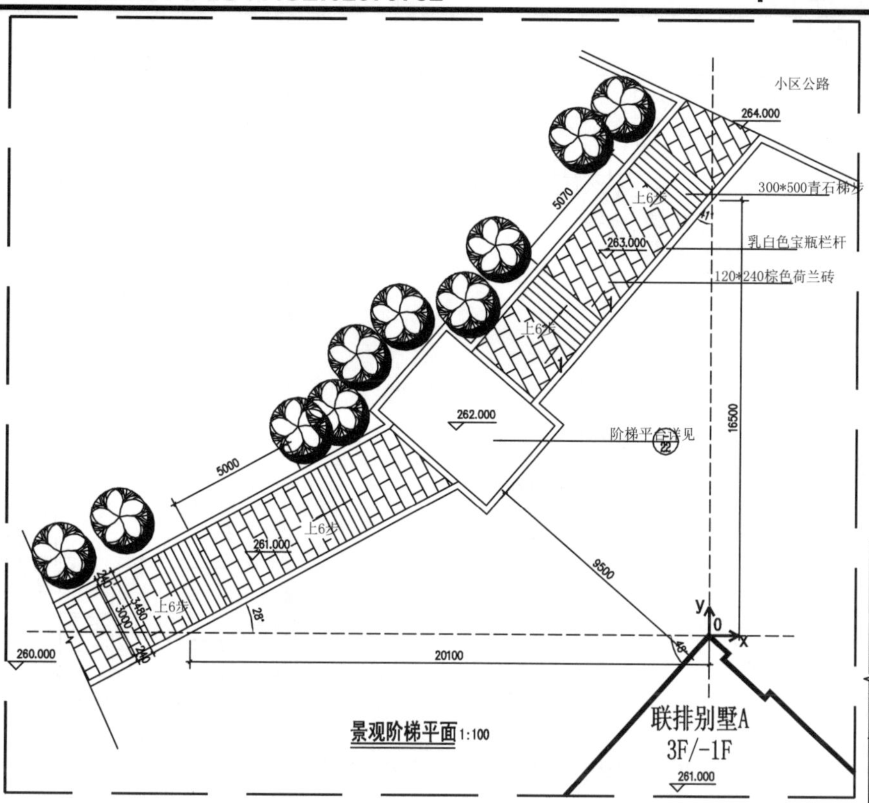

景观阶梯平面 1:100

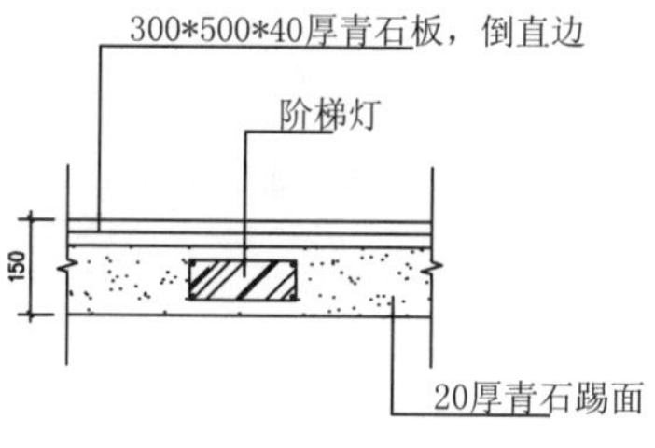
300*500*40厚青石板，倒直边
阶梯灯
150
20厚青石踢面

景观阶梯踢面立面

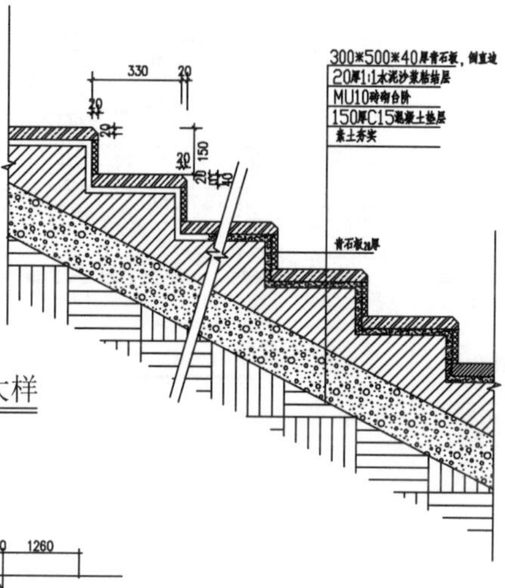
300*500*40厚青石板，倒直边
20厚1:1水泥沙浆粘结层
MU10砖砌台阶
150厚C15混凝土垫层
素土夯实
330
150

景观阶梯1-1剖面大样

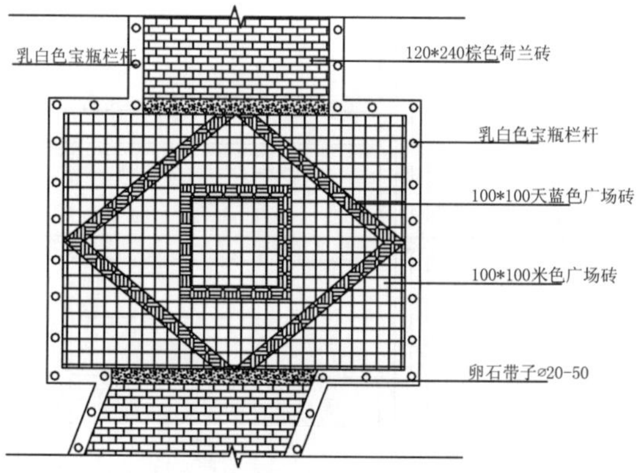
乳白色宝瓶栏杆
120*240棕色荷兰砖
乳白色宝瓶栏杆
100*100天蓝色广场砖
100*100米色广场砖
卵石带子⌀20-50

阶梯平台平面图 1:50

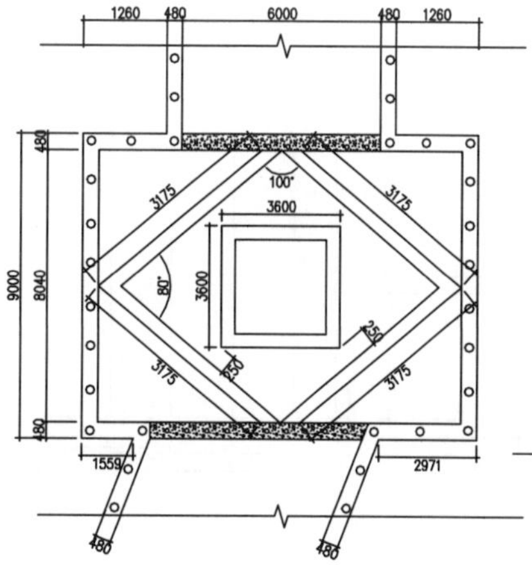

阶梯平台尺寸图 1:50

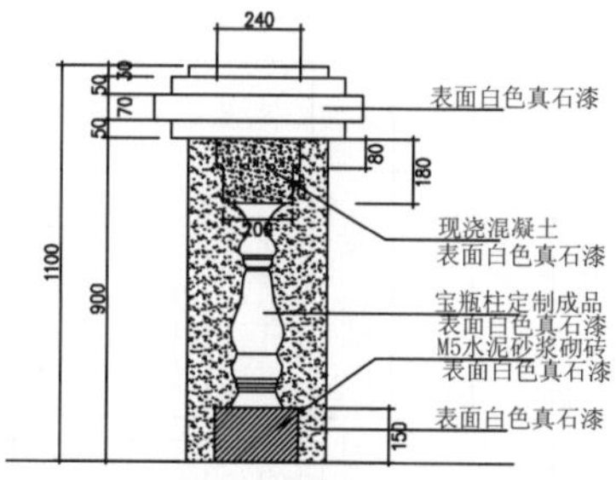
240
表面白色真石漆
现浇混凝土
表面白色真石漆
宝瓶柱定制成品
表面白色真石漆
M5水泥砂浆砌砖
表面白色真石漆
表面白色真石漆
1100
900

宝瓶栏杆1-1剖面图

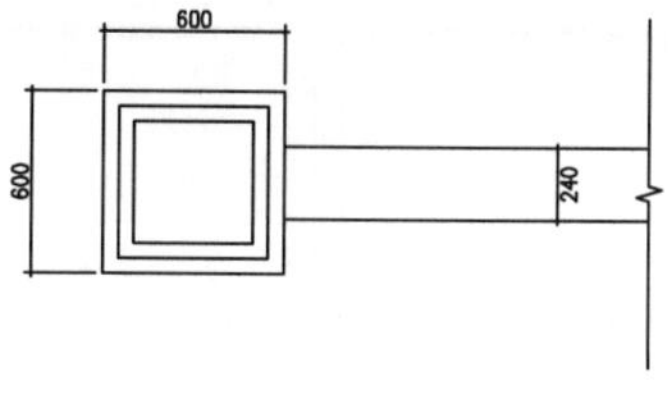

宝瓶栏杆平面图 1:25

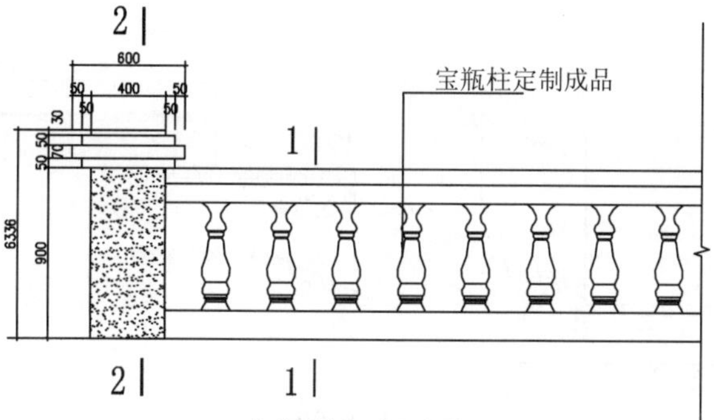

宝瓶栏杆立面图 1:25

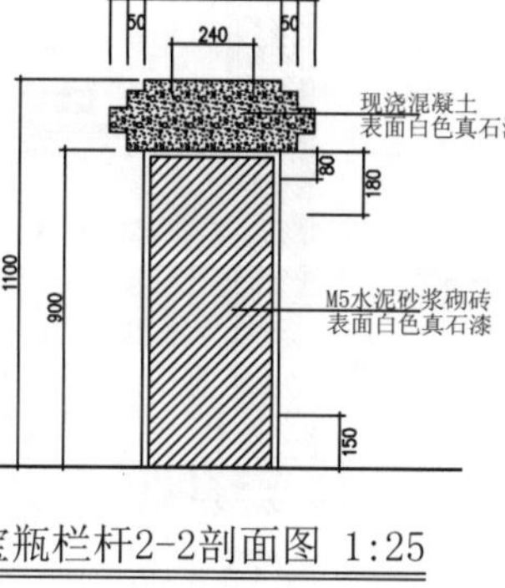
600
400
240
现浇混凝土
表面白色真石漆
M5水泥砂浆砌砖
表面白色真石漆
1100
900

宝瓶栏杆2-2剖面图 1:25

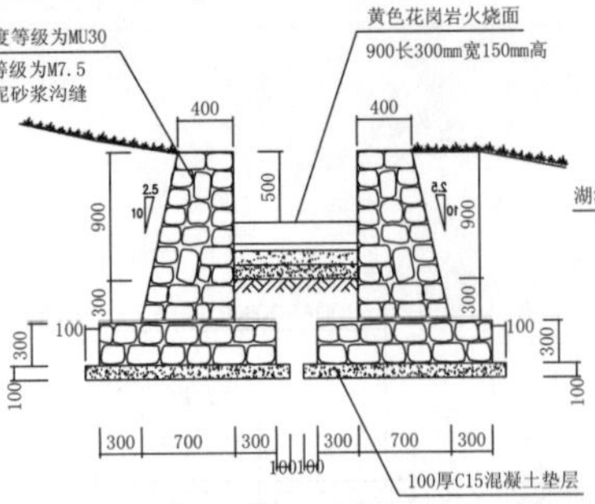

砌石阶梯剖面图A　scale:A1=1/25

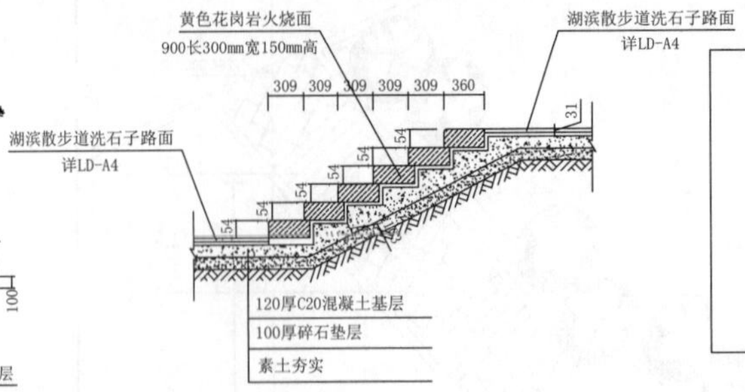
黄色花岗岩火烧面
900长300mm宽150mm高
湖滨散步道洗石子路面
详LD-A4
309 309 309 309 309 360
湖滨散步道洗石子路面
详LD-A4
120厚C20混凝土基层
100厚碎石垫层
素土夯实

砌石阶梯剖面图B　scale:A1=1/25

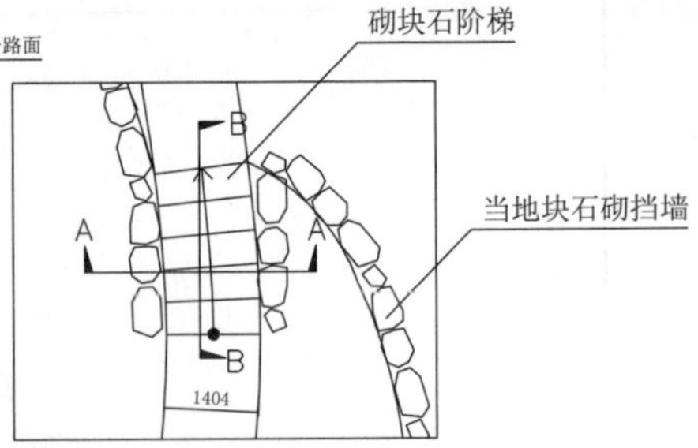

砌石阶梯平面图　scale:A1=1/50

台阶坡道028

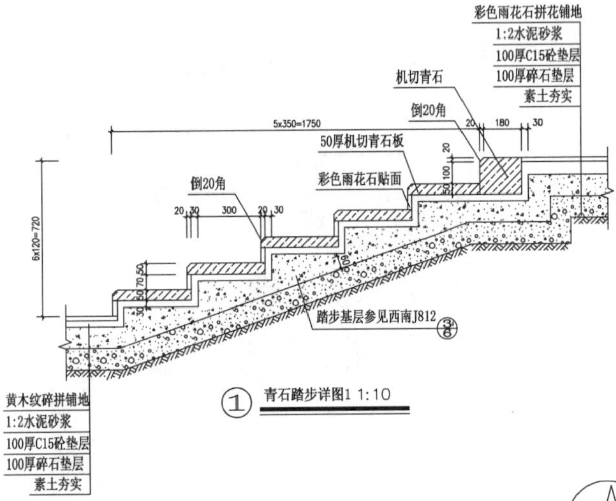
彩色雨花石拼花铺地
1:2水泥砂浆
100厚C15砼垫层
100厚碎石垫层
素土夯实
机切青石
倒20角
5x350=1750
50厚机切青石板
彩色雨花石贴面
倒20角
6x120=720
踏步基层参见西南J812
黄木纹碎拼铺地
1:2水泥砂浆
100厚C15砼垫层
100厚碎石垫层
素土夯实

① 青石踏步详图1 1:10

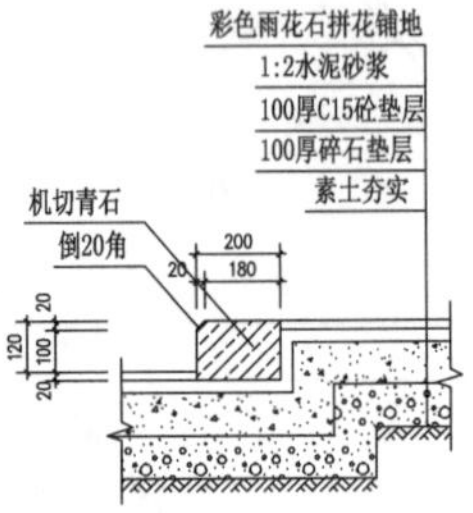
彩色雨花石拼花铺地
1:2水泥砂浆
100厚C15砼垫层
100厚碎石垫层
素土夯实
机切青石
倒20角
200
180

② 青石踏步详图2 1:10

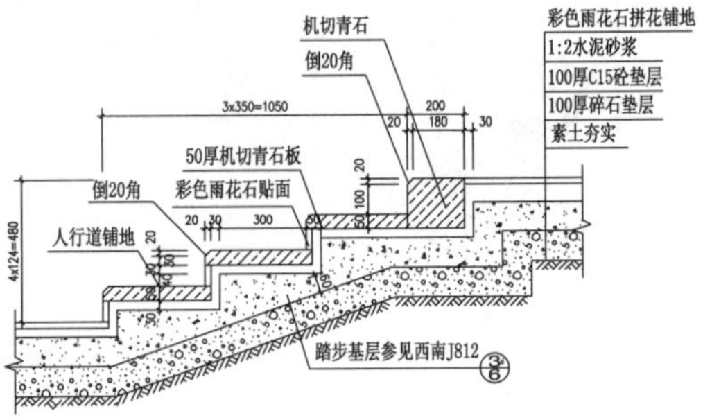
机切青石
倒20角
彩色雨花石拼花铺地
1:2水泥砂浆
100厚C15砼垫层
100厚碎石垫层
素土夯实
3x350=1050
50厚机切青石板
倒20角
彩色雨花石贴面
人行道铺地
4x124=480
踏步基层参见西南J812

③ 青石踏步详图1 1:10

台阶坡道029

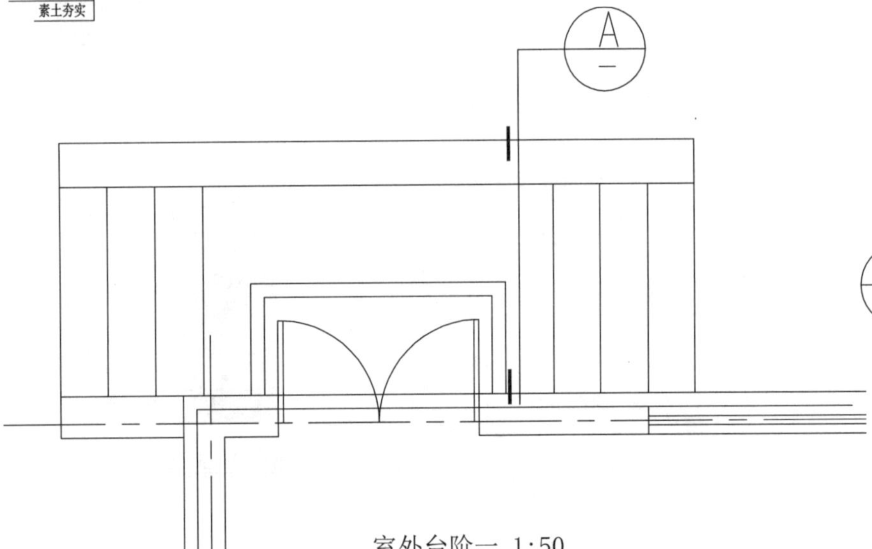

室外台阶一 1:50

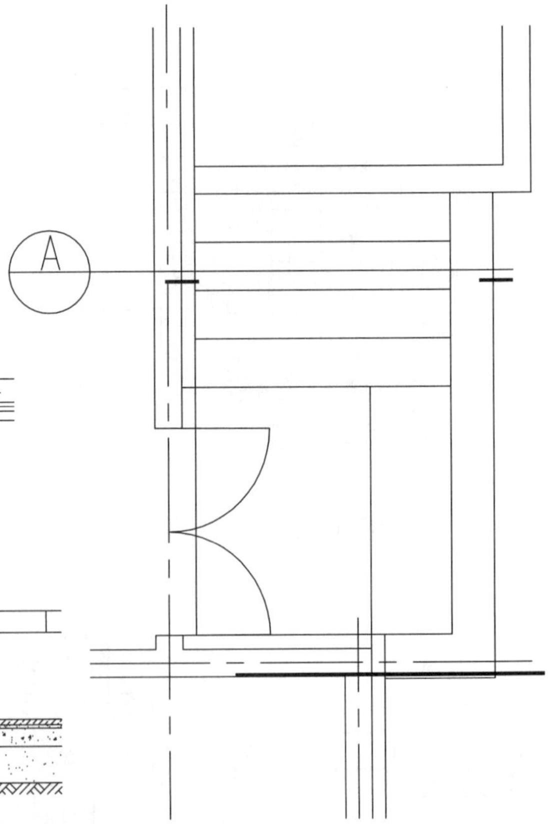

室外台阶一 1:50

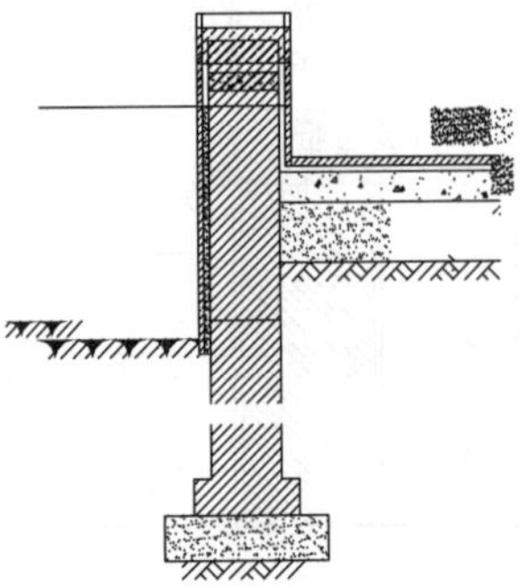

Ⓐ 1:20

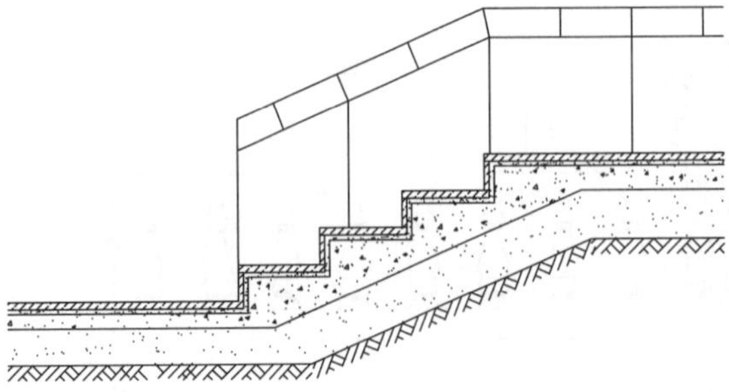

1-1 1:20

台阶坡道030

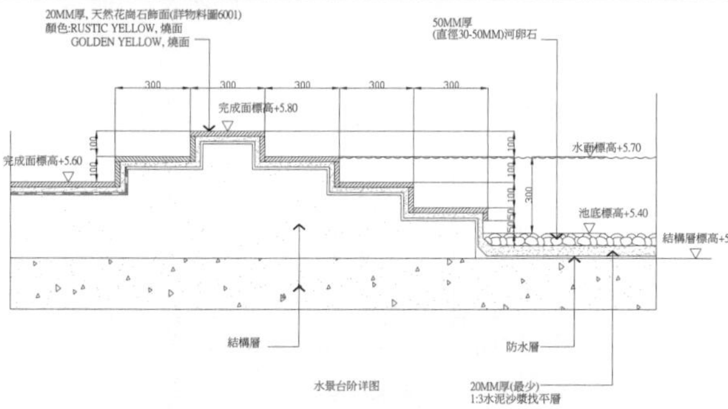

水景台阶详图

台阶坡道031

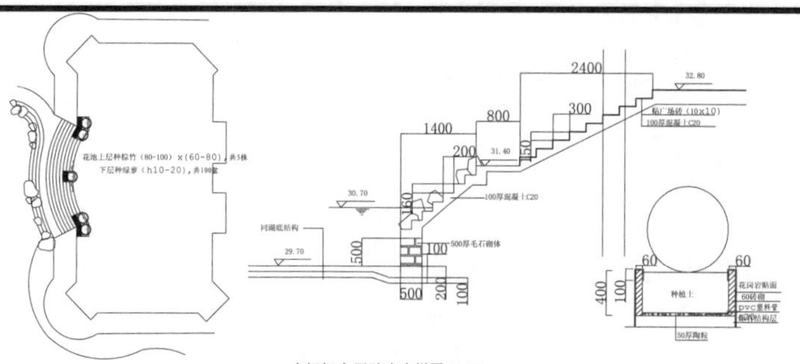

水轩架空层踏步平面图1：250   水轩架空层踏步大样图 1:50   1-1剖面图 1:25

台阶坡道032

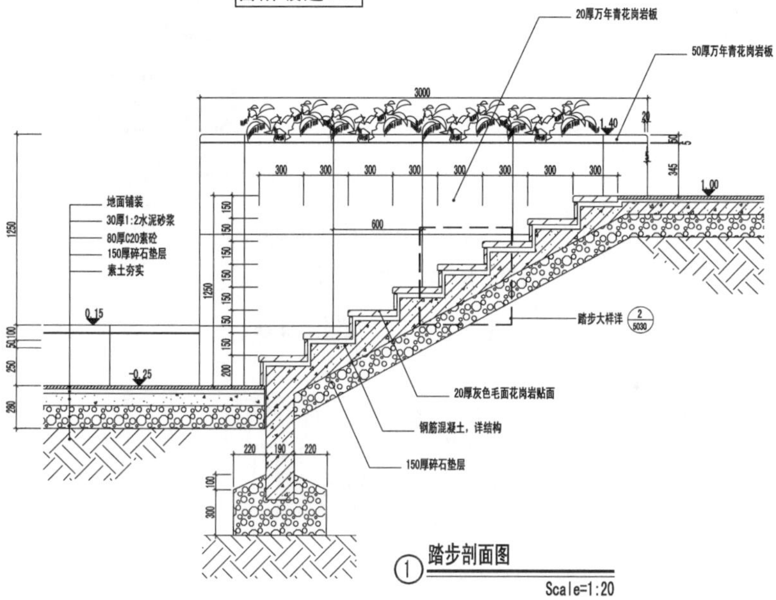

① 踏步剖面图   Scale=1:20

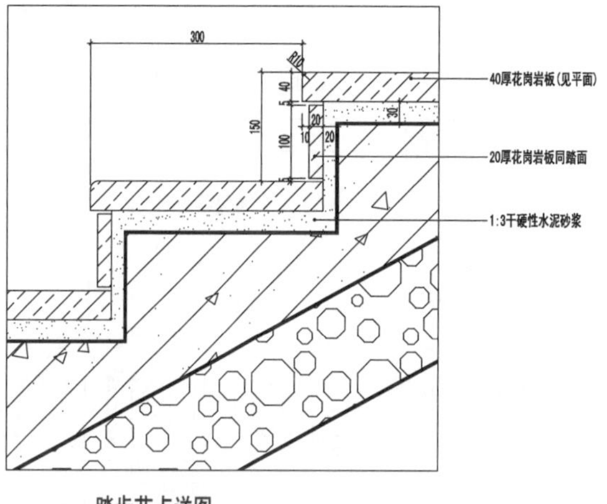

② 踏步节点详图   Scale=1:5

台阶坡道033

踏步剖面图   Scale=1:20

排水沟大样详 ③ 5023

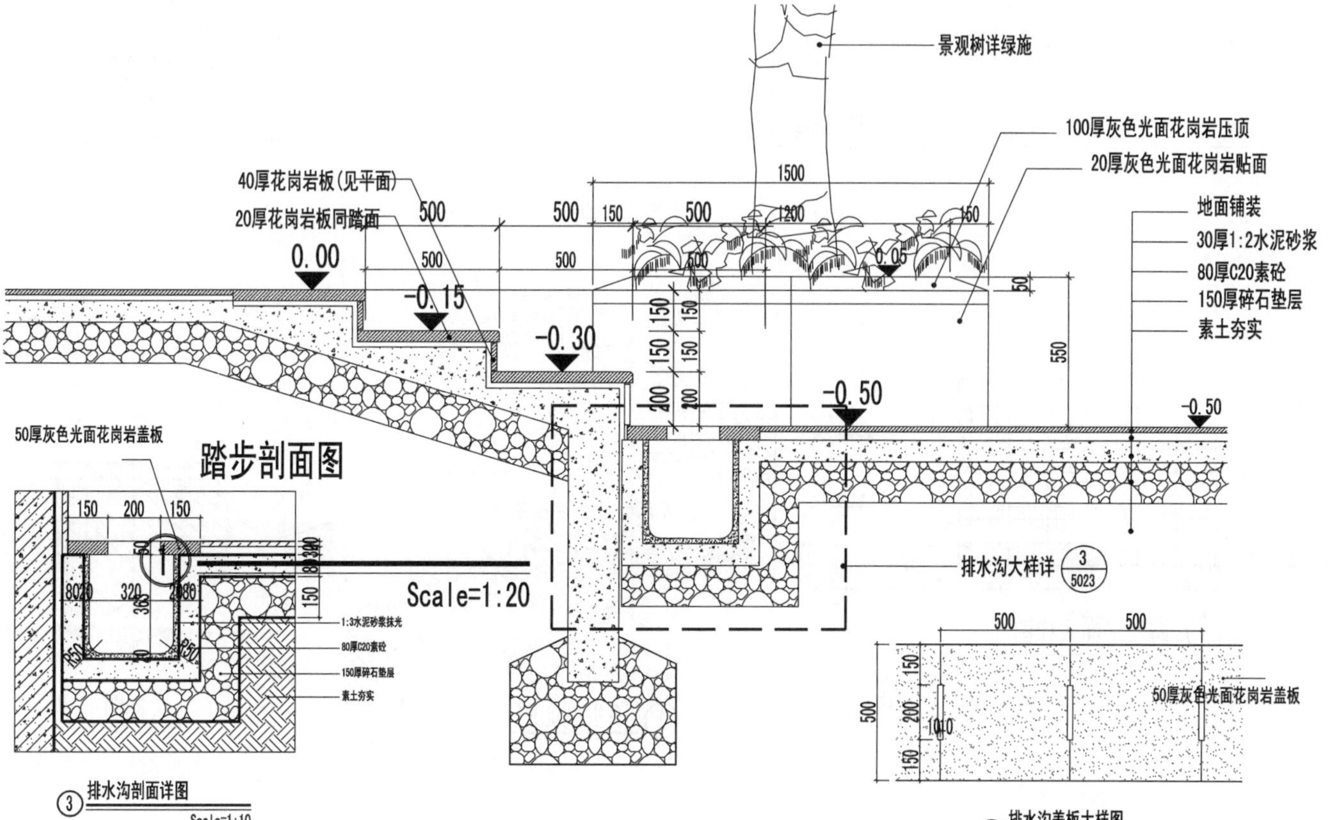

③ 排水沟剖面详图   Scale=1:10

② 排水沟盖板大样图   Scale=1:10

台阶坡道034

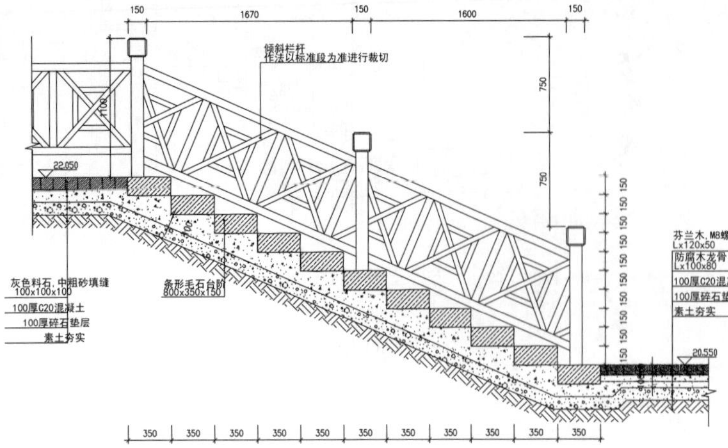

① 剖面图 1:20

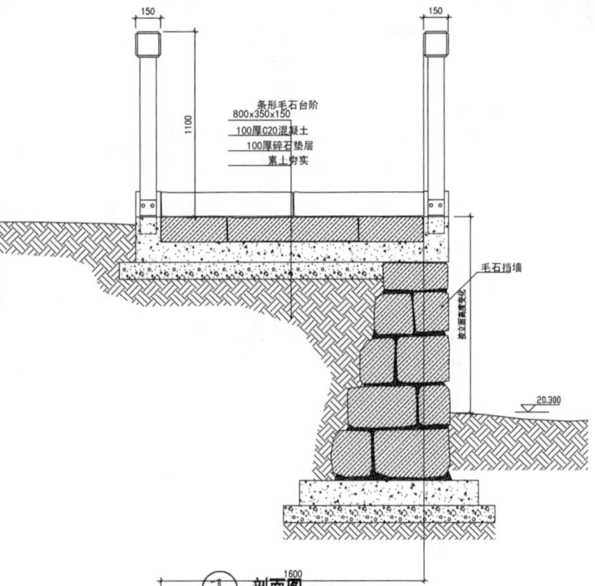

① 剖面图 1:15

① 标准段平面图 1:10

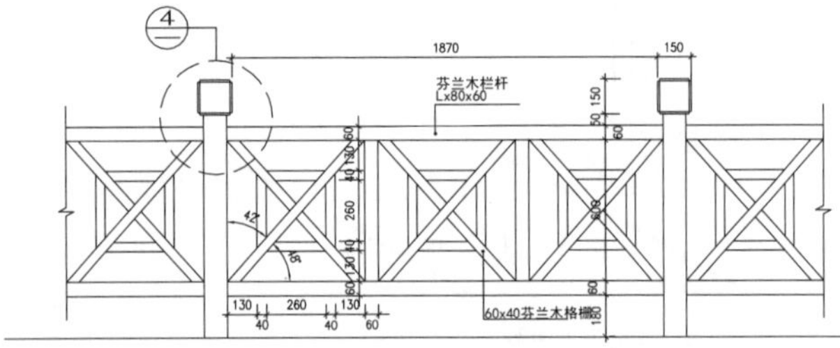

② 标准段立面图 1:10

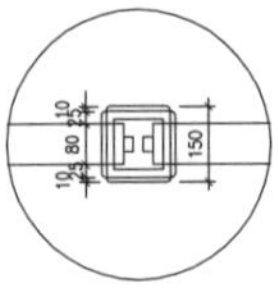

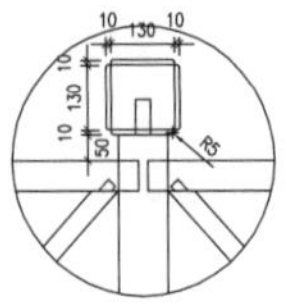

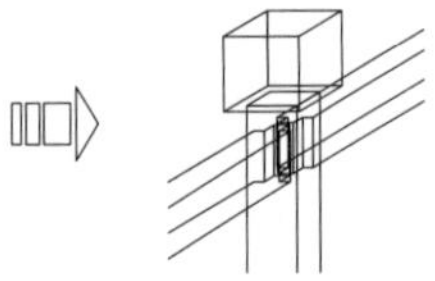

③ 详 图 1:10 ④ 详 图 1:10 ⑤ 做法示意图

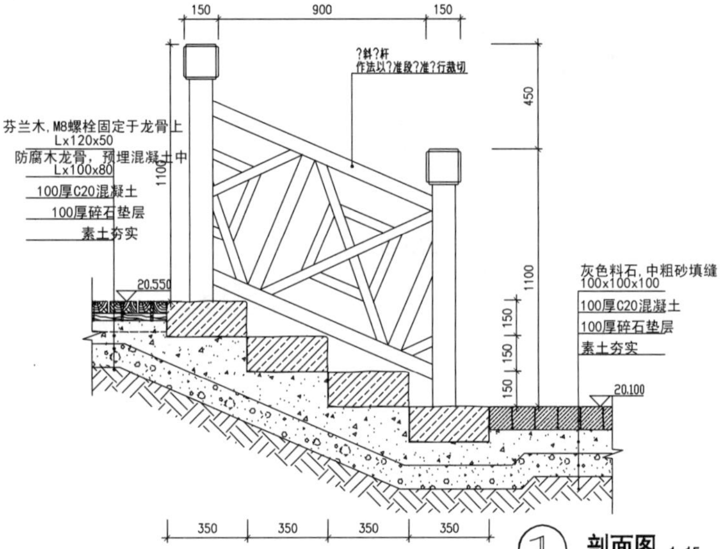

① 剖面图 1:15

台阶坡道035

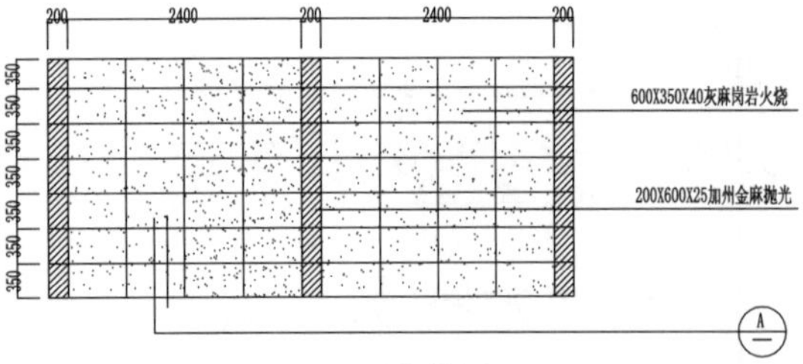

① 踏步平面大样图

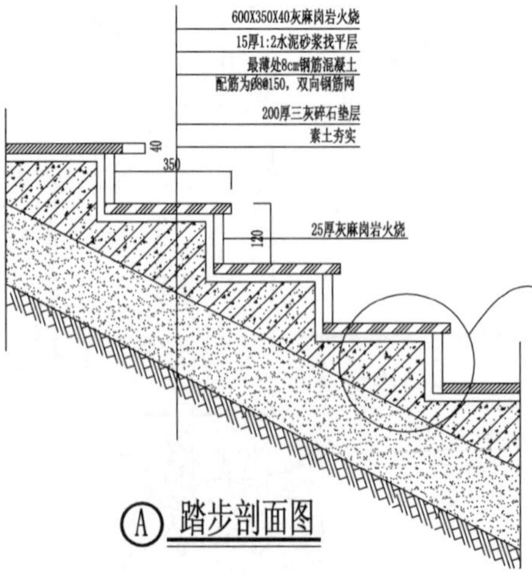

Ⓐ 踏步剖面图

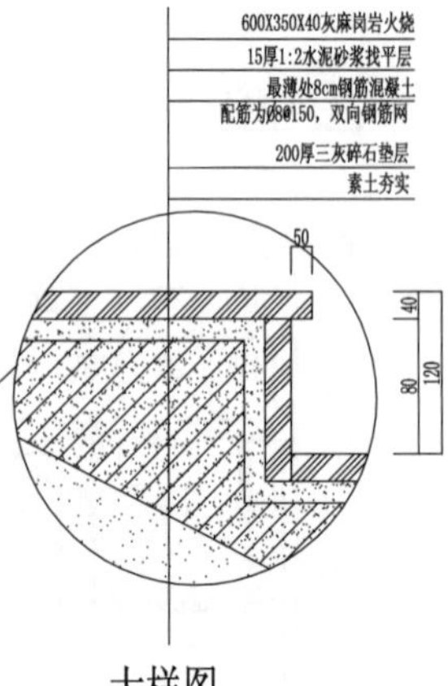

大样图

台阶坡道036

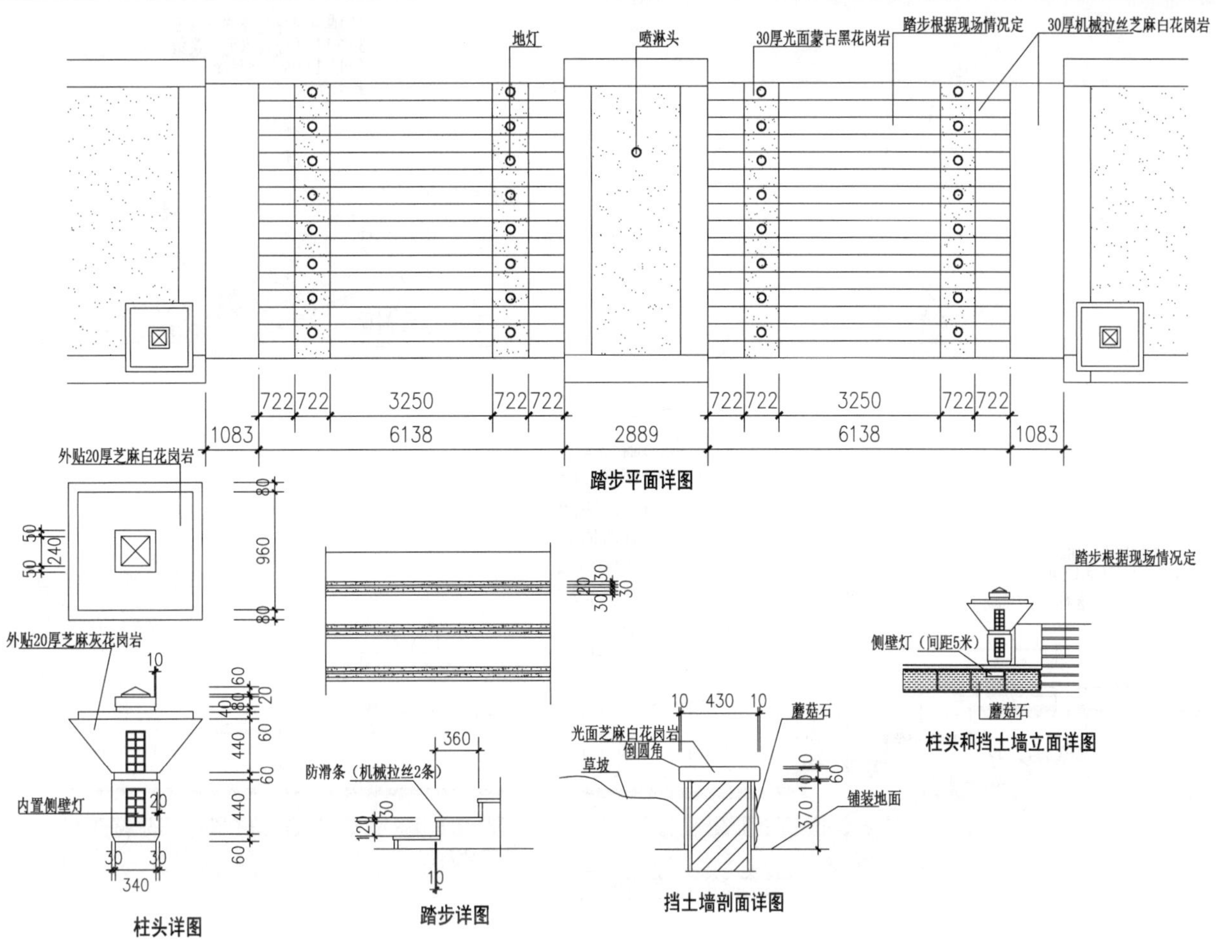
地灯
喷淋头
30厚光面蒙古黑花岗岩
踏步根据现场情况定
30厚机械拉丝芝麻白花岗岩
722 722 3250 722 722 722 722 3250 722 722
1083 6138 2889 6138 1083
踏步平面详图
外贴20厚芝麻白花岗岩
外贴20厚芝麻灰花岗岩
内置侧壁灯
340
柱头详图
防滑条（机械拉丝2条）
360
踏步详图
光面芝麻白花岗岩
倒圆角
草坡
蘑菇石
铺装地面
10 430 10
挡土墙剖面详图
踏步根据现场情况定
侧壁灯（间距5米）
蘑菇石
柱头和挡土墙立面详图

台阶坡道037

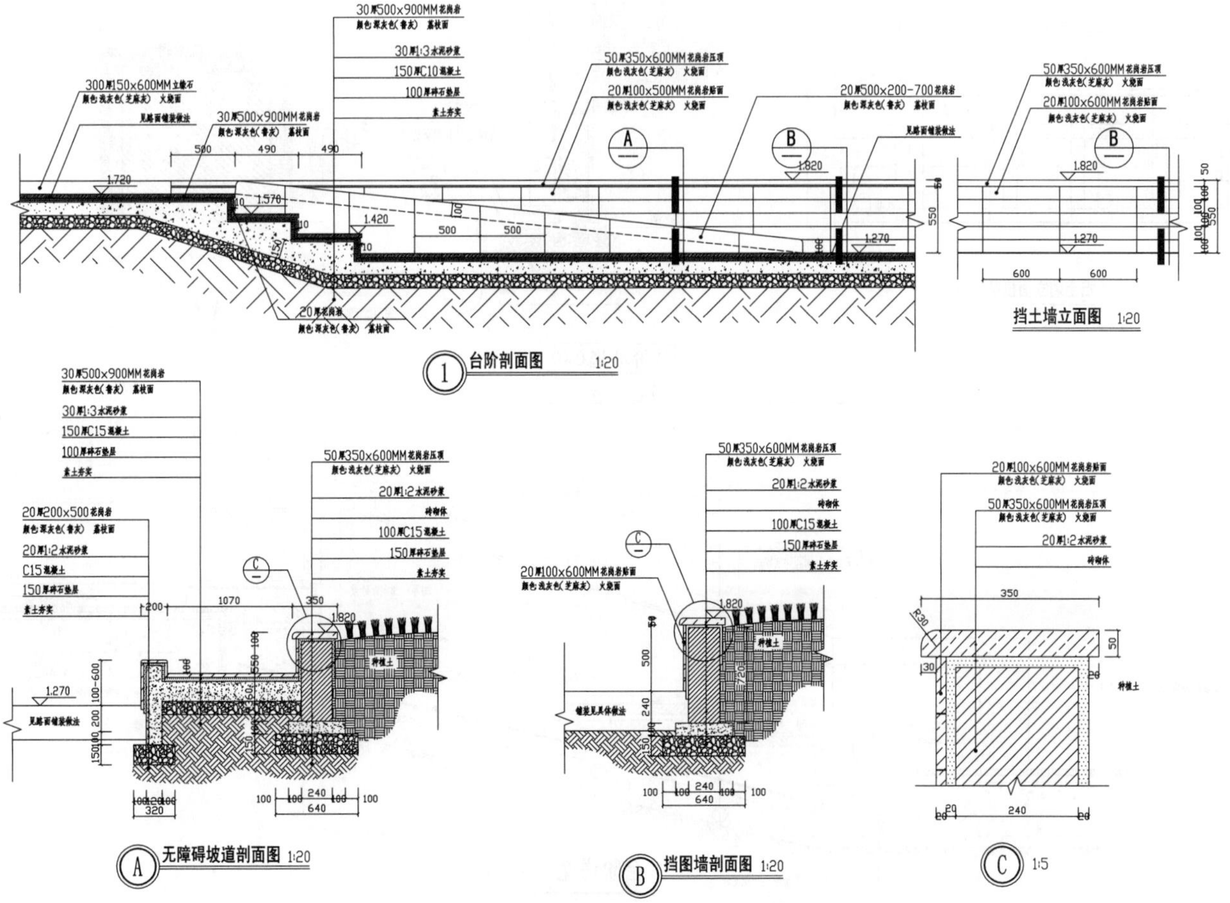

台阶坡道038

台阶平面图

150厚部分凿毛花岗岩条石
30厚1/3干硬性水泥砂浆结合层
100厚150号现浇混凝土
素土夯实

槽深5

1—1台阶剖面

台阶坡道039

30厚500x900MM花岗岩
颜色:深灰色(鲁灰) 荔枝面
30厚1:3水泥砂浆
150厚C10混凝土
100厚碎石垫层
素土夯实

300厚150x600MM立缘石
颜色:浅灰色(芝麻灰) 火烧面
见路面铺装做法

30厚500x900MM花岗岩阶沿石
颜色:深灰色(鲁灰) 荔枝面

30厚500x900MM花岗岩
颜色:深灰色(鲁灰) 荔枝面

20厚200x400\100x300\100x200文化石
颜色:黄色系多色混拼
50厚350x600MM花岗岩压顶
颜色:浅灰色(芝麻灰) 火烧面
见路面铺装做法

20厚花岗岩
颜色:深灰色(鲁灰) 荔枝面

台阶剖面图 1:20

50厚350x600MM花岗岩压顶
颜色:浅灰色(芝麻灰) 火烧面
20厚200x400\100x300\100x200文化石
颜色:黄色系多色混拼

挡土墙立面拼花图 1:20

种植土

2∅12
∅10@150
∅8@200
∅8@600
见路面铺装具体做法
150厚碎石垫层
素土夯实

∅8@200

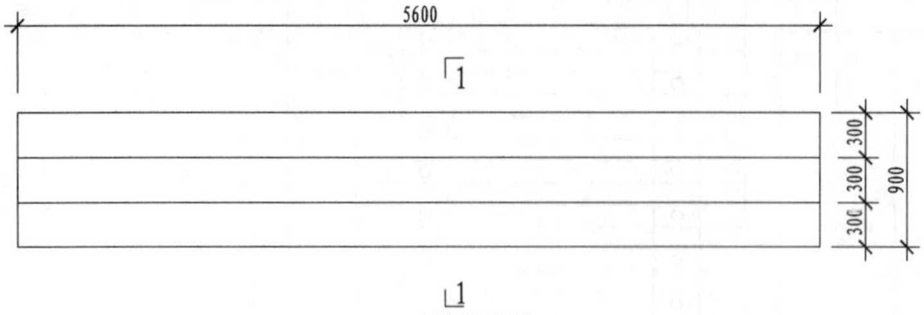

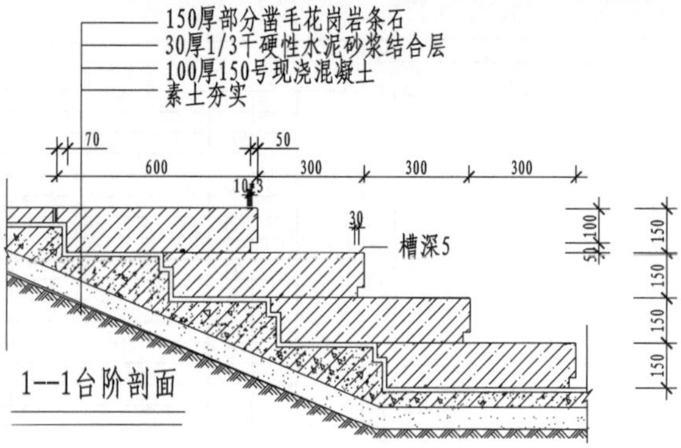

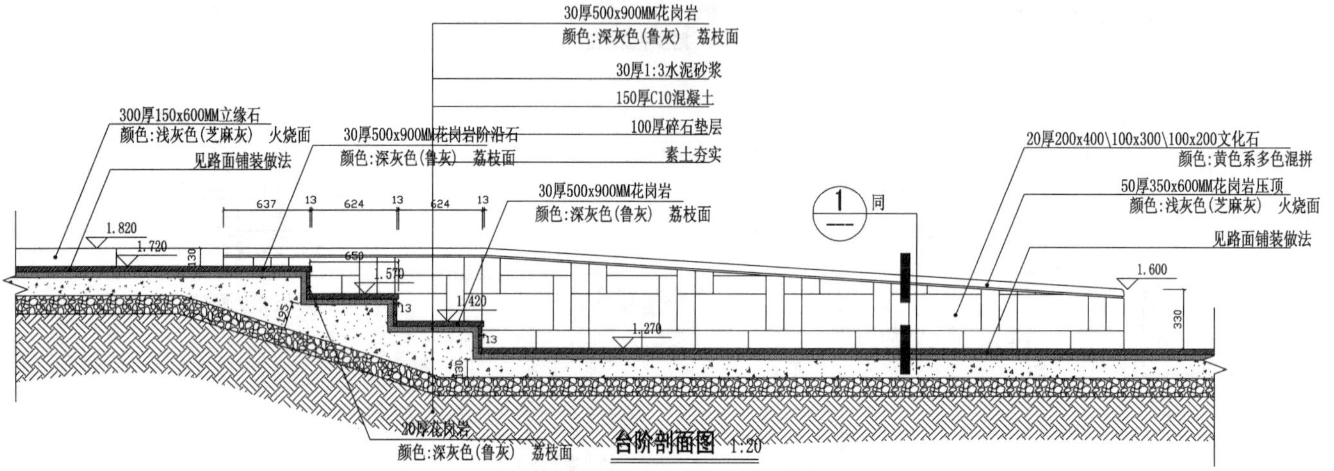

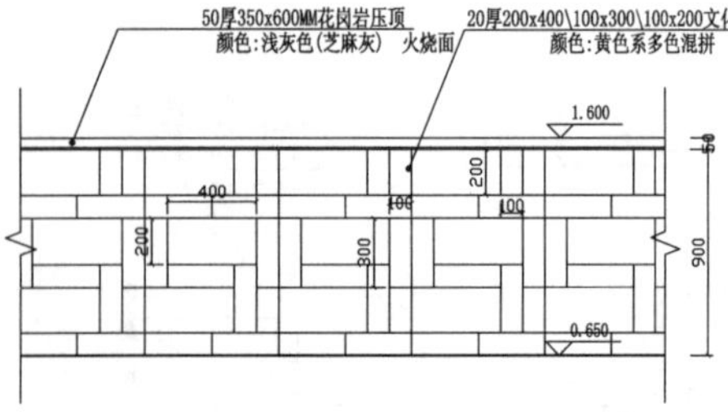

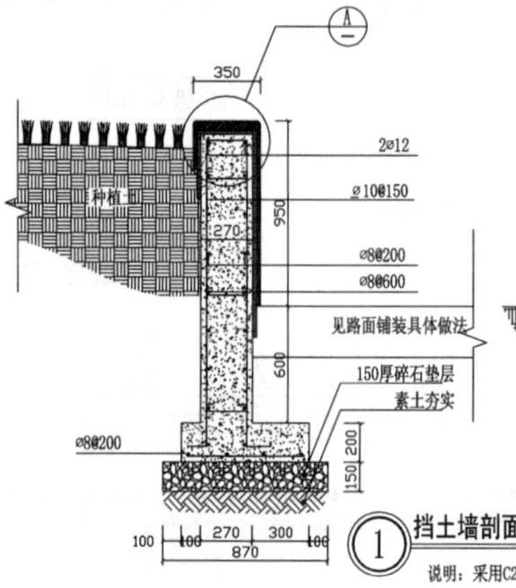

挡土墙剖面图 1:20
说明:采用C20混凝土

C20钢筋混凝土
50厚350x600MM花岗岩压顶
颜色:浅灰色(芝麻灰) 火烧面
20厚1:2水泥砂浆
20厚文化石

A 1:5

台阶坡道040

35厚1:2:4细石砼嵌豆石Φ6-12
100厚C20素砼
100厚碎石
素土夯实

30厚黄金麻花岗岩饰面(需有烧毛防滑条)
20厚1:2水泥砂浆
100厚C20砼
100厚碎石
素土夯实

500×300×100黄金麻毛面花岗岩
20厚黄金麻毛面花岗岩贴面

20厚黄金麻毛面花岗岩
20厚1:2水泥砂浆

35厚1:2:4细石砼嵌黄色小豆石Φ6-12

15厚沥青砂添缝
500×300×50黄金麻毛面花岗岩

焊接金属网Φ6,150*150

500×300×50黄金麻毛面花岗岩

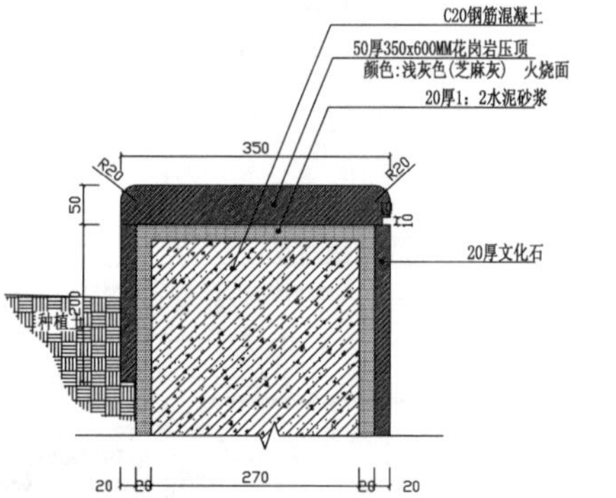

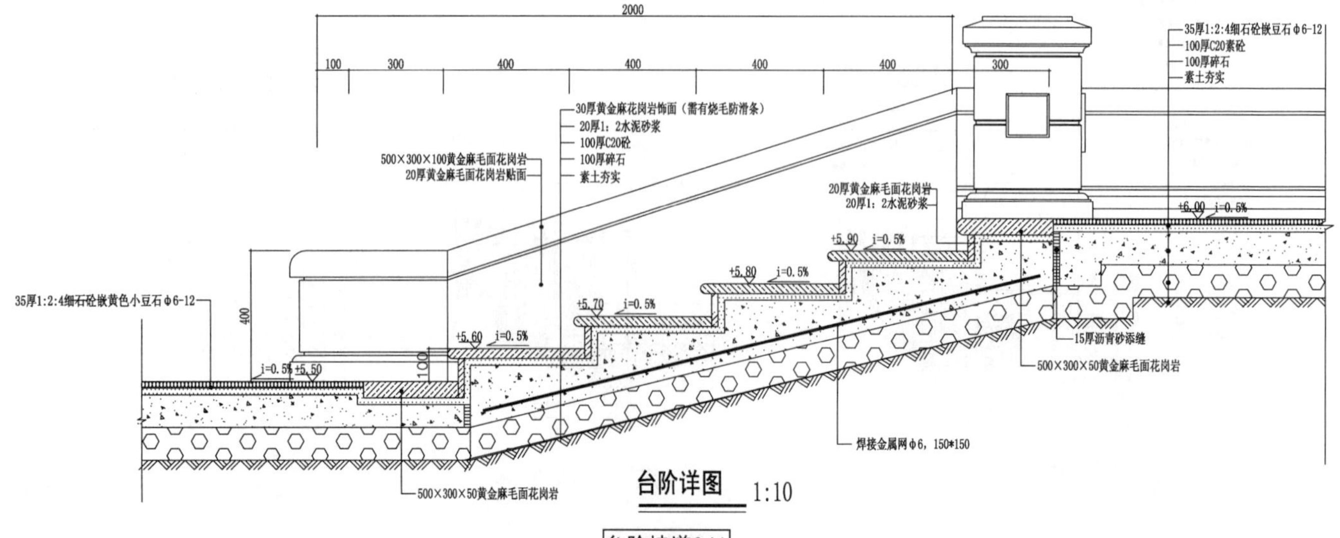

台阶详图 1:10

台阶坡道041

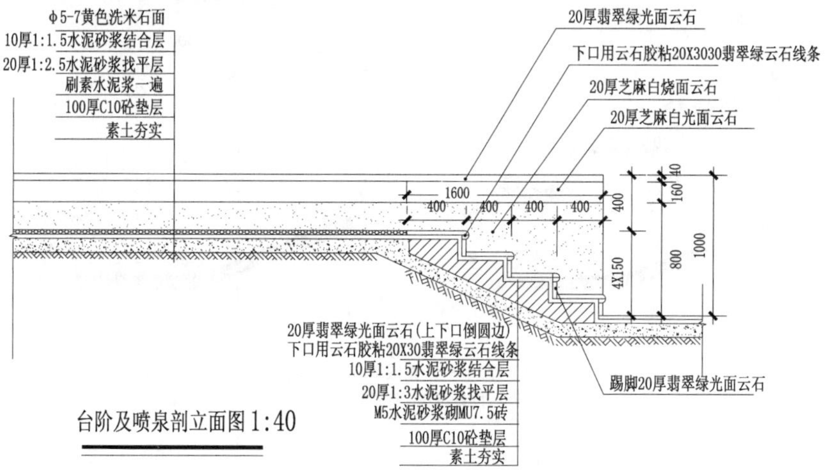
ф5-7黄色洗米石面
10厚1:1.5水泥砂浆结合层
20厚1:2.5水泥砂浆找平层
刷素水泥浆一遍
100厚C10砼垫层
素土夯实
20厚翡翠绿光面云石
下口用云石胶粘20X3030翡翠绿云石线条
20厚芝麻白烧面云石
20厚芝麻白光面云石
1600
400
400
400
400
40
160
400
4X150
800
1000
20厚翡翠绿光面云石(上下口倒圆边)
下口用云石胶粘20X30翡翠绿云石线条
10厚1:1.5水泥砂浆结合层
20厚1:3水泥砂浆找平层
M5水泥砂浆砌MU7.5砖
100厚C10砼垫层
素土夯实
踢脚20厚翡翠绿光面云石
台阶及喷泉剖立面图 1:40

台阶坡道042

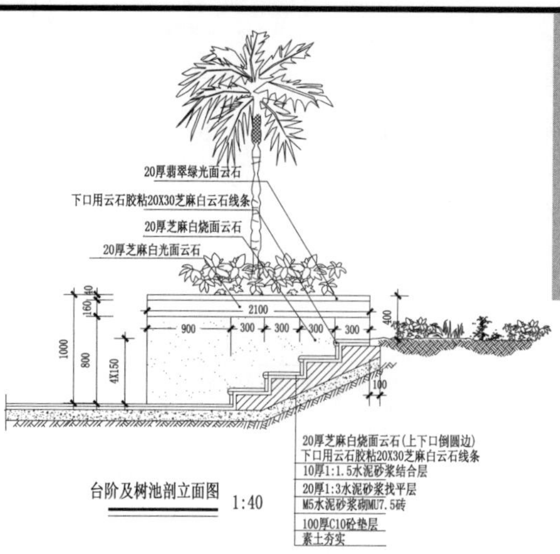
20厚翡翠绿光面云石
下口用云石胶粘20X30芝麻白云石线条
20厚芝麻白烧面云石
20厚芝麻白光面云石
2100
900
300
300
300
300
400
1000
800
4X150
100
20厚芝麻白烧面云石(上下口倒圆边)
下口用云石胶粘20X30芝麻白云石线条
10厚1:1.5水泥砂浆结合层
20厚1:3水泥砂浆找平层
M5水泥砂浆砌MU7.5砖
100厚C10砼垫层
素土夯实
台阶及树池剖立面图 1:40

台阶坡道043

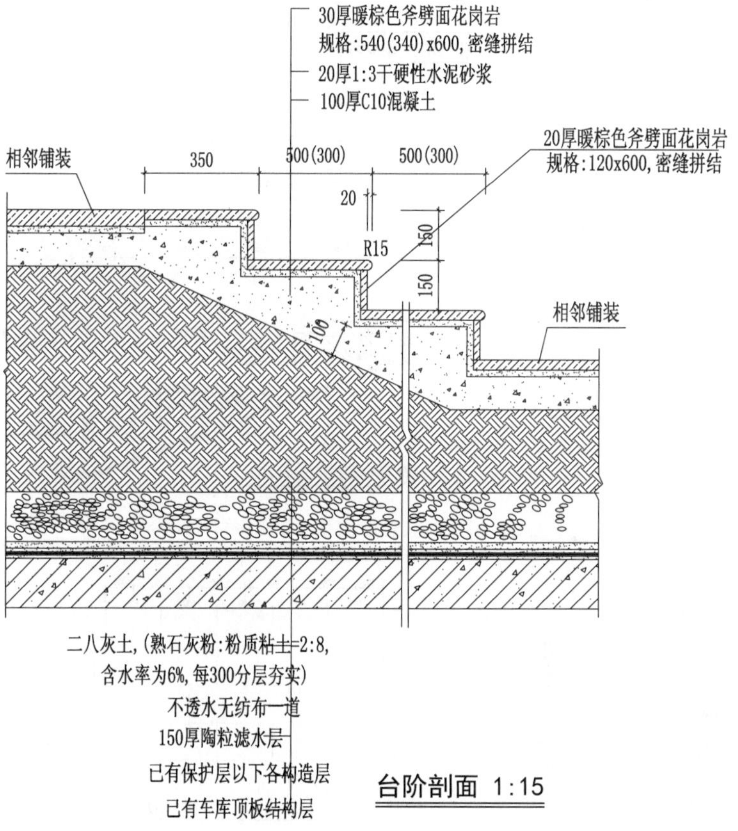
30厚暖棕色斧劈面花岗岩
规格:540(340)x600,密缝拼结
20厚1:3干硬性水泥砂浆
100厚C10混凝土
20厚暖棕色斧劈面花岗岩
规格:120x600,密缝拼结
相邻铺装
350
500(300)
500(300)
20
R15
150
150
100
相邻铺装
二八灰土,(熟石灰粉:粉质粘土=2:8,
含水率为6%,每300分层夯实)
不透水无纺布一道
150厚陶粒滤水层
已有保护层以下各构造层
已有车库顶板结构层
台阶剖面 1:15

台阶坡道044

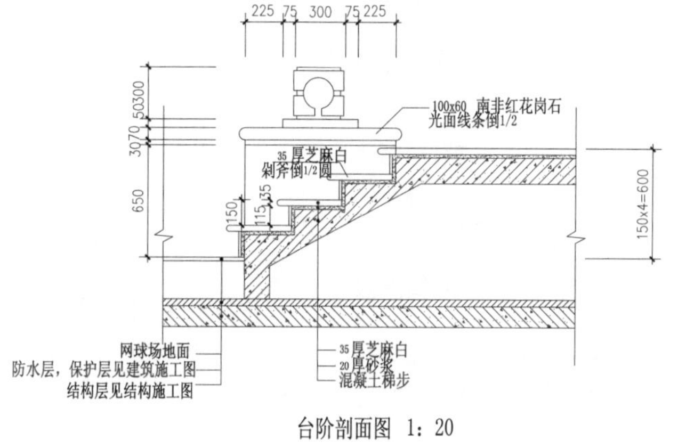
225
75
300
75
225
50
300
3070
650
100x60 南非红花岗石
光面线条倒1/2
35厚芝麻白
剁斧倒1/2圆
150
115
35
150x4=600
网球场地面
防水层，保护层见建筑施工图
结构层见结构施工图
35厚芝麻白
20厚砂浆
混凝土梯步
台阶剖面图 1：20

台阶坡道045

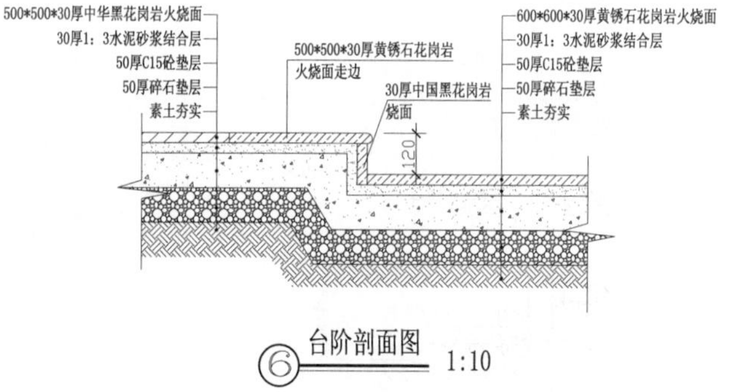
500*500*30厚中华黑花岗岩火烧面
30厚1：3水泥砂浆结合层
50厚C15砼垫层
50厚碎石垫层
素土夯实
500*500*30厚黄锈石花岗岩
火烧面走边
30厚中国黑花岗岩
烧面
120
600*600*30厚黄锈石花岗岩火烧面
30厚1：3水泥砂浆结合层
50厚C15砼垫层
50厚碎石垫层
素土夯实
6
台阶剖面图 1:10

台阶坡道046

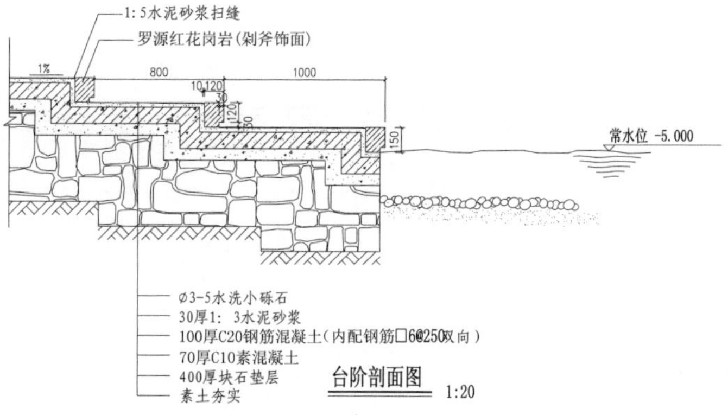
1:5水泥砂浆扫缝
罗源红花岗岩(剁斧饰面)
1%
800
1000
10
120
120
150
常水位 -5.000
Ø3-5水洗小砾石
30厚1： 3水泥砂浆
100厚C20钢筋混凝土(内配钢筋□6@250双向)
70厚C10素混凝土
400厚块石垫层
素土夯实
台阶剖面图 1:20

台阶坡道047

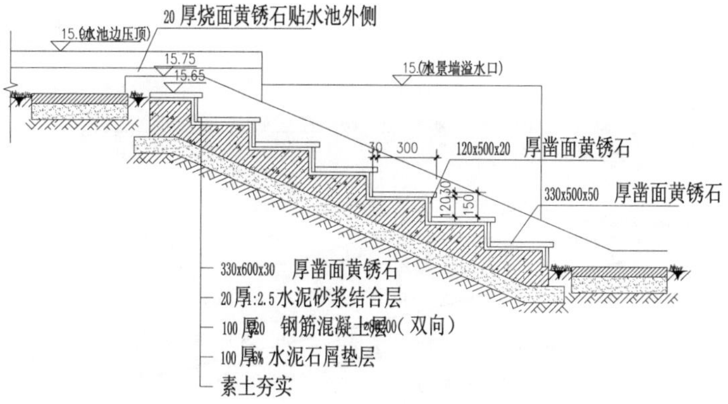
20 厚烧面黄锈石贴水池外侧
15.6(水池边压顶)
15.75
15.65
15.(水景墙溢水口)
30
300
120x500x20 厚凿面黄锈石
120
30
150
330x500x50 厚凿面黄锈石
330x600x30 厚凿面黄锈石
20 厚1:2.5水泥砂浆结合层
100 厚C20 钢筋混凝土层 @200(双向)
100 厚5% 水泥石屑垫层
素土夯实

台阶坡道048

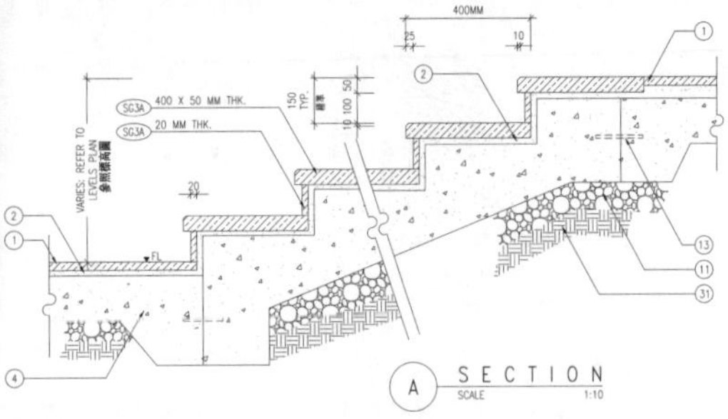

台阶坡道049

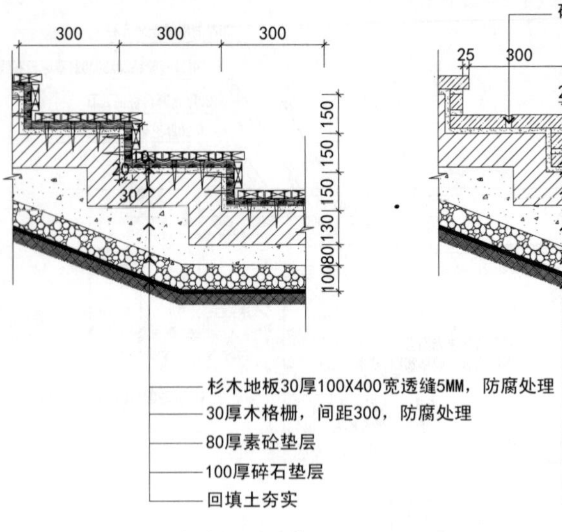
300
300
300
150
150
150
130
100
80
20
30
杉木地板30厚100X400宽透缝5MM，防腐处理
30厚木格栅，间距300，防腐处理
80厚素砼垫层
100厚碎石垫层
回填土夯实

木台阶断面结构 1:20

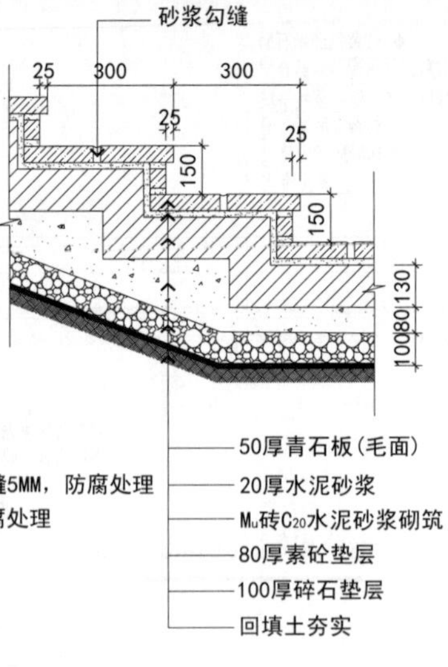

青石板台阶断面结构 1:20

台阶坡道050

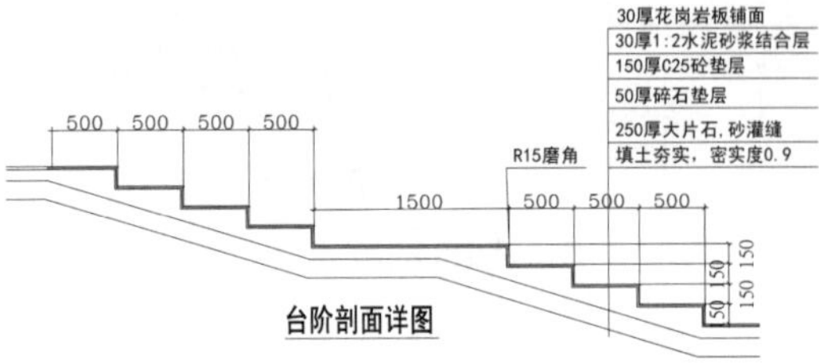

台阶剖面详图

台阶坡道051

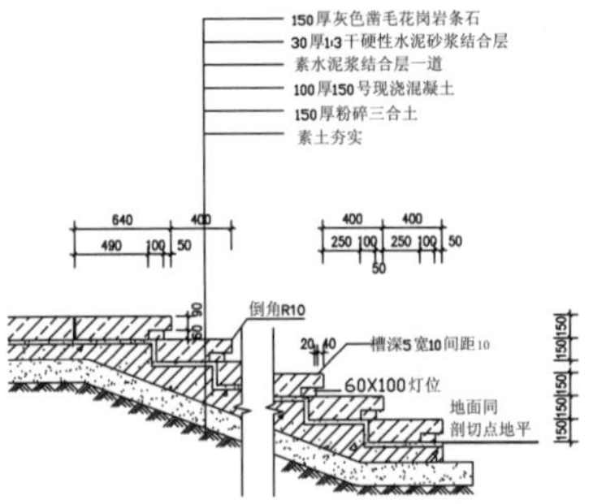
150厚灰色凿毛花岗岩条石
30厚1:3干硬性水泥砂浆结合层
素水泥浆结合层一道
100厚150号现浇混凝土
150厚粉碎三合土
素土夯实
倒角R10
槽深5宽10间距10
60X100灯位
地面同剖切点地平

① 台阶剖面1:20

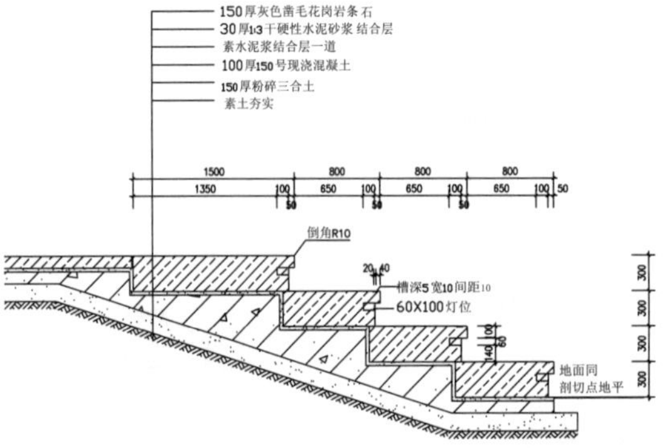
150厚灰色凿毛花岗岩条石
30厚1:3干硬性水泥砂浆结合层
素水泥浆结合层一道
100厚150号现浇混凝土
150厚粉碎三合土
素土夯实
1500
800
800
800
1350
650
650
650
倒角R10
槽深5宽10间距10
60X100灯位
地面同剖切点地平
300
300
300
300

② 台阶剖面1:20

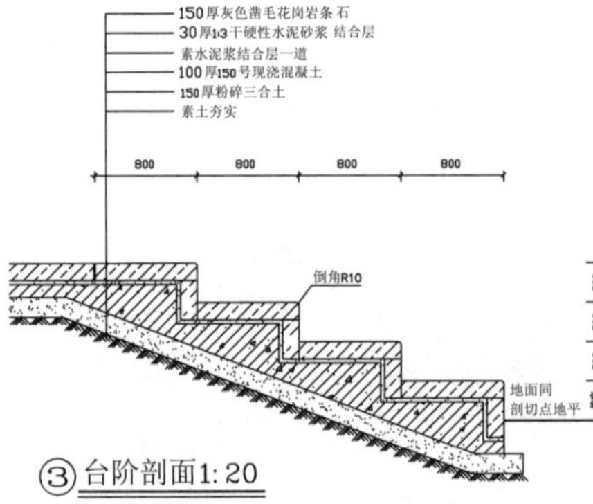
150厚灰色凿毛花岗岩条石
30厚1:3干硬性水泥砂浆结合层
素水泥浆结合层一道
100厚150号现浇混凝土
150厚粉碎三合土
素土夯实
800
800
800
800
倒角R10
地面同剖切点地平
300
300
300

③ 台阶剖面1:20

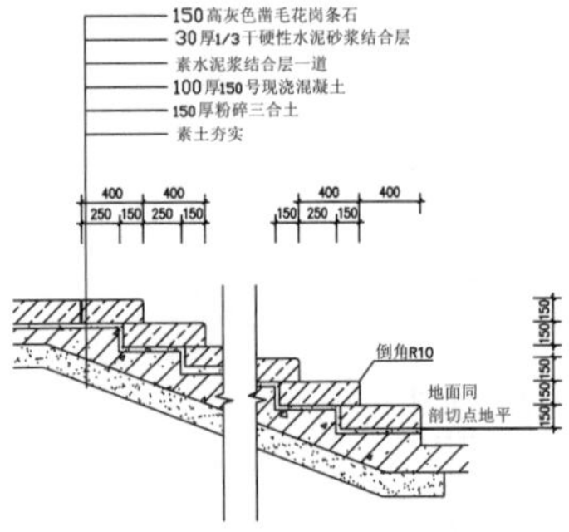
150高灰色凿毛花岗条石
30厚1/3干硬性水泥砂浆结合层
素水泥浆结合层一道
100厚150号现浇混凝土
150厚粉碎三合土
素土夯实
400
400
400
400
250
150
250
150
倒角R10
地面同剖切点地平

④ 台阶剖面1:20

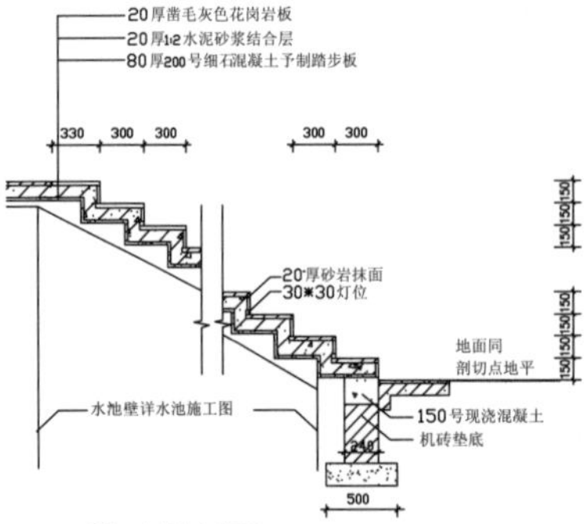
20厚凿毛灰色花岗岩板
20厚1:2水泥砂浆结合层
80厚200号细石混凝土予制踏步板
330
300
300
300
300
20厚砂岩抹面
30*30灯位
地面同剖切点地平
水池壁详水池施工图
150号现浇混凝土
机砖垫底
500

⑤ 台阶剖面1:20

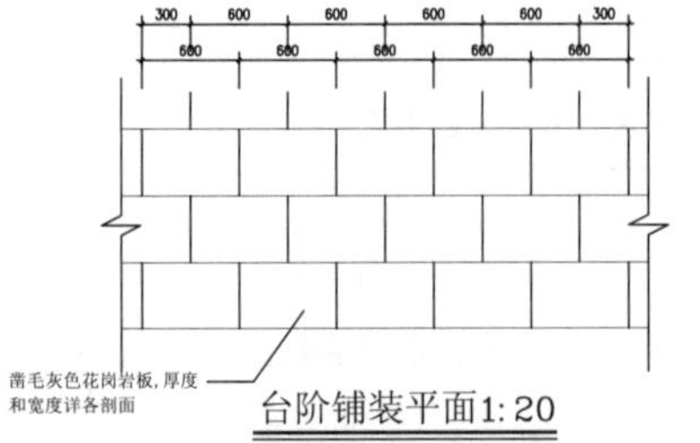

台阶铺装平面1:20

台阶铺装做法详图

台阶坡道052

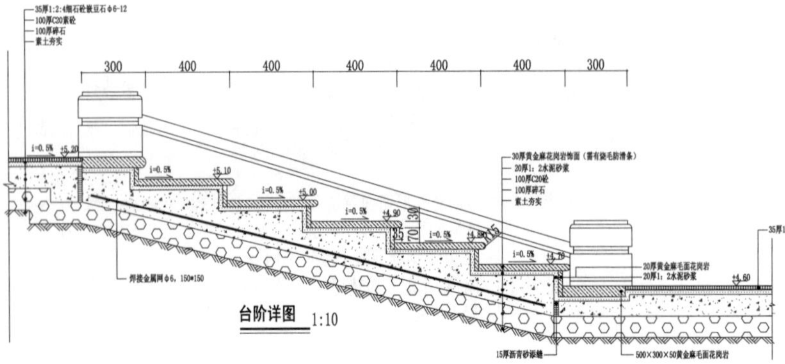

台阶详图 1:10

台阶坡道053

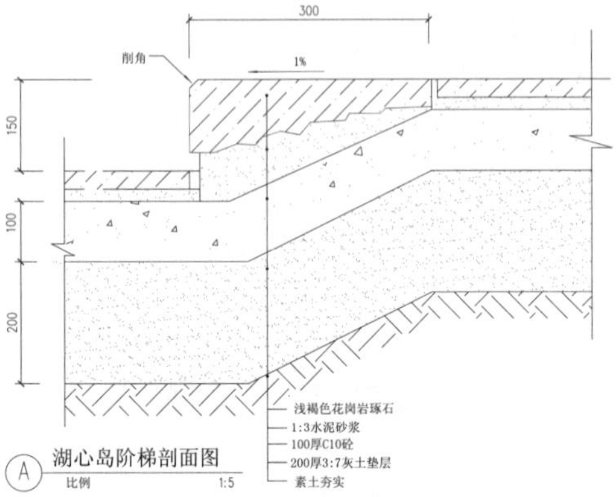

A 湖心岛阶梯剖面图
比例 1:5

台阶坡道054

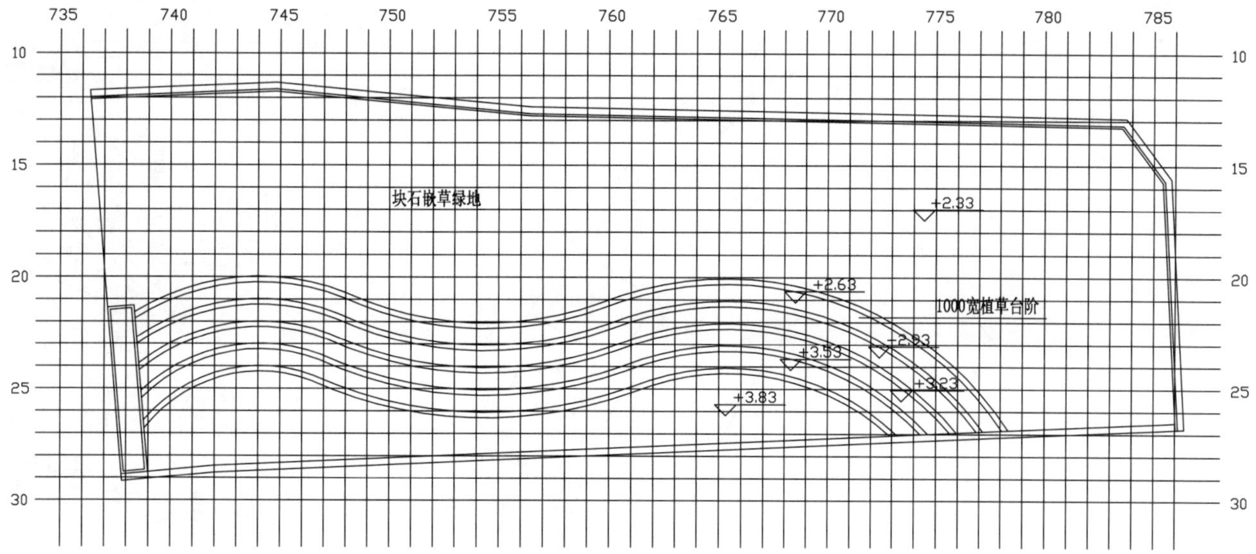

台阶式绿地大样 1:150

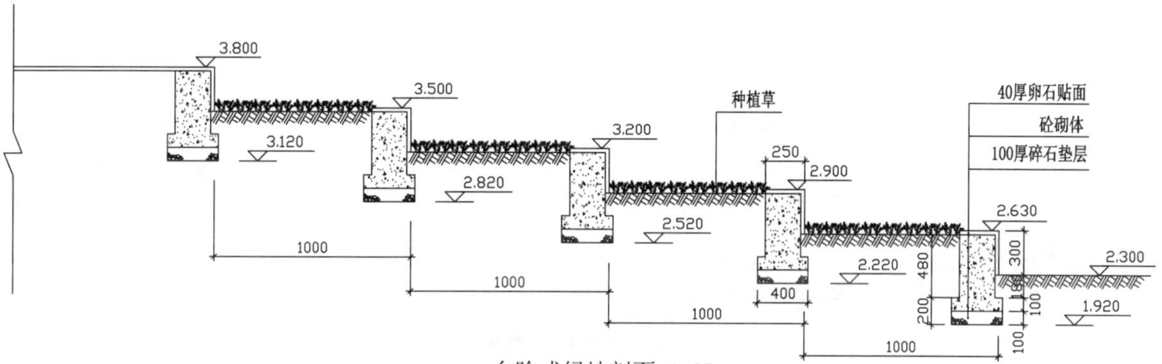

台阶式绿地剖面 1:25

台阶坡道055

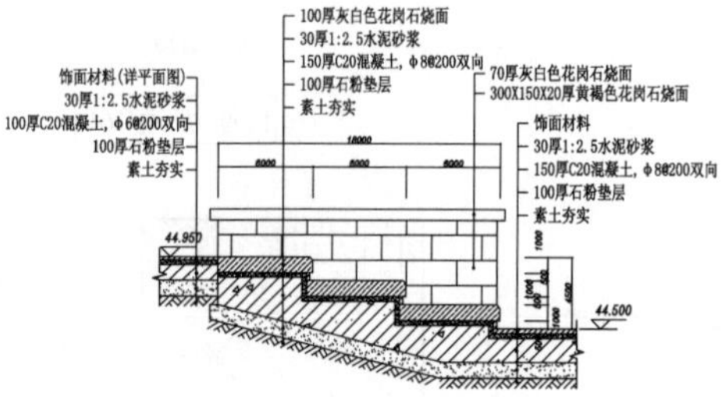

台阶剖面图 1:20

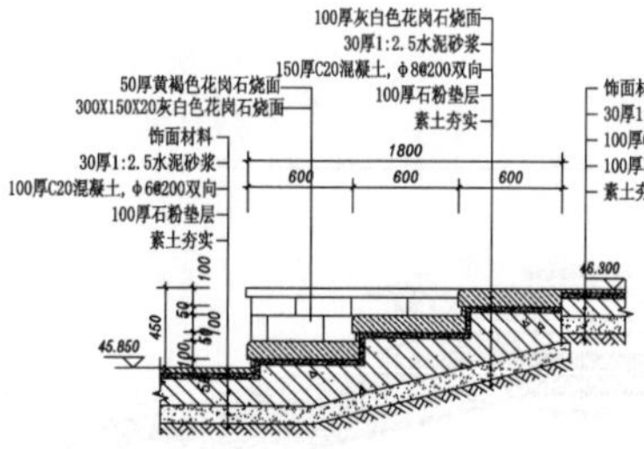

台阶剖面图 1:20

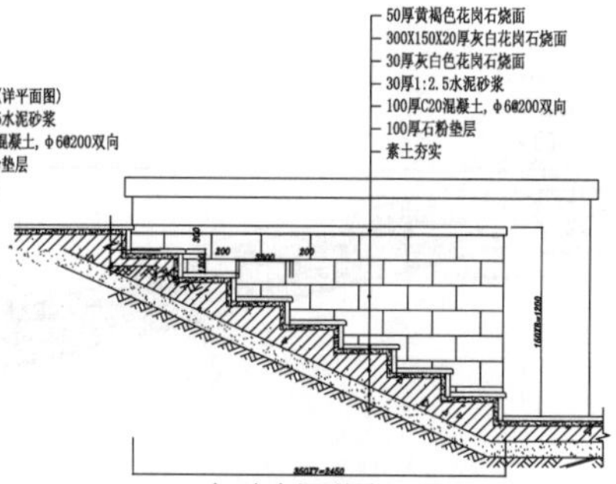

台阶剖面图 1:20

台阶坡道056

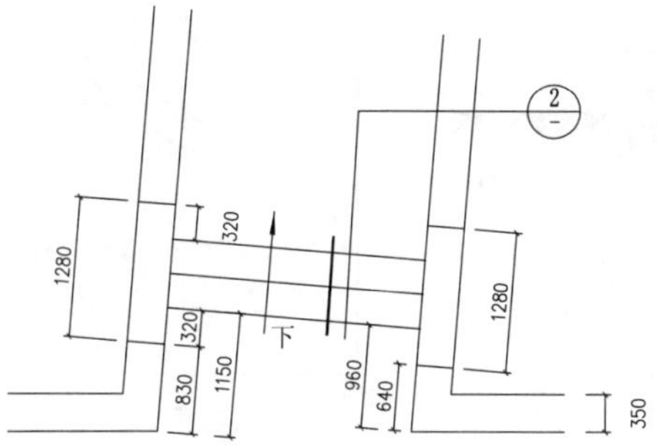

① 台阶平面图 1:50

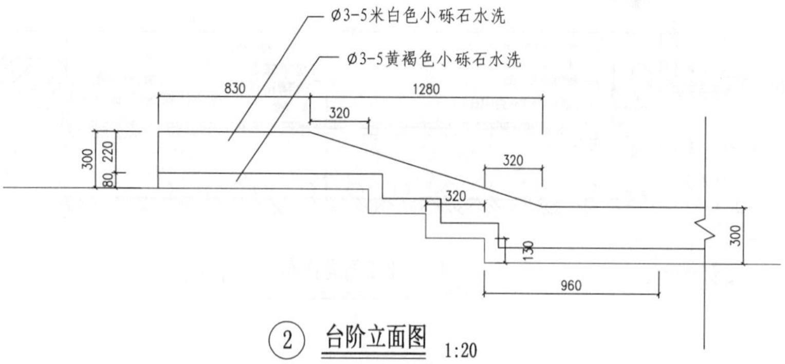

② 台阶立面图 1:20

台阶坡道057

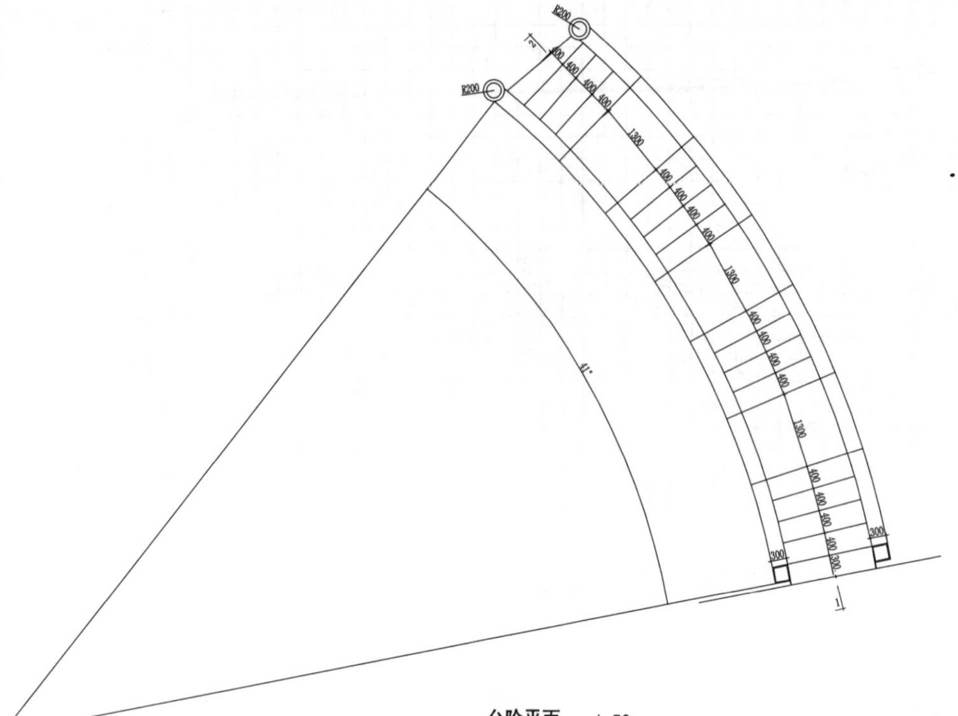

台阶坡道

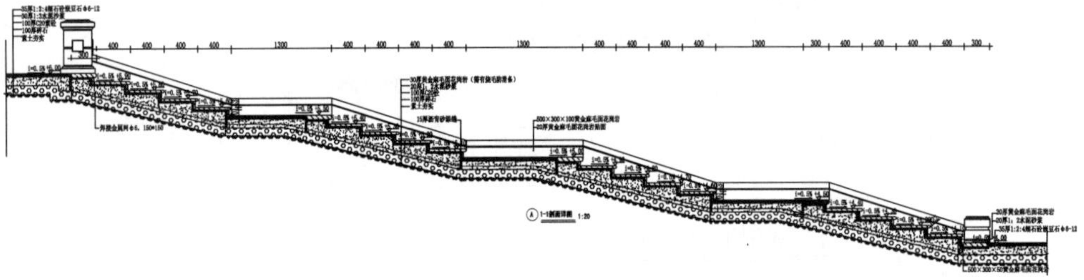

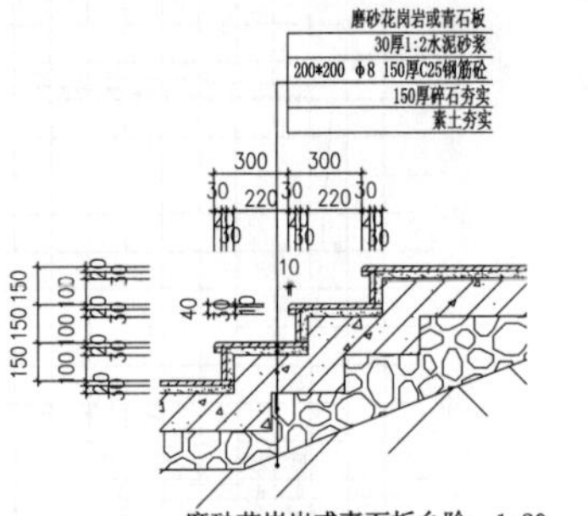

磨砂花岗岩或青石板台阶　1:20

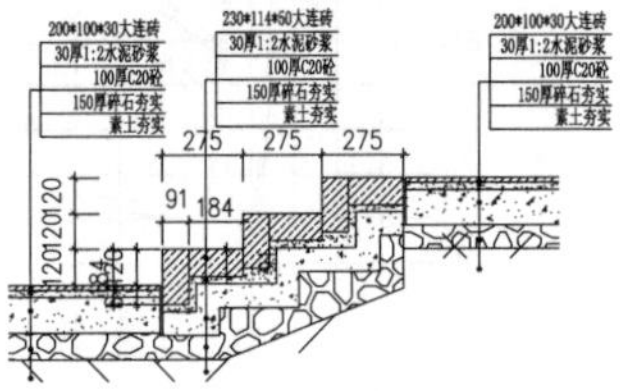

广场砖台阶　1:20

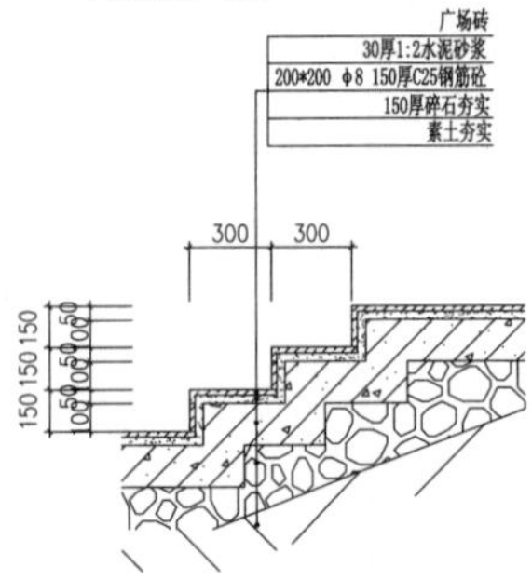

广场砖台阶　1:20

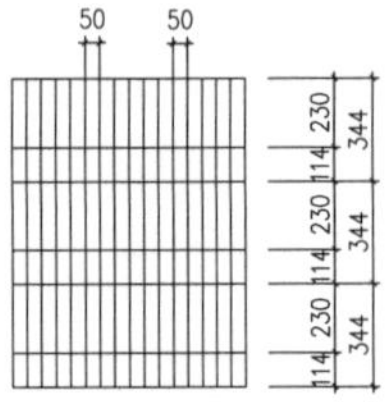

平面示意图

台阶坡道060

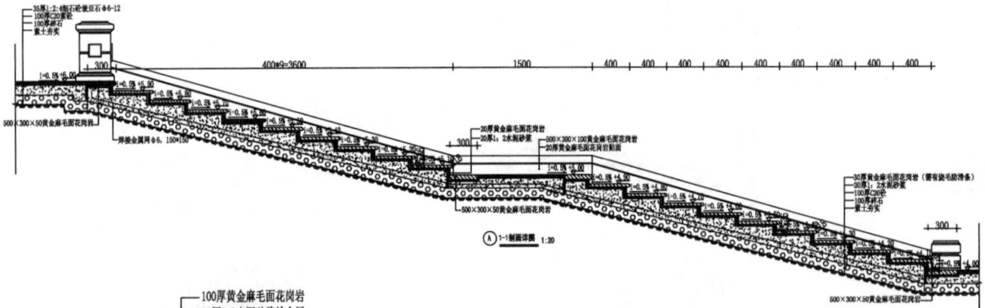

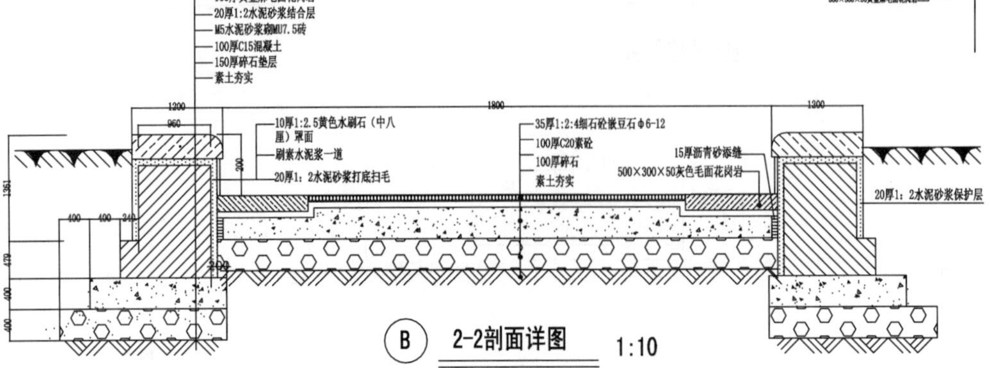

台阶平面　1:50

台阶坡道058

台阶坡道059

100厚黄金麻毛面花岗岩
20厚1:2水泥砂浆结合层
M5水泥砂浆砌M7.5砖
100厚C15混凝土
150厚碎石垫层
素土夯实

B　2-2剖面详图　1:10

DETAIL
A　踏步平面图　SCALE 1:50

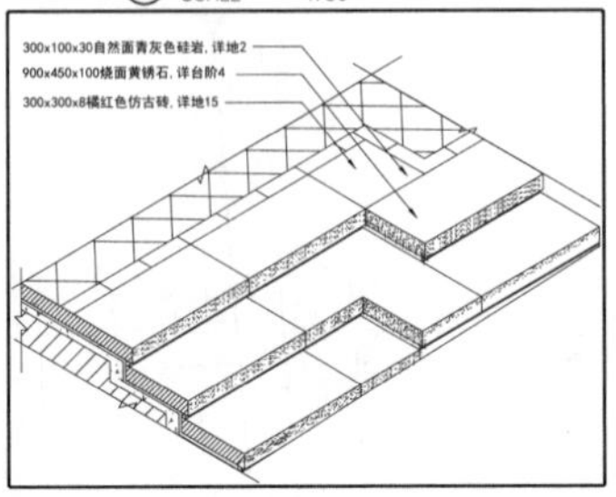

DETAIL
B　踏步轴测图　SCALE 1:30

台阶坡道061

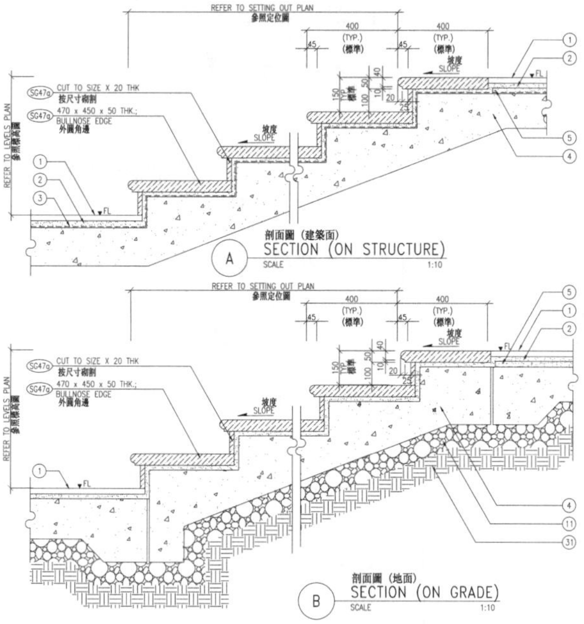

台阶坡道062

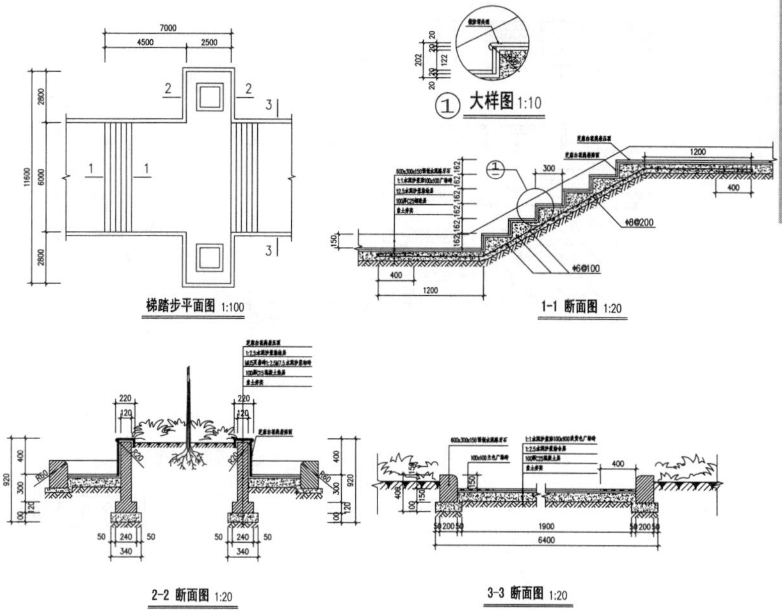

台阶坡道063

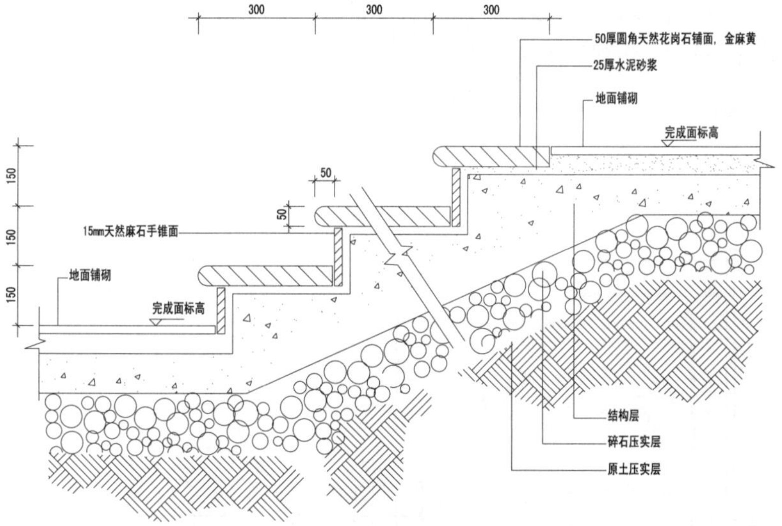

天然花岗石步级大样图

台阶坡道064

3cm厚花岗岩（机械拉丝）
3cm厚M5水泥砂浆座浆
100厚C10混凝土
80厚级配砂卵石垫层压实
素土夯实

集散平台　中心平台

中心平台踏步大样

台阶坡道065

青板文化石间草铺地
广场砖铺地
50厚杉木板
100x30 厚杉木板
踏　步1:20
50x80 木梁
间距500

台阶坡道066

标准台阶做法详图1:20

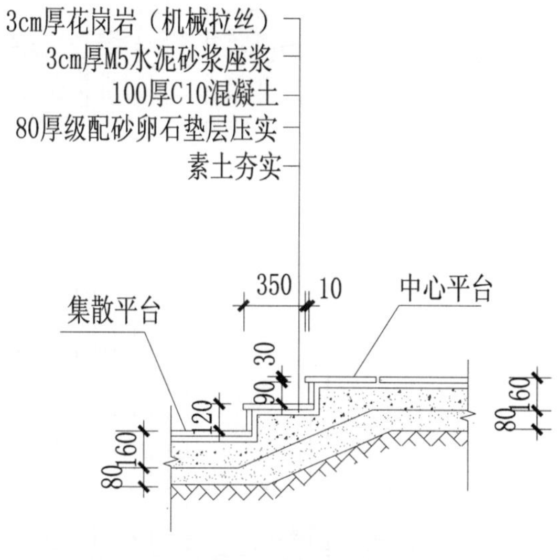

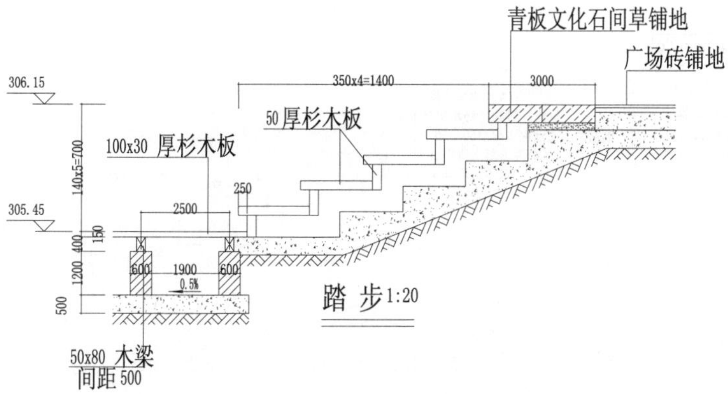

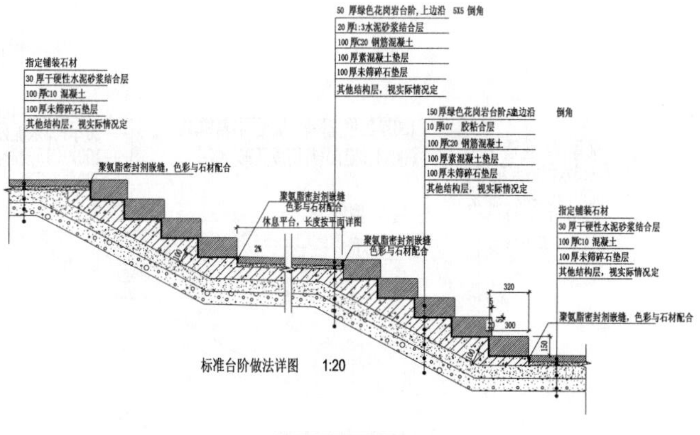

台阶坡道067

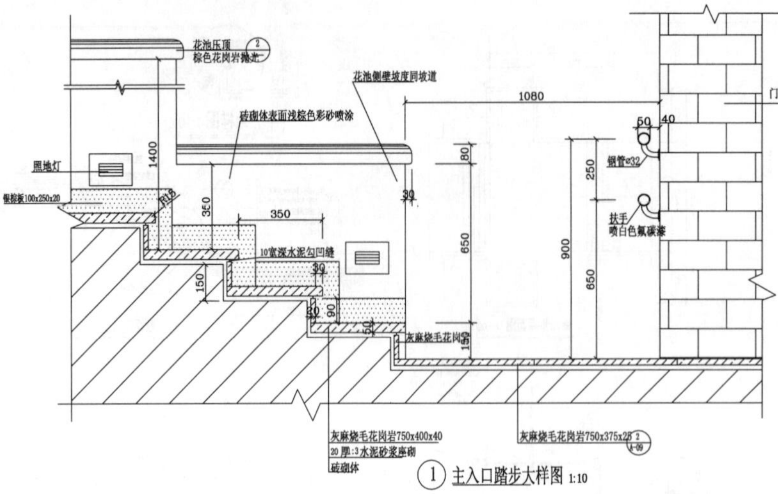

台阶坡道

① 主入口踏步大样图 1:10

台阶坡道068

② 花池壁剖面图 1:10

棕色花岗岩抛光

浅棕色彩砂喷涂

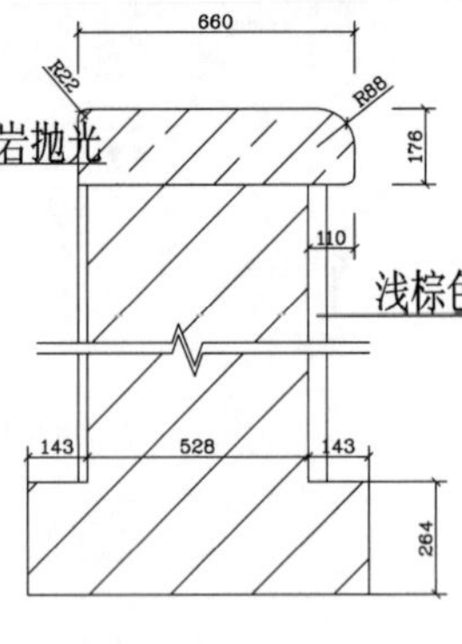

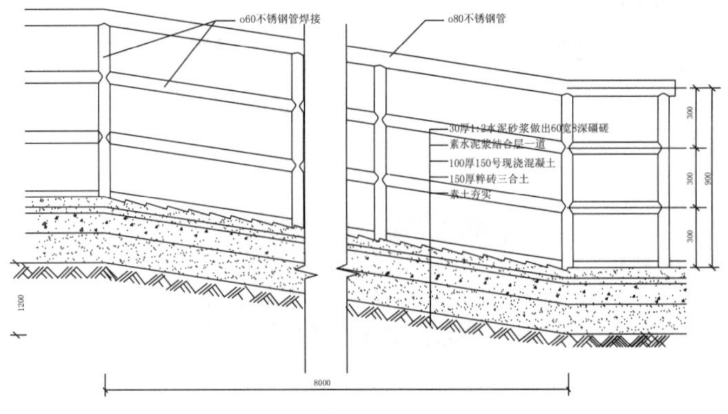

1-1礓礤剖面　1:15

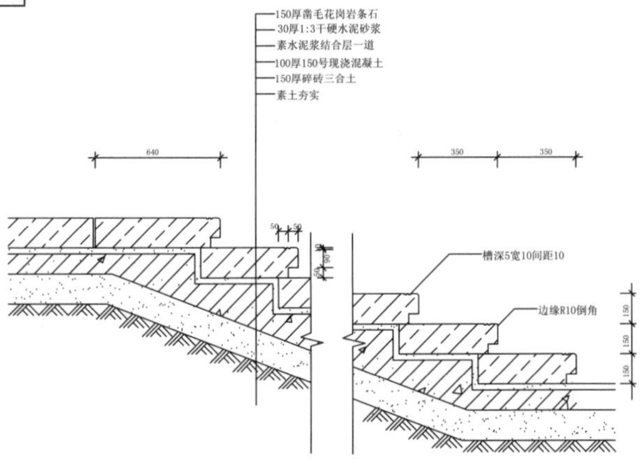

2-2台阶剖面　1:15

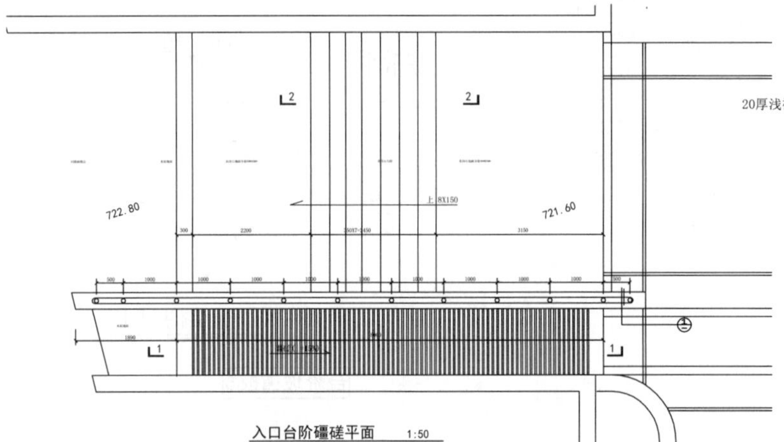

入口台阶礓礤平面　1:50

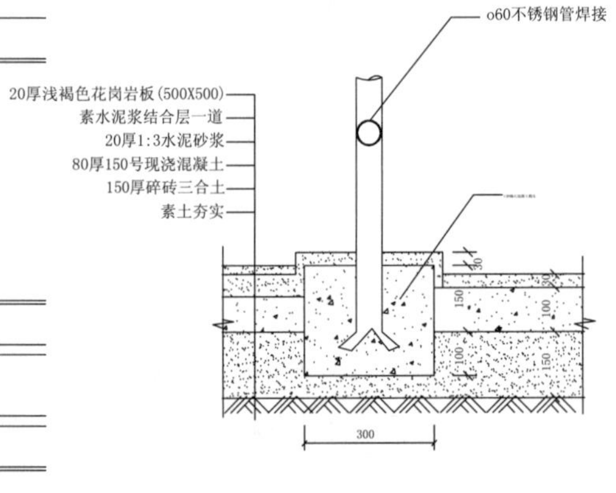

台阶坡道069

① 1:10

60厚褐红色透水砖
20厚1:3水泥砂浆粘结层
100厚C15混凝土垫层
300厚3:7灰土
素土夯实

150厚黑色花岗岩(烧毛面)凿锤加工
600X410X150(裁切成弧形)

倒角<15

台阶灯

40厚晶白玉花岗岩(烧毛面)
20厚1:3水泥砂浆粘结层
100厚C15混凝土垫层
300厚3:7灰土
素土夯实

入口台阶做法1:20

台阶坡道070

50厚花岗岩面层
砂浆(防水层)
钢筋混凝土池底(φ6,150×150)
40厚混凝土找平层
100厚碎石垫层
素土夯实

50厚花岗岩面层

水池底钢砖面层

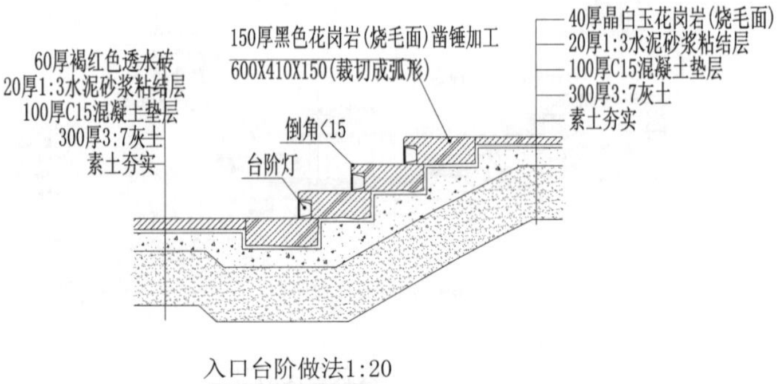

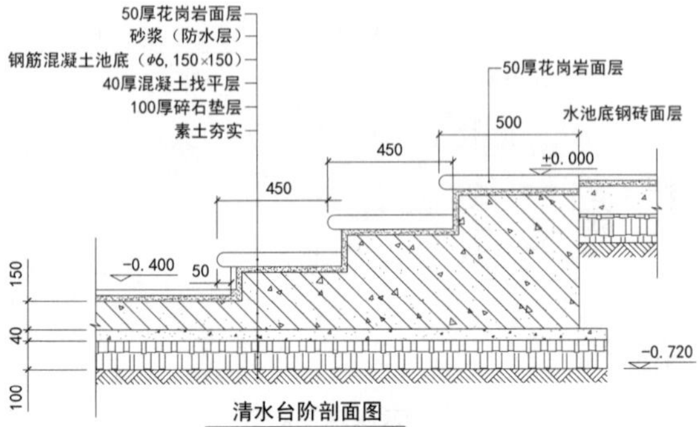

清水台阶剖面图

台阶坡道071

标准台阶做法详图 1:20

台阶坡道072

步级大样 1:15

说明:1、步级饰面材料详饰面平面图
2、b与h的取值见平面或剖面标注,如没特别标注,b=300,h=150。

台阶坡道073

① 台阶剖面 1:20

台阶坡道074

黄木纹碎拼踏步详图 1:10

台阶坡道075

Ⓐ 1:30
台阶断面及花池侧立面

Ⓑ 1:30
台阶断面及花池侧立面

Ⓒ 1:10

Ⓓ 1:20

花盆立面大样 1:20

花盆平面大样 1:20

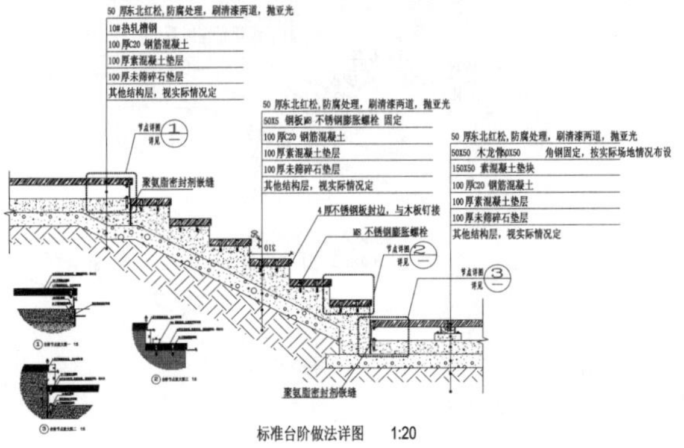

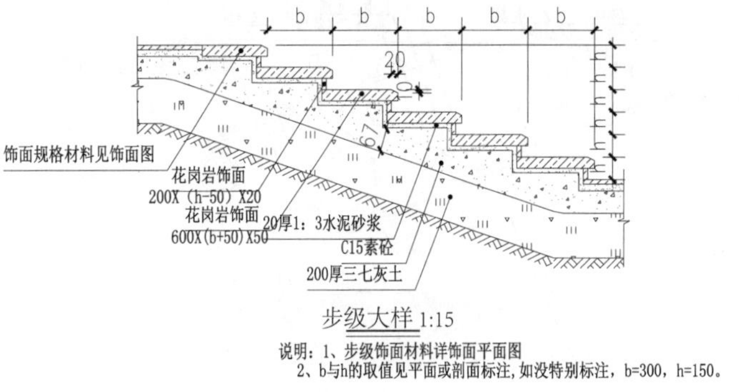

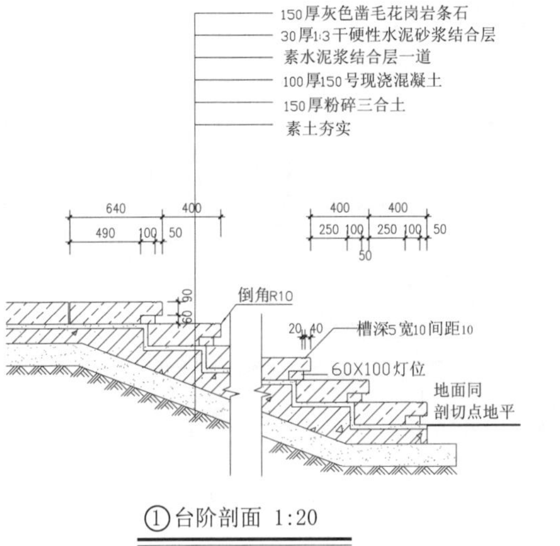

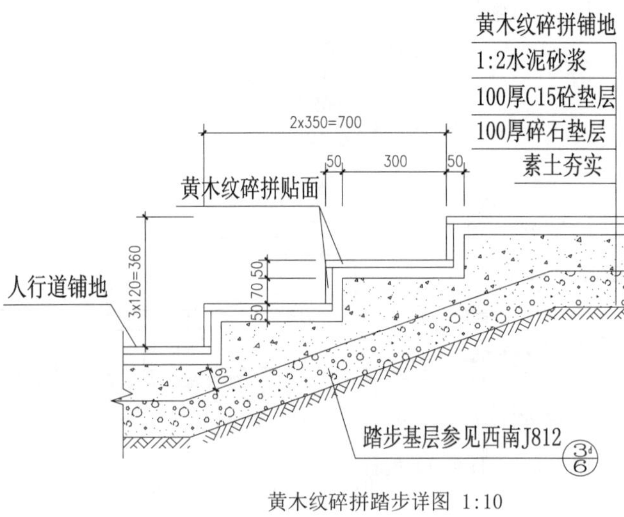

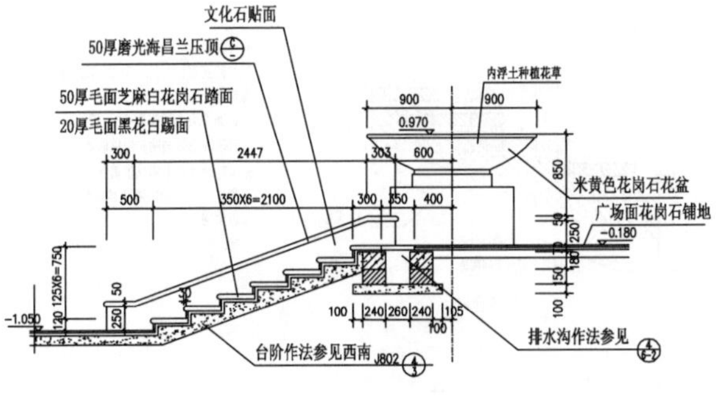

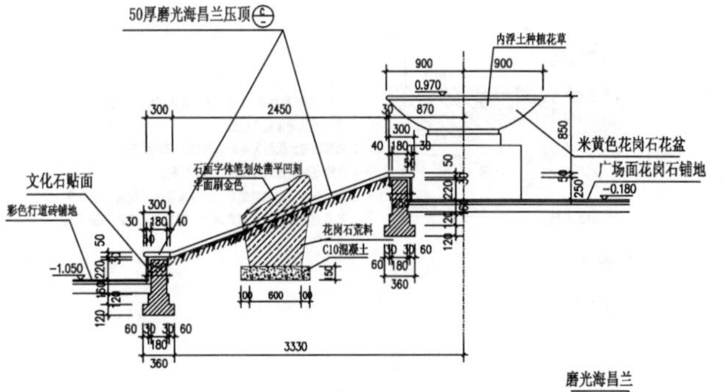

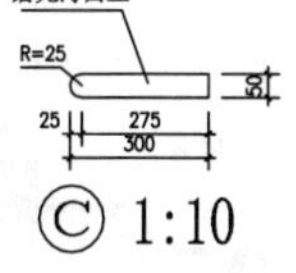

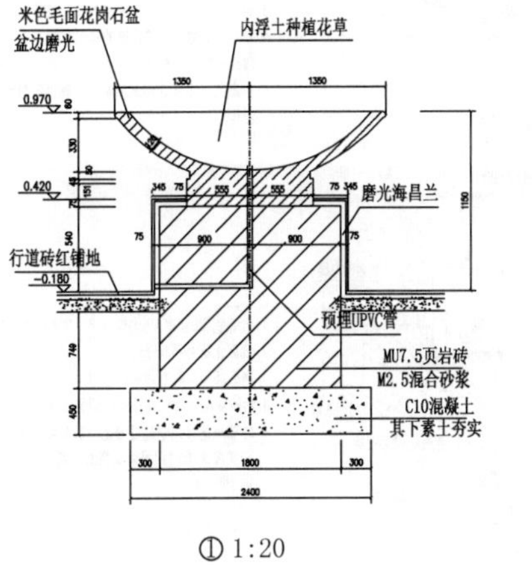

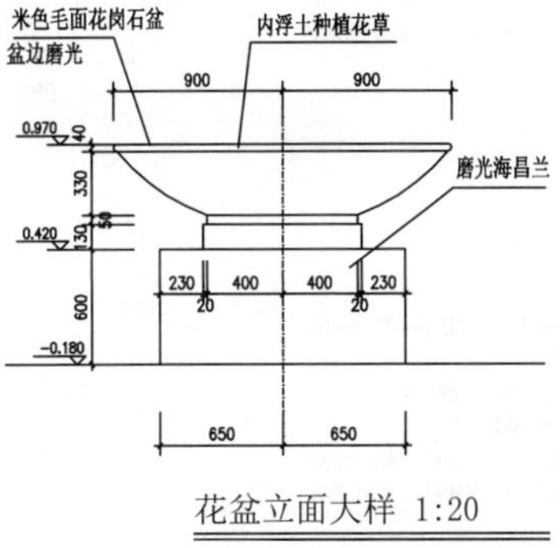

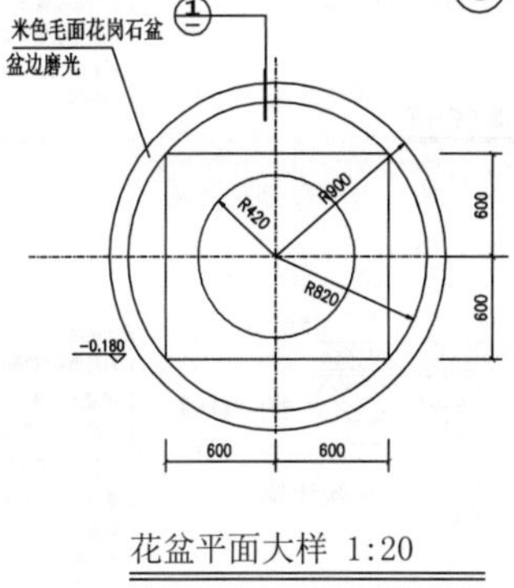

台阶坡道076

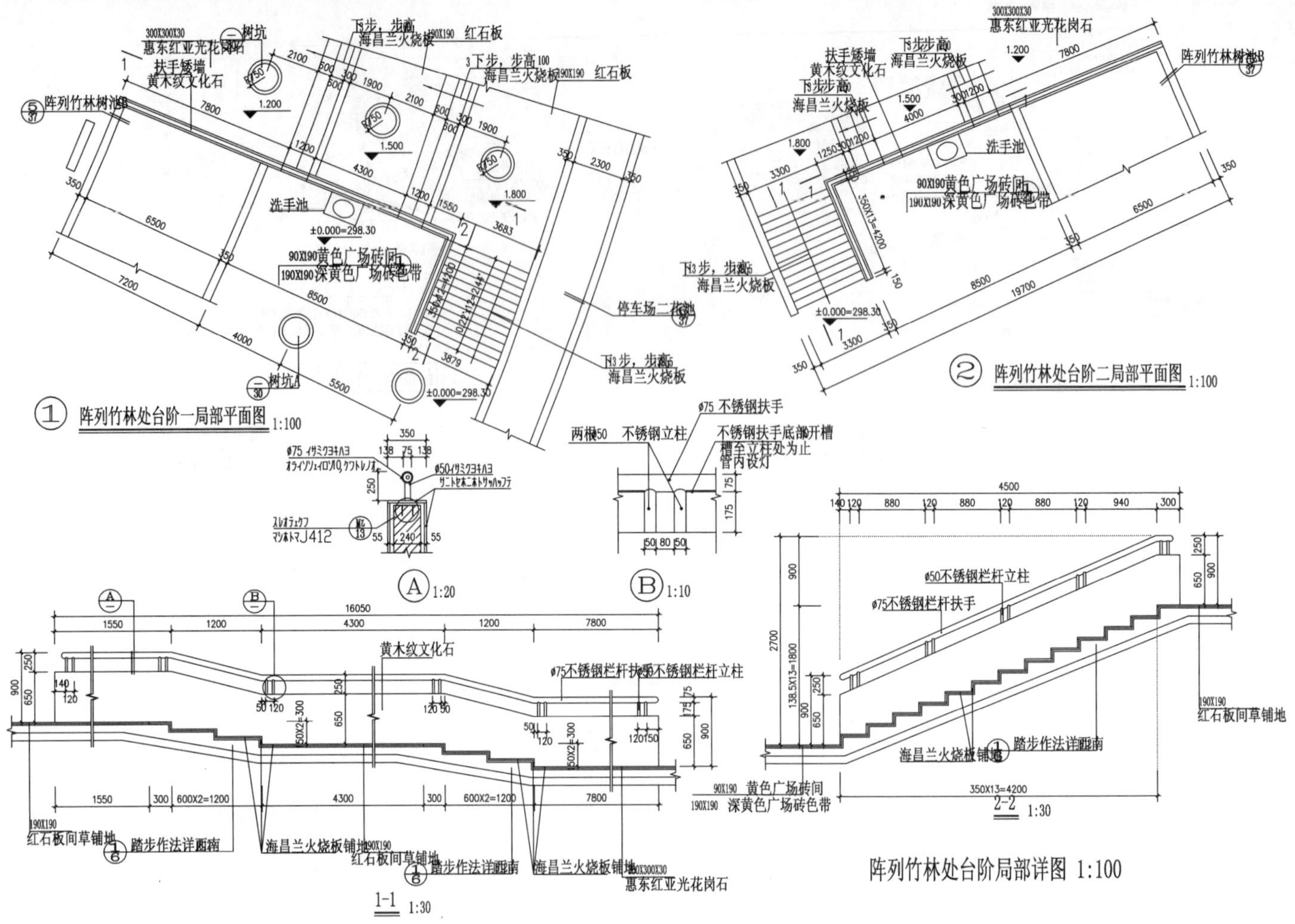

台阶坡道

① 阵列竹林处台阶一局部平面图 1:100

② 阵列竹林处台阶二局部平面图 1:100

Ⓐ 1:20　　Ⓑ 1:10

1-1 1:30

2-2 1:30

阵列竹林处台阶局部详图 1:100

台阶坡道077

料石台阶

设计说明:
1. 台阶宽度b和高度h由设计定,在本图中h=150, b=400。
2. 混凝土标号不低于C20。
3. 钢筋混凝土配筋为φ8~12@150~200双向。
4. 台阶底层做法同其连接的铺装结构。
5. 冻胀地区须用钢筋混凝土,非冻胀地区根据台阶长度和宽度大小确定用素混凝土、钢筋混凝土或与道路构造相同。

砌块砖台阶

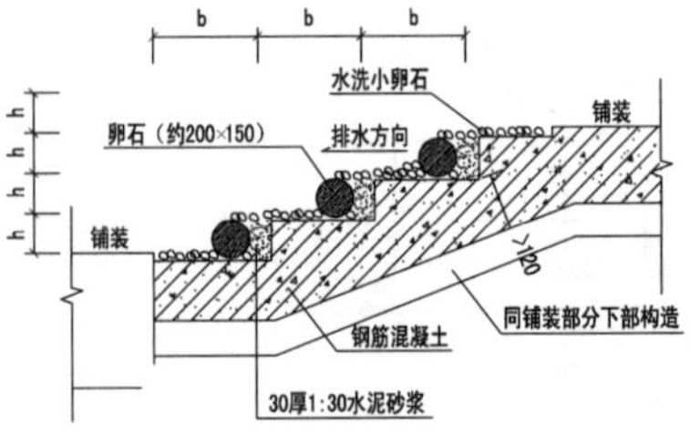

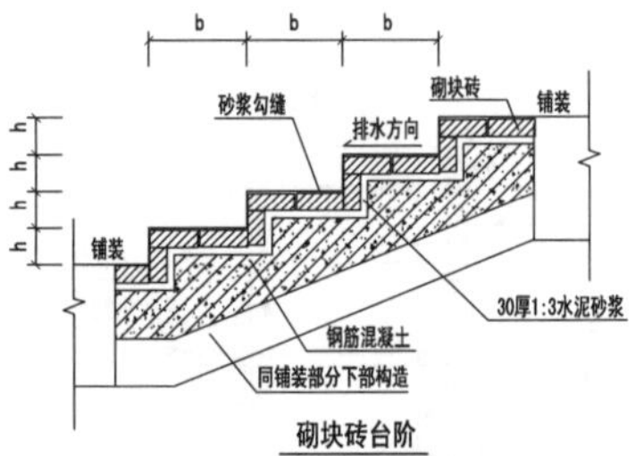

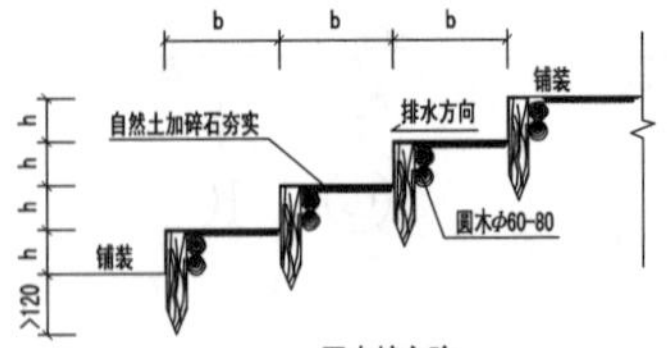

设计说明:
1. 台阶宽度b和高度h由设计定,在本图中h=150, b=400。
2. 混凝土标号不低于C20。
3. 钢筋混凝土配筋为φ8~12@150~200双向。
4. 台阶底层做法同其连接的铺装结构。
5. 冻胀地区须用钢筋混凝土,非冻胀地区根据台阶长度和宽度大小确定用素混凝土、钢筋混凝土或与道路构造相同。

圆木桩台阶

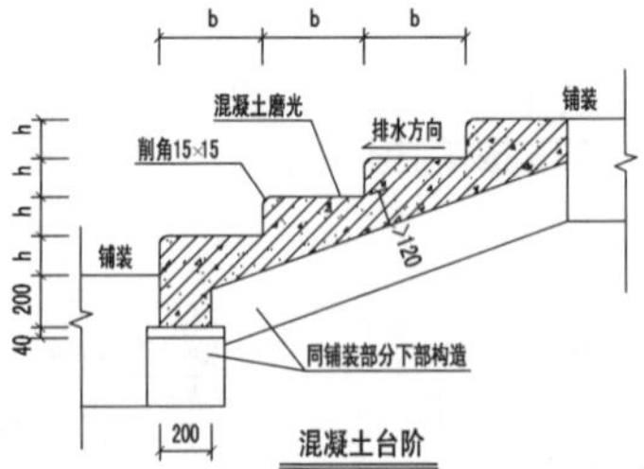

设计说明:
1. 台阶宽度b和高度h由设计定,在本图中h=150, b=400。
2. 混凝土标号不低于C20。
3. 钢筋混凝土配筋为φ8~12@150~200双向。
4. 台阶底层做法同其连接的铺装结构。
5. 冻胀地区须用钢筋混凝土,非冻胀地区根据台阶长度和宽度大小确定用素混凝土、钢筋混凝土或与道路构造相同。

混凝土台阶

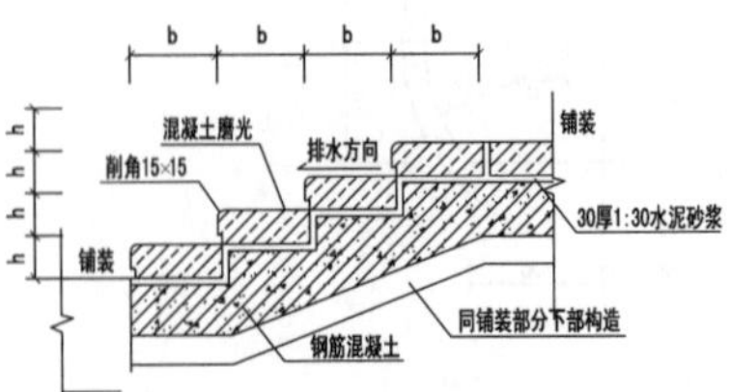

设计说明:
1. 台阶宽度b和高度h由设计定,在本图中h=150, b=400。
2. 混凝土标号不低于C20。
3. 钢筋混凝土配筋为φ8~12@150~200双向。
4. 台阶底层做法同其连接的铺装结构。
5. 冻胀地区须用钢筋混凝土,非冻胀地区根据台阶长度和宽度大小确定用素混凝土、钢筋混凝土或与道路构造相同。

料石台阶

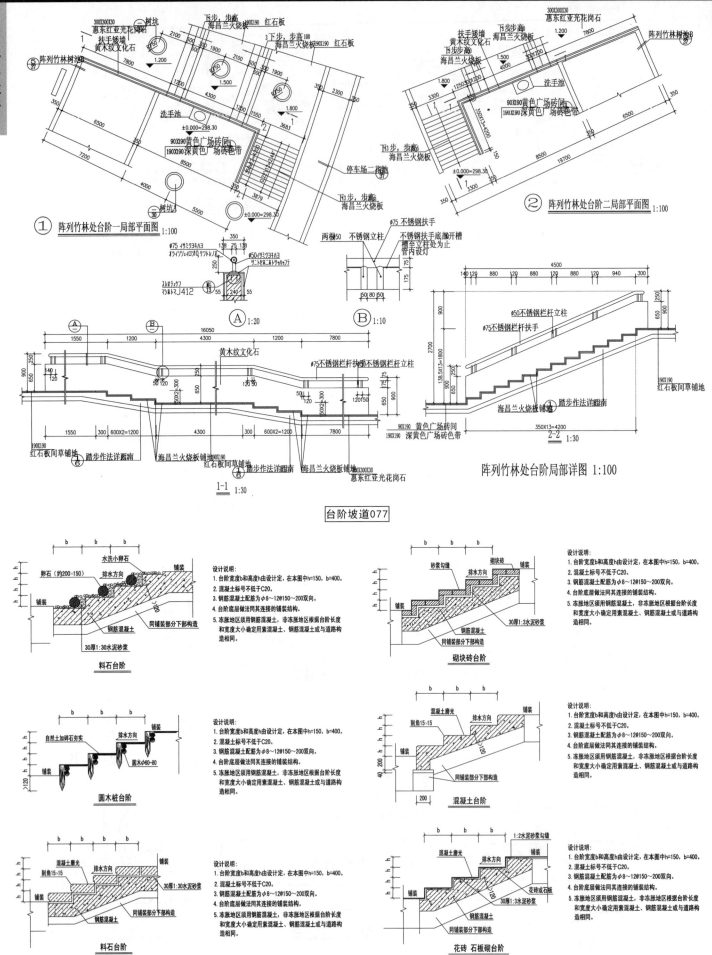

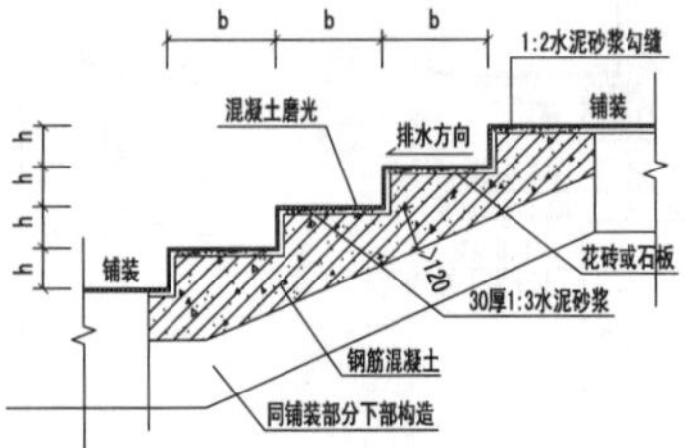

设计说明:
1. 台阶宽度b和高度h由设计定,在本图中h=150, b=400。
2. 混凝土标号不低于C20。
3. 钢筋混凝土配筋为φ8~12@150~200双向。
4. 台阶底层做法同其连接的铺装结构。
5. 冻胀地区须用钢筋混凝土,非冻胀地区根据台阶长度和宽度大小确定用素混凝土、钢筋混凝土或与道路构造相同。

花砖 石板砌台阶

设计说明:
1. 台阶宽度b和高度h由设计定,在本图中h=150, b=400。
2. 混凝土标号不低于C20。
3. 钢筋混凝土配筋为φ8~12@150~200双向。
4. 台阶底层做法同其连接的铺装结构。
5. 冻胀地区须用钢筋混凝土,非冻胀地区根据台阶长度和宽度大小确定用素混凝土、钢筋混凝土或与道路构造相同。

台阶坡道078

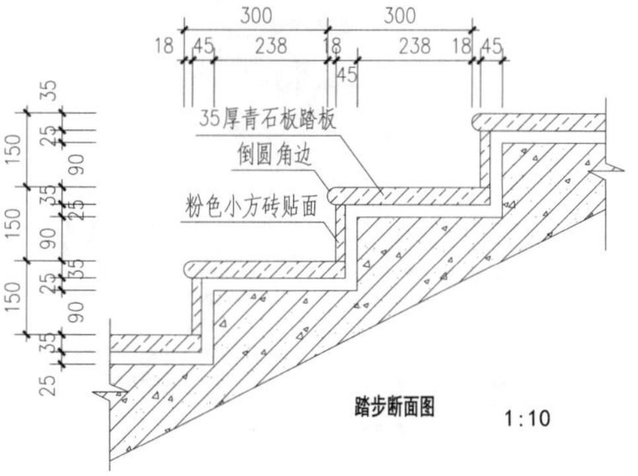

35厚青石板踏板
倒圆角边
粉色小方砖贴面
踏步断面图
1:10
台阶坡道079
1:2水泥砂浆灌缝,表面平整
40厚花岗岩石材
30厚干硬性水泥砂浆
50厚C20混凝土
150厚3:7灰土
素土夯实
240砖墙
台阶坡道080
20厚600宽暖棕斧劈面花岗岩,密缝
25厚1:3干硬性水泥砂浆,面上撒素水泥
100厚C10混凝土台阶(最薄处)
300厚三七灰土
素土夯实>92%
30厚390x600暖棕斧劈面花岗岩,密缝
铺装板材,详单项设计
(50厚100x200水泥砖)
100厚C10混凝土垫层(最薄处)
台阶断面详图1:20
台阶坡道081
台阶坡道082
20厚翡翠绿光面云石
下口用云石胶粘20X30翡翠绿云石线条
20厚芝麻白烧面云石
20厚芝麻白光面云石
20厚翡翠绿烧面云石(上下口倒圆边)
10厚1:1.5水泥砂浆结合层
20厚1:3水泥砂浆找平层
M5水泥砂浆砌MU7.5砖
100厚C10砼垫层
素土夯实
踢脚20厚翡翠绿光面云石
台阶及树池剖立面图
1:40
台阶坡道083
Φ5-7黄色洗米石面
刷素水泥浆一遍
40厚翡翠绿光面云石
台阶及溢水池剖立面图
1:40
台阶坡道084
50厚100x200水泥砖
25厚1:3干硬性水泥砂浆
80厚C10混凝土
100厚碎石垫层,灌25号混合砂浆
素土夯实
接园路
100X100成品广场砖护角
B-B
1:10
台阶坡道085
五莲红三遍剁斧石(六面机切暴露面剁斧)
20厚1:3水泥砂浆结合层
60厚C15素混凝土垫层
150厚地瓜石灌M2.5混合砂浆
素土夯实
崂山红锯切板环行铺装
五莲红机刨板环行铺装
台阶做法详图
台阶坡道086

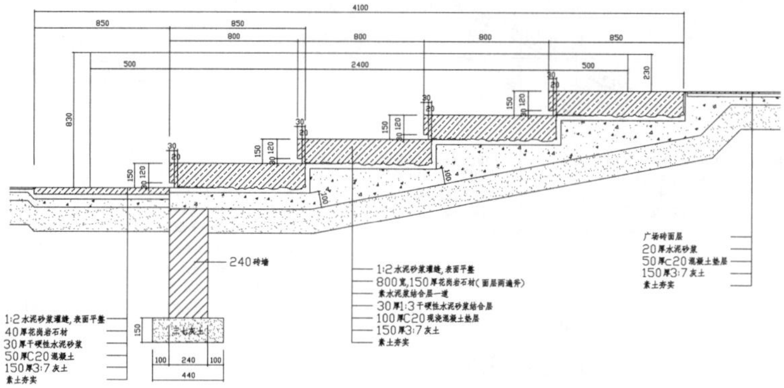

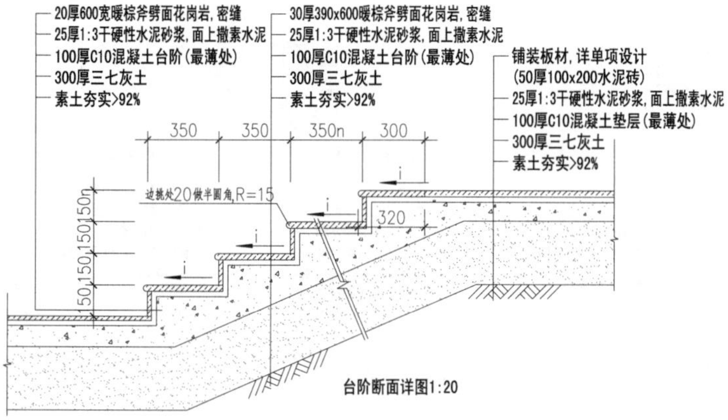

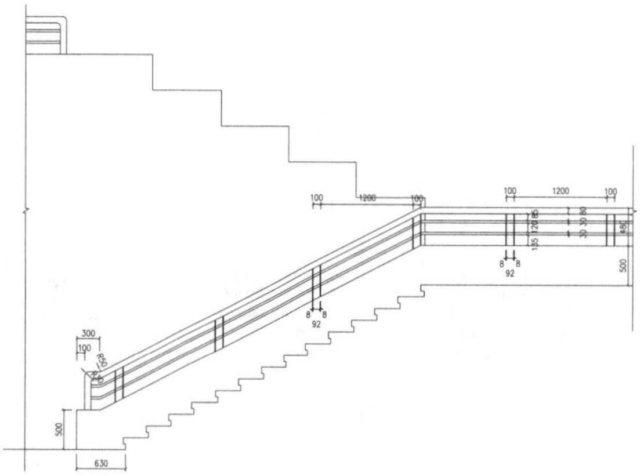

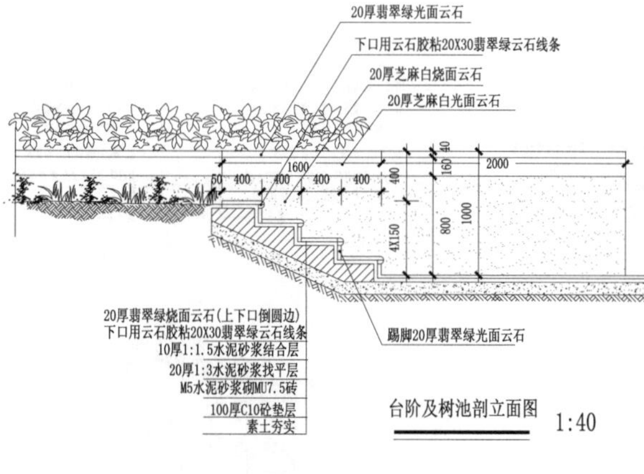

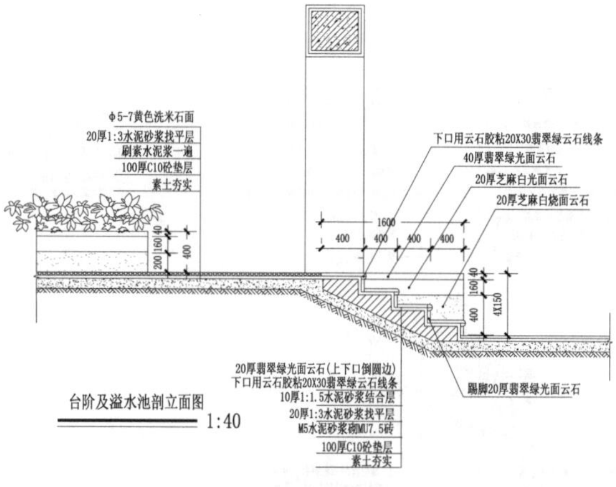

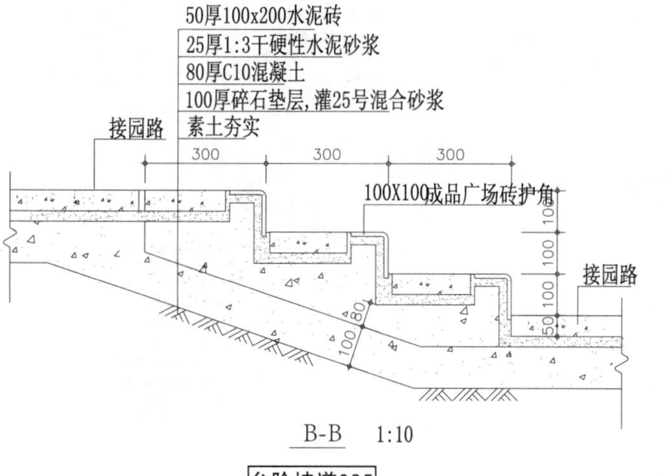

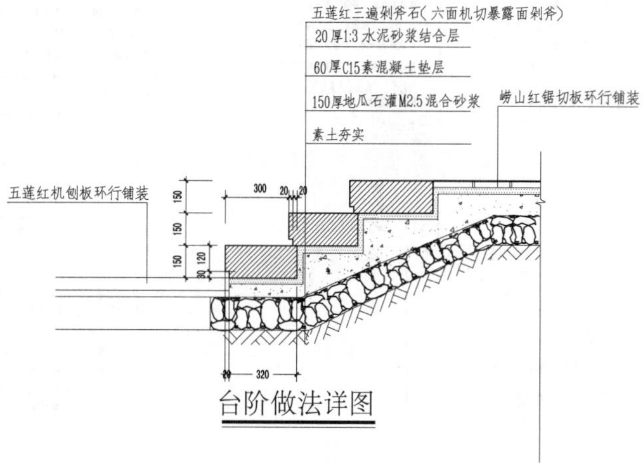

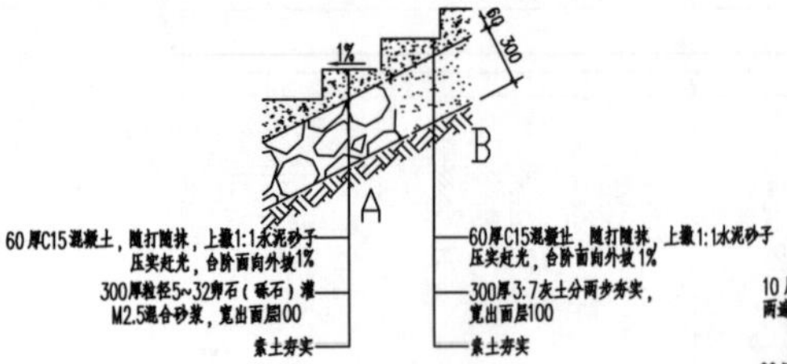
1%
60
300
A
B
60厚C15混凝土，随打随抹，上撒1:1水泥砂子压实赶光，台阶面向外坡1%
300厚粒径5~32卵石（砾石）灌M2.5混合砂浆，宽出面层00
素土夯实
60厚C15混凝土，随打随抹，上撒1:1水泥砂子压实赶光，台阶面向外坡1%
300厚3:7灰土分两步夯实，宽出面层100
素土夯实

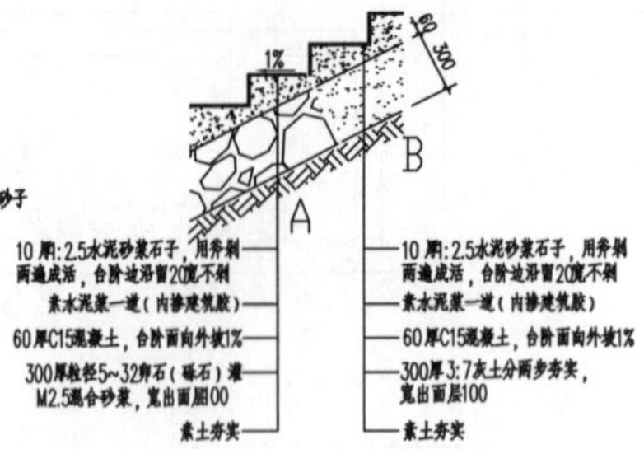
1%
60
300
A
B
10厚1:2.5水泥砂浆石子，用斧剁两遍成活，台阶边沿留20宽不剁
素水泥浆一道（内掺建筑胶）
60厚C15混凝土，台阶面向外坡1%
300厚粒径5~32卵石（砾石）灌M2.5混合砂浆，宽出面层00
素土夯实
10厚1:2.5水泥砂浆石子，用斧剁两遍成活，台阶边沿留20宽不剁
素水泥浆一道（内掺建筑胶）
60厚C15混凝土，台阶面向外坡1%
300厚3:7灰土分两步夯实，宽出面层100
素土夯实

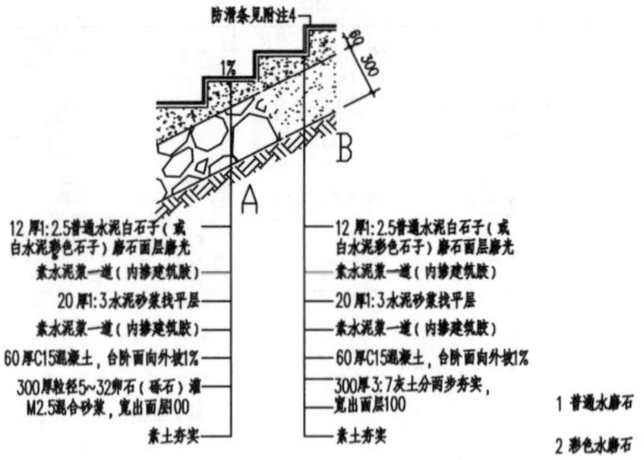
防滑条见附注4
1%
60
300
A
B
12厚1:2.5普通水泥白石子（或白水泥彩色石子）磨石面层磨光
素水泥浆一道（内掺建筑胶）
20厚1:3水泥砂浆找平层
素水泥浆一道（内掺建筑胶）
60厚C15混凝土，台阶面向外坡1%
300厚粒径5~32卵石（砾石）灌M2.5混合砂浆，宽出面层100
素土夯实
12厚1:2.5普通水泥白石子（或白水泥彩色石子）磨石面层磨光
素水泥浆一道（内掺建筑胶）
20厚1:3水泥砂浆找平层
素水泥浆一道（内掺建筑胶）
60厚C15混凝土，台阶面向外坡1%
300厚3:7灰土分两步夯实，宽出面层100
素土夯实
1 普通水磨石
2 彩色水磨石

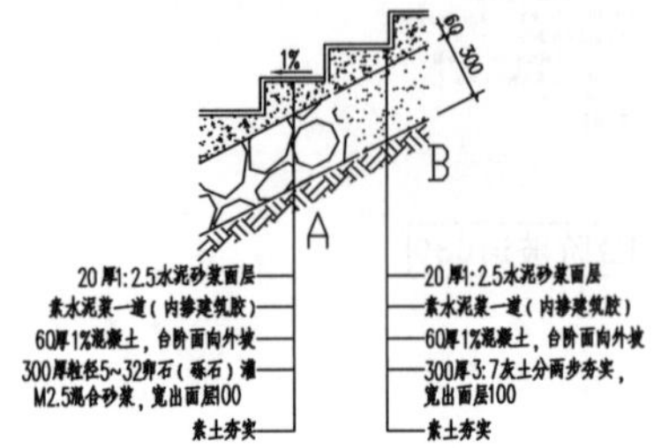
1%
60
300
A
B
20厚1:2.5水泥砂浆面层
素水泥浆一道（内掺建筑胶）
60厚1%混凝土，台阶面向外坡
300厚粒径5~32卵石（砾石）灌M2.5混合砂浆，宽出面层00
素土夯实
20厚1:2.5水泥砂浆面层
素水泥浆一道（内掺建筑胶）
60厚1%混凝土，台阶面向外坡
300厚3:7灰土分两步夯实，宽出面层100
素土夯实

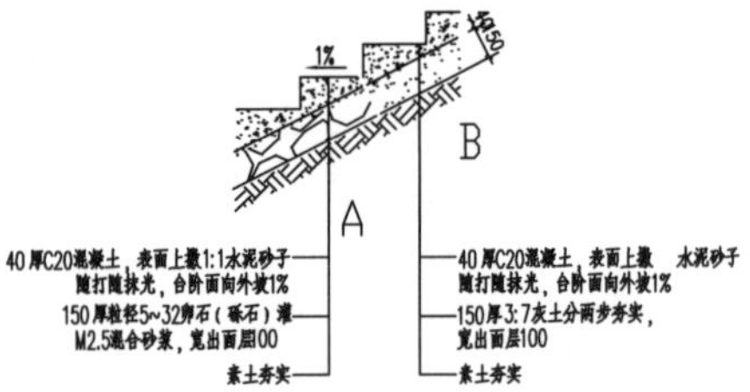
1%
40
150
A
B
40厚C20混凝土，表面上撒1:1水泥砂子随打随抹光，台阶面向外坡1%
150厚粒径5~32卵石（砾石）灌M2.5混合砂浆，宽出面层00
素土夯实
40厚C20混凝土，表面上撒 水泥砂子随打随抹光，台阶面向外坡1%
150厚3:7灰土分两步夯实，宽出面层100
素土夯实

简 图

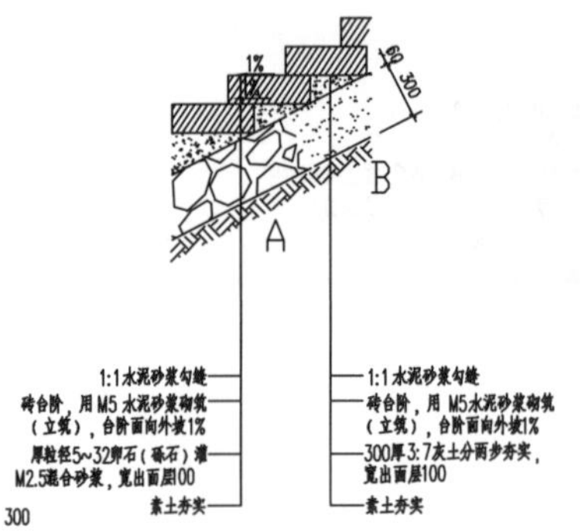
1%
60
300
A
B
1:1水泥砂浆勾缝
砖台阶，用M5水泥砂浆砌筑（立筑），台阶面向外坡1%
厚粒径5~32卵石（砾石）灌M2.5混合砂浆，宽出面层00
素土夯实
300
1:1水泥砂浆勾缝
砖台阶，用M5水泥砂浆砌筑（立筑），台阶面向外坡1%
300厚3:7灰土分两步夯实，宽出面层100
素土夯实

台 阶

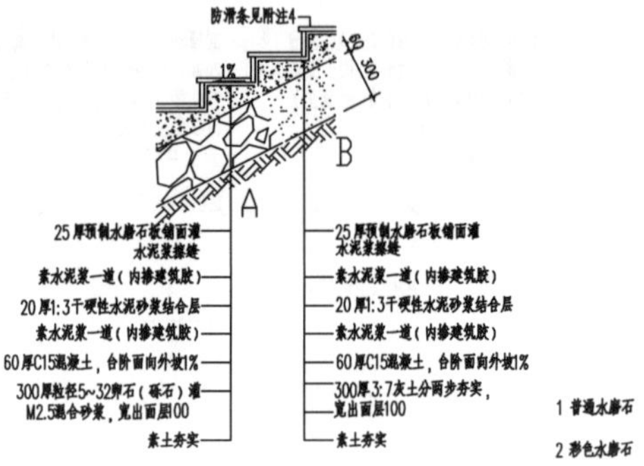
防滑条见附注4
1%
60
300
A
B
25厚预制水磨石板铺面灌水泥浆擦缝
素水泥浆一道（内掺建筑胶）
20厚1:3干硬性水泥砂浆结合层
素水泥浆一道（内掺建筑胶）
60厚C15混凝土，台阶面向外坡1%
300厚粒径5~32卵石（砾石）灌M2.5混合砂浆，宽出面层100
素土夯实
25厚预制水磨石板铺面灌水泥浆擦缝
素水泥浆一道（内掺建筑胶）
20厚1:3干硬性水泥砂浆结合层
素水泥浆一道（内掺建筑胶）
60厚C15混凝土，台阶面向外坡1%
300厚3:7灰土分两步夯实，宽出面层100
素土夯实
1 普通水磨石
2 彩色水磨石

台 阶

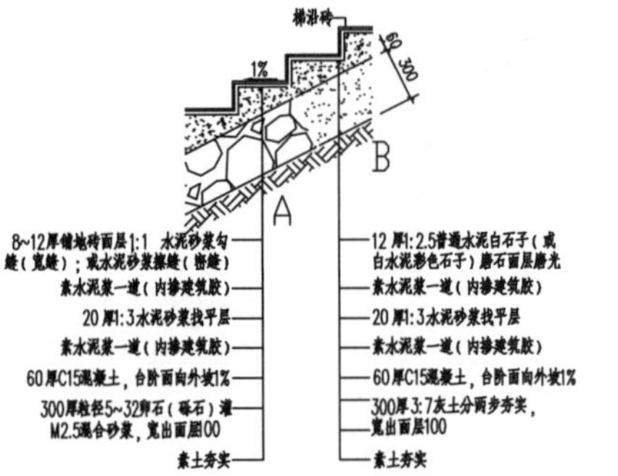
梯沿砖
1%
60
300
A
B
8~12厚铺地砖面层1:1 水泥砂浆勾缝（宽缝）；或水泥砂浆擦缝（密缝）
素水泥浆一道（内掺建筑胶）
20厚1:3水泥砂浆找平层
素水泥浆一道（内掺建筑胶）
60厚C15混凝土，台阶面向外坡1%
300厚粒径5~32卵石（砾石）灌M2.5混合砂浆，宽出面层00
素土夯实
12厚1:2.5普通水泥白石子（或白水泥彩色石子）磨石面层磨光
素水泥浆一道（内掺建筑胶）
20厚1:3水泥砂浆找平层
素水泥浆一道（内掺建筑胶）
60厚C15混凝土，台阶面向外坡1%
300厚3:7灰土分两步夯实，宽出面层100
素土夯实

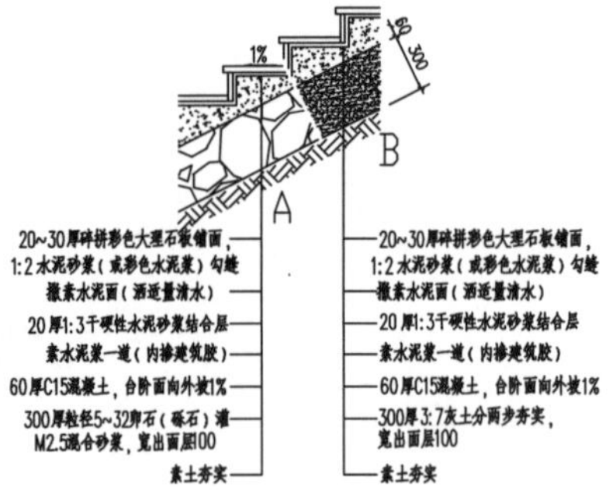
1%
60
300
A
B
20~30厚碎拼彩色大理石板铺面，1:2水泥砂浆（或彩色水泥浆）勾缝
撒素水泥面（洒适量清水）
20厚1:3干硬性水泥砂浆结合层
素水泥浆一道（内掺建筑胶）
60厚C15混凝土，台阶面向外坡1%
300厚粒径5~32卵石（砾石）灌M2.5混合砂浆，宽出面层100
素土夯实
20~30厚碎拼彩色大理石板铺面，1:2水泥砂浆（或彩色水泥浆）勾缝
撒素水泥面（洒适量清水）
20厚1:3干硬性水泥砂浆结合层
素水泥浆一道（内掺建筑胶）
60厚C15混凝土，台阶面向外坡1%
300厚3:7灰土分两步夯实，宽出面层100
素土夯实

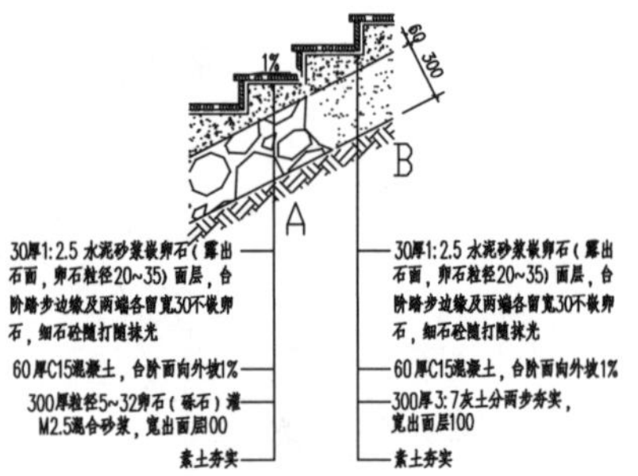
1%
60
300
A
B
30厚1:2.5水泥砂浆嵌卵石（露出石面，卵石粒径20~35）面层，台阶踏步边缘及两端各留宽30不嵌卵石，细石砼随打随抹光
60厚C15混凝土，台阶面向外坡1%
300厚粒径5~32卵石（砾石）灌M2.5混合砂浆，宽出面层00
素土夯实
30厚1:2.5水泥砂浆嵌卵石（露出石面，卵石粒径20~35）面层，台阶踏步边缘及两端各留宽30不嵌卵石，细石砼随打随抹光
60厚C15混凝土，台阶面向外坡1%
300厚3:7灰土分两步夯实，宽出面层100
素土夯实

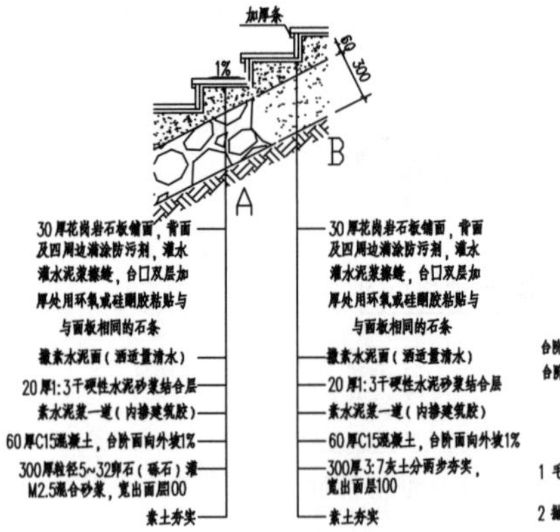
加厚条
1%
60
300
A
B
30厚花岗岩石板铺面，背面及四周边满涂防污剂，灌水灌水泥浆擦缝，台口双层加厚处用环氧或硅酮胶粘贴与与面板相同的石条
撒素水泥面（洒适量清水）
20厚1:3干硬性水泥砂浆结合层
素水泥浆一道（内掺建筑胶）
60厚C15混凝土，台阶面向外坡1%
300厚粒径5~32卵石（砾石）灌M2.5混合砂浆，宽出面层00
素土夯实
30厚花岗岩石板铺面，背面及四周边满涂防污剂，灌水灌水泥浆擦缝，台口双层加厚处用环氧或硅酮胶粘贴与与面板相同的石条
撒素水泥面（洒适量清水）
20厚1:3干硬性水泥砂浆结合层
素水泥浆一道（内掺建筑胶）
60厚C15混凝土，台阶面向外坡1%
300厚3:7灰土分两步夯实，宽出面层100
素土夯实

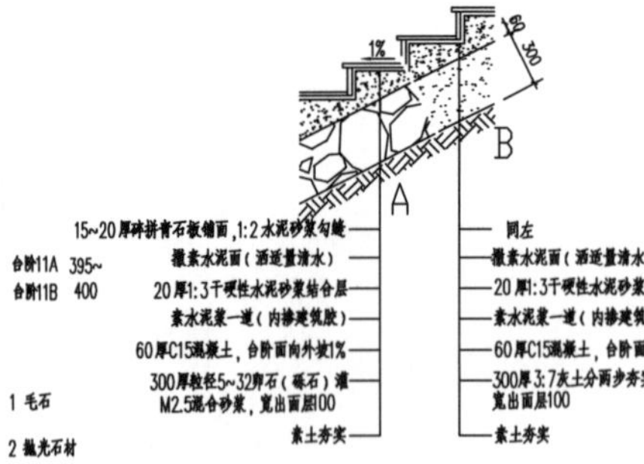
1%
60
300
A
B
15~20厚碎拼青石板铺面，1:2水泥砂浆勾缝
撒素水泥面（洒适量清水）
20厚1:3干硬性水泥砂浆结合层
素水泥浆一道（内掺建筑胶）
60厚C15混凝土，台阶面向外坡1%
300厚粒径5~32卵石（砾石）灌M2.5混合砂浆，宽出面层100
素土夯实
同左
撒素水泥面（洒适量清水）
20厚1:3干硬性水泥砂浆结合层
素水泥浆一道（内掺建筑胶）
60厚C15混凝土，台阶面向外坡1%
300厚3:7灰土分两步夯实，宽出面层100
素土夯实
台阶11A 395~
台阶11B 400
1 毛石
2 抛光石材

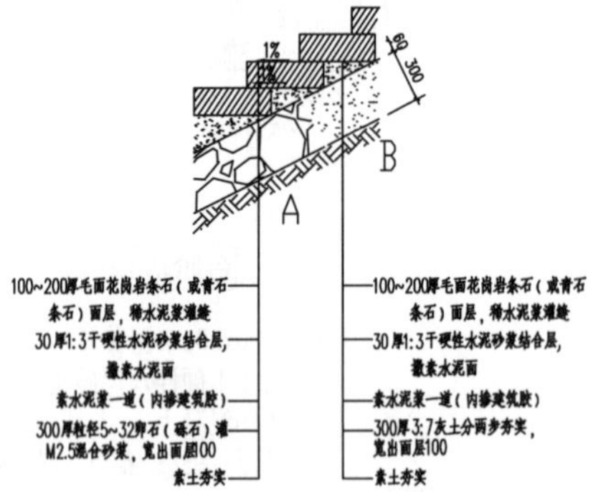
1%
60
300
A
B
100~200厚毛面花岗岩条石（或青石条石）面层，稀水泥浆灌缝
30厚1:3干硬性水泥砂浆结合层，撒素水泥面
素水泥浆一道（内掺建筑胶）
300厚粒径5~32卵石（砾石）灌M2.5混合砂浆，宽出面层00
素土夯实
100~200厚毛面花岗岩条石（或青石条石）面层，稀水泥浆灌缝
30厚1:3干硬性水泥砂浆结合层，撒素水泥面
素水泥浆一道（内掺建筑胶）
300厚3:7灰土分两步夯实，宽出面层100
素土夯实

1%
20厚1:2.5水泥砂浆面层
素水泥浆一道（内掺建筑胶）
H 厚C15现浇钢筋混凝土架空台阶（按工程设计）

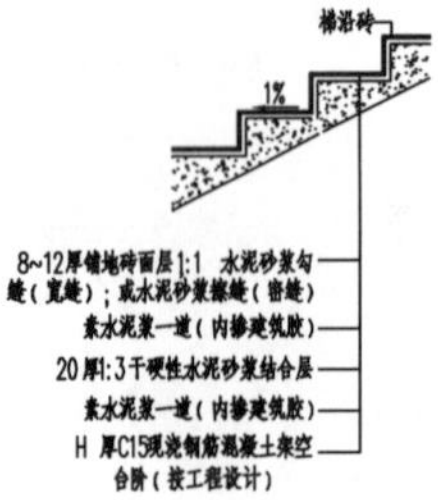
梯沿砖
1%
8~12厚铺地砖面层1:1 水泥砂浆勾缝（宽缝）；或水泥砂浆擦缝（密缝）
素水泥浆一道（内掺建筑胶）
20厚1:3干硬性水泥砂浆结合层
素水泥浆一道（内掺建筑胶）
H 厚C15现浇钢筋混凝土架空台阶（按工程设计）

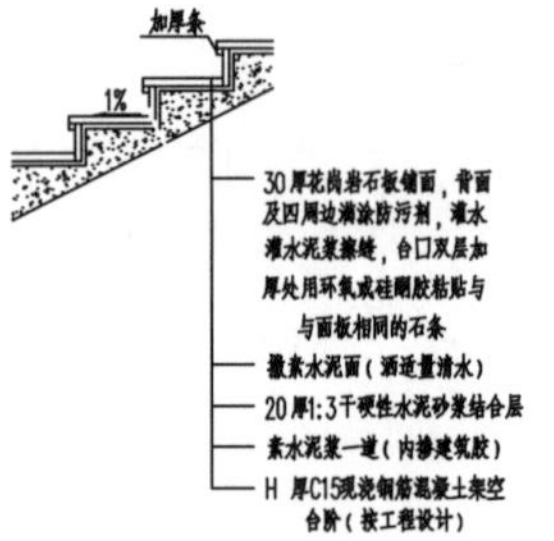
加厚条
1%
30厚花岗岩石板铺面，背面及四周边满涂防污剂，灌水灌水泥浆擦缝，台口双层加厚处用环氧或硅酮胶粘贴与与面板相同的石条
撒素水泥面（洒适量清水）
20厚1:3干硬性水泥砂浆结合层
素水泥浆一道（内掺建筑胶）
H 厚C15现浇钢筋混凝土架空台阶（按工程设计）

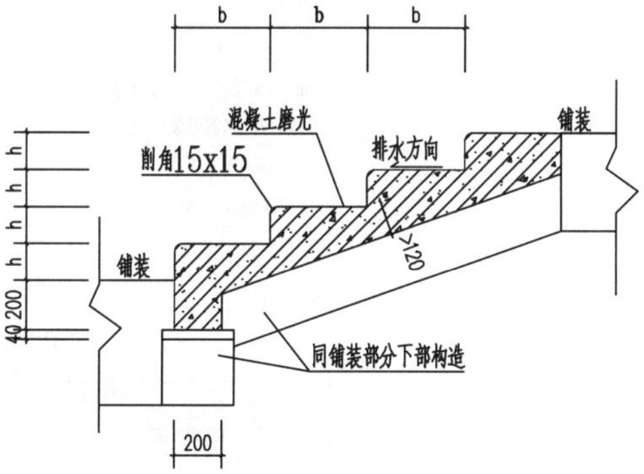

① 混凝土台阶 1:20

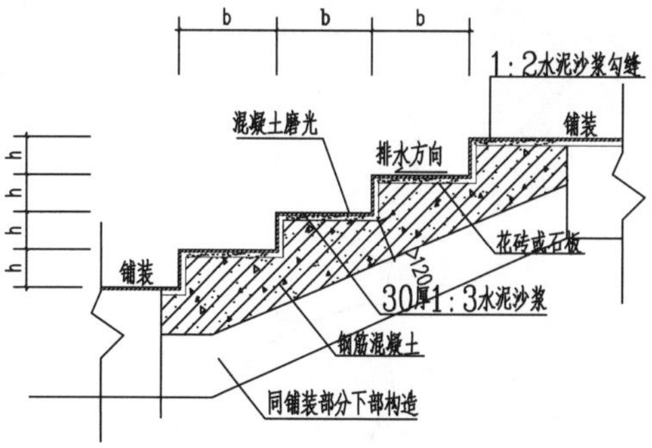

② 花砖 石板砌台阶 1:20

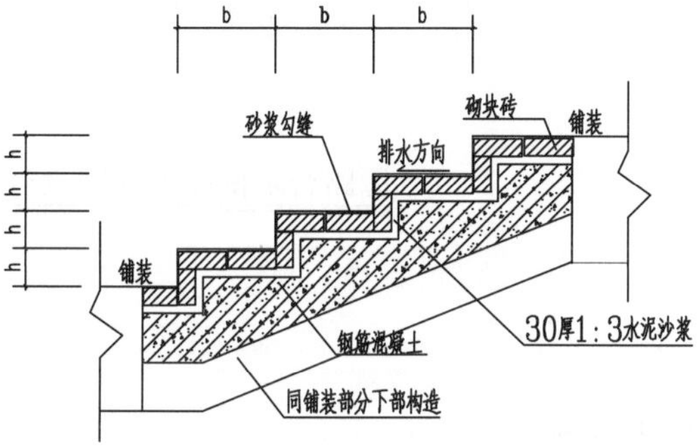

③ 砌块砖台阶 1:20

说明：

1、台阶宽度b和高度h由设计定，本图中h=150，b=400

2、混凝土标号不低于c20

3、钢筋混凝土配筋为Ø8-12@150-200双向。

4、台阶底层做法同其连接的铺装结构。

5、冻胀地区须用钢筋混凝土，非冻胀地区根据台阶长度和宽度大小确定用素混凝土、钢筋混凝土或与道路构造相同。

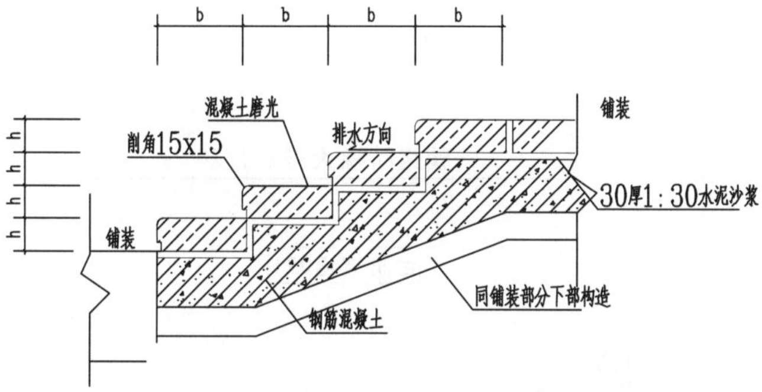

① 料石台阶 1:20

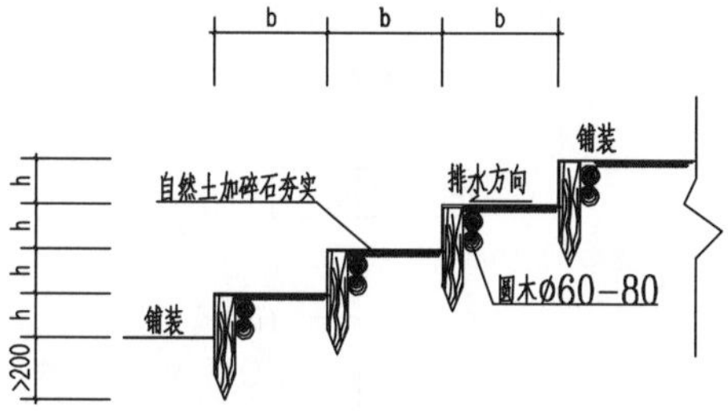

② 圆木桩台阶 1:20

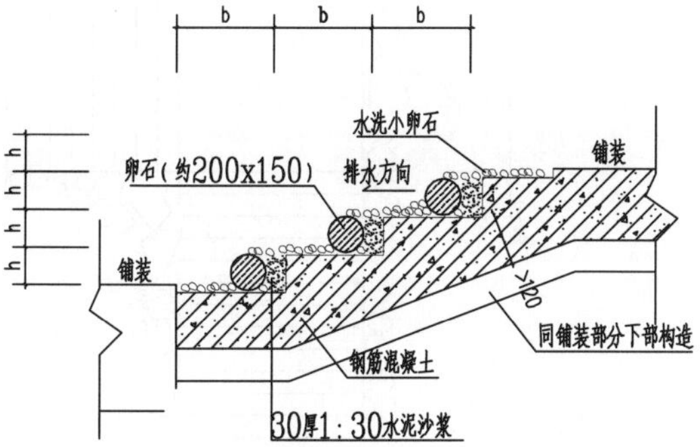

① 料石台阶 1:20

说明：

1、台阶宽度b和高度h由设计定，本图中h=150，b=400

2、混凝土标号不低于c20

3、钢筋混凝土配筋为Ø8-12@150-200双向。

4、台阶底层做法同其连接的铺装结构。

5、冻胀地区须用钢筋混凝土，非冻胀地区根据台阶长度和宽度大小确定用素混凝土、钢筋混凝土或与道路构造相同。

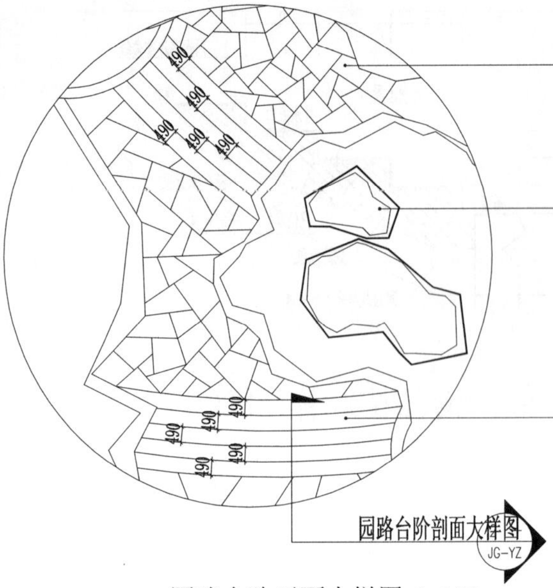

花岗岩斜边碎拼铺装

景石点缀

机刨面青石条台阶

园路台阶剖面大样图
JG-YZ

园路台阶平面大样图 1:150

350×150厚青石条踏面机剖
30厚1:2.5水泥砂浆结合层
80厚C15混凝土垫层
100厚级配砂石垫层
150厚3:7灰土夯实
素土夯实

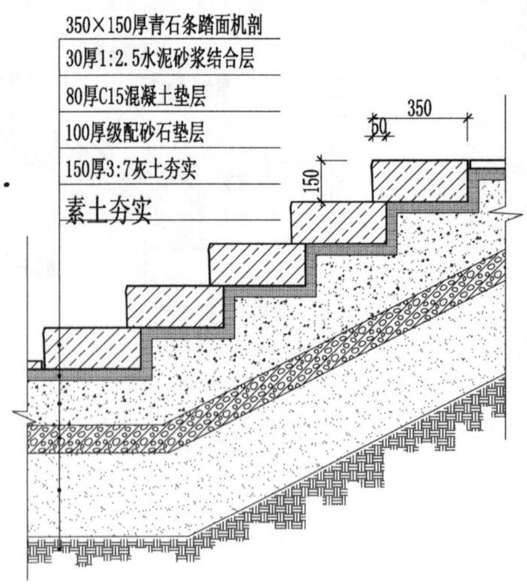

园路台阶剖面大样图 1:10

台阶坡道089

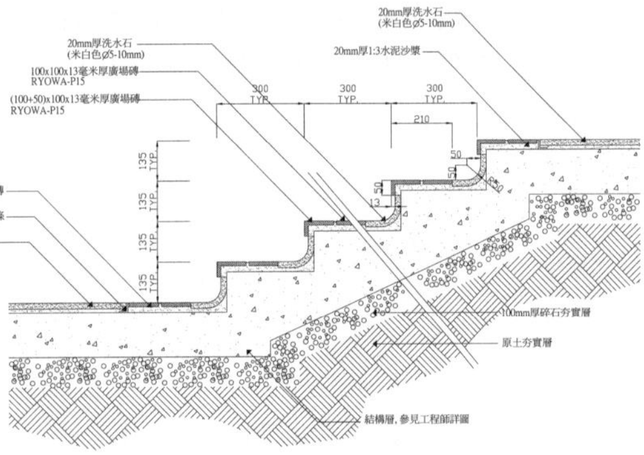

台阶坡道090

园路阶梯大样 1/20

60厚彩色水泥砖
40厚粗砂垫层
100厚C15混凝土
素土夯实,压实度>90%

40厚1:3水泥砂浆

台阶坡道091

石　板
30厚1:3水泥砂浆
120厚C15混凝土
土基（夯实）

水泥砂浆扫缝

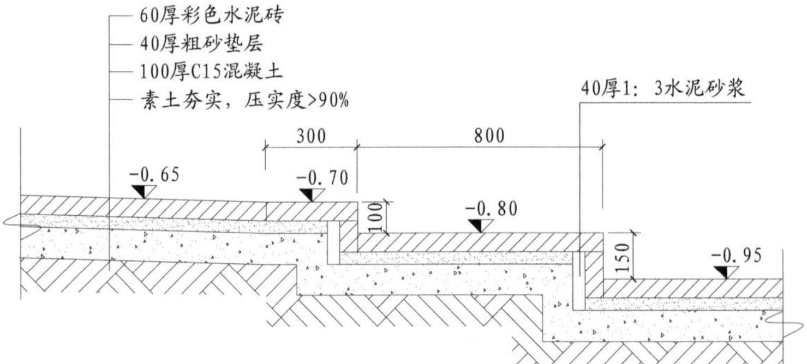

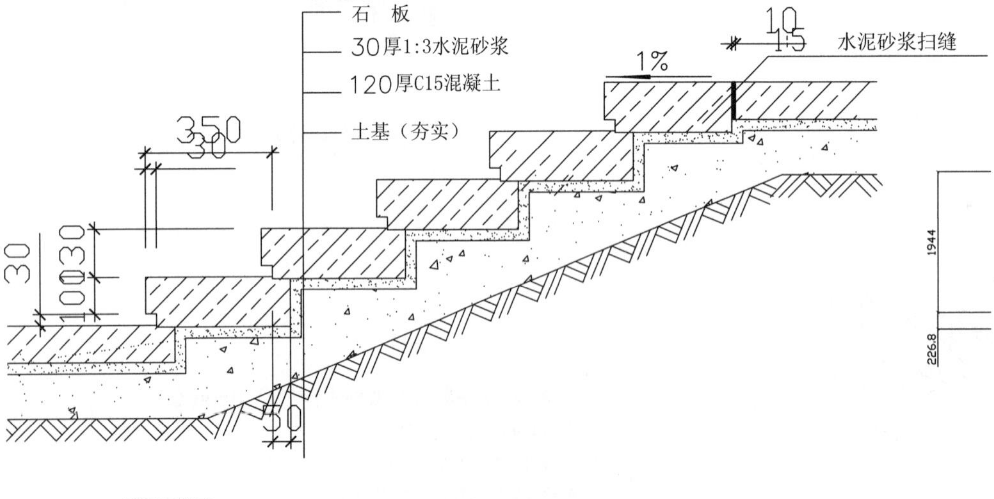

断面图

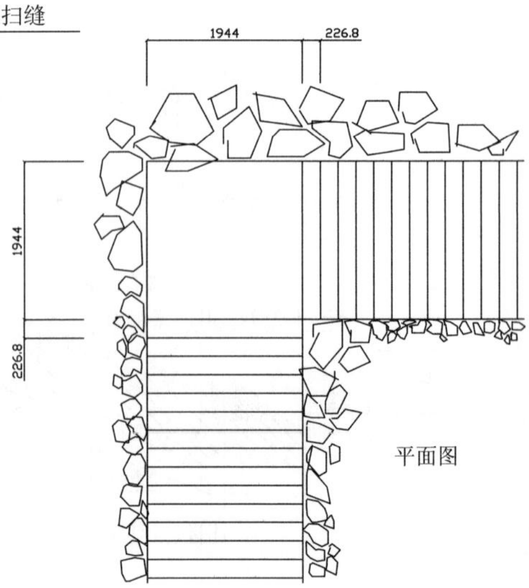

平面图

台阶坡道092

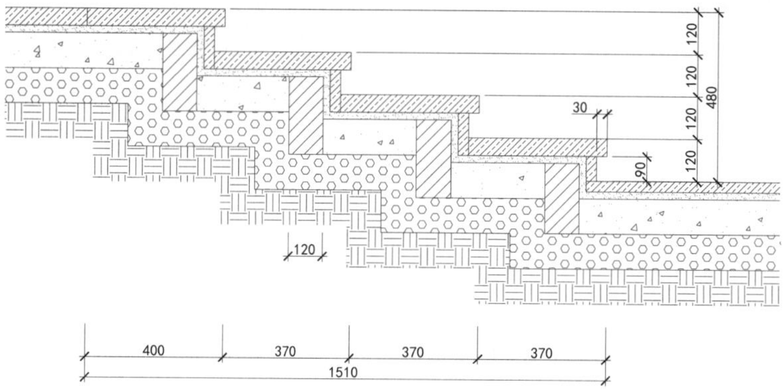

台阶坡道093

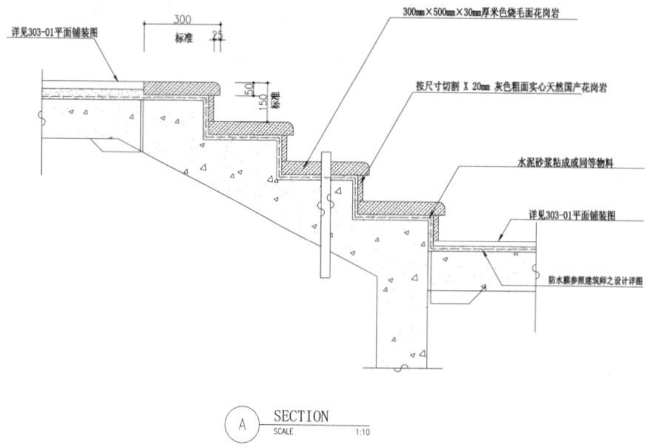

台阶坡道094

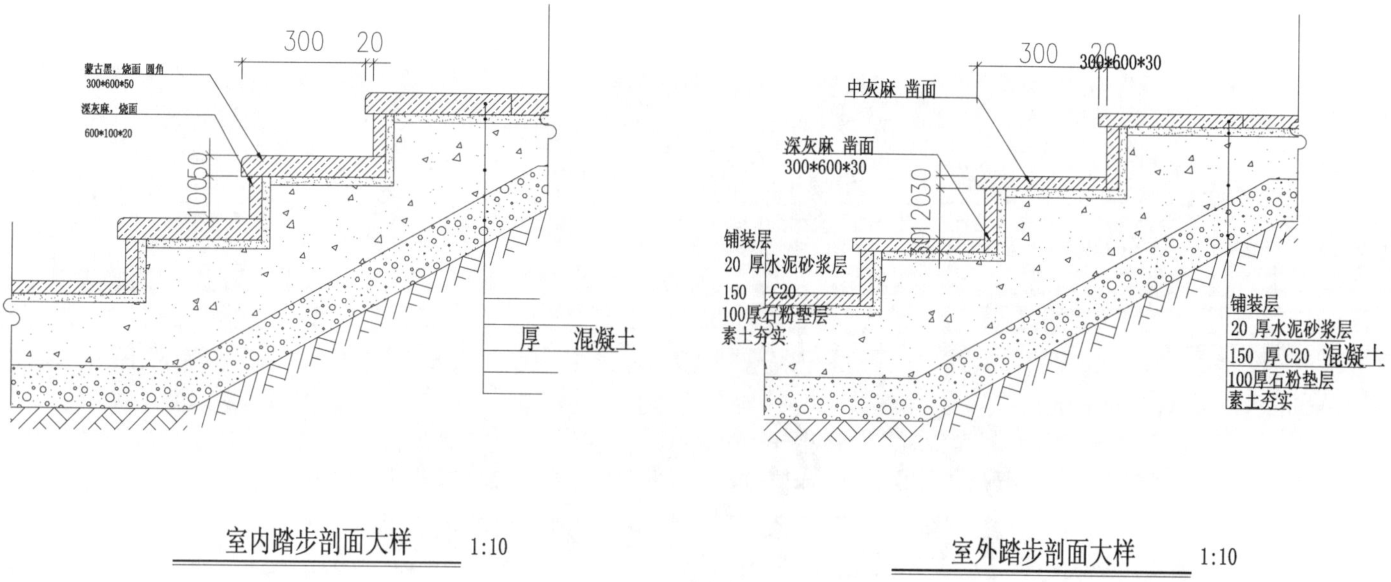

台阶坡道095

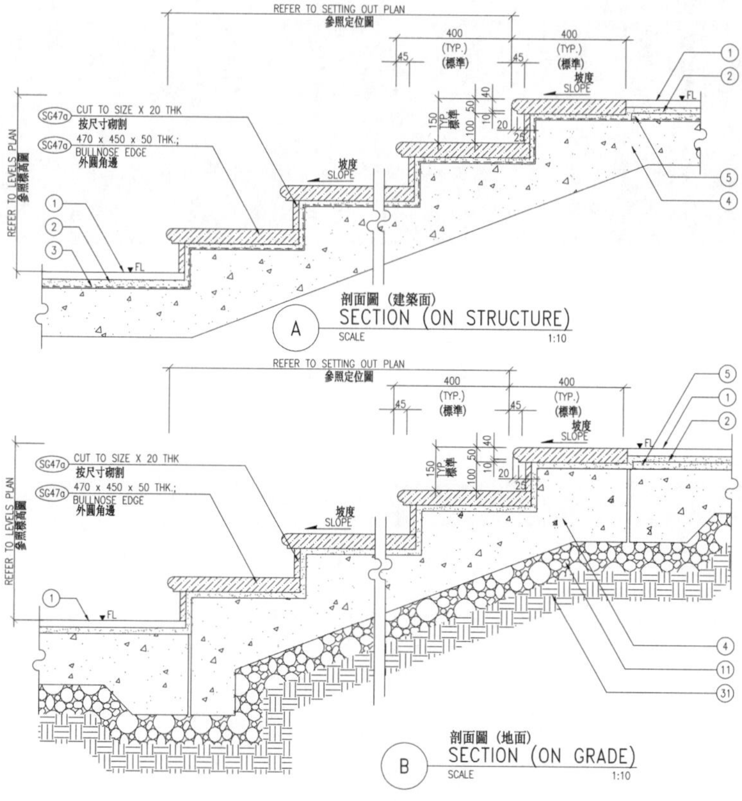

台阶坡道096

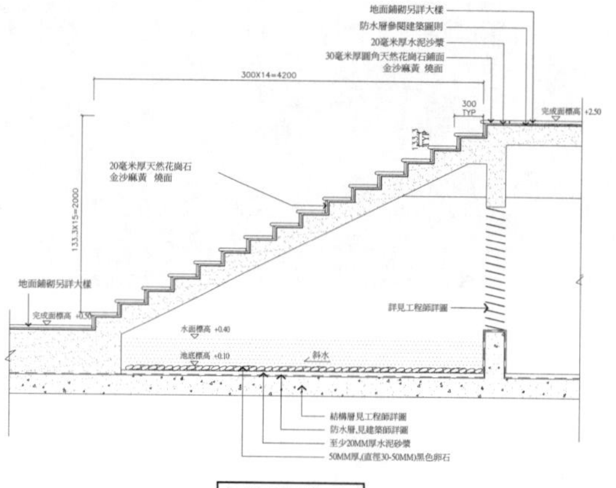

台阶坡道097

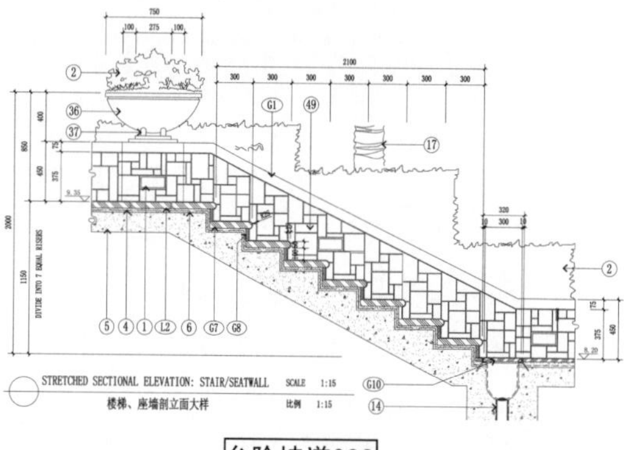

台阶坡道098

停车场地

PARKING

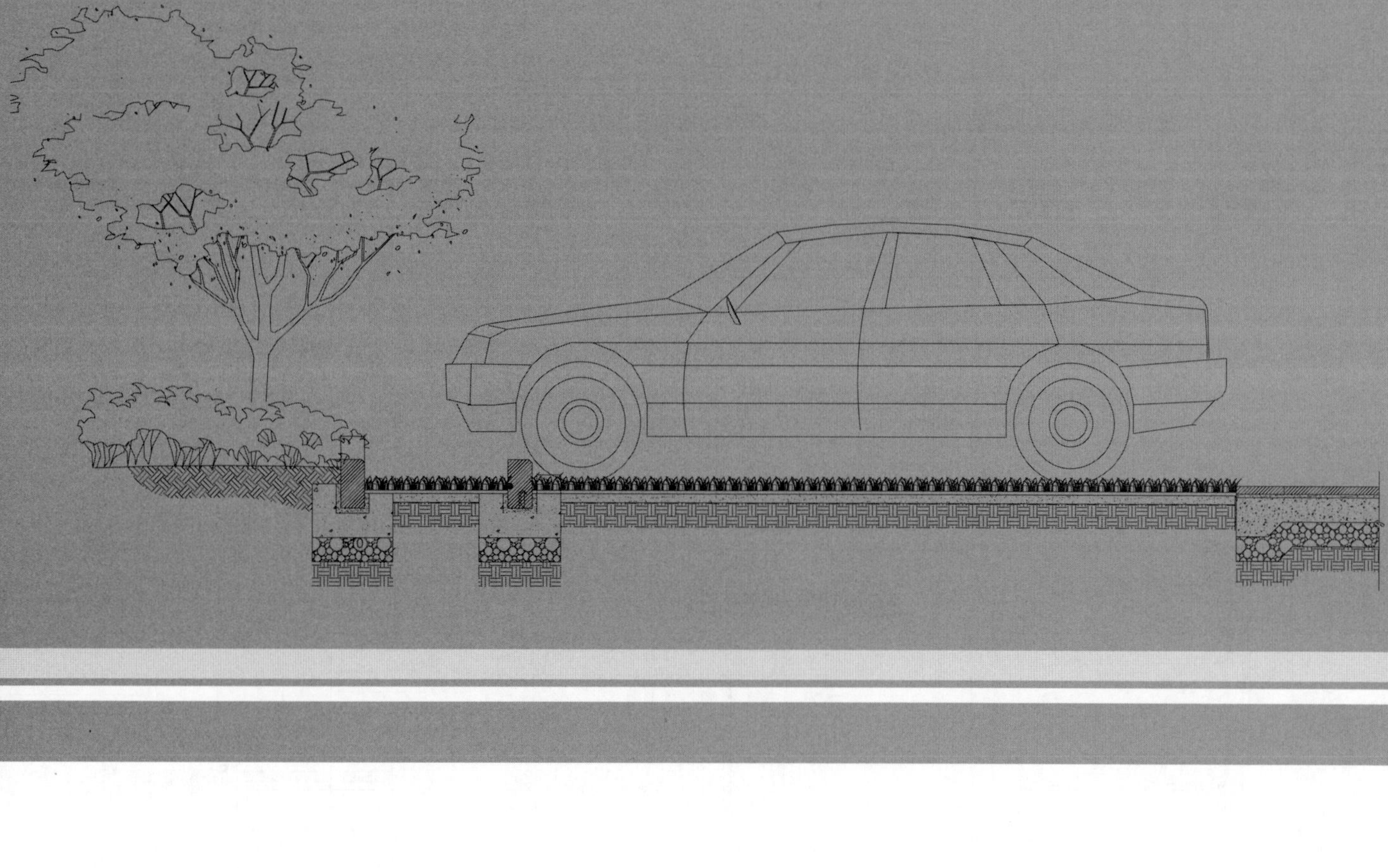

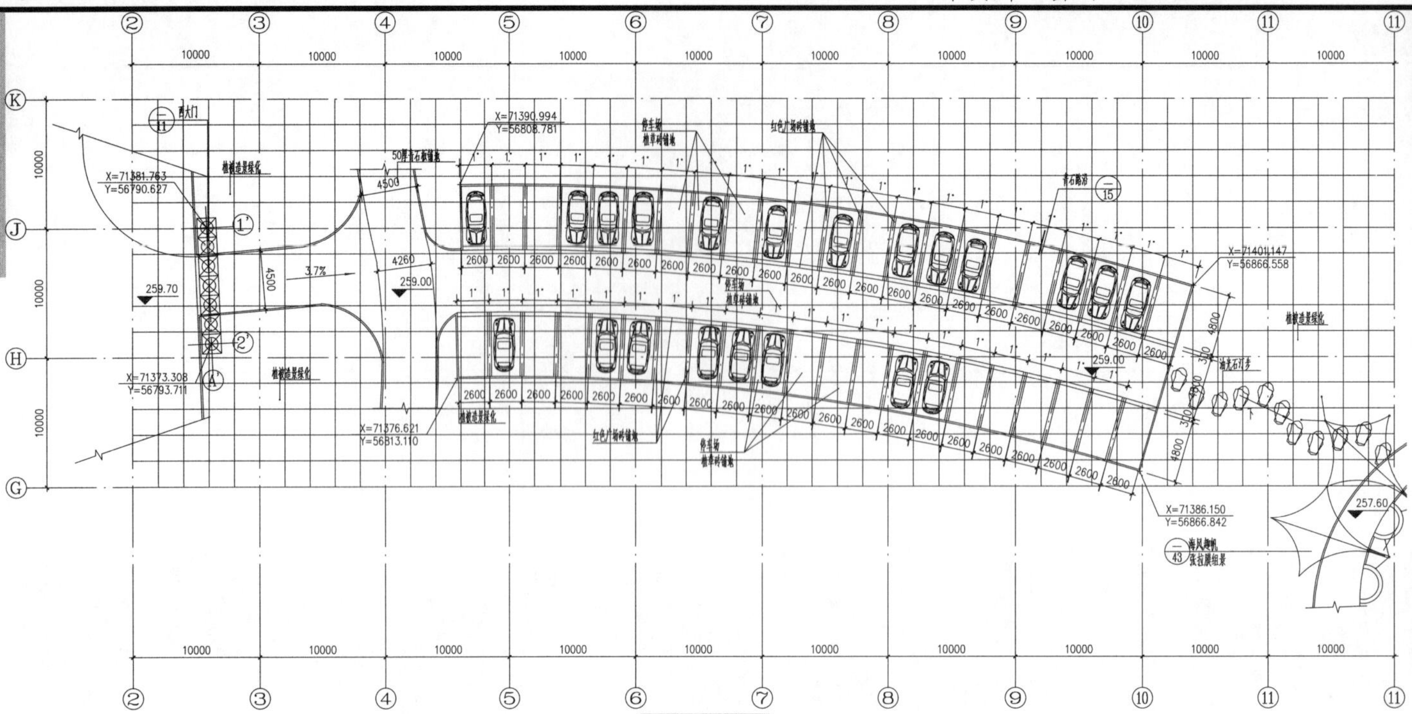

停车场区域平面定位图 1:200

停车场地001

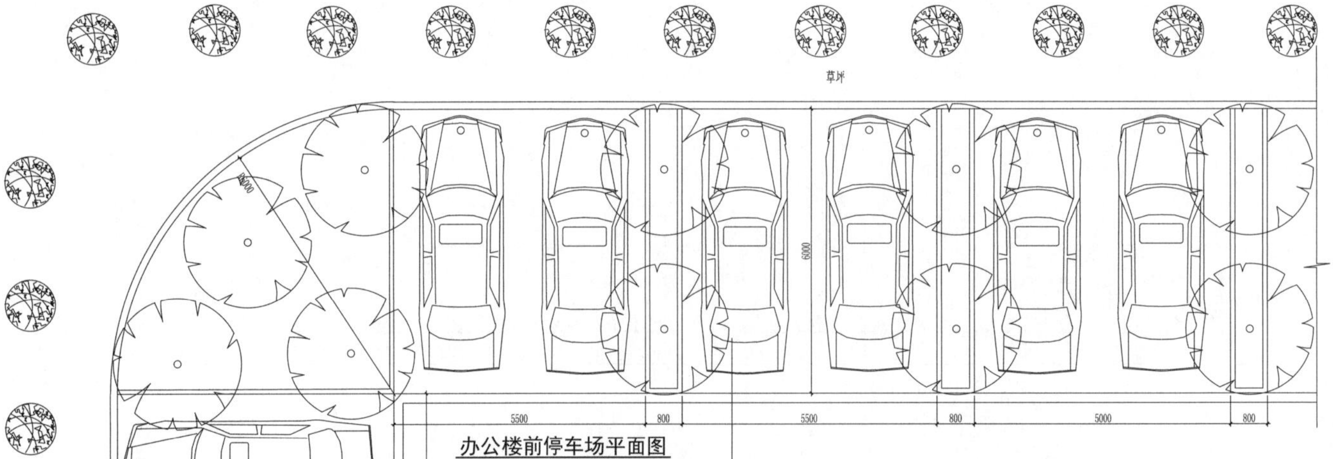

办公楼前停车场平面图

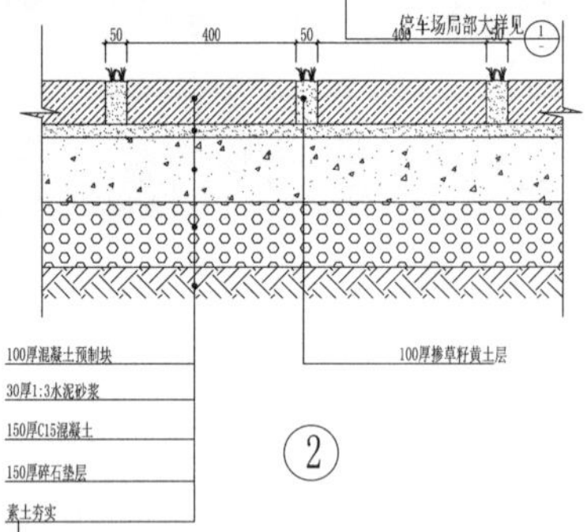
停车场局部大样见
100厚混凝土预制块
30厚1:3水泥砂浆
150厚C15混凝土
150厚碎石垫层
素土夯实
100厚掺草籽黄土层

②

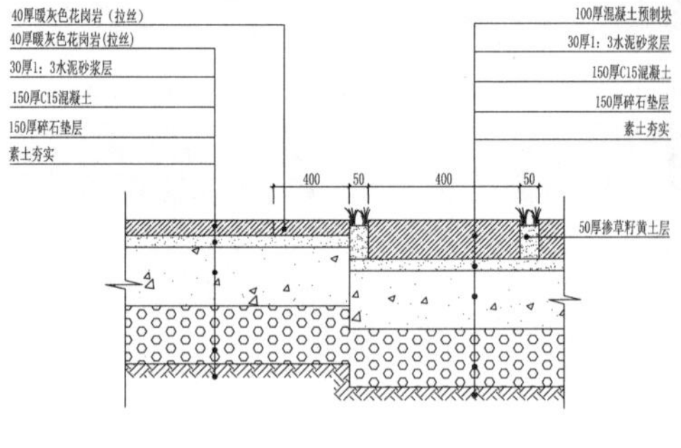
40厚浅灰色花岗岩(拉丝)
30厚1:3水泥砂浆层
150厚C15混凝土
150厚碎石垫层
素土夯实
100厚混凝土预制块
30厚1:3水泥砂浆层
150厚混凝土
150厚碎石垫层
素土夯实
50厚掺草籽黄土层

④

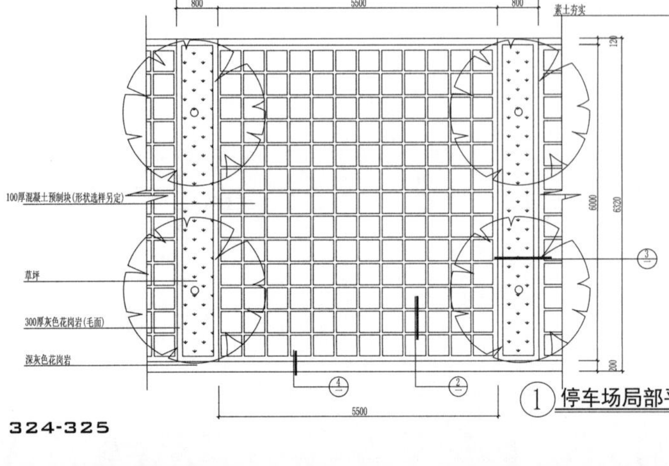

① 停车场局部平面图

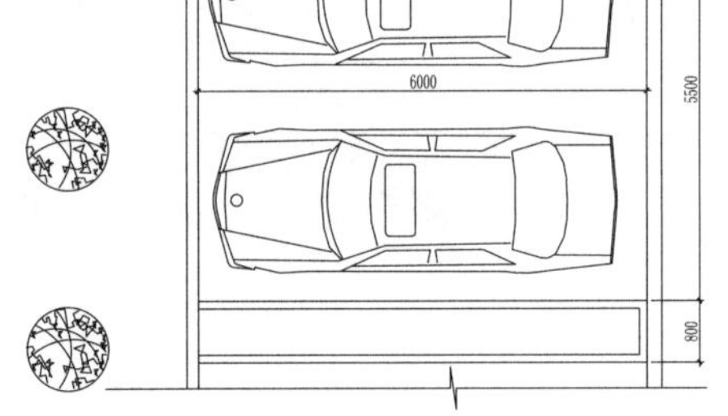

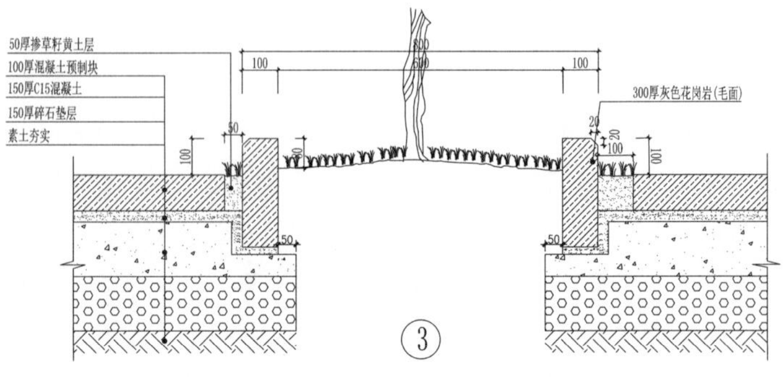
50厚掺草籽黄土层
100厚混凝土预制块
150厚C15混凝土
150厚碎石垫层
素土夯实
300厚灰色花岗岩(毛面)
100

③

停车场地002

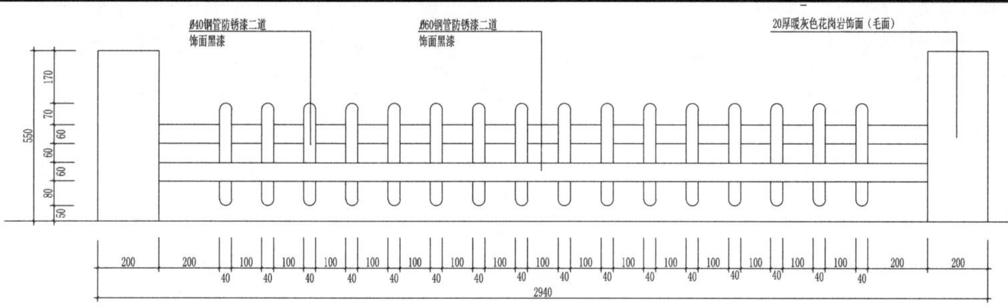

自行车架立面详图

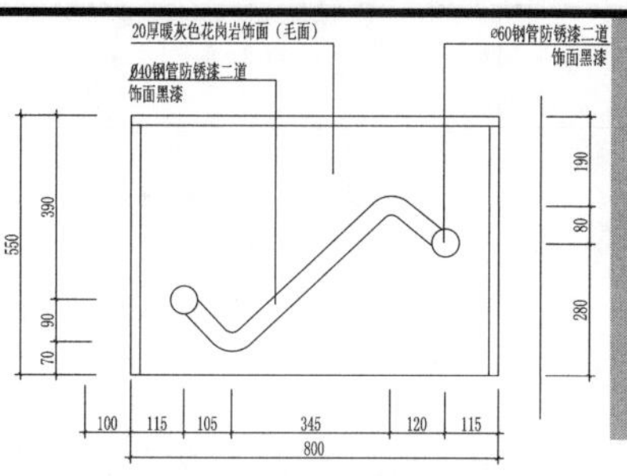

自行车架剖面详图

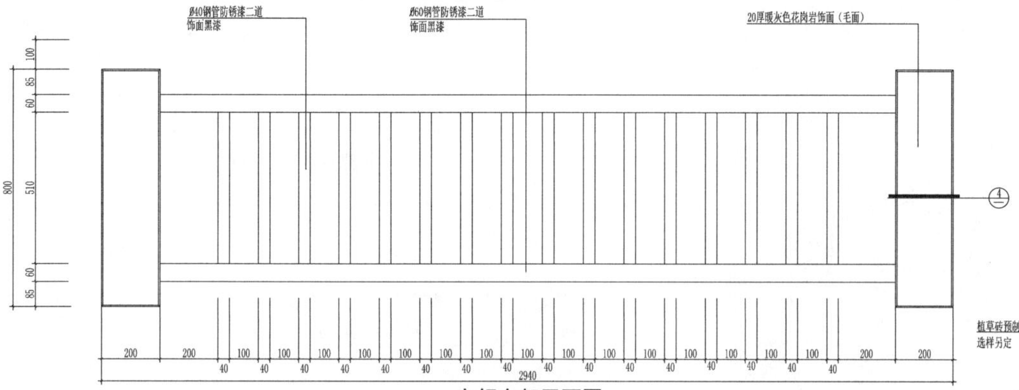

自行车架平面图

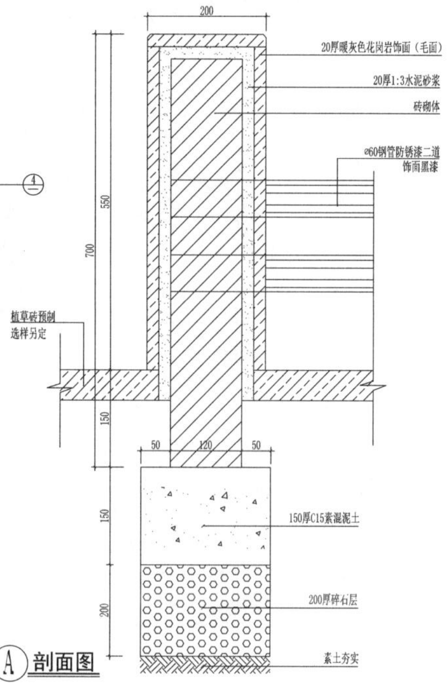

A 剖面图

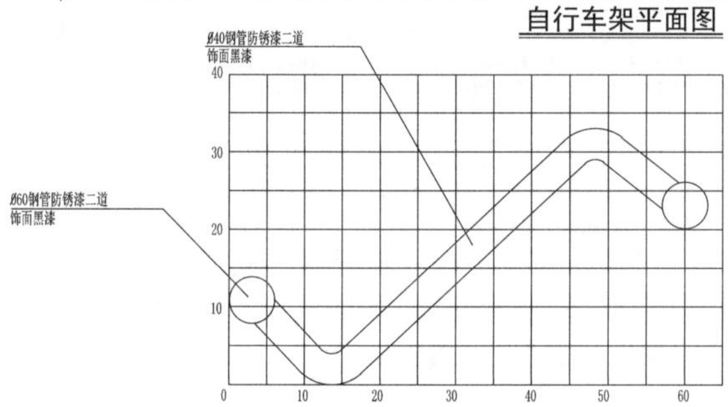

横档放样图

停车场地003

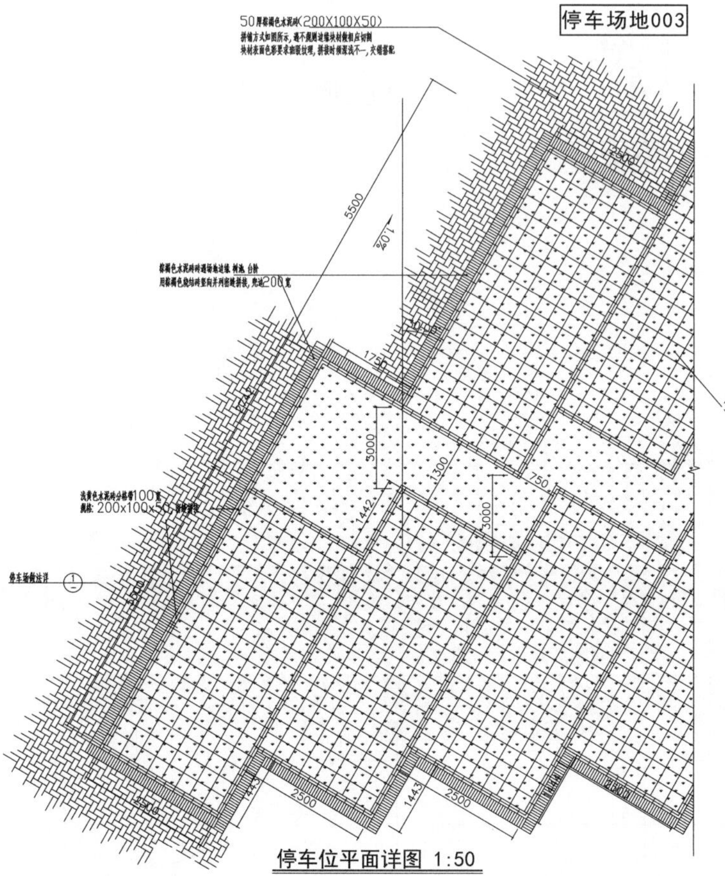

停车位平面详图 1:50

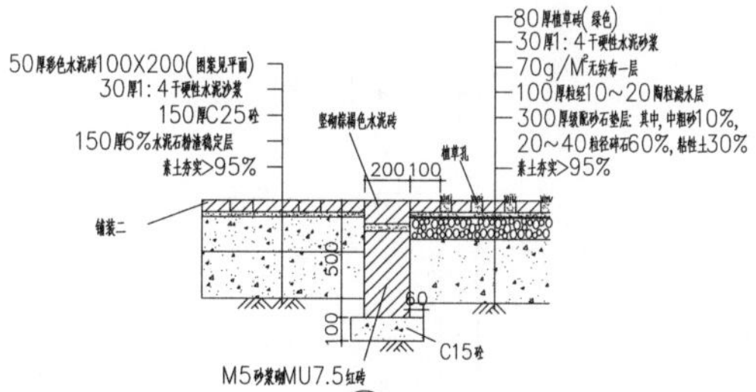

1 1:20

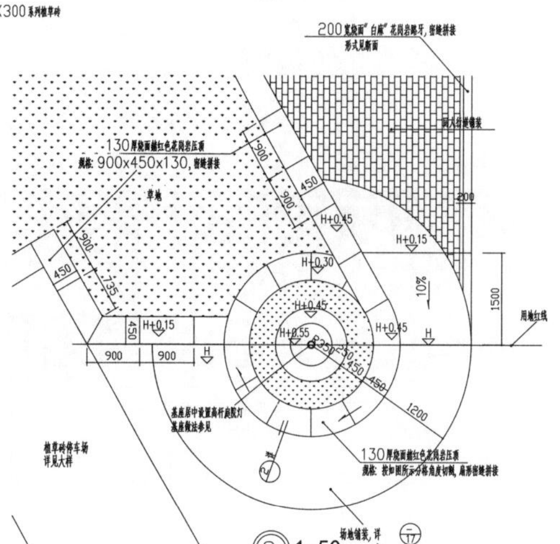

2 1:50

停车场地004

停车场地

200X600X60绿色白色植草砖间隔铺地
100X100X600青石
150X200X600青石车挡
100X100X600青石
90X90X20钢板石
400X400X60绿色白色植草砖间隔铺地
150X150X200青石

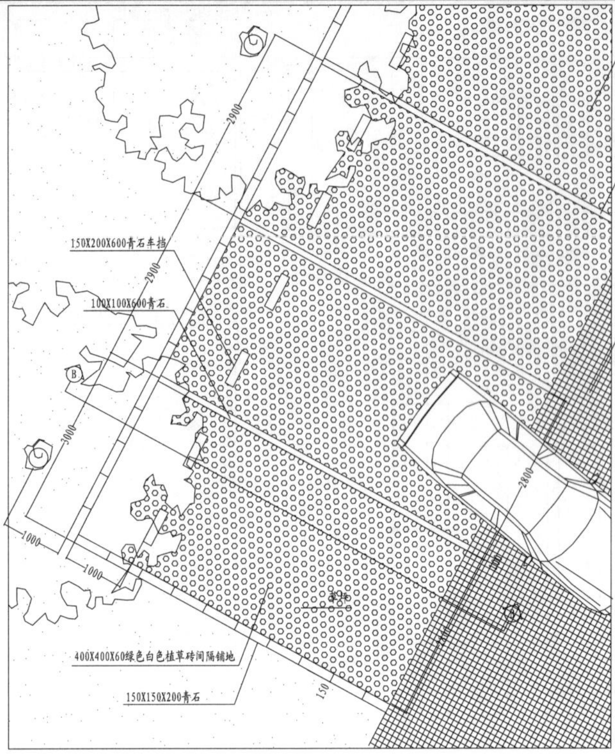

平面详图a 1:50

局部平面-4 1:400
车道
停车带
绿色土地
平面详图a
停车场

150X200X600青石作车挡　100X100X600青石沿边　150X200X600青石沿边
150X200X600青石
60厚200X200植草砖
90X90X20钢板石
30厚1:3水泥砂浆
30厚1:3水泥砂浆
100厚C15混凝土
50厚粗砂
150厚C15混凝土
150厚连砂石
250厚连砂石回填压实
200厚连砂石
素土夯实压实
素土夯实压实
素土夯实压实

C-C 剖面

200*600*50青石盖板
每块盖板之间留溢水槽
C20混凝土
20厚1:3水泥砂浆
混泥土基层

2-2剖面 暗沟

150X200X600青石作车挡　100X100X600青石沿边　90X90X20钢板石
150X200X600青石
200X600X60绿色白色植草砖间隔铺地
1:2水泥砂浆
150X200X600青石
30厚1:3水泥砂浆
100厚C15混凝土
150厚连砂石
素土夯实压实
60厚200X200植草砖
50厚粗砂
250厚连砂石回填压实
素土夯实压实
90X90X20钢板石
30厚1:3水泥砂浆
150厚C15混凝土
200厚碎石
素土夯实压实

B-B断面图 1:20

150X200X600青石作车挡　100X100X600青石沿边　150X200X600青石沿边
150X200X600青石
30厚1:3水泥砂浆
100厚C15混凝土
150厚碎石
素土夯实压实
90X90X20钢板石
30厚1:3水泥砂浆
210厚C15混凝土
200厚碎石
素土夯实压实
60厚200X200植草砖
50厚粗砂
150厚C15混凝土
素土夯实压实

A-A 剖面

植草砖
200*600*50青石
20~50砂散铺
20厚1:3水泥砂浆找平
素基层

1-1剖面 明沟

停车场地005

绿色八字形嵌草砖
深灰色水泥砖
绿地　　　　　　　　　　　　绿地

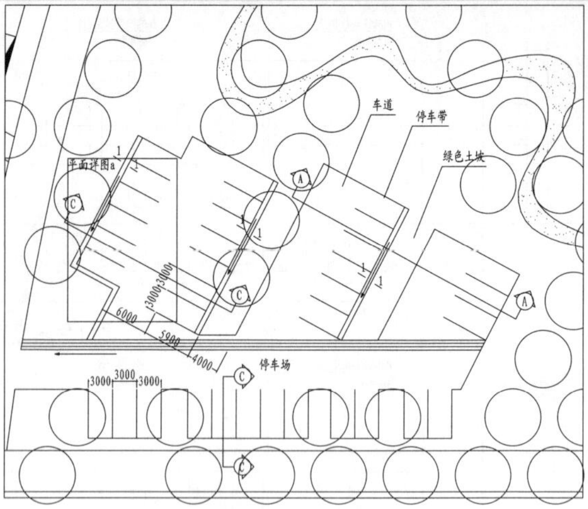

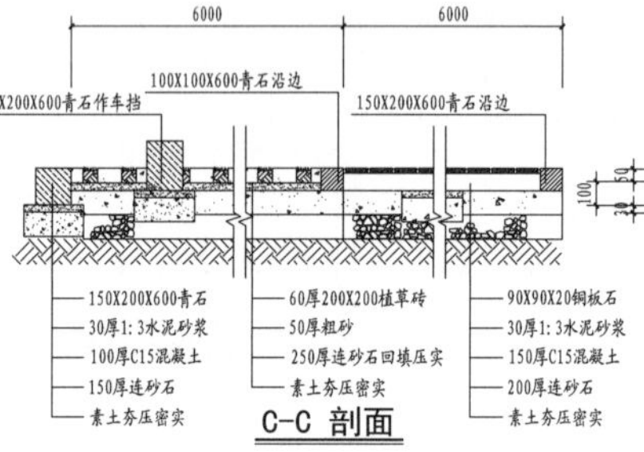

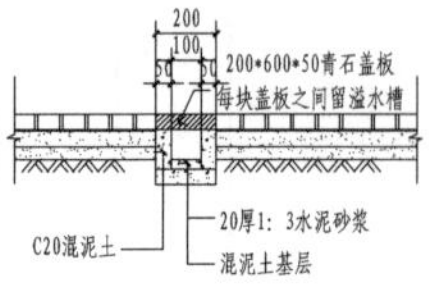

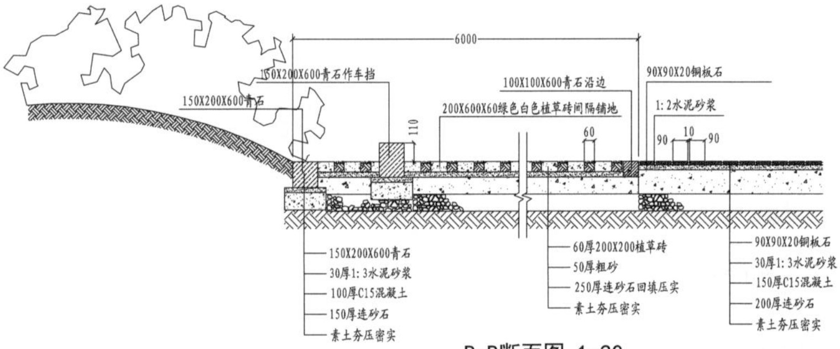

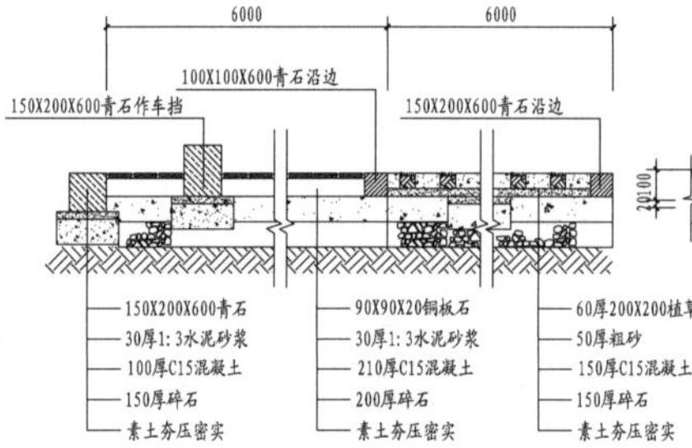

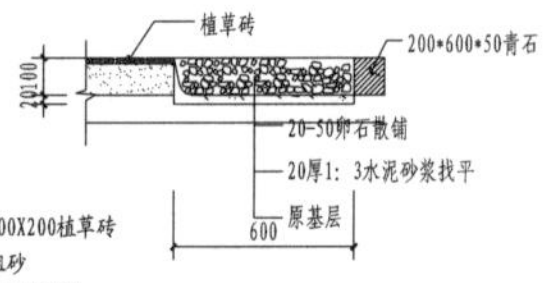

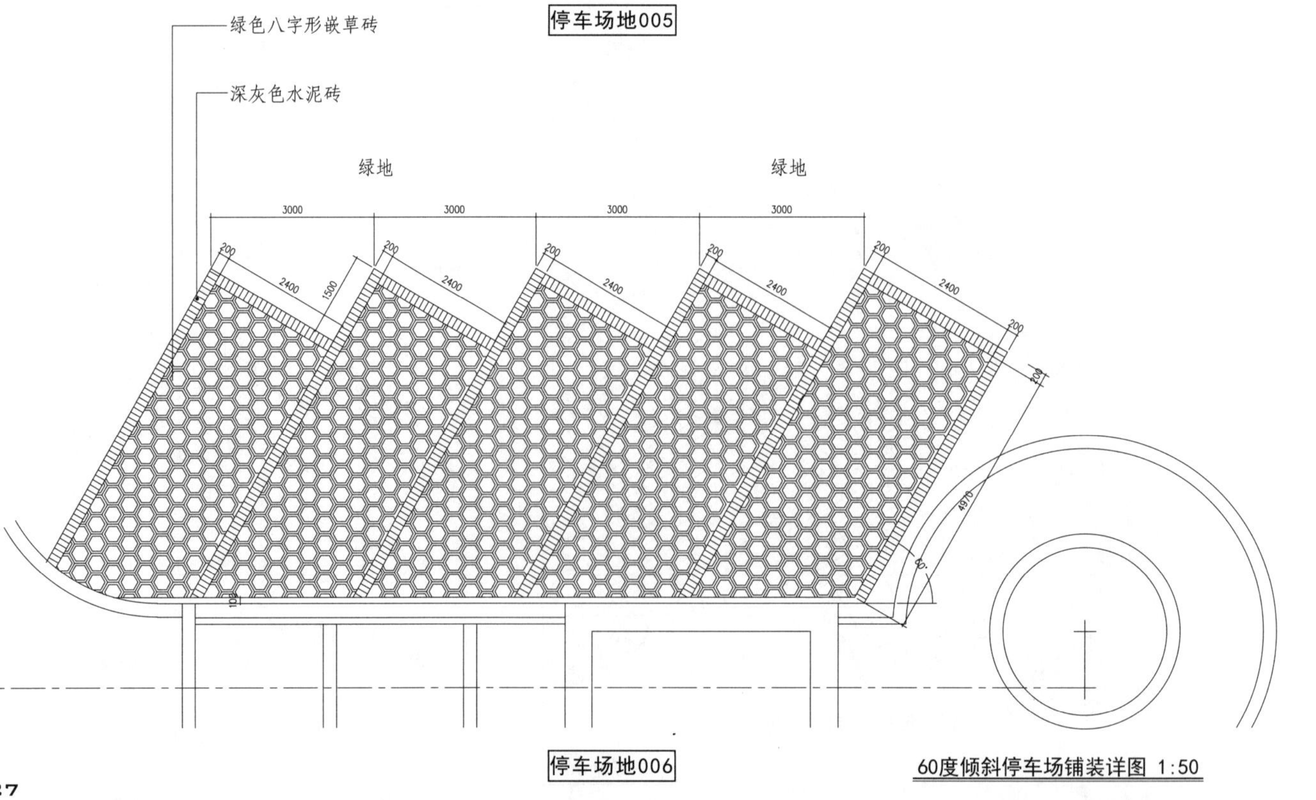

停车场地006

60度倾斜停车场铺装详图 1:50

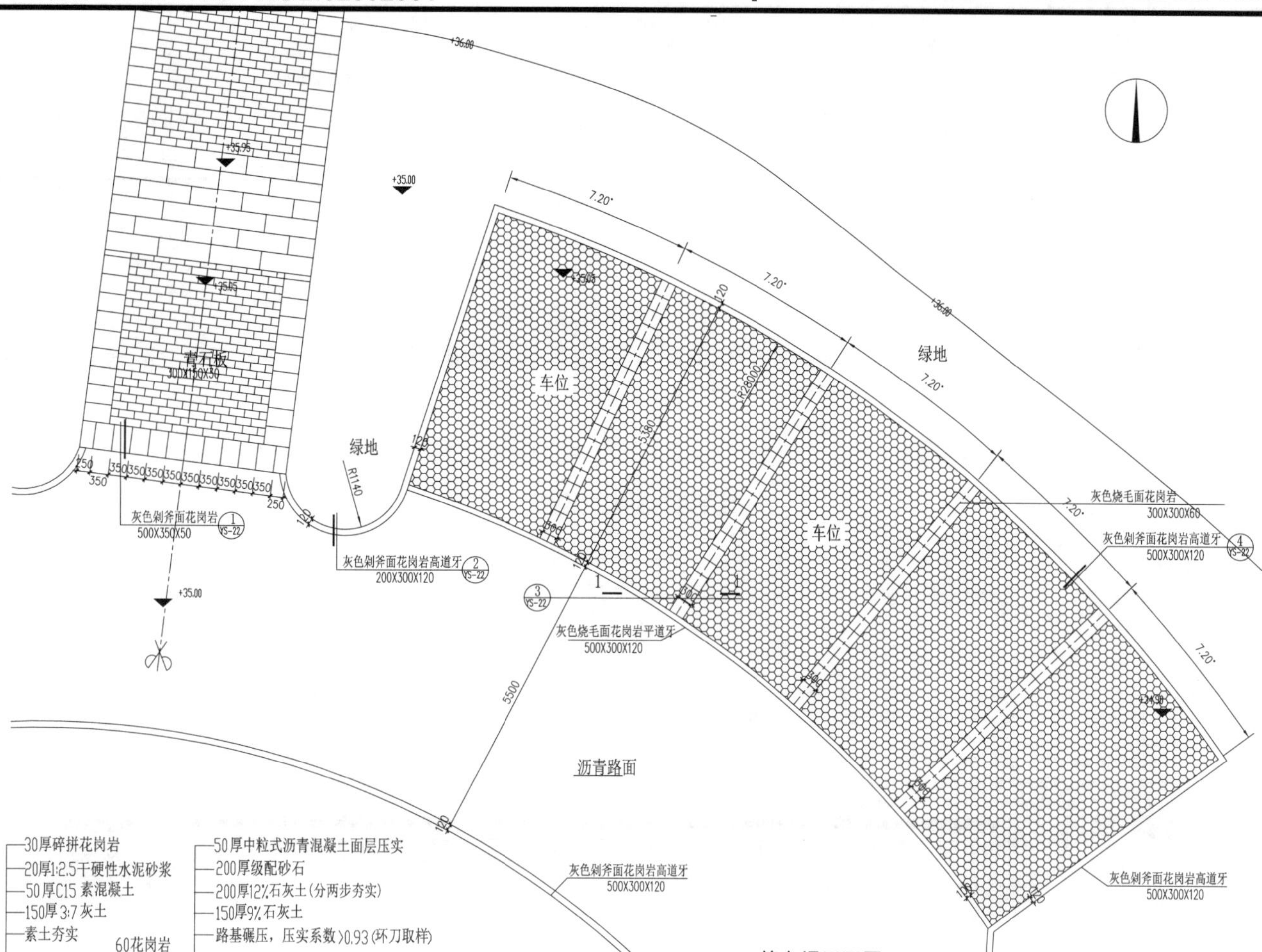

停车场平面图 1:50

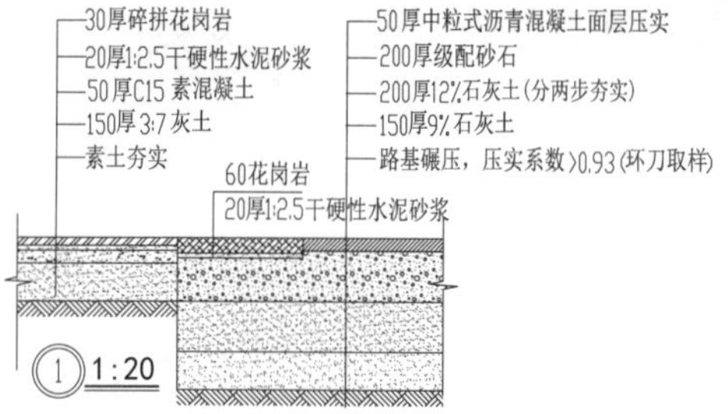
30厚碎拼花岗岩
20厚1:2.5干硬性水泥砂浆
50厚C15 素混凝土
150厚3:7灰土
素土夯实
50厚中粒式沥青混凝土面层压实
200厚级配砂石
200厚12%石灰土(分两步夯实)
150厚9%石灰土
路基碾压，压实系数≥0.93(环刀取样)
60花岗岩
20厚1:2.5干硬性水泥砂浆

1 1:20

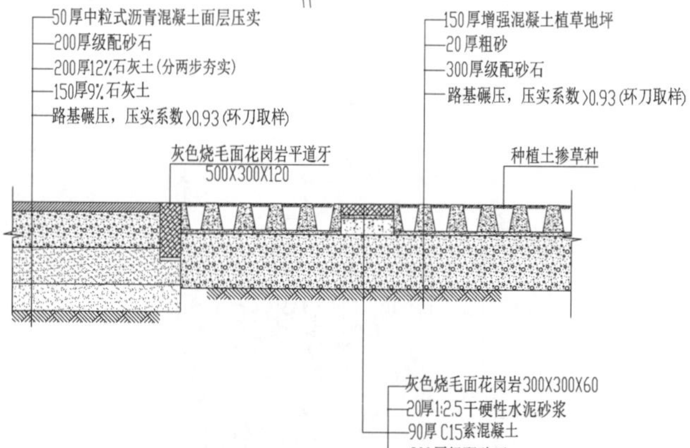
50厚中粒式沥青混凝土面层压实
200厚级配砂石
200厚12%石灰土(分两步夯实)
150厚9%石灰土
路基碾压，压实系数≥0.93(环刀取样)
灰色烧毛面花岗岩平道牙
500X300X120
150厚增强混凝土植草地坪
20厚粗砂
300厚级配砂石
路基碾压，压实系数≥0.93(环刀取样)
种植土掺草种
灰色烧毛面花岗岩300X300X60
20厚1:2.5干硬性水泥砂浆
90厚C15素混凝土
300厚级配砂石
路基碾压，压实系数≥0.93(环刀取样)

3 1-1 1:20

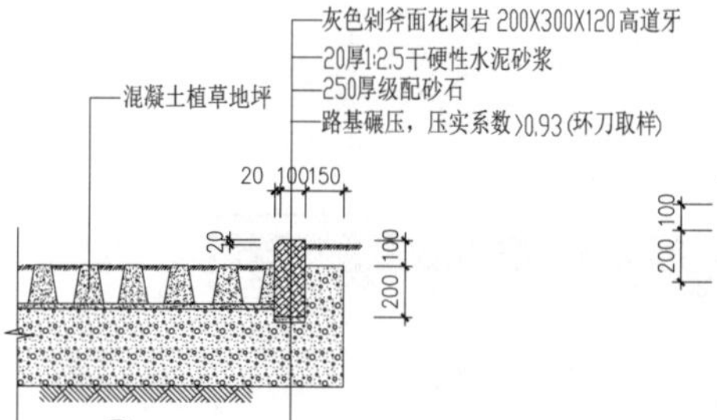
灰色剁斧面花岗岩 200X300X120 高道牙
20厚1:2.5干硬性水泥砂浆
250厚级配砂石
路基碾压，压实系数≥0.93(环刀取样)
混凝土植草地坪
20
100
150
200

2 1:20

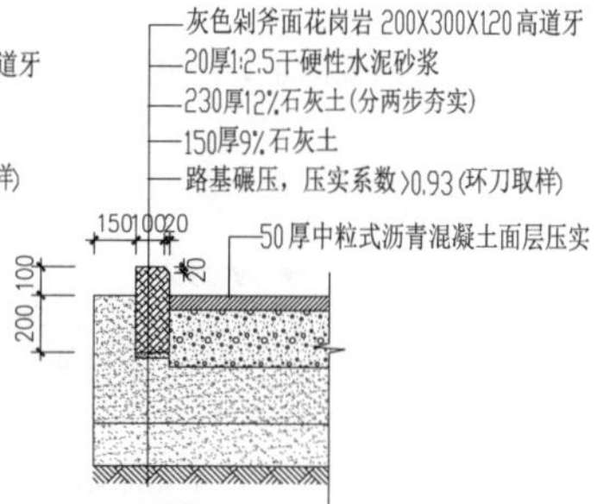
灰色剁斧面花岗岩 200X300X120 高道牙
20厚1:2.5干硬性水泥砂浆
230厚12%石灰土(分两步夯实)
150厚9%石灰土
路基碾压，压实系数≥0.93(环刀取样)
50厚中粒式沥青混凝土面层压实
150
100
20
200

4 1:20

停车场地007

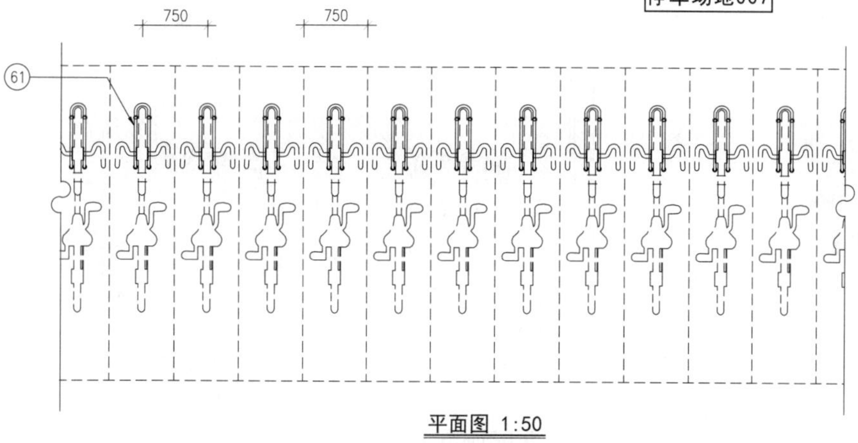

平面图 1:50

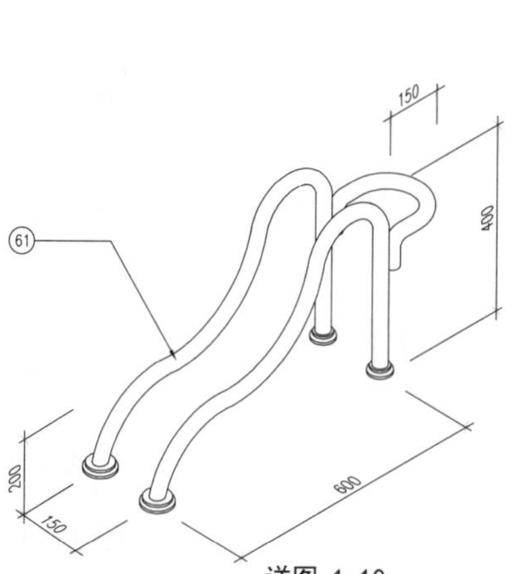

详图 1:10

停车场地008

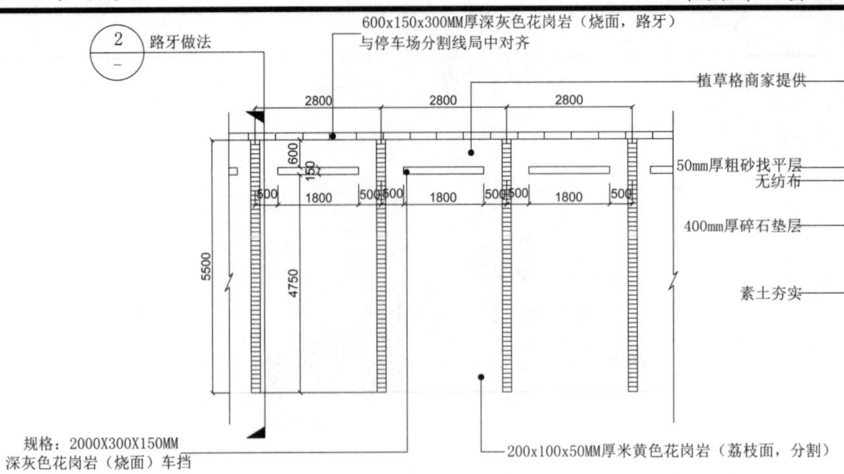

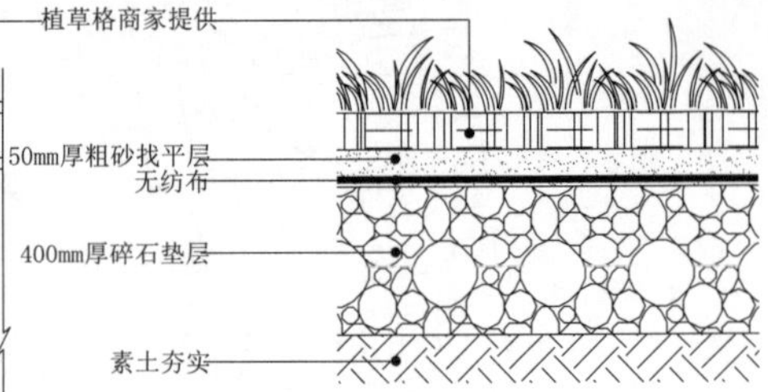

停车场地

② 路牙做法

600×150×300MM厚深灰色花岗岩（烧面，路牙）
与停车场分割线局中对齐

植草格商家提供

2800   2800   2800

50mm厚粗砂找平层
无纺布

400mm厚碎石垫层

素土夯实

③ 节点放大图 1:10

规格：2000×300×150MM
深灰色花岗岩（烧面）车挡

200×100×50MM厚米黄色花岗岩（荔枝面，分割）

停车位平面图 1:100

种植详见种植图

路牙，做法参见LD2.01
规格：150×300×2000mm
深灰色花岗岩（烧面）车挡
150MM厚C20混凝土基础结构层
每个车挡设两个，石胶加固

30MM厚1:3干硬性水泥砂浆结合层

路面材料详见铺装详图

节点放大图 ③

② 停车位剖面图 1:30

停车场地009

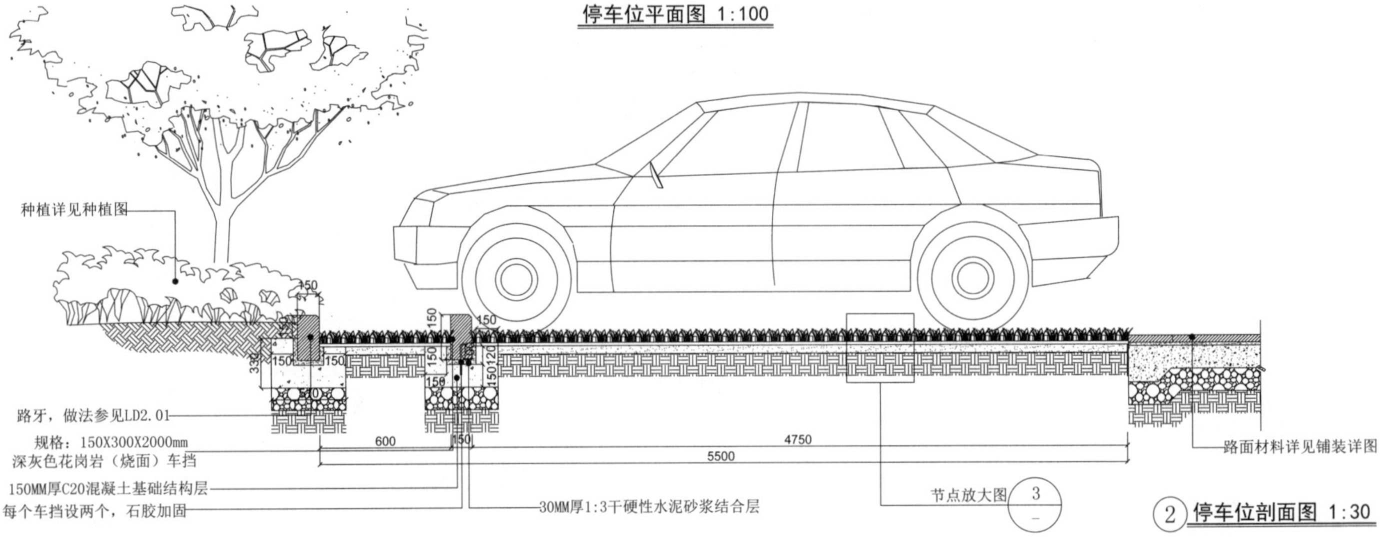

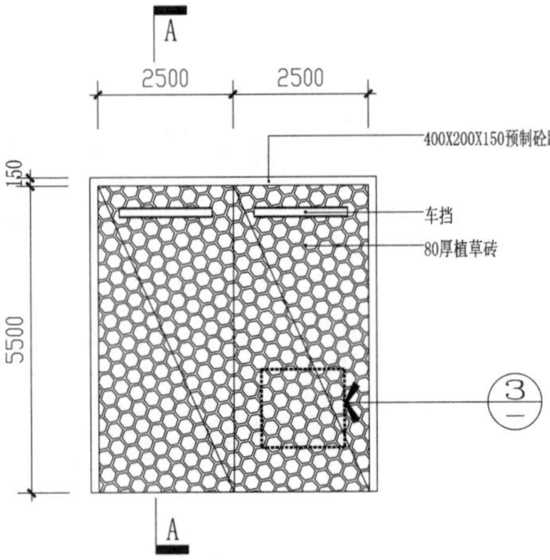

400X200X150预制砼路缘石

车挡
80厚植草砖

400×200×150预制砼路缘

2500   2500

③

A-A剖面图 1:30

C20钢筋砼详结施
100厚C10砼垫层

80厚植草砖
约50厚细砂垫层
150厚3:7灰土层
素土夯实

停车场平面图 1:100

80厚植草砖

③ 植草砖平面图 1:6

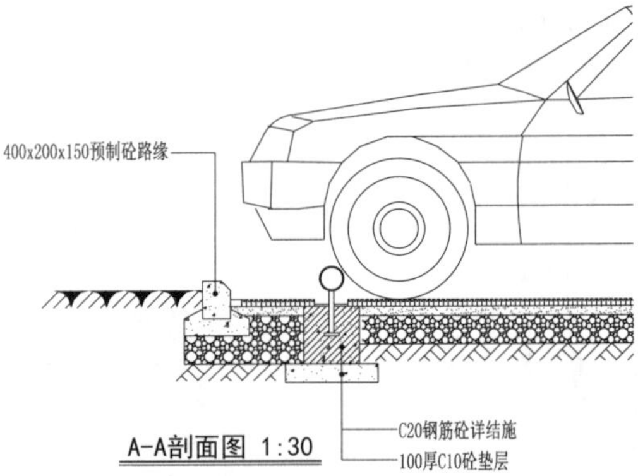

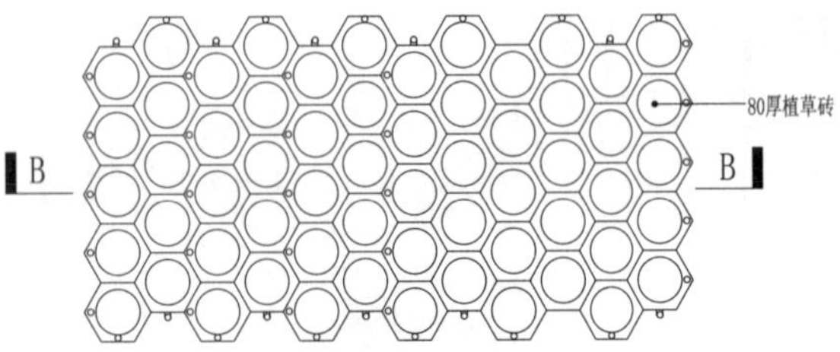

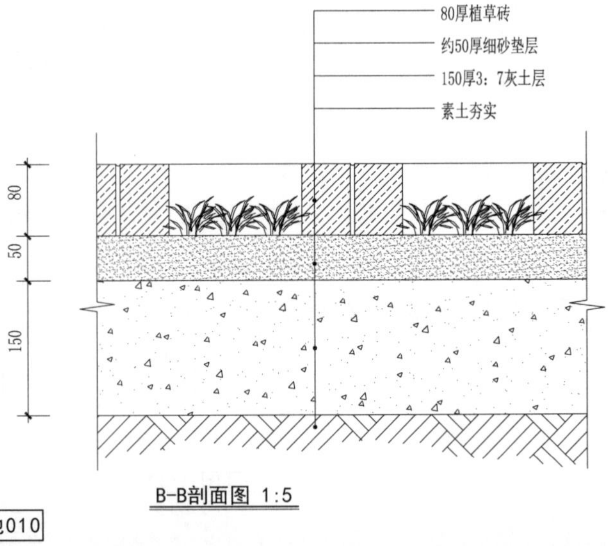

B-B剖面图 1:5

停车场地010

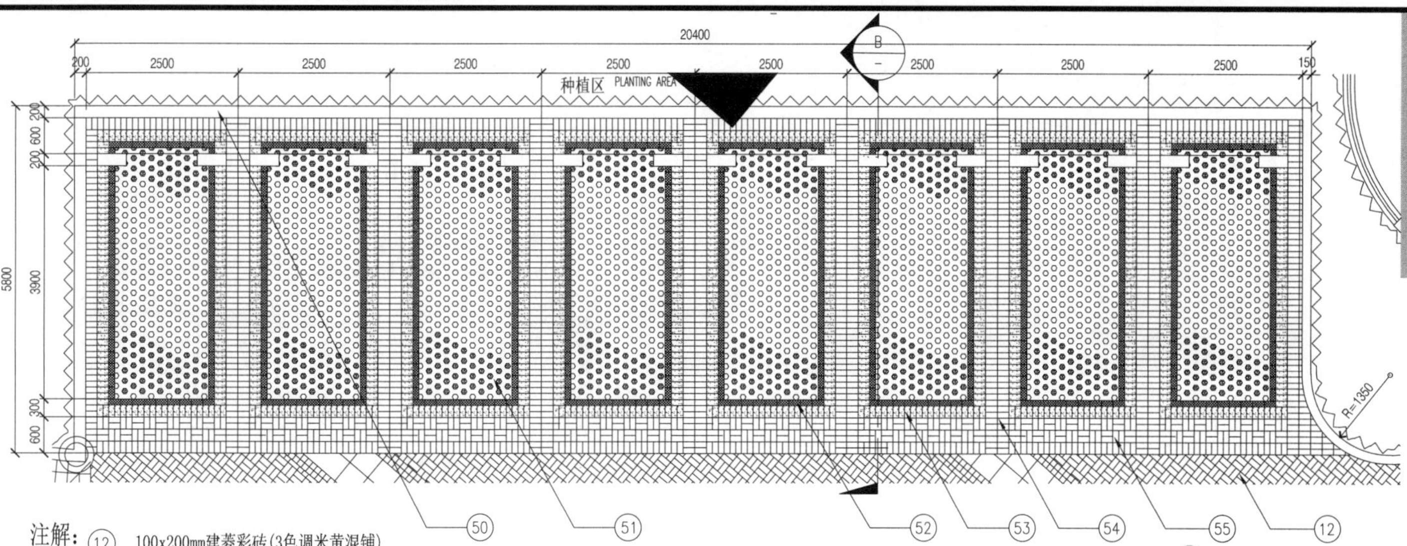

停车场平面图 1:75

注解：
12 100x200mm建菱彩砖(3色调米黄混铺)
44 碎石夯实基层，见工程师大样
45 素土夯实，见工程师大样
46 指定种植土
47 50mm厚粗砂垫层

48 混凝土基层
49 草皮
50 200X200mm 花岗岩路沿
51 植草板
52 100x200mm浅灰色建菱彩砖

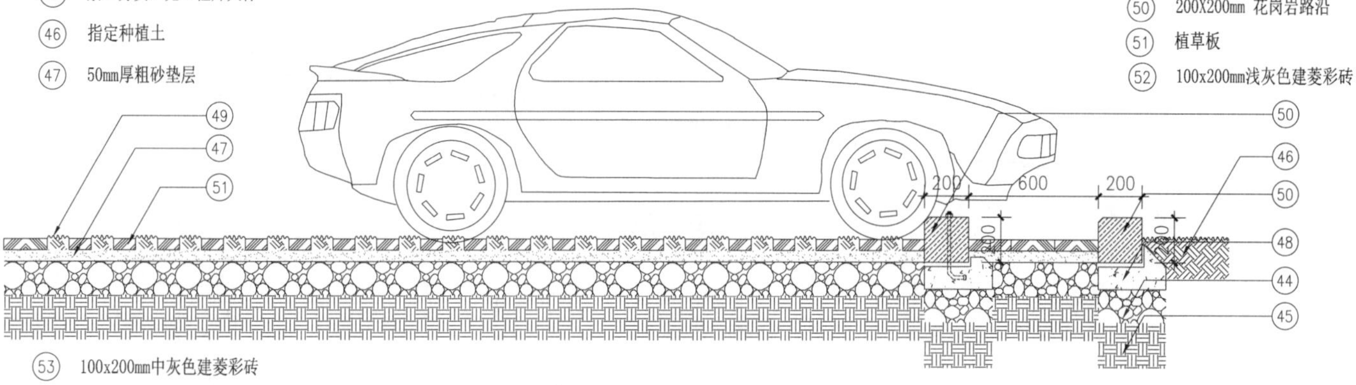

53 100x200mm中灰色建菱彩砖
54 100x200mm深灰色建菱彩砖
55 100x200mm中红色建菱彩砖

B 停车场剖面图 1:20

附注：
本剖面仅对环境饰面效果负责，有关基层做法应参考当地
有关规范及规定，由建筑师及结构工程师核准后方可施工。

停车场地011

停车位示意图 1:50

停车位平面图 1:20

停车场地012

停车位剖面图 1:10

草坪
植草圈
砾石垫层
素土夯实
400X400X50MM植草砖

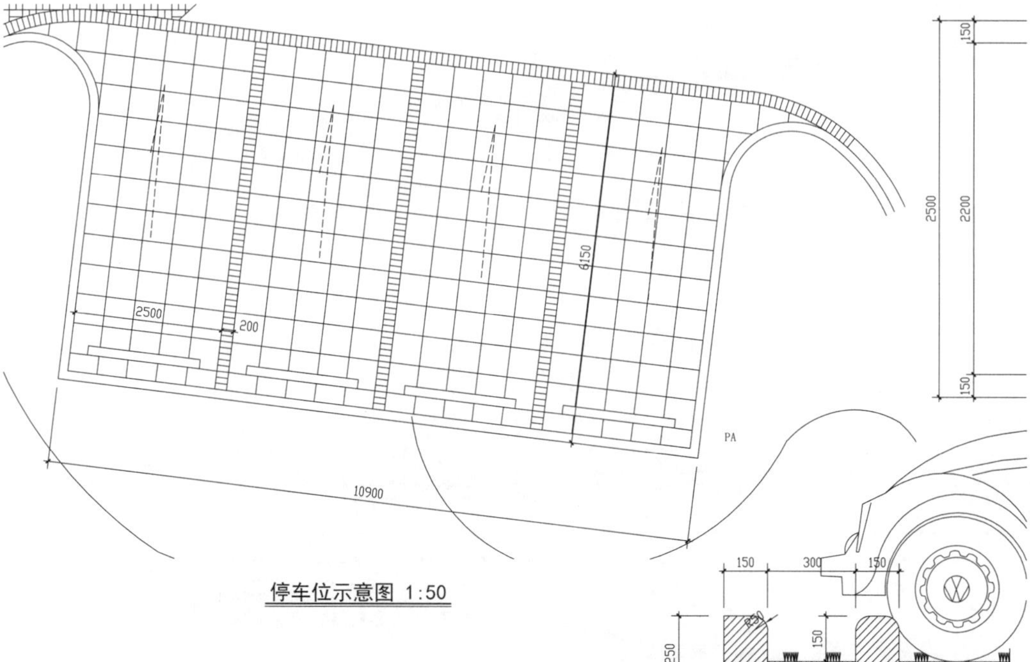

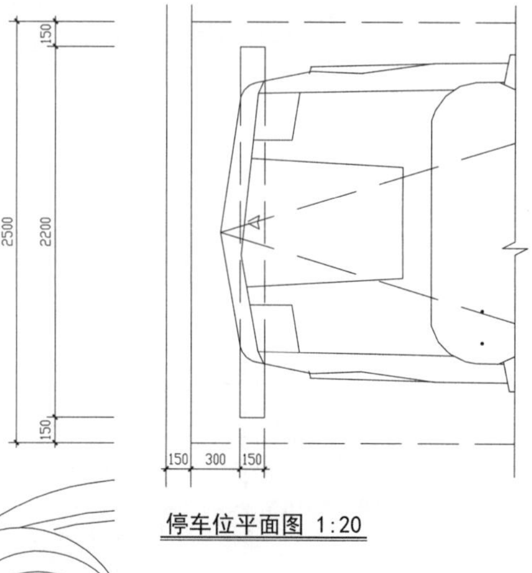

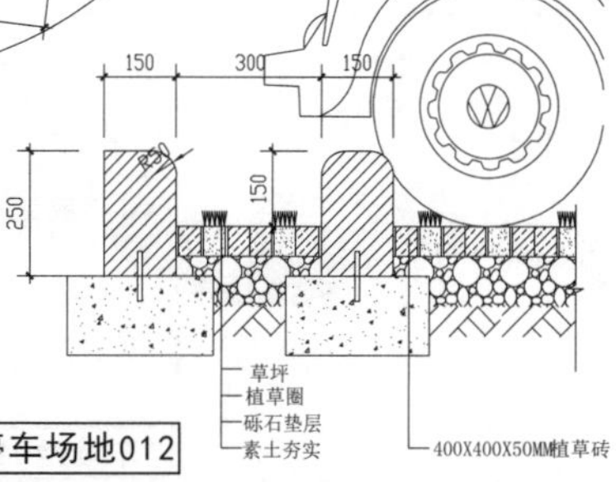

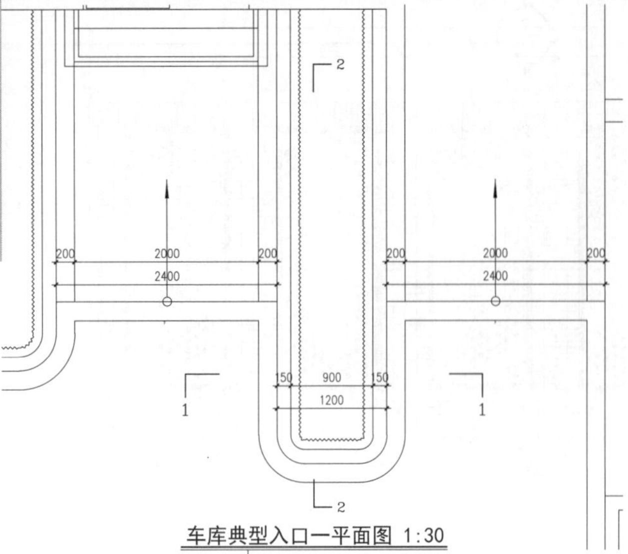

车库典型入口一平面图 1:30

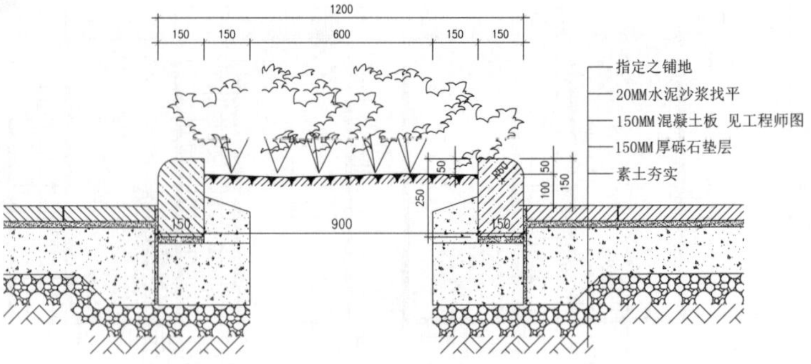
1200
150
600
900
50
250
100
指定之铺地
20MM水泥沙浆找平
150MM混凝土板 见工程师图
150MM厚砾石垫层
素土夯实

1-1 剖面图 1:10

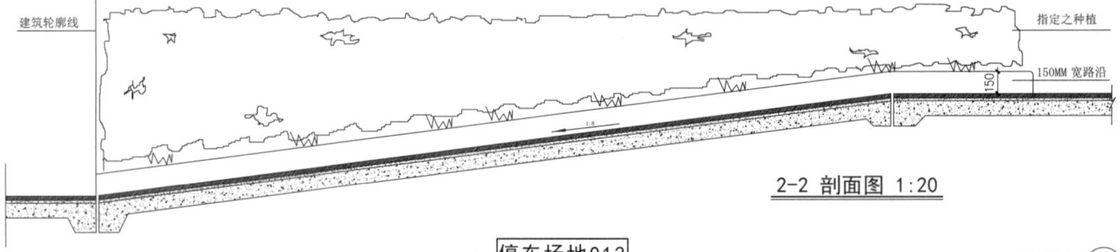
建筑轮廓线
指定之种植
150MM 宽路沿
150

2-2 剖面图 1:20

停车场地013

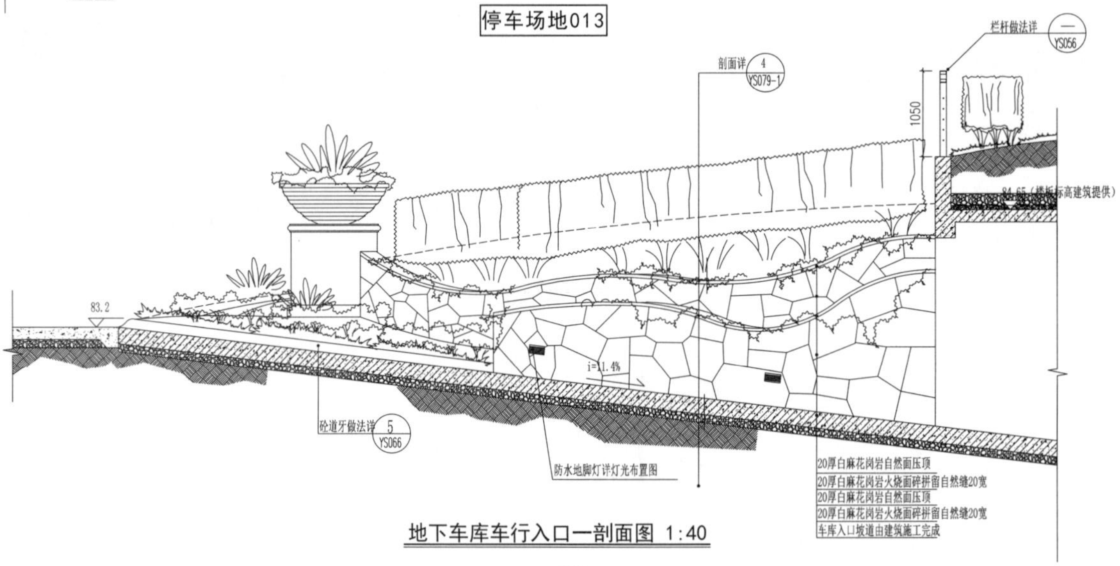
栏杆做法详
YS056
剖面详 4
YS079-1
1050
84.65（楼板标高建筑提供）
83.2
i=11.4%
砼道牙做法详 5
YS066
防水地脚灯详灯光布置图
20厚白麻花岗岩自然面压顶
20厚白麻花岗岩火烧面碎拼留自然缝20宽
20厚白麻花岗岩自然面压顶
20厚白麻花岗岩火烧面碎拼留自然缝20宽
车库入口坡道由建筑施工完成

地下车库车行入口一剖面图 1:40

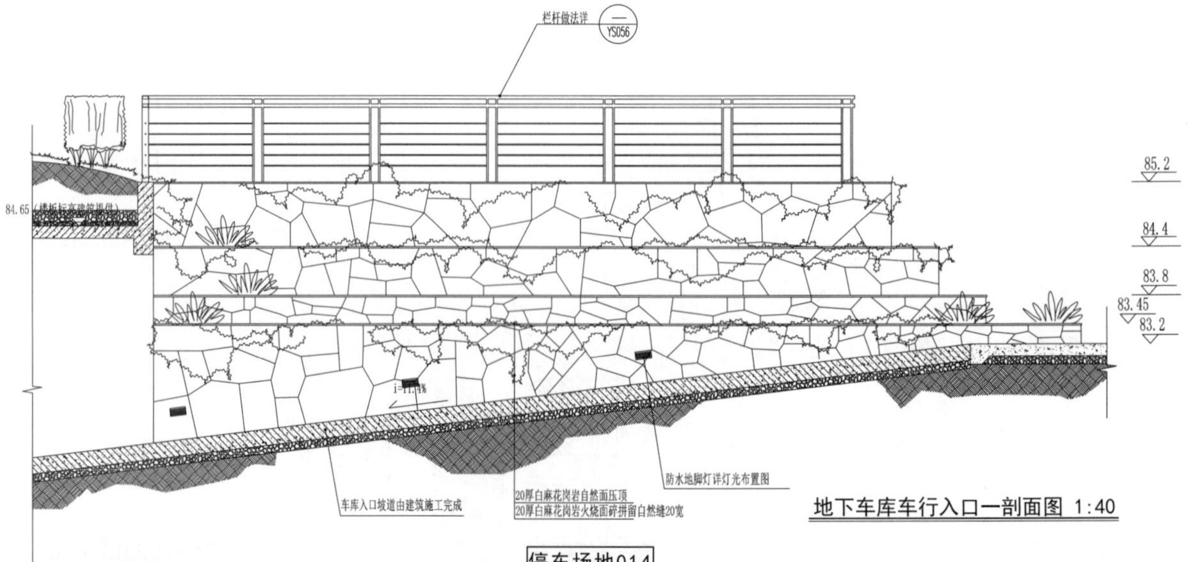
栏杆做法详
YS056
84.65（楼板标高建筑提供）
85.2
84.4
83.8
83.45
83.2
i=11.4%
车库入口坡道由建筑施工完成
20厚白麻花岗岩自然面压顶
20厚白麻花岗岩火烧面碎拼留自然缝20宽
防水地脚灯详灯光布置图

地下车库车行入口一剖面图 1:40

停车场地014

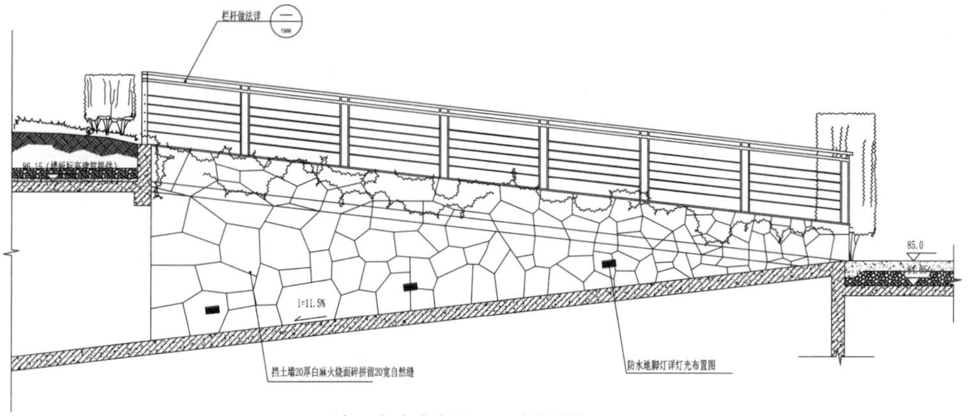

地下车库车行入口二剖面图 1:40

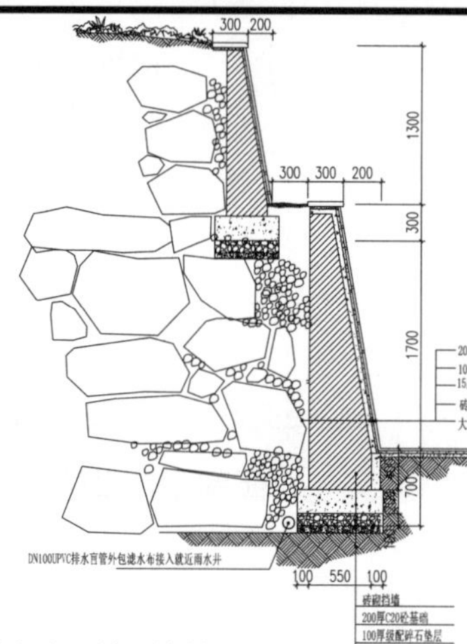

车库车行入口挡土墙剖面图 1:30

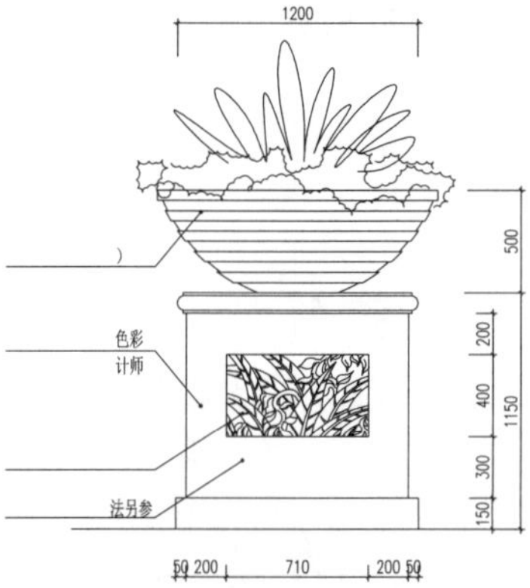

地下车库车行入口花钵立面图 1:20

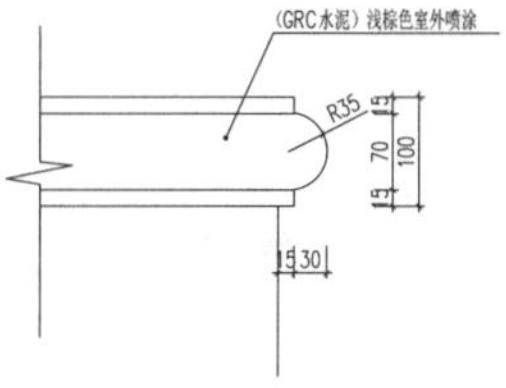

局部详图 1:5

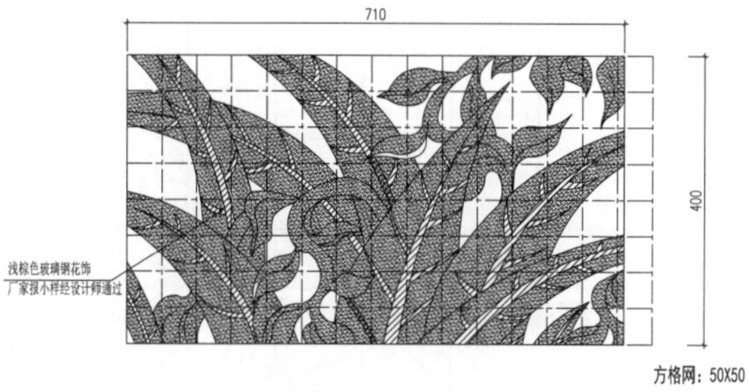

玻璃钢花饰大样图 1:5

停车场地015

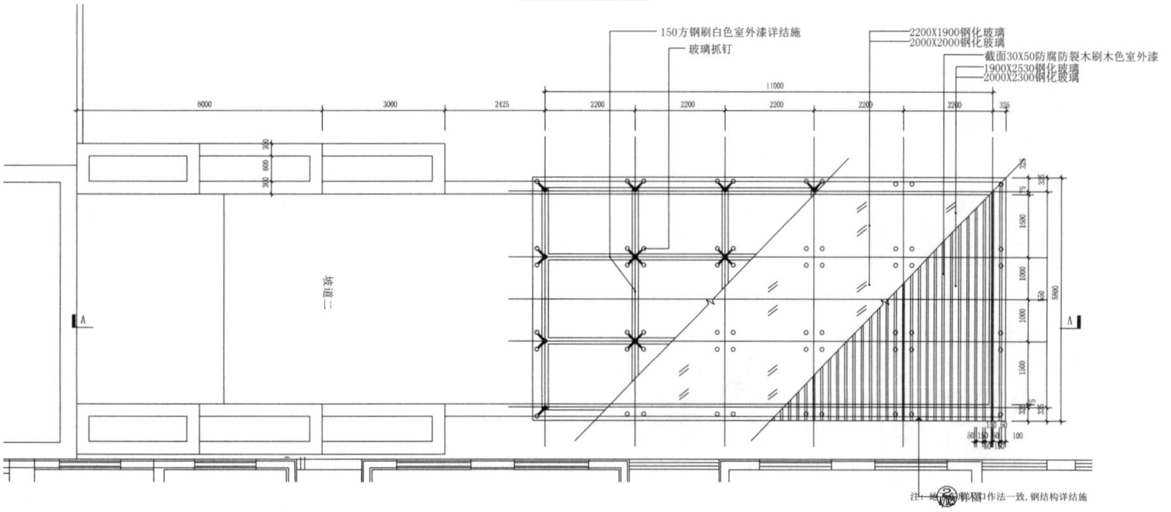

地下车库入口平面图 1:50

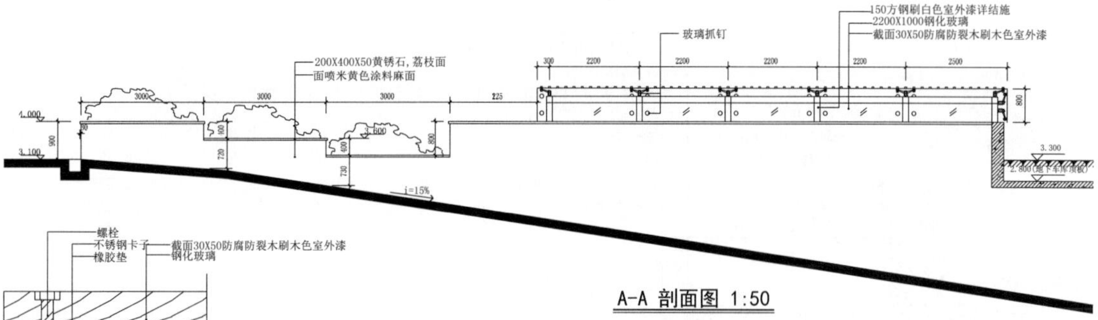

A-A 剖面图 1:50

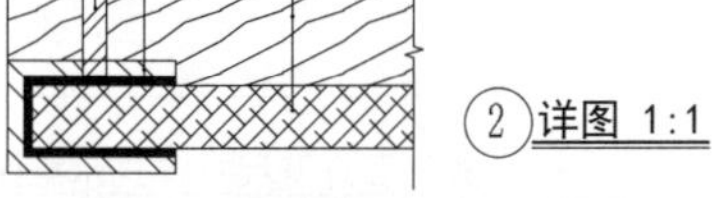

② 详图 1:1

注：木条侧面与玻璃相交处白色玻璃胶填缝

停车场地016

停车场地

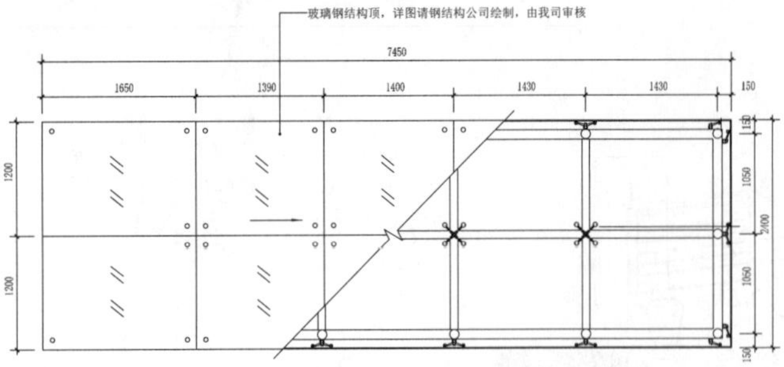

地下车库人行出入口平面图 1:30

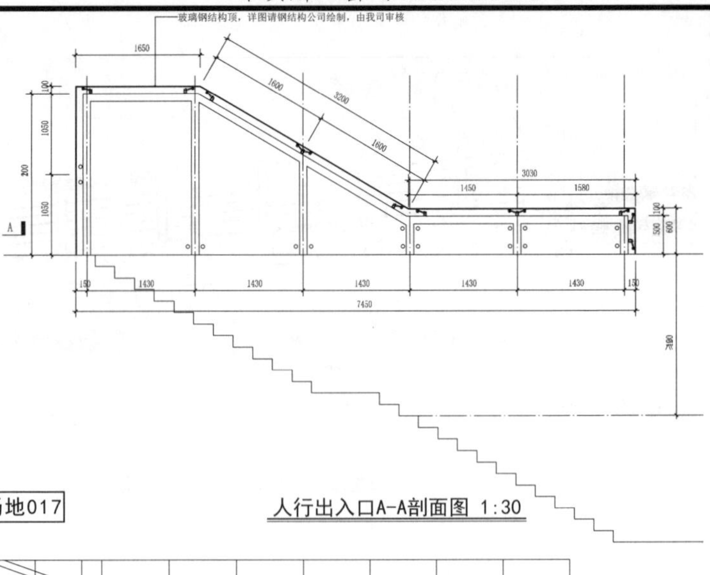

停车场地017

人行出入口A-A剖面图 1:30

砂石景观

成品石灯笼

黄蜡石

铺由砂

10厚300X300浅黄色防滑地砖

10厚300X300浅褐色防滑地砖

10厚300X300浅褐色防滑地砖
10厚300X300浅黄色防滑地砖

X=2525470.645
Y=538703.036

天然黄蜡石

10厚300X300浅黄色防滑地砖

X=2525464.151
Y=538721.389

10厚300X300浅褐色防滑地砖

10厚300X300浅黄色防滑地砖

10厚300X300浅褐色防滑地砖

绿化景观

绿化景观

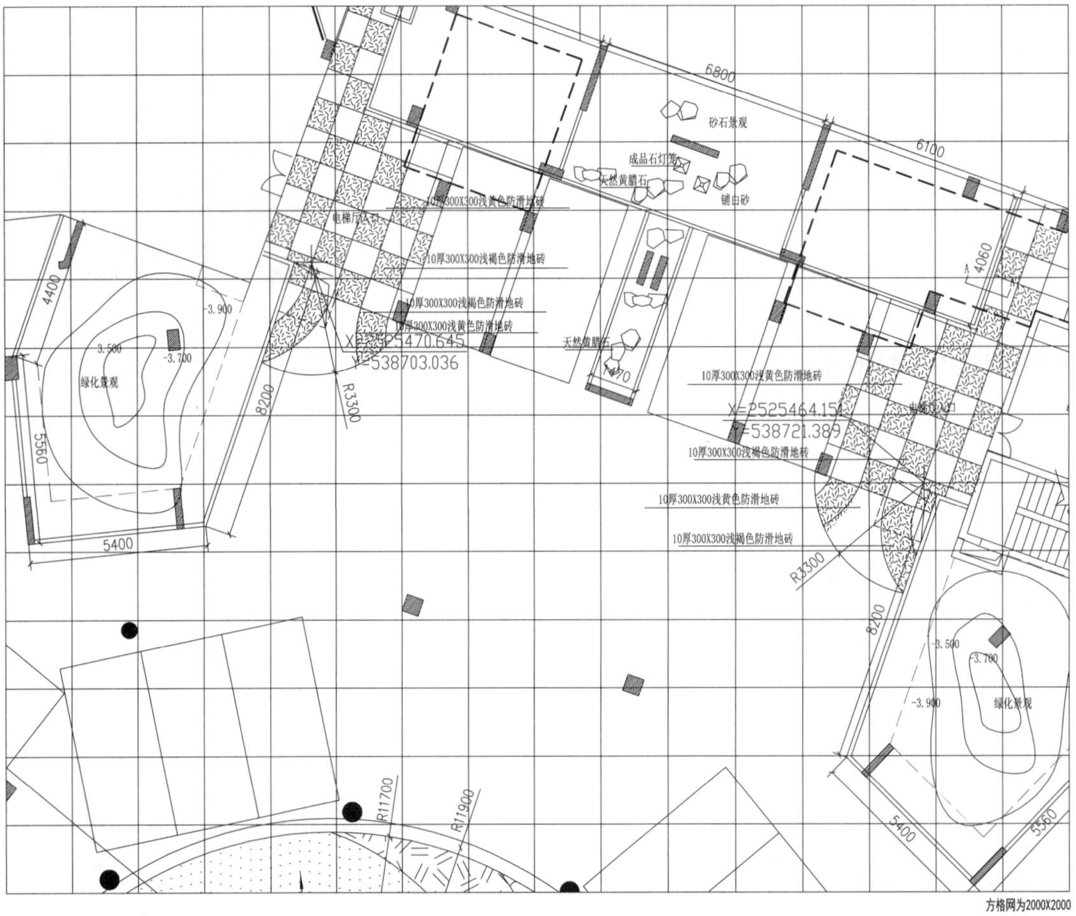

方格网为2000X2000

地下车库园林环境平面大样图（二） 1:100

10厚300X300防滑地砖
10厚水泥素浆结合层
20厚1:2水泥砂浆找平层
100厚C15细石混凝土垫层
分块≤6000,20宽伸缩逢沥青麻丝填充
20厚混合土垫层,土:砂=1:3
50厚碎石垫层（上铺玻纤无纺布）
20厚1:2.5水泥砂浆保护层
聚胺脂防水层2厚
20厚1:2.5水泥砂浆找平层
轻质砼找坡层最薄处20厚找坡i=2%
楼板结构层

种植土
50X150X10厚仿石条砖
50X150X10厚仿石条砖
10厚素水泥粘结层
10厚1:2.5水泥砂浆批荡
120厚砖墙
10厚1:2水泥砂浆批荡

DN50UPVC排水管排水进入就近雨水井

A-A 剖面图 1:10

停车场地018

成品石灯笼尺寸样式示意图 1:5

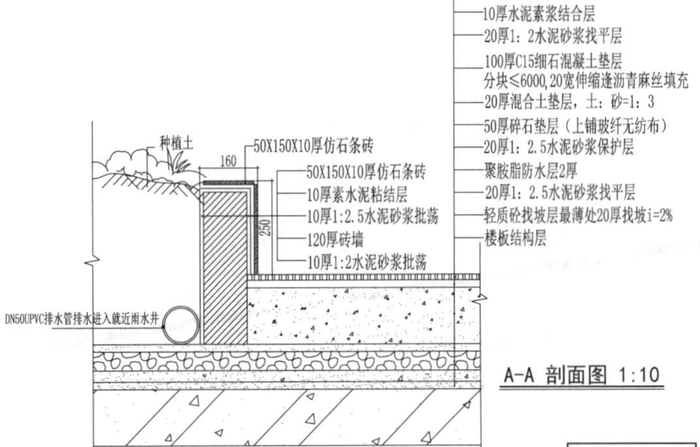

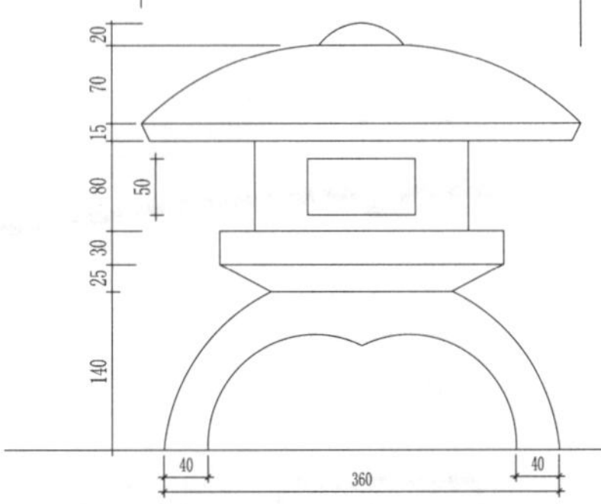

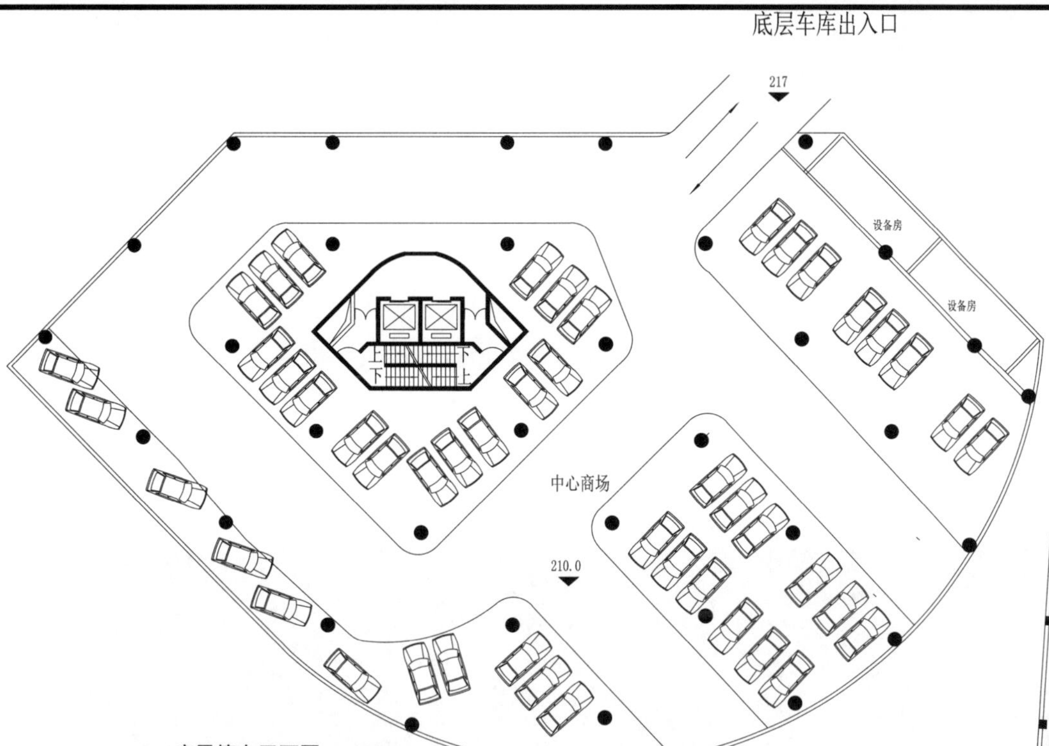

B11底层停车平面图 1:200

停车场地019

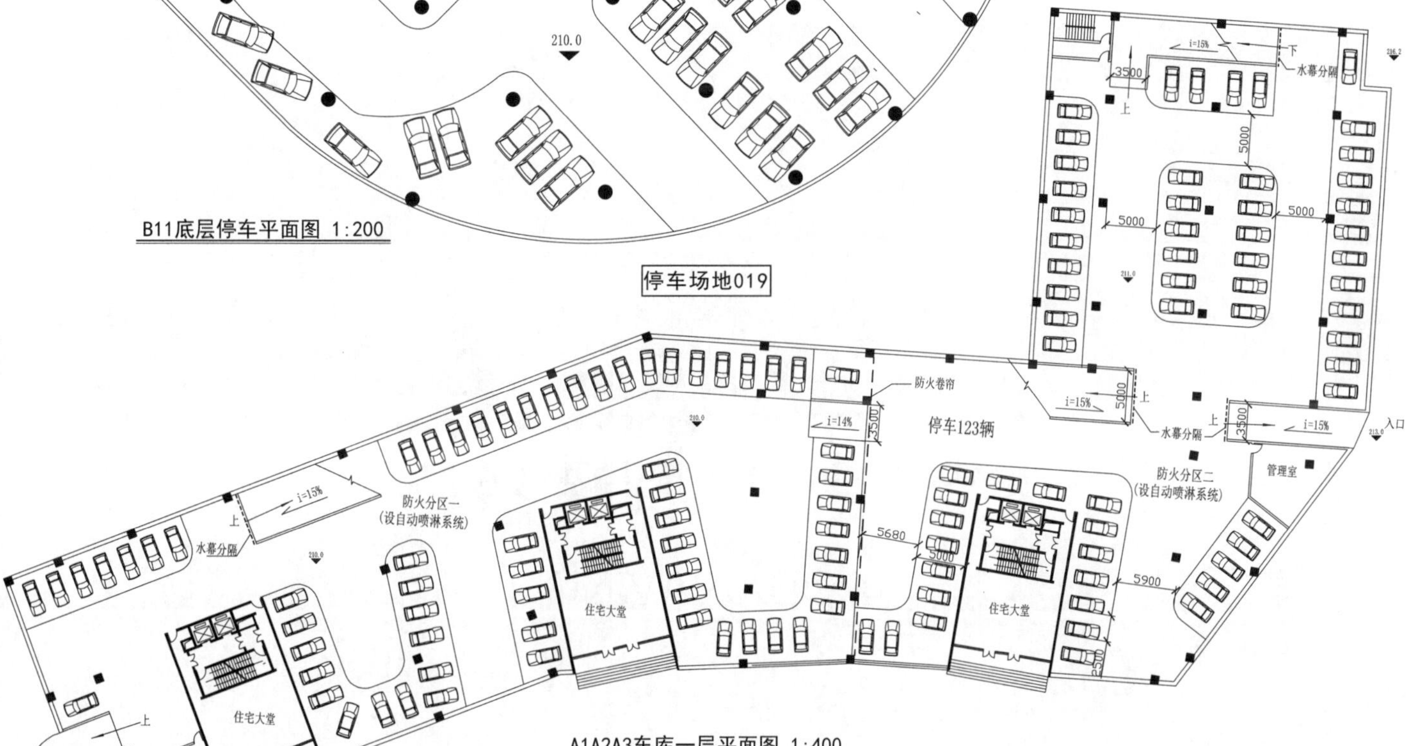

A1A2A3车库一层平面图 1:400

停车场地020

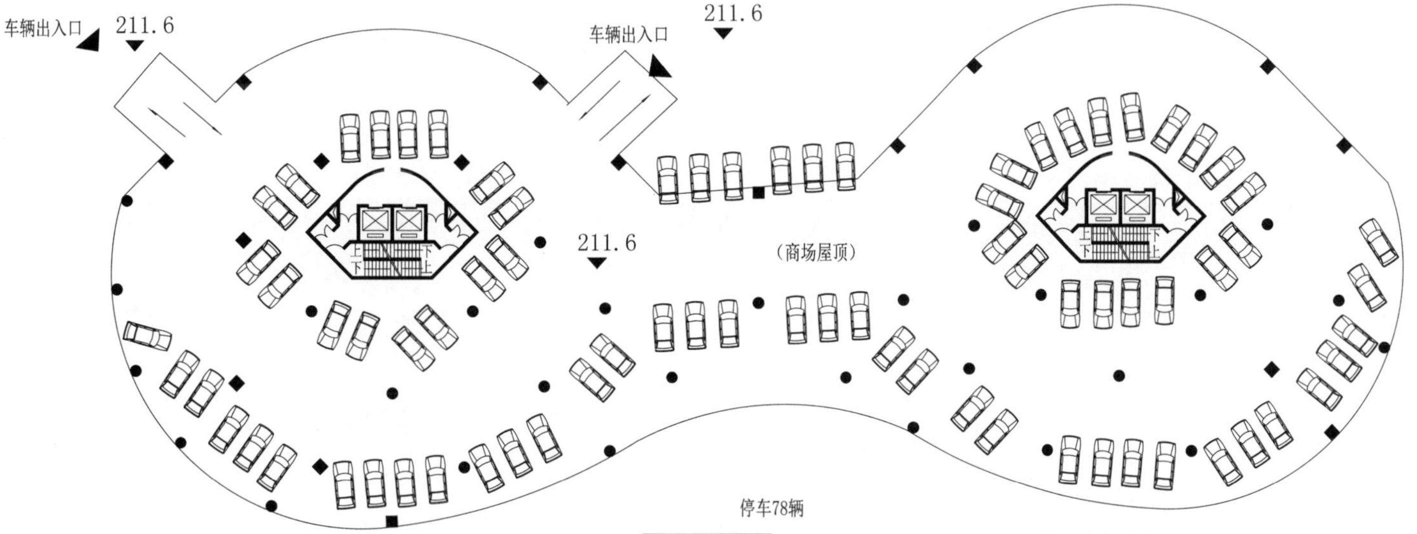

停车场地021

A4A5商场屋面停车平面图 1:300

园路铺装

RODA PAVING

本页解压密码: 14231628

园路铺装

中心广场铺地平面图 1:150

园路铺装001

铺地A平面图 1:50

铺地B平面图 1:50

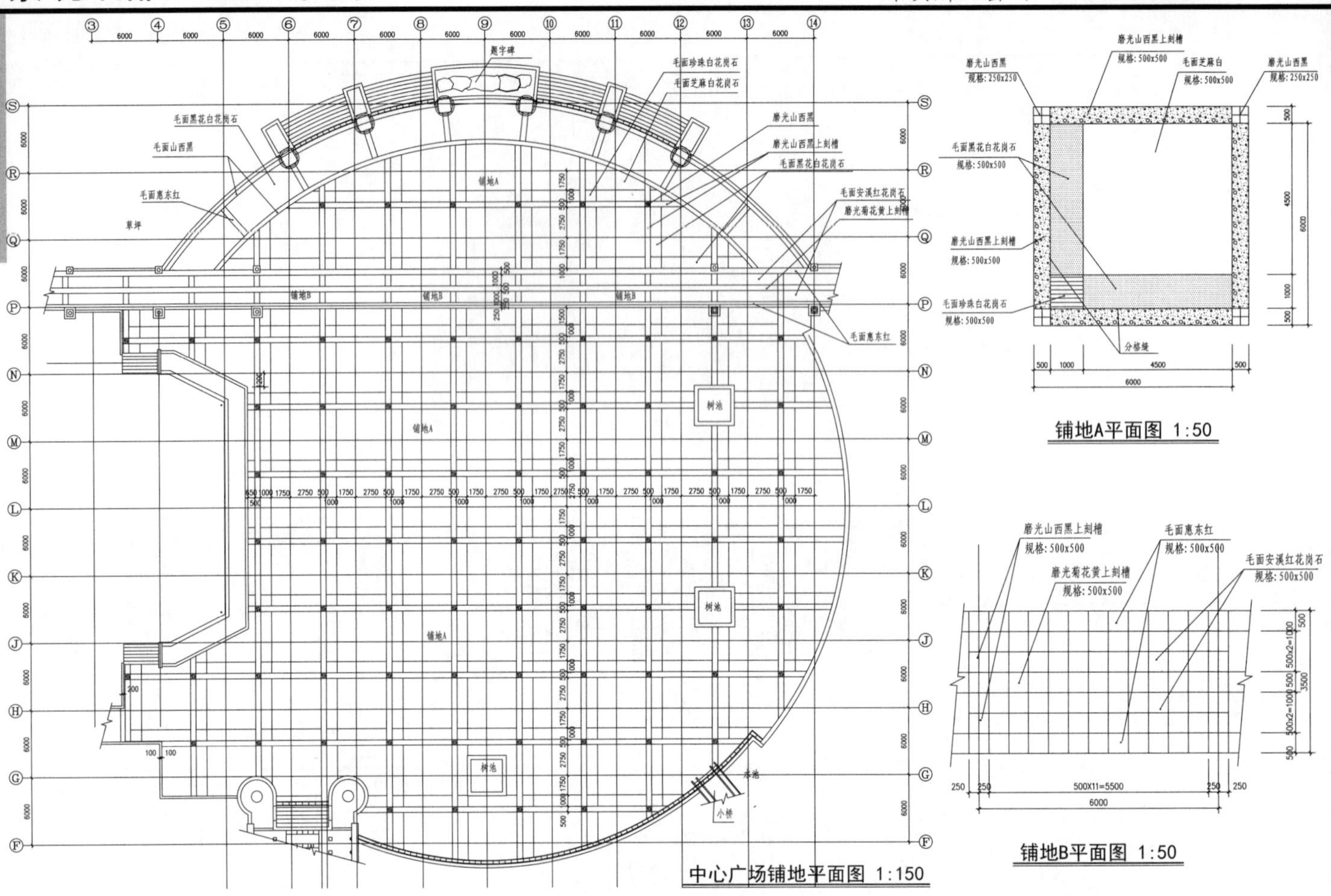

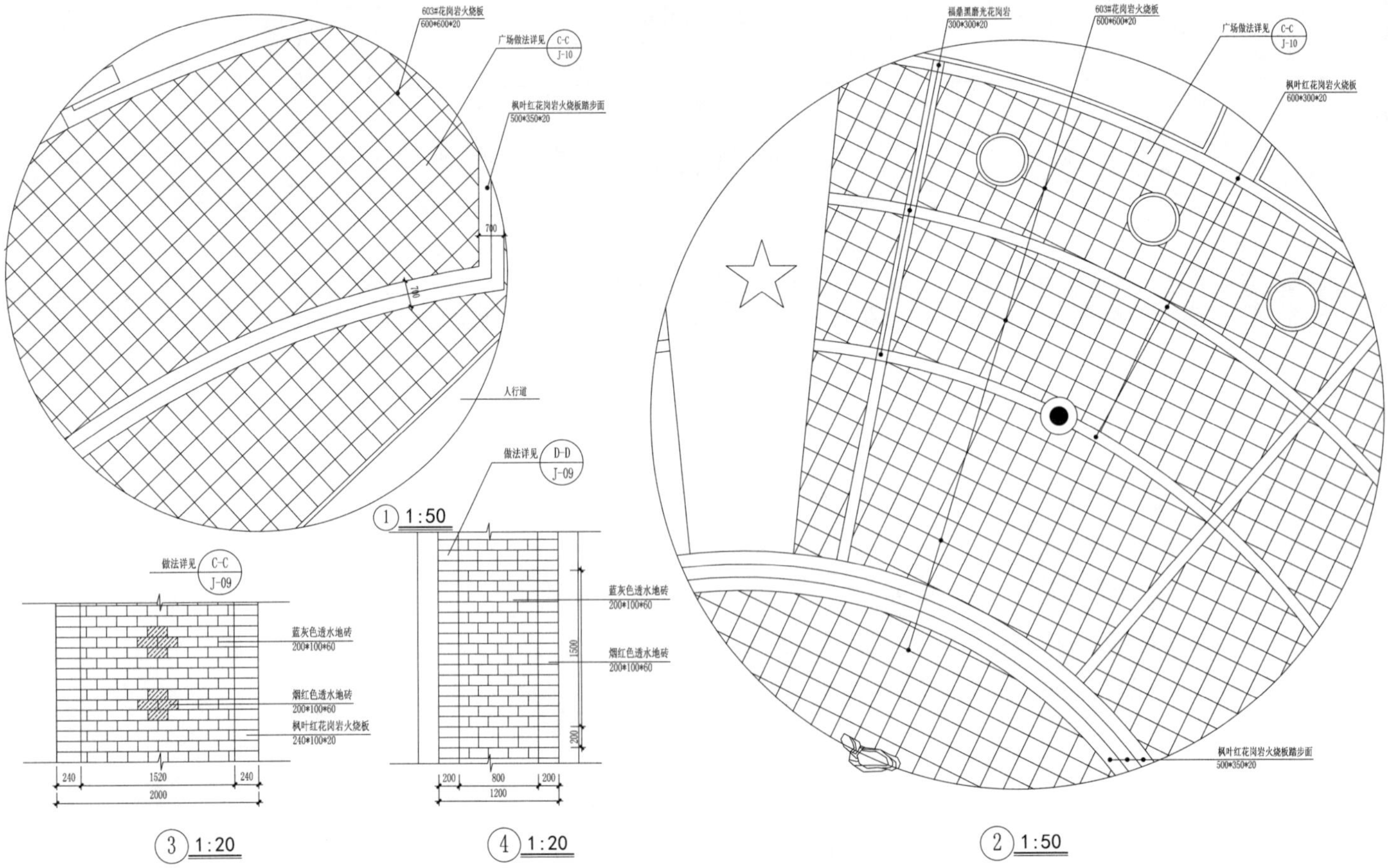

园路铺装002

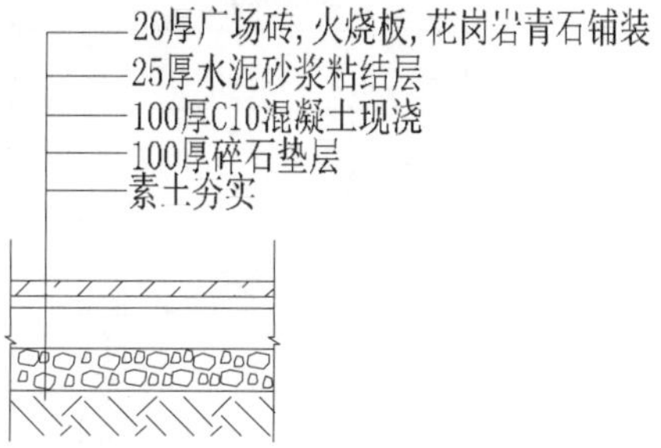
20厚广场砖，火烧板，花岗岩青石铺装
25厚水泥砂浆粘结层
100厚C10混凝土现浇
100厚碎石垫层
素土夯实

Ⓑ 广场铺装做法 1:20

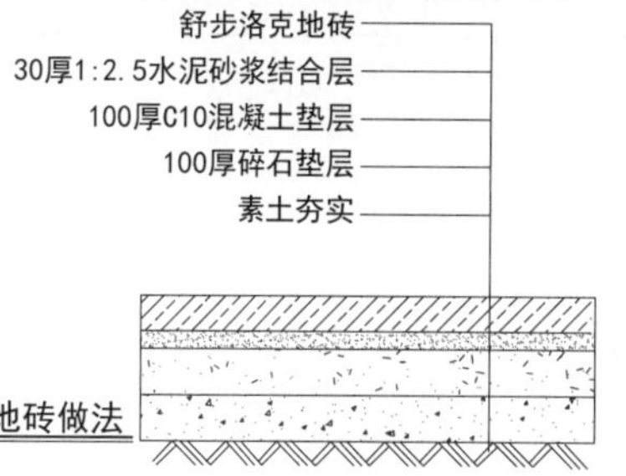
舒步洛克地砖
30厚1:2.5水泥砂浆结合层
100厚C10混凝土垫层
100厚碎石垫层
素土夯实

舒步洛克地砖做法

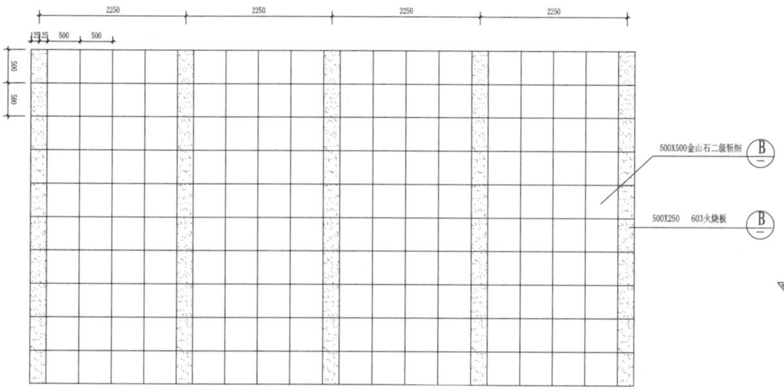

Ⓐ 东入口广场铺装图案 1:30

园路铺装003

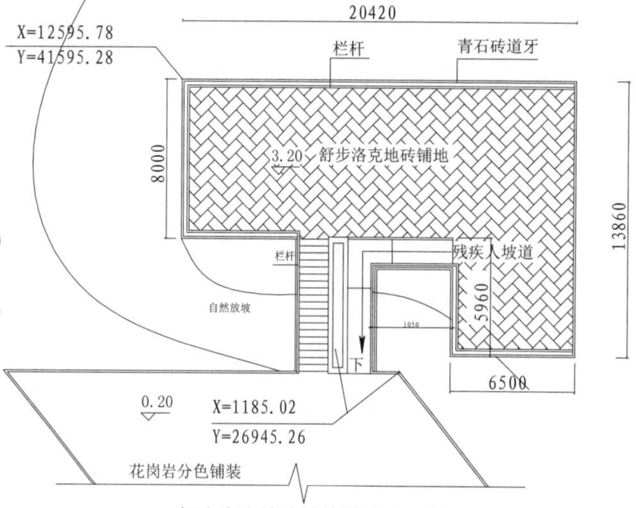

舒步洛克地砖铺地详图 1:100

园路铺装004

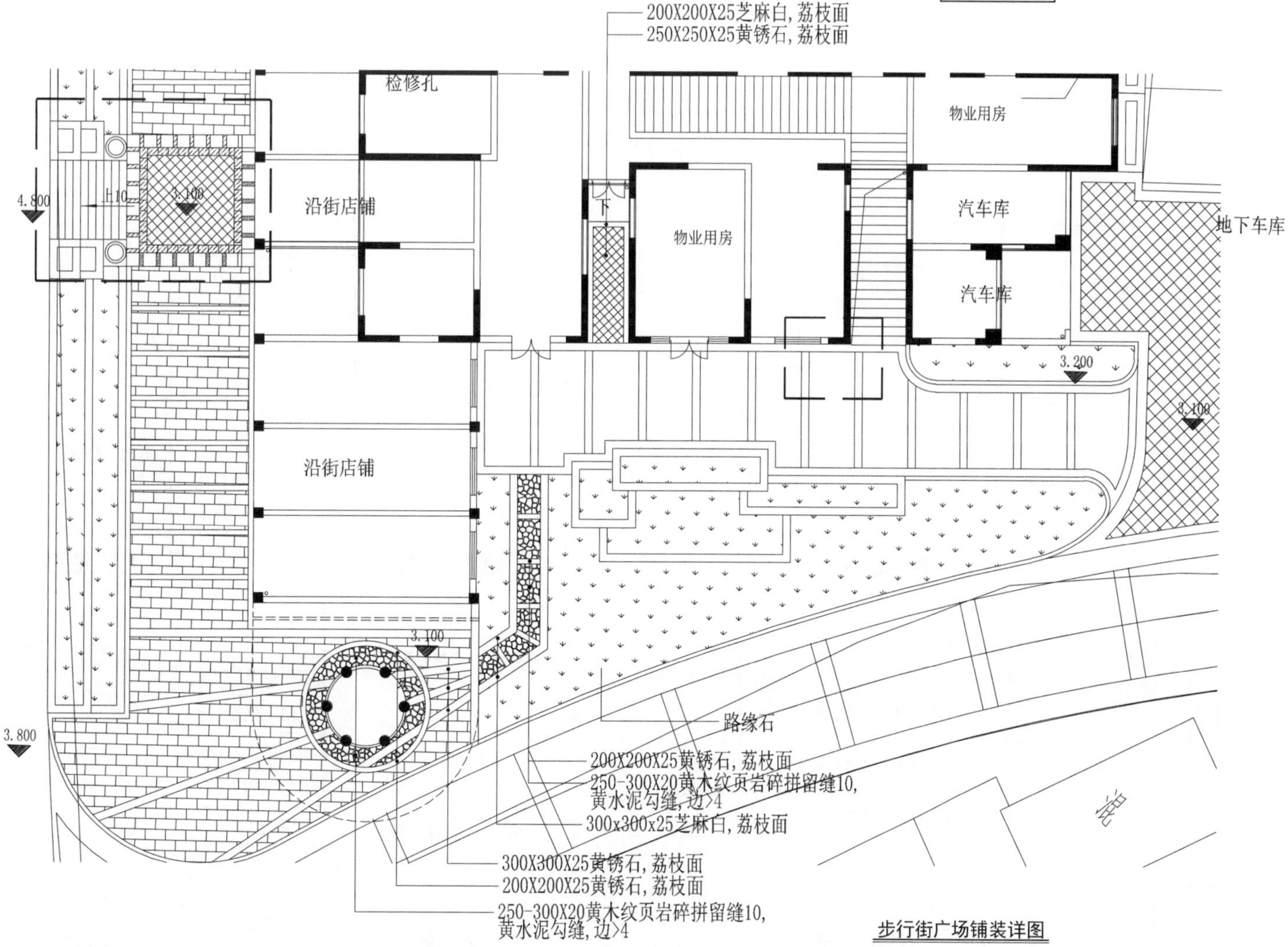
200X200X25芝麻白，荔枝面
250X250X25黄锈石，荔枝面
检修孔
物业用房
4.800
3.100
沿街店铺
下
物业用房
汽车库
地下车库
汽车库
3.200
3.100
沿街店铺
3.100
3.800
路缘石
200X200X25黄锈石，荔枝面
250-300X20黄木纹页岩碎拼留缝10，黄水泥勾缝，边>4
300x300x25芝麻白，荔枝面
300X300X25黄锈石，荔枝面
200X200X25黄锈石，荔枝面
250-300X20黄木纹页岩碎拼留缝10，黄水泥勾缝，边>4

步行街广场铺装详图

园路铺装005

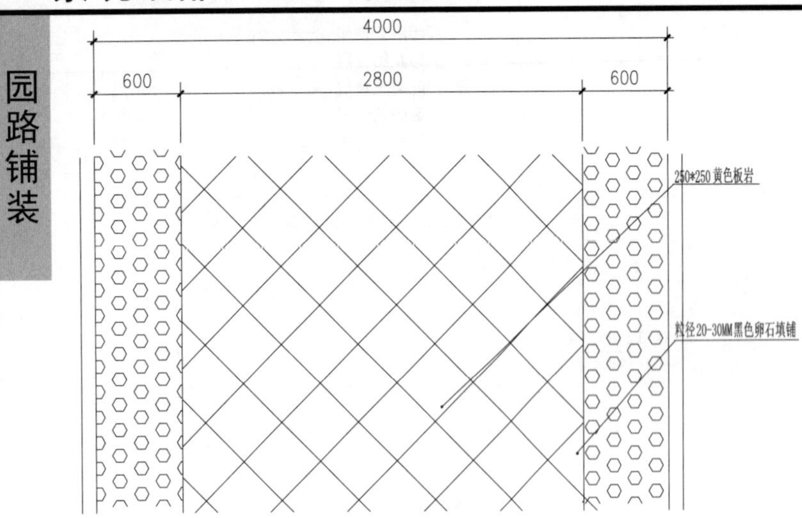

园路铺装

250*250黄色板岩

粒径20-30MM黑色卵石填铺

4.0米道路铺装

垃圾箱摆放处

粒径20-30MM黄色卵石

250*250黄色板岩

入户处铺装

草坪

300-500 青石板 汀步

1.0米道路铺装

青石板碎拼

30-50 原色卵石

1.2米道路铺装

200*100 灰色混凝土砖

200*200 毛面黑色花岗岩

停车场铺装

园路铺装006

500*500毛面米色花岗岩

绿地

原色卵石30-50mm

1.5米道路铺装

600*300毛面米色花岗岩

绿地

原色卵石30-50mm

1.5米道路铺装

30-40mm原色卵石

300*300青石板

1.5米道路铺装

250*250黄色板岩

粒径20-30MM黄色卵石

250*250黄色板岩

2米道路铺装

200*400深灰色烧毛花岗岩

200*400米灰色烧毛花岗岩

2米道路铺装

园路铺装007

100*100黄色烧毛花岗岩

1.0米道路铺装

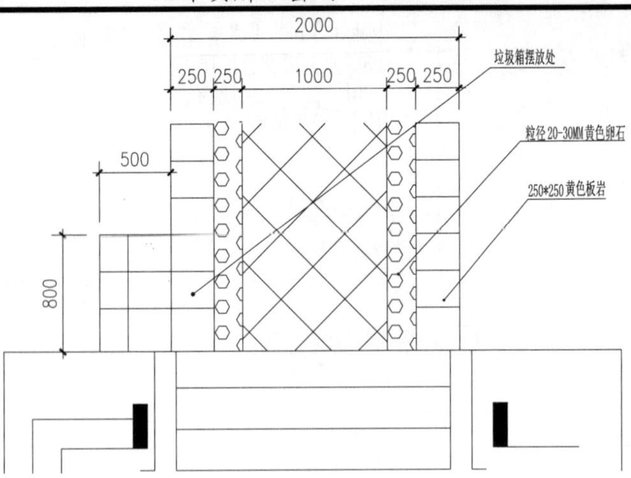

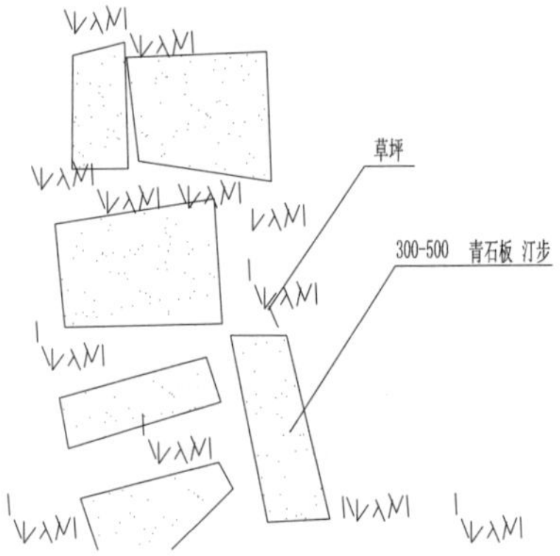

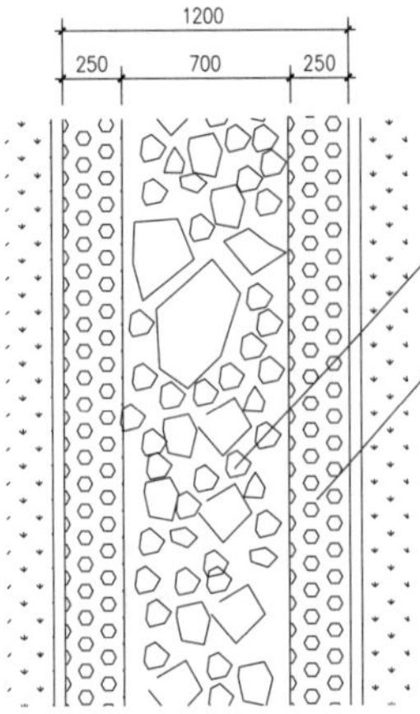

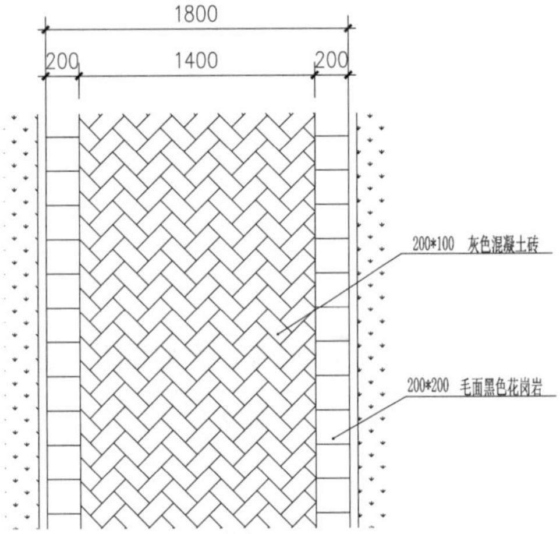

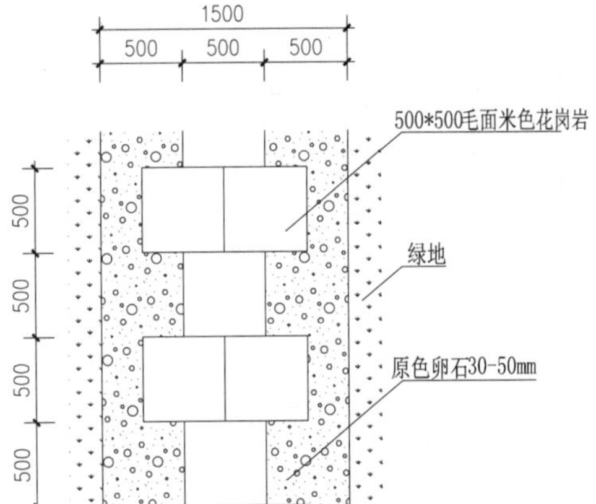

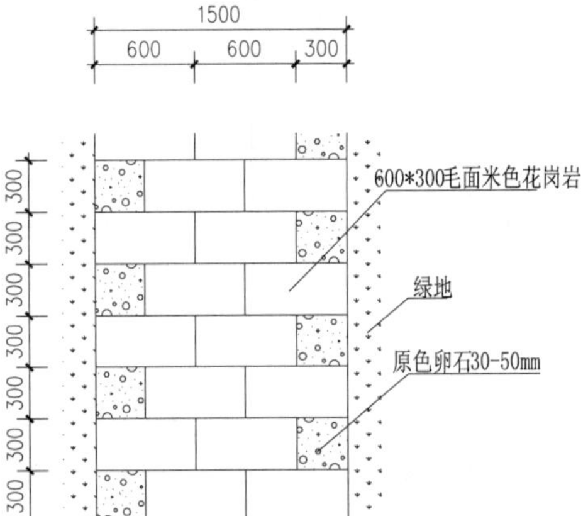

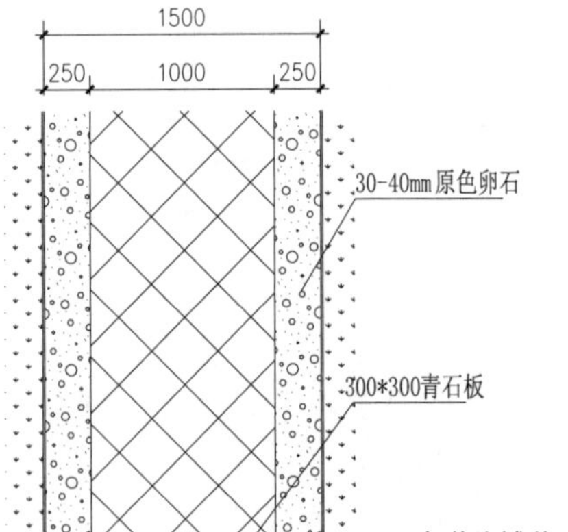

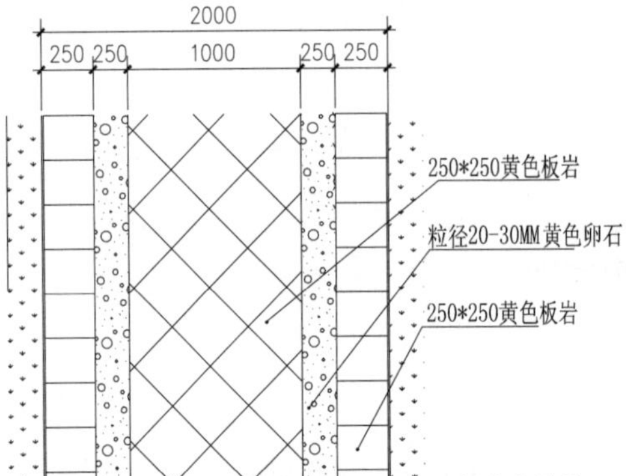

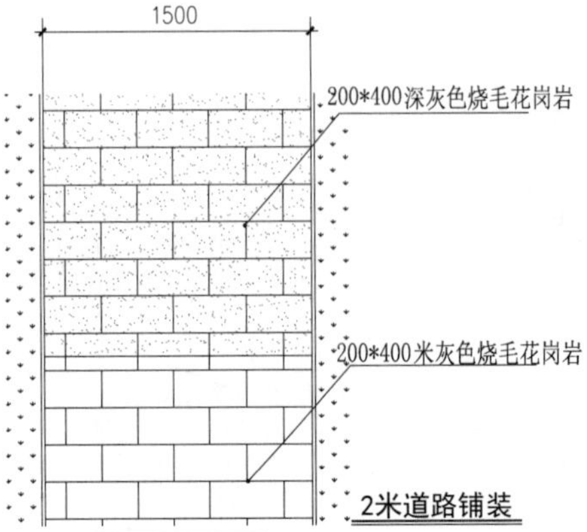

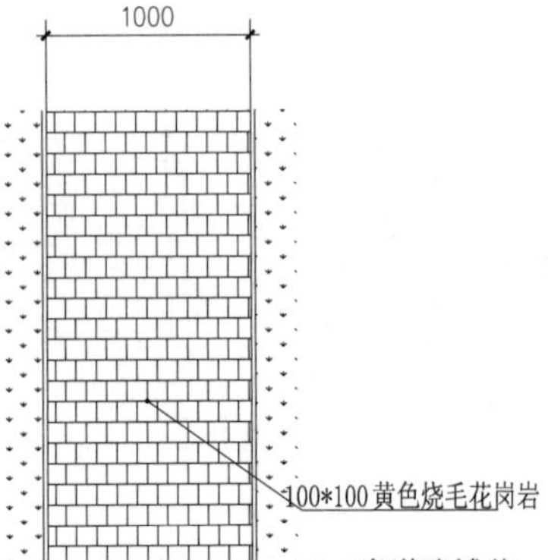

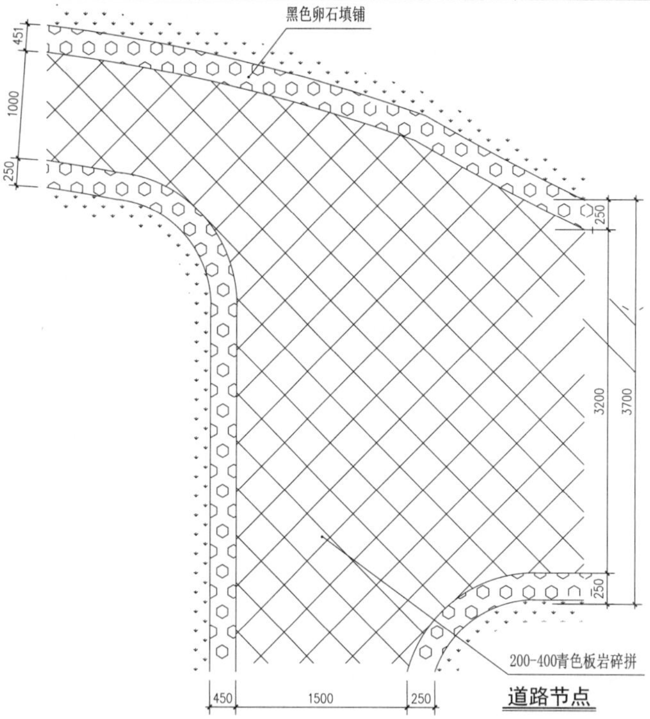

黑色卵石填铺

200-400青色板岩碎拼

道路节点

置石

水面

600*300灰色毛面花岗岩

300*300毛面褐色花围岩

30-50mm原色卵石

30-50mm原色卵石

绿化

树池座椅

300*300毛面黑色花岗岩

绿化

300*300毛面灰色花岗岩

300*300毛面褐色花岗岩

R1750

R2250

绿化

R3950

R4250

18#楼前小广场

园路铺装008

青砂石板

绿色八字形嵌草砖或其他规格嵌草砖

绿地

深灰色水泥砖

青砂石板

树池

停车场铺装样式1

黄色混凝土平道牙分隔块

素混凝土挡车墩

嵌草砖

80厚C25墨绿色混凝土砖
(300x300)

300×16=4800

300×8=2400

停车场铺装样式3

米黄色广场铺石

淡黄色广场铺石

深灰色广场铺石

停车场铺装样式4

绿色八字形嵌草砖

深灰色水泥砖

绿地

绿地

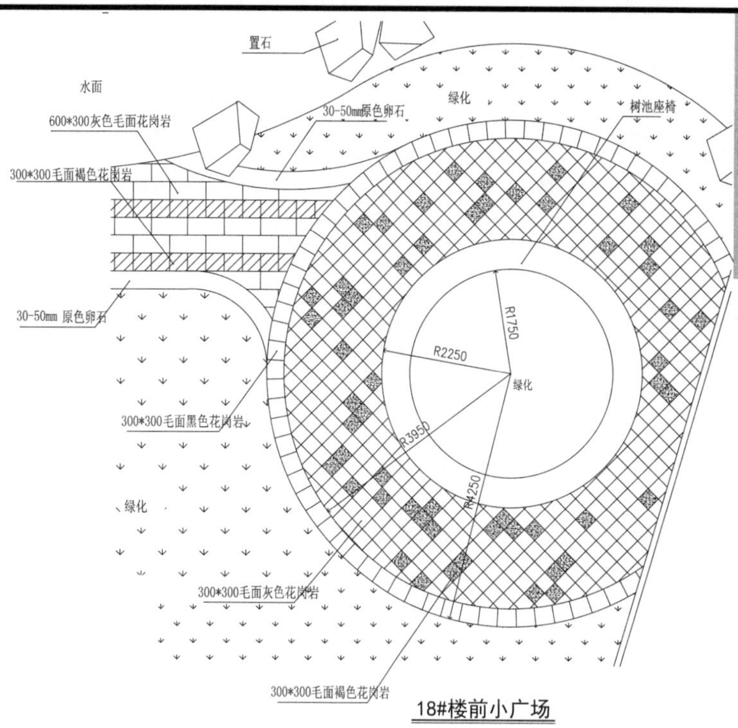

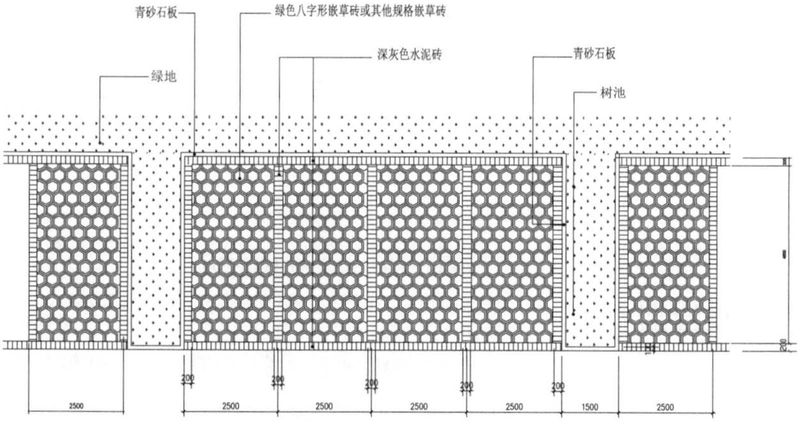

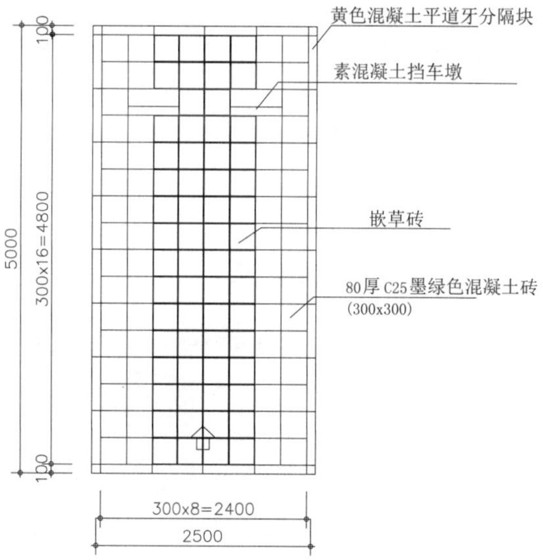

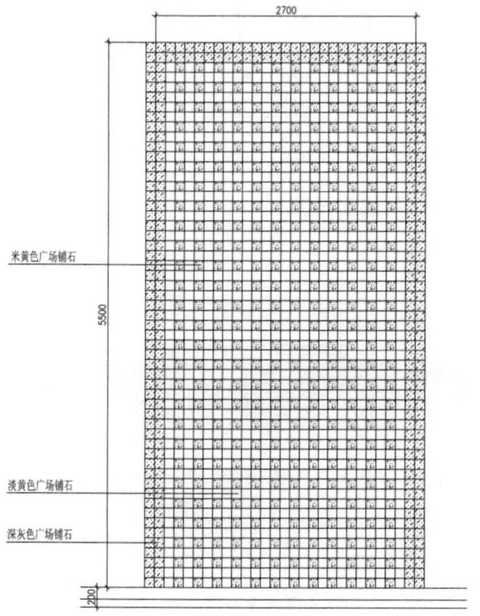

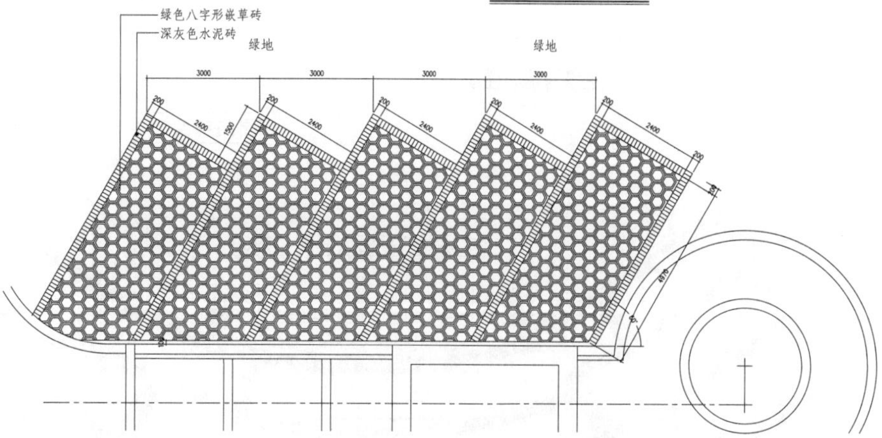

停车场铺装样式2

园路铺装009

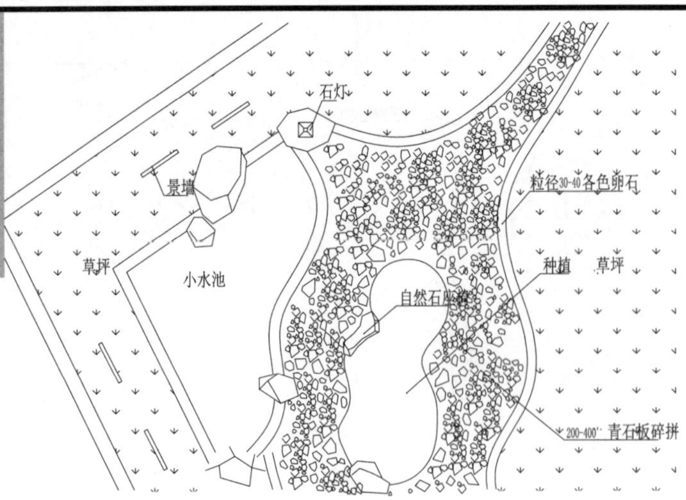

40#楼旁铺装

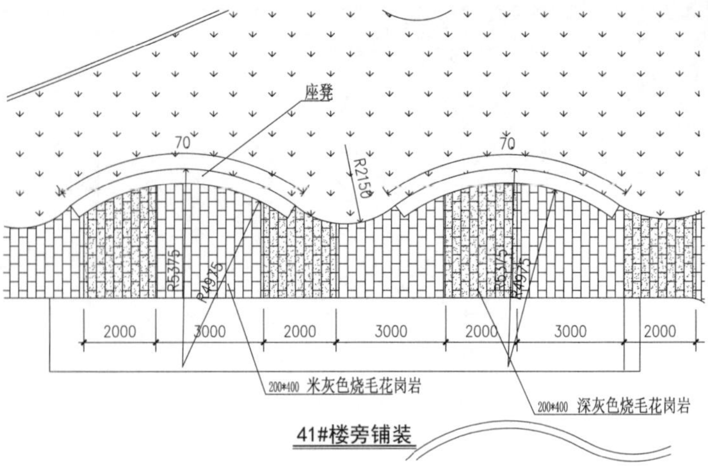

41#楼旁铺装

园路铺装010

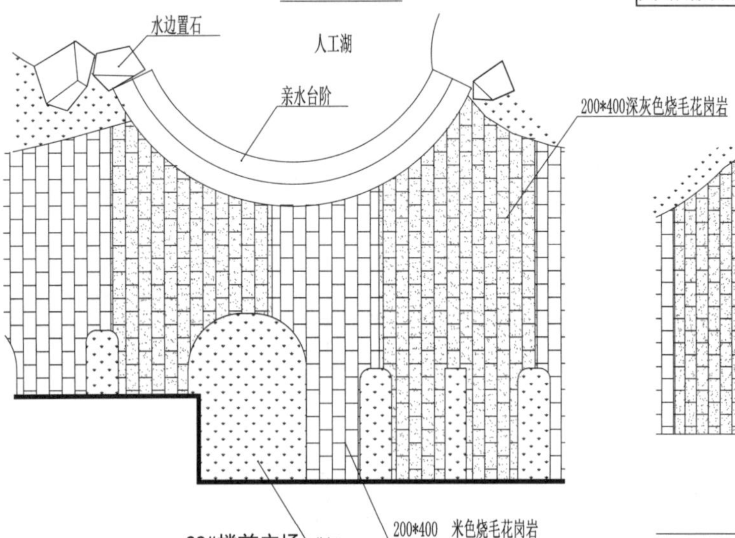

29#楼前广场

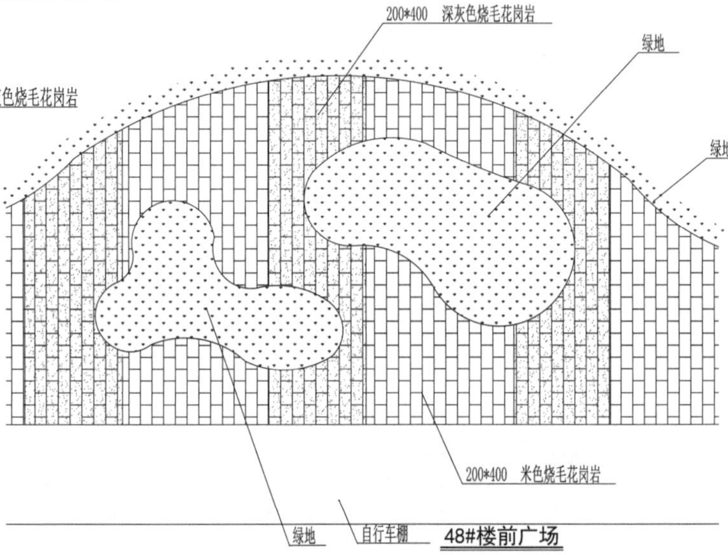

48#楼前广场

园路铺装011

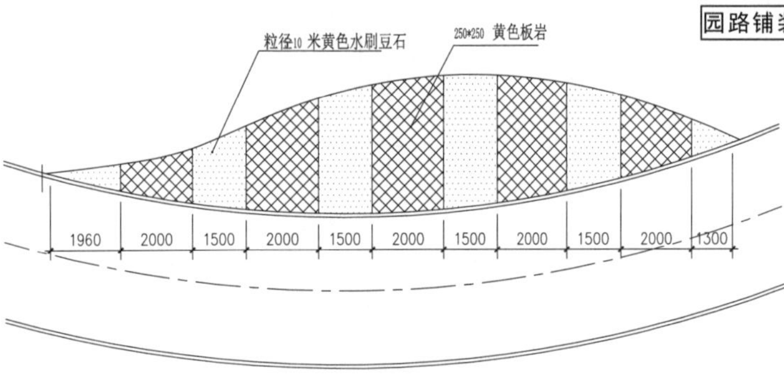

10#楼后铺装详图

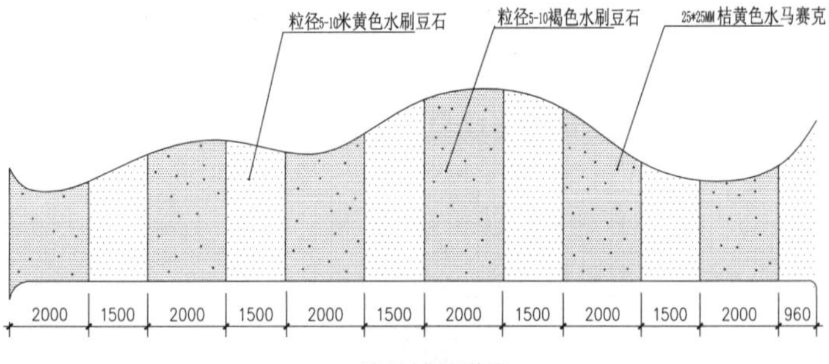

10#楼前铺装详图

园路铺装012

广场局部平面大样图 1:200

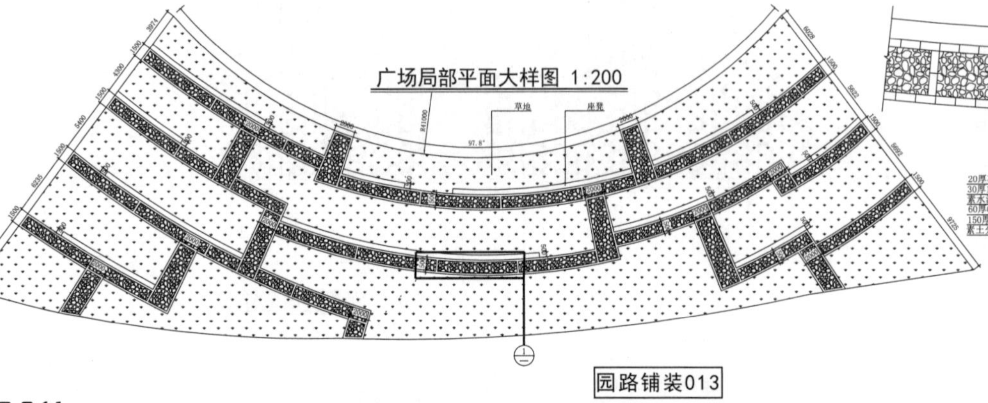

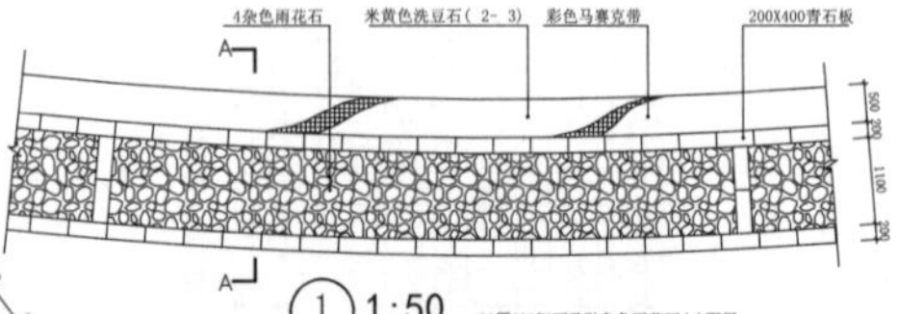

1 1:50

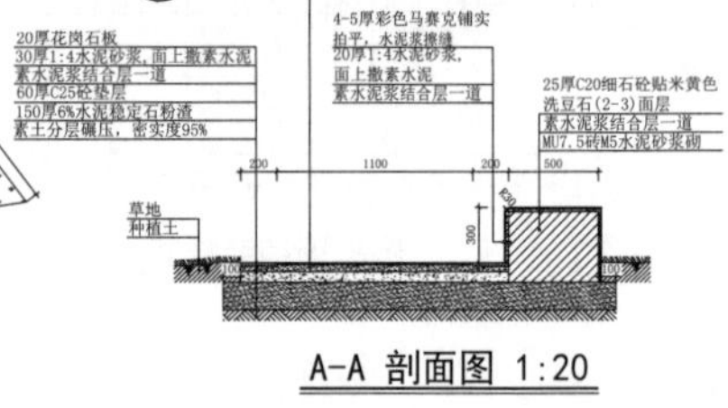

A-A 剖面图 1:20

园路铺装013

水面

粒径10MM 黄色水刷豆石

粒径10MM 黄色水刷豆石

粒径10MM 黄色水刷豆石

草坪

草坪

黑色卵哥 40mm

100 250 250 100

100 150 100 150

300*300 粉红色烧毛花岗岩

100*100 粉红色马赛克

300

250 250 150 100 100 150 100 100 250 250 100

250*100 灰色烧毛花岗石

150*100 灰色烧毛花岗岩

300

种植

250*300 青色板岩

250*250 青色板岩

草坪

园路铺装014

2000

250 1000 250

250   250

250 250 250 250 250 250

400*200 毛面米色花岗岩
席纹拼接

粒径30-50mm 原色卵石

300-600mm 青石板

250*250 毛面灰色花岗岩

铺装细部二

1500

250 1000 250

250

粒径30-40 各色卵石填铺

250*250 青石板

100*100 黄色烧毛花岗岩

铺装细部三

2000

300 1000 300

200   200

300 300 300 300 300 300

400*200 毛面米色花岗岩
席纹拼接

1500

250 1000 250

250*250青石板

粒径30-40各色卵石填铺

200-400青色板岩碎拼

粒径30-40各色卵石填铺

250

粒径30-50mm 原色卵石

300*300 毛面灰色花岗岩

铺装细部四

铺装细部一

2000

1700 300

400*200 毛面米色花岗岩
席纹拼接

300 300 300 300 300 300

300*300 毛面灰色花岗岩

铺装细部五

园路铺装015

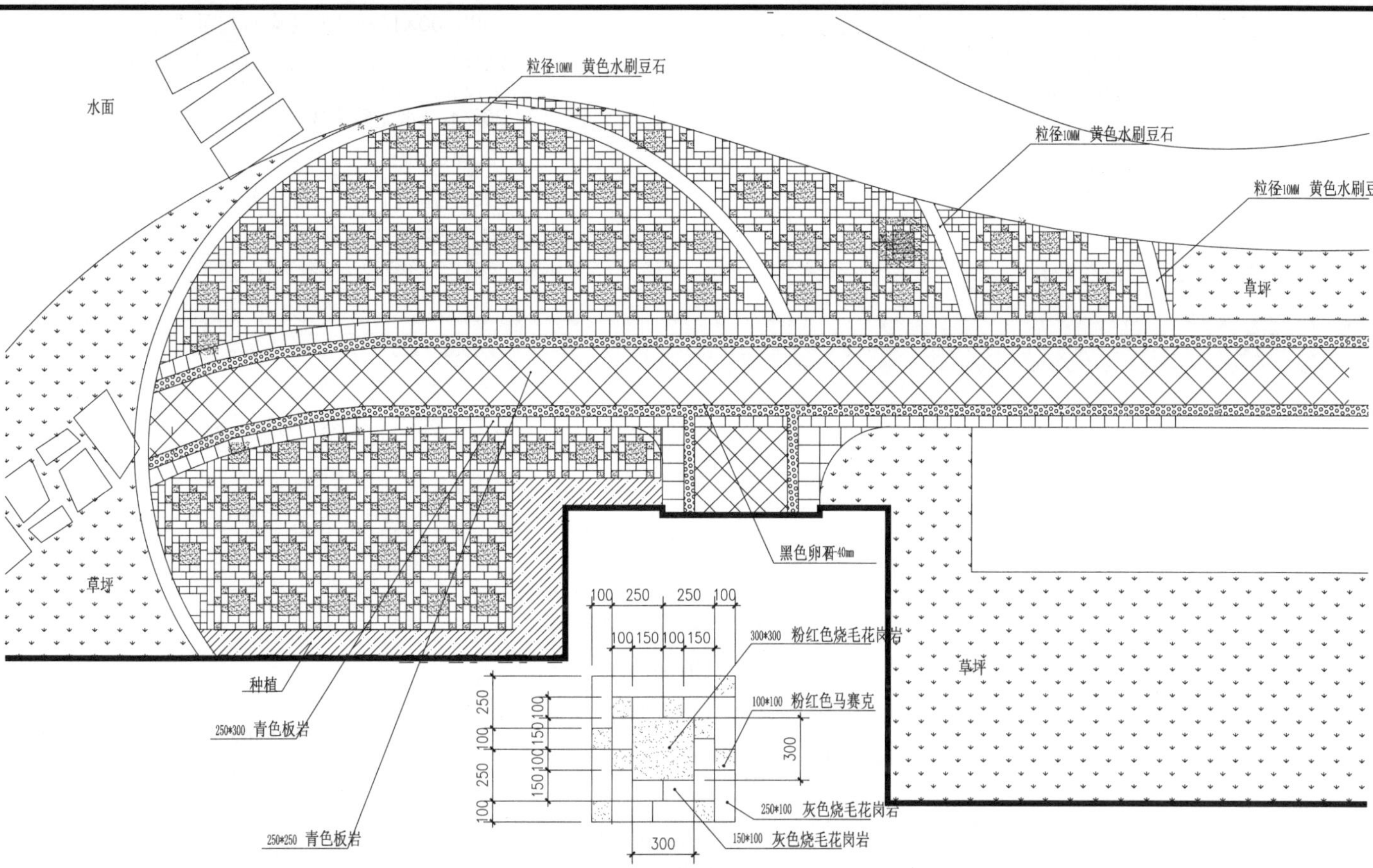

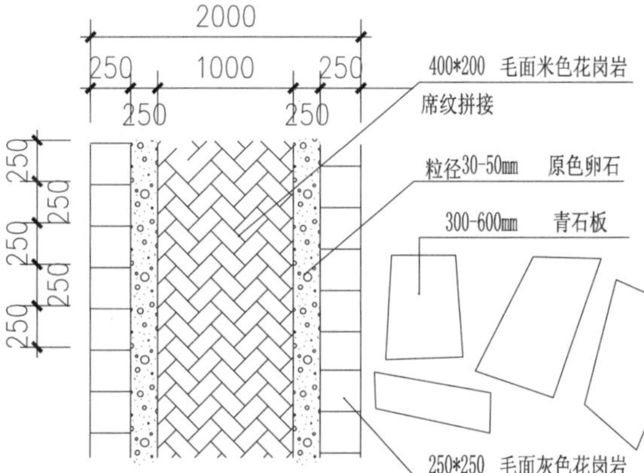

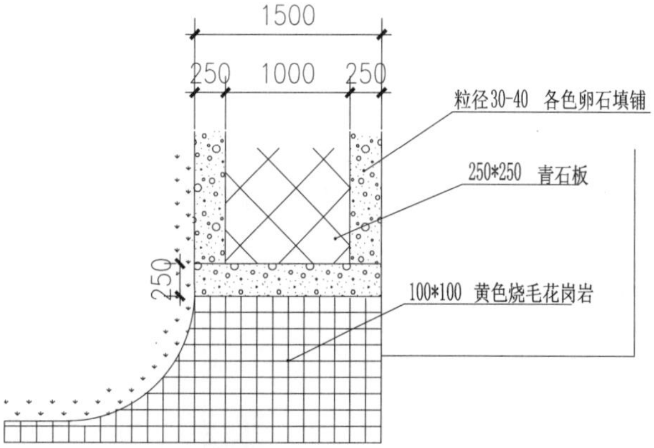

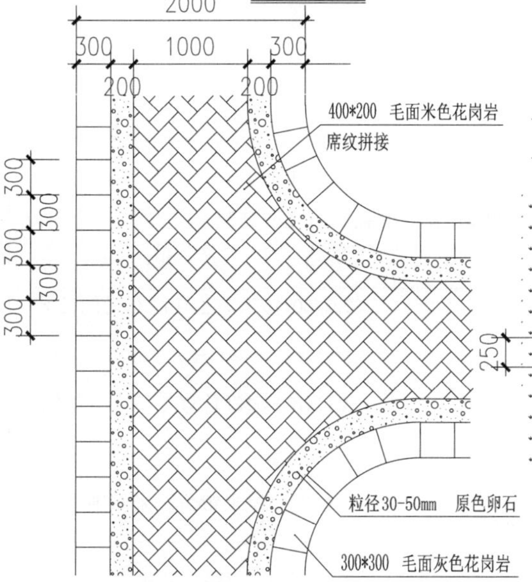

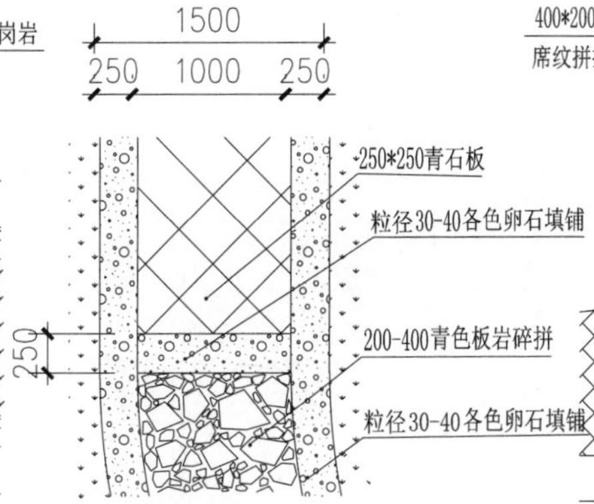

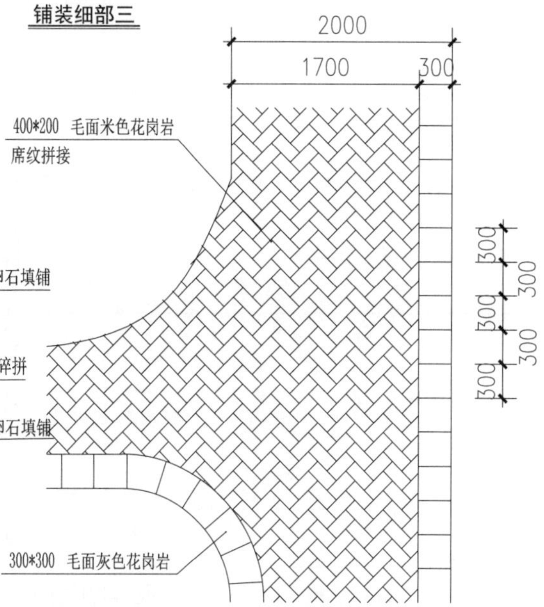

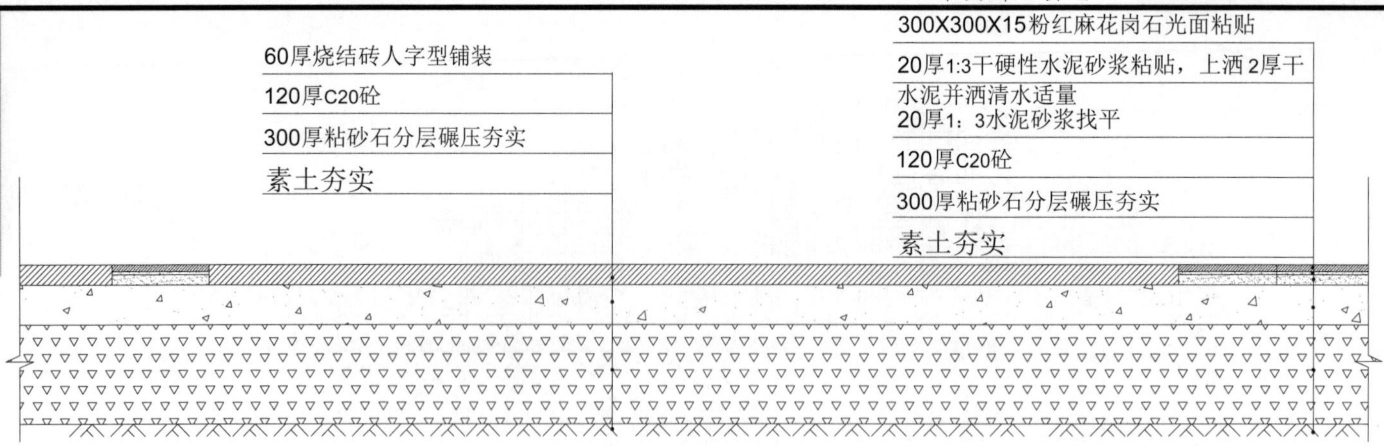
60厚烧结砖人字型铺装
120厚C20砼
300厚粘砂石分层碾压夯实
素土夯实
300X300X15粉红麻花岗石光面粘贴
20厚1:3干硬性水泥砂浆粘贴，上洒2厚干水泥并洒清水适量
20厚1：3水泥砂浆找平
120厚C20砼
300厚粘砂石分层碾压夯实
素土夯实

1-1 断面图 1:20

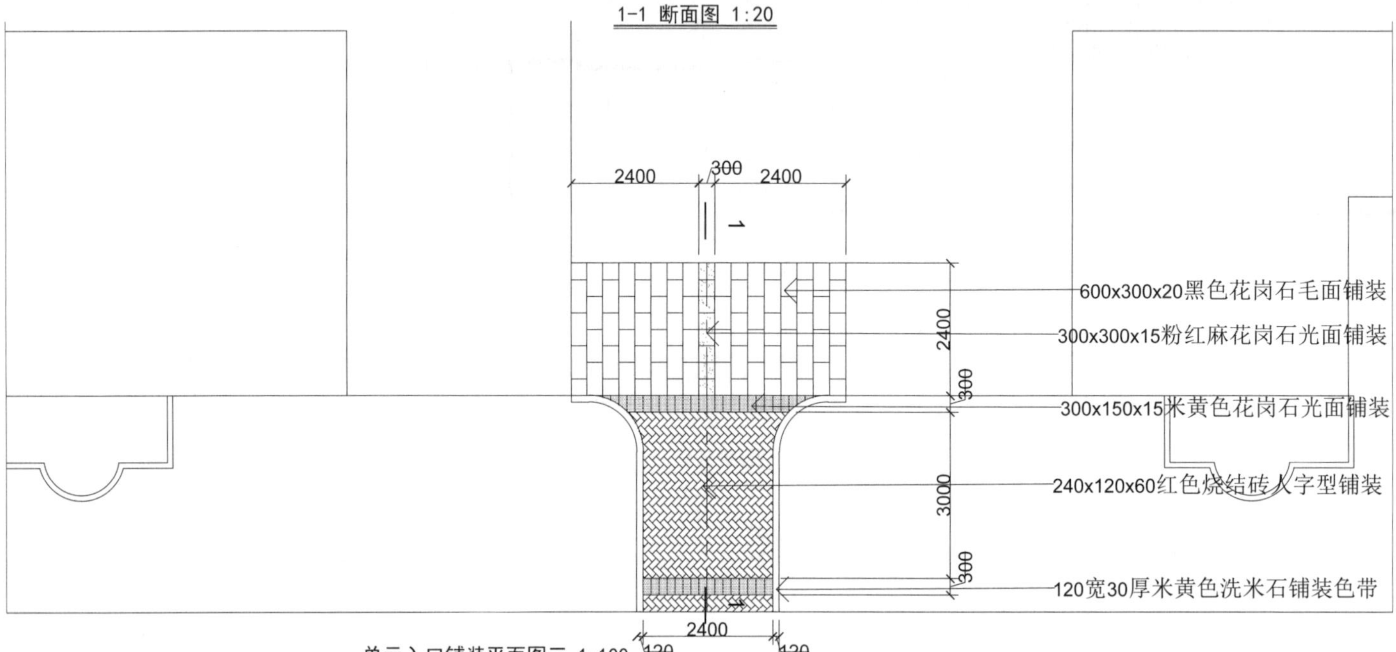
2400
300
2400
1
600x300x20黑色花岗石毛面铺装
300x300x15粉红麻花岗石光面铺装
300x150x15米黄色花岗石光面铺装
240x120x60红色烧结砖人字型铺装
120宽30厚米黄色洗米石铺装色带
3000
120
2640

单元入口铺装平面图三 1:100

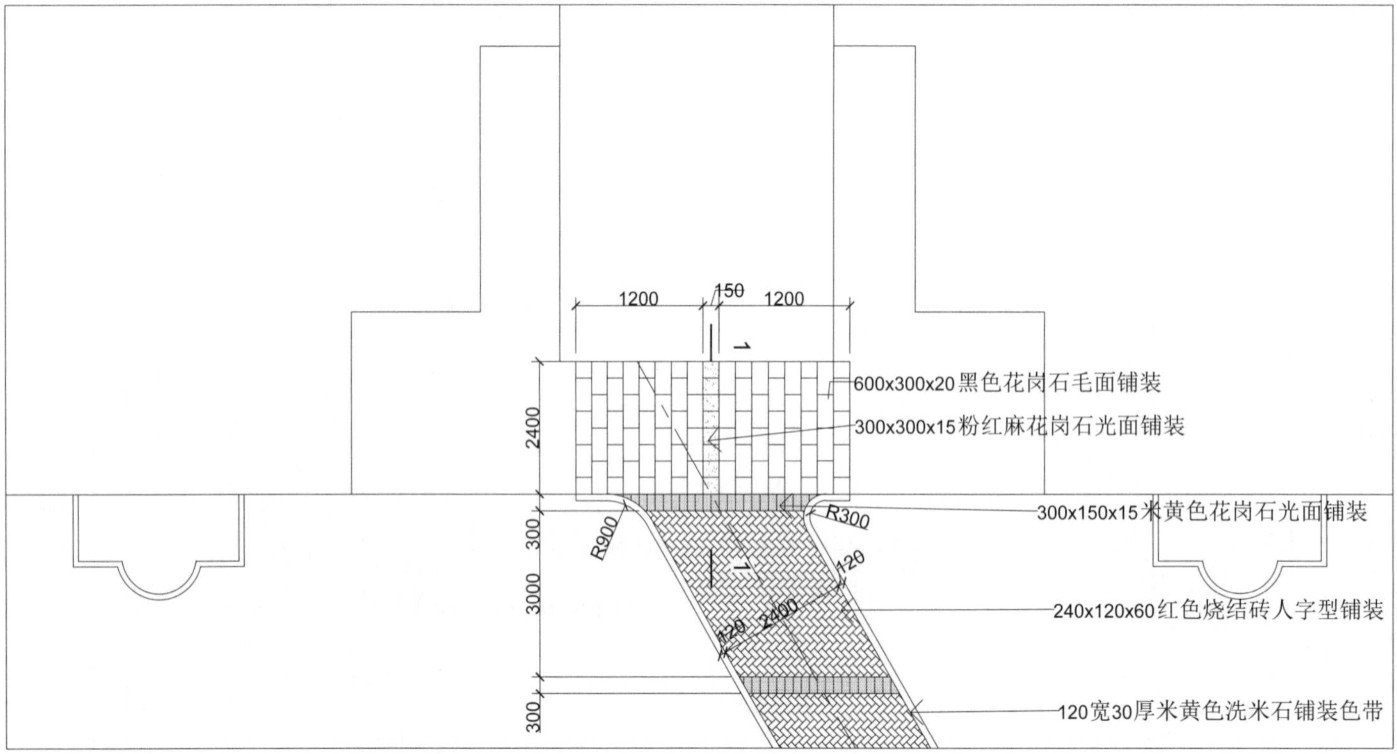
1200
150
1200
1
2400
300
3000
R900
R300
120
600x300x20黑色花岗石毛面铺装
300x300x15粉红麻花岗石光面铺装
300x150x15米黄色花岗石光面铺装
240x120x60红色烧结砖人字型铺装
120宽30厚米黄色洗米石铺装色带

单元入口铺装平面图二 1:100

园路铺装016

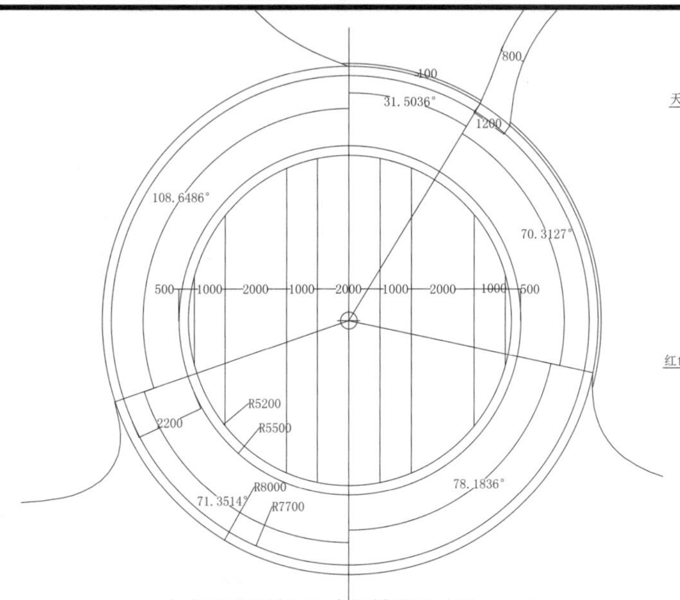

车库顶圆形地面及木板铺装尺寸图 1:100

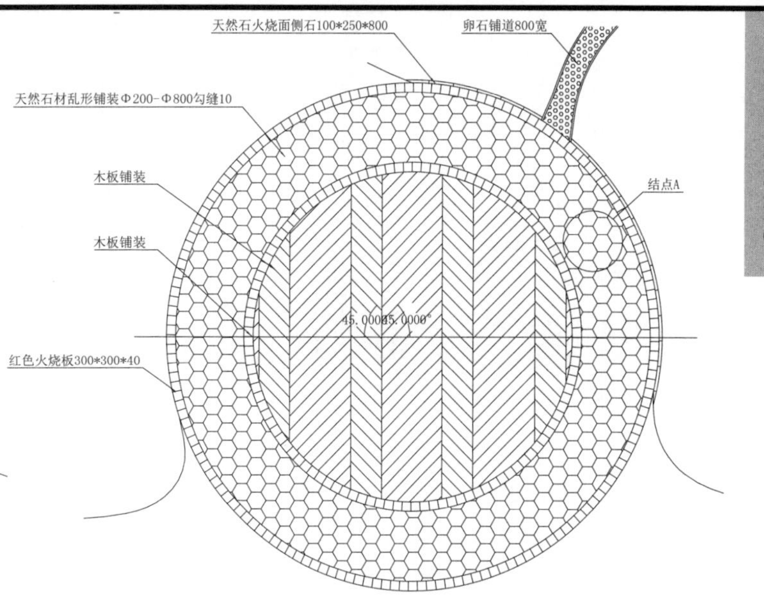
天然石火烧面侧石100*250*800
卵石铺道800宽
天然石材乱形铺装Φ200-Φ800勾缝10
木板铺装
木板铺装
结点A
45.0000
45.0000°
红色火烧板300*300*40

车库顶圆形地面及木板铺装平面图 1:100

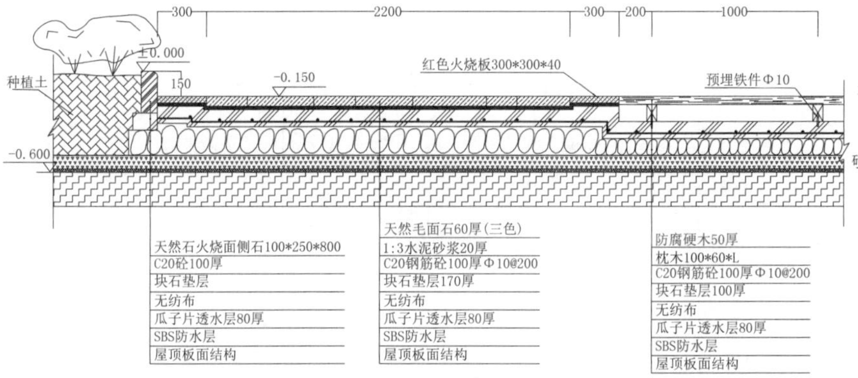
300
2200
300
200
1000
±0.000
种植土
150
-0.150
红色火烧板300*300*40
预埋铁件Φ10
-0.600
天然石火烧面侧石100*250*800
C20砼100厚
块石垫层
无纺布
瓜子片透水层80厚
SBS防水层
屋顶板面结构
天然毛面石60厚(三色)
1:3水泥砂浆20厚
C20钢筋砼100厚Φ10@200
块石垫层170厚
无纺布
瓜子片透水层80厚
SBS防水层
屋顶板面结构
防腐硬木50厚
枕木100*60*L
C20钢筋砼100厚Φ10@200
块石垫层100厚
无纺布
瓜子片透水层80厚
SBS防水层
屋顶板面结构

车库顶圆形地面及木板铺装施工图 1:20

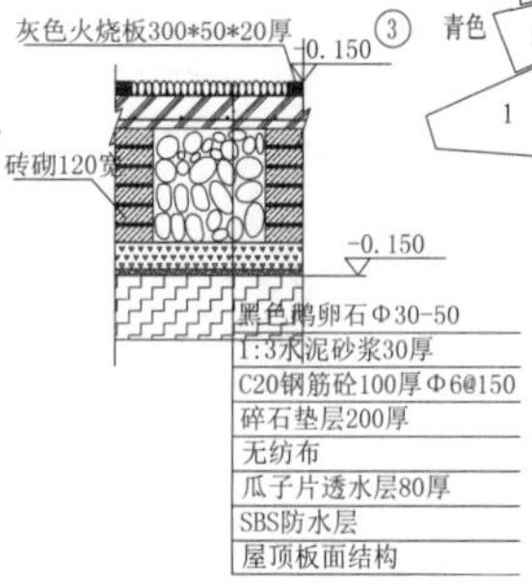
灰色火烧板300*50*20厚
-0.150
砖砌120宽
-0.150
黑色鹅卵石Φ30-50
1:3水泥砂浆30厚
C20钢筋砼100厚Φ6@150
碎石垫层200厚
无纺布
瓜子片透水层80厚
SBS防水层
屋顶板面结构

卵石铺装施工图 1:20

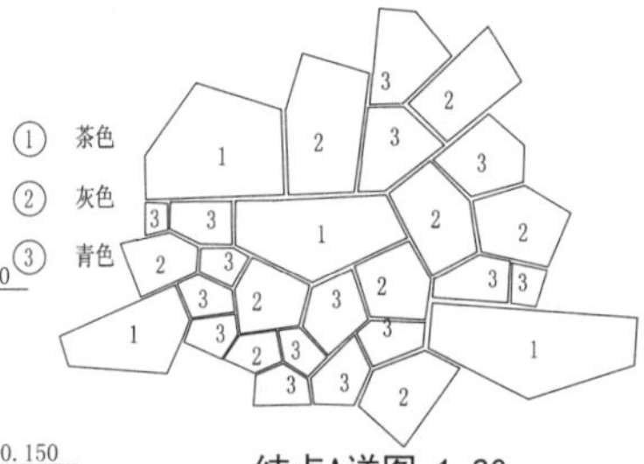
① 茶色
② 灰色
③ 青色

结点A详图 1:20

园路铺装017

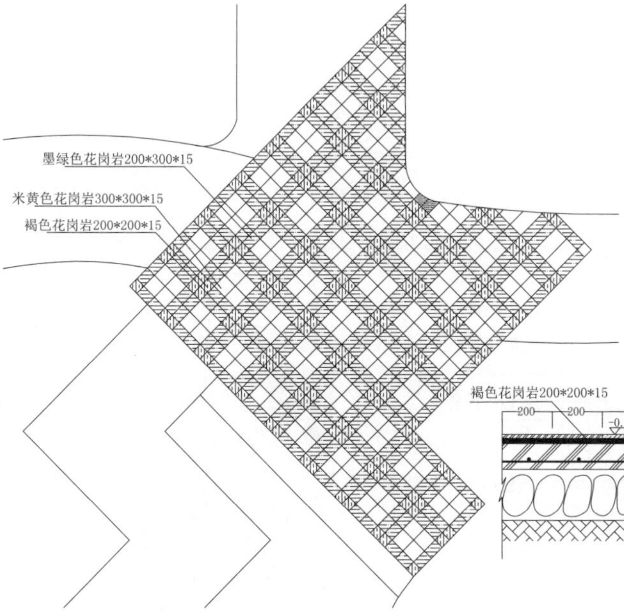
墨绿色花岗岩200*300*15
米黄色花岗岩300*300*15
褐色花岗岩200*200*15

不规则铺地铺装平面图 1:50

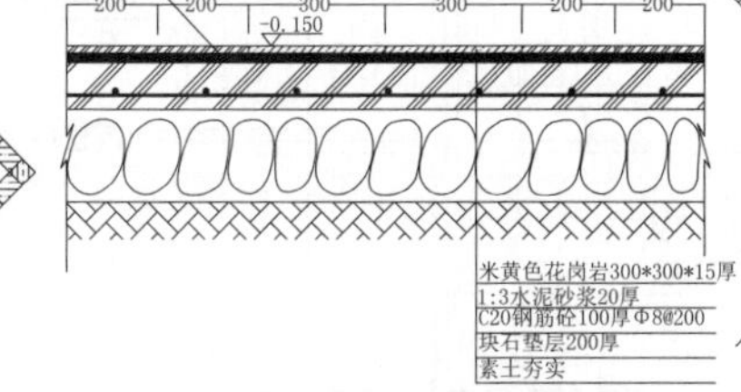
褐色花岗岩200*200*15
200 200 300 300 200 200
-0.150
米黄色花岗岩300*300*15厚
1:3水泥砂浆20厚
C20钢筋砼100厚Φ8@200
块石垫层200厚
素土夯实

不规则铺地铺装施工图 1:20

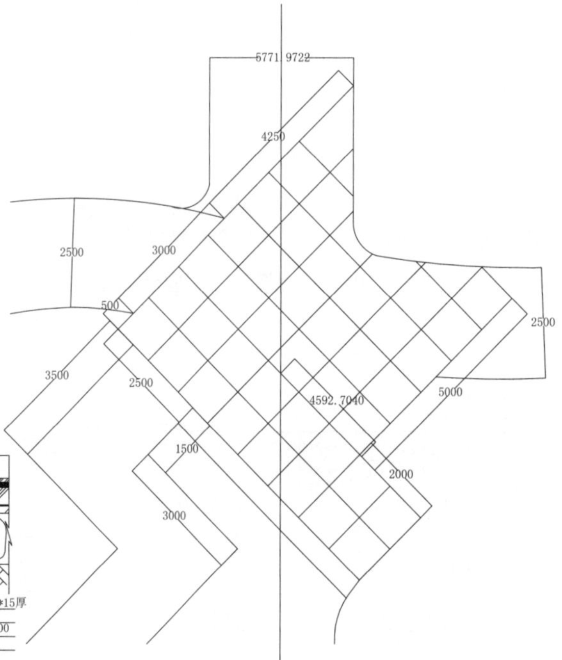

不规则铺地铺装尺寸图 1:100

园路铺装018

青山板铺装

嵌草砖

② 1:100

5100
300 2100 300 2100 300

浅蓝广场砖铺地
卵石铺装

灰色广场砖
浅蓝广场砖

① 1:100

R4000
1250 1100
喷泉

花架

广场砖铺地

中国红花岗石

⑤ 1:200

R7800
R2800
R5000
R4700
24°
a b c

广场砖面层
30厚1:3水泥砂浆
100厚C15砼
80厚碎石垫层
素土夯实

广场砖铺地构造图 1:10

④ 1:100

米黄广场砖
米白广场砖
中国红花岗石镶边
R4200
R6900
R6600
R6000
3000
2700
2.5° 20°
2.5° 2.5°
3300
500
米白广场砖
青石铺装

③ 1:100

φ2.5-3cm卵石嵌铺
30厚1:3水泥砂浆
100厚C15砼
80厚碎石垫层
素土夯实

卵石铺装结构图 1:10

广场砖面层
30厚1:3水泥砂浆
200厚C25砼
80厚碎石垫层
素土夯实

可通车广场砖路构造图 1:10

花岗石面层
30厚1:3水泥砂浆
100厚C15砼
80厚碎石垫层
素土夯实

（碎拼）花岗石铺地构造图 1:10

250厚C25砼
150厚三合土垫层
素土夯实

水泥路构造图 1:10

50厚青石板
30厚1:3水泥砂浆
100厚C15砼
80厚碎石垫层
素土夯实

青石板铺地构造图 1:10

园路铺装019

200
3000
2600
3000
400
200 2600 200
3000

灰色广场砖
浅蓝广场砖

② 1:100

200
2100
200

灰色广场砖
d米白广场砖
c浅蓝广场砖

① 1:100

R4000
R2500
R3500
36°

③ 1:100

园路铺装020

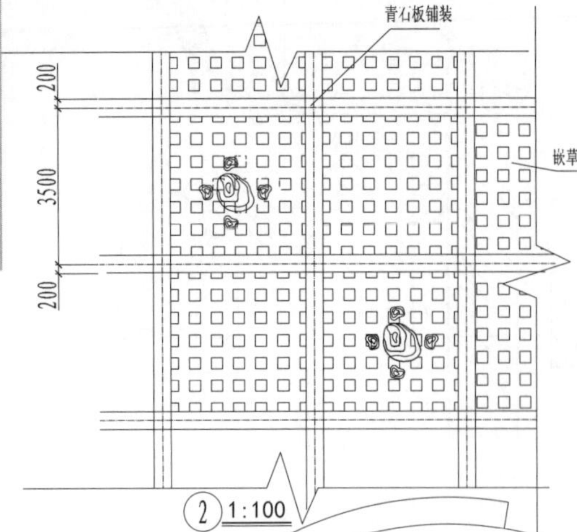

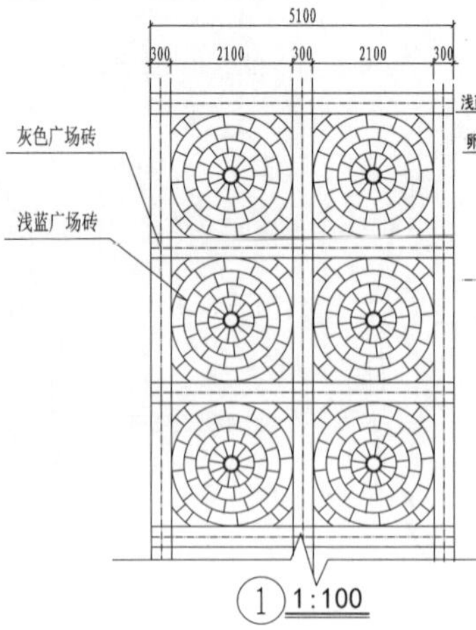

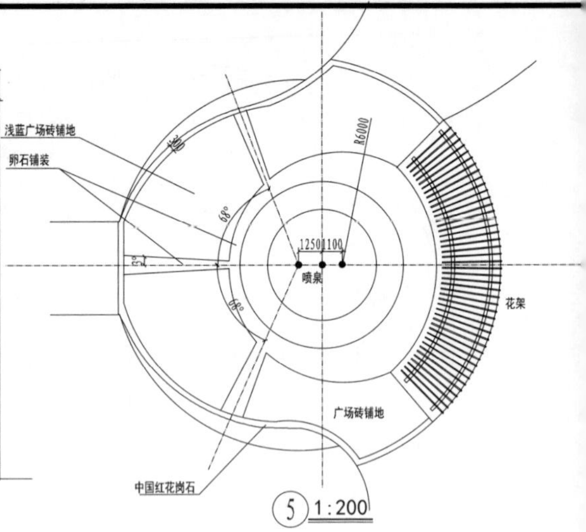

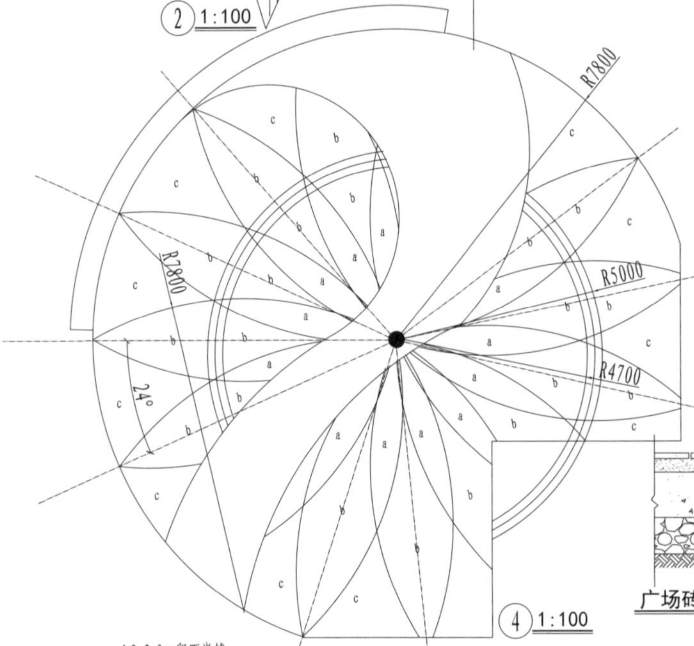

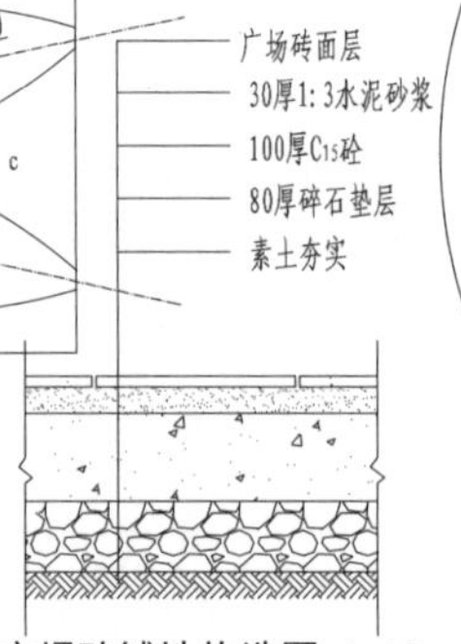

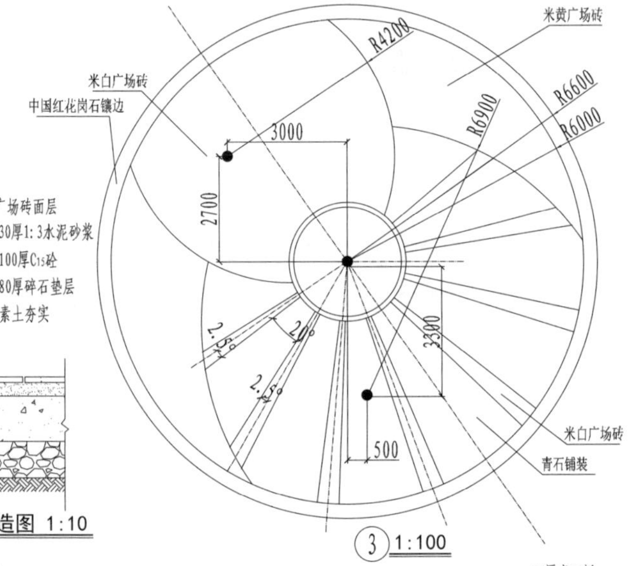

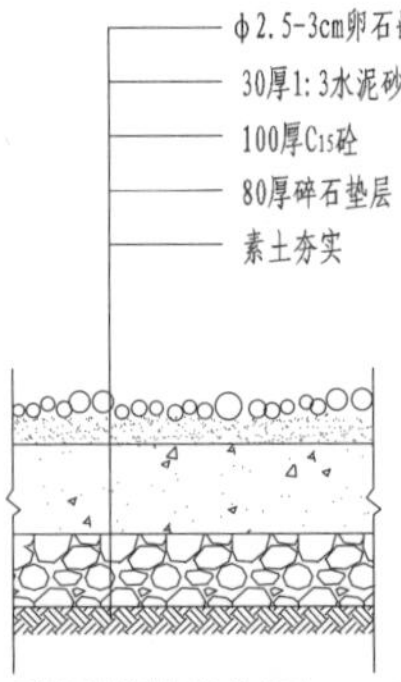

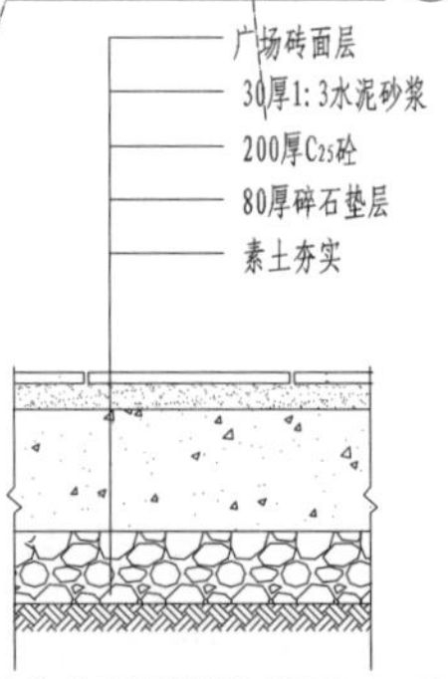

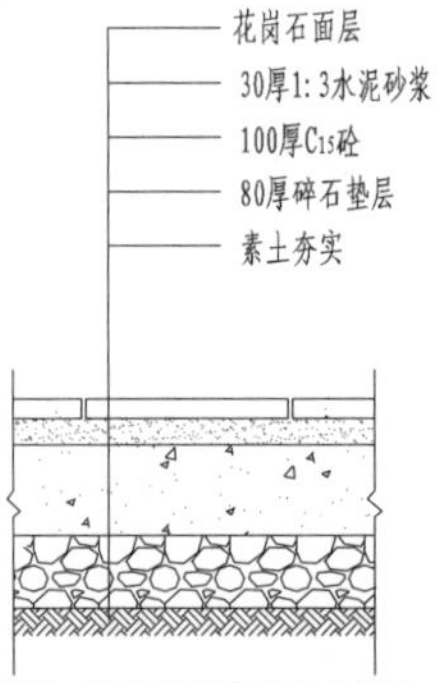

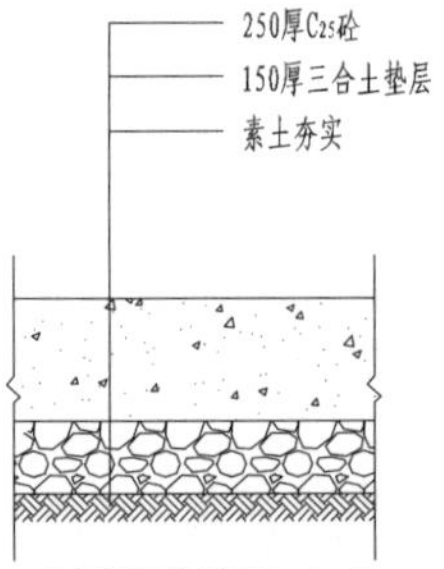

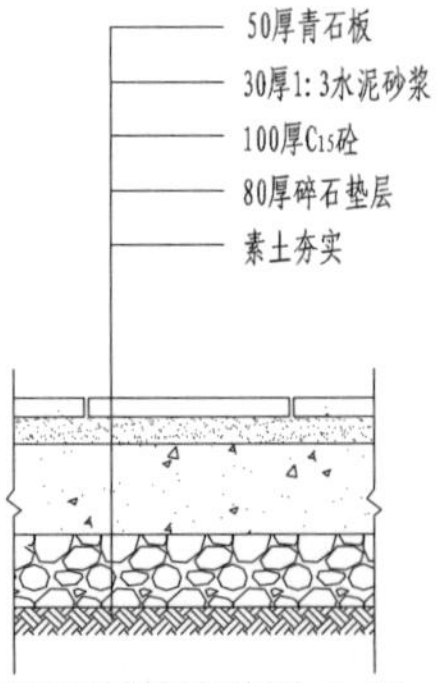

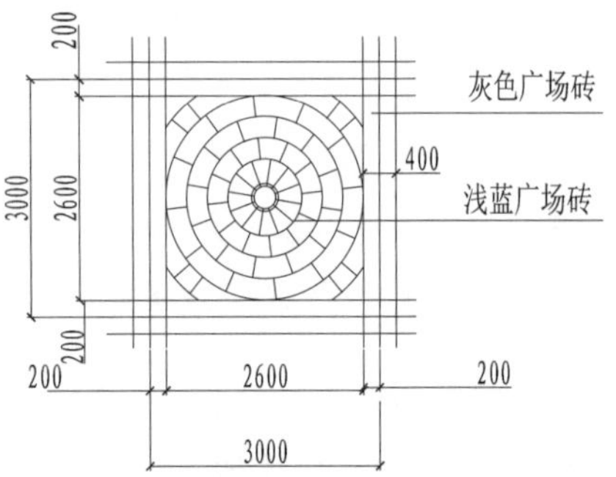

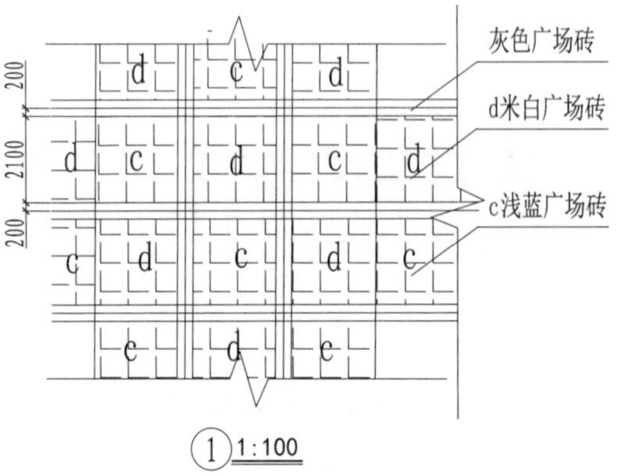

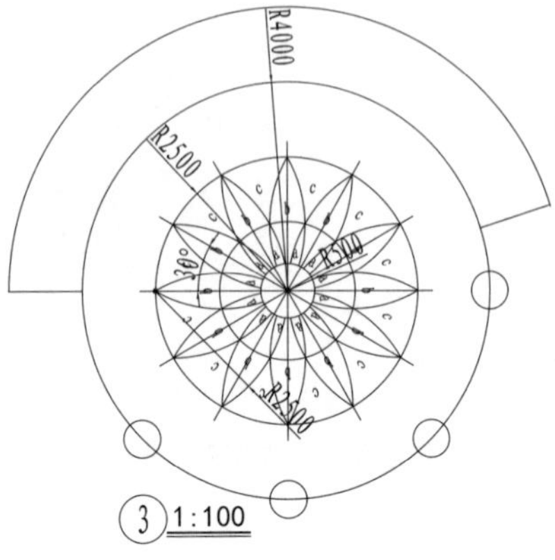

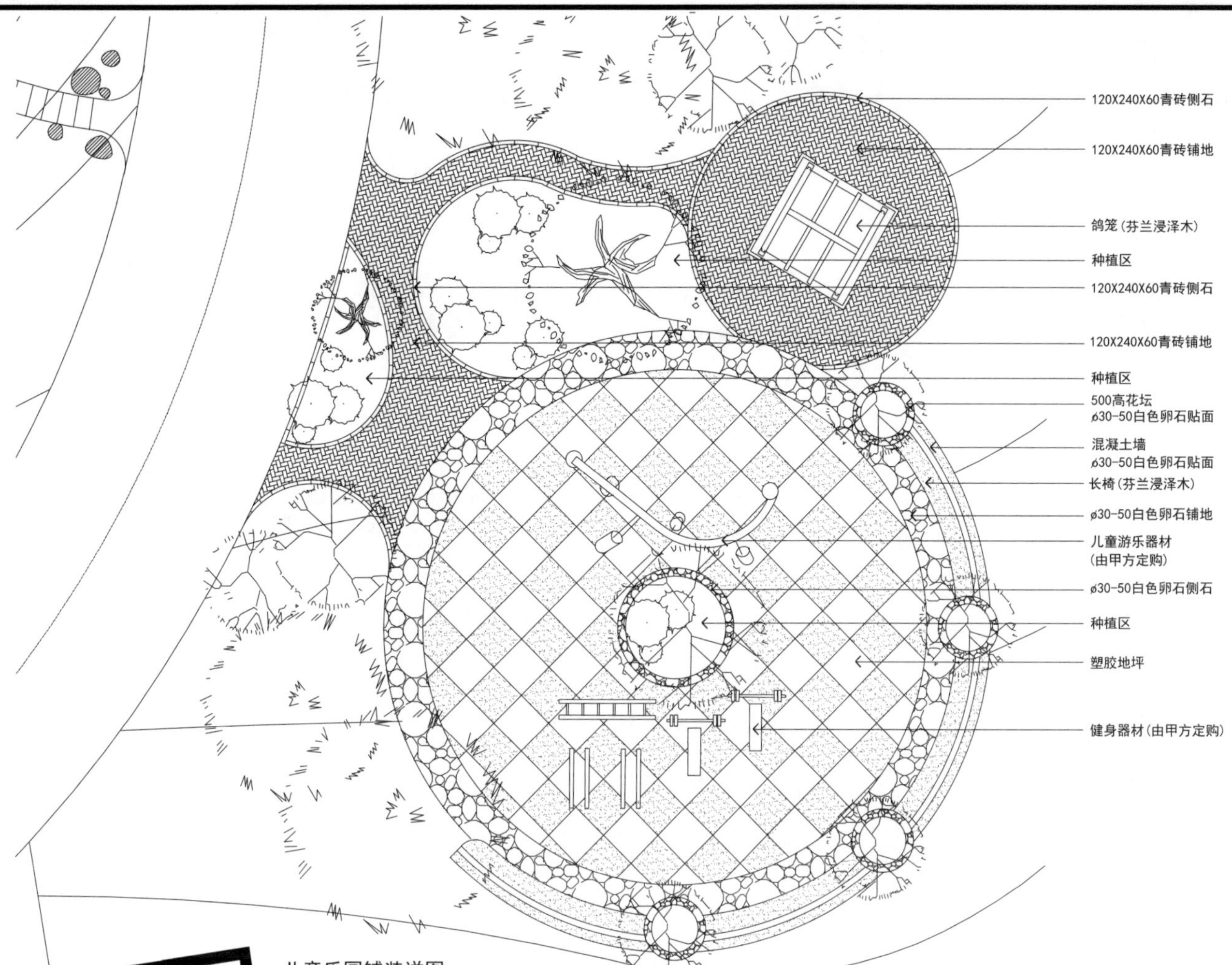
120X240X60青砖侧石
120X240X60青砖铺地
鸽笼（芬兰浸泽木）
种植区
120X240X60青砖侧石
120X240X60青砖铺地
种植区
500高花坛
ø30-50白色卵石贴面
混凝土墙
ø30-50白色卵石贴面
长椅（芬兰浸泽木）
ø30-50白色卵石铺地
儿童游乐器材
（由甲方定购）
ø30-50白色卵石侧石
种植区
塑胶地坪
健身器材（由甲方定购）

儿童乐园铺装详图

园路铺装021

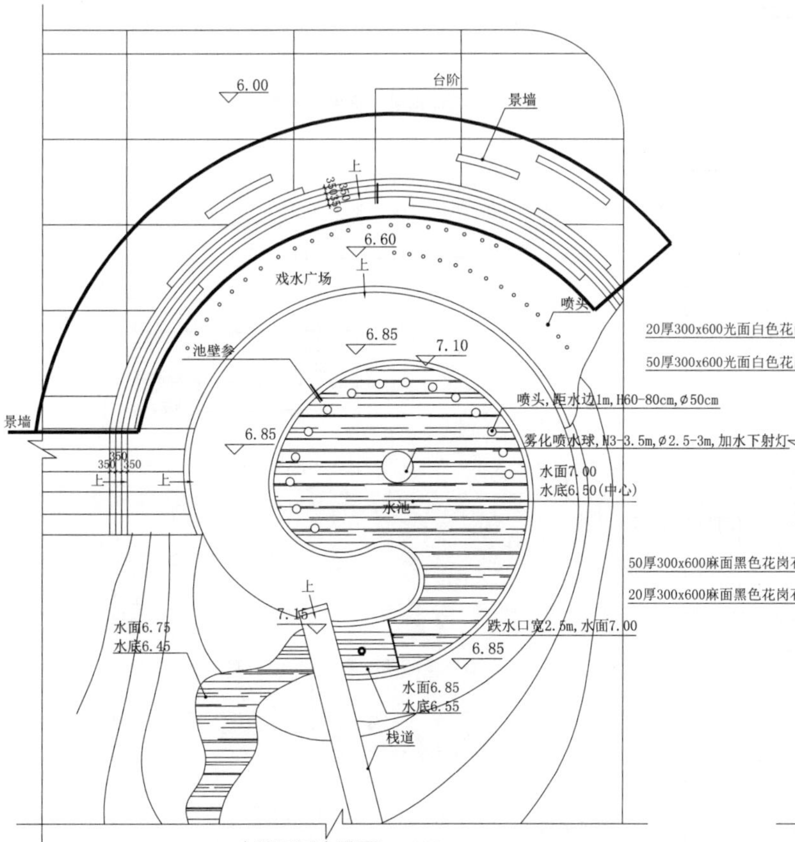
6.00
台阶
景墙
上
6.60
戏水广场
上
喷头
6.85
7.10
池壁参
喷头，距水边1m，H60-80cm，ø50cm
景墙
雾化喷水球，H3-3.5m，ø2.5-3m，加水下射灯
6.85
350 350
上
上
水面7.00
水底6.50（中心）
水池
上
7.15
水面6.75
水底6.45
跌水口宽2.5m，水面7.00
6.85
水面6.85
水底6.55
栈道
20厚300x600光面白色花岗石板
50厚300x600光面白色花岗石板
50厚300x600麻面黑色花岗石板
20厚300x600麻面黑色花岗石板

广场平面布置图 1:200

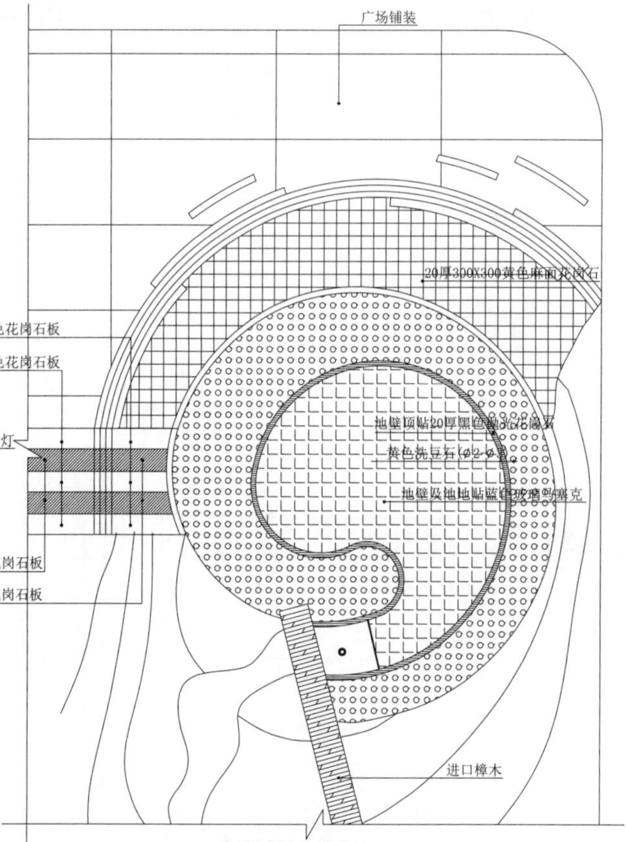

广场铺装示意图 1:200

园路铺装022

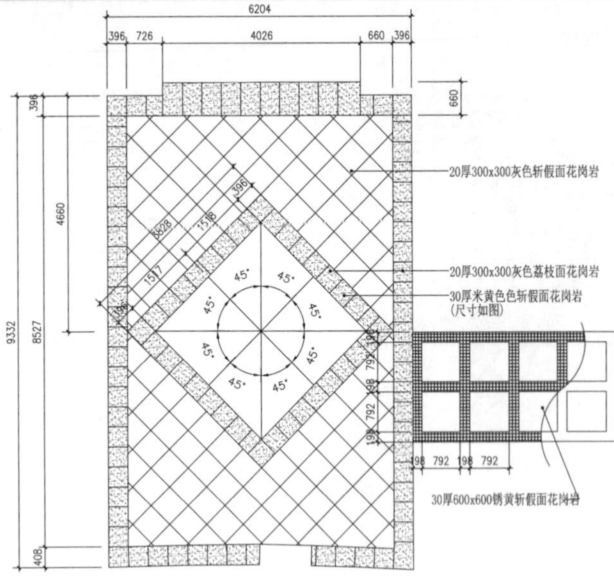

特色铺装详图1 1:50

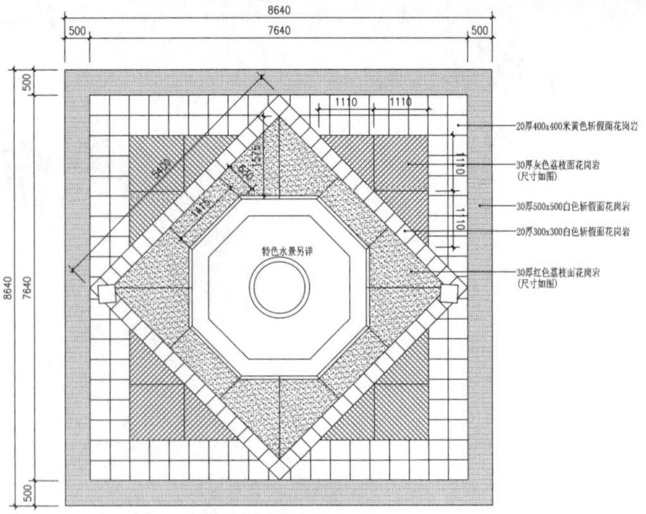
8640
500 7640 500
1110 1110
20厚400x400米黄色斩假面花岗岩
30厚灰色荔枝面花岗岩
(尺寸如图)
30厚500x500白色斩假面花岗岩
20厚300x300白色斩假面花岗岩
30厚红色荔枝面花岗岩
(尺寸如图)
特色水景另详

特色铺装详图2 1:50

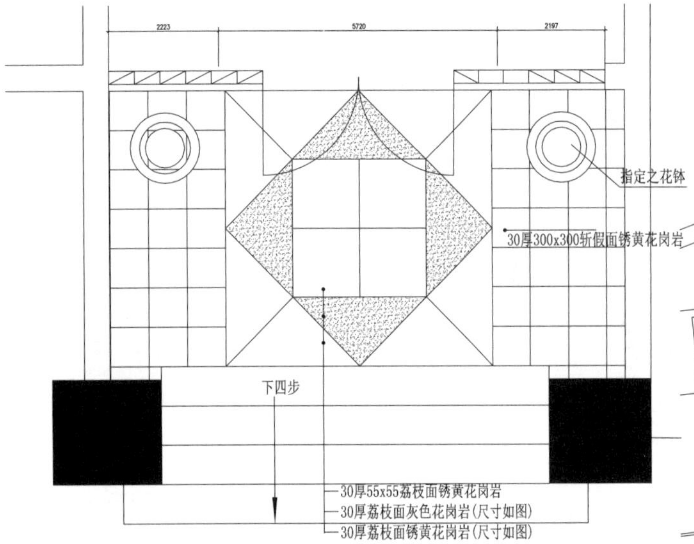
2223
5720
2197
指定之花钵
30厚300x300斩假面锈黄花岗岩
下四步
30厚55x55荔枝面锈黄花岗岩
30厚荔枝面灰色花岗岩(尺寸如图)
30厚荔枝面锈黄花岗岩(尺寸如图)

单元入口平面图 1:10

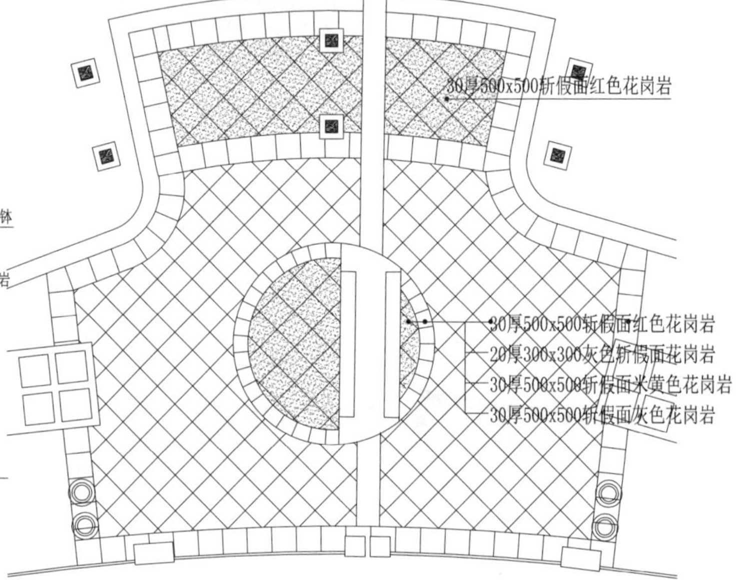
30厚500x500斩假面红色花岗岩
30厚500x500斩假面红色花岗岩
20厚300x300灰色斩假面花岗岩
30厚500x500斩假面米黄色花岗岩
30厚500x500斩假面灰色花岗岩

广场铺装平面图 1:10

园路铺装023

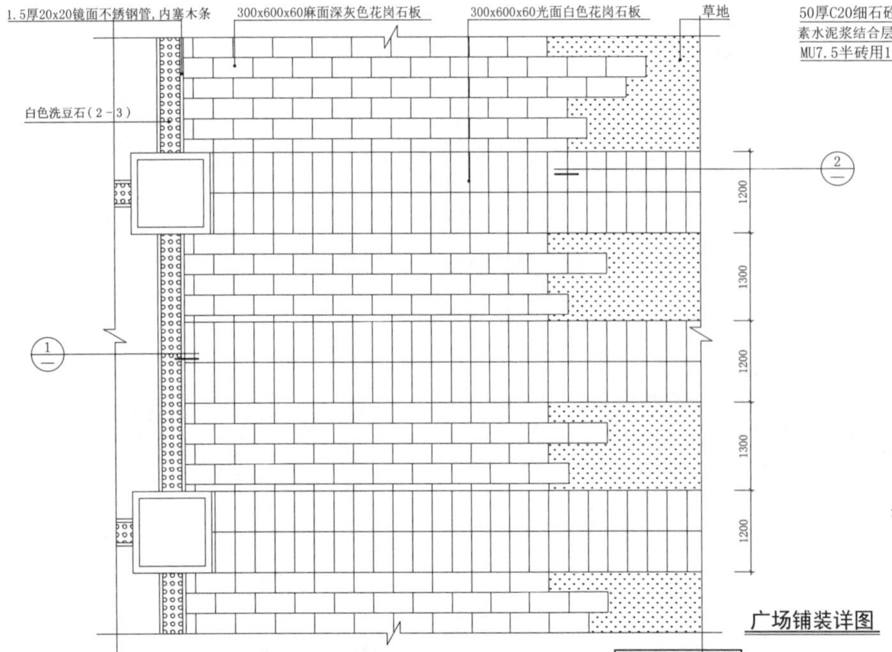
1.5厚20x20镜面不锈钢管,内塞木条
300x600x60麻面深灰色花岗石板
300x600x60光面白色花岗石板
草地
白色洗豆石(2-3)
1200
1300
1200
1300
1200

广场铺装详图

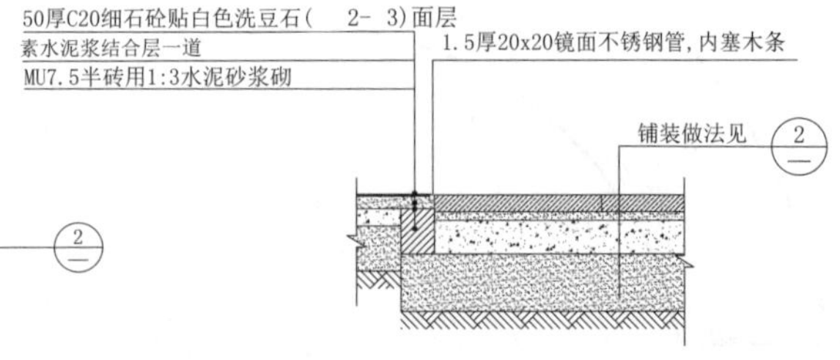
50厚C20细石砼贴白色洗豆石(2-3)面层
素水泥浆结合层一道
MU7.5半砖用1:3水泥砂浆砌
1.5厚20x20镜面不锈钢管,内塞木条
铺装做法见

1 1:20

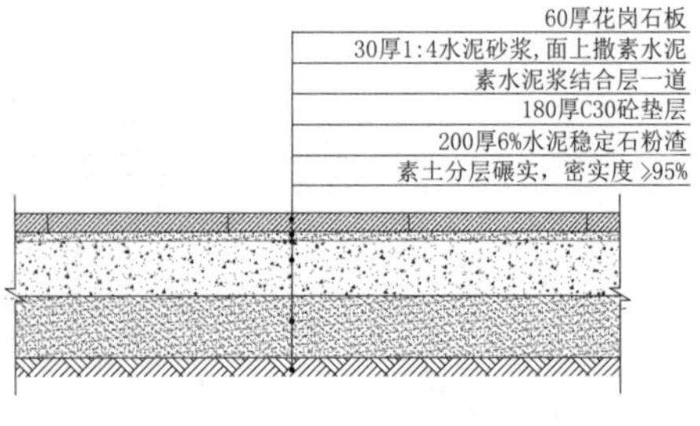
60厚花岗石板
30厚1:4水泥砂浆,面上撒素水泥
素水泥浆结合层一道
180厚C30砼垫层
200厚6%水泥稳定石粉渣
素土分层碾实,密实度≥95%

2 1:20

园路铺装024

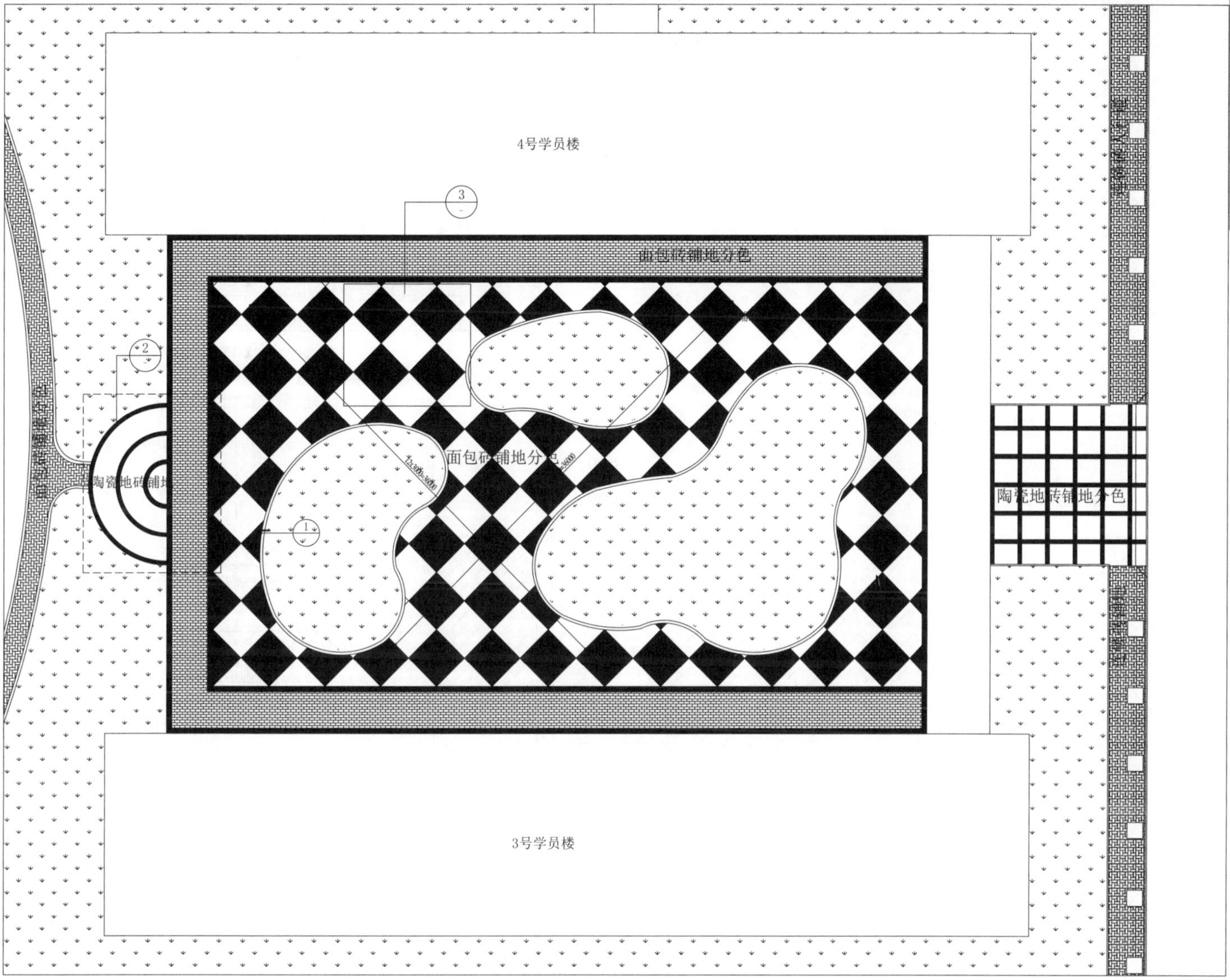
4号学员楼
面包砖铺地分色
面包砖铺地分色
陶瓷地砖铺地
陶瓷地砖铺地分色
3号学员楼

广场铺装平面图 1:200

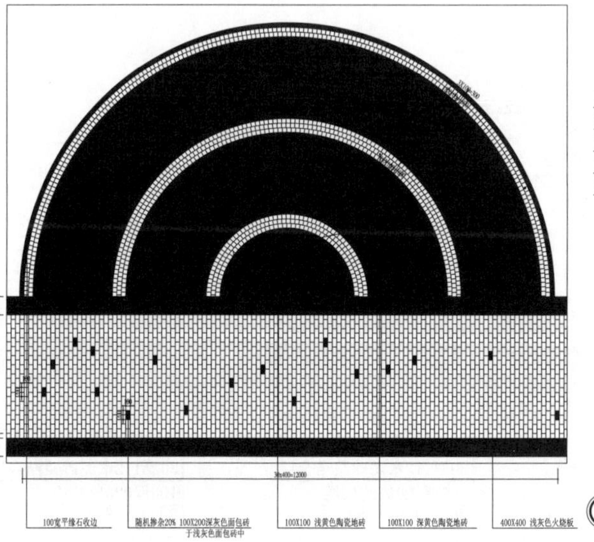
30x400=12000
100宽平缘石收边
随机掺杂20% 100X200深灰色面包砖于浅灰色面包砖中
100X100 浅黄色陶瓷地砖
100X100 深黄色陶瓷地砖
400X400 浅灰色火烧板

②

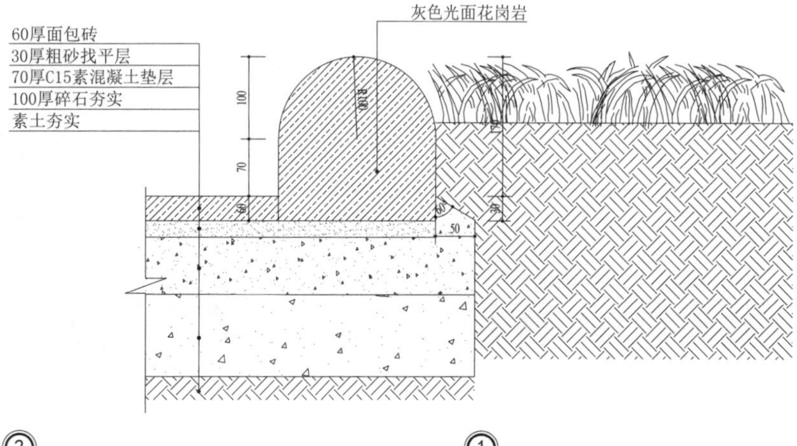
灰色光面花岗岩
60厚面包砖
30厚粗砂找平层
70厚C15素混凝土垫层
100厚碎石夯实
素土夯实
100
70
60
50
R100

①

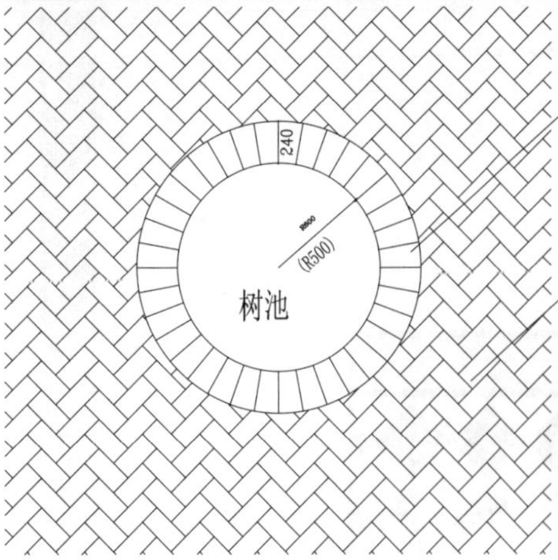

广场铺装平面1

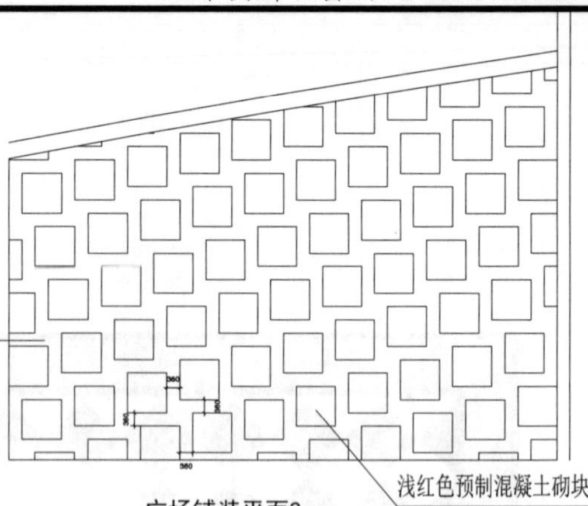
草皮
浅红色预制混凝土砌块
300X300X50

广场铺装平面2

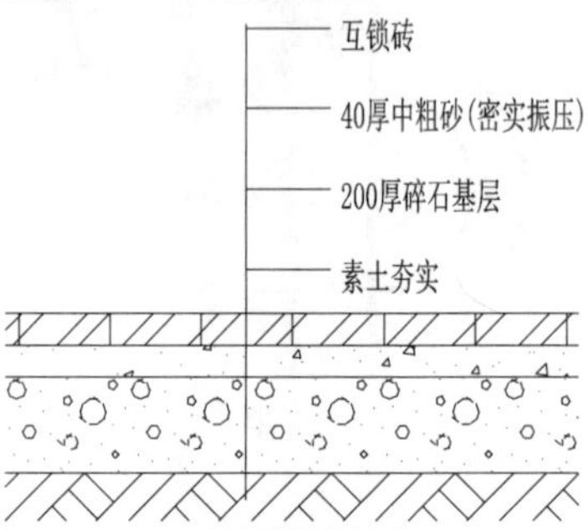
互锁砖
40厚中粗砂(密实振压)
200厚碎石基层
素土夯实

互锁砖铺地做法

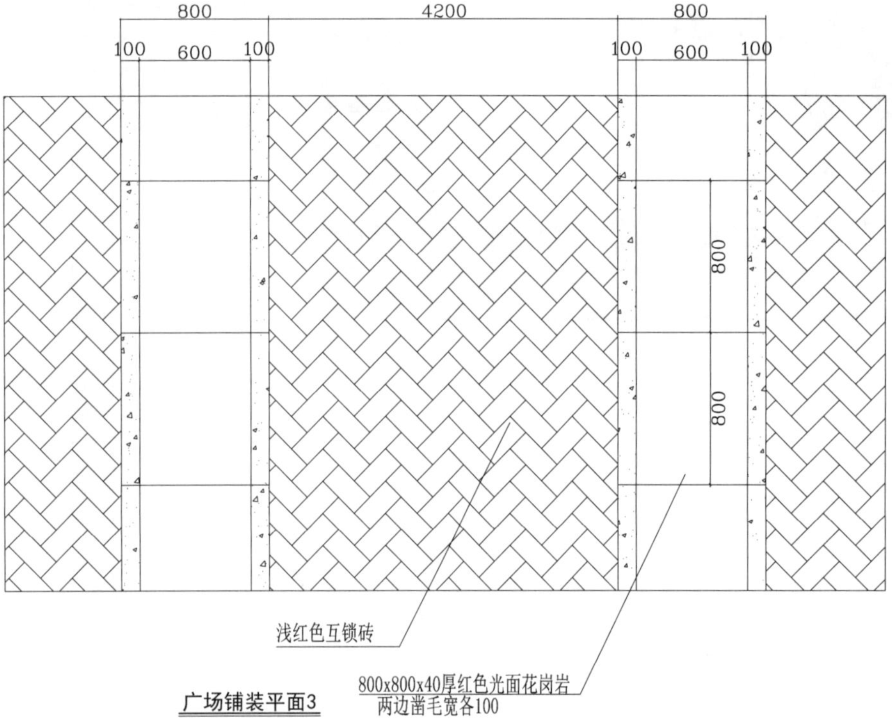

广场铺装平面3

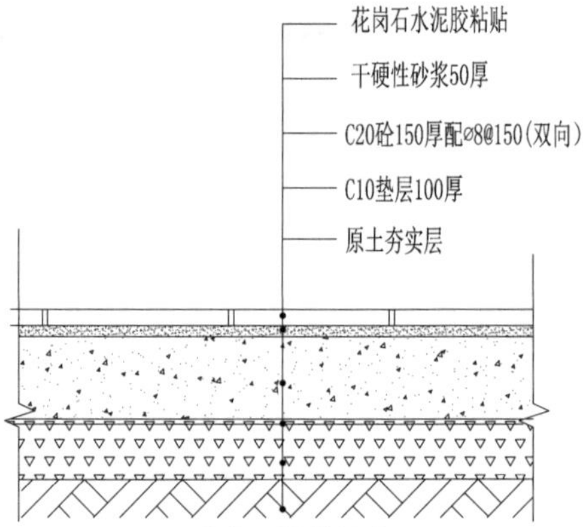
花岗石水泥胶粘贴
干硬性砂浆50厚
C20砼150厚配⌀8@150(双向)
C10垫层100厚
原土夯实层

花岗石铺地做法

园路铺装026

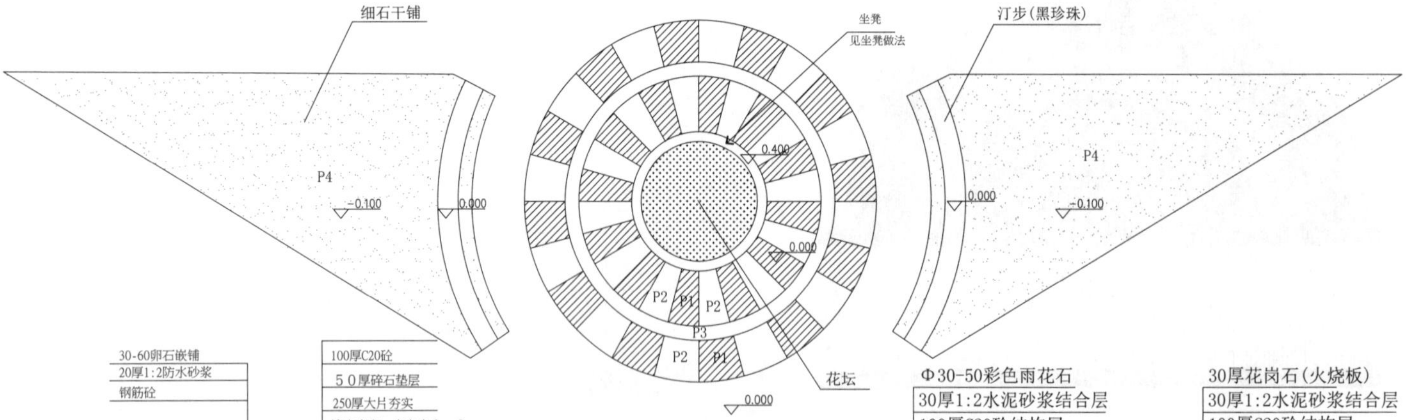

广场八平面 1:100

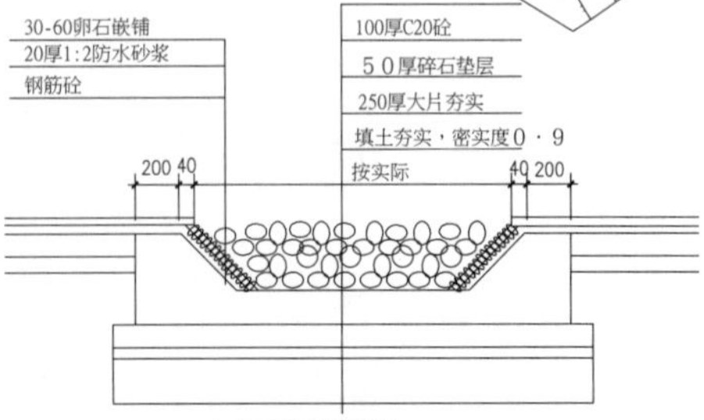
30-60卵石嵌铺
20厚1:2防水砂浆
钢筋砼
100厚C20砼
50厚碎石垫层
250厚大片夯实
填土夯实，密实度0.9
按实际
200 40
40 200

细石干铺做法 1:20

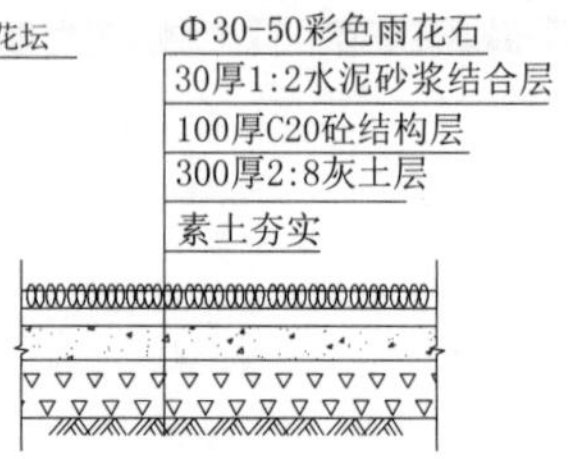
Φ30-50彩色雨花石
30厚1:2水泥砂浆结合层
100厚C20砼结构层
300厚2:8灰土层
素土夯实

彩色雨花石铺装做法

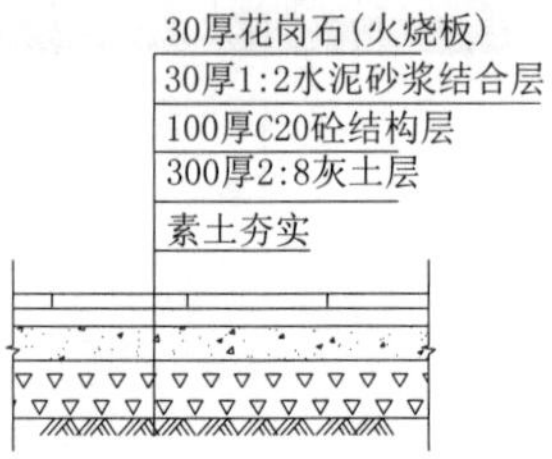
30厚花岗石(火烧板)
30厚1:2水泥砂浆结合层
100厚C20砼结构层
300厚2:8灰土层
素土夯实

花岗石（石板）铺面做法

园路铺装027

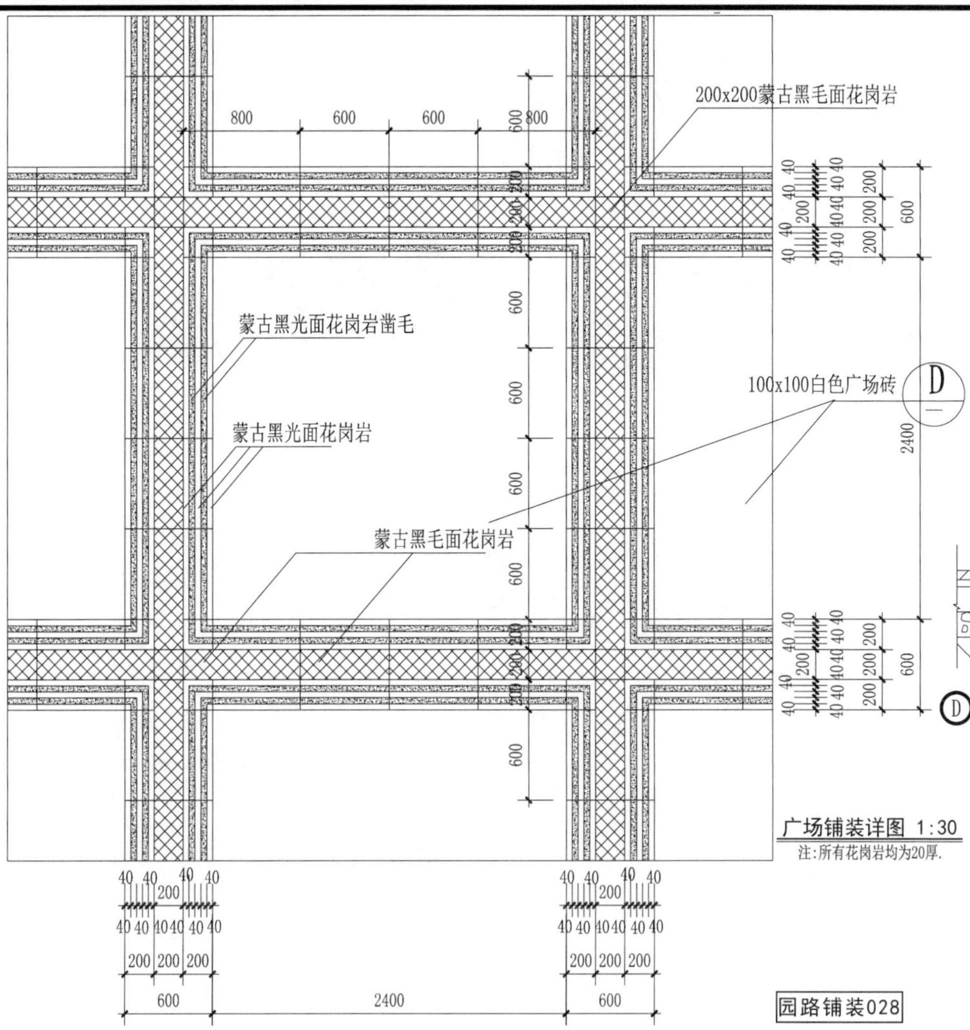

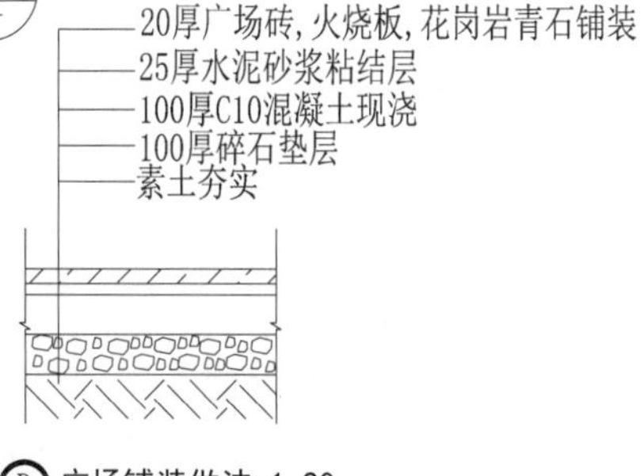
20厚广场砖,火烧板,花岗岩青石铺装
25厚水泥砂浆粘结层
100厚C10混凝土现浇
100厚碎石垫层
素土夯实

Ⓓ 广场铺装做法 1:20

广场铺装详图 1:30

注:所有花岗岩均为20厚.

园路铺装028

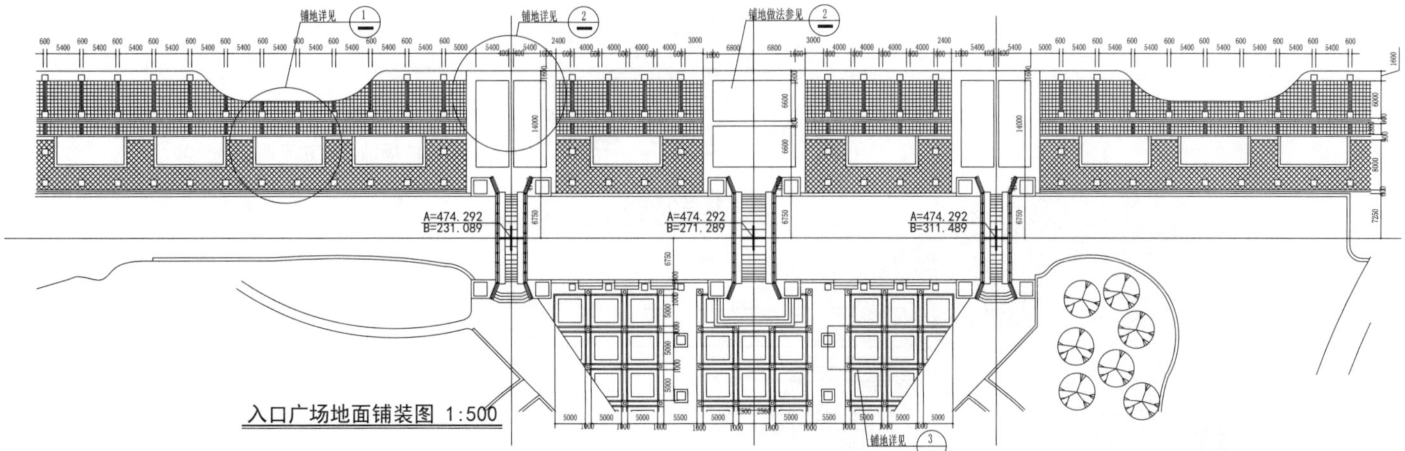
铺地详见 ①
铺地详见 ②
铺地做法参见 ②
A=474.292
B=231.089
A=474.292
B=271.289
A=474.292
B=311.489
铺地详见 ③

入口广场地面铺装图 1:500

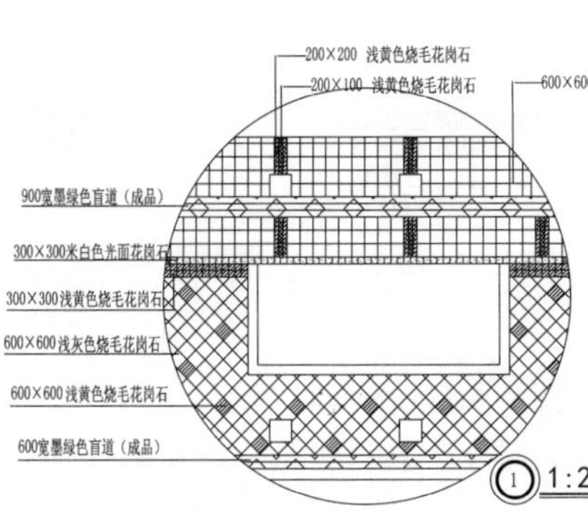
200×200 浅黄色烧毛花岗石
200×100 浅黄色烧毛花岗石
600×600 浅灰色烧毛花岗石
900宽墨绿色盲道（成品）
300×300米白色光面花岗石
300×300浅黄色烧毛花岗石
600×600浅灰色烧毛花岗石
600×600浅黄色烧毛花岗石
600宽墨绿色盲道（成品）

① 1:200

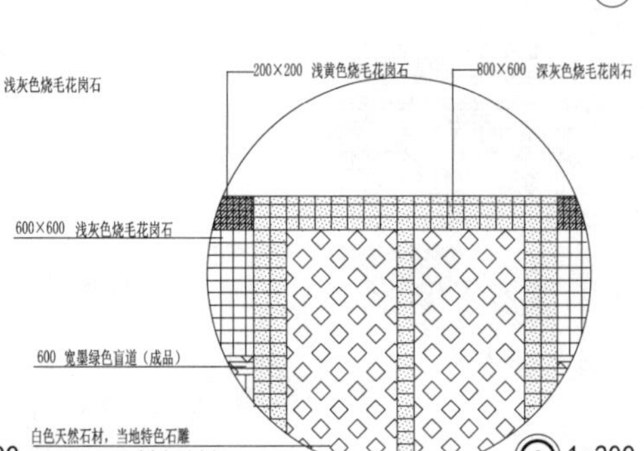
200×200 浅黄色烧毛花岗石
800×600 深灰色烧毛花岗石
600×600 浅灰色烧毛花岗石
600 宽墨绿色盲道（成品）

白色天然石材，当地特色石雕
由专业厂家配合施工内容由甲方自定

② 1:200

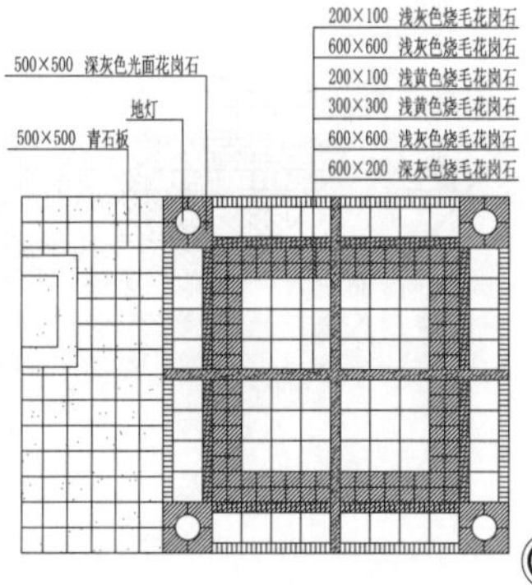
500×500 深灰色光面花岗石
地灯
500×500 青石板
200×100 浅黄色烧毛花岗石
600×600 浅灰色烧毛花岗石
200×100 浅黄色烧毛花岗石
300×300 浅黄色烧毛花岗石
600×600 浅黄色烧毛花岗石
600×200 浅黄色烧毛花岗石

③ 1:100

园路铺装029

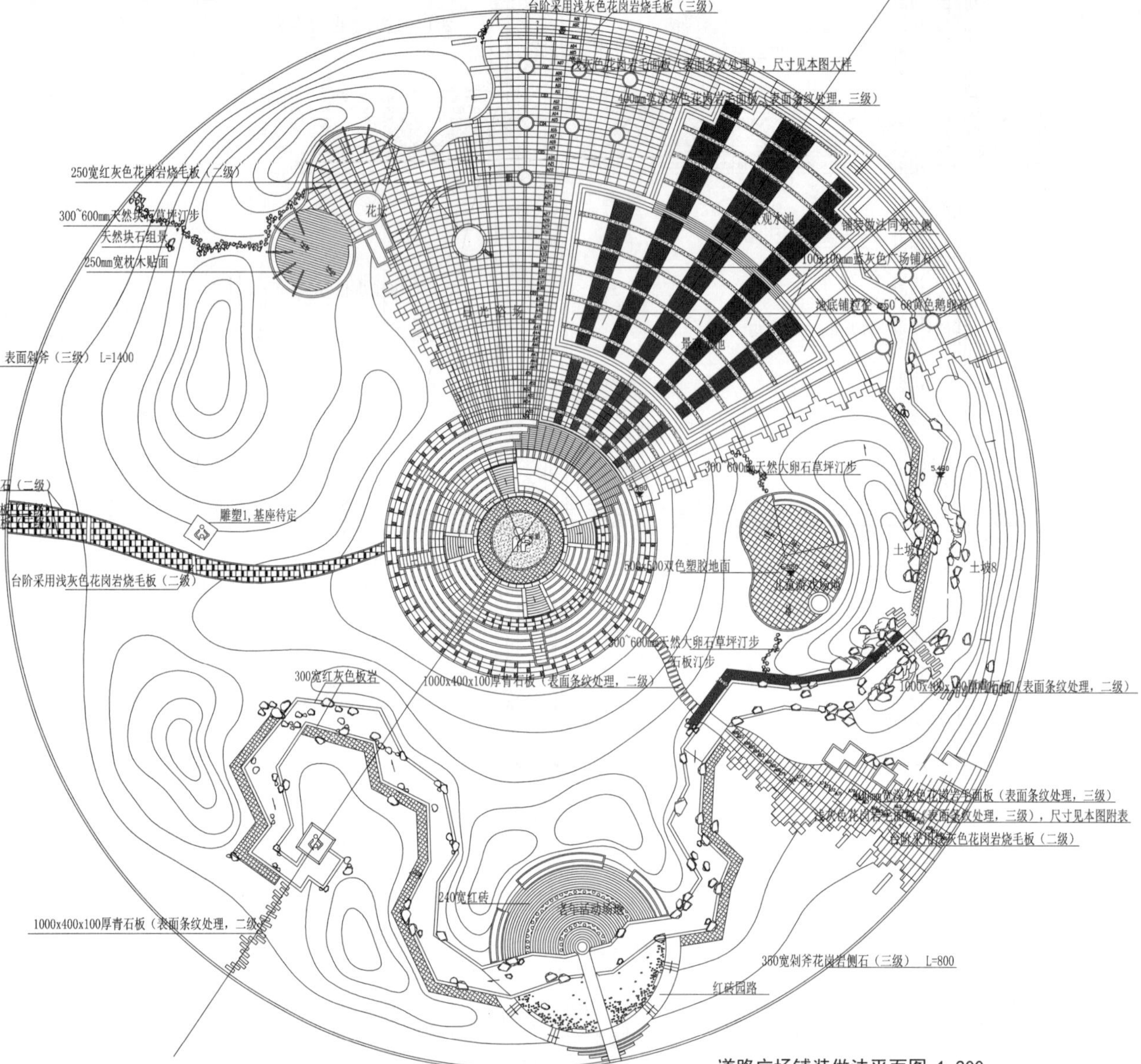
台阶采用浅灰色花岗岩烧毛板（三级）
尺寸见本图大样
250宽红灰色花岗岩烧毛板（二级）
300~600mm天然块石草坪汀步
天然块石组景
250mm宽枕木贴面
250宽花岗岩侧石，表面剁斧（三级） L=1400
铺装做法同另一侧
100x100mm蓝灰色广场铺石
景观水池
600x200x120宽红灰色板岩侧石（二级）
雕塑1,基座待定
台阶采用浅灰色花岗岩烧毛板（二级）
300~600mm天然大卵石草坪汀步
500x500双色塑胶地面
儿童游戏场地
土坡
土坡8
石板汀步
300宽红灰色板岩
1000x400x100厚青石板（表面条纹处理，二级）
（表面条纹处理，二级）
（表面条纹处理，三级）
（表面条纹处理，三级），尺寸见本图附表
灰色花岗岩烧毛板（二级）
240宽红砖
1000x400x100厚青石板（表面条纹处理，二级）
350宽剁斧花岗岩侧石（三级） L=800
红砖园路

道路广场铺装做法平面图 1:200

园路铺装030

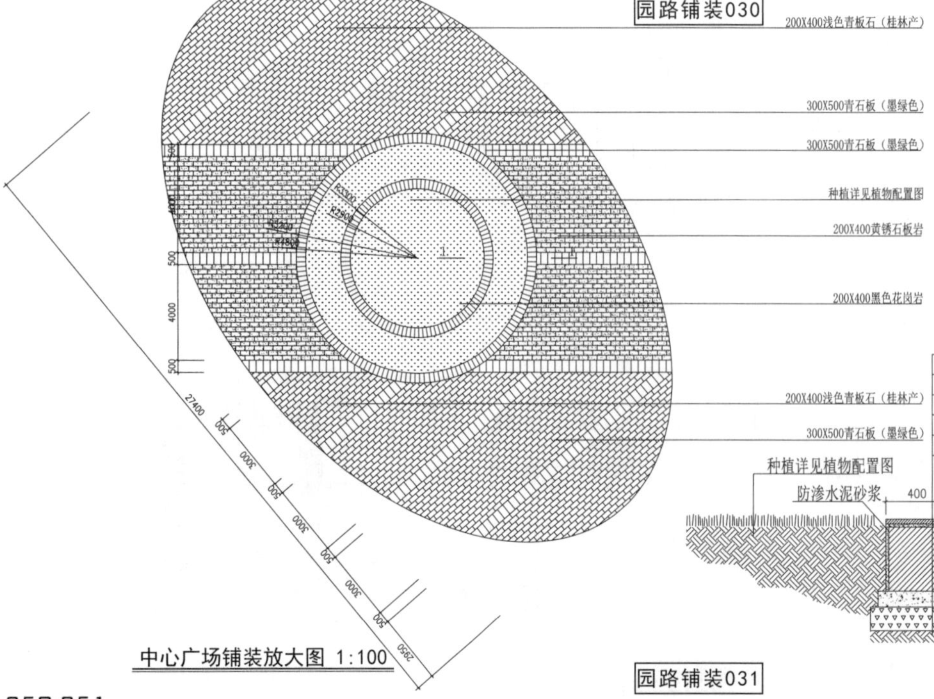
200X400浅色青板石（桂林产）
300X500青石板（墨绿色）
300X500青石板（墨绿色）
种植详见植物配置图
200X400黄锈石板岩
200X400黑色花岗岩
200X400浅色青板石（桂林产）
300X500青石板（墨绿色）
500
4000
500
27400
3000
3000

中心广场铺装放大图 1:100

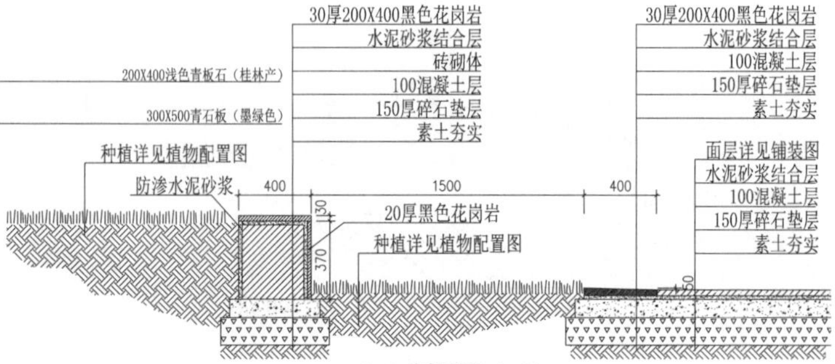
30厚200X400黑色花岗岩
水泥砂浆结合层
砖砌体
100混凝土层
150厚碎石垫层
素土夯实
种植详见植物配置图
防渗水泥砂浆
400
1500
400
130
370
20厚黑色花岗岩
种植详见植物配置图
30厚200X400黑色花岗岩
水泥砂浆结合层
100混凝土层
150厚碎石垫层
素土夯实
面层详见铺装图
水泥砂浆结合层
100混凝土层
150厚碎石垫层
素土夯实

1-1 剖面图 1:20

园路铺装031

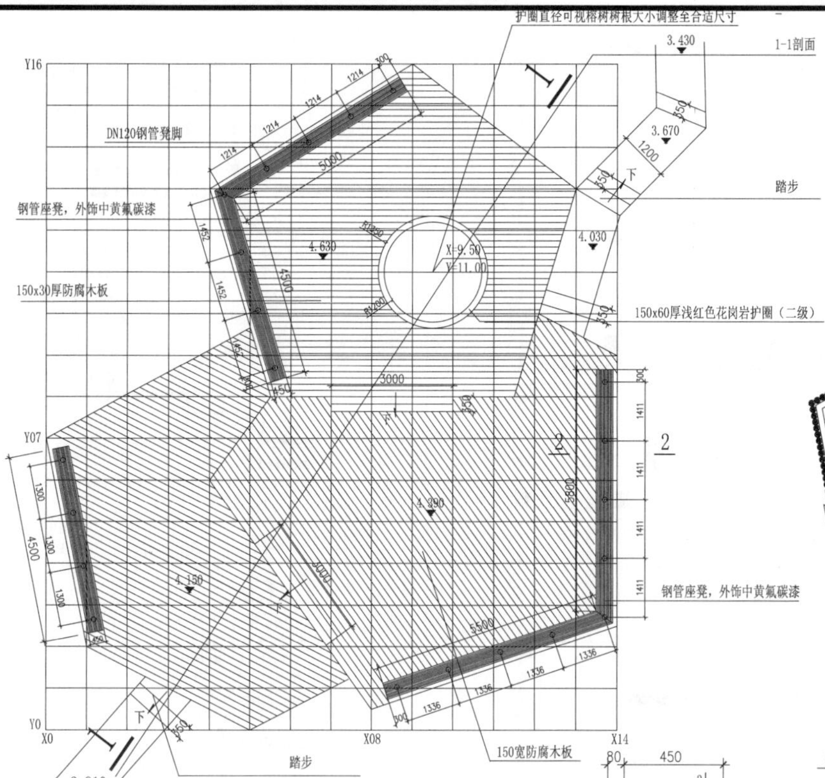

广场阶梯式铺装平面图 1:75

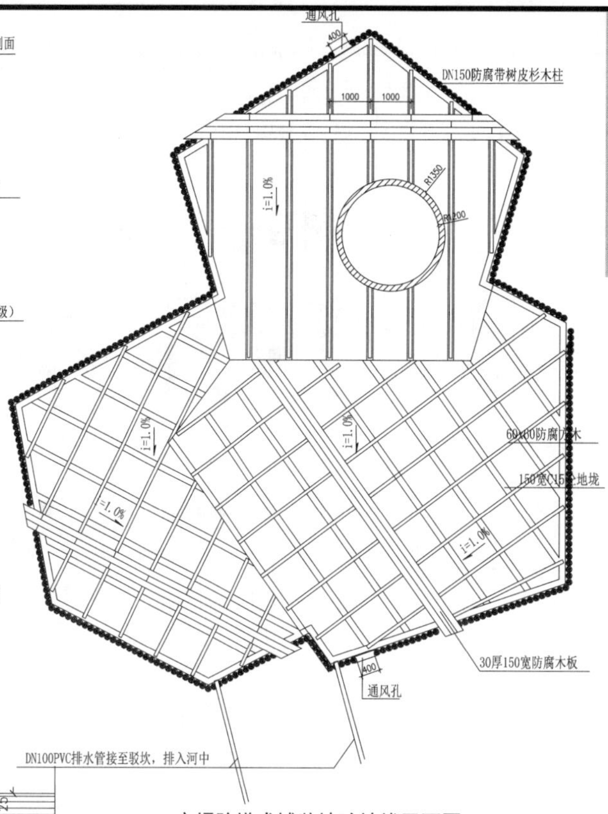

广场阶梯式铺装地砼地垅平面图 1:75

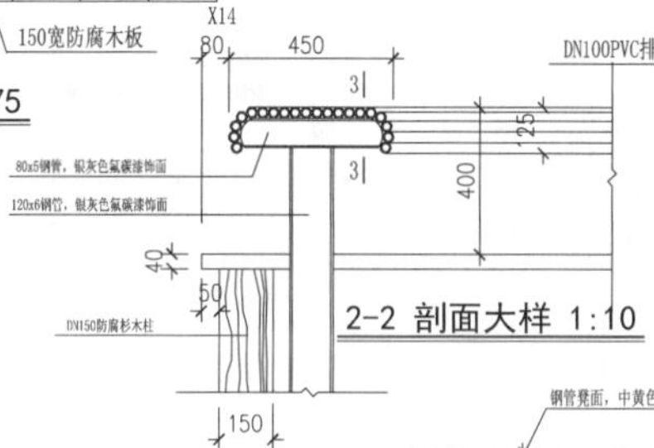

2-2 剖面大样 1:10

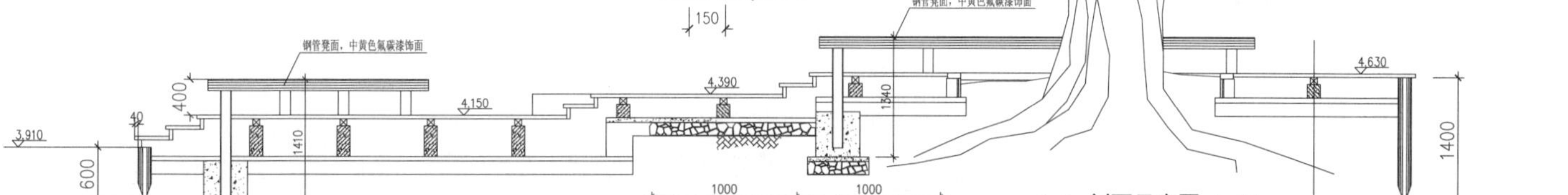

1-1 剖面示意图 1:40

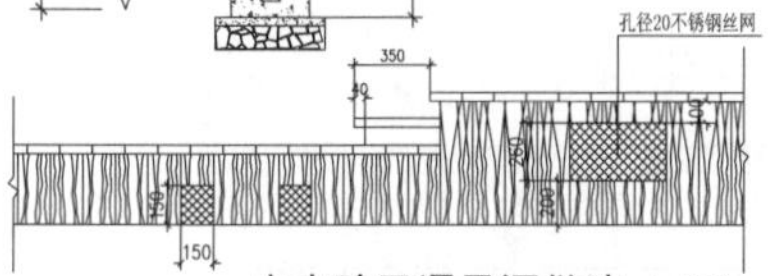

出水孔及通风洞做法 1:20

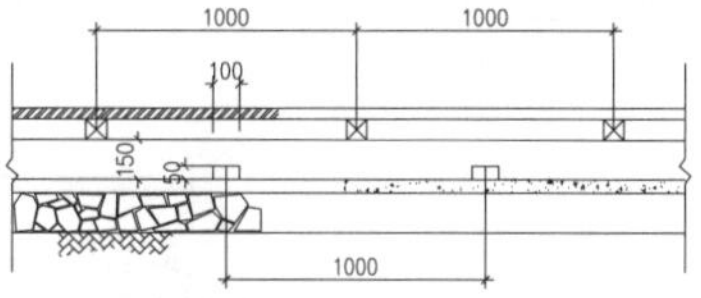

砼地垅通水孔做法 1:20

园路铺装032

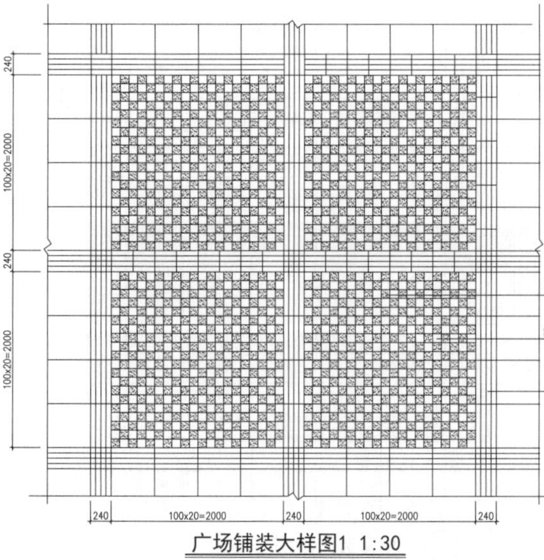

广场铺装大样图1 1:30

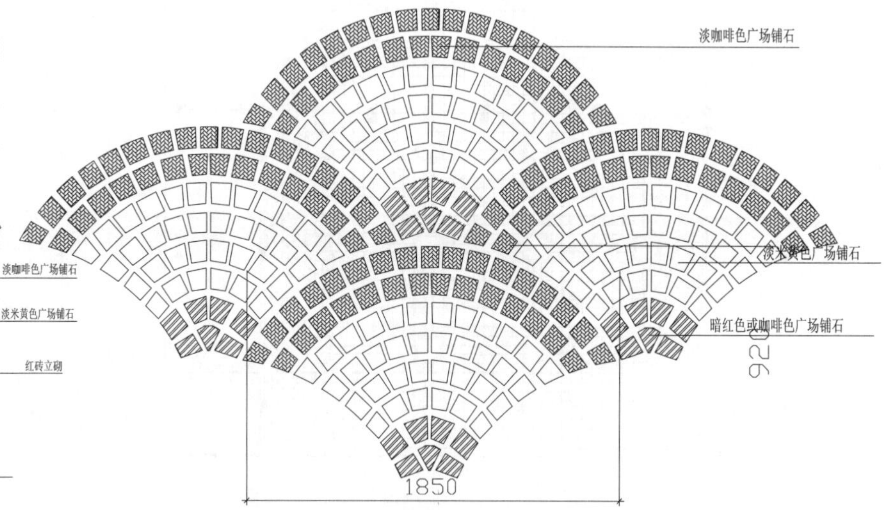

广场铺装大样图2 1:30

园路铺装033

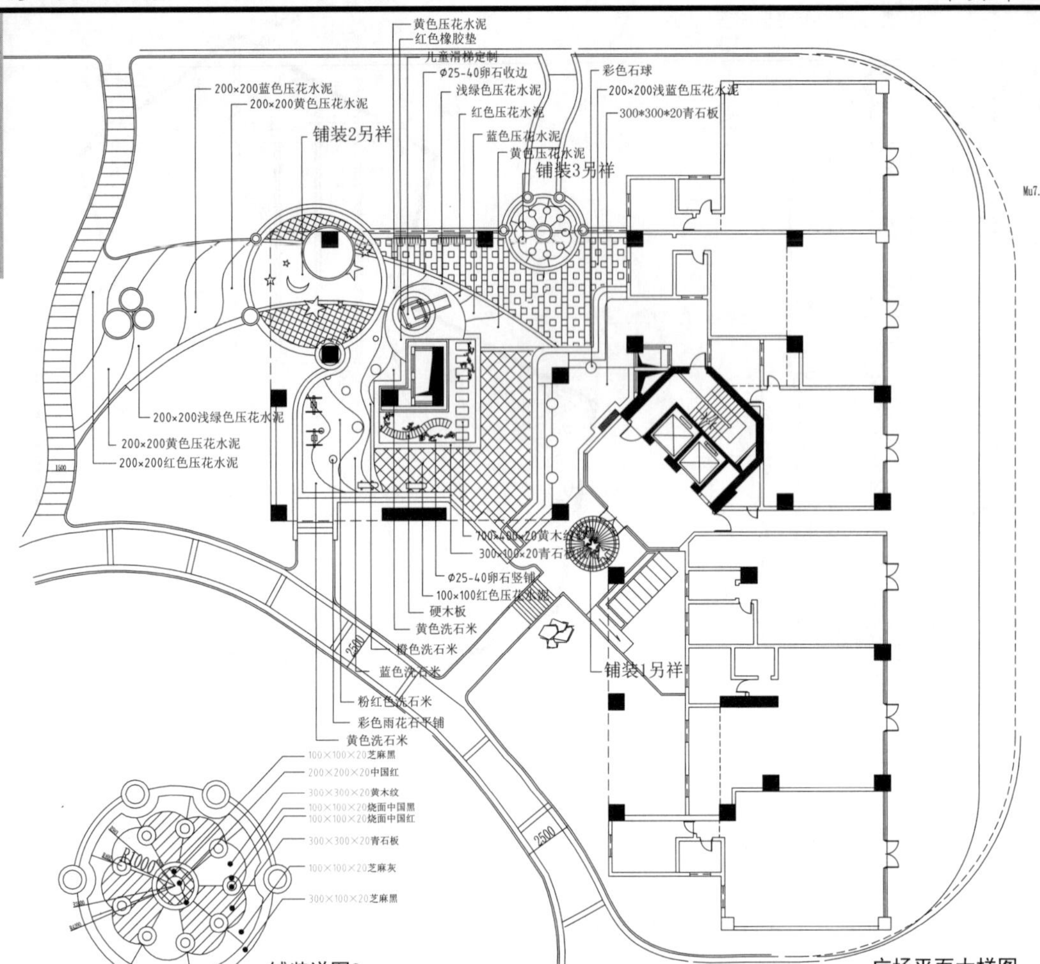
黄色压花水泥
红色橡胶垫
儿童滑梯定制
Φ25-40卵石收边
浅绿色压花水泥
红色压花水泥
蓝色压花水泥
黄色压花水泥
彩色石球
200×200浅蓝色压花水泥
300*300*20青石板
200×200蓝色压花水泥
200×200黄色压花水泥
铺装2另祥
铺装3另祥
200×200浅绿色压花水泥
200×200黄色压花水泥
200×200红色压花水泥
700×200×20黄木纹
300×100×20青石板
Φ25-40卵石竖铺
100×100红色压花水泥
硬木板
黄色洗石米
橙色洗石米
蓝色洗石米
粉红色洗石米
彩色雨花石平铺
黄色洗石米
铺装1另祥
2500
100×100×20芝麻黑
200×200×20中国红
300×300×20黄木纹
100×100×20烧面中国黑
100×100×20烧面中国红
300×300×20青石板
100×100×20芝麻灰
300×100×20芝麻黑

铺装详图3

广场平面大样图

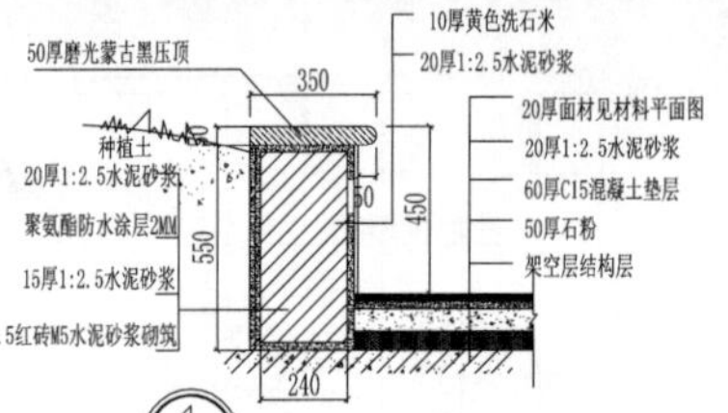
50厚磨光蒙古黑压顶
10厚黄色洗石米
20厚1:2.5水泥砂浆
350
种植土
20厚1:2.5水泥砂浆
聚氨酯防水涂层2MM
15厚1:2.5水泥砂浆
Mu7.5红砖M5水泥砂浆砌筑
20厚面材见材料平面图
20厚1:2.5水泥砂浆
60厚C15混凝土垫层
50厚石粉
架空层结构层
550
450
240

①

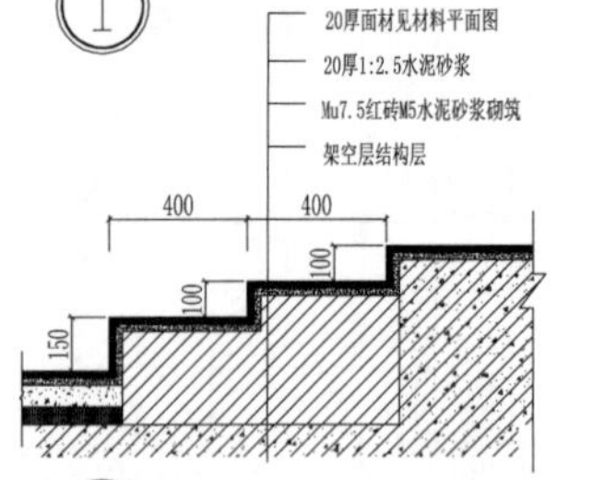
20厚面材见材料平面图
20厚1:2.5水泥砂浆
Mu7.5红砖M5水泥砂浆砌筑
架空层结构层
400
400
100
100
150

②

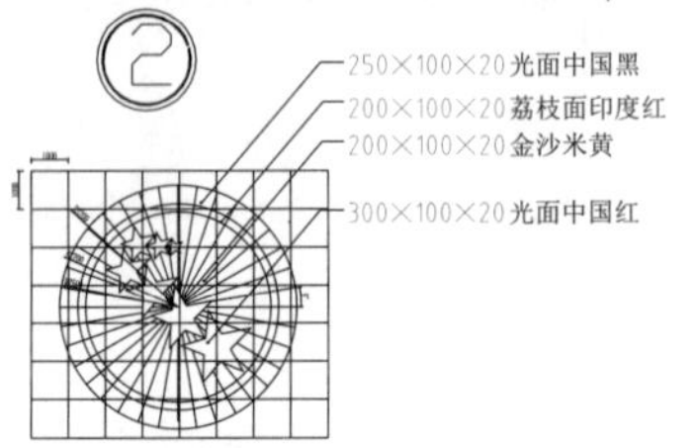
250×100×20光面中国黑
200×100×20荔枝面印度红
200×100×20金沙米黄
300×100×20光面中国红

铺装详图1

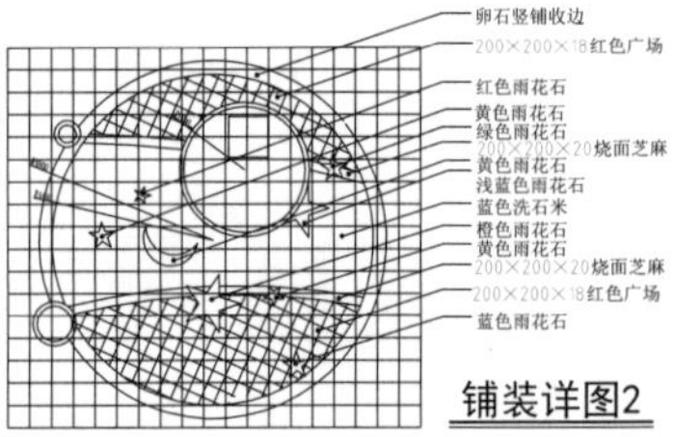
卵石竖铺收边
200×200×18红色广场
红色雨花石
黄色雨花石
绿色雨花石
200×200×20烧面芝麻
黄色雨花石
浅蓝色雨花石
蓝色洗石米
橙色雨花石
黄色雨花石
200×200×20烧面芝麻
200×200×18红色广场
蓝色雨花石

铺装详图2

园路铺装034

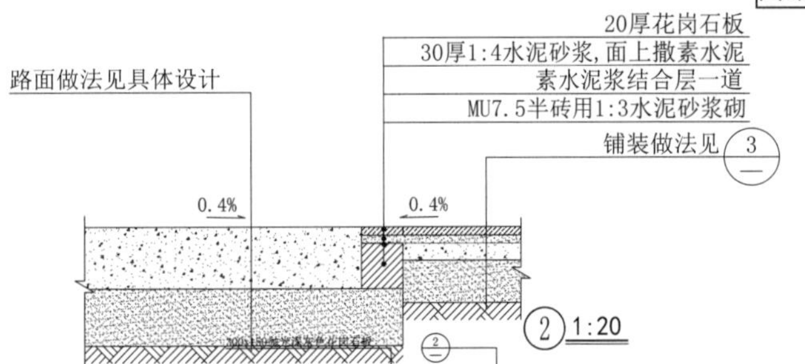
20厚花岗石板
30厚1:4水泥砂浆,面上撒素水泥
素水泥浆结合层一道
MU7.5半砖用1:3水泥砂浆砌
路面做法见具体设计
铺装做法见 3
0.4%
0.4%

② 1:20

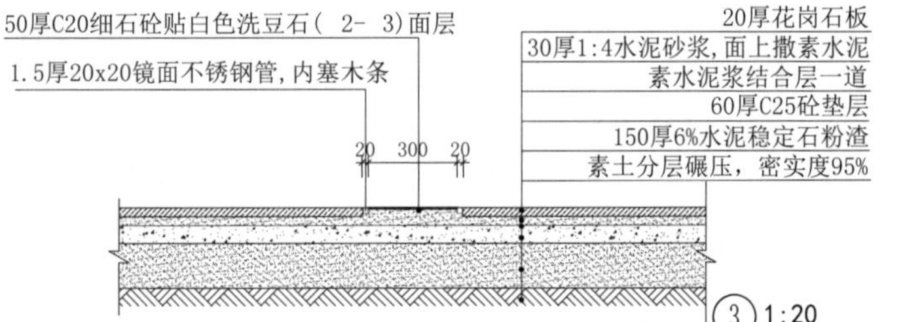
50厚C20细石砼贴白色洗豆石(2- 3)面层
1.5厚20x20镜面不锈钢管,内塞木条
20厚花岗石板
30厚1:4水泥砂浆,面上撒素水泥
素水泥浆结合层一道
60厚C25砼垫层
150厚6%水泥稳定石粉渣
素土分层碾压，密实度95%
20
300
20

③ 1:20

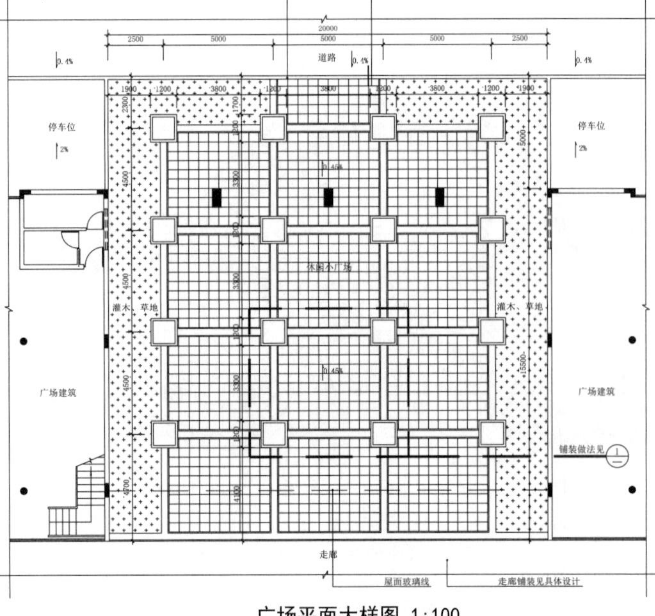
20000
2500
5000
5000
5000
2500
道路
停车位
停车位
休闲小广场
灌木、草地
灌木、草地
广场建筑
广场建筑
铺装做法见
走廊
屋面玻璃线
走廊铺装见具体设计

广场平面大样图 1:100

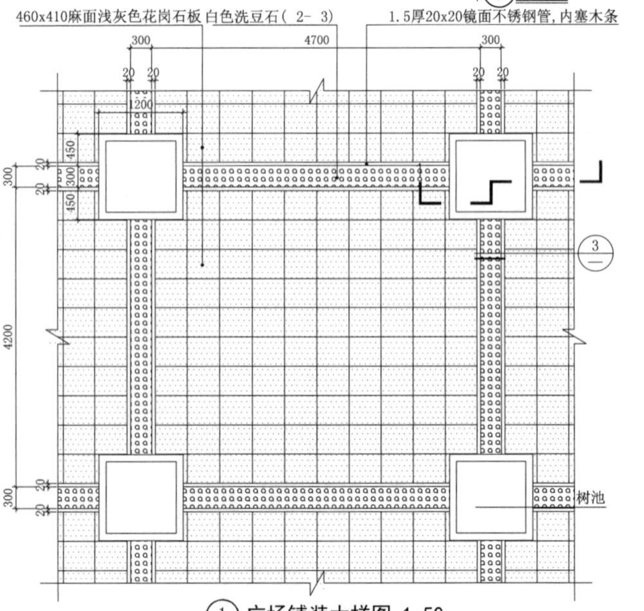
460x410麻面浅灰色花岗石板
白色洗豆石(2- 3)
1.5厚20x20镜面不锈钢管,内塞木条
300
4700
300
1200
450
300
450
4200
300
树池

① 广场铺装大样图 1:50

园路铺装035

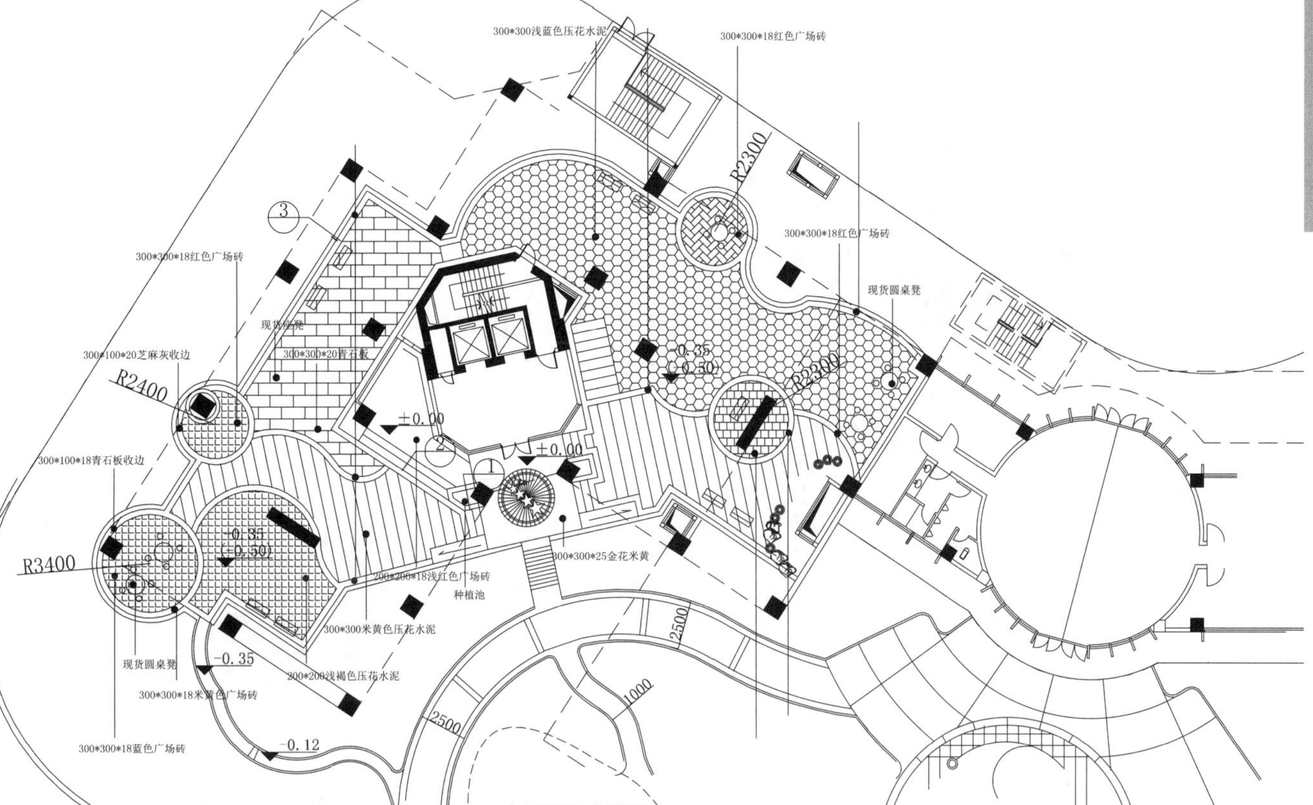

300*300浅蓝色压花水泥
300*300*18红色广场砖
R2300
300*300*18红色广场砖
300*300*18红色广场砖
现货圆桌凳
300*300*20青石板
300*100*20芝麻灰收边
R2400
-0.35
(-0.50)
R2300
±0.00
300*100*18青石板收边
±0.00
R3400
-0.35
(-0.50)
300*300*25金花米黄
200*200*18浅红色广场砖
种植池
300*300米黄色压花水泥
现货圆桌凳
-0.35
200*200浅褐色压花水泥
300*300*18米黄色广场砖
300*300*18蓝色广场砖
-0.12
2500
1000
2500
广场平面大样图 1:100
50厚磨光蒙古黑压顶
350
800
350
种植土
20厚1:2.5水泥砂浆
20厚黄色洗石米
15厚1:2.5水泥砂浆
Mu7.5红砖M5水泥砂浆砌筑
240
240
20厚面材见材料平面图
20厚1:2.5水泥砂浆
架空层结构层
10厚黄色洗石米
20厚1:2.5水泥砂浆
50厚磨光蒙古黑压顶
20厚面材见材料平面图
20厚1:2.5水泥砂浆
60厚C10混凝土垫层
50厚石粉
架空层结构层
聚氨酯防水涂层2MM
15厚1:2.5水泥砂浆
Mu7.5红砖M5水泥砂浆砌筑
20厚面材见材料平面图
20厚1:2.5水泥砂浆
Mu7.5红砖M5水泥砂浆砌筑
架空层结构层
400
400
园路铺装036
400X20=8000
400X18=720
6400
桥头小广场铺装大样 1:30
园路铺装037
节点大样
直径50深灰色鹅卵石边缘水平铺贴
30厚板岩,仿图切割,紧密结连,褐色渐变
100X400X600浅灰色荔枝面花岗岩
400X11=4400
直径25-30松散平坦灰色鹅卵石
仿图切割灰色模压混凝土
50X300X600浅灰色荔枝面花岗岩
400X11=4400
半圆形池岸铺装大样 1:30
30厚板岩仿图切割紧密结连,褐色渐变
直径50深灰色鹅卵石边缘水平铺贴
直径25-30松散平坦米褐色鹅卵石
鹅卵石镶嵌图案（见厂商大样）
③节点大样 1:10

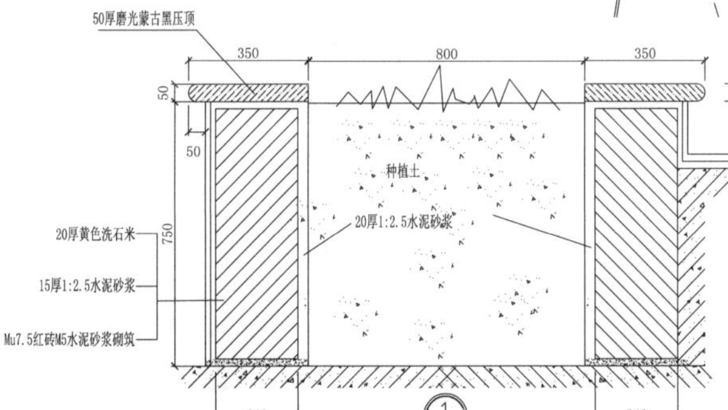

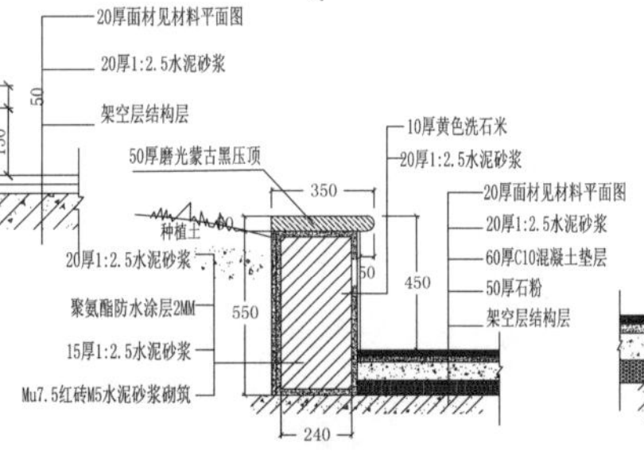

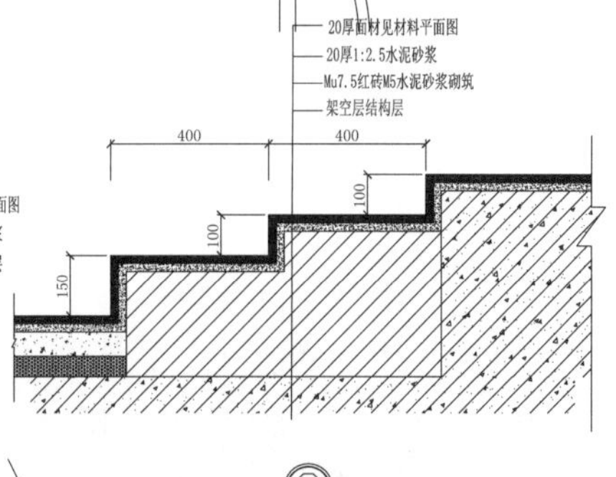

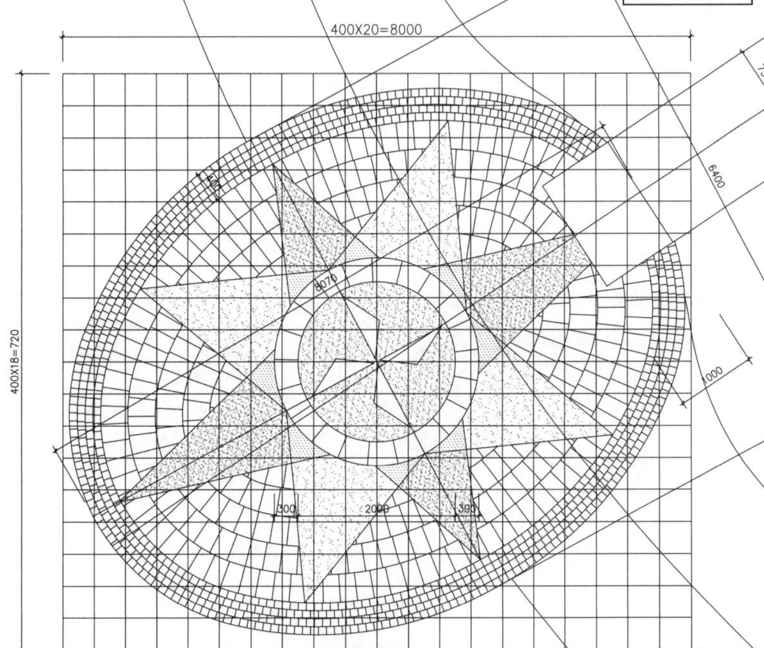

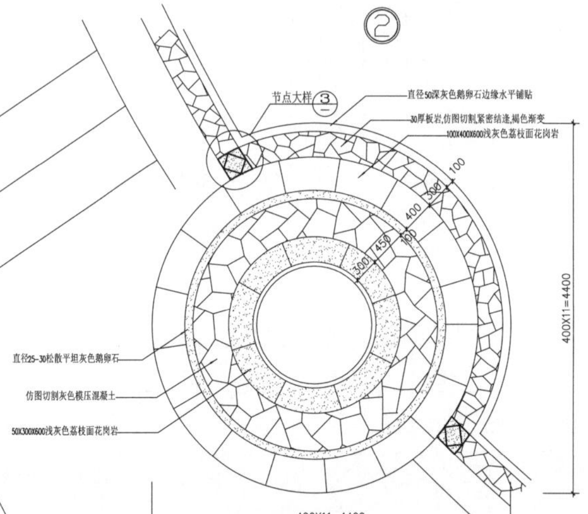

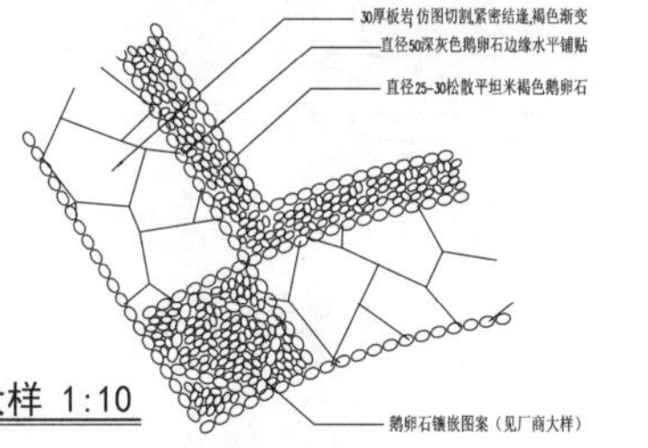

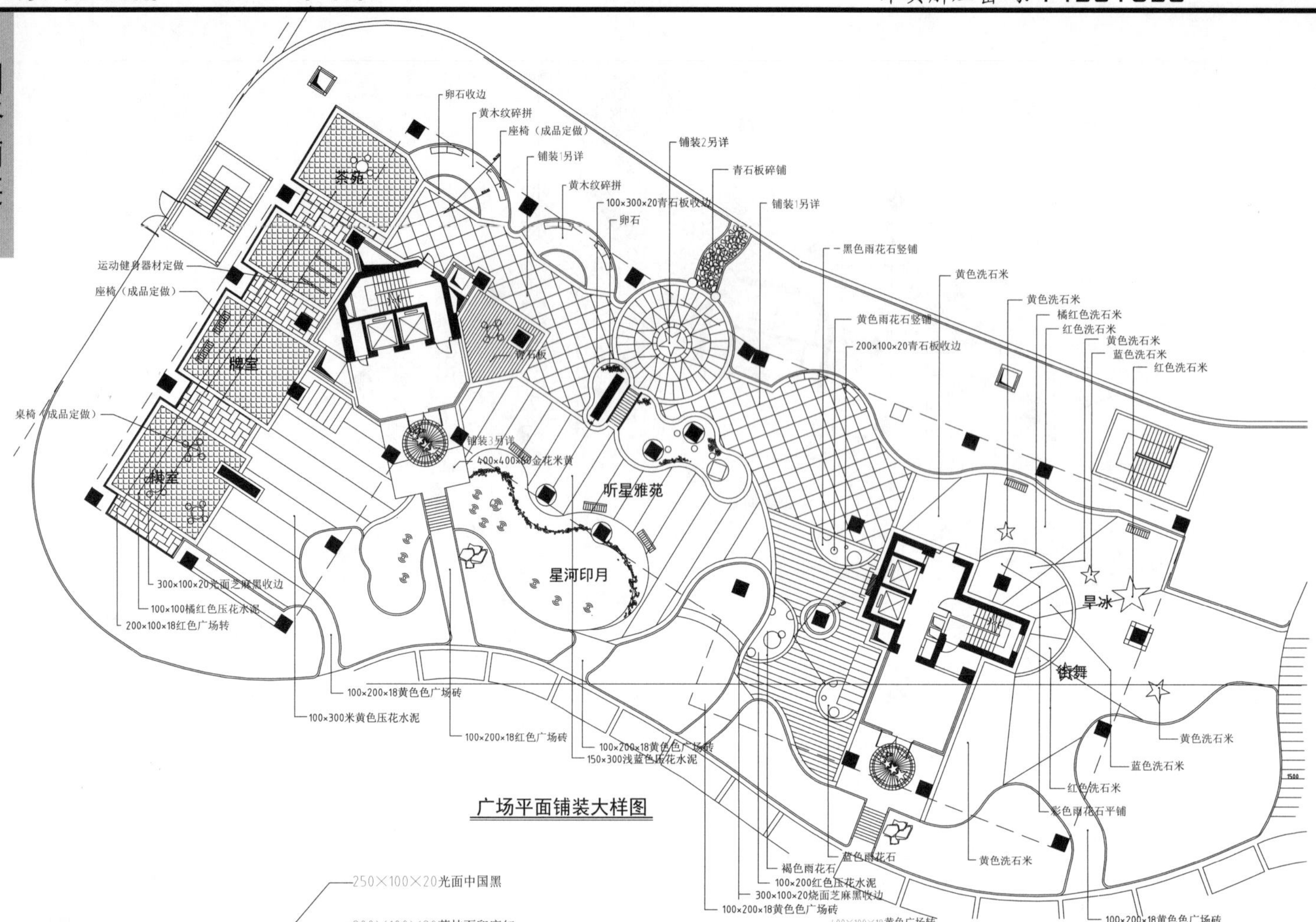
卵石收边
黄木纹碎拼
座椅（成品定做）
铺装1另详
黄木纹碎拼
100×300×20青石板收边
卵石
铺装2另详
青石板碎铺
铺装1另详
黑色雨花石竖铺
黄色洗石米
黄色洗石米
橘红色洗石米
红色洗石米
黄色洗石米
蓝色洗石米
红色洗石米
黄色雨花石竖铺
200×100×20青石板收边
茶苑
牌室
棋室
运动健身器材定做
座椅（成品定做）
桌椅（成品定做）
铺装3另详
400×400×80金花米黄
听星雅苑
星河印月
旱冰
街舞
300×100×20光面芝麻黑收边
100×100橘红色压花水泥
200×100×18红色广场转
100×200×18黄色色广场砖
100×300米黄色压花水泥
100×200×18红色广场砖
100×200×18黄色色广场砖
150×300浅蓝色压花水泥
黄色洗石米
蓝色洗石米
红色洗石米
彩色雨花石平铺
蓝色雨花石
褐色雨花石
100×200红色压花水泥
300×100×20烧面芝麻黑收边
100×200×18黄色色广场砖
黄色洗石米
100×200×18黄色色广场砖

广场平面铺装大样图

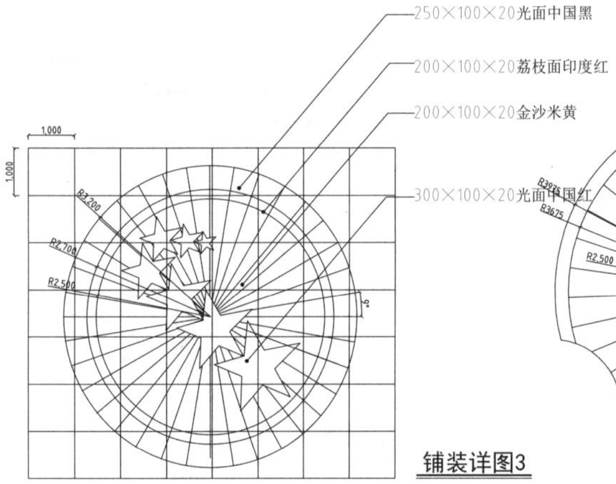

铺装详图3

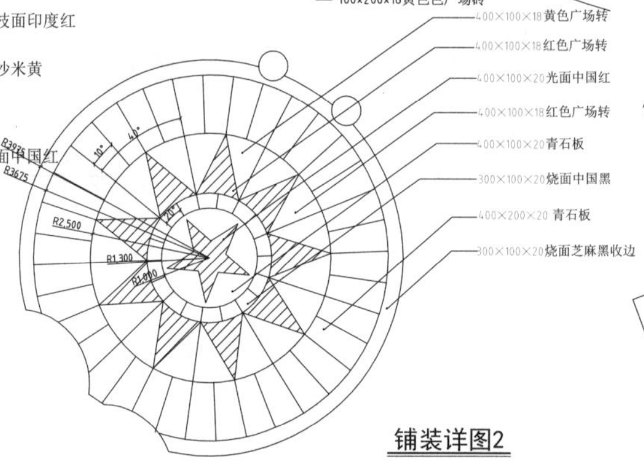
400×100×18黄色广场砖
400×100×18红色广场转
400×100×20光面中国红
400×100×18红色广场转
400×100×20青石板
300×100×20烧面中国黑
400×200×20 青石板
300×100×20烧面芝麻黑收边
R2,500
R1,300
R1,800

铺装详图2

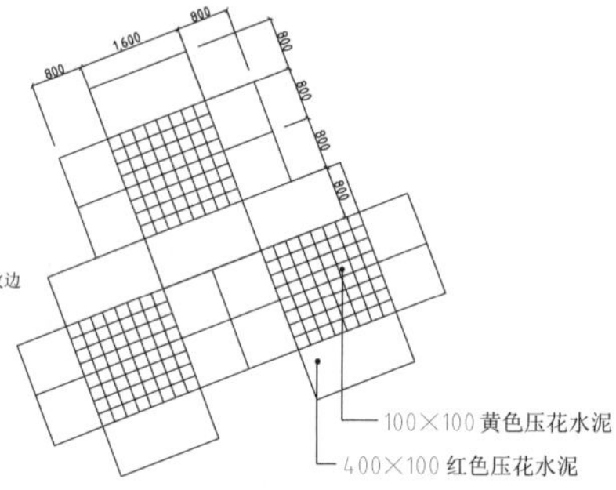

铺装详图1

园路铺装038

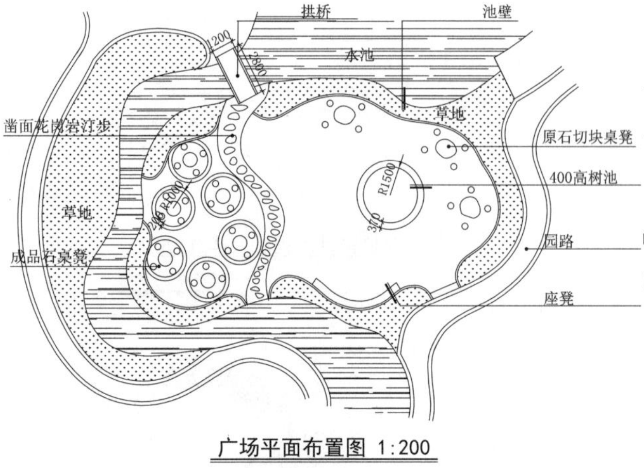
拱桥
池壁
水池
草地
凿面花岗岩汀步
原石切块桌凳
400高树池
草地
成品石桌凳
园路
座凳
R1500

广场平面布置图 1:200

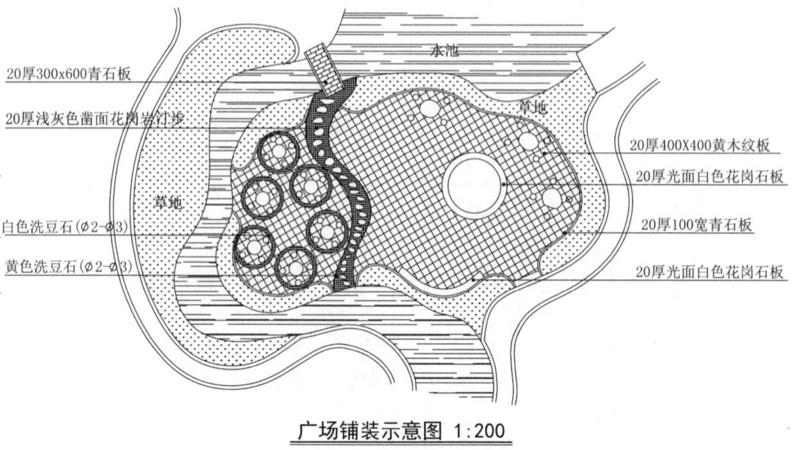
水池
草地
20厚300x600青石板
20厚浅灰色凿面花岗岩汀步
白色洗豆石(Ø2-Ø3)
黄色洗豆石(Ø2-Ø3)
草地
20厚400X400黄木纹板
20厚光面白色花岗石板
20厚100宽青石板
20厚光面白色花岗石板

广场铺装示意图 1:200

园路铺装039

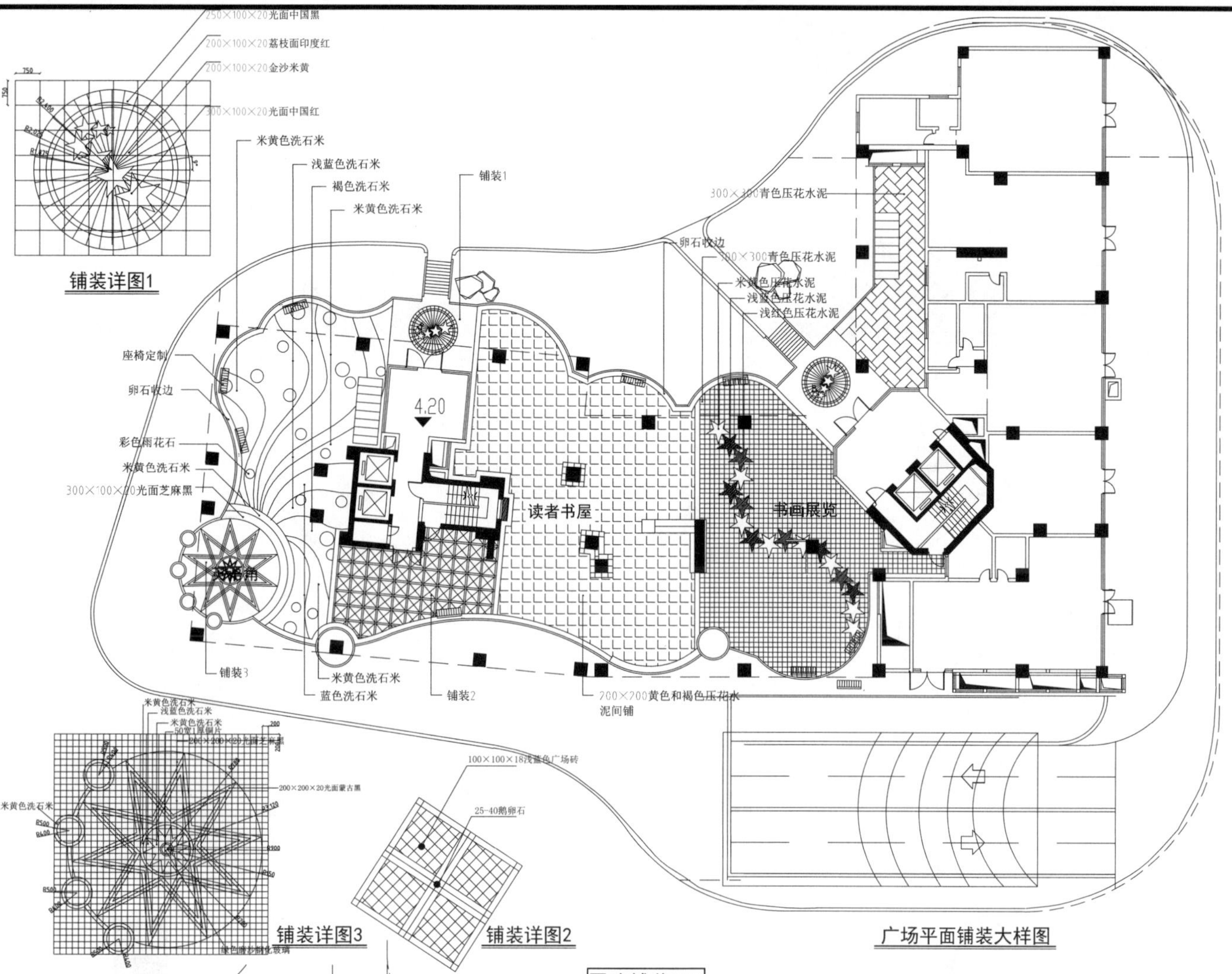
250×100×20光面中国黑
200×100×20荔枝面印度红
200×100×20金沙米黄
300×100×20光面中国红
米黄色洗石米
浅蓝色洗石米
褐色洗石米
米黄色洗石米
铺装1
铺装详图1
座椅定制
卵石收边
彩色雨花石
米黄色洗石米
300×100×20光面芝麻黑
4.20
读者书屋
书画展览
300×300青色压花水泥
卵石收边
300×300青色压花水泥
米黄色压花水泥
浅蓝色压花水泥
浅红色压花水泥
铺装3
米黄色洗石米
蓝色洗石米
铺装2
200×200黄色和褐色压花水泥间铺
200×200×20光面蒙古黑
米黄色洗石米
100×100×18浅蓝色广场砖
25-40鹅卵石
铺装详图3
铺装详图2
广场平面铺装大样图

园路铺装040

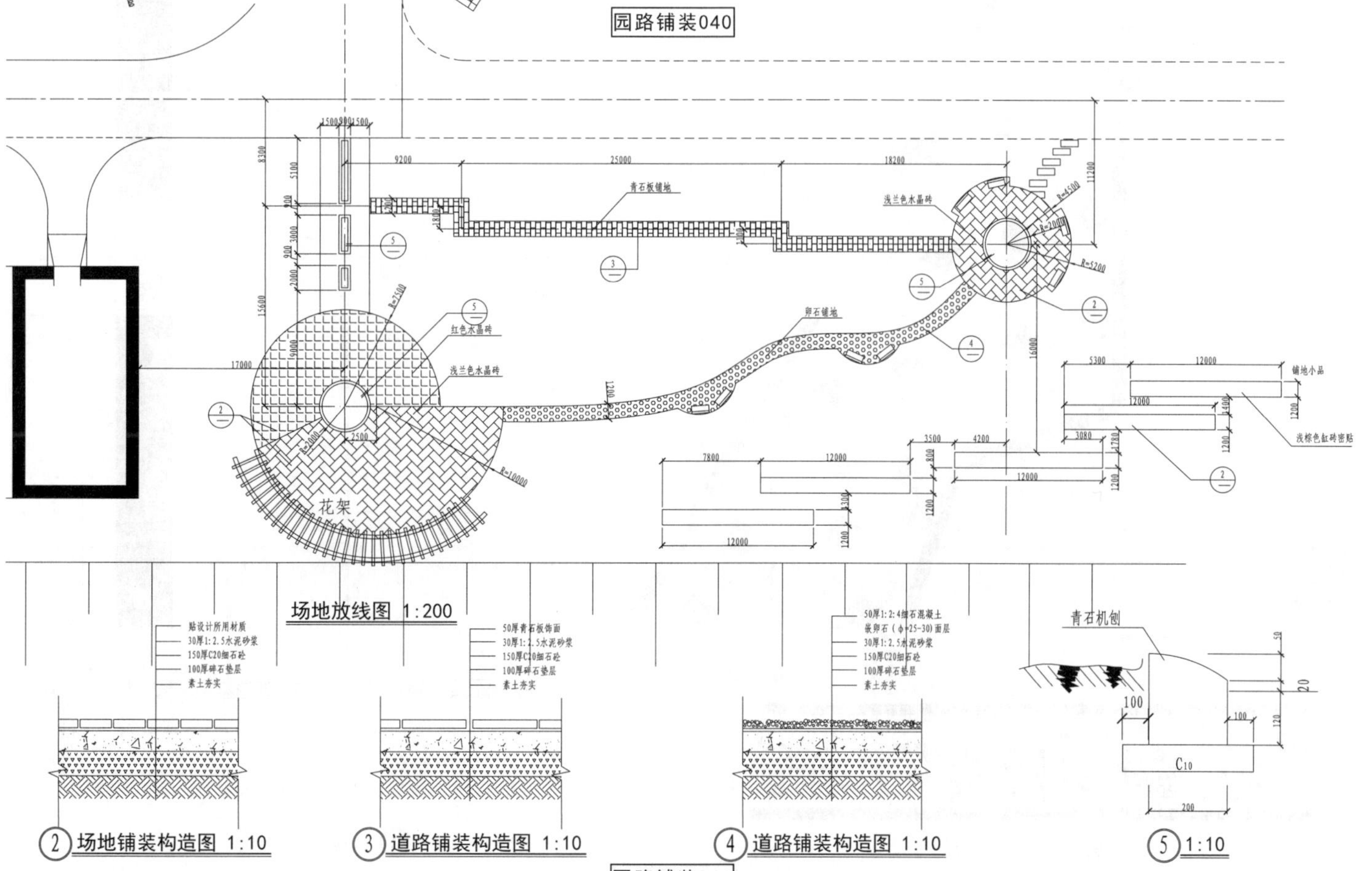
青石板铺地
浅兰色水晶砖
红色水晶砖
浅兰色水晶砖
卵石铺地
花架
镶地小品
浅棕色缸砖密贴
场地放线图 1:200
贴设计所用材质
30厚1:2.5水泥砂浆
150厚C20细石砼
100厚碎石垫层
素土夯实
50厚青石板饰面
30厚1:2.5水泥砂浆
150厚C20细石砼
100厚碎石垫层
素土夯实
50厚1:2:4细石混凝土
嵌卵石（φ25-30）面层
30厚1:2.5水泥砂浆
150厚C20细石砼
100厚碎石垫层
素土夯实
青石机刨
C10
2 场地铺装构造图 1:10
3 道路铺装构造图 1:10
4 道路铺装构造图 1:10
5 1:10

园路铺装041

园路铺装

100X100X30花岗岩 锈红色 烧毛
200X200*30花岗岩 锈红色 镜面
100X100X30褐色砂岩
500X500X30米色砂岩

木平台（A）
芬兰浸泽木
塑胶垫层兰色
塑胶垫层褐色
塑胶垫层墨绿色
木拱桥1
方亭（木质）
石质台阶
木拱桥2
置石
园路

600X1200*50青石板 毛面
木平台（B）
园路
100X100X30米色砂岩
栏杆
方形挑台
旱溪

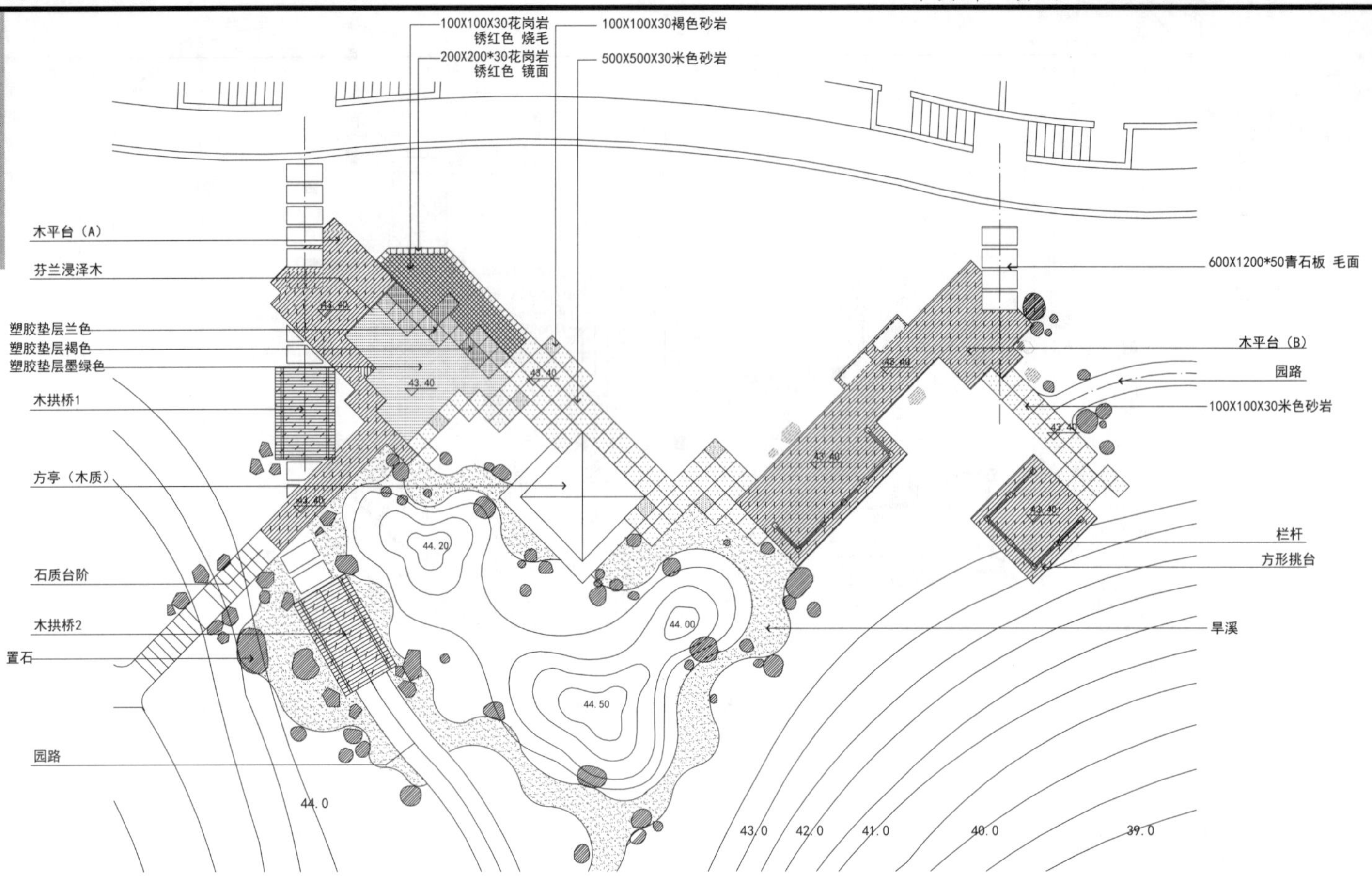

中心园区铺地平面图 1:100

园路铺装042

1200X1200 天然面锈石
随机掺20% 600X600 深灰色岩
600X600 锈黄板岩
Φ30-Φ60彩色扁卵石散置
深灰板石
600X600 浅灰色斧剁面花岗岩

绿地

广场铺装大样图 1:60

100X200 白色面包砖侧铺
100X200 黄色面包砖
随机掺杂20% 100X200棕色面包砖

广场铺装大样图 1:60

1 1:10

园路铺装043

356-357

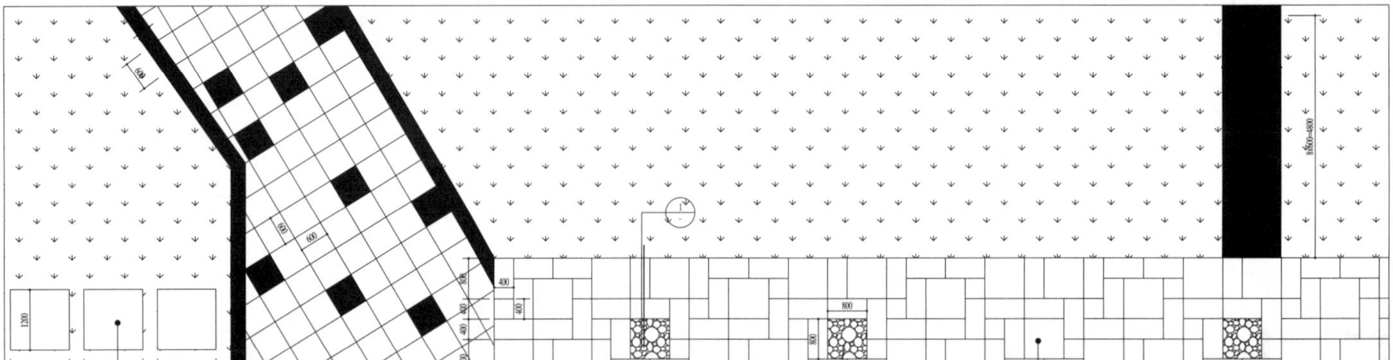

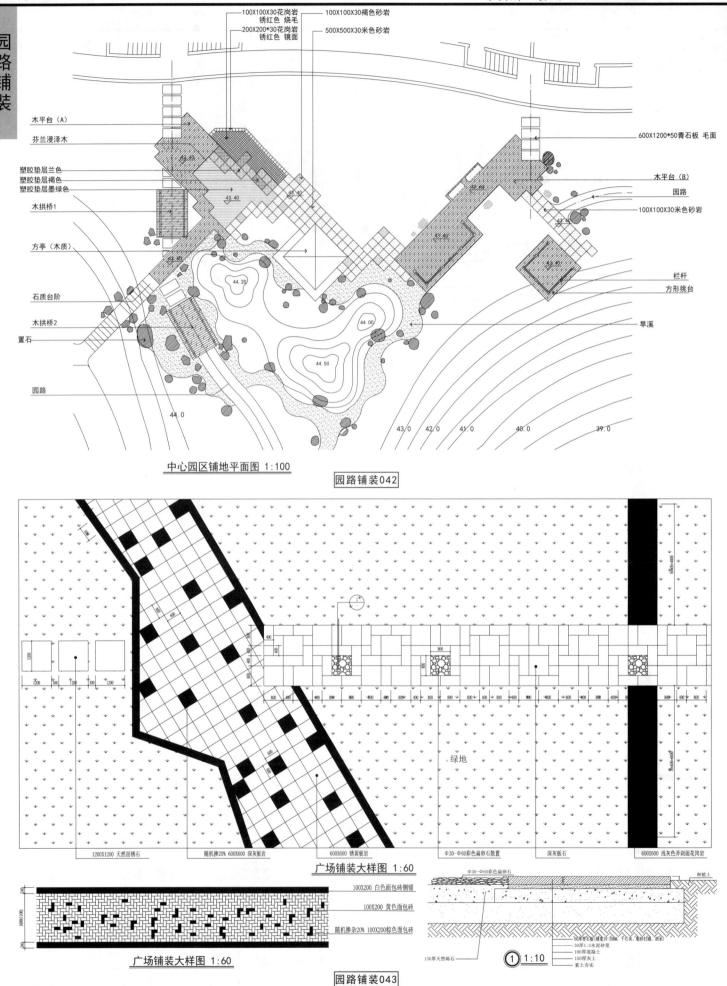

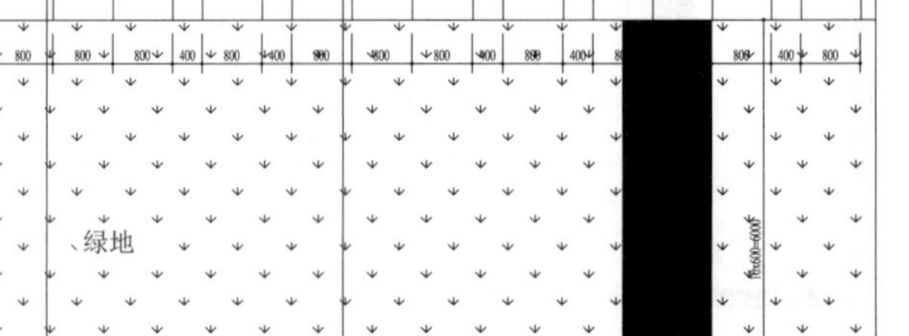

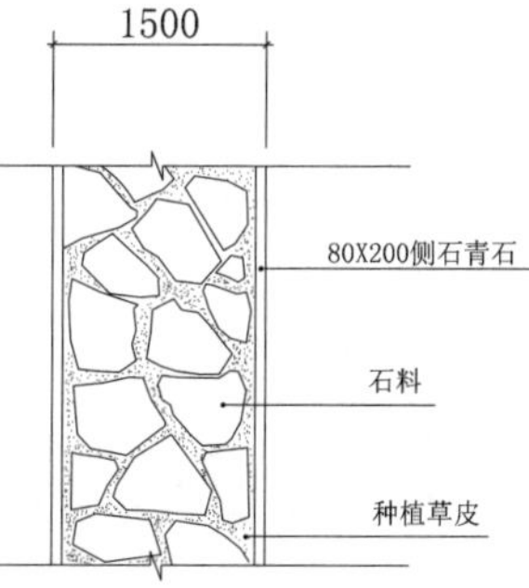
1500
80X200侧石青石
石料
种植草皮

园路铺装（沿河休闲区）

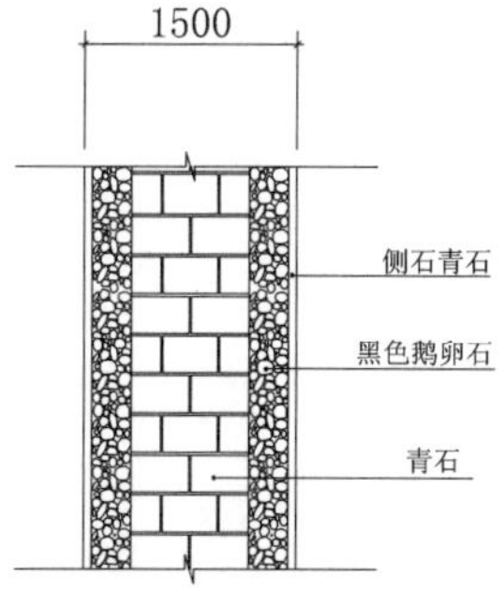
1500
侧石青石
黑色鹅卵石
青石

园路铺装（儿童区）

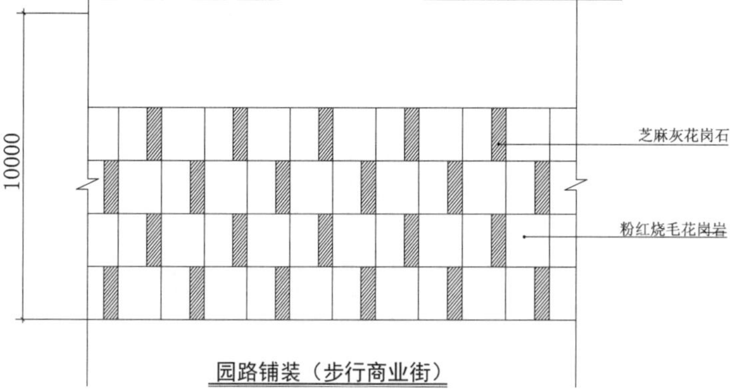
10000
芝麻灰花岗石
粉红烧毛花岗岩

园路铺装（步行商业街）

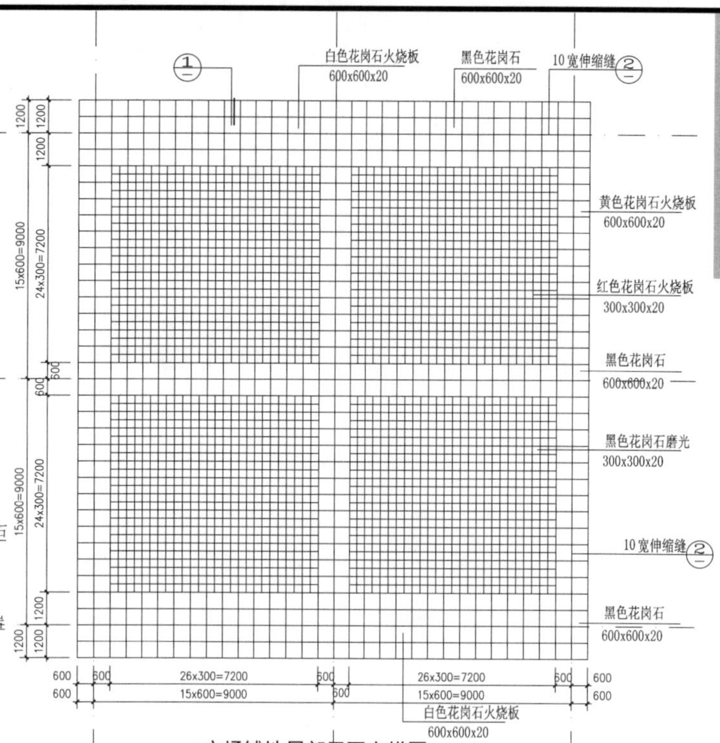
①
白色花岗石火烧板
600x600x20
黑色花岗石
600x600x20
10宽伸缩缝 ②
黄色花岗石火烧板
600x600x20
红色花岗石火烧板
300x300x20
黑色花岗石
600x600x20
黑色花岗石磨光
300x300x20
10宽伸缩缝 ②
黑色花岗石
600x600x20
1200
1200
15x600=9000
24x300=7200
600
600
15x600=9000
24x300=7200
1200
1200
600
600
26x300=7200
600
15x600=9000
600
26x300=7200
600
15x600=9000
600
白色花岗石火烧板
600x600x20

广场铺地局部平面大样图 1:100

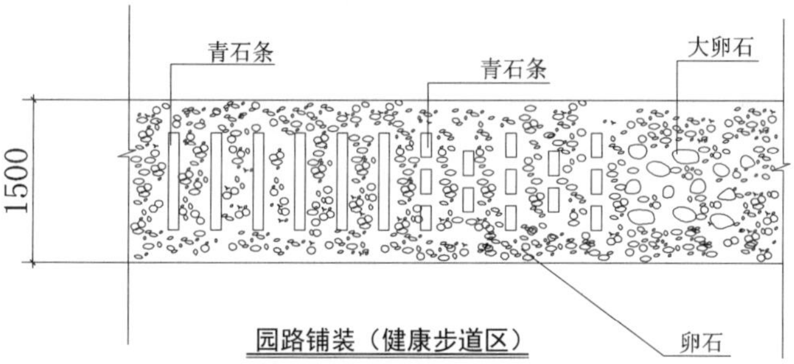
青石条
青石条
大卵石
1500
卵石

园路铺装（健康步道区）

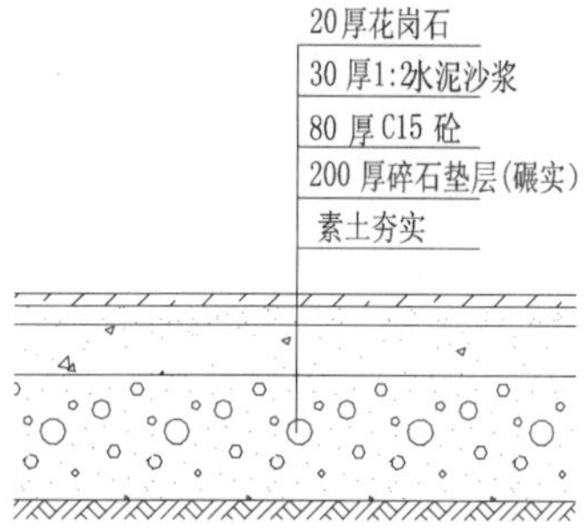
20厚花岗石
30 厚1:2水泥沙浆
80 厚C15 砼
200 厚碎石垫层(碾实)
素土夯实

①

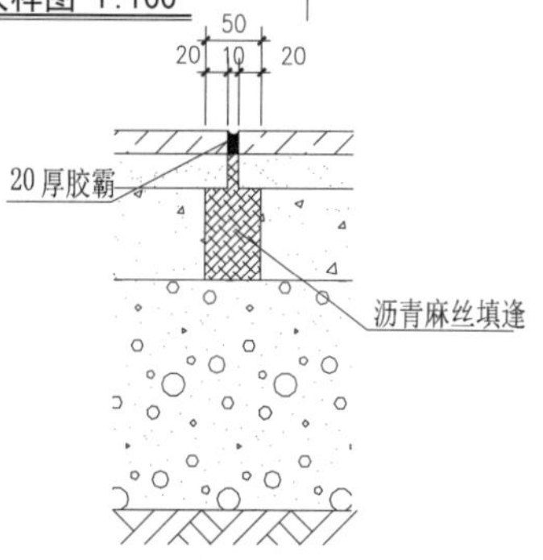
50
20
10
20
20厚胶霸
沥青麻丝填逢

② 伸缩缝大样图 1:100

园路铺装044

园路铺装045

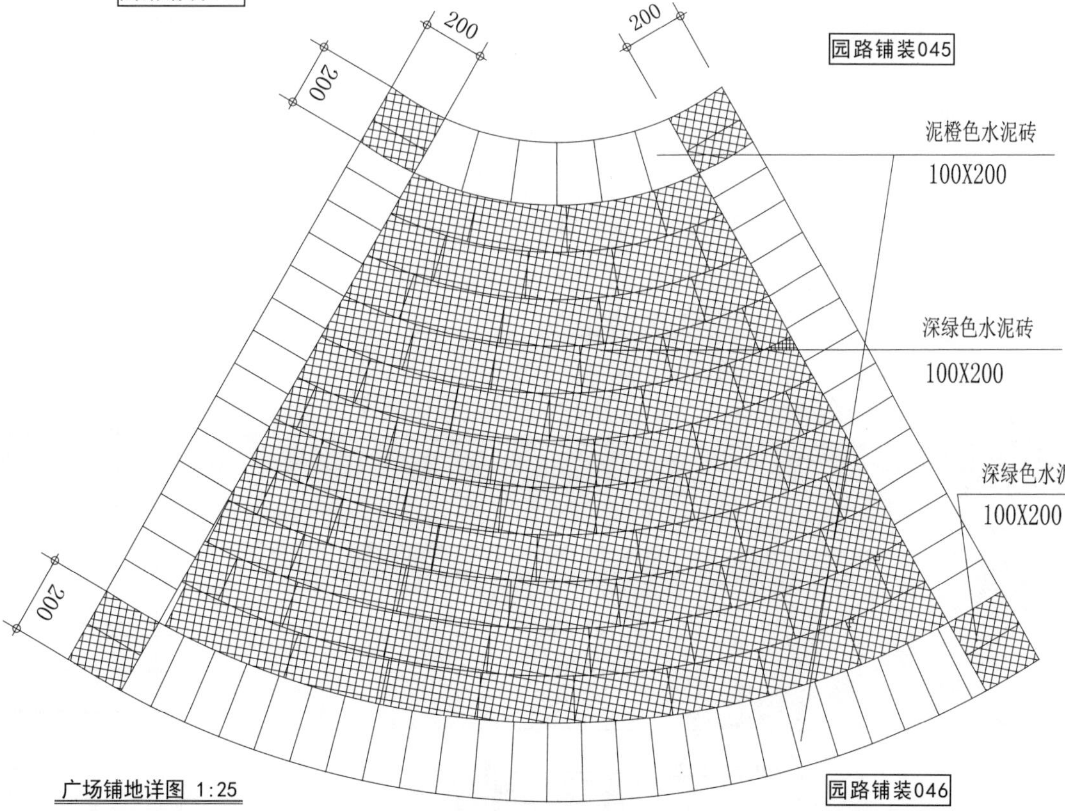
200
200
200
200
泥橙色水泥砖
100X200
深绿色水泥砖
100X200
深绿色水泥砖
100X200

广场铺地详图 1:25

园路铺装046

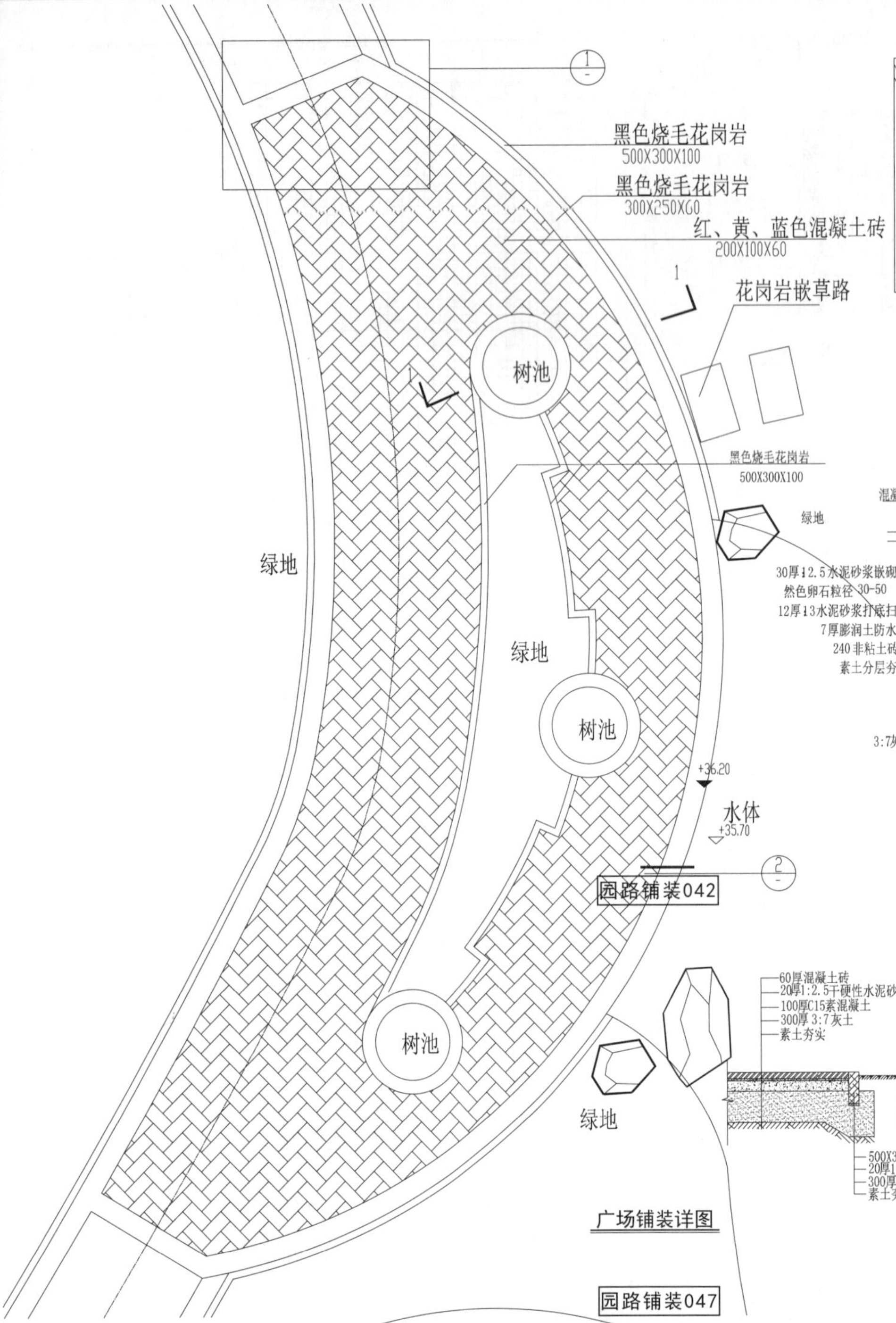
黑色烧毛花岗岩
500X300X100
黑色烧毛花岗岩
300X250X60
红、黄、蓝色混凝土砖
200X100X60
花岗岩嵌草路
树池
黑色烧毛花岗岩
500X300X100
绿地
绿地
树池
+36.20
水体
+35.70
树池
绿地

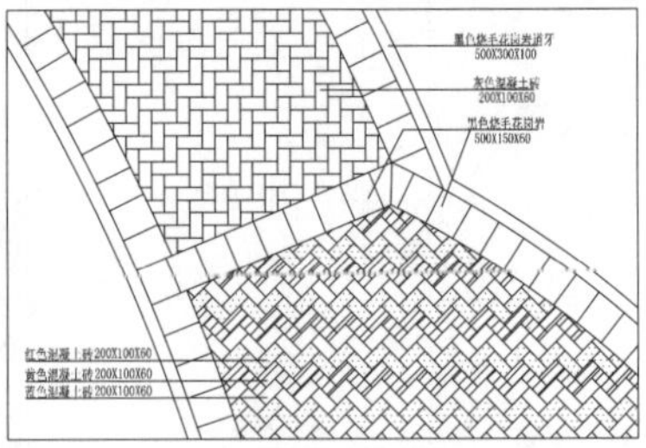

① 铺装大样 1:20

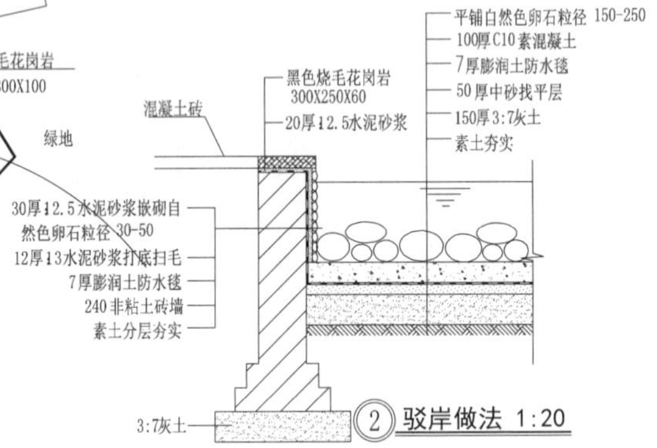
平铺白然色卵石粒径 150-250
100厚C10素混凝土
7厚膨润土防水毯
50厚中砂找平层
150厚3:7灰土
素土夯实
黑色烧毛花岗岩
300X250X60
20厚1:2.5水泥砂浆
混凝土砖
绿地
30厚1:2.5水泥砂浆嵌砌自
然色卵石粒径 30-50
12厚1:3水泥砂浆打底扫毛
7厚膨润土防水毯
240非粘土砖墙
素土分层夯实
3:7灰土

② 驳岸做法 1:20

园路铺装042

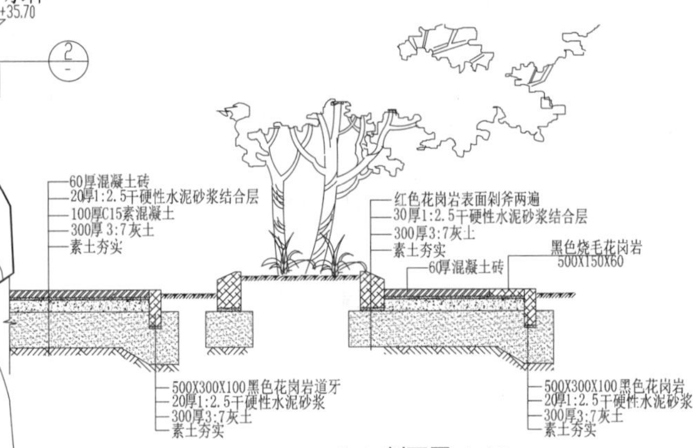
60厚混凝土砖
20厚1:2.5干硬性水泥砂浆结合层
100厚C15素混凝土
300厚3:7灰土
素土夯实
红色花岗岩表面剁斧两遍
30厚1:2.5干硬性水泥砂浆结合层
300厚3:7灰土
素土夯实
60厚混凝土砖
黑色烧毛花岗岩
500X150X60
500X300X100黑色花岗岩道牙
20厚1:2.5干硬性水泥砂浆
300厚3:7灰土
素土夯实
500X300X100黑色花岗岩
20厚1:2.5干硬性水泥砂浆
300厚3:7灰土
素土夯实

广场铺装详图

1-1 剖面图 1:20

园路铺装047

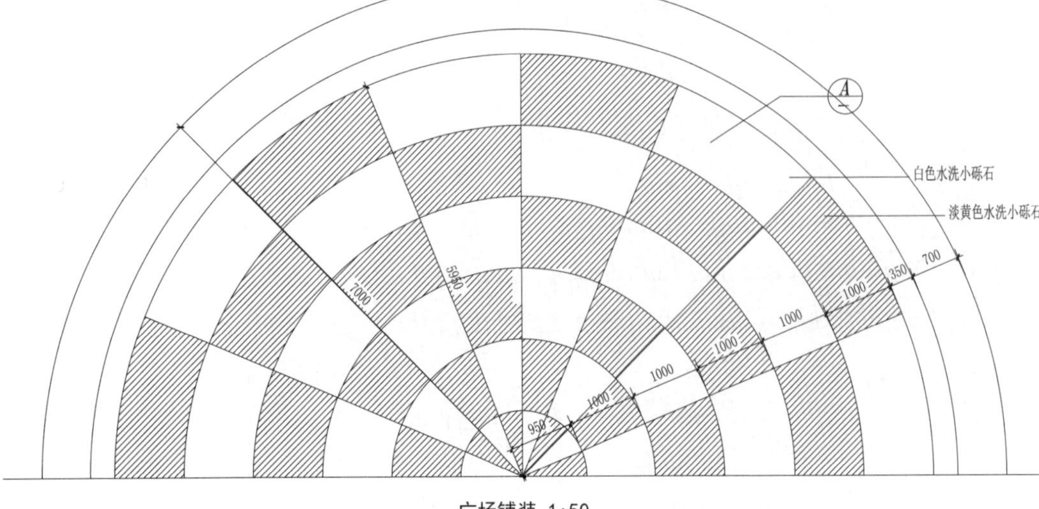

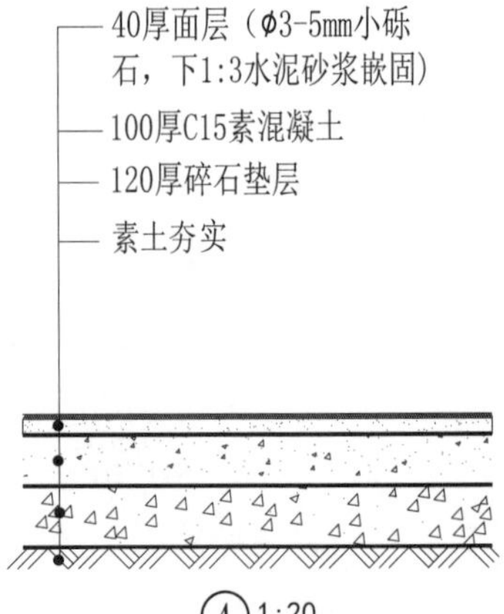
40厚面层（ϕ3-5mm小砾
石，下1:3水泥砂浆嵌固)
100厚C15素混凝土
120厚碎石垫层
素土夯实

广场铺装 1:50

Ⓐ 1:20

园路铺装048

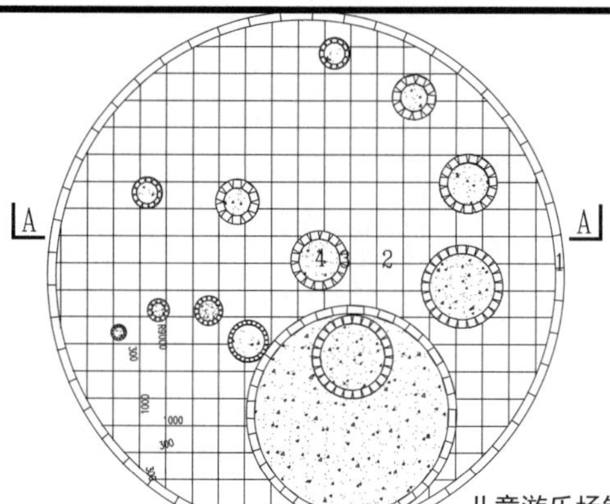

序号	铺装大样	材料
1		条石
2		花岗岩
3		瓷制地砖
4		杂色瓷砖碎片拼花

注：1. 广场周围侧石均采用该规格的侧石.
2. 条石亦可用C20混凝土预制块或现浇混凝土替代.
3. 条石侧石和预制块侧石的长度为400-1000.
4. 现浇混凝土侧石的伸缩缝设置与混凝土路面相同.
5. 广场上的不规则的铺装按照放样切割.

儿童游乐场铺装平面图 1:100

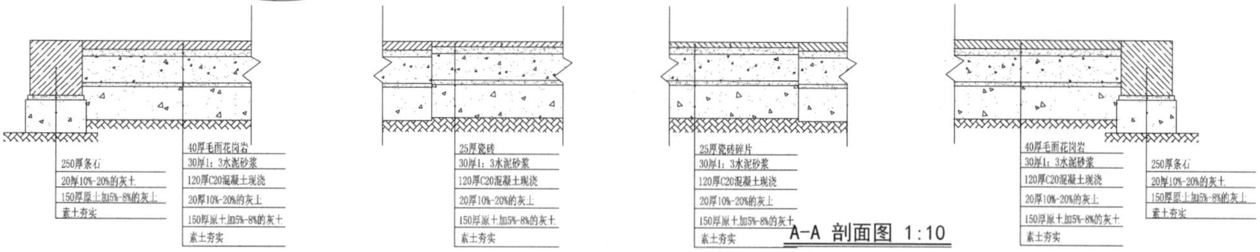

A-A 剖面图 1:10

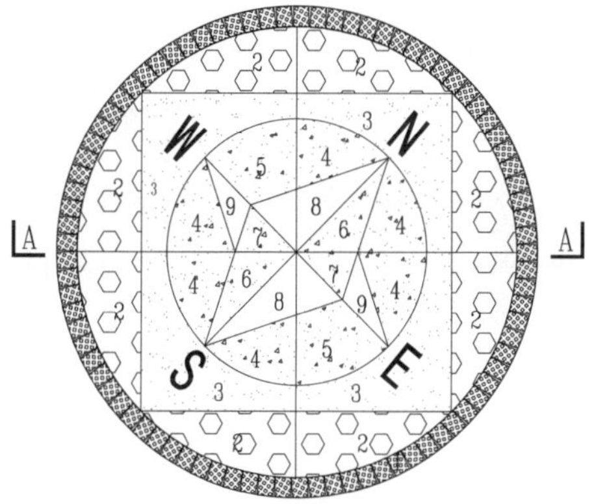

南入口小广场铺装平面图 1:50

预制块大样：

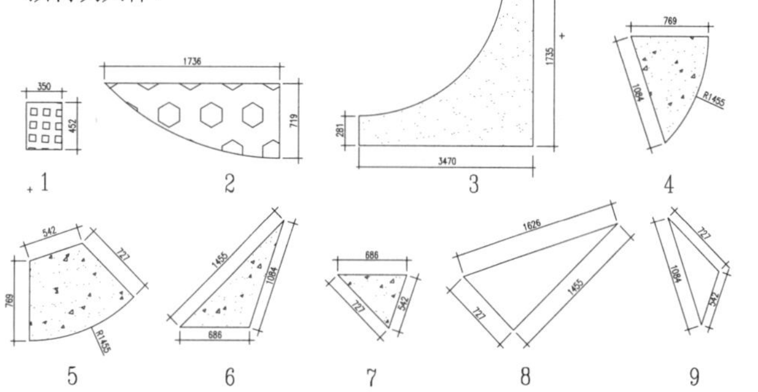

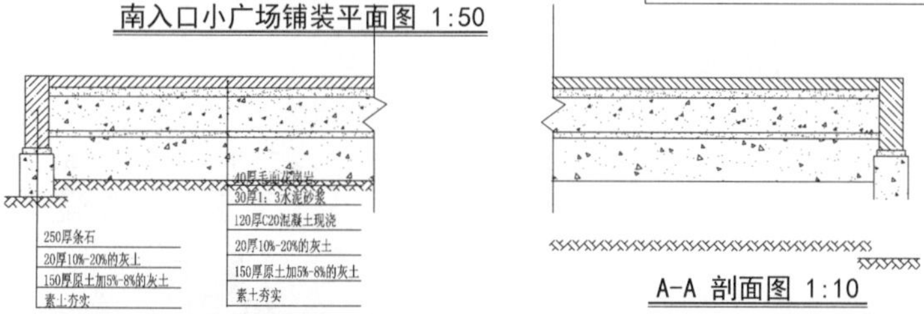

A-A 剖面图 1:10

序号	材料	序号	材料
1	土黄色预制块	6	棕色预制块
2	棕黄色预制块	7	棕色预制块
3	棕黄色预制块	8	黑色花岗岩
4	棕色预制块	9	黑色花岗岩
5	棕黄色预制块		

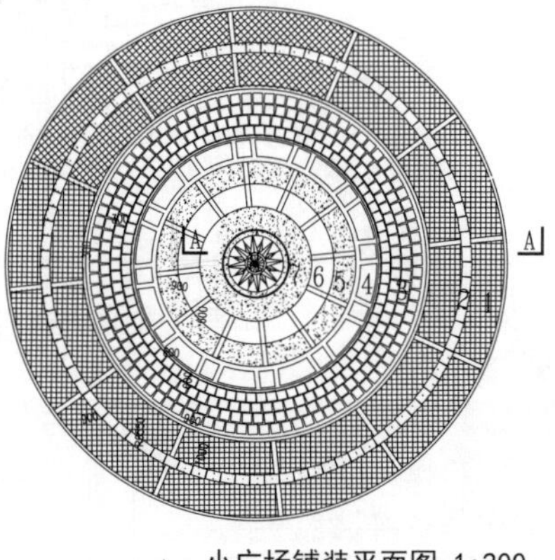

序号	铺装大样	材料
1		淡黄色瓷制地砖
2		深色花岗岩
3		杂色瓷制地砖
4		花岗岩
5		⌀20~30卵石
6		花岗岩
7		杂色洗石子
8		花岗岩拼花

注：1. 广场周围侧石均采用该规格的侧石.
2. 条石亦可用C20混凝土预制块或现浇混凝土替代.
3. 条石侧石和预制块侧石的长度为400-1000.
4. 现浇混凝土侧石的伸缩缝设置与混凝土路面相同.
5. 广场上的不规则的铺装按照放样切割.

小广场铺装平面图 1:200

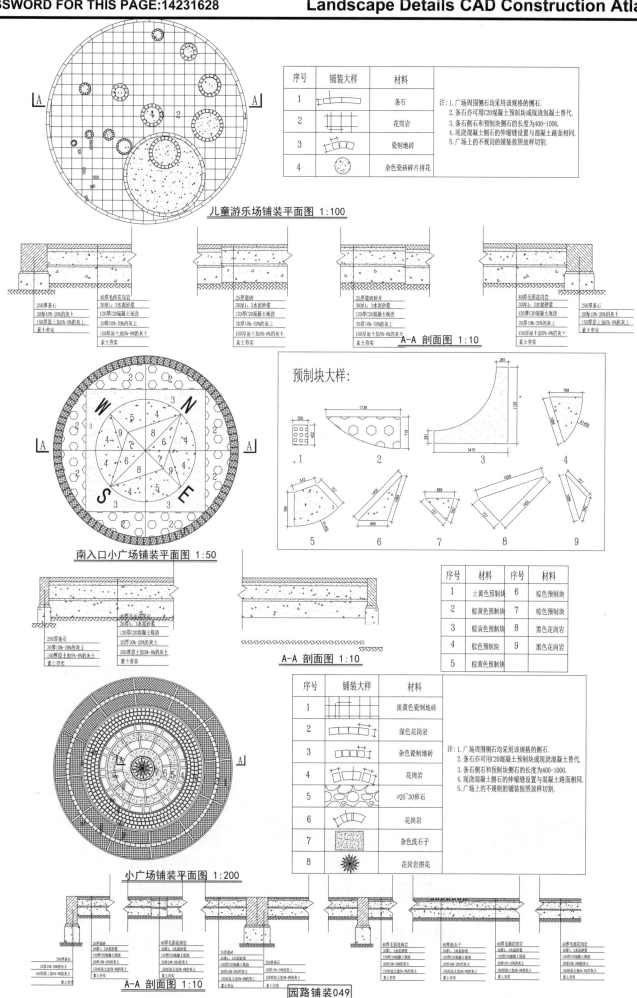

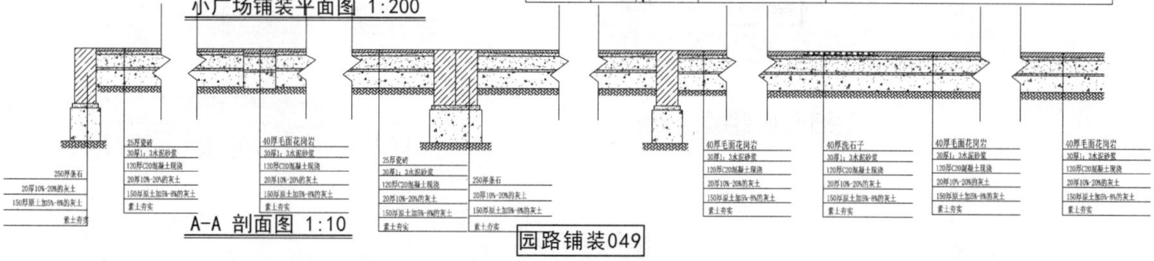

A-A 剖面图 1:10

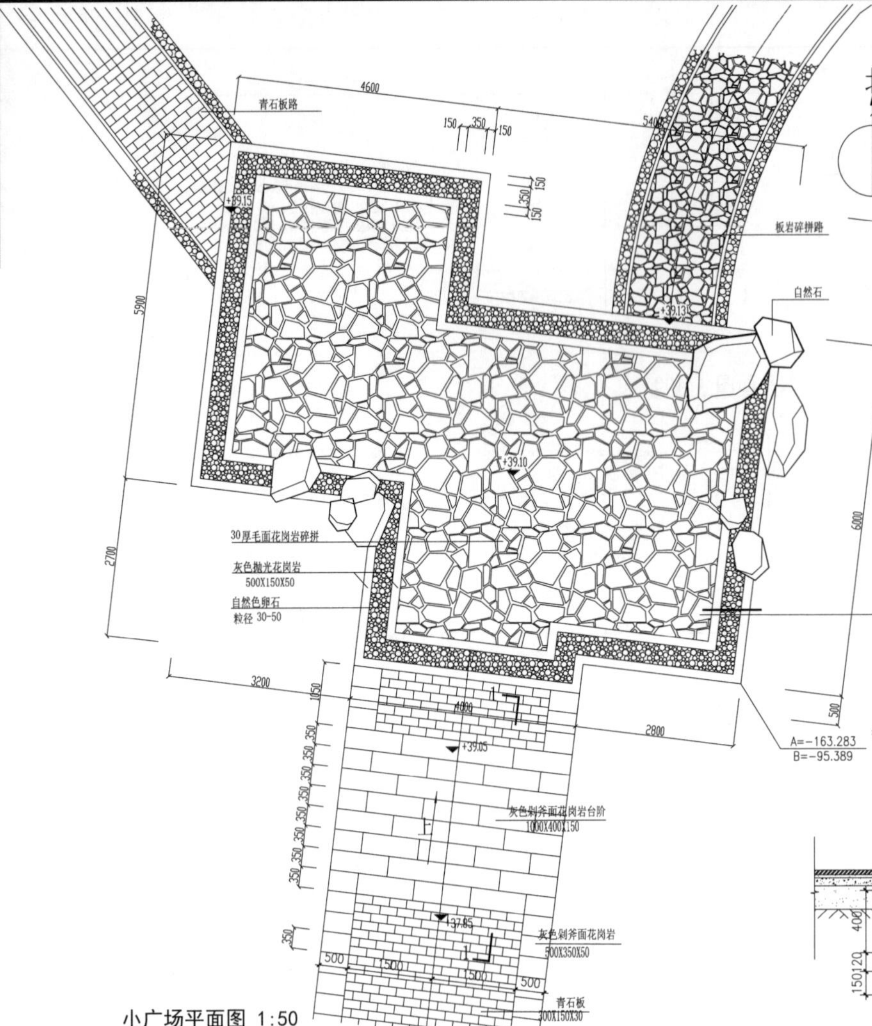

小广场平面图 1:50

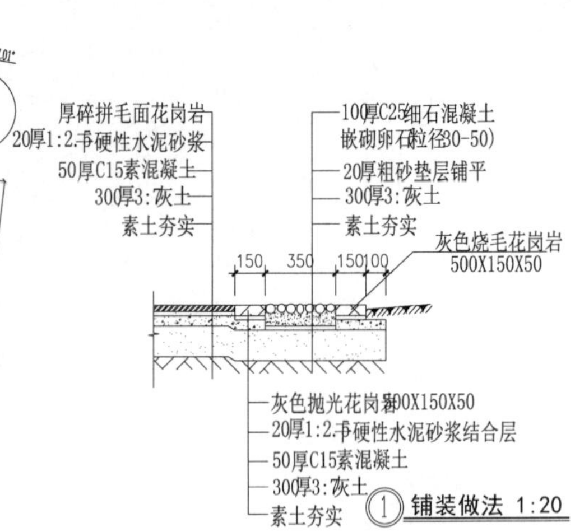
厚碎拼毛面花岗岩
20厚1:2.5干硬性水泥砂浆
50厚C15素混凝土
300厚3:7灰土
素土夯实
100厚C25细石混凝土
嵌砌卵石(粒径30-50)
20厚粗砂垫层铺平
300厚3:7灰土
素土夯实
灰色烧毛花岗岩
500X150X50
150 350 150 100
灰色抛光花岗岩500X150X50
20厚1:2.5干硬性水泥砂浆结合层
50厚C15素混凝土
300厚3:7灰土
素土夯实

1 铺装做法 1:20

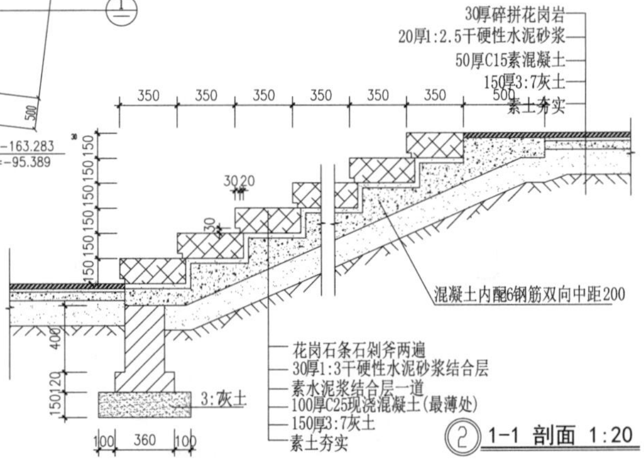
30厚碎拼花岗岩
20厚1:2.5干硬性水泥砂浆
50厚C15素混凝土
150厚3:7灰土
素土夯实
350 350 350 350 350 350
混凝土内配φ6钢筋双向中距200
花岗石条石剁斧两遍
30厚1:3干硬性水泥砂浆结合层
素水泥浆结合层一道
100厚C25现浇混凝土(最薄处)
150厚3:7灰土
素土夯实
3:7灰土
100 360 100

2 1-1 剖面 1:20

园路铺装050

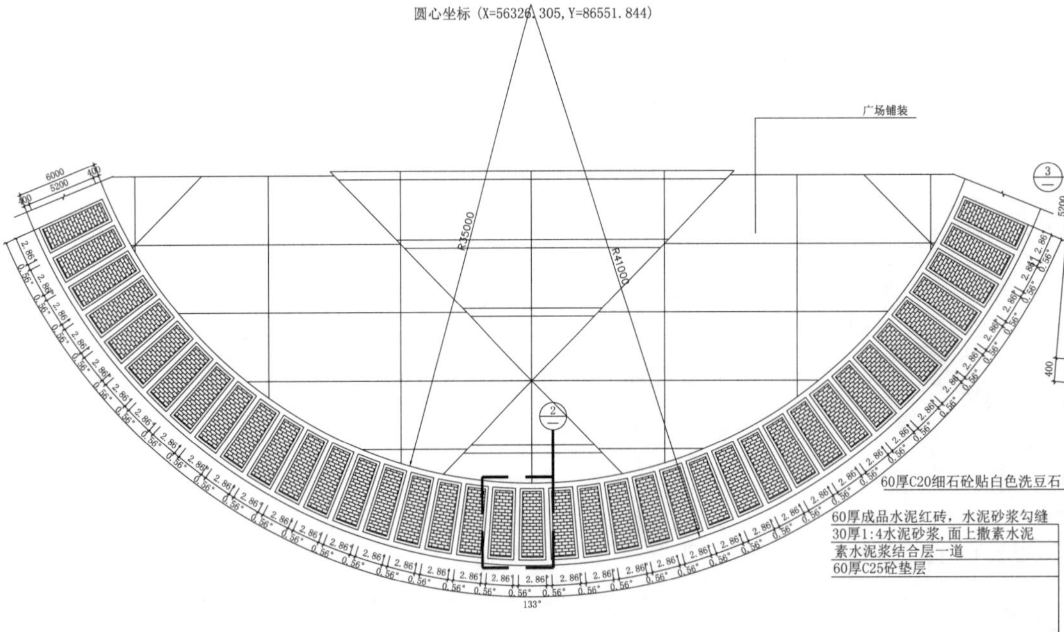

广场平面布置详图 1:200

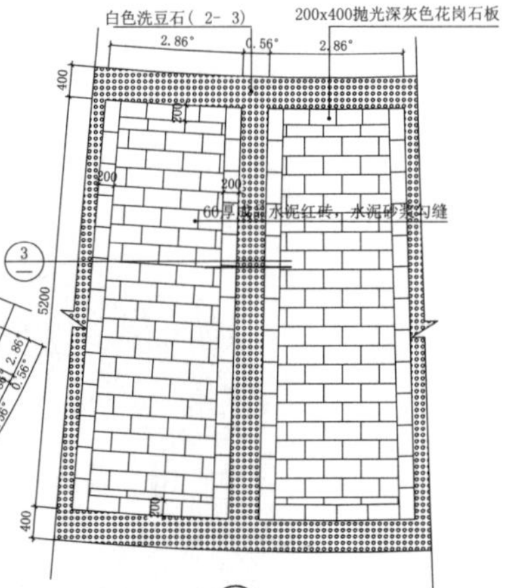

2 1:50

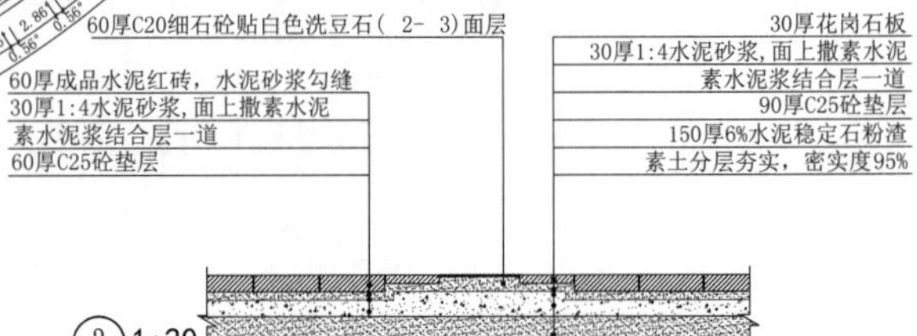
60厚C20细石砼贴白色洗豆石(2- 3)面层
60厚成品水泥红砖，水泥砂浆勾缝
30厚1:4水泥砂浆，面上撒素水泥
素水泥浆结合层一道
60厚C25砼垫层
30厚花岗石板
30厚1:4水泥砂浆，面上撒素水泥
素水泥浆结合层一道
90厚C25砼垫层
150厚6%水泥稳定石粉渣
素土分层夯实，密实度95%

3 1:20

园路铺装051

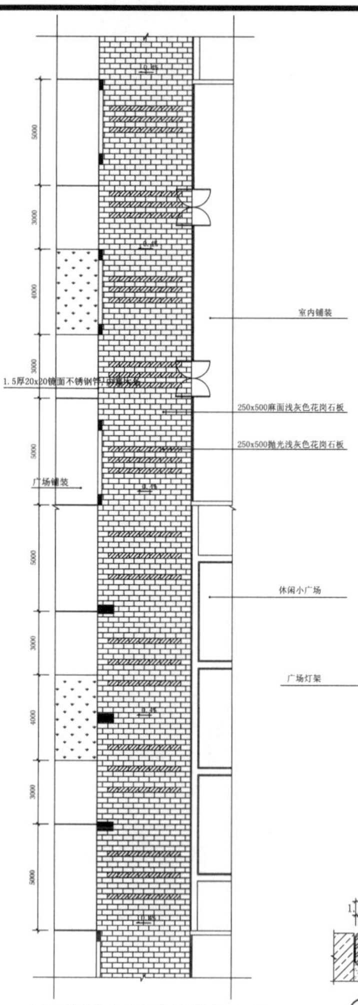

广场建筑走廊局部铺装大样

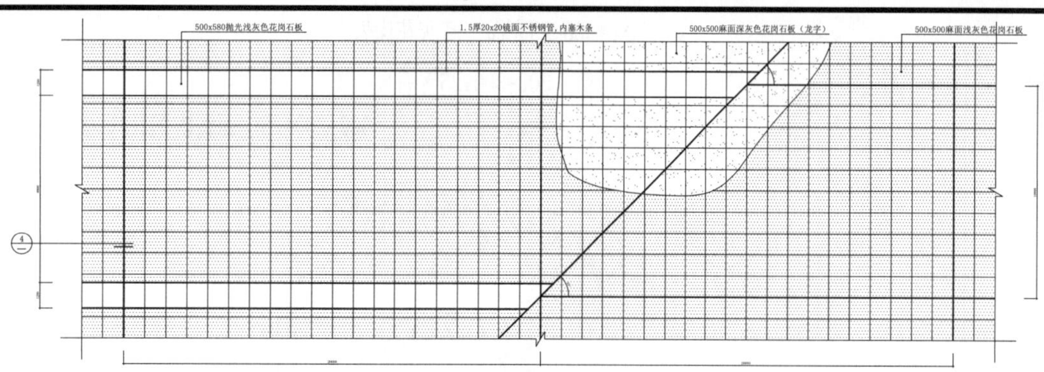

广场局部平面大样1

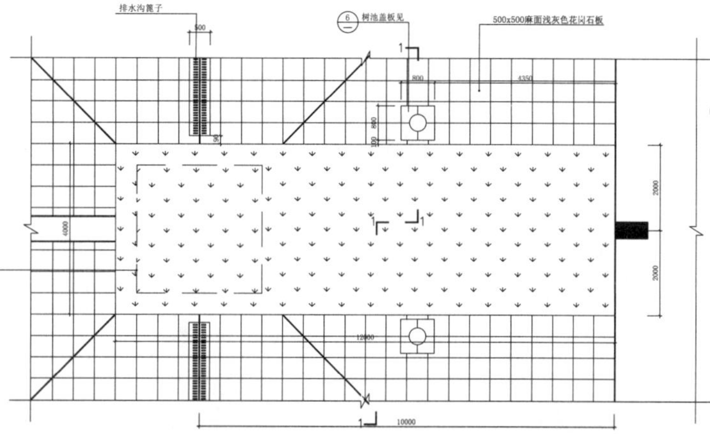

广场局部平面大样2

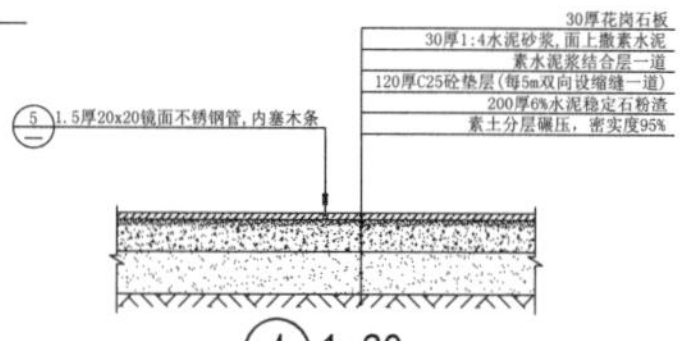

4 1:20

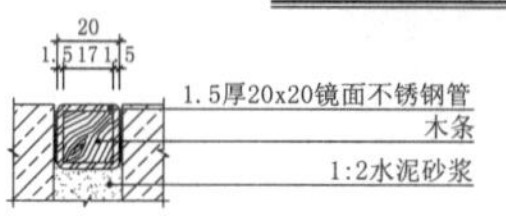

5 广场铺装详图 1:20

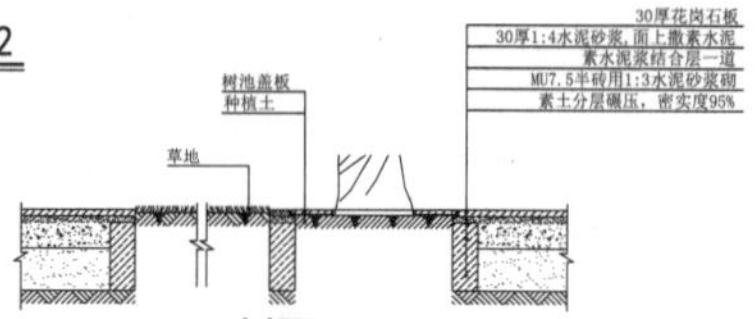

1-1 剖面 1:20

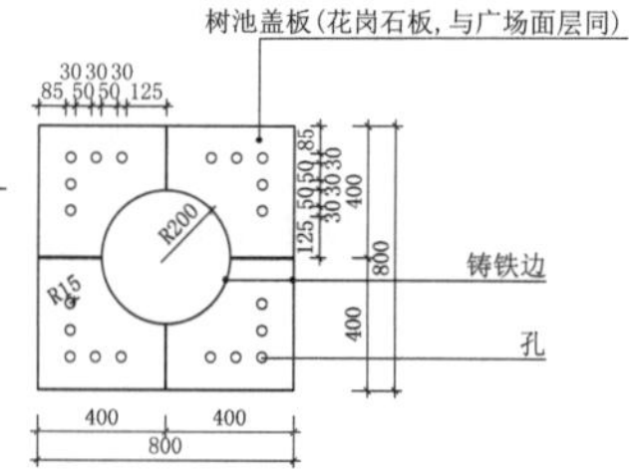

6 树池盖板平面示意图 1:20

园路铺装052

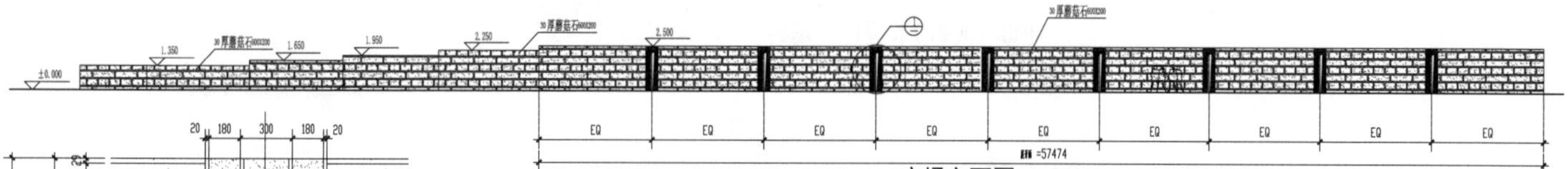

广场立面图 1:200

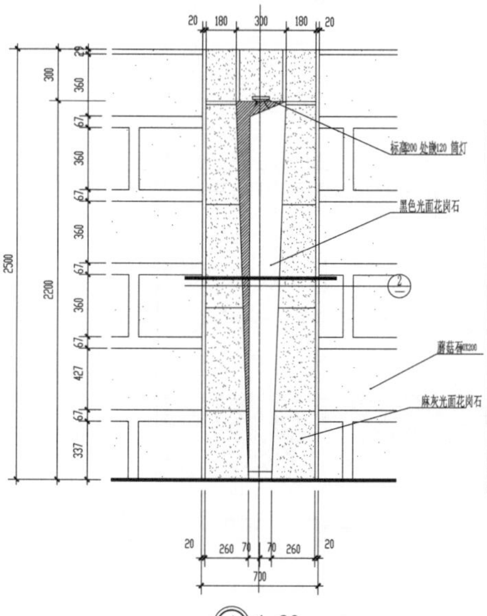

1 1:20

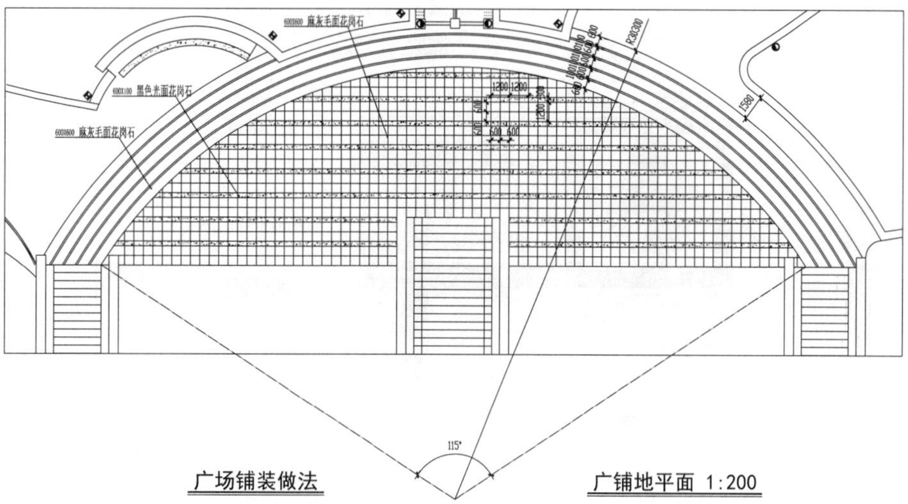

广场铺装做法

广铺地平面 1:200

园路铺装053

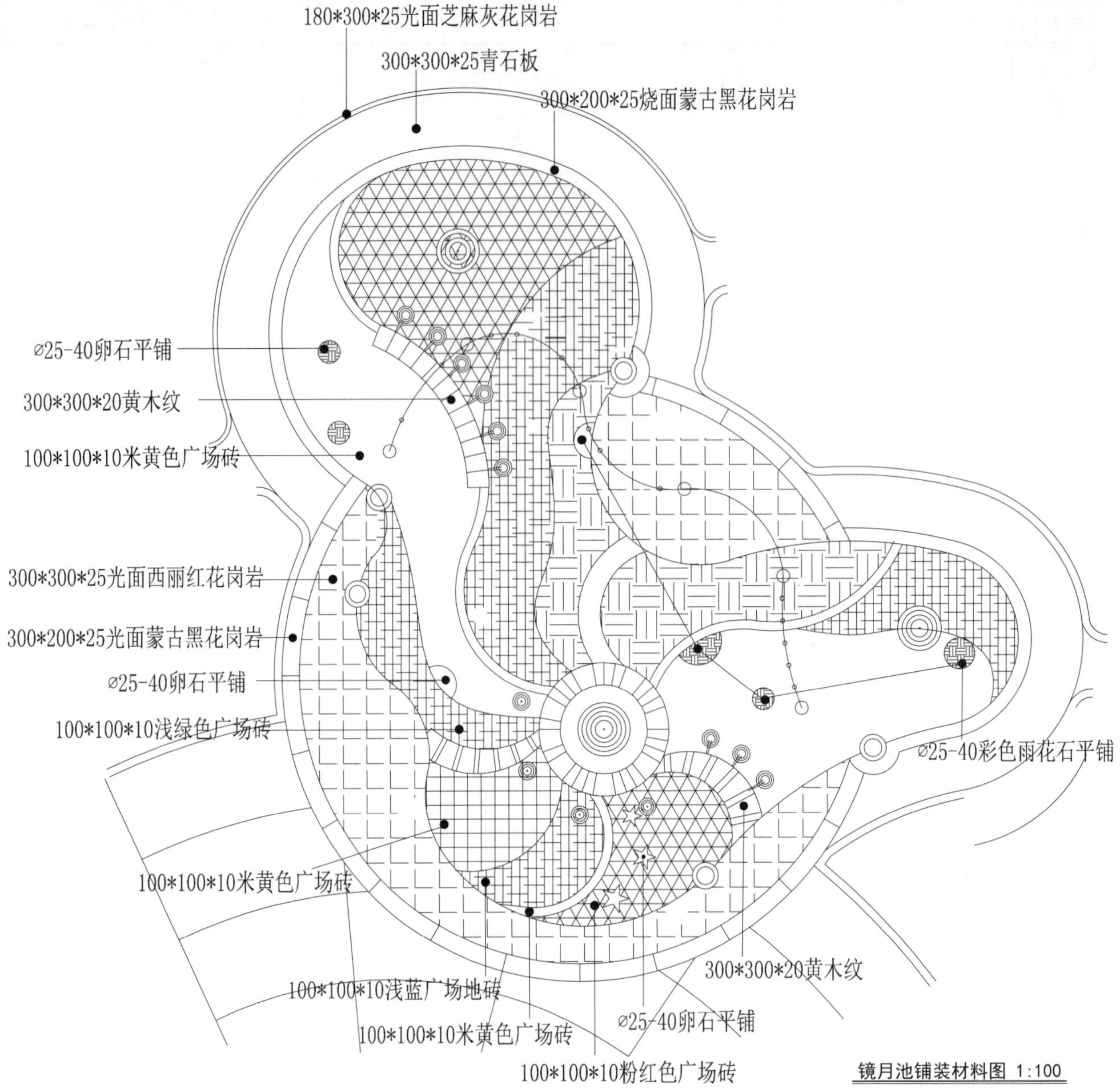
180*300*25光面芝麻灰花岗岩
300*300*25青石板
300*200*25烧面蒙古黑花岗岩
ø25-40卵石平铺
300*300*20黄木纹
100*100*10米黄色广场砖
300*300*25光面西丽红花岗岩
300*200*25光面蒙古黑花岗岩
ø25-40卵石平铺
100*100*10浅绿色广场砖
100*100*10米黄色广场砖
ø25-40彩色雨花石平铺
300*300*20黄木纹
100*100*10浅蓝广场地砖
100*100*10米黄色广场砖
ø25-40卵石平铺
100*100*10粉红色广场砖

镜月池铺装材料图 1:100

园路铺装054

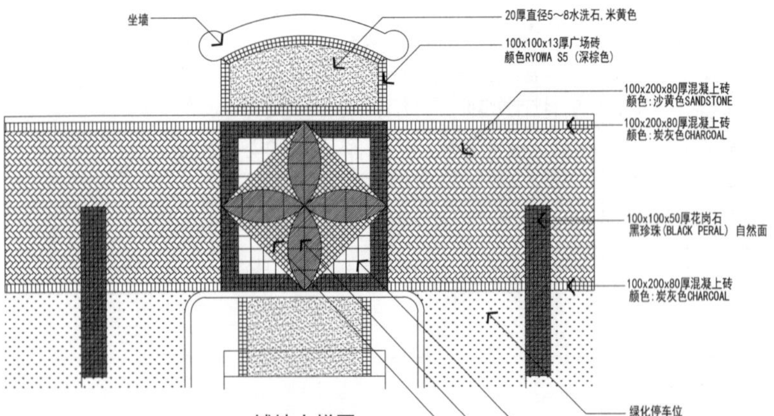
坐墙
20厚直径5～8水洗石, 米黄色
100x100x13厚广场砖
颜色RYOWA S5（深棕色）
100x200x80厚混凝上砖
颜色：沙黄色SANDSTONE
100x200x80厚混凝上砖
颜色：炭灰色CHARCOAL
100x100x50厚花岗石
黑珍珠（BLACK PERAL） 自然面
100x200x80厚混凝上砖
颜色：炭灰色CHARCOAL
绿化停车位
300x300x50厚花岗石
芝麻灰手打口枝面
50厚花岗石
黑珍珠（BLACK PERAL） 烧面
100x100x50厚花岗石
金沙黄麻手打口枝面

铺地大样图

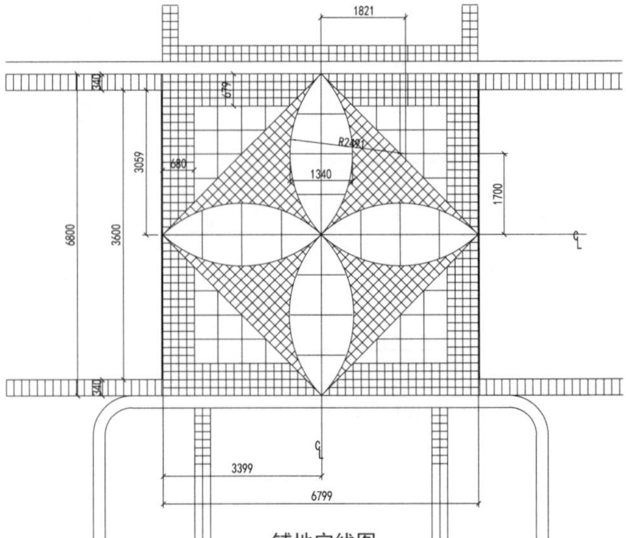

铺地定线图

园路铺装055

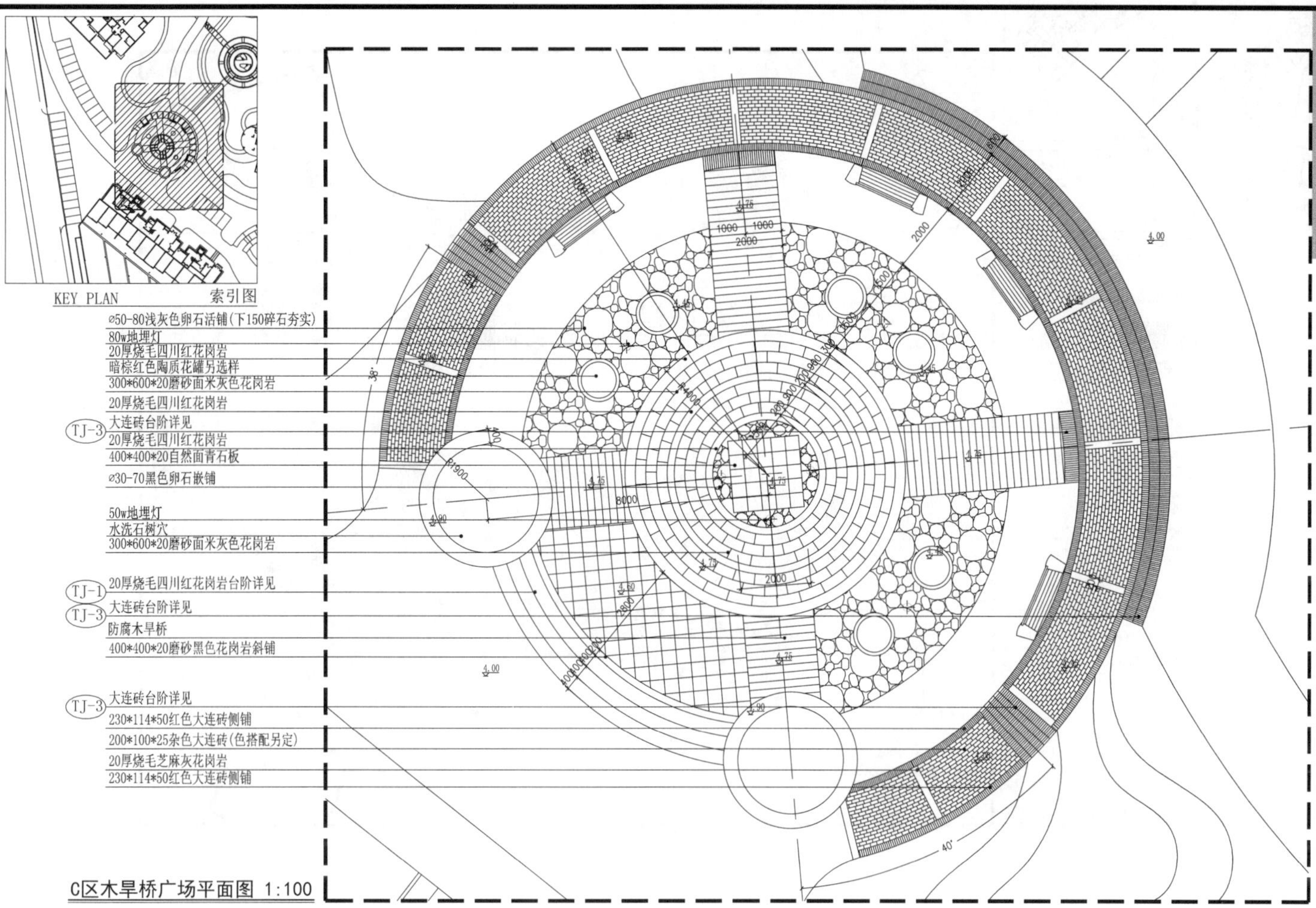
KEY PLAN 索引图
∅50-80浅灰色卵石活铺(下150碎石夯实)
80w地埋灯
20厚烧毛四川红花岗岩
暗棕红色陶质花罐另选样
300*600*20磨砂面米灰色花岗岩
20厚烧毛四川红花岗岩
TJ-3 大连砖台阶详见
20厚烧毛四川红花岗岩
400*400*20自然面青石板
∅30-70黑色卵石嵌铺
50w地埋灯
水洗石树穴
300*600*20磨砂面米灰色花岗岩
TJ-1 20厚烧毛四川红花岗岩台阶详见
TJ-3 大连砖台阶详见
防腐木旱桥
400*400*20磨砂黑色花岗岩斜铺
TJ-3 大连砖台阶详见
230*114*50红色大连砖侧铺
200*100*25杂色大连砖(色搭配另定)
20厚烧毛芝麻灰花岗岩
230*114*50红色大连砖侧铺
C区木旱桥广场平面图 1:100

园路铺装056

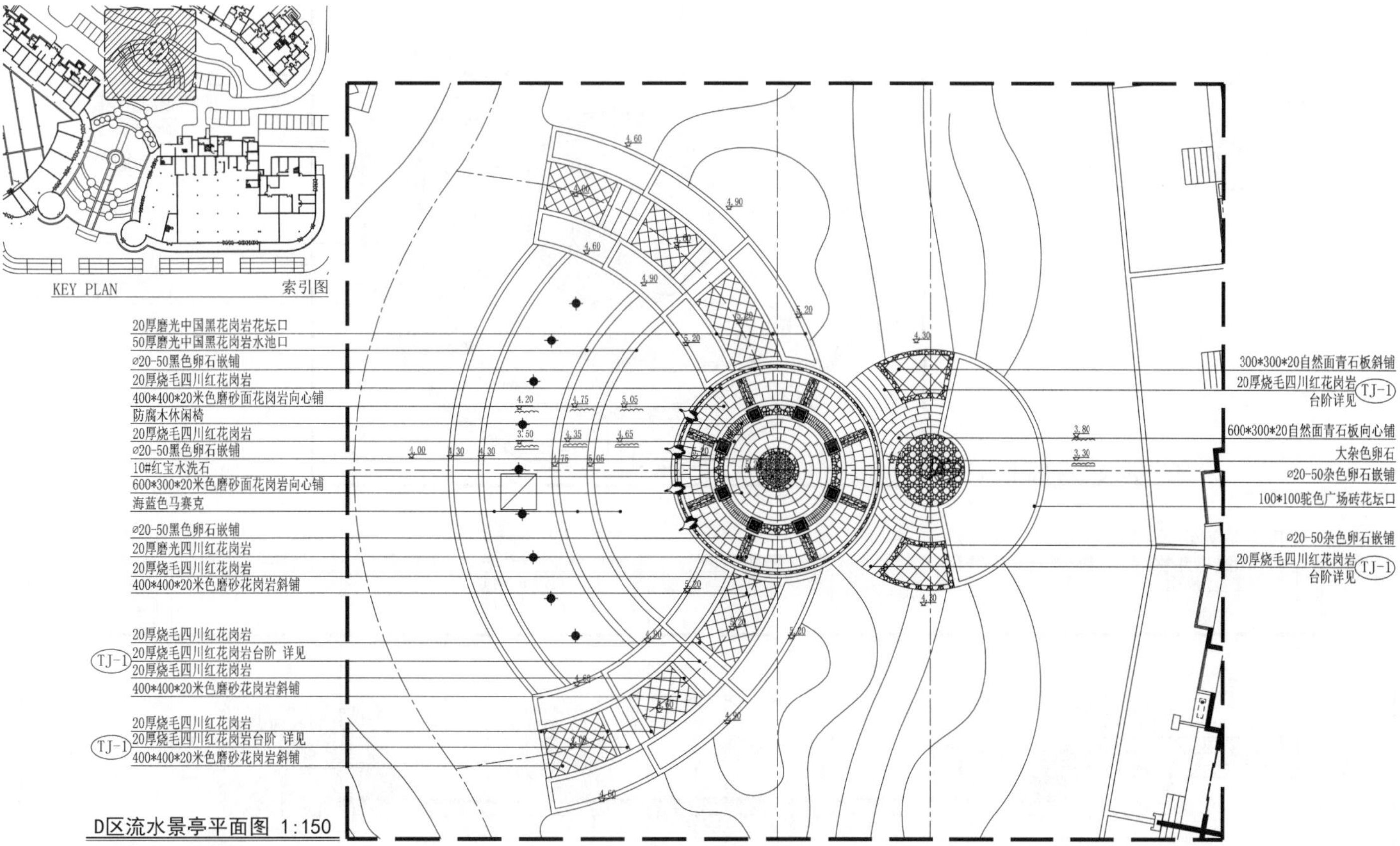
KEY PLAN 索引图
20厚磨光中国黑花岗岩花坛口
50厚磨光中国黑花岗岩水池口
∅20-50黑色卵石嵌铺
20厚烧毛四川红花岗岩
400*400*20米色磨砂面花岗岩向心铺
防腐木休闲椅
20厚烧毛四川红花岗岩
∅20-50黑色卵石嵌铺
10#红宝水洗石
600*300*20米色磨砂面花岗岩向心铺
海蓝色马赛克
∅20-50黑色卵石嵌铺
20厚磨光四川红花岗岩
20厚烧毛四川红花岗岩
400*400*20米色磨砂花岗岩斜铺
20厚烧毛四川红花岗岩
TJ-1 20厚烧毛四川红花岗岩台阶 详见
20厚烧毛四川红花岗岩
400*400*20米色磨砂花岗岩斜铺
20厚烧毛四川红花岗岩
TJ-1 20厚烧毛四川红花岗岩台阶 详见
400*400*20米色磨砂花岗岩斜铺
300*300*20自然面青石板斜铺
20厚烧毛四川红花岗岩台阶详见 TJ-1
600*300*20自然面青石板向心铺
大杂色卵石
∅20-50杂色卵石嵌铺
100*100驼色广场砖花坛口
∅20-50杂色卵石嵌铺
20厚烧毛四川红花岗岩台阶详见 TJ-1
D区流水景亭平面图 1:150

园路铺装057

KEY PLAN
索引图

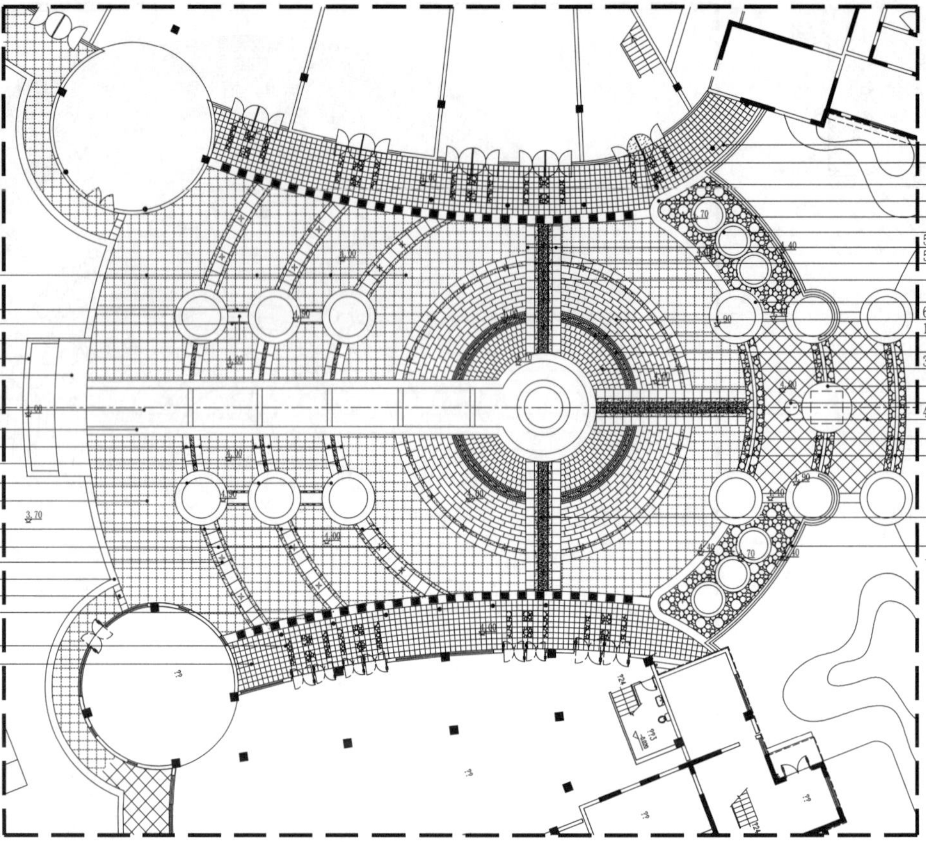
200*200驼色广场砖向心铺
ø30-50黑色卵石嵌铺
ø30-50黑色卵石嵌铺
20厚烧毛四川红花岗岩
磨光黑金砂花岗岩花坛口
100厚磨光黑金砂花岗岩
上刻LOGO
海蓝色马赛克水池底
磨光黑金砂花岗岩水池口
600*400*20烧毛四川红花岗岩
15厚米黄色美洁石
磨光黑金砂花岗岩树穴口
200*200驼色广场砖向心铺
600*200*20磨光中国黑花岗岩
600*600*20烧毛四川红花岗岩
ø200地埋灯
100*100广场砖台阶 详见 TJ-2
600*600*20烧毛四川红花岗岩
500*500/*40烧毛黑色花岗岩明沟 详见 MG-1
300*300棕红色仿古砖
ø30*50黑色卵石嵌铺
300*300棕红色仿古砖
ø30*50黑色卵石嵌铺
ø20-30黑色卵石活铺
5#金色水洗石
铸铁围墙
ø2000白色陶罐另选样
500*500*20烧毛四川红花岗岩
500*200*20磨光中国黑花岗岩
10#金色水洗石
磨光黑金砂花岗岩树穴口
600*300*20米灰色烧毛花岗岩
100*100*30自然面黑色花岗岩
15厚米黄色美洁石
300*300*20米灰色烧毛花岗岩
门卫室另详
站岗墩
400*400*20米灰色烧毛花岗岩
ø30*50黑色卵石嵌铺
20厚磨光四川红花岗岩
ø150地埋灯
5#金色水洗石
上安装铸铁围墙(同小区围墙)

D区人形入口广场平面图 1:200

园路铺装058

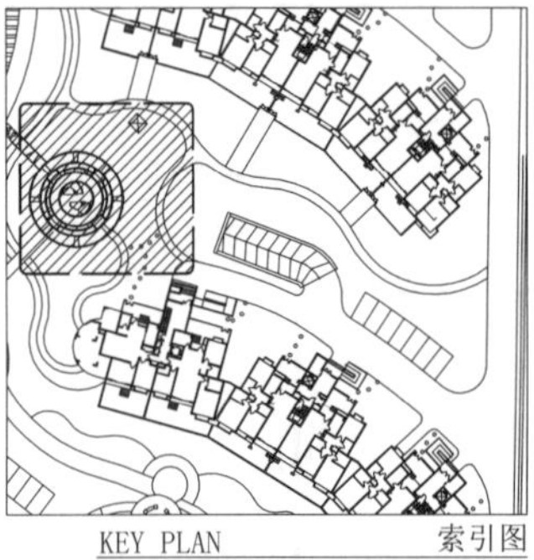
KEY PLAN
索引图

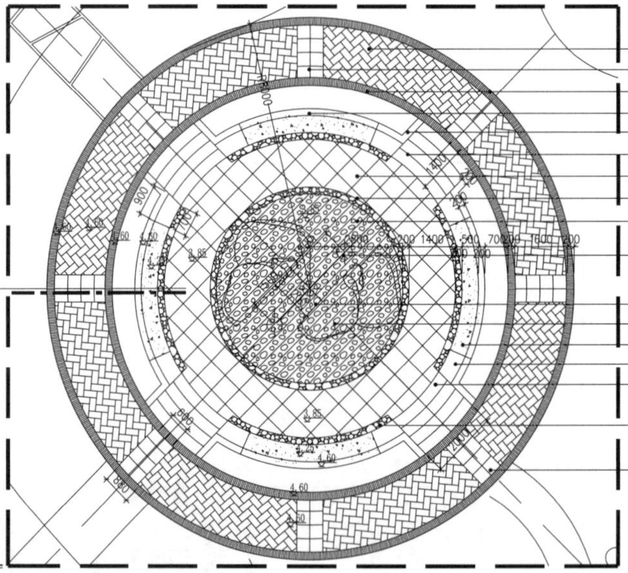
200*100*30大连砖人字形铺
400*400*20磨砂面米色花岗岩
230*114*50大连侧铺
5#金色水洗石
5#红宝水洗石
大连砖台阶 详见 TJ-3
600*600*20自然面青石板
ø30-70黑色卵石嵌铺
10#灰色水洗石
80w地埋灯
黑色大卵石通道侧磨光
黑色大卵石
5#金色水洗石
5#红宝水洗石
大连砖台阶 详见 TJ-3
卵石排水明沟 详见 MG-3
地下车库范围线
B

E区下沉式广场平面图 1:120

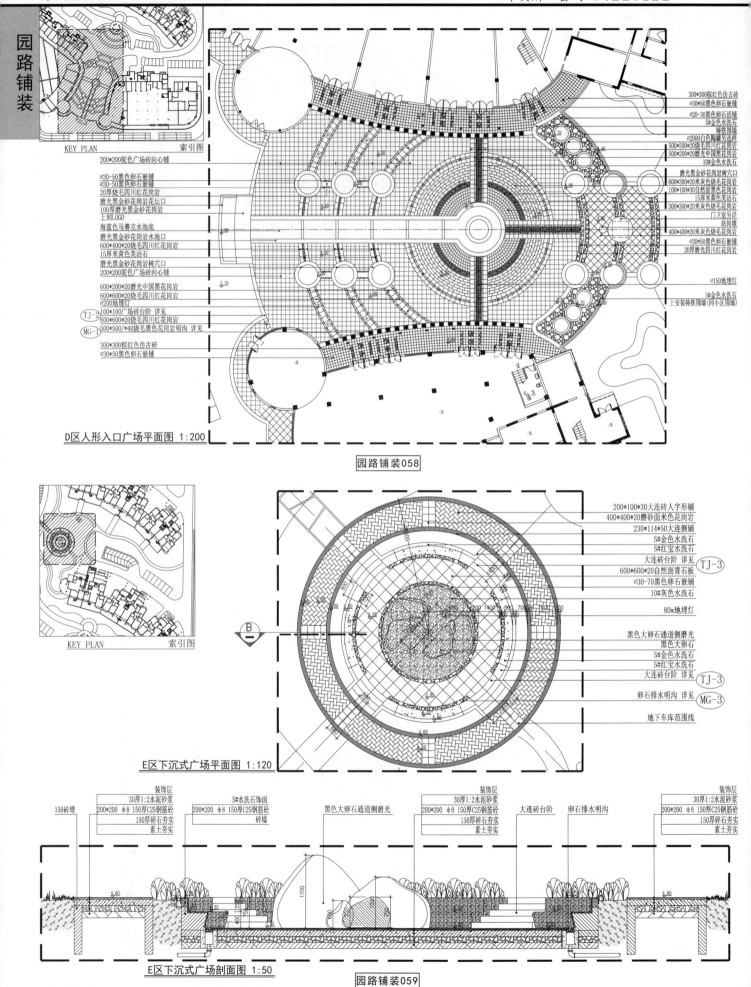

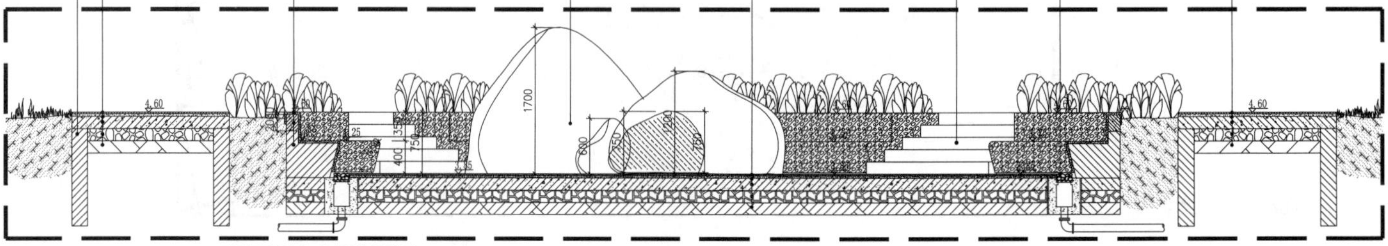
150砖墩
装饰层
30厚1:2水泥砂浆
200*200 φ8 150厚C25钢筋砼
150厚碎石夯实
素土夯实
5#水洗石饰面
200*200 φ8 150厚C25钢筋砼
砖墙
黑色大卵石通道侧磨光
装饰层
30厚1:2水泥砂浆
200*200 φ8 150厚C25钢筋砼
150厚碎石夯实
素土夯实
大连砖台阶
卵石排水明沟
装饰层
30厚1:2水泥砂浆
200*200 φ8 150厚C25钢筋砼
150厚碎石夯实
素土夯实
4.60
1700
4.60

E区下沉式广场剖面图 1:50

园路铺装059

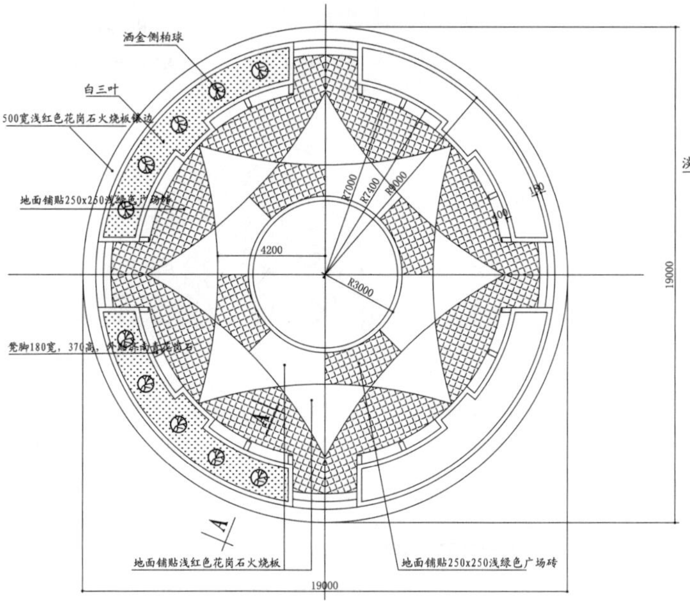
洒金侧柏球
白三叶
500宽浅红色花岗石火烧板镶边
地面铺贴250x250浅绿色广场砖
凳脚180宽，370高，外贴济南青花岗石
4200
R7000
R7400
R3000
地面铺贴浅红色花岗石火烧板
地面铺贴250x250浅绿色广场砖
19000
A
A

下沉式广场平面图 1:100

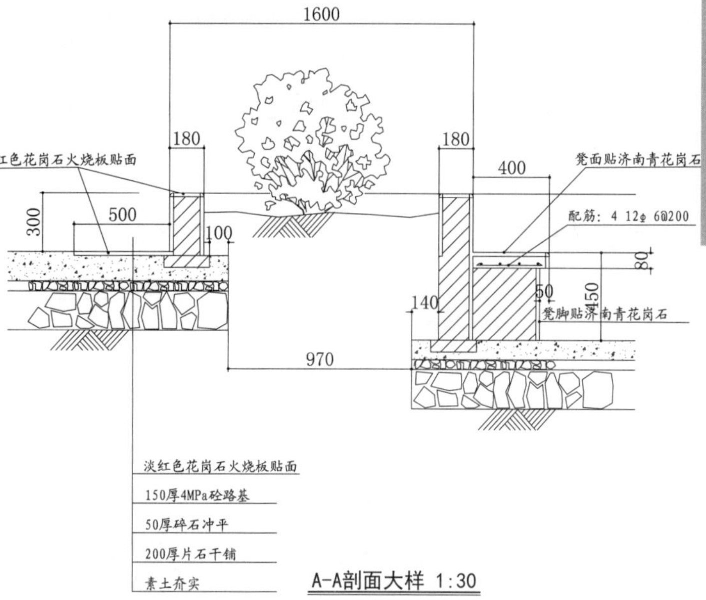
1600
180
180
400
淡红色花岗石火烧板贴面
凳面贴济南青花岗石
配筋：4 12φ 6@200
300
500
100
80
50
450
140
凳脚贴济南青花岗石
970
淡红色花岗石火烧板贴面
150厚4MPa砼路基
50厚碎石冲平
200厚片石干铺
素土夯实

A-A剖面大样 1:30

园路铺装060

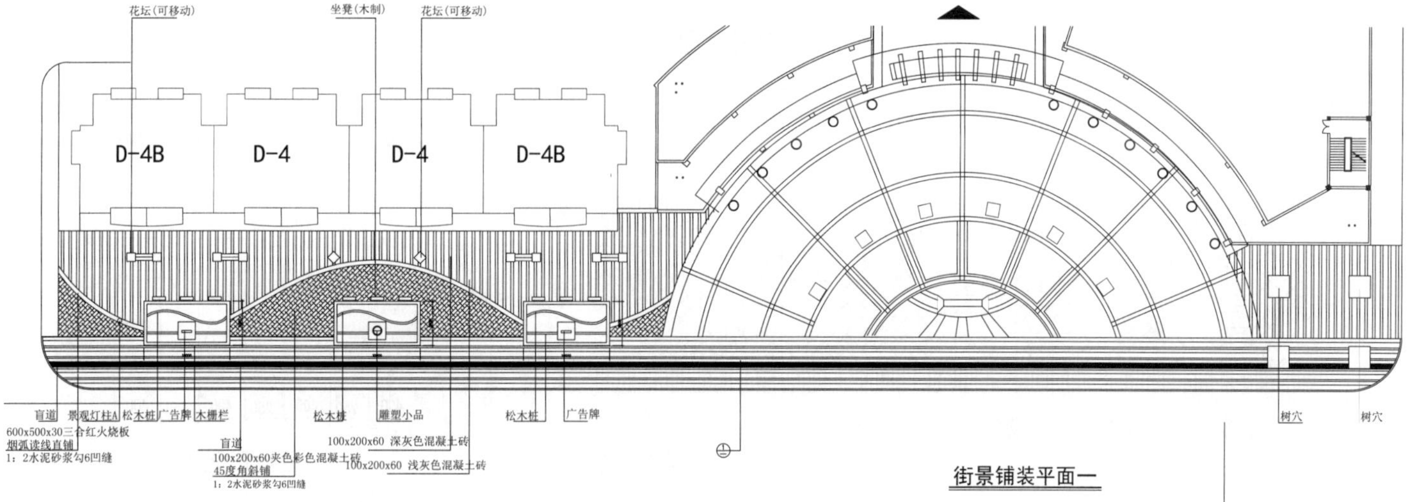
花坛(可移动)
坐凳(木制)
花坛(可移动)
D-4B
D-4
D-4
D-4B
盲道
景观灯柱A
松木桩
广告牌
木栅栏
600x500x30三合红火烧板
烟弧读线直铺
1：2水泥砂浆勾6凹缝
盲道
100x200x60夹色彩色混凝土砖
45度角斜铺
1：2水泥砂浆勾6凹缝
松木桩
雕塑小品
100x200x60 深灰色混凝土砖
100x200x60 浅灰色混凝土砖
松木桩
广告牌
树穴
树穴

街景铺装平面一

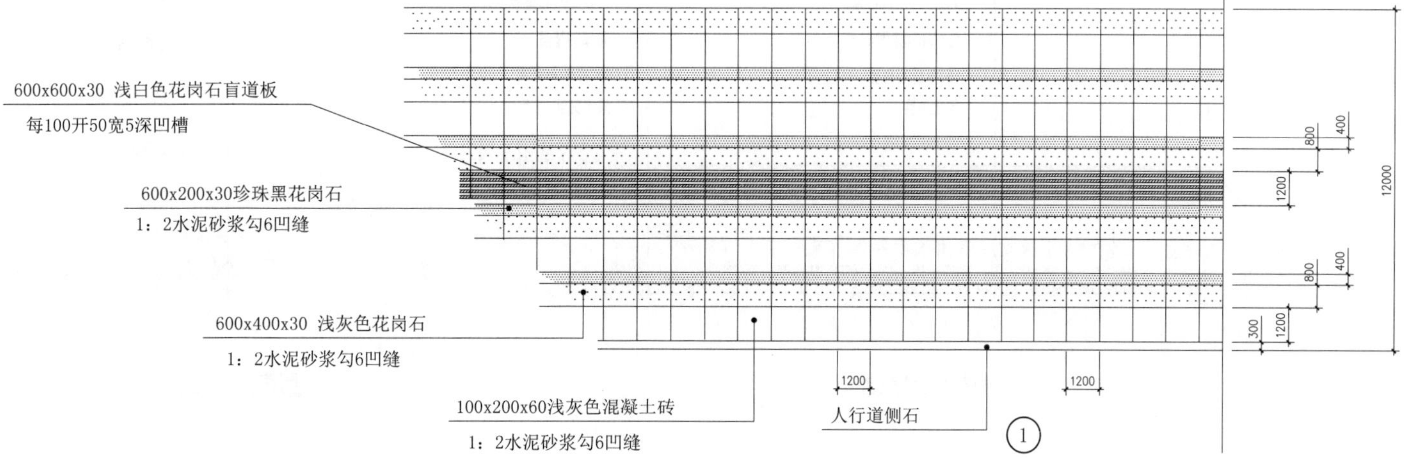
600x600x30 浅白色花岗石盲道板
每100开50宽5深凹槽
600x200x30珍珠黑花岗石
1：2水泥砂浆勾6凹缝
600x400x30 浅灰色花岗石
1：2水泥砂浆勾6凹缝
100x200x60浅灰色混凝土砖
1：2水泥砂浆勾6凹缝
人行道侧石
1200
1200
800
400
1200
800
400
300
1200
12000
1

园路铺装061

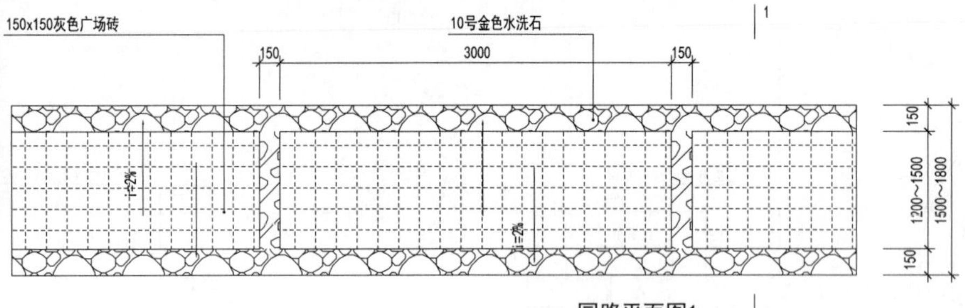

园路平面图1

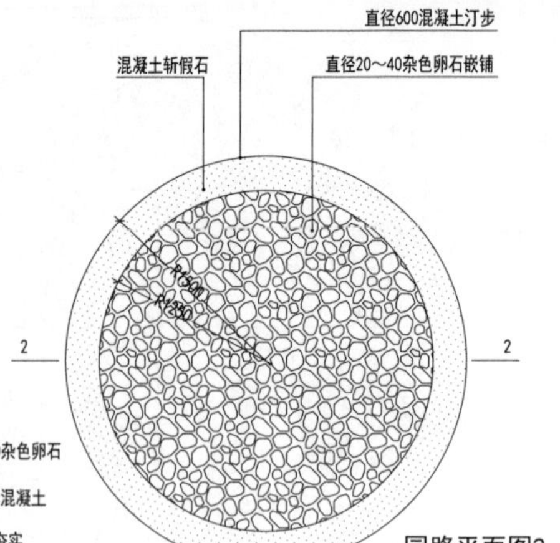
直径600混凝土汀步
混凝土斩假石
直径20~40杂色卵石嵌铺
R300
R250
2
2

园路平面图2

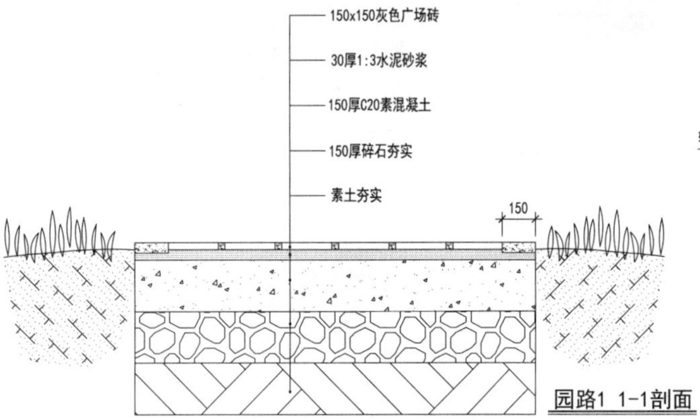
150x150灰色广场砖
30厚1:3水泥砂浆
150厚C20素混凝土
150厚碎石夯实
素土夯实
150

园路1 1-1剖面

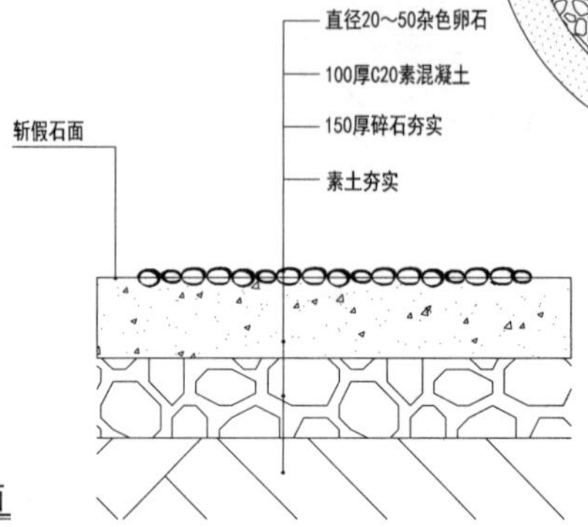
直径20~50杂色卵石
100厚C20素混凝土
150厚碎石夯实
素土夯实
斩假石面

园路2 2-2剖面

园路铺装062

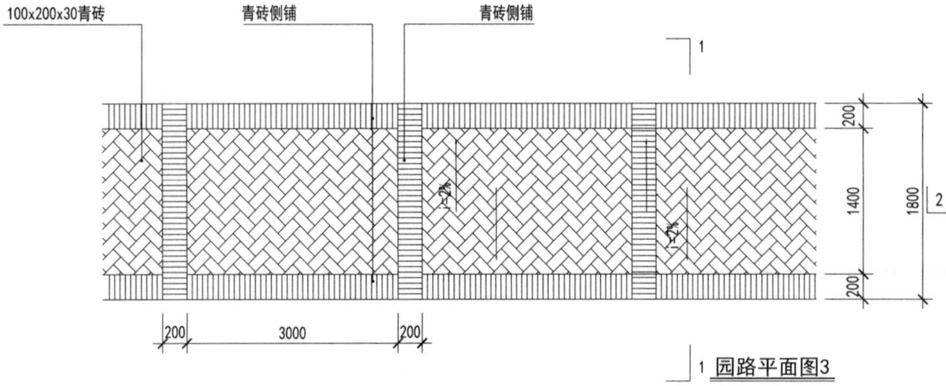
100x200x30青砖
青砖侧铺
青砖侧铺
1
200
1400
1800
200
200
3000
200
1

园路平面图3

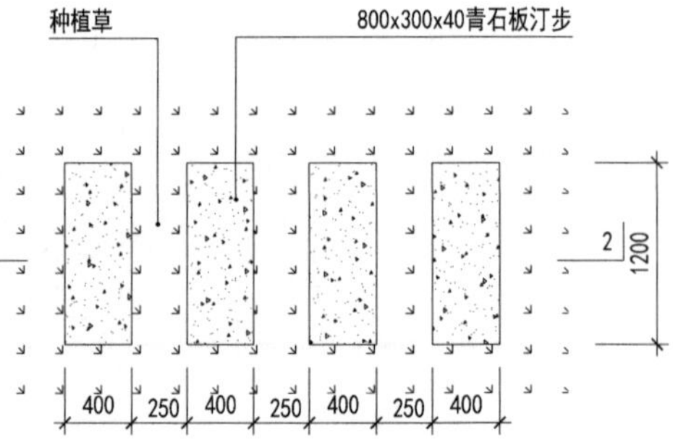
种植草
800x300x40青石板汀步
2
2
1200
400
250
400
250
400
250
400

园路平面图4

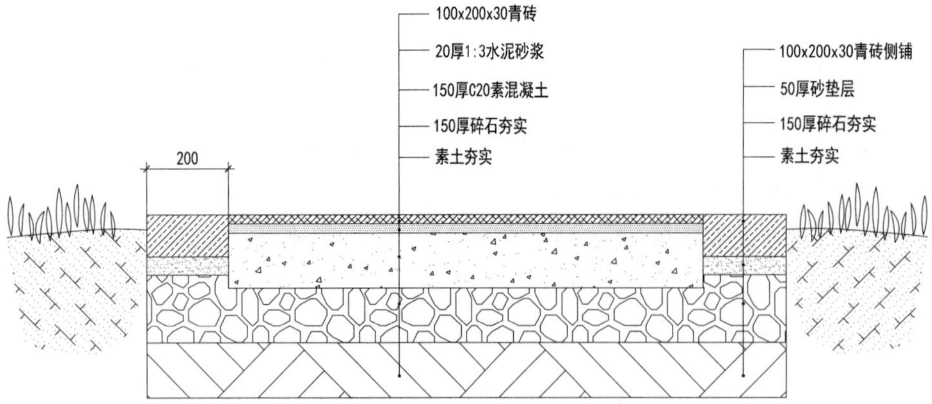
100x200x30青砖
20厚1:3水泥砂浆
150厚C20素混凝土
150厚碎石夯实
素土夯实
100x200x30青砖侧铺
50厚砂垫层
150厚碎石夯实
素土夯实
200

园路3 1-1剖面

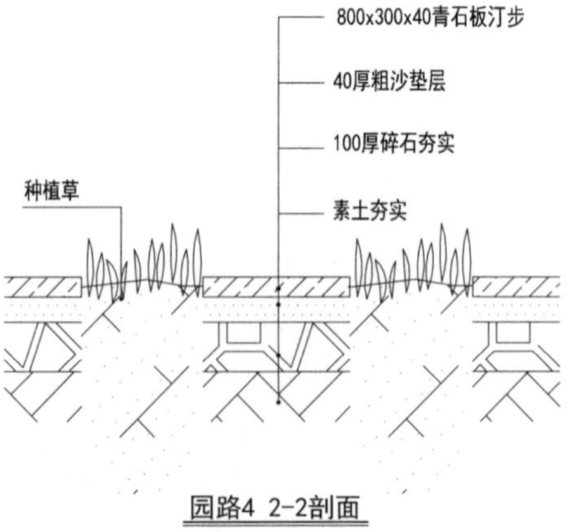
800x300x40青石板汀步
40厚粗沙垫层
100厚碎石夯实
素土夯实
种植草

园路4 2-2剖面

园路铺装063

*行人路(1500mm宽)，每约8m一条饰面缝
或平均每10m²设饰面缝。
所有伸缩缝/饰面缝应避开行人道交口处。

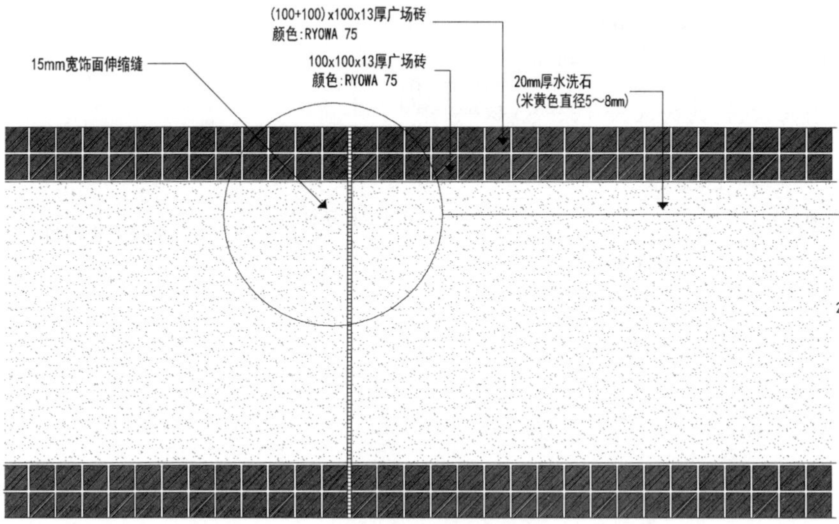
(100+100)x100x13厚广场砖
颜色:RYOWA 75
100x100x13厚广场砖
颜色:RYOWA 75
15mm宽饰面伸缩缝
20mm厚水洗石
(米黄色直径5~8mm)
A

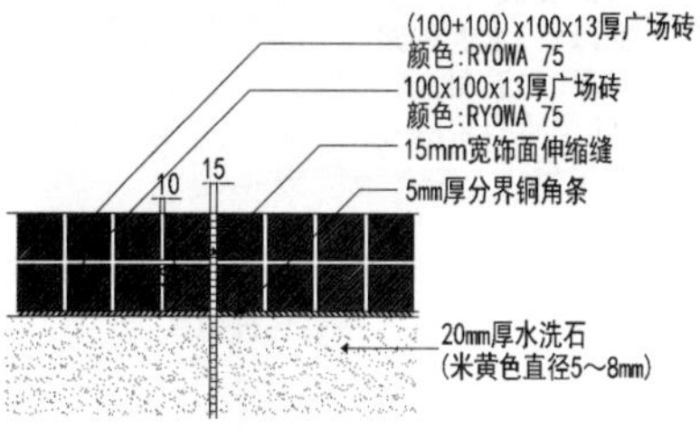
(100+100)x100x13厚广场砖
颜色:RYOWA 75
100x100x13厚广场砖
颜色:RYOWA 75
15mm宽饰面伸缩缝
5mm厚分界铜角条
10
15
20mm厚水洗石
(米黄色直径5~8mm)

A 大样图

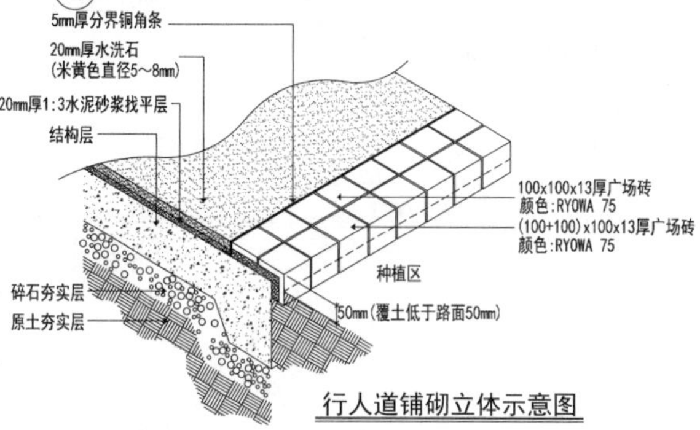
5mm厚分界铜角条
20mm厚水洗石
(米黄色直径5~8mm)
20mm厚1:3水泥砂浆找平层
结构层
100x100x13厚广场砖
颜色:RYOWA 75
(100+100)x100x13厚广场砖
颜色:RYOWA 75
种植区
碎石夯实层
原土夯实层
50mm(覆土低于路面50mm)

行人道铺砌平面图

行人道铺砌立体示意图

园路铺装064

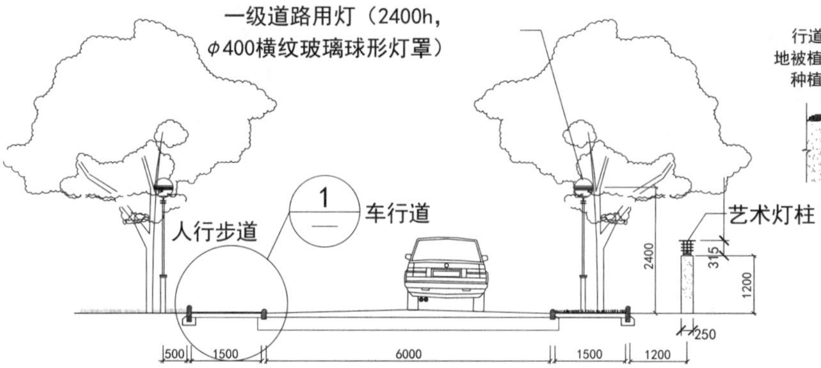
一级道路用灯 (2400h,
φ400横纹玻璃球形灯罩)
1
人行步道
车行道
艺术灯柱
2400
315
1200
250
500
1500
6000
1500
1200

主干道剖面图

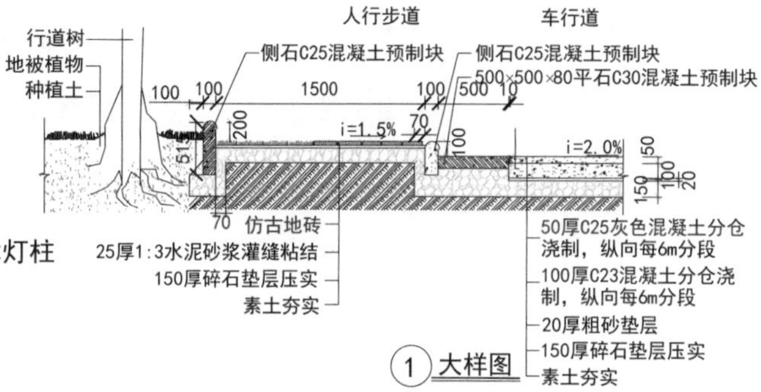
人行步道
车行道
行道树
地被植物
种植土
侧石C25混凝土预制块
侧石C25混凝土预制块
500×500×80平石C30混凝土预制块
100
100
1500
100
500
10
200
i=1.5%
70
100
i=2.0%
50
100
150
20
50
150
70
仿古地砖
25厚1:3水泥砂浆灌缝粘结
150厚碎石垫层压实
素土夯实
50厚C25灰色混凝土分仓浇制，纵向每6m分段
100厚C23混凝土分仓浇制，纵向每6m分段
20厚粗砂垫层
150厚碎石垫层压实
素土夯实

1 大样图

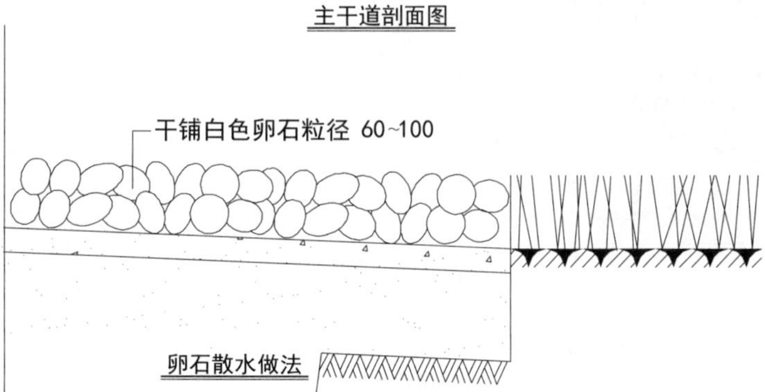
干铺白色卵石粒径 60~100

卵石散水做法

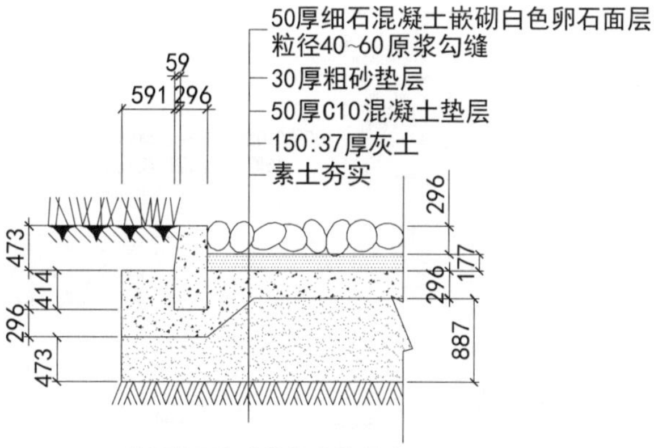
50厚细石混凝土嵌砌白色卵石面层
粒径40~60原浆勾缝
30厚粗砂垫层
50厚C10混凝土垫层
150:37厚灰土
素土夯实
59
591
296
473
414
296
473
296
177
296
887

卵石地面与草地相交处做法

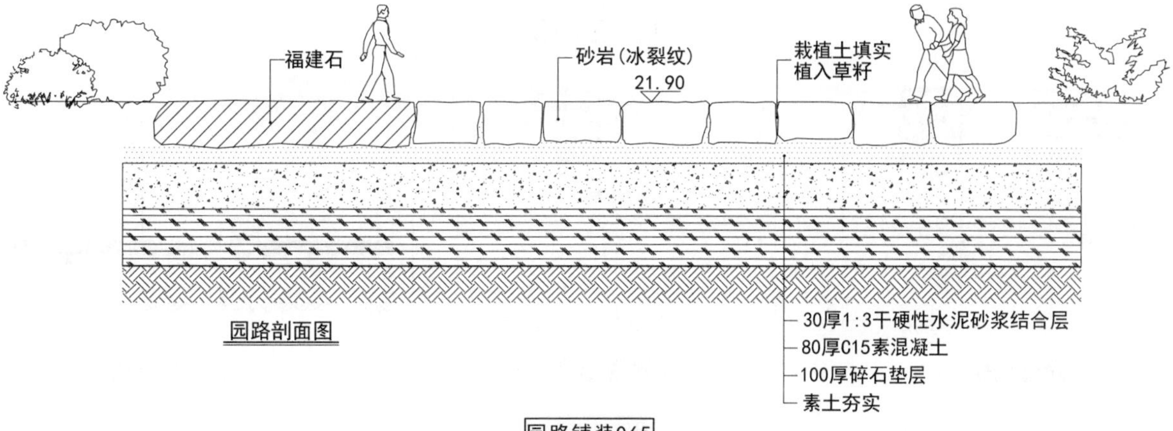
福建石
砂岩(冰裂纹)
21.90
栽植土填实
植入草籽
30厚1:3干硬性水泥砂浆结合层
80厚C15素混凝土
100厚碎石垫层
素土夯实

园路剖面图

园路铺装065

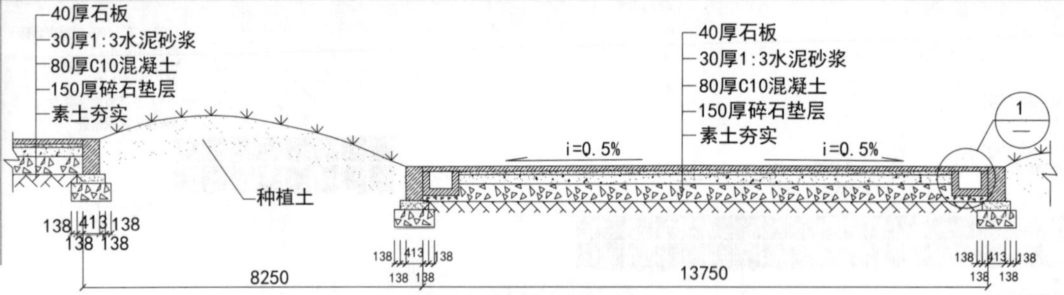
40厚石板
30厚1:3水泥砂浆
80厚C10混凝土
150厚碎石垫层
素土夯实
种植土
i=0.5%
i=0.5%
1
138 413 138
138 138
8250
13750

林荫步道断面（花池处）

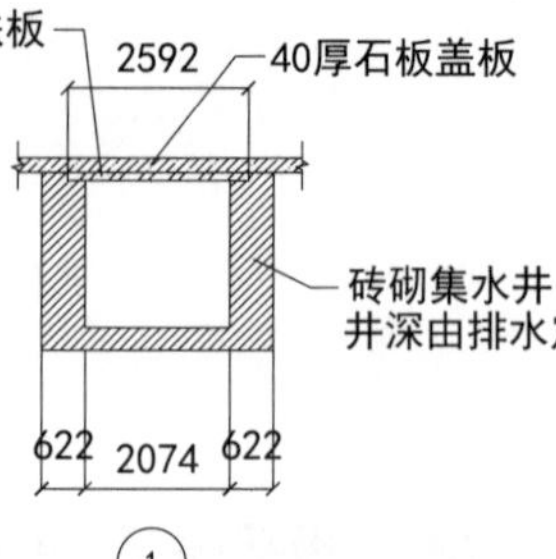
20厚带孔铸铁板
2592
40厚石板盖板
砖砌集水井
井深由排水定
622 2074 622

①

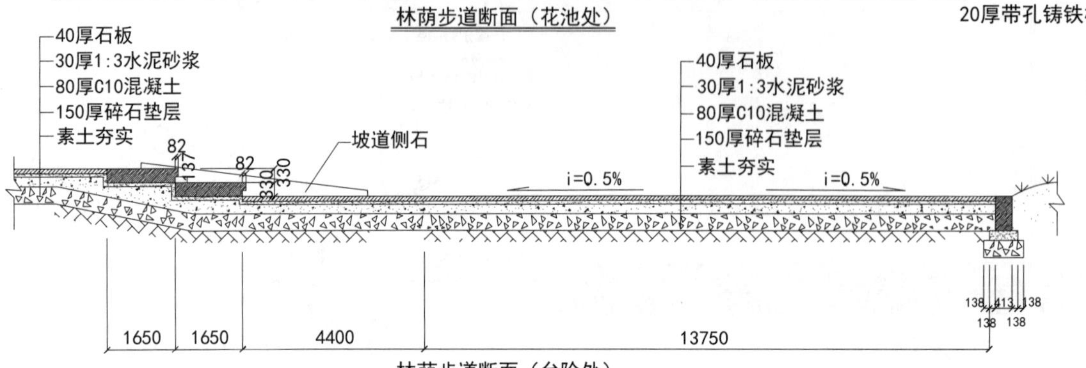
40厚石板
30厚1:3水泥砂浆
80厚C10混凝土
150厚碎石垫层
素土夯实
坡道侧石
82
137
82
330
330
i=0.5%
i=0.5%
138 413 138
138 138
1650
1650
4400
13750

林荫步道断面（台阶处）

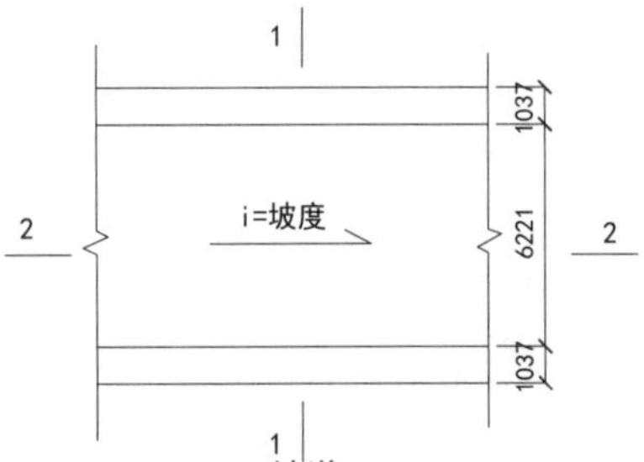

坡道

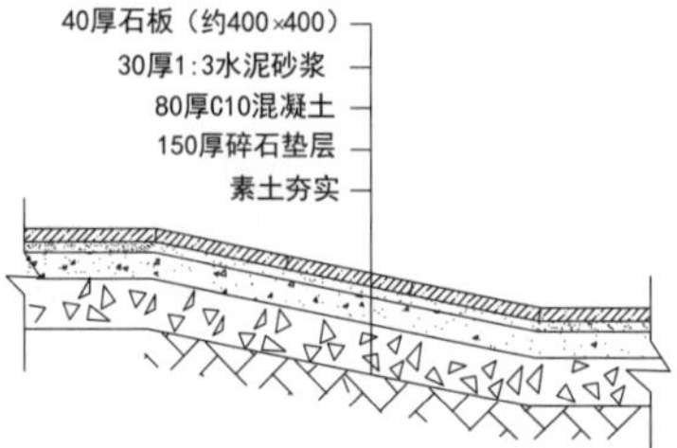
40厚石板（约400×400）
30厚1:3水泥砂浆
80厚C10混凝土
150厚碎石垫层
素土夯实

2-2 剖面

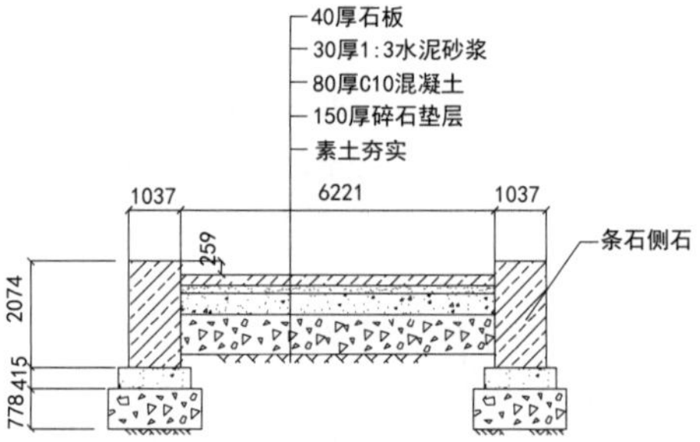
40厚石板
30厚1:3水泥砂浆
80厚C10混凝土
150厚碎石垫层
素土夯实
1037
6221
1037
259
2074
条石侧石
778 415

1-1 剖面

园路铺装066

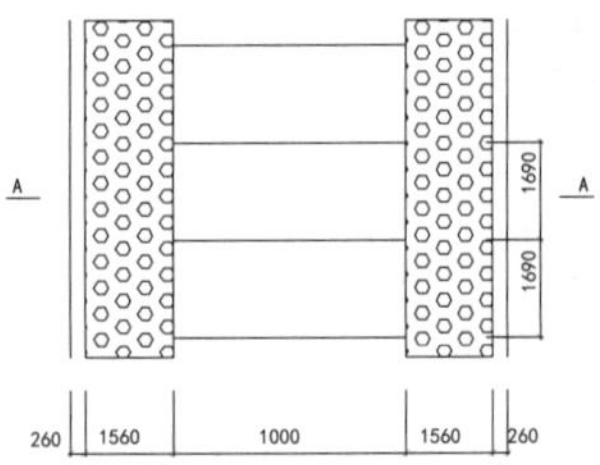

公园主道平面

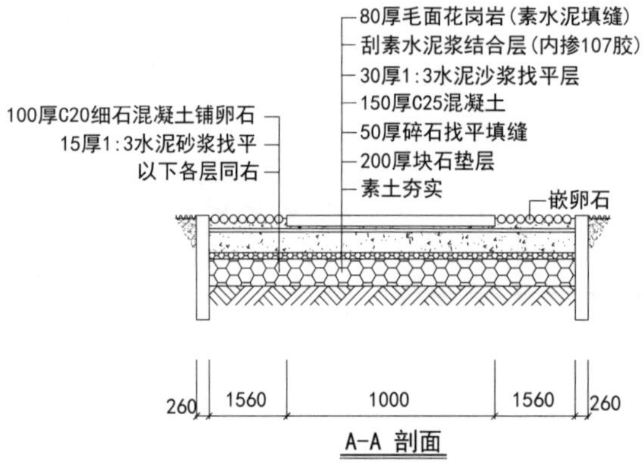
80厚毛面花岗岩(素水泥填缝)
刮素水泥浆结合层(内掺107胶)
30厚1:3水泥沙浆找平层
150厚C25混凝土
50厚碎石找平填缝
200厚块石垫层
素土夯实
100厚C20细石混凝土铺卵石
15厚1:3水泥砂浆找平
以下各层同右
嵌卵石
260
1560
1000
1560
260

A-A 剖面

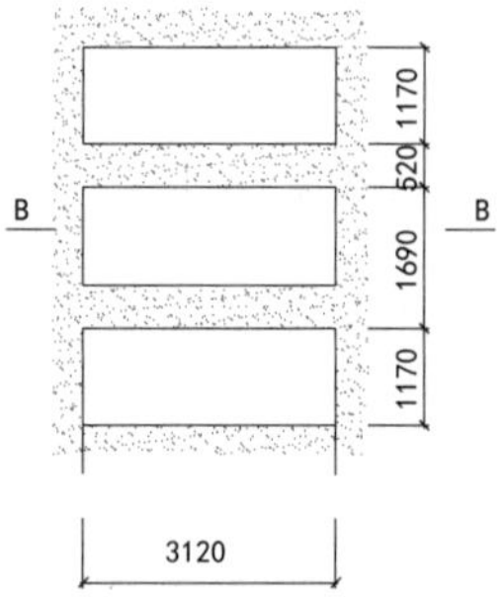

公园次道平面

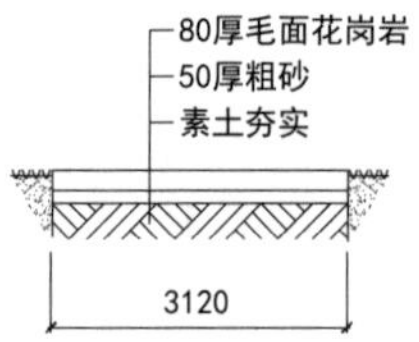
80厚毛面花岗岩
50厚粗砂
素土夯实
3120

B-B 剖面

园路铺装067

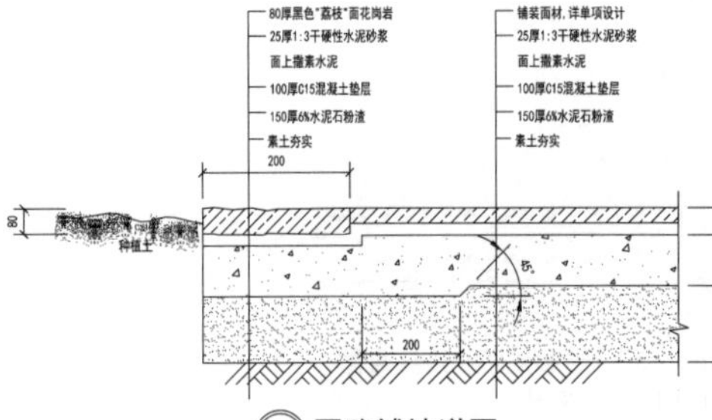
80厚黑色"荔枝"面花岗岩
25厚1:3干硬性水泥砂浆
面上撒素水泥
100厚C15混凝土垫层
150厚6%水泥石粉渣
素土夯实
铺装面材, 详单项设计
25厚1:3干硬性水泥砂浆
面上撒素水泥
100厚C15混凝土垫层
150厚6%水泥石粉渣
素土夯实
200
80
种植土
200
45°
55
100
150

① 园路铺地详图

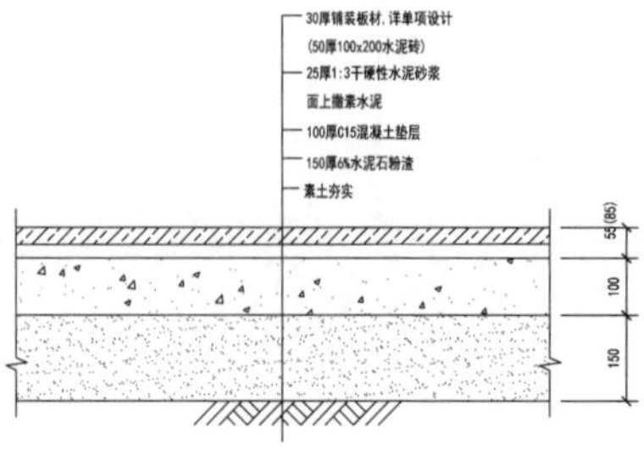
30厚铺装板材, 详单项设计
(50厚100x200水泥砖)
25厚1:3干硬性水泥砂浆
面上撒素水泥
100厚C15混凝土垫层
150厚6%水泥石粉渣
素土夯实
55(85)
100
150

② 园路铺地详图

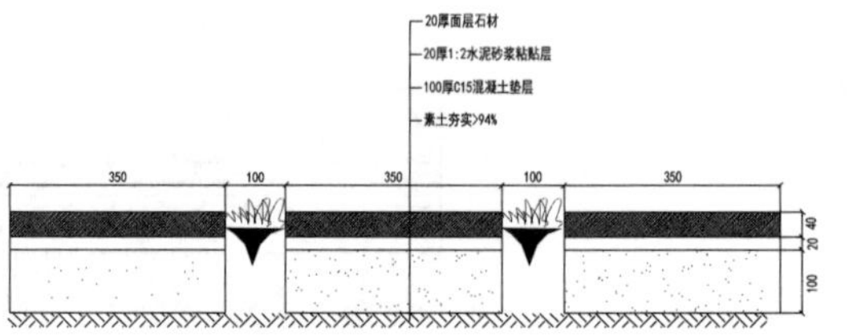
20厚面层石材
20厚1:2水泥砂浆粘贴层
100厚C15混凝土垫层
素土夯实>94%
350
100
350
100
350
40
20
100

③ 园路铺地详图

园路铺装068

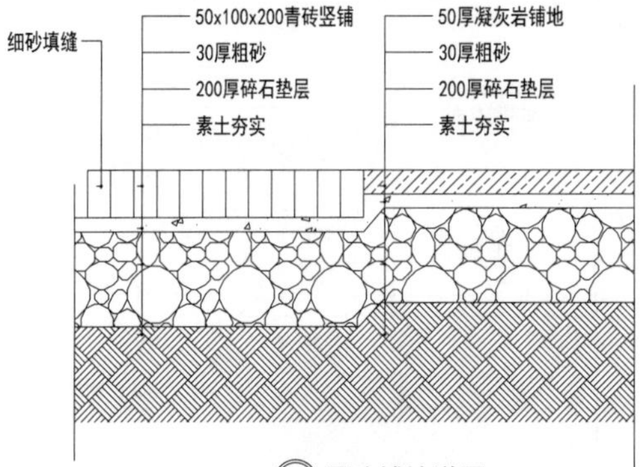
细砂填缝
50x100x200青砖竖铺
30厚粗砂
200厚碎石垫层
素土夯实
50厚凝灰岩铺地
30厚粗砂
200厚碎石垫层
素土夯实

① 园路铺地详图

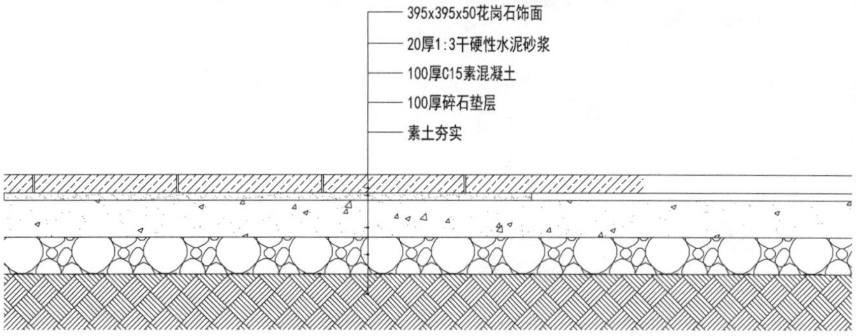
395x395x50花岗石饰面
20厚1:3干硬性水泥砂浆
100厚C15素混凝土
100厚碎石垫层
素土夯实

③ 园路铺地详图

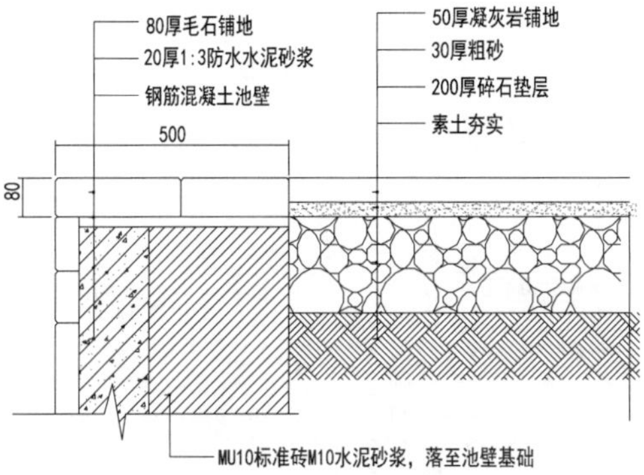
80厚毛石铺地
20厚1:3防水水泥砂浆
钢筋混凝土池壁
500
80
50厚凝灰岩铺地
30厚粗砂
200厚碎石垫层
素土夯实
MU10标准砖M10水泥砂浆，落至池壁基础

② 园路铺地详图

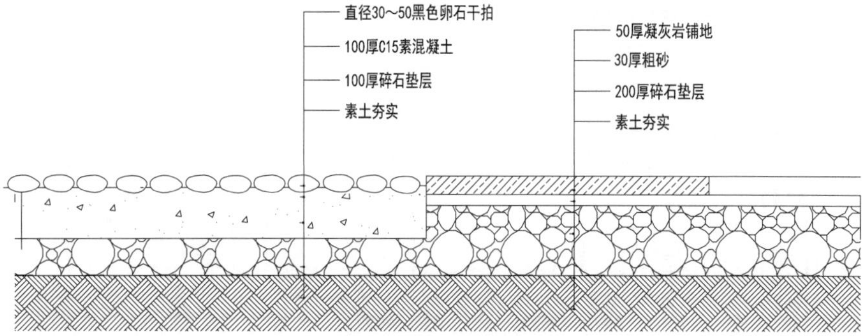
直径30～50黑色卵石干拍
100厚C15素混凝土
100厚碎石垫层
素土夯实
50厚凝灰岩铺地
30厚粗砂
200厚碎石垫层
素土夯实

④ 园路铺地详图

园路铺装069

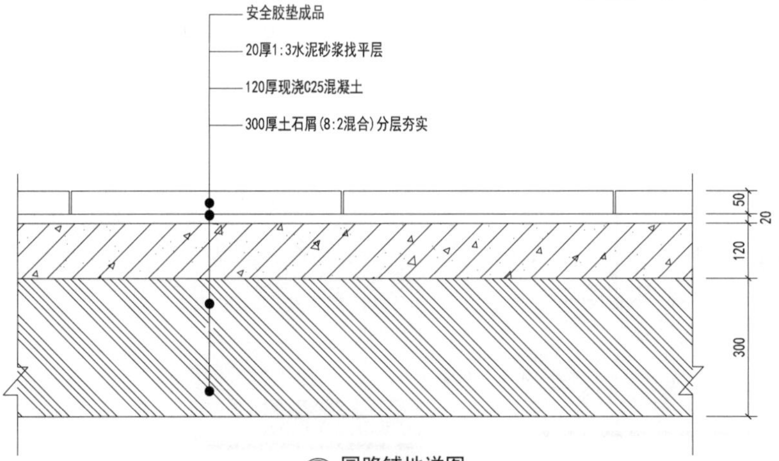
安全胶垫成品
20厚1:3水泥砂浆找平层
120厚现浇C25混凝土
300厚土石屑(8:2混合)分层夯实
50
20
120
300

① 园路铺地详图
安全胶垫地面

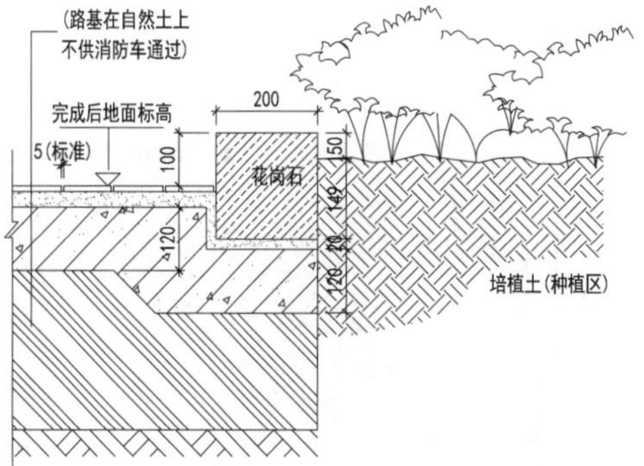

② 园路剖面详图

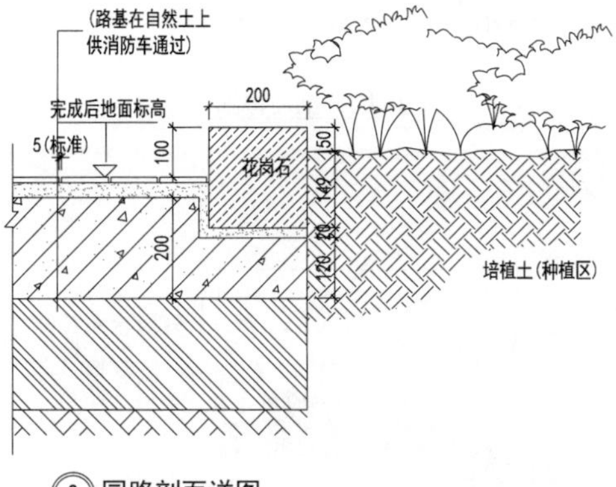

③ 园路剖面详图

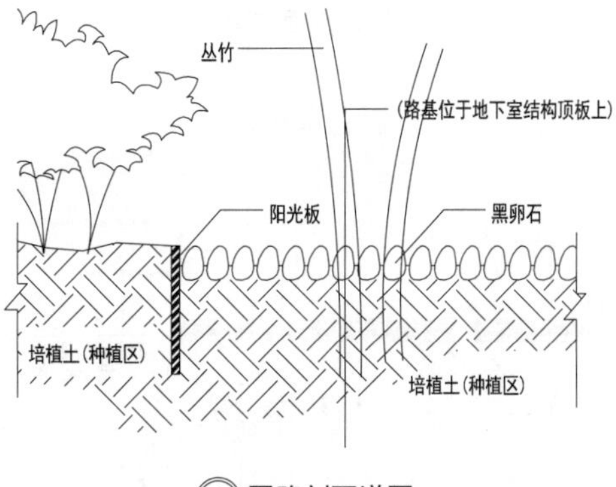
丛竹
(路基位于地下室结构顶板上)
阳光板
黑卵石
培植土(种植区)
培植土(种植区)

④ 园路剖面详图

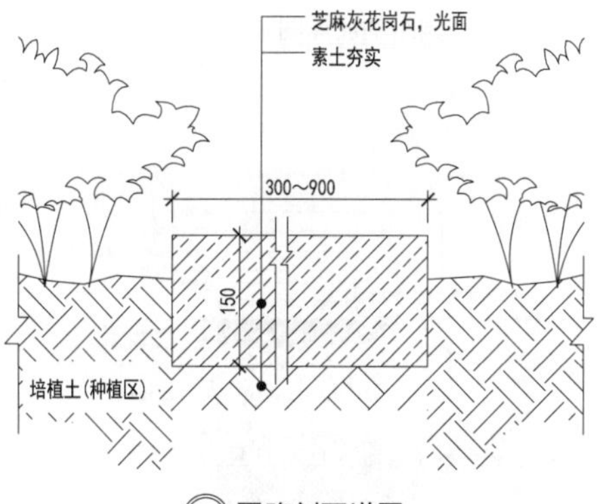
芝麻灰花岗石，光面
素土夯实
300～900
150
培植土(种植区)

⑤ 园路剖面详图

园路铺装070

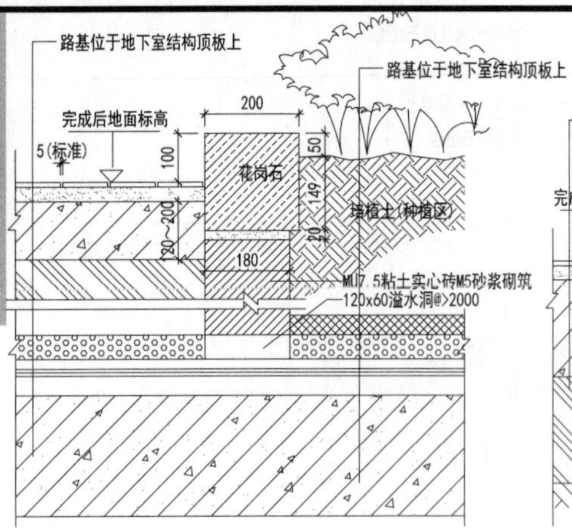

1 园路剖面详图

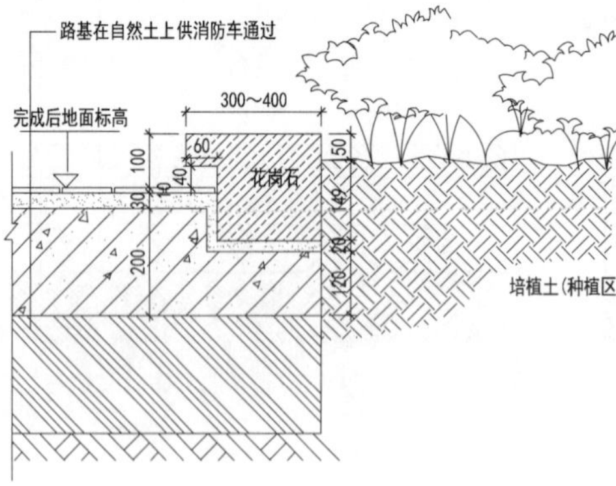

2 园路剖面详图

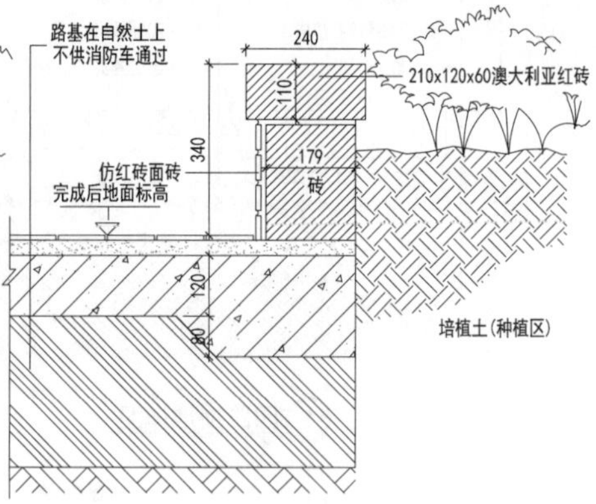

5 园路剖面详图

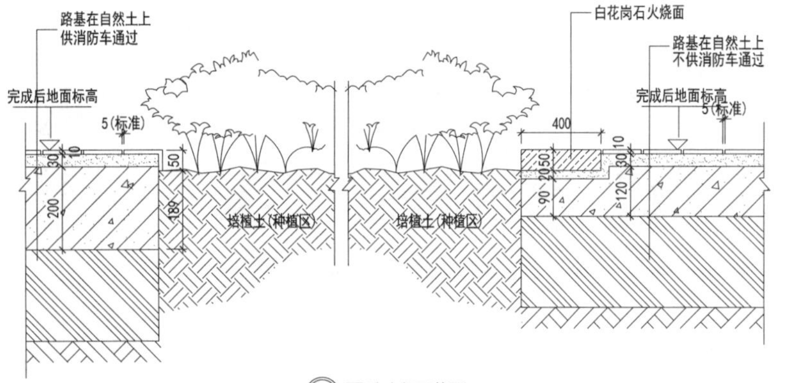

3 园路剖面详图

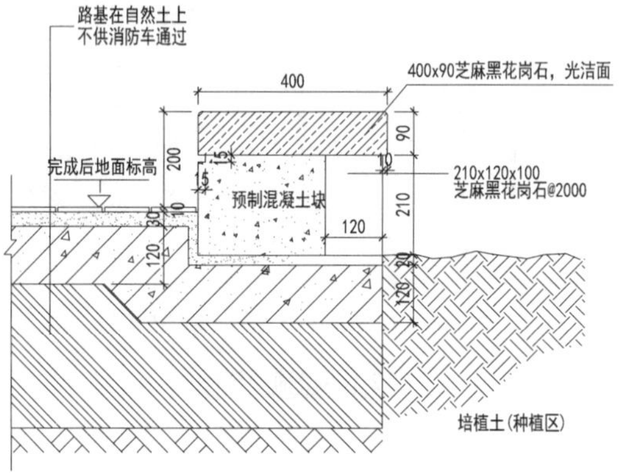

4 园路剖面详图

园路铺装071

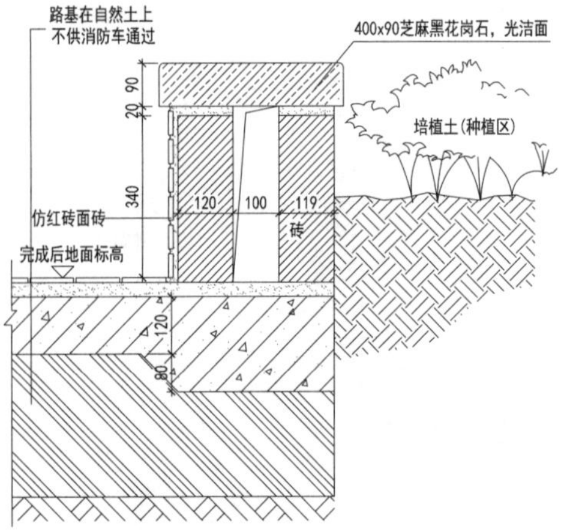

1 园路剖面详图

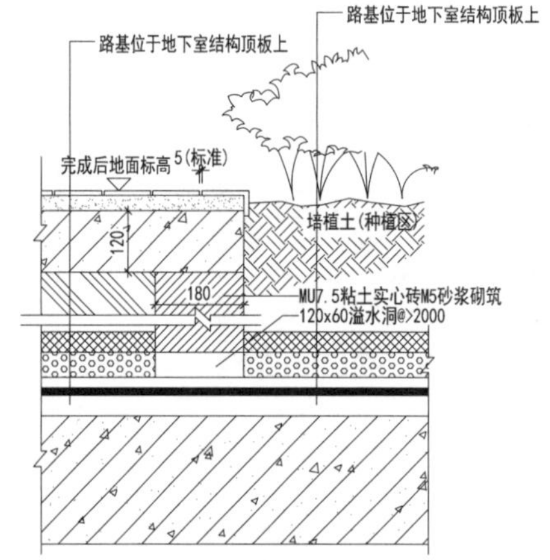

2 园路剖面详图

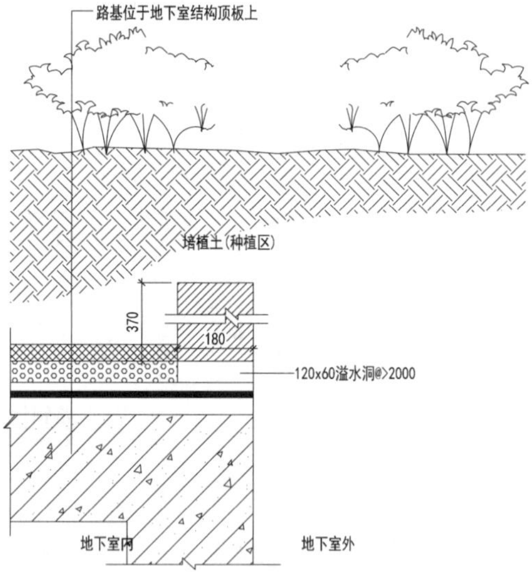

3 园路剖面详图

园路铺装072

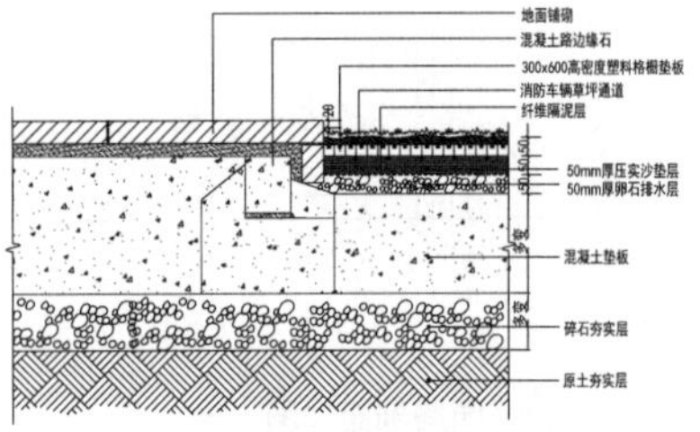

1 园路剖面详图

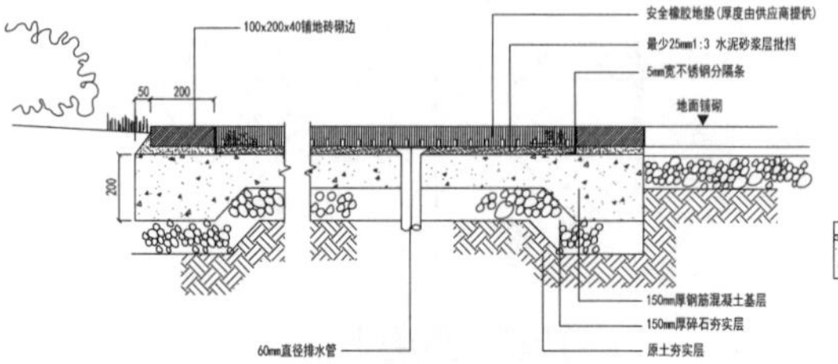

2 园路剖面详图

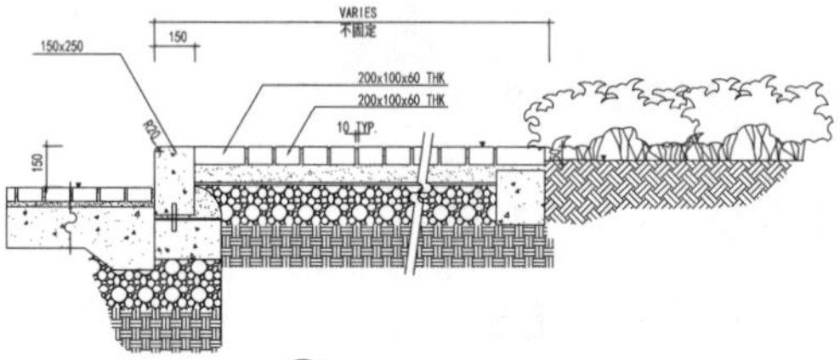

3 园路剖面详图

园路铺装073

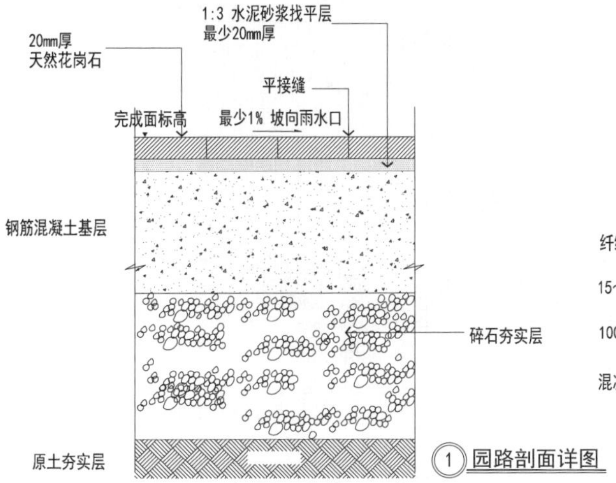

① 园路剖面详图

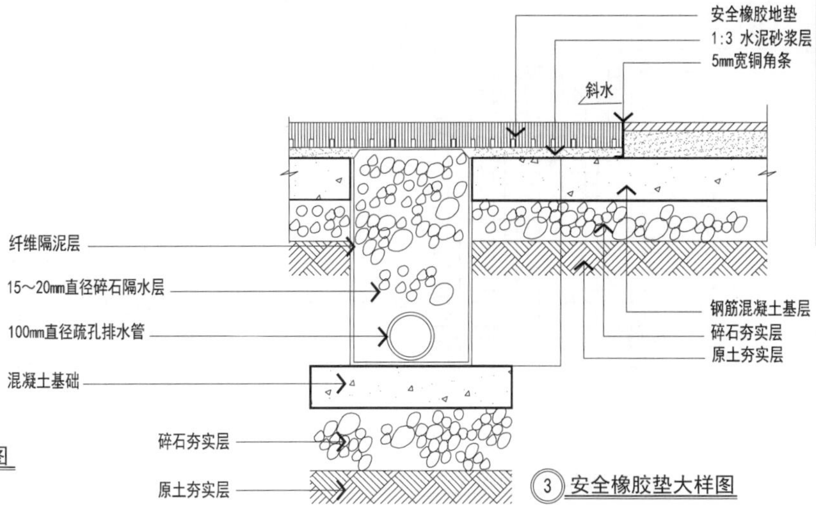

③ 安全橡胶垫大样图

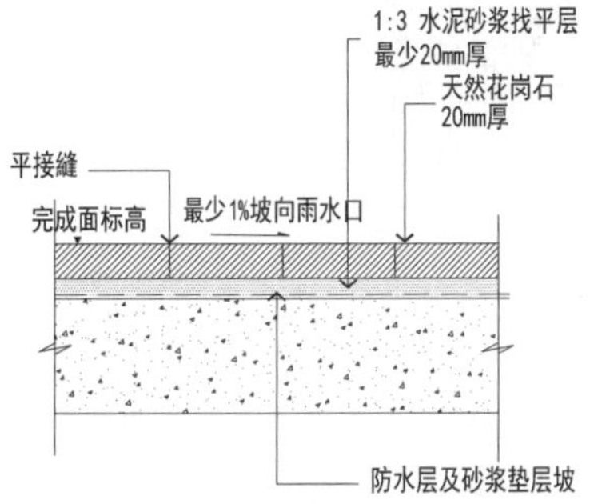

② 园路剖面详图

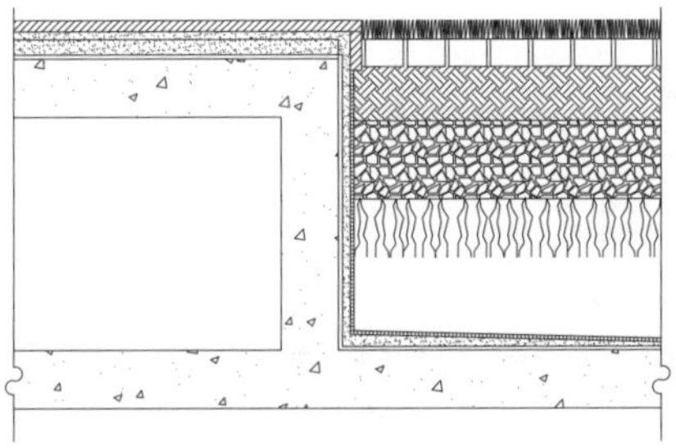

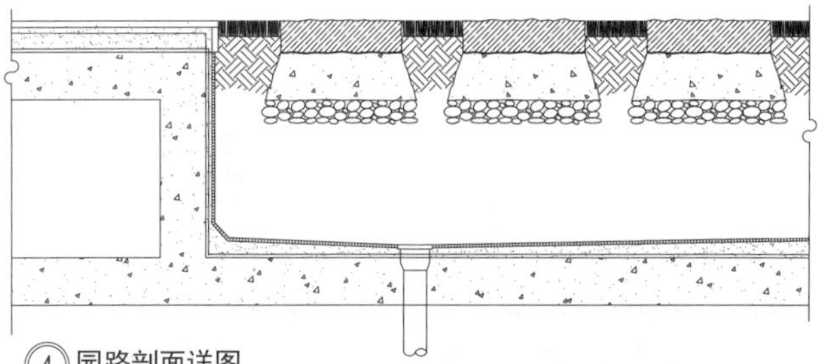

④ 园路剖面详图

园路铺装074

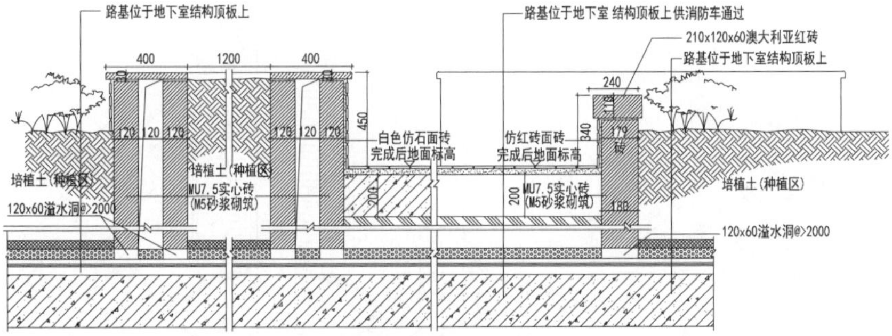

① 园路剖面详图

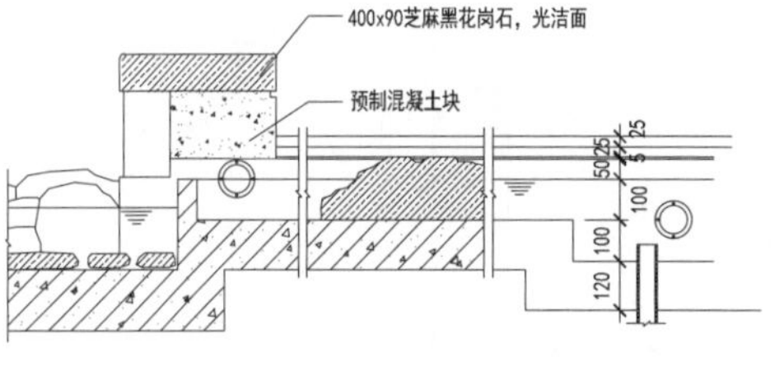

④ 园路剖面详图

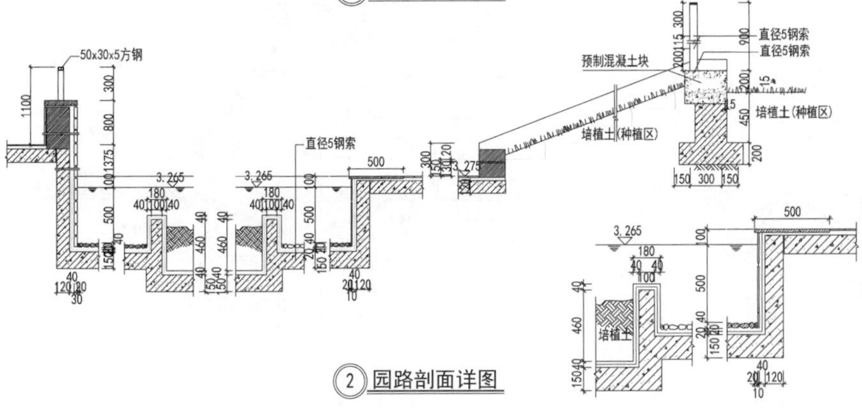

② 园路剖面详图

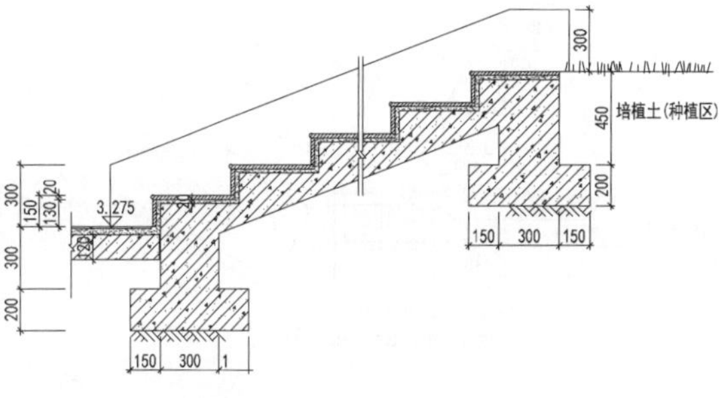

③ 园路剖面详图

园路铺装075

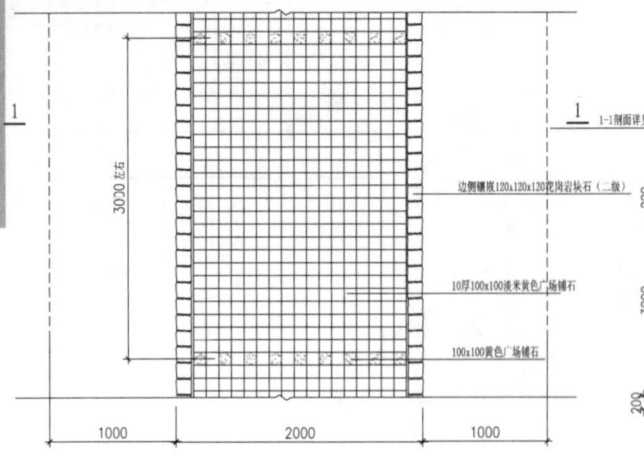

沿河园路铺装平面图 1:25

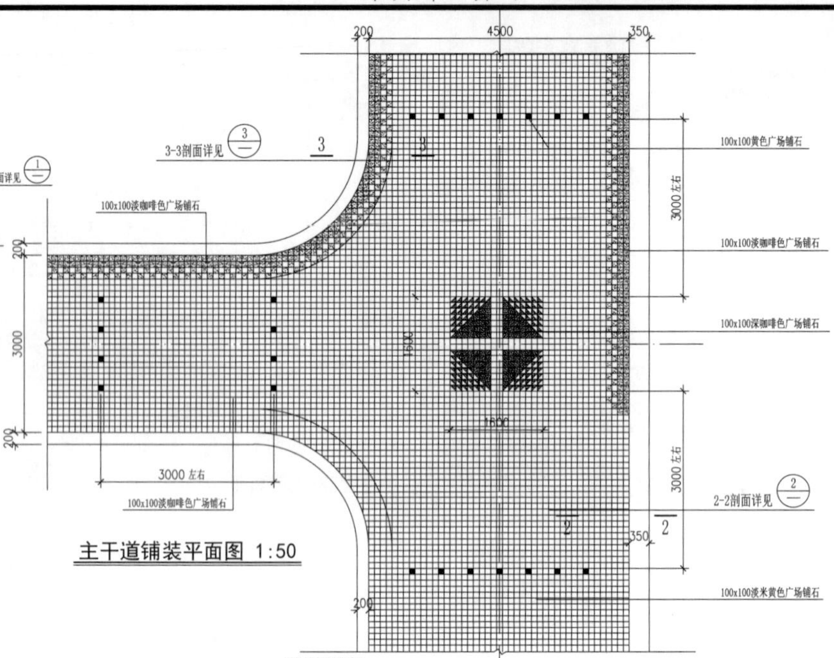

主干道铺装平面图 1:50

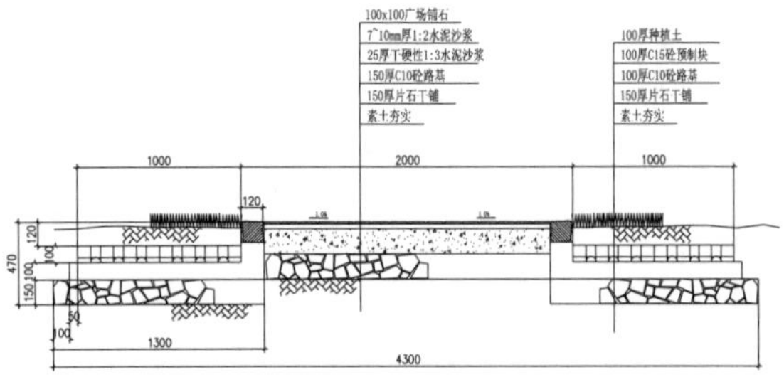

① 1-1 剖面 1:25

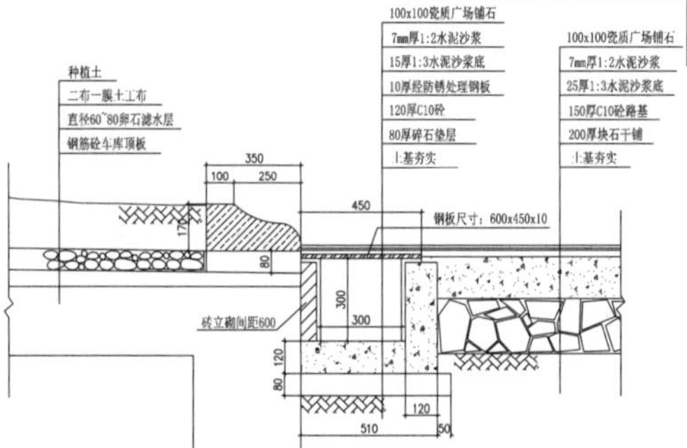

② 2-2 剖面 1:15

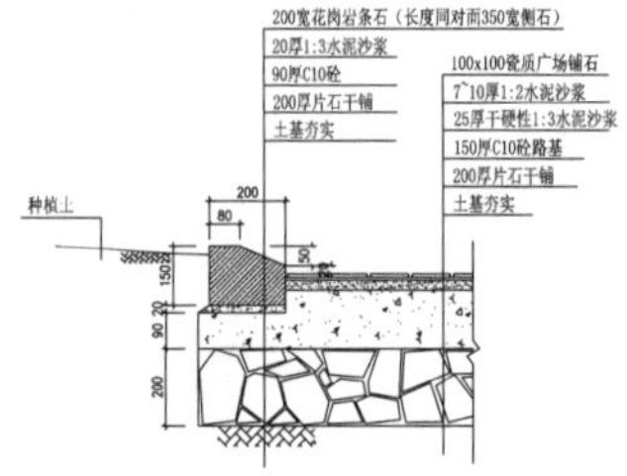

③ 3-3 剖面 1:15

园路铺装076

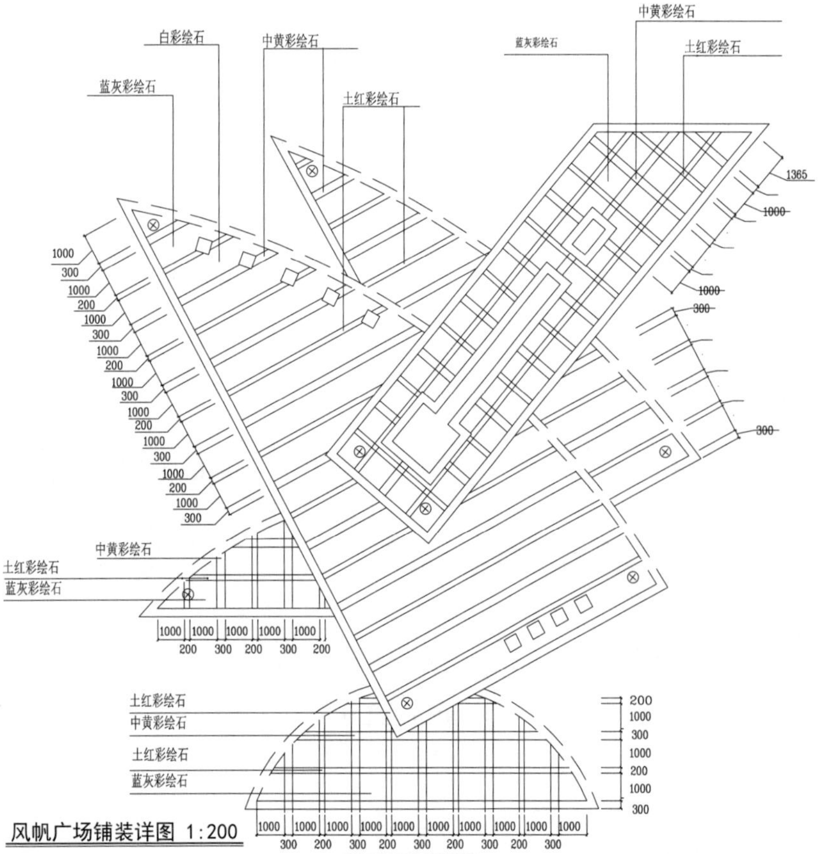

风帆广场铺装详图 1:200

园路铺装077

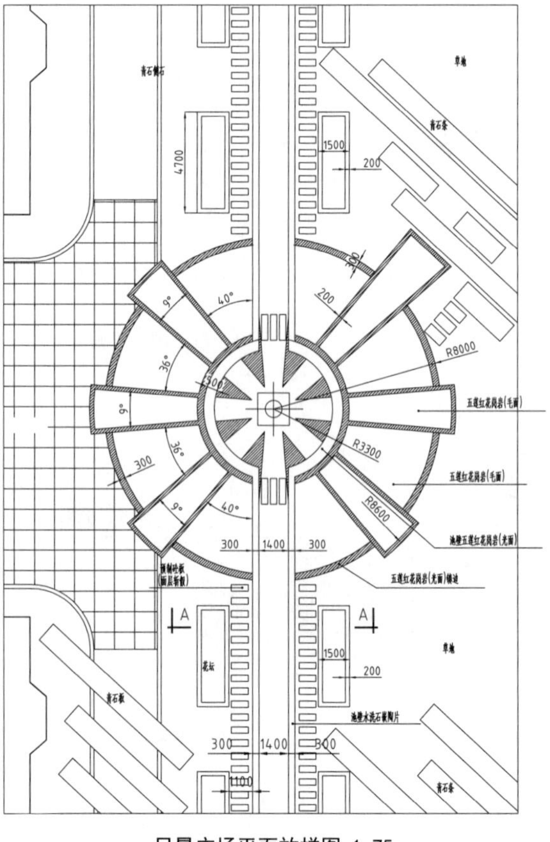

日晷广场平面放样图 1:75

园路铺装078

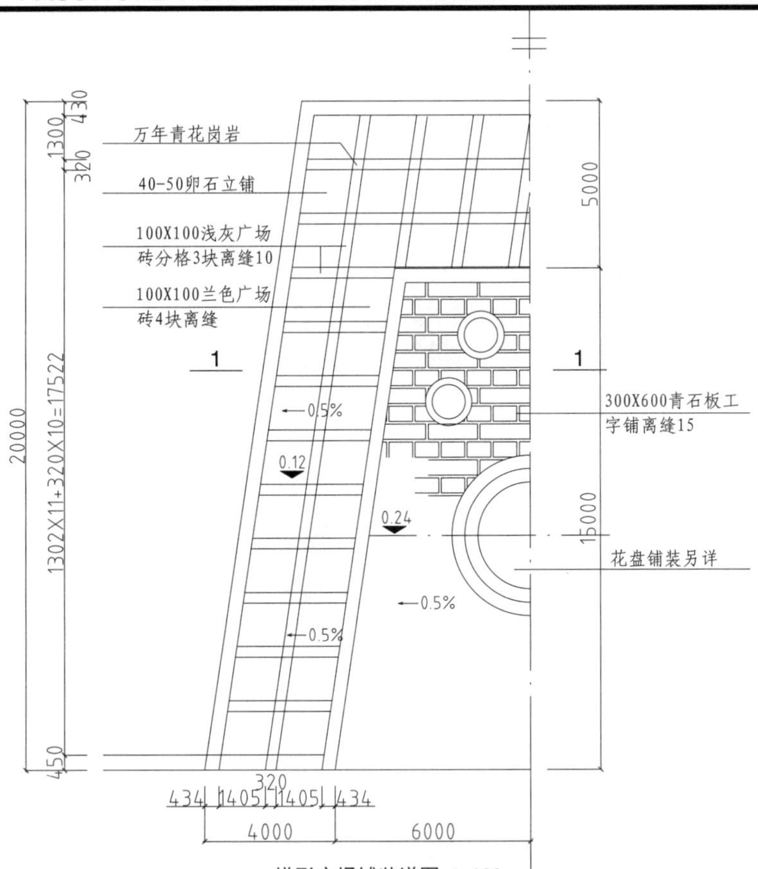

梯形广场铺装详图 1:100

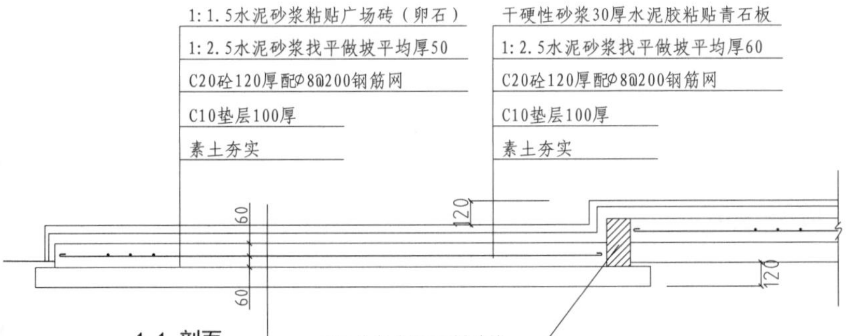
1:1.5水泥砂浆粘贴广场砖（卵石）
1:2.5水泥砂浆找平做坡平均厚50
C20砼120厚配φ8@200钢筋网
C10垫层100厚
素土夯实
干硬性砂浆30厚水泥胶粘贴青石板
1:2.5水泥砂浆找平做坡平均厚60
C20砼120厚配φ8@200钢筋网
C10垫层100厚
素土夯实
60
120
60
120
四周抬高处砌120厚砖墙

1-1 剖面

园路铺装079

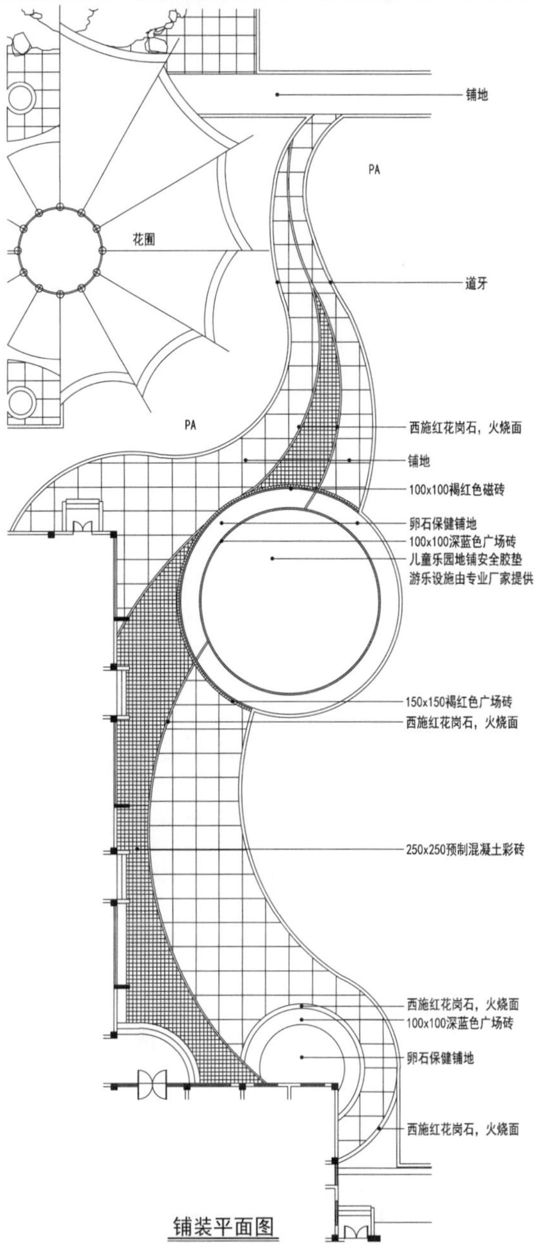
铺地
PA
花圃
道牙
PA
西施红花岗石，火烧面
铺地
100x100褐红色磁砖
卵石保健铺地
100x100深蓝色广场砖
儿童乐园地铺安全胶垫
游乐设施由专业厂家提供
150x150褐红色广场砖
西施红花岗石，火烧面
250x250预制混凝土彩砖
西施红花岗石，火烧面
100x100深蓝色广场砖
卵石保健铺地
西施红花岗石，火烧面

铺装平面图

园路铺装080

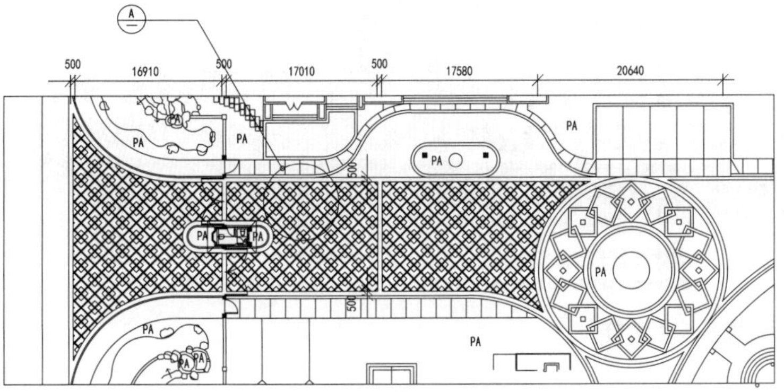

铺地平面图

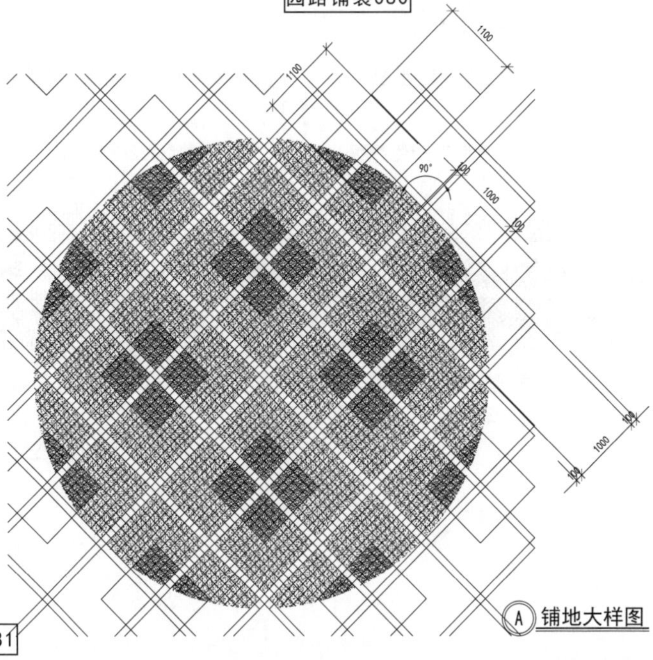

(A) 铺地大样图

园路铺装081

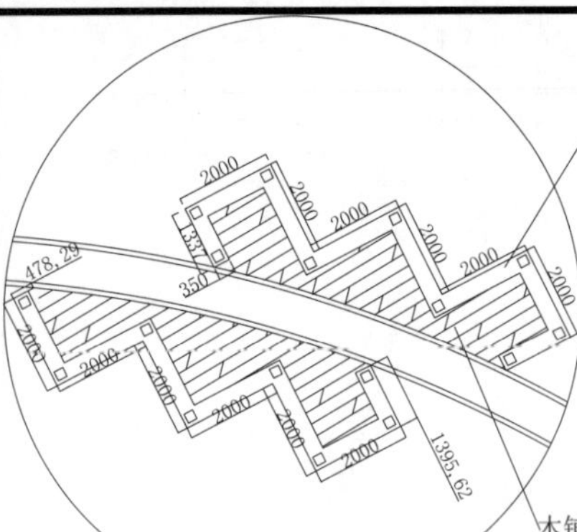

休息平台平面图 1:100

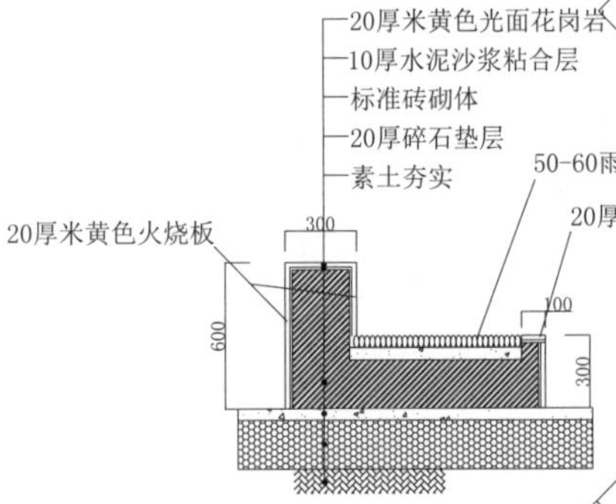
20厚米黄色光面花岗岩
10厚水泥沙浆粘合层
标准砖砌体
20厚碎石垫层
素土夯实
50-60雨花石
20厚米黄色火烧板
20厚米黄色火烧板
300
600
100
300
1-1 剖面图 1:20

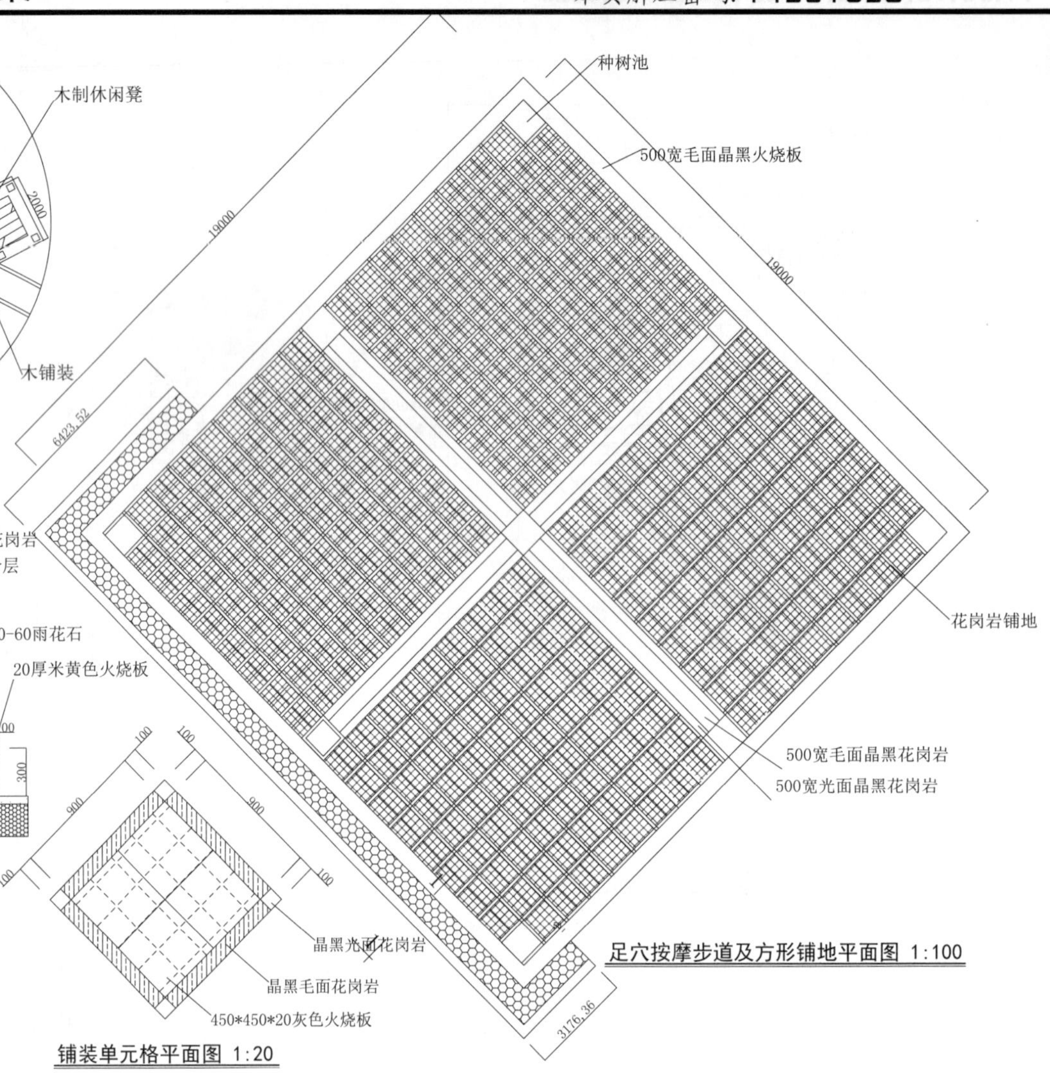
种树池
500宽毛面晶黑火烧板
19000
19000
6423.52
花岗岩铺地
500宽毛面晶黑花岗岩
500宽光面晶黑花岗岩
3176.36
足穴按摩步道及方形铺地平面图 1:100

铺装单元格平面图 1:20

园路铺装082

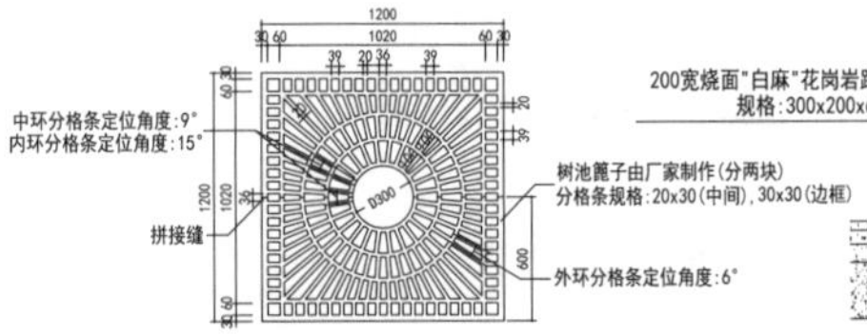

树池铸铁箅子C平面

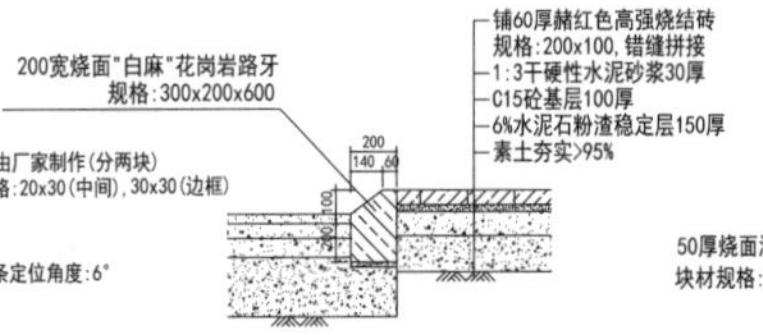

① (曲线段按平面曲度加工成弧形)

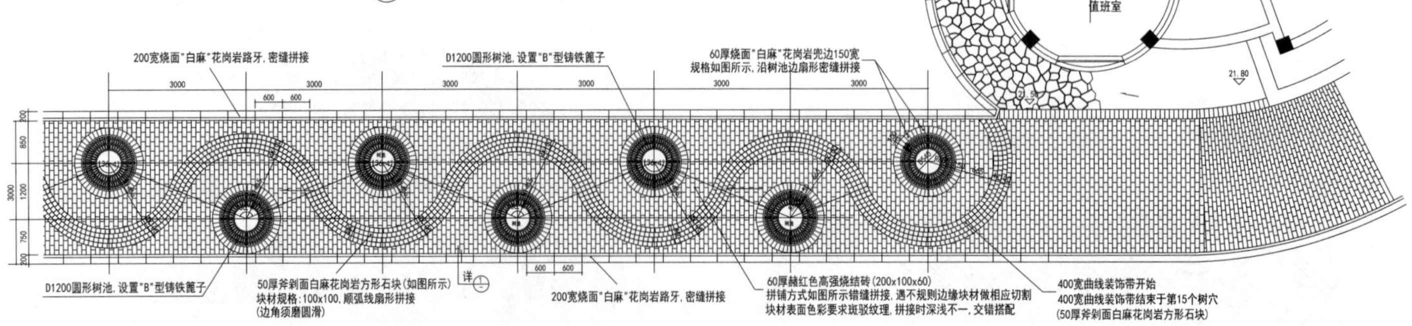

小区入口人行道铺装(A)大样

园路铺装083

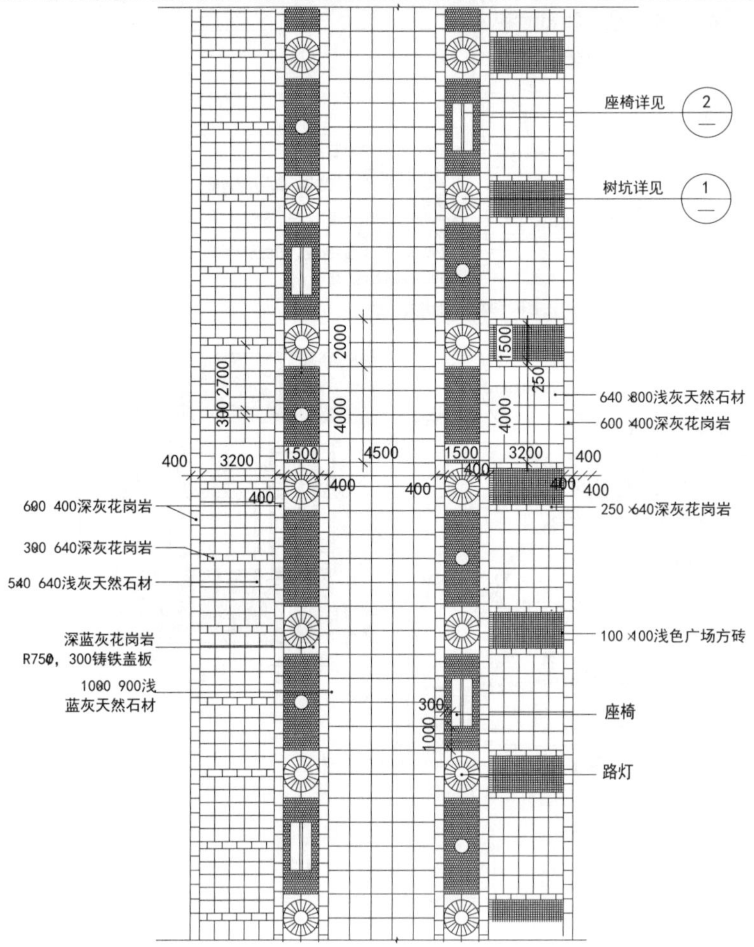

林阴道平面图

园路铺装084

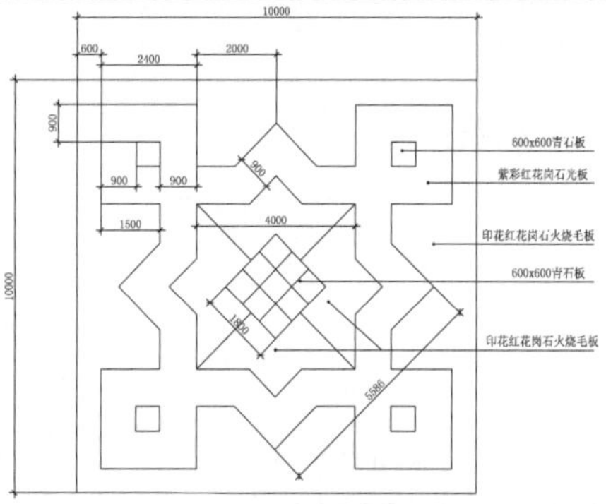

中央拼花图案做法示意

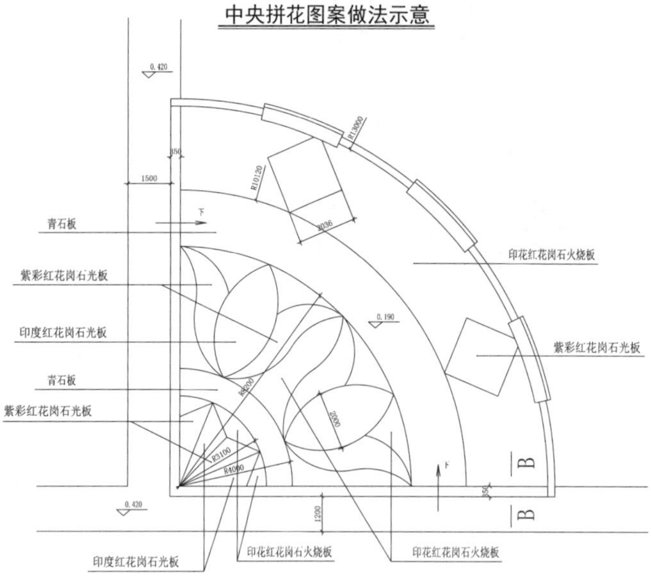

广场拼花图案做法示意

园路铺装085

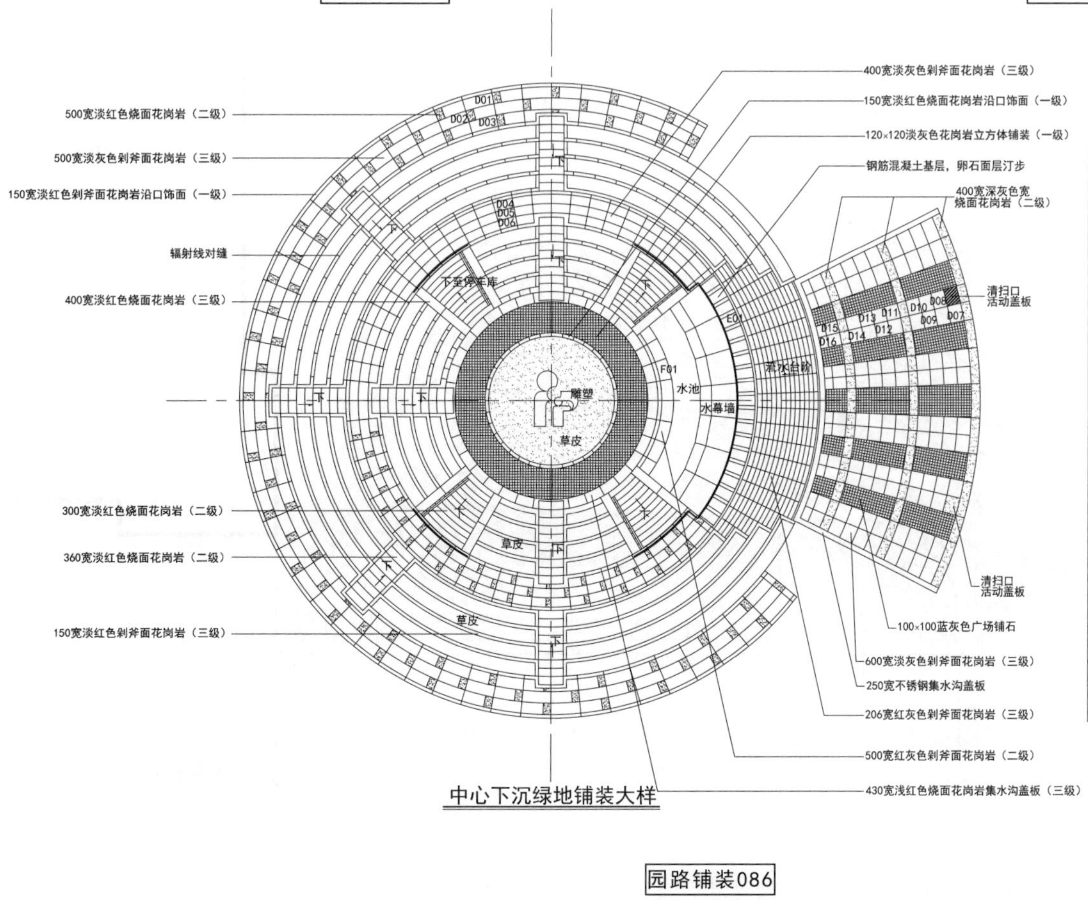

中心下沉绿地铺装大样

主要异形花岗岩规格表

编号 / 数量	图样尺寸	编号 / 数量	图样尺寸
D01 / 23	1340; 500; 22; R=13650; 22; R=13150; 1290	D02 / 23	1290; 500; 21; R=13150; 20; R=12650; 1241
D03 / 19	1241; 500; 15; R=12650; 14; R=12150; 1192	D04 / 23	880; 400; 10; R=8970; 9; R=8570; 841
D05 / 23	841; 400; 14; R=8570; 13; R=8170; 802	D06 / 19	802; 400; 15; R=8170; 14; R=7770; 763
D07 / 8	770; 600; R=18700; R=18100; 746	D08 / 8	746; 600; R=18100; R=17500; 721
D09 / 8	721; 600; R=17500; R=16900; 696	D10 / 8	696; 600; R=16900; R=16300; 671
D11 / 8	655; 600; R=15900; R=15300; 630	D12 / 8	630; 600; R=15300; R=14700; 606
D13 / 8	606; 600; R=14700; R=14100; 581	D14 / 8	581; 600; R=14100; R=13500; 556
D15 / 8	540; 600; R=13100; R=12500; 515	D16 / 8	515; 376; R=12500; R=12120; 499
E01 / 19	800; 418; R=8220; R=9020; 459; 800	F01 / 6	943; 500; 26; R=5410; 18; R=4910; 856

园路铺装086

彩色压花混凝土地面施工前花纹由厂房提供设计师确认

600x600花岗石球车禁
100x200舒布洛克砖混色拼铺
100x200舒布洛克砖顺色压边

地埋式景观灯

高杆灯

100x100花岗石料石
可藏式车禁系统
600x300光面印度红收边，表面开防滑槽
黄木纹冰裂铺设
400x400点缀趣味铺装，由厂家提供图案，设计师配合甲方选型
600x600虎皮黄
600x300光面印度红收边，表面开防滑槽
100x100浅黄色广场砖
地埋式景观灯

100x200黄色广场砖顺砌压边，缝宽不小于8mm
100x200黄色广场砖荷兰式铺设，缝宽不大于8mm
粒径30~50黑色卵石
600x300毛面603号花岗石
100x200青灰色毛面花岗石压边
1500x1500树穴

黄木纹冰裂铺设
投射灯
层叠式花坛
绿化花坛
100x100x100花岗石料石

彩色压花混凝土地面施工前花纹由厂房提供设计师确认

铺地平面图

园路铺装087

彩色压花混凝土地面施工前花纹由厂方提供，
并经设计师确认后方可施工

印度红收边，表面开防滑槽
黄木纹冰裂纹铺地
黄木纹冰裂纹铺地
600x600毛面603号花岗石

100x200红色舒布
洛克砖顺砌压边
100x200舒布洛克砖混色拼铺

铺地平面图

园路铺装088

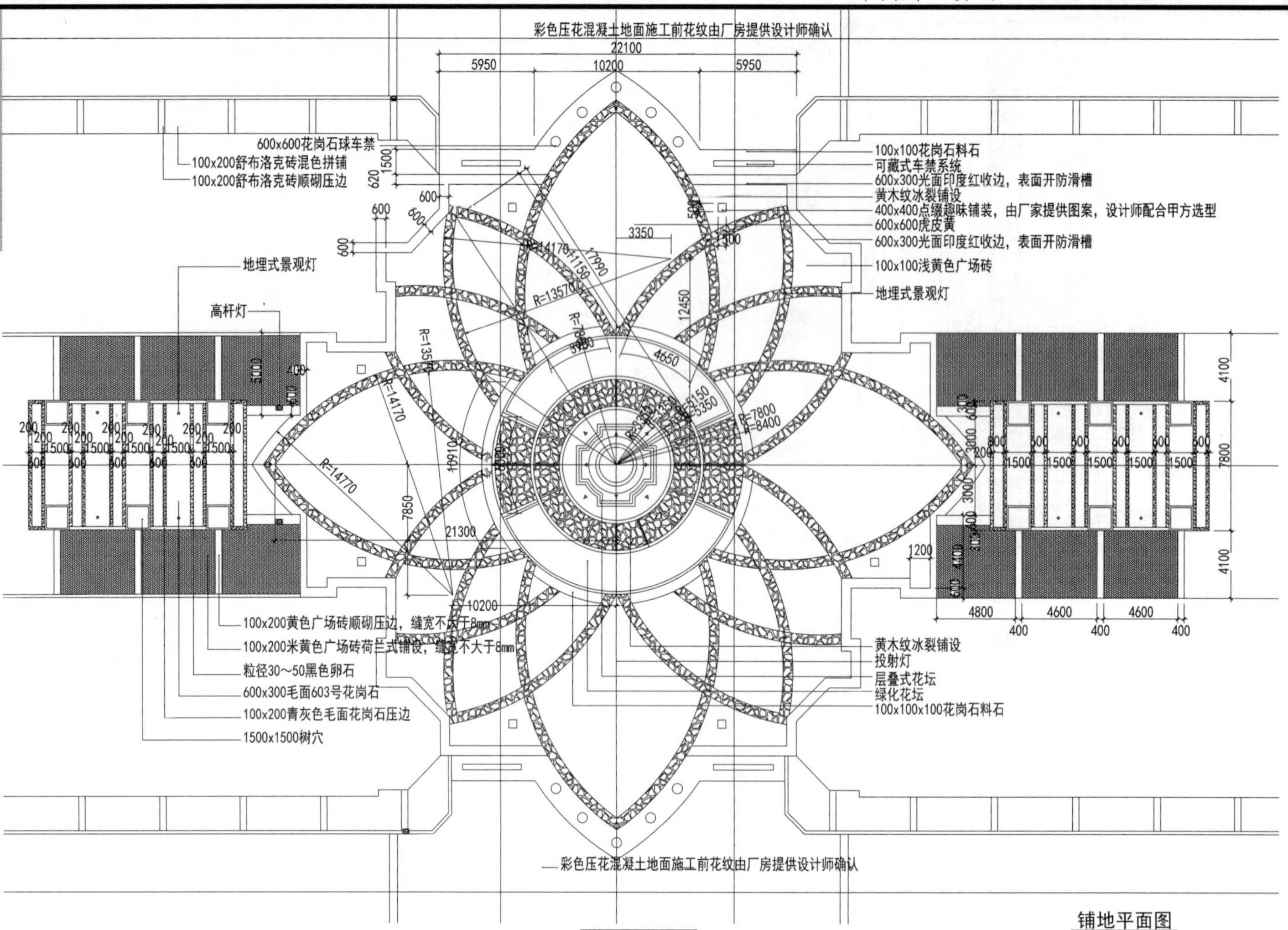

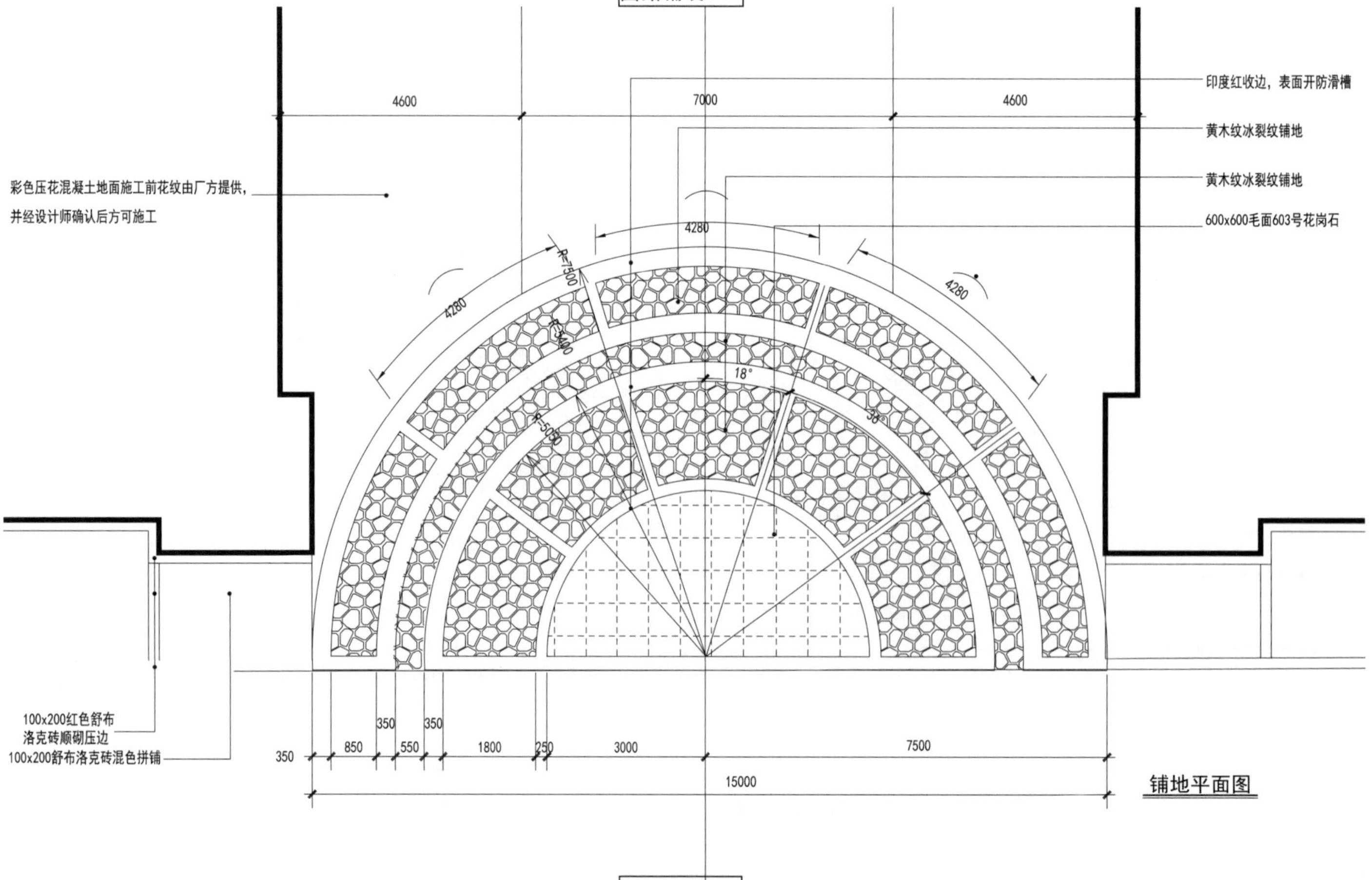

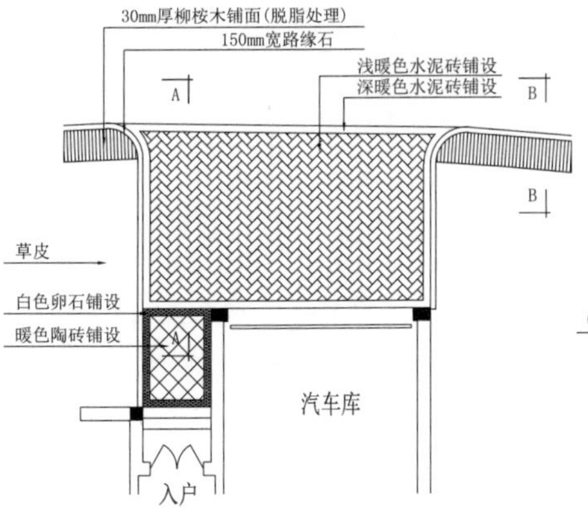

入户平面图 1:100
(形式一)

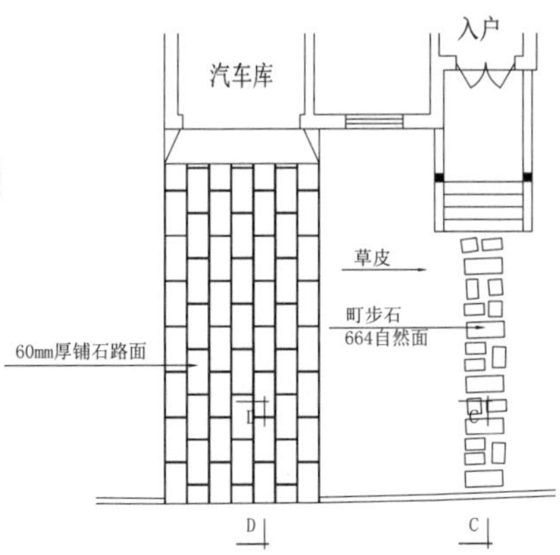

入户平面图 1:100
(形式二)

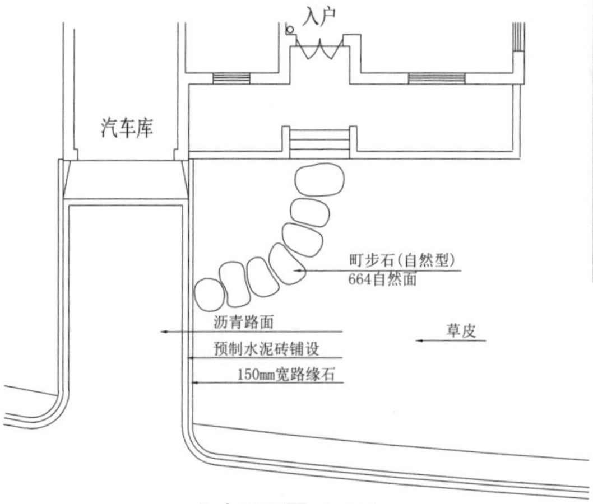

入户平面图 1:100
(形式三)

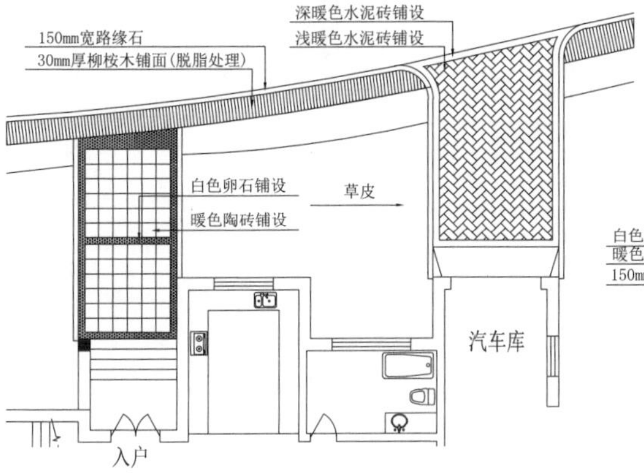

入户平面图 1:100
(形式四)

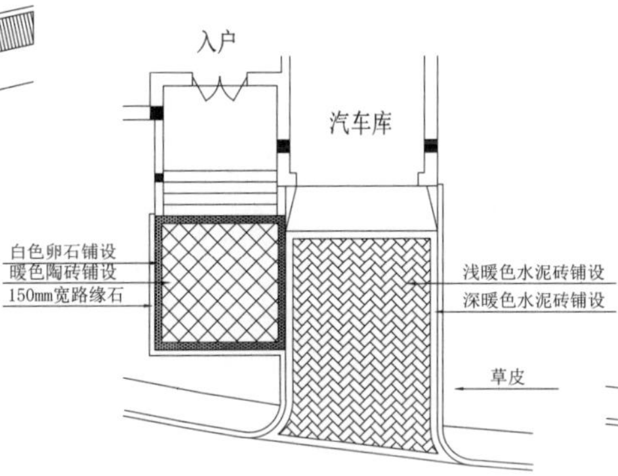

入户平面图 1:100
(形式五)

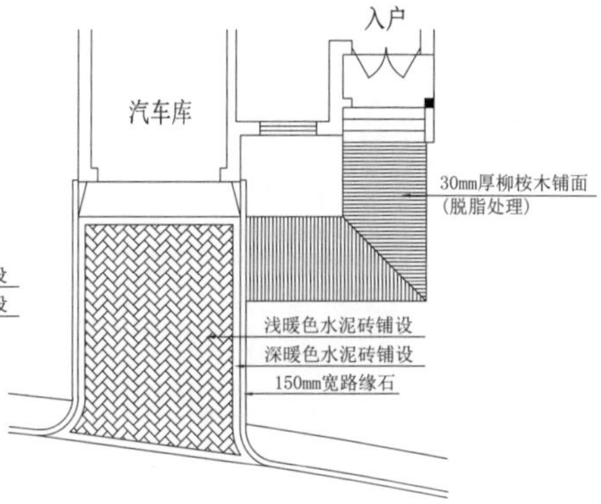

入户平面图 1:100
(形式六)

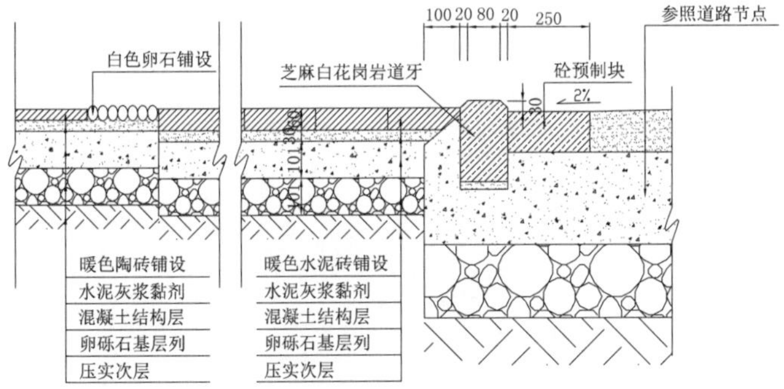

A-A 剖面图 1:10

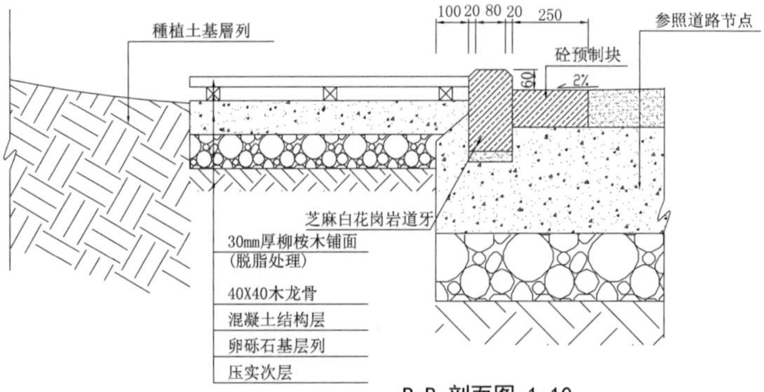

B-B 剖面图 1:10

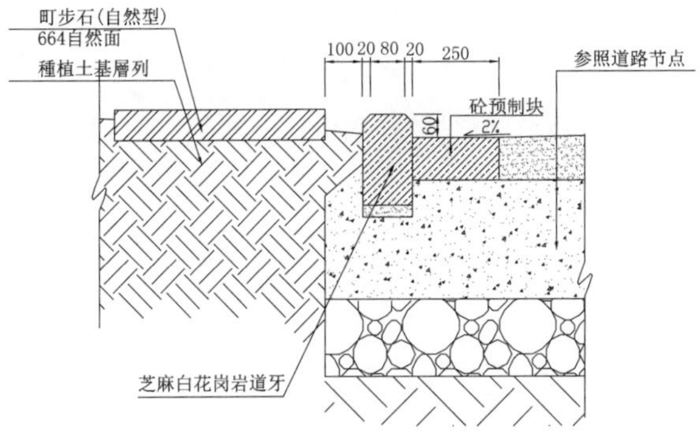

C-C 剖面图 1:10

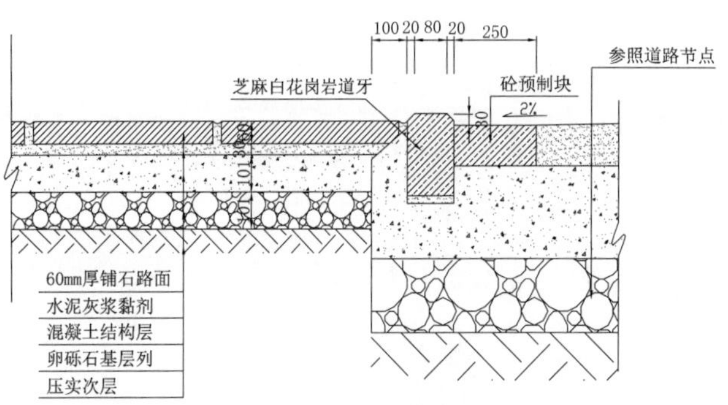

D-D 剖面图 1:10